朔黄铁路重载操纵技术（含图册）

（上册）

主　编　张朝辉

副主编　苏明亮　陈会波　王志毅

西南交通大学出版社

·成　都·

图书在版编目（ＣＩＰ）数据

朔黄铁路重载操纵技术.1，朔黄铁路重载操纵技术.
上册／张朝辉主编. —成都：西南交通大学出版社，
2019.11
ISBN 978-7-5643-7177-7

Ⅰ.①朔… Ⅱ.①张… Ⅲ.①重载列车－机车操纵－
教材 Ⅳ.①U292.92

中国版本图书馆 CIP 数据核字（2019）第 225985 号

Shuohuang Tielu Zhongzai Caozong Jishu（Han Tuce）
朔黄铁路重载操纵技术（含图册）
（上、下册）

主编　张朝辉

责 任 编 辑	孟苏成
封 面 设 计	何东琳设计工作室
出 版 发 行	西南交通大学出版社 （四川省成都市金牛区二环路北一段 111 号 西南交通大学创新大厦 21 楼）
发 行 部 电 话	028-87600564　028-87600533
邮 政 编 码	610031
网　　　　址	http://www.xnjdcbs.com
印　　　　刷	四川玖艺呈现印刷有限公司
成 品 尺 寸	185 mm×260 mm
总 印 张	60
总 字 数	1417 千
版　　　　次	2019 年 11 月第 1 版
印　　　　次	2019 年 11 月第 1 次
书　　　　号	ISBN 978-7-5643-7177-7
套　　　　价	298.00 元

（全 3 册）

前　言

　　朔黄铁路发展有限责任公司是由神华集团、铁道部、河北省三方共同出资组建的合资铁路，1998 年成立，公司注册资本金 58.8 亿元人民币，主营业务是朔黄铁路的建设和经营管理，现有固定资产约 260 亿元。朔黄铁路西起山西省神池县神池南站，东至河北省黄骅市黄骅港站，全长 594 km，是双线重载电气化运煤专线，为国家Ⅰ级双线电气化重载铁路。朔黄铁路把处于陕北、蒙南的新兴能源基地——神府、东胜煤田与渤海湾新兴出海口黄骅港连接起来，并与大秦、北同蒲、京广、京九等重要铁路干线相连通，与神朔铁路共同组成我国西煤东运第二大通道，在我国铁路网中占有重要位置。党中央、国务院对这一铁路建设项目高度重视，将该项目列为党的十四大报告提出的跨世纪三项特大工程之一，全国人大八届四次会议批准的《国民经济和社会发展"九五"计划和 2010 年远景目标纲要》提出，要继续建设神木至黄骅第二运煤通道"。1997 年 8 月经国务院批准，国家计委下达朔黄铁路建设计划，同年 11 月 25 日神池南至肃宁北段正式开工建设。2000 年全线开通，设计能力 1 亿吨/年，经过站场扩能改造，2017 年、2018 年连续两年完成运量超过 3 亿吨，根据规划，其远期运量要达到 5 亿吨/年。朔黄铁路运量能够实现跨越式的增长，离不开重载万吨列车、重载两万吨列车的开行，通过不断增开重载列车，普通列车的比重逐渐下降，重载列车的比重不断上升，在每日发出列车相对恒定的情况下，实现了运量的大幅上升。

　　重载列车的开行，是一个国家综合技术实力的体现，车、机、工、电、辆缺一不可。在硬件设施到位的情况下，如何保证重载列车的运行安全，是机务部门迫切需要解决的问题。由于重载列车在世界范围内尚属于新兴事物，国内此前也仅有大秦铁路 1 条重载铁路，因此重载列车的规章制度、安全卡控、教育培训等多方面都处于探索阶段，给机务部门带来较大的安全压力。从生产实际角度来看，缺乏对朔黄铁路重载列车操纵问题深入有效的研究资料，乘务员培训处于师徒传授的阶段，因此，迫切需要一本能够结合朔黄铁路实际情况，多方位、全角度、深层次的操纵技术培训教材。

　　《朔黄铁路重载操纵技术》综合讲述了朔黄铁路的重载发展与朔黄铁路万吨重载列车以及两万吨重载列车的操纵技术、操纵要求及安全卡控注意事项，体现了朔黄人的经验和智慧，对提升朔黄铁路的平稳操纵能力、保证运输安全生产起到了借鉴作用。朔黄铁路万吨列车开行近十年，两万吨开行近三年，实现了零事故。《朔黄铁路重载操纵技术》一书，总结了朔黄铁路重载列车的技术创新实践，既展示了朔黄铁路发展有限责任公司机辆分公司的创新成果，也希望对从事重载列车开行的相关人员有所帮助，成为从事重载列车操纵人员的一本参考书，为中国铁路的重载操纵尽一份绵薄之力。

本书的编写工作由机辆分公司经理张朝辉同志总体负责，各章节由相关部门人员编写，编写分工如下：1 国内外铁路重载运输发展概论（李波、王建华、李月亮）；2 朔黄铁路开行重载列车主要硬件装备（何强、刘英战、贺大兵）；3 朔黄铁路重载列车移动装备及操作注意事项（马锦华、阮绪涛、李圆）；4 朔黄铁路万吨列车技术（王普、陶学亮、吴学舟）；5 朔黄铁路两万吨技术（高胜利、温军刚、刘勇）；6 重载列车安全管控措施（姚星、靳宝、赵鹏）；7 重载列车平稳操纵和质量优化（义满红、郭伟、曹辉）；8 考核标准（郭童斌、李煜、刘剑）；9 朔黄铁路万吨、两万吨列车操纵提示卡（豆飞、白建凌、黎伟）；两万吨列车操纵示意图（王靖华、宋涛涛、毕朝晖）。

全书由苏明亮、陈会波、王志毅整理、校对、审图及汇总。本书在编写过程中，得到了公司、分公司领导和有关专家的鼎力相助，在此致以衷心的感谢。谨以此书献给为朔黄铁路重载操纵技术作出无私奉献的全体同事们。

由于编者水平所限，加之编写时间仓促，书中难免有疏漏及不妥之处，恳请读者朋友批评指正。

编 者

2019 年 1 月

目　录

1 国内外铁路重载运输发展概论 ················ 1
　1.1 重载铁路发展概况 ····················· 1
　1.2 朔黄铁路重载列车开行的重要意义 ············ 7
　1.3 朔黄铁路重载操纵技术发展史 ·············· 11

2 朔黄铁路开行重载列车主要硬件装备 ············ 13
　2.1 朔黄铁路线路条件 ···················· 13
　2.2 朔黄铁路重载机车技术 ·················· 20
　2.3 朔黄铁路车辆技术 ···················· 27
　2.4 朔黄铁路轨道 ······················ 40

3 朔黄铁路重载列车移动装备及操作注意事项 ········ 42
　3.1 朔黄铁路 TD-LTE 网络技术 ··············· 42
　3.2 朔黄铁路无线同步技术 ·················· 46
　3.3 LTE 无线重联同步编组、解编（分解）流程及注意事项 ··· 56
　3.4 CIR 一体化电台操作 ··················· 63
　3.5 可控列尾装置的操作（摘解、置号）及列尾交权操作 ···· 90
　3.6 LKJ-15C 型列车运行监控系统 ·············· 94

4 朔黄铁路万吨列车技术 ·················· 105
　4.1 朔黄铁路 SS₄B 型 1+1、2+0 万吨列车试验 ········ 105
　4.2 朔黄铁路 C80 货车扩编试验 ·············· 201
　4.3 朔黄铁路 132 辆 C64 货车组合万吨列车试验 ······· 277
　4.4 朔黄铁路 SS₄B 型 3×58 辆 1.74 万吨列车动态运行试验 ·· 321
　4.5 朔黄铁路 HXD1 型机车单牵万吨列车试验 ········· 327
　4.6 2+0 单元万吨列车稳定性测试试验 ············ 332
　4.7 朔黄铁路单元万吨关门车试验 ·············· 350
　4.8 朔黄铁路 1.6 万吨重载列车运行试验 ··········· 352
　4.9 朔黄铁路万吨列车操纵办法 ··············· 362
　4.10 朔黄铁路万吨列车重点地段操纵解析 ·········· 368
　4.11 朔黄铁路万吨列车非正常行车办法 ··········· 383

1 国内外铁路重载运输发展概论

1.1 重载铁路发展概况

1.1.1 概 述

世界铁路重载运输是从 20 世纪 50 年代开始出现并发展起来的。第二次世界大战后的经济复苏以及工业化进程的加快，对原材料和矿产资源等大宗商品的需求量增加，导致这些货物的运输量增长，给铁路运输提出了新的要求，而大宗、直达的货源和货流又为货物运输实现重载化提供了必要的条件。铁路部门从扩大运能、提高运输效率和降低运输成本出发，也希望提高列车的质量。同时，铁路技术装备水平的不断提高，又为发展重载运输提供了技术保障。

从 20 世纪 50 年代起，一些国家铁路就有计划、有步骤地进行牵引动力的现代化改造，先后停止使用蒸汽机车，新型大功率内燃和电力机车逐步成为主要牵引动力。由于内燃、电力机车比蒸汽机车性能优越，操纵便捷，采用多机牵引能获得更大的牵引总功率，这为大幅度提高列车的质量提供了必需的牵引动力。从而，以开行长大列车为主要特征的重载运输开始出现。但这一时期的重载技术尚不配套，长大货物列车间的纵向冲动、车钩强度、机车的合理配置、同步操纵及制动等技术问题都没有得到很好的解决。

20 世纪 60 年代中后期，重载运输开始取得实质性进展，并逐步形成强大的生产力。美国、加拿大及澳大利亚等国家的铁路相继在运输大宗散装货物的主要方向上开创了固定车底单元列车循环运输方式，而且发展很快。美国 1960 年只有 1 条固定的重载单元列车运煤线路，年运量不过 120 万 t；而到 1969 年，重载煤炭运输专线增加到 293 条，运量占铁路煤炭运量的近 30%。苏联在 20 世纪 60 年代末为解决线路大修对运输的干扰，在通过能力紧张的限制区段组织开行了组合列车，将两列普通货车连挂合并在一起，这种行车组织方式成为提高繁忙运输干线区段通过能力的重要措施。南非铁路在 20 世纪 60 年代末开始引进北美重载单元列车技术，并从 70 年代开始在其窄轨运煤和矿石的线路上，逐步把列车质量提高到 5 400 t 和 7 400 t，并不定期开行总重 11 000 t 的重载列车。巴西铁路是从 20 世纪 70 年代中期开始，通过借鉴、引进北美和南非的技术，开行重载单元列车。

20 世纪 80 年代以后，由于新材料、新工艺、电力电子、计算机控制和信息技术等现代高新技术在铁路上的广泛应用，铁路重载运输技术及装备水平又有了很大提高，特别是在大功率交流传动机车，大型化、轻量化车辆，同步操纵技术和制动技术等方面有了新的突破，极大地促进了重载运输的发展。

近 50 年来，随着重载运输技术的不断进步，重载列车试验牵引质量的世界纪录不断被刷新。

1967 年 10 月，美国诺福克西方铁路公司在韦尔什一朴次茅斯间 250 km 区段内，开行了 500 辆煤车编组的重载列车，由分布在列车头部和中部的 6 台内燃机车进行牵引。列车全长 6 500 m，总重达 44 066 t。

1989 年 8 月，南非铁路在锡申一萨尔达尼亚矿石运输专线上，试验开行了 660 辆货车编组的重载列车，由 16 台机车牵引，5 台电力机车 + 470 辆货车 + 4 台电力机车 + 190 辆货车 + 7 台内燃机车 + 1 辆罐车 + 1 辆制动车，列车总长 7 200 m，总重达 71 600 t。

1996 年 5 月 28 日，澳大利亚在纽曼山一海德兰铁路线上，开行了 540 辆货车编组的重载列车，由 10 台 Dash8 型内燃机车牵引，3 台机车 + 135 辆货车 + 2 台机车 + 135 辆货车 + 2 台机车 + 135 辆货车 + 2 台机 + 135 辆货车 + 1 台机车，列车总长 5 892 m，总重达 72 191 t，净载重 57 309 t，列车平均车速为 57.8 km/h，最高达 75 km/h；2001 年 6 月 21 日，又开行了 682 辆货车编组的重载列车，由 8 台 AC6000 型机车牵引，列车总长 7 353 m，总重达 99 734 t，净载重 82 000 t，创造了最长、最重列车新的世界纪录。该列车的 8 台机车分散布置，1 名司机通过 LOCOTOL 机车无线同步操纵系统操纵全部机车，平均车速为 55 km/h。

1.1.2 国际重载铁路标准与模式

重载铁路运输是综合性系统工程，涉及线下基础设施、轨道结构配置、站场设置、牵引动力、机车车辆、通信、供电列车操纵及养护维修等诸多方面。由于世界各国铁路运营条件、技术装备水平不同，采用的重载列车运输方式和组织方式也各有特点。对于重载列车的重量过去并没有规定统一的标准，都是开行重载列车的国家根据各自的具体技术条件和运营需要，按照相对于普通列车的重量和长度进行确定的。为推进国际铁路重载运输技术方面的合作与交流，1984 年由美国、加拿大、澳大利亚、中国和南非共同筹建国际重载协会（International Heavy Haul Association），并于 1985 年正式成立。目前，该协会有澳大利亚、巴西、加拿大、中国、印度、南非、俄罗斯、瑞典、挪威和美国等常任理事国。

1.1.3 重载铁路标准

国际重载协会先后于 1986 年、1994 年和 2005 年 3 次修订了重载铁路标准。1994 年修订的标准要求重载铁路必须满足以下 3 条标准中的两条：

（1）列车重量至少达到 5 000 t。

（2）轴重达到或超过 25 t。

（3）在长度至少为 150 km 的线路上年运量不低于 2 000 万 t。

在 2005 年国际重载协会理事会上，对新申请加入国际重载协会的重载铁路，要求满足以下 3 条标准中的至少两条：

（1）列车重量不小于 8 000 t。

（2）轴重达 27 t 以上。

（3）在长度不小于 150 km 线路上年运量不低于 4 000 万 t。

1.1.4　重载列车模式

国际铁路重载列车主要有 3 种模式：

（1）重载单元列车：列车固定编组，货物品种单一，运量大而集中，在装卸地之间循环往返运行。这种列车以北美铁路为代表，我国重载铁路采用 C63、C70、C76、C80 等开行这种重载列车。

（2）重载组合列车：两列或两列以上列车连挂合并，使列车的运行时间间隔压缩为零，这种列车以俄罗斯为代表。

（3）重载混编列车：单机或多机重联牵引，由不同型式和载重的货车混合编组而成。

1.1.5　国外重载铁路的发展

重载铁路运输受到世界各国铁路部门的广泛重视，在一些幅员辽阔、资源丰富、煤炭和矿石等大宗货物运量占有较大比例的国家，如美国、加拿大、巴西、澳大利亚、南非等都大力发展重载铁路，大量开行重载列车。目前，重载铁路运输在世界范围内迅速发展，重载运输已被国际社会公认为铁路货运发展的方向，成为世界铁路发展的重要方向之一。

1. 美　国

美国的重载铁路几乎服务于所有行业，运行线路超过 14 万英里[*]，占据了 43% 的美国国内城际货运市场。一级铁路占到美国铁路里程的 67%、雇用员工的 90% 以及货运收益的 93%。目前主要有 7 家一级铁路运营公司：伯灵顿北方圣达菲铁路（BNSF）公司、美国 CSX 运输公司、Grand trunk 公司、堪萨斯城南铁路公司、诺福克南方铁路公司、Soo line 铁路公司（加拿大太平洋铁路所有）和联合太平洋公司（UP）。

美国的大多数铁路线都可以归类为重载线，和中国的情况一样，煤炭运输量随着需求而大幅增加，促进了重载运输的发展，仅 UP 公司的年运量即从 1984 年的 1 200 万 t 增长至 2007 年的 3 亿 t。运能的增长主要通过既有线运能扩建改造来实现。重载运输的发展，不仅大大降低了美国铁路运输的成本，也为其带来了可观的经济效益。1981—2000 年，一级铁路总生产率提高了 173%，运价降低了 29%，以不变价格计算则降低了 59%，相当于每年为货主减少运费支出 100 多亿美元；劳动生产率提高了 317%，每营业公里线路约 0.87 人；机车生产率提高了 121%。在全球大多数国家铁路货运市场份额不断下降的情况下，美国铁路货运市场份额近年来一直保持在 40% 左右，并呈上升趋势。例如，1993 年美国铁路货运市场份额为 38.1%，2000 年上升到 41%，重载运输收入达历史最高水平（81 亿美元），劳动生产率提高到 271%，运行成本下降 65%，事故率降低 64%。重载运输使美国铁路在激烈的运输市场竞争中站稳了脚跟。为进一步开拓重载运输市场，美国在铁路和海运联合运输中开行了高效率的双层集装箱重载货物列车，重载运输前景更加看好。

考虑到线路条件等各方面因素的限制，为了进一步提高重载运输的效率，降低成本，美国铁路将重载运输发展的重点由增加车辆轴重转向加强交流内燃机车和轮轨界面两个领域的研发。

---

* 英里为非法定计量单位，1 英里（mile）= 1.609 34 千米（km）。

2．加拿大

加拿大铁路重载运输方式与美国相似，是北美铁路重载运输的统一模式。加拿大铁路营业里程约 7 万 km，重载运输里程 4.7 万 km。主要有加拿大国铁（CN）和加拿大太平洋铁路（CP）两大公司，营业里程分别为 2.59 万 km 和 2.78 万 km。

加拿大太平洋铁路（CP）的重载列车由 124 辆货车组成，列车载重 1.6 万 t。CP 公司拥有 13 600 英里的铁道线路里程，是北美最大的铁路公司之一，其业务网络从蒙特利尔到温哥华遍布加拿大以及美国中西部和东北部，乃至墨西哥，为大陆东部和西部海岸的各港口提供服务，CP 公司连接北美与欧洲和泛太平洋地区市场，同时也是全球领先的多式联运行业提供商。2007 年，CP 公司经营收入超过 40 亿美元，雇佣近 13 000 名员工，运营着 1 201 台机车、35 368 辆货车。多式联运业务是 CP 公司增长最快的业务，主要是集装箱、粮食和煤等散货、整车和汽车零部件、森林产品和工业产品。

CN 公司由加拿大政府创建于 1919 年，1995 年私有化，拥有 153 46 名雇员、1 393 台机车、超过 47 000 辆货车。CN 公司的北美铁路网络超过 14 304 英里，横跨加拿大、美国中部、业务遍布从大西洋、太平洋到墨西哥湾的广大区域。

重载列车的开行，大大降低了加拿大铁路的运输成本，1997 年，CP 的运输成本为 1.6 美分/（t·km），与美国铁路相当。1997 年，加拿大铁路完成货运量 3.6 亿 t，总收入 60 亿美元，纯利润高达 8 亿美元。

3．澳大利亚

澳大利亚的矿产资源非常丰富，煤炭和铁矿石以及铝土、黄金的储量都位居世界前列。煤炭主要分布在东南部的新南威尔士州，这里的煤田面积达 5 500 km^2 以上，储量占全国的75%。铁矿石主要分布在西澳大利亚西部的皮尔巴拉（Pilbara）地区。铝土矿分布在北部的约克角半岛等地。澳大利亚昆士兰煤矿是世界上最大的煤矿之一，煤产量逐年上升，1994 年为 0.85 亿 t，2005 年为 1.5 亿 t。澳大利亚必和必拓（BHP billiton）、力拓（RioTinto）与巴西的淡水河谷（CVRD）公司是世界三大矿业巨头，掌控全世界铁矿石海运量的 70%。此外，澳大利亚还是世界上主要的粮食输出国之一。这样的资源特点推动了澳大利亚铁路重载运输的发展。

澳大利亚最早的重载线路是由窄轨铁路改造而成的。20 世纪 60 年代初，昆士兰州对1 067 mm 窄轨铁路进行了技术改造，实现以运煤为主的窄轨铁路的重载运输。到 20 世纪 60年代中期，澳大利亚改建和新建的重载运输铁路已经达到约 4 000 km，其中 1 067 mm 轨距的铁路占很大比例。20 世纪 70 年代以后又新建了几条重载铁路。澳大利亚具有代表性的 3条重载铁路是昆士兰电气化运煤铁路线、纽曼山铁矿铁路和哈默斯利铁矿铁路。

澳大利亚昆士兰铁路是从港口到科帕贝拉，长度为 145 km 的双线铁路，科帕贝拉至不同方向的 8 个矿区均为单线铁路，轨距为 1 067 mm，钢轨 60 kg/m，轴重 22.5 t。最远的煤矿到港口的距离为 293 km，运煤列车从矿区到港口往返循环运行。有的列车编挂 148 辆旋转车钩式货车，总重 10 500 t，由 5 台机车牵引；另一些列车编挂 120 辆底开门货车，总重 9 500 t，由 4 台机车牵引，采用动力分散布置方式，由头部机车司机一人操纵，通过 Locotrol 同步遥控装置控制其他所有的机车。在 2007—2008 年煤运量达到 1.84 亿 t。

澳大利亚最有特色的标准轨重载铁路是 BHP 铁矿铁路和哈默利斯铁矿铁路。BHP 铁矿铁路建于 1969 年，它包括：纽曼山（Mount Newman）铁路，全长 426 km，单线，最小曲线半径 528 m；亚利耶（Yarrie）铁路，全长 217 km。铺设 68 kg/m 的轨头硬化钢轨，列车编组 192~240 辆，列车质量 1.75 万~2.9 万 t，采用多机车分散动力牵引。最初的设计轴重为 30 t，年运量为 800 万 t。车辆轴重从 1970 年的 28.5 t 提高到 2000 年的 37.5 t，部分 40 t 轴重货车已完成试验投入运用，目前年运量超过亿吨，创造了显著的经济效益。哈默斯利铁路上的重载列车通常在 230 辆以上，每辆车载重 100 t 以上，列车总重 2.95 万 t，长 2 400 m，哈默斯利铁路年运输能力在 1.3 亿 t 以上，目前年运量 1.1 亿 t。

由于世界范围内对铁矿石的需求强劲，澳大利亚在皮尔巴拉地区又成立了一家新的铁矿石开采和铁路运输经营者——Fortescue 金属集团。该公司与中国的钢铁企业合作共同开发皮尔巴拉地区的铁矿，并建设矿区与海德兰港之间长 260 km 的铁路。2007 年年底建成投入运营，开行轴重 40 t、长度 2 500 m、牵引质量为 30 000 t 的重载列车。

4. 南 非

南非铁路约有 2.3 万 km，全部是窄轨铁路，绝大部分轨距为 1 067 mm。南非的重载技术比较先进，主要集中在两条重载线路上：一是理查兹湾运煤专线，二是斯申—萨尔达尼亚矿石运输专线，均为 1 067 mm 轨距电气化线路，长度分别为 580 km 和 861 km，虽然这两条线路里程只占 Transnet 铁路货物运输网络的 7%，但货物运输总量却占整个网络运量的 62%。

理查兹湾煤运线全程高度落差 1 700 m，埃尔莫洛以北线路限制坡度为 10‰，埃尔莫洛以南线路限制坡度为 6.25‰。运煤重载列车轴重 26 t，牵引质量 2 200 t，采用电控空气制动 Electronically Controlled Pneumatic，ECP）技术。2008 年该线共运输 6 300 万 t 的出口煤炭和 1 100 万 t 的普通货物。

斯申—萨尔达尼亚矿石运输专线，起源于海拔 1 295 m 的石山铁矿，终点为萨尔达尼亚港口，限制坡度为 4‰。铁矿运输列车重 41 000 t，由 342 节轴重 30 t 的矿石车组成，全长 4.1 km。列车由 3 列 114 节编组的子列车连接而成。牵引动力使用了 3 台 9E 型电力机车和 7 台 34 class GE 柴油机车。在安装前两列子列车的头部各安装 1 台电力机车和 2 台柴油机车，1 台电力机车和 1 台柴油机车设置在第三列子列车头部，最后两台柴油机车安置在整列车的尾部，整列车由计算机通过无线控制。

5. 巴 西

巴西铁路自从 1996 年开始私有化以来，铁路业务在税收增长、生产力和安全方面取得了很大的成就。在巴西有 3 条著名的重载铁路。

第一条为 MRS Logistica S.A.货运铁路，1996 年投入运营，有 1 674 km 长的线路，轨距 1 600 mm，最大轴重 32.5 t，98% 的轨枕间距为 540 mm。该铁路连接着巴西的 4 个主要港口和 3 个最大的工业区。

第二条是 EFVM 铁路，位于巴西的东南部，轨距 1 000 mm，长度 898 km，相当于巴西全部铁路网的 3.1%，其中 594 km 为双线。该线于 1904 年 5 月 18 日开通，20 世纪 40 年代被淡水河谷公司（CVRD）收购，是巴西最现代化和运量最大的一条铁路，最繁忙区段平均每天开行列车 63 列，2004 年年运量为 1.19 亿 t，2005 年达到 1.3 亿 t，占巴西全国铁路货运量的 32%，2009 年年运量达到 1.77 亿 t，其货运量中 80% 是铁矿石，20% 是其他货物。拥有员工 2 800 人，机车 207 台，货车 15 376 辆。2001—2003 年，EFVM 铁路重载列车标准编组为 320 辆，平均总重 31 000 t，由 3 台机车分散布置牵引，机车总功率 8 950 kW。

第三条 EFC 铁路也属于淡水河谷矿业集团所拥有，位于巴西的北部，是一条把铁矿石从矿山运输到大西洋沿岸的蓬塔马代拉港（Ponta da Madeira）的重载运输铁路，建造于 1982—1985 年，线路长度 892 km，轨距 1 600 mm，是一条单线宽轨铁路，重车方向最大坡度为 3‰。线路中 73% 是直线，27% 是曲线，共有 347 段曲线区段。该铁路是世界上生产效率最高的铁路之一。线路的最高允许速度：空车为 80 km/h，重车为 75 km/h。1985 年，EFC 铁路正式开通，开行 160 辆编组的列车，当年年运量为 3 500 万 t。1994 年，标准列车编组提高到 202 辆。2006 年，列车编组达到 208 辆，列车总重超过了 20 000 t，货车轴重达 30.5 t，年运量增加到 8 940 万 t，其中 91% 是铁矿石。2007 年，EFC 铁路年运量达到了 1.08 亿 t，成为世界上最繁忙的单线铁路。

6. 北欧国家

北欧重载铁路线主要是横穿瑞典和挪威的一条矿石运输线。该线起自挪威海沿岸的纳尔维克港，穿越挪威/瑞典边境，通过基律纳和 Malmberget 地区的矿山，到达波的尼亚湾的吕勒欧港。该线瑞典部分即是众所周知的 Malmbanan 线。Malmbanan 铁路横贯北极圈，由于其漫长的冬季，常常伴随极度的寒冷和频繁的严重降雪。线路贯穿非常崎岖的复杂地形，包括山脉、挪威峡湾的泥炭阶地、众多的桥梁、涵洞等。寒冷的天气、大雪和重载的等级要求给该线的运行提出了苛刻的挑战。该线 1902 年建成通车，最初仅运营 14 t 轴重货车。在 1914 年实施了电气化改造并保留至今。

该线与大多数重载线路的运营方式相比，采用了不同方式，即线路基础设施和运营列车分离的运营方式。基础设施是由两家公司——瑞典的 Jernbaneverket 公司和挪威的 Banverket 公司管理，列车及其运营业务由铁矿石开采商 LKAB 公司的全资子公司负责。

1988 年该线开始升级改造工程，以将线路可承载轴重从 25 t 提升至 30 t，该工程 2010 年完工，线路的运输能力大大提高，每列货车牵引的车辆由 52 节提升到 68 节，总运载量由 5 200 t 提升到 8 160 t。

1.1.6 我国重载铁路的发展

在相当长的一段时间里，我国铁路运能与运量持续增长不相适应的矛盾十分突出，严重制约了国民经济的发展。从 20 世纪 80 年代起，我国铁路为扭转运输紧张和滞后的被动局面，瞄准世界铁路科技发展前沿，学习和借鉴国外经验，根据我国铁路运营特点和实际需要，在货物运输方面把发展重载运输作为主攻方向，把研究和采取开行不同类型的重载列车运输方式作为铁路扩能、提效的重要手段。经过 20 多年的努力，形成了以大秦线和朔黄线为代表的 25 t 轴重重载运输技术体系。近年来，为提升我国重载运输水平，朔黄铁路开始发展 30 t 轴重重载运输技术。

1. 大秦线

大秦线是我国自行设计和新建的第一条双线电气化重载单元列车运煤专线，全长 653 km，是借鉴北美、加拿大、澳大利亚等国开行重载单元列车的经验而修建的。1990 年 6 月 5 日在大秦线上试验开行了第一列由两台 SS_3 型电力机车牵引 120 辆煤车、全长 1 630 m、质量达 10 404 t 的重载列车。1992 年 12 月 21 日大秦线全线开通后，基本上采取开行重载单元列车模式，列车质量为 6 000 ~ 10 000 t。2002 年大秦线达到了 1 亿 t 年运量的目标，全年完成煤炭运量 10 340 万 t。经过 2 年多的科研试验、扩能改造和系统集成创新，攻克了基于 GSM-R（Global System Formobile Communications-Railway）的 Locotrol 机车无线同步操纵技术，研发了 9 600 kW 和谐型系列大功率电力机车，应用新型 C80 铝合金货车以及 C80B 不锈钢货车，将单车装载能力从 60 t 提升到 80 t。2006 年正式开行了 2 万 t 重载组合列车，大幅度提高了大秦线的运输能力，使大秦线仅用了 4 年时间就实现了年运量从 2002 年的 1 亿 t 到 2007 年的 3 亿 t 的飞跃，2008 年总运量达到 3.4 亿 t，2010 年运量已超过 4.0 亿 t，创造了重载铁路年运量的世界纪录。

2. 神华重载铁路的发展

神华铁路始建于"八五"时期，神华集团为解决神东煤田煤炭外运问题，1988 年合资兴建包神铁路，1988 年开始修建神朔、朔黄铁路，构成我国西煤东运的新通道。2006 年建成黄万线，2010 年兴建黄大线、准池线，形成以朔黄线为东西干线，黄万、黄大线南北纵贯环渤海经济区，"一路连多港"的"鱼刺形"铁路布局。根据"十二五"规划，神华铁路加快"西煤东运"主通道扩能的同时，新建榆神矿区、新海、塔韩、榆神、黄大、宽沟、巴准和甘泉铁路。"十二五"末，神华铁路运营里程已达 3 380 km，形成西到银川，东到黄骅港、天津港、山东东营、龙口港并连接大秦线、集通线的自有铁路网。

朔黄铁路是神华重载铁路唯一的入海通道，也是我国西煤东运的重要通道，西起山西神池县，东至河北黄骅港，运营里程近 6 00 km，是国家 I 级干线，双线电气化重载铁路，1997 年 11 月 25 日正式开工，2002 年 11 月 1 日全线建成，总投资 150 亿元，是我国投资与建设规模最大的一条合资铁路。1998 年 2 月朔黄铁路发展有限责任公司成立以来，坚持"源于国铁，优于国铁"的发展思路，形成了独具特色的"朔黄模式"，开行 23 t 轴重万吨重载列车，并逐步增加开行数量，2010 年运量达到 1.8 亿 t，2011 年开始开行 25 t 的 C80 万吨重载列车，2012 年运量突破 2 亿 t。近年来，随着神华集团各煤炭基地建设步伐的加快和矿区开采规模的扩大，神华煤炭产量逐年上升，2017 年完成运量近 3 亿 t，铁路运能逐步成为制约神华集团发展的瓶颈。

1.2 朔黄铁路重载列车开行的重要意义

自人类诞生以来，对能源的追求开发就一直从未间断。从钻木取火到新能源的开发与使用，人类文明发展的兴衰荣辱，其背后是能源格局的变化。一个国家的强盛、其文明的发展、种族的繁衍，都离不开能源。

改革开放 40 年来，我国国内生产总值以年均接近两位数的速度增长，1978—2016 年的平均年增长率为 9.7%，远超同一时期其他主要经济大国的增长率。与金砖国家比较，2017 年，中国的 GDP 总量已经达到 12 万亿美元，差不多是其他四国总和的两倍（印度 2.6 万亿多；巴西 2 万亿多；俄罗斯 1.5 万亿多；南非不到 3 500 亿；共 6.5 万亿）。2009 年，我国国内生产总值超过日本，成为世界第二大经济体。2010 年，我国出口超过德国，成为世界第一大出口国。2013 年，我国进出口的贸易总量超过美国，成为世界第一大货物贸易国。2017年，我国人均国内生产总值达到 8 640 美元，国内生产总值占世界经济的比重从 1978 年的 1.8% 提高到 2017 年的 15% 左右。人均 GDP 从 1980 年的第 126 位上升到 2017 年的第 61 位。在短短 40 年间，人民生活从温饱不足发展到总体小康、即将实现全面小康，7 亿多人摆脱了贫困。这样的发展奇迹，在人类历史上从不曾有过，这一切奇迹的背后，都离不开能源开发使用与技术革新。

1.2.1 两万吨列车对于西煤东运，促进经济发展，保障能源安全具有重要战略意义

1. 开行两万吨列车是由我国的基本国情决定的

我国幅员辽阔，人口众多，能源消耗总量大。我国是一个以煤炭为主要能源的国家，煤炭在能源生产和消费中的比例一直在 70% 以上，"富煤，贫油，少气"，是我国能源资源的鲜明特点。我国煤炭资源总量 5.9 万亿 t，占一次能源资源总量的 94%，而石油、天然气资源仅占 6%，且其增产难度大，对外依存度高。纵然在 2000 年以后中国加大了对于石油资源勘探的投资且不断发现新油田，但是中国煤炭的储量还是远远大于中国已探明的石油储量，煤炭产量也远远大于石油产量，并且中国煤炭产量与石油产量的差距在近年来逐渐拉大。

短期内煤炭作为中国能源的核心地位不会根本改变。据有关专家预测，到 2050 年，煤炭在能源中的比例仍占 50% 以上。根据第三次全国煤田预测资料，除台湾省外，我国垂深 2 000 m 以浅的煤炭资源总量为 55 697.49 亿 t，其中探明保有资源量 10 176.45 亿 t，预测资源量 45 521.04 亿 t。在探明保有资源量中，生产、在建井占用资源量 19 16.04 亿 t，尚未利用资源量 8 260.41 亿 t。我国煤炭资源主要分布于大兴安岭-太行山-雪峰山以西地区。这一线以西的内蒙古、山西、四川、贵州等 11 个省区，煤炭资源量为 51 145.71 亿 t，占全国煤炭资源总量的 91.83%。我国煤炭资源地域分布上的北多南少、西多东少的特点，决定了我国西煤东运、北煤南运的基本生产格局。全国煤炭运输方式主要为：铁路运输、水路运输、公路运输。综合考虑成本、效率、地域等原因，西煤东运主要靠铁路运输。

重载铁路运输因其运能大、效率高、运输成本低而受到世界各国铁路部门的广泛重视，特别是在一些幅员辽阔、资源丰富、煤炭和矿石等大宗货物运量占有较大比重的国家，如美国、加拿大、巴西、澳大利亚、南非等，发展尤为迅速。目前，重载铁路运输在世界范围内迅速发展，重载运输已被国际社会公认为铁路货运发展的方向，成为世界铁路发展的重要趋势。通过重载运输，特别是两万吨重载列车开行后，单次运输量有显著增加，且机车与货运车辆的周转也加快了，提高了效率，同时节约了购买货运车辆的资金，加快了货运流转速度，对于促进经济发展，提高生产效率以及国家西部大开发有重要的战略意义。

2. 开行两万吨列车对促进经济发展具有重要意义

朔黄铁路是西煤东运的主干铁路运输网，是我国煤炭运输的大动脉，是我国西煤东运第二大通道，是国家能源集团矿、路、港、电、航、油一体化工程的重要组成部分，在全国路网中占有重要地位。特别是对加快沿线地方经济发展、保证华东、东南沿海地区能源供应安

全、保障经济发展，扩大我国煤炭出口能力具有极其重要的战略意义。

华东、东南沿海地区作为中国经济的核心地段，若发展经济则离不开能源使用。而随着朔黄铁路运量的饱和，一方面煤炭产出后不能及时运出，另一方面华东、东南沿海地区对煤炭的需求又得不到满足，煤炭能源供需矛盾进一步凸显，严重制约中国经济的发展。伴随着两万吨列车的开行，朔黄铁路运量瓶颈将被突破，运量将进一步增加，能够加大运输力度，有效缓解供需矛盾，为华东、沿海地区经济发展做出重要贡献。

3. 两万吨列车对保障国家能源安全具有战略意义

能源是一种战略物资，在当今世界格局中，能源问题已经成为所有国家的发展咽喉，只有保证了能源供应的畅通无阻才可能保证经济发展的持续稳定。而对于中国这样一个正处在高速发展期的国家，能源战略的制定就显得更为重要，如何绕开能源瓶颈、应对其他各国的能源战略部署，将对中国下一步的社会经济发展起到举足轻重的影响。

只有在能源领域独立自主，才能不受制于人。通过开行两万吨列车，西煤东运的能力进一步加强，华东、东南沿海的能源需求就能得到保证，国家的能源安全得到保证，才能为经济发展提供源源不断的动力。

两万吨列车成功开行，使朔黄铁路的煤炭输送能力得到质的飞跃。根据最初设计，朔黄铁路年运量为 1 亿 t，但在 2017 年，朔黄铁路年运量已经突破 3 亿 t，根据远期发展规划，年运量要达到 5 亿 t。2017 年，中国一次能源消费总量为 44.9 亿 t 的标准煤，即朔黄铁路的年运量占到了中国一次能源消费总量的 6.7%，远期将占到 11.1%，如果中国的能源消费总量进一步下降，朔黄铁路所占的比重，还将进一步上升。而没有两万吨列车开行，朔黄铁路年运量不可能达到 5 亿 t，能源安全就得不到保障，这将对中国社会经济发展起到限制作用。因此，两万吨列车开行将进一步保障国家的能源安全。

1.2.2 两万吨列车开行对重载铁路技术进步、推动技术创新具有重要意义

近 50 年来，重载运输技术的不断进步，推动了重载列车试验牵引质量的世界纪录不断被刷新，而对重载需求的不断强化，又推动了重载技术的不断创新。

1. 机车方面

朔黄铁路发展有限责任公司和中国南车股份有限公司通过技术引进消化吸收再创新，已基本掌握了世界上最先进的大功率电力机车的总成、车体、转向架、主变压器、网络控制、主变流器、驱动装置、牵引电机、制动系统等 9 大核心技术，并掌握了世界上最先进的大功率内燃机车的柴油机、主辅发电机、交流传动控制等 9 大核心技术，实现了传统的交直传动向先进的交直交传动方式的跨越。其中八轴单机功率为 9 600 kW、十二轴单机功率为 14 400 kW（这是迄今为止，世界上单机功率最大、牵引力最大的电力机车），达到并超越了世界先进水平，它代表了目前我国重载铁路大功率交流传动电力机车最高的研发技术和制造工艺水平，其核心设备全部实现了国产化，拥有完全自主知识产权。这些机车的量产投入使用，进一步提升了我国铁路重载运输的牵引动力水平。

2. 货车技术

大轴重、低自重的重型化货车是当前重载货车发展的方向。在轴重方面，美国、加拿大、澳大利亚等国家为 32.5 ~ 35.7 t，巴西、瑞典为 30 t，南非为 26 t，俄罗斯计划提高到 27 t。由于牵引定数的增加，使得车钩、转向架的负担也越来越大，研究轻量化的高强度材料有益于提高运输效率，同时为了提高整车的利用率，重载列车的车厢无一例外使用了轻量化的铝合金以及不锈钢等材料。美国 90% 的重载货车采用了铝合金车体，朔黄铁路研制了适用于轴重 30 t 及以上的重载货车，包括载重 100 t 级 C96、C98、KM98 等 6 种型号的大轴重货车已经完成样车试制，通过了 30 万 km 运用考验 和铁道车辆动力学性能试验，已有 360 辆 30 t 轴重 KM98 底开门漏斗车在朔黄铁路投入运行，大幅缩短了卸煤时间，提高车辆周转效率 20% 以上，在货车技术方面，朔黄铁路达到了世界先进水平。

3. 机车通信与控制技术

1959 年，美国首先进行了机车无线同步操纵系统（LOCOTROL）的试验；1995 年，美国开始研制列车电控空气制动系统（ECP）。目前，美国、加拿大、澳大利亚、南非等国已在重载铁路上采用了该项技术，同步响应时间控制在 10 s 以内。朔黄铁路采用的是 800M、400K 无线重联，以及自主研发的基于第四代移动通信技术的无线宽带通信系统（LTE-R），使同步响应时间控制在 2 s 以内，大大提高了列车运行品质，减小了列车周期制动车钩受力问题，同时为朔黄铁路未来 5 亿 t 的年运量打造了先进的通信平台，有效解决了技术瓶颈问题，超越了世界先进水平。

4. 牵引辆数和总重

美国，重载列车编组通常为 108 辆货车，牵引质量为 13 600 t；加拿大，典型单元重载列车编组为 124 辆货车，牵引质量为 16 000 t；南非，重载列车的牵引质量一般为 18 500 ~ 20 000 t；澳大利亚，哈默利斯铁矿铁路重载列车一般编组为 226 辆货车，牵引质量为 28 000 t；巴西，维多利亚—米纳斯铁路标准编组列车为 320 辆编组，列车牵引重量 31 000 t；朔黄铁路 2012 年 9 月正式试验开行 2 + 1 + 1 编组 232 辆两万吨列车，2014 年 9 月 29 日基于重载铁路 TD-LTE 宽带移动通信网络开行的分布动力重载组合列车，总长 3 090 m、牵引总重 25 200 t。从牵引辆数和总重来看，朔黄铁路超越了美国、加拿大、南非，低于澳大利亚和巴西，处于世界中上游水平。

5. 年运量

目前，世界各国重载铁路年运量普遍在 1 亿 t 以下，超过 1 亿 t 的重载铁路仅有几条，主要是：巴西维多利亚—米纳斯铁路（898 km）为 1.3 亿 t；澳大利亚纽曼山—海德兰铁路（426 km）为 1.09 亿 t；南非姆普马兰加—理查兹铁路（580 km）为 1.05 亿 t；朔黄铁路（596 km）2012 年年运量突破 2 亿 t，连续 5 年年运量在 2 亿 t 以上，根据站场设计改造年运量达到 3.5 亿 t，远期目标突破年运量 5 亿 t 大关，几乎等于世界其他国家重载铁路之和。

1.2.3 两万吨列车开行对提升重载铁路水平、提升国家综合实力具有重要意义

虽然朔黄铁路在两万吨列车开行之前，已经到达了国际重载协会中规定的重载标准，但

仍存在轴重偏低、单列重量较小的列车编组等情况，通过开行两万吨列车，对通信、机车、车辆、信号、线路、站场、行车指挥等多方面进行了整体升级，提升了朔黄铁路重载技术的整体水平。

重载铁路的发展，是多行业、新装备、新技术的舞台，是一个国家整体综合实力的体现，世界上能够发展重载铁路的国家，多是发达国家，中国作为发展中国家，要能在国际重载铁路领域具备发言权，甚至成为重载铁路领域发展的领头羊，两万吨开行就势在必行。

纵观世界各国重载运输，其技术水平集中体现在两个方面：一是提高轴重，二是提高列车牵引质量。提高货车的载重能力增加列车编组辆数是办法之一，但受站线有效长度的限制。美国和苏联曾对提高载重与轴重的利弊及效益等问题进行了大量的论证与试验研究，他们的研究结果与实际运用情况表明，提高轴重是增加载重的最有效的途径。朔黄铁路在开行两万吨试运行时不但增加了列车编组数，同时也提高了轴重。

两万吨列车开行，与我国的能源结构、能源分布、能源需求密不可分，它不但解决了国内能源的供需矛盾，保障了国家能源的战略安全，而且促进了新技术、新装备、新标准的高速发展，推动了重载铁路相关技术的成熟发展，提升了我国的综合国力，在世界重载史上留下了中国人书写的光辉灿烂的篇章。

1.3 朔黄铁路重载操纵技术发展史

2002 年 4 月 28 日，朔黄铁路公司第一台自有内燃机车 $DF_4 7664$ 在机辆分公司机务运管中心解备。11 月 1 日，朔黄铁路东段电气化全线通车，朔黄铁路公司自有电力机车 $SS_4 B0039$ 担当朔黄首列电力牵引任务，随后自有 17 台机车陆续上线。

2009 年 10 月 15 日，朔黄铁路公司成功开行 1+1 组合万吨，标志着朔黄铁路正式跨入重载铁路运输时代，拉开了朔黄重载梦的序幕。

2012 年 12 月 27 日，朔黄铁路公司成功开行 $SS_4 B$ 型电力机车 1+1 组合 C64 万吨列车，刷新了 C64 编组列车的世界纪录。

2013 年 2 月 3 日，朔黄铁路公司首批"神华号"机车上线运行，拉开了朔黄铁路公司单牵万吨牵引任务的序幕，进一步加大了万吨列车编组的灵活性，万吨列车的机车牵引方式有了更多选择。

2013 年 6 月 5 日，朔黄铁路公司 $SS_4 B$ 型电力机车 2+0 单元万吨的成功开行，实现了"灵活组合、高效利用"，为优化行车运输组织打下了良好基础，缓解了朔黄线神池南站的咽喉压力，提高了运输效率。

2014 年 5 月，神华集团与科研单位共同研制出目前世界上单机牵引功率最大的电力机车——"神华号"十二轴大功率交流电力机车并在朔黄线担当牵引运行任务。同年朔黄铁路公司先后进行 1.74 万 t 重载列车、两万吨重载列车和 2.5 万 t 重载列车试验。9 月 29 日，世界首次搭载 TD-LTE 通信系统 30 t 轴重 2.5 万 t 重载列车成功开行。标志着我国西煤东运第二大通道的重要组成部分—朔黄铁路已具备了开行 30 t 轴重两万吨重载列车的运行条件，有力地推动了我国重载铁路发展，提升了我国铁路重载技术在国际上的核心竞争力。

2015 年 1 月 11 日，朔黄铁路公司成功开行 1 + 1 组合 1.74 万 t 列车。该列车的成功开行，标志着基于第四代移动通信技术的重载铁路无线宽带通信系统（LTE—R）在朔黄铁路公司正式投入运营，同时按照朔黄铁路公司 2015 年运行图规划，1.74 万 t 重载组合列车进入常态化开行阶段，为下一步规模化开行两万吨重载列车积累了宝贵经验。

2016 年 3 月 9 日，国内首列搭载 TD-LTE 网络系统两万吨重载列车在朔黄线正式开行，开辟了我国两万吨重载列车搭载 TD-LTE 4G 网络系统的先河。同年 9 月 27 日，两万吨重载列车重车安全运行 1 000 列。

2017 年 10 月 22 日，朔黄铁路公司神华十二轴机车 + 神华八轴机车牵引两万吨列车在朔黄线顺利开行，神华十二轴机车 + 神华八轴机车的相互组合，开创了同步操纵、差异化控制的先河，为我国的重载列车操纵开启了新的篇章。

2 朔黄铁路开行重载列车主要硬件装备

2.1 朔黄铁路线路条件

2.1.1 既有路基结构现状

2.1.1.1 水文地质情况

1. 水文情况

神池至西柏坡沿线浅层地下水主要有孔隙潜水、裂隙水、岩溶裂隙水等几种类型。

孔隙潜水含于新生界松散地层中，主要含水层为近代冲洪积平原和河谷阶地中的砂类土和碎石土，埋藏深浅不一，孔隙潜水一般水量较大，是当地生活用水的主要水源。

裂隙水主要分布在各类变质岩系的构造裂隙和风化裂隙中，一般水量不大，但分布普遍，常在沟边出露成泉，构成常年流水的沟谷，如峡谷地段滹沱河两岸的主要支沟都常年有水。

岩溶裂隙水主要分布于甲子湾至戎家庄一带的寒武、奥陶系石灰岩和白云岩中，一般水量较丰富，尤以水泉湾附近泉眼成群出露，个别泉眼流量达 10 kt/d 以上。

西柏坡至黄骅港沿线地下水的分布、埋藏、径流和排泄条件，受所在区域的地貌单元、地质条件以及降水量和蒸发量开采利用的影响，本线所经地区为低山区丘陵、山前冲积平原区、冲洪积平原区、冲海积平原区。低山丘陵区基岩中主要为裂隙水，一般为条状含水体，分布不均匀，水量也不大，本区地下水较丰富，主要分布在河谷阶地，埋深 1～2 m，受地表水和大气降水补给，径流和排洪条件较好；平原地区水文地质条件复杂，自西向东由好变坏，埋深由 10 m 至不足 1 m。冲海积原地下水具弱至中等硫酸盐侵蚀。

2. 气候条件

沿线属温带大陆性季风气候，四季分明，冬季寒冷、夏季炎热、春季干旱多风，气象参数见表 2.1-1。

3. 地质情况

神池至西柏坡（含南新城联络线）沿线地质构造单元属山西陆台的一部分，受新华构造体系所控制。主要构造特征为坳陷和隆起相间，由神池至平山依次为：桑干河上游坳陷，恒山、云中山隆起，滹沱河上游坳陷，五台山隆起，忻定坳陷和太行山断裂隆起 6 个构造单元。除太行山断裂隆起呈南北向外，其余均为北东西南走向，坳陷和隆起相互平行呈雁式排列，构成典型的"多"字形构造体系，沿线褶曲和断裂构造比较发育，主要构造断裂走向以北东向为主。由平山至石家庄进入华北平原西缘，地势平缓开阔。

表 2.1-1　朔黄铁路气象参数

地点	年平均气温/°C	极端最高气温/°C	极端最低气温/°C	历年最冷月平均气温/°C	年平均降雨量/mm	年平均蒸发量/mm	最大风速/（m/s）	最大积雪深度/cm
神池	4.6	34.8	−33.8	−11.7	457.8	2 207.8	29.7	16
宁武	6.2	34.8	−27.2	−9.7	452.4	1 981.6	25.0	15
原平	8.4	40.4	−26.1	−8.6	441.8	1 896.5	24.0	11
五台	6.8	38.0	−30.4	−10.2	559.4	1 721.2	14.0	15
盂县	8.6	37.4	−21.6	−6.7	610.2	1 859.5	14.0	14
平山	12.8	41.3	−17.9	−3.1	558.0	1 902.9	17.0	21
肃宁	12.4	42.0	−21.6	−4.1	519.3	1 984.7	17.0	23
黄骅	12.1	40.6	−19.0	−4.0	642.5	1 919.7	22.0	15

西柏坡至黄骅港段位于中朝台地的东部，以定兴一石家庄深大断裂分为两个次一级构造单元，其西属山西中台隆起即第三隆起带—太行山隆起带，是我国东部新华夏系第三隆起带的一部分；东部为第二巨型沉降带—河北平原坳陷带。新华夏系在平原中占主导地位，其主要特征是以北~北东向亚性断裂为主、褶皱次之。坳陷沉降带中晚近期仍有强烈的活动。

本线出露地层比较复杂，几乎包括了各个时代的地层。神池至西柏坡地层由老至新为：古生界、中生界和新生界；西柏坡至黄骅港地层由老至新分为：太古界阜平群、下元古界滹沱群、上元古界长城系、新生界第四系。

2.1.1.2　路基填料

针对路基的状况，对朔黄铁路原平分公司的路堤填料进行了调查。填料调查结果见表2.1-2。

表 2.1-2　示范段内路堤填料

序号	取样地点	液限 w_l/%	塑限 w_p/%	塑性指数	定名	填料分组
1	47 km + 050 m	24.54	16.92	7.62	低液限粉土	C
2	66 km + 100 m	25.57	18.18	7.39	低液限粉土	C
3	86 km + 270 m	20.02	11.82	8.19	低液限粉土	C
4	96 km + 270 m	21.84	10.46	11.39	低液限粉质黏土	C
5	106 km + 230 m	23.04	14.61	8.43	低液限粉土	C

对肃宁分公司管内的典型工点填料状况进行调研分析。258 km + 000 m 处填料为砂黏土，呈黄色，砂粒明显，略有黏性；256 km + 000 m 处填料为黄砂，无黏性，带有砾状碎石，路基状态较好；269 km + 642 m 路桥过渡段处，填料为黄土，内夹杂砂粒，略带风化土；301 km + 172 m 处为砂土；322 km + 073 m 处填料为粉土，呈黄色；332 km + 158 m 过渡段

处，填料为粉土；361 km + 904 m 处填料呈黄色，为粉土；411 km + 965 m 处为粉土；429 km + 170 m 段路基填料为粉土；477 km + 051 m 路桥过渡段填料为粉土；499 km + 981 m 路基填料呈黄色，略带黏性，为粉土。

从调研结果来看，朔黄铁路路基大多采用粉土填料填筑，部分采用砂土和碎石类土填筑。粉土路基基床在动力和水的作用下，其稳定性差，容易出现基床病害。

2.1.2　既有隧道现状

朔黄铁路全线共有 77 座隧道，竣工数量总长 66 338.22 双延米，占朔黄铁路全线路长度的 11.3%。沿线隧道集中分布在神池南至回风和南湾至温塘两段。前段线路走行在山西省神池、宁武和原平县境内，横穿恒山、云中山，线路在 100 km 的长度内有隧道 32 座，共长 28.7 km，占线路全长的 28.7%；后段线路走行于滹沱河峡谷，经山西省五台县、孟县至河北省平山县温塘，线路长 92.6 km，有隧道 45 座，长 37.6 km，占线路全长的 40.6%。全线长 3 km 以上的隧道有 4 座，共长 27.41 km，占全线隧道总长度的 41.3%。长度在 0.5 km 以上至 3 km 之间的中长隧道 25 座，共长 27.95 km，占全线隧道长度的 42.2%；长度 0.5 km 及以下的短隧 48 座，共长 10.98 km，占全线隧道总长度的 16.5%。

朔黄铁路长隧道或特殊条件的隧道全部或部分地段采用复合式衬砌，约占全线隧道总长的 42%；长梁山、寺铺尖、水泉湾隧道全部采用复合式衬砌；三家村、古月隧道洞身基本在浅埋、风化极严重地层中通过，甲子湾 2 号隧道大部分位于碎石土地层中，Ⅳ、Ⅴ级围岩占隧道长度的 80% ~ 100%，采用复合式衬砌；东风、滴水崖隧道部分采用复合式衬砌，部分采用普通模筑混凝土衬砌（整体式衬砌）；全线其他隧道均采用整体式衬砌设计。全线隧道正洞全部采用混凝土或钢筋混凝土作为永久衬砌，8 度地震区、Ⅲ级及以下围岩采用曲墙带仰拱封闭式衬砌。

2.1.3　既有桥梁现状

朔黄重载铁路桥梁采用中-活载图式设计，在设计活载标准上与普通客货共线铁路、大秦重载铁路相一致。朔黄铁路桥涵按建设情况整体分神肃段和肃黄段，神肃段桥梁双线一次建成，其中神池南至西柏坡段地貌以山区为主，桥梁 105 座 25 711.61 双延米，涵洞 658 座、25 236 横延长米；西柏坡至肃宁段主要为平原地区，桥梁 89 座、17 607 双延米，涵洞 385 座、96 57.78 横延米；肃黄段属于平原地区，一期（单线）建设桥梁 82 座、16 849.11 延米，涵洞 499 座、7 685.63 横延米；后期增建复线桥梁 78 座、16 824.07 延米，涵洞 454 座、2 980.38 横延米。朔黄铁路正线桥涵统计详见表 2.1-3。

朔黄铁路常用桥梁结构以双片式 T 形简支梁结构为主，采用 16 m、20 m、24 m、32 m 的预应力混凝土梁和 8 m、10 m、12 m 钢筋混凝土结构；部分受净高控制的工点，采用了 10 m 与 12 m 低高度钢筋混凝土板梁、16 m 与 20 m 低高度预应力混凝土梁和 24 m 与 32 m 超低高度预应力混凝土梁。常用跨度桥梁统计详见表 2.1-4。

表 2.1-3　朔黄铁路正线桥涵设计分布统计表

地区分布	线路分段	正线长度/km	桥梁分布		涵洞分布		附注
			座	延米	座	横延米	
山区丘陵	神池南—西柏坡	241.35	105	25 711.61	658	23 236.00	桥梁为双延米
平原	西柏坡—肃宁北	178.43	89	17 607.00	385	9 657.78	桥梁为双延米
	肃宁北—黄骅港	165.64	82	16 849.11	499	7 685.63	桥梁为单延米
	肃黄段二线	169.44	78	16 824.07	454	2 980.38	桥梁为单延米

表 2.1-4　朔黄铁路常用跨度桥梁统计表

跨度/m	类　型	神肃段	肃黄段	朔黄全线	比例/%
32	普通高度预应力混凝土梁	997	235	1 232	77.00
	超低高度预应力混凝土梁	9	11	20	1.25
24	普通高度预应力混凝土梁	105	9	114	7.13
	超低高度预应力混凝土梁	4	4	8	0.50
20	普通高度预应力混凝土梁	25	4	29	1.81
	低高度预应力混凝土梁	2	19	21	1.31
16	普通高度预应力混凝土梁	106	8	114	7.13
	低高度预应力混凝土梁	11	12	23	1.44
12	普通高度钢筋混凝土梁	4	7	11	0.69
	低高度钢筋混凝土板梁	5	18	23	1.44
10	低高度钢筋混凝土板梁	3	0	3	0.19
8	钢筋混凝土 T 梁	2	0	2	0.13

从常用跨度桥梁统计表可知以下几点：

（1）跨度 32 m、24 m、20 m 和 16 m 普通高度预应力混凝土梁为 1 232 孔、114 孔、29 孔和 114 孔，分别占常用跨度桥梁总数的 77.00%、7.13%、1.81% 和 7.13%，合计占 93.07%。

（2）跨度 32 m、24 m、20 m 和 16 m 低（超低）高度预应力混凝土梁分别为 20 孔、8 孔、21 孔和 23 孔，分别占常用跨度桥梁总数的 1.25%、0.50%、1.31% 和 1.44%，合计占 4.50%。

（3）跨度 12 m 和 10 m 低高度钢筋混凝土板梁为 23 孔和 3 孔，分别占常用跨度桥梁总数的 1.44% 和 0.19%，合计占 1.63%。

（4）跨度 12 m 和 8 m 的钢筋混凝土 T 梁为 11 孔和 2 孔，分别占常用跨度桥梁总数的 0.69% 和 0.13%，合计占 0.82%。

朔黄铁路全线桥梁大量采用预应力混凝土简支梁，占全线桥梁总数的 97.57%，其梁体基本参数详见表 2.1-5。

表 2.1-5　朔黄铁路预应力混凝土梁基本参数

计算跨度/m	16.0		20.0		24.0		32.0	
梁体长度/m	16.5		20.6		24.6		32.6	
梁体类型	低高度梁	普通高度梁	低高度梁	普通高度梁	超低高度梁	普通高度梁	超低高度梁	普通高度梁
施工类型	先张	后张	先张	后张	后张	后张	后张	后张
梁体图号	叁桥2003	叁桥2018	专桥2094	叁桥2018	叁桥2005	专桥2059	叁桥2005	专桥2059
梁体高度/m	1.10	1.60	1.35	1.90	1.25	2.10	1.75	2.50
梁体高跨比	1/14.5	1/10.0	1/14.8	1/10.5	1/19.2	1/11.4	1/18.3	1/12.8
腹板厚度/m	0.26	0.24	0.26	0.24	0.19	0.16	0.19	0.16
底板宽度/m	1.06	0.78	1.06	0.78	1.06	0.88	1.06	0.88
惯性矩 I_X / m^4	0.143	0.340	0.229	0.482	0.209	0.659	0.485	1.002
中性轴 y_0 /m	0.633	0.988	0.696	1.126	0.709	1.181	0.973	1.392
混凝土标号（直/曲线梁）	500/550	400/400	500/500	400/450	600/650	450/450	600/650	500/500
梁体质量/t	45.9	45.7	66.5	62.4	75.8	78.5	112	112

　　钢筋混凝土梁主要集中在肃宁分公司管段内，共计 18 座桥 39 孔梁，分为 8 m、10 m、12 m 3 种跨度，其中含跨度 8 m 钢筋混凝土 T 梁 2 孔，图号为专桥（88）1023；跨度 10 m 低高度钢筋混凝土板梁 3 孔，图号为专桥（91）1024；跨度 12 m 钢筋混凝土 T 梁 10 孔，图号为专桥（88）1023；跨度 12 m 低高度钢筋混凝土板梁 23 孔，图号为专桥（88）1024。根据实际情况或特殊要求，朔黄铁路采用了一些特殊的桥梁结构：在滹沱河峡谷区段，受水文控制，采用了（50＋80＋50）m 和（40＋3×72＋40）m 预应力混凝土连续箱梁结构；跨京沪高速铁路和跨南运河特大桥，受净空控制，采用了 64 m 下承式钢桁梁结构；跨新沧保公路大桥，根据铁路和公路斜交情况及公路规划需要，采用了门式框架墩纵向错置的结构。在立交桥跨式样方面，一般采用梁式桥，特殊条件下采用框构桥；位于站场咽喉区内的桥梁也多采用框构桥。朔黄铁路涵洞形式包括圆涵、盖板涵、钢筋混凝土矩形涵、拱涵、框构涵等多种形式，以适应不同条件要求。

　　朔黄铁路共有涵渠 1 688 座/1 733 孔，涵渠组成如下：

　　（1）按单双线统计，双线涵渠 1 635 座，占 96.9%；单线涵渠 53 座，占 3.1%。

　　（2）按孔跨数统计，1 孔涵渠 1 645 座，占 97.5%；2 孔涵渠 41 座，占 2.4%；3 孔涵渠 2 座，占 0.1%。

　　（3）按涵渠类型统计，盖板箱涵（含板涵）769 座，框构箱涵［含方（矩）涵、肋板箱涵〕605 座，拱涵 106 座，圆涵 153 座，倒虹吸（含倒虹吸管）48 座，其他（含渡槽泄水隧洞）7 座，各类型涵渠占全线总量的比例如图 2.1-1 所示；按涵顶填土厚度统计，涵顶填土小于 1 m 的有 748 座，1～2 m 的有 446 座，合计占全线总量的 70.7%，涵渠填土厚度的统计情况如图 2.1-2 所示。不同填土高度的各类型涵渠数量详见表 2.1-6。

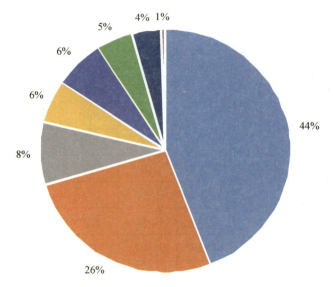

■ 0～1 m　■ 1～2 m　■ 2～3 m　■ 3～5 m　■ 5～8 m　■ 8～12 m　■ 12～30 m　■ >30 m

图 2.1-1　涵渠组成—按涵渠图

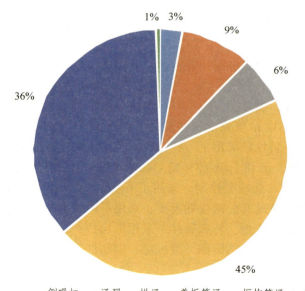

■ 倒吸虹　■ 涵洞　■ 拱涵　■ 盖板箱涵　■ 框构箱涵　■ 其他

图 2.1-2　涵渠组成—按涵顶类型统计

　　桥梁下部结构形式多样，以圆端形或矩形板式墩为主，含少量轻型桥墩结构，具体类型统计详见表 2.1-7 和表 2.1-8。

表 2.1-6　朔黄铁路正线涵渠填土高度统计

类　型	填土高/m							
	0~1	1~2	2~3	3~5	5~8	8~12	12~30	>30
盖板箱涵	293	170	71	85	84	43	20	3
框构箱涵	373	180	47	0	1	0	4	0
拱涵	4	3	3	4	18	36	38	0
圆涵	59	57	21	7	6	2	1	0
倒虹吸	14	34	0	0	0	0	0	0
其他	5	2	0	0	0	0	0	0
合计	748	446	142	96	109	81	63	3
占百分比/%	44.3	26.4	8.4	5.7	6.5	4.8	3.7	0.2

表 2.1-7　神肃段桥墩类型统计

类型	图纸名称	数量/个
单线单圆柱桥墩	朔黄桥通-01	232
单线矩形板式墩	叁桥（87）4036	222
单线圆端形板式墩	大秦石秦施桥02	2
单线圆形墩	肆桥4034	16
单线圆端形板式墩	叁桥（91）4038	406
矩形桥墩	叁桥4033	58
双线分离式圆柱桥墩	大秦石秦施桥01	10
双线双柱式桥墩	肆桥4023	97
双线圆端形桥墩	叁桥4027	420
圆端形空心墩	叁桥4035	48
单线矩形板式墩	叁桥（87）4038	254

表 2.1-8　肃黄段桥墩类型统计

类型	图纸名称	数量/个
单线圆端形板式墩	叁桥（94）4038A	350
单线矩形板式墩	叁桥（87）4036	242
单圆柱墩	朔黄桥通-01	266
单圆柱墩	桃威桥通-1	34
单圆柱墩	桃威桥通-2	20
圆柱桥墩	大秦石秦施桥01	34
圆柱桥墩	大秦石秦施桥02	6

2.2 朔黄铁路重载机车技术

2.2.1 SS$_{4B}$型电力机车

2.2.1.1 SS$_{4B}$型电力机车简介

SS$_{4B}$型电力机车是由各自独立且又互相联系的两节机车组成，每节机车均为一个完整系统。机车主电路采用不对称三段半控桥，相控调压，具有恒流准恒速控制的牵引特性和恒制动力准恒速控制的加馈电阻制动特性。空气制动采用 DK-1 型电空制动机，机车采用微机控制，具有空电联合制动、空转滑行保护、功率因数补偿、主要技术数据传输及显示、故障诊断等功能。

SS$_{4B}$型电力机车全长约 32 m，总功率 6 400 kW，最大起动牵引力 628 kN，最高运行速度 100 km/h。其主要特点如下：

（1）SS$_{4B}$型电力机车是由两节完全相同的 4 轴电力机车通过内重联环节连接组成的 8 轴重载货运电力机车，每节车为一个完整系统，设有一个司机室。两节车重联处有中间走廊连通，可以很方便地从一节车走到另一节车。SS$_{4B}$型电力机车具有外重联控制功能，可以在一个司机室对两台（共 16 轴）机车进行控制。

（2）每节车装有两台两轴转向架，牵引力传递系统采用中央低位斜拉杆推挽式牵引装置，具有动力学稳定性好、黏着利用率高的优点。

（3）机车牵引电机采用株洲电力机车厂与日本日立公司联合设计、合作生产的 ZD114 型牵引电机，此电机设计先进、用料考究、制作精良，性能十分优异。牵引电机的悬挂方式为滚动抱轴鼻式悬挂，并采用单侧刚性直齿传动方式。

（4）车体为整体承载结构，用高强度低合金钢焊制而成，并采用有限元分析法进行优化设计，使车体整体结构承受 2 450 kN 的静压力而无永久变形。同时，由于车体采用了大顶盖结构，可以采用预布线和预布管的先进工艺，方便施工，缩短了生产周期，改善了施工条件，并为提高组装质量创造了条件。

（5）机车主电路采用了标准化、模块化结构，整流电路为大功率晶闸管和二极管组成的不等分三段半控整流桥。为改善牵引电机在深度磁场削弱工况时的换向性能，在牵引回路中采用了分流电抗器；机车设有功率因数补偿装置，因而，具有较高的功率因数和较小的谐波干扰电流，改善了电网的供电质量；机车主变流装置采用铜散热器，以便改善装置的散热条件和硅元件接触面的抗氧化性能，进一步提高了装置可靠性；为改善机车低速时的电制动性能，机车主电路设计成加馈电阻制动。

（6）机车辅助电路采用旋转式劈相机系统。每节机车设两台劈相机，各辅机采用三相自动开关进行保护，性能稳定可靠，并选用高质量接触器作为辅机动力控制器件，以提高辅助系统的可靠性。

（7）机车电子控制部分采用微机控制技术，大大提高了控制精度和各车的一致性，并能实现机车技术数据信息的传输、显示和存储，给机车故障诊断和处理提供了极大方便。

（8）机车采用特性控制技术。牵引时，用恒流起动，能保证机车平稳起动，在进入准恒速运行后，可按司机控制器级位规定的速度运行，这样不仅保证了机车起动平稳、加速快，而且有较高的再黏着性能，操纵也方便；制动时，同样有特性控制功能，即按准恒速运行或按限制曲线运行，使机车有准恒速和最大制动力特性。

（9）机车采用 DK-1 电空制动机，具有空电联合制动性能，以保证长大下坡道准恒速控制的需要。

（10）机车装有空转、滑行保护装置。采用高性能的光电式速度传感器检测空转、滑行信号。若车轮空转，该装置接收到信号，经处理后，随即发出动作指令，先撒砂，以增加黏着。若空转依然存在，则装置使电机自动减载，使机车恢复黏着，消除空转或滑行。

（11）机车采用 TSG3 型受电弓。该受电弓是 8k 机车受电弓国产化产品，性能稳定，质量可靠。

（12）高压电压互感器选用干式互感器，质量轻，且能满足在 – 40 °C 环境下的使用要求。

（13）为充分利用黏着重量，机车设有轴重转移补偿环节。电机电流不大于额定电流时不进行补偿，在额定电流与起动电流之间补偿呈线性关系，最高补偿率为 5%。

（14）机车具有超压和三级磁场削弱控制功能。当机车速度超过 50 km/h 时，电机开始超压，直至电机电压达 1 100 V。若还需增加机车速度，可以进行磁场削弱。电机超压是为了增加机车恒功速度范围。

（15）全车导线 99% 采用冷压接头，尤其是控制电路导线采用冷压型线簧式插接件作为各屏柜、各装置之间的快速连接器，提高了功效，保证了电路的可靠性。

（16）机车通风冷却系统采用传统的车体侧大面积百叶窗通风方式，并采用滤尘效果和容尘量都较理想的新型过滤材料，既保证了全车通风之需，又保证了滤尘效果，主变流装置与牵电机采用串联通风冷却方式，并对风道进行了优化设计，完全满足主变流装置的风速要求和电机换向室的静压要求。

2.2.1.2　SS₄B型电力机车主要性能

1. SS₄B型电力机车使用环境

SS₄B 型电力机车在下列使用环境条件下，能按额定功率正常运行：

（1）海拔不超过 1 550 m。

（2）周围空气温度（遮阴处）在 – 25 °C 至 + 40 °C 之间。

（3）最湿月月平均最大相对湿度不大于 90%（该月月平均最低温度为 + 25 °C）。

（4）能承受一般性风、沙、雨、雪及较大灰尘的侵袭。

2. 机车主要技术参数

电流制：单相交流，50 Hz

工作电压：额定值：25 kV；最大值 29 kV；最小值 20 kV；故障值 19 kV

机车整备质量：2×92 t（– 1% ~ 3%）

轴重（平均值）：23 t

机车在受电弓降下时，在平直道上其外形尺寸满足 GB146.1-83《机车车辆限界》的要求。

3. 机车特性参数

持续制功率：6 400 kW

牵引时恒功率速度范围：50 ~ 80 km/h

起动牵引力：628 kN（在半磨耗轮、速度为 0 ~ 5 km/h 时的轮周平均牵引力）

持续牵引力：450 kN（半磨耗轮）

机车速度：持续速度 50 km/h（半磨耗轮）；最大速度 100 km/h

电制动方式：加馈电阻制动

电制动力：382 kN（10 ~ 50 km/h）

轮周制动功率：5 570 kW（50 ~ 80 km/h）

4. 功率因数（λ）

当机车发挥 50% 及以上额定功率（牵引电机电流为额定电流，电压为 50% 的额定电压）时，功率因数不小于 0.9。

5. 总效率

在额定网压下，牵引工况发挥持续制功率时的机车总效率不小于 0.81。

6. 机车主要结构尺寸

轨距：1 435 mm

轴式：2（B_0-B_0）

前后车钩中心距：2 × 16 416 mm

车体底架长度：15 200 m

车体宽度：3 100 mm

机车落弓状态最高处（连接器处）距轨面高度：4 775 mm

转向架中心距：8 200 mm（单节机车）

全轴距：11 100 mm（单节机车）

转向架轴距：2 900 mm

受电弓降下时滑板顶面距轨面高度高于：4 700 mm + 30 mm（新轮）

传动齿轮箱底面距轨面高度不小于：110 mm（新轮）

受电弓距轨面的工作高度范围：5 200 ~ 6 500 mm

车钩中心线距轨面高：（880 ± 10）mm

机车排障器与轨面间高度：110 mm（可调节）

车轮直径：（1 250 ± 1）mm（新轮）

轮对内侧距：（1 353 ± 3）mm

2.2.2 HXD1 型神华八轴电力机车

神华号大功率交流传动电力机车（简称神华号机车）是为适应神华铁路重载运输需求，在南车株洲电力机车有限公司现有大功率交流传动电力机车平台的基础上，通过进一步优化机车性能而研制的。总体设计方案中对机车设备布置、电气系统、制动系统、控制系统、车体及转向架等各个系统进行了系统集成设计，并在设计时采用各部件的标准化及模块化，且对设计全周期进行 RAMS（Reliability，Availability，Maintainability，Safety）分析，确保设计的可维护性与可靠性。

神华八轴电力机车主要技术参数：

海拔：不超过 2 500 m

环境温度（遮阴处）：－40～+40 ℃

最大相对湿度不大于 90%（该月月平均最低温度不低于 +25 ℃）

能承受一般性风、沙、雨、雪及较大灰尘的侵袭

电流制：单相 AC 25 kV/50 Hz

机车整备质量：2×100 t

轴重：25 t

机车轮周牵引功率（持续制）：9 600 kW

机车起动牵引力：760 kN

机车持续牵引力：532 kN

机车最高运营速度：120 km/h

持续速度：65 km/h

牵引恒功率速度范围：65～120 km/h

电制动方式：再生制动

最大再生制动力：461 kN

轴式：2（B_0-B_0）

功率因数：当机车功率大于 10% 额定功率时，$\lambda \geqslant 0.97$

机车总效率（额定工况）：$\geqslant 0.85$

机车安全通过的最小半径：$R = 125$ m（5 km/h）

电传动方式：交-直-交

传动方式：单边斜齿传动

传动比：106/17 = 6.235 3

空气制动机型式：DK-2 电空制动机

每节机车总风缸容积：$\geqslant 1\ 000$ L

空气压缩机能力：不小于 2400L/min×2

轨距：1 435 mm

车钩中心线距轨面高度：（880±10）mm（新轮）

机车前后车钩中心距：35 304 mm

机车车体宽度：3 100 mm

机车车体宽度（扶手杆处）：3 248 mm

机车车顶距轨面高度：4 003 mm

机车转向架中心距（单节车）：9 000 mm

受电弓滑板距轨面工作高度：5 200～6 500 mm

机车转向架固定轴距：2 800 mm

车轮直径：1 250 mm（新轮），1 150 mm（全磨耗）

齿轮箱底面距轨面高度：不小于 120 mm（新轮）

机车排障器距轨面高度：（110 ± 10）mm

电传动系统：水冷 1GBT 变流器，每节车 4 个四象限整流器，两个中间直流电压环节，2 个脉宽调制（PWM）逆变器；每个脉宽调制（PWM）逆变器向同一个转向架下的 2 台三相异步牵引电机供电（架控）；电机为滚动轴承抱轴式悬挂。

控制设备：DTECS 中央控制单元，牵引控制单元，每个司机室彩色显示屏，中央诊断、记录装置，电气防空转/防滑行保护，自动过分相可实现机车重联牵引。

制动设备：DK-2 制动系统，再生制动作为首选常用制动；电空制动作为第二级常用制动，作用在轮盘制动器上；空气制动机与 MVB 总线连接。

辅助供电：2 台全冗余三相辅助逆变器供电，采用低噪声节能的风机控制系统。

2.2.3　HXD1 型神华十二轴电力机车

HXD1 型神华十二轴电力机车是在神华八轴机车的基础上增加了一节机车。

神华十二轴电力机车主要技术参数：

海拔：不超过 2 500 m。在海拔不超过 1 400 m、环境温度（遮阴处）不高于 + 40 ℃ 情况下，机车能够连续在满功率状态下运行。

环境温度（遮阴处）： − 40 ~ + 40 ℃

最大相对湿度（该月月平均最低温度不低于 25 ℃）：90%

环境条件：能承受风、沙、雨、雪、煤尘和沙尘暴

电流制：单相 AC 25 kV/50 Hz

网压在 17.5 ~ 31 kV 范围内，机车功率发挥情况见图 2.2-1。

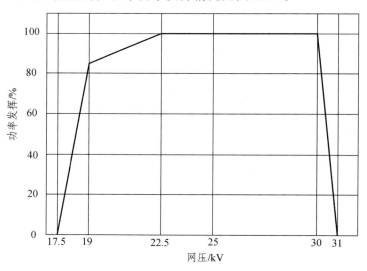

图 2.2-1　网压-功率发挥曲线图

轨距：1 435 mm

轴式：3(B$_0$-B$_0$)

机车整备质量：3×100 t

5 轴荷重：25 t，同一节 B_0-B 车，每根轴轴荷重和平均轴荷重之差，不大于该机车的平均轴荷重的 $\pm 2\%$；各个轮荷重不超过（各自轮对）平均轮荷重的（按照 IEC61133 标准）$\pm 4\%$

尺寸限界：机车受电弓完全降弓时，在平直轨道上，机车外形尺寸应符合 GB 146.1—83《标准轨距铁路机车车辆限界》的要求。

车钩中心线距轨面高度为（新轮）：（880 ± 10）mm

受电弓降下时受电弓滑板距轨面高度：大约为 4 690 mm（新轮）

受电弓滑板距轨面工作高度：5 200 ~ 6 500 mm

齿轮箱底面距轨面高度不小于（在新轮条件下）：120 mm

机车排障器距轨面高度：（110 ± 10）mm（在踏面允许磨耗范围内可调）

转向架扫石器距轨面高度：30mm（在踏面允许磨耗范围内可调）

机车主要尺寸：

机车前后车钩中心距：52 912 mm

端部节机车前后中心距：17 652 mm

中间节机车前后中心距：17 608 mm

机车车体宽度：3 100 mm

机车车体宽度（扶手杆处）：3 248 mm

机车车顶距轨面高度：4 003 mm

机车转向架中心距（单节车）：9 000 mm

机车转向架固定轴距：2 800 mm

主要技术参数：

机车轮周牵引功率（持续制）：14 400 kW

机车轮周电制动功率（持续制）：14 400 kW

机车起动牵引力（0 ~ 5 km/h 速度范围内半磨耗的轮周平均牵引力，干燥无油轨面）：$\geqslant 1\ 140$ kN

机车速度：

持续速度：65 km/h

最高运营速度：120 km/h

最高试验速度（新轮）：（132 ± 2）km/h

机车持续制牵引力：798 kN

牵引特性曲线见图 2.2-2。

机车最大制动力：691 kN

再生制动特性曲线见图 2.2-3。

速度 5 ~ 2 km/h 时，制动力线性下降到零。

恒功率速度范围：

牵引：65 ~ 120 km/h

再生制动：75 ~ 120 km/h

功率因数：$\geqslant 0.99$，条件是接触网电压在 22.5 ~ 27.5 kV（正弦网压）范围内，且机车牵引功率在额定牵引功率的 20% 至 100% 范围内。

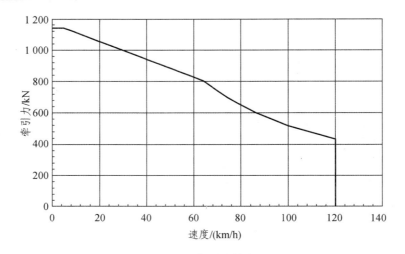

图 2.2-2 牵引特性曲线

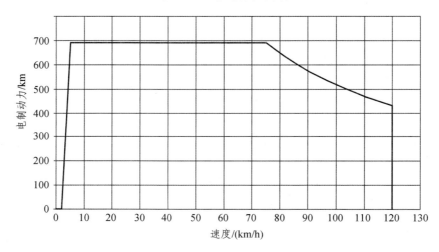

图 2.2-3 再生制动特性曲线

机车电传动形式：采用"交-直-交"电传动形式。电源侧采用四象限斩波整流器，电机侧采用电压型逆变器，三相异步牵引电动机采用轴控。

机车总效率：机车在额定网压下，在牵引工况下发挥持续额定功率时，机车总效率≥0.85。

机车动力学性能：机车能以 5 km/h 速度安全通过 $R = 125$ m 的曲线，并能在 $R = 250$ m 的曲线上进行正常摘挂作业。

机车安全性指标包括轮轴横向力和轮重减载率等，其中脱轨系数应不大于 0.9，轮轴横向力按 TB/T 2360-1993 评定，其系数不大于 1.0，轮重减载率按 GB 5599 评定。

机车舒适度指标包括车体垂向和横向振动加速度、垂向和横向平稳性指标，舒适度指标按 TB/T2360 中的合格指标评定。

机车在牵引工况下的轴重转移（起动时）：≤10%

机车具有轴重转移的电气补偿功能（电机转矩不超过电机启动转矩限值）。

机车重联控制功能：机车具有通过 WTB 总线进行多机（最多两台）重联控制及显示功能；机车装备有无线重联同步控制系统，能实现多机之间的远程无线重联。

2.3 朔黄铁路车辆技术

2.3.1 C64k 货车技术

本车为装运煤炭、矿石、建材、机械设备、木材及集装箱等货物，能够满足人工装卸和适应翻车机等机械化卸车作业，并能适应解冻库要求的四轴铁路敞车。

1. C64k 型敞车主要性能与参数

载重（t）：61

自重（t）：≤23

自重系数：≤0.377

每延米重（t/m）：≤625

商业运营速度（km/h）：120

使用环境温度（℃）：±40

轨距（mm）：1 435

通过最小曲线半径（m）：145

轴重（t）：21

车辆长度（mm）：13 438

车辆定距（mm）：8 700

车辆最大宽度（mm）：3 243

车辆最大高度（mm）：3 142

车体内长（mm）：12 490

车体内宽连铁处（mm）：2 784

车体内宽上侧板处（mm）：2 890

地板面距轨面高（空车）（mm）：1 088

车钩中心线距轨面高（mm）：880±10

车轮直径（mm）：840

限界符合 GB 146.1-83。

2. 车 体

（1）车体为全钢焊接结构，其主要梁件和板件，除中梁采用我国的 09V 高强度低合金钢外，其他主要构件，如侧梁、枕梁、大横梁、侧墙板、端墙板等均采用符合运装货车〔2000〕137 号和〔2001〕62 号文件要求的 08CuPVRe 或 09CuPTiRe 或与之相当的耐大气腐蚀高强度低合金钢。

（2）底架由中梁、侧梁、端梁、枕梁、大横梁、小横梁组焊而成。中梁采用 310 mm 乙型钢；侧梁采用 240×80×9 槽钢。底架上铺设符合 GB 4171-84 标准的 7 mm 厚的耐候钢地板，材质为 09CuPCrNi-A。

（3）侧墙为板柱式结构，由上侧梁、侧柱、侧板、连铁、斜撑及侧柱补强板等组焊而成。上侧梁应采用 140×116×6 冷弯矩形钢管。侧柱应采用热轧帽型铜或 8 mm 厚冷弯帽型钢。侧柱与侧梁连接处应涂密封胶。

（4）端墙由上端梁、角柱、横带及端板等组焊而成。上端梁采用 140×116×6 冷弯矩形钢管，角柱由 140×58×6 槽钢与钢板组焊而成。

（5）每位侧墙上各组装有 6 扇下侧门和 1 扇中门。

（6）脚蹬铆接在车端左侧的下侧梁上，其上部的侧墙组焊扶梯。

3. 车钩缓冲装置

采用 C 级钢材质的 13 型或 13A 型车钩，13A 型钩尾框，符合运装货车电〔2002〕104 号电报要求的合金钢钩尾销，采用 MT-3 型缓冲器。

4. 制动装置

设有风制动和基础制动装置，分别为：

（1）采用制动主管压力能满足 500 kPa 和 600 kPa 的制动装置，采用运装货车〔1999〕357 号文件批准改进的 120 型控制阀、直径为 356 mm 的整体旋压密封式制动缸、ST2-250 型双向闸瓦间隙自动调整器；采用符合运装货车〔2002〕102 号文件要求的空重车自动调整装置、编织制动软管总成、奥-贝球铁衬套、高磷铸铁闸瓦；采用符合运装货车〔2002〕248 号文件要求的不锈钢制动配件和管系。

（2）基础制动采用符合运转货车〔2002〕2 号文件要求的 NSW 型手制动机或符合辆技函〔1996〕101 号文件要求的脚踏式制动机。

5. 转向架

采用满足运装货车〔2002〕28 号文件批准的转 k2 型转向架（QCZ85E-00-00、QCZ86E-00-00），B 级钢摇枕侧架；采用 LZ50 钢车轴，符合 TB/T2817 标准的 HDSA 型辗钢车轮或符合 TB/T 1013 标准和运装货车〔2001〕85 号文规定的 HDZB 型铸钢车轮。

6. 油　漆

各金属型材、板材及车体各部位在涂漆前进行抛丸除锈预处理，底体架及其附属件内外表面采用溶剂型（或水溶型）厚浆醇酸漆作为底面漆，外表面油漆颜色（含制动装置）为铁红色。转向架的各铸钢件、车钩、钩尾框、轮对、心盘等表面涂醇酸树脂漆，转向架摇枕弹簧涂沥青清漆。

7. 标　记

车辆标记应按中国铁路标准 TB/T1.1～1.2-95《铁道车辆标记》和 TB/T 2435-93 的要求涂打。

2.3.2　C70 型通用敞车

2.3.2.1　主要用途

C70 型通用敞车是供中国准轨铁路使用，主要用于装运煤炭、矿石、建材、机械设备、钢材及木材等货物的通用铁路车辆，除能满足人工装卸外，还能适应翻车机等机械化卸车作业，并能适应解冻库的要求。

2.3.2.2　主要特点

（1）采用屈服极限为 450 MPa 的高强度钢和新型中梁，载重大、自重轻；优化了底架结构，提高了纵向承载能力，适应万吨重载列车的运输要求。

（2）车体内长 13 m，满足较长货物的运输要求；对底架结构进行了优化，车辆中部集载能力达到 39 t，较 C64 型敞车提高了 70%，可运输的集载货物范围更广。

（3）采用新型中立门结构，提高了车门的可靠性，可解决现有 C64 型敞车最大的惯性质量问题。

（4）采用 E 级钢 17 型高强度车钩和大容量缓冲器，提高了车钩缓冲装置的使用可靠性。

（5）采用转 k6 型或转 k5 型转向架，确保车辆运营速度达 120 km/h，满足提速要求；改善了车辆运行品质，降低了轮轨间作用力，减轻了轮轨磨耗。

（6）侧柱采用新型双曲面冷弯型钢，提高了强度和刚度，更适应翻车机作业。

（7）满足现有敞车的互换性要求，主要零部件与现有敞车通用互换，方便维护和检修。

2.3.2.3　主要参数

1. 主要性能参数

载重（t）：70

自重（t）：≤23.8

轴重（t）：23

容积（m³）：77

比容（m³/t）：1.1

每延米重（t/m）：≤6.69

商业运营速度（km/h）：120

通过最小曲线半径（m）：145

全车制动倍率：11.2

全车制动率（常用制动位）：空车 19.4%；重车 17.4%

限界：符合 GB146.1-1983《标准轨距铁路机车车辆限界》的规定

2. 主要尺寸

车辆长度（mm）：13 976

车辆定距（mm）：9 210

车辆最大宽度（mm）：3 242

车辆最大高度（mm）：3 143

车体内长（mm）：13 000

车体内宽上侧板处（mm）：2 892

连铁处（mm）：2 792

车体内高（mm）：2 050

地板面距轨面高（空车）（mm）：1 083

车钩中心线高（空车）（mm）：880

门孔尺寸（宽×高）：侧开门孔 1 620 mm×1 900 mm；下侧门孔 1 250 mm×951 mm

固定轴距：转 k6 型 1 830 mm；转 k5 型 1 800 mm

车轮直径（mm）：840

2.3.2.4 主要结构

该车主要由车体、转向架、车钩缓冲装置及制动装置等组成（见图 2.3-1、图 2.3-2）。

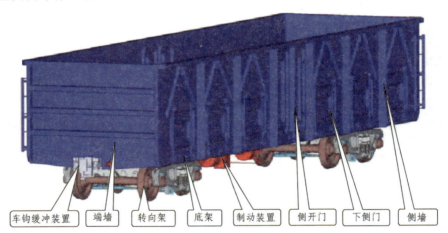

图 2.3-1 C70（C70H）型敞车三维示意图

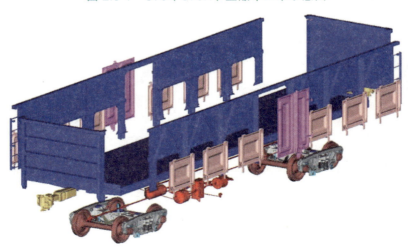

图 2.3-2 C70（C70H）型敞车三维爆炸图

1. 车　体

该车车体为全钢焊接结构，由底架、侧墙、端墙、车门等部件组成。车体主要材料采用屈服强度为 450 MPa 的耐大气腐蚀钢，其化学成分及机械性能见表 2.3-1、表 2.3-2。

表 2.3-1　化学成分

序号	化学成分/%							
	C	Si	Mn	P	S	Cu	Ni	Cr
Q450NQR1	≤0.12	≤0.75	≤1.50	≤0.025	≤0.008	0.20～0.55	0.12～0.65	0.30～1.25

表 2.3-2　机械性能

牌号	屈服强度 R_{el}/MPa	抗拉强度 R_m/MPa	延伸率 A/%	$-40\ ℃$ 冲击功 A_{kV}/J
Q450NQR1	≥450	≥550	≥20	≥60

2. 底　架

底架由中梁、侧梁、枕梁、大横梁、端梁、纵向梁、小横梁及钢地板组焊而成。中梁采用 310 乙字型钢组焊而成，允许采用冷弯中梁，侧梁为 240×80×8 的槽形冷弯型钢；枕梁、横梁为钢板组焊结构，底架上铺 6 mm 厚的耐候钢地板；采用锻造上心盘（直径为 358 mm）及材质为 C 级铸钢的前、后从板座，前、后从板座与中梁间，脚蹬、牵引钩、绳栓、下侧门搭扣与侧梁间均采用专用拉铆钉连接。

3. 侧　墙

侧墙为板柱式结构，由上侧梁、侧柱、侧板、连铁、斜撑、侧柱补强板及侧柱内补强座等组焊而成（见图 2.3-3）。上侧梁采用 140×100×5 的冷弯矩形钢管，侧柱采用 8 mm 厚冷弯双曲面帽型钢。侧柱与侧梁采用专用拉铆钉连接。

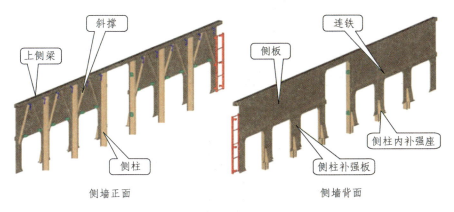

侧墙正面　　　　　　　　　　　　侧墙背面

图 2.3-3　侧墙三维示意图

4. 端　墙

端墙由上端梁、角柱、横带及端板等组焊而成（见图 2.3-4）。上端梁、角柱采用 160×100×5 的冷弯矩形钢管，横带采用断面高度为 150 的帽型冷弯型钢。

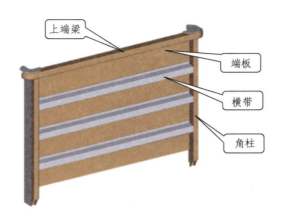

上端梁

端板

横带

角柱

图 2.3-4　端墙三维示意图

5. 侧开门及下侧门

在车体两侧的侧墙上各安装一对侧开式侧开门及 6 扇上翻式下侧门。

侧开门采用新型锁闭装置，门边处组焊槽型冷弯型钢，增强了刚度并将通长式上锁杆封闭在其中，防止变形与磕碰。下门锁采用偏心压紧机构，当车门关闭后，通长式上锁杆可防止下门锁蹿出，操作简单，安全可靠（见图 2.3-5）。下侧门结构与 C64 型敞车相同（见图 2.3-6）。

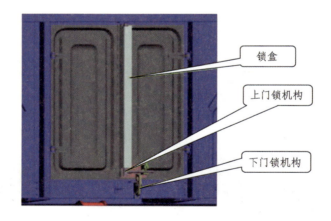

锁盒

上门锁机构

下门锁机构

图 2.3-5　侧开门三维示意图

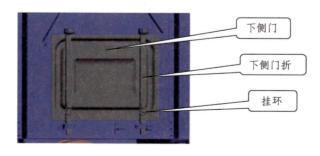

下侧门

下侧门折

挂环

图 2.3-6　下侧门三维示意图

6. 车钩缓冲装置

采用符合运装货车〔2004〕215 号文件要求的 E 级钢 17 型联锁式车钩或铁道部批准的新型车钩、配套采用 17 号铸造钩尾框或符合运装货车〔2005〕78 号文件要求的 17 型锻造钩尾框、合金钢钩尾销、MT-2 型或铁道部批准的新型缓冲器、符合运装货车〔2004〕371 号文件要求的含油尼龙钩尾框托板磨耗板。钩尾销托梁、钩尾框托板、安全托板采用 BY-B 型或 FS 型防松螺母。

7. 制动装置

采用制动主管压力满足 500 kPa 和 600 kPa 的制动装置，主要由 120 型控制阀、直径为 254 mm 的整体旋压密封式制动缸、ST2-250 型双向闸瓦间隙自动调整器、符合运装货车〔2005〕80 号文件要求的 kZW-A 型空重车自动调整装置、符合运装货车〔2005〕333 号文件要求的货车脱轨自动制动装置等组成。采用编织制动软管总成、奥-贝球铁衬套、符合运装货车〔2002〕11 号文件要求的高摩擦系数合成闸瓦、符合运装货车〔2001〕84 号和运装货车〔2002〕248 号文件要求的不锈钢制动配件和管系。手制动装置采用 NSW 型手制动机。

8. 转向架

采用转 k6 或转 k5 型转向架。

2.3.2.5 油 漆

车体、底架及其附属件内、外表面采用溶剂型厚浆醇酸漆作为底、面漆，底漆干膜厚度不得小于 60 μm，油漆干膜总厚度不得小于 120 μm；车内地板只需在地板与端、侧墙相交处 150 mm 范围内涂底漆。内、外表面油漆颜色（含制动装置）为 PB04 中（酞）蓝色。

转向架的各铸钢件、车钩、钩尾框、轮对、心盘等表面应涂醇酸树脂漆，转向架摇枕弹簧涂沥青清漆，其中侧架导框顶面、车轮轮辋内外表面、心盘与心盘磨耗盘接触的工作表面不涂漆。

2.3.2.6 标 记

车辆标记按 TB/T 1.1 ~ 1.2《铁道车辆标记》和 TB/T 2435 的要求涂打。

2.3.3 C80 货车技术

2.3.3.1 车辆用途

C80 型铝合金运煤敞车除满足人工装卸外，还能适应既有自动化装载机煤炭装载作业要求，并与现有翻车机及附属设备相匹配，实现不摘钩连续翻卸作业，并且能够适应解冻库的要求。

2.3.3.2　车辆主要特点

（1）采用双浴盆结构，车体除底架外采用铝合金型材与板材的铆接结构，车体自重轻，容积大，载重达 80 t；同时，铝合金材料耐腐蚀性强，延长了车辆检修周期及使用寿命。

（2）车辆结构按两万吨列车的考核标准进行设计，底架中梁采用屈服强度为 450 MPa 的高强度耐候钢，并对牵引梁部分进行了加强。

（3）车辆外形尺寸满足翻车机及其附属设施的匹配要求，可以实现不摘钩连续翻卸作业。

（4）在车体两侧斜对称位置设置两下侧门，便于装卸人员出入及检修作业。

（5）制动装置采用制动主管压力能满足 500 kPa 和 600 kPa 的空气制动装置，同时预留 ECP 有线电空制动系统安装位置。

（6）转向架采用转 k6 型转向架或转 k5 型转向架，具有运行速度高、动力学性能稳定等特点。

2.3.3.3　主要参数

1. 主要性能参数：

载重（t）：80

自重（t）：≤20

总重（t）：100

轴重（t）：25

自重系数：0.25

每延米重（t/m）：8.33

容积（m³）：87

比容（m³/t）：1.09

车辆通过最小曲线半径（m）：145

商业运营速度（km/h）：100

制动距离（重车、紧急，m）：≤1 400

限界：符合 GB 146.1-1983《标准轨距铁路机车车辆限界》的要求。

2. 主要尺寸

单辆车长度（mm）：12 000

车辆定距（mm：8 200

车辆最大高度（mm）：3 793

车辆最大宽度（mm）：3 184

车体内长（mm）：10 728

车体内宽（mm）：2 946

浴盆底面距轨面高（空车、mm）：267

车钩中心线高（mm）：880

车轮直径（mm）：840

2.3.3.4　主要结构

该车主要由车体、转向架、制动装置、连缓装置等部分组成（见图 2.3-7）。

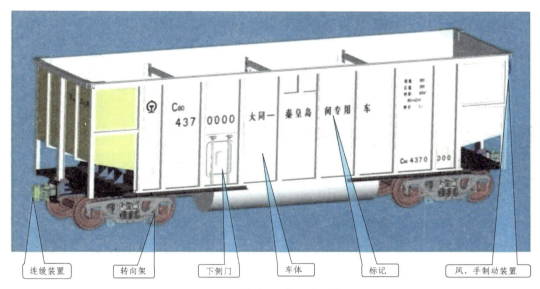

图 2.3-7　车辆组成三维示意图

2.3.3.4.1　车　体

1.　车体结构

该车车体为双浴盆式、铝合金铆接结构，主要由底架、浴盆、侧墙、端墙和撑杆等组成（见图 2.3-8）。其中，底架（中梁、枕梁、端梁）为全钢焊接结构；浴盆、侧墙和端墙均采用铝合金板材与铝合金挤压型材的铆接结构；浴盆、侧墙、端墙与底架之间的连接采用铆接结构。

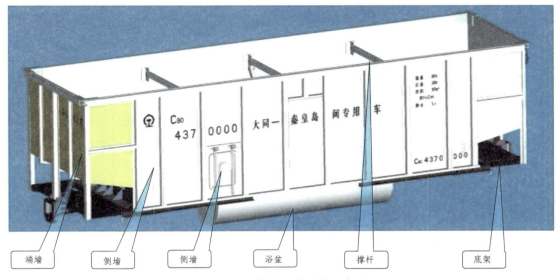

图 2.3-8　车体组成三维示意图

底架由中梁、枕梁、端梁等组成（见图 2.3-9）。中梁采用材料屈服极限为 450 MPa 的高强度耐大气腐蚀 310 热轧乙字型钢或冷弯中梁，保证 – 40 ℃ 时的低温冲击功 A_{kV} 不小于 23.2 J；枕梁为双腹板箱形变截面结构；采用 B 级钢整体式上心盘 C 级钢整体式冲击座。

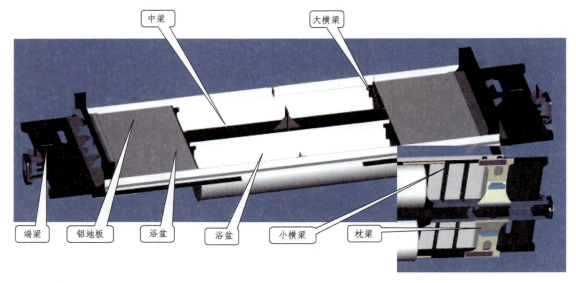

图 2.3-9　底架组成三维示意图

浴盆由铝合金材质的弧形板、浴盆端板等组成，与底架之间采用专用拉铆钉连接，浴盆底部设有排水孔。

侧墙由上侧梁、下侧梁、侧柱、侧板、下侧门门口和辅助梁等组成（见图 2.3-10）。上侧梁、下侧梁、侧柱、辅助梁采用专用挤压铝型材，侧板为铝合金板，下侧门门口内部应设置钢质护板，外部应设置钢制压条，门口周边涂专用密封胶。各零部件之间连接的专用拉铆钉及铝铆钉应按照运装货车〔2003〕408 号文批准的图样进行生产，铝铆钉可以采用专用拉铆钉代用。

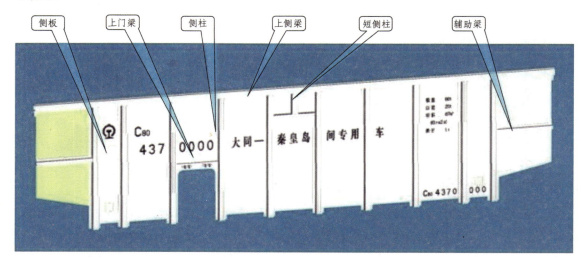

图 2.3-10　侧墙组成三维示意图

　　端墙由上端梁、端柱、侧端柱、角柱、辅助梁和端板等组成（见图2.3-11）。上端梁、端柱、侧端柱、角柱、辅助梁采用专用挤压铝型材，端板为铝合金板。各零部件之间连接的专用拉铆钉及铝铆钉应按照运装货车〔2003〕408号文批准的图样进行生产，铝铆钉可以采用专用拉铆钉代用。

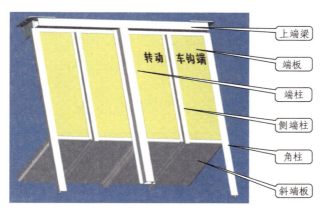

图2.3-11　端墙组成三维示意图

　　下侧门门板采用5083-O材质的铝合金板压型结构，采用钢质折页，折页与门板间采用专用拉铆钉连接。下侧门上部通过折页座与侧墙相连接，下部通过搭扣座锁闭。

　　浴盆由铝合金材质的弧形板、浴盆端板等组成，与底架之间采用专用拉铆钉铆接，浴盆底部设有排水孔。

　　为增强两侧墙及侧墙与底架之间的连接刚度，车内设有撑杆（见图2.3-12）。

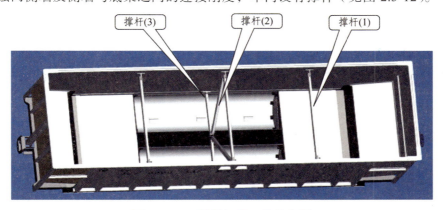

图2.3-12　撑杆组成三维示意图

　　上旁承组成由上旁承、调整垫板、磨耗板组成。C80型车磨耗板的厚度为14 mm，材质为45钢，热处理硬度为35～50 HRC、平面度为1 mm，与下旁承接触面需进行抛光处理。组装后其下平面与下旁承滚子之间间隙为（6±1）mm。

　　在所有钢材质零部件与铝合金件的接触面之间均应安装防电化腐蚀专用胶带。

2. 车体材料

　　该车车体使用的铝合金板材材质为5083-H32，下侧门板使用的铝合金板材材质为5083-O，铝合金型材材质为6061-T6，高强度耐候钢板材材质为Q450NQR1，其化学成分及机械性能见表 2.3-3、表 2.3-4、表 2.3-5、表 2.3-6。

表 2.3-3　铝合金材料化学成分

牌号	化学成分/%											
	Si	Fe	Cu	Mn	Mg	Cr	Zn	Ti	Zr	其他		Al
										单个	合计	
5083	≤0.40	≤0.40	≤0.10	0.40~1.0	4.0~4.9	0.05~0.25	≤0.25	≤0.15		≤0.05	≤0.15	余量
6061	0.40~0.8	≤0.7	0.15~0.40	≤0.15	0.8~1.2	0.04~0.35	≤0.25	≤0.15	≤0.05	≤0.15	余量	0.40~0.8

表 2.3-4　高强度耐候钢化学成分

牌号	化学成分/%							
	C	Si	Mn	P	S	Cu	Ni	Cr
Q450NQR1	≤0.12	≤0.75	≤1.50	≤0.025	≤0.008	0.20~0.55	0.12~0.65	0.30~1.25

表 2.3-5　铝合金材料机械性能

牌号	状态	机械性能		
		抗拉强度 R_m/（N/mm²）	非比例延伸强度 $R_{p0.2}$/（N/mm²）	断后伸长率 A_{50}/%
6061	T6	≥265	≥245	9
5083	H321	≥305	≥215	12
5083	O	≥275	≥125	16

表 2.3-6　高强度耐候钢机械性能

牌号	屈服强度 R_{el}/MPa	抗拉强度 R_m/MPa	延伸率 A/%	−40 ℃冲击功 A_{kV}/J
Q450NQR1	≥450	≥550	≥20	≥27

2.3.3.4.2　转向架

采用转 k6 型转向架。摇枕、侧架采用符合运装货车〔2007〕161 号文件要求的 B + 级铸钢，制造须符合 TB/T3012-2006、运装货车〔2006〕79 号和运装货车〔2007〕100 号文件的要求，采用自动化下芯工艺制造；组合式斜楔的主摩擦板采用符合运装货车〔2007〕250 号文件要求的高分子复合材料，斜楔体为贝氏体球墨铸铁；侧架立柱磨耗板材质采用 45 钢；滑槽磨耗板材质采用 T10；采用两级刚度弹簧；采用直径为 375 mm 的下心盘，下心盘内装用导电型心盘磨耗盘；装用符合运装货车〔2006〕21 号文件要求的 353130B 紧凑型轴承、RE2B 型 50 钢车轴及 LM 磨耗型踏面的 HESA 型辗钢车轮或符合运装货车〔2006〕411 号文件要求的 HEZD 型铸钢车轮；基础制动装置采用奥-贝球铁衬套、符合运装货车〔2004〕265 号文件和运装货车电〔2005〕1391 号电报要求的组合式制动梁，闸瓦托符合运装货车〔2008〕631

号文件的要求，闸瓦托与制动梁梁架间采用钢铆钉连接。制动梁和横跨梁安全链与摇枕间、制动梁安全链与卡子间、横跨梁与托座间的连接、L-B 型制动梁卡子及基础制动装置应符合运装货车〔2010〕575 号文件的要求。

浇铸工艺心盘磨耗盘、旁承磨耗板须符合运装货车〔2006〕158 号、运装货车〔2007〕250 号文件的要求，注塑工艺心盘磨耗盘、旁承磨耗板须符合运装货车〔2008〕628 号文件的要求。

采用符合运装货车〔2006〕393 号文件要求的下交叉支撑装置，一系采用符合运装货车〔2007〕387 号、运装货车〔2009〕508 号文件要求的内置铜导线轴箱橡胶垫，采用锻造支撑座，采用符合运装货车〔2006〕190 号文件要求的 JC 型双作用弹性旁承，采用符合运装货车〔2006〕162 号文件要求的侧架和链式固定杠杆支点。交叉支撑装置扣板连接采用短尾拉铆钉时应符合运装货车〔2010〕575 号文件及有关要求。挡键及挡键螺栓符合运装货车〔2007〕612 号文件要求。侧架固定轴距（1 830 ± 1）mm。

2.3.3.4.3　制动装置

采用主管压力满足 600 kPa 要求的空气制动装置，并能满足在主管压力 500 kPa 的使用要求。制动装置主要由符合运装货车〔2007〕612 号文件要求的 120-1 型控制阀，缸体上按运装货车〔2010〕842 号文件规定模压有永久性标志的 203×254 旋压密封式制动缸，不锈钢嵌入式储风缸，改进的 ST2-250 型双向闸瓦间隙自动调整器，符合运装货车〔2005〕80 号、运装货车〔2006〕262 号文件和运装货车电〔2006〕2663 号电报要求的 kZW-A 型空重车自动调整装置等组成。采用不锈钢制动管系及不锈钢法兰接头，制动管系组装和法兰体厚度须符合运装货车〔2010〕130 号文件的要求；采用符合运装货车〔2009〕780 号文件要求的 A 型不锈钢球芯直端塞门，采用符合运装货车〔2008〕480 号文件和运装货车电〔2008〕1804 号文件要求的组合式集尘器；采用编织制动软管总成、符合运装货车〔2008〕447 号文件要求的 E 形密封圈、运装货车〔2008〕480 号文件要求的具有防盗功能的制动管吊、尼龙管卡垫、符合运装货车〔2009〕48 号文件要求的 HGM-D 型高摩擦系数合成闸瓦；采用压紧式快装管接头，制动杠杆装用奥-贝球铁衬套；制动配件防护应符合 TB/T 3218 的要求，按运装货车电〔2009〕137、217 号电报要求对螺栓螺母进行点焊固定；加装符合运装货车〔2005〕333 号和运装货车〔2011〕110 号文件要求的货车脱轨自动制动装置；测重机构的安装、基础制动装置应符合运装货车〔2010〕575 号文件要求。手制动装置采用 NSW 型手制动机。

2.3.3.4.4　连缓装置

采用符合运装货车〔2004〕215 号文件要求的 16 号联锁式转动车钩和 17 号联锁式固定车钩，采用配套的 16 和 17 号钩尾框、MT-2 型缓冲器。也可装配能与 16、17 号车钩互换使用的牵引杆装置。

当将两辆车设为一组时，车组中部车辆间的连接可以采用牵引杆装置。牵引杆一端为固定式结构，另一端为转动式结构，采用与安装车钩时相同的缓冲器及钩尾框，牵引杆的长度与车钩的连接长度一致，实现与车钩缓冲装置的互换。

2.3.3.5 油 漆

铝合金材料不涂刷油漆，保持原色，其余所有钢材料的型材和板材，均进行抛丸除锈处理，露于车体内表面的部分喷涂抗冲击的环氧沥青玻璃磷片漆，干膜厚度不低于 220 μm；车体外表面喷涂厚浆醇酸漆，油漆干膜总厚度不小于 120 μm。

转向架各铸钢件、车钩、牵引杆、钩尾框、轮对、心盘等表面涂醇酸树脂清漆，转向架弹簧涂沥青漆，制动梁瓦托涂黄色油漆。

装转动车钩端的侧墙端部和端墙喷涂双组分丙烯酸聚氨酯类 Y08 黄色专用油漆。

2.3.3.6 标 记

车辆标记按 TB/T 1.1 ~ 1.2-95《铁道车辆标记》和 TB/T 2435-93 的要求涂打，且在转动车钩端的端墙上涂打"转动车钩端"字样。

车辆安装手制动的一端（固定车钩）为 1 位端，另一端（转动车钩）为 2 位端，见图 2.3-13。

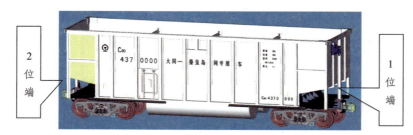

图 2.3-13 车辆定位标记示意图

2.4 朔黄铁路轨道

2.4.1 钢 轨

朔黄铁路建设初期采用 60 kg/m 钢轨，随着运量的增加，曲线地段钢轨磨耗严重，且钢轨顶面裂纹疲劳伤损明显增加，自 2005 年 5 月开始逐步更换为 75 kg/m 钢轨，材质为 U75V、U78CrV 等。无缝线路为区间无缝线路，与道岔未焊联。$R \leqslant 1\,000$ m 曲线采用全长热处理钢轨。

2.4.2 轨 枕

朔黄铁路建设时正线采用 J-2 型、YⅡ型预应力混凝土轨枕，正线每千米铺设 1 840 根。长度 1 000 m 及以上、地基岩石坚固或设有仰拱、排水通畅的隧道（共 13 座）内采用钢筋混凝土宽枕［专线 3199］，每千米铺设 1 760 根，因隧道内宽枕轨道道床的清筛、更换相当困难，后经变更设计，仅在水泉湾隧道（k147 + 800，L-4925m）、西河一号隧道（k148 + 568，

L-1525 m）、会里隧道（k161＋339，L-1532m）3座隧道内保留钢筋混凝土宽枕，目前已更换为Ⅲ型混凝土轨枕。在跨京深高速公路特大桥（k332＋819m）L-64m双线下承式钢桁梁以及跨（k499＋978）L-64m单线下承式钢桁梁桥上采用木枕、k形扣件。

为提高轨道结构强度，自2009年以来逐步将Ⅱ型混凝土轨枕更换为Ⅲ型轨枕，配置根数为1 667根/km。在 $R \leqslant 600$ m区段，采取了设置地锚拉杆、轨撑等加强措施，以提高线路的横向稳定性

2.4.3 扣 件

扣件主要为弹条Ⅱ型。目前轨下垫板大部分已更换为热塑性弹性体材料的高刚度垫板。

2.4.4 道 床

朔黄铁路建设时非渗水路基采用双层道床，面层30 cm，垫层20 cm；岩石、渗水路基、有砟桥上采用单层碎石道床，厚度为30 cm；宽枕地段道床厚度为25 cm(面砟带厚度为5 cm，底层厚度为20cm)；道床断面宽度为3.0 m，半径 $R \leqslant 600$ m曲线地段外侧加宽0.10 m，道床边坡为1∶1.75。

目前养护维修中补砟采用Ⅰ级道砟。道床顶面宽度一般为3.4 m，在 $R \leqslant 800$ m曲线对道床进行加宽，曲线外侧道床宽度不少于500 mm，砟肩堆高不少于200 mm。道床边坡为1∶1.75。路基区段道床厚度较大，尤其在高填路基区段，由于路基下沉，部分区段道床厚度达60 cm以上。

2.4.5 道 岔

朔黄线重车线原使用的道岔主要类型为混凝土枕75 kg/m钢轨12号可动心轨单开道岔（图号SC381），使用条件是货车轴重 $\leqslant 25$ t，直向速度 $\leqslant 90$ km/h，侧向速度 $\leqslant 50$ km/h。伴随着列车密度和列车轴重的提高，可动心轨辙叉目前已不能满足运输要求，朔黄公司已将可动心轨辙叉更换为固定型辙叉。目前使用的固定型辙叉主要为贝氏体组合辙叉。

3 朔黄铁路重载列车移动装备及操作注意事项

3.1 朔黄铁路 TD-LTE 网络技术

目前，我国铁路和世界铁路的无线通信系统，调度语音通信和数据传输一般采用 450 MHz 无线列调系统和 GSM-R 系统。机车同步操控系统数据传输一般采用 800 MHz 数传电台和 GSM-R 系统，列尾信息一般通过无线列调系统或 800 MHz 数传电台传输。450 MHz 无线列调系统是模拟系统，一般采用同频单工或四频组异频双工模式，用于列车调度语音和数据通信。800 MHz 数传电台主要采用单频点广播和接力转发相结合的方式，用于提供万吨及以上列车机车同步操控传输通道，实现主控与从控机车之间的数据交换。GSM-R 是一种基于公众移动通信系统 GSM 平台上专门为满足铁路应用而开发的数字综合无线通信系统，主要用于承载安全数据、非安全数据和语音业务等。我国大秦重载铁路采用 GSM-R 系统为 2 万 t 重载组合列车提供机车同步操控信息承载通道以及其他语音及数据业务，欧洲 ETCS2 以及我国的 CTCS3 列控数据由 GSM-R 系统传输。

朔黄铁路已获得河北等 4 省铁路沿线 1.8 GHz 频段 10 MHz 带（1 785～1 795 MHz）的铁路专用移动通信频率资源，因此，朔黄铁路决策采用新一代无线宽带通信 LTE（Long Term Evolution）技术，来研究和开发满足神华重载铁路实际无线通信业务需求的 1.8 GHz 新型宽带移动通信系统，承载 2 万 t 重载列车机车无线重联、可控列尾等业务。

LTE 是 3GPP 为了保证未来 10 年 3GPP 系列技术的生命力，抵御来自非 3GPP 阵营技术的竞争而启动的最大规模的标准项目。LTE 技术已经成为网络后续演进的主流技术，代表着移动化、IP 化、宽带化的下一代网络演进技术，满足数据业务需求，全球 26 家主流运营商选择 LTE 作为下一代移动通信技术标准，并在 3GPP 组织的统一领导下持续支持 LTE 的技术演进。

3.1.1 LTE 的技术特点

1. 支持可变带宽

LTE 系统信道带宽支持 1.4 MHz、3 MHz、5 MHz、10 MHz、15 MHz 和 20 MHz，本项目采用 1 785～1 795 MHz，带宽为 10 MHz 频段，可同时支持单载扇 10 MHz 和 5 MHz 组网，或全网 10 MHz 同频组网，也支持全网 5 MHz 同频组网。

2. 频谱利用效率高

下行频谱利用率：5 bit/s/Hz，上行频谱利用率：2.5 bit/s/Hz。

3. 数据传输速率高

在 10 MHz 带宽条件下，下行数据速率为 50 Mbps，上行数据速率为 25 Mbps。

4. 信令和数据传输低时延

控制面：（信令）时延，100 ms；用户面（业务数据）：时延，10 ms。低时延确保了列车控制的实时性，有利于提高列车的运行安全；高实时性的传输平台为实现 VoIP 提供了基本条件。

3.1.2　TD-LTE 的技术优势

1. TD-LTE 与 FD-LTE 的比较

TD-LTE 是采用 TDD 时分双工方式的 LTE 技术。与 FDD 频分双工方式相比，TDD 技术在对更宽带宽的移动通信系统频谱分配方面具有明显的优势。TDD 模式是指上下行链路使用在不同的时间间隔进行信号的传输；FDD 模式则指上下行链路使用不同的工作频带进行上下行信号的传输，主要区别如下：

（1）对频谱的需求不同。TDD 只需要一段单独的频带即可；FDD 需要使用至少两段且两段之间存在保护频带的成对频带；本项目提供 1 785～1 795 MHz 频段，为充分利用频率，适于采用 FD-LTE 技术。

（2）收发射频设备及其工作方式不同。TDD 设备需要进行频繁的收发转换开关；FDD 则需隔离发送和接收通道的双工器。

2. TD-LTE 的技术特色

（1）时分双工技术。非成对频率，支持单频点工作，频谱利用灵活，支持非对称业务，信道对称性应用（便于智能天线、测量、控制等技术应用）。

（2）切换流程与处理。采用了预同步，保证可靠的切换；采用了干扰抑制技术，提高数据速率。

（3）采用 OFDM + SDMA 技术。资源管理与调度灵活方便，采用动态信道分配（DCA）和干扰抑制技术，支持完全同频组网。

（4）采用自适应多天线技术（SA + MIMO）。增加覆盖；干扰抑制，增加容量，提高数据速率和谱效率。

（5）完备的时隙结构。单个时隙完成信道估计与解调，技术扩展方便灵活，便于引入先进的处理技术。

（6）优化的空口流程。优化完善了小区搜索、随机接入、同步、功控、测量、HARQ、广播、寻呼、调度、切换等协议流程，并强化了用户体验。

（7）系统同步。应用了多小区间信号干扰的协调处理技术；支持先进多媒体广播系统。

3.1.3　系统构成

朔黄铁路 TD-LTE 宽带移动通信系统由业务应用层、演进型分组核心网（EPC）、演进型陆地无线接入网（E-UTRAN）、演进型用户终端设备（E-UE）构成，如图 3.1-1 所示。

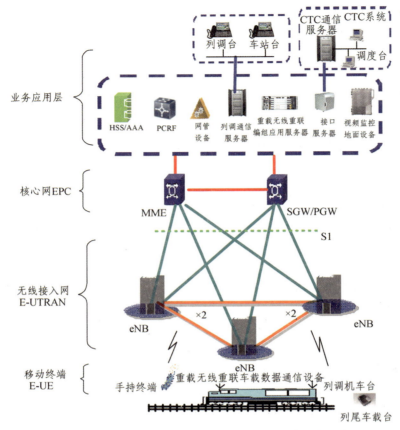

图 3.1-1　朔黄铁路 TD-LTE 宽带移动通信系统构成示意图

3.1.4　主要技术指标

1. 系统业务

（1）列控类业务（重载铁路机车同步操控、列尾业务）服务质量指标要求见表 3.1-1。

表 3.1-1　列控类业务服务质量指标要求

指标名称	标准值
连接建立时延	$< 8.5\,s$（95%），$\leqslant 10\,s$（100%）
连接建立失败率	$< 10^{-2}$
最大端到端传输时延（30 字节数据块）	$\leqslant 0.5\,s$（99%）
网络登录时延	$\leqslant 30\,s$（95%），$\leqslant 35\,s$（99%），$\leqslant 40\,s$（100%）
连接丢失率	$\leqslant 10^{-2}/h$
传输干扰时间 T_{TI}	$< 0.8\,s$（95%），$< 1\,s$（99%）
传输无差错时间 T_{REC}	$> 20\,s$（95%），$> 7\,s$（99%）

（2）列车调度通信语音业务。支持无线列调，提供个呼、组呼、广播、优先级呼叫等铁路应用业务，系统网络应满足表 3.1-2 的要求。

表 3.1-2　列车调度通信语音业务服务质量指标要求

指标名称	标准值
端到端呼叫建立时间	个呼：< 2 s（95%），3 s（99%） 组呼/广播：< 5 s（95%），7.5 s（99%）
呼叫建立失败概率	$< 10^{-2}$
切换中断时间	< 0.5 s（95%）
切换成功率	≥99.5%

（3）车地通用数据业务。分组数据服务质量指标要求见表 3.1-3。

表 3.1-3　分组数据服务质量指标要求

指标项目			标准值
传输时延	PING/UDP	128 字节	< 0.5 s（平均），< 1.5 s（95%）
		1024 字节	< 2.0 s（平均），< 7.0 s（95%）
	TCP	128 字节	< 0.2 s（平均），< 0.6 s（95%）
		1024 字节	< 0.8 s（平均），< 3.0 s（95%）
峰值吞吐量	5MHz 带宽		上行：25.0 Mbps；下行：12.5 Mbps
	10MHz 带宽		上行：50.0 Mbps；下行：25.0 Mbps
丢包率			$< 10^{-2}$
车次号校核信息传送成功率			≥99%
调度命令传送成功率			≥95%

（4）实时视频监控业务。

图像质量的单项评分和综合评分：≥4 分

音频失步：≤300 ms

设备解码延时：≤500 ms

单次视频转发延时：≤50 ms

云镜控制延时：

无线视频前端采集设备≤50 ms；有线视频前端采集设备≤50 ms

单画面分辨率：352×288（CIF），704×576（4CIF）

单路显示帧率：25 帧/s

检索回放响应时间：≤3 s

2. 无线组网与频率分配

（1）提供 1 785～1 795 MHz 频段下山区、隧道、桥梁、平原等多种场景下的覆盖方案。

（2）同时支持单载扇 10 MHz 和 5 MHz 组网。

（3）支持全网 10 MHz 同频组网和单网冗余覆盖。

（4）支持全网 5 MHz 同频组网和双网冗余覆盖。

（5）无线接入设备采用基带 + 射频拉远形式，支持共小区覆盖组网，有效减少切换次数，保证系统可靠性。

3. 通信网络安全与可靠性

（1）支持有效的终端认证与鉴权机制。

（2）支持基站回传链路的检测、保护与备份功能。

（3）无线接入支持空口加密。

（4）核心网支持 IPSec 等安全加密机制。

（5）室外型无线设备满足 IP65 以上防护等级（电源单元除外）。

（6）系统可用性≥99.99%。

（7）车载终端平均故障间隔时间（MTBF）≥20 000 h。

（8）手持台平均故障间隔时间（MTBF）≥50 000 h。

4. 关键设备性能指标

（1）基站发射功率单天线 10 W。

（2）采用交流供电的设备支持外电 AC 220×（1±30%）V 输入。

（3）室外单元支持干结点环境监控输入并且提供接入外部环境监控仪的接口。

（4）基站支持 GE 光口传输。

（5）基站支持电调天线。

（6）室外设备正常工作环境温度：−25～+55 ℃。

3.2　朔黄铁路无线同步技术

3.2.1　重载无线重联编组应用服务器

重载无线重联编组应用服务器的主要功能是完成数据会议组的编组与解组，完成同一编组列车中各机车之间的信息转发。重载列车操控数据传输应用子系统中每个机车的状态和控制数据以无线通信的方式传送到重载无线重联编组应用服务器，通过对重载无线重联编组应用服务器的监视可以获得运行机车的通信状态信息。

1. 设备组成

重载无线重联编组应用服务器逻辑组成如图 3.2-1 所示。

重载无线重联编组应用服务器由编组控制单元、记录单元、管理维护单元以及路由网络安全设备等组成。重载无线重联编组应用服务器中编组控制单元、记录单元、路由及网络安全设备均采用冗余热备份工作方式，具有高可靠性和高可用性等特点，单点故障不会影响整个系统的工作。

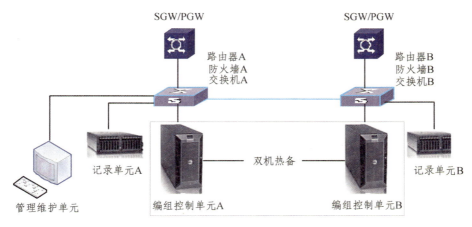

图 3.2-1　重载无线重联编组应用服务器逻辑组成图

　　编组控制单元 A 和 B 采用双机热备的工作方式，完成所有机车的编组、解组任务，同时实现同一数据会议组内各机车之间的数据转发；记录单元用于记录所有机车的注册、注销、通信状态、通信过程以及机车之间相互发送的数据；管理维护单元用于实时监测和记录全线机车编组情况，重载无线重联车载数据通信设备和列尾车载通信设备之间的数据传输情况，以及重载无线重联编组应用服务器各单元的工作状态；路由及网络安全设备用于实现网络连接以及网络安全防护功能。

2. 设备配置（见表 3.2-1）

表 3.2-1　设备配置

设备名称	数　量	功　　能	备　　注
编组控制单元	2（套）	数据会议组的编组、解组，同一数据会议组内各机车之间的数据转发	1＋1 热备冗余 可靠性：＞99.999% 主备机之间切换＜1 s 内存动态数据镜像保护
记录单元	2（台）	存储所有机车的注册、注销、通信状态、通信过程以及机车之间相互发送的数据	硬盘采用镜像方式保护 日志存储时间＞3 个月 具备平滑扩容功能
管理维护单元	1（台）	数据会议组在线运行情况监测	
三层交换机	2（台）	实现重载无线重联编组应用服务器与 LTE 网络双通道冗余连接	
防火墙	2（套）	用于重载无线重联编组应用服务器系统与 LTE 网络之间的防护	

3. 设备的功能和原理

　　重载无线重联编组应用服务器的功能：

　　（1）通信链路控制：重载无线重联编组应用服务器具备同时接入多个重载无线重联车载数据通信设备和列尾车载通信设备的能力，具体数量可以根据用户需求灵活调整。

　　（2）安全认证：负责对接入的重载无线重联车载数据通信设备和列尾车载通信设备进行安全认证，并拒绝没有通过安全认证的设备。

（3）注册和注销控制：接收重载无线重联车载数据通信设备和列尾车载通信设备注册或注销数据帧，实现数据会议组的编组和解组。

（4）数据转发：具备点对多点的数据会议功能，能将同一数据会议组内不同机车之间的数据进行相互转发。

（5）记录：能够记录其转发的数据和自身的工作日志。

（6）工作原理：重载无线重联编组应用服务器的核心功能是完成数据的转发，同一列车编组的机车间相互通信，各台机车的重载无线重联车载数据通信设备和列尾车载通信设备首先向编组应用服务器注册，编组应用服务器根据注册信息判断出属于同一编组的机车（根据主控机车号、从控机车号进行识别），并判断出同一编组内的主控机车和从控机车，将它们的IP地址与机车号一一对应。注册完成后，重载无线重联编组应用服务器根据同一编组的机车信息实现数据的相互转发。

4．管理维护单元

管理维护单元由一台 PC 机和管理维护软件组成，通过局域网与重载无线重联编组应用服务器相连。其作用是实时监测和记录全线机车编组情况、重载无线重联车载数据通信设备和列尾车载通信设备之间的数据传输情况，以及重载无线重联编组应用服务器各单元的工作状态。操作人员通过管理维护单元可以对全线重载无线重联车载数据通信设备、列尾车载通信设备的连接情况以及数据传输情况进行实时监测。

管理维护单元的主要功能如下：

（1）编组显示：实时显示全线在线机车编组情况。

（2）数据收发显示：实时显示主控机车与从控机车间传输的数据。

（3）数据记录：将编组信息、机车之间收发的数据记录到数据库。

（4）历史数据查询：提供编组信息、机车间收发数据的历史记录查询。

5．设备的可靠性

重载无线重联编组应用服务器的可靠性通过以下几个方面来保证：

（1）重载无线重联编组应用服务器与 LTE 网络间采用双通道冗余网络连接，保证了传输通道的可靠性。

（2）编组控制单元采用双机热备方式，当主用编组控制单元失效后，能迅速切换至备用编组控制单元，提高了系统的可靠性。

（3）记录单元采用双套冗余，设备运行过程中，两套记录单元同时工作记录数据，有效保证了数据存储的安全可靠。

3.2.2　重载无线重联车载数据通信设备

重载无线重联车载数据通信设备主要用于为重载无线重联系统提供信息传输通道。重载无线重联车载数据通信设备与 LTE 网络之间的接口为 Um 接口，与重载无线重联系统之间采用双向串行异步通信接口。

1. 设备组成

重载无线重联车载数据通信设备配备两套数据通信设备，分别安装在机车的 A 端和 B 端，两套数据通信设备 A 和 B 采用主从互为备份的工作方式，A 端设备和 B 端设备之间通过贯通电缆连接，实现数据交互。主从冗余备份的工作方式有效地提高了系统的可靠性，如图 3.2-2 所示。

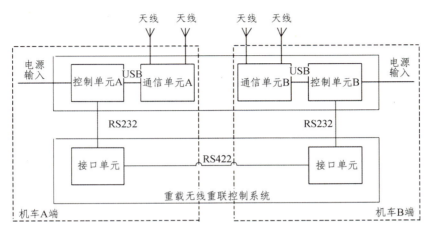

图 3.2-2　重载无线重联车载数据通信设备

各模块功能如下：

（1）通信单元：实现 LTE 网络通信、鉴权以及信道管理的所有功能。

（2）控制单元：采用成熟的嵌入式软、硬件架构，可以实现与重载无线重联控制系统的连接，完成重载无线重联车载数据通信设备的控制和数据处理任务，并记录设备的通信数据和工作日志。

设备采用 CPCI 工控结构，具有连接可靠、散热性和气密性好、抗振性和抗腐蚀性高、易维护性强、静电防护性强等特点。

2. 设备配置（见表 3.2-2）

表 3.2-2　设备配置

设备名称	数量	功　能	备　注
控制单元	2（套）	实现与重载无线重联控制系统的连接，完成重载无线重联车载数据通信设备的控制和数据处理任务，记录设备的通信数据和工作日志	双机热备冗余 记录容量满足设备连续运行 180 h 的要求
通信单元	2（套）	实现 LTE 网络通信、鉴权以及信道管理等功能	—
天线	4（套）	—	—

3. 设备的功能

重载无线重联车载数据通信设备主要完成如下功能：

（1）通信单元自动完成 LTE 网络注册。

（2）控制通信单元与重载无线重联编组应用服务器建立链接、拆除链接。

（3）控制通信单元进行无线链路有效性检测，将无线链路的状态传输给重载无线重联控制系统。

（4）通信链路中断时自动重新进行网络连接。

（5）与重载无线重联控制系统设备配合，传输数据，实现列车的编组与解组。

（6）在重载无线重联控制系统设备和重载无线重联编组应用服务器间实时传输数据，实现组合列车的同步操作控制。

（7）数据记录和工作日志记录。

4. 设备的可靠性

重载无线重联车载数据通信设备的可靠性通过以下几个方面来保证：

（1）每台机车 A、B 端分别配置 1 套重载无线重联车载数据通信设备，实现冗余，保证数据传输的可靠性。

（2）两套设备采用独立电源供电，保证输入电源的冗余。

（3）设备采用 CPCI 工控结构，具有连接可靠、散热性和气密性好、抗振性和抗腐蚀性高、易维护性强、静电防护性强等特点。

（4）硬件设备均采用工业级芯片，保证设备的安全可靠。

（5）采用成熟的嵌入式软、硬件架构，保证了系统的实时性和安全性。

3.2.3　列尾车载通信设备

列尾车载通信设备是重载列车操控数据传输应用子系统的重要组成部分，采用无线通信的方式实现与主控机车的同步排风及整列车的同步制动。

列尾车载通信设备与重载无线重联车载数据通信设备、重载无线重联编组应用服务器等共同组成列尾数据传输子系统。系统组成框图如图 3.2-3 所示。

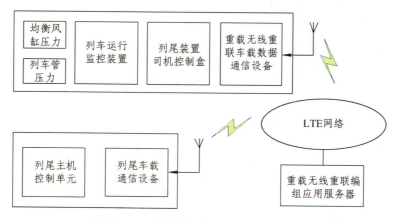

图 3.2-3　列尾数据传输子系统组成框图

列尾数据传输子系统包括重载无线重联编组应用服务器、重载无线重联车载数据通信设备、列尾车载通信设备等。重载无线重联编组应用服务器安装于地面机房，重载无线重联车载数据通信设备安装在重载无线重联机车上，列尾车载通信设备安装在列车尾部。重载无线重联车载数据通信设备和列尾车载通信设备通过 LTE 网络与重载无线重联编组应用服务器连接。

当司机制动时，操纵机车制动机减压，均衡风缸压力及主风管压力通过列车运行监控装置送至列尾司机控制盒，司机控制盒将减压的信息送至重载无线重联车载数据通信设备，重载无线重联车载数据通信设备通过 LTE 网络及重载无线重联编组应用服务器与挂在列车尾部的列尾车载通信设备进行数据交互，列尾车载通信设备将相关数据送至列尾主机的控制单元，实现列尾的排风、减压。

1. 设备组成

列尾车载通信设备由电源单元、控制单元、接口单元以及通信单元等组成，如图 3.2-4 所示。

| 电源单元Ⅰ | 电源单元Ⅱ | 控制单元Ⅰ | 控制单元Ⅱ | 接口单元 | 通信单元Ⅰ | 通信单元Ⅱ |

图 3.2-4 列尾车载通信设备组成

各模块功能如下：

（1）电源单元：把机车提供的电源转换为设备需要的电压，为设备供电。

（2）控制单元：采用成熟的嵌入式软、硬件架构，完成列尾车载通信设备的控制和数据处理任务，并记录设备的通信数据和工作日志。

（3）接口单元：实现与列尾主机控制单元的连接。

（4）通信单元：实现 LTE 网络通信、鉴权以及信道管理的所有功能。

列尾车载通信设备中电源单元、控制单元、通信单元等均采用冗余热备份工作方式，具有高可靠性和高可用性等特点，单点故障不会影响整个系统的工作。设备采用 CPCI 工控结构，具有连接可靠、散热性和气密性好、抗振性和抗腐蚀性高、易维护性强、静电防护性强等特点。

2. 设备配置（见表 3.2-3）

表 3.2-3 设备配置

设备名称	数量	功　　能	备　　注
电源单元	2（套）	把机车提供的电源转换为设备需要的电压，为设备供电	—
控制单元	2（套）	完成列尾车载通信设备的控制和数据处理任务，记录设备的通信数据和工作日志	记录容量满足设备连续运行180 h 的要求
通信单元	2（套）	实现 LTE 网络通信、鉴权以及信道管理等功能	—
接口单元	1（套）	实现与列尾主机控制单元的连接	—
天线	4（套）	—	—

3. 设备的功能

列尾车载通信设备主要完成以下功能：

（1）通信单元自动完成 LTE 网络注册。

（2）控制通信单元与重载无线重联编组应用服务器建立链接、拆除链接。

（3）控制通信单元进行无线链路有效性检测，通信链路中断时自动重新进行网络连接。

（4）在列尾主机控制单元和重载无线重联车载数据通信设备间实时传输数据，实现与主控机车的同步排风及整列车的同步制动。

（5）数据记录和工作日志记录。

4. 设备的可靠性

列尾车载通信设备的可靠性通过以下几个方面来保证：

（1）设备中电源单元、控制单元、通信单元等均采用冗余热备份工作方式，具有高可靠性和高可用性等特点，单点故障不会影响整个系统的工作。

（2）设备采用 CPCI 工控结构，具有连接可靠、散热性和气密性好、抗振性和抗腐蚀性高、易维护性强、静电防护性强等特点。

（3）硬件设备均采用工业级芯片，保证设备的安全可靠。

（4）采用成熟的嵌入式软、硬件架构，保证了系统的实时性和安全性。

3.2.4 设备主要技术指标

1. 重载无线重联编组应用服务器

（1）电源要求。工作电压：220 VAC（波动范围 187 ~ 242 VAC）；最大功耗：10 kW。

（2）记录。记录容量满足存储至少 3 个月数据的容量要求。

（3）系统可扩展性。系统处理能力可平滑扩容，具备在线升级的能力。

（4）软件系统。软件系统应采用分层的模块化结构，任何一层的任何一个模块的维护和更新以及新模块的追加都不应影响其他模块。软件具有诊断、容错和故障恢复功能。

（5）硬件系统。硬件系统按照模块化设计，关键模块采用冗余备份机制，并支持热拔插功能。

（6）环境要求。

温度：正常工作温度 10 ~ 35 ℃，短期工作温度 0 ~ 45 ℃；

湿度：正常工作湿度不大于 90%（25 ℃），短期工作湿度不大于 95%；

防尘和防水：符合 GB 4208—2008 中定义的 IP50 防护等级。

（7）可靠性要求。

平均故障间隔时间（MTBF）：不小于 10 年；

平均维修时间（MTTR）：不大于 2 h；

全系统中断，在 5 年内累计不超过 15 min；

可用性：大于 99.999%；

硬件故障、软件故障应符合 YDN 065-1997 的 6.2.4.3 和 6.2.4.4 的要求。

2. **重载无线重联车载数据通信设备**

（1）记录容量。记录容量满足重载无线重联车载数据通信设备连续运行 180 h 的要求，并在容量满时，用新的记录自动替换旧的记录。替换采用先入先出原则，当达到存储容量后，每新增加一条记录，设备自动清除最早的一条记录。

（2）馈线。

特性阻抗：（50±1）Ω；

传输损耗：不大于 2 dB；

绝缘电阻：不小于 5 000 MΩ·km。

（3）天馈系统增益。整个天馈系统，包括天线、馈缆以及转接头在内的增益不应小于 −2 dB。

（4）电源。

工作电压：110 VDC（波动范围 66～160 VDC）；

最大耗电电流：2 A；

过电压和浪涌符合 TB/T 3021 中的有关要求；

内部电池供电要求：电池充满电后能支持重载无线重联车载数据通信设备持续工作的时间不小于 5 min，电池使用寿命不小于 1 年。

（5）机械和环境要求。

振动和冲击：符合 TB/T 3021 中的有关要求；

工作温度：符合 TB/T 3021 中的有关要求；

湿度：符合 TB/T 3021 中的有关要求；

防尘和防水：符合 GB 4208-2008 中定义的 IP54 防护等级。

（6）电磁兼容性要求。电磁兼容性要求满足 TB/T 3073—2003 中的有关要求。

（7）可靠性要求。

平均故障间隔时间（MTBF）：不小于 50 000 h；

平均维修时间（MTTR）：不大于 30 min。

3. **列尾车载通信设备**

（1）记录容量。记录容量满足重载无线重联车载数据通信设备连续运行 180 h 的要求，并在容量满时，用新的记录自动替换旧的记录。替换采用先入先出原则，当达到存储容量后，每新增加一条记录，设备自动清除最早的一条记录。

（2）馈线。

特性阻抗：（50±1）Ω；

传输损耗：不大于 2 dB；

绝缘电阻：不小于 5 000 MΩ·km。

（3）天馈系统增益。整个天馈系统，包括天线、馈缆以及转接头在内的增益不应小于 −2 dB。

（4）电源。

工作电压：110 VDC（波动范围 66～160 VDC）；

最大耗电电流：2 A；

过电压和浪涌符合 TB/T 3021 中的有关要求；

内部电池供电要求：电池充满电后能支持重载无线重联车载数据通信设备持续工作的时间不小于 5 min，电池使用寿命不小于 1 年。

（5）机械和环境要求。

振动和冲击：符合 TB/T 3021 中的有关要求；

工作温度：符合 TB/T 3021 中的有关要求；

湿度：符合 TB/T 3021 中的有关要求；

防尘和防水：符合 GB 4208—2008 中定义的 IP54 防护等级。

（6）电磁兼容性要求。电磁兼容性要求满足 TB/T 3073—2003 中的有关要求。

（7）可靠性要求。

平均故障间隔时间（MTBF）：不小于 50 000 h；

平均维修时间（MTTR）：不大于 30 min。

3.2.5　朔黄铁路 TD-LTE 无线重联网络拓扑

LTE 通信重载组合列车如图 3.2-5 所示。

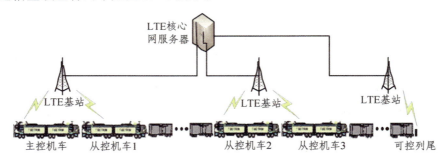

图 3.2-5　TD-LTE 网络通信的重载组合列车示意图

朔黄铁路的 TD-LTE 专网带宽为上下行各 10 M 带宽。网络配置时分成两张完全对等的带宽为 5M 的 A、B 双网，A、B 网同时工作，互为冗余。根据朔黄铁路 TD-LTE 专网的这一特点，无线重联同步控制系统在应用上也根据网络条件进行了相应的配置适应，将无线重联同步控制系统配置在每台机车 A、B 节的 LTE 通信模块分别注册在 LTE 网络的 A、B 网，这样各重联机车的 A 节之间和 B 节之间互相独立通信，每台机车内部 A、B 节之间通过以太网互相交互数据，主车控制指令以主控机车操作节的控制指令为准。可控列尾装置采用双 LTE 模块配置，各有一个模块分别注册入 A、B 网。基于 LTE 网络通信的重载组合列车通信如图 3.2-6 所示。

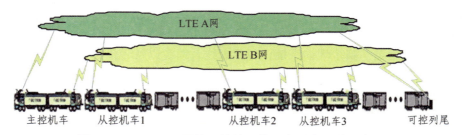

图 3.2-6　TD-LTE 网络通信的重载组合列车通信示意图

其中机车无线重联同步控制系统组成如下：

无线重联同步控制单元 OCE、无线数据传输单元 DTE（包含数字电台通信模块 RDTE 和 TD-LTE 网络通信单元 GDTE）、人机接口及信息显示单元 IDU、LTE 多频天线合路器及天线系统。

基于 TD-LTE 网络的机车无线重联同步控制系统的系统组成框图及在 SS₄ 机车上的配置情况如图 3.2-7 所示。

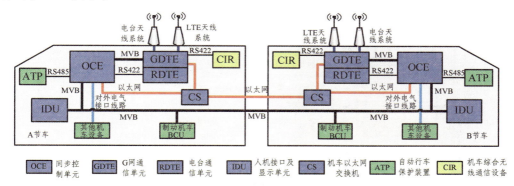

图 3.2-7　基于 TD-LTE 网络的机车无线重联同步控制系统组成框图（SS₄）

系统组成框图及在神华交流机车上的配置情况如图 3.2-8 所示。

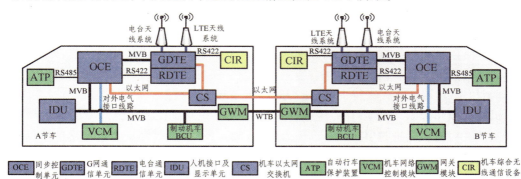

图 3.2-8　基于 TD-LTE 网络的机车无线重联同步控制系统组成框图（神华交流机车）

每套机车无线重联同步控制系统的系统组成框图如图 3.2-9 所示。

每节机车安装相同的整套机车无线重联同步控制系统，两套系统同时工作互为冗余。

同步控制单元 OCE 是机车无线重联同步控制的主要控制单元。OCE 单元负责机车无线重联编解组控制、机车同步操纵控制、机车无线重联故障诊断、机车电气设备信号采集及驱动控制、牵引/电制动同步控制、无线数据收发管理及数据校对与融合等功能。

G 网通信单元 GDTE 是机车无线重联同步控制系统的主要 G 网通信控制单元。其主要负责与所有 G 网相关的无线通信功能，包括 TD-LTE 网络通信、GPS 定位、WLAN 无线局域网等。在 TD-LTE 网络通信中，GDTE 负责无线收发数据的打包和分拆、数据包的乱序排除、无线编解组的设备寻址、两节机车之间构建以太网通道进行数据同步冗余等。

电台通信单元 RDTE 是机车无线重联同步控制系统的电台通信收发模块，主要进行800 MHz 和 400 kHz 电台通信。

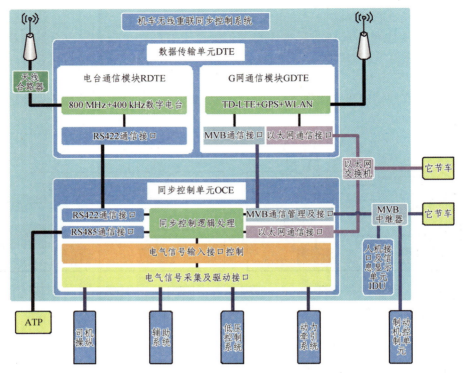

图 3.2-9　机车无线重联同步控制系统组成框图

在实际应用过程中，GDTE 的 LTE 网络通信和 RDTE 的电台通信同时工作，OCE 单元对于两种无线通信方式接收到的数据进行有效性判断并进行数据融合。两种无线通信方式并存时，编解组以 LTE 通信方式进行，列车运行时的指令和状态数据通信采用两种方式互为补充。

人机接口及信息显示单元 IDU 是整个机车无线重联同步控制系统的对外显示和参数设置输入接口。司乘人员通过 IDU 对机车无线重联编组进行参数设置并通过其进行编解组操作，IDU 单元对所有编组机车的运行工况进行实时显示。

所有系统控制单元之间通过 MVB 总线进行通信和数据交互。两节机车之间通过 MVB 网络和以太网进行通信实现双节冗余。

3.3　LTE 无线重联同步编组、解编（分解）流程及注意事项

3.3.1　无线重联同步编组、解编流程

1. 机车准备

（1）主断断开。

（2）受电弓降下。

（3）机车给定力手柄归零。

（4）机车方向手柄归零。

（5）制动机回重联位、无紧急制动。

（6）机车处于静止状态。

（7）电钥匙拔出。

（8）确认两节的重联开关关闭，打开操作节重联开关，如图 3.3-1 所示。

图 3.3-1　无线重联开关

（9）检查机车状态是否良好，OCE 状态号都是 300，LTE-A/B 为已注册，BCU 通信灯绿色等。

（10）进入无线重联界面，在主界面（见图 3.3-2）上按"无线重联"【3 键】，进入无线重联界面。

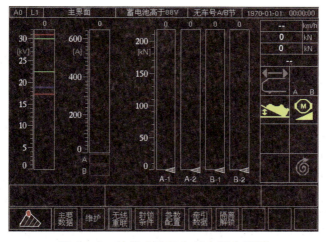

图 3.3-2　神华交流机车状态屏主界面

2. 从车编组

进入无线重联编组信息界面，如图 3.3-3 所示，按编组设置键[6]->进行编组设置界面，编组设置界面如图 3.3-4 所示，可参照表 3.3-1 说明进行设置，设置步骤如下：

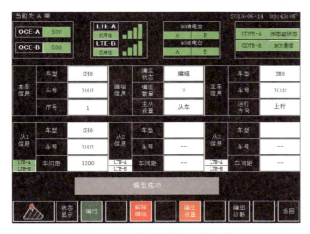

图 3.3-3　无线重联编组信息界面

（1）本车类型及机车编号不需要选择输入。

（2）根据运行方向选择【上行】【下行】。

（3）主从设置选择【从控】。

（4）编组序号根据本车属于从车几号车选择。从1选择【1】、从2选【2】……依次类推。

（5）选择编组数量为当前编组的主车加从车的数量和。

（6）选择主车类型，神八选择【SH8】、神十二选择【SH12】、京八选择【HXD1】。

（7）输入主车的车号。

（8）输入当前从车和前一车辆的距离（库内试验1+1模式可选择1300，2+0模式可选择0）。

设置完毕后，按确认键，设置成功后自动返回无线重联界面。正常情况下，编组设置完成之后LTE-A/LTE-B的状态为"已寻址"，再按"编组"键，OCE-A/B的状态号必须上升到500。此时从车完成编组，等待主车编组，界面如图3.3-3所示，从车人员应把编组情况汇报给主车。

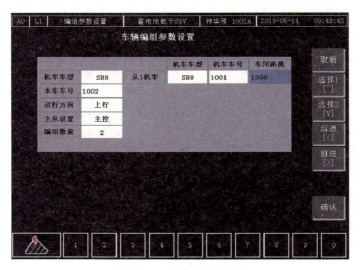

图 3.3-4　编组设置界面

表 3.3-1　设置说明

选择项目	设　置	说　明
本车车型	指本机车实际型号	默认值（无须设置）
本车车号	指本机车实际机车号	默认值（无须设置）
运行方向	需要编组的机车必须一致	默认"上行"，主从车必须一致
主从设置	选择"从控"/"主控"	从控/主控选择
编组序号	指需要将所编组机车定义为从几车	1（默认值）
编组数量	指总共有几台机车编成一组（包括主车）	2（默认值）
主控机车（从控机车设置）	"机车车型""机车车号"按实际情况设置，"车间距离"设定为0	注意选择机车车型，手动输入车号

3. 主车编组

进入无线重联编组信息界面和编组设置界面进行编组设置，设置步骤如下：

（1）本车类型及机车编号不需要选择输入。

（2）根据运行方向选择【上行】【下行】。

（3）主从设置选择【主控】。

（4）根据从车的机车数量选择从车数量。

（5）选择各个从车类型，神八选择【SH8】、神十二选择【SH12】、京八选择【HXD1】。

（6）输入各个从车的车号。

（7）输入每个从车和前一车辆的距离（库内试验 1＋1 模式可选择 1300，2＋0 模式可选择 0）。

编组设置完毕后，按确认键，设置成功后自动返回无线重联编组信息界面，LTE-A/LTE-B 状态必须为"已寻址"。此时若从车已完成编组且编组设置成功，主车的信息界面中从车信息中的"LTE-A"和"LTE-B"都会变绿，如图 3.3-5 中红色框中所示。

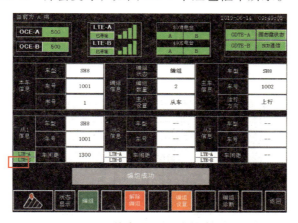

图 3.3-5　从车编组就绪状态显示

从车编组就绪之后，主车按"编组"键，进行编组，编组成功之后，主车状态号为 1001，从车为 1000，如图 3.3-6 和图 3.3-7 所示。

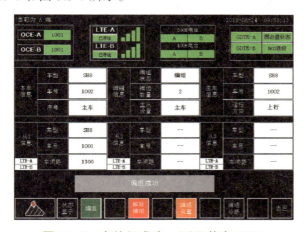

图 3.3-6　车编组成功，OCE 状态 1001

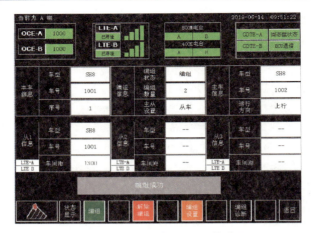

图 3.3-7　从车编组成功，OCE 状态号 1000

4. 进入无线状态界面

（1）主从车 A、B 节 OCE 状态号达到 1000 以上时，表明编组完成，按"状态显示"【1 键】进入无线重联状态显示界面，如图 3.3-8 所示，此时从车可以根据需要给机车钥匙。

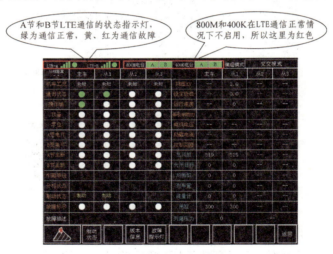

图 3.3-8　无线重联状态界面

（2）进入机车指令试验，试验内容如表 3.3-2 并记录。

表 3.3-2　机车指令试验

序号	试验项目	试验对象	说明要求
1	受电弓升、降	机车、网络	指令正常，小于 5 s，静态/动态
2	主断	机车、网络	
3	风机	机车、网络	
4	方向手柄	机车、网络	
5	给定力	机车、网络	
6	制动机	制动机	按照 5 步闸测试，制动机说明详细
7	显示器	显示器	显示器各显示内容是否和机车实际工况相符

5. 解　编

（1）解除编组前，应恢复机车到初始状态，进入无线重联界面，按"解除编组"【4 键】，解除主从车编组。

（2）解编确认完毕后，将无线重联开关转换至"0"位，试验完毕。

（3）故障工况操作。无线重联故障工况可以分为以下几种，其处理方法如表 3.3-3 所示。

表 3.3-3　无线重联故障工况处理方法

项　目	原　因	处理方法	其他说明
编组设置失败	无线重联开关错误	确认操作端重联开关转至重联位，非操作端重联开关转至 0 位	
	电钥匙开关错误	从车两端取出电钥匙，主车仅操作端闭合电钥匙	
	重联设置错误	确认重联设置的数据，若本车编号错误，须重新设置 IDU 的信息	
	相关线路错误	根据 OCE 机箱内板卡指示灯检查与编组相关的信号是否正常	
	条件不具备	编组设置条件为：静止状态、无升弓工况、各设备通信正常	
主从车编组失败	主从车编组失败，状态号不能升到 1000 以上	检查主车、从车编组设置时的信息是否正确。检查主从车的"车号""上下行""编组距离""主从控"设置是否一致，若不一致解编之后重新编组	
		检查通信是否正常，LTE 通信或电台收发信息是否正确	
板卡故障	如果编组前 OCE 状态号停留在 100，应该检查 OCE 机箱内部板卡是否故障。检查 DIO、DO 板面板上是否有亮红灯，若有则为有故障	更换处理	
OCE 机箱面板灯均不亮	线路故障、板卡故障	检查机箱内部上层第一块 DO 板是否工作正常，此 DO 板的第一排灯从左到右依次对应着 OCE 面板上的 1A->4A 灯。如果 DO 板灯显示不正常，则更换 DO 板来排查故障，故障如果不消除，则再检查 C 板是否工作正常	
		如果 DO 板工作无异常，则需检查 OCE 机箱的电源输入线接线是否正常（OCE 的面板灯需要 110 V 电源才能被点亮）	
IDU 中网络显示 OCE 模块红色	线路故障、板卡故障	检查 OCE 的 MVB 板是否工作正常，可对调好的 MVB 板进行排查。如果 MVB 板故障则更换	

项 目	原 因	处理方法	其他说明
IDU 中网络显示 OCE 模块红色	线路故障、板卡故障	当发现无线重联系统影响到了机车本身的网络时，可以将 OCE 的 MVB 线进行短接来排查故障	
		检查 MVB 线路是否连接正常，MVB 插头标识与设备需相对应	
		检查 C 板工作是否正常	
它端 OCE 状态为黑色状态号为 0	线缆松动，LAN2 线缆 RJ45 插头松动	检查以太网通信，检查 C 板第二个以太网口指示灯闪烁。确认对应线缆 ZD980406 在 OCE 的 LAN2 插座和交换机上的插接牢固，确认 C 板第二个以太网口上的线缆线号为 LAN2	将 OCE 机箱上的以太网线 ZD980406 拔出，并重新插入 LAN2 插座。确认对应线缆 ZD980406 在 OCE 的 LAN2 插座和交换机上插接牢固，确认 OCE 内 C 板第二个以太网口上的线缆线号为 LAN2。正常状态为：C 板第二个以太网口指示灯闪烁，或者 C 板上的 01B02B 灯闪烁，同时 IDU 显示屏上会看到两端的 OCE 状态号
		将 OCE 内部 LAN2 线缆的 RJ45 插头内部线缆重新压接，即将 RJ45 插头拧开后用力按压卡线器	
LTE 或电台通信故障	GDTE 故障或 LTE 终端板卡故障	检查 LTE 天线馈线是否松动、检查 LTE-KZ 和 LTE-TX 两块板卡的状态	LTE 通信正常时，电台通信不启动，为备用通信
		电台通信可检查：各个电台状态，重启电台查看电台指示灯是否从上到下依次亮红亮绿，如果是的话，代表电台初始化正确；然后拨 TEST 键测试电台基本功能（上拨代表 800M 发送，如果 T1/R1 灯闪红灯代表正确；下拨代表 400K 发送，如果 T2/R2 灯闪红同时查看天线调谐合指针摆动，代表 400K 正常）	
其他故障		同步性试验中的故障，需首先检查机车自身是否正常	
BCU 故障		同步性试验中，若 BCU 不受控，检查 BCU 的本补位是否正确。操作端 BCU 打本位。非操作端 BCU 打补位	

3.3.2 操作注意事项

（1）设备使用人员及维护人员须通过专业培训。

（2）设备检查维护时，必须注意自身及同事的人身安全。

（3）更换插件时，须确认设备没有电压。

（4）在断开无线重联电源后，OCE 机箱内仍有机车输入信号（110 V），因此在检查线路、更换插件等操作时，必须注意防护，必要时须断开机车 110 V 控制电源。

（5）注意观察各功能软件版本是否一致。

（6）无线重联编组试验时，会有强电，应注意观察机车内是否有人施工，并悬挂相应警示标识。

（7）编组开始时应遵循先从后主。从车先编组，从车编组完毕后汇报给主车，主车再编组；解编时应遵循先主后从，主车解编完成后通知从车解编，从车再解编。

（8）无线重联设备应开启以下设备，OCE、人机交互显示屏（HMI）、GWM、以太网交换机、BCU。

（9）各机车必须完成解编后，才能进行单机操作。

3.4　CIR 一体化电台操作

3.4.1　设备组成及介绍

机车综合无线通信设备（CIR）由主机、操作显示终端（MMI）、送受话器、扬声器、打印终端、天线及连接电缆等组成，如图 3.4-1 所示。

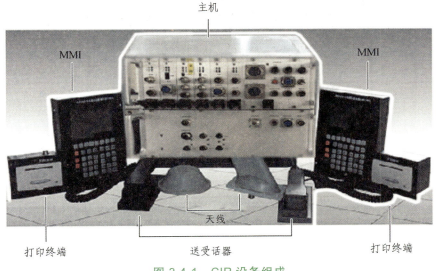

图 3.4-1　CIR 设备组成

MMI：MMI 由外壳、液晶显示屏、控制板和按键等组成，根据不同的安装需求，MMI 分为横向式和竖立式两种外形结构，如图 3.4-2、图 3.4-3 所示，其功能及操作方法完全一样，本指南以竖立式 MMI 为例进行介绍。

图 3.4-2　竖立式 MMI

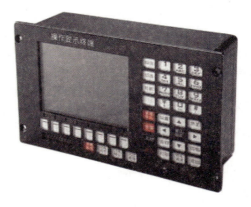

图 3.4-3　横向式 MMI

MMI 的按键分为可配置式按键、数字字母输入按键、功能按键和列尾按键，如图 3.4-4 所示。

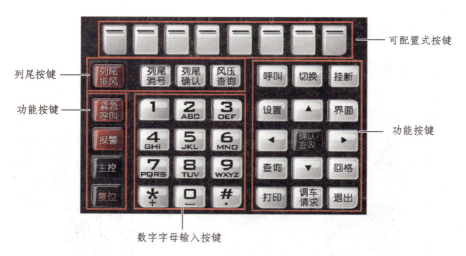

图 3.4-4　MMI 按键

送受话器：根据不同的安装需求，送受话器分为通用式和紧凑式两种型号，如图 3.4-5、图 3.4-6 所示。送受话器配置有两个呼叫按键和一个 PPT 按键：当 CIR 工作在 458 MHz 模式下时，按键"Ⅰ"和按键"Ⅱ"分别用于呼叫"隧道车站"和"平原车站"；工作在 LTE 模式时按键"Ⅰ"和按键"Ⅱ"分别用于呼叫"调度"和"车站"；通话过程中，司机讲话时需按下 PPT 键。

图 3.4-5　通用式

图 3.4-6　紧凑式

3.4.2　操作设置

3.4.2.1　开机主界面

　　CIR 加电后，MMI 根据保存的工作模式进入 458MHz 或 LTE 工作界面，工作模式不同主界面展现有所差别，如图 3.4-7、图 3.4-8 所示。

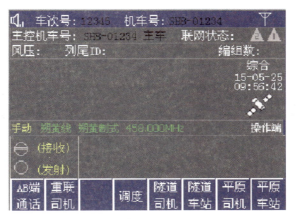

图 3.4-7　458 MHz 模式主界面

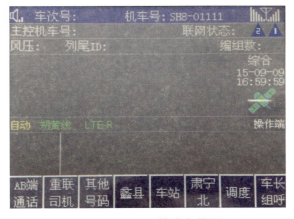

图 3.4-8　LTE 模式主界面

注：LTE 模式下按下 [车长组呼] 键可弹出组呼按键列表 [车长][邻站组呼][站内组呼]，用户按下相应按键可发起对应组呼。

3.4.2.2　主控切换

朔黄铁路 CIR 硬件配置分为两类，"双主控单 MMI"以及"双主控双 MMI"，分别工作在"综合＋副控模式"、"综合＋重联模式"，不同模式 MMI 界面显示不同。双主控单元实现主备用功能备份，当主用主控单元异常故障时，系统将自动进行模式切换，正常的主控单元将自主接管所有业务，提高系统可靠性。

3.4.2.3　"综合＋重联"模式及切换

主司机 MMI 处于综合模式，MMI 显示屏可配置功能按键区显示如图 3.4-9（a）、（b）所示。

（a）LTE "综合模式"功能按键区

（b）458 M "综合模式"功能按键区

（c）LTE 及 458 M 重联模式的功能按键区

图 3.4-9　不同状态下的功能按键区

副司机 MMI 处于重联模式，MMI 显示屏功能按键区显示如图 3.4-9（c）所示。司机需按下 [主控] 键 3 s 以上，手动将 MMI 切换至综合模式，此时主司机侧 MMI 自动由综合模式切换为重联模式。

3.4.2.4　"综合-副控"模式及切换

MMI 处于副控状态时，MMI 显示屏功能按键区无显示，如图 3.4-10 所示，此时另一侧 MMI 为综合模式，显示如图 3.4-9（a）、（b）所示。司机在副控模式端 MMI 按下 [主控] 键 3 s 以上，可手动将 MMI 由副控切换至综合状态，同时另一侧的 MMI 自动从综合模式变为副控模式。

图 3.4-10　副控模式下的功能按键区

3.4.2.5　系统复位

当 CIR 系统出现故障需要重启设备时，司机长按 [复位] 键 3 s 可实现重启 CIR。

3.4.2.6　界面介绍

MMI 在守候状态下的主界面，从上到下依次分为：基本信息显示区，列尾状态显示区，安全预警显示区，工作模式、运行线路及操作端显示区，调度通信状态显示区和可配置功能按键显示区，一共 6 个区域，如图 3.4-11 所示。

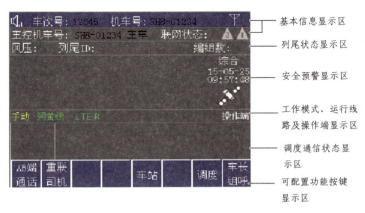

图 3.4-11　MMI 主界面

（1）基本信息显示区：显示内容包括扬声器或听筒音量、车次号、机车号、LTE 网络场强、主控机车号、主备板 OC 联网状态等。左上侧图标显示的是扬声器或听筒的音量，在挂机状态下显示扬声器音量，在摘机状态下显示听筒音量。最右上侧图标显示主备板当前接收到的 LTE 信号强度，左半边代表备用主控单元信号强度，右半边代表主用主控单元信号强度。车次号、机车号和主控机车号内容显示为白色时，表示功能号已注册，显示为黑色时表示功能号未注册，为空时表示该号码尚未设置。如主控单元 LTE 模块已获取 I 地址并登陆 OC 服务器，"联网状态"栏三角图标显示成蓝色；因 LTE 模块故障，当前无 LTE 环境，账号配置错误而不能附着、接入 LTE 网络，OC 密码错误等原因导致无法登录 OC 服务器时，"联网状态"三角图标呈灰色显示，表示无法使用 LTE 网络，不能进行正常的数据传送和话音业务。"联网状态"栏三角图标 $\triangle_1$ 代表主用主控单元状态， $\triangle_2$ 代表备用备控主控单元状态。

（2）列尾状态显示区：此区域显示列尾相关信息，包括列尾的风压数值、列尾 ID、连接状态等。当 CIR 工作在 LTE 模式并且与列尾设备建立连接时，该栏将显示列尾 ID、风压值，并在最右侧显示"连接状态：已连接"字样；当工作在 LTE 模式但未与列尾建立连接，或者工作在 458 M 模式时，列尾 ID、风压值显示为空并且不显示"连接状态："字样。

（3）安全预警显示区：此区域显示列车预警信息、司机操作提示信息、列尾自动风压和报警信息、系统运行状态信息等。右侧显示当前 MMI 所处的工作模式、卫星定位状态和 24 小时制当前时间。工作模式包括：综合、重联和副控；卫星定位状态有效时，当前时间显示为白色，卫星图标显示为绿色；卫星定位状态无效时，当前时间显示为灰色，卫星图标显示为灰色；列尾报警信息、自动风压提示信息、系统提示信息将在"安全预警显示区"的左侧显示。

（4）工作模式、运行线路以及操作端显示区：区域左侧显示模式设置方式（自动、手动）、线路名称（朔黄线）、当前工作模式（LTE-R 或 458 MHz）信息；当模式设置方式为自动时，系统将通过卫星定位数据自动判断当前所属线路并更新显示。区域右侧显示操作端信息，识别当前端为非操作端时，将显示红色字体"非操作端"字样并定时闪烁提示，为操作端时将显示为白色字体"操作端"字样，无闪烁。

（5）调度通信状态显示区：此区域显示正在进行的呼入、呼出、通话中的调度通信信息。呼入、呼出时通话号码显示为灰色，接通后显示为绿色。在 458 MHz 工作模式下，同时将显示 458 MHz 电台的收发状态，红色实心圆亮表示机车电台的发射机正在发射，绿色上半实心圆亮表示电台接收到异频信号，下半实心圆亮表示电台接收到同频信号。

（6）可配置功能按键显示区：此区域用于显示司机可单键发起呼叫的按键名称，在 458 MHz 模式下各显示为"AB 端通话""重联司机""调度""隧道司机""隧道车站""平原司机""平原车站"，如图 3.4-9（b）所示；在 LTE 工作模式下将显示"AB 端通话""重联司机""车站""调度""车长/组呼"，如图 3.4-9（a）所示。当卫星定位有效时，此区域左四、左五、左六按键将根据列车运行位置显示前站、当前站、后站的车站名称，当在特殊位置（如神池南、肃宁北、港口）处时，左三按键将显示为"其他车站"，司机按下此键后"可配置功能按键显示区"将更新为当前位置所配属的扩展号码信息（如信号楼、机务等）。

3.4.2.7　工作模式选择

1. 自动选择线路

（1）在 MMI 主界面下按 设置 键，进入设置界面，如图 3.4-12 所示。

图 3.4-12　设置界面

（2）根据屏幕提示按方向键将光标移动到"2、运行区段"，也可以按数字键"2"快速定位至选项，按 确认接收 键进入"线路选择"界面，如图 3.4-13 所示。

（3）移动光标到"1、自动"，再次按 确认接收 键，此时 CIR 设置为线路自动切换模式。

说明：

a. CIR 将根据 GPS 位置信息自动在 458 MHz 和 LTE 两种工作制式间切换，在 458 MHz

模式下可自动转换工作频点。

b. 在 LTE 环境下 CIR 自动变换"可配置功能按键显示区"的车站名称。在自动模式下，当卫星定位信息失效时，主界面"工作模式、运行线路及操作端显示区"中"自动"字样将显示红色并闪烁提示。

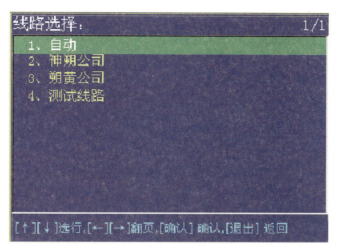

图 3.4-13　线路选择界面——自动方式

2. 手动选择线路

（1）在 MMI 主界面下按 设置 键，进入设置界面，选择"2、运行区段"。

（2）按 确认签收 键进入"线路选择"界面，此时屏幕上会列出所有的路局。选择路局后按 确认签收 键，此时屏幕上列出该路局全部运行线路，如图 3.4-14 所示。

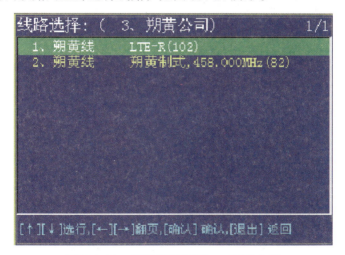

图 3.4-14　线路选择界面——手动方式

（3）选中线路后，再次按下 确认签收 键，此时 CIR 设置为线路手动切换模式。

说明：

a. 手动选择线路后，工作模式不随位置信息变化。

b. 在 LTE 环境下，如果选择线路与 GPS 输出线路信息一致，车站名称根据位置信息而变化；如果选择线路与 GPS 输出线路不一致，则不显示车站名称，同时主界面"工作模式、运行线路及操作端显示区"中"手动"两字将显示黄色并闪烁提示。

3.4.2.8　车次号注册、确认和注销

车次号信息来源有两种方式，通过从 TAX 箱自动获取或司机手动输入，手动输入设置车次号方式如下。

1. 车次号注册/设置

（1）LTE 工作模式下：

a. 在主界面下按 设置 键，进入设置界面。

b. 将光标移动至"1、车次功能号注册"并按 确认签收 键，如图 3.4-15 所示。

c. 根据 MMI 屏幕下方的提示，手动输入车次号后按 确认签收 键，从弹出机车牵引任务状态选择界面上选择"本务机"或"补机"，如图 3.4-16 所示。

d. 再次按下 确认签收 键后，CIR 即向 LTE 网络注册车次功能号，如图 3.4-17 所示。

图 3.4-15　输入车次号

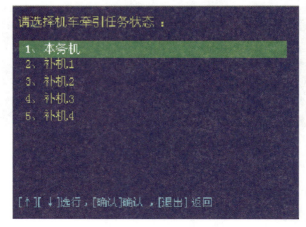

图 3.4-16　选择机车牵引任务状态

70

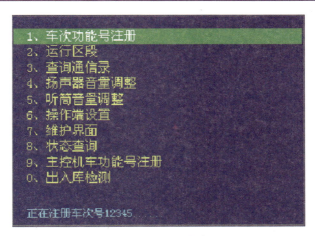

图 3.4-17　注册车次号

（2）458 MHz 工作模式下：

设置车次号的操作过程与 LTE 环境下的注册过程（1）（2）（3）步骤相同，按 确认签收 键后 MMI 显示屏显示输入的车次号，如图 3.4-18 所示。

图 3.4-18　设置车次号

说明：458 MHz 模式下，车次号设置仅用于车次号显示和车次号校核信息传送，CIR 不进行车次功能号注册。

2.　车次号确认

（1）车次号获取方式设定为自动时：

a. 当出现下列情况时，CIR 在车次号注册界面（LTE 环境）或车次号设置界面（458 MHz 环境）显示"请输入车次号："提示信息，如图 3.4-17、图 3.4-18 所示，同时发出"请确认车次号"语音提示。

b. 在车次号注册或设置界面（图 3.4-17、图 3.4-18），司机应确认界面上的车次号（图中举例车次为"12345"）是否与当前车次号一致。若一致直接按键 确认签收 确认，不一致时可通过按 回格 和"数字/字母"键等进行修改，再按 确认签收 键确认。

（2）车次号获取方式设定为手动时：

LKJ 状态转换或列车折角运行时车次号将发生变化，CIR 均不会自动提示车次号注册界面或车次号设置界面，也不会有语音提示，需要变更时须由司机在指定的地点手动输入指定车次号，操作过程与车次号的注册/设置相同。

说明：

a. CIR 可通过 TAX 自动获取 LKJ 装置的车次号，或在 MMI 上通过键盘人工输入车次号。

b. 在 CIR 的维护界面可设置车次号获取方式，由铁路局通信主管部门确定使用何种方式，一般情况下预置为"自动"状态。

3. 车次号注销

CIR 工作在 LTE 工作模式下，离车前或机车换端时，司机需手动注销车次功能号。注销过程如下：在设置界面下选择"1、车次功能号注销"，按 [确认签收] 键后 MMI 屏幕下方显示是否确认注销的提示（见图 3.4-19），按 [确认签收] 键，CIR 即向网络注销该车次功能号。

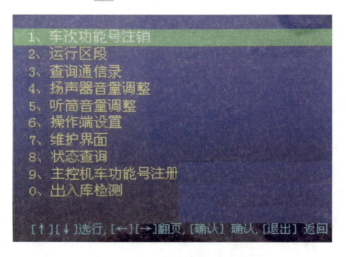

图 3.4-19　车次功能号注销

3.4.2.9　机车号设置

在 LTE 和 458 MHz 环境下，开车前司机需检查"机车号："栏是否已设置，若该栏为空或与实际不符，需按以下步骤进行设置。

（1）在主界面下按 [设置] 键，进入设置界面。

（2）将光标移动至"7、维护界面"，并按 [确认签收] 键进入维护界面窗口，按照提示将光标移动至"1、机车号："，按 [确认签收] 键，如图 3.4-20 所示。

（3）根据 MMI 屏幕下方的提示，手动输入机车号后按 [确认签收] 键，如图 3.4-21 所示，CIR 保存新机车号。

说明：只需在其中一个 MMI 上设置；若 CIR 工作在 LTE 环境，CIR 输入新机车号后将尝试以新机车号重新登录 LTE 网络。

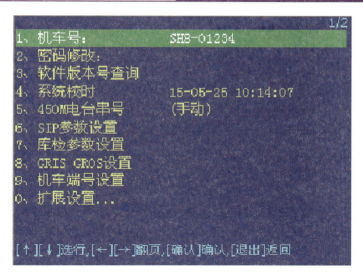

图 3.4-20　维护界面选择机车号

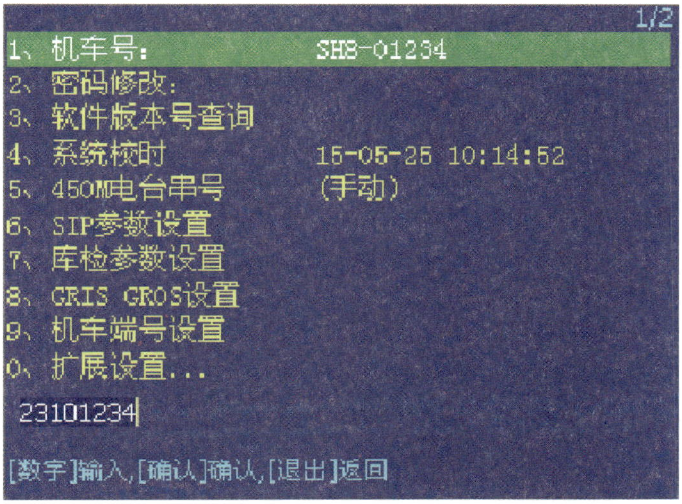

图 3.4-21　输入机车号

3.4.2.10　机车端号设置

机车头端和尾端分别安装一套 CIR 设备，用 A、B 端来识别，CIR 初始上线使用时需要通过 MMI 设置当前 CIR 属于 A 端或 B 端，CIR 将保存该配置。

（1）在主界面下按 MMI 设置 键，进入设置界面。

（2）将光标移动至"7、维护界面"并按 确认签收 键进入维护界面窗口。

（3）然后光标移动至"9、机车端号设置:"，如图 3.4-22 所示选择机车端后按下 确认签收 键，CIR 保存机车端号配置。

说明：只需在其中一个 MMI 上设置；若 CIR 工作在 LTE 环境，CIR 将以新端号重新登录 LTE 网络。

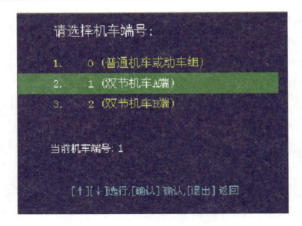

图 3.4-22　机车端号设置

3.4.2.11　工作方式设置

CIR 初始使用时需要通过 MMI 设置当前 CIR 工作方式，CIR 将保存该配置。

（1）在主界面下按 MMI 设置 键，进入设置界面。

（2）将光标移动至"7、维护界面"并按 确认签收 键进入维护界面窗口。

（3）在维护界面，按"→"键翻至第二页，然后将光标移动至"4、工作方式设置"并按 确认签收 键进入工作模式设置界面，如图 3.4-23 所示。

（4）然后移动光标选择工作方式，按 确认签收 键，CIR 保存工作模式配置。

图 3.4-23　工作模式设置

说明：不同的工作方式呈现的业务有所不同；单端双 MMI 模式时，双主控单元分别处于综合＋重联工作模式；双端主副控模式或单端单 MMI 模式时，双主控单元分别处于综合＋副控工作模式。

3.4.2.12　操作端设置

CIR 与列尾车载电台通信正常时，操作端信息可被自动识别，当通信故障未能收到识别时，司机可通过手动操作进行配置，操作端手动设置方式如下。

（1）在主界面下按 MMI 设置键，进入设置界面。

（2）将光标移动至"6、操作端设置"并按确认签收键进入操作端设置窗口，如图 3.4-24 所示。

（3）然后按上下键移动光标选择操作段端，按下确认签收键，CIR 记录当前操作端配置。

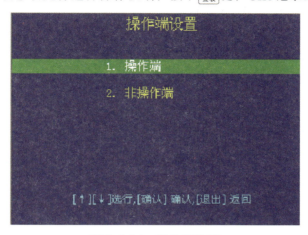

图 3.4-24　操作端设置

说明：只需在其中一个 MMI 上设置；正常情况下 CIR 可自动获得操作端信息，不需手动设置；当进行手动设置后，系统以手动设置为准，不再处理自动获得的操作端信息，直到下次设备重启。

3.4.2.13　主控机车号设置

在 LTE 工作模式下，对于进行重联编组的列车，司机需检查"主控机车号"栏是否设置。主控机车号来源有两种方式，自动从重联系统获取或人工设置，人工设置步骤如下。

（1）在主界面下按设置键，进入设置界面。

（2）将光标移动至"9、主控机车号设置"并按确认签收键，如图 3.4-25 所示。

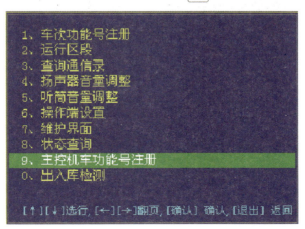

图 3.4-25　主控机车号设置

（3）根据 MMI 屏幕下方的提示，手动输入主控机车号后按 [确认签收] 键加入重联组，如图 3.4-26 所示。

图 3.4-26　输入主控机车号

说明：只需在其中一个 MMI 上设置；编组状态下 CIR 可自动获取主控机车号，不需手动设置。

3.4.2.14　GRIS/GROS/AN 设置

CIR 初始使用时需设置 GRIS/GROS/AN 等信息，设置后 CIR 将保存该配置。

（1）在主界面下按 MMI [设置] 键，进入设置界面。

（2）将光标移动至"7、维护界面"并按 [确认签收] 键进入维护界面窗口。

（3）然后移动光标至"8、GRIS/GROS 设置："进入 GRIS/GROS 设置界面，如图 3.4-27 所示，输入正确配置后，按下 [确认签收] 键，CIR 保存 GRIS/GROS/AN 配置。

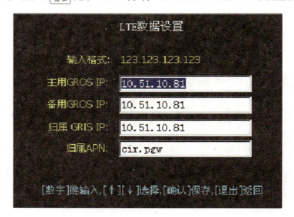

图 3.4-27　GRIS GROS 信息设置

3.4.2.15　库检参数设置

CIR 初始使用时需通过 MMI 设置当前库检服务器地址和库检电话等信息，设置后 CIR 将保存该配置。

（1）在主界面下按MMI 设置 键，进入设置界面。

（2）将光标移动至"7、维护界面"并按 确认签收 键进入维护界面窗口。

（3）然后移动光标至"8、库检参数设置："进入库检参数设置界面，如图3.4-28所示，输入后按下 确认签收 键，CIR保存库检参数配置。

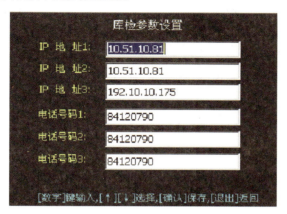

图 3.4-28　库检参数设置

3.4.3　语音调度

3.4.3.1　LTE 通话

LTE通话主要包括司机发起或接听与调度员、车站值班员、副司机等的个呼通话，发起或接听邻站组呼、站内组呼、紧急呼叫、重联组呼等小组通话。

1. 与调度员通话

在主界面下按 调度 键呼叫当前区段列车调度员，属双工通话，讲话时需按PPT，如图3.4-29所示。

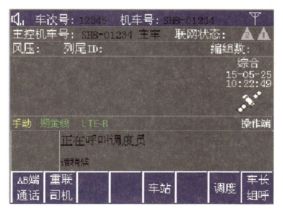

图 3.4-29　CIR 呼叫调度员

调度员呼入时，MMI显示屏上将显示呼叫方信息并伴有振铃提示声，此时司机摘机即可进行通话，如图3.4-30所示。

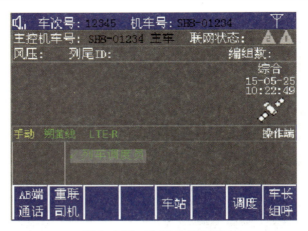

图 3.4-30　与调度员通话

2. 与车站值班员通话

（1）司机根据"可配置功能按键显示区"显示的车站名称按下相应的按键，可以呼叫车站值班员，属双工通话，讲话时需按 PPT，如图 3.4-31 所示。

（2）车站值班员呼入时，在 MMI 显示屏上显示呼叫方信息并伴有振铃提示声，此时司机摘机即可进行通话。

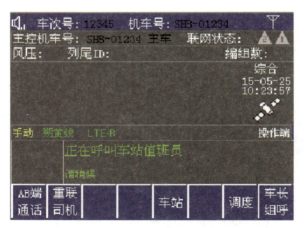

图 3.4-31　CIR 呼叫车站值班员

3. 与本车运转车长通话

（1）在主界面下按 车长 键，可以呼叫本车运转车长，属双工通话，讲话时需按 PPT，如图 3.4-32 所示。

说明：

a. CIR 已获取车次号时，车长 键有效，显示为蓝底白字。

b. CIR 未获取车次号时，车长 键无效，显示为蓝底灰字。

（2）运转车长呼入时，在 MMI 显示屏上显示呼叫方信息并伴有振铃提示声，此时司机摘机即可进行通话。

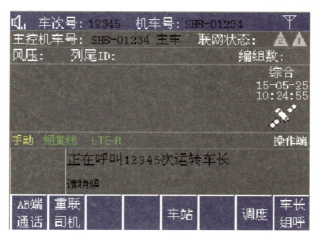

图 3.4-32　CIR 呼叫运转车长

4. 邻站组呼

（1）在主界面下按 邻站组呼 键可发起邻站组呼，呼叫列车所在位置的相邻 3 个车站及站间区间的所有组呼权限的相关用户。通话过程中，讲话时按下 PPT 抢占讲者权限，MMI 上显示送受话器图标 📞 时即可讲话，送受话器图标显示不可用 📵 时表示抢权失败，此时不能讲话，如图 3.4-33 所示。

（2）邻站组呼呼入时，CIR 自动加入呼叫，此时 MMI 显示屏上显示组呼呼入相关信息，扬声器播放话音。

（3）邻站组呼通话过程中，除发起者外，其余用户不允许主动退出邻站组呼，发起者挂机时该组呼将结束。

说明：

a. 邻站组呼功能属于高优先级通话，呼叫时会打断进行中的低优先级个呼和低优先级组呼。

b. 邻站组呼是单工通话，对方讲话时，本机只能接听不能讲话，讲者说完时需及时释放 PPT 让其他参与者抢占 PPT 讲话。

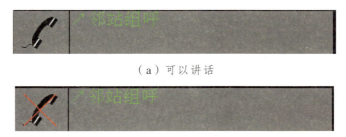

（a）可以讲话

（b）不能讲话

图 3.4-33　组呼中按下 PPT 时是否可以讲话状态显示

5. 站内组呼

（1）在主界面下按 站内组呼 键可发起站内组呼，呼叫列车所在的车站范围内车站值班员、运转车长/随车机械师、其他机车司机等所有用户，如图 3-34 所示。通话过程中，讲者按下 PPT，看到 MMI 显示送受话器图标 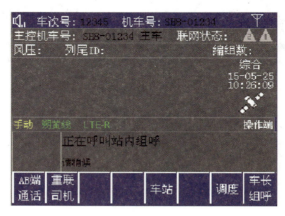 时即可讲话，送受话器图标显示不可用时 表示抢占话权失败，此时无法讲话，使用方法同"邻站组呼"。

（2）站内组呼呼入时，CIR 自动加入呼叫，此时 MMI 将显示组呼呼入相关信息，扬声器播放话音。

（3）站内组呼通话过程中，司机按下 挂断 键或直接挂机，作为组呼参与者的司机将主动退出组呼，但此时通话并未结束，其他用户仍然可进行通话，组呼发起者挂机时呼叫被完全释放。

图 3.4-34　CIR 发起站内组呼

说明：

a. 作为参与者身份的 CIR 挂机主动退出组呼后若仍想重新加入该组呼，可在主界面下按 站内组呼 键重新加入，仍然是组呼参与者身份。

b. 站内组呼是 LTE 组呼对讲功能，对方讲话时，本机只能接听不能讲话，讲者说完时需及时释放 PPT 让其他参与者抢占 PPT 讲话。

6. 重联组呼

（1）在主界面下按 重联通话 键可发起重联组呼，呼叫当前编组内所有司机。通话过程中，讲者讲话时需按下 PPT，当 MMI 上显示送受话器图标 时即可讲话，送受话器图标显示不可用 时表示话权抢占失败不能讲话，使用方式同"邻站组呼"。

（2）有重联组呼呼入时，CIR 自动加入通话，此时 MMI 显示屏上显示呼入相关信息，扬声器播放话音。

（3）重联组呼通话过程中，司机按下 挂断 键或直接挂机，作为组呼参与者的 CIR 将退出呼叫，但该组呼仍然存在，不影响其他参与者通话，组呼发起者挂机时呼叫被完全释放。

说明：

a. 作为参与者身份的 CIR 挂机主动退出组呼后，若仍想重新加入该组呼，需要在主界面下按 重联通话 键重新加入，仍然是组呼参与者身份。

b. 重联组呼是 LTE 组呼对讲功能，对方讲话时，本机只能接听不能讲话，讲者说完时需要及时释放 PPT 让其他参与者讲话。

7. 铁路紧急呼叫

（1）按下 [紧急呼叫] 键发起铁路紧急呼叫，全网用户将被加入该呼叫中。通话过程中，讲话时按下 PPT，MMI 显示屏上显示送受话器图标时 [图标] 即可讲话，送受话器图标显示不可用 [图标] 时表示抢权失败，此时不能讲话，使用方式同"邻站组呼"。

（2）紧急呼叫呼入时，CIR 自动加入该呼叫，MMI 显示屏上显示呼入相关信息，扬声器播放话音。

（3）紧急呼叫过程中，除发起者外，其余用户不允许主动退出紧急呼叫，发起方司机按下 [挂断] 键或直接挂机时呼叫被拆除。

说明：

a. 紧急呼叫功能属于最高优先级呼叫，呼叫时会打断已进行中的低优先级个呼或低优先级组呼。

b. 紧急呼叫是单工通话，当有讲者讲话时，本机只能接听，讲者说完时需及时释放 PPT 让其他参与者抢占 PPT 讲话。

c. 司机必须慎用铁路紧急呼叫功能。

8. 内部通话

司机摘机按下 [内部通话] 键，发起侧将听到"嘟"的提示音，接听侧主机的 MMI 收到来呼信息后将在 MMI 上提示"内部通话呼入"，司机摘机后通话被建立，属于单工通话。讲者按下 PPT 讲话，另一方需松开 PPT 以接听，若同时按下 PPT 将导致双方都听不见声音。通话中任何一方挂机只挂断本方通话，未挂机方仍将处于通话状态，但此时将听不到声音。

说明：

a. 内部通话是优先级最低的通话类型，内部通话过程中任何其他类型的呼入都将中断内部通话。

b. 当进行主机间内部通话时，若过程中某一方按"挂机"键退出内部通话后仍想再次加入，只需再次按下 [内部通话] 键即可重新建立。

c. 发起侧按键发起内部通话时，若未听到"嘟"的提示音，表明发起呼叫动作未能送达对方，此时呼叫不能正常建立，可先挂机然后再摘机重新按键呼叫。

9. 拨号呼叫

除上述单键发起呼叫外，机车司机还可在 MMI 上直接输入被叫方的功能号或 MSISDN 号码，按 [呼叫] 键发起呼叫，如图 3.4-35 所示。

说明：

a. 若已知 MSISDN 号码（如 14689099021），可直接按键输入进行呼叫。

b. 呼叫指定机车可通过机车功能号进行呼叫，机车功能号构成规则：3 + 机车型号 + 机车号 + 01。神八机车型号为 231，神十二机车型号为 232，韶 4 机车型号为 225；机车号共 5 位，不足 5 位时前面补充 0；如呼叫神八 7076 机车时可输入 32310707601 然后按 [呼叫] 发起呼叫。

c. 呼叫指定车次的机车可通过车次功能号进行呼叫。

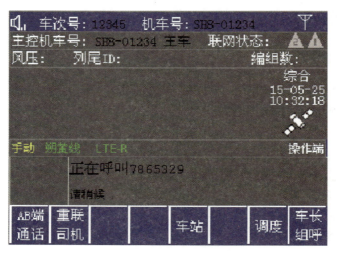

图 3.4-35　拨号呼叫

10. 重 拨

（1）在主界面下按⎡呼叫⎤键，屏幕上显示司机上一次拨打过的号码，按上下键可显示当前设备的通话列表。

（2）按⎡回格⎤键或"数字/字母"键等可修改呼叫列表中显示的号码。

（3）再次按⎡呼叫⎤键即可对显示的号码重新发起呼叫。

11. 通讯录呼叫

（1）在 MMI 主界面按⎡设置⎤键，进入设置界面。

（2）选择"3、查询通讯录"，按⎡确认签收⎤键进入"通讯录"界面，此时屏幕上会列出所有的路局信息。按上下键选择所属路局后按⎡确认签收⎤键，屏幕上列出该路局全部运行线路。

（3）按上下键选中线路后，按下⎡确认签收⎤键，显示该条线路的调度员、车站值班员的号码。

（4）移动光标选中需要呼叫的调度员或车站值班员，按⎡确认签收⎤键发起呼叫。

3.4.3.2　458 MHz 通话

1. 458 MHz 主呼

（1）在守候状态下摘机，根据呼叫对象按下屏幕下方相应的按键发起呼叫，听到"嘟"提示音时表示呼叫已建立。

（2）通话过程中需要按 PPT 讲话，讲完后松开 PPT，如图 3.4-36 所示。

（3）呼叫对象包括"平原司机""平原车站""隧道司机""隧道司机"。

2. 458 MHz 被呼

（1）扬声器发出对方呼叫本车话音时，摘机即可与对方进行通话。

（2）通话过程中需要按 PPT 讲话。

说明：若未摘机，则通话将在 10 s 左右后自动挂断。

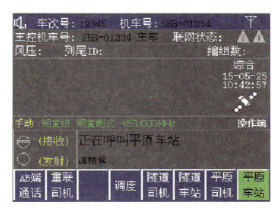

图 3.4-36　本车使用"平原车站"按键发起呼叫

3.4.4　调度命令信息

调度命令信息包含调度命令、行车凭证、列车进路预告等信息。其中，列车进路预告是应用最多的一种调度命令信息，该信息由 CTC 自动向辖区内的运行列车发送。

1. 调度命令显示界面

MMI 调度命令显示界面分调度命令信息显示区、调度命令正文内容显示区，如图 3.4-37 所示。

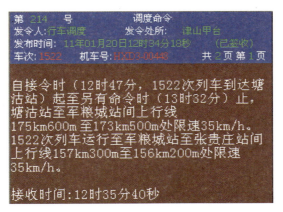

图 3.4-37　调度命令显示界面

（1）调度命令信息显示区：此区域显示凭证名称、调度命令编号、发令处所、调度命令发布时间、车次号、机车号、调度命令签收状态等信息。

（2）正文内容显示区：此区域显示调度命令正文内容、接收时间、接收地点、签收时间、签收地点等信息。CIR 连续 10 s 未能获取 TAX 装置（或 DMS 设备）的公里标信息时，接收地点或签收地点信息显示"----"。

2. 阅读和签收

（1）CIR 接收到调度命令信息后，MMI 显示接收到的调度命令信息，MMI 发出提示语音，如"调度命令，请签收"。

（2）司机阅读完调度命令信息后按 确认签收 键签收。较长的调度命令会分页显示，司机应阅读完后再签收。如果未阅读至最后一页按 确认签收 键，MMI 会提示"请阅读完再签收"。调度命令信息显示（最后一页）如图 3.4-38 所示。

（3）签收后的调度命令信息，按 ↓ 、↑ 键可对本条调度命令信息翻页查看。当本条调度命令信息显示至第一页时，继续按 ↑ 键将显示前一条调度命令，如图 3.4-39 所示。当本条调度命令信息显示至最后一页时，按 ↓ 键将显示后一条调度命令信息，如图 3.4-40 所示。

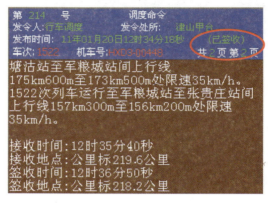

图 3.4-38　多页调度命令（最后一页）

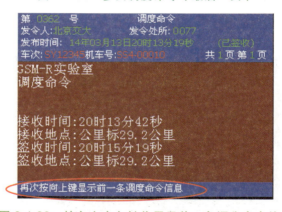

图 3.4-39　按向上方向键将显示前一条调度命令信息

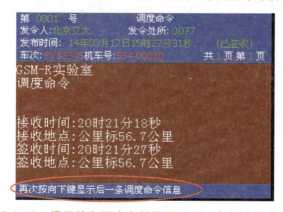

图 3.4-40　提示按向下方向键将显示后一条调度命令信息

说明：

a. 未签收的调度命令信息每间隔 15 s 重复显示，提醒司机签收。

b. 调度命令优先显示功能"关闭"时，在调度命令信息签收 10 s 后显示界面将自动退回到主界面；调度命令优先显示功能"开启"时，在调度命令信息签收完之后保持在调度命令信息界面，可以按 退出 或 界面 键返回主界面。

3. 打　印

在调度命令界面下，按 打印 键，打印终端打印当前显示的调度命令信息。

4. 查　询

（1）在主界面下按 查询 键，进入查询界面。

（2）移动光标选择要查询的信息类型，然后按 确认签收 键，屏幕上即显示查询到的调度命令信息索引列表，将光标移动到要查看的条目上按 确认签收 键，即可查看该条调度命令信息的全部内容，如图 3.4-41 所示。

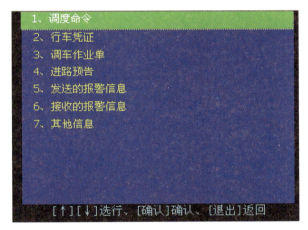

图 3.4-41　调度命令查询界面

说明：在主界面下按 界面 键，可切换显示 CIR 最新接收到的调度命令信息。

3.4.5　列尾操作

1. 主控机车号确认

机车编组后 CIR 将自动获得主控机车号，若未自动获取司机可手动输入。

司机需检查 MMI 显示屏上"主控机车号"栏，若为空则先按 设置 键，将光标移动至"9、主控机车号注册"并按 确认签收 键，然后输入主控机车号后按 确认签收 键；若不为空且与当前主控机车号一致则不需要进一步操作；若不为空但与当前主控机车号不一致则需要与主控机车司机确认重联编组主控机车号设置是否正确。

2. 与列尾建立连接

当 MMI 发出"××××列尾装置等待确认"提示音并弹出列尾装置号确认窗口（见图3.4-42）时，司机判断列尾装置的 ID 号码与通知的号码是否一致，若一致按"列尾确认"键进行确认，连接成功后 MMI 主界面显示列尾装置 ID 号码、风压值和列尾连接状态，并播报"×××××列尾装置，连接成功"语音提示；若列尾 ID 不是不正确，则先按"列尾销号"再"列尾确认"组合键拒绝该列尾设备。

图 3.4-42　列尾连接请求提示

说明：

a. 列尾置号后，自动定时 5 s 发送连接请求，直到被司机响应（列尾确认或列尾拒绝）。

b. 列尾连接请求被拒绝后，将不再尝试发送连接请求。

c. 连接建立后，若列尾设备故障重启或 CIR 主机故障重启，连接关系将短暂中断，待设备恢复后连接关系自动恢复。

3. 手动查询列尾风压

（1）按下 风压查询 键，可以主动查询当前列尾风压数据。

（2）查询后 MMI 显示尾部风压数值，并播报"××××机车，风压×××千帕"语音提示。

4. 风压自动提示

（1）列车主风管风压低于 550 kPa 时，列尾装置自动向 CIR 发送欠压提示。

（2）MMI 显示区的风压值变成红色字样，并播报"××××机车注意，风压×××千帕"语音提示。

（3）按下 列尾确认 键，停止 MMI 的语音提示。

5. 电池欠压报警

（1）CIR 收到列尾装置发送的电池欠压报警信号时，MMI 播报"××××机车，电量不足"语音提示。

（2）按下 列尾确认 键停止提示。

6. 常用排风

（1）按 列尾排风 键后 3 s 内再按下 列尾确认 键，CIR 向列尾装置发出常用排风命令。

（2）MMI 显示尾部风压数值并发出"××××机车注意，风压×××千帕"。

7. 紧急排风

（1）按下 紧急排风 键后 3 s 内再按下 列尾确认 键，CIR 向列尾装置发出紧急排风命令。

（2）MMI播报"××××机车，紧急排风"语音提示，列尾装置排风结束后，MMI显示尾部风压数值并发出"××××机车注意，风压×××千帕"。

8. 解除列尾连接（列尾销号）

（1）按下 [列尾消号] 键3 s内再按下 [列尾确认] 键，控制CIR主动对列尾装置进行销号，或者列尾操作人员通过列尾置号器主动对CIR进行列尾销号。

（2）列尾连接关系解除后，MMI发出"×××××××列尾，销号成功"语音提示。

说明：列尾跟随排风时将自动向CIR发送当前风压值，CIR更新显示但不播报语音。

3.4.6　离车前的注意事项

（1）挂好送受话器。

（2）如果列尾已连接，解除CIR和列尾的连接关系。

（3）关闭CIR电源（或直接关闭机车电源）。

说明：机车电源关闭后CIR依靠电池暂时维持工作，若司机未主动注销车次功能号和机车功能号，CIR将负责自主向网络注销功能号，3 min内CIR自动断电。

3.4.7　应急处置案例

1. 案例1：设备没有自动加电

现象描述：机车加电后CIR没有自动加电运行。

检查或处理方法：检查CIR主机面板电源开关是否打开。

2. 案例2：MMI各部按键操作失效

检查或处理方法：

（1）检查MMI是否处于综合状态，如果不是主控状态，按 [主控] 键3 s以上将MMI切换为综合状态后再尝试进行相应的操作。

（2）如果MMI当前为综合状态，按MMI的 [复位] 键3 s以上，对CIR整机进行复位重启，CIR重启后再尝试相应的操作。

（3）CIR复位重启后，如MMI各部按键操作仍无效，操作CIR主机面板电源开关（或直接开关CIR供电电源）重启CIR。

3. 案例3：工作模式不正确，不能正常进行车机联控

现象描述：CIR操作、显示状态均正常，但无法进行正常车机联控。

检查或处理方法：

（1）检查确认MMI屏幕显示的线路名称和工作模式与列车当前运行线路是否一致。如不一致：

a. 进入"运行区段"界面，选择相应的铁路局后再选择正确的运行线路和工作模式（频点）。

b. 进入"运行区段"界面，选择"自动"工作方式。

（2）线路名称和工作模式已正确，故障现象仍不能消除时，按 MMI 的 复位 键 3 s 以上，对 CIR 整机进行复位重启。

CIR 重启后，正确设置 CIR 的工作方式、运行线路和工作模式，再尝试进行车机联控。

（3）CIR 重启后仍不正常的，使用 LTE 手持终端或无线对讲设备报告车站值班员或列车调度员。

4. 案例 4：MMI 未显示车次号信息

现象描述：MMI 屏幕左上方一直未显示车次号（车次号显示为：空或者"未知"）。

检查或处理方法：

（1）按 MMI 设置 按键，进入设置界面后，选定"车次功能号注册"项。

（2）重新输入正确的车次号进行注册。

5. 案例 5：MMI 显示错误的车次号信息

现象描述：MMI 显示车次号与列车实际车次不符。

检查或处理方法：与案例 4"MMI 未显示车次号信息"处理方法相同。

6. 案例 6：进入 LTE 线路时，CIR 未自动注册车次号

现象描述：列车在 LTE 区段未自动注册车次功能号。

检查或处理方法：

（1）检查确认 CIR 是否工作在 LTE 工作模式。如果工作模式不是 LTE 模式，手动选择运行线路和 LTE 工作模式。

（2）车次功能号。

（3）不注册车次功能号。

（4）如果工作模式是 LTE 模式，检测当前 CIR 是否为正线运营，非正线行驶时不注册车次功能号。

（5）如果工作模式是 LTE 模式，且第（2）（3）（4）条件都满足仍不能注册机车车次号，按案例 4 处理方法操作重新进行车次号注册。

7. 案例 7：LTE 工作模式时，可配置式功能按键显示异常

现象描述：在 LTE 工作模式时，MMI 屏幕下方的可配置式功能按键区无调度、车站名称显示或者显示的车站名称不正确，无法呼叫车站值班员和调度员。

检查或处理方法：

（1）检查确认 MMI 屏幕显示的线路和区段名称与列车当前运行线路（交路）是否一致。如果不一致，按 切换 键选择正确的运行线路。

（2）如果故障仍无法恢复，进入"通信录"界面，选择当前的运行线路后再选择相应的车站、调度员，按下 确认签收 键发起呼叫。

（3）通过 MMI 键盘直接输入调度员或车站值班员终端号码或功能号码，直接发起对调度员、车站值班员的呼叫。

8. 案例 8：LTE 工作模式时，不能接收进路预告信息

现象描述：CIR 未能正常接收到列车进路预告信息。

检查或处理方法：

（1）检查确认 MMI 屏幕上方显示的车次号是否正确，如果车次号不正确，请重新输入正确的车次号并注册。

（2）检查确认 MMI 显示的操作端是否正确，非操作端不提示进路预告。

（3）如果 MMI 屏幕上方显示的车次号正确，可按 MMI 的 复位 键 3 s 以上，对 CIR 进行复位重启。

9. 案例 9：通话时音量过小或过大

现象描述：通话过程中感觉音量高或低。

检查或处理方法：

（1）MMI 在主界面，挂机状态时，直接按 ⇦ 键调低扬声器音量，按 ⇨ 键调高扬声器音量；摘机状态时，直接按 ⇦ 键调低听筒音量，按 ⇨ 键调高听筒音量。

（2）按 MMI 设置 按键，进入设置界面后，选定"4、扬声器音量调整"或"5、听筒音量调整"项，如图 3.4-43、图 3.4-44 所示，按 ⇦ 键调低音量，按 ⇨ 键调高音量。

图 3.4-43　扬声器音量调整

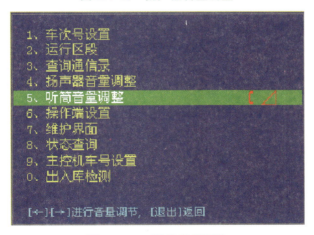

图 3.4-44　听筒音量调整

10. 案例 10：MMI 屏幕亮度过暗或者过亮

现象描述：MMI 屏幕亮度过暗或者过亮。

检查或处理方法：按 MMI 设置 按键，进入设置界面后，选定"9、屏幕亮度调整"项，按 ⇦ 键调暗亮度，按 ⇨ 键调亮亮度。

3.5　可控列尾装置的操作（摘解、置号）及列尾交权操作

3.5.1　TD1 型列车尾部安全防护装置（主机）安装拆卸使用说明

1．主机安装步骤

（1）首先将主机平放在地上，用手拉出 400K 天线组件开闭控制拉销，将 400K 天线打到开启状态。

（2）将三角钥匙插入悬挂三角锁内顺时针方向旋转 90°（此时三角钥匙取不出），将手轮向逆时针方向拧，直到钩舌处于开启状态，然后再将钥匙逆时针方向旋转 90°，取出钥匙。

（3）将拉销拉出，将风管取下，然后将主机安装在车辆尾部提钩杆合适的位置处，将缩紧手轮向顺时针方向拧，直到钩舌处于闭合状态。

（4）连接风管：在接风管时要检查是否有密封圈，密封圈是否有破损。

（5）开折角塞门：做到开启到位，开塞门时要做到缓慢且不可一步到位。

（6）置机车号：置与所挂机车相同的机车号（置了 1 次号后不能重复置号，只能在销号的情况下，才能置其他的机车号；置号器只有输入"0000"或原机车号，才能正常销号）；例如，501 号主机里已经置了机车号 7001，若要改置机车号 7002，直接置机车号 7002 将不能正常置号，只有用置号器输入"0000"或 7001 对该主机销号后，再置机车号 7002。

（7）确认：确认主机是否安装牢固，安装好的列尾主机在提钩杆上不应左右滑动、前后摆动，不应与车轮有接触现象；风管连接处是否漏风；折角塞门是否开启到位、机车号是否置对。

2．主机拆卸步骤

（1）关闭折角塞门：需缓慢一次性关闭到位。

（2）销机车号：置号器只有输入"0000"或原机车号，才能正常销号，销机车号时列尾主机会瞬间排风，然后红外窗口显示"----"。

（3）检查：检查主机是否正常销号，主机外观是否良好。

（4）摘风管。

（5）将三角钥匙插入悬挂三角锁内顺时针方向旋转 90°（此时三角钥匙取不出），将手轮向逆时针方向拧，直到钩舌处于开启状态，然后再将钥匙逆时针方向旋转 90°，取出钥匙。

（6）将拉销拉出，将主机从提钩杆上取下平放在地上，用手拉出 400K 天线组件开闭控制拉销，将 400K 天线打到闭合状态。

（7）将主机送回待检测点。

3．注意事项

（1）安装好的主机在提钩杆上不应左右滑动、前后摆动，不应与车轮有接触现象。

（2）主机风管与车辆风管正常连接好后，应处于弯曲状态。

（3）主机安装完成后，须确认主机安装牢固，折角塞门在开启状态，机车号输入正确、风管连接处不漏风。

（4）拆卸列尾销号时，要先关闭折角塞门，再销号。

（5）主机只能置一次号（不能重复置号），主机在置号后若需改置其他的机车号，只有用机车号"0000"或原机车号将主机里的机车号销号，再改至需要的机车号。

3.5.2　列尾装置的操作（车载设备部分）

1.　列尾关系建立确认

列尾主机置号后，指定的 CIR 将显示列尾连接请求界面，并进行语音提示，司机核对主机车号以及列尾装置号正确后，按"列尾确认"键，进行连接确认，若不正确按"列尾销号"键拒绝连接。

注意事项：

（1）A、B 端都将收到列尾连接请求，请在操作端进行连接确认，非操作端不操作。

（2）只有主车收到列尾信息，从车无列尾信息提示。

2.　列尾操纵

（1）按"风压查询"键查询风压，系统将进行语音以及界面提示。

（2）按"紧急排风"3 s 启动紧急排风操作。

（3）按"紧急排风" + "列尾确认"启动紧急排风操作。

（4）按"常用排风"3 s 启动常用排风操作。

（5）按"常用排风" + "列尾确认"启动常用排风操作。

（6）按"列尾销号"解除与列尾的连接。

3.5.3　列尾置号、销号操纵

3.5.3.1　置号器的开机与关机

1.　开机操作

在未开机的情况下，按下橙色"　FN　"按键，接着按下红色"　↵　"按键，系统将会"嘀"一声开始启动。

2.　关机操作

在已经开机的情况下，按住红色"　↵　"键并保持 3 s，系统立刻关闭。

3.5.3.2　置号销号步骤

1.　机车型号选择

使用"　Tab　"键将光标移动到该选项，当该项被选择时背景呈蓝色"　HXD1/SH6　"。

然后，使用上下键或左右键进行选择，选项有"SS₄、SS₄ᵦ/SS₄ᵍ、HXD1/SH8、SH12、HXN3"。

2. 机车号输入

选定了机车型号后，接下来利用" Tab "键光标移动到机车输入框。当选定后，车号对应的输入框会出现光标闪烁，接着就可以输入相应的车号了。

3. 置号和销号

当以上两步完成后，可直接使用" "键进行置号，置号完成的同时伴随有"滴"的铃声响及蓝色指示灯的闪烁，同时置号按钮会变成销号按钮，如果再次按下" "键，便可对列尾进行销号操作。

3.5.4 可控列尾交权功能

只有机车处于已解编且已连接列尾状态，司机才可按"列尾销号"键进入列尾交权界面，此时 MMI 弹窗显示"普通交权""强制交权"选项，如图 3.5-1 所示。

图 3.5-1

1. 普通交权

司机选择"普通交权"选项后按"确认/签收"键，MMI 显示从车列表信息（见图 3.5-2），司机可按上下键选择将要进行交权的从车机车，并按"确认/签收"键，列尾将对该从车机车进行检查。

图 3.5-2

检查通过后 MMI 将再次提示司机是否进行交权，此时司机可按"确认/签收"键进行最后的交权操作，若此时不想进行交权可按"退出"键取消交权过程（见图 3.5-3）。

图 3.5-3

若检查未通过时，MMI 将提示司机交权检查未通过，无法交权，此时司机可输入新的机车号然后进行强制交权。

2.　强制交权

司机选择"强制交权"选项后按"确认/签收"键，此时 MMI 显示输入框供司机输入想要进行交权的机车号，然后按"确认/签收"键，MMI 将再次提示司机是否进行交权，此时司机可按"确认/签收"键进行最后的强制交权操作，若此时不想进行强制交权可按"退出"键取消交权过程。

注意事项：强制交权输入机车号的格式为"3 位车型代码 + 5 位车号数字"，如交权给神华号为 23107###。

主控司机交权后通知从车司机，从车司机按 MMI 的"设置"键，选择"主控机车号注销"（见图 3.5-4），MMI 主界面的主控机车号注销成功后从车才能收到列尾的连接请求，从车司机按"列尾确认"键，与列尾建立连接。

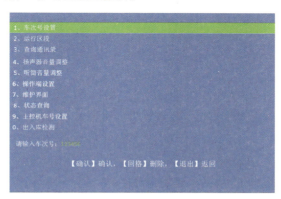

图 3.5-4

注意事项：

（1）编组状态时不可进行列尾交权（图 3.5-5）。

（2）未连接列尾时不可进行列尾交权。

（3）主车交权后，从车司机必须手动注销主控机车号，才能收到列尾的连接请求。

（4）只有普通交权的从车机车号不正确时才使用强制交权。

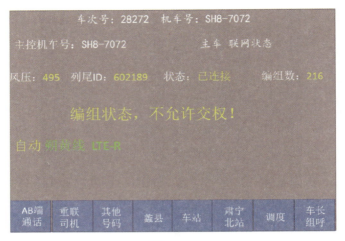

图 3.5-5

3.6 LKJ-15C 型列车运行监控系统

3.6.1 LKJ-15C 型简介

2013 年经中国铁路总公司立项研发的 LKJ 系统（LKJ-15 型）已形成了科研成果，目前产品已获得铁路产品认证，具备推广使用条件。LKJ-15 型在系统安全性、可靠性、数据维护管理和操作便捷性等方面相比既有的 LKJ2000 有了质的飞跃，主要表现在：

1. 系统安全性好

（1）采用 2 乘 2 取 2 安全计算机架构，系统及核心部件的安全完整性为国际电子产品认证最高等级 SIL4 级，达到了国内外先进列控车载设备应具备的安全性要求。

（2）列控车载设备安全关键之一的行车指令获取方式，由 LKJ2000 型并口电平采集改为采用安全协议串口通信，确保机车信号信息采集安全、可靠。

（3）控制指令输出具备终端状态检测和故障安全措施，确保列控设备输出的控制指令准确、可靠。

2. 系统可靠性高

（1）系统平均无故障时间（MTBF）达 1.78×10^6 小时，比 LKJ2000 型高 2 个数量等级。

（2）系统关键环节均采用冗余设计，增强了系统靠性，特别是显示器内置双套冗余，可有效降低设备故障造成的影响。

（3）将 LKJ2000 型的调车监控、平面调车、本补切换、数模转换等 8 个外围扩展设备集成为一体化设备，大量减少了外围设备间的连接电缆，提高了系统可靠性。

3. 系统能力提高

（1）具备通过地面应答器提供 LKJ 基础数据监控列车运行能力，并实现与车载基础数据运行的平滑切换，可适应跨不同线路等级线路的列车运行控制需求。

（2）采用车次号与模式控制、数据调用无关联逻辑设计，车次编码支持 10 位数且字母和数字可任意组合，无须通过升级软件适应铁路车次编号规则的变化。

（3）数据存储容量由 LKJ2000 型的 2 M 提高到 64 M，且对车站号、监控交路号等数据资源没有限制，将不会出现因数据存储容量、数据资源不足等造成需对机车、动车运行范围进行限制的现象。

4. 操作使用管理便捷性

（1）采用拼音索引定位车站并根据起始站至终到站自动规划运行径路供司机选择输入；无须司机记忆或携带《LKJ 操作使用手册》的车站编号、监控交路号对照表即可完成始发站和运行径路等发车参数的设定；遇运行图调整列车径路变化也无须换装 LKJ 数据和修改《LKJ 操作使用手册》。

（2）具备车站各股道出站信号机、区间通过信号机、指定公里标处进行开车对标调用线路数据的操作方式，易于司机掌握，且适应行车组织变化的能力强。

（3）具备支线运行方向信息显示和 CIR 获取进路信息显示，有利于保证司机对行车安全关键的支线方向选择操作正确，并具备卫星定位辅助纠错司机的操作，提高了安全保障能力。

5. 数据维护管理便捷性

（1）基于路网布局以数据元为基础建立拓扑和逻辑关系，采用统一的编码体系，为图形化数据编制、便捷的更新维护和区域协作以及控制精准化提供了数据平台。

（2）采用列车运行径路数据与线路设备、设施参数数据分层架构设计，可针对线路基础数据或运行组织数据的不同变化分别进行数据维护，数据维护作业量小且发生错误概率低。

（3）通过数据中心服务器实现跨局数据的交接与管理，自动对跨局交接的数据进行拼接，实现了铁路局间区域数据工作协作的便利化，降低了数据交接出错等安全风险。

（4）具备自动化的无线数据换装能力，可降低数据换装劳动强度，减少人工干预环节，解决数据人工换装存在的错换、漏换等问题，提高了安全保障能力。

表 3.6-1、表 3.6-2、表 3.6-3、表 3.6-4、表 3.6-5、表 3.6-6 分别是 LKJ-15 型与 LKJ2000 型主要变化比对表。

表 3.6-1　LKJ-15 型与 LKJ2000 型系统安全性比对表

项　　目	LKJ-15	LKJ2000	比对简评
系统架构	安全型 2 乘 2 取 2 架构	非安全型双机热备冗余架构	指系统主机计算机架构
安全等级	SIL4 级	无	国际电子产品认证最高等级
行车指令获取	安全通信协议的串口通信	非安全型并口电平信号采集	指 LKJ 与机车信号的接口

续表

项 目	LKJ-15	LKJ2000	比对简评
控制指令输出	采用安全型继电器，具备继电器和输出终端状态的反馈检测	非安全型继电器，仅检测执行继电器状态	LKJ-15 控制指令输出时若终端检测发现错误，将自动提高控制等级，对于紧急制动则发出报警，提请司机干预，具备一定的故障-安全措施
制动输出接口	得电/失电	得电	LKJ-15 具备失电制动输出接口，可与机车、动车的失电制动执行机构匹配，具备故障-安全措施

表 3.6-2　LKJ-15 型与 LKJ2000 型系统可靠性比对表

项 目	LKJ-15	LKJ2000	比对简评
平均无故障时间（MTBF）	1.78×10^6 小时	6.9×10^4 小时	LKJ-15 比 LKJ2000 的 MTBF 提高了 2 个数量等级
人机交互单元（DMI）冗余	单只 DMI 内部双套系统冗余设计	单套设计	DMI 是列控车载设备的薄弱环节，故障率较高。LKJ-15 的 DMI 故障时可即时切换到备机，不影响主机控制和列车运行
外部扩展设备	单元插件式一体化集成设计、单元间无外部连接电缆，具备冗余电源和统一的通信接口	分体式结构，多达 8 个扩展设备，电源单独，各设备通过电缆相互连接	LKJ 外部扩展设备主要包括：调车监控、平面调车、数模转换、本/补切换、总线扩展、GS 接收等。LKJ-15 对外部扩展设备集成设计提高了系统可靠性
速度传感器	非接触式霍尔转速传感器，MTBF 为 5×10^5 小时，支持断线检测	接触式光电式转速传感器，MTBF 为 2×10^4 小时，无断线检测	LKJ-15 采用的速度传感器机械故障少，且具备采样通道的断线检测，设备故障可诊断

表 3.6-3　LKJ-15 型与 LKJ2000 型模式功能变化比对表

项 目	LKJ-15	LKJ2000	比对简评
应答器数据应用	具备通过地面应答器提供 LKJ 基础数据监控列车运行能力，并实现与车载基础数据运行的平滑切换	无	LKJ-15 型可适应跨不同线路等级的列车运行控制需求
反向行车	无须特殊制作反向数据，数据结构直接支持各种情况下的反向行车控制	需特殊制作反向数据方能进行反向行车控制，且枢纽区域难以实现	LKJ-15 型适应行车组织变化需求的能力强
车次编码	采用车次号与模式控制、数据调用无关联逻辑设计，车次编码支持 10 位数字且字母和数字可任意组合	采用车次号与模式控制、数据调用绑定的逻辑设计，车次编码限制用 3 位字母＋5 位车次号数字	LKJ-15 型适应运输变化需求的能力强

项　目	LKJ-15	LKJ2000	比对简评
精准控制	对站场某条进路上存在多个不同限速道岔的情况，可分别设置限速参数实现精准控制	不具备对同一条进路上的不同限速道岔分别控制的能力，控制精度低	LKJ-15型系统控制精度高，在保证控制安全的前提下提高了运输效率
	对特定引导、绿证、路票非正常行车的揭示，可精准控制到所对应的信号机	对特定引导、绿证、路票非正常行车的揭示只能按车站进行控制，在连续进路车站（场）将会产生多余控制	

表 3.6-4　LKJ-15 型与 LKJ2000 型司机操作比对表

项目	LKJ-15	LKJ2000	比对简评
始发站和运行径路参数设定	采用拼音索引向司机提供始发车站的输入选择，且车站唯一	采用无规则数字编号对应始发车站，且不同交路的车站编号有可能重复	LKJ2000型需司机记忆或携带包含车站编号、监控交路号对照表等内容的《LKJ操作使用手册》方能完成始发站和运行径路发车参数的输入设定；遇运行图调整变化需重新规划监控交路并换装LKJ数据，同时对《LKJ操作使用手册》进行修改。LKJ2000比LKJ-15设备使用和维护管理复杂
	根据起始站至终到站自动检索并规划运行径路供司机输入选择；遇运行图调整列车运行径路变化无须修改和换装LKJ数据	采用无规则数字编号（监控交路）对应列车运行径路，司机需输入监控交路号；遇运行图调整列车径路变化需重新规划监控交路并换装LKJ数据	
开车对标	1. 支持按车站各股道出站信号机开车对标；2. 支持在区间任意信号机处开车对标；3. 支持在区间指定公里标处开车对标	仅支持按车站正线出站信号机或特定对标点开车对标	LKJ-15型具备灵活的开车对标方式，适应行车组织变化需求的能力强，且易于司机掌握
支侧线输入	具备支线运行方向信息显示，司机根据提示采用选择性输入操作	仅显示支线编号和车站关联关系，司机采用支线编号进行输入操作	LKJ-15型在司机支侧线输入操作前能获得清晰的显示提示信息，并采用选择性输入操作，可降低因司机操作错误可能引发的行车事故概率，提高了行车安全保障能力
	具备从CIR获取进路信息	不具备	

项目	LKJ-15	LKJ2000	比对简评
司机输入纠错的辅助检查	具备根据卫星定位信息辅助检查司机输入的车站、支线是否正确	不具备	LKJ-15型具备司机输入车站、支侧线操作是否正确的辅助检查，一旦发生错误将提供显示报警，提请司机及时纠错，提高了行车安全保障能力
	具备对司机输入的计长与辆数逻辑检查功能，对列车编组信息合理性做出判断	不具备	
显示界面	支持触摸屏操作	不支持	LKJ-15型采用固定按键/触摸屏冗余设计，既提高了系统可靠性，又兼顾了不同司机的操作习惯；显示和语音提示的内容丰富，具有良好的操作体验
	线路信息支持前方显示6 km、后方显示2 km	线路信息支持前方显示4 km、后方显示1 km	
	支持AT表盘界面显示方式，适应动车组司机操作习惯	不具备	
	按人体工程学进行设计，可降低司机视觉疲劳度；具有状态信息滚动显示，有利于司机掌握运行状态	—	

表 3.6-5　LKJ-15 型与 LKJ2000 型数据制作与管理比对表

项目	LKJ-15	LKJ2000	比对简评
数据架构	基于路网布局以数据元为基础建立拓扑和逻辑关系，采用列车运行径路与线路设施参数分层架构设计，采用统一的编码体系	基于线路走向的线性列表数据架构，路网连接靠断点分支跳转建立关系，相互逻辑不清晰，并存在重复数据描述	LKJ-15型为图形化数据编制、便捷的更新维护和区域协作以及控制精准化提供了数据平台
	采用线路设备、设施基础数据与运行径路组织数据相分离的设计	运行径路数据与线路设备、设施基础数据相互交织	LKJ-15型可针对线路基础数据和运行组织数据的不同变化分别进行数据维护，数据维护作业量小且发生错误概率低
数据容量	车载数据存储容量不小于64 M，可存储全路所有数据	车载数据存储容量2 M，遇铁路局担当区段长且复杂时数据容量不足	LKJ-15型将不会出现因数据存储容量、数据资源不足等问题造成需对机车、动车运行范围进行限制的现象
	运行径路数量无限制	运行径路数量不超过255	
	车站数量无限制	单个交路车站数量不超过1023	

续表

项目	LKJ-15	LKJ2000	比对简评
数据描述	支持完整的股道信息描述，包括工务线路、限速、信号机位置、岔群等信息	除正向股道信息外，其他股道信息描述不完整	LKJ-15型线路数据描述完整，车载数据与地面实际标号保持一致，为精准控制提供了数据支撑
	车站信息增加了单独的接车进路、发车进路信息	无	
	信号机编号支持数字和字符混合编码，与实际编号一致	信号机编号仅支持数字编号，进、出站信号机编号与实际不符，且无侧线信号机编号	
编制方式	以图形化编制为主，辅以表格编制方式。	仅支持表格编制方式	LKJ-15型的数据编制方式更为直观、便捷，降低了数据维护的劳动强度，也有效降低了因数据维护管理复杂带来的安全风险
	支持各业务部门提报数据的直接导入。	仅支持部分工务数据格式规范后的导入	
	各局只需编制本局管内的数据	各局除编辑本局管内数据外，还需对外局数据进行适应性修改	
数据交接	各局线路设备、设施数据以单独文件方式进行交接，自动实现了对局间线路设备设施数据的拼接	各局线路设备、设施数据无法准确分割成独立文件，局间线路设备、设施数据的拼接需手动逐段复制完成	LKJ-15具备自动对跨局交接的数据进行拼接，降低了人工作业带来的安全风险，实现了局间区域数据工作协作的便利化。
	通过数据中心服务器实现跨局数据的交接与管理	无	
数据换装	在任一端显示器可实现系统内所有车载数据的换装	需对主机和显示器数据使用不同的设备分别进行换装	LKJ-15具备自动化的无线数据换装方式，可降低数据换装劳动强度，减少人工干预环节，解决数据人工换装存在的错换、漏换等问题，提高了安全保障能力
	库内可通过无线局域网络实现车载数据的批量换装	不具备	
	在特定地点，可实现对特定机车/动车组车载数据的远程换装	不具备	

表 3.6-6　LKJ-15 型与 LKJ2000 型设备维护管理比对表

项目	LKJ-15	LKJ2000	比对简评
设备履历管理	设备整机及各插件具有唯一可在线读取编码的 ID 号	纸质编码	LKJ-15型能为设备的全生命周期管理提供数据支撑，实现设备的智能化管理，提升设备维护管理信息化水平
	可监测设备工作时间、开关次数等	无	
系统工作状态检测	对系统主要电路、通道等进行检测，检测结果量化并记录	仅对部分电路、通道进行检测	LKJ-15实现了设备远程监测、智能诊断，有利于缩短故障处置时间、减少设备备品数量，借助大数据分析为实现设备由故障修转为预防修提供了技术基础
	对系统关键器件工作温度和关键部位环境温度进行检测	无	
	对系统主要电路工作电压、工作电流进行检测	无	
	对系统输入工作电压、采集工况电压进行监测	无	

3.6.2　LKJ-15C 监控操作办法

3.6.2.1　LKJ-15C 神池南操作说明

1. 神南 I 场上行始发

神南 I 场上行始发见表 3.6-7。

表 3.6-7　神南 I 场上行始发

序号	发车股道	操作对比	LKJ2000
		LKJ-15C	
1	一进路发车	发车股道选择"101"，发车方向选择"朔黄线下行线反向"。在本股道前方进路信号机对标	8号交路上行 101 发车
2	二进路发车	发车股道选择"102"，发车方向选择"朔黄线下行线反向"。在本股道前方进路信号机对标	8号交路上行 102 发车
3	三进路发车	发车股道选择"103"，发车方向选择"朔黄线下行线反向"。在本股道前方进路信号机对标	8号交路上行 103 发车
4	出站信号机发车	发车股道选择"1"，发车方向选择"朔黄线下行线反向"。在本股道前方进路信号机对标	8号交路上行 1 发车

注：LKJ-15C 神池南 I 场参照 LKJ2000 型数据，分为 101、102、103、1 四段发车，公里标递增。

2. 神南 I 场下行接车

下行列车在 XL1、XL3 信号机接收双黄灯，默认支线"朔黄下行线-神池南 I 场"不更改，进神池南 I 场 1-18 道时，在弹出侧线输入窗口，按照实际进入股道输入侧线股道号。

3. 神南 II 场上行始发

（1）神南 II 场上行各股道进路信号机发车如表 3.6-8。

表 3.6-8　神南 II 场上行始发

序号	上行方向	操作对比	LKJ2000
		LKJ-15C	
1	2、3 股进路信号机发车	发车股道输入 2、3 股，发车方向选择"朔黄线上行线宁武西"。在本股道前方进路信号机对标	8号上行 204 发车
2	4-21 股 1 进路信号机发车	发车股道输入 4-21 股，发车方向选择"朔黄线上行线宁武西"。在本股道前方进路信号机对标。对标地点默认为"1 进路 S+股道"	8号上行 201 代码、一进路发车
3	4-21 股 2 进路信号机发车	发车股道输入 4-21 股，发车方向选择"朔黄线上行线宁武西"。对标地点修改为"2 进路 S+股道"	8号上行 202 代码、二进路发车
4	4-21 股 3 进路信号机发车	发车股道输入 4-21 股，发车方向选择"朔黄线上行线宁武西"。对标地点修改为"3 进路 S+股道"	8号上行 203 代码、三进路发车
5	出站信号机发车	发车股道输入实际发车股道号，发车方向选择"朔黄上行线宁武西"，修改对标信号机为前方出站信号机，在本股道出站信号机处开车对标	8号上行 200 发车

（2）上行列车需走联 2 线时，列车越过各股道出站信号机后按压支线选择键，选择支线"神池南联 2 线-宁武西"。

4. 神南Ⅱ场下行接车

下行 XL1 信号机收双黄灯，选择支线"神池南联 2 线-神池南Ⅱ场"，进神池南Ⅱ场。XL5 信号机接收双黄灯，弹出侧线输入窗口：

（1）进神池南Ⅱ场 1 道时输入侧线股道号 1（对应 LKJ2000 型中 51 股）。

（2）进神池南Ⅱ场 2 道时输入侧线股道号 2（对应 LKJ2000 型中 52 股）。

（3）进神池南Ⅱ场 3 道时输入侧线股道号 3（对应 LKJ2000 型中 53 股）。

（4）进神池南Ⅱ场 4-21 道时输入侧线股道号 4（对应 LKJ2000 型中 54 股）。

3.6.2.2 LKJ-15C 宁武西站操作说明

（1）宁武西站上下行发车时，起始站名输入实际站名，发车股道输入"100"，发车方向选择实际走行方向，与 LKJ2000 型对标处一致开车对标。

（2）宁静西站上下行发车时，起始站名输入实际站名，发车股道输入"100"，发车方向选择实际走行方向，与 LKJ2000 型开车对标处一致开车对标。若需要在 SZ 信号机、XZ 信号机发车，设定完参数后，选择开车对标地点"SZ""XZ"。

（3）宁武西下行进侧线，进入宁静西站时，进站信号机前必须输入支线"朔黄下行线宁静西站"，列车以 30 km/h 以下速度越过进站信号机后确认进路信号机 XSL 开放后，使用【解锁】+【确认】键进行解锁，越过该信号机运行至站内停车。

3.6.2.3 LKJ-15C 肃宁北操作说明

1. 肃宁北上行方向

（1）上行列车驶入肃宁北时，在 S 信号机前按照实际线路选择支线（LKJ2000 型数据制作上行外包线、联络线、下行反向外包线 3 种走法）见表 3.6-9。

表 3.6-9　肃宁北上行方向

		操作对比	
序号	上行方向	LKJ-15C	LKJ2000
1	上行外包线Ⅱ场接车	默认支线为"朔黄上行外包线肃宁北Ⅱ场"，在进路信号机 SL12，接收双黄灯后在股道输入窗口输入实际股道号	在 S 信号机处通过，在第二进路信号机 SL12，接双黄灯，输入 1-10 道侧线
2	联络 2 线接车	在 S 信号机前选择支线"联络 2 线肃宁北"，在进路信号机 SL8，接收双黄灯后在股道输入窗口输入实际股道号（Ⅱ场 1-13 股、Ⅰ场 15-17 股）	在 S 信号机处收双黄灯输入 1-13、15 道侧线
3	联络 1 线Ⅱ场接车	在 S 信号机前选择支线"联络 1 线肃宁北Ⅱ场"，在进路信号机 SL6，接收双黄灯后在股道输入窗口输入实际股道号	在 S 信号机处收双黄灯输入 1-13 道侧线
4	下行外包线Ⅰ场接车	在 S 信号机前选择支线"朔黄下行外包线肃宁北Ⅰ场"，无须输入股道号（不常用）	在 S 信号机处收双黄灯输入 111 道侧线
5	联络 1 线Ⅰ场接车	在 S 信号机前选择支线"联络 1 线肃宁北Ⅰ场"，在进路信号机 SL6，接收双黄灯后在股道输入窗口输入 14、15 股（不常用）	在 S 信号机处收双黄灯输入 14、15 道侧线

（2）肃宁北Ⅱ场上行方向开车对标。

起始站名选择"肃宁北"，站场名选择"Ⅱ场"，发车股道输入实际发车股道号，发车方向选择实际走行方向，修改对标信号机为前方信号机，在本股道前方信号机处开车对标。

特殊信号机 SL2、SL12 处始发，起始站名选择"肃宁北"，站场名选择"Ⅱ场"，选择股道号"1"，修改对标信号机，选择信号机 SL2 或 SL12 开车对标。

特殊信号机 SL8 处始发，起始站名选择"肃宁北"，站场名选择"Ⅱ场"，选择股道号"8"，修改对标信号机，选择信号机 SL8 开车对标。

特殊信号机 SL6 处始发，起始站名选择"肃宁北"，站场名选择"Ⅱ场"，选择股道号"6"，修改对标信号机，选择信号机 SL6 开车对标。

2. 肃宁北下行方向

（1）下行列车驶入肃宁北，在 X 信号机处接收双黄灯后在股道输入窗口，乘务员输入实际股道号。

（2）肃宁北Ⅰ场下行方向开车对标。

起始站名选择"肃宁北"，站场名选择"Ⅰ场"，发车股道输入实际发车股道号，发车方向选择实际走行方向，修改对标信号机为前方信号机，在本股道前方信号机处开车对标。

（3）肃宁北Ⅱ场下行方向开车对标（不常用）。

起始站名选择"肃宁北"，站场名选择"Ⅱ场"，发车股道输入实际股道，发车方向选择实际走行方向，在Ⅱ场 9 或 10 道出站信号机处开车对标（与 LKJ2000 保持一致）。

（4）特殊信号机 XZ1、XL11 处始发，起始站名选择"肃宁北"，站场名选择"Ⅰ场"，选择股道号"2"，选择发车方向"朔黄下行蠡县"修改对标信号机，选择信号机 XZ1、XL11 开车对标。

（5）特殊信号机 XZⅢ1 处始发，起始站名选择"肃宁北"，站场名选择"Ⅰ场"，选择股道号"14"，选择发车方向"经联 1 线发车蠡县"修改对标信号机，选择信号机 XZⅢ1 开车对标。

（6）特殊信号机 XZⅢ3 处始发，起始站名选择"肃宁北"，站场名选择"Ⅰ场"，选择股道号"15"，选择发车方向"经联 2 线发车蠡县"修改对标信号机，选择信号机 XZⅢ3 开车对标。

3.6.2.4 LKJ-15C 黄骅港操作说明

（1）黄骅港上行方向接发车见表 3.6-10。

表 3.6-10　黄骅港上行方向

操作方法		
序号	上行方向	LKJ-15C
1	黄骅港接车	在进路信号机 SL2 处接收双黄灯，输入实际股道号。在出站信号机之前按照实际走行联络线选择支线
2	黄骅港发车至港口Ⅰ场	在场间进路信号机前默认支线即为港口Ⅰ场方向，无须选择，随后输入实际股道号

序号	上行方向	LKJ-15C
3	黄骅港发车至港口Ⅳ场	在场间进路信号机前选择支线"至黄骅港Ⅳ场",随后输入实际股道号(若场间进路信号机接收双黄灯,先按键取消股道输入框,再按压支线选择键,选择支线"至Ⅳ场",随后输入股道)
4	黄骅港发车至港口Ⅵ场	1. 在出站信号机之前选择"经联7线至港口作业区",默认进入港口Ⅵ场,随后输入实际股道号。 2. 在出站信号机之前选择"经联6线至港口作业区",随后在场间进路信号机前选择支线"经SL3至黄骅港Ⅵ场"(若场间进路信号机接收双黄灯,先按键取消股道输入框,再按压支线选择键,选择支线"至港口Ⅵ场",随后输入股道)
5	黄骅港上行方向始发	起始站名输入"黄骅港",输入实际股道号并选择实际发车方向发车,并在场间进路信号机前按照实际进入的场号选择支线

(2)黄骅港下行方向(至段庄方向)见表 3.6-11。

表 3.6-11　黄骅港下行方向

		操作方法
序号	下行方向	LKJ-15C
1	港口Ⅳ场始发	起始站名输入"港口",选择"Ⅳ场",输入实际股道号并选择实际发车方向。按 LKJ2000 开车对标位置开车对标
2	港口Ⅵ场始发	起始站名输入"港口",选择"Ⅵ场",输入实际股道号并选择实际发车方向。按 LKJ2000 开车对标位置开车对标
3	港口Ⅲ场始发	起始站名输入"港口",选择"Ⅲ场",输入实际股道号并选择实际发车方向,暂时所有股道开车对标保持与 LKJ2000 操作一致
4	港口Ⅱ场始发	起始站名输入"港口",选择"Ⅱ场",并选择发车位置与发车方向
5	港口Ⅰ场接车	在场间进路信号机处接收双黄灯,弹出侧线股道号输入窗口,输入实际进入股道号。在出站信号机之前按照实际走行联络线选择支线
6	港口Ⅰ场发车	起始站名输入"港口",选择"Ⅰ场",输入实际股道号并选择实际发车方向
7	黄骅港下行方向接车	黄骅港站下行接车进1-25道,在场间进路信号机前接收双黄灯,弹出侧线股道号输入窗口,输入实际进入股道号
8	黄骅港下行方向始发	起始站名输入"黄骅港",输入实际股道号并选择发车方向发车
9	检修基地 X29 信号机始发	起始站名输入"黄骅港",输入29道并选择发车方向发车,在黄骅港25道出站信号机对标

3.6.2.5　李天木站至京海站特殊操作说明

(1)上行方向,列车进入李天木站,仅4道可以选择支线"京海联络单线京海"调取李天木至京海数据,其他股道仅能调取朔黄线数据。

(2)李天木上行方向始发时,起始站名输入"李天木",发车股道输入"4"道,发车方向选择"京海联络单线京海",在4股出站信号机处开车对标。

（3）京海上行进站正常发码，接收双黄灯弹出侧线输入窗口，输入实际侧线股道，京海站上行进路及出站信号机是特殊发码信号和固定股道无码，乘务员需将列车速度控制 25 km/h 以下，距离进路信号机小于 400 m，确认地面信号开放，按压【解锁】+【确认】键解除进路信号机"股道无码"的停车控制。或直接按压【解锁】+【确认】键解除进路信号机"发码特殊信号机"的停车控制。

（4）京海站下行发车，站内固定无码，在当前股道前方信号机处开车对标，确认前方信号机开放，机车信号白灯时屏幕提示"发码特殊信号机"，按压【解锁】+【确认】键解除出站信号机停车控制，见表 3.6-12。

表 3.6-12　京海下行方向

发车操作对比			
序号	上行发车	LKJ-15C	LKJ2000
1	京海下行方向进路信号机发车	发车股道输入实际股道号，发车方向选择"京海联络单线李天木" 默认对标位置为"进路×+股道号"	8 号上行 552 发车、进路信号机发车
2	京海下行方向出站信号机发车	发车股道输入实际股道号，发车方向选择"京海联络单线李天木"。 修改对标信号机为"出站×+股道号"	8 号上行 52 代码、出站信号机发车

3.6.2.6　简单站特殊操作说明

宁武西、北大牛、回风、南湾、猴刎、古月、定州东、博野、行别营、黎民居、杜生、段庄站场侧线通过时无须输入股道号；始发时需进行特殊操作，具体操作如下：

（1）起始站名输入实际站名，发车股道输入"100"，发车方向选择实际走行方向，按 LKJ2000 一样对标处开车对标。

（2）站场中下分区存在两条及以上的侧线时（一分三的腰岔站），始发开车下一架信号机收双黄灯后需手动调取侧线输入框，输入前方进入的股道号。

（3）朔黄下行线下行方向谭家庄站具有办理路票、绿证功能。

4 朔黄铁路万吨列车技术

4.1 朔黄铁路 SS$_{4B}$型 1＋1、2＋0 万吨列车试验

4.1.1 概　述

4.1.1.1 试验目的

测试万吨列车的空气制动性能和牵引/电制性能，研究不同牵引方式时的列车运行安全性、下坡道调速能力以及列车内部的冲动，研究神朔、朔黄区段开行万吨列车的可行性，用以挖掘神朔、朔黄铁路运输潜力。

4.1.1.2 被检测物品的特征和状态

被试品：被试机车为 SS$_{4B}$0127、SS$_{4B}$0128、SS$_{4B}$0129、SS$_{4B}$0130；车辆为 108 辆 C70A，状态均正常。被试机车加装了机车无线重联同步控制系统，其无线传输方式采用 800 MHz＋400 kHz 无线通信系统，机车制动机为 DK1 升级改进型，机车钩缓装置为胶泥缓冲器。

4.1.1.3 试验标准及依据、试验地点

1. 试验标准及依据

《朔黄铁路万吨列车牵引制动试验大纲》

IEC 61133-2006《铁路设施 – 铁路车辆 – 车辆组装后和运行前的整车试验》

GB/T 3318-2006《电力机车制成后投入使用前的试验方法》

GB 5599-85《铁道车辆动力学性能评定和试验鉴定规范》

TB/T 2554-95《列车制动运行试验规则》

TB/T 1407-98《列车牵引计算规程》

UIC 518 《从动力学性能 – 动态性能安全 – 轨道疲劳 – 乘坐舒适度的角度试验和验收铁路车辆》

2. 试验地点

空气制动静置试验地点：神池南

万吨列车牵引线路试验的试验区段：神池南 – 肃宁北

4.1.1.4 试验项目概述

1. 静置试验

（1）机车同步操纵系统性能试验。

（2）列车制动系统漏泄试验。

（3）常用制动试验。

（4）持续一定时间的常用制动保压试验。

（5）紧急制动试验。

（6）阶段制动试验。

（7）循环制动试验。

（8）模拟列车断钩试验。

（9）常用制动转紧急制动试验。

（10）小闸空气位实施全列空气制动/缓解试验。

2. 牵引运行试验

（1）平道起动试验。

（2）限制坡道起动和加速试验。

（3）下坡道调速控制试验。

（4）常用制动停车试验。

（5）紧急制动停车试验。

（6）列车过分相试验。

4.1.1.5 试验用的主要设备及仪器仪表

试验用的主要设备及仪器仪表见表 4.1-1～表 4.1-4。

表 4.1-1 机车同步操纵系统性能试验主要设备及仪器

序号	仪器名称	型号	精度	数量
1	中间继电器	HH53P DC110	—	68
2	电压传感器	AV100-50	0.7%	4
3	电压传感器	AV100-2000	0.7%	8
4	电参数采集系统	—	0.2%	4

表 4.1-2 牵引/电制动试验主要设备及仪器

序号	仪器名称	型号	精度	数量
1	电压传感器	AV100-50	0.7%	1
2	电压传感器	AV100-150	0.7%	3
3	电压传感器	AV100-500	0.7%	1
4	电压传感器	AV100-2000	0.7%	22
5	电压传感器	CV3-2000	0.3%	2

序号	仪器名称	型号	精度	数量
6	电压传感器	CV4-4000/SP1	0.4%	2
7	电压传感器	CV4-4000/SP2	0.4%	6
8	电流传感器	BLFK500-S2	0.4%	1
9	电流传感器	BLFK500-S2A	1%	4
10	电流传感器	BLFK1000-S2	1%	4
11	电流传感器	BLFK1000-S2A	1%	28
12	电流传感器	BLFK1500-S2	1%	3
13	铂电阻	PT100	0.1%	16
14	红外测温仪	F65	1%	3
15	110V逆变电源	—	—	4
16	温度采集模块			4
17	机车试验数据采集系统	—	0.2%	4
18	中间继电器	HH53P DC110	—	66

表 4.1-3　空气制动性能试验主要设备及仪器

序号	仪器名称	型号	精度	数量
1	压力传感器	PTX1400	1%	8
2	压力传感器	PT-201	0.5%	12
3	压力传感器	C206	0.5%	32
4	中间继电器	HH53P DC110	—	30
5	货车断面试验数据采集系统	—	0.2%	12
6	机车试验数据采集系统	—	0.2%	4

表 4.1-4　纵向动力学试验主要设备及仪器

序号	仪器名称	型号	精度	数量
1	加速度传感器	LC0106	5%	10
2	加速度传感器	PCB	5%	2
3	位移传感器	NS-WY06	0.5%	4
4	位移传感器	WS-E-06-420A	0.5%	8
5	位移传感器	PNL020-00	0.5%	12
6	测力车钩	—		12
7	机车试验数据采集系统	—	0.2%	4

4.1.1.6　试验原理概述

4.1.1.6.1　静置试验

（1）机车同步操纵系统性能的测定。

在主控和从控机车相同信号点布置中间继电器取相同开关量，通过从控车开关量与主控车相同开关量的变化延迟时间来判断同步性能。

（2）机车车辆制动系统压力的测定。

通过在机车和车辆制动系统管道上安装压力传感器来测量压力的变化状况。

（3）制动和缓解时间的确定。

通过采集主控机车的804、808和809线的得失电状况来确定制动/缓解的起始时间。

4.1.1.6.2　牵引运行试验

除静置试验测定的参数外，还需测定：

（1）机车电参数。通过布置电压/电流传感器测量机车的网压、网流、牵引电机电压/电流。

（2）电机出风口温度。在电机出风口布置铂电阻测量电机出风口温度。

（3）动力学参数。在货车断面通过布置加速度传感器来测量车辆在运行当中的纵向和横向加速度，布置两个位移传感器来测量车钩缓冲器的压缩量和车钩的横向位移，用标定车钩来测量车钩拉力。

4.1.1.6.3　测试系统

1. 机车上的测试系统

每台机车上布置一套测试系统，每套测试系统都引入一个 GPS 时间定位模块，对各测试系统进行时间自动校准；每套机车测试系统都引入一个 GPRS 通信模块，用于实现同主控 PC 的通信，空气压力、机车电参数、牵引/电制级位通过传感器输出信号到测试系统的信号调理箱，控制信号通过继电器得到 + 5 V 或 0 V 的开关量信号进入信号调理箱，调理箱输出标准信号（DC 0 ~ 5 V）进入测试系统主机；牵引电机出风口布置的铂电阻将温度信号引入温度模块，温度模块通过以太网将信号引入测试系统的主机；机车速度信号通过速度传感器将信号引入测试系统的主机。机车试验数据测试系统原理如图 4.1-1 所示。

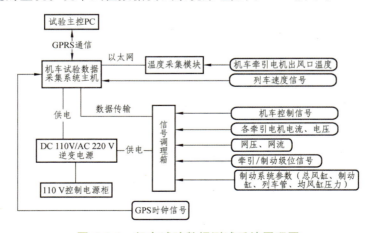

图 4.1-1　机车试验数据测试系统原理图

2. 货车断面测试系统

在每个货车断面布置一套测试系统，每套货车断面测试系统都引入一个 GPS 时间定位模块，对各采集系统进行时间自动校准；每套货车断面测试系统都引入一个 GPRS 通信模块，用于实现同主控 PC 的通信。货车断面测试系统采集制动系统空气压力、车钩力、车钩缓冲器纵向位移、车钩横向位移、车体振动加速度。货车断面试验数据测试系统原理如图 4.1-2 所示。

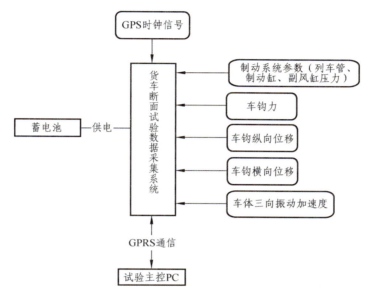

图 4.1-2　货车断面试验数据测试系统原理图

4.1.2　静置试验

4.1.2.1　静置试验概述

4.1.2.1.1　试验目的

测试万吨列车制动系统的空气制动/缓解性能。

4.1.2.1.2　试验编组状况

静置试验列车牵引方式编组：

1. 2+0 牵引方式

编组见图 4.1-3（只有 SS$_{4B}$0127A 对全列施行空气制动和缓解，其中 SS$_{4B}$0127B、SS$_{4B}$0128A 和 SS$_{4B}$0128B 在补机位；另 SS$_{4B}$0129A、SS$_{4B}$0129B、SS$_{4B}$0130A 和 SS$_{4B}$0130B 的 115 塞门关闭切除中继阀，切除列车管的控制功能，风源由自身供给）。

2. 1+1 牵引方式

编组见图 4.1-3（只有 SS$_{4B}$0127A 和 SS$_{4B}$0129A 对全列施行空气制动和缓解，SS$_{4B}$0127A 为主控 SS$_{4B}$0129A 为从控，主从控制由无线通信实现同步；其中 SS$_{4B}$0127B 和 SS$_{4B}$0129B 在

补机位，另 SS$_{4B}$0128A、SS$_{4B}$0128B、SS$_{4B}$0130A 和 SS$_{4B}$0130B 的 115 塞门关闭切除中继阀，切除列车管的控制功能，风源由自身供给）。

静置试验时，108 辆 C70A 货车已装满煤，每辆货车装煤 73 t，全列车总重 10 597.8 t，全长 1 556.8 m。

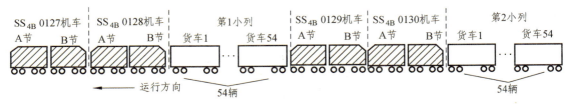

图 4.1-3

4.1.2.1.3 制动机主要特点

本次被试机车 SS$_{4B}$0127 ~ SS$_{4B}$0130 制动机为 DK-1 升级改进型，有以下特点：

（1）制动机控制系统基于 PC104 控制平台，采用微机闭环控制方法来控制均衡风缸。

（2）制动控制单元 BCU 通过 MVB 与中央控制单元 CCU 进行通信。

（3）设置了纯空气位备用模式，确保制动系统的安全，该模式下具备控制全列车制动和缓解的基本功能。

（4）具备制动机的单机自检功能、故障报警、故障诊断、数据显示及存储等信息化功能。

本次被试 C70A 型车辆制动机为 120 型，主要有以下特点：

（1）该机为直接作用方式，制动缸的充风、排风都是通过作用部直接进行以提高制动、紧急制动、缓解波速，从而提高列车运行速度。

（2）紧急制动灵敏度高，可大大缩短紧急制动距离，提高列车运行安全可靠性。

（3）制动机缓解速度加快，使重载货物列车在低速缓解时减轻纵向冲击。

（4）具有自锁功能，在缓解时，拉动一下半自动缓解阀，制动缸便可彻底缓解。

（5）具有制动保压的压力保持性能。

4.1.2.1.4 试验地点、时间及条件

试验地点：神池南

试验时间：2 + 0 牵引方式，2008 年 5 月 5 日—5 月 6 日

　　　　　1 + 1 牵引方式，2008 年 5 月 7 日

万吨试验列车测试断面见表 4.1-5。

表 4.1-5　万吨试验列车测试断面

位　置	车　型	车　号	定　义	备　注
一位机车	SS$_{4B}$ 机车	0127A	主控机车	0127A 为试验操纵节
	SS$_{4B}$ 机车	0127B		
二位机车	SS$_{4B}$ 机车	0128A	从控机车 1	—
	SS$_{4B}$ 机车	0128B		
货车第 1 位	C70A	0033330	1#货车断面	—

位　置	车　型	车　号	定　义	备　注
货车第 11 位	C70A	0030579	2#货车断面	—
货车第 21 位	C70A	0030773	3#货车断面	—
货车第 33 位	C70A	0030929	4#货车断面	—
货车第 43 位	C70A	0033837	5#货车断面	—
货车第 53 位	C70A	0030931	6#货车断面	—
三位机车	SS$_{4B}$ 机车	0129A	从控机车 2	—
	SS$_{4B}$ 机车	0129B		
四位机车	SS$_{4B}$ 机车	0130A	从控机车 3	—
	SS$_{4B}$ 机车	0130B		
货车第 55 位	C70A	0030793	7#货车断面	—
货车第 65 位	C70A	0030677	8#货车断面	—
货车第 75 位	C70A	0030259	9#货车断面	—
货车第 87 位	C70A	0031063	10#货车断面	—
货车第 97 位	C70A	0030075	11#货车断面	—
货车第 107 位	C70A	0030777	12#货车断面	—

4.1.2.1.5　机车测点布置

在 SS$_{4B}$0127/0128/0129/0130 机车 A 节的空气制动柜的总风管、制动缸风管、列车管、均衡风缸风管处分别安装一个压力传感器，传感器测点具体布置见表 4.1-6；通过中间继电器隔离采集主控机车 SS$_{4B}$0127 机车的 A 节大闸的开关量信号以及 SS$_{4B}$0127/0128/0129/0130 机车 A 节 1 号端子排和空气管路柜的部分机车控制信号，作为开关量测点，开关量及模拟量测点具体布置见表 4.1-7。

表 4.1-6　静置试验机车传感器测点具体布置表

序号	测试参数	传感器安装位置	传感器型号	传感器编号
		SS$_{4B}$0127、SS$_{4B}$0128、SS$_{4B}$0129 及 SS$_{4B}$0130 机车的 A 节		
1	总风压力	A 节空气制动柜总风管，见图 4.1-4	PTX 1400	Z00771/14、2027409
			C206	0803001、1289163
2	制动缸压力	A 节空气制动柜制动管，见图 4.1-5	PTX 1400	Z20274/13、2027410
			C206	1289177、128918
3	列车管压力	A 节空气制动柜列车管，见图 4.1-6	PTX 1400	Z00771/15、0077109
			C206	0803003、1289015
4	均衡风缸压力	A 节空气制动柜均衡风管，见图 4.1-7	PTX 1400	Z01076/09、0077116
			C206	1289132、1516331

表 4.1-7　静置试验机车开关量及模拟量测点具体布置表

序号	测试信号	接线位置	机车线号
	SS$_{4B}$0127 机车 A 节		
1	制动位信号	大闸	808/400
2	运转位信号	大闸	809/400
3	零位信号	A 节 1 号端子排	412/400
4	启通风机信号	A 节 1 号端子排	578/400
5	牵引信号	A 节 1 号端子排	406/400
6	电制动信号	A 节 1 号端子排	405/400
7	向前信号	A 节 1 号端子排	403/400
8	向后信号	A 节 1 号端子排	404/400
9	升后弓信号	A 节 1 号端子排	535/400
10	主断合信号	A 节 1 号端子排	537/400
11	主断分信号	A 节 1 号端子排	544/400
12	启劈相机信号	A 节 1 号端子排	564/400
13	紧急电空阀得电信号	A 节空气管路柜	804/400
14	单缓电空阀得电信号	A 节空气管路柜	857/400
15	单制电空阀得电信号	A 节空气管路柜	859/400
16	中立电空阀得电信号	A 节空气管路柜	861/400
17	排 1 电空阀得电信号	A 节空气管路柜	862/400
18	保护电空阀得电信号	A 节空气管路柜	869/400
19	重联电空阀得电信号	A 节空气管路柜	866/400
20	A 节牵引电机 1 电流	A 节 I 号高压柜	A11 铜排
21	A 节牵引电机 3 电流	A 节 II 号高压柜	A31 铜排

注：0128 机车 A 节、0129 机车 A 节、0130 机车 A 节均为非操纵节，因此不测大闸信号，其他开关量信号测点布置与 0127 机车 A 节相同。

图 4.1-4　测机车总风压力

图 4.1-5　测机车制动缸压力

图 4.1-6　测机车列车管压力

图 4.1-7　测机车均衡风缸压力

4.1.2.1.6　货车断面测点布置

分别在表 4.1-5 所列的 12 节货车上的列车管连接软管、制动缸风堵、副风缸排水口处各安装一个压力传感器，传感器测点具体布置见表 4.1-8。

表 4.1-8　静置试验货车断面传感器测点具体布置

序号	测试参数	传感器安装位置	传感器型号	传感器编号
1#货车断面				
1	列车管压力	货车列车管处，见图 4.1-8	C206	1289153
2	制动缸压力	货车制动缸处，见图 4.1-9	PT-201	0803007
3	副风缸压力	货车副风缸处，见图 4.1-10	C206	9184
2#货车断面				
1	列车管压力	同 1#货车断面	C206	1289188
2	制动缸压力	同 1#货车断面	PT-201	080936
3	副风缸压力	同 1#货车断面	C206	1288123
3#货车断面				
1	列车管压力	同 1#货车断面	C206	10138
2	制动缸压力	同 1#货车断面	PT-201	0809
3	副风缸压力	同 1#货车断面	C206	128600
4#货车断面				
1	列车管压力	同 1#货车断面	C206	1510349
2	制动缸压力	同 1#货车断面	PT-201	080947
3	副风缸压力	同 1#货车断面	C206	1289177

续表

序号	测试参数	传感器安装位置	传感器型号	传感器编号
5#货车断面				
1	列车管压力	同 1#货车断面	C206	1289143
2	制动缸压力	同 1#货车断面	PT-201	080945
3	副风缸压力	同 1#货车断面	C206	101
6#货车断面				
1	列车管压力	同 1#货车断面	C206	1289129
2	制动缸压力	同 1#货车断面	PT-201	0803005
3	副风缸压力	同 1#货车断面	C206	1289121
7#货车断面				
1	列车管压力	同 1#货车断面	C206	0803002
2	制动缸压力	同 1#货车断面	PT-201	080699
3	副风缸压力	同 1#货车断面	C206	1289124
8#货车断面				
1	列车管压力	同 1#货车断面	C206	1289119
2	制动缸压力	同 1#货车断面	PT-201	0803006
3	副风缸压力	同 1#货车断面	C206	1289130
9#货车断面				
1	列车管压力	同 1#货车断面	C206	89117
2	制动缸压力	同 1#货车断面	PT-201	080698
3	副风缸压力	同 1#货车断面	C206	87823
10#货车断面				
1	列车管压力	同 1#货车断面	C206	1289145
2	制动缸压力	同 1#货车断面	PT-201	0805
3	副风缸压力	同 1#货车断面	C206	0206
11#货车断面				
1	列车管压力	同 1#货车断面	C206	2495056
2	制动缸压力	同 1#货车断面	PT-201	080691
3	副风缸压力	同 1#货车断面	C206	128910
12#货车断面				
1	列车管压力	同 1#货车断面	C206	1289
2	制动缸压力	同 1#货车断面	PT-201	080693
3	副风缸压力	同 1#货车断面	C206	73878

图 4.1-8　测货车列车管压力

图 4.1-9　测货车制动缸压力

图 4.1-10　测货车副风缸压力

4.1.2.2　试验项目及试验方法

1.　机车同步操纵系统性能试验

试验方法：操纵主控机车起辅机、牵引/电制转换、向前/向后转换，操纵主控机车司控器给出牵引电流，采集所有被试机车前节的控制开关量信号和所有被试机车 A 节的一、三位电机电流。

2. 列车制动系统漏泄试验

试验方法：被试机车制动控制单元上"补风/不补风"纽子开关置"不补风位"，列车管达到定压，操纵主控机车大闸手柄至制动位减压 50~100 kPa，再操纵主控机车大闸手柄至中立位。记录压力数据，从尾部制动缸稳定后瞬间的列车管压力及尾部制动缸压力稳定 1 min 后的列车管压力来计算列车管的每分钟泄漏量。

3. 常用制动试验

试验方法：被试机车制动控制单元上"补风/不补风"纽子开关置"不补风位"，列车管达到定压，操纵主控机车大闸手柄至制动位减压 50 kPa，然后大闸手柄移至中立位。确定尾部制动系统排风稳定后大闸手柄移至运转位进行缓解，待列车管达到定压并稳定后，再次试验，每种牵引方式各试验 3 次。照此，分别施行减压 70 kPa、100 kPa、120 kPa、170 kPa 的制动和缓解。各机车试验数据采集系统采集各机车的开关量和制动系统压力，货车断面采集系统采集各断面的副风缸、列车管、制动缸压力。由此通过主控机车开关量的得失电确定制动缓解的起始时间，通过制动系统压力的变化来确定终止时间。求出制动波速 $v_b(m/s) = L/t_k$（L——列车换算长度，m；t_k——尾部车辆制动空走时间，s）。

4. 持续一定时间的常用制动保压试验

试验方法：被试机车制动控制单元上"补风/不补风"纽子开关置"补风位"，列车管达到定压，司机操纵主控机车大闸手柄至制动位，待机车均衡风缸减压 100 kPa 后，大闸手柄移至中立位稳定 60 min。在这 60 min 的试验过程中，由试验人员在列车旁观察被试车辆的闸缸自动缓解情况，并记录缓解时间、缓解货车编号以及在列车编组中所处位置。

5. 紧急制动试验

试验方法：被试机车制动控制单元上"补风/不补风"纽子开关置"不补风位"，列车管达到定压，司机操纵主控机车大闸手柄至紧急位，全列车实施紧急制动。待主控机车列车管风压减至零后（30 s 以上），操纵主控机车大闸手柄至运转位进行缓解，充风至列车管达到定压并稳定后，再次试验。各机车试验数据测试系统采集各机车的开关量和制动系统压力，货车断面测试系统采集各断面的副风缸、列车管、制动缸压力。

6. 阶段制动试验

试验方法：被试机车制动控制单元上"补风/不补风"纽子开关置"不补风位"，列车管达到定压，司机操纵主控机车大闸手柄至制动位，待均衡风缸减压 50 kPa 后大闸手柄移至中立位，列车管压力稳定后再操纵主控机车大闸手柄至制动位待均衡风缸减压 20 kPa 后移至中立位，照此操纵机车减压，每次减 20 kPa 直至最大常用减压量为止，然后操纵主控机车大闸手柄至运转位进行缓解，充风至列车管达到定压并稳定后，再次试验。各机车试验数据测试系统采集各机车的开关量和制动系统压力，货车断面测试系统采集各断面的副风缸、列车管、制动缸压力。

7. 循环制动试验

试验方法：被试机车制动控制单元上"补风/不补风"纽子开关置"不补风位"，列车管达到定压，司机操纵主控机车大闸手柄至制动位，待均衡风缸减压 50 kPa 后大闸手柄移至中立位，保压 3 min 后再操纵机车大闸手柄至运转位进行缓解，充风至列车管达到定压并稳定后，再操纵主控机车大闸手柄至制动位；待均衡风缸减压 70 kPa 后移至中立位，保压 3 min 后再操纵机车大闸手柄至运转位进行缓解，充风至列车管达到定压并稳定后，再操纵主控机车大闸手柄至制动位；待均衡风缸减压 100 kPa 后移至中立位，保压 3 min 后再操纵机车大闸手柄至运转位进行缓解，充风至列车管达到定压并稳定后，再操纵主控机车大闸手柄至制动位；待均衡风缸减压 170 kPa 后移至中立位，保压 3 min 后再操纵机车大闸手柄至运转位进行缓解。如此反复，试验两次。各机车试验数据测试系统采集各机车的开关量和制动系统压力，货车断面测试系统采集各断面的副风缸、列车管、制动缸压力。

8. 模拟列车断钩试验

试验方法：被试机车制动控制单元上"补风/不补风"纽子开关置"不补风位"，列车管达到定压，主控机车大闸手柄在运转位，打开列车尾部的列车管折角塞门，待机车列车管压力减至 0，关闭列车管折角塞门，操纵主控机车大闸手柄至紧急位或重联位解锁后移至运转位进行缓解，充风至列车管达到定压并稳定后，再次试验。各机车试验数据测试系统采集各机车的开关量和制动系统压力，货车断面测试系统采集各断面的副风缸、列车管、制动缸压力。

9. 常用制动转紧急制动试验

试验方法：被试机车制动控制单元上"补风/不补风"纽子开关置"不补风位"，列车管达到定压，司机操纵主控机车大闸手柄至制动位，待均衡风缸减压 100 kPa 后移至中立位，10 s 后把大闸手柄移至紧急位，机车列车管压力减至 0，30 s 后操纵主控机车大闸手柄至运转位进行缓解，充风至列车管达到定压并稳定后，再次试验，试验 3 次。各机车试验数据测试系统采集各机车的开关量和制动系统压力，货车断面测试系统采集各断面的副风缸、列车管、制动缸压力。

10. 小闸空气位实施全列空气制动/缓解试验

试验方法：将 $SS_{4B}0127$ 机车 A 节的大闸和电小闸手柄取出。将所有被试机车制动控制单元 BCU 上的"电空位/空气位"纽子开关由电空位打向空气位；将 $SS_{4B}0127$ 机车 A 节电空制动屏上的电空转换阀 153 由正常位转向空气位，小闸上的电空转换扳键移至空气位，并将其手柄置于缓解位，调整 $SS_{4B}0127$ 机车 A 节调压阀 53，使其输出压力为列车管定压 600 kPa；关闭除 $SS_{4B}0127$ 机车 A 节外的所有被试机车的中继阀列车管塞门 115，打开所有被试机车的 156 塞门。司机操作小闸实施常用减压制动。各机车试验数据测试系统采集各机车的开关量和制动系统压力，货车断面测试系统采集各断面的副风缸、列车管、制动缸压力。

4.1.2.3 静置试验结果

4.1.2.3.1 机车同步操纵系统性能试验结果

1. 1＋1 牵引方式同步操纵试验结果

相对应 $SS_{4B}0127$ 主控机车采集的 404 线（向后）、405 线（电制）、406 线（牵引）、578 线（通风机）和 412 线（零位）开关量，在从控机车 $SS_{4B}0129$ 采集相应开关量的总样本数 25 个，其中 404 线（向后）4 个样本、405 线（电制）4 个样本、406 线（牵引）4 个样本、578 线（通风机）5 个样本、412 线（零位）8 个样本。最慢响应为 $SS_{4B}129$ 机车 412 线（零位）开关量时间为 3.2 s，平均响应时间 1.6 s，响应时间分布见图 4.1-11。$SS_{4B}0127$ 主控机车和 SS$_{4B}$0129 从控机车牵引电机电流输出同步性如图 4.1-12～图 4.1-14 所示。

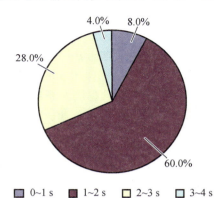

0~1 s　1~2 s　2~3 s　3~4 s

图 4.1-11　从控车响应时间统计

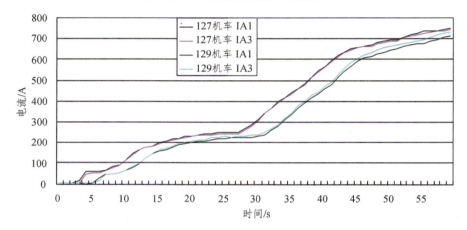

图 4.1-12　1＋1 牵引编组方式 SS$_{4B}$127 机车（主控）和 129 机车
（从控）给牵引电机电流的同步性（第一次）

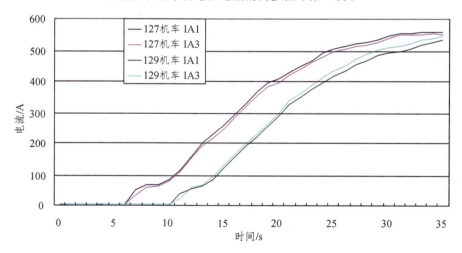

图 4.1-13　1＋1 牵引编组方式 SS$_{4B}$127 机车（主控）和 129 机车
（从控）给牵引电机电流的同步性（第二次）

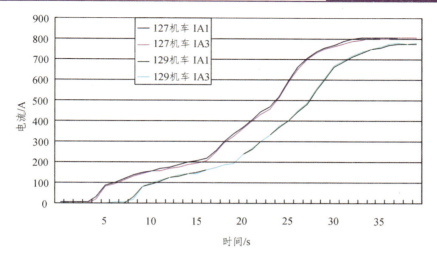

图 4.1-14 1+1 牵引编组方式 SS_{4B}127 机车（主控）和 129 机车（从控）给牵引电机电流的同步性（第三次）

2. 2+0 牵引方式同步操纵试验结果

相对应 SS_{4B}0127 主控机车采集的 405 线（电制）、406 线（牵引）、578 线（通风机）和 412 线（零位）开关量，在从控机车 SS_{4B}0128 采集相应开关量的总样本数 16 个，其中电制 405 线（电制）6 个样本、406 线（牵引）4 个样本、578 线（通风机）3 个样本、412 线（零位）3 个样本。最慢响应为 SS_{4B}128 机车 578 线（通风机）开关量时间为 2.0 s，平均响应时间 1.4 s，响应时间分布见图 4.1-15。SS_{4B}0127 主控机车和 SS_{4B}0128 从控机车牵引电机电流输出同步性如图 4.1-16 ~ 图 4.1-17。

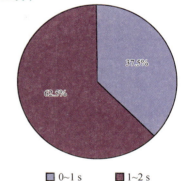

■ 0~1 s ■ 1~2 s

图 4.1-15 从控车响应时间统计

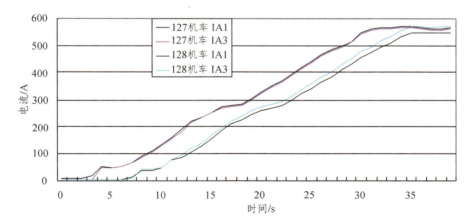

图 4.1-16 2+0 牵引编组方式 SS_{4B}127 机车（主控）和 128 机车（从控）给牵引电流的同步性（第一次）

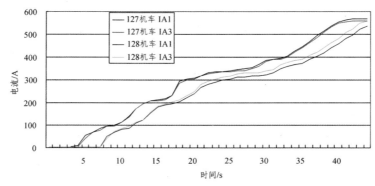

图 4.1-17　2＋0 牵引编组方式 SS₄ᵦ127 机车（主控）和 128 机车
（从控）给牵引电流的同步性（第二次）

4.1.2.3.2　1＋1牵引方式静置试验结果

1. 列车制动系统漏泄试验（见表 4.1-9）

表 4.1-9　1＋1 牵引方式静置漏泄试验结果

试验内容	牵引方式	试验日期	试验结果
漏泄试验	1＋1	2008-5-7	减压 100 kPa 尾部闸缸压力稳定后，测漏 1 min，漏泄量 3.4 kPa/min

2. 常用制动试验（见表 4.1-10）

表 4.1-10　1＋1 牵引方式常用制动试验结果

试验日期			2008 年 5 月 7 日					
牵引方式			1＋1					
			试验工况及结果					
			减压 50 kPa 及缓解			减压 70 kPa 及缓解		
			第一次	第二次	第三次	第一次	第二次	第三次
制动	实际减压量/kPa		49	51	50	68	69	68
	制动空走时间/s	11 位	2.2	1.9	2.0	1.8	2.1	1.9
		33 位	3.5	3.4	3.2	3.4	3.7	3.4
		53 位	4.3	3.7	4.1	4.2	4.2	3.8
		55 位	4.7	3.9	4.3	4.6	4.6	3.6
		87 位	6.9	5.5	6.1	6.4	6.4	5.5
		107 位	7.7	6.5	7.1	7.4	7.3	6.4
	闸缸稳定时的压力/kPa	11 位	105	87	88	149	156	158
		33 位	93	85	87	142	151	148
		53 位	92	70	86	139	140	142
		55 位	105	87	94	152	156	157
		87 位	97	86	94	136	163	139
		107 位	61	52	55	92	108	113
	从控车响应时间/s		2.8	1.4	1.3	1.5	2.1	1.5
	减压时间/s		32	34	33	34	35	34
	制动波速/（m/s）		190.2	225.4	206.3	197.9	200.7	228.9

续表

			试验工况及结果					
			减压 50 kPa 及缓解			减压 70 kPa 及缓解		
			第一次	第二次	第三次	第一次	第二次	第三次
缓解	缓解空走时间/s	11 位	2.9	3.3	2.7	2.5	2.1	2.2
		33 位	4.2	4.4	3.9	3.6	3.4	3.3
		53 位	3.4	4.5	3.9	3.3	2.7	2.7
		55 位	4.4	5.3	4.1	3.7	3.3	3.3
		87 位	6.6	7.9	8.6	6.5	5.6	6.1
		107 位	7.4	9.4	8.7	7.3	7.1	6.5
	闸缸缓解至 30 kPa 的时间/s	11 位	10	10	11	14	15	14
		33 位	12	11	12	17	18	16
		53 位	10	10	11	15	15	15
		55 位	11	10	11	14	15	15
		87 位	14	14	15	18	19	17
		107 位	11	11	12	14	16	15
	从控车响应时间/s		0.8	1.1	1.4	1.3	0.4	0.2
	107 位副风缸升至 580 kPa 的时间/s		50	51	54	72	74	75
备注	107 位车辆制动机的空重调节机构失效，107 位副风缸压力最高升至 595 kPa							
			减压 100 kPa 及缓解			减压 120 kPa 及缓解		
			第一次	第二次	第三次	第一次	第二次	第三次
制动	实际减压量/kPa		110	92	98	117	116	115
	制动空走时间/s	11 位	1.9	1.7	2.4	1.8	2.1	2.1
		33 位	3.6	3.4	3.9	3.3	3.5	3.7
		53 位	4.0	3.0	4.6	4.0	4.4	4.5
		55 位	4.3	3.7	5.1	4.5	4.8	4.9
		87 位	6.2	5.3	7.0	6.2	6.9	6.7
		107 位	6.9	6.3	7.9	7.2	7.5	7.6
	闸缸稳定时的压力/kPa	11 位	272	226	240	296	303	292
		33 位	272	235	242	304	307	303
		53 位	273	230	237	297	304	298
		55 位	289	229	250	303	298	305
		87 位	269	225	236	300	290	294
		107 位	207	189	192	222	221	220
	从控车响应时间/s		1.5	1.3	1.1	1.6	1.2	1.4
	减压时间/s		59	42	50	57	56	50
	制动波速/（m/s）		212.3	232.5	185.4	203.4	195.3	192.7

续表

			减压 100 kPa 及缓解		减压 120 kPa 及缓解	
			第一次	第二次	第一次	第二次	第一次	第二次

			减压 100 kPa 及缓解			减压 120 kPa 及缓解		
			第一次	第二次	第一次	第二次	第一次	第二次
缓解	缓解空走时间/s	11 位	2.6	2.1	2.8	2.0	2.1	1.9
		33 位	3.6	3.2	4.3	3.2	3.0	3.1
		53 位	2.3	2.7	4.2	2.6	2.5	2.5
		55 位	3.2	3.0	4.6	3.0	2.9	2.9
		87 位	5.5	5.2	7.0	5.2	5.2	5.1
		107 位	6.8	5.4	7.9	6.4	6.4	6.1
	闸缸缓解至 30 kPa 的时间/s	11 位	23	19	20	24	23	23
		33 位	27	23	24	27	26	27
		53 位	23	19	22	24	22	24
		55 位	22	18	21	22	23	23
		87 位	28	23	25	27	26	27
		107 位	23	20	22	23	22	23
	从控车响应时间/s		1.3	0.9	2.0	1.0	0.8	0.9
	107 位副风缸升至 580 kPa 的时间/s		122	102	106	127	126	124
备注	107 位车辆制动机的空重调节机构失效，107 位副风缸压力最高升至 594 kPa							

			减压 170 kPa 及缓解		
			第一次	第二次	第三次
制动	实际减压量/kPa		173	170	175
	制动空走时间/s	11 位	2.1	2.3	2.0
		33 位	3.6	4.1	3.3
		53 位	4.2	4.6	4.1
		55 位	4.9	4.9	4.6
		87 位	6.7	7.0	6.7
		107 位	7.5	7.6	7.3
	闸缸稳定时的压力/kPa	11 位	433	433	434
		33 位	439	439	440
		53 位	436	436	436
		55 位	440	440	440
		87 位	432	431	431
		107 位	260	260	259
	从控车响应时间/s		2.2	1.4	1.2
	减压时间/s		73	76	75
	制动波速/（m/s）		195.3	192.7	200.7

			减压 170 kPa 及缓解		
			第一次	第二次	第三次
缓解	缓解空走时间/s	11 位	2.7	2.3	3.4
		33 位	3.9	3.8	4.9
		53 位	3.2	3.1	4.1
		55 位	3.8	3.6	4.6
		87 位	6.0	5.6	7.6
		107 位	7.5	7.6	9.4
	闸缸缓解至 30 kPa 的时间/s	11 位	30	30	31
		33 位	34	33	34
		53 位	30	29	31
		55 位	29	28	31
		87 位	34	34	36
		107 位	26	25	27
	从控车响应时间/s		0.9	1.0	0.7
	107 位副风缸升至 580 kPa 的时间/s		178	169	182
备注	107 位车辆制动机的空重调节机构失效，107 位副风缸压力最高升至 594 kPa				

3. 持续一定时间的常用制动保压试验（见表 4.1-11）

表 4.1-11　牵引方式常用制动保压试验结果

试验内容	牵引方式	试验日期	试验结果
常用制动保压试验	1 + 1	2008-5-7	机车置"不补风"位，列车管减压 94 kPa 保压 1 h 后检查车辆闸缸，结果闸缸都处于制动状态未出现自动缓解。列车管压力泄漏量 17 kPa

4. 紧急制动试验（见表 4.1-12）

表 4.1-12　1 + 1 牵引方式紧急制动试验结果

试验日期			2008 年 5 月 7 日	
牵引方式			1 + 1	
			试验工况及结果	
			紧急制动及缓解	
			第一次	第二次
制动	制动空走时间/s	11 位	0.7	0.7
		33 位	1.8	1.6
		53 位	0.6	0.5
		55 位	0.8	0.6
		87 位	2.7	2.6
		107 位	3.9	3.6

续表

			试验工况及结果	
			紧急制动及缓解	
			第一次	第二次
制动	闸缸稳定时的压力/kPa	11 位	433	433
		33 位	443	441
		53 位	439	438
		55 位	440	440
		87 位	436	431
		107 位	260	257
	从控车响应时间/s		0.4	0.4
	减压时间/s		4.8	4.7
	制动波速/（m/s）		375.6	406.9
缓解	缓解空走时间/s	11 位	55.8	54.7
		33 位	62.1	61.2
		53 位	63.8	62.9
		55 位	83.6	81.9
		87 位	101.1	99.5
		107 位	102.7	101.2
	闸缸缓解至 30 kPa 的时间/s	11 位	83	82
		33 位	92	92
		53 位	90	90
		55 位	108	108
		87 位	130	128
		107 位	121	120
	从控车响应时间/s		1.6	2.7
	107 位副风缸升至 580 kPa 的时间/s		257	267
备注	107 位车辆制动机的空重调节机构失效，107 位副风缸压力最高升至 594 kPa			

5. 阶段制动试验（见表 4.1-13）

表 4.1-13　1＋1 牵引方式阶段制动试验结果

试验日期		2008 年 5 月 7 日						
牵引方式		1＋1						
		试验内容及结果						
		阶段制动						
		第一次						
闸缸压力稳定时的各测试断面闸缸压力/kPa	车位号	减压 50 kPa	追减 23 kPa	追减 18 kPa	追减 18 kPa	追减 19 kPa	追减 19 kPa	追减 20 kPa
	11 位	100	173	236	279	327	378	432
	33 位	85	166	228	283	331	387	438

闸缸压力稳定时的各测试断面闸缸压力/kPa	车位号	减压50 kPa	追减23 kPa	追减18 kPa	追减18 kPa	追减19 kPa	追减19 kPa	追减20 kPa
	53 位	87	166	228	286	330	386	440
	75 位	79	149	209	254	309	354	406
	97 位	97	167	227	269	322	371	430
	107 位	54	126	189	213	236	250	250
		第二次						

闸缸压力稳定时的各测试断面闸缸压力/kPa	车位号	减压50kPa	追减19kPa	追减18kPa	追减23kPa	追减20kPa	追减20kPa	追减20kPa
	11 位	106	179	232	287	343	405	433
	33 位	93	179	234	293	352	416	441
	53 位	100	177	237	297	352	416	442
	75 位	85	164	219	266	318	382	430
	97 位	98	173	233	281	342	397	436
	107 位	72	145	196	261	242	242	243
		第三次						

闸缸压力稳定时的各测试断面闸缸压力/kPa	车位号	减压48 kPa	追减20 kPa	追减20 kPa	追减20 kPa	追减18 kPa	追减18 kPa	追减20 kPa
	11 位	103	153	215	270	326	374	429
	33 位	83	145	209	273	329	386	438
	53 位	94	160	212	281	330	384	441
	75 位	71	126	180	247	293	339	393
	97 位	89	134	191	262	309	362	415
	107 位	53	103	162	204	227	243	243
备注	107 位车辆制动机的空重调节机构失效							

6. 循环制动试验（见表 4.1-14）

表 4.1-14　1＋1 牵引方式循环制动试验结果

试验日期	2008 年 5 月 7 日							
牵引方式	1＋1							
	试验内容及结果							
	循环制动							
	第一次							
实际减压量/kPa	52		71		106		172	
车位号	21 位	107 位	21 位	107 位	21 位	107 位	21 位	107 位
制动　开始减压时副风缸压力/kPa	600	595	596	590	596	592	596	590
闸缸最大压力/kPa	132	76	149	111	259	204	434	255
制动保压时间/s	243		226		262		287	
缓解　开始缓解时副风缸压力/kPa	546	542	528	521	495	488	432	454
缓解后至下次减压的时间/s	97		152		173		229	

续表

		第二次							
	实际减压量/kPa	54		67		107		173	
	车位号	21 位	107 位	21 位	107 位	21 位	107 位	21 位	107 位
制动	开始减压时副风缸压力/kPa	598	591	596	590	596	589	597	593
	闸缸最大压力/kPa	110	56	147	121	264	200	430	251
	制动保压时间/s	248		259		251		274	
缓解	开始缓解时副风缸压力/kPa	548	543	531	525	492	487	436	455
	缓解后至下次减压的时间/s	113		125		215		—	
备注		107 位车辆制动机的空重调节机构失效							

7. 模拟列车断钩试验（见表 4.1-15）

表 4.1-15　1＋1 牵引方式模拟列车断钩试验结果

试验内容	牵引方式	试验日期	试验结果
模拟列车断钩试验	1＋1	2008-5-7	第一次开启尾部放风阀后，主控机车 8.5 秒后 804 线得电，断钩保护起作用；第二次主控机车 8.9 秒后 804 线得电，断钩保护起作用

8. 常用制动转紧急制动试验（见表 4.1-16）

表 4.1-16　1＋1 牵引方式常用制动转紧急制动试验结果

试验内容	牵引方式	试验日期	试验结果
常用制动转紧急制动试验	1＋1	2008-5-7	常用减压 100 kPa 后保压 10 s 再把大闸放至紧急位，所有车辆都能实施紧急制动，21、53、97 和 107 位常用制动转紧急制动压力变化曲线如图 4.1-18～图 4-1-21 所示

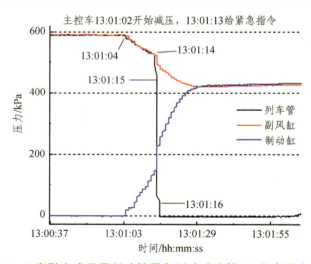

图 4.1-18　1＋1 牵引方式常用制动转紧急制动试验第 21 位车压力变化曲线图

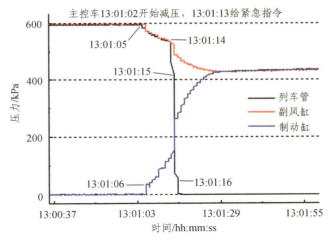

图 4.1-19　1 + 1 牵引方式常用制动转紧急制动试验第 53 位车压力变化曲线图

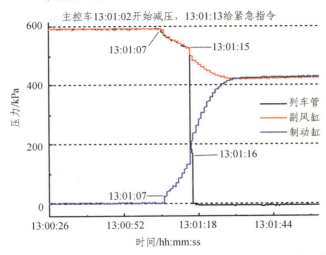

图 4.1-20　1 + 1 牵引方式常用制动转紧急制动试验第 97 位车压力变化曲线图

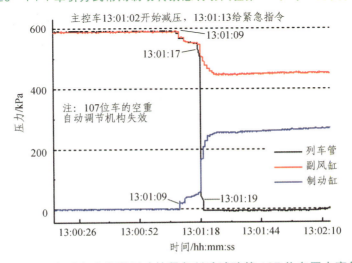

图 4.1-21　1 + 1 牵引方式常用制动转紧急制动试验第 107 位车压力变化曲线图

4.1.2.3.3　2+0牵引方式静置试验结果

1. 列车制动系统漏泄试验（见表4.1-17）

表4.1-17　2+0牵引方式漏泄试验结果

试验内容	牵引方式	试验日期	试验结果
漏泄试验	2+0	2008-5-5	减压50 kPa尾部闸缸压力稳定后，测漏1 min，漏泄量2.5 kPa/min

2. 常用制动试验（见表4.1-18）

表4.1-18　2+0牵引方式常用制动试验结果

试验日期			2008年5月5日				
牵引方式			2+0				
			试验工况及结果				
			减压50 kPa及缓解		减压70 kPa及缓解		
			第一次	第二次	第一次	第二次	第三次
制动		实际减压量/kPa	56	54	80	71	74
	制动空走时间/s	1位	2.1	2.2	2.0	2.2	1.8
		33位	4.1	4.6	4.2	4.2	3.6
		53位	5.9	6.3	6.1	5.9	6.0
		55位	6.1	6.5	6.7	6.3	6.4
		87位	7.8	8.2	8.1	7.9	7.5
		107位	8.5	8.9	8.9	8.8	8.3
	闸缸稳定时的压力/kPa	1位	125	111	171	151	158
		33位	117	120	190	171	178
		53位	144	144	212	197	195
		55位	132	135	206	192	198
		87位	125	109	186	173	164
		107位	105	101	178	153	155
	减压时间/s		84	81	110	89	90
	制动波速/（m/s）		172.3	164.6	164.6	166.5	176.5
缓解	缓解空走时间/s	1位	2.5	2.4	1.9	1.2	1.0
		33位	4.7	4.7	4.0	3.2	3.2
		53位	6.4	6.5	5.3	4.6	4.3
		55位	13.7	14.3	6.4	11.2	5.3
		87位	14.9	16.0	8.8	11.8	8.0
		107位	15.5	16.0	8.8	11.9	9.1
	闸缸缓解至30 kPa的时间/s	1位	14	13	17	14	14
		33位	17	18	22	18	20
		53位	25	18	22	18	19
		55位	23	25	22	24	19
		87位	25	25	25	26	21
		107位	25	26	26	25	23
	107位副风缸升至580 kPa的时间/s		130	117	195	163	169
备注			107位车辆制动机的空重调节机构失效，107位副风缸压力最高升至596 kPa				

			减压 100 kPa 及缓解			减压 120 kPa 及缓解		
			第一次	第二次	第三次	第一次	第二次	第三次
制动	实际减压量/kPa		107	95	94	125	121	114
	制动空走时间/s	1 位	1.3	1.8	1.8	1.8	1.7	1.8
		33 位	3.3	3.9	3.7	3.7	4.0	3.6
		53 位	5.2	5.5	5.6	5.7	5.4	5.3
		55 位	5.2	6.1	5.9	6.1	6.1	6.1
		87 位	7.1	7.9	7.8	7.8	8.0	7.9
		107 位	7.7	8.5	8.3	8.4	8.5	8.5
	闸缸稳定时的压力/kPa	1 位	246	233	229	321	309	294
		33 位	269	253	254	348	335	320
		53 位	283	276	274	353	335	320
		55 位	295	263	267	355	345	328
		87 位	269	245	244	337	317	312
		107 位	228	221	221	258	253	243
	减压时间/s		115	106	106	136	131	128
	制动波速/(m/s)		190.2	172.3	176.5	174.4	172.3	172.3
缓解	缓解空走时间/s	1 位	1.3	1.4	1.4	1.3	1.1	1.5
		33 位	2.9	3.0	3.2	3.1	3.3	3.2
		53 位	4.3	4.2	3.7	4.2	4.3	4.3
		55 位	5.0	4.8	5.1	5.0	5.2	5.1
		87 位	7.4	7.5	7.4	7.0	7.5	7.2
		107 位	8.6	8.5	8.5	8.6	8.8	8.3
	闸缸缓解至 30 kPa 的时间/s	1 位	23	20	20	25	24	24
		33 位	27	23	24	29	29	28
		53 位	25	22	23	27	27	25
		55 位	25	23	23	26	26	26
		87 位	29	26	26	30	30	30
		107 位	29	27	28	30	29	29
	107 位副风缸升至 580 kPa 的时间/s		264	238	235	325	301	285
备注	107 位车辆制动机的空重调节机构失效，107 位副风缸压力最高升至 596 kPa							

			减压 170 kPa 及缓解		
			第一次	第二次	第三次
制动	实际减压量/kPa		161	167	170
	制动空走时间/s	1 位	1.9	2.7	2.3
		33 位	4.0	4.8	4.4
		53 位	5.7	6.6	6.4
		55 位	6.3	7.1	6.9
		87 位	8.2	8.9	8.6
		107 位	8.8	9.4	9.3

续表

			减压 170 kPa 及缓解		
			第一次	第二次	第三次
制动	闸缸稳定时的压力/kPa	1 位	409	427	431
		33 位	436	440	441
		53 位	443	445	443
		55 位	443	444	444
		87 位	427	437	436
		107 位	262	262	257
	减压时间/s		168	172	177
	制动波速/（m/s）		166.5	157.5	155.8
缓解	缓解空走时间/s	1 位	1.9	2.7	2.2
		33 位	3.7	4.7	5.0
		53 位	4.9	6.6	6.9
		55 位	5.3	7.8	8.6
		87 位	7.2	10.3	11.2
		107 位	9.1	12.3	12.9
	闸缸缓解至 30 kPa 的时间/s	1 位	31	32	32
		33 位	35	35	35
		53 位	32	34	33
		55 位	32	34	35
		87 位	36	39	40
		107 位	31	65	64
	107 位副风缸升至 580 kPa 的时间/s		387	374	393
备注	107 位车辆制动机的空重调节机构失效，107 位副风缸压力最高升至 596 kPa				

3. 紧急制动试验（见表 4.1-19）

表 4.1-19　2＋0 牵引方式紧急制动试验结果

试验日期			2008 年 5 月 5 日		
牵引方式			2＋0		
			试验工况及结果		
			紧急制动及缓解		
			第一次	第二次	第三次
制动	制动空走时间/s	1 位	0.8	0.6	0.7
		33 位	2.4	2.5	2.4
		53 位	3.6	3.7	3.8
		55 位	4.2	4.0	3.9
		87 位	6.0	6.1	5.8
		107 位	7.3	7.2	7.1
	闸缸稳定时的压力/kPa	1 位	431	431	432
		33 位	440	441	441
		53 位	437	437	437

续表

			试验工况及结果		
			紧急制动及缓解		
			第一次	第二次	第三次
制动	闸缸稳定时的压力/kPa	55 位	439	439	438
		87 位	433	432	432
		107 位	269	261	260
	107 位列车管减压至 0 时间/s		8.1	8.2	8.2
	制动波速/（m/s）		200.7	203.4	206.3
缓解	缓解空走时间/s	1 位	52.7	53.7	54.2
		33 位	152.9	154.0	153.4
		53 位	175.2	177	175.7
		55 位	187.7	188.4	188.3
		87 位	190.2	190.9	190.9
		107 位	192.4	192.9	193.2
	闸缸缓解至 30 kPa 的时间/s	1 位	83	84	84
		33 位	184	185	184
		53 位	202	204	202
		55 位	213	213	214
		87 位	219	220	219
		107 位	214	215	214
	107 位副风缸升至 580 kPa 的时间/s		553	556	570
备注	107 位车辆制动机的空重调节机构失效，107 位副风缸压力最高升至 596 kPa				

4. 阶段制动试验（见表 4.1-20）

表 4.1-20 2+0 牵引方式阶段制动试验结果

试验日期	2008 年 5 月 6 日						
牵引方式	2+0						
		试验内容及结果					
		阶段制动					
		第一次					
	车位号	减压 45 kPa	追减 19 kPa	追减 24 kPa	追减 18 kPa	追减 20 kPa	追减 20 kPa	追减 25 kPa
闸缸稳定时的压力/kPa	1 位	113	176	237	288	340	386	435
	33 位	130	179	247	304	360	410	443
	53 位	140	195	262	317	370	417	447
	75 位	104	157	214	270	318	358	428
	97 位	112	166	228	291	336	386	436
	107 位	98	151	200	225	244	257	257

		第二次						
	车位号	减压 50 kPa	追减 22 kPa	追减 18 kPa	追减 30 kPa	追减 17 kPa	追减 22 kPa	追减 28 kPa
闸缸稳定时的压力/kPa	1 位	120	180	243	313	365	428	437
	33 位	120	186	249	327	383	442	442
	53 位	125	200	258	334	391	445	445
	75 位	109	167	221	296	350	405	431
	97 位	118	170	230	304	360	420	436
	107 位	99	160	201	230	254	254	254
备注	107 位车辆制动机的空重调节机构失效							

5. 循环制动试验（见表 4.1-21）

表 4.1-21　2＋0 牵引方式循环制动试验结果

试验日期	2008 年 5 月 6 日							
牵引方式	2＋0							
		试验内容及结果						
		循环制动						
		第一次						
	实际减压量/kPa	51		70		102		185	
	车位号	1 位	107 位	1 位	107 位	1 位	107 位	1 位	107 位
制动	开始减压时副风缸压力/kPa	600	595	600	595	600	594	600	593
	闸缸最大压力/kPa	128	104	156	146	257	220	434	262
	制动保压时间/s	243		315		335		396	
缓解	开始缓解时副风缸压力/kPa	552	549	535	533	494	497	435	467
	缓解后至下次减压的时间/s	351		355		425		—	
		第二次						
	实际减压量/kPa	53		72		103		171	
	车位号	1 位	107 位	1 位	107 位	1 位	107 位	1 位	107 位
制动	开始减压时副风缸压力/kPa	600	592	600	591	600	590	600	590
	闸缸最大压力/kPa	133	109	176	144	242	211	433	259
	制动保压时间/s	280		291		346		385	
缓解	开始缓解时副风缸压力/kPa	544	543	526	525	500	498	431	463
	缓解后至下次减压的时间/s	291		347		402		—	
备注	107 位车辆制动机的空重调节机构失效							

6. 模拟列车断钩试验（见表 4.1-22）

表 4.1-22　2+0 牵引方式模拟列车断钩试验结果

试验内容	牵引方式	试验日期	试验结果
模拟列车断钩试验	2+0	2008-5-6	第一次开启尾部放风阀后，主控机车 7.2 s 后 804 线得电，断钩保护起作用；第二次主控机车 7.9 s 后 804 线得电，断钩保护起作用。

7. 常用制动转紧急制动试验（见表 4.1-23）

表 4.1-23　2+0 牵引方式常用制动转紧急制动试验结果

试验内容	牵引方式	试验日期	试验结果
常用制动转紧急制动试验	2+0	2008-5-6	常用减压 100 kPa 后保压 10 s 再把大闸放至紧急位，所有车辆都能实施紧急制动，1、53、97 和 107 位常用制动转紧急制动压力变化曲线如图 4.1-22 ～图 4.1-25 所示

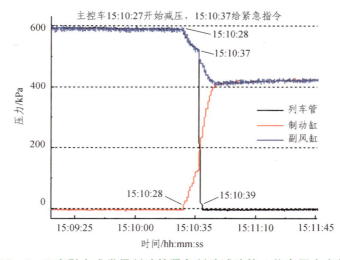

图 4.1-22　2+0 牵引方式常用制动转紧急制动试验第 1 位车压力变化曲线图

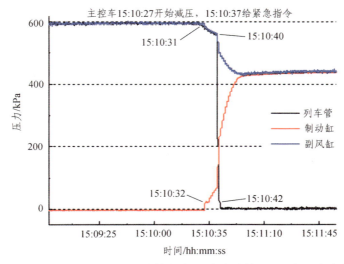

图 4.1-23　2+0 牵引方式常用制动转紧急制动试验第 53 位车压力变化曲线图

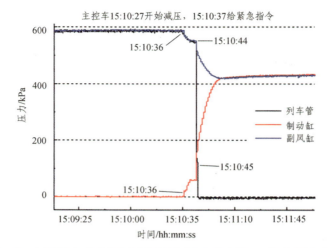

图 4.1-24　2+0 牵引方式常用制动转紧急制动试验第 97 位车压力变化曲线图

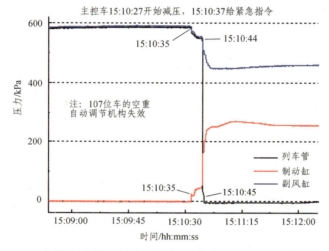

图 4.1-25　2+0 牵引方式常用制动转紧急制动试验第 107 位车压力变化曲线图

8. 空气位静置制动试验（见表 4.1-24）

表 4.1-24　2+0 牵引方式空气位静置制动试验结果

试验日期			2008 年 5 月 6 日	
牵引方式			2+0	
			试验工况及结果	
			空气位	
			第一次	
制动	实际减压量/kPa		76	
	制动空走时间/s	1 位	1.3	
		33 位	3.3	
		55 位	5.5	
		75 位	6.7	
		107 位	7.9	

续表

			试验工况及结果
			空气位
			第一次
制动	闸缸稳定时的压力/kPa	1 位	189
		33 位	204
		55 位	213
		75 位	189
		107 位	179
	减压时间/s		105
	制动波速/（m/s）		185.4
缓解	缓解空走时间/s	1 位	1.0
		33 位	3.0
		55 位	5.0
		75 位	6.8
		107 位	8.7
	闸缸缓解至 30 kPa 的时间/s	1 位	15
		33 位	20
		55 位	19
		75 位	21
		107 位	23
	107 位副风缸升至 580 kPa 的时间/s		185
备注	107 位车辆制动机的空重调节机构失效，107 位副风缸压力升至 585 kPa 后又操纵机车减压		

4.1.2.4　静置试验结果分析

（1）1＋1 和 2＋0 两种牵引方式静置漏泄试验测得的漏泄量均少于 20 kPa/min，符合 TB/T 2554《列车制动运行试验规则》的 5.1.2 "制动管压力达定压时（500 kPa 或 600 kPa）、保压 1min，列车管压力下降不得超过 20 kPa" 的要求。

（2）2＋0 牵引方式的减压时间明显比 1＋1 牵引方式的减压时间长；2＋0 牵引方式的制动后再充风时间也明显比 1＋1 牵引方式的制动后再充风时间长。2＋0 牵引方式的减压时间及尾部副风缸充至 580 kPa 的时间基本上是 1＋1 牵引方式的 2～2.3 倍。1＋1 牵引方式比 2＋0 牵引方式制动的再充风时间短，1＋1 牵引方式制动波速（减压 50 kPa 制动波速 207.3 m/s）高于 2＋0 牵引方式的制动波速。

（3）从控机车 $SS_{4B}0129$ 的响应时间（指主控车给出指令至从控车相应电空阀得电的时间差）分布如图 4.1-26 所示（62 个样本），从控机车 $SS_{4B}0129$ 的响应时间都在 3 s 以内，最大值为 3.0 s，平均值为 1.2 s。

（4）持续一定时间的制动保压试验。1+1牵引方式，减压94 kPa保压1 h后列车管泄漏17 kPa未出现车辆制动缸自然缓解。

（5）紧急制动试验时，1+1和2+0两种牵引方式的测试列车都发生紧急制动作用，1+1牵引方式的紧急制动波速为391.2 m/s，2+0牵引方式的紧急制动波速为203.5 m/s，符合TB/T 2554《列车制动运行试验规则》的5.1.5"制动管压力达定压后，手把置于紧急制动位，列车须发生紧急制动作用"的要求。

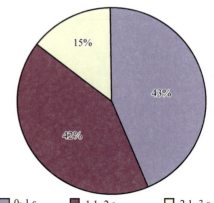

图4.1-26 从控机车响应时间统计

（图例）0~1 s   1.1~2 s   2.1~3 s

（6）列车静置阶段制动试验。1+1和2+0两种牵引方式在初减压50 kPa，稳定后再每次追减20 kPa，连续追减6次，测试断面中的107位货车的制动缸在追减20 kPa 4次后闸缸压力基本稳定（因107位货车的制动缸空重调节作用失效），其他测试位制动缸在列车管每次追加减压时都能跟随追加制动压力，两种牵引方式货车的制动机性能均满足列车正常追加制动的需要。

（7）列车静置循环制动试验。1+1牵引方式减压50 kPa后缓解充风，尾部副风缸压力充风至590 kPa用时113 s；2+0牵引方式减压50 kPa后缓解充风，尾部副风缸压力充风至591 kPa用时291 s。

（8）静置模拟断钩试验。1+1和2+0两种牵引方式在开启尾部列车管折角塞门模拟断钩，7 s后主控机车的804线均得电起断钩保护。

（9）静置常用制动转紧急制动试验。1+1和2+0两种牵引方式在减压100 kPa后转紧急制动，车辆均能正常起紧急制动。

（10）机车同步操纵性能试验。1+1牵引方式从控机车电制、牵引、通风机和零位开关量响应时间基本上在1~3 s，2+0牵引方式从控机车电制、牵引、通风机和零位开关量响应时间都在2 s内；2+2牵引方式从控机车SS$_{4B}$128的模拟量（电机电流）响应给流最慢，最大延迟为3.0 s，SS$_{4B}$129机车的模拟量（电机电流）响应给流最快，最快时间为1.3 s。1+1牵引方式从控机车SS$_{4B}$129的模拟量（电机电流）响应给流最慢时间为4.0 s，模拟量（电机电流）响应给流最快时间为2.0 s。2+0牵引方式从控机车SS$_{4B}$128的开关量响应最慢时间为2.9 s，响应最快时间为1.1 s；2+0牵引方式从控机车SS$_{4B}$128的模拟量（电机电流）响应给流最慢时间为4.0 s，模拟量（电机电流）响应给流最快时间为3.0 s。

4.1.2.5 静置试验结论

（1）800M+400K无线重联同步操纵控制系统，在静置试验时的从控机车响应时间均在3 s以内，能满足神朔线和朔黄线的万吨列车开行条件。

（2）SS$_{4B}$机车装用DK-1升级改进型制动机，经静置试验各项指标均能达到列车制动要求。

（3）可以利用800M+400K无线重联同步操纵控制系统和DK-1升级改进型制动机进行万吨列车牵引运行试验。

4.1.3 牵引运行试验

4.1.3.1 牵引运行试验概述

4.1.3.1.1 牵引运行试验简述

1. 试验目的

测试列车在运行过程中的牵引和制动性能以及运行当中的列车稳定性，研究不同的动力分布方式对列车的运行安全性、长大坡道调速能力以及对列车内部的冲动影响，为后续开行万吨列车的可行性提供依据。

2. 试验条件

试验地点：上行，神池南—肃宁北；下行，肃宁北—神池南。

试验时间及牵引方式见表 4.1-25。

表 4.1-25　试验时间及牵引方式

试验日期	行别	总重/t	车次	牵引方式
5 月 9 日	上行	10 457	万试 2	SS$_{4B}$0127（主控）+ 54 辆 C70A + SS$_{4B}$0129（从控 2）+ 54 辆 C70A + 1 辆工程车 + 1 辆餐车 + 1 台内燃车（1 + 1 牵引方式）
5 月 12 日	下行	2 580	万试 1	SS$_{4B}$0127（主控）+ 1 辆餐车 + 1 辆工程车 + 54 辆 C70A + SS$_{4B}$0129（从控）+ 54 辆 C70A（1 + 1 牵引方式）
5 月 16 日	上行	10 457	万试 4	SS$_{4B}$0127（主控）+ 54 辆 C70A + SS$_{4B}$0129（从控 2）+ 54 辆 C70A + 1 辆工程车 + 1 辆餐车 + 1 台内燃车（1 + 1 牵引方式）
5 月 19 日	下行	2 580	万试 3	SS$_{4B}$0127（主控）+ 1 辆餐车 + 1 辆工程车 + 54 辆 C70A + SS$_{4B}$0129（从控）+ 54 辆 C70A（1 + 1 牵引方式）
5 月 23 日	上行	10 457	万试 6	SS$_{4B}$0127（主控）+ SS$_{4B}$0128（从控 1）+ 108 辆 C70A + 1 辆工程车 + 1 辆餐车 + 1 台内燃车（2 + 0 牵引方式）
5 月 26 日	下行	2 580	万试 5	SS$_{4B}$0127（主控）+ SS$_{4B}$0128（从控）+ 1 辆餐车 + 1 辆工程车 + 108 辆 C70A（2 + 0 牵引方式）
5 月 30 日	上行	10 457	万试 8	SS$_{4B}$0127（主控）+ SS$_{4B}$0128（从控 1）+ 108 辆 C70A + 1 辆工程车 + 1 辆餐车 + 1 台内燃车（2 + 0 牵引方式）
6 月 2 日	下行	2 580	万试 7	SS$_{4B}$0127（主控）+ SS$_{4B}$0128（从控）+ 1 辆餐车 + 1 辆工程车 + 108 辆 C70A（2 + 0 牵引方式）
备　注				上行时测试车位为 1、11、21、33、43、53、55、65、75、87、97、107 位（车位计算不包括机车、工程车和餐车）；下行时测试车位为 2、12、22、34、44、54、56、66、76、88、98、108 位（车位计算不包括机车、工程车和餐车，因 108 位后部未挂其他车辆，所以 108 位的车钩力、车钩横向位移及车钩钩缓压缩量不测量

4.1.3.1.2 线路简述

上行（神池南–肃宁北）全线长 406 km，上行曲线半径小于等于 500 m 的地方有 45 处，最小曲线半径为 400 m，其中有 57 处上坡道总计 66.2 km 占总里程的 16.3%，最大坡度为 4‰；下坡道 79 处总计 293.3 km 占总里程的 72.24%，最大坡度为 – 12‰。

4.1.3.1.3 牵引运行试验项目简述

1. 试验方法

（1）车钩拉力测量。

采用标定的车钩直接测量车辆间的拉力。

建议评定标准：车钩拉力≤1 000 kN。

（2）振动加速度测量。

加速度传感器布置在距离货车 1 心盘内侧距心盘中心线小于 1 000 mm 的车底架中梁底板上，采样率 100 Hz，然后数据经 10 Hz 低通滤波。

振动加速度最大值 $A(j)$ 按下式计算：

$$A(j) = \overline{A} + 3\sigma \quad\quad\quad\quad\quad\quad\quad (4\text{-}1)$$

其中振动加速度平均值：

$$\overline{A} = \frac{1}{N}\sum_{i=1}^{n} A_i \quad\quad\quad\quad\quad\quad\quad (4\text{-}2)$$

方差：

$$\sigma = \sqrt{\sum_{i=1}^{n}(A_i - \overline{A})^2 / (N-1)} \quad\quad\quad\quad\quad (4\text{-}3)$$

N 为采样总点数。

评定标准：依据《铁道车辆动力学性能评定和试验鉴定规范》（GB 5599—85）横向加速度≤0.5g，在 100 km 线路上最大加速度超限个数不超过 3 个为合格。

建议评定标准：纵向加速度≤1.0g。

（3）车钩缓冲器位移量的测量。

采用拉线式位移传感器进行测量。在货车的钩尾框处安装纵向位移传感器。

（4）车钩横向摆角的测量。

采用拉线式位移传感器测量车钩的横向位移。在货车车钩钩头处安装横向位移传感器。通过测量的车钩横向位移及先前测量得到从布置在车钩钩身的拉钩至车钩钩尾销中心的距离 475 mm 计算出横向摆角 θ。

横向摆角 θ 按下式计算：

$$\theta = \arctan(L / 475) \quad\quad\quad\quad\quad\quad (4\text{-}4)$$

其中，L 为测得的车钩横向位移，单位 mm。

（5）制动停车时间及距离的测量。

通过布置在机车上采集开关量的仪器及速度信号来计算出制动停车时间和距离。

（6）制动停车车辆踏面和闸瓦温度的测量。

在车辆制动停车后由试验人员手持红外测温仪下车对测点进行测温记录。

（7）机车电参数的测量。

通过布置在机车上的电压/电流传感器来记录机车的电机电压/电流等情况。

（8）电机出风口风温测量。

在电机出风口布置铂电阻来进行电机出风口风温测量。

2. 试验项目

（1）平道起动试验。

司机操纵被试机车向前牵引起动列车。采集各机车电机电压/电流、网压、网流、列车速度及货车断面车钩力。

（2）限制坡道起动和加速试验。

被试车辆停在上坡道上，司机操纵主控机车向前牵引起动。采集各机车电机电压/电流、网压、网流、列车速度及货车断面车钩力。

（3）下坡道调速控制试验。

电空联合调速：司机操纵试验列车以线路允许速度进入试验区段后，司机操纵机车换向手柄至电制位，调速手轮至制动相应级位，然后操作大闸手柄进行制动和缓解来控制列车不超过限速。采集各机车电机电压、电机电流、网压、网流、开关量信号、制动系统压力、列车速度及各货车断面车钩力、加速度、车钩横向位移和车钩缓冲器纵向位移。

（4）常用减压制动停车试验。

司机操纵试验列车以线路允许速度进入试验区段后，司机操纵机车调速手轮回"零位"，然后操纵大闸手柄至制动位实施常用制动停车。采集主控机车开关量信号、制动系统压力、列车速度及各货车断面车钩力、加速度、车钩横向位移和车钩缓冲器纵向位移。停车后试验人员立即下车用红外测温仪测量 1 位、2 位、55 位、56 位、107 位和 108 位车辆的制动闸瓦和车轮踏面温度（1＋1 编组下行不测 107 位和 108 位；2＋0 编组上行只测 1 位、2 位、107 位和 108 位，下行只测 1 位和 2 位）。

（5）紧急制动停车试验。

电小闸手柄在运转位，大闸手柄在运转位，司机操纵试验列车以线路允许速度进入试验区段后，司机操纵大闸手柄至紧急位实施紧急制动，直至列车停稳。采集主控机车开关量信号、制动系统压力、列车速度及各货车断面车钩力、加速度、车钩横向位移和车钩缓冲器纵向位移。停车后试验人员立即下车用红外测温仪测量车辆的制动闸瓦和车轮踏面温度。

（6）列车过分相试验。

司机按照过分相要求操作机车过分相，采集各机车电机电压、电机电流、网压、网流、开关量信号、列车速度。

4.1.3.2 牵引运行试验结果及分析

4.1.3.2.1 平道起动试验结果分析

1＋1 牵引方式牵引万吨列车在平道起动时，万试 2 次重车在 K342＋840 m 处起动，电机启动电流为 780 A，最大起动车钩力为测量的 11 位车 486 kN（1 位车车钩力的数据丢失），列车起动后的平均加速度为 0.05 m/s²；万试 4 次重车在 K342＋850 m 起动，电机启动电流为 700 A，最大起动车钩力为测量的 11 位车 488 kN（1 位车车钩力的数据丢失），列车起动后的平均加速度为 0.04 6m/s²，见表 4.1-26。2＋0 牵引方式牵引万吨列车在平道起动时，万试 6 次重车在 K342＋870 m 处起动，电机启动电流为 806 A，最大起动车钩力为 954 kN

（1位车），列车起动后的平均加速度为 0.049 m/s²，见表 4.1-27。1＋1 和 2＋0 牵引方式牵引万吨列车在平道起动时的电机启动电流满足设计值的要求（ZD114 牵引电机最大启动电流 ≤1 200 A）。

表 4.1-26　1＋1 牵引方式平道起动试验结果

牵引方式	SS₄ʙ0127（主控）＋54 辆 C70A＋SS₄ʙ0129（从控）＋54 辆 C70A＋救援工具车＋餐车＋内燃机车（简称 1＋1 牵引方式）												
说　　明	测试车位计算不包括机车、餐车和救援工具车												
试验日期及车次	试验区间	试验工况	试验项目	坡度/‰	开始地点/km	电机启动电流/A		列车起动后达到以下速度所需时间/s				最大车钩力/测试车位	
						SS₄ʙ0127	SS₄ʙ0129	3 km/h	10 km/h	15 km/h	20 km/h	车钩力/kN	测试车位
2008-5-9 万试 2 次	神池南→肃宁北	万吨	平道起动	0	342.840	780	770	63	107	131	156	486	11 位车
2008-5-16 万试 4 次	神池南→肃宁北	万吨	平道起动	0	342.850	700	655	46	93	123	149	488	11 位车
备　　注	1 位车车钩力的数据丢失，1＋1 牵引方式平道起动时，机车牵引电机电流情况见图 4.1-27～图 4.1-29												

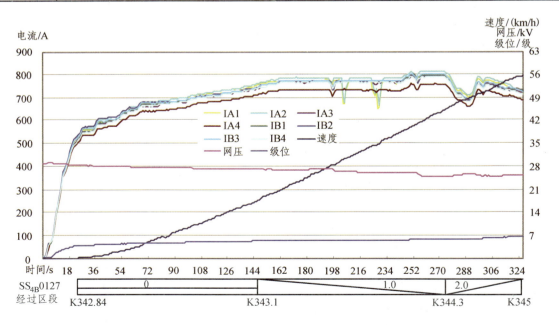

图 4.1-27　SS₄ʙ0127 机车平道起动电机电流及网压曲线
（5 月 9 日/万试 2 次/1＋1 牵引方式/牵引万吨/区间：神池南—肃宁北）

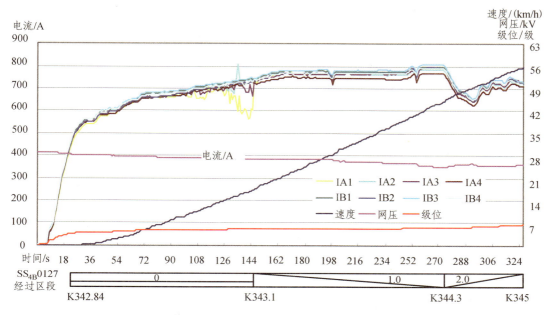

图 4.1-28　SS₄B0129 机车平道起动电机电流及网压曲线
（5 月 9 日/万试 2 次/1＋1 牵引方式/牵引万吨/区间：神池南—肃宁北）

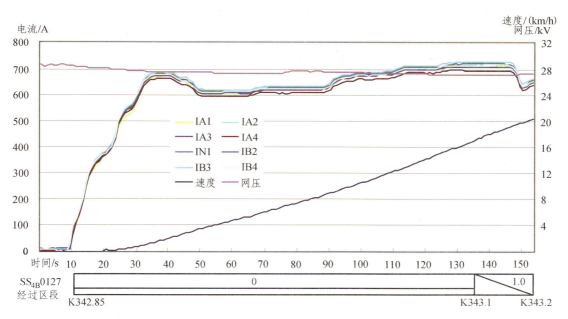

图 4.1-29　SS₄B0129 机车平道起动牵引电机电流及网压曲线
（5 月 16 日/万试 4 次/1＋1 牵引方式/牵引万吨/区间：神池南—肃宁北）

表 4.1-27　2＋0 牵引方式平道起动试验结果

牵引方式	SS₄ᵦ0127（主控）＋＋SS₄ᵦ0128（从控）＋108 辆 C70A＋救援工具车＋餐车＋内燃机车（简称 2＋0 牵引方式）											
说　明	测试车位计算不包括机车、餐车和救援工具车											
试验日期及车次	试验区间	试验工况	试验项目	坡度/‰	开始地点/km	电机最大启动电流/A		列车起动后达到以下速度所需时间/s			最大车钩力/测试车位	
						SS₄ᵦ0127	SS₄ᵦ0128	3 km/h	10 km/h	20 km/h	车钩力/kN	测试车位
2008-5-23 万试 6 次	神池南→肃宁北	万吨	平道起动	0	342.870	806	784	55	106	152	954	1 位车
备　注	2＋0 牵引方式列车平道起动时，机车牵引电机电流情况见图 4.1-30～图 4.1-31											

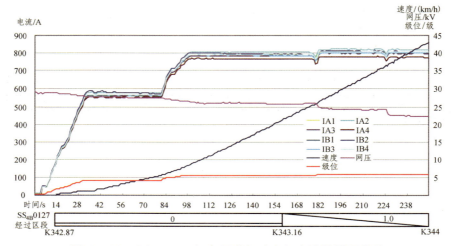

图 4.1-30　SS₄ᵦ0127 机车平道起动电机电流及网压曲线
（5 月 23 日/万试 6 次/2＋0 牵引方式/牵引万吨/区间：神池南—肃宁北）

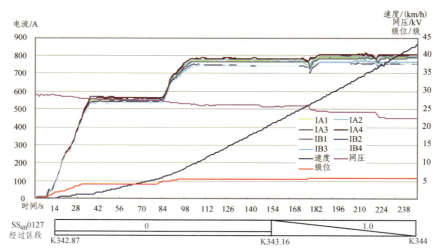

图 4.1-31　SS₄ᵦ0128 机车平道起动电机电流及网压曲线
（5 月 23 日/万试 6 次/2＋0 牵引方式/牵引万吨/区间：神池南—肃宁北）

4.1.3.2.2　限制坡道起动试验结果分析

　　1＋1牵引方式牵引万吨列车在4‰坡道起动时,万试2次重车在254 km＋960 m处起动,电机启动电流为820 A,最大起动车钩力为576 kN(55位车),列车起动后的平均加速度为0.02 m/s²;万试4次重车在255 km＋500 m处起动,电机启动电流为900 A,最大起动车钩力为552 kN(55位车),列车起动后的平均加速度为0.03 m/s²。1＋1牵引方式牵引108辆空车在12‰坡道起动时,万试1次在77 km＋930 m处起动,电机启动电流为745 A,最大起动车钩力为423 kN(2位车),列车起动后的平均加速度为0.08 m/s²;万试3次在77 km＋650 m处起动,电机启动电流为832 A,最大起动车钩力为380 kN(2位车),列车起动后的平均加速度为0.10 m/s²。1＋1牵引方式牵引万吨列车和牵引108辆空车在限制坡道起动的电机启动电流都满足设计值的要求(ZD114牵引电机最大启动电流≤1 200 A),见表4.1-28。

　　万试6次2＋0牵引方式牵引万吨列车在4‰坡道起动时,电机启动电流为942 A,最大起动车钩力为1 213 kN(1位车),列车起动后的平均加速度为0.03 m/s²。万试5次2＋0牵引方式牵引108辆空车在12‰坡道起动时,电机启动电流为757 A,最大起动车钩力为672 kN(2位车),列车起动后的平均加速度为0.06 m/s²。2＋0牵引方式牵引万吨列车和牵引108辆空车在限制坡道起动的电机启动电流满足设计值的要求(ZD114牵引电机最大启动电流≤1 200 A),见表4.1-29。

表 4.1-28　1＋1牵引方式限制坡道起动试验结果

牵引方式	重车	SS₄B0127(主控)＋54辆C70A＋SS₄B0129(从控)＋54辆C70A＋救援工具车＋餐车＋内燃机车(简称1＋1牵引方式)											
	空车	SS₄B0127(主控)＋餐车＋救援工具车＋54辆C70A＋SS₄B0129(从控)＋54辆C70A(简称1＋1牵引方式)											
说明		测试车位计算不包括机车、餐车和救援工具车											
试验日期及车次	试验区间	试验工况	试验项目	坡度/‰	开始地点/km	电机启动电流/A		列车起动后达到以下速度所需时间/s				最大车钩力/测试车位	
						SS₄B0127	SS₄B0129	3 km/h	10 km/h	15 km/h	20 km/h	车钩力/kN	测试车位
2008-5-9 万试2次	神池南→肃宁北	万吨	坡道起动	4	254.960	820	820	129	231	298	357	576	55位车
2008-5-12 万试1次	肃宁北→神池南	空车	坡道起动	12	77.930	734	745	94	121	136	150	423	2位车
2008-5-16 万试4次	神池南→肃宁北	万吨	坡道起动	4	255.500	900	865	67	138	183	228	552	55位车
2008-5-19 万试3次	肃宁北→神池南	空车	坡道起动	12	77.650	832	820	27	47	60	73	380	2位车
备注		1＋1牵引方式列车限制坡道起动时,机车牵引电机电流情况见图4.1-32～图4.1-39											

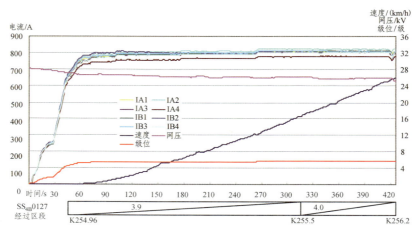

图 4.1-32　SS₄B0127 机车坡道起动电机电流及网压曲线
（5 月 9 日/万试 2 次/1＋1 牵引方式/牵引万吨/区间：神池南—肃宁北）

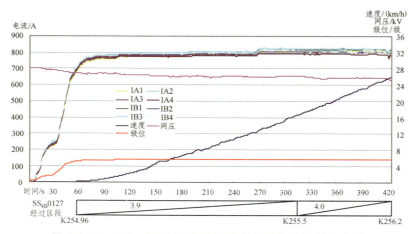

图 4.1-33　SS₄B0129 机车坡道起动电机电流及网压曲线
（5 月 9 日/万试 2 次/1＋1 牵引方式/牵引万吨/区间：神池南—肃宁北）

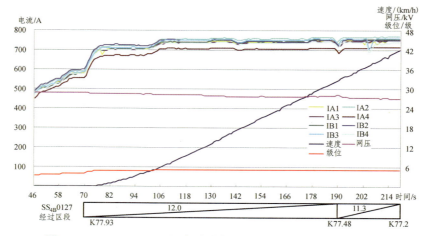

图 4.1-34　SS₄B0127 机车坡道起动牵引电机电流及网压曲线
（5 月 12 日/万试 1 次/1＋1 牵引方式/牵引空车/区间：神池南—肃宁北）

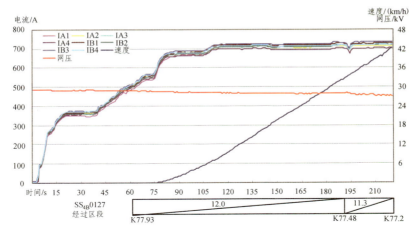

图 4.1-35　SS$_{4B}$0129 机车坡道起动牵引电机电流及网压曲线
（5 月 12 日/万试 1 次/1＋1 牵引方式/牵引空车/区间：神池南—肃宁北）

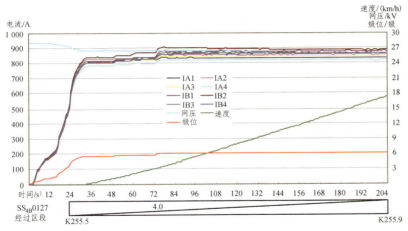

图 4.1-36　SS$_{4B}$0127 机车坡道起动牵引电机电流及网压曲线
（5 月 16 日/万试 4 次/1＋1 牵引方式/牵引万吨/区间：神池南—肃宁北）

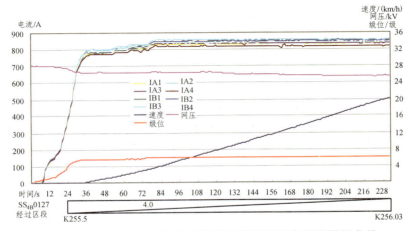

图 4.1-37　SS$_{4B}$0129 机车坡道起动牵引电机电流及网压曲线
（5 月 16 日/万试 4 次/1＋1 牵引方式/牵引万吨/区间：神池南—肃宁北）

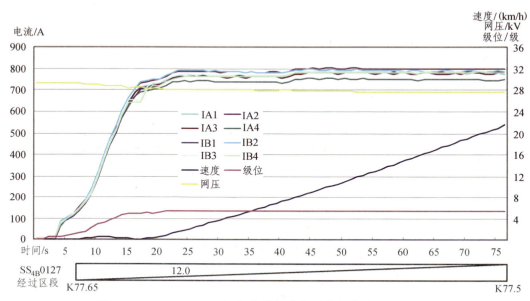

图 4.1-38　SS$_{4B}$0127 机车坡道起动牵引电机电流及网压曲线
（5 月 19 日/万试 3 次/1＋1 牵引方式/牵引空车/区间：肃宁北—神池南）

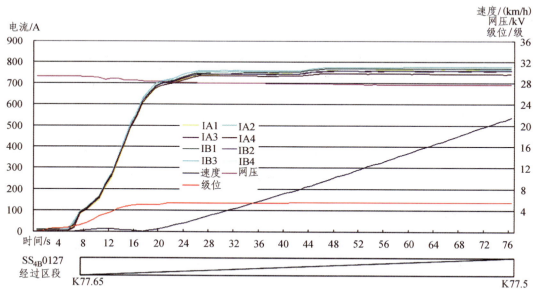

图 4.1-39　SS$_{4B}$0129 机车坡道起动牵引电机电流及网压曲线
（5 月 19 日/万试 3 次/1＋1 牵引方式/牵引空车/区间：肃宁北—神池南）

表 4.1-29　2＋0 牵引方式限制坡道起动试验结果

牵引方式	重车	SS₄B0127（主控）＋＋SS₄B0128（从控）＋108 辆 C70A＋救援工具车＋餐车＋内燃机车（简称 2＋0 牵引方式）									
	空车	SS₄B0127（主控）＋SS₄B0128（从控）＋餐车＋救援工具车＋108 辆 C70A（简称 2＋0 牵引方式）									
说　明		测试车位计算不包括机车、餐车和救援工具车									
试验时间及车次	试验区间	试验工况	试验项目	坡度/‰	开始地点/km	电机启动电流/A		列车起动后达到以下速度所需时间/s			最大车钩力/测试车位	
						SS₄B 0127	SS₄B 0128	3 km/h	10 km/h	20 km/h	车钩力/kN	测试车位
2008-5-23万试 6 次	神池南→肃宁北	万吨	坡道起动	4	255.400	942	898	141	205	297	1213	1 位车
2008-5-26万试 5 次	肃宁北→神池南	空车	坡道起动	12	77.270	757	720	73	111	152	672	2 位车
备注		2＋0 牵引方式列车限制坡道起动时，机车牵引电机电流情况见图 4.1-40～图 4.1-43										

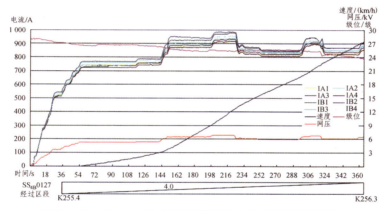

图 4.1-40　SS₄B0127 机车坡道起动电机电流及网压曲线
（5 月 23 日/万试 6 次/2＋0 牵引方式/牵引万吨/区间：神池南—肃宁北）

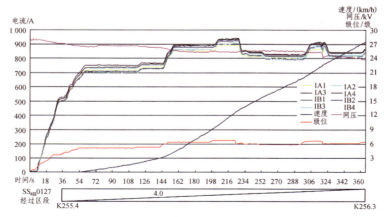

图 4.1-41　SS₄B0128 机车坡道起动电机电流及网压曲线
（5 月 23 日/万试 6 次/2＋0 牵引方式/牵引万吨/区间：神池南—肃宁北）

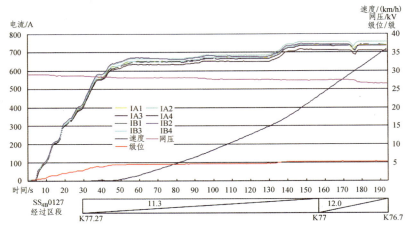

图 4.1-42　SS₄B0127 机车坡道起动电机电流及网压曲线
（5 月 26 日/万试 5 次/2＋0 牵引方式/牵引空车/区间：神池南—肃宁北）

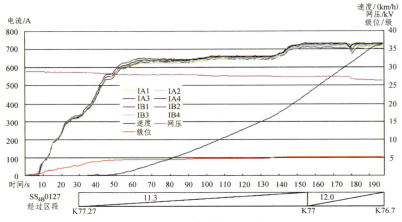

图 4.1-43　SS₄B0128 机车坡道起动电机电流及网压曲线
（5 月 26 日/万试 5 次/2＋0 牵引方式/牵引空/区间：肃宁北—神池南）

4.1.3.2.3　电空联合调速试验结果分析

　　1＋1 牵引方式牵引万吨列车共进行了 3 次下坡道电空联合调速，其中最大车钩拉力为 437 kN（107 位车，万试 4 次在 47 km＋130 m～55 km＋550 m 处－11‰下坡道进行的电制最大、减压 50 kPa 的电空联合调速），车钩在压缩状态的最大车钩缓冲器位移为 10.1 mm（65 位车万试 4 次在 47 km＋130 m～55 km＋550 m 处－11‰下坡道进行的电制最大、减压 50 kPa 的电空联合调速），最大纵向加速度为 0.75g（107 位车万试 4 次在 47 km＋130 m～55 km＋550 m 处－11‰下坡道进行的电制最大、减压 50 kPa 的电空联合调速）；最大横向加速度为 0.40g（33 位车万试 4 次在 47 km＋130 m～55 km＋550 m 处－11‰下坡道进行的电制最大、减压 50 kPa 的电空联合调速）。1＋1 牵引方式牵引万吨列车在－11‰下坡道上（限速 70 km/h）当两台机车的电制动功率分别为 3 700 kW 左右时，空气制动减压 50 kPa 配合控制列车速度（在 67 km/h 时减压，54 km/h 时缓解），列车充风时间小于列车增速时间，能够满足列车循环制动的要求。试验结果见表 4.1-30。

表4.1-30　1+1牵引方式电空联合调速试验结果

牵引方式： SS₄B0127（主控）+54辆C70A+SS₄B0129（从控）+54辆C70A+救援工具车+餐车+内燃机车（简称1+1牵引方式）

说明： 测试车位计算不包括机车，餐车和救援工具车，此表最大车钩力指拉伸状态的最大车钩力，最大缓冲器位移指车钩在压缩状态的最大缓冲器位移

试验日期/车次	试验工况	试验地点/坡度	试验区间	试验项目	参数\值	制动 开始减压	制动 制动初始时间	缓解 开始缓解	缓解 缓解初始时间	制动 开始减压	制动 制动初始时间	缓解 开始缓解
2008-5-16 万吨4试次	万吨	19.430 km ↓ 26.250 km / −10‰	神池南 ↓ 宁武北	电空联合调速	时间	8:32:11	8:32:23	8:33:35	8:33:56	8:37:44	8:37:59	8:39:42
					间隔时间/s	0	—	84	—	249	—	118
					实际减压量/kPa	52	—	—	—	57	—	—
					速度/(km/h)	67.8	68.5	45.4	39.8	66.8	68.8	40.2
					制动功率/kW SS₄B0127	3786	3762	3711	3609	3783	3763	—
					SS₄B0129	3829	3817	3776	3728	3823	3820	—
					主控车列车管压力/kPa	600	—	548	—	599	—	542
					副风缸压力/kPa 1位车	599	—	548	—	595	—	—
					33位车	599	—	560	—	600	—	—
					55位车	600	—	548	—	600	—	—
					107位车	593	—	542	—	592	—	542
					最大车钩力 kN/测试车位	435 kN/65位车						
					最大缓冲器位移 mm/测试车位	−6.4 mm/65位车						
					最大纵向加速度 g/测试车位	0.50g/107位车						
					最大横向加速度 g/测试车位	0.27g/107位车						

续表

试验日期/车次	试验区间	试验地点/坡度	试验工况	试验项目	参数\值 工况		制动		缓解		制动		缓解		制动	
						时间	9:02:47	9:03:08	9:04:28	9:04:40	9:06:43	9:07:04	9:09:07	9:09:19	9:10:55	9:11:12
2008-5-16 万试4次	神池南→肖宁北	47.130 km → 55.500 km /−11‰	万吨	电空联合调速		间隔时间/s	0	—	101	—	135	—	144	—	96	—
						实际减压量/kPa	51	—	—	—	47	—	—	—	50	—
						速度/（km/h）	67.0	69.4	53.7	50.1	66.8	69.5	53.3	51.1	66.8	68.9
					制动功率/kW	SS_4B0127	3 787	3 756	3 739	3 803	3 782	3 772	3 749	3 793	3 760	3 767
						SS_4B0129	3 835	3 819	3 801	3 851	3 833	3 819	3 742	3 820	3 834	3 811
						主控车列车管压力/kPa	598	—	547	—	597	—	550	—	597	—
					副风缸压力/kPa	1位车	598	—	555	—	597	—	547	—	597	—
						33位车	598	—	549	—	598	—	547	—	598	—
						55位车	597	—	551	—	598	—	553	—	597	—
						107位车	590	—	542	—	590	—	543	—	588	—
						最大车钩力 kN/测试车位	437 kN/107位车									
						最大车缓冲器移 mm/测试车位	−10.1 mm/65位车									
						最大纵向加速度 g/测试车位	0.75g/107位车									
						最大横向加速度 g/测试车位	0.40g/33位车									

续表

试验日期/车次	试验区间	试验地点/坡度	试验工况	试验项目	参数\值\工况	制动		缓解		制动		缓解		制动	
					时间	10:53:51	10:54:01	10:55:32	10:55:44	10:57:47	10:58:06	10:59:34	10:59:51	11:01:21	11:01:46
2008-5-16 万吨试验4次	神池南→肃宁北	154.930 km → 162.900 km /-11‰	万吨	电空联合调速	间隔时间/s	0	—	101	—	135	—	107	—	107	—
					实际减压量/kPa	47	—	—	—	49	—	—	—	50	—
					速度/(km/h)	67.3	68.6	53.5	50.9	67.2	69.3	53	51.1	67	69.9
					制动功率/kW SS$_{4B}$0127	3 788	3 772	3 758	3 763	3 761	3 766	3 754	3 791	3 763	3 743
					制动功率/kW SS$_{4B}$0129	3 847	3 853	3 825	3 856	3 852	3 828	3 831	3 850	3 838	3 834
					主控车列车管压力/kPa	597	—	550	—	596	—	547	—	596	—
					副风缸压力/kPa 1位车	595	—	547	—	594	—	547	—	595	—
					副风缸压力/kPa 33位车	598	—	553	—	598	—	548	—	598	—
					副风缸压力/kPa 55位车	599	—	542	—	598	—	552	—	598	—
					副风缸压力/kPa 107位车	591	—	542	—	590	—	541	—	571	—
					最大车钩力 kN/测试车位	220 kN/43 位车									
					最大缓冲器位移 mm/测试车位	−9.4 mm/65 位车									
					最大纵向加速度 g/测试车位	0.26g/65 位车									
					最大横向加速度 g/测试车位	0.32g/107 位车									

2+0 牵引方式牵引万吨列车共进行了五次下坡道电空联合调速，其中最大车钩拉力为 1 070 kN（11 位车，万试 8 次在 20 km ~ 32 km 处 – 10‰ 下坡道进行的电制最大、减压 50 kPa 的电空联合调速），车钩在压缩状态的最大车钩缓冲器位移为 30.4 mm（53 位车，万试 6 次在 49 km ~ 55 km 处 – 12‰ 下坡道进行的电制最大、减压 50 kPa 的电空联合调速），最大纵向加速度为 0.86g（53 位车，万试 6 次在 49 km ~ 55 km 处 – 12‰ 下坡道进行的电制最大、减压 50 kPa 的电空联合调速）；最大横向加速度为 0.81g（53 位车，万试 6 次在 49 km ~ 55 km 处 – 12‰ 下坡道进行的电制最大、减压 50 kPa 的电空联合调速）。2+0 牵引方式牵引万吨列车在 – 12‰ 下坡道上（限速 70 km/h）当两台机车的制动功率分别为 3 700 kW 左右时，空气制动减压 50 kPa 配合控制列车速度（在 66 km/h 减压，47 km/h 时缓解），列车充风时间小于列车增速时间，能够满足列车循环制动的要求。试验结果见表 4.1-31。

在空电联合调速时 1+1 牵引方式比 2+0 牵引方式的调速性能好，而且 1+1 牵引方式比 2+0 牵引方式能够缩短区间运行时间。

1+1 牵引方式调速期间各断面最大加速度如图 4.1-44 ~ 图 4.1-46 所示。

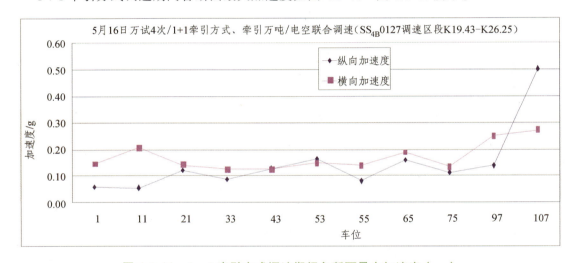

图 4.1-44　1+1 牵引方式调速期间各断面最大加速度（一）

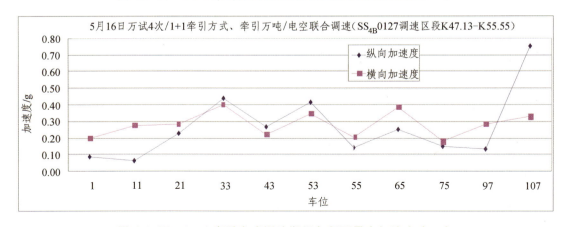

图 4.1-45　1+1 牵引方式调速期间各断面最大加速度（二）

表 4.1-31　2+0牵引方式电空联合调速试验结果

牵引方式	SS$_{4B}$0127（主控）＋SS$_{4B}$0128（从控）＋108辆 C70A＋救援工具车＋餐车＋内燃机车（简称2+0牵引方式）										
说明	测试车位计算不包括机车，餐车和救援工具车，此表最大车钩力指拉伸状态的最大车钩力，最大缓冲器位移指车钩在压缩状态的最大缓冲器位移										

试验日期/车次	试验地点/区间	坡度	试验工况	试验项目	参数 值	制动		缓解		制动		缓解		制动	
						开始减压	制动初始时间	开始缓解	缓解初始时间	开始减压	制动初始时间	开始缓解	缓解初始时间	开始减压	制动初始时间
2008-5-23 万吨6次	神池南 20.120 km → 宁宁北 30.200 km	/-10‰	万吨	电空联合调速	时间	8:35:14	8:35:26	8:36:47	8:37:15	8:41:35	8:41:54	8:43:21	8:43:43	8:46:42	8:47:02
					间隔时间/s	0	—	93	—	288	—	106	—	201	—
					实际减压量/kPa	49	—	—	—	48	—	—	—	49	—
					速度/（km/h）	64.8	65.6	43.3	35.8	65.0	66.9	47.1	41.1	61.1	63.1
					制动功率/kW SS$_{4B}$0127	3794	3788	3722	3318	3795	3780	3763	3798	3821	3784
					制动功率/kW SS$_{4B}$0128	3656	3659	3600	3263	3683	3648	3625	3694	3675	3633
					主控车列车管压力/kPa	602	—	553	—	601	—	553	—	600	—
					副风缸压力/kPa 1位车	601	—	549	—	596	—	552	—	596	—
					副风缸压力/kPa 55位车	597	—	552	—	594	—	552	—	595	—
					副风缸压力/kPa 107位车	593	—	546	—	590	—	543	—	586	—
					最大车钩力 kN/测试车位	149 kN/75 位车									
					最大缓冲器位移 mm/测试车位	－21.4 mm/53 位车									
					最大纵向加速度 g/测试车位	0.74g/53 位车（加速度超限，53 车所处地点：K29.25，53 车所处地点，主控车电制满级且减压 49 kPa 调速）									
					最大横向加速度 g/测试车位	0.70g/53 位车									

续表

试验日期/车次	试验区间	试验地点/坡度	试验工况	试验项目	参数＼值	制动		缓解		制动		缓解		制动	
						开始减压	制动初始时间	开始缓解	缓解初始时间	开始减压	制动初始时间	开始缓解	缓解初始时间	开始减压	制动初始时间
2008-5-23 万吨6次	神池南→宁武北	49km→55km /-12‰	万吨	电空联合调速	时间	9:08:22	9:08:42	9:10:43	9:11:04	9:13:36	9:14:23	—	—	—	—
					间隔时间/s	0	—	141	—	173	—	—	—	—	—
					实际减压量/kPa	51	—	—	—	49	—	—	—	—	—
					速度/(km/h)	65.9	67.8	46.9	42.3	65.8	69.8	—	—	—	—
					制动功率/kW SS$_4$B0127	3785	3784	3743	3796	3806	3772	—	—	—	—
					制动功率/kW SS$_4$B0128	3656	3653	3619	3680	3652	3638	—	—	—	—
					主控车列车管压力/kPa	601	—	550	—	601	—	—	—	—	—
					副风缸压力/kPa 1位车	595	—	547	—	594	—	—	—	—	—
					副风缸压力/kPa 55位车	593	—	550	—	591	—	—	—	—	—
					副风缸压力/kPa 107位车	583	—	537	—	580	—	—	—	—	—
					最大车钩力 kN/测试车位	118 kN/75 位车									
					最大缓冲器位移 mm/测试车位	−30.4 mm/53 位车									
					最大纵向加速度 g/测试车位	0.81g/53 位车（加速度超限，53 位车所处地点：K53.4，主控车电制 2 级目减压 49 kPa 调速）									
					最大横向加速度 g/测试车位	0.86g/53 位车									

154

续表

试验日期/车次	试验区间	试验地点/坡度	试验工况	试验项目	工况 / 参数		制动		缓解		制动		缓解		制动	
							开始减压	制动初始时间	开始缓解	缓解初始时间	开始减压	制动初始时间	开始缓解	缓解初始时间	开始减压	制动初始时间
2008-5-23 万吨6次	神池南→宁北	151km→160km /-11‰	万吨	电空联合调速	时间		11:12:24	11:12:42	11:14:16	11:14:37	11:18:20	11:18:44	—	—	—	—
					间隔时间/s		0	—	112	—	244	—	—	—	—	—
					实际减压量/kPa		49	—	—	—	55	—	—	—	—	—
					速度/(km/h)		66.0	67.6	47.0	41.6	65.8	67.7	—	—	—	—
					制动功率/kW	SS₄B0127	3 808	3 800	3 766	3 821	3 814	3 800	—	—	—	—
						SS₄B0128	3 665	3 643	3 636	3 676	3 674	3 644	—	—	—	—
					主控车列车管压力/kPa		601	—	552	—	601	—	—	—	—	—
					副风缸压力/kPa	1位车	599	—	549	—	596	—	—	—	—	—
						55位车	695	—	554	—	594	—	—	—	—	—
						107位车	592	—	544	—	591	—	—	—	—	—
					最大车钩力 kN/测试车位		79 kN/75位车									
					最大缓冲器位移 mm/测试车位		-24.0 mm/53位车									
					最大纵向加速度 g/测试车位		0.75g/53位车（加速度超限，53位车所处地点：K159.32，主控车电制2级，制动手柄在"运转位"给全列充风）									
					最大横向加速度 g/测试车位		0.72g/53位车									

续表

试验日期/车次	试验区间	试验地点/坡度	试验工况	试验项目	工况 参数\值	制动 开始减压 8:39:29	制动 制动初始时间 8:39:46	缓解 开始缓解 8:41:14	缓解 缓解初始时间 8:41:40	制动 开始减压 8:45:08	制动 制动初始时间 8:45:36	缓解 开始缓解 8:47:20	缓解 缓解初始时间 8:47:48	制动 开始减压 8:51:08	制动 制动初始时间 8:51:38
2008-5-30 万试8次	神池南→宁武北	20km↓32km /-10‰	万吨	电空联合调速	间隔时间/s	0	—	105	—	234	—	132	—	228	—
					实际减压量/kPa	49	—	—	—	48	—	—	—	48	—
					速度/(km/h)	66.9	68.2	46.9	39.8	66.9	69.4	47.0	41.1	67.0	69.6
					制动功率/kW SS$_{4B}$0127	3 738	3 733	3 703	3 626	3 752	3 743	3 703	3 747	3 751	3 724
					SS$_{4B}$0128	3 600	3 595	3 577	3 534	3 628	3 604	3 594	3 665	3 621	3 599
					主控车列车管压力/kPa	606	—	557	—	605	—	557	—	604	—
					副风缸压力/kPa 1位车	596	—	548	—	597	—	551	—	596	—
					107位车	594	—	547	—	592	—	549	—	588	—
					最大车钩力 kN/测试车位	1 070 kN/11 位车（车钩力＞1 000 kN，11 位车所在地点：K159.32，11 位车在"运转位"给全列充风）								主控车电制 2 级、制动柄在"运转位"	
					最大缓冲器位移 mm/测试车位	−11.1 mm/43 位车									
					最大纵向加速度 g/测试车位	0.34g/97 位车									
					最大横向加速度 g/测试车位	0.33g/107 位车									

续表

试验日期/车次	试验区间	试验地点/坡度	试验工况	试验项目	参数 / 工况 值	制动 开始减压	制动初始时间	缓解 开始缓解	缓解初始时间	制动 开始减压	制动初始时间	缓解 开始缓解	缓解初始时间	制动 开始减压	制动初始时间
2008-5-30 万试8次	神池南→宁北	150km↓156km /-10‰	万吨	电空联合调速	时间 / 间隔时间/s	11:06:17 / 0	11:06:36 / —	11:08:10 / 113	11:08:33 / —	11:12:17 / 247	11:12:40 / —	— / —	— / —	— / —	— / —
					实际减压量/kPa	49	—	—	—	48	—	—	—	—	—
					速度/(km/h)	67.0	68.6	47.4	41.3	67.0	68.8	—	—	—	—
					制动功率/kW SS4B0127	3 772	3 756	3 737	3 793	3 769	3 753	—	—	—	—
					SS4B0128	3 232	3 226	3 226	3 295	3 246	3 221	—	—	—	—
					主控车列车管压力/kPa	601	—	552	—	600	—	—	—	—	—
					副风缸压力/kPa 1位车	599	—	551	—	597	—	—	—	—	—
					55位车	596	—	553	—	595	—	—	—	—	—
					107位车	592	—	548	—	588	—	—	—	—	—
					最大车钩力 kN/测试车位	273 kN/75位车									
					最大缓冲器位移 mm/测试车位	−9.2 mm/107位车									
					最大纵向加速度 g/测试车位	0.10g/107位车									
					最大横向加速度 g/测试车位	0.38g/55位车									

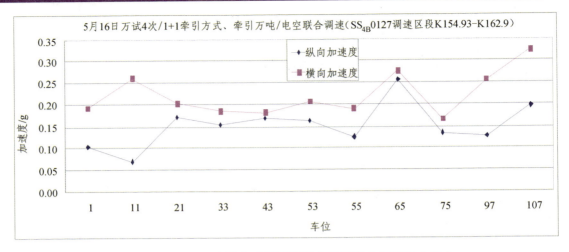

图 4.1-46　1＋1 牵引方式调速期间各断面最大加速度（三）

2＋0 牵引方式调速期间各断面最大加速度如图 4.1-47～图 4.1-49 所示。

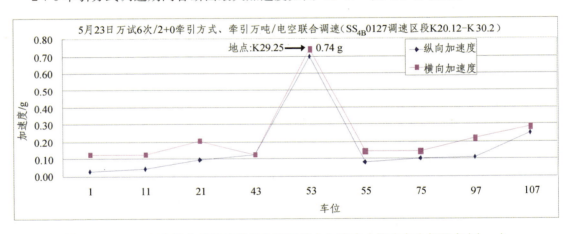

图 4.1-47　2＋0 牵引方式调速期间各断面最大加速度（标注点为超限点）（一）

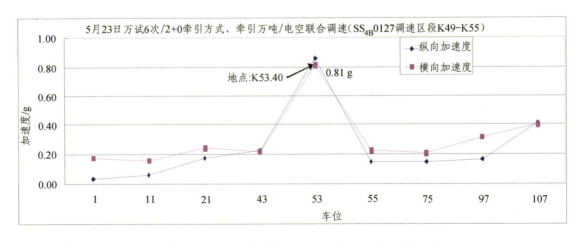

图 4.1-48　2＋0 牵引方式调速期间各断面最大加速度（标注点为超限点）（二）

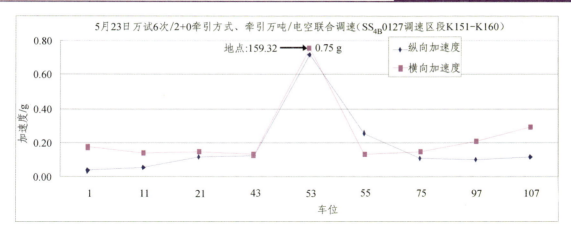

图 4.1-49　2＋0 牵引方式调速期间各断面最大加速度（标注点为超限点）（三）

4.1.3.2.4　常用制动停车试验结果分析

1＋1 牵引方式牵引列车共进行了 6 次常用制动停车（其中重车 3 次、空车 3 次），最大车钩拉力为 623 kN（65 位车，万试 2 次重车在 68 km 地标处 – 11.2‰ 的坡道上减压 121 kPa 停车，制动初速 67.0 km/h），车钩在压缩状态时的最大缓冲器位移为 16.8 mm（65 位车，万试 2 次重车在 68 km 地标处 – 11.2‰ 的坡道上减压 121 kPa 停车，制动初速 67.0 km/h），最大纵向加速度为 0.97g（53 位车，万试 2 次重车在 68 km 地标处 – 11.2‰ 的坡道上减压 121 kPa 停车，制动初速 67.0 km/h），最大横向加速度为 1.12g（53 位车，万试 2 次重车在 68 km 地标处 – 11.2‰ 的坡道上减压 121 kPa 停车，制动初速 67.0 km/h），车钩最大横向摆角为 5.88°（75 位车，万试 2 次重车在 68 km 地标处 – 11.2‰ 的坡道上减压 121 kPa 停车，制动初速 67.0 km/h）。1＋1 牵引方式常用制动停车试验结果见表 4.1-32，制动停车期间各断面最大加速度见图 4.1-50 ～ 图 4.1-54。

2＋0 牵引方式牵引列车共进行了 3 次常用制动停车（其中重车 2 次空车 1 次），最大车钩拉力为 1 230 kN（11 位车，万试 8 次重车在 68 km＋890 m 地标处 – 11.2‰ 的坡道上减压 50 kPa 停车，制动初速 67.0 km/h），车钩在压缩状态时的最大缓冲器位移为 21.0 mm（53 位车，万试 6 次重车在 68 km＋940 m 地标处 – 11.2‰ 的坡道上减压 100 kPa 停车，制动初速 68.9 km/h），最大纵向加速度为 0.82g（107 位车，万试 8 次重车 68 km＋890 m 地标处 – 11.2‰ 的坡道上减压 50 kPa 停车，制动初速 67.0 km/h），最大横向加速度为 0.78g（53 位车，万试 6 次重车在 68 km＋940 m 地标处 – 11.2‰ 的坡道上减压 100 kPa 停车，制动初速 68.9 km/h），车钩最大横向摆角为 7.21°（55 位车，万试 6 次重车在 68 km＋940 m 地标处 – 11.2‰ 的坡道上减压 100 kPa 停车，制动初速 68.9 km/h），结果见表 4.1-33，制动停车期间各断面最大加速度见图 4.1-55 ～ 图 4.1-56。

常用制动停车测得最高车辆闸瓦温度为 174.3 ℃（2＋0 牵引方式在 – 11.2‰ 的坡道上牵引万吨列车减压 100 kPa，制动初速 68.9 km/h，制动距离 1 500 m）、最高货车车轮踏面温度为 164.6 ℃（2＋0 牵引方式在 – 11.2‰ 的坡道上牵引万吨列车减压 100 kPa，制动初速 68.9 km/h，制动距离 1 500 m），结果见表 4.1-34。

表4.1-32 1+1牵引方式常用制动停车试验结果

牵引方式说明：
重车：SS₄B0127（主控）+54辆C70A+SS₄B0129（从控）+54辆C70A+数援工具车+餐车+内燃机车（简称1+1牵引方式）
空车：SS₄B0127（主控）+餐车+数援工具车+54辆C70A+SS₄B0129（从控）+54辆C70A（简称1+1牵引方式）
说明：测试车位计算不包括机车，餐车和救援工具车，此表最大车钩力指伸拉状态的最大车钩力，最大冲器位移指车钩在压缩状态的最大缓冲器位移

试验日期/车次	试验区间	试验工况	试验项目	坡度/‰	曲线半径/m	开始地点/km	减压量/kPa	制动初速/(km/h)	制动时间/s	制动距离/m	最大车钩力/测试车位		最大纵向加速度/测试车位		最大横向加速度/测试车位		最大缓冲器位移/测试车位		车钩最大摆角/测试车位		制动平均加速度/(m/s²)
											车钩力/kN	车位	加速度/g	车位	加速度/g	车位	位移/mm	车位	摆角/(°)	车位	
2008-5-9 万试2次	神池南→肃宁北	万吨	常用制动	-11.2	600	68	121	67.0	96	1080	623	65	0.97	53	1.12	53	-16.8	65	5.88	75	0.19
	肃宁北→神池南	空车	常用制动	4	2000	253.45	52	73.5	138	1550	251	1	0.20	75	0.24	75	-8.3	75	5.42	75	0.15
2008-5-12 万试1次	肃宁北→神池南	空车	常用制动	-4	直线	259	110	67.0	45	490	237	98	0.41	22	0.64	12	-5.7	44	2.03	34	0.41
	肃宁北→神池南	空车	常用制动	12	直线	78.470	50	73.5	53	560	325	44	0.09	22	0.12	22	-3.2	44	1.94	34	0.39
2008-5-16 万试4次	神池南→肃宁北	万吨	常用制动	-11.4	2000	69.140	95	71.0	123	1440	220	55	0.49	33	0.45	33	-8.7	65	3.35	33	0.16
2008-5-19 万试3次	肃宁北→神池南	空车	常用制动	-4	直线	259.500	50	66.8	123	1190	124	2	0.07	2	0.14	2	-5.4	66	2.17	98	0.15

表 4.1-33　2+0 牵引方式常用制动停车试验车结果

牵引方式说明：
- 重车：SS₄B0127（主控）++SS₄B0128（从控）+108 辆 C70A+餐车+救援工具车+内燃机车（简称 2+0 牵引方式）
- 空车：SS₄B0127（主控）+SS₄B0128（从控）+餐车+救援工具车+108 辆 C70A（简称 2+0 牵引方式）
- 说明：车辆位置号不计算机车、餐车和救援工具车，此表最大车钩力指拉伸状态最大车钩，最大缓冲器位移指车钩在压缩状态的最大缓冲器位移

试验日期/车次	试验区间	试验工况	试验项目	坡度/‰	最小曲线半径/m	开始地点/km	减压量/kPa	制动初速/(km/h)	制动时间/s	制动距离/m	最大车钩力 车钩力/kN	车位	最大纵向加速度 加速度/g	车位	最大横向加速度 加速度/g	车位	最大缓冲器位移 位移/mm	车位	车钩最大横向摆角 摆角/(°)	车位	制动平均速度/(m/s²)	备注
2008-5-23 万试 6 次	神池南→宁北	万吨	常用制动	-11.2	500	68.940	100	68.9	114	1 500	161	1	0.74	53	0.78	53	-21.0	53	7.21	55	0.17	—
2008-5-26 万试 5 次	宁北→神池南	空车	常用制动	-4	直线	259.830	50	67.8	97	1 090	258	2	0.07	2	0.16	2	-2.4	44	1.54	56	0.19	—
2008-5-30 万试 8 次	神池南→宁北	万吨	常用制动	-11.2	500	68.890	50	67.0	279	3 560	1 230	11	0.82	107	0.51	97	-8.5	43	2.76	11	0.07	带电制动

表 4.1-34　常用制动停车闸瓦踏面温度结果

常用制动停车测量闸瓦和踏面温度

牵引方式	试验日期/车次	工况	区间	开始地点/km	坡度/‰	制动初速/(km/h)	减压量/kPa	制动时间/s	制动距离/m	最高闸瓦温度 温度/℃	最高闸瓦温度 位置	最高踏面温度 温度/℃	最高踏面温度 位置	备注
1+1	2008.5.9 万试 2 次	万吨	神池南→肃宁北	68	−11.2	67.0	120	96	1 080	147.0	108 位/左 4	/	/	只测量了 107 位和 108 位前进方向右侧闸瓦温度以及 55 位和 56 位前进方向左侧闸瓦温度
	2008.5.12 万试 1 次	空车	肃宁北→神池南	259	−4.0	67.0	110	45	580	31.0	55 位/右 3	31.8	55 位/右 3	只测量 55 位和 56 位前进方向左侧闸瓦和踏面温度
	2008.5.19 万试 3 次	空车	肃宁北→神池南	259.500	−4.0	66.8	50	123	1 187	40.9	55 位/左 2	40.0	1 位/左 2	只测量 1 位、2 位、55 位和 56 位前进方向左侧闸瓦和踏面温度
2+0	2008.5.23 万试 6 次	万吨	神池南→肃宁北	68.940	−11.2	68.9	100	114	1 500	174.3	1 位/左 2	164.6	1 位/左 2	只测量 1 位、2 位、107 位和 108 位前进方向左侧闸瓦和踏面温度
	2008.5.30 万试 8 次	万吨	神池南→肃宁北	68.890	−11.2	67.0	50	279	3 560	165.9	1 位/左 4	148.4	1 位/左 4	只测量 1 位、2 位、107 位和 108 位前进方向左侧闸瓦和踏面温度

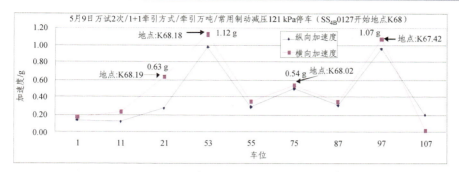

图 4.1-50　1＋1牵引方式常用制动停车各断面最大加速度
（制动初速 67.0 km/h、－ 11.2‰ 坡道，标注点为超限点）

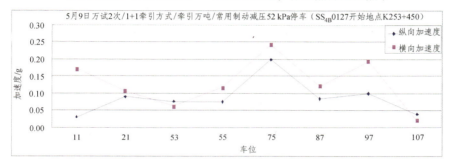

图 4.1-51　1＋1牵引方式常用制动停车各断面最大加速度
（制动初速 73.5 km/h、4‰坡道）

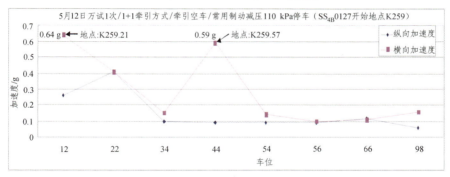

图 4.1-52　1＋1牵引方式常用制动停车各断面最大加速度
（制动初速 67.0 km/h、－ 4‰ 坡道，标注点为超限点）

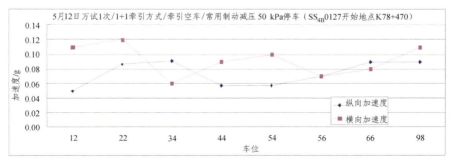

图 4.1-53　1＋1牵引方式常用制动停车各断面最大加速度（制动初速 73.5 km/h、12‰ 坡道）

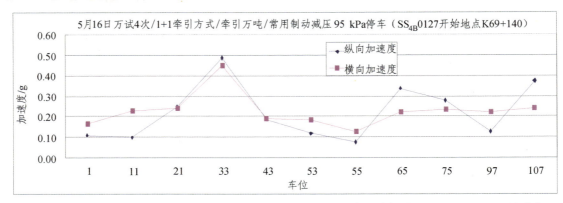

图 4.1-54　1＋1 牵引方式常用制动停车各断面最大加速度（制动初速 71.0 km/h、4‰ 坡道）

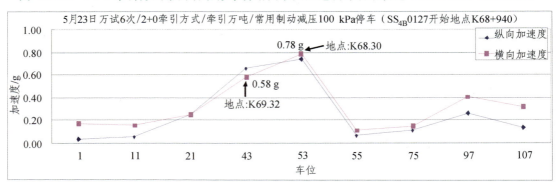

图 4.1-55　2＋0 牵引方式常用制动停车各断面最大加速度
（制动初速 68.9 km/h、－11.2‰ 坡道，标注点为超限点）

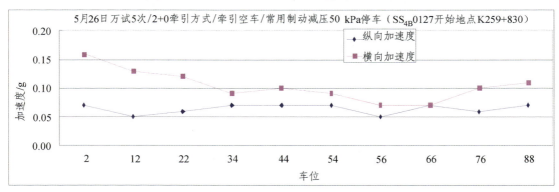

图 4.1-56　2＋0 牵引方式常用制动停车各断面最大加速度
（制动初速 67.8 km/h、－4‰ 坡道）

4.1.3.2.5　紧急制动停车试验结果分析

1＋1 牵引方式牵引列车进行了 6 次紧急制动试验（其中重车 4 次、空车 2 次），制动距离最大为 625 m（万试 2 次重车在 77 km＋315 m 处 －12‰ 坡道上施行紧急停车，制动初速 69.1 km/h），满足制动初速≤80 km/h，制动距离≤800 m 的要求；最大车钩拉力 612 kN（11位车，万试 4 次重车在 342 km＋330 m 处平道上施行紧急停车，制动初速 78.5 km/h），最大纵向加速度 0.94*g*（75 位车，万试 4 次重车在 76 km＋840 m 处 －12‰ 坡道上施行紧急停车，制动初速 68.2 km/h），最大横向加速度 1.01g（66 位车，万试 1 次空车在 254 km + 645 m 处 − 4‰ 坡道上施行紧急停车，制动初速 68.7 km/h），车钩在压缩状态时的最大缓冲器位移为 17.9 mm（65 位车，万试 2 次重车在 342 km + 310 m 处平道上施行紧急停车，制动初速 78.5 km/h）；车钩最大横向摆角为 5.21°（75 位车，万试 2 次重车在 77 km + 315 m 处 − 12‰ 坡道上施行紧急停车，制动初速 69.1 km/h）。1 + 1 牵引方式在 − 12‰ 坡道上牵引万吨列车紧急停车后缓解，在不给电制时速度从 0 升至 50 km/h 用时 258 s，此时尾部副风缸压力为 570 kPa（1 + 1 编组静置试验紧急后缓解尾部副风缸压力升至 580 kPa 需要 262 s（51.5 km/h）），1 + 1 编组牵引万吨列车在 − 12‰ 长大下坡道上（限速 70 km/h）在没有电制动的情况下紧急停车后缓解能够满足再充风要求。1 + 1 牵引方式紧急制动停车试验结果见表 4.1-35 ～ 表 4.1-36，各断面最大加速度见图 4.1-57 ～ 图 4.1-60。

2 + 0 牵引方式牵引万吨列车进行了 3 次紧急制动试验，制动距离最大为 600 m（万试 8 次重车在 77 km + 300 m 处 − 12‰ 坡道上施行紧急停车，制动初速 68.8 km/h），满足制动初速 ≤ 80 km/h，制动距离 ≤ 800 m 的要求；最大车钩拉力 326 kN（107 位车，万试 6 次重车在 342 km + 170 m 处平道上施行紧急停车，制动初速 77.9 km/h），最大纵向加速度 1.28g（107 位车，万试 8 次重车在 77 km + 300 m 处 − 12‰ 坡道上施行紧急停车，制动初速 68.8 km/h），最大横向加速度 1.41g（107 位车，万试 8 次重车在 77 km + 300 m 处 − 12‰ 坡道上施行紧急停车，制动初速 68.8 km/h），车钩在压缩状态时的最大缓冲器位移为 20.7 mm（53 位车，万试 6 次重车在 342 km + 170 m 处平道上施行紧急停车，制动初速 77.9 km/h）；车钩最大横向摆角为 2.25°（53 位车，万试 6 次重车在 342 km + 170 m 处平道上施行紧急停车，制动初速 77.9 km/h）。2 + 0 牵引方式在 − 12‰ 坡道上牵引万吨列车紧急停车后缓解，在给电制动满级时速度从 0 升至 50 km/h 用时 463 s（第一次用时 484 s，第二次用时 442 s），此时尾部副风缸压力为 550 kPa（第一次 559 kPa，第二次 541 kPa）。2 + 0 编组静置试验紧急后缓解，尾部制动缸缓解至 30 kPa 需要 214 s，尾部副风缸压力升至 58 0kPa 需要 560 s（在 − 12‰ 坡道，理论计算列车在无外力作用下，速度至 50 km/h 需 131 s，速度至 60 km/h 需 157 s，速度至 70 km/h 需 184 s）。2 + 0 牵引方式牵引万吨列车，在 − 12‰ 长大下坡道上没有电制动的情况下采取紧急停车后缓解不能满足列车再制动要求。2 + 0 牵引方式紧急制动停车试验结果见表 4.1-37 ～ 表 4.1-38，各断面最大加速度见图 4.1-61 ～ 图 4.1-62。

紧急制动停车货车闸瓦和货车车轮踏面温度在重车时比空车时的温升高。在重车时测得最高货车闸瓦温度为 145.1 ℃（2 + 0 牵引方式万试 8 次在 77 km + 300 m 处 − 12‰ 坡道上牵引万吨紧急制动停车，制动初速 68.8 km/h）、最高货车车轮踏面温度为 144.8 ℃（1 + 1 牵引方式万试 4 次在 76 km + 840 m 处 − 11.3‰ 坡道上牵引万吨紧急制动停车，制动初速 68.0 km/h），采用人工手持测温仪测温，见表 4.1-39。

4.1.3.2.6　过分相试验结果分析

过分相试结果见表 4.1-40 ～ 表 4.1-41、图 4.1-63 ～ 图 4.1-67（从车过分相采取机车无线重联控制系统推算综合判断并加司机指令控制）。

表4.1-35　1+1牵引方式紧急制动停车试验结果

牵引方式	重车	SS4B0127（主控）＋54辆C70A＋SS4B0129（从控）＋54辆C70A＋救援工具车＋54辆C70A＋SS4B0129（从控）＋54辆C70A（简称1+1牵引方式）
	空车	SS4B0127（主控）＋…＋餐车＋救援工具车＋…＋餐车＋内燃机车（简称1+1牵引方式）
说明		测试车位不包括机车、餐车和救援工具车，此表最大车钩力指拉伸状态的最大车钩力，最大缓冲器位移指车钩在压缩状态的最大缓冲器位移

试验日期/车次	试验区间	试验工况	试验项目	坡度/‰	曲线半径/m	开始地点/km	制动初速/(km/h)	制动时间/s	制动距离/m	最大车钩力/测试车位		最大纵向加速度/测试车位		最大横向加速度/测试车位		最大缓冲器位移/测试车位		车钩最大横向摆角/测试车位		制动平均加速度/(m/s)
										车钩力/kN	车位	加速度/g	车位	加速度/g	车位	位移/mm	车位	摆角/(°)	车位	
2008-5-9 万试2次	神池南→甯宁北	万吨	紧急制动	-12	800	77.315	69.1	52	625	590	11	0.36	21	0.51	53	—14.0	33	5.21	75	0.37
				0	直线	342.310	78.5	47	530	602	11	0.53	21	0.67	97	—17.9	65	5.14	75	0.46
2008-5-12 万试1次	甯宁北→神池南	空车	紧急制动	-4	直线	254.645	68.7	26	320	307	98	0.87	66	1.01	66	-8.8	44	2.05	34	0.73
2008-5-16 万试4次	神池南→甯宁北	万吨	紧急制动	-12	800	76.084	68.2	46	510	493	65	0.94	75	0.80	75	-4.4	65	2.21	11	0.39
				0	直线	342.330	78.5	47	550	612	11	0.77	43	0.68	21	-6.7	65	2.11	11	0.46
2008-5-19 万试3次	甯宁北→神池南	空车	紧急制动	-4	直线	254.620	69.4	29	348	197	2	0.76	34	0.58	34	-8.0	44	2.29	34	0.66

表 4.1-36 1+1牵引方式下坡道紧急制动停车后缓解试验结果

牵引方式：SS₄B0127（主控）＋54辆C70A＋SS₄B0129（从控）＋54辆C70A＋救援工具车＋餐车＋内燃机车（简称1＋1牵引方式）

说明：测试车位计算不包括机车、餐车和救援工具车

试验日期/车次	试验区间	试验工况	试验项目	开始地点/km	坡度/‰	主控机车状态	时间/s	速度/(km/h)	副风缸压力/kPa			
									1位	33位	55位	107位
2008-5-16 万试4次	神池南→宁武北	万吨	紧急停车后缓解	77.350	－12	开始缓解	0	0	432	442	436	453
							120	1	563	533	515	469
						制动缓解位、司控器在零位	147	10	554	561	546	494
							176	20	590	584	573	517
							258	50	596	599	598	570
						电制4级并减压48 kPa	308	66.8	596	601	600	586

表 4.1-37　2+0牵引方式紧急制动停车试验结果

牵引方式											最大车钩力/测试车位		最大纵向加速度/测试车位		最大横向加速度/测试车位		最大缓冲器位移/测试车位		车钩最大横向摆角/测试车位		制动平均加速度/(m/s²)
说明	测试车位计算不包括机车、餐车和救援工具车，此表最大车钩力指拉伸状态的最大车钩，最大缓冲器位移指车钩在压缩状态的最大缓冲器位移									2+0											
试验日期/车次	试验区间	试验工况	试验项目	坡度/‰	最小曲线半径/m	开始地点/km	制动初速/(km/h)	制动时间/s	制动距离/m	车钩力/kN	车位	加速度/g	车位	加速度/g	车位	位移/mm	车位	摆角/(°)	车位	
2008-5-23 万试6次	神池南→肃宁北	万吨	紧急制动	−12	800	77.330	68.8	49	585	287	107	0.83	53	0.98	53	−20.6	53	2.07	53	0.39
				0	直线	342.170	77.9	43	570	326	107	1.19	53	1.12	53	−20.7	53	2.25	53	0.5
2008-5-30 万试8次	神池南→肃宁北	万吨	紧急制动	−12	800	77.300	68.8	51	600	310	75	1.28	107	1.41	107	−7.8	43	2.05	43	0.37

表 4.1-38　2+0 牵引方式下坡道紧急制动停车后缓解试验结果

牵引方式	SS_{4B}0127（主控）+ SS_{4B}0128（从控）+108 辆 C70A + 救援工具车 + 餐车 + 内燃机车（简称 2+0 牵引方式）											
说　明	测试车位计算不包括机车、餐车和救援工具车											
试验日期/车次	试验区间	试验工况	试验项目	开始地点/km	坡度/‰	主控机车状态	时间/s	速度/(km/h)	副风缸压力/kPa			
									1 位	33 位	55 位	107 位
2008-5-23 万试 6 次	神池南→肃宁北	万吨	紧急停车后缓解	77.920	−12	开始缓解	0	0	430	—	438	454
						大闸运转位/电制满级	205	1	567	—	472	457
							283	20	578	—	509	490
							484	50	591	—	571	559
							676	56.2	597	—	597	586
2008-5-30 万试 8 次	神池南→肃宁北	万吨	紧急停车后缓解	77.900	−12	开始缓解	0	0	427	437	436	445
						大闸运转位/电制满级	198	1	562	485	465	450
							261	20	575	519	495	474
							442	50	589	569	558	541
							627	60	589	585	574	580

表 4.1-39　紧急制动停车闸瓦踏面温度结果

牵引方式	试验日期/车次	工况	区间	开始地点/km	坡度/‰	制动初速/(km/h)	制动时间/s	制动距离/m	紧急制动停车测量闸瓦和踏面温度				备注
									最高闸瓦温度		最高踏面温度		
									温度/°C	位置	温度/°C	位置	
1+1	2008.5.9 万试 2 次	万吨	神池南→肃宁北	77.315	−12	70.0	53	625	133.4	2 位/右 1	—	—	只测量 1 位、2 位、107 位、108 位前进方向右侧闸瓦温度以及 55 位和 56 位前进方向左侧闸瓦温度
	2008.5.12 万试 1 次	空车	肃宁北→神池南	342.310	0	78.5	47	530	129.9	55 位/左 2	—	—	只测量 55 和 56 位前进方向左侧闸瓦和踏面温度
	2008.5.16 万试 4 次	万吨	神池南→肃宁北	254.645	−4	68.7	26	320	59.6	55 位/右 1	36.9	56 位/右 4	只测量 55 位和 56 位前进方向左侧闸瓦和踏面温度
	2008.5.19 万试 3 次	空车	肃宁北→神池南	76.840	−11.3	68.0	48	510	130.0	108 位/左 4	144.8	55 位/左 3	只测量 55、56 位、107 位和 108 位侧闸瓦面温度
2+0	2008.5.23 万试 6 次	万吨	肃宁北→神池南	342.330	0	78.5	47	550	79.9	55 位/左 2	72.8	55 位/左 2	只测量 1 位、2 位、56 位前进方向左侧闸瓦和踏面温度
		万吨	肃宁北→神池南	254.620	−4	69.4	29	348	45.0	1 位/左 2	47.3	55 位/左 2	只测量 1 位、2 位、55 位、56 位前进方向左侧闸瓦和踏面温度
	2008.5.30 万试 8 次	万吨	神池南→肃宁北	77.330	−12	68.8	49	585	141.1	2 位/左 4	134.8	2 位/左 4	只测量 1 位、2 位、107 位、108 位前进方向左侧闸瓦和踏面温度
		万吨	神池南→肃宁北	77.300	−12	68.8	51	600	145.1	1 位/左 4	127.6	1 位/左 4	只测量 1 位、2 位、107 位、108 位前进方向左侧闸瓦和踏面温度

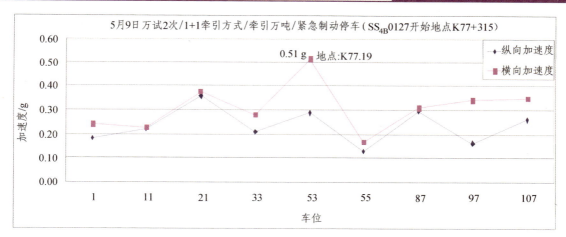

图 4.1-57　1＋1牵引方式紧急制动停车各断面最大加速度
（制动初速 69.1 km/h、－12‰ 坡道，标注点为超限点）

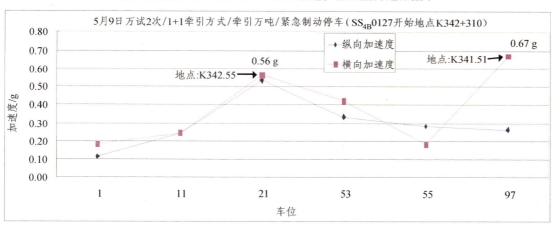

图 4.1-58　1＋1牵引方式紧急制动停车各断面最大加速度
（制动初速 78.5 km/h、0‰ 坡道，标注点为超限点）

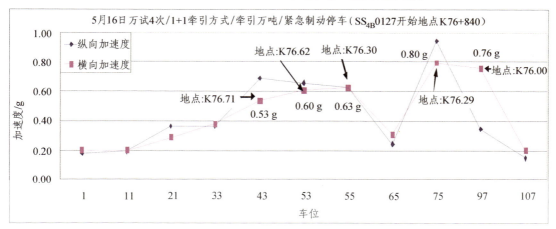

图 4.1-59　1＋1牵引方式紧急制动停车各断面最大加速度
（制动初速 68.2 km/h、－12‰ 坡道，标注点为超限点）

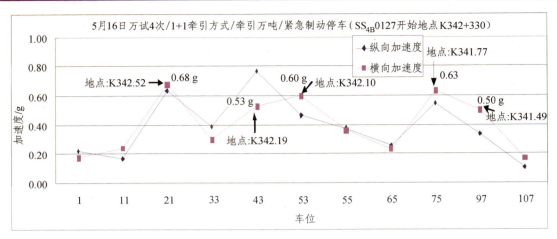

图 4.1-60　1＋1 牵引方式紧急制动停车各断面最大加速度
（制动初速 78.5 km/h、0‰ 坡道，标注点为超限点）

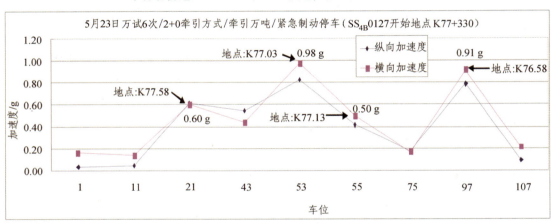

图 4.1-61　2＋0 牵引方式紧急制动停车各断面最大加速度
（制动初速 68.8 km/h、－12‰坡道，标注点为超限点）

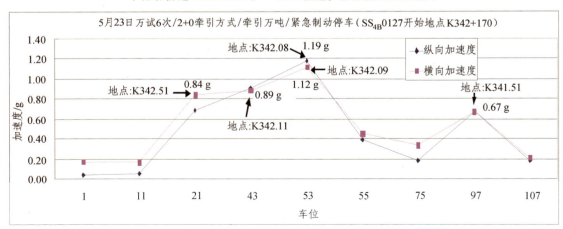

图 4.1-62　2＋0 牵引方式紧急制动停车各断面最大加速度
（制动初速 77.9 km/h、0‰ 坡道，标注点为超限点）

表 4.1-40　1+1牵引方式过分相试验结果

牵引方式：SS4B0127（主控）＋54辆C70A＋SS4B0129（从控）＋54辆C70A＋餐车＋内燃机车（简称1+1牵引方式）

试验日期/车次	区间	试验工况	试验项目	分相位置(km)/坡度	机车号	试验结果					备注
						断主断		到无电区的时间	合主断		
						时间	速度/(km/h)		时间	速度/(km/h)	
2008-5-16 万试4次	神池南→肃宁北	万吨	普通断电过分相	40.500/−11‰	SS4B0127（主控）	8:55:49	43.8	8:55:59	8:56:07	46.3	见图4.1-63
					SS4B0129（从控）	8:56:21	49.3	8:56:56	8:57:00	58.1	
				107.100/0‰	SS4B0127（主控）	10:12:40	75.9	10:12:45	10:12:51	76.1	见图4.1-64
					SS4B0129（从控）	10:12:55	76.2	10:13:22	10:13:27	75.3	

表 4.1-41　2+0牵引方式过分相试验结果

牵引方式：SS4B0127（主控）＋＋SS4B0128（从控）＋108辆C70A＋救援工具车＋餐车＋内燃机车（简称2+0牵引方式）

试验日期/车次	区间	试验工况	试验项目	分相位置(km)/坡度	机车号	试验结果					备注
						断主断		到无电区的时间	合主断		
						时间	速度/(km/h)		时间	速度/(km/h)	
2008-5-30 万试8次	神池南→肃宁北	万吨	普通断电过分相	64/−11‰	SS4B0127（主控）	9:26:03	64.8	9:26:19	9:26:25	62.5	见图4.1-65
				139.700/−1‰	SS4B0127（主控）	10:55:51	63.8	10:56:18	10:56:26	63.4	见图4.1-66
				163.600/−10‰	SS4B0127（主控）	11:20:15	70.1	11:20:24	11:20:30	70.1	见图4.1-67
2008-5-30 万试8次	神池南→肃宁北	万吨	普通断电过分相	40.500/−9‰	SS4B0127（主控）						过完分相后主控车第一次合主断，从控车未合主断，主控车和从控车都合上主断，经主控车主断主断后再合，复正常
				85.500/−5‰	SS4B0127（主控）						过完分相后主控车第一次合主断，主控车和从控车都合上主断，恢复主控车主断主断后再合，从控车和从控车都合上主断，恢复正常

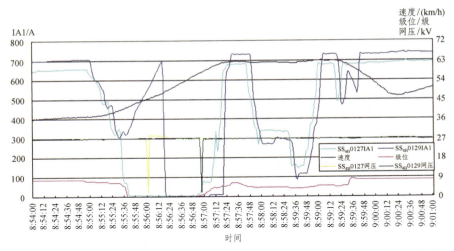

图 4.1-63　普通断电过分相（5 月 16 日万试 4 次/1 + 1 牵引方式/牵引万吨/分相位置地标 K40.5）

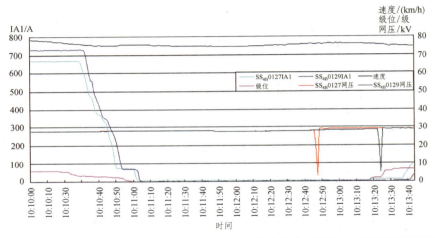

图 4.1-64　普通断电过分相（5 月 16 日万试 4 次/1 + 1 牵引方式/牵引万吨/分相位置地标 K107.1）

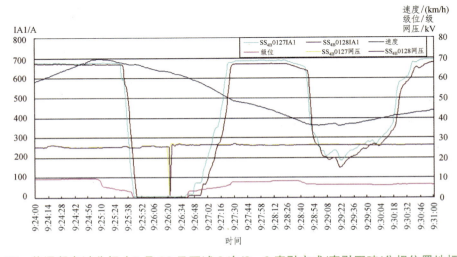

图 4.1-65　普通断电过分相（5 月 30 日万试 8 次/2 + 0 牵引方式/牵引万吨/分相位置地标 K64）

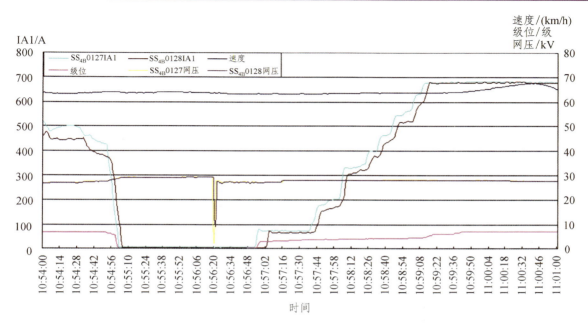

图 4.1-66　普通断电过分相（5 月 30 日万试 8 次/2 + 0 牵引方式/牵引万吨/分相位置地标 K139.7）

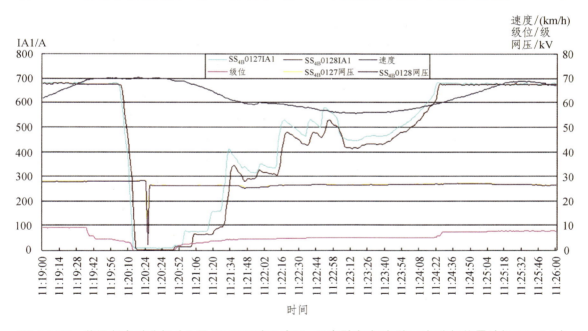

图 4.1-67　普通断电过分相（5 月 30 日万试 8 次/2 + 0 牵引方式/牵引万吨/分相位置地标 K163.6）

4.1.3.2.7　电机出风口温度结果分析

　　本次 8 趟线路试验机车的电机出风口温度最高为 63.3 ℃，且是出现在机车停通风机的瞬间，每趟试验的电机最高温度见表 4.1-42，由图 4.1-68 至图 4.1.77 知，为了降低电机的线圈温度可以采取先退流延迟 10～15 s 再关通风机。

表 4.1-42　电机出风口温度结果

试验日期/车次	区间	牵引方式	工况	SS₄B0127 机车		SS₄B0128 机		SS₄B0129 机	
				A 节 4 位	B 节 4 位	A 节 4 位	B 节 4 位	A 节 4 位	B 节 4 位
2008-5-9/万试 2 次	神池南→肃宁北	1＋1	牵引万吨	37.9	40.2	—	—	38.6	38.3
2008-5-16/万试 4 次				47.4	52.8	—	—	52.1	51.0
2008-5-12/万试 1 次	肃宁北→黄羊城		牵引空车	39.8	43.6	—	—	37.6	38.1
2008-5-19/万试 3 次				48.0	53.4	—	—	50.3	50.6
2008-5-23/万试 6 次	神池南→肃宁北	2＋0	牵引万吨	59.2	63.3	60.3	57.4	—	—
2008-5-30/万试 8 次				49.9	52.0	53.0	52.3	—	—
2008-5-26/万试 5 次	肃宁北→黄羊城		牵引空车	51.5	56.2	52.9	52.4	—	—
2008-6-2/万试 7 次				46.2	48.1	48.7	46.2	—	—
备　注	电机出风口温度曲线见图 4.1-68～图 4.1-77								

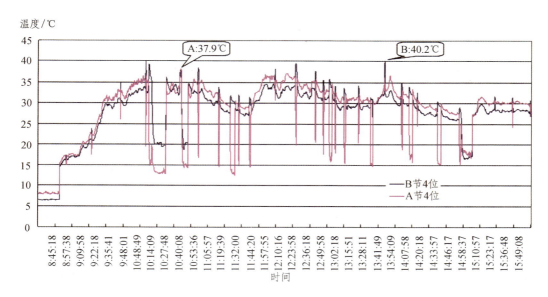

图 4.1-68　SS₄B0127 机车电机出风口温度
（5 月 9 日万试 2 次/1＋1 牵引方式/牵引万吨/区间：神池南—肃宁北）

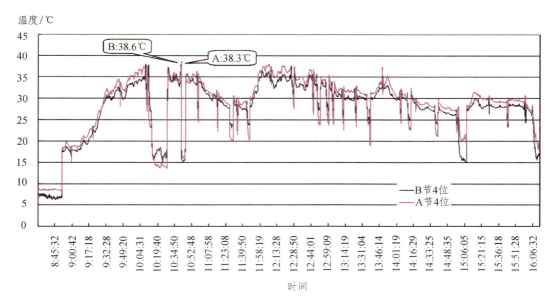

图 4.1-69　SS₄B0129 机车电机出风口温度
（5 月 9 日万试 2 次/1＋1 牵引方式/牵引万吨/区间：神池南—肃宁北）

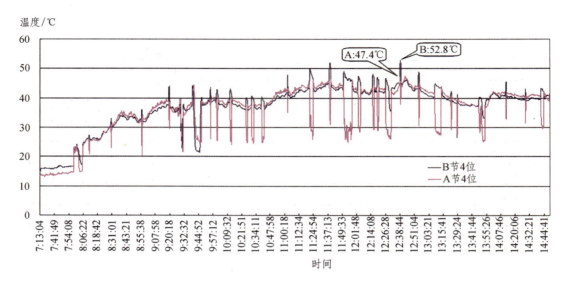

图 4.1-70　SS₄B0127 机车电机出风口温度
（5 月 16 日万试 4 次/1 + 1 牵引方式/牵引万吨/区间：神池南—肃宁北）

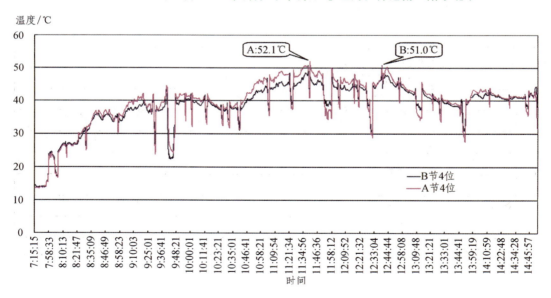

图 4.1-71　SS₄B0129 机车电机出风口温度
（5 月 16 日万试 4 次/1 + 1 牵引方式/牵引万吨/区间：神池南—肃宁北）

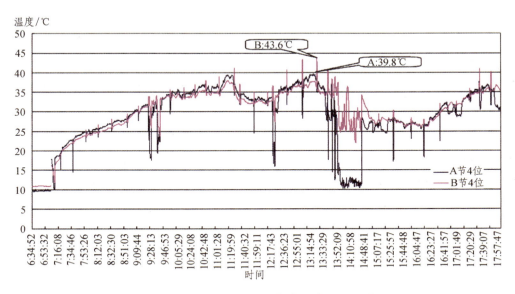

图 4.1-72　SS₄B0127 机车电机出风口温度
（5 月 12 日万试 1 次/1＋1 牵引方式/牵引空车/区间：肃宁北—神池南）

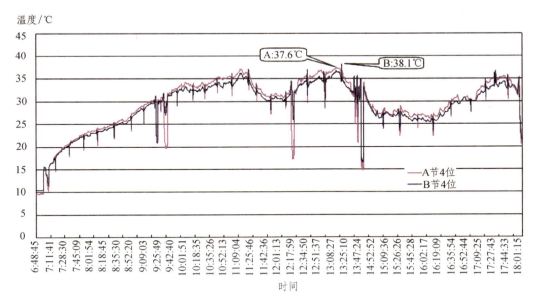

图 4.1-73　SS₄B0129 机车电机出风口温度
（5 月 12 日万试 1 次/1＋1 牵引方式/牵引空车/区间：肃宁北—神池南）

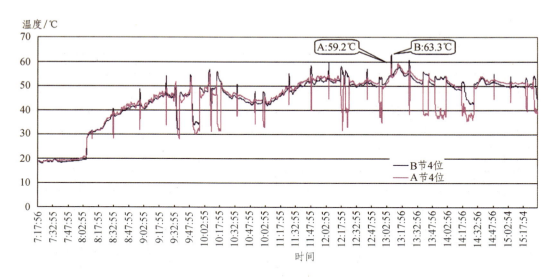

图 4.1-74　SS$_{4B}$0127 机车电机出风口温度
（5 月 23 日万试 6 次/2＋0 牵引方式/牵引万吨/区间：神池南—肃宁北）

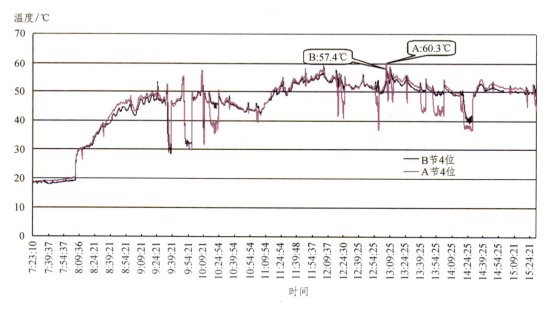

图 4.1-75　SS$_{4B}$0128 机车电机出风口温度
（5 月 23 日万试 6 次/2＋0 牵引方式/牵引万吨/区间：神池南—肃宁北）

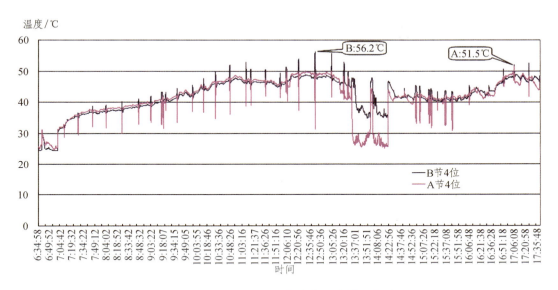

图 4.1-76　SS₄B0127 机车电机出风口温度
（5 月 26 日万试 5 次/2＋0 牵引方式/牵引空车/区间：肃宁北—神池南）

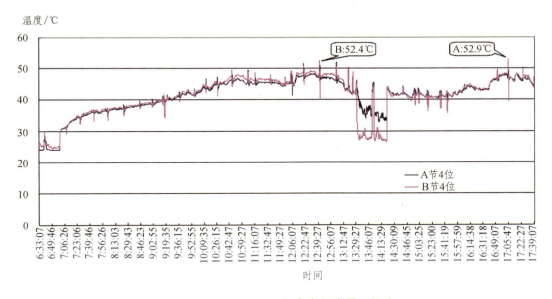

图 4.1-77　SS₄B0128 机车电机出风口温度
（5 月 26 日万试 5 次/2＋0 牵引方式/牵引空车/区间：肃宁北—神池南）

4.1.3.3　万吨列车牵引试验结论

通过对 1 + 1 和 2 + 0 机车牵引方式采用无线重联控制系统技术和 DK-1 升级改进型制动机的静置、运行试验结果进行分析，可以得出以下结论：

（1）采用无线重联同步操纵系统工作正常时，能有效地加快列车制动信号传递速度、缩短超长列车充风和排风时间。

（2）无线重联同步操纵系统与 DK-1 升级改进型制动机相匹配，在 1 + 1 和 2 + 0 牵引方式的情况下，在 4‰ 的坡道上能够使列车平稳起动加速；在 − 12‰ 的坡道上施行紧急制动能满足 800 m 制动距离要求。

（3）DK-1 升级改进型制动机与 120 阀货车空气制动机作用能够相互匹配。

（4）在常用制动停车和紧急制动停车时，测得货车闸瓦和车轮踏面温度都低于 200 °C（手持测温仪测量）。

（5）采用无线重联同步操纵系统和 DK-12 升级改进型制动机可以适应减压 50 kPa 保压 90 s，缓解充风 120 s 的循环制动。车钩力和车体纵向加速度基本满足试验大纲要求。

（6）在重车情况下列车运行品质 1 + 1 牵引方式优于 2 + 0 牵引方式。

（7）开行万吨列车采用 1 + 1 牵引方式和 2 + 0 牵引方式均可行。

建议：

（1）本次试验测得电机出风口温度最高为 63.3 °C。为了降低电机的线圈温度可以采取先退流延迟 10 ~ 15 s 再关通风机。

（2）为提高数据传输的成功率，解决无线传输数据连续丢失的情况，建议采用无源 400k 过相器的措施。

4.1.3.4　附　表

附表1　2+0牵引方式静置常用制动试验结果

试验日期	2008年5月5日～5月6日		牵引方式	SS₄B0127A + SS₄B0127B + SS₄B0128A + SS₄B0128B + 54 辆 C70A + SS₄B0129A + SS₄B0129B + SS₄B0130A + SS₄B0130B + 54 辆 C70A											
说明	只有SS₄B0127A 对全列施行制动和缓解，其中SS₄B0127B、SS₄B0128A 和 SS₄B0128B 在补机位；另 SS₄B0129A、SS₄B0129B、SS₄B0130A 和 SS₄B0130B 的 115 塞门关闭切除中继阀，切除列车管的控制功能，风源由自身供给。闸缸上闸时间指的是闸缸从0开始上至90%压力的时间														

序号	试验内容	实际减压量/kPa		车位号	1	11	21	33	43	53	55	65	75	87	97	107
1	最小减压量及缓解（2次平均）	55	制动	列车管开始减压时间/s	1.1	1.9	2.5	3.1	4.1	3.3	4.9	5.4	5.9	6.5	7.8	6.5
				制动空走时间/s	2.1	2.4	3.8	4.3	5.0	6.1	6.3	7.0	7.6	8.0	10.2	8.7
				闸缸上闸时间/s	167	149	75	84	135	124	142	156	97	71	145	149
				闸缸稳定时的压力/kPa	118	119	116	118	128	144	133	124	114	117	118	103
				减压稳定时间/s	83											
			缓解	列车管开始升压时间/s	1.1	1.3	2.1	4.1	4.4	4.7	5.0	5.5	5.7	6.0	7.0	6.4
				缓解空走时间/s	2.5	2.8	3.9	4.7	5.5	6.5	14.0	14.0	14.1	15.5	16.4	15.8
				闸缸缓解至30 kPa的时间/s	14	14	15	18	17	22	24	25	23	25	25	26
				闸缸缓解至0 kPa的时间/s	34	34	33	44	37	40	43	44	48	46	48	42
				副风缸升至580 kPa的时间/s	27	41	60	69	88	108	103	110	121	128	139	124
2	减压70 kPa缓解（3次平均）	75	制动	列车管开始减压时间/s	1.0	1.4	2.4	2.9	4.0	4.2	4.4	4.8	6.0	6.6	7.4	6.5
				制动空走时间/s	2.0	2.3	3.8	4.0	5.0	6.0	6.6	6.9	7.5	7.8	10.0	8.7
				闸缸上闸时间/s	75	91	82	98	92	107	87	82	74	93	93	88
				闸缸稳定时的压力/kPa	160	181	171	180	182	201	199	190	174	174	175	162
				减压稳定时间/s	96											
			缓解	列车管开始升压时间/s	0.3	0.7	2.1	2.7	3.4	3.8	4.3	4.5	5.6	4.7	6.1	5.5
				缓解空走时间/s	1.4	1.7	2.6	3.5	4.2	4.7	7.6	8.0	8.7	9.5	11.0	9.9
				闸缸缓解至30 kPa的时间/s	15	16	17	20	19	20	22	23	22	24	24	25
				闸缸缓解至0 kPa的时间/s	37	37	37	47	40	38	40	41	47	44	47	42
				副风缸升至580 kPa的时间/s	41	70	102	114	138	165	161	170	187	194	202	176

续附表

序号	试验内容	实际减压量/kPa	制动/缓解	车位号	1	11	21	33	43	53	55	65	75	87	97	107
3	减压100 kPa及缓解（3次平均）	99	制动	列车管开始减压时间/s	0.4	0.7	1.7	2.9	3.5	3.9	4.5	4.9	5.5	6.1	6.9	6.1
				制动空走时间/s	1.6	1.8	3.2	3.6	4.4	5.4	5.7	6.5	7.0	7.6	9.7	8.2
				闸缸上闸时间/s	86	85	82	72	87	101	85	81	80	80	85	75
				闸缸稳定的压力/kPa	236	254	252	259	247	278	275	267	248	253	254	223
		109	缓解	列车管开始升压时间/s	0.2	0.5	1.6	2.5	3.2	3.5	3.8	4.5	5.2	5.6	6.1	5.7
				制动空走时间/s	1.4	1.5	2.3	3.0	3.5	4.1	5.0	5.8	6.5	7.4	9.2	8.5
				闸缸缓解至30 kPa的时间/s	21	21	21	25	24	23	24	25	25	27	27	28
				闸缸缓解至0 kPa的时间/s	42	41	40	41	43	41	41	44	49	46	50	44
				副风缸升至580 kPa的时间/s	65	119	160	179	206	237	228	240	257	266	274	246
4	减压120 kPa及缓解（3次平均）	120	制动	列车管开始减压时间/s	0.7	1.2	2.2	2.7	3.5	3.8	4.1	4.8	5.7	6.3	7.4	6.3
				制动空走时间/s	1.8	2.0	3.3	3.8	4.4	5.5	6.1	6.6	7.2	7.9	10.1	8.5
				闸缸上闸时间/s	77	79	82	90	89	89	86	89	89	91	92	93
				闸缸稳定时的压力/kPa	308	323	319	334	320	336	343	334	315	322	318	251
		132	缓解	列车管开始升压时间/s	0.4	0.9	1.9	2.8	3.2	3.5	3.7	4.2	5.6	5.9	6.3	5.7
				制动空走时间/s	1.3	1.8	2.4	3.2	3.8	4.3	5.1	5.7	6.3	7.2	9.1	8.6
				闸缸缓解至30 kPa的时间/s	24	44	25	29	27	26	26	28	29	30	28	29
				闸缸缓解至0 kPa的时间/s	46	46	44	54	47	44	45	48	54	50	53	45
				副风缸升至580 kPa的时间/s	85	155	209	228	251	289	284	296	311	319	328	304
5	减压170 kPa及缓解（3次平均）	166	制动	列车管开始减压时间/s	0.6	1.8	2.7	3.8	4.4	4.7	5.1	5.7	6.6	7.1	7.7	7.1
				制动空走时间/s	2.3	2.6	4.0	4.4	5.2	6.2	6.8	7.2	8.0	8.6	10.6	9.2
				闸缸上闸时间/s	74	72	91	94	100	95	100	97	105	106	104	68
				闸缸稳定时的压力/kPa	422	430	429	439	431	444	444	439	430	433	433	260
		172		减压时间/s												

续附表

序号	试验内容	实际减压量/kPa	类别	车位号	1	11	21	33	43	53	55	65	75	87	97	107
5	减压170 kPa 及缓解（3次平均）	166	缓解	列车管开始升压时间/s	0.8	1.7	3.0	3.6	4.5	4.8	5.1	5.4	6.3	6.8	7.2	6.8
				缓解空走时间/s	2.3	2.8	3.7	4.5	5.2	6.1	7.2	8.1	8.7	9.6	11.7	11.4
				闸缸缓解至30 kPa的时间/s	32	31	31	35	34	33	34	36	37	38	37	53
				闸缸缓解至0 kPa的时间/s	53	51	50	60	54	50	51	54	60	58	60	69
				副风缸升至580 kPa的时间/s	131	232	289	313	340	375	366	381	396	404	412	385
			制动	列车管开始减压时间/s	0.4	0.8	1.4	1.8	2.1	2.4	2.6	2.7	4.4	4.9	6.5	5.3
				制动空走时间/s	0.7	1.3	1.8	2.4	3.1	3.7	4.0	4.6	5.2	6.0	8.0	7.2
				闸缸上闸时间/s	10	13	13	10	12	11	10	12	13	8	13	5
				闸缸稳定时的压力/kPa	431	430	430	441	426	437	439	436	430	432	433	263
6	紧急制动及缓解（3次平均）	—		减压时间/s	8.2											
			缓解	列车管开始升压时间/s	0.8	2.1	3.2	4.0	5.4	6.5	7.5	8.5	9.4	10.5	11.7	13.6
				缓解空走时间/s	53.5	75.6	107.7	153.4	155.0	176.0	188.1	189.0	189.4	190.7	192.8	192.8
				闸缸缓解至30 kPa的时间/s	84	104	135	184	184	203	213	196	218	219	219	214
				闸缸缓解至0 kPa的时间/s	104	125	154	209	203	221	231	234	241	238	240	230
				副风缸升至580 kPa的时间/s	272	394	460	488	520	543	543	549	563	575	588	560
			制动	列车管开始减压时间/s	0.4	0.9	1.7	2.1	—	—	3.8	4.9	5.9	—	—	7.2
				制动空走时间/s	1.3	1.5	2.9	3.3	4.2	5.0	5.5	6.1	6.7	7.3	8.7	7.9
				闸缸上闸时间/s	88	84	93	80	—	—	84	85	66	—	—	90
				闸缸稳定时的压力/kPa	189	198	197	204	—	—	213	212	189	—	—	179
7	空气位（1次）	76		减压时间/s	105											
			缓解	列车管开始升压时间/s	0.5	1.2	1.4	2.6	—	—	3.2	3.7	4.6	—	—	7.5
				缓解空走时间/s	1.0	1.6	2.2	3.0	—	—	5.0	5.9	6.8	—	—	8.7
				闸缸缓解至30 kPa的时间/s	15	17	17	20	—	—	19	21	21	—	—	23
				闸缸缓解至0 kPa的时间/s	38	36	36	46	—	—	37	40	45	—	—	40
				副风缸升至580 kPa的时间/s	35	48	68	99	—	—	144	155	159	—	—	185

附表2　2+0牵引方式静置阶段制动试验结果

试验日期	2008年5月6日
牵引方式	SS4B0127A+SS4B0127B+SS4B0128A+SS4B0128B+54 辆 C70A+SS4B0129A+SS4B0129B+SS4B0130A+SS4B0130B+54 辆 C70A（简称 2+0 牵引方式）
说明	只有 SS4B0127A 对全列施行制动和缓解，其中 SS4B0127B、SS4B0128A 和 SS4B0128B 在补机位；另 SS4B0129A、SS4B0129B、SS4B0130A 和 SS4B0130B 的 115 塞门关闭切除中继阀、切除列车管的控制功能，风源由自身供给

试验内容：阶段制动

	实际减压量/kPa	减压间隔时间/s	车位号 →	1	11	21	33	43	53	55	65	75	87	97	107
第一次	—	—	闸缸稳定时的压力/kPa	120	120	123	117	120	136	128	130	106	106	117	101
	24	—		194	194	186	195	188	210	198	210	175	192	185	171
	28	92		278	282	280	288	278	300	290	303	259	274	280	220
	20	115		330	340	326	351	332	356	348	351	316	330	340	252
	20	107		360	382	378	396	384	411	398	404	356	381	378	252
	23	92		382	437	435	443	437	447	443	443	416	438	438	252
	18	99		435	437	435	443	437	447	443	443	431	438	438	252
第二次	45	—		113	120	119	130	121	140	127	118	104	115	112	98
	19	162		176	173	179	179	183	195	196	190	157	175	166	151
	24	110		237	234	236	247	240	262	249	251	214	230	228	200
	18	102		288	291	285	304	291	317	305	307	270	293	291	225
	20	106		340	341	340	360	350	370	356	357	318	335	336	244
	20	112		386	390	387	410	392	417	411	407	358	386	386	257
	25	111		435	437	435	443	436	447	442	441	428	438	436	257
第三次	50	—		120	115	116	120	124	125	130	115	109	123	118	99
	22	137		180	185	183	186	187	200	196	189	167	183	170	160
	18	115		243	243	236	249	245	258	246	253	221	240	230	201
	30	94		313	318	313	327	323	334	330	324	296	316	304	230
	17	101		365	372	365	383	370	391	382	385	350	367	360	254
	22	82		428	433	421	442	435	445	441	441	405	424	420	254
	28	95		437	437	435	442	435	445	441	441	431	436	436	254

附表3 2+0牵引方式静置循环制动试验结果

试验日期	2008年5月6日
牵引方式	SS$_{4B}$0127A + SS$_{4B}$0127B + SS$_{4B}$0128A + SS$_{4B}$0128B + 54 辆 C70A + SS$_{4B}$0129A + SS$_{4B}$0129B + SS$_{4B}$0130A + SS$_{4B}$0130B + 54辆C70A（简称2+0牵引方式）
说明	只有SS$_{4B}$0127A对全列施行制动和缓解，其中SS$_{4B}$0127B、SS$_{4B}$0128A和SS$_{4B}$0128B在补机位；另SS$_{4B}$0129A、SS$_{4B}$0129B、SS$_{4B}$0130A和SS$_{4B}$0130B的115塞门关闭切除中继阀，切除列车管控制功能，风源由自身供给

试验内容			车位号序号	1	11	21	33	43	53	55	65	75	87	97	107
实际减压量/kPa	制动/缓解	项目													
51	制动	开始减压时副风缸压力/kPa		600	600	600	600	600	599	—	599	598	597	595	595
		闸缸最大压力/kPa		128	127	128	131	141	151	—	127	112	130	116	104
		制动保压时间/s							243						
	缓解	开始缓解时副风缸压力/kPa		552	550	550	550	552	538	—	553	546	544	548	549
		缓解后至下次减压的时间/s							351						
70	制动	开始减压时副风缸压力/kPa		600	600	600	599	599	599	—	598	598	597	595	595
		闸缸最大压力/kPa		156	180	159	175	177	192	—	173	167	158	163	146
		制动保压时间/s							315						
	缓解	开始缓解时副风缸压力/kPa		535	533	538	534	535	529	—	536	529	535	531	533
		缓解后至下次减压的时间/s							355						
102	制动	开始减压时副风缸压力/kPa		600	600	600	599	599	599	—	597	597	596	594	594
		闸缸最大压力/kPa		257	270	263	277	275	293	—	280	258	265	268	220
		制动保压时间/s							335						
	缓解	开始缓解时副风缸压力/kPa		494	498	496	497	497	501	—	501	494	498	494	497
		缓解后至下次减压的时间/s							425						
185	制动	开始减压时副风缸压力/kPa		600	600	600	599	599	599	—	597	597	595	594	593
		闸缸最大压力/kPa		434	437	436	440	436	445	—	440	436	437	436	262
		制动保压时间/s							396						
	缓解	开始缓解时副风缸压力/kPa		435	440	413	443	438	437	—	445	432	437	436	467
		缓解后至下次减压的时间/s							—						

（第一次循环制动）

续附表

试验内容	序号	实际减压量/kPa		项目	1	11	21	33	43	53	55	65	75	87	97	107
第二次循环制动		53	制动	开始减压时副风缸压力/kPa	600	600	600	599	599	599	599	599	598	596	593	592
				闸缸最大压力/kPa	133	144	134	133	130	150	146	138	110	133	117	109
				制动保压时间/s	280											
			缓解	开始缓解时副风缸压力/kPa	544	546	540	551	546	549	546	547	548	543	545	543
				缓解后至下次减压的时间/s	291											
		72	制动	开始减压时副风缸压力/kPa	600	599	599	599	598	598	598	598	598	595	593	591
				闸缸最大压力/kPa	176	183	170	187	185	210	200	184	164	174	173	144
				制动保压时间/s	291											
			缓解	开始缓解时副风缸压力/kPa	526	529	528	527	526	530	528	530	529	527	525	525
				缓解后至下次减压的时间/s	347											
		103	制动	开始减压时副风缸压力/kPa	600	599	599	599	598	598	598	597	597	595	592	590
				闸缸最大压力/kPa	242	264	256	258	269	281	282	264	242	248	254	211
				制动保压时间/s	346											
			缓解	开始缓解时副风缸压力/kPa	500	501	502	503	499	499	501	500	502	501	496	498
				缓解后至下次减压的时间/s	402											
		171	制动	开始减压时副风缸压力/kPa	600	599	599	599	598	598	598	597	597	594	592	590
				闸缸最大压力/kPa	433	437	434	438	433	444	442	438	436	435	434	259
				制动保压时间/s	385											
			缓解	开始缓解时副风缸压力/kPa	431	439	430	441	436	440	443	443	429	435	435	463
				缓解后至下次减压的时间/s	—											

附表4　1+1牵引方式静置常用制动试验结果

试验日期	2008年5月7日													
牵引方式	SS4B0127A + SS4B0127B + SS4B0128A + SS4B0128B + 54辆 C70A + SS4B0130B + 54辆 C70A（简称1+1牵引方式）													
说明	只有 SS4B0127A 和 SS4B0129A 对全列施行制动和缓解，SS4B0127A 为主控，SS4B0129A 为从控，主从控制由无线通信实行同步；其中 SS4B0127B 和 SS4B0129B 在补机位，另 SS4B0128A、SS4B0128B、SS4B0130A 和 SS4B0130B 的 115 塞门关闭，切除中继阀，切除列车管的控制功能，风源由自身供给。闸缸上闸时间是闸缸从 0 开始上至 90% 压力的时间。													

序号	试验内容	实际减压量/kPa		车位号	11	21	33	43	53	55	75	87	97	107
1	最小减压量及缓解（3次平均）	50	制动	列车管开始减压时间/s	1.1	1.8	2.2	3.1	3.0	3.0	4.0	4.4	4.9	5.6
				制动空走时间/s	2.0	3.0	3.4	3.9	4.0	4.3	6.2	6.2	7.6	7.1
				闸缸上闸时间/s	26	36	45	51	36	30	36	60	35	22
				闸缸稳定的压力/kPa	93	95	88	85	83	95	80	92	87	56
				从控机车响应时间/s	1.8									
				减压时间/s	33									
			缓解	列车管开始升压时间/s	1.5	1.9	2.6	3.0	2.0	2.0	3.0	4.3	5.1	7.1
				缓解空走时间/s	3.0	3.8	4.2	4.2	3.9	4.6	7.9	7.7	9.2	8.5
				闸缸缓解至 30 kPa 的时间/s	10	11	12	12	10	11	13	14	15	11
				闸缸缓解至 0 kPa 的时间/s	31	30	37	31	29	29	37	35	38	31
				副风缸升至 580 kPa 的时间/s	23	25	25	23	25	25	40	48	53	52
				从控机车响应时间/s	1.1									
2	减压 70 kPa 及缓解（3次平均）	68	制动	列车管开始减压时间/s	0.9	1.8	2.7	3.2	3.0	3.0	4.4	5.3	5.6	6.0
				制动空走时间/s	1.9	3.3	3.5	4.0	4.1	4.3	6.1	6.1	7.4	7.0
				闸缸上闸时间/s	43	36	44	36	35	32	33	36	30	43
				闸缸稳定的压力/kPa	154	147	147	141	140	155	135	146	149	104
				从控机车响应时间/s	1.7									
				减压时间/s	34									

序号	试验内容	实际减压量/kPa		车位号	11	21	33	43	53	55	75	87	97	107
2	减压70 kPa及缓解（3次平均）	68	缓解	列车管开始升压时间/s	1.0	1.4	2.3	2.5	1.3	1.5	2.9	3.8	4.5	6.0
				闸缸缓解空走时间/s	2.3	2.9	3.4	3.5	2.9	3.4	5.0	6.1	7.1	7.0
				闸缸缓解至30 kPa的时间/s	14	15	17	16	15	15	16	18	19	15
				闸缸缓解至0 kPa的时间/s	36	34	43	36	33	33	41	38	42	36
				副风缸升压至580 kPa的时间/s	36	37	39	34	37	38	63	70	74	74
				从控机车响应应时间/s	0.6									
3	减压100 kPa及缓解（3次平均）	100	制动	列车管开始减压时间/s	1.2	1.6	2.7	3.4	2.9	3.2	4.5	4.8	5.5	6.2
				制动空走时间/s	2.0	3.1	3.6	4.0	3.9	4.4	6.1	6.2	7.6	7.0
				闸缸上闸时间/s	37	37	36	38	38	39	38	43	42	35
				闸缸稳定时的压力/kPa	246	244	250	239	247	256	235	243	241	196
				从控机车响应应时间/s	1.3									
				减压时间/s	50									
			缓解	列车管开始升压时间/s	1.5	1.9	2.7	2.8	1.9	2.1	2.7	3.6	5.1	5.8
				闸缸缓解空走时间/s	2.5	3.1	3.7	3.9	3.1	3.6	5.1	5.9	7.0	6.7
				闸缸缓解至30 kPa的时间/s	21	22	25	23	21	20	23	25	24	22
				闸缸缓解至0 kPa的时间/s	42	40	49	42	39	39	46	43	46	42
				副风缸升压至580 kPa的时间/s	57	59	57	53	59	66	100	110	118	110
				从控机车响应应时间/s	1.4									
4	减压120 kPa及缓解（3次平均）	116	制动	列车管开始减压时间/s	1.2	2.1	2.8	3.2	3.3	3.5	4.6	5.4	5.8	6.9
				制动空走时间/s	2.0	2.9	3.5	4.2	4.3	4.7	6.5	6.6	8.0	7.4
				闸缸上闸时间/s	40	39	43	41	40	38	43	42	45	36
				闸缸稳定时的压力/kPa	297	300	205	294	300	202	282	295	290	221
				从控机车响应应时间/s	1.4									
				减压时间/s	54									
			缓解	列车管开始升压时间/s	1.0	1.7	2.5	2.3	1.3	1.5	2.6	3.6	4.8	5.3
				闸缸缓解空走时间/s	2.0	2.7	3.1	3.2	2.5	2.9	4.4	5.2	6.2	6.3
				闸缸缓解至30 kPa的时间/s	23	24	27	26	23	23	25	27	26	23

续附表

序号	试验内容	实际减压量/kPa		车位号	11	21	33	43	53	55	75	87	97	107
4	减压120 kPa 及缓解（3次平均）	116	缓解	闸缸缓解至 0 kPa 的时间/s	44	42	51	44	41	40	49	46	48	43
				副风缸充至 580 kPa 的时间/s	66	70	68	66	70	79	116	125	129	126
				从控机车响应时间/s	0.9									
			制动	列车管开始减压时间/s	1.2	1.9	3.0	3.6	3.3	3.5	4.7	5.6	6.4	6.9
				制动空走时间/s	2.1	3.1	3.7	4.3	4.3	4.8	6.6	6.8	8.2	7.5
				闸缸上闸时间/s	35	36	34	37	34	39	53	52	51	39
				闸缸稳定时的压力/kPa	433	432	439	431	436	440	430	431	434	260
				从控机车响应时间/s	1.6									
5	减压170 kPa 及缓解（3次平均）	173		减压时间/s	75									
			缓解	列车管开始升压时间/s	1.3	2.0	2.6	2.4	1.4	1.6	2.7	4.3	4.7	6.6
				缓解空走时间/s	2.8	3.6	4.2	4.0	3.5	4.0	5.4	6.4	7.5	8.2
				闸缸缓解至 30 kPa 的时间/s	30	31	34	33	30	29	33	35	33	26
				闸缸缓解至 0 kPa 的时间/s	51	49	55	52	48	47	53	50	52	47
				副风缸充至 580 kPa 的时间/s	99	105	101	100	106	121	166	176	183	176
				从控机车响应时间/s	0.9									
6	紧急制动及缓解（2次平均）	—	制动	列车管开始减压时间/s	0.5	1.0	1.5	0.9	0.5	0.6	1.8	2.5	3.1	3.5
				制动空走时间/s	0.7	1.3	1.7	1.1	0.6	0.7	1.9	2.7	3.5	3.8
				闸缸上闸时间/s	14	14	11	14	12	12	14	9	14	6
				闸缸稳定时的压力/kPa	433	433	442	433	439	440	432	434	437	259
				从控机车响应时间/s	0.4									
				减压时间/s	4.8									
			缓解	列车管开始升压时间/s	1.4	2.4	3.9	4.3	2.7	3.1	5.4	7.4	9.4	10.4
				缓解空走时间/s	55.3	59.8	61.7	62.3	63.4	82.8	94.6	100.3	101.2	102
				闸缸缓解至 30 kPa 的时间/s	82	88	92	91	90	108	122	129	127	120
				闸缸缓解至 0 kPa 的时间/s	103.7	105.7	115.2	110.4	107.2	126	146.4	148.8	149.6	140.2
				副风缸充至 580 kPa 的时间/s	167	174	173	173	178	201	251	263	267	262
				从控机车响应时间/s	2.1									

附表 5 1+1牵引方式静置阶段制动试验结果

试验日期	2008年5月7日												
牵引方式	SS₄B0127A＋SS₄B0127B＋SS₄B0128A＋SS₄B0128B＋54辆C70A＋SS₄B0129A＋SS₄B0129B＋SS₄B0130A＋SS₄B0130B＋54辆C70A（简称1+1牵引方式）												
说明	只有SS₄B0127A和SS₄B0129A对全列施行制动和缓解，SS₄B0127A为主控SS₄B0129A为从控，主从控制由无线通信实行同步；其中SS₄B0127B和SS₄B0129B在补机位，另SS₄B0128A、SS₄B0128B、SS₄B0130A和SS₄B0130B的115塞门关闭切除中继阀，切除列车管的控制功能，风源由自身供给												

试验内容	序号	实际减压量/kPa	减压间隔时间/s	车位号 闸缸稳定时的压力/kPa									
				11	21	33	43	53	55	75	87	97	107
阶段制动	第一次	50	—	100	107	85	86	87	102	79	94	97	54
		23	63	173	163	166	167	166	180	149	162	167	126
		18	68	236	223	228	219	228	239	209	225	227	189
		18	57	279	268	283	270	286	285	254	279	269	213
		19	80	327	318	331	324	33	335	309	322	322	236
		19	73	378	371	387	372	386	387	354	377	371	250
		20	70	432	426	438	427	440	439	406	429	430	248
	第二次	50	—	106	99	93	95	100	104	85	93	98	72
		19	67	179	170	179	169	177	179	164	179	173	145
		18	62	232	226	234	224	237	239	219	240	233	196
		23	80	287	277	293	284	297	294	266	279	281	261
		20	70	343	337	352	337	352	349	318	335	342	242
		20	72	405	392	416	400	416	412	382	399	397	242
		20	73	433	434	441	436	442	441	430	437	436	243
	第三次	48	—	103	88	83	95	94	96	71	84	89	53
		20	72	153	152	145	152	160	159	126	130	134	103
		20	60	215	205	209	210	212	209	180	192	191	162
		20	66	270	265	273	273	281	274	247	269	262	204
		18	70	326	310	329	318	330	327	293	306	309	227
		18	69	374	363	386	372	384	381	339	365	362	243
		20	62	429	413	438	418	441	436	393	416	415	243

附表6 1+1牵引方式静置循环制动试验结果

试验日期	2008年5月7日										
牵引方式	SS₄B0127A + SS₄B0127B + SS₄B0128A + SS₄B0128B + 54辆 C70A + SS₄B0129A + SS₄B0129B + SS₄B0130A + SS₄B0130B + 54辆 C70A（简称 1+1 牵引方式）										
说明	只有 SS₄B0127A 和 SS₄B0129A 对全列施行制动和缓解，SS₄B0127A 为主控 SS₄B0129A 为从控 SS₄B0129A 为主控 SS₄B0129A 为从控，主从控制由无线通信实行同步；其中 SS₄B0127B 和 SS₄B0129B 在补机位，另 SS₄B0128A，SS₄B0128B，SS₄B0130A 和 SS₄B0130B 的 115 塞门关闭切除中继阀，切除列车管的控制功能，风源由自身供给										

试验内容	实际减压量/kPa	序号	车位号	21	33	43	53	55	65	75	97	107
循环制动 第一次	52	制动	开始减压时副风缸压力/kPa	600	600	600	600	600	600	600	599	595
			闸缸最大压力/kPa	132	120	125	129	122	130	95	122	76
			制动保压时间/s					243				
		缓解	开始缓解时副风缸压力/kPa	546	552	546	545	553	548	549	544	542
			缓解后至下次减压的时间/s					97				
	71	制动	开始减压时副风缸压力/kPa	596	596	596	596	596	596	596	596	590
			闸缸最大压力/kPa	149	153	162	174	160	168	133	159	111
			制动保压时间/s					226				
		缓解	开始缓解时副风缸压力/kPa	528	532	525	524	532	528	530	526	521
			缓解后至下次减压的时间/s					152				
	106	制动	开始减压时副风缸压力/kPa	596	598	597	594	598	596	596	597	592
			闸缸最大压力/kPa	259	269	269	278	280	286	250	265	204
			制动保压时间/s					262				
		缓解	开始缓解时副风缸压力/kPa	495	497	492	489	495	494	494	490	488
			缓解后至下次减压的时间/s					173				
	172	制动	开始减压时副风缸压力/kPa	596	598	596	594	597	598	594	598	590
			闸缸最大压力/kPa	434	438	435	442	439	4 37	432	431	255
			制动保压时间/s					287				
		缓解	开始缓解时副风缸压力/kPa	432	441	438	439	440	438	426	430	454
			缓解后至下次减压的时间/s					229				

续附表

试验内容	序号	实际减压量/kPa		车位号	21	33	43	53	55	65	75	97	107
循环制动	第二次	54	制动	开始减压时副风缸压力/kPa	598	601	601	595	600	597	596	600	591
				闸缸最大压力/kPa	110	110	120	121	109	99	86	117	56
				制动保压时间/s					248				
			缓解	开始缓解时副风缸压力/kPa	548	551	548	546	552	548	547	545	543
				缓解后至下次减压的时间/s					113				
		67	制动	开始减压时副风缸压力/kPa	596	598	597	595	598	597	594	598	590
				闸缸最大压力/kPa	147	153	154	167	157	152	127	154	121
				制动保压时间/s					259				
			缓解	开始缓解时副风缸压力/kPa	531	533	534	528	535	531	532	525	525
				缓解后至下次减压的时间/s					125				
		107	制动	开始减压时副风缸压力/kPa	596	598	598	596	597	597	594	593	589
				闸缸最大压力/kPa	264	272	265	273	285	263	243	263	200
				制动保压时间/s					251				
			缓解	开始缓解时副风缸压力/kPa	492	494	492	491	493	495	492	491	487
				缓解后至下次减压的时间/s					215				
		173	制动	开始减压时副风缸压力/kPa	597	599	600	596	599	599	598	597	593
				闸缸最大压力/kPa	430	439	436	443	442	441	434	433	251
				制动保压时间/s					274				
			缓解	开始缓解时副风缸压力/kPa	436	441	432	439	442	437	428	432	455
				缓解后至下次减压的时间/s					—				

附表 7　万吨列车运行经过 4 km + 405 m—4 km + 636 m 时的数据

经过地点	试验日期/车次	牵引方式	参数	1位	11位	21位	33位	43位	53位	55位	65位	75位	87位	97位	107位	备注
神池南→宁武北 4.405 km—4.636 km	2008-5-9 万试2次	1+1	车钩缓冲器最大位移/mm	-4.4	-3.0	-1.9	-3.7	—	-1.7	0.3	-5.4	-8.5	-3.6	-3.4	-11.8	车钩缓冲器最大位移为车钩在压缩状态的最大位移
			车钩最大横向摆角/(°)	1.77	—	1.87	1.73	—	2.62	1.73	1.91	2.04	1.99	4.41	1.87	
			最大纵向加速度/g	0.13	0.05	0.94	0.20	—	0.59	0.18	0.15	0.10	0.17	0.14	0.01	
			最大横向加速度/g	1.28	0.24	1.19	0.00	—	0.43	0.23	0.20	0.14	0.20	0.27	0.02	
			最大垂向加速度/g	—	0.22	1.00	0.31	0.29	0.67	0.33	0.30	0.24	0.27	0.29	0.25	
	2008-5-16 万试4次	1+1	车钩缓冲器最大位移/mm	-4.9	-2.6	-2.2	-6.8	-8.1	-1.6	1.2	-6.8	—	—	-1.8	-8.4	
			车钩最大横向摆角/(°)	1.50	3.22	1.82	1.89	2.15	2.58	1.81	2.33	3.45	—	2.29	1.99	
			最大纵向加速度/g	0.05	0.05	0.89	0.20	0.20	0.23	0.16	0.60	0.10	—	0.12	0.51	
			最大横向加速度/g	0.17	0.26	0.89	0.22	0.23	0.21	0.21	0.58	0.13	—	0.21	0.21	
			最大垂向加速度/g	0.14	0.21	0.87	0.29	0.29	0.24	0.24	0.28	0.25	—	0.26	0.23	
	2008-5-23 万试6次	2+0	车钩缓冲器最大位移/mm	-2.1	-3.0	-4.8	—	-6.1	-20.6	-0.1	—	-3.3	—	-2.1	—	车钩缓冲器最大位移为车钩在压缩状态的最大位移
			车钩最大横向摆角/(°)	1.48	3.06	2.08	—	2.28	4.01	2.42	—	3.78	—	2.56	2.10	
			最大纵向加速度/g	0.03	0.05	0.18	—	0.21	0.78	0.15	—	0.12	—	0.12	0.15	
			最大横向加速度/g	0.14	0.15	0.23	—	0.20	0.83	0.23	—	0.19	—	0.23	0.28	
			最大垂向加速度/g	0.17	0.18	0.33	—	0.28	0.88	0.28	—	0.26	—	0.30	0.19	
	2008-5-30 万试8次	2+0	车钩缓冲器最大位移/mm	-3.1	-2.4	-3.6	-8.0	-7.8	-2.2	—	-4.3	-4.0	-4.1	-3.5	35.3	
			车钩最大横向摆角/(°)	1.69	2.94	2.15	1.99	2.58	2.31	—	1.78	2.06	2.17	2.09	2.76	
			最大纵向加速度/g	0.04	0.05	1.03	0.22	0.23	0.20	—	0.23	0.15	0.19	0.22	0.43	
			最大横向加速度/g	0.17	0.16	1.19	0.23	0.24	0.25	—	0.28	0.18	0.23	0.28	0.32	
			最大垂向加速度/g	0.21	0.22	1.11	0.27	0.32	0.32	—	0.56	0.25	0.31	0.34	0.54	

附表 8　万吨列车运行经过 18 km+245 m—18 km+310 m 时的数据

经过地点	试验日期/车次	牵引方式	参数	1 位	11 位	21 位	33 位	43 位	53 位	55 位	65 位	75 位	87 位	97 位	107 位	备注
神池南↓肃宁北 18.245 km—18.310 km	2008-5-9 万试 2 次	1+1	车钩缓冲器最大位移/mm	-4.9	-3.4	-2.1	-8.8	—	-1.3	0.3	-4.3	-8.3	-8.0	-3.1	-6.6	车钩缓冲器最大位移为车钩在压缩状态的最大位移
			车钩最大横向摆角/(°)	1.77	—	1.88	2.40	—	2.16	2.06	2.47	2.11	1.83	4.92	2.42	
			最大纵向加速度/g	0.07	0.07	1.41	0.24	—	0.37	0.23	0.27	0.19	0.25	0.97	0.01	
			最大横向加速度/g	0.21	0.29	1.70	0.23	—	0.99	0.47	0.57	0.23	0.29	1.09	0.03	
			最大垂向加速度/g	0.24	0.27	1.81	0.27	—	0.95	0.40	0.49	0.37	0.38	0.42	0.85	
	2008-5-16 万试 4 次	1+1	车钩缓冲器最大位移/mm	-3.1	-1.7	-4.5	-2.2	-7.8	-1.7	1.2	-5.7	—	—	-1.7	-4.4	
			车钩最大横向摆角/(°)	1.19	3.54	1.88	1.56	1.65	2.80	1.84	1.09	1.71	—	1.57	2.01	
			最大纵向加速度/g	0.11	0.08	0.94	0.28	0.34	0.31	0.33	0.45	0.30	—	0.71	0.35	
			最大横向加速度/g	0.28	0.40	1.01	0.39	0.23	0.30	0.37	0.59	0.36	—	0.69	0.60	
			最大垂向加速度/g	0.38	0.34	0.39	0.24	0.51	0.44	0.47	0.62	0.60	—	0.53	0.73	
	2008-5-23 万试 6 次	2+0	车钩缓冲器最大位移/mm	-2.5	-3.3	-4.2	—	-7.2	-20.7	-0.7	—	-3.4	—	-1.9	-5.0	
			车钩最大横向摆角/(°)	1.57	3.63	2.45	—	2.46	4.39	2.43	—	3.85	—	2.32	2.52	
			最大纵向加速度/g	0.04	0.06	0.48	—	0.23	0.83	0.23	—	0.23	—	1.16	0.87	
			最大横向加速度/g	0.14	0.18	0.75	—	0.47	0.84	0.26	—	0.28	—	0.82	0.77	
			最大垂向加速度/g	0.18	0.22	0.55	—	0.83	0.90	0.29	—	0.41	—	0.44	0.44	

附表 9　车辆运行经过 156 km＋633 m—156 km＋677 m 时的数据

经过地点	试验日期/车次	牵引方式	参数	1位	11位	21位	33位	43位	53位	55位	65位	75位	87位	97位	107位	备注
神池南→肃宁北 156.633 km—156.677 km	2008-5-9 万试 2 次	1+1	车钩缓冲器最大位移/mm	−6.4	−3.1	−3.0	−8.3	—	−1.3	0.5	—	−8.3	−3.7	−2.4	−4.4	车钩缓冲器最大位移为车钩压缩状态的最大位移
			车钩最大横向摆角/(°)	1.41	—	1.48	1.69	—	1.81	2.24	—	1.67	1.46	4.31	1.31	
			最大纵向加速度/g	0.05	0.04	0.25	0.17	—	0.12	0.14	—	0.13	0.09	0.08	0.09	
			最大横向加速度/g	0.39	0.28	0.50	0.21	—	0.19	0.20	—	0.15	0.16	0.17	0.02	
			最大垂向加速度/g	0.87	0.27	0.37	0.25	—	0.63	0.28	—	0.22	0.19	0.28	0.16	
	2008-5-16 万试 4 次	1+1	车钩缓冲器最大位移/mm	−4.8	−2.4	−2.2	−2.2	−5.0	−1.4	1.0	−6.3	—	—	−1.9	−2.4	
			车钩最大横向摆角/(°)	0.88	3.15	1.74	1.76	2.18	2.18	1.82	2.21	3.17	—	1.22	0.72	
			最大纵向加速度/g	0.12	0.07	0.19	0.17	0.17	0.15	0.13	0.21	0.07	—	0.07	0.11	
			最大横向加速度/g	0.26	0.28	0.23	0.21	0.20	0.16	0.16	0.24	0.10	—	0.15	0.18	
			最大垂向加速度/g	0.31	0.30	0.30	0.26	0.50	0.21	0.20	0.26	0.14	—	0.22	0.12	
	2008-5-23 万试 6 次	2+0	车钩缓冲器最大位移 mm	−3.5	−3.3	−4.1	—	−3.0	−23.0	−1.2	—	−1.8	—	−1.5	−1.9	
			车钩最大横向摆角/(°)	1.50	3.12	1.65	—	2.04	3.70	2.00	—	2.98	—	1.19	1.34	
			最大纵向加速度/g	0.06	0.07	0.20	—	0.16	0.76	0.12	—	0.08	—	0.07	0.08	
			最大横向加速度/g	0.25	0.20	0.24	—	0.16	0.78	0.18	—	0.14	—	0.16	0.24	
			最大垂向加速度/g	0.29	0.32	0.36	—	0.28	0.82	0.26	—	0.19	—	0.23	0.14	
	2008-5-30 万试 8 次	2+0	车钩缓冲器最大位移/mm	−4.4	−2.9	−2.4	−2.5	−4.5	−2.8	−2.4	−6.8	−5.7	−3.9	−2.6	36.2	
			车钩最大横向摆角/(°)	0.97	2.77	1.50	1.89	2.12	2.35	2.00	1.51	1.66	1.35	1.12	1.79	
			最大纵向加速度/g	0.06	0.08	0.91	0.18	0.19	0.16	0.12	0.23	0.10	0.09	0.09	0.08	
			最大横向加速度/g	0.27	0.21	0.92	0.21	0.21	0.21	0.20	0.25	0.15	0.19	0.17	0.30	
			最大垂向加速度/g	0.34	0.40	0.99	0.27	0.33	0.25	0.27	0.32	0.19	0.23	0.28	0.15	

附表 10　车辆运行经过 206 km + 573 m—206 km + 622 m 时的数据

经过地点	试验日期/车次	牵引方式	参数	1位	11位	21位	33位	43位	53位	55位	65位	75位	87位	97位	107位	备注
神池南 ↓ 肃宁北 206.573 km — 206.622 km	2008-5-9 万试 2 次	1 + 1	车钩缓冲器最大位移/mm	-3.2	-2.4	-2.0	-2.7	—	-1.3	1.2	-2.5	-7.2	-2.0	-1.8	-2.8	车钩缓冲器最大位移为车钩压缩状态的最大位移
			车钩最大横向摆角/(°)	1.98	—	1.13	1.33	—	1.44	2.16	1.21	0.98	1.46	4.06	1.71	
			最大纵向加速度/g	0.02	0.04	0.15	0.11	—	0.08	0.12	0.14	0.09	0.13	0.09	0.01	
			最大横向加速度/g	0.12	0.18	0.17	0.08	—	0.08	0.13	0.16	0.11	0.17	0.17	0.02	
			最大垂向加速度/g	0.10	0.16	0.21	0.14	—	0.06	0.18	0.20	0.18	0.20	0.26	0.20	
	2008-5-16 万试 4 次	1 + 1	车钩缓冲器最大位移/mm	-3.5	-2.8	-2.9	-7.4	-5.1	2.4	0.8	-3.7	—	—	-1.7	-2.7	
			车钩最大横向摆角/(°)	1.60	2.53	1.15	1.27	1.30	2.28	2.10	1.60	2.75	—	1.50	1.72	
			最大纵向加速度/g	0.11	0.07	0.12	0.10	0.12	0.13	0.10	0.24	0.10	—	0.08	0.13	
			最大横向加速度/g	0.15	0.24	0.18	0.17	0.13	0.15	0.13	0.17	0.13	—	0.19	0.27	
			最大垂向加速度/g	0.19	0.24	0.21	0.19	0.18	0.18	0.18	0.22	0.18	—	0.20	0.26	
	2008-5-23 万试 6 次	2 + 0	车钩缓冲器最大位移/mm	-2.3	-3.0	-3.9	—	-4.2	-20.6	-1.3	—	-0.9	—	-1.6	-4.1	
			车钩最大横向摆角/(°)	1.95	2.39	1.23	—	1.68	3.27	1.93	—	2.51	—	1.50	1.70	
			最大纵向加速度/g	0.03	0.06	0.09	—	0.12	0.71	0.08	—	0.10	—	0.08	0.10	
			最大横向加速度/g	0.19	0.14	0.15	—	0.12	0.75	0.12	—	0.15	—	0.17	0.25	
			最大垂向加速度/g	0.20	0.25	0.18	—	0.21	0.80	0.18	—	0.18	—	0.21	0.17	
	2008-5-30 万试 8 次	2 + 0	车钩缓冲器最大位移/mm	-2.7	-2.4	-3.0	-3.5	-4.2	-5.5	-1.2	-3.7	-2.5	-3.7	-1.7	37.1	
			车钩最大横向摆角/(°)	1.48	2.13	1.37	1.27	1.83	2.53	1.58	1.24	1.54	1.34	1.60	2.26	
			最大纵向加速度/g	0.05	0.07	0.10	0.11	0.16	0.91	0.10	0.16	0.73	0.10	0.08	0.13	
			最大横向加速度/g	0.21	0.16	0.15	0.14	0.12	1.10	0.17	0.17	0.65	0.18	0.19	0.36	
			最大垂向加速度/g	0.22	0.28	0.24	0.18	0.22	0.92	0.19	0.28	0.93	0.21	0.32	0.21	

4.1.3.5　附　图

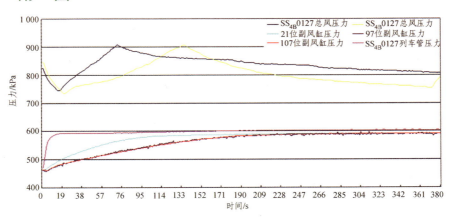

附图 1　1+1 牵引方式减压 130 kPa 后缓解总风压力与货车副风缸充风关系曲线
（5 月 9 日 10:27:24 开始缓解）

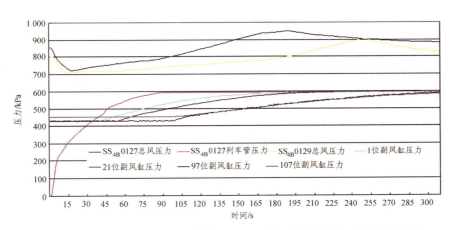

附图 2　1+1 牵引方式紧急后缓解总风压力与货车副风缸充风关系曲线
（5 月 9 日 9:43:47 开始缓解）

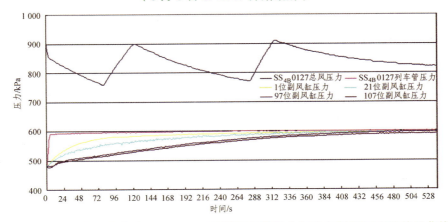

附图 3　2+0 牵引方式减压 120 kPa 后缓解总风压力与货车副风缸充风关系曲线
（5 月 23 日 9:37:16 开始缓解）

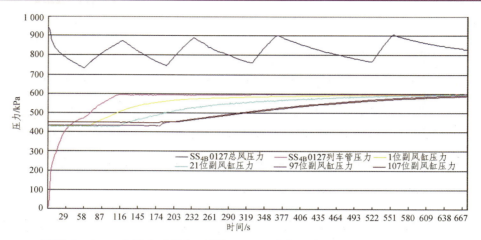

附图 4　2+0 牵引方式紧急后缓解总风压力与货车副风缸充风关系曲线
（5 月 23 日 9:53:56 开始缓解）

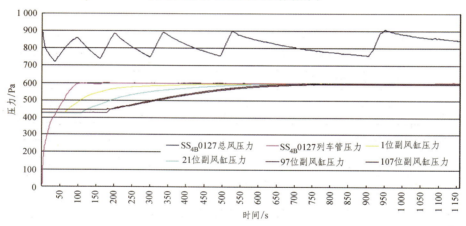

附图 5　2+0 牵引方式紧急后缓解总风压力与货车副风缸充风关系曲线
（5 月 23 日 14:19:50 开始缓解）

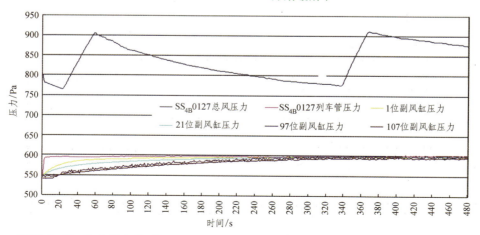

附图 6　2+0 牵引方式减压 50 kPa 后缓解总风压力与货车副风缸充风关系曲线
（5 月 30 日 9:42:42 开始缓解）

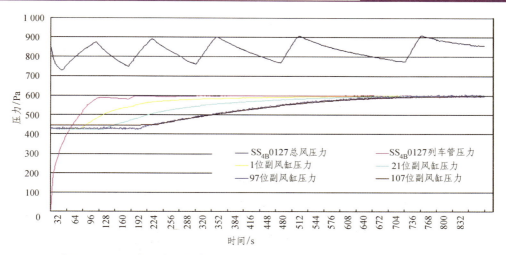

附图7 2+0牵引方式紧急后缓解总风压力与货车副风缸充风关系曲线
（5月30日19:58:08开始缓解）

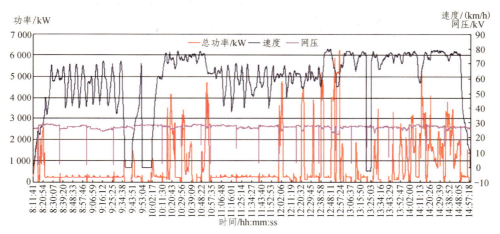

附图8 SS₄ᵦ0127机车牵引运行网压与功率关系曲线
（5月30日万试8次/2+0牵引方式/牵引万吨/区间：神池南—肃宁北）

4.2 朔黄铁路C80货车扩编试验

4.2.1 概 述

4.2.1.1 前 言

为了对C80货车的扩编万吨列车可行性进行研究与探讨,研究扩编后的万吨列车的牵引、制动及纵向动力学性能、中部从控机车动力学性能以及特定位置C80货车动力学等性能,2012年2月至3月进行了C80货车万吨列车扩编试验"。

4.2.1.2　试验用机车、车辆

1. 机　车

本次试验采用 SS₄ 型电力机车，如图 4.2-1 所示，主要技术参数见表 4.2-1 所示。

图 4.2-1　SS₄ 机车

表 4.2-1　SS₄ 机车主要技术参数

最高速度	100 km/h
持续功率	$2 \times 3\ 200$ kW
牵引时恒功率速度范围	$51.8 \sim 82$ km/h
轴式	$2 \times （B_0—B_0）$
机车整备质量	2×92 t
车钩中心线距轨面高	880 mm
前后车钩中心距	$2 \times 164\ 616$ mm
车体底架长度	$2 \times 15\ 200$ mm
车体宽度	3 100 mm
机车车顶部距轨面高度	4 080 mm
单节机车全轴距	11 100 mm
转向架固定轴距	2 900 mm
车钩型号	13 号
缓冲器型号	MT-2/QKX100 胶泥缓冲器
起动牵引力	650 kN
电阻制动	460 kN（45 km/h）
机车制动机	DK-1G 型制动机
同步操纵系统	TEC-TROMS-Ⅰ型同步操纵系统

2. 车　辆

本次试验采用 C80 双浴盆式铝合金运煤专用敞车，C80 车钩连挂方式采用牵引拉杆，两辆一组，两端为 16 号旋转车钩和 17 号固定车钩连挂，中间为牵引拉杆连接，如图 4.2-2 所示，主要技术参数见表 4.2-2。

图 4.2-2　铝合金 C80 货车

表 4.2-2　铝合金 C80 车辆主要技术参数

构造速度	120 km/h
载重	80 t
自重	20 t
轴重	25 t
转向架型号	K6/K5
固定轴距	1 800 mm
车辆定距	8 200 mm
车辆长度	12 000 mm
车辆宽度	3 184 mm
车辆高度	3 765 mm
车钩中心线距轨面高	880 mm
车钩型号	两辆一组，两端为 16 号旋转车钩和 17 号固定车钩连挂，中间为牵引拉杆连接
缓冲器型号	HM-1
制动机型号	120-1 阀（配 14 英寸制动缸）
闸调器型号	ST2-250 闸瓦间隙自动调整器
制动缸型号	203×254 旋压密封式制动缸（2 个）
闸瓦型号	HGM 新型高摩合成闸瓦
制动倍率	8.5 （一个转向架）

4.2.1.3　测点布置方式

1.　牵引测试测点布置

牵引测试的主要目的是测试扩编万吨列车在起动加速和全线正常运行时机车功率负荷情况，评估扩编万吨列车的牵引性能。

在试验车、主控、从控机车上对相关牵引参数进行测试。主要包括试验车速度、车钩力、列车管压力、制动缸压力、副风缸压力、牵引电机电压、牵引电机电流、牵引手柄级位、网压、网流等，合计测点 19 个（见表 4.2-3）。

表 4.2-3　SS₄机车测试参数表

表 4.2-3　SS_4机车测试参数表

序号	测试参数	被测车线号/位置	信号特征/传感器
	1#机车（SS40655）测点布置表		
	网压	104/100	AC 25 kV/100 V、机车传感器
	网流	105	AC 300 A/5 A、机车传感器
	电机电压 1	1 771/700	DC 1 500 V/10 V、机车传感器
	电机电流 1	1 781/700	DC 1 500 A/10 V、机车传感器
	电机温度 1	牵引电机出风口	−40～200 °C、PT100 温度传感器
	电机温度 2	牵引电机出风口	−40～200 °C、PT100 温度传感器
	手柄级位	1 703/700	6.67%/1 V、机车传感器
	4#机车（SS40658）测点布置表		
	网压	104/100	AC 25 kV/100 V、机车传感器
	网流	105	AC 300 A/5 A、机车传感器
	电机电压 1	1 771/700	DC 1 500 V/10 V、机车传感器
	电机电流 1	1 781/700	DC 1 500 A/10 V、机车传感器
	电机温度 1	牵引电机出风口	−40～200 °C、PT100 温度传感器
	电机温度 2	牵引电机出风口	−40～200 °C、PT100 温度传感器
	手柄级位	1 703/700	6.67%/1 V、机车传感器
	试验车		
	速度	试验车轴端	0～80 km/h、DF16 速度传感器
	列车管压力	试验车	0～1 000 kPa、试验车压力传感器
	制动缸压力	试验车	0～1 000 kPa、试验车压力传感器
	副风缸压力	试验车	0～1 000 kPa、试验车压力传感器
	车钩力	试验车前端	0～1 600 kN、试验车动力计

2.　制动与纵向动力学测试测点布置

为了研究列车的制动性能以及机车的制动作用同步性，在主、从控机车和列车的第 1、31、59、61、81、101、119 位货车（计数不包括机车）共计 7 个货车断面布置了制动测点，主要包括机车均衡风缸压力、列车管压力、制动缸压力以及车辆的列车管、副风缸和制动缸压力等。

为了研究不同运行状态下列车的纵向动力学性能，在第 1、31、59、61、81、101、119 位货车（计数不包括机车）共计 7 个货车断面布置了纵向动力学测点，主要包括车钩力、缓冲器行程和纵向加速度。

为了对制动时的闸瓦温升进行测试，在第 1 位货车上安装了 4 个闸瓦温度测点。

其他测试参数还包括线路曲线半径，列车运行速度等。合计测点 55 个。

3. 从控机车动力学测点布置

本次试验中，被试从控机车为 SS$_4$0658 号，在该被试机车前进方向的后节（A 节）机车上布置了以下测点：

前进方向第五位轴和第八位轴（后节机车的两个端轴）更换为测力轮对；

前进方向中间钩和后端钩（后节机车的两个车钩）更换为测力车钩；

中间钩和后端钩布置纵向和横向位移计；

后节机车转向架一系和二系悬挂系统布置垂向和横向位移计；

后节机车车体中心线两端布置三向振动加速度传感器；

列车管空气压力传感器，测量空气制动系统的动作信号；

机车牵引、电制信号；

曲率信号；

速度、里程信号；

中间车钩布置电视摄像。

4. 特定位置货车动力学测点布置

本次万吨列车扩编特定位置 C80 货车动力学试验在整列重载货车中选取 C800043017 进行监测，试验中该车作为关门车处理。

被试车辆试验中特定的编组位置为：第 1 次 2012 年 3 月 3 日重车试验编组位置为中部机车前、全列第 59 辆；第 2、3 次 2012 年 3 月 8、14 日重车试验编组位置为全列尾部第 119 辆；2012 年 3 月 6、11 日两次空车试验编组位置为全列尾部第 120 辆。

在被试车前进方向换装测力轮对，第 1 轴和第 4 轴各换装 1 条测力轮对，共计 2 条。

在被试车前进方向转向架摇枕处布置位移传感器，测量转向架摇枕弹簧垂向位移。

在被试车的车体中梁下盖板距前进方向心盘内侧小于 1 m 的位置布置加速度传感器，测量车体横向、垂向加速度。

4.2.1.4 测试系统及测试原理

1. 牵引试验

试验前按照接线表分别在主控、从控机车、试验车上布置牵引测试系统，3 套系统分别与 GPS 进行时钟同步，采集数据在本地保存，这样，可以确保主、从控机车，试验车测试结果时钟基准的一致性。每套测试系统内部各仪器间通过同步线保证时钟一致。

制动及纵向动力学试验测试参数按照来源包括：

（1）在试验车进行测试的信号：包括速度、走行距离和陀螺仪半径。

（2）在 SS₄ 机车上的制动测试信号：包括机车均衡风缸压力、机车列车管压力、机车制动缸压力。

（3）在车辆各测试断面上的制动及纵向动力学测试信号：包括列车管压力、副风缸压力、制动缸压力、车钩力、车体纵向加速度、缓冲器位移。

试验时，各测试断面之间采集数据通过 GPS 同步，理论同步精度为 100 μs。采集的试验数据均在本地的 C1 上存储，然后通过无线网络发送到试验车，对试验过程进行监控。

2. 从控 SS₄ 机车动力学试验

采用测力轮对测量被试机车前进方向第五和第八轴的轮轨力，并检测脱轨系数、轮重减载率、轮轴横向力等运行安全性控制参数。

采用中间车钩和后端车钩测量被试机车所受纵向力，并且同时采用位移计测量车钩的纵向、横向位移量，检测列车运行过程中，中部机车所受纵向力、缓冲器动态行程和车钩偏转角。

采用位移计测量一系和二系悬挂系统的垂向和横向位移量，检测被试机车在受到纵向力作用时机车悬挂系统的工作状态。

在车体两端采用加速度传感器测量车体振动加速度，检测中部从控机车的振动和冲动状况。

采用压力传感器监测列车管压力，观察机车动力学参数的变化与列车操控工况的关联性。

记录速度、里程、曲率等参数，同步检测被试机车所处速度和线路状况。

3. 特定位置 C80 货车动力学试验

数据采集系统由两套 IMC 信号采集仪、两台计算机、电源等组成。一台计算机控制 IMC 进行数据采集，并进行速度信号的采集与显示，一台计算机用于数据实时监测和数据集中处理。通过局域网络进行数据传输。该系统具有很好的采样稳定性和很强的抗干扰能力，能够对采样数据进行实时监测与处理。

数据处理采用 DASO 机车车辆动力学分析软件。

4.2.1.5　评定指标

1. SS₄ 机车动力学评定标准

参照机车车辆运行安全性的现行有关标准，并借鉴以往重载组合列车试验中对中部从控机车的动力学性能控制指标，确定机车运行安全性参数的限度值如下：

脱轨系数：≤0.90；

轮重减载率：≤0.65；

轮轴横向力：≤90 kN；

最大车钩力：≤2 250 kN；

车钩偏转角：±6°。

2. C80 货车动力学评定标准

试验数据处理方法及测试项目的评定按 GB 5599—85《铁道车辆动力学性能评定及试验鉴定规范》（以下简称《规范》）的规定进行。

车辆运行安全性控制限度值：

脱轨系数：≤1.2；

轮重减载率：≤0.65；

轮轴横向力：根据试验中动态测试的静轮重计算出轮轴横向力的限度值，见表4.2-4。

表 4.2-4　轮轴横向力限度值

车辆状态	轮轴横向力限度/kN	
重车	2012 年 3 月 3 日第 1 次试验	110.5
	2012 年 3 月 8 日第 2 次试验	111.4
	2012 年 3 月 14 日第 3 次试验	116.88
空车	33.20	

垂向及横向平稳性指标（W）评定如下：

$W \leqslant 3.5$　　　　　　　优

$3.5 < W \leqslant 4.0$　　　　　良

$4.0 < W \leqslant 4.25$　　　　合格

车体横向加速度≤4.91 m/s²，垂向加速度≤6.87 m/s²，并且在 100 km 线路上最大加速度超限个数不超过 3 个为合格。

3. 紧急制动距离安全性评定指标

紧急制动距离≤800 m。

4. 列车纵向动力学安全性评定指标

纵向车钩力≤2 250 kN。

5. 建议性评定指标（列车纵向动力学）

列车常用全制动工况：最大车钩力≤1 500 kN；

列车正常运行工况：最大车钩力≤1 000 kN；列车纵向加速度≤9.8 m/s²。

4.2.2　列车静置试验

4.2.2.1　试验目的

测试列车的基本制动性能。分别对两种重车编组方式（即 1+1 和 2+0）进行试验，比较不同编组方式万吨列车的制动性能，测试不同减压量下的制动排气时间、列车再充气时间和制动缸升压情况，为列车操纵提供数据支持。

4.2.2.2　编组方式

主要对两种重车编组方式进行了列车静置试验，分别是：

SS₄0655（主控）+ SS₄0657（单机）+ SY997050 试验车 + 60 辆 C80 + SS₄0656（单机 + SS₄0658（从控 1）+ 60 辆 C80 + RW 朔黄铁路 004，简称 1+1 编组。

SS$_4$0655（主控）+ SS$_4$0657（从控）+ SY997050 试验车 + 60 辆 C80 + SS$_4$0656（单机）+ SS$_4$0658（单机）+ 60 辆 C80 + RW 朔黄铁路 004，简称 2 + 0 编组。

同时为了检验机车制动机是否满足 TB/T 3146.1—2007《DK-1 型机车电空制动机 第 1 部分：单机性能试验》要求，还对 SS$_4$0655 进行了单机制动性能验证。

同时考虑到重车 2 + 0 编组静置试验时，中部设为"单机"的 2 台 SS$_4$ 机车可能对 2 + 0 编组的列车制动性能（制动波速和再充气时间）有影响，在定州西还进行了 2 + 0 编组空车静置试验，列车编组如下：

SS$_4$0655（主控）+ SS$_4$0658（从控）+ SY997050 试验车 + 120 辆 C80 + RW 朔黄铁路 004，简称 2 + 0 编组。

4.2.2.3 静置制动试验内容

根据试验大纲，静置试验主要进行了以下试验项目：

（1）列车制动系统漏泄试验。

（2）常用制动及缓解试验，分别进行了减压 50 kPa、70 kPa、100 kPa 及常用全制动试验。

（3）紧急制动及缓解试验。

（4）阶段制动试验。

（5）模拟列车断钩保护试验。

（6）模拟通信中断下的制动及缓解试验。

4.2.2.4 试验结果及分析

4.2.2.4.1 SS$_4$0655 单机制动性能

本次试验对 SS$_4$0655 机车的常用全制动及紧急制动排风性能进行了测试。试验结果见表 4.2-5 所示，试验表明 SS$_4$0655 机车的常用全制动及紧急制动排风性能满足要求。

表 4.2-5 单机制动性能简要试验结果

试验工况	均衡风缸减压 170 kPa 时间/s			制动缸由 0↗400 kPa 时间/s		
常用制动	第 1 次	第 2 次	标准值	第 1 次	第 2 次	标准值
	7.4	7.3	6 ~ 8	7.3	7.3	7 ~ 9.5
试验工况	列车管压力排至零的时间/s			制动缸由 0↗400kPa 时间/s		
紧急制动	第 1 次	第 2 次	标准值	第 1 次	第 2 次	标准值
	2.8	2.8	< 3	2.3	2.3	< 5

4.2.2.4.2 不同编组静置试验结果及分析

1. 试验结果

1 + 1 编组和 2 + 0 编组与空车 2 + 0 编组试验结果简要统计分别见表 4.2-6 ~ 4.2-8 所示。

表 4-2-6　1＋1 编组静置试验简要数据统计

试验工况		结　果				
		减压 50 kPa	减压 70 kPa	减压 100 kPa	常用全制动	紧急制动
制动	实际减压量/kPa	60	90	111	—	—
	1 位 BC 出闸时间/s	2.29	2.3	2.31	2.34	0.57
	31 位 BC 出闸时间/s	5.54	5.47	5.4	5.05	2.24
	从控作用时间/s	3.04	2.8	2.83	2.69	0.69
	61 位 BC 出闸时间/s	5.23	4.58	4.72	4.45	0.88
	119 位 BC 出闸时间/s	8.84	8.52	8.73	8.64	3.87
	制动缸升压时间/s	26	33	38	43	13.86
缓解	1 位 BC 开缓时间/s	2.51	2.56	2.2	8.42	68.13
	31 位 BC 开缓时间/s	4.3	5.19	2.44	15.22	83
	从控作用时间/s	0.71	2.04	3.39	3.14	2.3
	61 位 BC 开缓时间/s	2.38	4.81	5.53	12.84	92.12
	119 位 BC 开缓时间/s	7.28	8.75	9.22	31.84	121.58
	再充气时间/s	90	111	150	197	280

表 4.2-7　2＋0 编组静置试验简要数据统计

试验工况		结　果				
		减压 50 kPa	减压 70 kPa	减压 100 kPa	常用全制动	紧急制动
制动	实际减压量/kPa	61	84	111	181	——
	1 位 BC 出闸时间/s	2.25	2.28	2.33	2.25	0.56
	119 位 BC 出闸时间/s	10.49	10.57	10.49	10.52	7.52
	制动缸升压时间/s	34	55	71	84	17.27
缓解	1 位 BC 开缓时间/s	2.87	2.45	2.21	8.15	98
	119 位 BC 开缓时间/s	22.93	18.59	11.44	91.87	304
	再充气时间/s	295	400	493	649	842 715*

注：表中"*"为 2＋0 重车运行试验实测数据。

表 4.2-8　2＋0 编组空车静置试验简要数据统计

试验工况		结　果				
		减压 50 kPa	减压 70 kPa	减压 100 kPa	常用全制动	紧急制动
制动	实际减压量/kPa	61	83	111	181	——
	2 位 BC 出闸时间/s	2.72	2.99	2.49	2.5	0.57
	120 位 BC 出闸时间/s	9.86	9.98	9.80	10.11	7.75
缓解	2 位 BC 开缓时间/s	3.71	3.41	3.03	7.84	95
	120 位 BC 开缓时间/s	23.31	12.54	10.65	61.07	246
	再充气时间/s	195	282	371	431*	622*

注：（1）表 4.2-6～4.2-8 中制动缸升压时间——列车尾部车辆制动缸压力升到平衡压力 90% 的时间；再充气时间——列车尾部车辆副风缸压力升到 580 kPa 的时间。
　　（2）表中"*"为缓解时副风缸压力为 500 kPa，高于重车副风缸压力。

2. 试验结果分析

（1）列车漏泄情况。

列车减压 100 kPa 后保压工况下，列车制动系统漏泄量为 5 kPa/min。

（2）列车基本空气制动性能。

本次试验，单编 6 000 t 时测得的列车常用制动波速为 213 m/s，缓解波速为 189 m/s（均为减压 100 kPa 时测得），紧急制动波速为 260 m/s；空车 2＋0 编组（120 辆 C80 货车）测得的列车常用制动波速为 215 m/s，缓解波速为 206 m/s（均为减压 100 kPa 时测得），紧急制动波速为 255 m/s；这些试验结果与 120-1 阀的设计指标基本相当。试验表明，列车制动机的常用与紧急制动性能作用正常。

模拟断钩试验表明：无论在列车尾部、还是在第 1 小列中部模拟列车断钩排风，整列车均能产生紧急制动作用，机车断钩保护性能作用正常。

（3）最小减压量再充气时间分析。

最小减压量是列车循环制动调速时最常用的减压方式，试验表明本次试验用 SS$_4$0655 机车的最小减压量为 60 kPa，1＋1 编组的再充气时间（尾部货车副风缸压力充至 580 kPa 的时间）为 90 s 左右见表 4.2-6。因此，在长大下坡道进行循环制动时，循环制动缓解时应保证有 90 s 以上再充气时间，以确保全列车辆副风缸能够充满。

本次试验测得 2＋0 编组方式最小减压量后的再充气时间为 195 s（见表 4.2-8），该时间远大于 1＋1 编组，因此，对于 2＋0 编组列车，循环制动操纵方式应与 1＋1 编组有所区别，通过合理使用机车电制动和列车空气制动，充分考虑线路平纵断面，以保证列车有充足的再充气时间。

（5）常用全制动分析。

列车常用全制动时，1＋1 编组全列在 8.64 s（同步时间 2.69 s）之内产生制动作用（见表 4.2-6），2＋0 编组全列在 10.52s 之内产生制动作用（见表 4.2-7）。

列车常用全制动时，1＋1 编组的制动缸升压时间为 43 s（见表 4.2-6），2＋0 编组的制动缸升压时间为 84 s（见表 4.2-7），由此可知在相同常用全制动工况及线路条件下，2＋0 编组列车的常用全制动距离要大于 1＋1 编组。

不同编组方式常用全制动制动缸升压比较如图 4.2-3 所示，1＋1 编组由于由头部和中部从控机车共同排风，因此制动缸升压速率明显快于 2＋0 编组。

（6）紧急制动分析。

列车紧急制动时，1＋1 编组全列在 3.87 s（同步时间 0.69 s）之内产生制动作用（见表 4.2-6），2＋0 编组全列在 7.52 s 之内产生制动作用（见表 4.2-7）。由此可知，在同步作用正常时 1＋1 编组的常用制动同步性明显优于 2＋0 编组。

列车紧急制动时，1＋1 编组的制动缸升压时间为 13.86 s（见表 4.2-6），2＋0 编组为 17.27 s（见表 4.2-7）。

紧急制动时同步性的提高与制动缸升压时间的减小，有助于减小列车的空走时间，从而有助于缩短紧急制动距离。

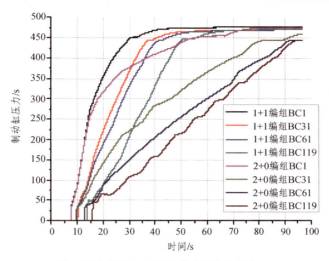

注：图中 BC*——第*位货车制动缸压力。

图 4-2-3　1＋1 编组与 2＋0 编组常用全制动时制动缸升压情况比较

（7）模拟通信中断下的制动试验。

静置试验时进行了"主控机车断通信，实施减压 50 kPa"和"减压 50 kPa，稳定后断主控机车通信，追加减压 50 kPa"2 种工况制动试验，试验表明：通信中断条件下，1＋1 编组的空气制动传播速度与 2＋0 编组基本相当。

4.2.2.5　静置试验结论

（1）列车制动系统工作正常。

（2）在同步作用信号正常的情况下，1＋1 编组的制动、缓解同步性优于 2＋0 编组；各种减压量时的列车再充气时间仅为 2＋0 编组的 1/3 左右。

（3）通信中断条件下，1＋1 编组的空气制动传播速度与 2＋0 编组基本相当。

4.2.3　重车运行试验

4.2.3.1　试验线路及编组方式

试验区间为神池南至肃宁北。试验区段长约 406 km，上行的限制坡道 4‰，下行限制坡道 12‰，线路的主要特点是海拔落差大，上行下坡道主要集中在神池南至肃宁北区间，尤其是宁武西～原平南和南湾～小觉，这两个区段基本上都是 10‰～12‰的长大下坡道，线路纵断面如图 4.2-4 所示。

根据公司提供的最新轨检资料，下行线神池南～回凤间共有 7 处 II 级超限，上行线东冶至西柏坡之间共有 6 处 II 级超限，上下行均不存在 III 级以上超限。线路状态符合正常运用条件。

本区段内轨道结构特点为：重车线 75 kg/m 轨，空车线 60 kg/m 轨。弹条扣件、碎石道床。

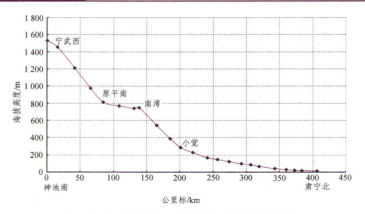

图 4.2-4　神池南～肃宁北海拔高度曲线图

2012 年 3 月 3 日、3 月 8 日和 3 月 14 日，在管内共进行了 3 次 2 种编组方式的 C80 万吨列车扩编试验，具体编组方式为：

3 月 3 日和 3 月 14 日为 1 + 1 编组方式，具体为：

SS_40655（主控）+ SY997050 试验车 + 60 辆 C80 + SS_40658（从控）+ 60 辆 C80 + RW 朔黄铁路 004。

3 月 8 日为 2 + 0 编组方式，具体为：

SS_40655（主控）+ SS_40658（从控）+ SY997050 试验车 + 120 辆 C80 + RW 朔黄铁路 004。

货车：120 辆；客车：2 辆；总重/载重：12 100 t/9 600 t，计长：137。

4.2.3.2　主要试验工况

朔黄管内 3 次重车运行试验，主要试验工况见表 4.2-9 所示。

表 4.2-9　朔黄管内重车方向主要试验工况列表

试验日期	试验工况
2012-3-3	（1）下坡道电、空配合调速试验，地点：宁武西至北大牛以及南湾至滴流礤区间。 （2）下坡道单独使用空气制动调速试验，地点：滴流礤至猴刎。 （3）4‰ 限制坡道起动试验，地点：西柏坡至三汲间，试验区间为 254 km + 500 m 至 256 km + 000 m。 （4）无特定试验工况区段均为通通时分试验
2012-3-8	（1）宁武西至龙宫区段，46 km 至 77 km 区段，电、空循环制动试验。 （2）常用全制动停车试验，地点：龙宫至北大牛间 44 km + 200 m 处（11.2‰ 下坡道），制动初速：70 km/h。 （3）紧急制动试验，地点：北大牛至原平南间 77 km + 800 m 处（12‰ 下坡道），制动初速：70 km/h。 （4）4‰ 限制坡道起动试验，地点：255 km 处。 （5）列车运行至滴流礤至猴刎间 168 km 至 171 km 进行速度 35 km/h 低速缓解试验。 （6）无特定试验工况区段均为通通时分试验
2012-3-14	（1）宁武西至龙宫间，电空配合循环制动试验。 （2）走停走模式测试，龙宫至北大牛间 52 km + 000 m 处。 （3）北大牛至原平南间 67 km + 713 m（通过信号机），常用全制动停车试验。 （4）北大牛至原平南间 77 km + 800 m 处时，紧急制动停车试验。 （5）列车运行至滴流礤至猴刎间 168 km 至 171 km 进行速度 35 km/h 低速缓解试验。 （6）无特定试验工况区段均为通通时分试验

4.2.3.3　牵引试验结果分析

1.　最大起动牵引力试验

试验共进行了两次，第 1 次为 1＋1 编组，第 2 次为 2＋0 编组（主控机车 SS$_4$0655、从控机车 SS$_4$0658），列车停放在神池南站，被试机车（SS$_4$0655）拉伸车钩后，全列实施常用全制动，再缓解小闸，然后提升牵引手柄至最高位，试验数据波形如图 4.2-5、图 4.2-6 所示，试验结果如表 4.2-10 所示。

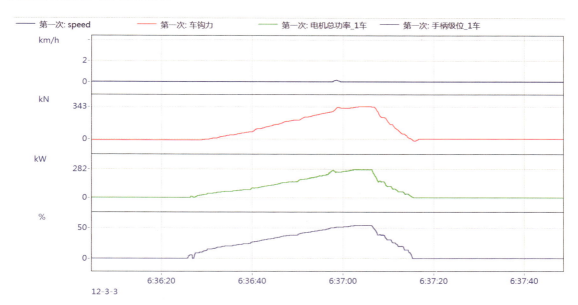

图 4.2-5　第 1 次最大起动牵引力测试波形

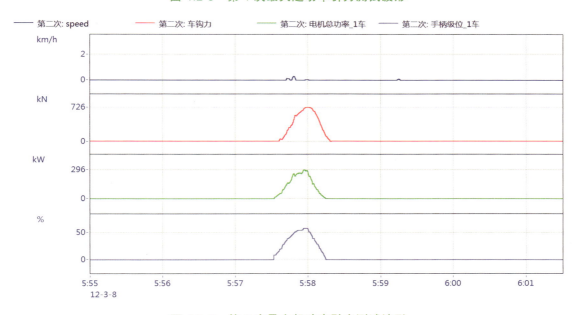

图 4.2-6　第 2 次最大起动牵引力测试波形

213

表 4.2-10　最大起动牵引力测试数据对比

数据分析类型	第 1 次（1＋1 编组）	第 2 次（2＋0 编组）
试验车测试最大车钩拉力/kN	344.1	726.5
主控机车牵引电机总功率最大值/kW	284.8	297.9
手柄牵引级位/级	5.5	5.8
试验过程中网压波动范围/kV	24.7～26.2	26.1～28.5

2. 坡道起动加速试验

本试验共进行了两次，分别在第 1 次（1＋1 编组）、第 2 次（2＋0 编组）重车上行时实施，试验地点分别为 255 km＋078 m、255 km＋461 m（车头位置），该地点为 4‰上坡道，全列所停坡度平均值为 4‰，试验线路如图 4.2-7 所示。

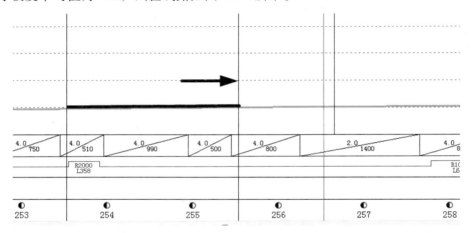

图 4.2-7　坡起试验起动位置图

两次坡道起动加速试验，主控机车测试结果见表 4.2-11，表 4.2-12 。时间起点为主控机车开始给牵引时刻（即电机电流从 0 开始上升点），速度取试验车测试速度。

表 4.2-11　坡道起动加速试验距离、时间数据

试验序号	速度/（km/h）	试验时间	加速距离/m	加速时间/s	平均加速度（0～5 km/h）
第 1 次试验（1＋1 编组）	0	开始牵引时刻 18:53:23	0	0	0.006 46 m/s²
	5	18:56:57	97	3′35″	
	10	18:58:22	274	5′00″	
	15	18:59:38	536	6′15″	
	20	19:00:50	890	7′28″	
第 2 次试验（2＋0 编组）	0	开始牵引时刻 18:52:52	0	0	0.003 51 m/s²
	5	18:59:29	90	6′36″	
	10	19:01:09	306	8′16″	
	15	19:02:58	684	10′06″	
	20	19:04:39	1177	11′47″	

表 4.2-12　坡道起动加速试验结果

试验序号	数据分析类型	试验结果
第 1 次试验	手柄起始牵引级位	6.2 级
	从大闸缓解至列车速度开始增加，用时	1 min 31 s
	起动过程中最大电机电流	920A
	最大电流阶段持续时间	8 min 28 s
	最大电流阶段持续时速度级	0～28 km/h
	头部 SS$_4$0655 机车最大拉钩力	413 kN
	中部 SS$_4$0658 机车后钩最大拉钩力	552 kN
第 2 次试验	手柄起始牵引级位	6.4 级
	从大闸缓解至列车速度开始增加，用时	3 min 53 s
	起动过程中最大电机电流	968A
	最大电流阶段持续时间	1 min 47 s
	最大电流阶段持续时速度级	1～7 km/h
	头部 SS40655 和 SS40658 机车最大起动牵引合力	884 kN

从表 4.2-11、表 4.2-12 中可以看出，电机最大电流持续时间长于第 2 次，所以加速至 15 km/h、20 km/h 的时间、距离小于第 2 次。

坡道起动加速试验前后，主控机车、从控机车（四号机车）牵引电机出风口温度变化曲线如图 4.2-8～图 4.2-11 所示，测试结果见表 4.2-13。

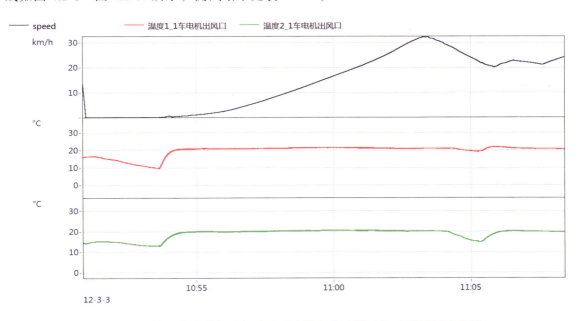

图 4.2-8　第 1 次坡道起动加速试验主控机车牵引电机出风口温度曲线

215

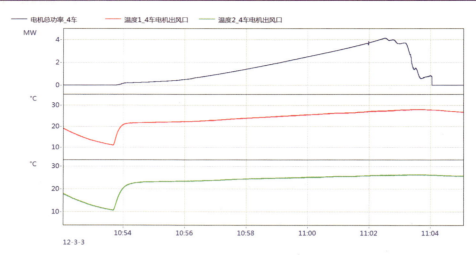

图 4.2-9　第 1 次坡道起动加速试验从控机车牵引电机出风口温度曲线

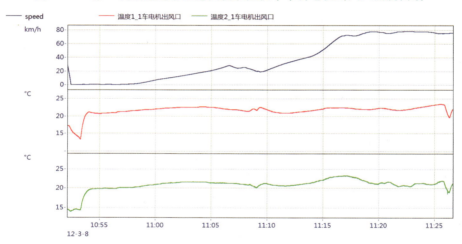

图 4.2-10　第 2 次坡道起动加速试验主控机车牵引电机出风口温度曲线

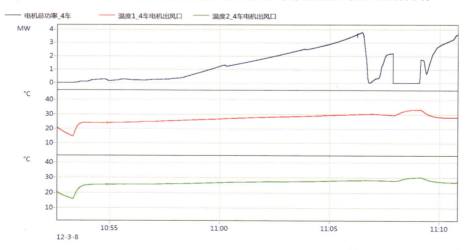

图 4.2-11　第 2 次坡道起动加速试验从控机车牵引电机出风口温度曲线

表 4.2-13　坡道起动加速试验温度测试结果

试验序号	数据分析类型	试验结果（取测点 1、2 平均值）
第 1 次试验 主控机车	起动时温度	12 ℃
	坡起过程中最高温度	21 ℃
	坡起前后最高温升	9 ℃
第 1 次试验 从控机车	起动时温度	11 ℃
	坡起过程中最高温度	27 ℃
	坡起前后最高温升	16 ℃
第 2 次试验 主控机车	起动时温度	14 ℃
	坡起过程中最高温度	24 ℃
	坡起前后最高温升	10 ℃
第 2 次试验 从控机车	起动时温度	15 ℃
	坡起过程中最高温度	32 ℃
	坡起前后最高温升	17 ℃

在两次坡起试验过程中，从表 4.2-12 中起动牵引力和表 4.2-13 牵引电机出风口温升数据可以得到，起动过程中温升结果在正常范围，起动过程中未发生过温保护故障；坡起成功后，列车可正常运行。

3. 电、空配合调速试验

宁武西（15 km + 953 m）至龙宫（41 km + 866 m）、龙宫（41 km + 866 m）至北大牛（65 km + 458 m）区间，为连续长大下坡道（坡度 10.9‰ ~ 12‰），在此区间进行电、空制动配合调速试验，试验选取不同区间共进行了 3 次，试验编组见 4.2.3.1 节所述，3 次试验数据波形如图 4.2-12 ~ 4.2-20 所示，试验结果对比见表 4.2-14。

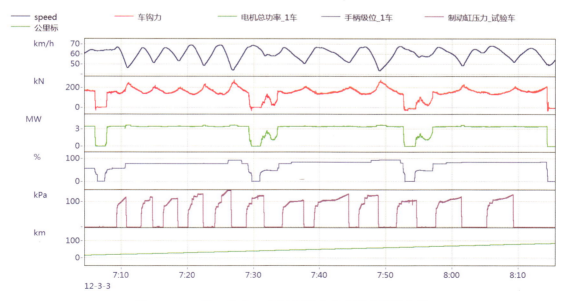

图 4.2-12　第 1 次电、空配合调速试验测试数据曲线

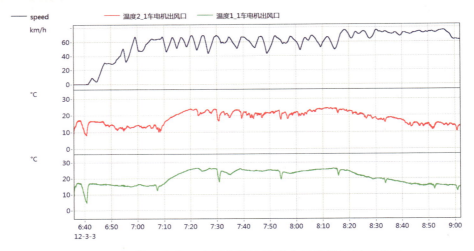

图 4.2-13　第 1 次电、空配合调速试验电机出风口温度曲线

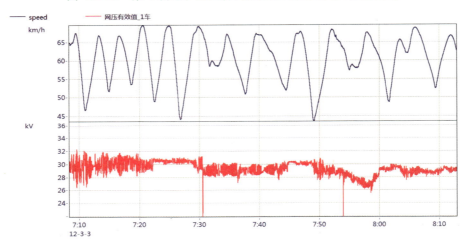

图 4.2-14　第 1 次电、空配合调速试验网压波动曲线

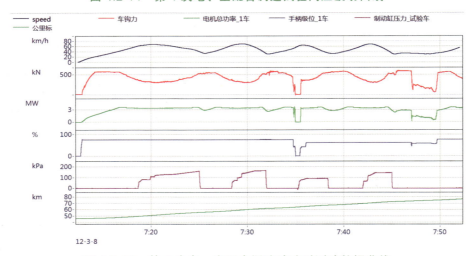

图 4.2-15　第 2 次电、空配合调速试验时测试数据曲线

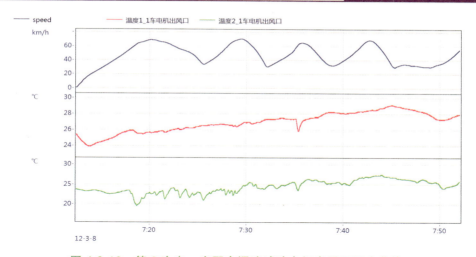

图 4.2-16　第 2 次电、空配合调速试验电机出风口温度曲线

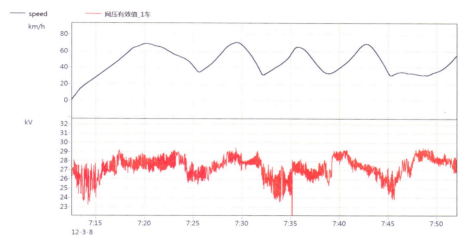

图 4.2-17　第 2 次电、空配合调速试验网压波动曲线

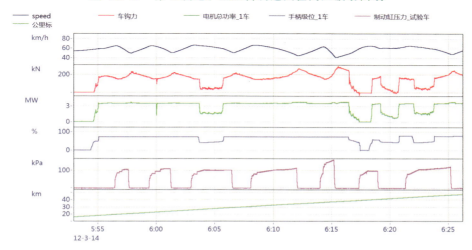

图 4.2-18　第 3 次电、空配合调速试验时测试数据曲线

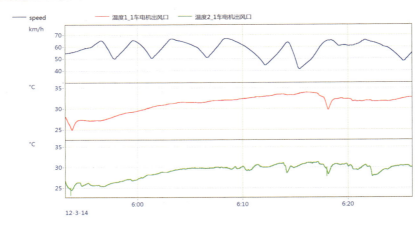

图 4.2-19　第 3 次电、空配合调速试验电机出风口温度曲线

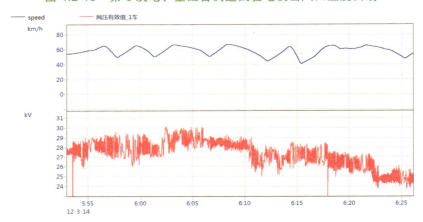

图 4.2-20　第 3 次电、空配合调速试验网压波动曲线

表 4.2-14　电、空调速配合调速试验结果对比

数据分析类型	第 1 次（1＋1 编组）	第 2 次（2＋0 编组）	第 3 次（1＋1 编组）
试验区间	22 km ~ 61 km	46 km ~ 77 km	22 km ~ 38 km
最高运行速度/（km/h）	69.7	71.1	67.3
最低运行速度/（km/h）	43.5	30.2	41.1
试验车最大车钩力/kN	282.4	606.6	296.2
手柄制动级位/级*	7.8 ~ 8.5	6.2 ~ 7.6	7.4
试验车制动缸最大压力/kPa	147	168	164
电机出风口最高温度/°C	26.8	29.2	36.6
网压波动范/kV	26 ~ 32	23 ~ 30	24 ~ 30

以上试验过程中，电制动发挥正常，没有出现滑行及其他故障现象。

4. 运行时分分析

试验共进行了 3 次，运行区间为神池南至肃宁北，第 1 次、第 3 次为 1＋1 编组，第 2 次为 2＋0 编组，运行时分表见表 4.2-15 ~ 表 4.2-17，每次运行中，试验工况均不相同，因此全程运行时分不尽相同，具体统计对比信息如表 4.2-18、图 4.2-21、图 4.2-22 所示。

表 4.2-15（重车方向，1＋1 编组）第 1 次运行时分表

序号	区间名	区间长度/m	发车时间	到站时间	运行时分	累计运行时分	运行平均速度/（km/h）	备注
	神池南站—宁武西站	15 931	14:40	15:06	00:26	00:26	37	最大起动测试
	宁武西站—龙宫站	25 935		15:31	00:25	00:51	62	
	龙宫站—北大牛站	23 592		15:55	00:24	01:15	59	
	北大牛站—原平南站	18 847		16:13	00:18	01:33	63	
	原平南站—回凤站	24 138		16:34	00:21	01:54	69	
	回凤站—东冶站	22 589		16:53	00:19	02:13	71	
	东冶站—南湾站	7 840		16:59	00:06	02:19	78	
	南湾站—滴流磴站	26 170		17:25	00:26	02:45	60	
	滴流磴站—猴刎站	20 126		17:46	00:21	03:06	58	
	猴刎站—小觉站	15 499		18:01	00:15	03:21	62	
	小觉站—古月站	18 630		18:19	00:18	03:39	62	
	古月站—西柏坡站	22 056		18:38	00:19	03:58	70	
	西柏坡站—三汲站	15 295		18:50	00:12	04:10	76	
	三汲站—灵寿站	17 353		19:22	00:32	04:42	33	4‰坡起试验
	灵寿站—行唐站	18 170		19:33	00:14	04:56	78	
	行唐站—新曲站	14 184		19:43	00:11	05:07	77	
	新曲站—定州西站	12 683		19:58	00:11	05:18	69	
	定州西站—定州东站	23 950		20:17	00:19	05:37	76	
	定州东站—安国站	16 900		20:29	00:14	05:51	72	
	安国站—博野站	12 559		20:37	00:10	06:01	75	
	博野站—蠡县站	11 010		20:44	00:09	06:10	73	
	蠡县站—肃宁北站	22 581		21:17	00:27	06:37	50	

表 4.2-16（重车方向、2+0 编组）第 2 次运行时分表

序号	区间名	区间长度/m	发车时间	到站时间	运行时分	累计运行时分	运行平均速度/（km/h）	备注
	神池南站—宁武西站	15 931	14:05	14:34	00:29	00:29	33	最大起动测试
	宁武西站—龙宫站	25 935		15:01	00:27	00:56	58	
	龙宫站—北大牛站	23 592		15:36	00:35	01:31	40	常用全制动试验
	北大牛站—原平南站	18 847		16:10	00:34	02:05	33	紧急制动试验
	原平南站—回凤站	24 138		16:32	00:22	02:27	66	
	回凤站—东冶站	22 589		16:50	00:18	02:45	75	
	东冶站—南湾站	7 840		16:56	00:06	02:51	78	
	南湾站—滴流磴站	26 170		17:24	00:28	03:19	56	
	滴流磴站—猴侧站	20 126		17:46	00:22	03:41	55	
	猴侧站—小觉站	15 499		18:03	00:17	03:58	55	
	小觉站—古月站	18 630		18:20	00:17	04:15	66	
	古月站—西柏坡站	22 056		18:40	00:20	04:35	66	
	西柏坡站—三汲站	15 295		19:04	00:24	04:59	38	
	三汲站—灵寿站	17 353		19:25	00:21	05:20	50	4‰ 坡起试验
	灵寿站—行唐站	18 170		19:39	00:14	05:34	78	
	行唐站—新曲站	14 184		19:50	00:11	05:45	77	
	新曲站—定州西站	12 683		20:00	00:10	05:55	76	
	定州西站—定州东站	23 950		20:18	00:19	06:14	76	
	定州东站—安国站	16 900		20:31	00:13	06:27	78	
	安国站—博野站	12 559		20:42	00:10	06:37	75	
	博野站—蠡县站	11 010		20:50	00:09	06:46	73	
	蠡县站—肃宁北站	22 581		21:16	00:25	07:11	54	

表 4.2-17（重车方向、1+1编组）第 3 次运行时分表

序号	区间名	区间长度/m	发车时间	到站时间	运行时分	累计运行时分	运行平均速度/（km/h）	备　注
	神池南站—宁武西站	15 931	13:30	13:53	0:23	0:23	42	
	宁武西站—龙宫站	25 935		14:20	0:27	0:50	58	
	龙宫站—北大牛站	23 592		14:48	0:28	1:18	51	K52 制动试验
	北大牛站—原平南站	18 847		15:25	0:37	1:55	31	K67、K77 制动试验
	原平南站—回凤站	24 138		15:46	0:21	2:16	69	
	回凤站—东冶站	22 589		16:04	0:18	2:34	75	
	东冶站—南湾站	7 840		16:10	0:06	2:40	78	
	南湾站—滴流磴站	26 170		16:37	0:27	3:07	58	
	滴流磴站—猴侧站	20 126		16:57	0:20	3:27	60	35 km/h 缓解试验
	猴侧站—小觉站	15 499		17:13	0:16	3:43	58	
	小觉站—吉月站	18 630		17:30	0:17	4:00	66	
	吉月站—西柏坡站	22 056		17:51	0:21	4:21	63	
	西柏坡站—三汲站	15 295		18:03	0:12	4:33	76	
	三汲站—灵寿站	17 353		18:17	0:14	4:47	74	
	灵寿站—行唐站	18 170		18:31	0:14	5:01	78	
	行唐站—新曲站	14 184		18:42	0:11	5:12	77	
	新曲站—定州西站	12 683		18:52	0:10	5:22	76	
	定州西站—定州东站	23 950		19:11	0:19	5:41	76	
	定州东站—安国站	16 900		19:24	0:13	5:54	78	
	安国站—博野站	12 559		19:34	0:10	6:04	75	
	博野站—蠡县站	11 010		19:42	0:08	6:12	83	
	蠡县站—肃宁北站	22 581		20:08	0:26	6:38	52	

表 4.2-18　运行时分试验结果

运行区间	运行时分				平均运行速度/（km/h）			
	第1次 1+1	第2次 2+0	第3次 1+1	正常运行	第1次 1+1	第2次 2+0	第3次 1+1	正常运行
神池南站—宁武西站	00:26	00:29	00:23	00:18	37	33	42	53
宁武西站—龙宫站	00:25	00:27	00:27	00:26	62	58	58	60
龙宫站—北大牛站	00:24	00:35	00:28	00:23	59	40	51	62
北大牛站—原平南站	00:18	00:34	00:37	00:19	63	33	31	60
原平南站—回凤站	00:21	00:22	00:21	00:20	69	66	69	72
回凤站—东冶站	00:19	00:18	00:18	00:19	71	75	75	71
东冶站—南湾站	00:06	00:06	00:06	00:07	78	78	78	67
南湾站—滴流磴站	00:26	00:28	00:27	00:25	60	56	58	63
滴流磴站—猴刎站	00:21	00:22	00:20	00:20	58	55	60	60
猴刎站—小觉站	00:15	00:17	00:16	00:15	62	55	58	62
小觉站—古月站	00:18	00:17	00:17	00:19	62	66	66	59
古月站—西柏坡站	00:19	00:20	00:21	00:20	70	66	63	66
西柏坡站—三汲站	00:12	00:24	00:12	00:13	76	38	76	71
三汲站—灵寿站	00:32	00:21	00:14	00:14	33	50	74	74
灵寿站—行唐站	00:14	00:14	00:14	00:15	78	78	78	73
行唐站—新曲站	00:11	00:11	00:11	00:12	77	77	77	71
新曲站—定州西站	00:11	00:10	00:10	00:10	69	76	76	76
定州西站—定州东站	00:19	00:19	00:19	00:19	76	76	76	76
定州东站—安国站	00:14	00:13	00:13	00:13	72	78	78	78
安国站—博野站	00:10	00:10	00:10	00:10	75	75	75	75
博野站—蠡县站	00:09	00:09	00:08	00:09	73	73	83	73
蠡县站—肃宁北站	00:27	00:25	00:26	00:19	50	54	52	71
总运行时分/平均速度	06:37	07:11	06:38	06:05	61.4	56.5	61.2	66.7

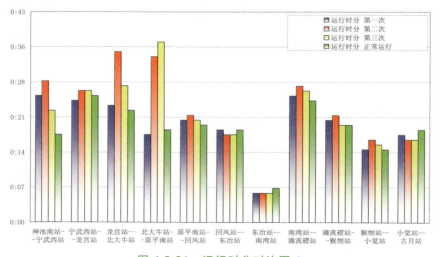

图 4.2-21　运行时分对比图 1

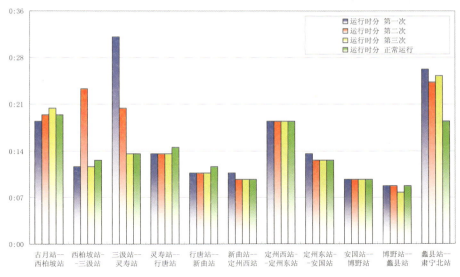

图 4.2-22　运行时分对比图 2

从表 4.2-18 和图 4.2-21、图 4.2-22 可以看出，除去有试验任务和临时停车的区段（如神池南站—宁武西站、龙宫站—北大牛站、北大牛站—原平南站、西柏坡站—三汲站、三汲站—灵寿站），在其他正常运行的区段，试验列车的运行比图定运行时间略有延长。

4.2.3.4　制动试验结果分析

4.2.3.4.1　制动、缓解同步性测试

对 2 次重车 1+1 编组运行试验时的主、从控机车的常用制动、缓解同步性进行了统计，统计结果如图 4.2-23 所示。

同步作用时间最小为 0.8 s，最大为 7.29 s，平均 2.58 s。同步作用时间大于 4 s 的仅占6.38%，同步作用性能较好。对于试验的 1+1 扩编万吨列车，如果常用制动同步作用时间大于 4 s，则整列车的常用制动传播速度与不使用同步装置基本相当。

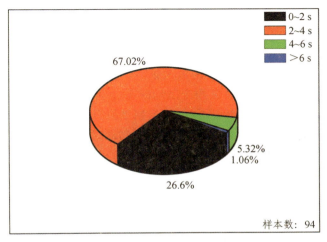

图 4.2-23　制动、缓解同步性统计结果

4.2.3.4.2　常用全制动停车试验

2012 年 3 月 8 日 2 + 0 编组运行试验时在 44 km + 520 m 处进行了常用全制动停车试验，线路情况如图 4.2-24 所示，制动时试验列车位于 5‰ ~ 11‰ 下坡道上，列车前方是 10‰ 下坡道，试验区段最小曲线半径 400 m。

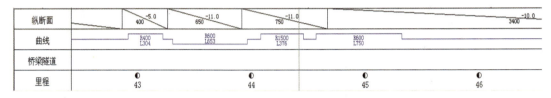

图 4.2-24　3 月 8 日试验区段线路图

2012 年 3 月 14 日 1 + 1 编组运行试验在 67 km + 959 m 处进行了常用全制动停车试验，线路情况如图 4.2-25 所示，制动时试验列车位于 9‰ ~ 12‰ 下坡道上，列车前方是 11‰ ~ 12‰ 下坡道，试验区段最小曲线半径 600 m。

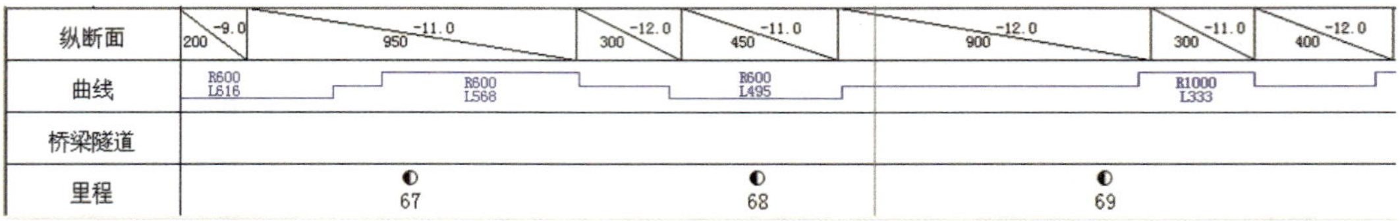

图 4.2-25　3 月 14 日试验区段线路图

2 次常用全制动停车试验结果见表 4.2-19 所示，由表可知：

3 月 8 日常用全制动试验时：制动初速为 67.4 km/h，制动距离 1 435 m；制动时整列车产生制动作用的时间为 9.35 s，列车制动缸升压时间为 87 s。

3 月 14 日常用全制动试验时：制动初速为 68.7 km/h，制动距离 982 m；制动时主、从控机车的同步作用时间为 3.11 s，制动时整列车产生制动作用的时间为 8.49 s，列车制动缸升压时间为 43 s。

2 次常用全制动停车试验列车的空气制动性能正常。

1 + 1 编组常用全制动停车试验测得的最大纵向车钩力为 1 612 kN（压钩力，SS₄0658 从控机车），超出试验大纲规定的建议性指标（常用全制动时不大于 1 500 kN）8%，但满足试验大纲规定的安全性指标要求。

2 + 0 编组常用全制动停车试验测得的最大纵向车钩力仅为 955 kN（压钩力，59 位货车），远小于试验大纲规定的建议性指标（常用全制动时不大于 1500kN）要求。

2 + 0 编组与 1 + 1 编组相比，由于 1 + 1 编组制动缸升压时间仅为 2 + 0 编组的 50%，因此其制动距离也明显缩短约 32%；2 + 0 编组常用全制动时最大纵向力明显小于 1 + 1 编组，缩小约 40%。

图 4.2-26 至 4.2-27 所示为 2 次常用全制动试验实测曲线，从图中可以看出，2 + 0 与 1 + 1 两种编组在常用全制动过程中，随着车辆制动力的逐步施加，均在实施制动后第 17 s 左右产生最大压钩力，当压钩力达到最大值以后，又较快地减小，车辆制动缸压力基本稳定后，在下坡道分力的作用下，缓冲器回弹，列车由压缩状态过渡到拉伸状态。

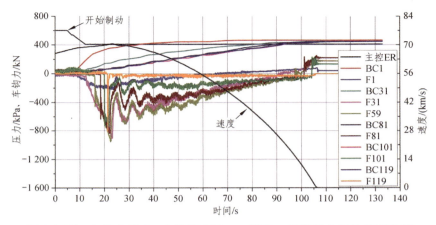

图 4.2-26　3 月 8 日 2 + 0 编组 44 km + 520 m 处常用全制动实测曲线

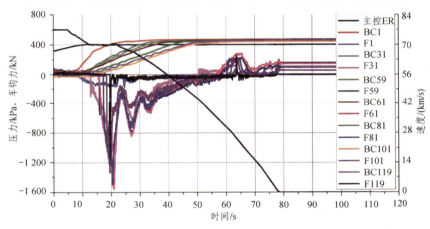

图 4.2-27　3 月 14 日 1 + 1 编组 67 km + 959 m 处常用全制动实测曲线

4.2.3.4.3　紧急制动停车试验

3 月 8 日 2 + 0 编组运行试验时在 77 km + 826 m 处进行了紧急制动停车试验，3 月 14 日 1 + 1 编组运行试验时在 77 km + 851 m 处进行了紧急制动停车试验，两次试验线路情况如图 4.2-28 所示，制动时试验列车位于 11‰ ~ 12‰ 下坡道上，列车前方是 12‰ 下坡道，试验区段最小曲线半径 800 m。

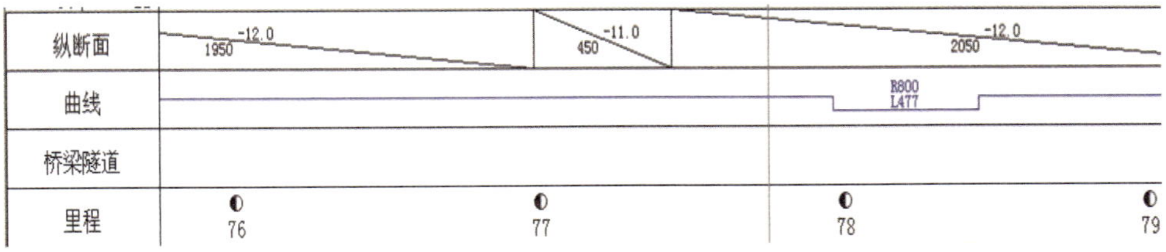

纵断面	-12.0 1950		-11.0 450			-12.0 2050	
曲线					R800 L477		
桥梁隧道							
里程	76		77		78		79

图 4.2-28　紧急制动试验区段线路图

2 次紧急制动停车试验结果见表 4.2-20 所示，由表可知：

3 月 8 日紧急制动试验时：制动初速为 68.4 km/h，制动距离 673 m；制动时整列车产生制动作用的时间为 6.82 s，列车制动缸升压时间为 17.9 s。

表 4.2-19　常用全制动数据结果统计

试验日期	编组方式	试验地点/km	同步时间/s	初速/(km/h)	制动距离/m	制动时间/s	机车、车辆动力学试验结果统计								
							被测机车、车辆	脱轨系数	减载率	横向力/kN	车钩力/kN	车钩偏转角/(°)	货车测试最大车钩力/kN /位置	货车最大车体纵向加速度/(m/s²) /位置	闸瓦最高温度/°C
3月8	2+0	44.520	—	67.4	1 435	101	SS$_4$0658机车	0.44	0.29	33.6	-162	2.92	-955/59	6.47/101	286
							119位货车	0.29	0.21	25.9	-812	—			
3月14	1+1	67.959	3.11	68.7	982	74	SS$_4$0658机车	0.52	0.42	55.4	-1 612	2.61	-1 558/61	-8.53/119	166
							119位货车	0.23	0.18	23.41	-1 126	—			

注：表中所列试验位置均为 SY997050 试验车所在位置公里标，车钩力正表示拉钩力，负表示压钩力，加速度正表示与列车运行方向相同，负表示相反，下同。

表 4.2-20　紧急制动数据结果统计

试验日期	编组方式	试验地点/km	同步时间/s	初速/(km/h)	制动距离/m	制动时间/s	机车、车辆动力学试验结果统计								
							被测机车、车辆	脱轨系数	减载率	横向力/kN	车钩力/kN	车钩偏转角/(°)	货车测试最大车钩力/kN /位置	货车最大车体纵向加速度/(m/s²) /位置	闸瓦最高温度/°C
3月8	2+0	77.826	—	68.4	673	56.7	SS$_4$0658机车	0.27	0.34	51.3	-441	3.46	-928/81	-3.34/101	280
							119位货车	0.07	0.14	9.5	402	—			
3月14	1+1	67.959	0.8	69.5	644	54.2	SS$_4$0658机车	0.55	0.30	42.2	-616	4.73	-685/61	-1.37/61	170
							119位货车	0.08	0.13	10.1	-660	—			

3月14日常用全制动试验时：制动初速为 69.5 km/h，制动距离 644 m；制动时主、从控机车的同步作用时间为 0.8 s，制动时整列车产生制动作用的时间为 3.98 s，列车制动缸升压时间为 15.1 s。

2 次常用全制动停车试验列车的空气制动性能正常。两种编组紧急制动距离均满足试验规定安全性指标要求。

1＋1 编组紧急制动停车试验测得的最大纵向车钩力仅为 685 kN（压钩力，61 位货车），2＋0 编组测得的最大纵向车钩力仅为 928 kN（压钩力，81 位货车），均远小于试验规定的安全性指标（紧急制动时不大于 2 250 kN）要求。

2＋0 编组与 1＋1 编组相比，两种编组制动距离基本相当，最大纵向力均处在较低水平。

图 4.2-29 至 4.2-30 所示为 2 次紧急制动试验实测曲线，从图中可以看出，2 种编组方式在实施紧急制动前，均处在压钩状态，这是 2 次紧急制动试验车钩力较小的主要原因。同样，实施制动后随着车辆制动力的逐步施加，均在实施制动后第 9 s 左右产生最大压钩力，当压钩力达到最大值以后，又较快地减小，车辆制动缸压力基本稳定后，在下坡道分力的作用下，缓冲器回弹，列车由压缩状态过渡到拉伸状态。

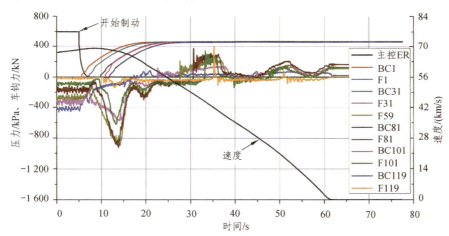

图 4.2-29　3 月 8 日 2＋0 编组 77 km＋826 m 处紧急制动实测曲线

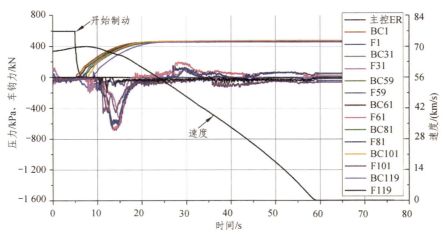

图 4.2-30　3 月 14 日 1＋1 编组 77 km＋851 m 处紧急制动实测曲线

4.2.3.4.4　下坡道电、空配合调速试验

1. 1+1 编组运行试验

3 月 3 日运行试验时在宁武西（15 km+953 m）至北大牛（65 km+458 m），为连续长大下坡道，区间长度 49.53 km，平均下坡度 9.6‰；在南湾（138 km+872 m）至滴流礅（165 km+042 m），为连续长大下坡道，区间长度 26.37 km，平均下坡度 7.92‰，进行了电、空配合调速试验。试验结果见表 4.2-21 ~ 表 4.2-23 所示。

表 4.2-21　电、空配合调速试验数据统计结果（3 月 3 日宁武西至北大牛）

序号	制动位置/km	制动初速/（km/h）	制动持续时间/s	缓解位置/km	缓解初速/（km/h）	可用再充气时间/s	闸瓦最高温度/℃	货车测试最大车钩力（kN）/位置	货车最大车体纵向加速度/（m/s²）
1	18.637	67.0	88	20.130	49.4	——	179	−710/61	−3.74/119
2	22.178	65.2	102	23.857	53.6	136	171		
3	25.511	65.2	130	27.797	54.7	98	167		
4	29.338	67.0	137	31.765	50.5	94	194		
5	33.434	65.7	148	36.054	47.0	108	146		
6	38.048	68.3	160	41.037	60.6	136	138		
7	43.850	65.4	192	47.079	51.6	169	166		
8	48.619	65.4	314	54.021	52.1	97	226		
9	55.478	65.4	176	58.536	46.1	91	261		
10	60.944	65.2	183	64.269	59.8	166	184		

表 4.2-22　电、空配合调速试验数据统计结果（3 月 3 日南湾至滴流礅）

序号	制动位置/km	制动初速/（km/h）	制动持续时间/s	缓解位置/km	缓解初速/（km/h）	可用再充气时间/s	闸瓦最高温度/℃	货车测试最大车钩力（kN）/位置	货车最大车体纵向加速度/（m/s²）
1	145.117	67.7	86	146.657	56.3	—	77	−556/61	−1.96/119
2	151.471	66.5	128	153.471	53.8	294	170		
3	155.146	65.5	210	158.775	48.3	105	243		
4	160.489	64.2	200	164.094	53.1	115	262		

表 4.2-23　电、空配合调速制动试验数据统计结果（3 月 14 日宁武西至龙宫）

序号	制动位置/km	制动初速/（km/h）	制动持续时间/s	缓解位置/km	缓解初速/（km/h）	可用再充气时间/s	闸瓦最高温度/℃	货车测试最大车钩力（kN）/位置	货车最大车体纵向加速度/（m/s²）
1	19.919	65.1	69	21.092	52.5	—	99	−532/61	−2.84/119
2	22.756	64.2	110	24.626	52.4	107	147		
3	26.291	65.1	210	29.939	52.6	106	177		
4	31.481	65.2	237	35.447	46.0	98	231		
5	37.155	61.5	72	38.330	45.5	119	265		
6	40.046	59.3	96	41.745	62.8	128	207		

3月14日运行试验时在宁武西（15 km + 953 m）至龙宫（41 km + 866 m）间进行了电、空配合调速制动试验，该区段为连续长大下坡道，区间长度 25.913 km，平均下坡度 9.21‰。试验结果见表 4.2-21、表 4.2-22。

从表 4.2-21 可知，3 月 3 日在宁武西（15 km + 953 m）至北大牛（65 km + 458 m）间共进行了 10 次电、空配合调速试验，走行距离 45.632 km，走行时间 45 min 26 s，平均速度 60.3 km/h；最长制动带闸时间为 5 min 14 s，最高闸瓦温度 261 ℃，最短可用再充气时间仅为 91 s（与 1 + 1 编组减压 50 kPa 后的再充气时间 1 min 30 s 相当），由此可见，按试验操纵方式，该区段电、空配合调速制动的再充气时间基本满足要求。

从表 4.2-22 可知，3 月 3 日在南湾（138 km + 872 m）至滴流磴（165 km + 042 m）间共进行了 4 次电、空配合调速试验，走行距离 18.977 km，走行时间 18 min 57 s，平均速度 58.1 km/h；最长制动带闸时间为 3 min 20 s，最高闸瓦温度 262 ℃，最短可用再充气时间仅为 105 s（略大于 1 + 1 编组减压 50 kPa 后的再充气时间 1 min 30 s），由此可见，按试验操纵方式，该区段电、空配合调速制动的再充气时间基本满足要求。

从表 4.2-23 可知，3 月 14 日在宁武西（15 km + 953 m）至龙宫（41 km + 866 m）间共进行了 6 次电、空配合调速试验，走行距离 21.826 km，走行时间 22 min 32 s，平均速度 60.1 km/h；最长制动带闸时间为 3 min 57 s，最高闸瓦温度 265 ℃，最短可用再充气时间仅为 98 s（略大于 1 + 1 编组减压 50 kPa 后的再充气时间 1 min 30 s），由此可见，按试验操纵方式，该区段电、空配合调速制动的再充气时间基本满足要求。

由表 4.2-21 ~ 表 4.2-23 可知，2 次 1 + 1 编组列车在 3 个区段电、空配合调速试验时测得的最大车钩力均发生在中部从控机车机次，最大值为 710 kN（压钩力，61 位货车），最大车体纵向加速度为 − 3.74 m/s²（119 位），最大车钩力与最大车体纵向加速度均小于试验大纲规定的建议性指标要求（列车正常运行工况，车钩力不大于 1 000 kN，车体纵向加速度不大于 9.8 m/s²）。

试验区段调速制动时中部 $SS_4$0685 从控机车、特定位置货车动力学测试结果见表 4.2-24，由表可知脱轨系数、减载率、横向力等安全性参数均满足试验大纲规定的安全性指标要求。

表 4.2-24 电、空配合调速制动试验机车、车辆动力学测试结果统计（3 月 14 日）

试验日期	试验区段	被测机车、车辆	脱轨系数	减载率	轮轴横向力/kN	车钩力/kN	车钩偏转角/（°）
3 月 3 日	宁武西至北大牛	$SS_4$0658 机车	0.52	0.30	58.2	− 614	3.2
		59 位货车	0.46	0.26	38.61	− 382	—
	南湾至滴流磴	$SS_4$0658 机车	0.49	0.28	36.7	− 465	2.5
		59 位货车	0.45	0.21	29.02	− 260	—
3 月 14 日	宁武西至龙宫	$SS_4$0658 机车	0.41	0.30	49.3	− 541	4.3
		119 位货车	0.4	0.21	31.7	− 278	—

2. 2 + 0 编组运行试验

3月8日 2 + 0 编组运行试验时在宁武西（15 km + 953 m）至龙宫（41 km + 866 m）间（该区段为连续长大下坡道，区间长度 25.913 km，平均下坡度 9.21‰）和 46 km 至 77 km（该区段为连续长大下坡道，区间长度 33 km，平均下坡度 10.1‰）间进行了电、空配合调速制动试验。试验结果见表 4.2-25 ~ 表 4.2-27。

从表 4.2-25 可知，3 月 8 日在宁武西（15 km + 953 m）至龙宫（41 km + 866 m）间共进行了 4 次电、空配合调速试验，走行距离 23.102 km，走行时间 25 min 28 s，平均速度 53.4 km/h；最长制动带闸时间为 6 min，最高闸瓦温度 198 ℃，最短可用再充气时间仅为 3 min 17 s（与 2 + 0 编组减压 50 kPa 后的再充气时间 3 min ~ 3 min 30 s 相当），由此可见，按试验操纵方式，该区段电、空配合调速制动的再充气时间基本满足要求。

由表 4.2-26 可知，在 46 km 至 77 km 区段，共进行了 4 次电、空配合调速制动试验，最长制动带闸时间为 3 min 40 s，最高闸瓦温度为 294 ℃，最短可用再充气时间仅为 3 min 5 s，由于受 44 km + 200 m 处常用全制动试验影响，每次制动时列车尾部副风缸均不能充至 580 kPa，因此每次均需通过追加减压来控制列车速度。

由表 4.2-25 和 表 4.2-26 可知，2 个区段电、空配合调速试验时测得的最大车钩力位置与 1 + 1 组合列车的位置不同，均发生在列车前部，其值与机车施加的电制力基本相当，均小于试验大纲规定的建议性指标要求（列车正常运行工况，车钩力不大于 1 000 kN），最大车体纵向加速度均小于试验大纲规定的建议性指标要求（列车正常运行工况，车体纵向加速度不大于 9.8 m/s²）。

试验区段调速制动时特定位置货车动力学测试结果见表 4.2-27，由表可知脱轨系数、减载率、横向力等安全性参数均满足试验大纲规定的安全性指标要求。

表 4.2-25　电、空配合调速制动试验数据统计结果（3 月 8 日宁武西至龙宫）

序号	制动位置/km	制动初速/（km/h）	制动持续时间/s	缓解位置/km	缓解初速/（km/h）	可用再充气时间/s	闸瓦最高温度/℃	货车测试最大车钩力（kN）/位置	货车最大车体纵向加速度/（m/s²）
1	18.559	64.9	102	20.178	41.0	—	40	−743/1	5.2/101
2	23.444	62.3	155	25.950	42.9	269	164		
3	28.786	63.2	360	34.775	39.6	214	198		
4	37.366	63.1	232	41.661	59.9	197	190		

表 4.2-26　电、空配合调速制动试验数据统计结果（3 月 8 日 K46 至 K77）

序号	制动位置/km	制动初速/（km/h）	制动持续时间/s	缓解位置/km	缓解初速/（km/h）	可用再充气时间/s	闸瓦最高温度/℃	货车测试最大车钩力（kN）/位置	货车最大车体纵向加速度/（m/s²）
1	49.318	62.4	400	55.988	37.9	—	294	−751/59 −731/1	2.65/1
2	58.342	64.2	214	61.969	35.3	185	284		
3	64.345	61.1	184	67.146	35.7	202	284		
4	69.739	62.3	180	72.705	35.2	218	288		

表 4.2-27　电、空配合调速制动试验车辆动力学测试结果统计（3 月 8 日）

试验区段	被测车辆	脱轨系数	减载率	轮轴横向力/kN	车钩力/kN
宁武西至龙宫	119 位货车	0.44	0.25	27.92	−550
46 km 至 77 km	119 位货车	0.42	0.26	32.85	−294

4.2.3.4.5 下坡道单独使用空气制动调速试验

3月3日1+1编组运行试验时在滴流碚（165 km + 042 m）至猴刎（185 km + 168 m）间进行了单独使用空气制动调速试验，实际试验区段为 165 km 至 171 km + 500 m，试验区段长 6.5 km，为连续下坡道，平均坡度 9.01‰。试验结果见表 4.2-28、表 4.2-29。

表 4.2-28　单独使用空气制动调速试验数据统计结果

序号	制动位置/km	制动初速/（km/h）	制动持续时间/s	缓解位置/km	缓解初速/（km/h）	可用再充气时间/s	闸瓦最高温度/°C	货车测试最大车钩力（kN）/位置	货车最大车体纵向加速度/（m/s²）
1	167.318	62.4	186	170.280	39.7	226	155	435/59	1.18/119

表 4.2-29　单独使用空气制动调速试验时机车、车辆动力学测试结果统计

序号	被测机车、车辆	脱轨系数	减载率	轮轴横向力/kN	车钩力/kN	车钩偏转角/（°）
1	SS₄0658 机车	0.64	0.36	39.3	505	3.34
	59 位货车	0.39	0.21	19.8	398	—

试验时在 165 km 处，机车退电制，开始进行下坡道单独使用空气制动试验，在 165 km 至 171 km + 500 m 区段进行了 1 次单独使用空气制动调速试验，带闸时间 3 min 6 s，闸瓦最高温度 155 °C，可用再充气时间为 3 min 46 s（远大于 1+1 编组方式初制动后的再充气时间 1 min 30 s 要求）。

单独使用空气制动调速时测得的最大车钩力为 433 kN（拉钩力，59 位货车），此时列车速度为 38 km/h，全列车处于缓解过程中，由于缓解时机车未施加电制，随着前部货车快速缓解，在坡道下滑力的作用下在列车中产生拉钩力，后部车辆开始缓解后，拉钩力随即减小；最大车体纵向加速度为 1.18 m/s²（119 位）。最大车钩力与最大车体纵向加速度均小于试验大纲规定的建议性指标要求（列车正常运行工况，车钩力不大于 1 000 kN，车体纵向加速度不大于 9.8 m/s²）。

试验区段调速制动时 SS₄0658 从控机车、第 59 位货车动力学测试结果见表 4.2-29，由表可知脱轨系数、减载率、横向力等安全性参数均满足试验大纲规定的安全性指标要求。

4.2.3.4.6 低速缓解试验

3月8日2+0编组和3月14日1+1编组试验时，均在滴流碚至猴刎间 168 km 至 171 km 进行速度 35 km/h 低速缓解试验，试验区段线路情况如图 4.2-31 所示，试验区段为 10‰ ~ 12‰ 连续下坡道。两次试验结果见表 4.2-30。

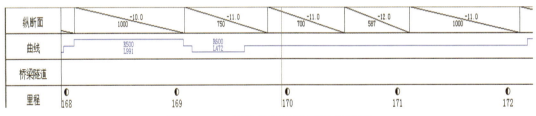

图 4.2-31　低速缓解试验区段线路图

表 4.2-30　低速缓解试验数据统计结果

试验日期	编组方式	缓解位置/km	缓解初速/（km/h）	货车测试最大车钩力（kN）/位置	货车最大车体纵向加速度/（m/s²）
3 月 8	2 + 0	172.190	34.5	-486/1	− 2.5/119
3 月 14	1 + 1	171.763	34.8	-422/81	− 1.47/102

从表 4.2-30 可知，2 + 0 与 1 + 1 编组调速制动在 35 km/h 左右缓解时，试验缓解时的最大车钩力、车体纵向加速度等纵向动力学参数和机车、车辆的脱轨系数、减载率和轮轴横向力等运行安全性参数与前述相同编组缓解速度高于 35 km/h 的调速制动工况相比，未见明显异常，相应指标均满足试验规定的安全性和建议性指标要求。

4.2.3.4.7　走停走试验

3 月 14 日 1 + 1 编组列车在龙宫至北大牛间 52 km + 000 m 处进行了走停走试验，试验区段线况如图 4.2-32 所示，试验列车位于 11‰ 下坡道上，列车停车位置为 52 km + 316 m 处，停车后的主控机车均衡风缸减压量为 115 kPa，缓解过程中机车电制一直满级，列车缓解过程中的速度、尾部车辆副风缸压力变化、列车所处位置等见表 4.2-31，试验实测结果如图 4.2-33 所示。

从表 4.2-31 可知，在图 4.2-32 所示试验区段，采用试验用操纵方法，1 + 1 编组列车从开始缓解到列车速度达到 30 km/h，所用时间为 178 s（2 min 58 s），走行距离为 766 m，此时列车尾部副风缸压力已达 586 kPa；列车速度达到 40 km/h 时，所用时间为 247 s（6 min 7 s），走行距离为 1 431 m，尾部车辆副风缸压力为 593 kPa。试验可知，在朔黄高坡区段，对于 1 + 1 编组方式，按走停走模式运行时，为满足列车再充气时间要求，需将列车速度提高到 30 km/h 以上（大秦线为 45 km/h），与《技规》251 条规定不符。

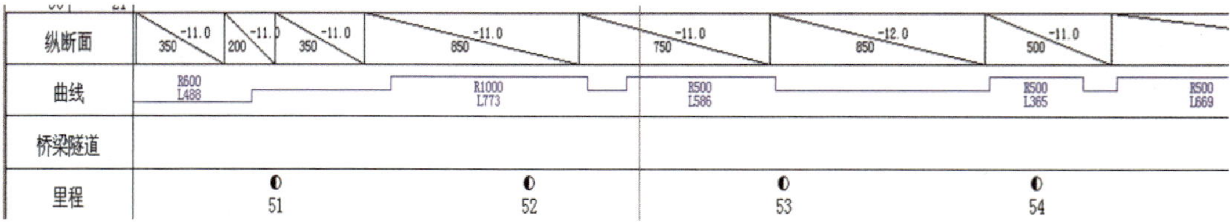

图 4.2-32　试验区段线况

表 4.2-31　52 km 处走停走试验结果

速度/（km/h）	距开始缓解时间/s	尾部副风缸压力/kPa	位置/km	走行距离/m	备　注
0.1	18	502	52.316	0	
16	82	549	52.463	147	
20	106	561	52.581	265	
30	178	586	53.082	766	
40	247	593	53.747	1431	
40.1	248	593	53.76	1444	再次制动
34.8	305	542	54.368	2052	缓解
40	354	571	54.868	2552	

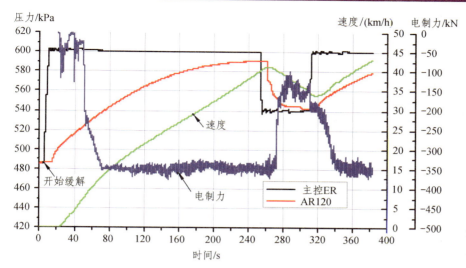

注：主控ER——主控机车均衡风缸压力；AR120——第120位货车副风缸压力。

图 4.2-33　走停走试验实测曲线

对于 2＋0 编组，如果在相同位置进行走停走模式，由静止试验可知，列车减压 110 kPa 后缓解，充气 106 s 后（列车速度 20 km/h）的尾部副风缸压力为 530 kPa，充气 247 s（列车速度 20 km/h）的尾部副风缸压力仅为 563 kPa，尚未完全充满；由此可知，目前 1＋1 编组方式的操纵方法已不能适应 2＋0 编组走停走模式的要求，需对操纵方法进行改进。

4.2.3.5　从控机车动力学试验结果分析

重车试验了两种编组方式，当采用 1＋1 编组方式时（3 月 3 日、3 月 14 日），被试从控机车 SS4 0658 号担当中部从控位；当采用 2＋0 编组方式时（3 月 8 日），被试机车 SS4 0658 号担当机次从控位。朝向均为 B 节在前，布置了测点的 A 节机车位于最末端。

本次试验中，在重车线上进行了多次制动工况试验，其中 1＋1 编组方式下常用全制动和紧急制动试验各 1 次，2＋0 编组方式下紧急制动试验 1 次，其余为电空联合或纯空气循环制动。中部（机次）从控机车主要测试结果如表 4.2-32 所列。

从表中所列数据可以看到，在各次制动试验中，测得压钩力最大值为 1 612 kN，车钩偏转角最大值为 4.7°，脱轨系数最大值为 0.64，轮重减载率最大值为 0.42，轮轴横向力最大值为 58.2 kN。机车运行安全性各项参数均未超出限度值。

在各次调速制动中，实测最大压钩力为 614 kN，各项运行安全性参数未出现异常。

对比表中所列两次紧急制动试验数据可以看出，当采用 2＋0 编组方式，被试机车位于机次从控位时，紧急制动所造成的纵向力比采用 1＋1 编组方式在中部从控位减小将近 1 半。

4.2.3.6　纵向动力学试验结果分析

1. 全程最大值结果统计

朔黄管内重车 3 次运行试验被试车辆的车钩力和车体纵向加速度的全程最大值统计结果见表 4.2-33～表 4.2-35。

表 4.2-32 重车线制动试验工况中部从控机车 SS40658 动力学试验结果

序号	试验工况	制动里程/km	制动时间	缓解里程/km	缓解时间	脱轨系数	轮重减载率	轮轴横向力/kN	中钩拉力/kN	中钩压力/kN	后钩拉力/kN	后钩压力/kN	车钩偏转角/(°)
	限度值					0.90	0.65	90	2 250				±6.0
试验日期：2011-03-03（1＋1 编组，MT-2 摩擦缓冲器）													
1	电、空配合循环制动	22.096	15:13:01	23.872	15:14:43	0.13	0.16	15.1	—	−332.3	—	−457.8	1.1
2		25.409	15:16:20	27.710	15:18:32	0.14	0.21	15.5	—	−265.0	—	−388.6	1.7
3		29.256	15:20:06	31.647	15:22:21	0.15	0.27	16.7	—	−264.8	—	−392.0	1.3
4		33.339	15:24:10	35.956	15:26:39	0.39	0.28	24.8	—	−466.5	—	−614.2	2.2
5		37.964	15:28:55	40.957	15:31:36	0.52	0.30	58.2	—	−319.2	—	−307.1	3.2
6		43.727	15:34:22	46.982	15:37:36	0.34	0.24	18.3	—	−250.1	—	−380.1	1.9
7		48.515	15:39:12	53.904	15:44:26	0.41	0.30	30.8	—	−253.8	—	−356.6	3.0
8		55.369	15:45:57	58.420	15:48:54	0.39	0.27	23.1	—	−379.9	—	−522.3	3.0
9		60.384	15:51:40	64.210	15:54:47	0.50	0.31	39.8	—	−446.6	—	−446.7	3.5
10	空气循环制动	160.281	17:21:52	163.8802	17:25:12	0.49	0.28	36.7	—	−368.3	—	−464.8	2.5
11		167.113	17:28:58	170.057	17:32:04	0.64	0.36	39.3	471.3	—	504.9	—	3.3
12		171.359	17:33:38	173.129	17:35:14	0.20	0.24	33.7	—	−277.4	—	−379.8	2.0
13	紧急制动	77.794	15:52:56			0.27	0.34	51.3	—	−353.4	—	−441.0	3.5
试验日期：2011-03-08（2＋0 编组，失效 QKX100 胶泥缓冲器）													
14	电、空配合循环制动	21.928	13:59:23	23.770	14:01:12	0.15	0.27	20.4	—	−323.3	—	−478.6	1.7
试验日期：2011-03-14（1＋1 编组，全新 QKX100 胶泥缓冲器）													
15		25.455	14:02:59	29.075	14:06:28	0.19	0.24	25.2	—	−340.4	—	−487.0	2.0
16		30.624	14:08:06	34.529	14:12:01	0.41	0.30	49.3	—	−366.0	—	−540.7	4.3
17	常用全制动	66.966	14:49:45			0.52	0.42	55.4	—	−1 599.9	—	−1 612.1	2.6
18	紧急制动	76.954	15:10:17			0.55	0.30	42.2	—	−729.4	—	−716.6	4.7

注：表中公里标均为从控机车所处位置。

表 4.2-33　3 月 3 日被试车辆纵向动力学参数全程最大值

车辆位置	车号	车钩力/kN	速度/（km/h）	里程/km	车体纵向加速度/（m/s²）	速度/（km/h）	里程/km
1	0043029	425.2	26.2	256.205	−1.77	41.0	400.289
31	0043019	−473.4	31.7	403.305	−1.86	42.2	400.300
59	0043017	−514.7	58.0	64.783	−2.16	44.7	36.391
61	0043027	−709.7	44.7	36.398	−1.77	61.5	86.048
81	0043025	−534.2	58.0	64.772	−2.26	61.5	86.092
101	0039304	−502.8	64.8	167.640	3.53	64.8	167.617
119	0039306	−460.3	65.5	86.155	3.61	65.5	86.155

表 4.2-34　3 月 8 日被试车辆纵向动力学参数全程最大值

车辆位置	车号	车钩力/kN	速度/（km/h）	里程/km	车体纵向加速度/（m/s²）	速度/（km/h）	里程/km
1	0043029	898.0	2.1	255.475	2.65	23.0	78.836
31	0043019	−909.5	69.2	44.867	2.65	20.3	258.450
59	0039306	−954.8	69.2	44.855	−2.45	68.7	44.733
81	0043025	−929.0	62.3	77.995	−4.41	68.7	44.777
101	0039304	−737.1	69.2	44.838	6.47	68.7	44.807
119	0043017	−808.4	69.2	44.833	−5.40	69.2	44.832

表 4.2-35　3 月 14 日被试车辆纵向动力学参数全程最大值

车辆位置	车号	车钩力/kN	速度/（km/h）	里程/km	车体纵向加速度/（m/s²）	速度/（km/h）	里程/km
1	0043029	512.8	48.5	85.610	−6.28	48.5	85.604
31	0043019	−1076.7	67.6	68.278	−2.75	11.5	69.000
59	0039306	−1478.3	67.6	68.268	—	—	—
61	0043027	−1557.9	67.6	68.266	−2.16	67.6	68.246
81	0043025	−1488.3	67.6	68.258	−3.04	78.6	266.122
101	0039304	−1128.0	67.6	68.249	8.14	67.6	68.220
119	0043017	−1155.3	67.6	68.244	−8.53	67.6	68.244

从以上 3 个表可见，朔黄管内 3 次重车运行试验车钩力的大值点分别为：

第 1 次：3 月 3 日，−709.7 kN（第 61 位车辆，中部机车之后第一位）。

第 2 次：3 月 8 日，−954.8 kN（第 59 位车辆，中部机车之前第二位）、−929.0 kN（第 81 位车辆）、−909.5 kN（第 31 位车辆）。

第3次：3月14日，−1 557.9 kN（第61位车辆）、−1 488.3 kN（第81位车辆）、−1 478.3 kN（第59位车辆），全部为常用全制动工况。

3次运行试验的最大车钩力对比来看，3月14日（编组为1+1）的车钩力明显大于3月8日（编组为2+0）的车钩力。

3次重车运行试验车体纵向加速度的大值点分别为：

第1次：3.61 m/s²（第119位车辆）。

第2次：6.47 m/s²（第101位车辆）。

第3次：−8.53 m/s²（第119位车辆）、8.14 m/s²（第101位车辆），均出现在常用全制动工况。

3次运行试验的最大车体纵向加速度对比来看，3月14日（编组为1+1）的纵向加速度较其他两次偏大，车体纵向加速度最大值出现的位置集中在列车尾部。

试验结果表明，朔黄管内3次重车运行试验各被试车的最大纵向车钩力满足大纲规定的安全性指标要求（2 250 kN）；第3次重车运行试验（1+1编组）第61位在常用全制动工况下最大纵向车钩力超过建议性指标（1 500 kN）的要求；正常运行工况最大车钩力满足大刚规定的建议性指标要求。

图4.2-34 ~ 图4.2-36为3次重车运行试验全程最大车钩力随里程分布的直方图，图4.2-37至图4.2-39为3次重车运行试验全程最大车体纵向加速度随车辆编组位置的直方图。

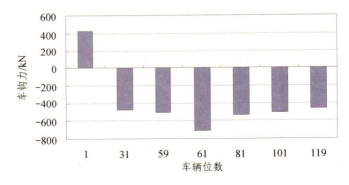

图 4.2-34　3月3日车钩力最大值随车辆编组位置的直方图

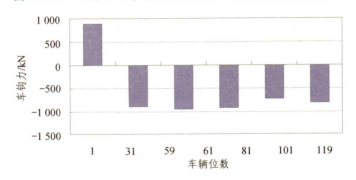

图 4.2-35　3月8日车钩力最大值随车辆编组位置的直方图

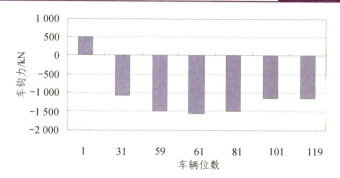

图 4.2-36　3 月 14 日车钩力最大值随车辆编组位置的直方图

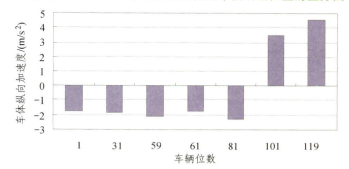

图 4.2-37　3 月 3 日车体纵向加速度最大值随车辆编组位置的直方图

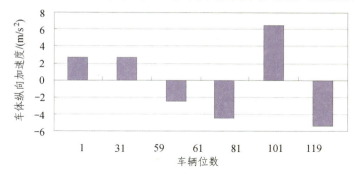

图 4.2-38　3 月 8 日车体纵向加速度最大值随车辆编组位置的直方图

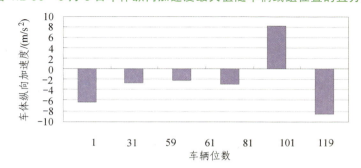

图 4.2-39　3 月 14 日车体纵向加速度最大值随车辆编组位置的直方图

朔黄管内重车运行试验车钩力随里程分布的散点图如下,3 月 3 日:图 4.2-40 ~ 图 4.2-46;
3 月 8 日：图 4.2-47 ~ 图 4.2-52；3 月 14 日：图 4.2-53 ~ 图 4.2-59。

　　朔黄管内重车运行试验车体纵向加速度随里程分布的散点图如下，3月3日：图4.2-60～图4.2-66；3月8日：图4.2-67至4.2-72；3月14日：图4.2-73～图4.2-78。

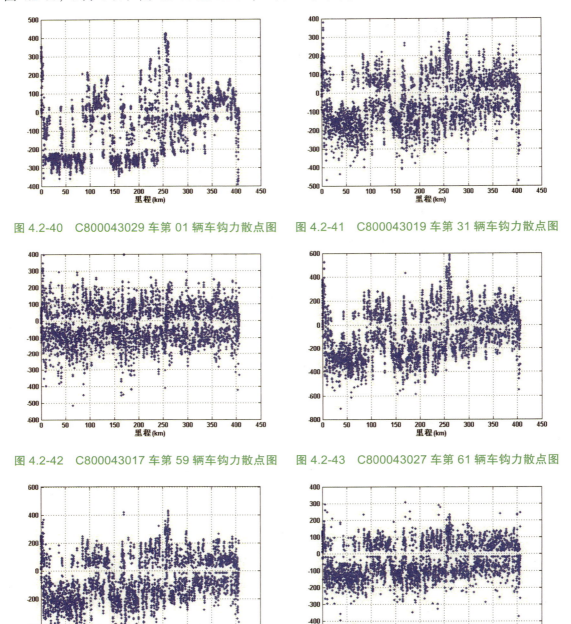

图 4.2-40　C800043029 车第 01 辆车钩力散点图　　图 4.2-41　C800043019 车第 31 辆车钩力散点图

图 4.2-42　C800043017 车第 59 辆车钩力散点图　　图 4.2-43　C800043027 车第 61 辆车钩力散点图

图 4.2-44　C800043025 车第 81 辆车钩力散点图　　图 4.2-45　C800039304 车第 101 辆车钩力散点图

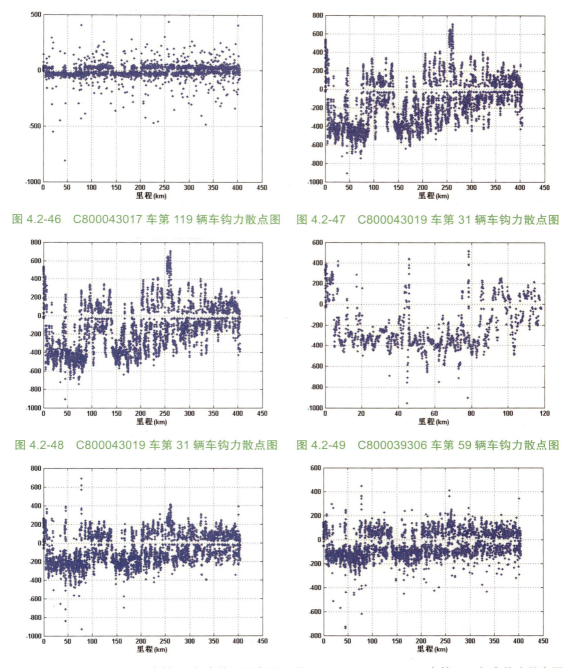

图 4.2-46　C800043017 车第 119 辆车钩力散点图　　图 4.2-47　C800043019 车第 31 辆车钩力散点图

图 4.2-48　C800043019 车第 31 辆车钩力散点图　　图 4.2-49　C800039306 车第 59 辆车钩力散点图

图 4.2-50　C800043025 车第 81 辆车钩力散点图　　图 4.2-51　C800039304 车第 101 辆车钩力散点图

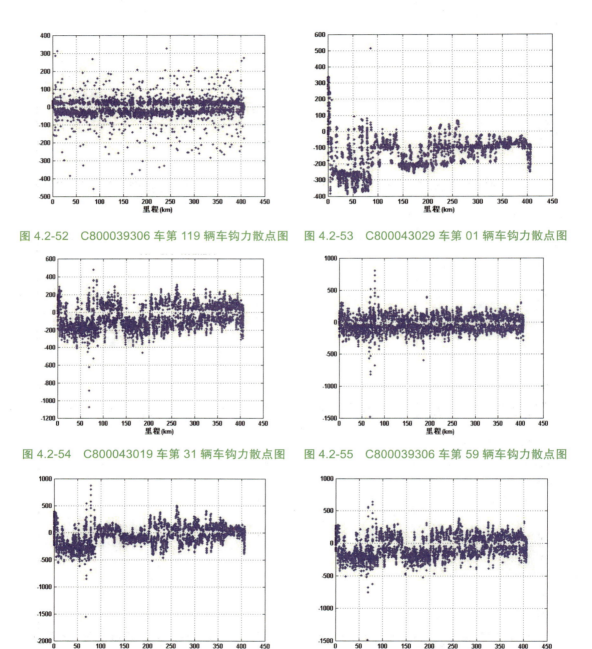

图 4.2-52　C800039306 车第 119 辆车钩力散点图　　图 4.2-53　C800043029 车第 01 辆车钩力散点图

图 4.2-54　C800043019 车第 31 辆车钩力散点图　　图 4.2-55　C800039306 车第 59 辆车钩力散点图

图 4.2-56　C800043027 车第 61 辆车钩力散点图　　图 4.2-57　C800043025 车第 81 辆车钩力散点图

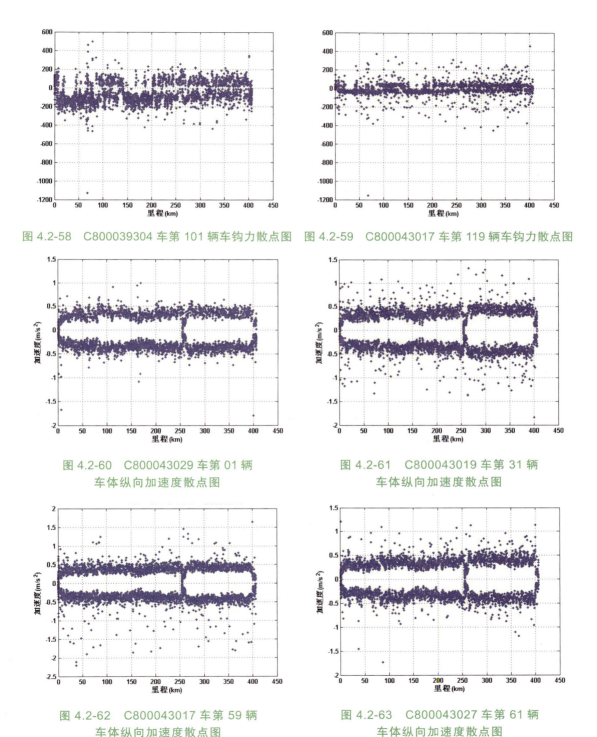

图 4.2-58　C800039304 车第 101 辆车钩力散点图　图 4.2-59　C800043017 车第 119 辆车钩力散点图

图 4.2-60　C800043029 车第 01 辆
车体纵向加速度散点图

图 4.2-61　C800043019 车第 31 辆
车体纵向加速度散点图

图 4.2-62　C800043017 车第 59 辆
车体纵向加速度散点图

图 4.2-63　C800043027 车第 61 辆
车体纵向加速度散点图

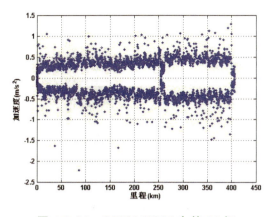

图 4.2-64　C800043025 车第 81 辆
车体纵向加速度散点图

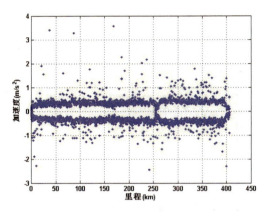

图 4.2-65　C800039304 车第 101 辆
车体纵向加速度散点图

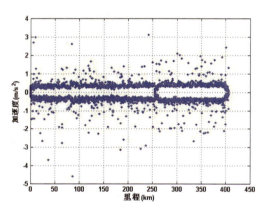

图 4.2-66　C800039306 车第 119 辆
车体纵向加速度散点图

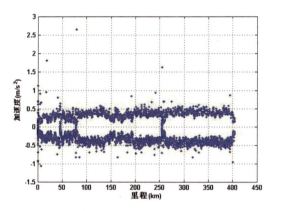

图 4.2-67　C800043029 车第 01 辆
车体纵向加速度散点图

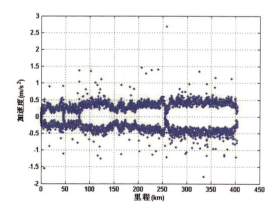

图 4.2-68　C800043019 车第 31 辆
车体纵向加速度散点图

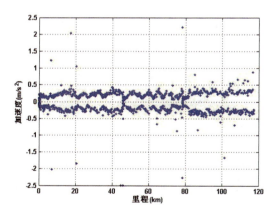

图 4.2-69　C800039306 车第 59 辆
车体纵向加速度散点图

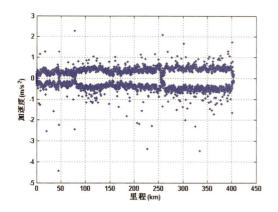

图 4.2-70 C800043025 车第 81 辆
车体纵向加速度散点图

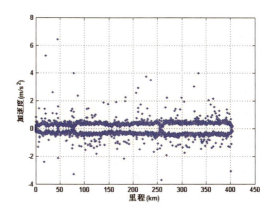

图 4.2-71 C800039304 车第 101 辆
车体纵向加速度散点图

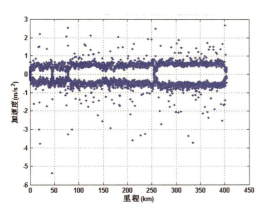

图 4.2-72 C800043017 车第 119 辆
车体纵向加速度散点图

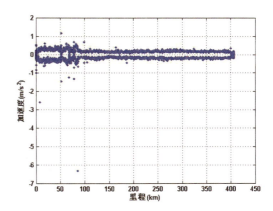

图 4.2-73 C800043029 车第 01 辆
车体纵向加速度散点图

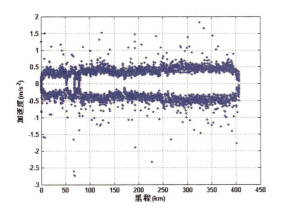

图 4.2-74 C800043019 车第 31 辆
车体纵向加速度散点图

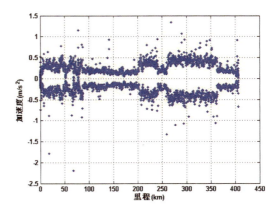

图 4.2-75 C800043027 车第 61 辆
车体纵向加速度散点图

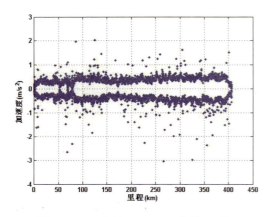

图 4.2-76　C800043025 车第 81 辆
车体纵向加速度散点图

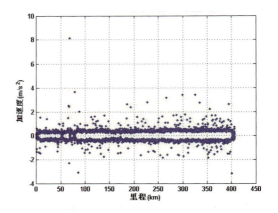

图 4.2-77　C800039304 车第 101 辆
车体纵向加速度散点图

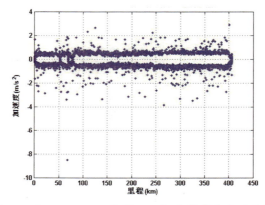

图 4.2-78　C800043017 车第 119 辆车体纵向加速度散点图

2. 各试验工况试验结果统计

表 4.2-36～图 4.2-46 是朔黄管内 3 次重车运行试验在各个试验工况时被试车辆的车钩力和车体纵向加速度最大值。图 4.2-79 是两次常用全制动试验各断面最大车钩力分布图，从数据对比来看，3 月 14 日（1＋1 编组）的常用全制动车钩力数据明显大于 3 月 8 日（2＋0 编组）的数据。图 4.2-80 两次紧急制动试验各断面最大车钩力分布图，两次试验的数据都小于 1 000 kN。

表 4.2-36　3 月 3 日 K22—K61 电空配合调速纵向动力学参数最大值

车辆位置	车号	车钩力/kN	速度/（km/h）	里程/km	车体纵向加速度/（m/s²）	速度/（km/h）	里程/km
1	0043029	−360.0	44.0	58.846	0.59	69.0	39.003
31	0043019	−436.5	44.7	36.418	−1.08	52.1	24.145
59	0043017	−381.8	44.7	36.408	−2.16	44.7	36.391
61	0043027	−709.7	44.7	36.398	−1.47	44.7	36.278
81	0043025	−515.3	44.7	36.422	−1.67	44.7	36.338
101	0039304	−392.8	44.7	36.367	3.43	44.7	36.367
119	0039306	−385.6	44.7	36.388	−3.73	44.7	36.387

表 4.2-37　3月3日 K158—K163 电空配合调速纵向动力学参数最大值

车辆位置	车号	车钩力/kN	速度/（km/h）	里程/km	车体纵向加速度/（m/s²）	速度/（km/h）	里程/km
1	0043029	− 344.9	48.5	159.102	0.98	67.4	162.373
31	0043019	− 337.3	48.5	159.105	− 0.69	66.1	162.488
59	0043017	− 259.6	48.5	159.091	− 1.67	48.5	159.062
61	0043027	− 555.8	48.5	159.093	0.39	68.8	161.594
81	0043025	− 448.0	48.5	159.082	− 0.59	67.3	161.005
101	0039304	− 270.2	48.5	159.097	− 0.88	46.6	159.029
119	0039306	− 228.6	48.5	159.065	− 1.96	48.5	159.065

表 4.2-38　3月3日 K168—173 处空气制动调速被试车辆纵向动力学参数最大值

车辆位置	车号	车钩力/kN	速度/（km/h）	里程/km	车体纵向加速度/（m/s²）	速度/（km/h）	里程/km
1	0043029	− 299.1	60.1	173.654	0.98	57.8	169.022
31	0043019	− 273.6	68.5	171.834	0.69	57.8	168.968
59	0043017	397.8	38.9	170.429	0.78	38.9	170.368
61	0043027	− 434.8	38.9	170.426	− 0.69	64.8	167.559
81	0043025	439.1	38.9	170.428	0.88	65.5	171.458
101	0039304	309.1	38.9	170.417	− 1.08	57.8	169.109
119	0039306	− 143.5	57.8	169.152	1.18	53.1	170.897

表 4.2-39　3月8日 K15—K42 处电空配合调速被试车辆纵向动力学参数最大值

车辆位置	车号	车钩力/kN	速度/（km/h）	里程/km	车体纵向加速度/（m/s²）	速度/（km/h）	里程/km
1	0043029	− 743.4	37.9	35.133	1.77	64.9	18.476
31	0043019	− 722.6	37.9	35.128	0.88	67.1	17.112
59	0039306	− 690.5	37.9	35.123	2.06	67.1	17.182
81	0043025	− 654.8	37.9	35.116	− 2.55	32.9	20.485
101	0039304	− 570.6	37.9	35.112	5.20	32.9	20.503
119	0043017	− 549.5	32.9	20.516	− 3.73	32.9	20.515

表 4.2-40　3 月 8 日 K46—K77 处电空配合调速被试车辆纵向动力学参数最大值

车辆位置	车号	车钩力/kN	速度/（km/h）	里程/km	车体纵向加速度/（m/s²）	速度/（km/h）	里程/km
1	0043029	−730.8	32.6	62.267	2.65	23.0	78.836
31	0043019	−735.0	30.5	72.995	1.37	62.3	78.152
59	0039306	−751.0	32.6	62.21	−0.88	34.5	75.319
81	0043025	−568.8	30.5	72.984	−0.98	34.5	75.356
101	0039304	−456.4	31.2	62.198	−2.16	8.9	45.953
119	0043017	−293.9	30.5	72.976	2.06	30.7	74.831

表 4.2-41　3 月 8 日 K44 处常用全制动被试车辆纵向动力学参数最大值

车辆位置	车号	车钩力/kN	速度/（km/h）	里程/km	车体纵向加速度/（m/s²）	速度/（km/h）	里程/km
1	0043029	−217.9	69.2	44.876	0.59	62.7	45.205
31	0043019	−909.5	69.2	44.867	0.88	69.2	44.834
59	0039306	−954.8	69.2	44.855	−2.45	68.7	44.733
81	0043025	−839.7	69.2	44.849	−4.41	68.7	44.777
101	0039304	−737.4	69.2	44.838	6.47	68.7	44.807
119	0043017	−808.4	69.2	44.833	−5.40	69.2	44.832

表 4.2-42　3 月 8 日 K77 处紧急制动被试车辆纵向动力学参数最大值

车辆位置	车号	车钩力/kN	速度/（km/h）	里程/km	车体纵向加速度/（m/s²）	速度/（km/h）	里程/km
1	0043029	−136.2	62.3	77.932	−0.78	62.3	78.058
31	0043019	−575.1	62.3	78.000	1.37	62.3	78.152
59	0039306	−902.4	62.3	77.998	2.26	62.3	78.230
81	0043025	−929.0	62.3	77.995	2.26	39.6	78.272
101	0039304	−619.8	62.3	77.985	−3.34	39.6	78.307
119	0043017	−140.2	62.3	77.979	2.55	39.6	78.331

表 4.2-43　3 月 14 日 K67 处常用全制动被试车辆纵向动力学参数最大值

车辆位置	车号	车钩力/kN	速度/（km/h）	里程/km	车体纵向加速度/（m/s²）	速度/（km/h）	里程/km
1	0043029	−168.6	67.6	68.340	−0.49	29.6	68.878
31	0043019	−1076.6	67.6	68.278	−2.75	68.9	68.110
59	0039306	−1478.3	67.6	68.268	—	—	—
61	0043027	−1557.9	67.6	68.266	−2.16	67.6	68.246
81	0043025	−1488.3	67.6	68.258	−2.65	67.6	68.198
101	0039304	−1128.0	67.6	68.249	8.14	67.6	68.220
119	0043017	−1155.3	67.6	68.244	−8.53	67.6	68.244

表 4.2-44　3 月 14 日 K77 处紧急制动被试车辆纵向动力学参数最大值

车辆位置	车号	车钩力/kN	速度/（km/h）	里程/km	车体纵向加速度/（m/s²）	速度/（km/h）	里程/km
1	0043029	−133.8	66.3	77.903	0.49	66.3	77.868
31	0043019	−527.8	66.3	78.042	−1.37	66.3	77.907
59	0039306	−680.1	66.3	78.028	—	—	—
61	0043027	−684.8	66.3	78.016	1.18	66.3	78.107
81	0043025	−624.9	66.3	78.007	−0.59	45.7	78.207
101	0039304	−465.1	66.3	77.973	0.88	66.3	77.972
119	0043017	−198.4	66.3	77.989	−0.98	66.3	77.989

表 4.2-45　3 月 14 日 K22-K38 处电空配合调速被试车辆纵向动力学参数最大值

车辆位置	车号	车钩力/kN	速度/（km/h）	里程/km	车体纵向加速度/（m/s²）	速度/（km/h）	里程/km
1	0043029	−386.0	41.8	38.544	−0.49	61.2	28.844
31	0043019	−342.6	47.0	35.422	1.08	50.4	21.339
59	0039306	−277.7	50.4	21.448	—	—	—
61	0043027	−532.3	41.8	38.589	0.49	62.4	28.606
81	0043025	−513.1	50.4	21.437	0.49	62.0	25.849
101	0039304	−348.3	50.4	21.428	1.47	50.4	21.400
119	0043017	−288.7	50.4	21.422	−2.84	50.4	21.422

表 4.2-46　3 月 14 日 K168-K171 处低速缓解被试车辆纵向动力学参数最大值

车辆位置	车号	车钩力/kN	速度/（km/h）	里程/km	车体纵向加速度/（m/s²）	速度/（km/h）	里程/km
1	0043029	−258.5	37.3	172.113	0.29	65.7	169.452
31	0043019	−341.7	34.4	171.982	0.49	65.7	169.459
59	0039306	−250.5	34.4	171.973	—	—	—
61	0043027	−247.7	34.4	171.969	0.29	66.9	169.086
81	0043025	−422.0	34.4	171.982	0.59	66.9	169.282
101	0039304	−324.8	34.4	171.956	−1.47	34.4	171.941
119	0043017	−264.0	34.4	171.954	−1.08	63.4	168.211

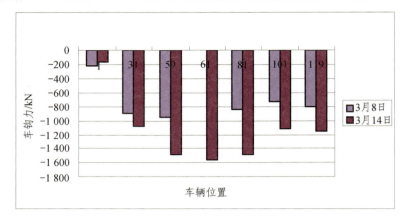

图 4.2-79　两次常用全制动试验各断面最大车钩力分布图

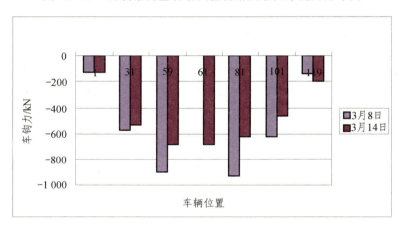

图 4.2-80　两次紧急制动试验各断面最大车钩力分布图

4.2.3.7　特定位置 C80 货车动力学试验结果分析

朔黄管内重车试验同样共进行 3 月 3 日、3 月 8 日、3 月 14 日 3 次，3 月 3 日被试车的编组位置在大列中部第 59 辆，其他两次 3 月 8 日、3 月 14 日试验的编组位置相同都在列尾第 119 辆，重车试验运行时，被试车的 1 轴及 1 位车体加速度在前进端，按照全程监测的线况及重载列车所进行的常规制动、紧急制动、循环制动、坡道起动等试验工况对数据分别进行处理和分析，试验结果表明，特定位置的被试 C80 货车重车运行在朔黄管内时，车辆全程运行及在制动工况下的稳定性、平稳性指标测试结果在限度值范围内，其中较大的脱轨系数及轮轴横向力都出现在大列出神池南过侧线道岔时，指标不超限。

1.　第 1 次重车试验情况（3 月 3 日）

朔黄管内 3 月 3 日重车试验实际最高运行速度 79.1 km/h，全程测试车辆稳定性及平稳性，测试结果最大值见表 4.2-47，安全性指标脱轨系数、轮轴横向力最大为 0.81、63.41 kN，出现在神池南出站侧线道岔处，减载率最大为 0.31，安全指标不超标，满足车辆稳定性要求；车辆横向、垂向平稳性及加速度在限度值范围内，横向、垂向平稳性指标均属于优级。

表 4.2-47　全程测试数据指标最大值汇总（重车）

车号		C80 0043017（重车）			
		最大值	速度/（km/h）	限度值	对应的里程标/km
1轴	脱轨系数	0.81	29.4	1.2	2.428
	减载率	0.31	54.0	0.65	149.417
	轮轴横向力/kN	63.41	30.1	110.5	1.679
1位	横向加速度/（m/s²）	2.45	58.9	4.91	41.158
	横向平稳性	2.35	73.7	4.25	129.133
	垂向加速度/（m/s²）	5.20	75.7	6.87	210.238
	垂向平稳性	2.72	63.7	4.25	210.238

　　制动工况下，测试车辆稳定性及平稳性指标测试结果最大值见表 4.2-48，脱轨系数、轮轴横向力最大为 0.46、38.61 kN，出现在下坡道调速试验工况时，减载率不大，安全指标不超标，满足车辆稳定性要求；车辆横向、垂向平稳性及加速度在限度值范围内。

表 4.2-48　制动工况下动力学性能指标最大值（重车）

车号		C80 0043017（重车）			
试验工况		下坡道电、空配合调速试验	下坡道电、空配合调速试验	下坡道单独空气调速试验	4‰ 限制坡道起动试验
试验区间		宁武西至北大牛	南湾至滴流磴	滴流磴至猴刎	西柏坡至三汲间
试验地点		22 km～61 km	158 km～163 km	168 km～173 km	254 km～256 km
1轴	脱轨系数	0.46	0.45	0.39	0.22
	减载率	0.26	0.21	0.22	0.20
	轮轴横向力/kN	38.61	29.02	28.62	14.37
1位	横向加速度/（m/s²）	2.45	1.47	0.69	1.08
	横向平稳性	2.28	2.10	2.10	1.69
	垂向加速度/（m/s²）	2.75	2.26	1.96	1.96
	垂向平稳性	2.35	2.39	2.26	2.16

2. 第 2 次重车试验情况（3 月 8 日）

　　朔黄管内 3 月 8 日重车试验实际最高运行速度 80 km/h，全程测试车辆稳定性及平稳性，测试结果最大值见表 4.2-49，安全性指标脱轨系数、轮轴横向力最大为 0.83、62.82 kN，同样出现在神池南出站侧线道岔处，减载率最大为 0.31，安全指标不超标，满足车辆稳定性要求；车辆横向、垂向平稳性及加速度在限度值范围内，横向、垂向平稳性指标均属于优级。

表 4.2-49　全程测试数据指标最大值汇总（朔黄区段重车）

车号		C80 0043017（重车）			
		最大值	速度/（km/h）	限度值	对应的里程标/km
1轴	脱轨系数	0.83	32.2	1.2	3.862
	减载率	0.31	41.4	0.65	149.507
	轮轴横向力/kN	65.82	30.8	116.88	3.211
1位	横向加速度/（m/s²）	1.86	77.5	4.91	389.657
	横向平稳性	2.46	77.7	4.25	131.003
	垂向加速度/（m/s²）	3.73	77.5	6.87	132.471
	垂向平稳性	2.78	54.0	4.25	83.396

制动工况下，测试车辆稳定性及平稳性指标测试结果最大值见表 4.2-50，脱轨系数、轮轴横向力最大为 0.44、32.85 kN，出现在下坡道调速试验工况时，减载率不大，安全指标不超标，满足车辆稳定性要求；车辆横向、垂向平稳性及加速度在限度值范围内。

表 4.2-50　制动工况下动力学性能指标最大值（重车）

车号		C80 0043017（重车）			
试验工况		下坡道电、空配合调速试验	下坡道电、空配合调速试验	常用全制动停车试验	紧急制动停车试验
试验区间		宁武西至龙宫	龙宫至北大牛	龙宫至北大牛间	龙宫至北大牛间
试验地点		15 km + 915 m ~ 41 km + 865 m	46 km ~ 77 km	44 km + 200 m	77 km + 800 m
1轴	脱轨系数	0.44	0.42	0.29	0.07
	减载率	0.25	0.26	0.21	0.14
	轮轴横向力/kN	27.92	32.85	25.86	9.49
1位	横向加速度/（m/s²）	0.98	1.37	1.67	0.59
	横向平稳性	2.06	2.20	2.11	1.63
	垂向加速度/（m/s²）	2.06	2.55	1.37	1.28
	垂向平稳性	2.35	2.31	2.25	2.26

3. 第 3 次重车试验情况（3 月 14 日）

3 月 14 日重车试验实际最高运行速度 80.1 km/h，全程测试车辆稳定性及平稳性，测试结果最大值见表 4.2-51，安全性指标脱轨系数、轮轴横向力最大为 0.79、70.17 kN，同样出现在神池南进站侧线道岔处，减载率最大为 0.34，安全指标不超标，满足车辆稳定性要求；车辆横向、垂向平稳性及加速度在限度值范围内，横向、垂向平稳性指标均属于优级。

表 4.2-51　全程测试数据指标最大值汇总（重车）

车号		C80 0043017（重车）			
		最大值	速度/（km/h）	限度值	对应的里程标/km
1轴	脱轨系数	0.79	29.3	1.2	2.451
	减载率	0.34	61.4	0.65	149.220
	横向力/kN	70.17	29.3	116.88	2.451
1位	横向加速度/（m/s²）	1.67	78.1	4.91	383.275
	横向平稳性	2.35	73.4	4.25	128.868
	垂向加速度/（m/s²）	3.53	76.3	6.87	130.368
	垂向平稳性	2.78	63.4	4.25	209.717

制动工况下，测试车辆稳定性及平稳性指标测试结果最大值见表 4.2-52，脱轨系数、轮轴横向力最大为 0.40、31.69 kN，出现在下坡道调速试验时，减载率不大，安全指标不超标，满足车辆稳定性要求；车辆横向、垂向平稳性及加速度在限度值范围内。

表 4.2-52　制动工况下动力学性能指标最大值（重车）

车号		C80 0043017（重车）			
试验工况		下坡道电、空配合调速试验	低速缓解试验	常用全制动停车试验	紧急制动停车试验
试验区间		宁武西至龙宫	滴流磴至猴刿	北大牛间至原平南	北大牛间至原平南
试验地点（计划）		22 km～38 km	168 km～171 km	67 km+713 m	77 km+800 m
1轴	脱轨系数	0.40	0.17	0.23	0.08
	减载率	0.21	0.19	0.18	0.13
	轮轴横向力/kN	31.69	19.29	24.41	10.12
1位	横向加速度/（m/s²）	0.88	0.98	1.18	0.39
	横向平稳性	2.02	1.93	1.96	1.6
	垂向加速度/（m/s²）	3.24	2.65	3.14	1.37
	垂向平稳性	2.38	2.31	2.29	2.22

图 4.2-81～图 4.2-83 分别是万吨扩编列车重车试验（3.3\3.8\3.14 三日重车全程数据散点图）对比。

253

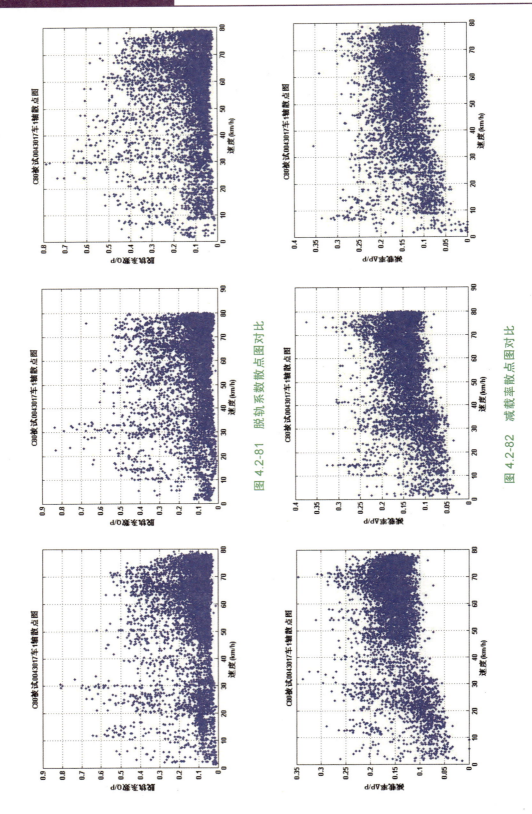

图 4.2-81 脱轨系数散点图对比

图 4.2-82 减载率散点图对比

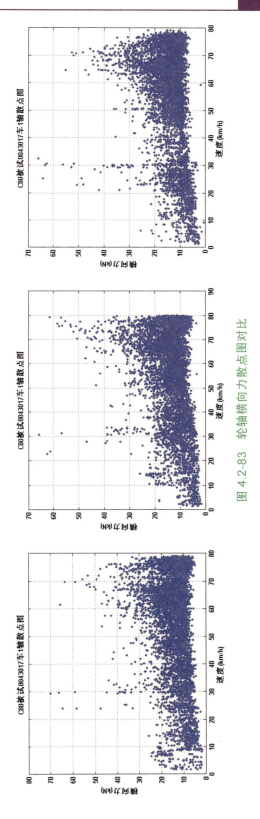

图 4.2-83　轮轴横向力散点图对比

4.2.4　空车运行试验

4.2.4.1　试验线路及编组方式

试验线路详见 4.2.3.1 节所述。

3 月 6 日在下行方向空车试验编组为：

$SS_40655 + SS_40658 + SY997050$ 试验车 + 120 辆 C80 + RW 朔黄铁路 004。

机车牵引模式：双机牵引。

3 月 11 日在下行方向空车试验编组为：

$SS_40655 + SS_40658 + SY997050$ 试验车 + 120 辆 C80 + RW 朔黄铁路 004。

机车牵引模式：从定州西至 77 km 处为单机牵引，77 km 至神池南间为双机牵引。

货车：120 辆；客车：2 辆；总重：2 500 t，计长：137。

4.2.4.2　主要试验工况

在 3 月 14 日进行了空车运行试验，试验工况见表 4.2-53 所示。

表 4.2-53　朔黄管内空车方向主要试验工况列表

试验区段	试验日期	试验工况	
定州西—神池南	2012-3-6	（1）三汲至西柏坡间 K259 + 300 处（4‰下坡道），常用全制动停车试验。 （2）12‰ 限制坡道起动试验，171 km 至 169 km + 100 m。 （3）大牛至原平南间 77 km + 800 m 处（12‰上坡道），紧急制动试验。 （4）无特定试验工况区段均为通通时分试验	
	2012-3-11	（1）77 km + 000 m 处坡起 （2）无特定试验工况区段均为通通时分试验	
4 轴	脱轨系数	0.78	0.14

4.2.4.3　朔黄管内试验结果分析

4.2.4.3.1　牵引试验

1. 坡道起动试验

本试验共进行了两次，分别在第 1 次、第 2 次空车下行时实施，试验地点分别为 170 km + 191 m、76 km + 639 m，试验地点为 12‰ 上坡道，全列所停坡度平均值为 11.5‰，试验线路如图 4.2-84、图 4.2-85 所示。

两次坡道起动加速试验，主控机车测试结果见表 4.2.54、表 4.2-55。时间起点为主控机车开始给牵引时刻（即电机电流开始从 0 开始上升点），速度取试验车测试速度。

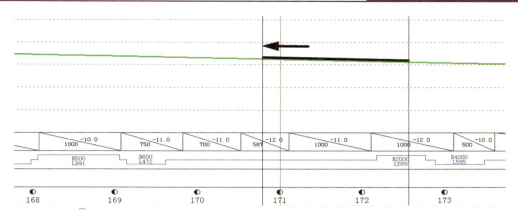

图 4.2-84 K170 + 191 坡起试验起动位置图

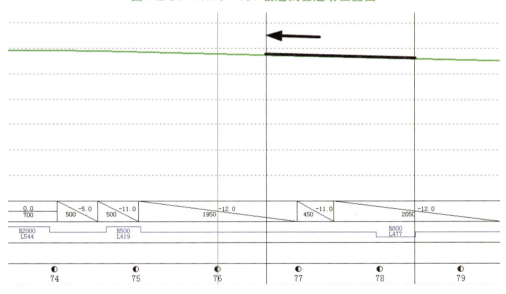

图 4.2-85 76 km + 639 m 坡起试验起动位置图

表 4.2-54 坡道起动加速试验距离、时间数据

试验序号	速度/（km/h）	试验时间	加速距离/m	加速时间/s	平均加速度（0～5 km/h）/（m/s²）
第 1 次试验	0	开始牵引时刻 09:55:50	0	0	0.022
	5	09:56:53	20	1'03"	
	10	09:57:13	64	1'23"	
	15	09:57:32	129	1'42"	
	20	09:57:50	216	2'00"	
第 2 次试验	0	开始牵引时刻 11:31:46	0	0	0.005 91
	5	11:35:41	21	3'55"	
	10	11:36:01	64	4'15"	
	15	11:36:20	128	4'34"	
	20	11:36:36	208	4'50"	

表 4.2-55 坡道起动加速试验结果

试验序号	数据分析类型	试验结果
第 1 次试验	手柄起始牵引级位	4.3 级
	从大闸缓解至列车速度开始增加，用时	32 秒
	起动过程中最大电机电流	858 A
	最大电流阶段持续时间	2 min 39 s
	最大电流阶段持续时速度级	0 ~ 46 km/h
	头部 SS$_4$0655 和 SS$_4$0658 机车最大拉钩合力	649 kN
第 2 次试验	手柄起始牵引级位	5.9 级
	从大闸缓解至列车速度开始增加，用时	3 min 52 s
	起动过程中最大电机电流	856 A
	最大电流阶段持续时间	3 min 19 s
	最大电流阶段持续时速度级	0 ~ 46 km/h
	头部 SS$_4$0655 和 SS$_4$0658 机车最大拉钩合力	723 kN

第 1 次坡起为 2 + 0 编组，双机牵引（SS$_4$0655 + SS$_4$0658）；第 2 次坡起，从制动缸缓解开始首先尝试单机牵引（SS$_4$0655），用时 3 min 10 s，此时试验车车钩力最大为 381 kN，此时坡起不成功，投入 SS$_4$0658 机车，开始双机牵引，用时 15 s 后列车起动，此阶段车钩力最大为 723 kN；从表 4.2-54、表 4.2-55 中可以看出，两次坡起加速距离基本一致，由于第 2 次试验时，主控机车单独先行投入，所以加速至 5 km/h 用时较长，平均加速度小于第 1 次。

坡起试验前后，主控机车（SS$_4$0655）、从控机车（SS$_4$0658）牵引电机出风口温度变化曲线如图 4.2-86 ~ 图 4.2-89 所示，测试结果如表 4.2-56 所示。

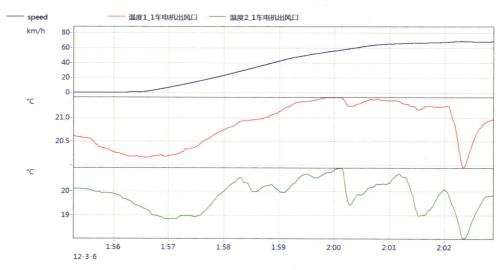

图 4.2-86 第 1 次坡起试验主控机车牵引电机出风口温度曲线

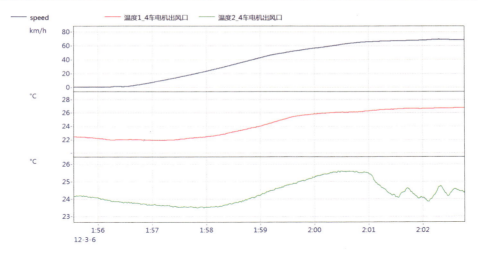

图 4.2-87　第 1 次坡起试验从控机车牵引电机出风口温度曲线

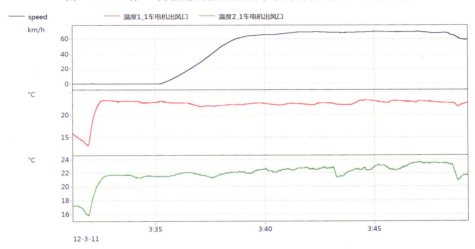

图 4.2-88　第 2 次坡起试验主控机车牵引电机出风口温度曲线

图 4.2-89　第 2 次坡起试验从控机车牵引电机出风口温度曲线

表 4.2-56　坡起试验温度测试结果

试验序号	数据分析类型	试验结果（取测点 1、2 平均值）/°C
第 1 次试验 主控机车	起动时温度	19
	坡起过程中最高温度	21
	坡起前后最高温升	2
第 1 次试验 从控机车	起动时温度	22
	坡起过程中最高温度	27
	坡起前后最高温升	5
第 2 次试验 主控机车	起动时温度	14
	坡起过程中最高温度	23
	坡起前后最高温升	9
第 2 次试验 从控机车	起动时温度	3
	坡起过程中最高温度	20
	坡起前后最高温升	17

在两次坡起试验过程中，从表 4.2-56 中温升数据可以得到，起动过程中温升结果在正常范围，起动过程中未发生过温保护故障；坡起成功后，列车可正常运行。

2. 运行时分分析

试验共进行了两次，运行区间为定州西至神池南，第 1 次编组方式为 2 + 0 编组，第 2 次运行时，在定州站至原平南区间为 1 + 0 编组，在原平南至神池南区间为 2 + 0 编组；运行时分表见表 4.2-57、表 4.2-58，每次运行中，试验工况均不相同，因此全程运行时分不尽相同，具体统计对比信息如表 4.2-59、图 4.2-90、图 4.2-91 所示。

从图 4.2-90、图 4.2-91 中可以看出，除去有试验任务和临时停车的区段（如灵寿站—三汲站、猴刬站—滴流磴站、原平南站—北大牛站），在其他正常运行的区段，试验列车的运行时间基本和正常运行时间一致。

4.2.4.3.2　制动试验

1. 常用全制动试验

3 月 6 日空车试验时，在 259 km + 369 m 处进行了常用全制动试验，试验区段线路情况如图 4.2-92 所示，试验列车位于 3.5‰ ~ 4‰ 起伏坡道上，试验前方为 4‰ 下坡道。

试验结果见表 4.2-60 所示。制动初速为 78.7 km/h，制动距离为 884 m；制动时的列车纵向力以及被试机车、车辆的脱轨系数、减载率和轮轴横向力等均处在较低水平，均满足试验规定的相应限度要求，车体纵向加速度超出试验大纲规定的建议性指标要求。

表 4.2-57 朔黄线（空车方向、2+0编组）第1次运行时分表

序号	区间名	区间长度/m	发车时间	到站时间	运行时分	累计运行时分	运行平均速度/(km/h)	备注
	定州西站—新曲站	12 683	7:41	7:54	0:13	0:13	59	
	新曲站—行唐站	14 184		8:05	0:11	0:24	77	
	行唐站—灵寿站	18 170		8:20	0:15	0:39	73	
	灵寿站—三汲站	17 353		8:41	0:21	1:00	50	全常用制动试验
	三汲站—西柏坡站	15 295		8:53	0:12	1:12	76	
	西柏坡站—古月站	22 056		9:11	0:18	1:30	74	
	古月站—小觉站	18 630		9:28	0:17	1:47	66	
	小觉站—猴刎站	15 499		9:41	0:13	2:00	72	
	猴刎站—滴流磴站	20 126		10:03	0:22	2:22	55	12‰坡起试验
	滴流磴站—南湾站	26 170		10:26	0:23	2:45	68	
	南湾站—东冶站	7 840		10:34	0:08	2:53	59	
	东冶站—回凤站	22 589		10:52	0:18	3:11	75	
	回凤站—原平南站	24 138		11:12	0:20	3:31	72	
	原平南站—北大牛站	18 847		11:45	0:33	4:04	34	
	北大牛站—老营站	23 592		12:09	0:24	4:28	59	
	老营站—宁武西站	25 935		12:32	0:23	4:51	68	紧急制动停车
	宁武西站—神池南站	15 931		12:55	0:23	5:14	42	

表 4.2-58　朔黄线（空车方向、1+0 编组、坡起后为 2+0 编组）第 2 次运行时分表

序号	区间名	区间长度/m	发车时间	到站时间	运行时分	累计运行时分	运行平均速度/(km/h)	备注
	定州西站—新曲唐站	12 683	7:43	8:01	0:18	0:18	42	
	新曲唐站—行唐站	14 184		8:12	0:11	0:29	77	
	行唐站—灵寿站	18 170		8:27	0:15	0:44	73	
	灵寿站—三汲站	17 353		8:41	0:14	0:58	74	
	三汲站—西柏坡站	15 295		8:53	0:12	1:10	76	
	西柏坡站—古月站	22 056		9:14	0:21	1:31	63	1+0 编组
	古月站—小觉站	18 630		9:31	0:17	1:48	66	
	小觉站—猴刎站	15 499		9:45	0:14	2:02	66	
	猴刎站—滴流磴站	20 126		10:07	0:22	2:24	55	
	滴流磴站—南湾站	26 170		10:38	0:31	2:55	51	
	南湾站—东冶站	7 840		10:44	0:06	3:01	78	
	东冶站—回凤站	22 589		11:02	0:18	3:19	75	
	回凤站—原平南站	24 138		11:21	0:19	3:38	76	
	原平南站—北大牛站	18 847		11:47	0:26	4:04	43	12‰坡起试验（2+0 编组）
	北大牛站—龙宫站	23 592		12:08	0:21	4:25	67	2+0 编组
	龙宫站—宁武西站	25 935		12:30	0:22	4:47	71	2+0 编组
	宁武西站—神池南站	15 931		12:46	0:16	5:03	60	2+0 编组

表 4.2-59 运行时分试验结果

运行区间	运行时分			平均运行速度/（km/h）		
	第1次	第2次	正常运行	第1次	第2次	正常运行
定州西站—新曲站	0:13	0:18	0:10	59	42	76
新曲站—行唐站	0:11	0:11	0:11	77	77	77
行唐站—灵寿站	0:15	0:15	0:14	73	73	78
灵寿站—三汲站	0:21	0:14	0:14	50	74	74
三汲站—西柏坡站	0:12	0:12	0:13	76	76	71
西柏坡站—古月站	0:18	0:21	0:19	74	63	70
古月站—小觉站	0:17	0:17	0:17	66	66	66
小觉站—猴刎站	0:13	0:14	0:14	72	66	66
猴刎站—滴流磴站	0:22	0:22	0:19	55	55	64
滴流磴站—南湾站	0:23	0:31	0:24	68	51	65
南湾站—东冶站	0:08	0:06	0:06	59	78	78
东冶站—回凤站	0:18	0:18	0:18	75	75	75
回凤站—原平南站	0:20	0:19	0:20	72	76	72
原平南站—北大牛站	0:33	0:26	0:17	34	43	67
北大牛站—龙宫站	0:24	0:21	0:22	59	67	64
龙宫站—宁武西站	0:23	0:22	0:24	68	71	65
宁武西站—神池南站	0:23	0:16	0:18	42	60	53
总运行时分/平均速度	5:14	5:03	4:40	61.0	63.2	68.4

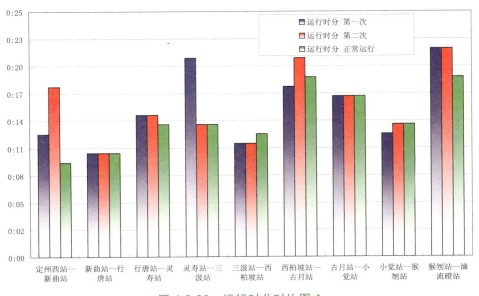

图 4.2-90 运行时分对比图 1

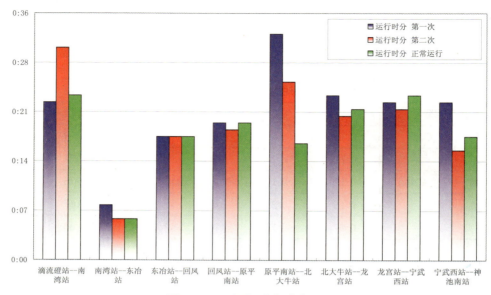

图 4.2-91　运行时分对比图 2

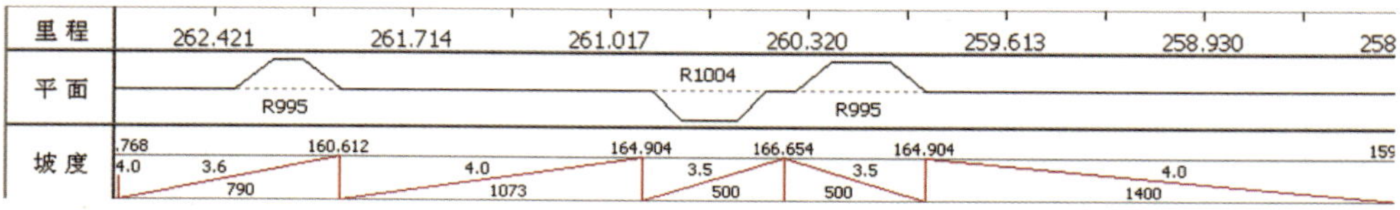

图 4.2-92　3 月 6 日试验区段线路图

表 4.2-60　空车制动数据结果统计

| 制动类型 | 试验地点/km | 初速/（km/h） | 制动距离/m | 制动时间/s | 机车、车辆动力学试验结果统计 | | | | | | 货车测试最大车钩力（kN）/位置 | 货车最大车体纵向加速度（m/s²）/位置 |
					被测机车、车辆	脱轨系数	减载率	横向力/kN	车钩力/kN	车钩偏转角/（°）		
常用全制动	259.369	78.7	884	58	SS₄0658机车	0.20	0.26	30.9	223	3.52	−362/62	12.56/120
					120 位货车	0.60	0.35	14.1	−119	—		
紧急制动	77.540	69.9	316	26	SS₄0658机车	0.17	0.24	29.5	339	3.04	−932/120	−22.8/80 −22.6/120
					120 位货车	0.23	0.32	6.94	−932	—		

注：表中所列试验位置均为 SY997050 试验车所在位置公里标，车钩力正表示拉钩力，负表示压钩力，加速度正表示与列车运行方向相同，负表示相反。

2. 紧急制动试验

3 月 6 日空车试验时，在 77 km + 540 m 处进行了紧急制动试验，试验列车位于 8‰ ~ 12‰ 上坡道上，试验区段为直线，如图 4.2-93 所示。

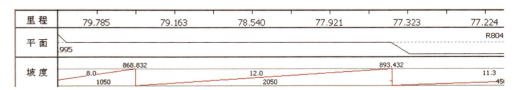

图 4.2-93　3 月 6 日试验区段线路图

　　试验结果见表 4.2-60。制动初速为 69.9 km/h，制动距离为 316 m；制动时被试机车、车辆的脱轨系数、减载率和轮轴横向力等同样处在较低水平，均满足试验规定的相应限度要求。

　　紧急制动时列车的最大纵向力，满足试验规定安全性指标要求；紧急制动时出现了较大的车体纵向加速度，超出试验规定的建议性指标达 1.3 倍。

4.2.4.3.3　纵向动力学试验

1. 全程最大值结果

　　空车两次运行试验被试车辆的车钩力和车体纵向加速度的全程最大值统计结果见表 4.2-61、表 4.2-62。

表 4.2-61　3 月 6 日被试车辆纵向动力学参数全程最大值

车辆位置	车号	车钩力/kN	速度/（km/h）	里程/km	车体纵向加速度/（m/s²）	速度/（km/h）	里程/km
2	0043027	918.8	0.2	77.222	11.97	0.1	77.222
30	0043019	796.1	0.2	77.222	7.95	77.7	259.179
62	0039306	−818.0	66.6	77.394	16.38	66.6	77.438
80	0039304	−865.3	66.6	77.397	−22.76	66.6	77.427
100	0043025	−904.9	66.6	77.401	17.17	66.6	77.414
120	0043017	−932.1	66.6	77.400	−22.56	66.6	77.401

表 4.2-62　3 月 11 日被试车辆纵向动力学参数全程最大值

车辆位置	车号	车钩力/kN	速度/（km/h）	里程/km	车体纵向加速度/（m/s²）	速度/（km/h）	里程/km
2	0043027	719.5	14.3	76.651	−2.94	68.0	85.832
30	0043019	562.5	14.3	76.654	−5.98	53.3	39.847
62	0039306	—	—	—	—	—	—
80	0039304	280.9	50.9	75.565	9.22	72.3	129.108
100	0043025	243.4	57.4	85.357	9.12	64.0	163.661
120	0043017	190.2	57.4	85.340	8.24	59.4	63.315

　　从以上两个表可见，两次空车运行试验车钩力的大值点分别为：

第 1 次：3 月 6 日，932.1 kN（第 120 位车辆）、918.8 kN（第 2 位车辆）、- 904.9 kN（第 100 位车辆），为紧急制动工况。

第 2 次：3 月 11 日，719.5kN（第 2 位车辆）。

两次运行试验的最大车钩力对比来看，3 月 6 日的车钩力大于 3 月 11 日的车钩力。

两次空车运行试验的车体纵向加速度的大值点分别为：

第 1 次：- 22.76 m/s^2（第 80 位车辆）、- 22.56 m/s^2（第 120 位车辆）、17.17 m/s^2（第 100 位车辆）、16.38 m/s^2（第 62 位车辆），均为上坡道紧急制动工况。

第 2 次：9.32 m/s^2（第 80 位车辆）。

第 1 次运行试验有紧急制动和常用全制动工况，第 2 次试验只有正常运行工况，第 1 次的车体纵向加速度明显大于第 2 次的车体纵向加速度。

试验结果表明，两次空车运行试验各被试车的最大纵向车钩力满足大纲规定的安全性指标和建议性指标的要求，第 1 次试验车体纵向加速度超出建议性指标（9.8 m/s^2）。

图 4.2-94 、图 4.2-95 为两次空车运行试验全程最大车钩力随里程分布的直方图，图 4.2-96 、图 4.2-97 为两次空车运行试验全程最大车体纵向加速度随车辆编组位置的直方图。

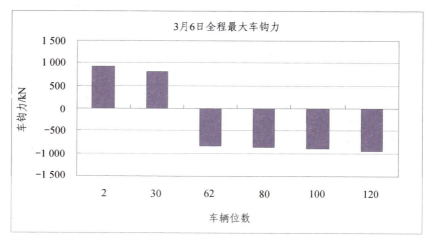

图 4.2-94　3 月 6 日车钩力最大值随车辆编组位置的直方图

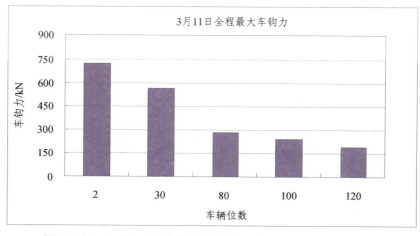

图 4.2-95　3 月 11 日车钩力最大值随车辆编组位置的直方图

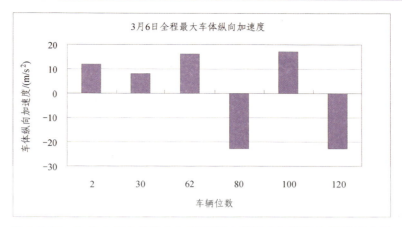

图 4.2-96   3 月 6 日车体纵向加速度最大值随车辆编组位置的直方图

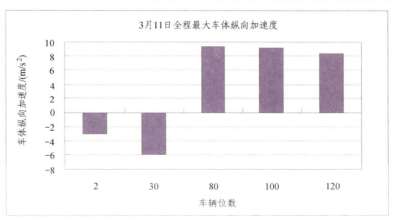

图 4.2-97   3 月 11 日车体纵向加速度最大值随车辆编组位置的直方图

空车运行试验车钩力随里程分布的散点图如下，3 月 6 日：图 4.2-98 ～ 图 4.2-103；3 月 11 日：图 4.2-104 ～ 图 4.2-108。

空车运行试验车体纵向加速度随里程分布的散点图如下，3 月 6 日：图 4.2-109 ～ 图 4.2-114；3 月 11 日：图 4.2-115 ～ 图 4.2-119。

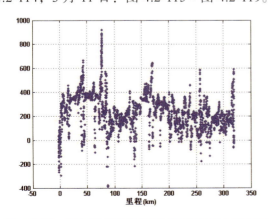

图 4.2-98   C800043027 车第 02 辆车钩力散点图   图 4.2-99   C800043019 车第 30 辆车钩力散点图

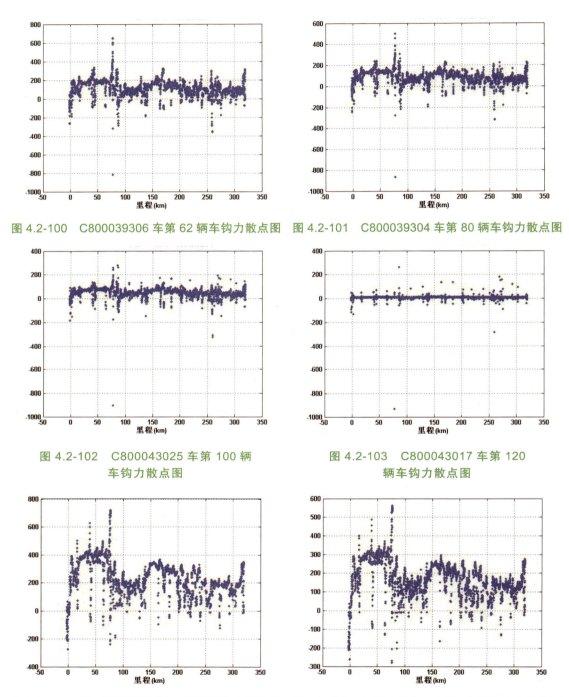

图 4.2-100　C800039306 车第 62 辆车钩力散点图　图 4.2-101　C800039304 车第 80 辆车钩力散点图

图 4.2-102　C800043025 车第 100 辆
车钩力散点图

图 4.2-103　C800043017 车第 120
辆车钩力散点图

图 4.2-104　C800043027 车第 02 辆车钩力散点图　图 4.2-105　C800043019 车第 30 辆车钩力散点图

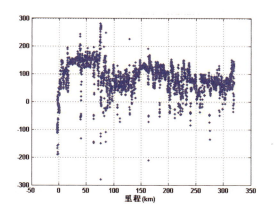

图 4.2-106　C800039304 车第 80 辆
车钩力散点图

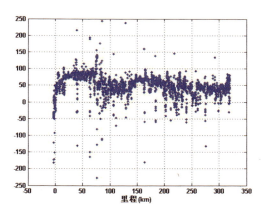

图 4.2-107　C800043025 车第 100 辆
车钩力散点图

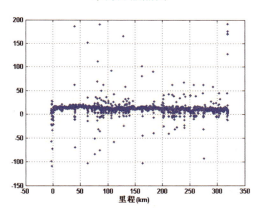

图 4.2-108　C800043017 车第 120 辆
车钩力散点图

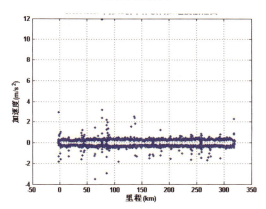

图 4.2-109　C800043027 车第 02 辆
车体纵向加速度散点图

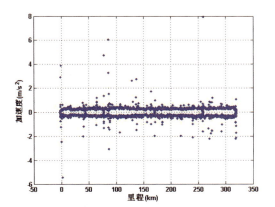

图 4.2-110　C800043019 车第 30 辆
车体纵向加速度散点图

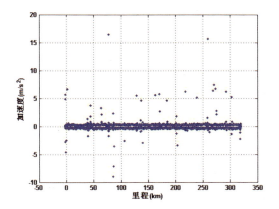

图 4.2-111　C800039306 车第 62 辆
车体纵向加速度散点图

269

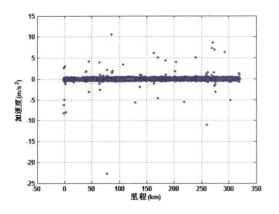

图 4.2-112　C800039304 车第 80 辆
车体纵向加速度散点图

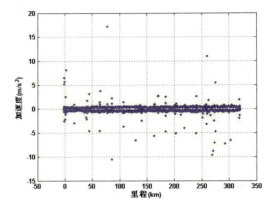

图 4.2-113　C800043025 车第 100 辆
车体纵向加速度散点图

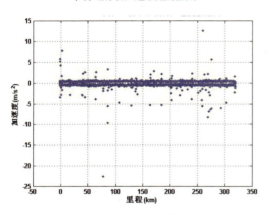

图 4.2-114　C800043017 车第 120 辆
车体纵向加速度散点图

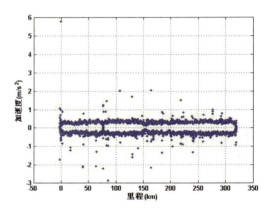

图 4.2-115　C800043027 车第 02 辆
车体纵向加速度散点图

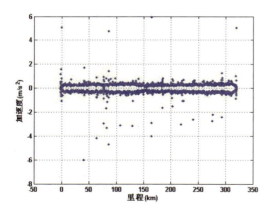

图 4.2-116　C800043019 车第 30 辆
车体纵向加速度散点图

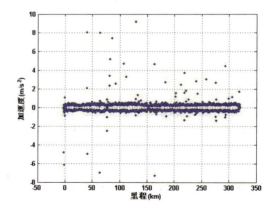

图 4.2-117　C800039304 车第 80 辆
车体纵向加速度散点图

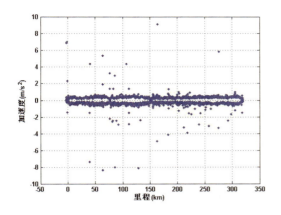

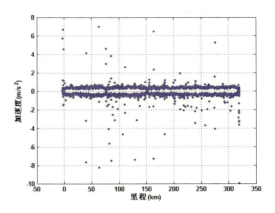

图 4.2-118　C800043025 车第 100 辆
车体纵向加速度散点图

图 4.2-119　C800043017 车第 120 辆
车体纵向加速度散点图

2. 各试验工况试验结果统计

表 4.2-63 和 4.2-64 是 3 月 6 日空车运行试验在紧急制动和常用全制动工况时，被试车辆的车钩力和车体纵向加速度最大值。图 4.2-120 是紧急制动和常用全制动停车试验各断面最大车钩力分布图，两个试验工况的车钩力均小于 1 000 kN，紧急制动的车钩力大于常用全制动的车钩力。

表 4.2-63　3 月 6 日 259 km 处常用全制动被试车辆纵向动力学参数全程最大值

车辆位置	车号	车钩力/kN	速度/（km/h）	里程/km	车体纵向加速度/（m/s²）	速度/（km/h）	里程/km
2	0043027	− 178.4	68.1	259.088	0.88	68.1	258.749
30	0043019	− 323.0	68.1	259.081	7.95	77.7	259.179
62	0039306	− 361.7	77.7	259.142	15.70	77.7	259.144
80	0039304	− 319.5	68.1	259.091	− 10.99	77.7	259.126
100	0043025	− 323.5	77.7	259.105	11.09	77.7	259.107
120	0043017	− 283.1	68.1	259.084	12.56	68.1	259.087

表 4.2-64　3 月 6 日 77 km 处紧急制动被试车辆纵向动力学参数全程最大值

车辆位置	车号	车钩力/kN	速度/（km/h）	里程/km	车体纵向加速度/（m/s²）	速度/（km/h）	里程/km
2	0043027	301.8	66.6	77.355	3.24	66.6	77.372
30	0043019	− 523.6	66.6	77.390	4.71	24.3	77.375
62	0039306	− 818.0	66.6	77.394	16.38	66.6	77.438
80	0039304	− 865.3	66.6	77.397	− 22.76	66.6	77.427
100	0043025	− 904.9	66.6	77.401	17.17	66.6	77.414
120	0043017	− 932.1	66.6	77.400	− 22.56	66.6	77.401

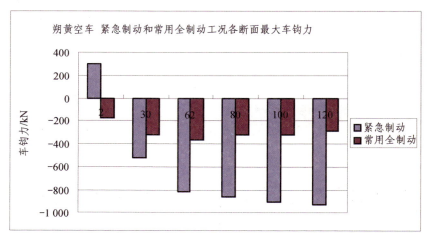

图 4.2-120　3 月 6 日试验紧急制动和常用全制动工况各断面车钩力

4.2.4.3.4　从控机车力学试验

本次试验中，在空车线上采用 2＋0 编组，被试机车位于列车前部，担当机次从控位，进行了常用全制动和紧急制动试验各 1 次，试验的具体工况和从控机车主要测试结果如表 4.2-65 所列。

从表中所列数据可以看到，位于机次从控位的被试机车在两次空气制动停车试验工况下均未出现压钩力，最大拉钩力为 339 kN。脱轨系数最大值 0.20，轮重减载率最大值 0.26，轮轴横向力最大值 30.9 kN，车钩偏转角最大值为 3.5°，均远小于安全限度值。表明位于列车前部的机车受制动过程的列车纵向力影响很小。

表 4.2-65　空车线制动试验工况从控机车 $SS_4 0658$ 动力学试验结果

序号	试验工况	制动里程 /km	制动时间	脱轨系数	轮重减载率	轮轴横向力 /kN	中钩拉力 /kN	中钩压力 /kN	后钩拉力 /kN	后钩压力 /kN	车钩偏转角/ (°)
限度值				0.90	0.65	90	2 250				±6.0
试验日期：2011-03-06（2＋0 编组，MT-2 摩擦缓冲器）											
1	常用全制动	259.193	14:40:38	0.20	0.26	30.9	146.7	—	223.0	—	3.5
2	紧急制动	77.834	17:13:53	0.17	0.24	29.5	310.6	—	339.4	—	3.0

4.2.4.3.5　特定位置 C80 货车动力学试验

空车试验同样共进行 3 月 6 日、3 月 11 日两次，被试车的编组位置都在大列尾部第 120 辆，空车试验运行时，被试车的 4 轴及 2 位车体加速度在前进端，按照全程监测的线况及空载列车所进行的常规制动、紧急制动等试验工况对数据分别进行处理和分析。

试验结果表明，特定位置的被试 C80 货车空车运行试验时，基本情况正常，除了在出定州西站侧线道岔时出现一次脱轨系数超限外，安全指标都在限度范围内；在紧急制动和常用全制动工况时，尾部被试车辆由于是空车，质量相对较轻，在受到大列制动时的纵向冲击时产生车辆的垂向瞬态振动，车体垂向加速度瞬时超标。

1. 第 1 次空车试验情况（3 月 6 日）

3 月 6 日空车试验实际最高运行速度 82.7 km/h，全程测试车辆稳定性及平稳性，测试结果最大值见表 4.2-66，脱轨系数、轮轴横向力最大为 1.21、29.29 kN，分别出现在 318 km + 400 m 附近出定西站侧线道岔处、190 km + 967 m 附近 R495 曲线处，脱轨系数指标超限，减载率最大为 0.55，出现在 201 km + 202 m 附近 R494 曲线处，指标不超标；车辆横向、垂向平稳性及横向加速度在限度值范围内，横向、垂向平稳性指标均属于优级。车体垂向加速度在紧急制动试验时出现 15.50 m/s² 的瞬时超标值。

表 4.2-66　全程测试数据指标最大值汇总（空车）

车 号		C80 0043017（空车）			
		最大值	速度/（km/h）	限度值	对应的里程标/km
4轴	脱轨系数	1.21	42.0	1.2	318.400
	减载率	0.55	71.3	0.65	201.202
	轮轴横向力/kN	29.29	71.4	33.2	190.967
2位	横向加速度/（m/s²）	4.61	51.5	4.91	79.032
	横向平稳性	2.72	70.5	4.25	147.217
	垂向加速度/（m/s²）	15.50	51.5	6.87	79.032
	垂向平稳性	3.11	72.0	4.25	66.655

制动工况下，测试车辆稳定性及平稳性指标测试结果最大值见表 4.2-67，脱轨系数、轮轴横向力最大为 0.60、14.11 kN，出现在常用全制动试验工况，减载率不大，安全指标不超标；车辆横向、垂向平稳性及横向加速度在限度值范围内，车体垂向加速度在紧急制动（见图 4.2-121）和常用全制动试验时瞬时超标，表现为尾部空载车辆在制动纵向冲击时出现较大的瞬时垂向振动。

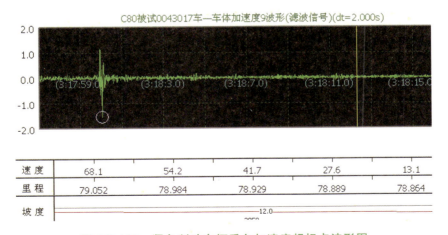

图 4.2-121　紧急制动车辆垂向加速度超标点波形图

表 4.2-67   制动工况下动力学性能指标最大值（空车）

车号		C80 0043017（空车）		
试验区段		朔黄区段		
试验工况		坡道起动试验	紧急制动停车试验	常用全制动停车试验
试验区间		猴刎至滴流碏间	大牛至原平南间	三汲至西柏坡间
试验地点		171 km ~ 169 km	77 km	259 km + 300 m
4轴	脱轨系数	0.23	0.23	0.60
	减载率	0.14	0.31	0.35
	轮轴横向力/kN	3.75	6.94	14.11
2位	横向加速度/（m/s²）	0.88	4.61	1.67
	横向平稳性	1.7	2.14	2.47
	垂向加速度/（m/s²）	1.67	15.50	8.24
	垂向平稳性	2.1	2.68	2.54

2. 第 2 次空车试验情况（3 月 11 日）

3 月 11 日空车试验实际最高运行速度 79.5 km/h，全程测试车辆稳定性及平稳性，测试结果最大值见表 4.2-68，安全性指标脱轨系数、轮轴横向力最大为 1.17、31.46 kN，分别出现在 224 km + 979 m 附近 $R495$ 曲线处、40 km + 402 m 附近 $R494$ 曲线处，指标不超限，减载率最大为 0.63，出现在 190 km + 643 m 附近 $R495$ 曲线处，指标不超标；车辆横向、垂向平稳性及加速度在限度值范围内，横向、垂向平稳性指标均属于优级。

表 4.2-68   全程测试数据指标最大值汇总（空车）

车号		C80 0043017（空车）			
		最大值	速度/（km/h）	限度值	对应的里程标/km
4轴	脱轨系数	1.17	68.0	1.2	224.979
	减载率	0.63	63.1	0.65	190.643
	轮轴横向力/kN	31.46	65.9	33.2	40.402
2位	横向加速度/（m/s²）	2.65	69.0	4.91	67.380
	横向平稳性	2.71	77.1	4.25	94.848
	垂向加速度/（m/s²）	3.43	59.0	6.87	65.249
	垂向平稳性	3.10	67.4	4.25	66.707

3 月 11 日未进行制动试验。

图 4.2-122 所示为万吨扩编列车空车试验（3.6\3.11 两日空车全程数据散点图对比）。

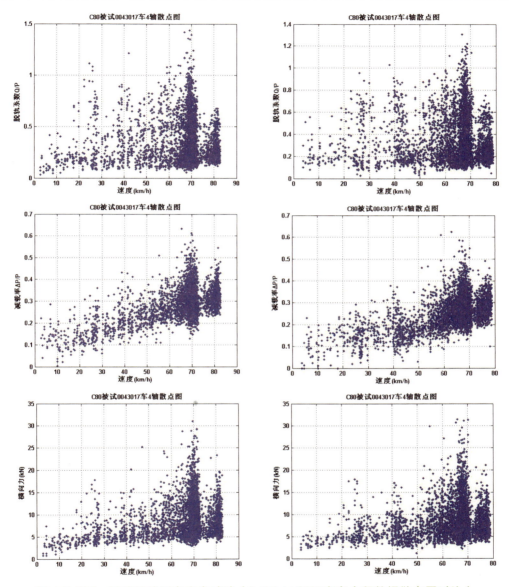

图 4.2-122　万吨扩编列车空车试验（3.6\3.11 两日空车全程数据散点图对比）

4.2.5　试验结论及建议

4.2.5.1　试验结论

通过对 2 台 SS$_4$ 机车采用 1 + 1 和 2 + 0 编组方式牵引的 120 辆 C80 扩编列车进行运行试验，得到如下结论：

（1）2台SS₄机车采用1+1和2+0编组方式牵引120辆C80扩编列车时，在黏着良好、合理操纵及牵引力发挥正常的条件下，可以满足在限制坡道的起动作业。

（2）除有试验任务的区间之外，在其他可比区间，1+1与2+0扩编万吨列车运行时分比正常图定运行时分略有延长。

（3）列车紧急制动距离及最大车钩力均满足试验规定安全性指标（紧急制动距离不大于800 m，最大车钩力不大于2 250 kN）要求。

（4）通过配合使用机车电制动和列车空气制动，1+1编组可在长大下坡道区段按限速要求控制列车速度，并能保证列车循环制动过程中有充足的再充气时间；即使在机车电制动失效的情况下，仅使用列车空气制动，也可实现按限速要求控制列车速度，列车再充气时间亦满足要求；2+0编组方式通过配合使用机车电制动和列车空气制动，将缓解速度降低到35 km/h，亦可在长大下坡道区段按限速要求控制列车速度，并能保证列车循环制动过程中的再充气时间要求。

（5）1+1编组方式在各种制动工况下，列车最大车钩力多发生在中部机车附近；制动工况下的车钩力及车体纵向加速度满足相应建议性指标要求（常用全制动最大车钩力不大于1 500 kN，正常运行工况不大于1 000 kN，车体纵向加速度不大于9.8 m/s²）。

（6）1+1编组与2+0编组方式，在现有调速制动操纵方式下，从控机车（中部或机次）所承受的纵向力水平较低，对轮轨相互作用和运行安全性参数未产生明显影响；2+0编组由于机车集中在列车头部，即使在常用全制动和紧急制动工况下，机车承受的纵向力也较小，对轮轨相互作用和运行安全性参数也未产生明显影响。

（7）1+1与2+0编组调速制动在35 km/h低速缓解时，最大车钩力、车体纵向加速度等纵向动力学参数与相同编组缓解速度高于35 km/h的调速制动工况相比，未见明显异常。

（8）对于1+1编组方式，在进行走停走模式时，通过测试数据表明：为满足列车再充气时间要求，需将列车速度提高到30 km/h以上（大秦线为45 km/h），与《技规》251条规定不符。

本次试验数据表明，C80万吨列车扩编是可行的，但考虑到线路、供电、站场、通通时分以及扩编试验中存在部分安全性指标超标的现象等综合因素，在试开行阶段相关铁路公司须加强对试开行列车及线路设备的监控。扩编后区间运行时分增加带来对运输效率的影响，需进行运输经济性综合评价。

4.2.5.2 建 议

（1）制动同步性测试结果表明，主、从控机车存在较多的制动不同步现象（同步时间大于4 s的占6.38%），试验中在某些区段频繁出现闪红和闪黄现象，建议对全线进行场强测试，进行弱场补强。

（2）对于1+1组合列车，各种制动工况下列车最大车钩力多发生在中部机车附近，为尽可能降低中部从控机车受压失稳所带来的安全风险，建议进一步研究减小中部从控机车承受纵向力的有效措施，包括编组方式及操纵方法的优化等。

（3）应重视中部从控机车车体结构特别是牵引梁的疲劳强度问题，加强日常运用中对牵引梁及其周边结构状态的检查，必要时应进行疲劳强度的实际运行测试，评估其工作寿命，对薄弱环节进行补强。

（4）120 与 120-1 阀均可以适应机车开通压力保持功能（补风功能）的运用环境，目前大秦线 2 万吨及万吨等重载列车机车均开通了压力保持功能，建议对其管内机车开通压力保持的可行性进行研究。

（5）扩编万吨列车应正常运行多次，掌握其无试验任务时的详细运行时分，与图定时分比较，进而优化运输方案，提高运输效率。

（6）在环境温度较高的季节，对扩编万吨列车牵引过程中的牵引部件温升情况进行跟踪监测。

（7）受列车纵向力和轮轨作用力较大的线路区段应增强轨道结构强度，并相应地增加对线路状态的检查和维修措施，建议在难以加大轨检车检查频度的情况下，研究采用日常车载轨道检查系统的可行性。

4.3　朔黄铁路 132 辆 C64 货车组合万吨列车试验

4.3.1　概　述

4.3.1.1　前　言

根据集团公司工作安排，为了对开行采用 132 辆 C64 货车的组合万吨列车的可行性进行研究与探讨，研究组合万吨列车的牵引、制动及纵向动力学性能，中部从控机车动力学性能以及特定位置货车动力学等性能，根据《C64 组合万吨试验实施细则》，于 2013 年 1 月进行了 132 辆 C64 货车组合万吨列车综合试验。

4.3.1.2　试验用机车、车辆

1.　机　车
本次试验采用 SS₄ 型电力机车，参见图 4.2-1 所示，主要技术参数见表 4.2-1 所示。

2.　车　辆
本次试验采用 C64K 货车，主要技术参数见表 4.3-1 所示。

表 4.3-1　C64K 型货车主要技术参数

构造速度	120 km/h
载重	61 t
自重	≤ 23 t
轴重	21 t
转向架型号	K2/K4
车辆定距	8 700 mm

车辆长度	13 438 mm
车辆宽度	3 242 mm
车辆高度	3 142 mm
车钩中心线距轨面高	880±10 mm
车钩型号	13 型或 13A 型
缓冲器型号	MT-3
制动机型号	120 阀（配 356 mm 制动缸）
闸调器型号	ST2—250 闸瓦间隙自动调整器
制动缸型号	356×254 制动缸
闸瓦型号	HGM 高摩合成闸瓦

4.3.1.3 测点布置方式

1. 牵引测试测点布置

测试万吨组合列车在起动加速和全线正常运行时机车功率负荷情况，评估万吨组合列车的牵引性能。牵引测试测点布置见表 4.3-2。

在试验车、主控和从控机车上对相关牵引参数进行测试，主要包括试验车速度、车钩力、列车管压力、制动缸压力、副风缸压力、牵引电机电压、牵引电机电流、牵引手柄级位、网压、网流等。

表 4.3-2 牵引测试测点布置表

序号	测试参数	被测车线号/位置	信号特征/传感器
		1#机车（SS$_4$1170）测点布置表	
1	网压	司机室网压表	AC 25 kV/100 V、机车传感器
2	网流	105	AC 300 A/5 A（10 A/75 mV）、机车传感器
3	电机电压 1	1771/700	DC 1 500 V/10 V、机车传感器
4	电机电流 1	1781/700	DC 1 500 A/10 V、机车传感器
5	环境温度	机车前部	−40～200 ℃、PT100 温度传感器
6	电机温度	牵引电机出风口	−40～200 ℃、PT100 温度传感器
7	手柄级位信号	A 节 1 号端子排 1703/700	6.67%/1 V、机车传感器
8	牵引信号	A 节 1 号端子排 406/400	DC 110 V
9	电制动信号	A 节 1 号端子排 405/400	DC 110 V
10	主断合信号	A 节 1 号端子排 537/400	DC 110 V
11	主断分信号	A 节 1 号端子排 544/400	DC 110 V

续表

序号	测试参数	被测车线号/位置	信号特征/传感器
\multicolumn{4}{c}{2#机车（SS₄1177）测点布置表}
1	网压	司机室网压表	AC 25 kV/100 V、机车传感器
2	网流	105	AC 300 A/5 A（10 A/75 mV）、机车传感器
3	电机电压 1	1771/700	DC 1 500 V/10 V、机车传感器
4	电机电流 1	1781/700	DC 1 500 A/10 V、机车传感器
5	电机电压 2	高压柜 A11/A12	CV4
6	电机电流 2	高压柜 A11	LT1005
7	环境温度	机车前部	$-40 \sim 200$ ℃、PT100 温度传感器
8	电机温度	牵引电机出风口	$-40 \sim 200$ ℃、PT100 温度传感器
9	手柄级位信号	A 节 1 号端子排 1703/700	6.67%/1 V、机车传感器
10	牵引信号	A 节 1 号端子排 406/400	DC 110 V
11	电制动信号	A 节 1 号端子排 405/400	DC 110 V
12	主断合信号	A 节 1 号端子排 537/400	DC 110 V
13	主断分信号	A 节 1 号端子排 544/400	DC 110 V
\multicolumn{4}{c}{试验车}
1	速度	试验车轴端	$0 \sim 80$ km/h、DF16 速度传感器
2	列车管压力	试验车	$0 \sim 1\,000$ kPa、试验车压力传感器
3	制动缸压力	试验车	$0 \sim 1\,000$ kPa、试验车压力传感器

2. 制动与纵向动力学测试测点布置

为了研究列车的制动性能以及机车的制动作用同步性，在主、从控机车和列车的第 1、33、66、67、88、110、132 位货车（计数不包括机车）共计 7 个货车断面布置了制动测点，主要包括机车均衡风缸压力、列车管压力、制动缸压力以及车辆的列车管、副风缸和制动缸压力等。

为了研究不同运行状态下列车的纵向动力学性能，在第 1、33、66、67、88、110、132 位货车（计数不包括机车）共计 7 个货车断面布置了纵向动力学测点，主要包括车钩力、缓冲器行程和纵向加速度。

其他测试参数还包括线路曲线半径、列车运行速度等。

3. 从控机车动力学测点布置

本次试验中，被试从控机车为 SS₄1177 号，在该被试机车前进方向的后节（A 节）机车上布置了如下测点：

（1）前进方向第五位轴和第八位轴（后节机车的两个端轴）更换为测力轮对。

（2）前进方向中间钩和后端钩（后节机车的两个车钩）更换为测力车钩。

（3）中间钩和后端钩布置纵向和横向位移计。

（4）后节机车转向架一系和二系悬挂系统布置垂向和横向位移计。

（5）后节机车车体中心线两端布置三向振动加速度传感器。

（6）列车管空气压力传感器，测量空气制动系统的动作信号。

（7）陀螺仪角速度传感器，测量线路曲线曲率。

（8）速度、里程信号。

（9）GPS 时钟信号。

（10）中间车钩布置电视摄像。

4. 特定位置货车动力学测点布置

本次万吨试验特定位置 C64K 货车动力学试验在整列货车中选取了第 131 位货车进行动力学性能检测，车号为 C64K0300699，试验中该车作为关门车处理。

在被试车前进方向换装测力轮对，第 1 轴换装 1 条测力轮对，共计 1 条。

在被试车前进方向转向架摇枕处布置位移传感器，测量转向架摇枕弹簧垂向位移。

在被试车的车体中梁下盖板距前进方向心盘内侧小于 1 m 的位置布置加速度传感器，测量车体横向、垂向加速度。

4.3.1.4 测试系统及测试原理

1. 牵引试验

试验前按照接线表分别在主控、从控机车、试验车上布置牵引测试系统，3 套系统分别与 GPS 进行时钟同步，采集数据在本地保存，这样，可以确保主、从控机车、试验车测试结果时钟基准的一致性。每套测试系统内部各仪器间通过同步线保证时钟一致。

牵引测试设备和传感器见表 4.3-3 所示。

表 4.3-3 牵引测试设备和传感器

序号	名称	型号	测试精度
1	电参数通道箱	LTC 系列	0.1%
2	数据采集系统	C1、INC4	0.1%
3	速度传感器	DF8	±1 个字
4	电流传感器	LT-1005	0～1 000 A；0.4%
5	电压传感器	CV4	0～4 000 V；0.4%
6	功率分析仪	D6266	±0.1%

2. 制动及纵向动力学试验

制动及纵向动力学试验测试参数按照来源包括：

（1）在试验车进行测试的信号：包括速度、走行距离和陀螺仪半径。

（2）在 SS₄ 机车上的制动测试信号：包括机车均衡风缸压力，机车列车管压力，机车制动缸压力。

（3）在车辆各测试断面上的制动及纵向动力学测试信号：包括列车管压力，副风缸压力，制动缸压力，车钩力，车体纵向加速度，缓冲器位移。

试验时，各测试断面之间采集数据通过 GPS 同步，理论同步精度为 100 μs。采集的试验数据均在本地的 C1 上存储，然后通过无线网络发送到试验车，对试验过程进行监控。

制动与纵向动力学测试设备和传感器见表 4.3-4 所示。

表 4.3-4　制动测试设备和传感器

序号	名称	型号	测试精度
1	压力传感器	Druck	0.2 %
2	测力车钩	JL - 04 2500kN	1.0 %
3	位移计	L - 100 ± 100mm	1.0 %
4	加速度计	M29、M24	0.5 %
5	数据采集系统	Imc - C1	0.1 %

3. 从控 SS₄ 机车动力学试验

从控机车动力学测试系统主要由传感器、IMC 仪器及数据采集处理计算机系统等构成。多台 IMC 仪器通过有线方式以 GPS 时钟为基准源进行同步。

采用测力轮对测量被试机车前进方向第五和第八轴的轮轨力，计算得到脱轨系数、轮重减载率、轮轴横向力等运行安全性参数。

在中间车钩和后端车钩处测量被试机车所受纵向力，并且同时采用位移计测量车钩的纵向、横向位移量，检测列车运行过程中，中部机车所受纵向力、缓冲器动态行程和车钩偏转角。

采用位移计测量一系和二系悬挂系统的垂向和横向位移量，检测被试机车在受到纵向力作用时机车悬挂系统的工作状态。

在车体两端采用加速度传感器测量车体振动加速度，检测从控机车的振动和冲动状况。

采用压力传感器监测列车管压力，观察机车动力学参数的变化与列车操控工况的关联性。

记录速度、里程、曲率等参数，同步检测被试机车所处速度和线路状况。

机车动力学测试设备和传感器见表 4.3-5 所示。

表 4.3-5　机车动力学主要测试设备和传感器

序号	名称	型号	测试精度
1	测力轮对	IWS-SS₄	3.0%
2	测力车钩	13#	1.5%
3	位移计	L - 100 ± 100mm	1.0%
4	加速度计	3703	0.5%
5	数据采集系统	C1、INC4	0.1%

4. 特定位置 C64K 货车动力学试验

数据采集系统由两套 IMC 信号采集仪、两台计算机、电源等组成。一台计算机控制 IMC 进行数据采集，并进行速度信号的采集与显示，一台计算机用于数据实时监测和数据集中处理，通过局域网络进行数据传输。该系统具有很好的采样稳定性和很强的抗干扰能力，能够对采样数据进行实时监测与处理。

数据处理采用 DASO 机车车辆动力学分析软件。车辆动力学测试设备和传感器见表4.3-6。

表 4.3-6　车辆动力学测试设备和传感器

序号	名称	数量	型号	测试精度
1	测力轮对	1 条	—	1.0%
2	位移计	4 个	$L - 100 \pm 100$ mm	1.0%
3	加速度计	4 个	3703	0.5%
4	集流环	4 套	—	—
5	数据采集系统	2 套	IMC CRSL-2-MTC	0.1%

4.3.1.5　评定指标

1. SS₄ 机车动力学评定标准

参照机车车辆运行安全性的现行有关标准，并借鉴以往重载组合列车试验中对中部从控机车的动力学性能控制指标，确定机车运行安全性参数的限度值如下：

脱轨系数　　　　　　　$\leqslant 0.90$

轮重减载率　　　　　　$\leqslant 0.65$

轮轴横向力　　　　　　$\leqslant 90$ kN

最大车钩力　　　　　　$\leqslant 2\,250$ kN

车钩偏转角　　　　　　$\leqslant 6°$

2. C64K 货车动力学评定标准

试验数据处理方法及测试项目的评定按 GB 5599—85《铁道车辆动力学性能评定和试验鉴定规范》（以下简称《规范》）的规定进行。

车辆运行稳定性控制限度值：

脱轨系数：$\dfrac{Q}{P} \leqslant 1.2$

轮重减载率：$\dfrac{\Delta P}{\overline{P}} \leqslant 0.65$

轮轴横向力：$H \leqslant 0.85\left(15 + \dfrac{P_{st1} + P_{st2}}{2}\right)$

式中：

P ——爬轨侧车轮作用于钢轨上的垂直力，kN；

Q ——爬轨侧车轮作用于钢轨上的横向力，kN。

ΔP ——轮重减载量，kN；

$\overline{P}$ ——减载和增载侧车轮的平均轮重，kN。

P_{st} ——车轮静载荷，kN。

根据试验中动态测试的静轮重计算出轮轴横向力的限度值，见表 4.3-7。

表 4.3-7 轮轴横向力限度值

	轮轴横向力限度/kN
重车	93.08
空车	33.15

垂向及横向平稳性指标（W）评定如下：

$W \leq 3.5$	优

$W \leq 3.5$　　　　　　　优

$3.5 < W \leq 4.0$　　　　　良

$4.0 < W \leq 4.25$　　　　合格

车体横向加速度 $\leq 4.91 \ \text{m/s}^2$，垂向加速度 $\leq 6.87 \ \text{m/s}^2$。并且在 100 km 线路上最大加速度超限个数不超过 3 个为合格。

3. 列车纵向动力学安全性评定指标

纵向车钩力 $\leq 2\,250$ kN。

4. 建议性评定指标（列车纵向动力学）

列车常用全制动工况：最大车钩力 $\leq 1\,500$ kN；

列车正常运行工况：最大车钩力 $\leq 1\,000$ kN；列车纵向加速度 $\leq 9.8 \ \text{m/s}^2$。

4.3.2　列车静置试验

4.3.2.1　试验目的

测试列车的基本制动性能，分别对 3 种重车编组方式（即 1＋1 和 1＋0 万吨、C64 编组 5 000 t）和 1 种空车编组方式进行试验，比较不同编组方式万吨列车的制动性能，测试不同减压量下的制动排气时间、列车再充气时间和制动缸升压情况，为列车操纵提供数据支持。

4.3.2.2　编组方式

3 种重车编组方式分别是：

SS_41170（主控）+ SY997152 试验车 + 66 辆 C64 货车 + SS_41177（从控）+ 66 辆 C64 货车 + 宿营车；简称 1＋1 编组万吨。

SS_41170（本务）+ SY997152 试验车 + 66 辆 C64 货车 + SS_41177（单机）+ 66 辆 C64 货车 + 宿营车；简称 1＋0 编组万吨。

SS_41170（本务）+ SY997152 试验车 + 66 辆 C64 货车；简称 C64 编组 5 000 t。

空车编组方式为：

SS_41170（主控）+ SS_41177（从控）+ SY997152 试验车 + 132 辆 C64 货车 + 宿营车。

4.3.2.3　静置制动试验内容

根据试验大纲，静置试验主要进行了以下试验项目：

（1）列车制动系统漏泄试验。

（2）常用制动及缓解试验，分别进行了减压 50 kPa、70 kPa、100 kPa 及常用全制动试验。

（3）紧急制动及缓解试验。

（4）阶段制动试验。

（5）模拟列车断钩保护试验。

（6）模拟通信中断下的制动及缓解试验。

4.3.2.4　试验结果及分析

1. 试验结果

重车 1+1 编组、1+0 编组万吨、C64 编组 5 000 t 与空车 2+0 编组试验结果简要统计分别见表 4.3-8、4.3-9、4.3-10 和 4.3-11 所示。

表 4.3-8　1+1 编组静置试验简要数据统计

		试验工况及结果				
		减压 50 kPa	减压 70 kPa	减压 100 kPa	常用全制动	紧急制动
制动	均衡风缸实际减压量/kPa	60	78	112	185	—
	从控作用时间/s	1.15	2.17	2.16	2.12	1.13
	132 位 BC 出闸时间/s	6.68	7.68	7.74	7.77	4.93
	制动缸升压时间/s	—	—	—	61	14
缓解	从控作用时间/s	2.55	1.02	1.13	2.25	1.98
	132 位 BC 开缓时间/s	9.74	6.08	7.04	14.3	115.09
	再充气时间/s	107	136	197	267	367

注：（1）BC——货车制动缸。

（2）制动缸升压时间——从主控实施制动到列车尾部车辆制动缸压力升到平衡压力 90% 的时间（常用全制动和紧急制动）。

（3）再充气时间——从主控实施缓解到列车尾部车辆副风缸压力升到 580 kPa 的时间。

（4）出闸时间——表示从主控机车开始实施制动到该位置货车制动缸压力开始上升的时间。

（5）开缓时间——表示从主控机车开始实施缓解到该位置货车制动缸压力开始下降的时间。

表 4.3-9　1+0 编组万吨静置试验简要数据统计

		试验工况及结果				
		减压 50 kPa	减压 70 kPa	减压 100 kPa	常用全制动	紧急制动
制动	均衡风缸实际减压量/kPa	60	72	115	185	—
	1 位 BC 出闸时间/s	1.69	1.63	1.85	1.76	0.26
	132 位 BC 出闸时间/s	10.09	9.83	10.33	9.98	7.89
	制动缸升压时间/s	—	—	—	133	17.24
缓解	1 位 BC 开缓时间/s	1.63	1.56	2.04	2.46	47.9
	132 位 BC 开缓时间/s	20.06	21.59	10.84	16.18	241.6
	再充气时间/s	244	352	521	725	934

表 4.3-10 C64 编组 5000t 静置试验简要数据统计

		试验工况及结果				
		减压 50 kPa	减压 70 kPa	减压 100 kPa	常用全制动	紧急制动
	均衡风缸实际减压量/kPa	60	72	109	185	—
制动	1 位 BC 出闸时间/s	1.75	1.65	1.78	1.8	0.25
	66 位 BC 出闸时间/s	5.6	5.49	5.52	5.63	3.93
	制动缸升压时间/s	—	—	—	47	12.97
缓解	1 位 BC 开缓时间/s	1.67	1.37	1.57	2.94	48.37
	66 位 BC 开缓时间/s	6.77	6.34	6.13	10.59	96.57
	再充气时间/s	95	120	173	247	336

表 4.3-11 2+0 编组空车静置试验简要数据统计

		试验工况及结果				
		减压 50 kPa	减压 70 kPa	减压 100 kPa	常用全制动	紧急制动
	均衡风缸实际减压量/kPa	60	78	111	185	—
制动	1 位 BC 出闸时间/s	1.98	2.11	2.03	2.07	0.48
	132 位 BC 出闸时间/s	9.9	9.95	9.93	9.93	8.09
	排气时间/s	—	—	—	136.84	13.86
缓解	1 位 BC 开缓时间/s	2.52	2.42	2.25	6.71	63.2
	132 位 BC 开缓时间/s	29.72	12.76	11.29	57	259.03
	再充气时间/s	260	344	543	647.7	878

2. 试验结果分析

（1）列车漏泄情况。

列车减压 100 kPa 后保压工况下，列车制动系统漏泄量为 4.5 kPa/min。

（2）列车基本空气制动性能。

1+0 编组万吨列车测得的列车常用制动波速为 230 m/s 左右，缓解波速为 220 m/s（均为减压 100 kPa 时测得），紧急制动波速为 253 m/s；这些试验结果与 120 阀的设计指标基本相当。试验表明，列车制动机的常用与紧急制动性能作用正常。

1+1 组合万吨初制动后的再充气时间为 107 s 左右，因此，在长大下坡道进行循环制动时，循环制动缓解时应保证有 107 s 以上的再充气时间，以确保全列车辆副风缸能够充满。

本次试验测得 1+0 编组万吨列车最小减压量后的再充气时间为 244 s（见表 4.3-10），该时间远大于 1+1 编组，因此，对于计划开行的采用神华号机车牵引的 1+0 编组列车，循环制动操纵方式应与 1+1 编组有所区别，通过合理使用机车电制动和列车空气制动，充分考虑线路平纵断面，以保证列车有充足的再充气时间。

模拟断钩试验表明：无论在列车尾部、还是在第 1 小列中部模拟列车断钩排风，整列车均能产生紧急制动作用，机车断钩保护性能作用正常。

（3）1＋1编组制动同步性分析。

同步作用时间的定义：常用制动同步作用时间为主控机车均衡风缸开始减压与从控机车均衡风缸开始减压的时间差；紧急制动同步时间为主控机车列车管开始减压与从控机车列车管开始减压的时间差。

在通信条件良好，通信正常的情况下，主、从控机车同步时间基本正常，平均2.06 s，与2012年2月进行的C80扩编试验同步时间基本相当，均优于4×5 000 t编组。

（4）模拟通信中断下的制动试验

静置试验时进行了"主控机车断通信（立即或闪红），实施减压50 kPa"和"减压50 kPa，稳定后断主控机车通信（立即或闪红），追加减压50 kPa"4种工况制动试验，试验表明：通信中断闪红后实施制动或追加制动，1＋1编组的空气制动传播速度与1＋0编组万吨列车基本相当；而在闪黄后闪红前实施制动或追加制动，存在主控车实施制动，后部从控制动不能实时跟随的现象（即后部机车继续补风），需在从控闪红后制动作用才能正常往后传递，该现象需引起相关部门重视。

4.3.2.5　静置试验小结

（1）列车制动系统工作正常。

（2）在同步作用信号正常的情况下，1＋1编组的制动、缓解同步性略差于C64编组5 000 t，但优于1＋0万吨编组；各种减压量时的列车再充气时间仅为2＋0编组的1/3左右。

4.3.3　重车运行试验

4.3.3.1　试验线路及编组方式

试验区间为神池南至肃宁北。试验区段长约406 km，上行的限制坡道4‰，下行限制坡道12‰，朔黄线的主要特点是海拔落差大，上行下坡道主要集中在神池南至肃宁北区间，尤其是宁武西—原平南和南湾—小觉，这两个区段为长大下坡道区段，最大下坡道12‰，线路纵断面参见图4.2-4所示。

本区段内轨道结构特点为：重车线75 kg/m轨，空车线60 kg/m轨。弹条扣件、碎石道床。2013年1月23日进行了132辆编组C64万吨列车扩编试验，具体编组方式为：$SS_41170＋SY997152$试验车＋66辆C64＋$SS_41177＋66$辆C64＋宿营车。

货车：120辆；客车：2辆；总重/载重：12 100 t/9 600 t，计长：131。

4.3.3.2　主要试验工况

主要试验工况见表4.3-12。

表 4.3-12　重车方向主要试验工况列表

试验日期	试验工况
2013-1-23	（1）重车起动牵引力测试，地点：神池南站。 （2）空电配合调速试验，地点：宁武西至龙宫（22 km 至 38 km），龙宫至北大牛（49 km 至 61 km）。 （3）常用全制动停车试验，地点：北大牛至原平南，78 km + 500 m 处，11‰ ~ 12‰ 下坡，初速 68 km/h。 （4）纯空气制动调速，地点：南湾至滴流磴，155 km 至 164 km。 （5）走停走模式试验，地点：滴流磴至猴刿，167 km 至 173 km。 （6）4‰ 限制坡道起动，地点：西柏坡至三汲间，255 km 处。 （7）无特定试验工况区段均为通通时分试验

4.3.3.3　牵引试验结果及分析

1. 最大起动牵引力试验

试验列车为 1 + 1 编组（主控机车 $SS_4 1170$、从控机车 $SS_4 1177$），列车停放在神池南站，被试机车（$SS_4 1170$）拉伸车钩后，全列实施常用全制动，再缓解小闸，然后提升牵引手柄，试验数据波形如图 4.3-1 所示，试验结果见表 4.3-13。

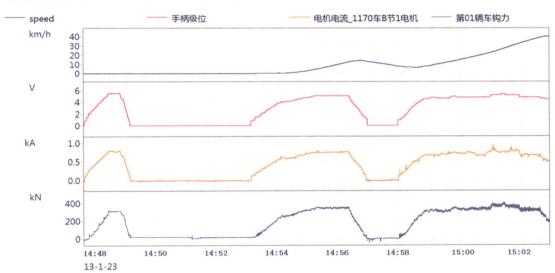

图 4.3-1　最大起动牵引力测试波形

表 4.3-13　最大起动牵引力测试数据

数据分析类型	1 + 1 编组
试验车测试最大车钩拉力（第 1 辆货车前车钩）/kN	318.7
主控机车牵引电机总功率最大值/kW	230.4
主控机车牵引电机电流有效值最大值/A	810.3
手柄牵引级位/级	5.6

2. 4‰ 限制坡道起动试验

试验在 2013 年 1 月 23 日进行，主控机车、从 1 机车全动力投入，编组为 1 + 1，试验地点为 K254 + 774（主控机车位置），该地点为 4‰ 连续上坡道，全列所停坡度平均值为 4‰，试验线路如图 4.3-2 所示。

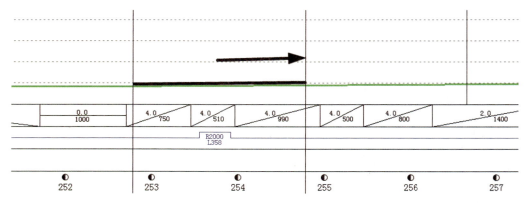

图 4.3-2　坡起试验起动位置图

测试结果见表 4.3-14、表 4.3-15 和图 4.3-3 所示。时间起点为主控机车开始给牵引时刻（即电机电流从 0 开始上升点），速度取试验车测试速度。

表 4.3-14　坡道起动加速试验距离、时间数据

速度/（km/h）	试验时间	加速距离/m	加速时间/s	平均加速度（0～5 km/h）
0	开始牵引时刻 19:21:26	0	0	
5	19:23:40	73	2′14‴	
10	19:25:11	261	3′45″	0.010 m/s²
15	19:26:33	546	5′07″	
20	19:27:54	943	6′28″	

表 4.3-15　坡道起动加速试验结果

数据分析类型	试验结果
手柄牵引级位	5.5 级
起动过程中最大电机电流	907A
最大电流阶段持续时间	6 min 6 s
最大电流阶段持续时速度级	0～20 km/h
第 1 辆货车前车钩力（主控机车后车钩，波动范围）	−30～430 kN
第 33 辆货车前车钩力（波动范围）	−86～398 kN
第 66 辆货车前车钩力（波动范围）	−146～318 kN
第 67 辆货车前车钩力（从 1 机车后车钩，波动范围）	0～725 kN
第 88 辆货车前车钩力（波动范围）	−38～658 kN
第 110 辆货车前车钩力（波动范围）	−41～418 kN

注：车钩力为正值表示为拉钩力，负值表示为压钩力。

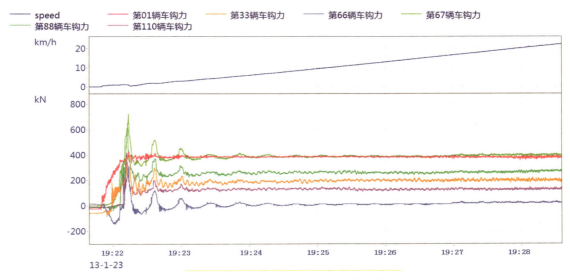

图 4.3-3　坡起试验车钩力变化曲线

3. 运行时分分析

试验运行区间为神池南至肃宁北，编组方式为 1 + 1 编组，运行时分表见表 4.3-16，具体统计对比信息如表 4.3-17、图 4.3-4、图 4.3-5 所示。

从图 4.3-4、图 4.3-5 中可以看出，除去有试验任务和临时停车的区段，在其他正常运行的区段，试验列车的运行时间基本和正常运行时间一致（正常运行时分为朔黄公司提供的万吨编组正常运行时分表）。

表 4.3-16　（重车上行、1 + 1 编组）运行时分表

序号	区间名	区间长度 /m	发车 时间	到站 时间	运行 时分	累计运行 时分	运行平均速 度/（km/h）	备　注
1	神池南站—宁武西站	15 931	6:59	7:17	0:18	0:18	53	
2	宁武西站—龙宫站	25 935		7:44	0:27	0:45	58	电空配合调速 制动
3	龙宫站—北大牛站	23 592		8:08	0:24	1:09	59	
4	北大牛站—原平南站	18 847		8:35	0:27	1:36	42	全制动停车
5	原平南站—回凤站	24 138		8:56	0:21	1:57	69	
6	回凤站—东冶站	22 589		9:14	0:18	2:15	75	
7	东冶站—南湾站	7 840		9:20	0:06	2:21	78	
8	南湾站—滴流磴站	26 170		9:47	0:27	2:48	58	
9	滴流磴站—猴刎站	20 126		10:13	0:26	3:14	46	走停走试验
10	猴刎站—小觉站	15 499		10:29	0:16	3:30	58	
11	小觉站—古月站	18 630		10:46	0:17	3:47	66	
12	古月站—西柏坡站	22 056		11:08	0:22	4:09	60	
13	西柏坡站—三汲站	15 295		11:30	0:22	4:31	42	坡道起动

序号	区间名	区间长度/m	发车时间	到站时间	运行时分	累计运行时分	运行平均速度/（km/h）	备 注
14	三汲站—灵寿站	17 353		11:52	0:22	4:53	47	坡道起动
15	灵寿站—行唐站	18 170		12:06	0:14	5:07	78	
16	行唐站—新曲站	14 184		12:17	0:11	5:18	77	
17	新曲站—定州西站	12 683		12:27	0:10	5:28	76	
18	定州西站—定州东站	23 950		12:46	0:19	5:47	76	
19	定州东站—安国站	16 900		12:59	0:13	6:00	78	
20	安国站—博野站	12 559		13:09	0:10	6:10	75	
21	博野站—蠡县站	11 010		13:18	0:09	6:19	73	
22	蠡县站—肃宁北站	22 581		13:39	0:21	6:40	65	

表 4.3-17 （重车上行、1＋1 编组）运行时分对比表

运行区间	区间运行时分		平均运行速度/（km/h）	
	试验运行	正常运行	试验运行	正常运行
神池南—宁武西站	0:18	00:18	53	53
宁武西站—龙宫站	0:27	00:26	58	60
龙宫站—北大牛站	0:24	00:23	59	62
北大牛—原平南站	0:27	00:19	42	60
原平南站—回凤站	0:21	00:20	69	72
回凤站—东冶站	0:18	00:19	75	71
东冶站—南湾站	0:06	00:07	78	67
南湾站—滴流磴站	0:27	00:25	58	63
滴流磴站—猴刎站	0:26	00:20	46	60
猴刎站—小觉站	0:16	00:15	58	62
小觉站—古月站	0:17	00:19	66	59
古月站—西柏坡站	0:22	00:20	60	66
西柏坡站—三汲站	0:22	00:13	42	71
三汲站—灵寿站	0:22	00:14	47	74
灵寿站—行唐站	0:14	00:15	78	73
行唐站—新曲站	0:11	00:12	77	71
新曲站—定州西站	0:10	00:10	76	76
定州西—定州东站	0:19	00:19	76	76
定州东站—安国站	0:13	00:13	78	78
安国站—博野站	0:10	00:10	75	75
博野站—蠡县站	0:09	00:09	73	73
蠡县站—肃宁北站	0:21	00:19	65	71
总运行时分/平均速度	06:40	06:05	61	67

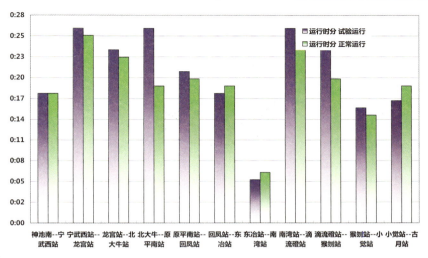

图 4.3-4 （重车上行、1＋1 编组）运行时分对比图 1

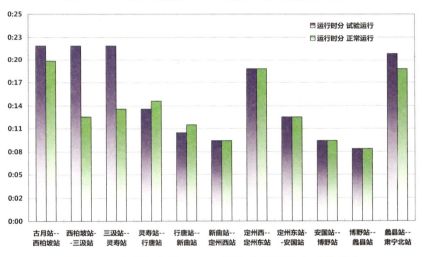

图 4.3-5 （重车上行、1＋1 编组）运行时分对比图 2

4.3.3.4　制动试验结果及分析

1. 制动、缓解同步性测试

对朔黄管内重车 1＋1 编组运行试验时的主、从控机车的常用制动、缓解同步性进行了统计，统计结果如图 4.3-6 所示。

同步作用时间最小为 0.93 s，最大为 3.87 s，平均 2.45 s，同步作用时间均在 4 s 之内，同步作用性能较好。

2. 常用全制动停车试验

1 月 23 日 1＋1 编组运行试验时在 K78＋262 处进行了常用全制动停车试验，线路情况如图 4.3-7 所示，制动时试验列车位于 11‰～12‰ 下坡道上，列车前方是 12‰ 下坡道，试验区段最小曲线半径 800 m。

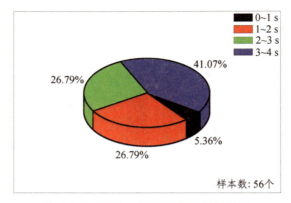

图 4.3-6　制动、缓解同步性统计结果

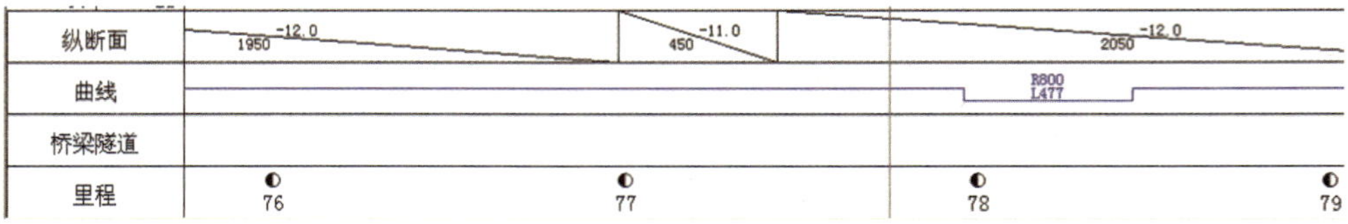

图 4.3-7　试验区段线路图

试验结果见表 4.3-18 和表 4.3-19，由表可知：

表 4.3-18　制动参数统计

试验日期	试验地点/km	制动初速/（km/h）	同步时间/s	BC132 开始制动时间/s	BC132 升压时间/s	制动距离/m	制动时间/s
1 月 23	78.262	68.8	0.97	6.4	59	895	68

表 4.3-19　货车测试断面最大车钩力及车体纵向加速度统计

车辆位置	1 位	33 位	66 位	67 位	88 位	110 位	132 位
车钩力/kN	− 354	− 583	− 544	− 694	− 610	− 368	− 87
车体纵向加速度/（m/s²）	− 1.57	− 2.35	− 1.18	0.88	− 0.59	0.59	3.63

注：货车计数不包括机车和试验车。

　　常用全制动试验时，制动初速为 68.8 km/h，制动距离 895 m；制动时主、从控机车的同步作用时间仅为 0.97 s，同步性能较好，制动时整列车产生制动作用的时间为 6.4 s，132 位货车制动缸压力升至平衡压力 90% 的时间为 59 s。常用全制动停车试验列车的空气制动性能正常。

　　常用全制动停车试验测得的最大纵向车钩力仅为 694 kN（压钩力），远小于试验规定的建议性指标（常用全制动时不大于 1 500 kN），最大车体纵向加速度为 − 2.35 m/s²，也满足试验规定的建议性指标要求。

　　图 4.3-8 所示为常用全制动时实测的货车各测试位置车钩力变化曲线，从图可知，由于在实施全制动前的长时间内，主、从控机车一直施加电制动，电制力约 300 kN，整列车处于压钩状态，基本消除了车钩自由间隙对列车纵向冲动的影响，这是造成本次常用全制动时列车纵向力和车体纵向加速度均处在较低范围的主要原因之一。

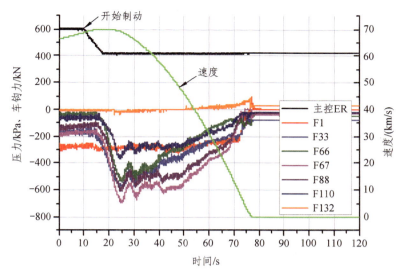

图 4.3-8　常用全制动停车车钩力实测曲线

常用全制动停车过程中从控 SS$_4$1177 机车、第 131 位 C64 货车动力学测试结果见表 4.3-20 所示，由表可知 SS$_4$1177 从控机车机车和第 131 位货车的脱轨系数、减载率、横向力等安全性参数均满足试验规定的安全性指标要求。

表 4.3-20　常用全制动停车试验机车、车辆动力学测试结果统计

被测机车、车辆	脱轨系数	减载率	轮轴横向力/kN	车钩力/kN	车钩偏转角/(°)
SS$_4$1177 机车	0.42	0.13	20.9	− 752	2.1
131 位 C64 货车	0.18	0.15	16.8	—	—

3. 下坡道电、空配合调速试验

1 月 23 日运行试验时在宁武西（15 km + 953 m）至北大牛（65 km + 458 m）进行了电、空配合调速试验，该区段为连续长大下坡道，区间长度 49.53km，平均下坡度 9.6‰，试验结果见表 4.3-21。

从表 4.3-21 可知，在宁武西（15 km + 953 m）至北大牛（65 km + 458 m）间共进行了 12 次电、空配合调速试验，走行距离 44.951 km，走行时间 46 min，平均速度 58.6 km/h；最长制动带闸时间为 133 s，最短可用再充气时间 113 s（大于 1 + 1 编组减压 50 kPa 后的再充气时间 107 s），由此可见，按试验操纵方式，该区段电、空配合调速制动的再充气时间可以满足要求。

从表 4.3-21 可知，电空配合调速制动时货车测试断面测得的最大车钩力均发生在中部从控机车机次，即第 67 位货车上，最大值为 725 kN（压钩力），最大车体纵向加速度为 − 4.91 m/s²（132 位），最大车钩力与最大车体纵向加速度均小于试验规定的建议性指标要求（列车正常运行工况，车钩力不大于 1 000 kN，车体纵向加速度不大于 9.8 m/s²）。

试验区段调速制动时 SS$_4$1177 从控机车、第 131 位货车动力学测试结果见表 4.3-22，由表可知 SS$_4$1177 从控机车和第 131 位货车的脱轨系数、减载率、横向力等安全性参数均满足试验规定的安全性指标要求。

表 4.3-21　电、空配合调速试验数据统计结果

序号	制动位置/km	制动初速/（km/h）	同步时间/s	制动持续时间/s	缓解位置/km	缓解初速/（km/h）	同步时间/s	可用再充气时间/s	货车测试最大车钩力（kN）/位置	货车最大车体纵向加速度/（m/s²）
1	19.869	67.4	2.50	60	20.925	52.6	2.34	—	−565/67	
2	22.864	66.6	3.37	87	24.391	52.6	0.95	122	−547/67	
3	26.208	66.7	3.19	127	27.797	50.7	3.08	113	−572/67	
4	30.606	66.3	3.87	133	32.883	47.2	1.75	141	−586/67	
5	35.068	65.4	3.24	106	36.871	47.2	1.91	148	−586/67	
6	39.235	65.1	3.22	98	40.930	52.6	1.15	155	−303/67	−4.91/132
7	44.681	66.1	3.30	70	45.898	51.3	1.12	227	−527/67	
8	48.154	66.5	3.34	108	50.004	49.3	1.33	145	−516/67	
9	52.131	65.4	3.02	108	53.900	51.7	3.27	139	−725/67	
10	56.051	65.0	2.58	88	57.543	51.3	1.06	131	−567/67	
11	59.538	65.2	1.09	86	60.963	51.3	3.51	126	−606/67	
12	62.964	63.3	1.13	107	64.820	55.7	3.20	134	−458/67	

表 4.3-22　电、空配合调速制动试验机车、车辆动力学测试结果统计

被测机车、车辆	脱轨系数	减载率	轮轴横向力/kN	车钩力/kN	车钩偏转角/（°）
SS$_{41}$1177 机车	0.52	0.36	40.6	−740	2.4
131 位货车	0.74	0.34	46.2	—	—

4. 下坡道单独使用空气制动调速试验

1 月 13 日 1＋1 编组运行试验时在南湾至滴流磴（155 km～164 km）区间进行了单独使用空气制动调速试验，实际试验区段为 K154＋284 至 164 km＋485 m，试验区段长约 10.2 km，为连续下坡道，平均坡度 10.67‰。试验结果见表 4.3-23。

试验时在 155 km＋660 m 处，机车退电制，开始进行下坡道单独使用空气制动试验，在 154 km＋284 m 至 164 km＋485 m 区段共进行了 2 次单独使用空气制动调速试验，最长带闸时间 6 min 30 s，最短可用再充气时间为 103 s（接近 1＋1 编组方式初制动后的再充气时间 107 s 要求）。

单独使用空气制动调速时测得的最大车钩力为 358 kN（压钩力，67 位货车），此时列车处于空气制动保压过程；最大车体纵向加速度为 − 3.34 m/s²（33 位）。最大车钩力与最大车体纵向加速度均小于试验规定的建议性指标要求（列车正常运行工况，最大车钩力不大于 1 000 kN，车体纵向加速度不大于 9.8 m/s²）。

表 4.3-23　单独使用空气制动调速试验数据统计结果

序号	制动位置/km	制动初速/（km/h）	同步时间/s	制动持续时间/s	缓解位置/km	缓解初速/（km/h）	同步时间/s	可用再充气时间/s	货车测试最大车钩力（kN）/位置	货车最大车体纵向加速度/（m/s²）
1	154.284	64.2	3.37	136	156.339	37.7	1.02	128	188/67	−3.34/33
2	157.746	63.5	2.75	390	164.485	43.2	3.28	103	−358/67	

5. 走停走试验

1 月 23 日 1 + 1 编组列车在滴流磴至猴刡（167 ~ 173 km）间进行了走停走试验，试验区段线况如图 4.3-9 所示，试验列车位于 10‰ ~ 11‰ 下坡道上，列车停车位置为 168 km + 461 m 处。

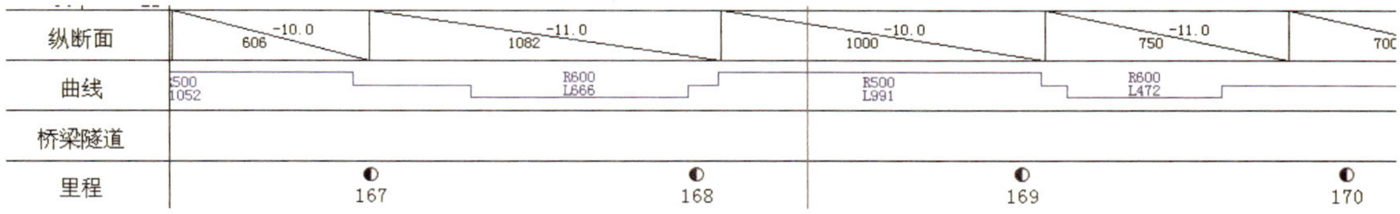

纵断面		−10.0 606		−11.0 1082		−10.0 1000		−11.0 750		700
曲线	R500 L1052		R600 L666			R500 L991		R600 L472		
桥梁隧道										
里程		◑ 167		◑ 168		◑ 169		◑ 170		

图 4.3-9　试验区段线况

如图 4.3-10 所示，停车后的主控机车均衡风缸减压量为 60 kPa，缓解初期主控机车制动缸压力 200 kPa（从控制动缸压力始终为零），列车速度 10 km/h 后小闸缓解，速度 16 km/h 时机车电制施加，速度 18 km/h 时机车电制力约为 350 kN，列车缓解过程中的速度、距开始缓解时间、尾部车辆副风缸压力列车运行位置及走行距离变化见表 4.3-24。

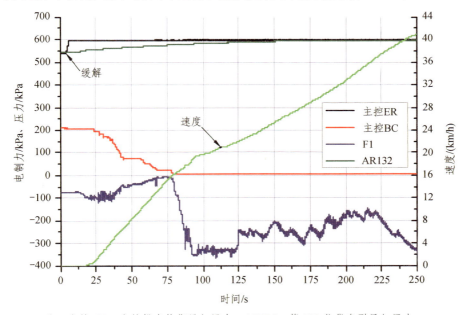

注：主控 ER—主控机车均衡风缸压力；AR120—第 132 位货车副风缸压力。

图 4.3-10　走停走试验实测曲线

表 4.3-24　K168 处走停走试验结果

速度/（km/h）	距开始缓解时间/s	尾部副风缸压力/kPa	位置/km	走行距离/m
0.1	14	551	168.472	0
5	34	561	168.51	11
10	52	568	168.571	49
15	70	574	168.651	110
18.4	90	580	168.726	190
20	101	583	169.254	265
30	178	597	169.823	793
40	237	597	168.472	1351

从表 4.3-25 可知，在图 4.3-9 所示试验区段，采用试验用操纵方法，由于停车时的列车减压量较小（仅为 60 kPa），1 + 1 编组列车从开始缓解到列车速度达到 18.4 km/h（所用时间为 90 s，走行距离为 190 m）时列车尾部副风缸压力已达 586 kPa；列车速度达到 40 km/h 时，所用时间为 237 s，走行距离为 1 351 m，尾部车辆副风缸压力为 597 kPa。

4.3.3.5　从控机车动力学试验结果及分析

重车线试验采用 1 + 1 编组方式，被试机车 SS$_4$1177 号担当中部从控，其 B 节机车在前，布置了测点的 A 节机车位于后部。

1.　制动工况试验结果分析

重车线试验于 2013 年 1 月 23 日进行，制动试验工况如下：

（1）在宁武西至龙宫（22 km 至 38 km）以及龙宫至北大牛（49 km 至 61 km）间进行了电、空配合循环制动试验。

（2）在北大牛至原平南间 78 km 附近进行了常用全制动停车试验。

中部从控机车主要测试结果如表 4.3-25 所列。根据试验安排，1 月 3 日对正常运用 1 + 1 编组列车的中部 SS$_4$1177 机车进行了动力学性能监测，监测结果见表 4.3-26 所列。

从表 4.3-25 中所列数据可以看到，在各次制动试验中，测得压钩力最大值为 752 kN，车钩偏转角最大值为 2.4°，脱轨系数最大值为 0.52，轮重减载率最大值为 0.36，轮轴横向力最大值为 40.6 kN。各项运行安全性参数未出现异常。在 1 月 3 日正常运营监测试验中，压钩力最大 954 kN，车钩偏转角最大 3.7°，机车各项运行安全性参数符合控制要求。

2.　中部机车承受纵向力状态

图 4.3-11 给出了在朔黄管内重车线采用 1 + 1 编组组合列车时，中部被试从控机车 SS41177 中间车钩和后端车钩所受纵向力的全程分布状况。图中正值代表车钩受拉力，负值表示车钩受压力。

表 4.3-25　重车线制动试验工况中部从控机车 SS₄1177 动力学试验结果（2013 年 1 月 23 日）

序号	试验工况	制动里程/km	制动时间	缓解里程/km	缓解时间	脱轨系数	轮重减载率	轮轴横向力/kN	中钩拉力/kN	中钩压力/kN	后钩拉力/kN	后钩压力/kN	车钩偏转角/(°)
限度值						0.90	0.65	90	2 250				±6.0
1	电、空配合循环制动	19.001	15:21:31	20.041	15:22:32	0.37	0.18	30.9	546	−454	511	−574	1.7
2		21.954	15:24:32	23.491	15:25:59	0.17	0.23	24.9	3	−452	—	−552	1.1
3		25.299	15:27:52	27.530	15:30:02	0.15	0.25	17.6	3	−425		−577	1.2
4		29.711	15:32:21	31.968	15:34:35	0.27	0.17	37.5	2	−437		−590	1.9
5		34.208	15:37:04	35.978	15:38:49	0.43	0.28	28.2	43	−479		−649	2.3
6		47.300	15:50:26	49.100	15:52:11	0.42	0.26	40.6	37	−374		−527	2.2
7		51.260	15:54:32	53.110	15:56:20	0.48	0.25	36.1	3	−578		−740	2.2
8		55.168	15:58:31	56.630	15:59:58	0.52	0.36	28.9	—	−414		−582	2.4
9		58.605	16:02:03	60.760	16:03:31	0.44	0.26	30.5	52	−447		−600	2.4
10	常用全制动	77.349	16:22:26	—	—	0.43	0.13	20.9	—	−752		−716	2.1

表 4.3-26　重车线制动试验工况中部从控机车 SS₄1177 动力学监测结果（2013 年 1 月 3 日）

序号	试验工况	制动里程/km	制动时间	缓解里程/km	缓解时间	脱轨系数	轮重减载率	轮轴横向力/kN	中钩拉力/kN	中钩压力/kN	后钩拉力/kN	后钩压力/kN	车钩偏转角/(°)
限度值						0.90	0.65	90	2 250				±6.0
1	电、空配合循环制动	19.951	12:47:46	21.014	12:48:20	0.27	0.23	27.0	58	−564	—	−706	2.9
2		23.637	12:51:14	24.797	12:52:24	0.15	0.16	19.5	79	−343		−472	1.9
3		27.215	12:55:01	28.429	12:56:15	0.18	0.10	23.8	97	−797		−954	1.9
4		31.355	12:59:34	32.632	13:00:52	0.29	0.27	27.8	198	−492	63	−506	3.4
5		34.885	13:03:24	36.337	13:04:54	0.35	0.19	25.7	54	−518		−704	2.0
6		48.384	13:18:05	49.632	13:19:22	0.40	0.28	32.0	50	−779		−919	3.6
7		52.039	13:22:05	53.628	13:23:43	0.40	0.26	65.0	52	−700		−878	3.7
8		55.799	13:26:14	57.078	13:27:33	0.42	0.26	37.9	—	−650		−790	3.3
9		58.985	13:29:42	60.168	13:30:59	0.39	0.26	31.3	65	−419		−553	3.6
10		154.044	15:01:15	155.466	15:02:43	0.47	0.29	39.0	68	−314	9	−466	3.5
11		158.022	15:05:35	159.870	15:07:31	0.42	0.24	29.5	262	−501	117	−665	3.7
12		162.004	15:10:05	163.612	15:11:36	0.48	0.34	45.1	—	−497		−493	2.6

从图中可以看出，最大拉钩力在 400 kN 左右，最大压钩力约 1 000 kN。压钩力主要集中

在神池南（K0）至原平南（84 km + 375 m）和南湾（138 km + 860 m）至西柏坡（240 km + 750 m）间长大下坡道上。这两处地段恰是小半径曲线较为集中的路段，中部从控机车受曲线导向力和车钩压力的综合作用，是需要加以防范的重点区段。

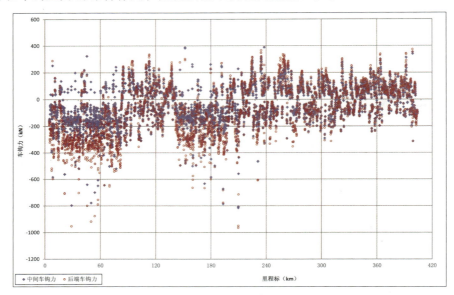

图 4.3-11　重车线中部从控机车 $SS_4$1177 承受纵向力情况

4.3.3.6　纵向动力学试验结果及分析

1. 全程最大值结果统计

重车运行试验，被试车辆的车钩力和车体纵向加速度全程最大值统计结果见表 4.3-27。

表 4.3-27　重车运行试验　车辆纵向动力学参数全程最大值

车辆位置	车号	车钩力/kN	速度/（km/h）	里程/km	车体纵向加速度/（m/s²）	速度/（km/h）	里程/km
1	0004989	430	0.9	254.769	− 1.57	41.4	156.570
33	0013678	− 597	52.8	54.418	− 3.43	52.6	21.280
66	0004899	593	50.7	21.149	− 4.81	49.1	70.795
67	0058547	− 780	38.7	240.530	3.43	75.2	303.961
88	0300037	− 781	38.7	240.524	− 5.79	77.2	324.771
110	0301056	− 613	38.7	240.517	− 4.91	75.5	355.074
132	0300027	− 555	38.7	240.515	− 8.34	48.9	8.540

重车运行试验，7 个测试断面中车钩力最大值为： − 781 kN（压钩力、88 位货车），1 位货车的最大车钩力出现在 4‰ 限制坡道起动试验；33、66、67、88、110、132 位货车最大车钩力均出现在调速制动工况。运行试验的车体纵向加速度最大值为 − 8.34 m/s²（132 位），小于 9.8 m/s² 的限度值。

试验结果表明，运行试验各被试车的纵向车钩力最大值满足大纲规定的安全性指标和建议性指标的要求；车体纵向加速度满足规定的限定值。

图 4.3-12 为重车运行试验全程最大车钩力随车辆编组位置的直方图，图 4.3-13 为重车运行试验全程最大车体纵向加速度随车辆编组位置的直方图。

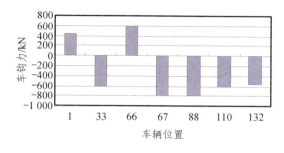
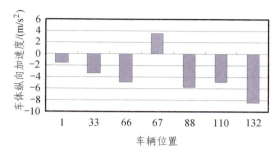

图 4.3-12　车钩力全程最大值（朔黄 重车）　　图 4.3-13　车体纵向加速度全程最大值（朔黄 重车）

图 4.3-14 ~ 4.3-20 为重车运行试验车钩力随里程分布的散点图，图 4.3-21 ~ 4.3-27 为重车运行试验车体纵向加速度随里程分布的散点图。

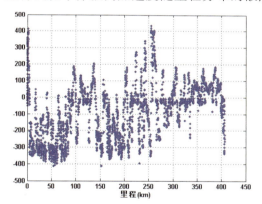
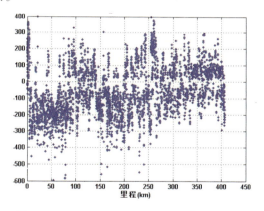

图 4.3-14　C64K0004989_D1 车第 01 辆　　　图 4.3-15　C64K0013678_D2 车第 33 辆
　　　　　　车钩力散点图　　　　　　　　　　　　　　　　车钩力散点图

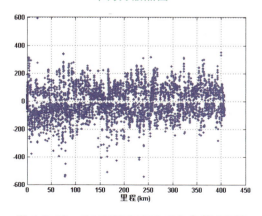
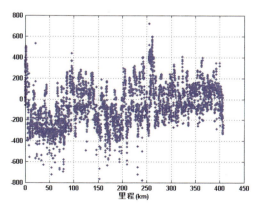

图 4.3-16　C64K0004899_D3 车第 66 辆　　　图 4.3-17　C64K0058547_D4 车第 67 辆
　　　　　　车钩力散点图　　　　　　　　　　　　　　　　车钩力散点图

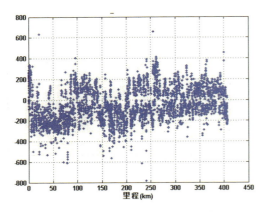

图 4.3-18　C64K0300037_D5 车第 88 辆
车钩力散点图

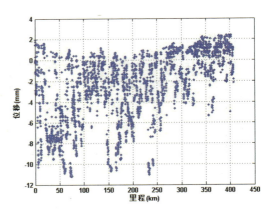

图 4.3-19　C64K0301056_D6 车第 110 辆
车钩缓冲器位移散点图

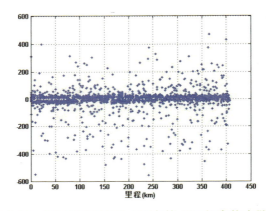

图 4.3-20　C64K0300027_D7 车第 132 辆车钩力散点图

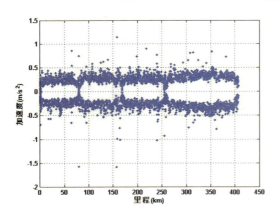

图 4.3-21　C64K0004989_D1 车第 01 辆
车体纵向加速度散点图

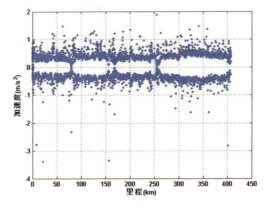

图 4.3-22　C64K0013678_D2 车第 33 辆
车体纵向加速度散点图

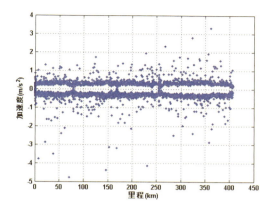

图 4.3-23　C64K0004899_D3 车第 66 辆
车体纵向加速度散点图

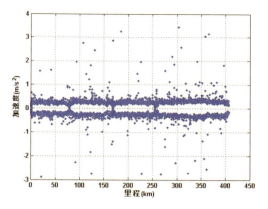

图 4.3-24　C64K0058547_D4 车第 67 辆
车体纵向加速度散点图

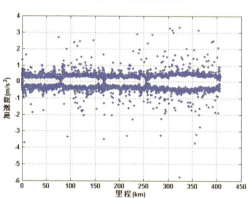

图 4.3-25　C64K0300037_D5 车第 88 辆
车体纵向加速度散点图

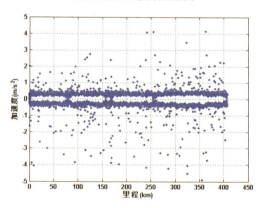

图 4.3-26　C64K0301056_D6 车第 110 辆
车体纵向加速度散点图

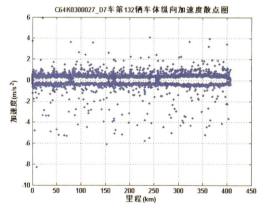

图 4.3-27　C64K0300027_D7 车第 132 辆车体纵向加速度散点图

2. 各试验工况试验结果统计

表 4.3-28～4.3-33 是重车运行试验在各个试验工况下被试车辆的车钩力和车体纵向加速度最大值。

表 4.3-28　重车起动牵引力试验（神池南）车辆纵向动力学参数最大值

车辆位置	车号	车钩力/kN	速度/（km/h）	里程/km	车体纵向加速度/（m/s²）	速度/（km/h）	里程/km
1	0004989	361	/	/	/	/	/
33	0013678	262	/	/	/	/	/
66	0004899	192	/	/	/	/	/
67	0058547	374	/	/	/	/	/
88	0300037	267	/	/	/	/	/
110	0301056	141	/	/	/	/	/
132	0300027	53	/	/	/	/	/

表 4.3-29　22 km～61 km 处空电配合调速制动车辆纵向动力学参数最大值

车辆位置	车号	车钩力/kN	速度/（km/h）	里程/km	车体纵向加速度/（m/s²）	速度/（km/h）	里程/km
1	0004989	−412	52.8	54.425	−0.49	64.3	40.232
33	0013678	−597	52.8	54.418	1.18	51.9	40.947
66	0004899	595	50.7	21.149	−3.53	48.3	37.267
67	0058547	−725	52.8	54.401	1.57	51.9	41.076
88	0300037	634	50.7	21.138	−1.77	63.4	44.367
110	0301056	517	50.7	21.124	−2.94	48.3	37.202
132	0300027	−419	50.6	54.380	−4.91	48.3	37.248

表 4.3-30　K78.5 处常用全制动停车车辆纵向动力学参数最大值

车辆位置	车号	车钩力/kN	速度/（km/h）	里程/km	车体纵向加速度/（m/s²）	速度/（km/h）	里程/km
1	0004989	−354	30.6	79.84	−1.57	0.7	79.157
33	0013678	−583	66.9	78.566	−2.35	5.8	79.169
66	0004899	−544	66.9	78.556	−1.18	11.2	79.222
67	0058547	−694	66.9	78.554	0.88	1.0	79.160
88	0300037	−610	66.9	78.543	−0.59	11.2	79.229
110	0301056	−369	66.9	78.534	0.59	1.0	79.159
132	0300027	313	1.0	79.161	3.63	1.0	79.161

表 4.3-31　K155—160 纯空气制动调速车辆纵向动力学参数最大值

车辆位置	车号	车钩力/kN	速度/（km/h）	里程/km	车体纵向加速度/（m/s²）	速度/（km/h）	里程/km
1	0004989	−331	57.7	155.342	−1.57	41.4	156.570
33	0013678	−366	68.1	158.227	−3.34	37.5	156.527
66	0004899	−310	68.1	158.229	−1.47	66.2	158.130
67	0058547	−474	64.5	154.486	0.88	66.2	158.114
88	0300037	−349	64.5	154.496	0.88	37.5	156.436
110	0301056	275	37.5	156.491	−1.47	66.2	158.103
132	0300027	263	68.1	158.194	−2.84	68.1	158.193

表 4.3-32　K167—173 走停走模式车辆纵向动力学参数最大值

车辆位置	车号	车钩力/kN	速度/（km/h）	里程/km	车体纵向加速度/（m/s²）	速度/（km/h）	里程/km
1	0004989	−369	21.2	168.747	−0.39	11.8	168.546
33	0013678	−415	19.4	168.667	−1.67	4.9	168.460
66	0004899	−321	19.4	168.663	−3.24	1.8	168.464
67	0058547	−635	19.4	168.663	2.84	1.8	168.464
88	0300037	−562	19.4	168.661	−3.53	1.8	168.467
110	0301056	−430	19.4	168.663	−3.83	6.9	168.470
132	0300027	−435	19.4	168.661	−5.10	19.4	168.661

表 4.3-33　K255 处 4‰ 限制坡道起动车辆纵向动力学参数最大值

车辆位置	车号	车钩力/kN	速度/（km/h）	里程/km	车体纵向加速度/（m/s²）	速度/（km/h）	里程/km
1	0004989	430	0.9	254.769	−0.88	0.3	254.764
33	0013678	397	0.9	254.770	1.86	0.9	254.765
66	0004899	317	0.9	254.769	1.37	0.9	254.768
67	0058547	727	0.9	254.769	−0.78	2.6	254.764
88	0300037	658	0.9	254.769	2.35	18.6	257.955
110	0301056	418	0.9	254.769	4.12	0.9	254.768
132	0300027	330	0.9	254.769	2.45	0.9	254.769

图 4.3-28 所示为神池南站进行重车起动牵引力试验时各个断面的车钩力。从图中可以看到，机后第一位货车（大列第 1 位、第 67 位）在起动时承受的拉钩力最大；图 4.3-29 所示为常用全制动停车时各个断面的车钩力；图 4.3-30 所示为坡道起动试验时各个断面的车钩力。

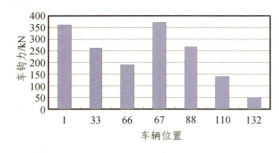

图 4.3-28　车钩力（朔黄 重车 重车起动牵引力试验）

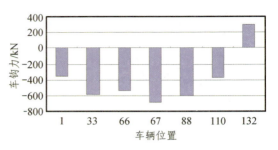

图 4.3-29　车钩力（朔黄 重车 常用全制动停车）

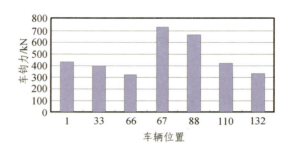

图 4.3-30　车钩力（朔黄重车 4‰ 坡道起动）

3. 与 C80 万吨扩编试验车钩力数据比较

为了对比本次 C64 组合万吨试验与 2012 年 3 月份进行的 C80 万吨扩编试验的车钩力数据，这里选取 3 种典型工况，分别是：常用全制动停车、电空配合调速和 4‰ 限制坡道起动，两次试验中，这 3 种工况选取的试验地点基本一致，所以试验数据具有可比性。

图 4.3-31 所示是 C64 万吨试验常用全制动停车工况的车钩力数据，最大值 − 694 kN；图 4.3-32 所示是 C80 万吨扩编试验常用全制动停车工况的车钩力数据，选取的是第三趟车（2012 年 3 月 14 日，编组方式为 1＋1）的数据，最大值 − 1 558 kN。两次试验常用全制动停车工况的车钩力数据对比来看，C64 万吨试验明显小于 C80 万吨扩编试验。

图 4.3-33 所示是 C64 万吨试验电空配合调速工况的车钩力数据，最大值 − 725 kN；图 4.3-34 所示是 C80 万吨扩编试验电空配合调速工况的车钩力数据，选取的是第一趟和第三趟车（2012 年 3 月 3 日、3 月 14 日，编组方式均为 1＋1）的数据，最大值 − 710 kN。两次试验电空配合调速工况的车钩力数据对比来看，C64 万吨试验的数据略大。

图 4.3-35 所示是 C64 万吨试验 4‰ 限制坡道起动工况的车钩力数据，最大值 727 kN；图 4.3-36 所示是 C64 万吨扩编试验 4‰ 限制坡道起动工况的车钩力数据，选取的是第一趟车（2012 年 3 月 3 日，编组方式为 1＋1）的数据，最大值 585 kN。两次试验中 4‰ 限制坡道起动工况的车钩力数据对比来看，C64 万吨试验的数据略大。

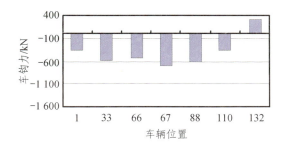

图 4.3-31　常用全制动停车车钩力最大值
（朔黄 C64 万吨重车）

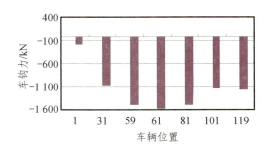

图 4.3-32　常用全制停车车钩力最大值
（朔黄 C80 万吨重车）

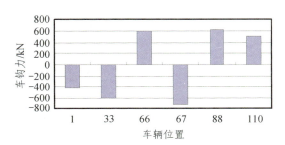

图 4.3-33　电空配电调速车钩力最大值
（朔黄 C64 万吨重车）

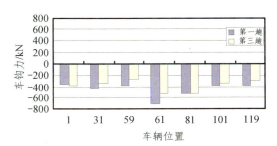

图 4.3-34　电空配电调速车钩力最大值
（朔黄 C80 万吨重车）

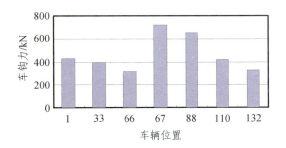

图 4.3-35　4‰ 限制坡道起动车钩力最大值
（朔黄 C64 万吨重车）

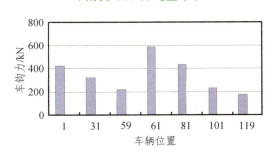

图 4.3-36　4‰ 限制坡道起动车钩力最大值
（朔黄 C80 万吨重车）

4.3.3.7　特定位置 C64K 货车动力学试验结果及分析

重车试验于 2013 年 1 月 23 日进行，被试车的编组位置在列车第 131 辆，重车试验运行时，按照全程监测的线况及重载列车所进行的常规制动、空、电配合调速、坡道起动等试验工况对数据分别进行处理和分析，试验结果表明，特定位置的被试 C64K 货车重车运行在朔黄管内时，车辆全程运行及在制动试验工况下的稳定性、平稳性指标测试结果在限度值范围内，平稳性指标属优级。

重车试验实际最高运行速度 80.1 km/h，全程测试车辆稳定性及平稳性，测试结果最大值见表 4.3-34，稳定性指标轮轴横向力最大值 71.78 kN，出现在神池南出站侧线道岔处；脱轨系数最大值 1.07，出现在 11 km 189 m、$R500$ 曲线处；轮重减载率最大值 0.36，出现在神池南出站侧线道岔处，安全指标不超标，满足车辆稳定性要求。车辆横向、垂向加速度在限度值范围内，横向、垂平稳性指标均属于优级。图 4.3-37 ~ 4.3-39 分别为 131 位货车在神朔段试验全程横向力、脱轨系数和减载率散点图。

表 4.3-34　全程测试数据指标最大值汇总（重车）

车号	C64K 0300699（重车）			
	最大值	速度/（km/h）	限度值	对应的里程标/km
脱轨系数	1.07	56.6	1.2	11.189
轮重减载率	0.36	41.4	0.65	3.130
轮轴横向力/kN	71.78	41.7	93.08	3.226
横向加速度/（m/s²）	2.94	40.8	4.91	2.881
横向平稳性指标	3.12	63.9	4.25	8.640
垂向加速度/（m/s²）	4.81	79.0	6.87	306.807
垂向平稳性指标	2.65	41.1	4.25	3.362

表 4.3-35　特定试验工况下动力学性能指标最大值（重车）

车号	C64K　0300699（重车）					
试验工况	空电配合调速试验		常用全制动停车试验	纯空气制动调速	走停走模式试验	4‰限制坡道起动
试验区间	宁武西至龙宫	龙宫至北大牛	北大牛至原平南	南湾至滴流礅	滴流礅至猴刎	西柏坡至三汲间
试验地点	21~37 km	50~61 km	77 km + 200 m	152 km ~ 163 km	165 km ~ 168 km	253 km
脱轨系数	0.63	0.74	0.18	0.78	0.66	0.20
轮重减载率	0.23	0.34	0.15	0.25	0.23	0.17
轮轴横向力/kN	45.35	46.15	16.79	48.63	27.75	15.20
横向加速度/（m/s²）	1.47	1.67	0.59	2.16	1.57	0.88
横向平稳性指标	2.62	2.61	1.84	2.94	2.45	1.60
垂向加速度/（m/s²）	2.35	2.35	1.47	2.55	1.86	1.37
垂向平稳性指标	2.49	2.42	2.23	2.43	2.12	1.78

特定试验工况下，测试车辆稳定性及平稳性指标测试结果最大值见表 4.3-35，轮轴横向力最大值 48.63 kN、脱轨系数最大值 0.78，出现在纯空气制动调速工况中；轮重减载率最大值 0.34，出现在空电配合调速试验工况中，安全指标不超标，满足车辆稳定性要求。车辆横向、垂向加速度在限度值范围内，横向、垂向平稳性指标均属优级。

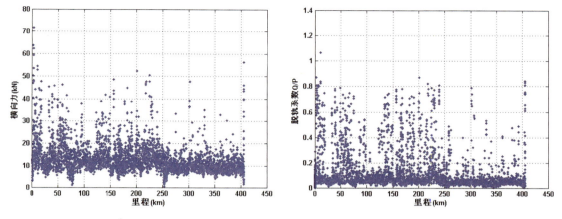

图 4.3-37　轮轴横向力　　　　　　　　　　　　图 4.3-38　脱轨系数

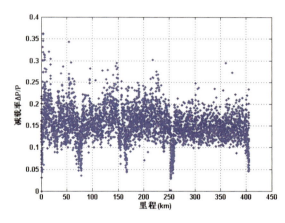

图 4.3-39　轮重减载率

4.3.3.8　朔黄段重车运行试验小结

通过对 132 辆 C64 货车采用 1＋1 编组方式重车运行试验时各试验工况及试验全程的机车牵引、制动参数、列车制动及纵向动力学参数、位于列车中部的从控机车以及第 131 位货车的运行安全性等参数进行测试，得出如下结论：

（1）机车牵引能力能满足在试验指定困难区段坡道起动的要求，全程试验过程中，机车牵引功率发挥、电机出风口温度未监测到异常现象。

（2）列车运行试验各次制动时测得的主、从控机车制动时间均在 4 s 之内，同步作用性能较好。

（3）常用全制动停车试验测得的最大车钩力为 694 kN（压钩力，67 位货车），最大车体纵向加速度为 3.63 m/s²（132 位货车），均处在较低水平，满足试验规定建议性指标要求（最大车钩力不大于 1 000 kN，车体纵向加速度不大于 9.8 m/s²）。

（4）在长大下坡道区段，按试验操纵方式，无论采用电、空配合进行调速或仅使用列车空气制动进行调速，均可实现按限速要求控制列车速度，列车再充气时间亦满足要求；货车测得的最大车钩力为 725 kN（压钩力，67 位货车），最大车体纵向加速度为 4.91 m/s²（132 位货车），均满足试验大纲规定的建议性指标。

（5）在重车线运行试验中，位于列车中部的从控 SS₄1177 机车所受最大压钩力小于 1 000 kN，全程机车各项运行安全性参数都符合控制限度要求。

（6）第 131 位 C64 货车测得的轮轴横向力最大值 71.78 kN，脱轨系数最大值 1.07，轮重减载率最大值 0.36，各安全指标均不超标，满足车辆稳定性要求。

4.3.4　空车运行试验

4.3.4.1　试验线路及编组方式

试验线路详见 4.3.3.1 所述。

1 月 21 日进行了空车运行试验，试验区段为：肃宁北至神池南，试验列车采用 2 + 0 编组，具体编组方式为：

SS₄1170 + SS₄1177 + SY997152 试验车 + 132 辆 C64 + 宿营车。

货车：132 辆；客车：2 辆；总重：3 136 t，计长：131。

4.3.4.2　主要试验工况

试验工况见表 4.3-36。

表 4.3-36　空车方向主要试验工况列表

试验区段	试验工况
肃宁北—神池南	（1）减压 100 kPa 停车试验，地点：原平至北大牛间，77 km 处，12‰ 上坡道。 （2）12‰ 上坡道起动试验，地点：原平至北大牛间，试验工况（1）停车后进行。 （3）无特定试验工况区段均为通通时分试验

4.3.4.3　试验结果及分析

4.3.4.3.1　牵引试验

1.　12‰ 限制坡道起动试验

试验在 2013 年 1 月 21 日进行，主控机车、从控机车全动力投入，编组为 2 + 0，试验地点为 76 km + 746 m（车头位置），该地点为 12‰ 连续上坡道，全列所停坡度平均值为 12‰，试验线路如图 4.3-40 所示。

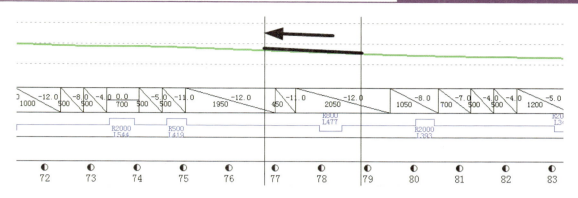

图 4.3-40　坡起试验起动位置图

　　测试结果见表 4.3-37、表 4.3-38、图 4.3-41 所示。时间起点为主控机车开始牵引时刻（即电机电流开始从 0 开始上升点），速度取试验车测试速度。

表 4.3-37　坡道起动加速试验距离、时间数据

速度/（km/h）	试验时间	加速距离/m	加速时间/s	平均加速度（0~5 km/h）
0	开始牵引时刻 13:41:16	0	0	
5	13:42:47	26	1′31″	
10	13:43:17	89	2′01″	0.015 m/s²
15	13:43:44	185	2′28″	
20	13:44:07	296	2′51″	

表 4.3-38　坡道起动加速试验结果

数据分析类型	试验结果
手柄牵引级位	5.1 级
起动过程中最大电机电流	786 A
最大电流阶段持续时间	2 min 20 s
最大电流阶段持续时速度级	7~20 km/h
第 1 辆货车前车钩力（波动范围）	17~679 kN
第 33 辆货车前车钩力（波动范围）	15~552 kN
第 66 辆货车前车钩力（波动范围）	23~391 kN
第 88 辆货车前车钩力（波动范围）	−35~275 kN
第 110 辆货车前车钩力（波动范围）	−14~201 kN

注：车钩力为正值表示为拉钩力，车钩力为负值表示为压钩力。

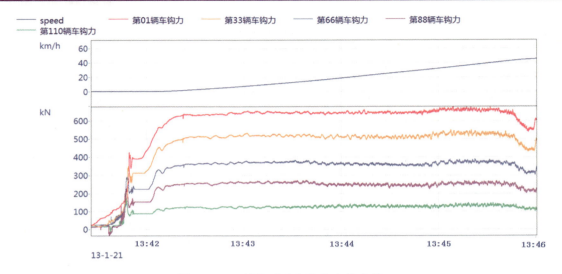

图 4.3-41　坡起试验车钩力变化曲线

2. 运行时分分析

试验运行区间为肃宁北至神池南，编组方式为 2＋0 编组，运行时分见表 4.3-39，具体统计对比信息如表 4.3-40、图 4.3-42 和 4.3-43 所示。

从图 4.3-42、图 4.3-43 中可以看出，除去有试验任务和临时停车的区段，在其他正常运行的区段，试验列车的运行时间基本和正常运行时间一致。

表 4.3-39　（空车下行、2＋0 编组）运行时分表

序号	区间名	区间长度/m	发车时间	到站时间	运行时分	累计运行时分	运行平均速度/（km/h）	备注
	肃宁北站—蠡县站	22 581	08:55	09:21	0:26	0:26	52	
	蠡县站—博野站	11 010		09:30	0:09	0:35	73	
	博野站—安国站	12 559		09:39	0:09	0:44	84	
	安国站—定州东站	16 900		09:53	0:14	0:58	72	
	定州东站—定州西站	23 950		10:12	0:19	1:17	76	
	定州西站—新曲站	12 683		10:22	0:10	1:27	76	
	新曲站—行唐站	14 184		10:33	0:11	1:38	77	
	行唐站—灵寿站	18 170		10:48	0:15	1:53	73	
	灵寿站—三汲站	17 353		11:01	0:13	2:06	80	
	三汲站—西柏坡站	15 295		11:13	0:12	2:18	76	
	西柏坡站—古月站	22 056		11:33	0:20	2:38	66	
	古月站—小觉站	18 630		11:50	0:17	2:55	66	
	小觉站—猴刎站	15 499		12:04	0:14	3:09	66	
	猴刎站—滴流磴站	20 126		12:23	0:19	3:28	64	

序号	区间名	区间长度/m	发车时间	到站时间	运行时分	累计运行时分	运行平均速度/(km/h)	备注
	滴流磴站—南湾站	26 170		12:48	0:25	3:53	63	
	南湾站—东冶站	7 840		12:54	0:06	3:59	78	
	东冶站—回凤站	22 589		13:12	0:18	4:17	75	
	回凤站—原平南站	24 138		13:31	0:19	4:36	76	
	原平南站—北大牛站	18 847		13:55	0:24	5:00	47	
	北大牛站—龙宫站	23 592		14:17	0:22	5:22	64	
	龙宫站—宁武西站	25 935		14:41	0:24	5:46	65	
	宁武西站—神池南站	15 931		15:11	0:30	6:16	32	

表 4.3-40 朔黄线（空车下行、2+0 编组）运行时分对比表

运行区间	运行时分		平均运行速度/（km/h）	
	试验运行	正常运行	试验运行	正常运行
肃宁北站—蠡县站	0:26	0:18	52	75
蠡县站—博野站	0:09	0:09	73	73
博野站—安国站	0:09	0:10	84	75
安国站—定州东站	0:14	0:13	72	78
定州东站—定州西站	0:19	0:19	76	76
定州西站—新曲站	0:10	0:10	76	76
新曲站—行唐站	0:11	0:11	77	77
行唐站—灵寿站	0:15	0:14	73	78
灵寿站—三汲站	0:13	0:14	80	74
三汲站—西柏坡站	0:12	0:13	76	71
西柏坡站—古月站	0:20	0:19	66	70
古月站—小觉站	0:17	0:17	66	66
小觉站—猴刎站	0:14	0:14	66	66
猴刎站—滴流磴站	0:19	0:19	64	64
滴流磴站—南湾站	0:25	0:24	63	65
南湾站—东冶站	0:06	0:06	78	78
东冶站—回凤站	0:18	0:18	75	75
回凤站—原平南站	0:19	0:20	76	72
原平南站—北大牛站	0:24	0:17	47	67
北大牛站—龙宫站	0:22	0:22	64	64
龙宫站—宁武西站	0:24	0:24	65	65
宁武西站—神池南站	0:30	0:18	32	53
总运行时分/平均速度	6:16	5:49	65	71

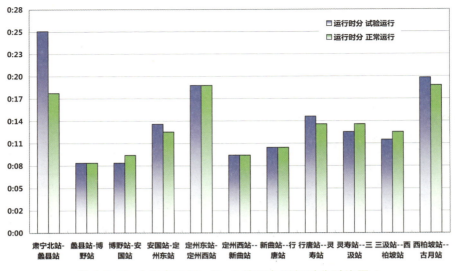

图 4.3-42 （空车下行、2＋0 编组）运行时分对比图 1

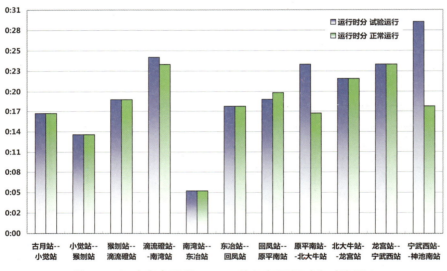

图 4.3-43 （空车下行、2＋0 编组）运行时分对比图 2

4.3.4.3.2 减压 100 kPa 停车试验

1 月 21 日空车试验时，在 77 km＋281 m 处进行了减压 100 kPa 停车试验，试验区段为 11‰ 与 12‰ 长大上坡，试验区段线路情况如图 4.3-44 所示。

纵断面				
曲线				
桥梁隧道				
里程				

图 4.3-44 试验区段线路情况

试验结果见表 4.3-41。制动初速为 63.1 km/h，制动距离为 595 m；制动时的列车纵向力和 131 位车辆的脱轨系数、减载率和轮轴横向力等均处在较低水平，均满足试验规定的相应限度要求；从 88 位开始，共 3 个测试断面车体纵向加速度超出试验规定的建议性指标，最大为 88 位货车，约为建议性指标的 2.08 倍，线路纵断面情况、空车和 C64 货车车钩自由间隙大是造成制动时车体纵向加速度较大的主要原因。

表 4.3-41　空车制动数据结果统计

试验日期	试验地点	均衡风缸实际减压量/kPa	制动初速 /（km/h）	制动距离 /m	制动时间 /s
1 月 21	77 km + 281 m	84	63.1	595	52

表 4.3-42　制动时的最大车钩力及车体纵向加速度统计

车辆位置	1 位	33 位	66 位	88 位	110 位	132 位
车钩力/kN	− 194	− 273	− 306	− 353	− 317	− 350
车体纵向加速度/（m/s²）	2.16	− 3.83	− 6.47	− 20.40	− 14.30	− 18.25

表 4.3-43　减压 100 kPa 试验车辆动力学测试结果统计

被测车辆	脱轨系数	减载率	轮轴横向力/kN
131 位 C64 货车	0.12	0.26	5.08

4.3.4.3.3　纵向动力学试验

1. 全程最大值结果

空车运行试验被试车辆的车钩力和车体纵向加速度的全程最大值统计结果见表 4.3-44。

表 4.3-44　被试车辆纵向动力学参数全程最大值

车辆位置	车号	车钩力/kN	速度/（km/h）	里程/km	车体纵向加速度/（m/s²）	速度/（km/h）	里程/km
1	0004989	677	35.5	75.880	7.46	53.8	183.615
33	0013678	551	35.5	75.975	− 14.13	57.4	183.916
66	0004899	497	57.4	183.874	17.66	57.4	183.874
88	0300037	487	57.4	183.847	− 20.40	58.9	77.094
110	0301056	393	57.4	183.821	15.40	57.4	183.821
132	0300027	392	57.4	183.796	− 18.25	58.9	77.046

空车运行全程各测试断面最大车钩力均为拉钩力，发生在机车牵引工况，各被试车的车钩力满足试验规定的安全性指标和建议性指标的要求。

空车车体纵向加速度较大，33、66、88、110、132 位 5 辆货车共有 14 个加速度数据大于 9.8 m/s²，主要是由于 C64K 货车没有采用牵引杆，与 C80 货车相比，车钩间隙累积大，大列制动时车辆的纵向冲动大，从而造成加速度数值偏大，超过试验规定的建议性指标 9.8 m/s² 的要求。

图 4.3-45 为空车运行试验全程最大车钩力分布随车辆编组位置的直方图，图 4.3-46 为空车运行试验全程最大车体纵向加速度随车辆编组位置的直方图。

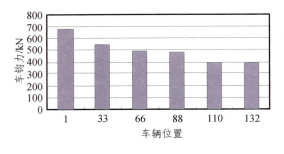

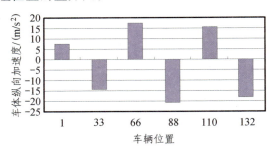

图 4.3-45　车钩力全程最大值
（朔黄 空车）

图 4.3-46　车体纵向加速度全程最大值
（朔黄 空车）

图 4.3-47 ~ 图 4.3-52 为空车运行试验车钩力随里程分布的散点图，图 4.3-53 ~ 图 4.3-58 为空车运行试验车体纵向加速度随里程分布的散点图。

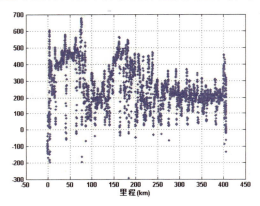

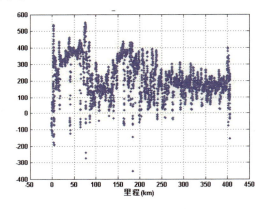

图 4.3-47　C64K0004989_D1 车第 01 辆
车钩力散点图

图 4.3-48　C64K0013678_D2 车第 33 辆
车钩力散点图

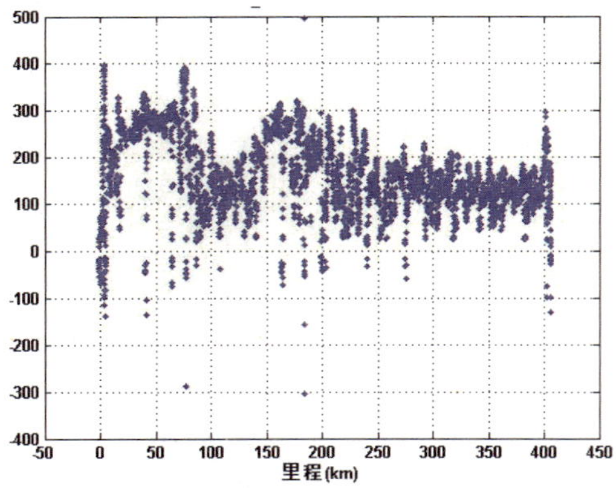

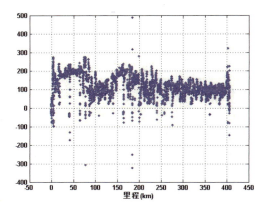

图 4.3-49　C64K0004899_D3 车第 66 辆
车钩力散点图

图 4.3-50　C640300037_D5 车第 88 辆
车钩力散点图

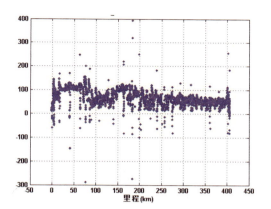

图 4.3-51　C64K0301056_D6 车第 110 辆
车钩力散点图

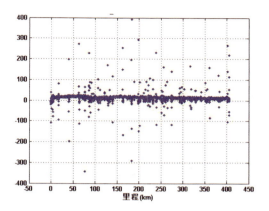

图 4.3-52　C64K0300027_D7 车第 132 辆
车钩力散点图

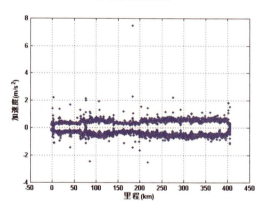

图 4.3-53　C64K0004989_D1 车第 01 辆
车体纵向加速度散点图

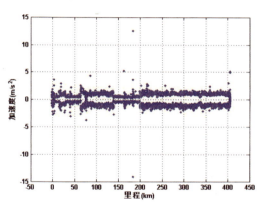

图 4.3-54　C64K0013678_D2 车第 33 辆
车体纵向加速度散点图

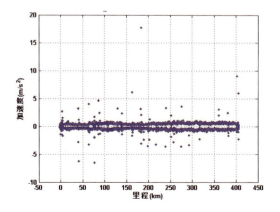

图 4.3-55　C64K0004899_D3 车第 66 辆
车体纵向加速度散点图

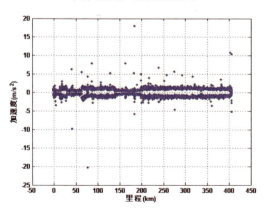

图 4.3-56　C64K0300037_D5 车第 88 辆
车体纵向加速度散点图

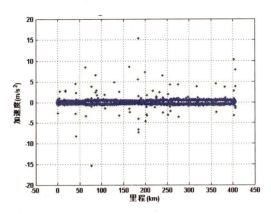

图 4.3-57 C64K0301056_D6 车第 110 辆
车体纵向加速度散点图

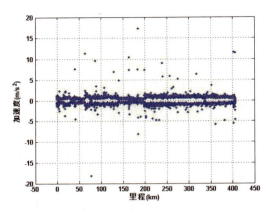

图 4.3-58 C64K0300027_D7 车第 132 辆
车体纵向加速度散点图

2. 各试验工况试验结果统计

表 4.3-45、表 4.3-46 分别是 77 km 处减压 100 kPa 停车和随后的坡道起动时各测试断面纵向动力参数最大值统计，两个试验工况的车钩力均小于 1 000 kN，满足建议性指标的要求，减压 100 kPa 停车时最大车体纵向加速度较大，最大为试验规定建议性指标的 2 倍。

表 4.3-45 K77 处减压 100 kPa 停车试验车辆纵向动力学参数最大值

车辆位置	车号	车钩力/kN	速度/（km/h）	里程/km	车体纵向加速度/（m/s²）	速度/（km/h）	里程/km
1	0004989	−194	58.9	77.116	2.16	58.9	77.287
33	0013678	−273	58.9	77.102	−3.83	58.9	77.127
66	0004899	−306	58.9	77.109	−6.47	58.9	77.110
88	0300037	−353	58.9	77.094	−20.40	58.9	77.094
110	0301056	−317	58.9	77.071	−15.30	58.9	77.071
132	0300027	−354	58.9	77.044	−18.25	58.9	77.046

表 4.3-46 K77 处 12‰ 坡道起动试验车辆纵向动力学参数最大值

车辆位置	车号	车钩力/kN	速度/（km/h）	里程/km	车体纵向加速度/（m/s²）	速度/（km/h）	里程/km
1	0004989	679	35.5	75.963	−1.18	0.1	76.726
33	0013678	552	35.5	75.851	−2.06	0.1	76.726
66	0004899	391	35.5	75.829	−1.96	0.1	76.726
88	0300037	275	15.5	76.563	4.32	0	76.726
110	0301056	200	0	76.726	3.83	0	76.726
132	0300027	65	0	76.726	1.08	35.5	75.989

4.3.4.3.4 从控机车动力学试验

本次试验中，空车运行采用 2 + 0 编组，被试机车位于列车前部，担当机次从控，在朔黄管内空车线 76 km + 981 m 处进行了 1 次常用制动减压 100 kPa 停车试验。从控机车 SS_41177 制动工况主要测试结果如下：脱轨系数 0.42、轮重减载率 0.30、轮轴横向力 29.4、中间车钩最大压钩力 170 kN、后端车钩最大压钩力 197 kN、车钩最大偏转角 2.1°，各项运行安全性参数未出现异常。

图 4.3-59 给出了朔黄管内空车线采用 2 + 0 编组，从控机车 SS_41177 中间车钩和后端车钩所受纵向力试验全程的分布状况。从图中可以看出，从控机车几乎全程都一直处于受拉钩力作用状态，其中在 K75 附近出现最大拉钩力 665 kN。根据这一区段的编组特点和纵向力分布规律来看，出现从控机车受压屈失稳的可能性很小。

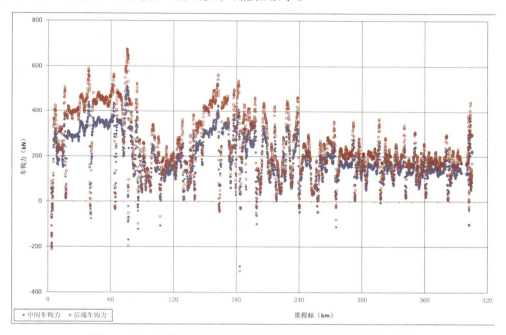

图 4.3-59　空车线中部从控机车 SS_41177 承受纵向力情况

4.3.4.3.5 特定位置 C64K 货车动力学试验

空车试验在 2012 年 1 月 21 日进行，被试车的编组位置在列车第 131 辆，空车试验运行时，按照全程监测的线况及空载列车所进行的常规制动试验、12‰ 上坡道起动试验工况对数据分别进行处理和分析。

试验结果表明，特定位置的被试 C64K 货车空车在朔黄管内进行全程运行试验，在神池南进站通过 12#侧线时，脱轨系数超标。车辆的其他稳定性指标和平稳性指标都在限度范围内；在制动试验工况时，车辆的平稳性指标和稳定性指标都在限度范围内，满足运行稳定性要求。

空车试验实际最高运行速度 78.6 km/h，全程测试车辆稳定性及平稳性，测试结果最大值见表 4.3-47，运行稳定性指标轮轴横向力最大值 24.72 kN，出现在 226 km + 988 m 附近 R604 曲线处；脱轨系数最大值 1.23，出现在 1 km + 787 m 附近神池南进站侧线道岔处，脱轨系数指标仅此一处略超限，其他线路区段均在安全限度范围之内，如图 4.3-60 所示；轮重减载率最大值 0.48，出现在 149 km + 583 m R1004 曲线处。车辆横向、垂向加速度在限度值范围内，横向、垂向平稳性指标均属于优级。

表 4.3-47　全程测试数据指标最大值汇总（空车）

车号	C64K0300699（空车）			
	最大值	速度/（km/h）	限度值	对应的里程标/km
脱轨系数	1.23	38.6	1.2	1.787
轮重减载率	0.48	67.6	0.65	149.583
轮轴横向力/kN	24.72	67.4	33.15	226.988
横向加速度/（m/s²）	3.53	51.8	4.91	41.127
横向平稳性指标	2.94	76.9	4.25	249.232
垂向加速度/（m/s²）	5.89	77.2	6.87	264.483
垂向平稳性指标	2.89	77.2	4.25	316.008

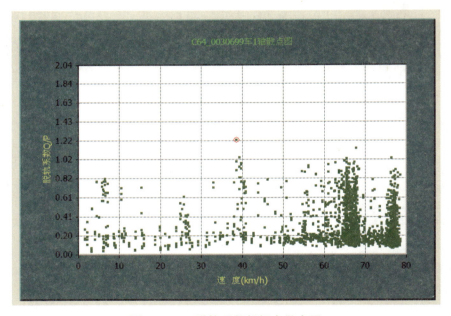

图 4.3-60　脱轨系数超标点散点图

全程运行试验，在车辆进入神池南站通过侧线道岔时出现脱轨系数超限现象。图 4.3-61，图 4.3-62 分别是轮轨力、加速度和位移变化测试波形图。

从测试轮轨力波形图（见图 4.3-61）看到：在车辆通过该道岔时，轮轴横向力在道岔某点（只有一个波形）突然变大，导致该点脱轨系数超限，振动加速度、摇枕弹簧位移都有相应的反映。

图 4.3-63 ～ 图 4.3-65 分别为朔黄段试验全程 131 位 C64 货车轮轴横向力、脱轨系数和减载率散点图。

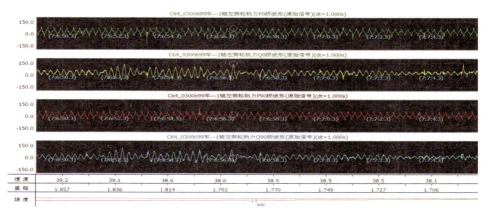

图 4.3-61　脱轨系数超标点、轮轨力测试波形图

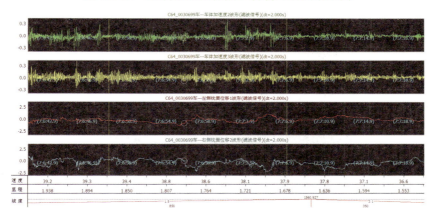

图 4.3-62　脱轨系数超标点、加速度、位移测试波形图

特定试验工况下，测试车辆稳定性及平稳性指标测试结果最大值见表 4.3-48，脱轨系数、轮轴横向力最大值 0.76、13.82 kN，出现在 12‰ 上坡道起动试验工况；轮重减载率最大值 0.31，出现在减压 100 kPa 停车试验，稳定性指标不超标。车辆横向、垂向加速度在限度值范围内，横向、垂向平稳性指标均属优级。

表 4.3-48　特定试验工况下动力学性能指标最大值（空车）

车号	C64K0300699（空车）	
试验区段	朔黄区段	
试验工况	减压 100 kPa 停车试验	12‰ 上坡道起动试验
试验区间	原平至北大牛间	原平至北大牛间
试验地点	79 km + 319 m—78 km + 381 m	78 km + 381 m
脱轨系数	0.22	0.76
轮重减载率	0.31	0.30
轮轴横向力/kN	9.47	13.82
横向加速度/（m/s²）	1.47	2.35
横向平稳性指标	2.20	2.31
垂向加速度/（m/s²）	3.92	2.26
垂向平稳性指标	2.52	2.32

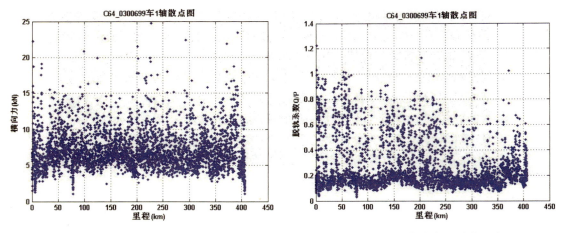

图 4.3-63　试验全程轮轴横向力　　　　　　图 4.3-64　试验全程脱轨系数

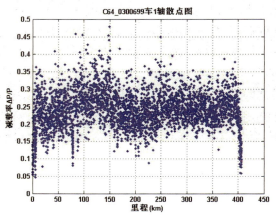

图 4.3-65　试验全程轮重减载率

4.3.4.4　空车运行试验小结

通过对 132 辆 C64 货车采用 2 + 0 编组方式空运行试验时各试验工况及试验全程的机车牵引、制动参数、列车制动及纵向动力学参数、机次从控位机车以及第 131 位货车的运行安全性等参数进行测试，得出如下结论：

（1）机车牵引能力能满足在试验指定困难区段坡道起动的要求，全程试验过程中，机车牵引功率发挥、电机出风口温度未监测到异常现象。

（2）试验区段进行了 1 次减压 100 kPa 停车试验，测得的最大车钩力为 353 kN，处在较低水平，测得的最大车体纵向加速度为 20.40 m/s^2（88 位货车），是试验大纲规定建议性指标要求（车体纵向加速度不大于 9.8 m/s^2）的 2.08 倍。

（3）在空车线运行试验中，131 位 C64 被试货车仅在神池南进站侧线道岔处出现了脱轨系数略微超标（最大值 1.23）的情况，其余试验区段和试验工况下的安全性参数均在试验大纲规定的安全限度之内。

4.3.5　试验结论及建议

通过 2 台 SS₄ 机车采用 1+1 编组方式牵引的 132 辆 C64 组合万吨重车和采用 2+0 编组的空车进行运行试验，得到如下结论：

（1）试验的各种编组方式列车，在合理操纵及牵引力发挥正常的条件下，机车牵引能力满足限制坡道的起动作业要求，全程试验过程中，机车牵引功率发挥、电机出风口温度未监测到异常现象。

（2）通过配合使用机车电制动和列车空气制动，1+1 编组均可在长大下坡道区段按限速要求控制列车速度，并能保证列车循环制动过程中有充足的再充气时间；即使在机车电制动失效的情况下，仅使用列车空气制动，也可实现按限速要求控制列车速度，列车再充气时间亦满足要求。

（3）1+1 编组方式在试验制动工况下，列车最大车钩力多发生在中部机车附近；在各制动试验工况下的车钩力及车体纵向加速度均满足相应建议性指标要求（常用全制动最大车钩力不大于 1 500 kN，正常运行工况不大于 1 000 kN，车体纵向加速度不大于 9.8 m/s²）。

（4）在重车运行试验中，从控机车最大压钩力小于 1 000 kN，全程机车各项运行安全性参数都符合控制限度要求；在空车 2+0 编组运行试验中，从控机车几乎全程都一直处于受拉钩力作用状态，机车各项运行安全性参数未超过控制限度要求。

（5）位于 131 位的 C64 货车重车工况下，脱轨系数、减载率和轮轴横向力等运行安全性参数都未超过控制限度要求；空车工况时仅在神池南进站侧线道岔处出现了脱轨系数略微超标（最大值 1.23）的情况，其余试验区段和试验工况下的运行安全性参数也未超过控制限度要求。

本次试验数据表明，采用 1+1 编组方式牵引 132 辆 C64 重车开行万吨组合列车的方式基本可行，但考虑到试验中存在同步作用时间较长、部分建议性指标超标以及 C64 货车钩缓装置等综合因素，建议在开行阶段进行以下工作：

（1）调速制动缓解时是否使用机车电制动以及机车电制动施加的大小对列车的纵向力有明显影响，建议进一步优化列车操纵措施，减小中部从控机车所受纵向力。

（2）各种制动工况下列车最大车钩力多发生在中部机车附近，为尽可能降低中部从控机车受压失稳所带来的安全风险，建议继续深化对机车钩缓装置受压稳定性问题研究，提高钩缓装置结构稳定性。

（3）与 C80、C70 等货车相比，C64 货车的钩缓系统比较薄弱，承受纵向冲动的能力较弱，试验中也出现了在受到 1 300 kN 左右车钩力时，67 位 C64 货车缓冲器压死，失去缓冲作用从而产生较大冲动的现象，建议在运用中加强对车辆钩缓系统的检查，必要时进行改进加强。

（4）对可能出现较大列车纵向力的线路地点采取重点监控措施，强化轨道结构。

4.4　朔黄铁路 SS₄B 型 3×58 辆 1.74 万吨列车动态运行试验

根据朔黄部运字〔2013〕030 号文件指示要求，3×58 辆编组 1.74 万吨列车完成两趟动态运行试验，试验数据统计如下：

4.4.1 试验列车编组运行基本情况

第一列：2013 年 3 月 20 日，主控司机武城良、副司机甘洁，担当由 210 号机车 + 58 辆 C80 车体 + 69 号机车 + 58 辆 C80 车体 + 45 号机车 + 58 辆 C80 车体 + 列尾装置进行编组的 1.74 万吨列车牵引任务，神池南站二场 8 时 36 分发车，14 时 51 分肃宁北上行场停车，历时 6 h 15 min。

第二列：2013 年 3 月 20 日，主控司机古小伟、副司机史好刚，担当由 190 号机车 + 58 辆 C80 车体 + 63 号机车 + 58 辆 C80 车体 + 37 号机车 + 58 辆 C80 车体 + 列尾装置进行编组的 1.74 万吨列车牵引任务，神池南站二场 12 时 23 分发车，18 时 37 分肃宁北上行场停车，历时 6 h 14 min。

4.4.2 静态充排风时间表

静态充排风时间表见表 4.4-1。

表 4.4-1　静态充排风时间表

减压量	50 kPa	70 kPa	100 kPa	170 kPa	紧急
排风时间/s	50	70	80	110	4
充风时间/s	80	86	125	182	253

4.4.3 运行时分

4.4.3.1 第一列运行时分

第一列运行时分见表 4.4-2。

表 4.4-2　第一列运行时分

区　　间	神池南—宁武西	宁武西—龙宫	龙宫—北大牛	北大牛—原平南	原平南—回凤	回凤—东冶
图定时分	23	26	23	19	21	19
运行时分	22	25	22	19	22	20
区　　间	东冶—南湾	南湾—滴流磴	滴流磴—猴刿	猴刿—小觉	小觉—古月	古月—西柏坡
图定时分	7	25	20	15	19	21
运行时分	6	25	20	17	18	21
区　　间	西柏坡—三汲	三汲—灵寿	灵寿—行唐	行唐—新曲	新曲—定州西	定州西—定州东
图定时分	13	14	15	12	10	19
运行时分	12	15	14	12	11	18
区　　间	定州东—安国	安国—博野	博野—蠡县	蠡县—肃宁北		总时分
图定时分	13	10	9	27		380
运行时分	14	10	8	25		376

结果分析：

（1）乘务员出库至开车用时 2 h 03 min。

（2）原平南至回风运缓的原因是区间接收黄灯减速。

（3）回风至东冶运缓的原因是由于从 1 机车欠压跳主断 3 次，列车提速慢。

（4）其他相邻各区间连续运行总时间符合图定要求。

（5）神池南至肃宁北总运行时间 376 min，比图定时间早 4 min。

4.4.3.2　第二列运行时分

第二列运行时分见表 4.4-3。

表 4.4-3　第二列运行时分

区　间	神池南—宁武西	宁武西—龙宫	龙宫—北大牛	北大牛—原平南	原平南—回风	回风—东冶
图定时分	23	26	23	19	21	19
运行时分	23	26	23	19	21	20
区　间	东冶—南湾	南湾—滴流磴	滴流磴—猴刎	猴刎—小觉	小觉—古月	古月—西柏坡
图定时分	7	25	20	15	19	21
运行时分	5	25	20	18	17	23
区　间	西柏坡—三汲	三汲—灵寿	灵寿—行唐	行唐—新曲	新曲—定州西	定州西—定州东
图定时分	13	14	15	12	10	19
运行时分	11	15	15	11	10	19
区　间	定州东—安国	安国—博野	博野—蠡县	蠡县—肃宁北		总时分
图定时分	13	10	9	27		380
运行时分	13	10	8	24		376

结果分析：

（1）回风至东冶运缓的原因是列车长度增加，为防止冲动，过坡顶速度较低。

（2）猴刎至小觉运缓的原因是小觉分相移至上行进站，惰力过分相。

（3）古月至西柏坡运缓的原因是西柏坡进站分相，惰力过分相。

（4）三汲至灵寿运缓的原因是三汲出站后，过分相后为 4‰ 上坡道，机车依次过分相，牵引力不足，导致速度较低，影响运行点。

（5）东冶至南湾早点 2 min，小觉至古月早点 2 min，西柏坡至三汲早点 2 min，行唐至新曲早点 1 min，博野至蠡县早点 1 min，蠡县至肃宁北早点 3 min。

（6）运行总时间符合图定要求，较图定早 4 min。

（7）出库至开车用时 2 h 16 min，因 3 小列车辆分批到达，机车出库后等挂时间较长。

4.4.4　循环制动

4.4.4.1　第一列运行数据

第一列运行数据见表 4.4-4。

表 4.4-4　第一列车运行数据

区段	减压次数	减压时间	减压量/kPa	减压地点/km	减压速度/(km/h)	追加减压/kPa	涨速/(km/h)	电流/A	缓解时间	缓解速度/km	缓解地点/km	电流/A	制动距离/m	充风时间/s	缓解走行距离/m
神池南—宁武西	1	8.49.28	50	7.712	59	0	0	650	8:50:22	50	8.556	660	844		
宁武西—龙宫	1	9:00:47	50	19.201	67	0	0	720	9:01:39	54	20.095	710	894		
	2	9:04:01	50	22.370	67	0	2	700	9:06:07	55	24.612	700	2 242	142	2 275
	3	9:07:49	50	26.275	66	0	1	740	9:11:13	55	29.859	730	3 584	126	1 663
	4	9:12:49	50	31.426	66	0	2	730	9:14:47	52	33.505	740	2 079	96	1 567
	5	9:16:27	50	35.084	65	0	4	730	9:22:18	58	41.489	560	6 405	100	1 579
龙宫—北大牛	1	9:25:43	50	45.032	66	0	2	740	9:28:55	55	48.406	730	3 374		
	2	9:30:22	50	49.828	65	0	3	730	9:39:55	52	60.083	740	10 255	87	1 422
	3	9:41:45	50	61.789	64	0	1	740	9:45:09	61	65.509	530	3 720	110	1 706
北大牛—原平南	1	9:48:05	50	68.449	65	0	2	740	9:52:11	55	72.794	740	4 345		
	2	9:55:49	50	76.362	65	0	3	750	10:0:19	53	81.061	650	3 568	218	3 568
南湾—滴流磴	1	11:01:58	50	149.816	70	0	0	750	11:03:59	53	151.920	600	2 106	256	2 143
	2	11:06:14	50	154.063	66	0	2	730	11:09:02	53	157.062	740	2 989	103	1 613
	3	11:10:45	50	158.665	64	20	5	740	11:13:05	50	161.130	750	2 465	94	1 421
	4	11:14:39	50	162.511	60	10	9	750降0	11:16:58	64	165.076	650	2 565	263	3 665
滴流磴—猴刎	1	11:20:35	50	168.741	66	0	2	750	11:24:34	49	172.758	730	4 017	550	9 309
	2	11:33:44	50	182.067	67	0	0	750降0	11:36:25	53	184.918	480	1 849	451	7 215
猴刎—小觉	1	11:43:56	50	192.133	67	0	0	750	11:45:48	51	194.016	720	1 883	150	2 383
	2	11:48:27	50	196.576	65	0	1	750	11:50:25	46	198.505	690降0	1 929	531	8 984

续表

区段	减压次数	减压时间	减压量/kPa	减压地点/km	减压速度/(km/h)	追加减压/kPa	涨速/(km/h)	电流/A	缓解时间	缓解速度/(km/h)	缓解地点/km	电流/A	制动距离/m	充风时间/s	缓解走行距离/m
小觉—古月	1	11:59:14	50	207.489	65	0	1	650	12:01:25	57	209.825	710降0	2 336		20 327
古月—西柏坡	1	12:20:37	50	230.152	65	0	0	650	12:22:02	59	231.680	650降0	1 528	419	7 307
	2	12:29:01	50	238.987	66	0	1	650降0	12:30:43	54	240.747	480	1 760		

4.4.4.2　第二列运行数据

第二列运行数据见表 4.4-5。

表 4.4-5　第二列运行数据

区段	减压次数	减压时间	减压量/kPa	减压地点/km	减压速度/(km/h)	追加减压/kPa	涨速/(km/h)	电流/A	缓解时间	缓解速度/(km/h)	缓解地点/km	电流/A	制动距离/m	充风时间/s	缓解走行距离/m
神池南—宁武西	1	13:34:55	50	7.191	59	0	—	690	12:35:42	45	7.912	650	721		
宁武西—龙宫	1	12:48:01	50	19.875	66	0	—	720	12:48:51	52	20.734	710	859	152	2 326
	2	12:51:23	50	23.060	66	0	1	710	12:52:33	55	24.275	710	1 215	95	1 551
	3	12:54:08	50	25.826	66	0	—	750	12:55:54	56	27.662	610	1 836	84	1 389
	4	12:57:18	50	29.051	66	0	1	750	12:59:55	54	31.766	640	2 715	100	1 611
	5	13:01:35	50	33.377	65	0	1	750	13:04:57	52	36.868	710	3 491	121	1 899
	6	13:06:58	50	38.767	66	0	1	750	13:09:18	58	41.281	500	2 514	187	3 274
龙宫—北大牛	1	13:12:25	50	44.555	66	0	1	710	13:13:46	54	45.975	710	1 420	85	1 364
	2	13:15:11	50	47.339	66	0	3	710	13:18:08	52	50.479	750	3 140	90	1 436
	3	13:19:38	50	51.915	66	0	3	750	13:23:42	51	56.160	750	4 245	96	1 503
	4	13:25:18	50	57.663	65	0	2	750	13:29:15	50	61.723	750	4 060	90	1 376
	5	13:30:45	50	63.099	63	0	2	750	13:32:53	61	65.415	550	2 316	235	3 212

续表

区段	减压次数	减压时间	减压量/kPa	减压地点/km	减压速度/(km/h)	追加减压/kPa	涨速/(km/h)	电流/A	缓解时间	缓解速度/(km/h)	缓解地点/km	电流/A	制动距离/m	充风时间/s	缓解走行距离/m
北大牛—原平南	1	13:37:02	50	68.585	64	0	2	750	13:41:10	54	72.649	740	4 064	—	3 170
	2	13:44:12	50	76.483	65	0	3	750	13:49:10	52	81.128	600	4 645	—	3 834
南湾—滴流磴	1	14:43:13	60	144.749	68	0	0	690	14:44:14	56	145.856	620	1 107		
	2	14:49:19	60	151.04	67	0	1	710	14:50:46	55	152.591	710	1 587	305	5 184
	3	14:52:34	50	154.350	66	0	2	720	14:54:22	54	156.259	710	1 909	108	1 759
	4	14:56:11	50	157.944	65	0	3	720	14:58:23	51	160.289	710	2 295	109	1 735
	5	15:00:10	50	161.933	65	10	3	710	15:02:44	63	164.859	550	2 926	107	1 644
滴流磴—猴刎	1	15:06:20	60	168.570	66	0	3	720	15:07:38	53	169.942	700	1 372	216	3 711
	2	15:09:16	50	171.462	64	0	1	720	15:12:16	61	174.774	710	3 312	98	1 520
	3	15:17:06	50	179.769	67	0	0	670	15:18:05	58	180.801	720	1 032	290	4 995
	4	15:20:26	50	183.062	64	0	0	720	15:22:13	58	185.019	530	1 857	141	2 261
猴刎—小觉	1	15:29:22	50	192.038	67	0	1	720	15:30:32	50	193.212	690	1 174	429	7 019
	2	15:33:13	50	195.701	67	0	0	740	15:35:07	47	197.625	670	1 924	161	2 489
小觉—古月	1	15:45:08	50	207.706	67	0	0	710	15:46:25	56	209.053	700	1 347	601	10 081
古月—西柏坡	1	16:06:26	50	230.289	65	0	1	650	16:07:39	57	231.569	670	1 280	1 201	21 236
	2	16:13:33	50	237.704	66	0	0	690	16:14:43	44	238.827	650	1 123	354	6 135

结果分析：

通过以上两列的数据分析，3×5 800 t 的编组在高坡地段上的制动距离最长为龙宫至北大牛间的 10 255 m，充风时间最短 84 s，运行中的充、排风时间均能满足列车的安全运行。

4.4.5　冲动记录

（1）第一列在 101 km 处回手轮造成列车冲动，此处为 4‰ 的上坡道，机车在牵引工况回手轮时，未掌握好退流时机造成列车冲动，通过对乘务员的帮教此处的冲动是可以避免的。

（2）第二列未出现明显的冲动。

4.4.6　开行建议

（1）S4008 次列车在回风至东冶间因网压低，机车欠压跳主断，建议对该区段的供电所进行扩容。

（2）滴流磴过分相前列车减压调速，分相后列车涨速 9 km/h 并追加减压，龙宫分相处、北大牛至原平南区间出现制动后涨速 3～4 km/h，开行后乘务员应注意掌握好制动时机，将制动初速适当下调。

（3）高坡地段的周期制动建议采用长波浪制动方式，通过第一列车在龙宫至北大牛区间的运行情况分析，采用长波浪制动方式有效地延长了列车的制动距离，提高了机车的技术速度和运输效益。

4.5　朔黄铁路 HXD1 型机车单牵万吨列车试验

根据朔黄部运字〔2013〕015 号文件指示要求，神八机车单牵万吨列车试验已完成，试验数据情况分析如下：

4.5.1　试验列车编组运行基本情况

2013 年 3 月 13 日，司机李永辉、副司机金龙，担当由 HXD17008 机车＋116 辆 C80 车体＋列尾装置进行编组的单元万吨牵引任务，神池南站二场 8 时 41 分发车，15 时 11 分肃宁北上行场停车，历时 6 h 30 min。

4.5.2　C70、C80 编组 116 辆静态试验数据

116 辆 C70、C80 充排风时间对比见表 4.5-1。

表 4.5-1　116 辆 C70、C80 充排风时间对比表

减压量 /kPa	车种	列车管	副风缸	列车管	副风缸	列车管	副风缸	列车管	副风缸	列车管	副风缸	580～600 kPa 平均充风时间/s	排风时间 /s
		580 kPa		585 kPa		590 kPa		595 kPa		600 kPa			
50	C70	1.25	1.52	1.51	2.21	2.23	2.57	3.05	3.44	3.54	4.39	169	58
	C80	1.53	2.05	2.25	2.37	3.04	3.18	3.53	4.08	4.31	4.43	196	57
100	C70	3.51	4.23	4.21	4.49	4.57	5.29	5.31	6.11	6.21	7.30	320	111
	C80	4.30	4.59	5.05	5.34	5.50	6.22	6.34	7.05	7.34	7.48	368	82
170	C70	6.14	6.49	6.43	7.18	7.13	7.50	7.47	8.36	8.35	9.30	459	165
	C80	6.41	6.39	7.14	7.10	7.52	7.47	8.45	8.36	9.19	9.19	476	110
紧急	C70	9.39	10.15	10.02	10.34	10.32	11.14	11.13	11.56	12.35	13.00	666	2
	C80	9.35	9.40	10.07	10.05	10.45	10.44	11.35	11.31	12.40	12.42	656	2

4.5.3 神池南站二场 C80 起车数据

神池南站二场 C80 起车数据见表 4.5-2。

表 4.5-2 神池南站二场 C80 起车数据

单元万吨（C80）起动记录表					
时间	牵引力/kN	地点	运行速度/（km/h）	走行距离/m	起动时间
8 时 38 分 52 秒	200	K0 + 706 m	0	0	0 s
8 时 40 分 58 秒	400	K0 + 716 m	1	10	2 min 06 s
8 时 42 分 32 秒	500	K0 + 768 m	6	62	3 min 40 s
8 时 43 分 39 秒	400	K0 + 883 m	11	177	4 min 17 s
8 时 45 分 36 秒	400	K1 + 234 m	16	528	6 min 44 s
8 时 47 分 08 秒	500	K1 + 644 m	21	938	8 min 16 s
8 时 47 分 45 秒	400	K1 + 902 m	26	1196	8 min 53 s
8 时 48 分 13 秒	500	K2 + 122 m	30	1316	9 min 21 s
8 时 48 分 47 秒	500	K2 + 425 m	35	1719	9 min 55 s
8 时 49 分 42 秒	400	K2 + 978 m	40	2272	10 min 50 s
8 时 51 分 40 秒	0	K4 + 2072m	41	3501	12 min 48 s

4.5.4 C80 走停走数据记录

C80 走停走数据记录见表 4.5-3。

表 4.5-3 C80 走停走数据记录

时间	地点	速度/（km/h）	走行距离/m	起动时间
9 时 42 分 56 秒	K51 + 195 m	0	0	0 s
9 时 43 分 09 秒	K51 + 195 m	1	0	13 s
9 时 43 分 24 秒	K51 + 202 m	2	7	28 s
9 时 43 分 29 秒	K51 + 207 m	5	12	33 s
9 时 43 分 41 秒	K51 + 231 m	9	36	45 s
9 时 44 分 02 秒	K51 + 299 m	15	104	1 min 06 s
9 时 44 分 28 秒	K51 + 431 m	21	236	1 min 32 s
9 时 44 分 47 秒	K51 + 550 m	25	355	1 min 51 s
9 时 45 分 13 秒	K51 + 751 m	30	556	2 min 17 s
9 时 45 分 32 秒	K51 + 917 m	34	722	2 min 36 s
9 时 46 分 01 秒	K52 + 216 m	40	1 021	3 min 05 s
9 时 46 分 19 秒	K52 + 424 m	44	1 229	3 min 23 s
9 时 46 分 48 秒	K52 + 804 m	50	1 609	3 min 52 s
9 时 47 分 06 秒	K53 + 061 m	54	1 866	4 min 10 s
9 时 47 分 35 秒	K53 + 511 m	60	2 316	4 min 39 s
9 时 47 分 52 秒	K53 + 8102 m	63	2 615	4 min 56 s

4.5.5 长大下坡道周期制动记录

长大下坡道周期制动记录见表 4.5-4。

表 4.5-4 长大下坡道周期制动记录

区段	序号	制动时间	制动地点/km	制动初速/(km/h)	涨速	缓解时间	缓解地点/km	缓解速度/(km/h)	降速	充风时间	制动距离/m	缓解至再制动走行距离/m	列尾管压
宁武西—龙宫	1	9:07:24	19.485	67	1	9:10:26	22.280	35	5	10分钟	2795	—	619
	2	9:14:01	25.041	65	3	9:20:58	31.818	36	3	3分35秒	6777	2761	611
	3	9:24:15	34.349	65	6	9:30:32	41.276	53	3	3分17秒	6927	2531	608
龙宫—北大牛	1	9:35:28	45.558	65	7	9:42:56	51.195	0	—	4分56秒	5637	4282	614
	2	9:47:52	53.810	63	4	9:54:17	59.881	35	2	4分56秒	6071	2615	611
	3	9:57:21	62.138	62	11	10:01:17	66.307	36	10	3分04秒	4169	2257	605
北大牛—原平南	1	10:05:41	69.059	62	9	10:11:29	75.277	38	3	4分24秒	6218	2752	611
	2	10:13:57	77.148	62	9	10:16:46	80.233	55	2	2分28秒	3085	1871	600
南湾—滴流磴	1	11:12:35	144.218	65	2	11:14:01	145.778	60	3	10分钟	1560	—	618
	2	11:18:11	150.137	66	2	11:24:04	155.758	33	1	4分10秒	5621	4359	614
	3	11:27:31	158.246	61	11	11:33:26	164.294	38	3	3分27秒	6048	2488	605
滴流磴—猴猴	1	11:39:14	168.435	58	3	11:45:14	174.267	56	1	5分48秒	5832	4141	616
	2	11:49:40	178.614	65	2	11:51:54	180.961	53	3	4分26秒	2347	4347	612
	3	11:54:01	182.845	62	9	11:56:49	185.905	47	10	2分07秒	3060	1884	596

4.5.6 运行时分

运行时分见表 4.5-5。

表 4.5-5 运行时分记录表

站名	区间	通过时间	图定时分	实际时分	早晚点
神池南	km	08:40:58			
宁武西	15.9	09:04:02	23	23	0
龙宫	25.9	09:31:13	26	27	1
北大牛	23.6	10:00:16	23	29	6
原平南	19	10:20:59	19	21	2
回凤	24.1	10:42:28	21	21	0
东冶	22.6	11:02:13	19	20	1
南湾	7.8	11:07:27	7	6	−1
滴流磴	26.1	11:34:43	25	27	2
猴刿	20	11:56:03	20	21	1
小觉	15.5	12:14:54	15	19	4
古月	18.6	12:31:26	19	18	−1
西柏坡	22	12:54:28	21	23	2
三汲	15.3	13:05:44	13	11	−2
灵寿	17.2	13:20:11	14	14	0
行唐	18.2	13:34:19	15	14	−1
新曲	14.2	13:45:29	12	11	−1
定州西	12.7	13:56:34	10	11	1
定州东	24	14:13:58	19	17	−2
安国	17	14:27:15	13	13	0
博野	12.6	14:37:15	10	10	0
蠡县	11	14:45:51	9	9	0
肃宁北	22.7	15:11:20	27	25	−2
			380	390	10

4.5.7　数据分析

（1）通过 116 辆 C80 静态试验数据可知，减压 50 kPa 的排风时间为 57 s，缓解后至再制动的充风时间为 196 s，尾部副风缸压力接近 590 kPa；减压 100 kPa 的排风时间为 82 s，缓解后至再制动的充风时间为 6 min 08 s，尾部副风缸压力接近 590 kPa。

（2）通过起车数据分析，尾部出清 SL12 信号机所需时间为 12 min 48 s。SL12 坐标 2 km + 648 m，列车长度 1 438.6 m，机车头部运行至 4.086 km，列车尾部方能越过 SL12。

（3）通过走停走数据分析，列车运行在 10‰ ~ 12‰ 连续下坡道，减压 50 kPa 停车，保压 2 min 缓解开车。充风 3 min 23 s，列车速度涨至 44 km/h，充风 4 min 56 s 列车速度涨至 65 km/h。结合周期制动记录分析可知，在限速 45 km/h 区段，即便是停车缓风，充风时间无法保障，在限速 50 km/h 的区段需要停车缓风。

（4）通过周期制动记录分析，列车运行在 10% ~ 12% 长大下坡道区段操纵较为困难，35 km/h 缓解，速度涨至 65 km/h 制动，充风时间 197 ~ 207 s，涨速空间 6 ~ 11 km/h，有严重的超速隐患，以上数据均是在天气良好、机车满负荷运转条件下测试的，如果天气不良、网压过高、过低机车限功率运行或机车发生滑行，充风时间均无保障。

（5）列车运行时刻分析，神池南—肃宁北正点运行时分为 380 min，实际运行 390 min，列车共计晚点 10 min。其中高坡区段（宁武西—原平南、南湾—西柏坡）共计晚点 15 min。

4.5.8　编组 116 辆 C70 与编组 116 辆 C80 数据对比分析

（1）减压 50 kPa，C70 和 C80 的排风时间几乎一致，尾部副风缸充至 590 kPa 的时间，C80 比 C70 多 27 s。

（2）由于整列 116 辆 C80 比 C70 重 812 t，C80 起车相对困难，尾部过 SL12 的时间较 C70 长 1 min 39 s。

（3）列车运行在 10‰ ~ 12‰ 连续下坡道，C70 可以满足 45 km/h 限速区段运行，C80 可以满足 50 km/h 限速区段运行；C70 停车后追至 100 kPa，缓解至再制动充风时间为 6 min 20 s，满足再制动要求。C80 减压 50 kPa 停车缓风，速度涨至 63 km/h，充风时间为 4 min 56 s，距减压 100 kPa 再制动充风时间 6 min 08 s 相差 1 min 12 s，说明 C80 运行在 10‰ ~ 12‰ 连续下坡道停车后追加至 100 kPa 时，再制动时充风时间无保障。

（4）长大下坡道周期制动对比，116 辆 C70 掌握 35 ~ 38 km/h 缓解，再制动速度 65 ~ 66 km/h，充风时间在 220 ~ 216 s 之间，涨速空间 2 ~ 3 km/h，速度可以控制在限速范围内；116 辆 C80 掌握 33 ~ 36 km/h 缓解，再制动速度 61 ~ 65 km/h，充风时间这 197 ~ 207 s 之间，涨速空间 6 ~ 11 km/h，有严重的超速隐患。

（5)C70 在宁武西—龙宫、龙宫—北大牛、南湾—滴流磴区段各晚点 2 min，共计 6 min，其他区段基本正点；C80 在宁武西—原平南、南湾—西柏坡共计晚点 15 min，主要原因是在高坡区段带闸过分相时，由于 C80 制动力弱，为防超速采用了追加减压措施，但追加后的充风时间更长，只能在站内降低缓解速度来保证充风时间，所有 C80 相对运行点较 C70 长。

4.5.9　开行后需要注意方面

（1）高坡区段遇非正常、大减压量停车后再开车时，前方最少须有 5 个以上闭塞分区空闲，再制动时须停车缓风，方能保证第二把闸的充风时间。

（2）遇天气不良、网压过高、过低机车限功率运行或机车发生滑行，充风时间均无保障，制动后须停车缓风。

（3）C80 可以满足 50 km/h 限速区段运行，遇走停走、机车信号故障模式，列车充风时间无法保障。

4.6　2+0 单元万吨列车稳定性测试试验

4.6.1　概　述

SS₄ 型机车是我国早期生产的交直流传动货运电力机车，采用 4 台 2 轴转向架，双节连挂 8 轴驱动，主要以 1＋1 组合列车方式牵引万吨列车。

图 4.6-1　SS₄ 型机车双机重连牵引万吨列车

但在近期的试运行过程中，曾多次出现了不明原因的重联机车编组中第 4 节机车车体异常错位的现象，引起了公司运输安全部门的高度重视。为了调查机车产生异常错位的原因，以及评估该型机车采用重联本务牵引不同操纵方式的运行安全性，中国铁道科学研究院机车车辆研究所受公司的委托，对该型机车担当双机重联牵引重载列车过程中的运行稳定性进行了相关动力学性能研究试验。

试验于 2014 年 6 月 4 日至 6 月 13 日在朔黄线神池南—肃宁北间进行，共完成了 3 趟试验，详细工作历程见表 4.6-1。

表 4.6-1 试验日程

日　期	工作内容
6 月 4 日	铁科院全体试验人员及测试设备到达肃宁
6 月 5 日	更换测力轮对和测力车钩
6 月 6 日	安装测试设备，段内进行动调
6 月 7 日	被试机车组调至神池南
6 月 8 日	第一试程试验，试验区间：神池南至肃宁北
6 月 9 日	被试机车组返回神池南
6 月 10 日	第二试程试验，试验区间：神池南至肃宁北
6 月 11 日	被试机车组返回神池南
6 月 12 日	第三试程试验，试验区间：神池南至肃宁北
6 月 13 日	拆除试验设备

4.6.2 试验条件

4.6.2.1 被试机车

被试机车的车号为 SS$_4$6180，其 A 节机车为测试对象，测力轮对、测力车钩及其他测试设备均安装在该节机车上。机车的主要技术参数见表 4.6-2。

表 4.6-2 SS$_4$ 机车主要技术参数

最高速度	100 km/h
持续功率	2×3 200 kW
牵引恒功率速度范围	51.8～82 km/h
轴式	2×（B$_0$—B$_0$）
机车整备重量	2×92 t
轴重	23 t
车钩中心线距轨面高	880 mm
前后车钩中心距	2×164 616 mm
车体底架长度	2×15 200 mm
车体宽度	3 100 mm
机车车顶部距轨面高度	4 080 mm
单节机车全轴距	11 100 mm
转向架固定轴距	2 900 mm
车钩型号	内电车钩（13 号）
缓冲器型号	QKX100 胶泥缓冲器
起动牵引力	650 kN
电阻制动力	460 kN（45 km/h）
机车制动机	DK-1G 型制动机

4.6.2.2　试验编组

试验编组情况如图 4.6-2 所示。被试的 SS_46180 号 A 节机车位于双机重联编组中第四节位置。机后货列为 116 辆 C80 重车，牵引总重约 11 600 t，计长 127.6。

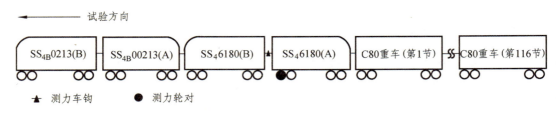

图 4.6-2　试验编组示意图

4.6.2.3　试验线路

试验区间为神池南至肃宁北上行方向，区段长度约 406 km，区间内最小曲线半径 $R400$ m，最大坡道 12‰。试验线路的纵断面如图 4.6-3 所示。神池南站和肃宁北站间的海拔落差 1 500 m，神池南（0 km）—原平南（84 km + 375 m）和南湾（138 km + 860 m）—小觉（240 km + 750 m）间基本上都是 10‰ ~ 12‰ 的长大下坡道，这两个长大下坡区段是本次试验的重点监控区段。

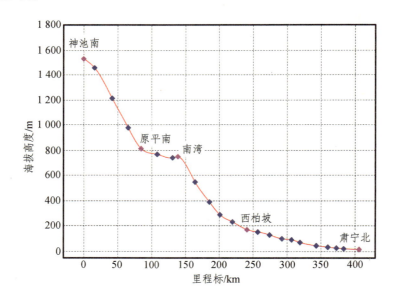

图 4.6-3　朔黄铁路神池南—肃宁北海拔高度图

为了评估重联机车电制工况下侧向通过道岔的安全性，在肃宁北站进站道岔处还进行了不同电制力工况下列车侧向通过道岔试验，其中第一试程中电制手柄级位 90%，第二试程手柄级位 50%，第三试程惰行通过。

4.6.2.4 试验速度

试验过程中列车按正常运行图运行，在神池南至原平南和南湾至西柏坡这两个长大下坡区段，列车运行速度按 75 km/h 限速控制，其他区段按 80 km/h 限速控制。列车全程运行速度变化如图 4.6-4 所示，3 次试验中除个别地点临时停车或减速外，列车运行速度变化基本一致。

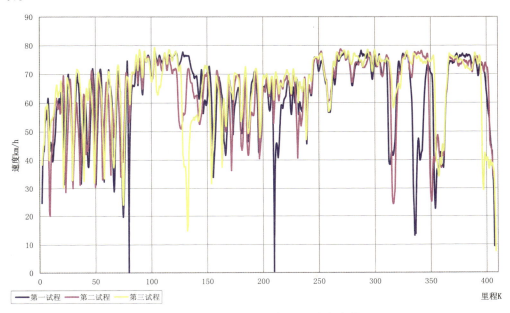

图 4.6-4　试验全程列车运行速度变化

4.6.3 试验方法

4.6.3.1 机车运行安全性测试

1. 测试参数

（1）脱轨系数。脱轨系数用于评定机车在轮轨间横向力和垂向力的同时作用下，因车轮轮缘爬上钢轨而造成脱轨的可能性。

（2）轮重减载率。轮重减载率用于评定因机车车轮出现轮重减载而发生悬浮脱轨的可能性。

（3）轮轴横向力。轮轴横向力用于评定机车轮对对轨排线路产生横向挤压从而导致轨排横移或轨距扩大的可能性。

2. 测点布置

（1）轮轨作用力。采用测力轮对测量轮轨间作用的垂向力和横向力。试验中使用了 1 条测力轮对，安装于末节机车前进方向前端轴，成为被试机车运行方向的第 5 轴（见图 4.6-5）。

图 4.6-5　测力轮对

（2）二系横向动态位移量。在测力轮对所在转向架的中部二系悬挂附近和构架前端部左侧布置横向动态位移量测点，用于监测转向架相对于车体的位移量和偏转角。

4.6.3.2　机车纵向力环境测试

1. 测试参数

（1）车钩力。测量被试机车在运行过程中所承受的纵向拉压钩力。

（2）车钩偏转角。测量被试机车在受纵向拉压钩力作用下，车钩相对于车体的偏转角度，考察车钩受压偏转时对机车运行安全性的影响。

（3）缓冲器动态特性。测量车钩缓冲器的动态工作特性，考察缓冲器工作稳定性。

（4）牵引/电制力。测量被试机车在运行过程中所发挥的牵引和电阻制动力，考察牵引或电制工况对机车运行安全性的影响。

（5）列车管空气压力。测量列车施加空气制动和缓解过程，考察空气制动和缓解过程对机车运行安全性的影响。

2. 测点布置

（1）测力车钩。测力车钩安装在被试机车后节前进方向端部（被试机车第三位钩，见图4.6-6）。

图 4.6-6　测力车钩及位移传感器

（2）车钩动态位移量。在测力车钩上布置横向和纵向位移传感器（见图4.6-6）。

（3）牵引/电制传感器。在车载设备中引出牵引/电制信号。

（4）空气压力传感器。在列车管上安装空气压力传感器。

4.6.3.3　其他相关测试

1. 测试参数

（1）线路平面状况。检测机车运行过程中通过曲线或侧向道岔状况，考察线路平面几何状况对机车运行安全性的影响。

（2）车钩视频观测。监测机车运行过程中车钩的运动状态，直观显示钩缓装置的运动稳定性。

（3）车体视频观测。监视机车运行过程中前后节车体相对错位情况。

（4）列车运行速度。监测列车运行速度的变化过程。

2. 测点布置

（1）陀螺仪。安装在被试机车转向架构架中部断面。

（2）视频摄像机。监测车钩运动状态的摄像机安装在被试机车两节连挂的中部（见图4.6-7）。

监测机车中部车体错位情况的摄像机安装在被试机车前节机车的侧墙上（见图4.6-8）。

图4.6-7　监测车钩的摄像机

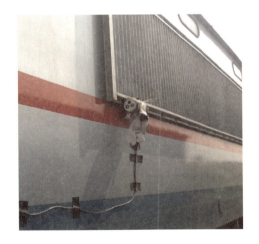

图4.6-8　监测车体错位情况的摄像机

（3）列车运行速度。通过被试机车的轴头速度传感器接入速度信号。

4.6.4　试验设备

试验设备见表4.6-3。

表 4.6-3　试验设备一览表

序号	设备名称	型号规格	测试精度	生产厂家	检定单位	检定有效期
1	测试仪器	CRSL-4-MTC	0.1%	德国 IMC	北京东方测试技术研究所	2014.1.11～2016.1.10
2	测力轮对	IWS-SS4	3%	铁科院机辆所	自检	2014.5.9～2015.5.8
3	测力车钩	CPL-13	1%	铁科院机辆所	自检	2014.5.9～2015.5.8
4	位移传感器	LXW-5	1.5%	北京地杰凌云公司	自检	2013.6.3～2014.6.2

4.6.5　评价标准

参照机车车辆运行安全性的现行有关标准[1][2]，并借鉴以往重载组合列车试验中控制指标，确定机车运行安全性参数的限度值如下：

脱轨系数　　　　　　≤0.90

轮重减载率　　　　　≤0.65

轮轴横向力　　　　　≤90 kN（轴重 23 t）

最大车钩力　　　　　≤2 250 kN

车钩偏转角　　　　　≤6°

4.6.6　试验结果与分析

4.6.6.1　机车运行安全性

机车运行安全性参数全程试验结果散点图如图 4.6-9、图 4.6-10 和图 4.6-11 所示，脱轨

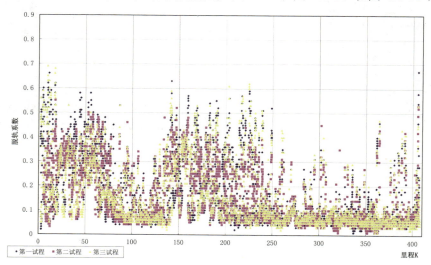

图 4.6-9　脱轨系数全程试验结果

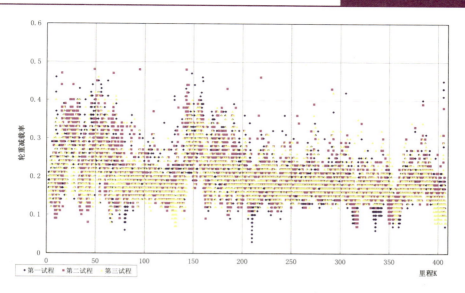

图 4.6-10　轮重减载率全程试验结果

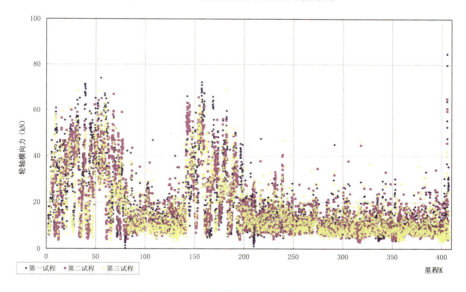

图 4.6-11　轮轴横向力全程试验结果

系数、轮轴减载率和轮轴横向力等参数大值点较为集中地出现在神池南（0 km）—原平南（84 km + 375 m）、南湾（138 km + 860 m）—西柏坡（240 km + 750 m）两处长大下坡区段以及肃宁北（405 km）侧向进站道岔处。全程试验结果概要情况见表 4.6-4，所有试程中实测脱轨系数最大值 0.69，轮重减载率最大值 0.48，轮轴横向力最大值 84.6 kN，以上各项运行安全性参数均在安全控制限度以内。

　　值得特别提及的是，在侧向通过道岔试验中，脱轨系数、轮重减载率和轮轴横向力最大值均出现在第一试程的最大电制工况下，尤其是轮轴横向力达到 84.6 kN，接近控制限度的要求。这一结果表明，SS4 机车双机重联大电制力工况下通过侧向道岔对机车运行安全性有显著的不利影响。

表 4.6-4 机车运行安全性试验结果概要

评价参数	限度值	试程	最大值	里程/km	速度/（km/h）	线路工况
神池南（0 km）—原平南（84 km + 375 m）						
脱轨系数	≤0.90	第一试程	0.66	10.785	42.8	R500 m 曲线
		第二试程	0.55	17.409	59.4	R400 m 曲线
		第三试程	0.69	9.413	49.2	R600 m 曲线
轮重减载率	≤0.65	第一试程	0.46	9.042	45.4	R600 m 曲线
		第二试程	0.48	48.477	58.2	R500 m 曲线
		第三试程	0.46	52.599	70.5	R500 m 曲线
轮轴横向力/kN	≤90	第一试程	74.0	55.139	69.7	R500 m 曲线
		第二试程	66.8	67.886	55.4	R600 m 曲线
		第三试程	68.3	31.664	60.4	直线
南湾（138 km + 860 m）—西柏坡（240 km + 750 m）						
脱轨系数	≤0.90	第一试程	0.63	141.531	66.1	R500 m 曲线
		第二试程	0.52	147.044	66.0	R500 m 曲线
		第三试程	0.61	224.619	65.2	R500 m 曲线
轮重减载率	≤0.65	第一试程	0.47	147.863	60.8	R500 m 曲线
		第二试程	0.48	142.438	54.4	R600 m 曲线
		第三试程	0.40	148.736	72.5	直线
轮轴横向力/kN	≤90	第一试程	72.2	156.995	45.9	R500 m 曲线
		第二试程	65.5	153.734	35.9	直线
		第三试程	68.8	182.640	65.0	R600 m 曲线
肃宁北进站侧向道岔						
脱轨系数	≤0.90	第一试程	0.67	405.351	37.3	侧向道岔
		第二试程	0.53	405.302	38.5	侧向道岔
		第三试程	0.53	405.288	38.5	侧向道岔
轮重减载率	≤0.65	第一试程	0.45	405.351	37.3	侧向道岔
		第二试程	0.38	405.367	37.8	侧向道岔
		第三试程	0.31	405.288	38.5	侧向道岔
轮轴横向力/kN	≤90	第一试程	84.6	405.152	40.9	侧向道岔
		第二试程	64.9	405.103	40.7	侧向道岔
		第三试程	41.8	405.288	38.5	侧向道岔
其他试验区段						
脱轨系数	≤0.90	第一试程	0.46	364.011	63.1	R1 000 m 曲线
		第二试程	0.46	94.377	76.6	R500 m 曲线
		第三试程	0.47	363.991	64.8	R1 000 m 曲线
轮重减载率	≤0.65	第一试程	0.42	305.288	73.1	直向道岔
		第二试程	0.48	94.632	76.2	R500 m 曲线
		第三试程	0.42	292.513	77.2	直向道岔
轮轴横向力/kN	≤90	第一试程	46.8	107.595	76.4	直向道岔
		第二试程	44.6	318.078	31.5	直向道岔
		第三试程	46.6	318.137	61.7	直向道岔

4.6.6.2　车钩工作稳定性

被试机车第三位车钩的全程车钩力、车钩偏转角测量结果分别如图 4.6-12 和图 4.6-13 所示。图中数值符号定义如下：车钩力受拉为正受压为负；车钩向右偏转为正向左偏转为负。在神池南（0 km）—原平南（84 km + 375 m）和南湾（138 km + 860 m）—西柏坡（240 km + 750 m）两处长大下坡区段上，车钩基本上一直处于受压状态，最大压钩力 571.3 kN，最大偏转角 6.9° 超过了控制限度值。在肃宁北车站进站侧向通过道岔试验中，最大压钩力 538.3 kN 情况下，车钩最大偏转角达到 8.2°，都出现在第一试程大电制力工况的试验中。车钩稳定性试验结果概要见表 4.6-5。

表 4.6-5　车钩稳定性试验结果概要

评价参数	限度值	试程	最大值	里程/km	速度/（km/h）
神池南（0 km）—原平南（84 km + 375 m）					
车钩压钩力 /kN	2250	第一试程	539.9	9.197	44.2
		第二试程	556.6	23.318	30.1
		第三试程	511.6	59.099	48.4
车钩偏转角 /（°）	6	第一试程	6.7	50.538	34.4
		第二试程	6.8	57.45	46.3
		第三试程	6.9	50.468	52.7
南湾（138 km + 860 m）—西柏坡（240 km + 750 m）					
车钩压钩力 /kN	2 250	第一试程	534.5	196.409	42.4
		第二试程	571.3	180.457	45.0
		第三试程	518.1	153.868	33.6
车钩偏转角 /（°）	6	第一试程	6.7	157.900	54.1
		第二试程	6.5	163.82	38.2
		第三试程	6.3	156.326	53.8
肃宁北进站侧向道岔					
车钩压钩力 /kN	2 250	第一试程	538.3	405.220	39.7
		第二试程	291.3	405.237	39.2
		第三试程	27.1	405.159	28.7
车钩偏转角 /（°）	6	第一试程	8.2	405.152	40.9
		第二试程	6.9	405.170	40.0
		第三试程	3.5	405.095	38.7
其他试验区段					
车钩压钩力 /kN	2250	第一试程	490.2	334.364	28.8
		第二试程	394.8	101.769	70.2
		第三试程	446.9	354.485	43.5
车钩偏转角 /（°）	6	第一试程	4.3	335.237	15.9
		第二试程	3.9	348.104	67.5
		第三试程	3.5	315.526	65.4

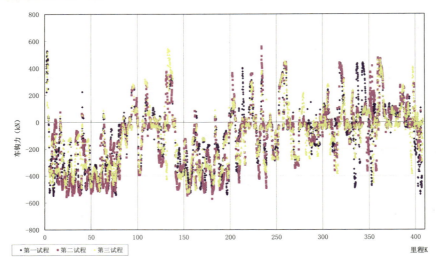

图 4.6-12　车钩力全程试验结果

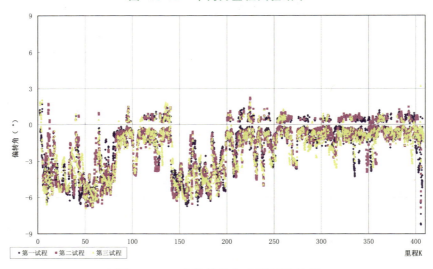

图 4.6-13　车钩偏转角全程试验结果

图 4.6-14 中给出了直线线路上车钩偏转角随车钩力的变化。在车钩受拉力作用下车钩偏转角在 ±2° 之间变化，而且随着车钩拉力的增加车钩越稳定。在车钩受压力作用下，车钩呈现出向同一侧偏转现象，而且车钩偏转角度随着车钩力增加保持线性增大的趋势，当车钩压力在 400 kN 左右时车钩偏转角度就接近控制限度。图 4.6-15 所示为 3 次试程中通过侧向道岔时车钩力和车钩偏转角的实测波形，在 3 次侧向通过道岔试验中，车钩偏转角的动态变化过程基本相同，准静态变化量在数值上有明显差异。在侧向通过道岔的过程中，车钩偏转角动态变化主要是受道岔平面线形的影响，而准静态变化主要受车钩力的影响，因此在第一试程中车钩偏转最大，第二试程其次，第三试程惰行工况下车钩偏转角变化幅度最小。图 4.6-16 所示为机车惰行时车钩自由状态和电制状态下车钩偏转的情况，与之对应车体自由状态和受压错位的情况如图 4.6-17 所示。

图 4.6-18 所示为车钩纵向位移和车钩力之间的变化关系，从图中可以看出车钩纵向伸缩

随车钩力表现出反对称关系，而且图中也未见到突变或卡死状态，表明车钩的缓冲器工作状态良好。

通过以上分析可以看出：① 被试机车车钩在受到纵向压力作用下始终朝一侧偏转，而且偏转角度多处超过控制限度；② 车钩偏转角和车钩压钩力保持一定线性关系，压钩力越大车钩偏转角越大；③ 车钩缓冲器工作状态良好。

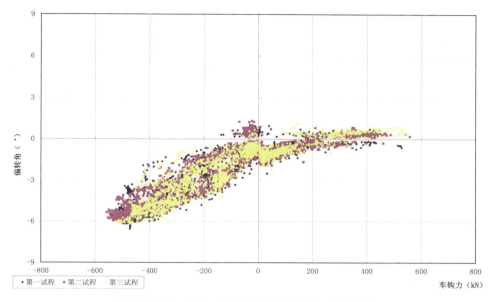

图 4.6-14　直线上车钩偏转角与车钩力的关系

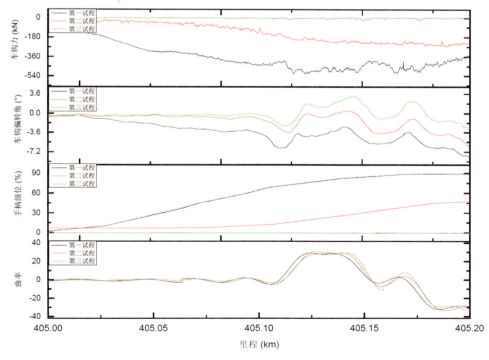

图 4.6-15　不同电制力工况下通过侧向道岔时实测波形图

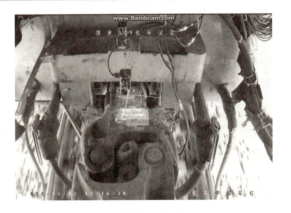 

（a）车钩自由状态　　　　　　　　　　　　（b）车钩受压后出现偏转情况

图 4.6-16　机车车钩自由状态和受压偏转的情况

（a）车体对中状态　　　　　　　　　　　　（b）车钩受压后车体错位情况

图 4.6-17　机车车体错位状况

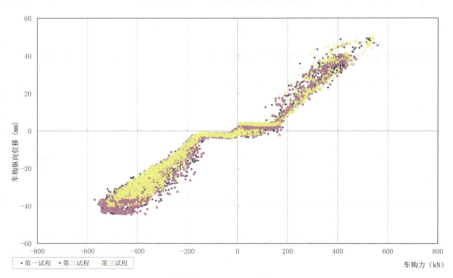

图 4.6-18　车钩纵向位移和车钩力的变化关系

4.6.6.3 车钩状态对机车运行安全性的影响

被试机车脱轨系数、轮重减载率和轮轴横向力等运行安全性参数和车钩力及车钩偏转角的关系如图 4.6-19 ~ 图 4.6-24 所示。为了更清晰展示运行安全性参数受车钩力及车钩偏转的影响，图中仅提供了直线线路条件下的数据。

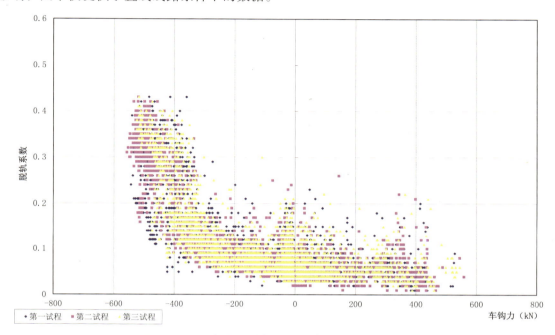

图 4.6-19   直线上脱轨系数和车钩力的变化关系

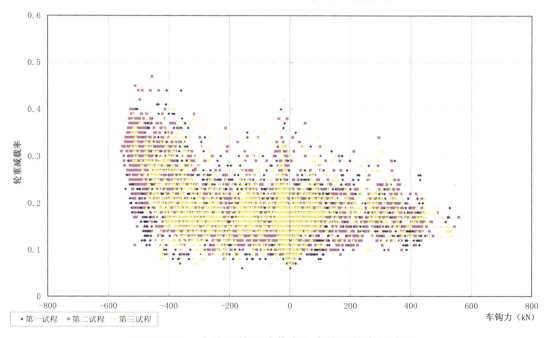

图 4.6-20   直线上轮重减载率和车钩力的变化关系

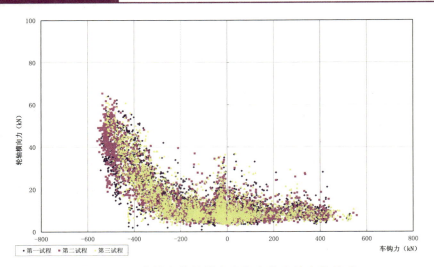

图 4.6-21　直线上轮轴横向力和车钩力的变化关系

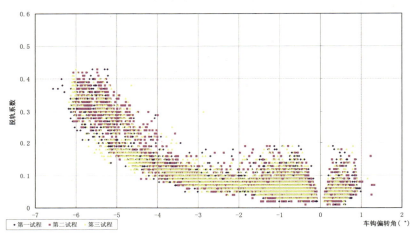

图 4.6-22　直线上脱轨系数和车钩偏转角的变化关系

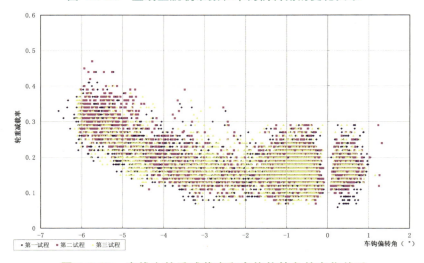

图 4.6-23　直线上轮重减载率和车钩偏转角的变化关系

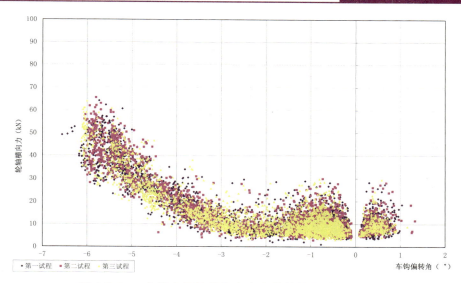

图 4.6-24 直线上轮轴横向力和车钩偏转角的变化关系

从图中可以看出，脱轨系数、轮重减载率和轮轴横向力随着压钩力以及车钩偏转角的增大而增大，尤其是压钩力超过 200 kN、车钩偏转角超过 3° 后，各项运行安全性参数随之增大的趋势更为明显。

试验结果表明，位于双机重联第四节的被试机车在电制工况下承受着较大的纵向压钩力，车钩偏转引起了被试机车轮轨间的动力作用恶化，导致机车运行安全裕度降低，轮轨间横向作用力增大，轮轨磨耗会相应增大。

4.6.6.4 车钩异常偏转的原因分析

为了调查本次试验中车钩出现异常偏转的原因，试验项目组在车钩拆解过程中对车钩、钩尾框等部件状况进行了详细观察并做了照相记录。图 4.6-25 为更换测力车钩位置（A 节机车中间钩）的原车钩钩尾及前从板座的情况，图 4.6-26 所示为与测力车钩相连的车钩（B 节机车中间钩）钩尾及前从板座的情况。从照片可以明显看出，被试机车的钩尾和从板圆弧凹面上存在明显油渍，而且从摩擦亮斑可以明显看出，车钩钩尾和从板圆弧凹面间的接触面集中在很小的面积上，这一现象表明，车钩尾部所能提供的摩擦阻力矩明显偏小，导致车钩的稳钩能力大为减弱。图 4.6-27 所示为停放于机务段库内待检的其他机车从板情况照片，可以看出正常车钩的钩尾与从板的摩擦接触面大而且是干摩擦状态。

本次参试的 SS₄ 型机车采用的是内电车钩和 QKX100 型胶泥缓冲器，钩缓装置结构主要由车钩、钩尾销、钩尾框、缓冲器、前后从板等部件组成，其结构图和钩尾连接局部放大图分别见图 4.6-28 和图 4.6-29。车钩与钩尾框采用扁销连接，当车钩受压出现偏转趋势时，需要由钩尾凸形圆弧面与前从板凹形圆弧面间产生摩擦力来提供抗偏转阻力矩，实现车钩的承压稳定能力。因此，在此摩擦作用面上不应施加任何减摩措施。出现在被试机车钩尾的润滑油脂显然大大降低了该处的摩擦系数，使得车钩的稳钩能力丧失，在大压钩力作用下就会造成车钩偏转，将纵向压钩力转化出一部分横向分力，通过车体、转向架传递到轮轨间，增大了轮轨间的横向力，导致运行安全性裕量降低，严重时将会产生挤轨侧翻，引发安全事故。

图 4.6-25　被试机车第三位车钩钩尾及前从板的照片

图 4.6-26　被试机车第二位车钩的钩尾及前从板的照片

图 4.6-27　现场观察到其他非参试机车的前从板状况

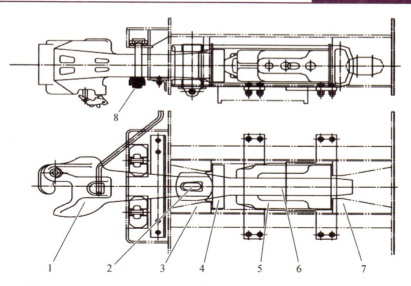

1—车钩；2—扁销；3—前从板座；4—从板；5—缓冲器；6—钩尾框；7—后从板座；8—摇动摆架。

图 4.6-28 内电车钩/QKX100 钩缓装置结构图

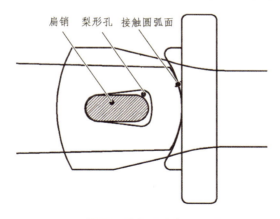

图 4.6-29 钩尾和从板结合部位局部放大图

4.6.7 结论与建议

4.6.7.1 结 论

（1）被试机车的脱轨系数、轮重减载率和轮轴横向力等运行安全性参数尚能保持在控制限度范围内，但明显受到压钩力和车钩偏转角的不利影响。

（2）被试机车的车钩在较大压钩力作用下，存在偏转角超过控制限度的情况。经检查钩缓装置后分析认为，主要原因系从板圆弧面与车钩尾部摩擦作用丧失，未能形成良好的配合作用状态所致。

（3）双机重联牵引方式下，在通过小半径曲线和侧向通过道岔时，若使用大电制力会对列车运行安全性产生明显的不利影响。

4.6.7.2　建　议

（1）尽快对所有采用内电车钩钩缓装置担当重载牵引任务的机车进行全面检查，确保从板与钩尾间为干摩擦接触状态，对接触面异常的情况应及时进行调整。

（2）制订明确的检修规章，禁止在钩尾和从板圆弧面涂抹减摩液剂，缩短钩缓装置的检查周期。

（3）进一步研究优化操纵方案，在小半径曲线和侧向通过道岔时应尽可能减小电制力的使用。

（4）加强司机安全意识培训，运行途中一旦发现机车中部各节间有明显的相互错位，应立即减小电制力的使用，并报机务段及时进行检修。

4.7　朔黄铁路单元万吨关门车试验

为提高神池南站单牵万吨列车编组效率，提升公司整体运输能力，保障单元万吨列车运行安全，根据 2017 年 9 月 27 日召开的两万吨关门车超编试验第一阶段总结会的相关要求，补充进行关门车超 6% 编组单牵万吨列车运行试验。

4.7.1　试验区段

神池南—肃宁北区段。

4.7.2　试验内容及地点

（1）神池南站列检负责关闭列车中 9 辆车截断塞门。

（2）神池南至北大牛区间验证关门车对循环制动的影响。

（3）列车运行到北大牛至原平南间 67～69 km 处，充风 150～180 s，速度 65 km/h，减压 80 kPa 停车，检测列车制动走行距离。

（4）列车运行到北大牛至原平南间 76～79 km 处，速度 68 km/h，减压 170 kPa 停车，检测列车制动走行距离。

（5）南湾至滴流磴区间验证关门车对循环制动的影响。

（6）列车运行到滴流磴至猴刎间 168～169 km 处，速度 68 km/h，减压 100 kPa 停车，检测列车制动走行距离。

4.7.3　占比 8% 试验数据分析

根据试验计划 10 月 12 日进行关门车占比 8% 试验，共计试验两趟，关门车均在实验要求范围内，在循环制动时无明显变化，减压 170 kPa 试验时速度降至 50 km/h 以下时出现明显减载情况，减压 100 kPa 试验时速度降至 45 km/h 以下时出现明显减载情况。

第一列，18690 次动态试验

车体为：整列 C80。关门车位置分布：机后 12 位、17 位、23 位、32 位、42 位、64 位、78 位、87 位、98 位，共计 9 辆，循环制动正常。

80 kPa 减压试验，列车运行到 68 km + 388 m 处，充风 212 s，65 km/h 减压 80 kPa，最高 69 km/h，走行 2 572 m，停车过程及起车正常，无任何冲动。

170 kPa 减压试验，列车运行到 76 km + 274 m 处，充风 462 s，68 km/h 减压 170 kPa，最高 71 km/h，走行 1 395 m，40 km/h 以下冲动比较明显，停车检查钩缓和重联渡板正常，起车无任何冲动。

100 kPa 减压试验，168 km + 146 m 处，充满 223 s，66 km/h 减压 100 kPa，最高 69 km/h，走行 1 637 m，停车过程及起车正常，无任何冲动。

第二列，18098 次动态试验

车体为：整列 C80。关门车位置分布：机后 7 位、16 位、40 位、50 位、65 位、70 位、80 位、90 位、100 位，共计 9 辆，循环制动正常。

80 kPa 减压试验，列车运行到 67 km + 979 m 处，充风 160 s，65 km/h 减压 80 kPa，最高 70 km/h，走行 3 440 m，停车检查钩缓和重联渡板正常，停车过程及起车正常，无任何冲动。

170 kPa 减压试验，列车运行到 76 km + 819 m 处，充风 479 s，68 km/h 减压 170 kPa，最高 71 km/h，走行 1 513 m，40 km/h 以下冲动比较明显，停车检查钩缓和重联渡板正常，起车无任何冲动。

100 kPa 减压试验，168 km + 298 m 处，充满 238 s，68 km/h 减压 100 kPa，最高 70 km/h，走行 1 761 m，停车检查钩缓和重联渡板正常，停车过程及起车正常，无任何冲动。

通过两列车数据对比：

80 kPa 减压试验，两列车走行距离相差 868 m，原因为第一列车为满风，第二列车风压不足；

170 kPa 减压试验，两列车走行距离相差 118 m，无明显差距；

100 kPa 减压试验，两列车走行距离相差 124 m，无明显差距。

4.7.4 循环制动分析

根据试验要求关门车占比为 8%循环制动试验，分别在神池南—西柏坡区段进行循环制动验证运行情况，运行中严格按照单牵万吨操纵提示卡操纵要求操纵列车。在循环制动时，制动力的判断以及关门车辆数发生变化后，对列车制动力影响不明显，根据试验要求在进行 8% 关门车试验时，需要填发制动效能证明书，对列车在操纵中的影响不明显。

在试验 170 kPa 大减压停车过程中，40 km/h 以下冲动比较明显，停车检查钩缓和重联渡板正常，起车无任何冲动。

4.7.5　存在问题

（1）第一趟滴流磴出站 170 km 处限速 65 km/h，本着安全为主的导向，未按实验要求 68 km/h 制动初速减压。

（2）170 kPa 减压试验，40 km/h 以下冲动比较明显。

（3）减压量超过 100 kPa 后，列车位于长大下坡道区段，对列车后续的循环制动影响较大。

4.8　朔黄铁路 1.6 万吨重载列车运行试验

根据 1.6 万吨试验大纲安排，2017 年 11 月 20 日，在神池南至肃宁北间试验开行第一列 1.6 万吨列车 55002 次，2017 年 11 月 22 日，在神池南至肃宁北间试验开行第二列 1.6 万吨列车 55004 次，现将运行情况进行如下小结：

4.8.1　编组情况

1. 第一列

HXD17147 + 108 辆 C80 型车体 + SS$_{4B}$186 + 58 辆 C70 车体 + 可控列尾；总重 15 978 t、辆数 166 辆、计长 188.4。

2. 第二列

HXD17147 + 108 辆 C80 型车体 + SS$_{4B}$186 + 66 辆 C64 车体 + 可控列尾；总重 16 542 t、辆数 174 辆、计长 198.0。

4.8.2　试验内容

（1）验证神八机车与 SS$_{4B}$ 机车同步系统牵引力和再生力的匹配。

（2）利用从控机车车钩测力装置的数据对列车纵向力的变化进行参考。

（3）初制动后的追加减压试验。

（4）龙宫、猴刿惰力过分相试验。

（5）常用全制动试验，测试制动距离及列车状态。

（6）高坡区段减压 80 kPa，测试制动距离。

（7）滴流磴至猴刿站间走停走模拟试验。

（8）平原区段减压 90 kPa，测试制动距离。

（9）肃宁北站内低速追加停车试验。

4.8.3 运行时刻

1. 第一列运行时刻

第一列运行时刻见表 4.8-1。

表 4.8-1 第一列运行时刻

车站名称	到达时间	通过时间	晚点	区间停车	区间运行
神池南Ⅱ场		10:14:42	0		
神南站中心		10:20:28	0		0:05:46
宁武西		10:36:35	0		0:16:07
龙宫		11:03:57	早 0:38		0:27:22
北大牛		11:27:19	早 0:38		0:23:22
原平南		11:44:06	早 2:13		0:16:47
回凤		12:06:34	晚 1:28		0:22:28
东冶		12:27:43	晚 2:9		0:21:09
南湾		12:33:23	早 1:20		0:05:40
滴流磴		12:57:45	早 1:38		0:24:22
猴刎		13:25:29	晚 7:44	0:02:59	0:27:44
小觉		13:39:20	早 3:9		0:13:51
古月		13:57:06	晚 1:46		0:17:46
西柏坡		14:18:18	晚 0:12		0:21:12
三汲		14:31:38	晚 0:20		0:13:20
灵寿		14:47:18	晚 1:40		0:15:40
行唐		15:07:46	晚 5:28		0:20:28
新曲		15:20:05	晚 0:19		0:12:19
定州西		15:30:50	晚 0:45		0:10:45
定州东		15:51:13	晚 0:3		0:19:03
安国		16:05:18	晚 1:5		0:14:05
博野		16:17:58	晚 2:40		0:12:40
蠡县		16:27:01	晚 0:3		0:09:03
肃宁北 5 道	16:52:14				0:25:13

2. 第二列运行时刻

第二列运行时刻见表4.8-2。

表4.8-2　第二列运行时刻

车站名称	到达时间	通过时间	晚点	区间停车	区间运行
神池南Ⅱ场		9:51:18			0:06:49
神南站中心		9:58:07			0:15:54
宁武西		10:14:01			0:27:52
龙宫		10:41:53	早 0:8		0:42:49
北大牛		11:24:42	晚 18:49	0:15:55	0:24:20
原平南		11:49:02	晚 5:20	0:03:58	0:22:51
回凤		12:11:53	晚 1:51		0:21:53
东冶		12:33:46	晚 2:53		0:05:48
南湾		12:39:34	早 1:12		0:32:43
滴流磴		13:12:17	晚 6:43	0:02:19	0:20:47
猴刎		13:33:04	晚 0:47		0:14:25
小觉		13:47:29	早 2:35		0:19:11
古月		14:06:40	晚 3:11		0:21:13
西柏坡		14:27:53	晚 0:13		0:12:26
三汲		14:40:19	早 0:34		0:21:03
灵寿		15:01:22	晚 7:3	0:01:15	0:20:40
行唐		15:22:02	晚 5:40		0:12:24
新曲		15:34:26	晚 0:24		0:10:30
定州西		15:44:56	晚 0:30		0:18:56
定州东		16:05:12	早 0:4		0:13:57
安国		16:19:09	晚 0:57		0:10:18
博野		16:29:27	晚 0:18		0:08:56
蠡县		16:38:23	早 0:4		0:27:24
肃宁北5道	17:05:47				

3. 运行时刻对比

第一、第二列运行时刻对比见表4.8-3。

表4.8-3　运行时刻对比

车次	始发站	终到站	运行时刻	停车次数	与万吨运行点对比
55002	10:14	16:52	6 h 37 min	1 次	晚点 7 min
55004	9:51	17:05	7 h 14 min	4 次	晚点 44 min（包括非正常 14 min）

4.8.4 循环制动数据

1. 第一列循环制动数据

第一列循环制动数据见表 4.8-4。

表 4.8-4　第一列循环制动数据

序号	充风情况/s	初制动地点/km	初制动速度/（km/h）	最高速度/（km/h）	追加情况/kPa	缓解地点/km	缓解速度/（km/h）	缓解时主控再生力/kN	缓解时从控电流/A	备注
1	—	9.309	69	70		10.369	55	350	660	
2	—	19.164	66	66		20.821	32	350	520	
3	294	24.565	70	72		26.971	50	400	710	
4	104	28.503	61	69		39.495	37	400	620	
5	—	45.258	70	73	26	47.968	34	350	540	
6	227	50.821	65	70		57.524	47	320	590	
7	116	59.344	67	69	6	65.119	60	350	660	
8	—	68.755	67	71		73.323	57	350	670	
9	222	76.820	66	71		81.778	63	300	630	
10	—	144.522	71	72		146.177	59	300	630	
11	266	150.854	67	68		155.109	48	350	650	
12	121	156.906	62	70	12	164.601	58	350	660	
13	—	169.311	70	72		170.653	0	140	—	停缓
14	—	174.029	67	68		175.282	55	350	670	
15	—	180.739	68	68		183.027	36	400	610	
16	—	188.215	70	71		189.467	63	390	700	
17	—	192.875	68	70		197.616	48	390	690	
18	—	207.780	68	70		210.335	60	330	640	
19	—	230.474	68	70		231.813	63	340	660	
20	—	239.102	67	68		240.736	58	330	650	

2. 第二列循环制动数据

第二列循环制动数据见表 4.8-5。

表 4.8-5　第二列循环制动数据

序号	充风情况/s	初制动地点/km	初制动速度/（km/h）	最高速度/（km/h）	追加情况/kPa	缓解地点/km	缓解速度/（km/h）	缓解时主控再生力/kN	缓解时从控电流/A	备注
1	—	9.383	70	71		10.443	57	350	650	
2	—	20.341	66	67		21.957	44	350	650	
3	174	24.597	70	72		27.678	50	400	680	
4	108	29.287	62	64		33.868	33`	348	550	
5	134	35.407	54	62		41.203	46	350	600	
6	—	46.482	70	73		51.006	41	350	580	
7	149	53.081	65	70	40	63.100	0	—	—	停缓
8	—	68.470	65	68		71.904	45	350	600	
9	—	76.899	70	72	最大减压量	77.939	0	—	—	停缓
10	—	81.383	67	68		82.363	57	320	550	
11	—	144.468	71	71		145.612	56	350	650	
12	—	151.485	67	68		154.062	35	350	650	
13	183	156.212	55	57		158.102	35	350	570	
14	220	161.158	70	72	减压 80	162.731	0	—	—	停缓
15	—	168.399	66	68		170.694	44	350	600	
16	131	172.588	65	69		174.821	65	350	650	
17	—	180.602	66	67		182.768	34	350	550	
18	—	187.981	70	70		189.105	63	350	640	
19	185	192.499	70	70		197.416	40	350	610	
20	—	208.124	67	69		210.230	53	350	650	
21	—	230.322	69	70		231.676	62	350	650	
22	—	237.605	62	62		238.567	50	350	640	
23	—	270.608	78	78	减压 90	271.988	0	—	—	停缓

4.8.5　走停走试验数据

走停走试验数据见表 4.8-6。

表 4.8-6　走停走试验数据

缓解地点/km+m	走行距离/m	速度/(km/h)	充风时间/s	再生力/kN	从车电流/A
170+653	0	0	0	0	0
170+665	12	5	00 min 40 s	110	90
170+706	53	10	00 min 59 s	330	420
170+833	180	16	01 min 34 s	400	560
170+948	295	20	01 min 58 s	400	560
171+165	512	26	02 min 32 s	400	560
171+330	677	30	02 min 54 s	400	580
171+628	975	36	03 min 27 s	400	610
171+736	1 083	38	03 min 37 s	400	620
171+852	1 199	40	03 min 48 s	400	640
171+976	1 323	42	03 min 59 s	400	650
172+102	1 449	44	04 min 10 s	400	670
172+512	1 859	50	04 min 41 s	400	710
172+965	2 312	56	05 min 12 s	400	720
173+375	2 722	61	05 min 37 s	400	720
173+742	3 089	65	05 min 58 s	400	720
174+029	3 376	67	06 min 14 s	400	720

4.8.6　从控机车车钩受力

利用车钩测力系统对 1.6 万吨重载列车在运行的受力变化进行检测，分别在从控 $SS_{4B}0186$ 机车的 A 节前端、B 节中部、B 节前端 3 个车钩的两侧各布置 1 个车钩测力系统测点，同时采集 6 个受力点的受力情况，记录如下：

1. 第一列从控机车车钩受力
第一列从控机车车钩受力见表 4.8-7。

2. 第二列从控机车车钩受力
第二列从控机车车钩受力见表 4.8-8。

3. 压钩力大值对比
压钩力大值对比见表 4.8-9。

表 4.8-7 第一列从控机车车钩受力

序号	充风时间/s	初制动地点/km	初制动速度/(km/h)	追加减压情况	缓解地点/km	缓解速度/(km/h)	缓解时动力制动值 主车/kN	缓解时动力制动值 从车/A	A钩大值/kN 拉钩力 左侧	A钩大值/kN 拉钩力 右侧	A钩大值/kN 压钩力 左侧	A钩大值/kN 压钩力 右侧	中钩大值/kN 拉钩力 左侧	中钩大值/kN 拉钩力 右侧	中钩大值/kN 压钩力 左侧	中钩大值/kN 压钩力 右侧	B钩大值/kN 拉钩力 左侧	B钩大值/kN 拉钩力 右侧	B钩大值/kN 压钩力 左侧	B钩大值/kN 压钩力 右侧
1	—	9.309	69		10.369	55	350	660	—	—	160	449	—	—	453	590	—	—	450	988
2	—	19.164	66		20.821	32	350	520	466	325	—	—	256	329	201	120	67	167	354	152
3	294	24.565	70		26.971	50	400	710	183	104	—	—	—	—	231	163	—	—	371	326
4	104	28.503	61		39.495	37	400	620	—	—	97	223	—	—	404	354	—	—	597	333
5	—	45.258	70	26	47.968	34	350	540	605	385	242	558	349	408	723	394	108	246	728	592
6	227	50.821	65		57.524	47	320	590	—	—	55	144	—	—	230	179	—	—	393	104
7	116	59.344	67	6	65.119	60	350	660	—	—	587	407	—	—	632	449	—	—	408	474
8	—	68.755	67		73.323	57	350	670	—	—	358	356	—	—	613	455	—	—	528	656
9	222	76.820	66		81.778	63	300	630	180	75	320	161	—	—	461	296	—	—	468	294
10	—	144.522	71		146.177	59	300	630	—	—	340	180	—	—	420	384	—	—	408	418
11	266	150.854	67		155.109	48	350	650	157	82	150	67	—	—	358	213	—	—	456	251
12	121	156.906	62	12	164.601	58	350	660	—	—	566	508	—	—	504	701	—	—	283	818
13	—	169.311	70		170.653	0	—	—	—	—	—	—	—	—	—	—	—	—	—	—
14	—	174.029	67		175.282	55	350	670	—	—	394	281	—	—	479	531	—	—	609	315
15	—	180.739	68		183.027	36	400	610	—	—	53	33	—	—	280	248	—	—	407	248
16	—	188.215	70		189.467	63	390	700	—	—	232	126	—	—	320	292	—	—	310	427
17	—	192.875	68		197.616	48	390	690	—	—	—	—	—	—	207	193	—	—	252	393
18	—	207.780	68		210.335	60	330	640	—	—	246	228	—	—	442	298	—	—	382	373
19	—	230.474	68		231.813	63	340	660	—	—	374	190	—	—	457	312	—	—	282	602
20	—	239.102	67		240.736	58	330	650	—	—	519	302	—	—	497	534	—	—	530	359

表4.8-8　第二列从控机车车钩受力

序号	充风时间/s	初制动地点/km	初制动速度/(km/h)	追加减压情况	缓解地点/km	缓解速度/(km/h)	缓解时动力制动值		A钩大值/kN				中钩大值/kN				B钩大值/kN			
							主车/kN	从车/A	拉钩力		压钩力		拉钩力		压钩力		拉钩力		压钩力	
									左侧	右侧	左侧	右侧	左侧	右侧	左侧	右侧	左侧	右侧	左侧	右侧
1	—	9.383	70		10.443	57	350	650	—	—	421	538	—	—	465	1041	—	—	442	1353
2	—	20.341	66		21.957	44	350	650	370	277	415	351	180	205	552	629	—	—	579	761
3	174	24.597	70		27.678	50	400	680	268	219	275	256	—	—	457	503	—	—	545	657
4	108	29.287	62		33.868	33	348	550	253	231	357	279	—	—	624	294	—	—	812	138
5	134	35.407	54		41.203	46	350	600	201	144	450	309	289	285	603	430	—	260	748	377
6	满风	46.482	70		51.006	41	350	580	456	374	445	405	—	—	809	328	—	—	556	704
7	149	53.081	65	40	63.100	0	—	—	—	—	—	—	—	—	—	—	—	270	—	—
8	—	68.470	65		71.904	45	350	600	521	339	141	741	321	345	578	720	111	—	348	1174
9	—	76.899	70	170	77.939	0	—	—	—	—	1 384	1151	—	—	1521	789	—	—	541	1999
10	—	81.383	67		82.363	57	320	550	—	—	226	207	119	165	485	227	—	—	272	798
11	—	144.468	71		145.612	56	350	650	305	267	516	376	180	186	654	638	—	—	552	713
12	—	151.485	67		154.062	35	350	650	351	315	488	382	—	—	673	622	—	—	625	716
13	183	156.212	55		158.102	35	350	570	260	205	380	195	—	—	498	351	—	—	663	227
14	220	161.158	70	80	162.731	0	—	—	—	—	—	—	—	—	—	—	—	—	—	—
15	—	168.399	66		170.694	44	350	600	370	340	324	263	190	221	413	619	—	—	541	514
16	131	172.588	65		174.821	65	350	650	—	—	279	279	—	—	424	502	—	—	485	502
17	—	180.602	66		182.768	34	350	550	410	338	341	193	231	258	460	472	—	162	443	676
18	—	187.981	70		189.105	63	350	640	—	—	280	915	—	—	848	733	—	—	811	700
19	185	192.499	70		197.416	40	350	610	338	276	328	526	154	157	700	516	—	—	671	556
20	—	208.124	67		210.23	53	350	650	637	568	460	389	396	550	714	520	204	424	594	650
21	—	230.322	69		231.676	62	350	650	246	181	809	813	—	—	1133	888	—	—	867	1063
22	—	237.605	62		238.567	50	350	640	470	447	313	181	327	370	508	325	127	281	262	910
23	—	270.608	78	减压90	271.988	0	—	—	—	—	529	752	—	—	689	586	—	—	272	925

表 4.8-9　压力钩力值对比

车次	地点	最大值/kN	地点	最大值/kN	地点/km	最大值/kN
55 002	高速试闸	988	东风隧道	728	230	602
55 004	高速试闸	1 353	77 km + 939 m	1 999	230	1 133

4.8.7　走停走试验数据

走停走试验数据见表 4.8-10。

表 4.8-10　走停走试验数据

缓解地点/km	走行距离/m	速度/（km/h）	充风时间/s	再生力/kN	从车电流/A
170.653	0	0	0	0	0
170.665	12	5	00 min 40 s	110	90
170.706	53	10	00 min 59 s	330	420
170.833	180	16	01 min 34 s	400	560
170.948	295	20	01 min 58 s	400	560
171.165	512	26	02 min 32 s	400	560
171.330	677	30	02 min 54 s	400	580
171.628	975	36	03 min 27 s	400	610
171.736	1 083	38	03 min 37 s	400	620
171.852	1 199	40	03 min 48 s	400	640
171.976	1 323	42	03 min 59 s	400	650
172.102	1 449	44	04 min 10 s	400	670
172.512	1 859	50	04 min 41 s	400	710
172.965	2 312	56	05 min 12 s	400	720
173.375	2 722	61	05 min 37 s	400	720
173.742	3 089	65	05 min 58 s	400	720
174.029	3 376	67	06 min 14 s	400	720

4.8.8　试验分析

（1）主控机车牵引力 400 kN 时，从控直流机车的牵引电流达到最大值；主控再生力 400 kN 时，从控电机电流达到最大值。

（2）从控机车在周期制动缓解后没有明显冲动，但列车位于小曲线半径的纵断面时，从控机车压钩力明显增加，尤其是从控断电过分相时，曲线半径内侧的压钩力出现持续大值。第一列车钩大值出现在高速试闸缓解后，即 10 km + 369 m 处，最大压钩力 988 kN；第二列超过 1 000 kN 的压钩力共有三把闸，其中高速试闸缓解后，即 10 km + 443 m 处出现 1 353 kN 的压钩力，最大减压量停车缓解后，即 77 km + 939 m 处，出现 1 999 kN 的压钩力，230 km 调速缓解后，即 231 km + 676 m 处出现 1 133 kN 的压钩力。

（3）东风隧道内（47 km + 968 m）追加减压缓解后，列车冲动较为明显，从控机车受力增大。

（4）龙宫站过分相，距分相中心 867 m 处，速度 37 km/h 缓解列车，过分相后最高速度 65 km/h；猴刎站过分相，距分相中心 1 152 m 处，速度 36 km/h 缓解列车，过分相后最高速度 66 km/h。均满足惰力过分相要求。

（5）列车运行至北大牛至原平南间 76 km + 899 m 处，线路纵断面为 12‰ 的长大下坡道，时速 70 km/h，施行最大减压量 170 kPa，列车最高运行速度 72 km/h，列车停于 77 km + 939 m 处，走行 1 040 m。停车过程中车钩受力无大值，缓解动车过程中，从控机车后钩（B 节）右侧出现 1 999 kN 的压钩力。

（6）列车运行至南湾至滴溜磴间 161 km + 158 m 处，线路纵断面为 12‰ 的长大下坡道，时速 70 km/h，施行常用减压 80 kPa，列车最高运行速度 72 km/h，列车停于 162 km + 731 m 处，走行 1 573 m，停车及缓解动车过程中车钩受力均无大值。

（7）减压 100 kPa 停车后，速度由 0 km/h 涨至 26 km/h，走行 512 m，充风 152 s（2 min 32 s），满足列车初减压量的充风要求；涨至 40 km/h，列车充风 228 s（3 min 48 s），满足最大减压量的充风时间。

（8）列车运行至三汲至灵寿间 270 km + 608 m 处，线路纵断面为 4‰ 的下坡道，时速 78 km/h，施行常用减压 90 kPa，列车最高运行速度 78 km/h，列车停于 271 km + 988 m 处，走行 1 380 m。

（9）肃宁北站 37 km/h 初减压，21 km/h 追加减压 30 kPa 时，列车无冲动，从控机车受力无明显增加。

4.8.9　存在的问题

（1）交直流机车牵引力和再生力匹配不合理：交流机车未发挥至最大值时，直流机车已达到最大值。从控直流车电流过大，容易造成空转。

（2）同步编组，主从控间的车间距按 1 300 m 设置后，运行中过分相时从车出"分相预备"较晚，造成从控机车断电较晚，并且从车"分相预备"不稳定，有时程序不启动，需手动断电，存在带电过分相的隐患。

（3）神南起车时，主车 7147 机车给牵引力 470 kN，从车 186 牵引电流 850 A，主、从车牵引力匹配不合理，从车电流过大，容易造成空转。

（4）最大有效减压量停车缓解后，从控机车冲动较大。

（5）1.6 万吨 1 + 1 编组 108 辆 C80 + 66 辆 C64，制动力较强，不利于制动周期调整，操纵难度大。

4.9 朔黄铁路万吨列车操纵办法

4.9.1 上行 1＋1 组合万吨

4.9.1.1 开车前的准备工作

在库内做好机车的各项机能试验，车站连挂好后，主、从控机车各节车重联开关均置重联位，建立主、从控机车同步关系，按规定输入监控装置，重联转换阀的位置：本补、本补。从控机车取出大、小闸把，电小闸在取出位，从控机车操纵节开放156塞门；制动机均置于电空位。

4.9.1.2 牵引工况操纵

在牵引工况时，车钩主要承受拉力，且前部车钩承受的拉力最大，往后逐渐减小。列车起动时的纵向冲动与牵引力提升快慢及车钩间隙有关。牵引力提升越快，列车纵向冲动越剧烈。车钩间隙有利于列车起动，间隙的存在使车辆逐辆起动，而不是全列车一起起动。但间隙的存在也会使列车纵向冲动加剧。从有利于起动的角度考虑，希望车钩处于压缩状态；从减小冲动的角度考虑，希望车钩处于拉伸状态。

1. 起动操纵

（1）建立同步，从控机车司机配合主控机车司机做高压试验。

（2）始发站简略试验。自阀减压100 kPa保压1 min后，做列尾排风试验（一次减压70 kPa）。

（3）始发站、中间站、区间停车再开时，利用列尾装置配合试风，要做到"三核对"：

① 当车站通知简略试验或区停再开车试风前，司机必须先检查列车尾部风压，核对尾部列车管风压是否与机车风表显示相同或接近。

② 试风减压后，待中继阀排风终止，司机检查尾部列车管风压，核对与机车风压表显示是否一致或接近。

③ 列车缓解，待充满风后，司机核对尾部列车管风压是否与机车风压表显示相同或接近。

（4）动车前确认列车管充满风（用列尾确认尾部风压580 kPa以上）。主控机车乘务员确认具备发车条件后通知从控机车，从控机车乘务员确认具备开车条件后应答。在从控机车乘务员应答后，主控机车与车站联控可以发车。

（5）在车站等平道上起动时，一般情况下不用压缩车钩，起动牵引电流200～300 A保持5～10 s，然后将牵引电流升到300～450 A保持到15～18 m全列起动再提速，给流要平缓，适量预防性撒砂以防空转，待全部车钩呈拉伸状态、全列起动后按限速要求使列车达到规定速度。侧线发车待整列出站后，逐渐提升调速手轮级位，提高列车速度（因为使用机车无线同步操纵控制系统，须考虑通信传输，司机在给定控制指令后要稍做间隔后再进行下一步的指令）。

（6）在上坡道停车再开时，为了减小起动难度，停车前使机车适当上闸，列车停车时车钩处于压缩状态，并适当撒砂（雨、雪、霜天气尤为重要）。上坡道起动时，将小闸移至中立位保持 300 kPa 以上（防空转），大闸缓解待全列缓解 3/5 左右时，司机给流至 400～600 A，逐步缓解小闸，当前部车辆起动后将牵引电流给至最大，保持运行至规定速度。

（7）运行途中主控机车每个区间单缓电小闸不得少于两次。

2. 起伏坡道运行

由于万吨列车同时处于几个不同的线路纵断面，纵向力的变化较大，极易造成列车分离、断钩的发生，经试验得出万吨列车在起伏坡道上的制动、加速使得轮轨垂直力发生较为明显的变化，也对列车运行稳定性产生不利的影响。

管内原平南至南湾、西柏坡至港口间操纵重载列车时，为保证列车运行平稳，应尽可能采取低级位牵引使车钩处于升张状态或者根据线路情况采用牵引、惰力运行、电制调速同一工况，减少工况转换，需转换工况时调速手轮回零后稍作停留后再进行转换。牵引转惰行时，应逐渐降低牵引电流，不能直接回零；惰行转牵引时，将调速手轮置于牵引区略低于列车运行速度对应的级位，待牵引电流升至 100 A 左右时再逐渐增加牵引电流；如在一区段内需要连续进行牵引、惰行间的转换，则可使手轮置于一个较合适的位置，由机车实现自动加、减流控制。惰行转电制时，应使制动电流缓慢上升，待制动电流达到 300 A 后，再视情况增加制动电流；电制转惰行时，应缓慢降低制动电流，直至解除电制，不得将电制快速解除。

4.9.1.3 制动工况操纵

在制动工况时，操纵不当及易使车钩状态发生变化，从而加剧列车的纵向冲动。特别是低速缓解和低速紧急制动，车钩的拉力、压力将可能达到最大值，极易产生断钩事故。因此，应尽量避免低速缓解和低速紧急制动。万吨列车缓解速度不得低于 35 km/h，不宜低于 40 km/h。考虑到空气制动受空气波速的限制，万吨列车运行调速时应采取动力制动为主、空气制动为辅的操纵方法，当动力制动不能满足调速需求时再投入空气制动。缓解列车时先缓解空气制动，待全部车辆缓解完毕后再逐渐解除动力制动。

1. 低速试闸

万吨列车由长大下坡道区段车站始发出站后，待全列越过变坡点都处于下坡道，速度达到 45 km/h 时，投入电阻制动（制动电流以车钩压缩为准），减压 50～60 kPa，进行低速试闸，待全列排完风、产生制动力、速度平稳下降时缓解空气制动（大闸排风未止，不得缓解列车制动）。缓解后适当加大制动电流防止列车冲动。

2. 循环周期制动调速

（1）在神池南—原平南、南湾—西柏坡间长大下坡道区段需使用电空配合进行循环制动调速。电制电流给到最大值，列车速度达到 66 km/h 时，减压 50 kPa，待列车速度降至 52 km/h（根据坡道大小以满足充风时间为准）时，将电制电流给至最大，缓解空气制动。根据需要可以待确定不再长速时，减小制动电流至 500 A，以适当延长制动走行距离。

（2）龙宫、北大牛、猴刎、滴流磴、西柏坡 5 个进站带有分相的关键站，过分相时如果采用带闸过分相，在自动过分相装置作用良好时，由自动过分相装置实现电阻制动解除与投入；在自动过分相装置不能使用时，下坡道区段在过分相时空气制动后，分相前缓慢降低制动电流至解除，合闸后立即投入电阻制动，缓慢增加制动电流，根据速度情况缓解空气制动。（必须保证过完分相后主断闭合电阻制动电流已经到位，方可缓解空气制动。如果达到缓解速度，制动电流还未给到位，不得缓解空气制动。）

3. 电阻制动调速

在较小下坡道使用电阻制动进行调速时，为防止制动电流过小而使列车产生冲动，电制电流不得小于 300 A。

4. 特殊情况下的操纵办法

（1）神池南至原平南，南湾至西柏坡上行关键区段遇通过信号机黄色灯光，空气制动减压后不得缓解列车，必须等到信号变为绿灯后才能根据速度缓解列车。遇机车信号或地面信号机故障采用 45 km/h 限速模式运行不能满足充风需求时，调速减压后必须停车缓风。

（2）长大下坡道停车时，可以将动力制动调速延伸至 10 km/h 以下。

（3）需要停车缓风的时机：

① 列车减压量及追加减压量包括自然漏泄超过 80 kPa 时。

② 列车调速减压缓解后，动力制动不能将速度控制在允许速度范围内时。

③ 长大下坡道区段区间通过信号机显示黄色灯光时。

④ 没有动力制动投入单独使用空气制动时。

⑤ 列车速度低于 35 km/h 时。

5. 对列尾装置的使用做到"两必须"

区间停车再开，因坡道无法试风时，对列尾装置的使用要做到"两必须"：

（1）区间停车后再开车因坡道无法试风时，司机必须要在停车后，中继阀排风终止的情况下检查尾部风压，核对尾部风压是否与机车风压表显示一致或接近。

（2）缓解后列车溜动，司机要随时检查尾部风压是否回升，发现尾部风压不回升或执行"两定一停"、大闸"中立位"起非常时必须立即停车，并不得再缓解列车制动。

6. 尽可能避免使用非常制动

鉴于车钩的最大受力必须 ≤ 2 250 kN，万吨列车在运行中应尽可能地避免使用非常制动。

7. 站内停车

在站内停车时，尽可能做到一次停妥。在进站信号机外方制动距离内换算坡度超过 6‰ 下坡道的车站停车时（朔黄管内为宁武西、龙宫、北大牛、猴刎、滴流磴站上行），由于受列车管充风时间、万吨列车缓解速度及安全距离等因素的限制，不具备一次停妥的条件，准许拉二起。站外调速后，使用电阻制动（根据需要投入空气制动）调至规定速度后退电阻制动，停车时小闸置运转位，自阀减压 50 kPa，再视停车标位置及列车速度适当追加减压。

4.9.1.4 无线同步系统发生故障人工同步维持运行时（必须保证通信设备良好）

（1）停车。

（2）解除同步。

（3）主控和从控机车各自升弓。

（4）将从控机车大闸手把移至技改后的重联位。

（5）开车听主控机车的指挥，电台联系方式：

主控：××车次（或××机车）牵引（或制动）给流××A。

从控：××车次（或××机车）牵引（或制动）给流××A（同时进行给流）。

需投入空气制动时，主控机车在减压的同时使用电台呼唤：××车次（或××机车）减压××kPa（主从控机车必须减压量一致）。

从控机车：××车次（或××机车）减压××kPa（同时进行减压）。

（6）需要缓解空气制动，通知从控机车先缓解，主控机车后缓解。

（7）缓解时从控机车司机必须做到：一听、二缓、三看、四报。

一听：听清楚本次列车主控机车司机的缓解指令

二缓：缓解列车。

三看：看闸把是否置运转位，看列车管管压上升。

四报：向主控机车司机汇报"×××缓解好了"。

（8）需要缓解时主控机车必须做到：两看、一涌、再缓解。

两看：一看到列车管压力回升、二看到列车速度回升。

一涌：感觉列车向前涌动。

再缓解：缓解列车。

（9）需要解除电流时，通知从控机车先解除，主控机车后解除。

4.9.2　下行空车2+0单元万吨

开车前的准备工作：

（1）双机连接总风联管、列车管、平均管，开放折角塞门。

（2）93阀位置主车本补、从车补补，从车前节车重联开关592QS置重联位，在前节车665KA吸合后再将592QS置单机位（切记：2+0模式下从车大闸必须在重联位，否则665KA将失电）。制动机均置电空位，从控机车取出大、小闸把、电钥匙、换向手柄、电小闸。主从车操纵对应节重联开关置重联位，非操纵对应节重联开关均置单机位（切记2+0模式下只能前节592QS操作，后节必须在单机位）。

从车换端时93阀的转换方法。

转换方法以一：

两节的592QS置单机位，将93阀转到本机位后再转到补机位，注意备用电源（约15 s）的延时切除，副司机必须确认监控失电，它节监控已上电后再倒端（司机必须等本节监控关机后才能转非操纵节的93阀）。

转换方法二：

两节的592QS置单机位，大闸置制动位后再回重联位，注意备用电（约15 s）的延时切除，副司机必须确认监控失电，它节监控已上电后再倒端（司机必须等本节监控关机后才能转非操纵节的93阀）。

（3）建立主、从控对应关系与原方法一样，应注意在主、从车进行"编组设置"输入"编组距离"时输入"0"米。

（4）肃北库内主、从车下行端做完同步试验后不解编，主、从车断电降弓后592QS直接打到单机位换端出库。出库挂车后主、从车再将592QS打到重联位进行同步试验。

（5）开车前正确输入监控数据，从车的编组数据应与主车一致（从车监控输补机）。

4.9.3　单元万吨列车空车的操纵及注意事项

始发站按规定进行试风，主控机车乘务员确认具备发车条件后通知车站。开车前缓解列车查询列尾尾部风压达550 kPa以上，确认具备开车条件后发车。

列车起车之前无论车钩处于压缩状态还是伸张状态，主车司机一律按车钩处于压缩状态对待，起车时先缓慢加载电流200～300 A保持10 s，然后将牵引电流升到300～450 A保持到走行15～18 m（以全列起动，车钩全部处于伸张状态为准）再平缓地给流提速。

列车运行中因线路纵断面的变化经常需要改变机车的工况，列车由制动工况向牵引工况转换时应该在解除电制后稍等片刻让整列车钩自然伸张后再进行平缓加载牵引；列车由牵引工况向制动工况转换时，解除牵引力后平缓地给不大于300 A的制动电流，使车钩缓慢地进行压缩，待整列车钩压缩后再增加电流。

过分相时应注意：

（1）在监控第二遍语音提示"禁止双工"或微机显示屏显示"分相预备"前应将手轮回零不让从车锁定级位，否则从车过完分相后将跟随过分相前的级位造成列车冲动。

（2）遵循早断晚合的原则，越过"万合"标50 m后再闭合主断。

运行中每次给流、退流不能太快，要逐级进行，避免冲动。需要调速时采用电阻制动，遇突发情况需要空气制动调速时停车缓解。

单元万吨列车停车时不准追加减压停车，在没有把握一次停妥的情况下，应尽可能提前停车，停车后再往前带车。

在蠡县、定州东、西柏坡、古月、猴刎、滴流磴、北大牛压前停车时，两台机车越过分相后就停车。定州西、东冶、回凤、龙宫压前停车时，尾部过标及时停车（为起车后过分相留有一定的距离）。

机车换端时，必须认真执行原换端规定。

神南库内总风联管、列车管、平均管由主从车交班副司机共同负责摘解。

4.9.4　单元万吨操纵注意事项

1. 操纵要点

（1）起车。

① 始发站：起车时将牵引力给至100～200 kN，保持5～10 s，之后缓慢增大牵引力至400～450 kN，列车走行15～18 m（以全列起动，车钩全部处于伸张状态为准），全列车起动后再加速，适量预防性撒砂，过道岔时适当降低牵引力（不超过500 kN为宜），防止空转。

② 区间上坡道：停车前先小后大压缩车钩初制动停车，并适当撒砂为起车做好准备。再开车时，先缓大闸给牵引，稳定300 kN，后缓小闸增牵引，10 s后逐渐加大至500～600 kN，适当撒砂，平稳起车。

③ 区间下坡道：先缓解大闸，列车有速度后逐渐缓解小闸，速度涨至 5 km/h 时缓解至 0 kPa，同时给再生制动，根据需要调整再生力大小。

④ 分相前停车后的起车：需在分相前停车时，如处于平道或上坡道必须留有足够的起车加速距离。

（2）工况转换。

工况转换必须保持 10 s，使车钩压缩、伸张力自然释放后再改变工况操纵。

（3）起伏坡道操纵办法。

列车运行在起伏坡道时，司机应根据线路纵断面及全列车车钩伸张状况，尽量稳定工况，采取小牵引、小再生通过变坡点，减少列车纵向冲动力。

（4）空制调速。

空气制动调速原则上采用早撂少撂，尽量避免追加减压，宜采用最小有效减压量调速。

（5）停车操纵。

列车站内停车时，再生制动将速度控至 10 km/h 以下，初制动减压停车，停车前再生制动力不宜超过 300 kN，严禁追加减压停车。

（6）过分相操纵要点。

① 平道：惰力过分相。

② 连续长大上坡道：分相前 300 m 牵引手柄逐渐退至零位，惰力过分相，分相后，牵引力给至 100~150 kN，待整列车钩伸张后，再平稳进级。

③ 连续长大下坡道，原则上采用带闸过分相，如制动周期调整不到位，准许采用惰力过分相或停车缓风过分相。

④ 采用带闸过分相时，分相后再生力给至 250~350 kN 保持 15 s 以上方能缓解空气制动。

（7）关键地段操纵要领。

① 长波浪制动，再生力不宜低于 100 kN。

② 高坡区段列车速度超过 60 km/h 且区间接收黄灯时，须立即减压就地停车，停车后确定前方有两个闭塞分区空闲，方能缓解列车。

③ 高坡或限速区段采用停车缓风措施，停车即开时，停车后无须追加减压。

④ 高坡区段临时停车，5 min 之内不能开车时，停车后须追加减压至 100 kPa 以上，防止列车溜逸。

2. 停车缓风时机

（1）累计减压量，包括自然漏泄超过 80 kPa 时。

（2）列车自然漏泄超过 10 kPa/min 时。

（3）动力制动不能将速度控制在允许速度范围内时。

（4）长大下坡道区段区间通过信号机显示黄色灯光时。

（5）没有动力制动投入单独使用空气制动时。

（6）列车速度低于 30 km/h 时。

（7）空车使用空气制动后。

（8）长大下坡道区段，距前方信号机 1 000 m 以内，机车信号由黄灯变为绿灯时。

3. 十严禁

（1）严禁不当非常制动。

（2）严禁低速缓解。

（3）严禁操纵不当低速放风。

（4）进侧线再生力严禁超过 400 kN。

（5）严禁没有动力制动缓解列车。

（6）严禁没排完风缓解列车。

（7）严禁偷风操作。

（8）严禁未取消定速功能过分相。

（9）严禁未停车进行 TCU、GWM 网关、微机电源复位操作。

（10）机车出现限功率现象时严禁缓解。

4.9.5　1＋1组合万吨重车充排风时间表

1＋1组合万吨重车充排风时间见表 4.9-1。

表 4.9-1　1＋1组合万吨重车充排风时间表

减压量/kPa	排风时间/s	充风时间/s
50	41	80
100	70	146
170	92	209

4.9.6　2＋0单元万吨重车充排风时间表

2＋0单元万吨重车充排风时间见表 4.9-2。

表 4.9-2　2＋0单元万吨重车充排风时间表

减压量/kPa	排风时间/s	充风时间/s
50	47	174
100	101	393
170	167	565
紧急制动	6	705

4.10　朔黄铁路万吨列车重点地段操纵解析

4.10.1　组合万吨列车困难区段操纵办法

1. 神池南至宁武西操纵办法

（1）主、从控机车进入挂车线适量撒砂，为起车做准备。

（2）主、从控机车建立同步后按规定进行简略试验及列尾查询，试验良好。

（3）当尾部风压达到 550 kPa 以上鸣笛动车。

（4）神池南起车之前严禁压缩车钩，起动牵引电流 200～300 A 保持 3～5 s，然后将电流升到 450～600 A 保持到走行 15～18 m 全列起动，全部车钩呈拉伸状态后将电流升至 700～750 A 进行提速，提速时加载要平缓，适量预防性撒砂，过道岔时适当降低 100 A 电流防止空转。

（5）尾部出限速后降低电制电流至 300～400 A，速度增至 59 km/h，减压 50 kPa 进行高速试闸。出陈家沟隧道掌握 55 km/h 缓解列车，10 km + 500 m 处是易超速地段。

（6）12 km + 500 m 速度控制在 62 km/h 以内，制动电流 700 A。

2. 宁武西至龙宫操纵办法

（1）宁武西站中心以速度 64 km/h 通过，出站信号机前逐步将手轮退回"0"位，过分相时速度控制在 62 km/h，保证过分相时从车不锁流。

（2）过分相后先将电流给至 400 A，待从车过完分相再逐步将电制给至 700 A，20 km + 118 m 处，速度为 67 km/h，减压 50 kPa，55 km/h 缓解列车。

（3）23 km + 230 m 处，速度为 66 km/h，减压 50 kPa，24 km + 555 m 处，速度为 57 km/h，缓解列车。

（4）26 km + 462 m 处，速度为 66 km/h，减压 50 kPa，27 km + 811 m 处，速度为 56 km/h，缓解列车。

（5）29 km + 777 m 处，速度为 66 km/h，减压 50 kPa，31 km + 098 m 处，速度为 55 km/h，缓解列车。

（6）33 km + 159 m 处，速度为 66 km/h，减压 50 kPa，34 km + 785 m 处，速度为 52 km/h，缓解列车。

（7）36 km + 721 m 处，速度为 65 km/h，减压 50 kPa，38 km + 139 m 处，速度为 55 km/h，缓解；39 km + 658 m 速度为 61 km/h 逐步退手轮，将电流维持在 500 A 左右。

（8）39 km + 912 m 处，速度为 63 km/h（电流 500 A），减压 50 kPa，待整列上闸后于 40 km + 149 m 前将手轮退回"0"位，"禁止双弓"标前断电过分相。

（9）过分相后电制电流 420 A，电流稳定后缓解列车，待整列车充分缓解，根据需要调整电制电流大小，将速度控制在 62 km/h 通过龙宫站中心。

3. 龙宫至北大牛操纵办法

（1）龙宫出站后逐步将电制压满，43 km + 993 m 将速度控制在 60 km/h，电流 750 A，44 km + 520 m 处，速度为 67 km/h，减压 50 kPa，45 km + 823 m 速度为 53 km/h 缓解列车。

（2）48 km + 177 m 处，速度为 66 km/h，减压 50 kPa，49 km + 427 m 速度为 53 km/h 缓解列车。

（3）51 km + 549 m 处，速度为 66 km/h，减压 50 kPa，53 km + 546 m 速度为 53 km/h 缓解列车（因制动地点需要可适当调整制动电流大小）。

（4）55 km + 840 m 处，速度为 66 km/h 减压 50 kPa，57 km + 267 m 速度为 53 km/h 缓解列车。

（5）59 km + 378 m 处，速度为 66 km/h 减压 50 kPa，61 km + 457 m 速度为 52 km/h 缓解列车（因制动地点需要可适当调整制动电流大小）。

（6）63 km + 425 m 处，速度为 62 km/h（电流 520 A），减压 50 kPa，待整列上闸后于 63 km + 700 m 前将手轮退回"0"位，"禁止双弓"标前断电过分相。过分相后电制电流 420 A，电流稳定后缓解列车，待整列车充分缓解，根据需要调整电制电流大小，将速度控制在 60 km/h 通过北大牛站中心。

4. 北大牛至原平南操纵办法

（1）北大牛出站后，电制电流 450 A，出站后运行至 67 km 处，电制电流逐渐给至 700 A，运行至 67 km + 500 m 处，速度为 66 km/h，减压 50 kPa，运行至 69 km 处速度为 53 km/h 时缓解列车。

（2）71 km 处，速度为 66 km/h，减压 50 kPa，运行至 73 km 处速度为 62 km/h 时缓解列车。

（3）运行至 73 km + 500 m 处，速度为 63 km/h，电制逐步退至 450 A 左右，运行速度保持在 65 km/h。

（4）运行至 75 km 处，电制逐步上至 750 A，运行至 75 km + 500 m 处，速度为 66 km/h，减压 50 kPa，运行至 77 km + 300 m 处，速度为 50 km/h 缓解列车。

（5）运行至 79 km + 200 m 处，速度为 66 km/h，减压 50 kPa，运行至 80 km + 700 m 速度为 63 km/h 时缓解，进站逐步将速度控制到 52 km/h，惰力过分相。

5. 原平南至回凤操纵办法

（1）主车过分相后，逐步将电制给至 750 A，列车运行至 89 km + 300 km 处运行速度为 76 km/h 时逐步解除电制。

（2）运行至 89 km + 800 m 处，速度为 75 km/h，开始牵引，电流 250 A，运行至 91 km + 600 m 处，速度为 70 km/h 时逐步解除电流，列车速度逐步上升至 76 km/h。

（3）运行至 94 km + 600 m 处，开始牵引，逐步将电流加至 400 A。

（4）运行至 98 km 处速度为 76 km/h 时逐步解除牵引电流，列车运行至 100 km 处，速度为 74 km/h 时，电制电流逐步上至 700 A。

（5）运行至 102 km + 200 m 处，速度为 76 km/h，减压 50 kPa，运行至 102 km + 900 m 处，速度为 73 km/h 缓解，并逐步解除电制电流，列车以 72 km/h 速度过分相，73 km/h 速度进回凤站。

6. 回凤至东冶操纵办法

（1）回凤 71 km/h 出站，一直保持 200 A 电流牵引，通过 1130 号信号机速度为 73 km/h。

（2）通过 1170 号信号机后手柄级位保持在 6.8 级一直运行至 125 km 处。

（3）速度为 73 km/h 手轮回"0"位，转电制工况，电制电流 600 A。通过 1286 号信号机速度控制在 76 km/h 手轮回零准备过分相。

7. 东冶至南湾操纵办法

（1）东冶过分相后牵引电流 200 A，以速度为 75 km/h 出站。

（2）运行至 134 km 处逐渐加大牵引电流。

（3）运行至 137 km + 400 m 处，速度为 70 km/h 手轮回"0"位，南湾以速度为 63 km/h 出站。

8. 南湾至滴流碛操纵办法

（1）南湾站 64 km/h 通过，站内惰力运行，过分相后，在第一离去信号机处，开始逐步给电制电流至 300 A 左右。

（2）进水泉湾隧道后电制电流 700 A 左右，运行至 146 km 处，电制电流 650 A。

（3）速度增至 67 km/h 减压 50 kPa，排完风后 60 km/h 缓解出隧道。

（4）进西河 1 号隧道，4‰ ~ 9‰ 坡道，电制电流 600 A、使其降速至 65 km/h。

（5）进寺铺尖隧道速度为 66 km/h，151 km + 400 m 制动减压 50 kPa，速度为 53 km/h 缓解列车。

（6）155 km 制动减压 50 kPa，速度为 52 km/h 缓解制动，运行至 1588 号信号机处速度 65 km/h，减压 50 kPa，适当降低电制电流。

（7）1608 号信号机处，速度为 50 km/h 缓解制动（距离第二接近信号机 200 m 左右）。

（8）第二接近信号机处，速度为 62 km/h 制动减压 50 kPa（列车制动力弱时，适当降低制动速度），列车不增速后，根据排风情况逐步退电制带闸过分相至滴流碛站内。

9. 滴流碛至猴刎操纵办法

（1）61 km/h 通过滴流碛站，电制电流 450 A 采取电制调速。

（2）运行至 168 km 处，速度为 65 km/h，减压 50 kPa，170 km 处、50 km/h 电制电流 700 A 缓解列车。

（3）172 km 处速度为 65 km/h，制动减压 50 kPa，最高速度为 67 km/h 逐步退电制电流。

（4）运行至 174 km 处压满电制，60 km/h 缓解，以速度为 65 km/h 通过张家坪隧道后，电制 600 A，运行至 179 km 处，速度为 65 km/h 减压 50 kPa。

（5）181 km，60 km/h 排完风后缓解，逐步退电制以提高运行速度至 65 km/h，1828 号信号机制动减压 50 kPa，速度稳定后退电制过分相，闭合后 400 A 电制电流，62 km/h 缓解制动通过猴刎站。

10. 猴刎至小觉操纵办法

（1）猴刎站带闸过分向后电制电流给至 400 A 以上缓解，30 s 以后或列尾报尾部风压 580 kPa 时逐渐减小制动电流。

（2）站中心以 62 km/h 的速度通过，出站后头部进入 6‰ 坡道时逐渐加大电流，越过 1874 号信号机时 58 km/h 的速度，进入 10‰ 坡道给至最大电流，速度升至 66 km/h。

（3）持续 700 A 以上的电流运行，运行至接近 192 km 时加大电流速度为 64 km/h 进入长大坡道，在 1928 号信号机左右速度 66 km/h 时减压 50 kPa，速度稳定排风结束后适当减小电流延长带闸距离，速度下降过程中逐渐加大电流，越过 194 km 速度 57 km/h 缓解列车，整列缓解后根据实际速度可调节电流大小，1982 号信号机保持在 65 km/h 以下，进站后逐渐减小电制电流，小觉通过速度为 67 km/h，手轮回 "0" 位后至前位准备过分相。

11. 小觉至古月操纵办法

（1）过完分相后转牵引运行，电流 300 ~ 400 A，牵引至头部越过 205 km 速度为 64 km/h 逐渐回手轮（注意 "0" 位停留、换向准备给电制），根据速度待整列进入下坡道后给电制，缓慢加大。

（2）速度升至 66 km/h 时减压 50 kPa，待速度稳定排风结束后适当减小电流，不得低于 450 A，接近 209 km 时增大电流，速度下降至 58 km/h 缓解列车。

（3）过 2100 号信号机 60 km/h，进入土沟隧道后退流，过 2119 号信号机 68 km/h 并逐渐退流至回"0"位惰力运行。

（4）进入 5‰ 坡道根据速度 64 km/h 逐步给电制，电流给至 600 A 运行至进隧道时，列车前部进入上坡道，速度为 64 km/h 退流，回"0"位准备过分相，过完分相后惰行，古月站内 65 km/h 速度通过。

12. 古月至西柏坡操纵办法

（1）出站后列车速度增至 67 km/h 起风机准备电阻制动，运行至 219 km + 290 m 速度达到 68 km/h 上电阻制动，电流在 300 ~ 400 A。

（2）221 km + 700 m 退电阻制动，保持 10 s，转牵引，牵引电流 500 A，224 km + 556 m 退牵引，列车转入惰行，运行至 226 km + 244 m 速度 63 km/h 时上电制动工况，电流 600 A，226 km + 913 m 速度 66 km/h 开始退牵引，列车转入惰行。

（3）229 km + 084 m 速度 64 km/h 时转电制动工况，电阻电流 700 A，229 km + 666 m 速度 66 km/h 减压 50 kPa 调速，230 km + 953 m 速度 58 km/h 缓解空气制动，电制电流 700 A。

（4）232 km + 494 m 速度 66 km/h 时退电阻制动至"0"，工况转牵引 10 s，233 km + 791 m 速度 68 km/h 开始逐渐给牵引电流至 400 A，235 km + 355 m 速度 66 km/h 退牵引至"0"，235 km + 734 m 转电阻制动，电阻制动电流至 750 A。

运行至 239 km + 182 m 距西柏坡进站信号机 964 m 速度 65 km/h，空气制动减压 50 kPa 调速（关键点），并逐渐退出电阻制动，239 km + 549 m 距进站 597 m 将手轮回"0"，239 km + 638 m 速度 67 km/h 时断主断过分相，240 km + 100 m 合主断，上电阻制动至 400 A 以上，240 km + 577 m 速度 54 km/h 缓解空气制动，电制电流 500 A。从车过完分相稳定后，逐渐退回手轮。

13. 西柏坡至三汲操纵办法

（1）241 km + 090 m 速度 53 km/h 牵引电流逐渐给至 600 A，244 km + 238 m 速度 75 km/h 时退牵引，稍做停顿，转入电阻制动工况，列车速度达到 76 km/h 时电制电流至 650 A。

（2）249 km + 057 m 将电制电流稳定在 300 A，250 km + 744 m 速度 78 km/h 将电制电流加至 620 A，252 km + 000 m 速度 77 km/h 将电制电流退回"0"（关键点）。253 km + 156 m 给牵引电流。

（3）三汲站中心 256 km + 500 m 速度 70 km/h 退牵引至"0"位，准备出站过分相（关键点，防止过分相冲动），258 km + 072 m 主车过完分相后，小电流牵引，电流 300 A，待从车过完分相后，再加大牵引电流（关键点，防止冲动）。

14. 三汲至灵寿操纵办法

（1）261 km + 096 m 处，速度 63 km/h 逐步将牵引手轮退回"0"位。

（2）262 km + 298 m 处，速度 69 km/h，惰力运行。

（3）268 km + 753 m 处，速度 76 km/h，转电制工况，电流控制在 650 A 左右。

（4）灵寿站中心速度控制 75 km/h，准备过分相操作。

15. 灵寿至行唐操纵办法

（1）过分相后惰力运行，277 km 速度 76 km/h 转牵引，电流 450 A。

（2）279 km + 400 m 处，速度 76 km/h 退牵引转电制，用电制电流大小控制好速度。

（3）286 km + 300 m 处，易超速地段。

（4）行唐站中心以速度 74 km/h 通过，准备过分相操作。

16. 行唐至新曲操纵办法

（1）过分相后惰力运行，300 km 易超速地段。

（2）300 km + 500 m 处牵引运行，电流保持 300 A 以内。

（3）新曲站二接近是易超速地段。

17. 新曲至定州西操纵办法

（1）新曲站中心速度为 74 km/h。

（2）出站信号机处转电制工况。

（3）根据列车运行速度高低，调整制动电流大小。

（4）以速度 74 km/h 过定州西分相。

18. 定州西至定州东操纵办法

（1）过分相后惰力运行。

（2）定州西站中心速度为 76 km/h，330 km 转牵引工况，电流 300 A。

（3）332 km + 800 m 速度为 75 km/h 退牵引，转电制工况，电流保持 600 A。

（4）335 km 是易超速地段，336 km，速度为 77 km/h 退电制，转惰力运行。

（5）速度为 75 km/h 过定州东分相。

19. 定州东至博野操纵办法

（1）过分相后转牵引工况，小电流牵引，电流最高 200 A，级位约 7.3 级。

（2）355 km、358 km 是易超速地段。

（3）安国站中心速度为 76 km/h。

（4）安国出站后小电流牵引，电流保持 150 ~ 250 A，级位约 7.3 级。

（5）365 km + 800 m 是易超速地段。

20. 博野至肃宁北操纵办法

（1）博野站中心速度为 76 km/h。

（2）博野出站后小电流牵引，电流保持 150 ~ 250 A，级位约 7.3 级。

（3）376 km + 800 m 是易超速地段。

（4）以速度 75 km/h 过蠡县分相，过分相后小电流牵引，电流 300 ~ 400 A。

（5）388 km 速度为 74 km/h 时，降低牵引电流，电流保持 150 ~ 250 A，级位约 7.3 级。

（6）距肃宁北一接近信号机 400 m 退牵引，转电制工况，电流 400 A 以上。

（7）接收二接近黄 2 灯之前，减压 50 kPa，速度为 53 km/h 缓解，分相前 500 m 速度控制在 45 km/h 以内，转惰力运行准备过分相，过分相后转电制工况，小电流电制运行，肃北联 2 线进路信号机前速度控制在 27 km/h 左右，靠标停车速度保持 10 km/h 以内。

21. C64 型车体组合万吨补充办法

（1）起车：挂车前适当撒砂，为起车增加黏着力。起车时电流给至 200～300 A 停留 10 s 后，缓慢增加牵引电流至 500～600 A 列车起动，全车走行约 20 m 后再加速。注意事项：起车时逐步进级，适量撒砂，防止空转。

（2）工况转换：工况转换间隔 10 s 以上，确认同步屏从车转换到位，方可逐步进级，牵引、电制须缓慢进级。

注意事项：起伏坡道区段，工况转换时提前做好预想，防止操纵过快引起冲动。

（3）循环制动：主控司机减压量 50 kPa（要求准确），掌握早撂少撂原则，缓解速度必须满足充风时间，尽量避免追加减压，尽量避免电制频繁进退级操作。从控司机密切注意各仪表显示状态，特别是总风缸压力、前后制动缸压力、电制电流电压、网压、控制电压状态。

注意事项：由于主、从车车间距增加，为防止同步状态不稳定，主控司机每次减压后副司机必须呼唤从车大闸目标值。

关键站过分相：

① 龙宫站采取带闸过分相从车不锁流，距进站 900 m，速度 65 km/h，减压 50 kPa，速度稳定后逐步退流。

② 北大牛站采取带闸过分相从车不锁流，距进站 1100m，速度 65km/h，减压 50kPa，速度稳定后逐步退流。

③ 原平南出站前退完电制电流，出站速度控制不超 48 km/h。

④ 滴硫蹬站采取带闸过分相从车不锁流：预告信号机处，速度 65 km/h，减压 50 kPa，速度稳定后逐步退流。

⑤ 猴刎站采取带闸过分相从车不锁流：距进站 1 000 m，65 km/h，减压 50 kPa，速度稳定后逐步退流。

⑥ 三汲站采取过分相从车不锁流：距出站信号 800 m 逐步退流，监控第二次提示"禁止双弓"前退至 0，主、从车不锁流过分相。

注意事项：

① 采取带闸过分相后，不具备缓解条件时，不可盲目缓解列车。

② 区间或站内停车再开时主控司机必须利用列尾查询尾部风压，确认列车完整。

（5）起伏坡道操纵：根据线路纵断面及全列车车钩伸张状况，尽量稳定工况，采取小牵引、小电制通过变坡点，减少列车纵向冲动力。采取牵引工况通过起伏坡道电流不低于 250 A；采取电制工况通过起伏坡道电流不低于 300 A。手轮退级操纵时机车头部下坡退牵引，机车头部上坡退电制。

注意事项：具体地点：原平南至回风 90～101 km；回风至东冶 113～121 km；东冶至南湾 137～139 km；小觉至古月 204～206 km、211～218 km；古月至西柏坡 224～229 km 及 233～235 km。

（6）停车：电制控制速度至 15～10 km/h，制动电流保持 300 A，减压 50 kPa 停车，停车后解除电制。

注意事项：停车后追加减压至 100 kPa。

（7）特殊地段优化操纵：① 原平南至回风 101 km 处下坡道上尽量避免减压调速，尽量电制工况通过。② 小觉至古月区间 206～210 km 处调速，制动时必须保证全列进入下坡道，保证在 210 km 前缓解列车，缓解速度不宜低于 50 km/h。③ 古月至西柏坡区间 229～231 km 处调速，制动时必须保证全列进入下坡道，保证在 231 km + 400 m 前缓解列车，缓解速度不宜低于 56 km/h。

注意事项：以上地段，均为易发生问题地段，须严格执行操纵要求。

新增安全卡死项目：① 缓解速度不得低于 38 km/h；② 追加减压后必须停车缓解；③ 同步故障时禁止缓解列车；④ 任何情况下始发站禁止开出列管泄漏量超标列车；⑤ 运行中严禁使用过充位缓解列车。

4.10.2 单元万吨 2 + 0 编组列车困难区段操纵办法

1. 神池南至宁武西操纵办法

（1）起车办法：① 挂车时适量撒砂，为起车增加黏着力。起车电流 200～300 A 停留 10 s 后，缓慢增加至 500～600 A 起动列车，走行约 20 m，电流增至 600～750 A，过岔群保持 600 A，预防性撒砂，防止空转。② 出岔群后，逐渐增大电流至 700 A，列车运行到 3 km 处速度达到 45 km/h 时，逐步减小电流至 400～500 A，保持恒速，运行到 4 km 处，转电制工况，制动电流逐步给至 500～600 A 控制列车缓慢增速。

（2）区间操纵办法：① 运行到 7 km + 600 m（陈家沟隧道），速度 60 km/h，减压 50 kPa，缓慢退制动电流至 400～450 A，速度为 55 km/h 缓解列车制动。② 调节制动电流，确保列车在庄子上一号隧道口速度为 58 km/h，并逐渐增大制动电流至 600～700 A，控制列车出宁武西站不超过 61 km/h。

注意事项：① 8‰ 下坡道，700 A 电流可以保持恒速；② 陈家沟隧道处高速试闸注意排风时间。

2. 宁武西至龙宫操纵办法

（1）列车过分相后，逐渐增大制动电流控制速度（此处小曲线半径 400 m，S 形弯道，切忌给流过猛，电流不超过 600 A）；19 km + 766 m 处，速度 67 km/h 减压 50 kPa，待增速平稳后，缓慢退电流至 400～500 A，速度降至 50 km/h 时，制动电流逐渐增大至 650～700 A，21 km + 508 m 速度为 36 km/h 缓解列车。

（2）25 km 速度 66 km/h 减压 50 kPa，32 km 处，速度 35 km/h 缓解列车（电流控制方式同上）。

（3）32 km + 500 m（长梁山隧道口）速度为 64 km/h 减压 50 kPa，过分相后 41 km + 100 m，制动电流 400 A 以上，速度 45 km/h 缓解；如制动力较强，可随时调整制动电流，采用惰力过分相，二接近信号机处速度为 36～38 km/h 缓解即可。

注意事项：宁武西分相后曲线半径较小（400 m），电制电流不宜过大。龙宫站带闸过分相后，距出站 1 900 m 速度 45 km/h 缓解；过分相断电前，速度不宜超过 62 km/h。

（4）龙宫出站后 44 km + 800 m 速度 64 km/h 减压 50 kPa，在 55 km 处，速度 36 km/h 缓解列车。

（5）58 km + 100 m 处，速度 64 km/h，减压 50 kPa，采用带闸过分相。过分相后电流 400 A

以上，保持 10 s，距出站 400 m，50 km/h 缓解列车，待列车向前涌动后，可根据需要调整制动电流大小。

注意事项：龙宫出站后第一把闸充风时间不宜低于 4 min。

3. 北大牛至原平南操纵办法

（1）北大牛出站后 68 km + 750 m，速度 63 km/h 制动，增速稳定后缓慢退电流至 400 ~ 600 A，采用长波浪制动，72 km + 631 m 处，速度 55 km/h 缓解（距 732 信号机 600 m）。

（2）76 km 处，速度为 63 km/h，减压 50 kPa，增速稳定后缓慢退电流至 400 ~ 600 A，81 km + 169 m 速度为 59km/h 缓解（距进站 384 m）。

注意事项：此区段的两把闸制动初速不宜超过 63 km/h，充风时间尽可能充满，增速空间较大，谨防超速。

4. 原平南至回凤操纵办法

原平南站中心以速度为 65 km/h 通过，86 km + 688 m 处，速度为 72 km/h，减压 50 kPa，过分相后及时将制动电流给至 400 A 以上，88 km + 148 km 处，速度为 69 km/h 缓解（注意排风时间为 60 s）。三家村隧道口速度 74 km/h，转牵引工况，牵引电流 100 ~ 200 A，出石河口隧道速度为 68 km/h，94 km 处增大牵引电流 300 ~ 500 A，102 km 处采用制动调速。

注意事项：天气良好的情况下采用电阻制动控制速度，101 km 处最低速度为 68 km/h 即可。

5. 回凤至南湾操纵办法

（1）回凤 75 km/h 出站，牵引电流 100 ~ 200 A，116 km 处，速度为 77 km/h，122 km + 400 km 处，速度为 77 km/h。

（2）1248 号信号机转电制工况，电制电流逐步给至 650 A，1284 号信号机速度控制在 76 km/h 手轮回 "0" 位准备过分相。

（3）东冶分相后 133 km 处开始牵引，电流 200 A，速度 77 km/h 出站。

（4）1368 号信号机处逐步降低牵引电流，南湾进站信号机处转惰力运行，速度控制在 71 km/h，换向手柄置制位，惰力过分相。

注意事项：确保南湾出站速度不超过 65 km/h。

6. 南湾至滴流磴操纵办法

（1）南湾过分相后，电制电流逐步给至 600 A 左右，进水泉湾隧道速度为 63 km/h，144 km + 586 m 处，速度为 67 km/h，减压 50 kPa，145 km + 903 m 处，速度为 58 km/h 缓解列车。

（2）149 km + 500 m 处（寺铺尖隧道口桥上），速度为 67 km/h，减压 50 kPa，待增速稳定后降低制动电流 400 ~ 600 A，在 153 km + 500 m 处，速度为 36 km/h 缓解。

（3）157 km 处，速度为 65 km/h，减压 50 kPa，根据增速情况调整制动电流大小，采用带闸过分相；过分相后电流 400 A 以上，保持 10 s，速度为 59 km/h 缓解（距出站 730 m），待列车向前涌动后，可根据需要调整制动电流大小。141 ~ 143 km 为 500 m 曲线半径。148 ~ 150 km 为 500 m ~ 1 000 m ~ 500 mS 弯，157 ~ 158 km + 500 m 为 500 ~ 800 m 的 S 弯，电流不宜过高。

注意事项：过分相断电前，速度不宜超过 62 km/h。

7. 滴流礴至猴刎操纵办法

（1）168 km 处，速度为 63 km/h，减压 50 kPa，待增速稳定后降低制动电流 400～600 A，174 km+786 m 处，速度为 64 km/h 缓解，根据需要调整制动电流大小，保持 65 km/h 恒速运行。

（2）178 km+200 m 处，减压 50 kPa，保持 50 km/h 以下缓解。

（3）183 km+275 m 处（第一次禁止双弓处），速度为 63 km/h，减压 50 kPa，采用带闸过分相，过分相后电流 400 A 以上，保持 10 s，即可缓解；如制动力过强可采用惰力过分相，167～169 km 为曲线半径 500～600 m S 弯，178～179 km 为曲线半径 600 m S 弯，182～183 km+500 m 为曲线半径 500～600 m S 弯，电流不宜过高。

注意事项：滴流蹬出站后第一把闸充风时间不宜低于 4 min。

8. 猴刎至小觉操纵办法

（1）猴刎出站控制不超过 64 km/h，1874 号信号机处速度控制 55 km/h，压电制过 6‰的坡道。

（2）191 km+300 m 处，速度为 68 km/h，减压 50 kPa，速度稳定后，减小制动电流至 300～500 A，198 km+500 m 处，速度为 55 km/h 缓解，采用惰力过分相。

注意事项：189～191 km 为曲线半径 500 m，电流不宜高于 700 A。

9. 小觉至西柏坡操纵办法

（1）小觉站中心以速度 70 km/h 通过，牵引电流 200～400 A，205 km+800 m 处转制动工况，制动电流 400～500 A，206 km+500 m 处，速度为 65 km/h，减压 50 kPa，210 km+500 m 处，速度为 63 km/h 缓解，以速度 67 km/h 出土沟隧道，根据列车速度，适当调整制动电流大小，确保列车不超速。

（2）古月站中心以速度 71 km/h 通过，出站后保持小制动电流，222 km 处转牵引工况，牵引力 200～400 A，出小米峪隧道速度不超过 62 km/h；230 km 处，速度为 66 km/h，减压 50 kPa，232 km 处，速度为 66 km/h 缓解。一接近信号机处减压 50 kPa，第二次禁止双弓处，速度 55 km/h 缓解，采用惰力过分相，从第二次禁止双弓至站中心增速约 20 km/h。

注意事项：① 侧向进、出站，提前控制好速度，严禁在岔群区使用大电制电流，不超过 500 A 为宜；② 运行在长大下坡道，应以空气制动为主，动力制动为辅，采用长波浪制动。

10. 单元万吨 2+0 编组人工组合补充办法

（1）动车前：双机重联作业，本务机车动车前须通知重联机车并鸣笛一长声，重联机车确认机班人员齐全，发车条件具备方能通知本务机车，并鸣笛一长声进行回复。

注意事项：重联机车确认大、小闸取出，操纵节 156 塞门开放。

（2）过分相：监控第二次语音提示"禁止双弓"时，本务机车应及时通知重联机车"××号机车过分相注意"并鸣笛一长二短声，重联机车接到本务机车过分相注意的通知或鸣笛信号后，鸣笛一长二短声进行回复，时刻做好断电准备，分相前进行断电。

注意事项：重联机车确认好分相位置，在条件允许情况下，早断晚合。

（3）机车弓网故障重联：运行途中重联机车应密切注意弓网状态及网压表，发现弓网故障或自动降弓装置动作时，应及时通知本务机车"××号机车就地停车"，当通知不到时应重复鸣示警报信号（一长三短声），本务机车接到重联机车就地停车的通知或警报信号后，应立即采用常用制动措施停车，停车后列车指挥权交重联机车司机，由重联机车司机向车站汇报降弓地点、设备损坏情况等，后续工作按照弓网故障处理程序执行。

注意事项：重联机车通知本务机车停车时，应用词准确恰当，切勿只说原因，却未要求其就地停车。

（4）本务机车发现前方接触网故障：本务机车发现前方接触网故障需要降弓时，应及时降下受电弓，同时通知重联机车"××号机车立即降弓"，并重复鸣示降弓信号（一短一长声），重联机车接到本务机车立即降弓的通知或鸣笛信号后，立刻降下受电弓。

注意事项：加强瞭望，发现临时降弓信号或接触网异常，及时通知二位机车。

（5）联系标准用语：主控：××机车牵引（电制）给流××A。从控：××机车牵引（电制）给流××A，司机明白。

主控：××机车退级、手轮回零。

从控：××机车退级、手轮回零，司机明白。

注意事项：运行中主控机车应超前预想，途中正常调速由主控机车单独完成，遇接收黄灯等突发事件时，从控在主控的指挥下给电制。

（6）风口注意事项：大风天气，机车运行至风口、大桥或接触网摆动剧烈地段时，主控司机应及时通知从控司机降下受电弓，待从控机车越过危险地段后方能升弓。

注意事项：主控机车牵引力不足，单独牵引不能顺利通过危险地段时，从控机车可不降弓，协同牵引运行。

4.10.3　单元万吨神华号单牵编组列车困难区段操纵办法

1. 神池南至宁武西操纵办法

（1）起车操纵：挂车时适量撒砂，为起车增加黏着力。起车牵引力 200～300 kN 停留 10 s 后，缓慢增加至 400～450 kN 起动列车，走行约 20 m，牵引力增至 500 kN，过岔群保持 400 kN 以下，预防性撒砂，防止空转。

（2）区间操纵要领：① 出岔群后，逐渐增大牵引力至 500 kN，列车运行到 3 km 处速度达到 40 km/h 时，逐步减小牵引力至 300～400 kN，保持恒速，运行到 4 km 处，转再生工况，再生力逐步给至 350～420 kN 控制列车缓慢增速。② 运行到 7 km + 600 m（陈家沟隧道），速度 60 km/h，减压 50 kPa，缓慢退再生力至 200～250 kN，8 km + 700 m 处，速度 55 km/h 缓解。③ 调节再生力，确保列车在庄子上一号隧道口速度为 56 km/h，并逐渐增大再生力 400～420 kN，控制列车出宁武西站不超过 60 km/h。

注意事项：① 8‰ 下坡道，420 kN 再生力基本可以保持恒速；② 陈家沟隧道处高速试闸注意掌握排风时间。

2. 宁武西至龙宫操纵办法

（1）列车过分相后，逐渐增大再生力控制速度（此处小曲线半径，切忌给流过猛），20 km，速度 67 km/h，减压 50 kPa，待增速平稳后，缓慢退至 200～300 kN，速度降至 50 km/h 时，再生力逐渐增大至 400～420 kN，238 号信号机处，速度 36 km/h 缓解列车。

（2）26 km + 800 m 处，速度 68 km/h，减压 50 kPa，33 km 处，速度 36 km/h 缓解列车。

（3）35 km + 700 m 处，速度 66 km/h，减压 50 kPa，过分相后 41 km + 100 m，再生力 220 kN 以上，保持 10 s，45 km/h 缓解列车。

（4）充分利用站内缓坡，充风时间保证 4 min 以上。

注意事项：龙宫站带闸过分相后，距出站 1 900 m，速度 45 km/h 缓解；过分相断电前，速度不宜超过 60 km/h，分相后速度降至 55 km/h 为宜。

3. 龙宫至北大牛操纵

（1）龙宫出站后 44 km + 800 m 处，速度 63 km/h，减压 50 kPa，掌握在 55 km 处，35 km/h 缓解。

（2）57 km + 600 m 处，速度 66 km/h，减压 50 kPa，采用带闸过分相。过分相后再生力 220 kN 以上，保持 10 s，距出站 400 m，50 km/h 缓解，可根据需要调整再生力大小。

（3）充分利用站内缓坡，充风时间保证 5 min 以上。

注意事项：过分相断电前，速度不宜超过 60 km/h，分相后速度降至 50 km/h 为宜。

4. 北大牛至原平南操纵办法

（1）北大牛出站后 68 km + 750 m，速度 65 km/h 制动，增速稳定后缓慢退再生力至 250 ~ 400 kN，采用长波浪制动，73 km 处，53 km/h 缓解。

（2）充分利用 73 km 缓坡，充风时间保证 5 min 以上。

（3）76 km 处，速度 60 km/h，减压 50 kPa，根据增速情况随时做好追加准备，63 km/h 缓解列车。

注意事项：此区段的两把闸制动初速不宜超过 65 km/h，充风时间尽量充满，增速空间较大，谨防超速；速度增至 73 km/h 追加 10 kPa。

5. 原平南至回凤操纵办法

原平南站中心 69 km/h 速度以上通过，86 km + 700 m 处，速度 72 km/h，减压 50 kPa，过分相后及时给再生力至 200 kN 以上，88 km + 200 m 处，速度 69 km/h 缓解。三家村隧道口速度保持 74 km/h，转牵引工况，牵引力 80 ~ 100 kN，出石河口隧道速度保持 68 km/h，94 km 处增大牵引力至 200 ~ 300 kN。天气良好的情况下 102 km 处采用再生力控制速度，101 km 最低速度 66 km/h 即可。

注意事项：天气不良，102 km 处采取用小再生力配合空气制动调速。

6. 回凤至南湾操纵办法

（1）回凤以速度 75 km/h 出站，牵引力 100 kN，116 km 处，速度为 77 km/h，122 km + 400 m 速度为 77 km/h。

（2）1248 号信号机转再生工况，再生力逐步给至 400 kN，1284 与信号机速度控制在 76 km/h 手轮回 "0" 准备过分相。

（3）东冶分相后 133km 处开始牵引，牵引力不超过 100 kN，以速度 77 km/h 出站。

（4）1368 号信号机处逐步降低牵引力，南湾进站信号机处转惰力运行，速度控制在 68 km/h，换向手柄置制位，惰力过分相。

注意事项：确保南湾出站速度不超过 68 km/h。

7. 南湾至滴流磴操纵办法

（1）南湾过分相后，再生力逐步给至 400 kN 左右，进水泉湾隧道速度 68 km/h，144 km + 500 m 处，速度 71 km/h，减压 50 kPa，146 km 处，速度 60 km/h 缓解。

（2）寺铺尖隧内（151 km），速度 70 km/h 减压 50 kPa，待增速稳定后降低制动电流 200 ~ 300 kN，掌握 155 km 处，速度 36 km/h 缓解。

（3）158 km 处，速度 65 km/h，减压 50 kPa，根据增速情况调整再生力大小，采用带闸过分相；过分相后再生力 200 kN 以上，保持 10 s，速度 53 km/h 缓解（距出站 730 m），可根据需要调整再生力大小。

（4）充分利用站内缓坡，充风时间保证 5 min 以上。

注意事项：过分相断电前，速度不宜超过 60 km/h，分相后速度降至 55 km/h 为宜。

8. 滴流磴至猴刎操纵办法

（1）168 km + 500 m 处，速度 66 km/h，减压 50 kPa，待增速稳定后降低再生力 200 ~ 300 kN，174 km + 500 m 处，68 km/h 缓解。

（2）逐步增大再生力，178 km + 500 m 处将速度控制在 65 km/h 以下。

（3）速度 71 km/h，减压 50 kPa，增速稳定后将再生力减小至 200 kN，第二次语音禁止双弓处 45 km/h 缓解，采用惰力过分相。

（4）遇车辆制动力过强，可采用在 178 km 处制动调速，180 km + 500 m 处，50 km/h 缓解，充风 200 s 后，采用带闸过分相，分相后再生力 200 kN 以上，保持 10 s，即可缓解。

注意事项：带闸过分相制动前充风时间不得低于 196 s。

9. 猴刎至小觉操纵办法

（1）187 km + 500 m 处，速度 68 km/h，减压 50 kPa，189 km 处，速度 65 km/h 缓解（排完风即可缓解）。

（2）192 km + 200 m 处，速度 68 km/h，减压 50 kPa，速度稳定后，根据实际情况减小再生力 200 ~ 300 kN，掌握在小觉二接近信号机处，55 km/h 缓解，采用惰力过分相。

注意事项：猴刎分相采用带闸过分相，出站后 1874 号信号机，将速度控制在 52 km/h，少撂一把闸。

10. 小觉至西柏坡操作办法

（1）小觉站中心以速度 70 km/h 通过，牵引力 100 ~ 300 kN，205 km + 800 m 处，转再生工况，再生力 300 ~ 400 kN，207 km 处，速度 68 km/h 减压 50 kPa，209 km + 500 m（偏梁隧道）处，60 km/h 缓解，以速度 72 km/h 出土沟隧道，根据列车速度，适当调整再生力大小，确保列车不超速。

（2）古月站中心以速度 72 km/h 通过，出站后保持小再生力，222 km 处转牵引工况，牵引力 100 ~ 200 kN，出小米峪隧道速度不超过 61 km/h；230 km 处，速度 68 km/h，减压 50 kPa，231 km + 800 m 处，速度 65 km/h 缓解，温塘站保持 72 km/h 通过，距二接近信号机 1 200 m 减压 50 kPa，距西柏坡分相 900 m，58 km/h 缓解，采用惰力过分相。

4.10.4　组合 1.74 万吨编组列车困难区段操纵办法

1. 神池南至宁武西操纵办法

（1）起车操纵办法：① 挂车时适量撒砂，为起车增加黏着力。起车牵引力 100～200 kN 停留 10 s 后，缓慢增加至 400 kN 起动列车，走行约 10 m，牵引力增至 420～450 kN，注意确认从车电流（800～850 A），发现满压满流时适当减载，过岔群适当减载，过岔区后增加牵引力，在从车进入岔区前减小牵引力，防止空转；② 出岔群后，逐渐增大牵引力至 450 kN，列车运行到 3 km + 500 m 处，速度达到 40 km/h 时，逐步减小牵引力至 300～400 kN，保持恒速，运行到 4 km 处手柄回"0"位（工况转换 10 s 内），再生力逐步给至 320～350 kN 控制列车缓慢增速。

（2）区间操纵办法：① 运行到 7 km + 800 m（陈家沟隧道），速度 60 km/h，减压 50 kPa，缓慢退再生力至 200～250 kN，9 km 处，增大再生力至 360 kN，速度 50 km/h 缓解；② 调节再生力，确保列车在庄子上一号隧道口速度 53 km/h，控制列车宁武西出站不超过 61 km/h。

注意事项：① 开车前主从控司机必须核对数据正确、人员到齐后方可动车；② 8‰ 下坡道 350～380 kN 以下再生力基本可以保持恒速；③ 陈家沟隧道处高速试闸注意排风时间 30 s 以上，缓解前再生 300 kN 以上。

2. 宁武西至龙宫操纵办法

（1）主车自动过分相（100 kN 再生力），分相后逐渐增大再生力控制速度（此处小曲线半径，切忌给流过猛），不超过 200 kN，从车电流不超过 550 A，19 km 处，速度 67 km/h，减压 50 kPa，待增速平稳后，缓慢退至 200～300 kN，速度降至 50 km/h 时，再生力逐渐增大至 350～380 kN（约 21 km + 800 m），速度 40 km/h 缓解，确认增速充风情况适当调整再生。

（2）24 km + 500 m 处，速度 68 km/h，减压 50 kPa，27 km + 900 m 处，速度 40 km/h 缓解（再生力控制方式同上）。

（3）30 km + 700 m，速度 67 km/h，减压 50 kPa，34 km 处，40 km/h 缓解。

（4）36 km + 900 m 处，速度 67 km/h，减压 50 kPa 掌握带闸过分相，分相后再生缓慢给至 100～120 kN，确保从车过分相后方可缓解（车体制动力强可控制在 36 km 处缓解，38 km + 500 m 处，速度 62 km/h 减压带闸过分相）。

注意事项：① 龙宫优先带闸过分相，不能带闸过分相时距分相中心 500～800 m 列车速度 35 km/h 缓解；② 从车不出分相预备按照过分相处理 3 种方式进行处理；未处理严禁盲目缓解列车。

3. 龙宫至北大牛操纵办法

（1）龙宫出站后 45 km + 900 m 处，速度 67 km/h，减压 50 kPa，掌握一把闸带至北大牛过分相，不具备时掌握在 53～54 km 处，40 km/h 缓解。

（2）56 km + 800 m 处，速度 67 km/h，减压 50 kPa，采用带闸过分相。过分相前再生力 100～120 kN，分相后缓慢给再生力至 200 kN，根据速度站内保持 50 km/h 以下缓解，掌握从车过分相时，适当减少再生力。注意事项：带闸过分相注意事项同上，因车体制动力不同二接近信号机时保证速度不超过 66 km/h，严禁调速晚造成追加减压。

4. 北大牛至原平南操纵办法

（1）北大牛出站后 67 km + 400 m，速度 66 km/h 制动，增速稳定后缓慢退再生力至 200 ~ 300 kN，采用长波浪制动，73 km + 600 m 处，速度 55 km/h 以下缓解，再生力 300 kN。

（2）充分利用 73 ~ 74 km 缓坡，调整制动周期。

（3）77 km 处，速度 65 km/h，减压 50 kPa，根据增速情况调整再生力。

注意事项：此区段的两把闸制动初速不宜超过 67 km/h，增速空间较大，根据增速情况适当调整再生力。

5. 原平南至回凤操纵办法

（1）原平南出站以低于 50 km/h 通过，过分相后再生力给至 200 kN，从车过分相后再生力调整至 300 kN，888 号信号机处，速度不超过 75 km/h。根据增速情况小再生力运行，出石河口隧道速度保持 65 km/h 以下，93 km + 500 m 处给牵引力 150 ~ 200 kN 减少冲动。

（2）天气良好的情况下 102 km 处采用再生力控制速度，101 km 保持 68 km/h 以下再生力 360 ~ 400 kN 可控制速度。

注意事项：天气不良时原平南出站、102 km 处采取小再生力配合空气制动调速。

6. 回凤至南湾操纵办法

（1）回凤 70 km/h 出站，采用低手柄位牵引，掌握速度不超过 77 km/h。

（2）运行至 1248 号信号机转再生工况，再生力逐步给至 330 ~ 380 kN，1284 号信号机速度控制在 74 km/h 手轮回零准备过分相。

（3）分相后 133 km 处开始牵引，1368 号信号机处逐步降低牵引力，南湾进站信号机处转惰力运行，速度控制在 68 km/h，换向手柄置制位，惰力过分相。

7. 南湾至滴流磴操纵办法

（1）南湾过分相后，再生力逐步给至 320 ~ 350 kN，进水泉湾隧道速度不超过 65 km/h。143 km + 900 m 处，速度 70 km/h，减压 50 kPa，146 km 处，速度 55 km/h 缓解。

（2）寺铺尖隧内（150 km），速度 68 km/h，减压 50 kPa，待增速稳定后降低制动电流 200 ~ 300 kN，在 155 km 处，保持速度 40 km/h 缓解。

（3）157 km + 600 m 处，速度 66 km/h，减压 50 kPa，根据增速情况调整再生力大小，分相前再生力退至 100 kN，采用带闸过分相；过分相后再生力 200 kN，从车过分相后根据速度缓解。

注意事项：此处分相点坡道较大，二接近信号机处速度不宜超过 66 km/h，其他注意事项同上。

8. 滴流磴至小觉操纵办法

（1）168 km + 500 m 处，速度 68 km/h，减压 50 kPa，待增速稳定后降低再生力 200 ~ 300 kN，173 km + 800 m 处，64 km/h 以下缓解。

（2）再生力控速在进 6‰ 坡道不超 65 km/h，179 km 处，68 km/h 速度，减压 50 kPa，再生力 200 ~ 300 kN，距进站信号机 1 000 m 内，40 km/h 以下缓解列车，再生力 300 kN。

（3）分相后再生力 200 kN 以上，猴刎出站不超过 63 km/h 再生力给至 350 kN，出水关隧道减压，小觉惰力过分相。

注意事项：猴刿优先采取带闸过分相，天气不良时，猴刿出站 10‰ 处减压，水关隧道处减压，小觉二接近信号机处速度不超过 55 km/h 缓解，掌握分相中心不超过 64 km/h 惰力过分相，站中心 72 km/h 通过。

9. 猴刿至小觉操纵办法

小觉二接近 1 000 m 处速度 55 km/h 以下缓解，再生力 300~350 kN。掌握分相中心不超 64 km/h，站中心 72 km/h。

注意事项：分相后再生力控制在 200 kN 左右。

10. 小觉至西柏坡操纵办法

（1）小觉站中心 72 km/h 通过，牵引力 100~300 kN，205 km+800 m 处转再生工况，再生力 300~350 kN，207 km 处，速度 68 km/h，减压 50 kPa，210 km 处，63 km/h 缓解，以速度 69 km/h 出土沟隧道。根据列车速度，再生控速运行至古月进站。

（2）古月站中心以不超过速度 70 km/h 通过，出站后保持再生力不超过 100 kN 控速，222 km 处转牵引工况，牵引力 100~200 kN，226 km 处转再生工况，出小米峪隧道速度不超过 61 km/h；230 km 处，速度 67 km/h，减压 50 kPa，231 km+600 m 处，速度 65 km/h 缓解，再生力 220 kN 温塘站 72 km/h 通过，再生力控制在 100~300 kN，在西柏坡二接近信号机处速度 52 km/h 以下，再生力 350~380 kN，过分相再生力 100~120 kN，站中心 72 km/h 通过。

注意事项：天气不良时，采取空电联合制动，二接近信号机 52 km/h 以下缓解惰力过分相。

4.11 朔黄铁路万吨列车非正常行车办法

为了保证万吨列车运行安全，根据我公司管内实际情况，特制定本办法。

4.11.1 组合万吨非正常行车办法

万吨列车在运行中，一、二位司机应利用机车间的通信设备互通信息，加强联系，保证列车运行安全。万吨列车运行中遇非正情况时，除执行《技规》《细则》中的规定外，还应执行以下规定：

1. 发生列车管起非常停车后的处理

（1）列车管起非常后，一位司机应立即将手轮回零，在列车停车前不得盲目缓解大、小闸。

（2）列车停妥后，一位司机应立即通知二位司机，判断列车起非常的原因。如果列车能够正常充风缓解，停车原因查明，应利用列尾装置检查尾部风压是否正常，并使用列车无线调度通信装置通知就近车站值班员转告列车调度员；一位司机在尾部风压达到定压、进行简略试验后自行开车。在确认列车不能正常充风缓解时，应指派一、二位副司机携带工具包，向后检查列车是否分离等问题，如确认列车发生分离、脱轨等事故时，按相应办法处理。

2. 发生列车分离后的处理

（1）一位司机在判明列车发生分离后，应立即使用列车无线调度通信装置通知就近车站值班员转告列车调度员，汇报内容：列车车次、机车号、乘务员姓名、停车时间、一位机车停车位置（千米、米）、分离车辆位置、分离车辆编号、分离距离、列车尾部位置（千米、米）、是否可以连挂、是否请求救援或分部运行等。

（2）列车在区间发生抻钩、分离后，有下列情形之一时，需请求救援或分部运行：

① 列车分离后需连挂，司机不能确认连挂信号或手持电台联系不通时；

② 机车牵引力不能使分离的车列移动时；

③ 分离车辆连挂装置破损，乘务员不能自行处理时；

④ 分离车列位置处于隧道、曲线、坡道地段，不具备连挂条件时；

⑤ 进行连挂作业，司机难以控制在 3 km/h 及以下连挂速度时。

（3）万吨组合列车分部运行时，严禁后半部采用前顶后拉的方式运行。

（4）请求救援后，机车乘务员不得再进行任何作业。列车前方由一位机车副司机按规定进行防护，列车的后方由二位机车副司机按规定进行防护；如知道来车方向，按上述要求仅对来车方向按规定进行防护。

（5）列车发生分离后，机车乘务员应根据列车停留位置的坡道情况，使用随车铁鞋进行防溜。

（6）分部运行时，列尾主机由二位机车乘务员随车保管。

3. 发生列车脱轨等事故后的处理

（1）一位司机在确认列车发生脱轨等事故后，立即使用列车无线调度通信装置通知就近车站值班员转告列车调度员，如果妨碍邻线，应首先对邻线进行防护。汇报内容：车次、机车号、一二位乘务员姓名、事故发生时间、地点、原因、列车停留位置、是否妨碍邻线、车辆、线路破损情况等。

（2）救援人员赶到后，一位司机负责向救援现场指挥人说明事故情况，并按其指示进行作业。

（3）列尾主机由二位机车乘务员随车保管。

4. 发生弓网故障或接触网停电后的处理

（1）列车在运行中遇接触网停电时：① 一位司机应使用常用制动使列车停车，停车后追加至最大减压量，小闸置制动位；立即使用列车无线调度通信装置通知就近车站值班员转告列车调度员。② 在确认接触网停电而造成被迫停车，在坡道上停车超过 90 min（6‰ 及以上坡道停车超过 60 min），一、二位司机应指派副司机用随车铁鞋对车辆进行防溜，并携带对讲机和人力制动机紧固器拧紧足够轴数的人力制动机（上坡时到列车尾部）。一位司机应将列车防溜情况通知就近车站值班员转告列车调度员。

（2）一位机车发生弓网故障后，司机应立即使用最大减压量制动停车（二位机车发生弓网故障后，司机应立即通知一位机车司机停车），停车后发生故障的机车司机立即判明情况，并向就近车站值班员汇报。汇报内容：车次、机车号、一二位乘务员姓名、发生问题的机车号、停车位置、弓网损坏情况，是否需要停电上车顶处理。如果需要上车顶处理受电弓时，按规定办理。故障排除后，线路条件允许时，一位司机按规定进行简略试验后开车；若在长大坡道区段线路条件不允许时，可立即缓解开车，缓解过程中通过列尾装置查寻尾部风压，下坡道在列车速度达到 45 km/h 前进行低速试闸；上坡道在列车起动后利用列尾装置查寻尾部风压。

（3）运行途中发现可按接触网故障，危及本列受电弓安全时降弓惰力运行通过故障点；如果遇上坡道地段速度可控，全部降弓动能不足时，应停车解除同步关系，采用动力异步操作方式通过故障点。列车通过故障点后，一位司机负责向车站值班员通报接触网故障情况。

5.　长大下坡道遇通过信号机显示停车信号（包括显示不明或灯光熄灭）时的处理办法

列车在长大下坡道区段遇通过信号机显示停车信号（包括显示不明或灯光熄灭）时，司机应使列车在该信号机前停车，并利用列车无线调度通信设备（或区间通话柱）将信号机编号、机车停车位置通知就近车站值班员转告列车调度员。在得到列车调度员允许以不超过 45 km/h 的速度继续运行的通知后，方可以不超过 45 km/h 的速度越过该信号机。机车乘务员在运行中应加强瞭望，密切注意线路状态，至次一架信号机，按其显示运行。若显示停车信号的信号机恢复显示进行信号时，司机应及时报告车站值班员，按其指示办理。

6.　机车同步操纵系统发生故障后的处理办法

（1）担当万吨列车的机车在出库前应对机车同步操纵系统进行试验，保证作用良好。

（2）万吨列车在运行中同步操纵系统发生故障不能排除时，应采用常用制动停车，停车后追加至最大减压量，停车后一位司机立即将故障情况通知就近车站值班员转告列车调度员。①1+1 组合列车两台机车间的通信设备良好时，二位机车司机将大闸放重联位，在一位司机的指挥下操纵列车维持运行；在两台机车间的通信设备不良时必须分部运行，得到列车调度员发布的允许分部运行的调度命令后，可分成两个小列，解除列尾对应关系，列尾主机由二位机车带回；两小列的摘解由二位机车副司机负责，同时确认第 54 位车辆编号并通知就近车站值班员转告列车调度员；列车摘解完毕后，在线路坡道情况允许时，一位司机进行简略试验，根据地面信号的显示运行；若列车处于长大下坡道不能进行简略试验时，一位司机可直接缓解开车，在速度达到 40 km/h 前进行低速试闸；前半部列车在前方站通过时，车站助理值班员确认尾部车辆编号无误后，通知后半部列车缓解开车。二位司机在得到车站允许开车的通知后方可缓解列车，按信号显示运行，不得擅自根据地面信号的显示盲目动车。在动车前，二位机车乘务员向车站值班员问明车次，对监控装置输入前方车站代码，以不超 60 km/h 的速度降级运行至前方站对标开车。②2+0 编组的列车在同步操纵系统故障停车后，一位司机通知就近车站值班员转告列车调度员，关闭同步操纵系统，两台机车以重联方式运行。运行中二位机车司机严格按一位机车司机的要求操纵机车，加强配合，保证列车运行安全。

7.　机车发生故障后不能继续运行的处理办法

（1）1+1 组合列车一位机车发生故障后，一位司机应及时与二位司机沟通信息尽力排除故障。20 min 后确认不能继续运行时，一位司机应立即使用列车无线通信装置通知就近车站值班员转告列车调度员请求救援并分部运行。

（2）1+1 组合列车二位机车发生故障后，二位司机立即通知一位司机就地停车。停车后机车乘务员在向就近车站值班员汇报的同时尽快排除故障，20 min 内能排除故障时继续运行；在确认 20 min 内不能排除故障继续运行时，二位司机应使用列车无线通信装置通知就近车站值班员转告列车调度员请求救援并分部运行。在得到分部运行的命令后，一位机车司机解除列尾对应关系，牵引前半部列车运行；救援列车在前半部列车运行到前方站后，方可进入区间救援。

（3）2 + 0 编组的列车二位机车发生故障后，二位司机应立即通知一位司机，解除同步操纵系统，由一位机车维持运行至神池南站入库修理，机车入库时由二位机车乘务员负责在前方引导，保证作业安全；一位机车发生故障在 20 min 内不能排除继续运行时，应立即请求救援。救援机车到达后，① 在线路允许的情况下，3 台机车牵引列车运行至神池南；② 在线路不允许的情况下，救援机车牵引一位机车运行至前方站甩车处理，二位机车牵引列车维持运行至神池南。

在救援机车到来之前若能排除故障，应及时通知车站值班员，取消救援，并按值班员指示办理。

8. 发生铁路交通事故后的处理办法

（1）发现危及行人安全时，要立即鸣笛示警，同时在牵引工况时采取手柄回零、惰力工况（包括电阻制动）时采取常用制动等减速措施。

（2）发生撞轧行人（小牲畜）后，必须采取最大减压量停车，将死伤行人（小牲畜）移至限界外并向就近车站汇报后即可开车。

（3）发生撞轧机动车、大牲畜、异物等危及本列安全的情况时，必须立即采取紧急停车措施。再开车时执行紧急停车后再开车的有关规定。

4.11.2　单牵万吨列车非正常行车办法

1. 单牵万吨列车网压超范围，机车发生限功率运行注意事项

（1）牵引空车出现限功率现象时，维持运行，当机车速度不能保持在 10 km/h 以上时，须就地停车，停车后通知前方站，等待网压恢复正常后，方能继续运行。

（2）牵引重车在非高坡区段出现限功率现象，当动力制动不能将速度控制在允许的范围内时，及时投入空气制动，立即汇报前方站，网压恢复正常后缓解列车继续维持运行；网压未恢复正常，停车缓风后继续维持运行。

（3）牵引重车在高坡区段出现限功率现象，提前采取制动措施，严防超速，停车后通知前方站，等待网压恢复正常后，方能继续运行。

2. 单牵万吨列车在长大下坡道区段停车再开的注意事项

（1）开车前，确认人员齐全，处于安全位置，总风压力 900 kPa 以上。

（2）开车时，司机须主动与前方站车站值班员联系，了解前行列车运行情况，确定前行列车运行正常，减压量不超 100 kPa 时，机车信号接收绿黄灯时，方能缓解列车；减压量到达 100 kPa 时，机车信号接收绿灯时，方可缓解列车；减压量达到 140 kPa，比照紧急制动执行。

（3）如果开车前减压量较大，再制动时充风不足，导致累积减压量超过 80 kPa 或缓解时运行前方为超过 8‰ 的下坡道并且长度大于 2 km 时，必须停车缓风。

3. 单牵万吨列车单节机车故障运行办法

（1）上行单牵万吨列车在长大下坡道区段运行，单节机车故障或再生力实际输出不足230 kN，应采用停车缓风的方式维持运行至前方站，之后分解运行或进行机车故障处理。

（2）上行单牵万吨列车单节机车故障或再生力实际输出不足230 kN，在龙宫、北大牛、滴流磴、猴刎严禁进侧线。

（3）上行单牵万吨列车单节机车故障或再生力实际输出不足 230 kN，减压量累计达到100 kPa，严禁缓解列车制动，立即请求救援。

（4）下行单牵万吨列车机车单节故障（包括损失2台电机的动力）时，列车运行在平道区段发生单节机车故障，维持至进入长大上坡道区段前能够容纳下该列车的车站请求侧线停车；在长大上坡道区段机车单节故障时，维持至前方能够容纳该列车的车站请求侧线停车。

4. 单牵万吨列车在长大下坡道区段一台压缩机故障的处理办法

（1）一台压缩机故障禁止出库牵引单牵万吨列车。

（2）途中一台压缩机故障时维持运行，运行中密切注意另一台压缩机的工作状态，出现过热保护或其他异常现象，须就地停车，请求救援。

（3）一台压缩机维持运行中，停车后必须开启强泵按钮，确认总风压力 900 kPa 以上，方能缓解列车制动。

5. 单牵万吨列车在长大下坡道（连续 10‰~12‰）区段紧急制动后继续运行的补充规定

（1）列车紧急停车后按规定进行防护、汇报、检查，具备继续运行条件时，还必须确认机车状态良好、总风压力在 900 kPa 以上、主压缩机工作正常，保证风源系统作用可靠。

（2）开车前必须了解前方闭塞分区占用及前行列车运行情况，确认运行前方无异状并且有 5 个及以上闭塞分区空闲，方可缓解列车。

（3）缓解列车时，小闸压力保持在 300 kPa 以上，缓解大闸进行充风，同时开启牵引通风机进行散热，防止压缩机温度过高而停止工作；列车产生向前涌动，并出现 1 km/h 速度时，逐步缓解机车闸缸压力，速度达到 5 km/h 前，逐步投入再生制动并给至最大值，同时进行预防性撒砂，防止机车滑行，尽可能延长充风时间。

（4）运行中不间断查询尾部风压，列车速度增至 65 km/h 时，立即投入空气制动，初减压量不低于 70 kPa，时刻观察列车速度，发现有超速的趋势时果断采取追加减压措施，累积减压量超过 80 kPa 或运行前方为超过 8‰ 的下坡道并且长度大于 2 km 时，必须停车缓风。

（5）列车缓解后出现接触网停电、主压缩机停止工作等异常情况时，果断采取常用全制动停车措施，停车后运行前方为连续长大下坡道时，迅速请求救援。

（6）紧急停车地点在限速区段内或距限速地点较近时，立即请求救援。

6. 交流机车天气不良操纵注意事项

交流机车由于牵引力大，轴重不足，在运行中容易出现实际牵引力大于黏着牵引力而产生空转滑行，特别是在天气不良的情况下，机车黏着被破坏，牵引力发挥受到限制。机车撒砂系统起到了改善轮轨黏着条件的作用。因此，交流机车撒砂系统必须良好运转。乘务员在运行中应精心操作、提前进行预防性撒砂，减少轮对空转、滑行。

（1）交流机车运行速度与限速值相差小于 10 km/h 时，遇天气不良，黏着条件破坏，机车输出功率波动时，及时进行撒砂，恢复黏着条件，减少功率损失，保证列车安全正点。

（2）交流机车运行速度与限速值相差小于 10 km/h 时，遇天气不良，黏着条件破坏，机车速度和输出功率同时波动时，立即进行撒砂、退级降低目标输出牵引力，避免空转恶化；遇速度较高，机车瞬间出现空转时，立即断开主断路器，强制中断输出功率，避免由于空转超速造成监控自停。

（3）交流机车运行速度小于限速值 10 km/h 以上时，发生机车输出功率和监控速度波动时，利用撒砂提高黏着力，减少空转，稳定输出功率，稳定牵引主手柄，切不可盲目退手柄。

（4）长大下坡道天气不良操纵，以空气制动为主、动力制动为辅实现长波浪制动，尽量减少动力制动输出力，避免滑行；运行中遇机车滑行、功率损失严重不能控速时，及时投入空气制动；单牵万吨列车缓解后不能保证列车充风需求时，应停车缓风。

7. 单牵万吨列车限制坡道起车办法

（1）停车为起车做准备。停车过程中速度 30 km/h 以上，人为控制机车闸缸压力不低于 300 kPa 或投入再生力不低于 400 kN，再大闸减压，以使车钩处于压缩状态；如遇速度低于 30 km/h 需要停车时，人为控制机车闸缸压力不低于 300 kPa，一次减压 80 kPa，车未停稳之前适当撒砂，为起车提供良好的黏着条件。停车后追加减压至 100kPa，提高缓解速度，便于列车起动。

（2）上行单牵万吨列车整列停于限制坡道上时，立即请求救援；请求救援后，联系车站，在征得车站同意的情况下进行试起，起动成功后立即申请取消救援。

（3）起车前（开启强泵按钮）将总风打满，天气良好时关闭撒砂阀，列车起动后及时打开砂阀。如列车停于隧道内时，起车前人为使用干毛巾清理轨面。天气不良时，人为清理轨面并进行人工铺砂。

（4）先给牵引力至 400 kN，然后缓解小闸，再缓解大闸，之后逐步提牵引手柄；10 s 内逐步增加牵引力至 600～650 kN，如果不发生空转，可继续增大牵引力，目标值给至以机车牵引力波动范围在 100 kN 为宜，使车辆逐辆起动，当机车向前移动时，适当进行点式撒砂，防止空转；缓解过程中压缩机置强泵打风位置，并打开两侧窗户，副司机监听观察有无空转或其他异状。

（5）当第一次起动失败时，只要列车不溜逸，保持机车牵引力，列车充满风，先大闸减压 50 kPa 保压，然后牵引手柄退回零位，进行压缩车钩（向后压钩最大距离不得超过 9 m）后立即追加减压至 100 kPa，准备二次强迫起动。若列车向后溜逸，则直接减压 100 kPa 停车后再起。当二次起动不成功时，直接减压 100 kPa 后，手柄回零并立即通知车站列车起动不成功需要救援或退行。

（6）当列车停车位置接近后方车站，且具备退行条件，起车失败后，乘务员应立即主动请求退行。退行时，主动要求车站指派人员协助尾部防护，若车站无人防护时须安排副司机下车防护。退行前监控进入调车模式，手柄向后位输入推进辆数。

（7）朔黄线单牵万吨停车后起动困难地点见表 4.11-1。

表 4.11-1 朔黄线单牵万吨停车后起动困难地点

线 别	区 间	里程表/km	特殊要求
上行线	原平南—回凤	94～95	
上行线	东冶—南湾	134～138	
上行线	古月—西柏坡	222～225	
上行线	西柏坡—三汲	252.6～260.4	通过站中心速度低于 30 km/h 时必须切除自动过分相系统
上行线	三汲—灵寿	257.465～260.4	
上行线	行唐—新曲	303.2～305	
上行线	定西—定东	210.588～322.8	
上行线	肃北—太师庄	410.3～412.3	
上行线	行别营—黎明居	452.86～454.8 458.12～459.63	
上行线	沧州西—李天木	496.86～499.05 511.95～513.93	
上行线	李天木—黄骅南	527.23～528.85	
下行线	龙宫—宁武西	32.5	列车停车后起动较困难,停车时提前预想,尽量避开此地点,树立"防重于起"安全意识
下行线	北大牛—龙宫	48.5、50.2、52.5、54、59	
下行线	滴流磴—南湾	157、159	
下行线	猴刎—滴流磴	169	

8. 天气不良双机起车操纵注意事项

神池南—黄骅港区间上行担当单牵万吨列车重车时,理论上整列停于超过 3‰ 的坡道时,万吨列车起动困难,遇天气不良时,起动条件恶化,列车救援后双机人工配合起车办法规定如下:

（1）起车前,本补机车确认人员齐全都处于安全位置,总风压力保持 900 kPa 以上,方可起动列车。

（2）起车时,补机先平稳加载 600 A 或 400 kN 后通知本务机车,本务机车接到补机加载完成的通知后边加载边缓解,10 s 内,本务电流逐步增加至 500～600 A 或 400～500 kN。禁止原地撒砂,保持 6～9 min,该过程中发现直流机车空转牵引电流小幅度波动时可适当单机退流再给,如发现机车不空转时交流机车可增加牵引力至 600～650 kN,使机车保持不空转的最大牵引力等待,直至列车起动;当机车向前移动有速度时,应适量撒砂防止空转发生。特殊情况,补机加载牵引力不能满足起动需求时,本务机车及时通知补机按要求加载。

（3）等待过程中,若发现列车有后溜趋势,交流机车司机应逐步增加级位,如不能停止后溜,则本务机车先减压 50 kPa,后牵引手柄退回零位,压缩车钩后立即追加减压至 100 kPa,准备二次起动。

（4）遇救援作业时,救援机车在接近被救援列车或车列 10 车距离时,应进行线式撒砂至连挂结束,或采用人工铺砂 2 个车位左右距离,为起车做好准备。

9. 关于单元万吨列车遇特殊情况需要关闭折角塞门的安全措施

列车因机车制动机故障须转空气位或因其他故障单试机车需要关闭机后车辆塞门时应按以下办法执行：

（1）停车后追加减压至 170 ~ 200 kPa。

（2）通过听排风声和列尾查询确定列车管排完风，尾部风压稳定在 430 kPa 以下。

（3）中立位严禁移动闸把。

（4）副司机关闭塞门操纵时，司机头探窗外保持联系状态。

（5）副司机操作塞门关闭后迅速离开连接部，严禁逗留。

（6）突发情况需要使用列尾排风迫使列车停车时，应连续使用列车排风功能，使总减压量达到 170 kPa 以上。

（7）严禁排风不止进行关闭塞门操作。

10. 单牵万吨列车机车制动机故障转空气位维持运行操作注意事项

（1）单牵万吨列车运行在长大下坡道区段，机车制动机转空气位后采用停车缓风的方式维持至前方站停车处理。

（2）上行单牵万吨列车西柏坡以东或下行单牵万吨列车遇机车制动机故障转空气位后，维持运行至技术站。

11. 单牵万吨列车机车信号装置故障、监控装置故障运行办法

（1）单牵万吨列车运行在长大下坡道区段，机车信号装置、监控装置故障时，机车乘务员立即采取停车措施，在不能满足限速 45 km/h 的运行需求时，迅速请求救援或分部运行。

（2）单牵万吨列车运行在非长大下坡道区段，机车信号装置、监控装置故障时，根据调度指示，以不超过 20 km/h 的速度运行至指定站。

12. 关于单牵万吨列车遇区间通过信号机显示停车信号的运行办法

（1）单牵万吨列车在长大下坡道区段遇区间通过信号机显示停车信号时，除严格执行《行规》第 79 条的规定外，当不能满足限速 45 km/h 的运行条件时，立即请求救援。

（2）列车停车过程中越过该信号机时，在取得准许继续运行的调度命令后，长大下坡道区段列车以不超过 45 km/h 速度运行到前方通过信号机，其他区段列车以不超过 20 km/h 速度运行到前方通过信号机，按其显示的要求运行。

朔黄铁路重载操纵技术（含图册）
（下册）

主　　编　　张朝辉

副主编　　苏明亮　　陈会波　　王志毅

西南交通大学出版社

·成都·

图书在版编目（ＣＩＰ）数据

朔黄铁路重载操纵技术.2，朔黄铁路重载操纵技术.
下册／张朝辉主编. —成都：西南交通大学出版社，
2019.11
　　ISBN 978-7-5643-7177-7

　　Ⅰ. ①朔… Ⅱ. ①张… Ⅲ. ①重载列车－机车操纵－
教材 Ⅳ. ①U292.92

中国版本图书馆 CIP 数据核字（2019）第 225986 号

目　录

5　朔黄铁路 2 万吨列车技术 391

5.1　朔黄铁路 SS$_4$ 型 4×5 000 t 编组 216 辆 2 万吨列车试验 391

5.2　朔黄铁路两万吨 232 辆试验 458

5.3　朔黄铁路两万吨 216 辆试验 569

5.4　朔黄铁路两万吨车钩测力应用系统 629

5.5　朔黄铁路两万吨列车关门车试验 640

5.6　神 12 牵引两万吨试验 647

5.7　朔黄铁路两万吨列车非正常行车办法 652

5.8　朔黄铁路两万吨列车操纵办法 657

5.9　朔黄铁路两万吨列车交交模式同步编组特性 660

5.10　朔黄铁路两万吨列车精细化操纵指导 665

5.11　朔黄铁路两万吨列车重点地段操纵解析 671

6　重载列车安全管控措施 675

6.1　防止冒进信号安全措施 675

6.2　防止超速运行安全措施 676

6.3　防止自动闭塞区段列车追尾安全措施 677

6.4　防止列车折角塞门关闭安全措施 678

6.5　防止断钩安全措施 678

6.6　防止调车作业事故安全措施 679

6.7　防止弓网故障安全措施 680

6.8　防止坡停安全措施 681

6.9　单牵万吨列车上坡道起车操纵安全措施 682

6.10　机车防火安全措施 683

6.11　机车防溜安全措施 683

6.12　防止机车抱闸运行安全措施 685

6.13　防止道口交通肇事和路外伤亡安全措施 685

6.14　施工行车安全措施 686

6.15　区间救援安全措施 686

6.16　长大下坡道行车安全措施 687

6.17　恶劣天气行车安全措施 688

6.18　汛期行车安全措施 ………………………………………………………… 689

6.19　防止机车乘务员超劳安全措施 ………………………………………… 690

6.20　防止电力机车停分相、带电闸分相安全措施 ………………………… 690

6.21　单机撤除铁鞋安全措施 ………………………………………………… 691

6.22　高压试验及单机动车的防窜车措施 …………………………………… 691

6.23　防电制滑行擦伤动轮措施 ……………………………………………… 692

6.24　防止列车连续上坡道溜车的安全措施 ………………………………… 693

6.25　关于腰岔线路接发列车的安全措施 …………………………………… 693

6.26　交直流机车双机重联操纵方法及换端安全措施 ……………………… 694

6.27　过限速区段安全措施 …………………………………………………… 695

6.28　防列车放飚安全措施 …………………………………………………… 696

6.29　临时慢行区段行车安全措施 …………………………………………… 697

6.30　防机车大部件裂损、脱落安全措施 …………………………………… 697

6.31　万吨列车天窗点在车站压前停车安全措施 …………………………… 698

6.32　下行单台直流机车牵引万吨列车安全措施 …………………………… 698

6.33　万吨列车采取紧急制动措施时机 ……………………………………… 700

6.34　两万吨列车安全红线管控措施 ………………………………………… 700

6.35　两万吨列车危险源辨识 ………………………………………………… 702

6.36　两万吨列车过慢行操纵办法 …………………………………………… 706

6.37　两万吨列车中间站停车操纵办法 ……………………………………… 707

6.38　两万吨列车监控装置使用安全风险及管控措施 ……………………… 710

6.39　两万吨列车违章操作项点及管控措施 ………………………………… 712

6.40　朔黄铁路组合重载列车主、从控呼唤应答标准 ……………………… 714

7　重载列车平稳操纵和质量优化 …………………………………………………… 723

7.1　概　述 …………………………………………………………………… 723

7.2　朔黄铁路重载列车的仿真计算及线路验证试验 ……………………… 723

7.3　建立优化朔黄铁路重载列车绘制操纵示意图及操纵提示卡 ………… 727

7.4　建立朔黄铁路重载列车平稳操纵技术管理规程 ……………………… 729

7.5　研制朔黄铁路重载列车车载操纵采集、显示、提示、记录装置 …… 732

7.6　研制开发朔黄铁路重载列车平稳操纵地面分析、评价、考核系统 … 740

8　考核标准 …………………………………………………………………………… 745

9　朔黄铁路万吨、两万吨列车操纵提示卡 ………………………………………… 761

9.1　朔黄铁路万吨列车操纵提示卡 ………………………………………… 761

9.2　朔黄铁路两万吨列车操纵提示卡 ……………………………………… 778

参考文献 ……………………………………………………………………………… 790

5 朔黄铁路2万吨列车技术

5.1 朔黄铁路SS₄型4×5000t编组216辆2万吨列车试验

5.1.1 概 述

5.1.1.1 前 言

根据集团公司工作安排，为了对开行 SS₄ 机车采用 4×5000t 编组牵引 216 辆 C80 货车的组合 2 万吨列车的可行性进行研究与探讨，研究列车的牵引、制动及纵向动力学性能、中部从控机车动力学性能以及特定位置货车动力学等性能，2012 年 12 月至 2013 年 1 月，进行了"4×5000t 编组 2 万吨组合列车综合试验"。

5.1.1.2 试验日程

试验日程见表 5.1-1 所示。

表 5.1-1 试验日程

日 期	工作内容
12 月 21	全体试验人员到达肃宁进行试验准备
12 月 22～24 日	在肃宁北车检中心进行货车测力车钩、测力轮对换装，制动及纵向动力学测试传感器的安装。 在机辆分公司进行机车测力车钩、测力轮对更换，机车测试用传感器安装
12 月 25	试验列车编组，在肃宁北站进行测试系统连线工作。列车编组方式为： SS₄1170＋SY997152 试验车＋54 辆 C80＋SS₄1172＋54 辆 C80＋SS₄1177＋54 辆 C80＋SS₄1174＋54 辆 C80＋宿营车
12 月 26 日	在神池南站进行测试系统连线、测试系统静态调试、静置试验等工作。列车编组方式为： SS₄1170＋SY997152 试验车＋54 辆 C80＋SS₄1172＋54 辆 C80＋SS₄1177＋54 辆 C80＋SS₄1174＋54 辆 C80＋宿营车
12 月 27	第 1 次 2 万吨重车运行试验，列车编组方式为： SS₄1170＋SY997152 试验车＋54 辆 C80＋SS₄1172＋54 辆 C80＋SS₄1177＋54 辆 C80＋SS₄1174＋54 辆 C80＋宿营车

日　期	工作内容
12 月 28～29 日	继续进行其他编组方式重车静置试验
12 月 30 日	重车卸空
12 月 31 日～1 月 1 日	2 万吨空车编组，静置试验
1 月 2 日	空车运行试验，编组方式为： SS$_4$1170 + SY997152 试验车 + 54 辆 C80 + SS$_4$1172 + 54 辆 C80 + SS$_4$1177 + 54 辆 C80 + SS$_4$1174 + 54 辆 C80 + 宿营车
1 月 3 日	装载，编组
1 月 4 日	重车静态调试
1 月 5 日	第 2 次 2 万吨重车运行试验，列车编组方式为： SS$_4$1170 + SY997152 试验车 + 54 辆 C80 + SS$_4$1172 + 54 辆 C80 + SS$_4$1177 + 54 辆 C80 + SS$_4$1174 + 54 辆 C80 + 宿营车
1 月 6 日	拆除试验设备，2 万吨试验结束

5.1.1.3　试验用机车、车辆

1. 机　车

本次试验采用 SS$_4$ 型电力机车，参见图 4.2-1 所示，主要技术参数参见表 4.2-1。

2. 车　辆

本次试验采用 C80 双浴盆式铝合金运煤专用敞车，C80 车为两辆一组，两车之间采用牵引拉杆连接，两端分别为 16 号旋转车钩和 17 号固定车钩，参见图 4.2-2 所示，主要技术参数参见表 4.2-2。

5.1.1.4　测点布置方式

1. 牵引测试测点布置

在试验车、主控和 3 台从控机车上对相关牵引参数进行测试，主要包括试验车速度、车钩力、列车管压力、制动缸压力、副风缸压力、牵引电机电压、牵引电机电流、牵引手柄级位、网压、网流等。牵引测试测点布置见表 5.1-2。

表 5.1-2　牵引测试测点布置表（共计测点 51 个）

序号	测试参数	被测车线号/位置	信号特征/传感器
1$^{\#}$机车（SS$_4$1170）测点布置表			
1	网压	司机室网压表	AC 25 kV/100 V、机车传感器
2	网流	105	AC 300 A/5 A（10 A/75 mV）、机车传感器
3	电机电压 1	1771/700	DC 1 500 V/10 V、机车传感器
4	电机电流 1	1781/700	DC 1 500 A/10 V、机车传感器

续表

序号	测试参数	被测车线号/位置	信号特征/传感器
5	电机电压 2	高压柜 A11/ A12	CV4
6	电机电流 2	高压柜 A11	LT1005
7	环境温度	机车前部	−40～200 ℃、PT100 温度传感器
8	电机温度	牵引电机出风口	−40～200 ℃、PT100 温度传感器
9	手柄级位信号	A 节 1 号端子排 1703/700	6.67%/1 V、机车传感器
10	牵引信号	A 节 1 号端子排 406/400	DC 110 V
11	电制动信号	A 节 1 号端子排 405/400	DC 110 V
12	主断合信号	A 节 1 号端子排 537/400	DC 110 V
13	主断分信号	A 节 1 号端子排 544/400	DC 110 V
2#机车（SS$_4$1172）测点布置表			
14	网压	司机室网压表	AC 25 kV/100 V、机车传感器
15	网流	105	AC 300 A/5 A（10 A/75 mV）、机车传感器
16	电机电压 1	1771/700	DC 1 500 V/10 V、机车传感器
17	电机电流 1	1781/700	DC 1 500 A/10 V、机车传感器
18	手柄级位信号	A 节 1 号端子排 1703/700	6.67%/1 V、机车传感器
19	牵引信号	A 节 1 号端子排 406/400	DC 110 V
20	电制动信号	A 节 1 号端子排 405/400	DC 110 V
21	主断合信号	A 节 1 号端子排 537/400	DC 110 V
22	主断分信号	A 节 1 号端子排 544/400	DC 110 V
3#机车（SS$_4$1177）测点布置表			
23	网压	司机室网压表	AC 25 kV/100 V、机车传感器
24	网流	105	AC 300 A/5 A（10 A/75 mV）、机车传感器
25	电机电压 1	1771/700	DC 1 500 V/10 V、机车传感器
26	电机电流 1	1781/700	DC 1 500 A/10 V、机车传感器
27	电机电压 2	高压柜 A11/ A12	CV4
28	电机电流 2	高压柜 A11	LT1005
29	环境温度	机车前部	−40～200 ℃、PT100 温度传感器
30	电机温度	牵引电机出风口	−40～200 ℃、PT100 温度传感器
31	手柄级位信号	A 节 1 号端子排 1703/700	6.67%/1 V、机车传感器
32	牵引信号	A 节 1 号端子排 406/400	DC 110 V
33	电制动信号	A 节 1 号端子排 405/400	DC 110 V
34	主断合信号	A 节 1 号端子排 537/400	DC 110 V

序号	测试参数	被测车线号/位置	信号特征/传感器
35	主断分信号	A 节 1 号端子排 544/400	DC 110 V
4[#]机车（SS₄1174）测点布置表			
36	网压	司机室网压表	AC 25 kV/100 V、机车传感器
37	网流	105	AC 300 A/5 A（10 A/75 mV）、机车传感器
38	电机电压 1	1771/700	DC 1 500 V/10 V、机车传感器
39	电机电流 1	1781/700	DC 1 500 A/10 V、机车传感器
40	电机电压 2	高压柜 A11/ A12	CV4
41	电机电流 2	高压柜 A11	LT1005
42	环境温度	机车前部	$-40 \sim 200$ ℃、PT100 温度传感器
43	电机温度	牵引电机出风口	$-40 \sim 200$ ℃、PT100 温度传感器
44	手柄级位信号	A 节 1 号端子排 1703/700	6.67% / 1V、机车传感器
45	牵引信号	A 节 1 号端子排 406/400	DC 110 V
46	电制动信号	A 节 1 号端子排 405/400	DC 110 V
47	主断合信号	A 节 1 号端子排 537/400	DC 110 V
48	主断分信号	A 节 1 号端子排 544/400	DC 110 V
试验车			
49	速度	试验车轴端	$0 \sim 80$ km/h、DF16 速度传感器
50	列车管压力	试验车	$0 \sim 1 000$ kPa、试验车压力传感器
51	制动缸压力	试验车	$0 \sim 1 000$ kPa、试验车压力传感器

2. **制动与纵向动力学测试测点布置**

为了研究列车的制动性能以及机车的制动作用同步性，在主控及 3 台从控机车和列车的第 1、29、53、55、83、107、109、137、161、163、191 和 215 位货车（计数不包括机车）共计 12 个货车断面布置了制动测点，主要包括机车均衡风缸压力、列车管压力、制动缸压力以及车辆的列车管、副风缸和制动缸压力等。

为了研究不同运行状态下列车的纵向动力学性能，在第 1、29、53、55、83、107、109、137、161、163、191 和 215 位货车（计数不包括机车）共计 12 个货车断面布置了纵向动力学测点，主要包括车钩力、缓冲器行程和纵向加速度。

其他测试参数还包括线路曲线半径，列车运行速度等，合计测点 80 个。

3. **从控机车动力学测点布置**

本次试验中，被试从控机车为 SS₄1177 号，采用 13 号车钩，QKX-100 型胶泥缓冲器。在该被试机车 A 节机车上布置了如下测点：

前进方向第五位轴和第八位轴（后节机车的两个端轴）更换为测力轮对；

前进方向中间钩和后端钩（后节机车的两个车钩）更换为测力车钩；

中间钩和后端钩布置纵向和横向位移计；

后节机车转向架一系和二系悬挂系统布置垂向和横向位移计；

后节机车车体中心线两端布置三向振动加速度传感器；

列车管空气压力传感器，测量空气制动系统的动作信号；

陀螺仪角速度传感器，测量线路曲线曲率；

速度、里程信号；

GPS 时钟信号；

中间车钩处布置电视摄像。

4. 特定位置货车动力学测点布置

本次 2 万吨组合列车综合试验特定位置 C80 货车动力学试验在整列重载货车中选取了两辆货车进行了测试：第 107 位货车 C800035548（货车计数不包括机车和试验车）、第 215 位货车 C800043379。试验中该车作为关门车处理。

两辆测试货车均在第 1 轴和第 4 轴各换装 1 条测力轮对，共计 4 条。

两辆测试货车均在车体中梁下盖板距心盘内侧小于 1 m 的位置布置加速度传感器，测量车体横向、垂向加速度，共计 4 个。

两辆测试货车均在转向架摇枕处布置位移传感器，测量转向架摇枕弹簧垂向位移，共计 8 个。

5.1.1.5 测试系统及测试原理

1. 牵引试验

试验前按照接线表分别在主控、从控机车、试验车上布置牵引测试系统，3 套系统分别与 GPS 进行时钟同步，采集数据在本地保存，这样，可以确保主、从控机车、试验车测试结果时钟基准的一致性。每套测试系统内部各仪器间通过同步线保证时钟一致。

2. 制动及纵向动力学试验

制动及纵向动力学试验测试参数按照来源包括：

（1）在试验车进行测试的信号：包括速度、走行距离和陀螺仪半径。

（2）在 SS₄ 机车上的制动测试信号：包括机车均衡风缸压力，机车列车管压力，机车制动缸压力。

（3）在车辆各测试断面上的制动及纵向动力学测试信号：包括列车管压力，副风缸压力，制动缸压力，车钩力，车体纵向加速度，缓冲器位移。

试验时，各测试断面之间采集数据通过 GPS 同步，理论同步精度为 100 μs。采集的试验数据均在本地的 C1 上存储，然后通过无线网络发送到试验车，对试验过程进行监控。

3. 从控 SS₄ 机车动力学试验

中部从控机车动力学测试系统主要由传感器、IMC 仪器及数据采集处理计算机系统等构成。多台 IMC 仪器通过有线方式以 GPS 时钟为基准源进行同步。

采用测力轮对测量被试机车前进方向第 5 轴和第 8 轴的轮轨力，计算得到脱轨系数、轮重减载率、轮轴横向力等运行安全性参数。

在中间车钩和后端车钩处测量被试机车所受纵向力，并且同时采用位移计测量车钩的纵向、横向位移量，检测列车运行过程中，中部机车所受纵向力、缓冲器动态行程和车钩偏转角。

采用位移计测量一系和二系悬挂系统的垂向和横向位移量，检测被试机车在受到纵向力作用时机车悬挂系统的工作状态。

在车体两端采用加速度传感器测量车体振动加速度，检测中部从控机车的振动和冲动状况。

采用压力传感器监测列车管压力，观察机车动力学参数的变化与列车操控工况的关联性。

记录速度、里程、曲率等参数，同步检测被试机车所处速度和线路状况。

4. 特定位置 C80 货车动力学试验

在测试货车前进方向换装测力轮对，第 1 轴和第 4 轴各换装 1 条测力轮对，测试脱轨系数、轮重减载率、轮轴横向力等运行安全性参数。

在测试货车的车体中梁下盖板距心盘内侧小于 1 m 的位置布置加速度传感器，测试车辆横向、垂向平稳性及振动加速度等参数。

两辆测试货车分成两套数据采集系统，两套数据采集系统各自独立运行，两者的数据可以通过 GPS 时间和线路里程进行统一分析。

每套数据采集系统均由 IMC 信号采集仪、两台计算机、电源等组成。一台计算机控制 IMC 进行数据采集，并进行速度信号的采集与显示，一台计算机用于数据实时监测和数据集中处理。通过局域网络进行数据传输。该系统具有很好的采样稳定性和很强抗干扰能力，能够对采样数据进行实时监测与处理。

数据处理采用 DASO 机车车辆动力学分析软件。

5.1.1.6 评定指标

1. SS₄ 机车动力学评定标准

参见 4.3.1.5 小节。

2. C80 货车动力学评定标准

参见 4.3.1.5 小节。

根据试验中动态测试的静轮重计算出轮轴横向力的限度值，见表 5.1-3。

表 5.1-3　轮轴横向力限度值

轮轴横向力限度/kN	C800035548		C800043379	
	1 轴	4 轴	1 轴	4 轴
2012 年 12 月 27 日重车第一次试验	106.25	112.20	110.50	110.50
2013 年 01 月 05 日重车第二次试验	106.25	97.75	110.50	110.50
2013 年 01 月 02 日空车试验	33.15	34.85	34.88	34.60

垂向及横向平稳性指标（W）评定参见 4.3.1.5 小节。

3. 列车纵向动力学安全性评定指标

纵向车钩力 ≤ 2 250 kN。

4. 建议性评定指标（列车纵向动力学）

列车常用全制动工况：最大车钩力 ≤ 1 500 kN；

列车正常运行工况：最大车钩力 ≤ 1 000 kN；列车纵向加速度 ≤ 9.8 m/s²。

5.1.2 列车静置试验

5.1.2.1 试验目的

测试列车的基本制动性能。分别对 2 种编组方式（即 4 × 5 000 t 和 3 × 5 000 t）的重车和空车进行试验，测试不同减压量下的制动排气时间、列车再充气时间和制动缸升压情况，比较不同编组方式列车的制动性能，为列车操纵提供数据支持。

5.1.2.2 编组方式

2 种编组方式分别是：

（1）SS_41170 + SY997152 试验车 + 54 辆 C80 + SS_41172 + 54 辆 C80 + SS_41177 + 54 辆 C80 + SS_41174 + 54 辆 C80 + 宿营车；简称 4 × 5 000 t。

（2）SS_41170 + SY997152 试验车 + 54 辆 C80 + SS_41172 + 54 辆 C80 + SS_41177 + 54 辆 C80 + 宿营车；简称 3 × 5 000 t。

5.1.2.3 静置试验内容

根据试验大纲，静置试验主要进行了以下试验项目：

（1）列车制动系统漏泄试验。

（2）常用制动及缓解试验，分别进行了减压 50 kPa、70 kPa、100 kPa 及常用全制动试验。

（3）紧急制动及缓解试验。

（4）阶段制动试验。

（5）模拟列车断钩保护试验。

（6）模拟通信中断下的制动及缓解试验。

（7）牵引、制动同步性测试。

5.1.2.4 试验结果及分析

5.1.2.4.1 试验结果

重车 4 × 5 000 t 编组、3 × 5 000 t 编组试验结果简要统计分别见表 5.1-4、表 5.1-5。

表 5.1-4　4×5 000 t 编组（重车）静置试验简要数据统计

		试验工况及结果					
		减压 50 kPa		减压 70 kPa		减压 100 kPa	
		第 1 次	第 2 次	第 1 次	第 2 次	第 1 次	第 2 次
制动	均衡风缸实际减压量/kPa	60	60	83	84	110	120
	从控 1 作用时间/s	5.43	4.1	5.4	3.96	2.84	4.29
	从控 2 作用时间/s	5.46	4.13	5.39	3.91	2.85	4.27
	从控 3 作用时间/s	5.49	4.15	5.35	3.9	2.9	4.24
	216 位 BC 出闸时间/s	10.71	9.51	10.66	9.13	8.49	9.51
	制动缸升压时间/s	—	—	—	—	—	—
缓解	从控 1 作用时间/s	3.49	3.18	1.59	0.83	0.78	0.82
	从控 2 作用时间/s	3.42	3.13	1.51	0.76	0.86	0.85
	从控 3 作用时间/s	3.58	3.11	1.55	0.76	0.85	0.89
	216 位 BC 开缓时间/s	9.67	10.5	7.22	6.48	6.43	6.51
	再充气时间/s	80	77	94	102	145	156
		常用全制动		紧急制动			
		第 1 次	第 2 次	第 1 次	第 2 次		
制动	均衡风缸实际减压量/kPa	200	187	—	—		
	从控 1 作用时间/s	3.34	2.77	1.91	1.2		
	从控 2 作用时间/s	3.24	2.85	1.93	1.15		
	从控 3 作用时间/s	3.63	2.95	1.93	1.13		
	216 位 BC 出闸时间/s	8.86	8.12	4.97	4.12		
	制动缸升压时间/s	42.26	41.9	15.21	14.44		
缓解	从控 1 作用时间/s	5.57	3.06	5.53	2.42		
	从控 2 作用时间/s	5.55	2.97	5.57	2.47		
	从控 3 作用时间/s	5.55	3.04	5.59	2.47		
	216 位 BC 开缓时间/s	38	31	113	113		
	再充气时间/s	187	190	262.6	266		

表 5.1-5 3×5 000 t 编组静置试验简要数据统计

		试验工况及结果					
		减压 50 kPa		减压 70 kPa		减压 100 kPa	
		第 1 次	第 2 次	第 1 次	第 2 次	第 1 次	第 2 次
制动	均衡风缸实际减压量/kPa	60	60	73	70	100	100
	从控 1 作用时间/s	0.91	4.83	4.78	4.98	4.96	3.05
	从控 2 作用时间/s	0.95	4.8	4.63	4.9	4.87	2.92
	162 位 BC 出闸时间/s	6.27	9.93	9.9	10.04	9.93	8.28
	制动缸升压时间/s	—	—	—	—	—	—
缓解	从控 1 作用时间/s	0.87	0.78	0.85	1.83	3.25	0.78
	从控 2 作用时间/s	0.92	0.8	0.81	1.76	3.22	0.8
	162 位 BC 开缓时间/s	6.96	7.19	6.99	7.77	8.4	6.31
	再充气时间/s	73	72	86	85	125	120
		常用全制动		紧急制动			
		第 1 次	第 2 次	第 1 次	第 2 次		
制动	均衡风缸实际减压量/kPa	187	184	—	—		
	从控 1 作用时间/s	4.99	4.71	0.7	0.75		
	从控 2 作用时间/s	4.88	4.68	0.75	0.72		
	162 位 BC 出闸时间/s	10.22	9.87	3.69	3.64		
	制动缸升压时间/s	42	41	12.87	12.9		
缓解	从控 1 作用时间/s	1.69	0.88	5.19	4.65		
	从控 2 作用时间/s	1.71	0.78	5.19	4.63		
	162 位 BC 开缓时间/s	23.54	22.42	103.2	103.26		
	再充气时间/s	182	180	253	253		

5.1.2.4.2 试验结果分析

1. 列车漏泄情况

列车减压 100 kPa 后保压工况下，列车制动系统漏泄量为 1.8 kPa/min；常用全制动后保压工况下，列车制动系统漏泄量为 1.3 kPa/min。

2. 列车基本空气制动性能

1+0+0 编组 1.5 万吨列车（3×5 000 t 编组试验时将从 1 和从 2 机车置"单机"位）测得的列车常用制动波速与缓解波速为 180 m/s 左右（均为减压 100 kPa 时测得），紧急制动波速为 250 m/s；这些试验结果与 120-1 阀的设计指标基本相当。试验表明，列车制动机的常用与紧急制动性能作用正常。

空车列车再充气时间与重车相当，被试货车断面空车制动缸压力也符合要求。

3．制动、缓解同步性分析

同步作用时间的定义：常用制动同步作用时间为主控机车均衡风缸开始减压与从控机车均衡风缸开始减压的时间差；紧急制动同步时间为主控机车列车管开始减压与从控机车列车管开始减压的时间差。

图 5.1-1、5.1-2 所示分别为 4×5 000 t 和 3×5 000 t 编组常用制动与缓解时同步时间分布图。

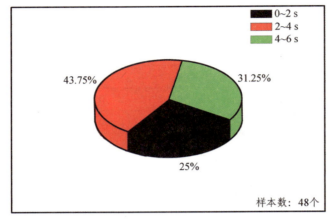

图 5.1-1　4×5 000 t 编组常用制动与缓解时同步时间分布图

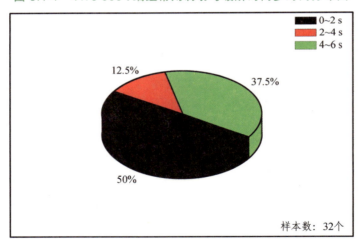

图 5.1-2　3×5 000 t 编组常用制动域缓解时同步时间分布图

在通信条件良好，通信正常的情况下，4×5 000 t 与 3×5 000 t 编组由于列车编组较长，与 1+1 编组 C80 扩编万吨相比，从控机车需承担制动与缓解指令的传递任务，导致制动和缓解同步时间显著增加，4×5 000 t 与 3×5 000 t 编组同步作用时间大于 4 s 的比例分别达到 31.25% 和 37.50%；2012 年 2 月进行的 C80 万吨扩编试验同步作用时间大于 4 s 的比例仅占 18.18%。

从表 5.1-4 和表 5.1-5 可知，制动缓解时的同步性要略优于制动时的同步性。紧急制动时的制动同步性相对较好，2 种编组共进行了 4 次紧急制动，最长同步作用时间为 1.93 s，最短为 0.7 s，平均 1.21 s，均优于常用制动。

制动、缓解的同步性对列车的纵向动力学性能有重要影响，尤其是在大减压量的制动停车工况（比如常用全制动或紧急制动）会造成列车纵向力的显著增大，从而危及行车安全，建议对常用制动时指令的传递方式进行进一步优化，以提高列车制动、缓解同步性。

4. 列车再充气时间分析

$4 \times 5\,000\,t$ 组合 2 万吨和 $3 \times 5\,000\,t$ 组合 1.5 万吨初制动后的再充气时间均为 80 s 以内（见表 5.1-4 和表 5.1-5），因此，对于以上两种编组在长大下坡道进行循环制动时，循环制动缓解时应保证有 80s 以上再充气时间，以确保全列车辆副风缸能够充满。

图 5.1-3 所示为 $4 \times 5\,000\,t$ 组合 2 万吨、$3 \times 5\,000\,t$ 组合 1.5 万吨与 2012 年 2 月进行的 1+1 编组方式 C80 万吨扩编列车（120 辆编组 C80）再充气时间比较，从图可知 $4 \times 5\,000\,t$ 组合 2 万吨与 $3 \times 5\,000\,t$ 组合 1.5 万吨列车再充气时间基本相当，均比 1+1 编组方式 C80 万吨扩编列车缩短约 10%。

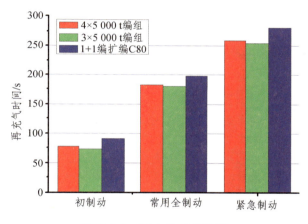

图 5.1-3 再充气时间比较

5. 断钩保护模拟试验

模拟断钩试验表明：列车尾部模拟列车断钩排风，整列车均能产生紧急制动作用，机车断钩保护性能作用正常。

6. 模拟通信中断下的制动试验

静置试验时进行了"主控机车断通信（立即或闪红），实施减压 50 kPa"和"减压 50 kPa，稳定后断主控机车通信（立即或闪红），追加减压 50 kPa"4 种工况制动试验，试验表明：通信中断闪红后实施制动或追加制动，由于闪红后从控机车自动转为"单机"模式，因此制动的传播速率与纯空气单编列车基本相当；而在闪黄后闪红前实施制动或追加制动，存在主控车实施制动，后部从控制动不能实时跟随的现象（即后部机车继续补风），需在从控闪红后制动作用才能正常往后传递（见图 5.1-4，中断通信 30 s，从控机车闪红后制动作用才向后传递），该现象需引起相关部门重视。

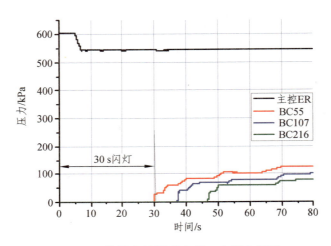

图 5.1-4　模拟主控通信中断，立即初制动

7. 牵引同步性测试

2012 年 12 月 26 日进行该项试验，在列车空气制动工况下，主控机车实施适当级位的牵引、电制操作，记录从控机车的手柄级位响应时间，统计主、从控机车在同步控制状态下各次牵引、制动的同步作用时间差。

同步性测试试验结果见表 5.1-6、图 5.1-5、图 5.1-6 所示。

表 5.1-6　牵引、电阻制动同步性测试试验结果表

机车序号	试验工况				
	电制 8 级	电制 6 级	电制 4 级	电制 2 级	电制 0 级
1 号机车（主控机车）	13:35:08	13:35:59	13:36:15	13:36:39	13:37:02
2 号机车（从控 1）	13:35:12	13:36:04	13:36:20	13:36:43	13:37:07
3 号机车（从控 2）	13:35:12	13:36:04	13:36:20	13:36:43	13:37:07
4 号机车（从控 3）	13:35:12	13:36:04	13:36:20	13:36:43	13:37:07
同步时间差/s	4	5	5	4	5
机车序号	试验工况				
	手柄回零	牵引 2 级	牵引 4 级	牵引 6 级	手柄回零
1 号机车（主控机车）	13:37:18	13:38:24	13:38:46	13:39:14	13:39:55
2 号机车（从控 1）	13:37:23	13:38:29	13:36:51	13:39:20	13:40:00
3 号机车（从控 2）	13:37:23	13:38:29	13:36:51	13:39:20	13:40:00
4 号机车（从控 3）	13:37:23	13:38:29	13:36:51	13:39:20	13:40:00
同步时间差/s	5	5	5	6	5

注：同步作用时刻指主、从控机车手柄级位控制电压开始变化的时刻。

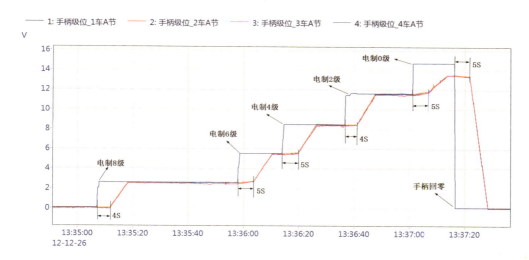

图 5.1-5　主、从控机车手柄级位输出电压变化曲线 1

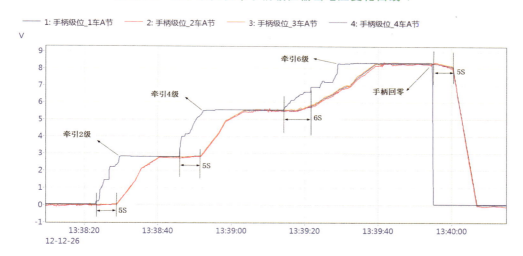

图 5.1-6　主、从控机车手柄级位输出电压变化曲线 2

5.1.2.5　静置试验小结

通过对列车进行静置试验，得到以下结论及建议：

（1）列车制动系统工作正常。

（2）在通信正常的情况下，4×5 000 t 与 3×5 000 t 编组由于制动指令需要转发，因此同步性要差于 1+1 编组 C80 扩编万吨，建议常用制动时指令的传递方式进行进一步优化，以提高列车制动、缓解同步性。

（3）4×5 000 t 与 3×5 000 t 编组的再充气时间基本相当，均比 1+1 编组 C80 扩编万吨缩短约 10%。

（4）通信中断条件下，主控机车在闪红前实施制动，由于同步控制系统设计所限，存在从控机车不能实时跟随的现象，需引起相关部门注意。

5.1.3 重车运行试验

5.1.3.1 试验线路及编组方式

试验区间为朔黄线神池南至肃宁北。试验区段长约 406 km，上行的限制坡道 4‰，下行限制坡道 12‰，朔黄线的主要特点是海拔落差大，上行下坡道主要集中在神池南至肃宁北区间，尤其是宁武西—原平南和南湾—小觉，这两个区段基本上都是 10‰～12‰ 的长大下坡道，线路纵断面参见图 4.2-4。

2012 年 12 月 27 日和 2013 年 1 月 5 日，共进行了 2 次 4×5 000 t 编组重车运行试验，具体编组方式为：

SS$_4$1170 + SY997152 试验车 + 54 辆 C80 + SS$_4$1172 + 54 辆 C80 + SS41177 + 54 辆 C80 + SS$_4$1174 + 54 辆 C80 + 宿营车。

货车：216 辆；客车：2 辆；牵引总重/载重：21 700 t/17 380 t，计长：254。

5.1.3.2 主要试验工况

主要试验工况见表 5.1-7 所示。

表 5.1-7　朔黄管内重车方向主要试验工况列表

试验日期	试验工况
2012-12-27	（1）空电配合调速试验，地点：宁武西开始。 （2）常用全制动停车试验，地点：北大牛至原平南，78 km + 500 m 处，11‰～12‰ 下坡，初速 68 km/h。 （3）4‰ 限制坡道起动，地点：西柏坡至三汲间，255 km 处。 （4）无特定试验工况区段均为通通时分试验
2013-1-5	（1）空电配合调速试验，地点：宁武西至龙宫，龙宫至北大牛 （2）常用全制动停车试验，地点：北大牛至原平南，78 km + 500 m 处，11‰～12‰ 下坡，初速 68 km/h。 （3）纯空气制动调速，地点：南湾至滴流礤，155 km 至 16 km。 （4）走停走模式试验，地点：滴流礤至猴刎，167 km 至 173 km。 （5）4‰ 限制坡道起动，地点：西柏坡至三汲间，255 km 处。 （6）无特定试验工况区段均为通通时分试验

5.1.3.3 牵引试验结果及分析

1. 上行 4‰ 限制坡道起动试验

在 2012 年 12 月 27 日、2013 年 1 月 5 日共进行了 2 次限制坡道起动试验，试验地点分别为 255 km + 828 m、255 km + 384 m（主控机车位置），该地点为 4‰ 连续上坡道，全列所停坡度平均值为 4‰，试验线路如图 5.1-7 所示。

测试结果见表 5.1-8 、表 5.1-9 和图 5.1-8、图 5.1-9 所示。时间起点为主控机车开始给牵引时刻（即电机电流开始从 0 开始上升点），速度取试验车测试速度。

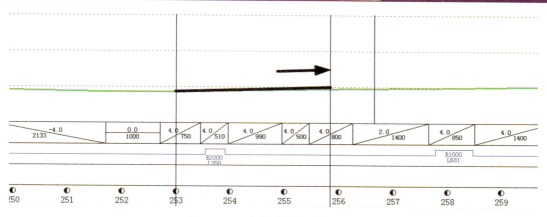

图 5.1-7　坡起试验起动位置图

表 5.1-8　坡道起动加速试验距离、时间数据

试验序号	速度/（km/h）	试验时间	加速距离/m	加速时间/s	平均加速度（0～5 km/h）
第一次试验	0	开始牵引时刻 18:02:31	0	0	0.006 09 m/s^2
	5	18:06:19	125	3′48″	
	10	18:08:22	374	5′51″	
	15	18:10:00	716	7′29″	
	20	18:11:25	1126	8′54″	
第二次试验	0	开始牵引时刻 13:42:27	0	0	0.005 91 m/s^2
	5	13:46:22	101	3′55″	
	10	13:48:17	339	5′50″	
	15	13:50:04	713	7′37″	
	20	13:51:29	1121	9′02″	

表 5.1-9　坡道起动加速试验结果

试验序号	数据分析类型	试验结果
第一次试验	手柄牵引级位	5.5 级
	起动过程中最大电机电流	839 A
	最大电流阶段持续时间	4 min 23 s
	最大电流阶段持续时速度级	6～20 km/h
	第 1 辆货车前车钩力（波动范围）	−45～394 kN
	第 3 位机车（从 2 机车）前车钩力（波动范围）	−305～260 kN
	第 3 位机车（从 2 机车）后车钩力（波动范围）	−204～638 kN
	第 4 位机车（从 3 机车）前车钩力（波动范围）	−244～189 kN
	第 4 位机车（从 3 机车）后车钩力（波动范围）	−23～572 kN

试验序号	数据分析类型	试验结果
第二次试验	手柄牵引级位	5.5 级
	起动过程中最大电机电流	845 A
	最大电流阶段持续时间	3 min 57 s
	最大电流阶段持续时速度级	3～13km/h
	第1辆货车前车钩力（波动范围）	－37～424 kN
	第2位机车（从1机车）前车钩力（波动范围）	－174～209 kN
	第2位机车（从1机车）后车钩力（波动范围）	－70～545 kN
	第3位机车（从2机车）前车钩力（波动范围）	－269～214 kN
	第3位机车（从2机车）后车钩力（波动范围）	－78～499 kN
	第4位机车（从3机车）前车钩力（波动范围）	－165～101 kN
	第4位机车（从3机车）后车钩力（波动范围）	－42～470 kN

注：车钩力正值表示为拉钩力，车钩力负值表示为压钩力。

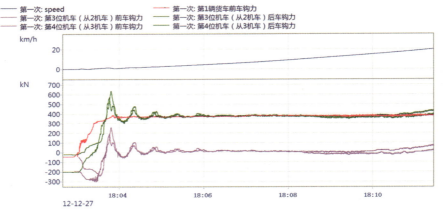

图 5.1-8　第一次坡起试验车钩力变化曲线

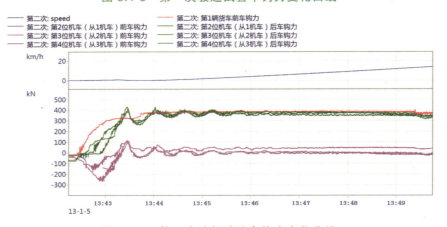

图 5.1-9　第二次坡起试验车钩力变化曲线

2. 过分相试验结果

在重车上行运行试验中，共存在 20 处分相点，过分相过程中列车速度损失较少，试验结果见表 5.1-10、表 5.1-11。

表 5.1-10 重车编组第一次上行过分相试验结果

分相位置/km	分相前速度/（km/h）	分相后速度/（km/h）	速度差/（km/h）	过分相时间/s	过分相时刻
17.400	51	52	1	18	13:43:43
40.649	64	63	−1	15	14:11:28
64.200	64	64	0	18	14:37:32
85.666	43	47	4	38	15:11:49
107.210	73	73	0	13	15:30:10
129.751	75	75	0	13	15:48:48
140.177	52	51	−1	17	15:59:04
163.842	65	64	−1	13	16:23:32
184.179	65	63	−2	16	16:43:49
201.645	65	64	−1	15	16:59:27
218.221	65	65	0	13	17:18:49
240.018	64	61	−3	17	17:39:42
257.920	17	15	−2	24	18:15:05
275.150	75	76	1	16	18:36:43
293.120	75	75	0	13	18:50:44
317.926	75	76	1	21	19:10:22
341.892	76	76	0	19	19:29:22
361.043	77	76	−1	20	19:44:28
382.336	76	76	0	17	20:01:17
401.926	38	36	−2	52	20:19:19

表 5.1-11 重车编组第二次上行过分相试验结果

分相位置/km	分相前速度/（km/h）	分相后速度/（km/h）	速度差/（km/h）	过分相时间/s	过分相时刻
17.400	60	61	1	21	09:27:32
40.649	67	68	1	21	09:50:49
64.200	61	59	−2	27	10:14:27
85.666	41	43	2	37	10:49:18
107.210	76	76	0	22	11:07:14
129.751	76	76	0	18	11:25:21
140.177	40	39	−1	37	11:36:09

续表

分相位置/km	分相前速度/（km/h）	分相后速度/（km/h）	速度差/（km/h）	过分相时间/s	过分相时刻
163.842	48	57	9	27	12:02:49
184.179	64	63	−1	21	12:30:50
201.645	46	49	3	18	12:46:13
218.221	65	65	0	17	13:04:30
240.018	68	67	−1	17	13:25:19
257.920	24	23	−1	19	13:54:46
275.150	77	77	0	17	14:14:06
293.120	77	77	0	14	14:28:04
317.926	74	75	1	14	14:47:41
341.892	76	76	0	21	15:06:54
361.043	75	74	−1	19	15:22:05
382.336	76	76	0	14	15:39:02
401.926	44	43	−1	17	15:55:46

3. 运行时分分析

试验共进行了2次，运行区间为神池南至肃宁北，每次运行中，试验工况均不相同，因此全程运行时分不尽相同，具体统计对比信息（正常运行时分为朔黄公司提供的万吨编组正常运行时分表计算所得）如表5.1-12、图5.1-10、图5.1-11所示。

表 5.1-12　运行时分试验结果

运行区间	区间运行时分			平均运行速度/（km/h）		
	第一次	第二次	正常运行	第一次	第二次	正常运行
神池南—宁武西站	00:31	00:28	00:18	31	31	53
宁武西站—龙宫站	00:31	00:26	00:26	50	60	60
龙宫站—北大牛站	00:26	00:24	00:23	54	59	62
北大牛—原平南站	00:30	00:31	00:19	38	36	60
原平南站—回凤站	00:22	00:21	00:20	66	69	72
回凤站—东冶站	00:19	00:18	00:19	71	75	71
东冶站—南湾站	00:08	00:08	00:07	59	59	67
南湾站—滴流磴站	00:27	00:30	00:25	58	52	63
滴流磴站—猴刎站	00:21	00:28	00:20	58	43	60
猴刎站—小觉站	00:16	00:16	00:15	58	58	62
小觉站—古月站	00:18	00:17	00:19	62	66	59
古月站—西柏坡站	00:22	00:22	00:20	60	60	66
西柏坡站—三汲站	00:32	00:26	00:13	29	35	71
三汲站—灵寿站	00:22	00:20	00:14	47	52	74
灵寿站—行唐站	00:15	00:14	00:15	73	78	73
行唐站—新曲站	00:11	00:11	00:12	77	77	71

运行区间	区间运行时分			平均运行速度/（km/h）		
	第一次	第二次	正常运行	第一次	第二次	正常运行
新曲站—定州西站	00:10	00:10	00:10	76	76	76
定州西—定州东站	00:19	00:19	00:19	76	76	76
定州东站—安国站	00:13	00:14	00:13	78	72	78
安国站—博野站	00:10	00:10	00:10	75	75	75
博野站—蠡县站	00:09	00:09	00:09	73	73	73
蠡县站—肃宁北站	00:30	00:26	00:19	45	52	71
总运行时分/平均速度	07:22	07:08	06:05	55	57	66.7

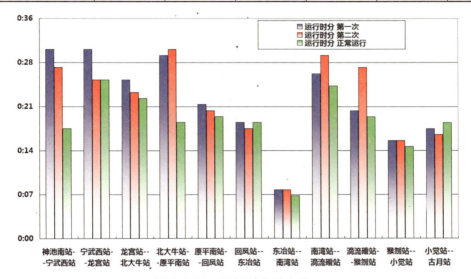

图 5.1-10　运行时分对比图 1

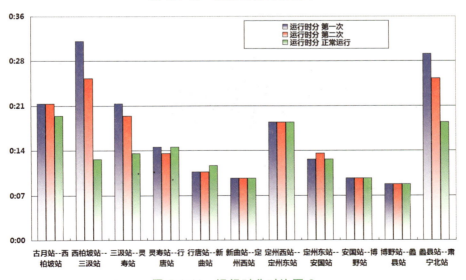

图 5.1-11　运行时分对比图 2

5.1.3.4　制动试验结果及分析

1. 制动、缓解同步性测试

对 2 次重车运行试验时的主、从控机车的常用制动、缓解同步性进行了统计，统计结果如图 5.1-12 和图 5.1-13 所示。

第 1 次重车运行试验同步作用时间最小为 0.92 s，最大为 5.54 s，平均 3.36 s，同步作用时间大于 4 s 的占 34.78%；第 2 次重车运行试验同步作用时间最小为 0.70 s，最大为 5.56 s，平均 3.46 s，同步作用时间大于 4 s 的占 49.28%，2 次运行试验同步性都较差，同期进行的 132 辆 C64 货车 1＋1 编组运行时的同步作用时间均不大于 4 s，统计结果如图 5.1-14 所示。

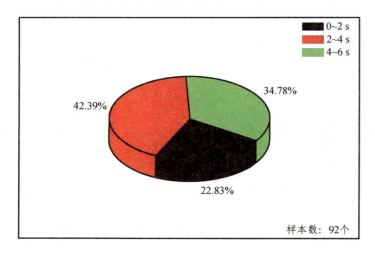

图 5.1-12　4×5 000 t 运行试验制动、缓解同步性统计结果（2012-12-27）

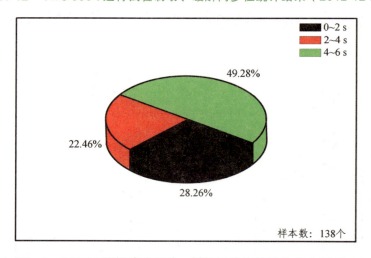

图 5.1-13　4×5 000 t 运行试验制动、缓解同步性统计结果（2013-01-05）

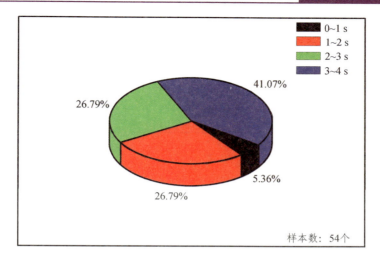

图 5.1-14　132 辆编组 C641 + 1 编组运行时制动、缓解同步性统计结果（2013-1-23）

2.　常用全制动停车试验

　　2 次运行试验时在 78 km + 500 m 附近进行了常用全制动停车试验，线路情况如图 5.1-15 所示，制动时试验列车位于 11‰ ~ 12‰ 下坡道上，列车前方是 12‰ 下坡道，试验区段最小曲线半径 800 m。

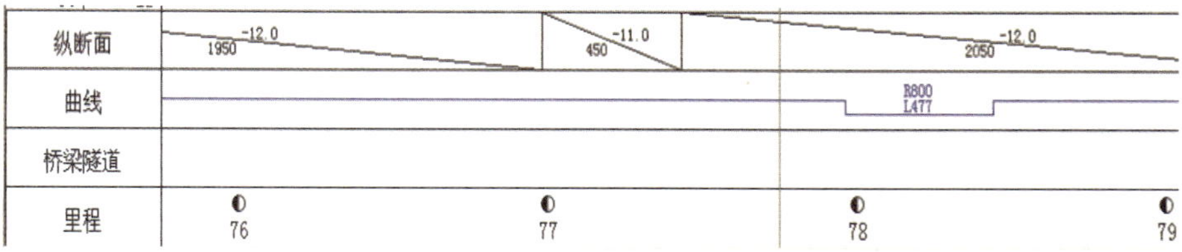

图 5.1-15　试验区段线路图

　　试验结果见表 5.1-13、表 5.1-14，由表 5.1-12 可知：2 次常用全制动停车制动初速、制动距离基本相同；制动时从控机车的同步作用时间也正常。由表 5.1-14 可知，2 次试验测得的最大车钩力分别为 1 426 kN 和 1 418 kN（均为压钩力，位置均在从 2 机车机次的 109 位货车），最大车钩力满足试验大纲规定的建议性指标要求。2 次全制动停车测得的最大车体纵向加速度分别为 0.88 m/s² 和 5.59 m/s²，均处在较低水平，满足试验大纲规定的建议性指标要求。

表 5.1-13　制动参数统计

试验日期	试验地点 /km	制动初速 /（km/h）	同步时间/s			制动距离/m	制动时间/s
			从 1	从 2	从 3		
2012-12-27	78.492	68.5	—	0.8	0.84	927	70.3
2013-01-05	78.956	68.5	1.72	1.71	1.73	926	73.0

　　注：表中所列试验地点公里标均为 SY997152 试验车所在位置公里标，下同。

表 5.1-14　制动时的最大车钩力及车体纵向加速度统计

车辆位置	第 1 次试验（2012-12-27）		第 2 次试验（2010-01-05）	
	车钩力/kN	车体纵向加速度/（m/s²）	车钩力/kN	车体纵向加速度/（m/s²）
建议性控制指标	1 500	9.8	1 500	9.8
1 位	− 306	− 0.39	− 352	− 1.08
29 位	—	—	− 666	0.78
53 位	—	—	− 790	− 1.67
55 位	—	—	− 1 044	2.16
83 位	—	—	− 1 243	5.59
107 位	− 1 236	− 0.29	− 1 157	− 1.18
109 位	− 1 426	− 0.88	− 1 418	− 1.28
137 位	—	—	− 1 190	− 3.24
161 位	− 1 106	0.88	− 1 078	− 3.24
163 位	− 1 330	0.39	− 1 299	− 1.08
189 位	—	—	− 728	− 4.81
215 位	− 126	0.49	− 126	− 4.51

注：货车计数不包括机车和试验车，车钩力负值表示压钩力，正值表示拉钩力，车体纵向加速度正值表示与列车运行方向相同，负值表示相反，下同。

常用全制动停车过程中从控 SS₄1177 机车、第 107 和 215 位 C80 货车动力学测试结果见表 5.1-15，由表可知 SS₄1177 从控机车机车和第 107、215 位货车的脱轨系数、减载率、横向力等安全性参数均满足试验大纲规定的安全性指标要求。

表 5.1-15　常用全制动停车试验机车、车辆动力学测试结果统计

试验日期	被测机车、车辆	脱轨系数	减载率	轮轴横向力/kN	车钩力/kN	车钩偏转角/（°）
2012-12-27	SS₄1177 机车	0.41	0.23	57.3	− 1425	5.7
	107 位 C80 货车	0.25	024	30.6	—	—
	215 位 C80 货车	0.17	0.24	21.8	—	—
2013-01-05	SS₄1177 机车	0.35	0.13	38.5	− 1406	4.3
	107 位 C80 货车	0.19	10.28	18.9	—	—
	215 位 C80 货车	0.08	0.28	11.8	—	—

图 5.1-16、图 5.1-17 所示分别为 2 次常用全制动时实测的货车各测试位置车钩力变化曲线，从图可知，2 次试验车钩力的变化规律基本相同，均是在实施制动后的第 20 s 左右出现最大车钩力。

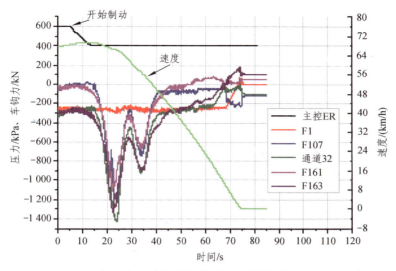

图 5.1-16　常用全制动停车车钩力实测曲线（2012-12-27）

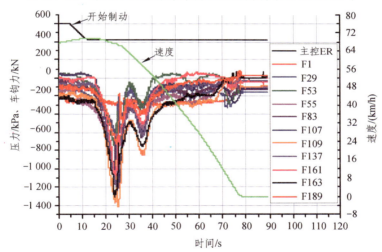

图 5.1-17　常用全制动停车车钩力实测曲线（2013-01-05）

3．下坡道电、空配合调速试验

2 次运行试验时均在宁武西（15 km + 931 m）至北大牛（65 km + 458 m）进行了电空配合调速制动试验，该区段为连续长大下坡道，区间长度 49.717 km，平均下坡度 9.6‰，试验结果见表 5.1-16 和表 5.1-17。

从表 5.1-16 可知，第 1 次试验在宁武西（15 km + 953 m）至北大牛（65 km + 458 m）间共进行了 11 次电、空配合调速试验，走行距离 55.054 km，走行时间 1 h 2 min，平均速度 53.3 km/h；最长制动带闸时间为 223 s，最短可用再充气时间 141 s（大于 4×5 000 t 编组减压 50 kPa 后的再充气时间 80 s），由此可见，按试验操纵方式，该区段电、空配合调速制动的再充气时间可以满足要求。

从表 5.1-16 可知，电空配合调速制动时测得的最大车钩力均发生在第 109 位货车（即中部从控机车机次），11 次循环制动测得的最大值为 1 084 kN（压钩力，109 位货车），最大车

表 5.1-16　电、空配合调速试验数据统计结果（12 月 27 日宁武西至北大牛）

序号	制动位置 /km	制动初速 /（km/h）	制动持续时间 /s	缓解位置 /km	缓解初速 /（km/h）	可用再充气时间/s	货车测试最大车钩力（kN）/位置	货车最大车体纵向加速度/（m/s²）
							1 000 kN	9.8 m/s²
1	18.735	56.1	54	19.506	41.1	—	523/109	
2	23.288	56.2	73	23.355	44.0	301	−797/109	
3	26.525	58.1	132	28.498	42.1	132	−649/109	
4	30.871	58.2	126	32.760	44.0	176	−632/109	
5	34.764	56.6	120	36.522	44.0	151	−781/109	
6	39.282	63.2	167	42.047	44.8	200	−819/109	2.16/215
7	47.409	64.5	123	49.442	48.4	407	−529/109	
8	51.588	65.3	197	54.858	47.6	141	−748/109	
9	57.116	65.4	202	60.411	46.8	148	−438/109	
10	62.918	64.5	160	65.653	50.1	168	−951/109	
11	70.001	65.3	223	73.789	41.6	303	−1 084/109	

表 5.1-17　电、空配合调速试验数据统计结果（1 月 5 日宁武西至北大牛）

制动位置 /km	制动初速 /（km/h）	制动持续时间 /s	缓解位置 /km	缓解初速 /（km/h）	可用再充气时间/s	货车测试最大车钩力（kN）/位置	货车最大车体纵向加速度/（m/s²）
						1 000 kN	9.8 m/s²
20.262	67.0	75	21.570	53.5	—	−577/109	
23.839	66.3	77	25.184	53.6	140	−693/109	
27.353	66.2	78	28.714	53.5	134	−696/109	
30.894	66.4	121	32.954	49.7	134	−554/109	
35.135	65.2	99	36.836	52.1	140	−657/109	
39.061	65.2	150	41.831	52.1	141	−741/109	−3.53/215
45.343	65.2	91	46.900	53.2	210	−750/109	
48.926	66.0	117	50.965	51.6	126	−645/109	
52.734	65.1	135	55.082	52.5	111	−741/109	
57.055	65.4	119	59.082	52.5	123	−494/109	
61.398	66.1	219	65.181	46.8	145	−859/109	
68.816	65.3	192	72.023	44.7	322	−895/109	

体纵向加速度为 −2.16 m/s²（215 位），最大车体纵向加速度满足试验大纲规定的建议性指标要求，仅 1 次最大车钩力超出试验大纲规定建议性指标约 8%，但满足安全性指标要求。1 084 kN 压钩力发生在第 11 次循环制动缓解过程中，此时列车前 1 万吨位于平道和 4‰ 下坡道，后 1 万吨位于 8‰ 和 12‰ 下坡道，具体地形如图 5.1-18 所示，缓解时机车施加了约 350 kN

的电制力，地形与较大的电制力是造成该车钩力的主要原因，可通过优化操纵来减小产生较大车钩力的可能性。

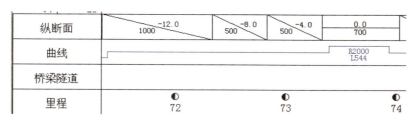

图 5.1-18　K72 附近的地形图

从表 5.1-17 知，第 2 次试验在宁武西（15 km + 953 m）至北大牛（65 km + 458 m）间共进行了 12 次电、空配合调速试验，走行距离 51.761 km，走行时间 53 min，平均速度 58.3 km/h；最长制动带闸时间为 219 s，最短可用再充气时间 111 s（大于 4×5 000 t 编组减压 50 kPa 后的再充气时间 80 s），由此可见，按试验操纵方式，该区段电、空配合调速制动的再充气时间可以满足要求。

从表 5.1-17 可知，电空配合调速制动时测得的最大车钩力均发生在第 109 位货车（即中部从控机车机次），12 次循环制动测得的最大值为 895 kN（压钩力，109 位货车），最大车体纵向加速度为 – 3.53 m/s²（215 位），最大车钩力和最大车体纵向加速度满足试验大纲规定的建议性指标要求。

试验区段从控 SS₄1177 机车、第 107 和 215 位 C80 货车动力学测试结果见表 5.1-18，由表可知 SS₄1177 从控机车机车和第 107、215 位货车的脱轨系数、减载率、横向力等安全性参数均满足试验大纲规定的安全性指标要求。

表 5.1-18　电、空配合调速制动试验机车、车辆动力学测试结果统计

试验日期	被测机车、车辆	脱轨系数	减载率	轮轴横向力 /kN	车钩力/kN	车钩偏转角/(°)
2012-12-27	SS₄1177 机车	0.63	0.35	56.7	– 1061	5.8
	107 位 C80 货车	0.57	0.30	47.5	—	—
	215 位 C80 货车	0.51	0.33	43.9	—	—
2013-01-05	SS₄1177 机车	0.56	0.35	59.3	– 879	3.9
	107 位 C80 货车	0.49	0.27	39.88	—	—
	215 位 C80 货车	0.37	0.34	33.81	—	—

12 月 27 日试验时，在南湾至滴流磴和滴流磴至猴刎间进行了电、空配合调速制动试验，试验结果统计见表 5.1-19，在该区段共进行了 6 次电、空配合调速制动，走行距离 34.105 km，走行时间 34 min，平均速度 59.6 km/h；最长制动带闸时间为 204 s，最短可用再充气时间 131 s（大于 4×5 000 t 编组减压 50 kPa 后的再充气时间 80 s），由此可见，按试验操纵方式，该区段电、空配合调速制动的再充气时间可以满足要求。

循环制动时测得的最大车钩力为 991 kN（压钩力，109 位货车），发生在第 6 次循环制动的缓解过程中，位置为 185 km + 543 m 附近，此时列车前 1 万吨位于 2‰ 下坡道，后 1 万吨

位于 9‰ 下坡道，机车电制力约 230 kN。整个循环制动过程中的最大车体纵向加速度为 −2.25 m/s²（215 位），最大车钩力和车体纵向加速度均满足试验规定的建议性指标要求。

表 5.1-19　电、空配合调速试验数据统计结果（12 月 27 日南湾至滴流磴、滴流磴至猴刎）

序号	制动位置 /km	制动初速 /（km/h）	制动持续时间 /s	缓解位置 /km	缓解初速 /（km/h）	可用再充气时间/s	货车测试最大车钩力（kN）/位置 1 000 kN	货车最大车体纵向加速度/（m/s²） 9.8 m/s²
1	151.429	66.1	77	152.729	49.9	—	− 611/109	
2	155.578	65.6	80	156.956	52.7	186	− 602/109	
3	159.007	64.3	118	160.912	45.4	131	− 783/109	2.25/215
4	162.970	62.2	148	165.587	56.4	147	− 805/109	
5	169.896	65.3	204	173.397	52.8	277	− 521/109	
6	183.124	65.1	137	185.534	53.4	578	− 991/109	

4. 下坡道单独使用空气制动调速试验

1 月 5 日运行试验时在南湾至滴流磴（155～164 km）区间进行了单独使用空气制动调速试验，实际试验区段为 153 km + 910 m 至 162 km + 480 m，试验区段长约 8.57 km，为连续下坡道，平均坡度 10.6‰，试验结果见表 5.1-20。

表 5.1-20　单独使用空气制动调速试验数据统计结果

序号	制动位置 /km	制动初速 /（km/h）	制动持续时间 /s	缓解位置 /km	缓解初速 /（km/h）	可用再充气时间/s	货车测试最大车钩力（kN）/位置 1 000 kN	货车最大车体纵向加速度/（m/s²） 9.8 m/s²
1	153.910	65.7	150	156.182	37.8	168	209/109	
2	157.468	60.3	323	162.480	37.9	100	311/109	− 2.94/137

试验时在 154 km + 587 m 处，机车退电制，开始进行下坡道单独使用空气制动试验，区间共进行了 2 次单独使用空气制动调速试验，最长带闸时间 5 min 23 s，最短可用再充气时间为 100 s（大于 4 × 5 000 t 编组减压 50 kPa 后的再充气时间 80 s），由此可见，按试验操纵方式，该区段采用纯空气调速制动的再充气时间可以满足要求。

单独使用空气制动调速时测得的最大车钩力仅为 311 kN（拉钩力，109 位货车），此时列车处于空气制动缓解过程中，距开始实施缓解约 16 s；最大车体纵向加速度为 − 2.94 m/s²（137 位）。最大车钩力与最大车体纵向加速度均小于试验大纲规定的建议性指标要求（列车正常运行工况，不大于 1 000 kN，车体纵向加速度不大于 9.8 m/s²）。

通过比较电空配合调速制动和纯空气制动调速时的最大车钩力情况可以发现，调速制动缓解时是否使用机车电制动以及机车电制动施加的大小对列车的纵向力有明显影响，实际应用中应依据线路平、纵断面情况加以优化，使调速制动时的车钩力处于较低水平，提高列车运行品质。

试验区段从控 SS₄1177 机车、第 107、215 位货车动力学测试结果见表 5.1-21，由表可知 SS₄1177 从控机车和第 131 位货车的脱轨系数、减载率、横向力等安全性参数均满足试验大纲规定的安全性指标要求。

表 5.1-21　单独使用空气制动调速试验时机车、车辆动力学测试结果统计

试验日期	被测机车、车辆	脱轨系数	减载率	轮轴横向力 /kN	车钩力 /kN	车钩偏转角 /（°）
2013-01-05	SS$_4$1177 机车	0.51	0.33	57.1	−530	2.9
	107 位 C80 货车	0.53	0.25	38.7	—	—
	215 位 C80 货车	0.33	0.29	27.0	—	—

5. 走停走试验

1 月 5 日试验时在滴流碛至猴刎（167～173 km）间进行了走停走试验，列车实际停车位置为 167 km + 424 m 处，试验区段线况如图 5.1-19 所示，试验列车前 1 万吨位于 10‰～11‰ 下坡道上，后 1 万吨位于 2‰～3‰ 下坡道上，整列车停车位置的平均坡度仅为 5.3‰，坡度较小。

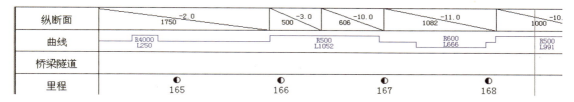

图 5.1-19　试验区段线况

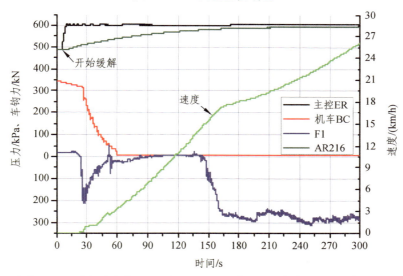

主控 ER—主控机车均衡风缸压力；AR216—第 216 位货车副风缸压力。

图 5.1-20　走停走试验实测曲线

如图 5.1-20 所示，停车后的主控机车均衡风缸减压量为 115 kPa，缓解初期主控机车制动缸压力为 340 kPa（从控制动缸压力始终为零），列车速度 3.3 km/h 时小闸缓解至零，速度 15 km/h 时机车电制施加，速度 17 km/h 时机车电制力约为 250 kN，列车缓解过程中的速度、距开始缓解时间、尾部车辆副风缸压力列车运行位置及走行距离变化见表 5.1-22。

表 5.1-22　168 km 处走停走试验结果

速度/（km/h）	距开始缓解时间/s	尾部副风缸压力/kPa	位置/km	走行距离/m
0.1	18	507	167.424	0
5	70	550	167.456	32
10	108	571	167.535	111
15	141	583	167.649	225
20	215	592	168.025	601
30	323	596	168.755	1 331
40	370	597	169.384	1 960

从表 5.1-22 可知，在图 5.1-19 所示试验区段，采用试验用操纵方法，由于停车位置的平均坡度较小，试验列车从开始缓解到列车速度达到 15 km/h，所用时间为 141 s，走行距离为 225 m，此时列车尾部副风缸压力已达 583 kPa，已基本充满；列车速度达到 40km/h 时，所用时间为 370 s，走行距离为 1 960 m，尾部车辆副风缸压力为 597 kPa，列车已完全充满。

5.1.3.5　从控机车动力学试验结果及分析

重车线上试验列车按 4×5 000 t 方式编组，由 SS₄1170 担当主控机车，从控机车依次为 SS₄1172、SS₄1177、SS₄1174。被试机车 SS₄1177 位于列车中部，其 B 节机车朝前进方向，布置了测点的 A 节机车在后端。先后于 2012 年 12 月 27 日和 2013 年 1 月 5 日进行了两次重车运行试验，两次试验编组方式相同。

1. 制动工况试验结果统计

本次重车线运行试验中进行的制动试验工况如下：① 在宁武西至北大牛间（20～61 km）进行了电、空配合循环制动试验；② 在北大牛至原平南间 79 km 附近进行了常用全制动停车试验；③ 在南湾至滴流磴间（155～167 km）进行了单独空气循环制动试验。中部从控机车 SS₄1177 主要测试结果见表 5.1-23、表 5.1-24。

表 5.1-23　制动试验工况中部从控机车 SS₄1177 动力学试验结果（2012 年 12 月 27 日）

序号	试验工况	制动里程/km	制动时间	缓解里程/km	缓解时间	脱轨系数	轮重减载率	轮轴横向力/kN	中钩拉力/kN	中钩压力/kN	中钩偏转角/(°)	后钩拉力/kN	后钩压力/kN	后钩偏转角/(°)
限度值						0.90	0.65	90	2 250		6.0	2 250		6.0
1	电、空配合循环制动	22.078	13:51:39	23.121	13:52:51	0.19	0.22	17.5	—	−616	1.6	—	−784	1.3
2		25.371	13:55:31	27.273	13:57:39	0.14	0.22	19.5	—	−502	1.1	—	−636	1.1
3		29.752	14:00:39	31.579	14:02:41	0.18	0.25	16.9	—	−481	1.3	—	−620	2.8
4		33.669	14:05:15	35.412	14:07:16	0.51	0.23	50.1	114	−599	2.7	—	−737	2.8
5		38.172	14:10:32	40.982	14:13:23	0.63	0.35	56.7	44	−719	4.4	—	−808	2.7
6		46.355	14:20:06	48.406	14:22:10	0.47	0.26	28.6	82	−394	1.5	—	−522	2.2

序号	试验工况	制动里程/km	制动时间	缓解里程/km	缓解时间	脱轨系数	轮重减载率	轮轴横向力/kN	中钩拉力/kN	中钩压力/kN	中钩偏转角/(°)	后钩拉力/kN	后钩压力/kN	后钩偏转角/(°)
7		50.616	14:24:32	53.842	14:27:47	0.46	0.25	32.3	91	−581	2.4	47	−743	3.3
8		56.175	14:30:16	59.483	14:33:40	0.53	0.25	54.9	138	−292	2.9	117	−438	3.5
9		61.984	14:36:24	67.744	14:39:06	0.56	0.29	52.1	—	−845	5.8	—	−937	4.1
10		69.177	14:44:10	72.803	14:47:51	0.48	0.21	25.1	53	−922	2.5	17	−1 061	2.6
11	常用全制动	77.654	14:54:46	—	—	0.41	0.23	57.3	—	−1 282	5.9	—	−1 425	2.2
12		150.439	16:10:19	151.665	16:11:32	0.31	0.26	32.0	130	−517	1.9	84	−607	2.8
13	电、空配合循环制动	154.590	16:14:40	155.958	16:15:59	0.12	0.24	17.7	169	−428	0.6	50	−587	1.2
14		158.047	16:18:11	160.958	16:20:11	0.56	0.26	42.1	231	−606	2.1	135	−743	1.7
15		162.022	16:22:35	164.688	16:25:05	0.68	0.35	65.9	155	−741	4.9	166	−811	2.4
16		169.065	16:29:43	172.509	16:33:03	0.57	0.32	38.0	183	−445	2.0	148	−587	3.7

表 5.1-24 制动试验工况中部从控机车 SS₄1177 动力学试验结果（2013 年 1 月 5 日）

序号	试验工况	制动里程/km	制动时间	缓解里程/km	缓解时间	脱轨系数	轮重减载率	轮轴横向力/kN	中钩拉力/kN	中钩压力/kN	中钩偏转角/(°)	后钩拉力/kN	后钩压力/kN	后钩偏转角/(°)
	限度值					0.90	0.65	90	2 250			2 250		6.0
1		22.588	9:34:24	23.898	9:35:40	0.17	0.20	25.0	275	−527	1.2	182	−674	1.6
2		26.079	9:37:55	27.403	9:32:39	0.20	0.25	25.9	268	−537	1.0	183	−680	1.8
3		29.592	9:41:26	31.580	9:43:25	0.49	0.20	59.3	198	−377	1.4	100	−546	1.8
4		33.802	9:45:47	35.469	9:47:26	0.56	0.24	37.9	202	−518	2.1	68	−647	2.7
5	电、空配合循环制动	37.711	9:49:47	40.433	9:52:16	0.54	0.35	54.5	25	−629	4.5	33	−738	2.8
6		43.910	9:55:46	45.462	9:57:18	0.53	0.25	36.2	199	−589	1.7	78	−732	2.9
7		47.500	9:59:24	49.459	10:01:17	0.45	0.22	34.9	178	−473	3.1	63	−634	3.0
8		51.258	10:03:10	53.601	10:05:27	0.44	0.30	37.5	79	−588	2.6	—	−712	3.3
9		55.569	10:07:30	57.531	10:09:26	0.54	0.32	42.9	36	−374	2.8	—	−532	3.3
10		59.848	10:11:51	63.601	10:15:30	0.55	0.35	57.5	52	−747	4.7	55	−844	3.9
11		68.304	10:20:57	71.412	10:24:04	0.55	0.21	31.1	66	−728	2.1	—	−879	3.2
12	常用全制动	77.407	10:31:53	—	—	0.35	0.13	38.5	—	−1 304	4.3	—	−1 406	2.6
13		149.204	11:48:24	150.184	11:49:21	0.33	0.25	41.8	237	−537	1.7	207	−676	2.2
14	单独空气循环制动	152.866	11:52:08	155.112	11:54:37	0.15	0.19	15.5	203	−419	0.9	205	−530	2.4
15		156.472	11:56:20	161.404	12:01:39	0.51	0.33	57.1	311	−210	2.9	315	−211	2.6

注：表中里程标均为被试机车所处位置。

在各次制动试验过程中，测得压钩力最大值为 1 425 kN，车钩偏转角最大值为 5.9°，脱轨系数最大值为 0.68，轮重减载率最大值为 0.35，轮轴横向力最大值为 65.9 kN，以上各项参数均在安全限度范围内。其中在 2012 年 12 月 27 日试验中车钩偏转角接近控制限度值，当时的轮轨力、车钩力以及线路曲率、列车管压力等信号的实测波形如图 5.1-21 所示。从图中可以看出，当列车实施常用全制动后，被试机车所受压钩力迅速增大，在制动开始后的最初阶段，被试机车位于曲线上，中部车钩偏转角保持在 1° 的较低水平。但当机车运行至接近缓直点附近时，中部车钩的压钩力达到了 1 100 kN，中部车钩偏转角发生突变性增大，最大达到 5.9°，并且在大压钩力的作用下，大偏转角持续了约 300 m，在此过程中被试机车虽然已经位于直线段上，但第五轴右轮却出现了接近 60 kN 的异常横向力，此时脱轨系数达到 0.37，轮重减载率为 0.21，轮轴横向力 55.3 kN，中钩最大压钩力 1 282 kN。在当天的试验中，类似现象在 K186 附近的正常制动缓解过程中曾经再次出现，其实测波形如图 5.1-22 所示。图中显示，在空气制动缓解过程中，被试机车受到了较大的压钩力作用，当压钩力达到 860 kN 时，车钩偏转角呈现了突变性增大，最大值达到 5.9°，在此过程中脱轨系数最大 0.48，轮重减载率 0.25，轮轴横向力 55.7 kN，中钩最大压钩力 1 002 kN。上述两次现象中虽然运行安全性参数均未超出控制限度，但此现象为典型的钩缓装置受压失稳造成的安全隐患，表明目前的 SS4 机车钩缓装置在大纵向力作用下尚存在一定的安全风险，值得重点加以关注。

作为对比，特将 2013 年 1 月 5 日第二试程中上述相同位置处的实测波形图给出以供分析，如图 5.1-23 和图 5.1-24 所示。在第二试程 79 km 附近的最大常用制动试验中，各项参数实测最大值如下：中钩压钩力 1 304 kN，车钩偏转角 4.3°，脱轨系数 0.35，轮重减载率 0.13，轮轴横向力 38.5 kN。186 km 附近正常调速制动缓解过程中，各项参数实测最大值如下：中钩压钩力 1 186 kN，车钩偏转角 1.5°，脱轨系数 0.15，轮重减载率 0.13，轮轴横向力 22.0 kN。通过比较上述两个相同位置的试验数据，可以发现两次试验中车钩力基本保持在同一水平，但第二试程中由于车钩偏转角较小，使得轮轨安全性参数明显小于第一试程。

两次试程中除制动开始和缓解位置略有差别外，其他条件基本相同，但第一次试程中车钩偏转角明显偏大导致运行安全性参数较差，表明在重载组合列车运行过程中，中部从控机车的运行安全性很大程度上取决于钩缓装置的受压稳定性。

2. 全程试验结果统计

表 5.1-25 中列出了中部从控机车运行安全性参数试验全程最大值测量结果，图 5.1-25 给出了中间车钩和后端车钩所受纵向力试验全程的分布情况。图中正值代表车钩受拉力，负值表示车钩受压力。为反映正常列车运用工况，表 5.1-25 和图 5.1-25 中剔除了专门进行的常用全制动试验数据。

从表 5.1-25 可以看出，在正常列车运用工况下，中部从控机车的脱轨系数、轮重减载率和轮轴横向力等安全性指标均在安全限度以内，车钩所受最大压钩力为 1 186 kN，车钩最大偏转角 5.9°。

从图 5.1-25 中可以看出，最大拉钩力在 700 kN 左右，最大压钩力在 1 200 kN 左右。压钩力主要集中在神池南（0 km）至原平南（84 km + 375 m）和南湾（138 km + 860 m）至西柏坡（240 km + 750 m）间长大下坡道上。这两处地段恰是小半径曲线较为集中的路段，中部从控机车受曲线导向力和车钩压力的综合作用，是需要加以防范的重点区段。

表 5.1-25　中部从控机车 SS₄1177 动力学全程统计结果

测量参数	限度值	最大值	里程/km	速度/（km/h）	线路工况
第一次试验（2012 年 12 月 27 日）					
脱轨系数	0.9	0.68	164.172	61.4	R500 m 曲线
轮重减载率	0.65	0.42	383.013	76.3	直向道岔
轮轴横向力/kN	90	69.5	161.472	61.4	R500 m 曲线
中间车钩压钩力/kN	2250	1001	185.094	52.6	直线
后端车钩压钩力/kN	2250	1061	73.025	40.3	直线
中间车钩偏转角/（°）	6	5.9	185.094	52.6	直线
后端车钩偏转角/（°）	6	4.2	18.409	39.2	R400 m 曲线
第二次试验（2013 年 1 月 5 日）					
脱轨系数	0.9	0.67	163.451	67.9	R450 m 曲线
轮重减载率	0.65	0.42	382.939	75.6	直向道岔
轮轴横向力/kN	90	54.5	37.836	68.1	R500 m 曲线
中间车钩压钩力/kN	2 250	1186	185.292	53.8	直线
后端车钩压钩力/kN	2 250	1164	183.892	53.8	直线
中间车钩偏转角/（°）	6	4.5	64.368	48.1	直向道岔
后端车钩偏转角/（°）	6	4.3	17.907	65.1	R400 m 曲线

注：表中里程标均为被试机车所处位置。

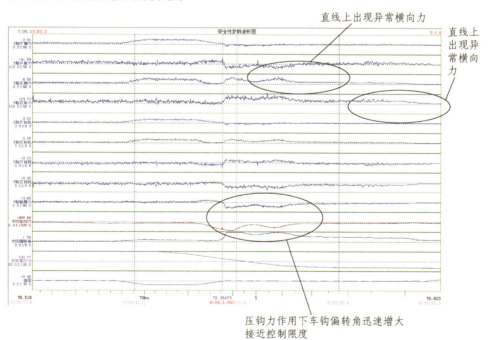

图 5.1-21　常用全制动工况下实测波形图（2012 年 12 月 27 日）

直线上出现异常横向力

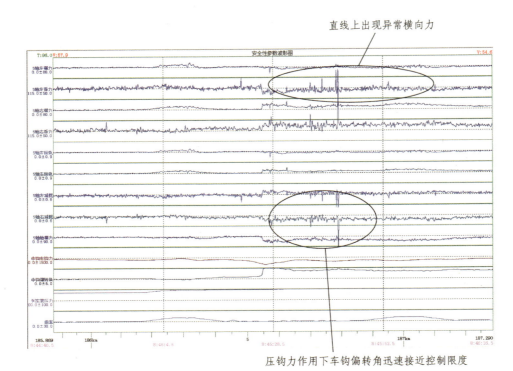

压钩力作用下车钩偏转角迅速接近控制限度

图 5.1-22　186 km 附近制动缓解时实测波形图（2012 年 12 月 27）

直线上横向力较小

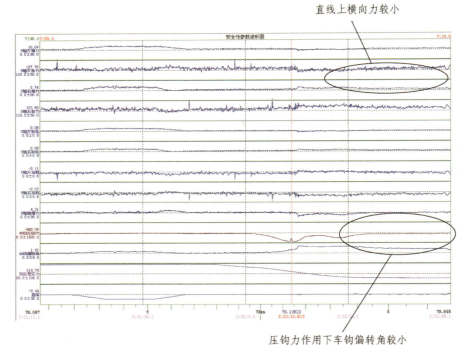

压钩力作用下车钩偏转角较小

图 5.1-23　常用全制动工况下实测波形图（2013 年 1 月 5 日）

直线上横向力正常

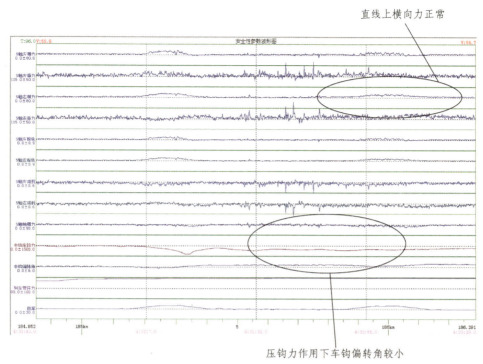

压钩力作用下车钩偏转角较小

图 5.1-24　186 km 附近制动缓解时实测波形图（2013 年 1 月 5 日）

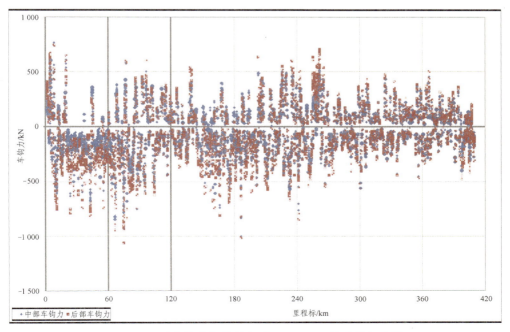

图 5.1-25　重车线中部从控机车 SS₄1177 承受纵向力情况

5.1.3.6 纵向动力学试验结果及分析

1. 全程最大值结果统计

朔黄铁路 4×5 000 t 编组组合列车综合试验于 2012 年 12 月 27 日和 2013 年 1 月 5 日进行了两次重车工况运行试验，两次试验被试车辆的车钩力和车体纵向加速度全程最大值统计结果见表 5.1-26 和表 5.1-27。

表 5.1-26　重车第一趟运行试验　车辆纵向动力学参数全程最大值

车辆位置	车号	车钩力/kN	速度/（km/h）	里程/km	车体纵向加速度/（m/s²）	速度/（km/h）	里程/km
1	0043359	427	4.3	79.430	−5.89	4.3	79.430
107	0035548	−1 236	60.0	78.861	1.96	21.8	259.203
109	0039156	−1 426	60.0	78.853	−6.57	65.2	219.964
161	0034752	−1 107	60.0	78.827	−4.32	75.5	300.816
163	0043339	−1 329	60.0	78.824	−2.26	71.9	116.326
215	0043379	−641	76.5	300.969	−6.28	71.8	116.479

注：车钩力负表示压钩力，正表示拉钩力；加速度负表示与列车运行方向相反，下同。表中所列里程均为 SY997152 试验车所在位置的公里标。

表 5.1-27　重车第二趟运行试验　车辆纵向动力学参数全程最大值

车辆位置	车号	车钩力/kN	速度/（km/h）	里程/km	车体纵向加速度/（m/s²）	速度/（km/h）	里程/km
1	0043359	423	24.0	256.278	1.18	76.1	395.264
29	0038318	−667	66.2	78.051	−2.55	54.5	150.679
53	0035424	−791	66.2	78.007	3.14	52.3	21.708
55	0037706	−1 045	66.2	78.005	2.26	67.5	163.762
83	0035556	−1 247	66.2	78.014	5.59	2.5	78.563
107	0035548	−1 157	66.2	78.020	−1.37	75.7	299.772
109	0039156	−1 418	66.2	78.022	−6.67	74.9	343.202
137	0039154	−1 190	66.2	78.009	−5.89	75.7	299.855
161	0034752	−1 078	66.2	78.002	−5.20	58.7	86.454
163	0043339	−1 298	66.2	77.998	−2.26	58.7	86.466
189	0039290	−726	66.2	78.006	−5.98	75.7	300.370
215	0043379	631	46.4	166.104	−6.57	76.0	300.033

两次重车运行试验的最大车钩力分别为：第一次：−1 426 kN，第二次：−1 418 kN，均出现在 109 位车辆（第 3 台机车之后的货车），试验工况均为常用全制动停车，两次试验的数据重复性很好。其他测试断面的车辆，除第 1 位和第 215 位外，最大车钩力也都出现在常用全制动停车工况，均为压钩力。从整列车来看，处于整列车中间位置的车辆所受的车钩力要大于头部和尾部。

试验结果表明，2 万吨重车运行试验各被试车的最大纵向车钩力全部小于 2 250 kN，满足大纲规定的安全性指标要求；列车正常运行工况下最大车钩力小于 1 000 kN；常用全制动工况下最大车钩力小于 1 500 kN，满足大纲规定的建议性指标要求。各被试车的车体纵向加速度全部小于 9.8 m/s²，满足大纲规定的建议性指标要求。

图 5.1-26、图 5.1-27 为两次重车运行试验各测试断面的车钩力全程最大值直方图，图 5.1-28、图 5.1-29 为车体纵向加速度全程最大值直方图。

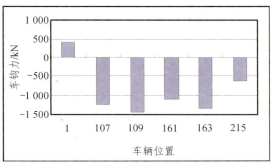

图 5.1-26　车钩力全程最大值（重车第一趟） 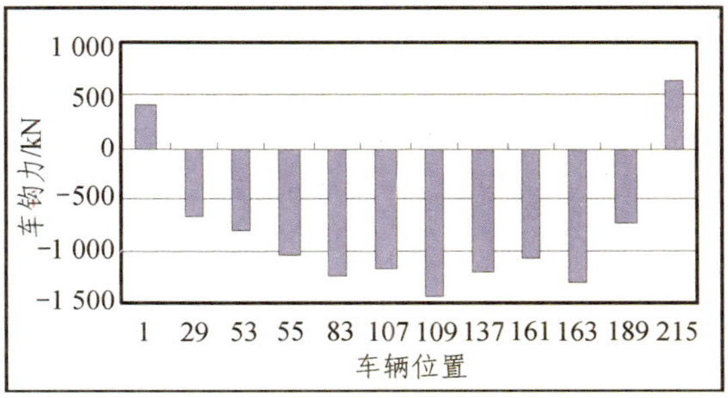　　图 5.1-27　车钩力全程最大值（重车第二趟）

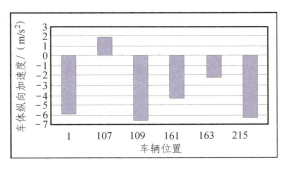
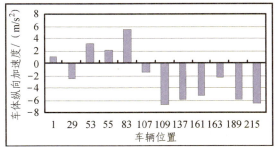

图 5.1-28　车体纵向加速度全程最大值　　　　图 5.1-29　车体纵向加速度全程最大值
（重车第一趟）　　　　　　　　　　　　　　（重车第二趟）

图 5.1-30 ~ 图 5.1-35 为第一趟重车运行试验车钩力随里程分布的散点图；

图 5.1-36 ~ 图 5.1-41 为第一趟重车运行试验车体纵向加速度随里程分布的散点图；

图 5.1-42 ~ 图 5.1-53 为第二趟重车运行试验车钩力随里程分布的散点图；

图 5.1-54 ~ 图 5.1-65 为第二趟重车运行试验车体纵向加速度随里程分布的散点图。

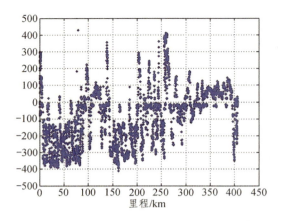

图 5.1-30　C800043359_D1 车第 01 辆
车钩力散点图

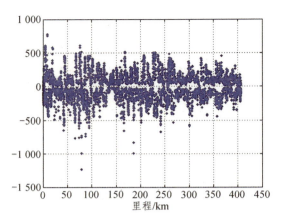

图 5.1-31　C800035548_D6 车第 107 辆
车钩力散点图

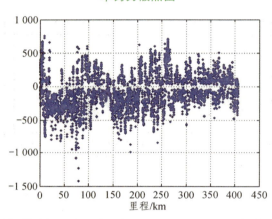

图 5.1-32　C800039156_D7 车第 109 辆
车钩力散点图

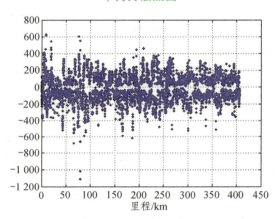

图 5.1-33　C800034752_D9 车第 161 辆
车钩力散点图

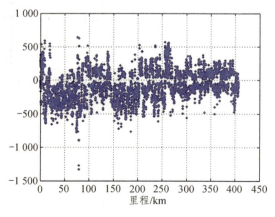

图 5.1-34　C800043339_D10 车第 163 辆
车钩力散点图

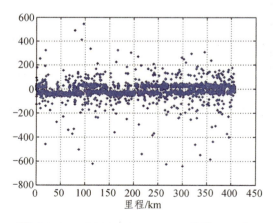

图 5.1-35　C800043379_D12 车第 215 辆
车钩力散点图

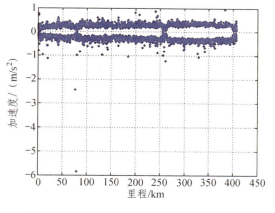

图 5.1-36　C800043359_D1 车第 01 辆
车体纵向加速度散点图

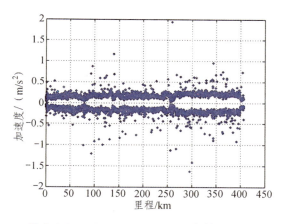

图 5.1-37　C800035548_D6 车第 107 辆
车体纵向加速度散点图

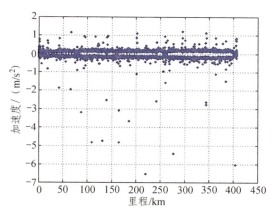

图 5.1-38　C800039156_D7 车第 109 辆
车体纵向加速度散点图

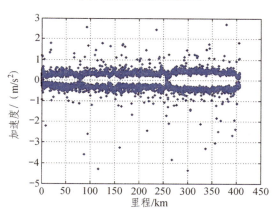

图 5.1-39　C800034752_D9 车第 161 辆
车体纵向加速度散点图

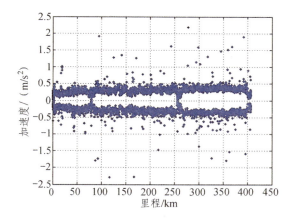

图 5.1-40　C800043339_D10 车第 163 辆
车体纵向加速度散点图

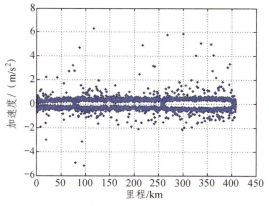

图 5.1-41　C800043379_D12 车第 215 辆
车体纵向加速度散点图

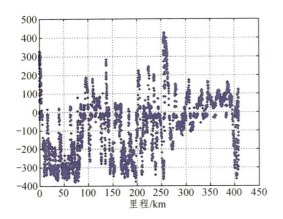

图 5.1-42　C800043359_D1 车第 01 辆
车钩力散点图

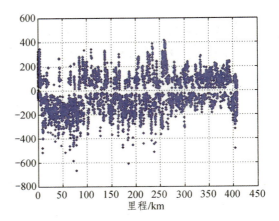

图 5.1-43　C800038318_D2 车第 29 辆
车钩力散点图

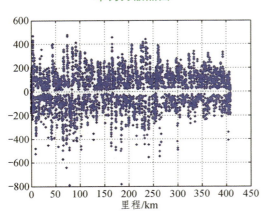

图 5.1-44　C800035424_D3 车第 53 辆
车钩力散点图

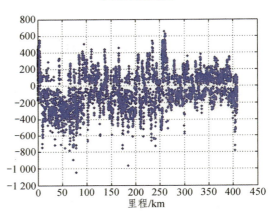

图 5.1-45　C800037706_D4 车第 55 辆
车钩力散点图

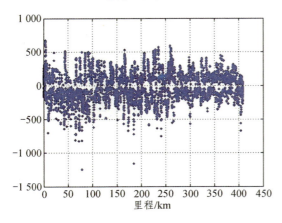

图 5.1-46　C800035556_D5 车第 83 辆
车钩力散点图

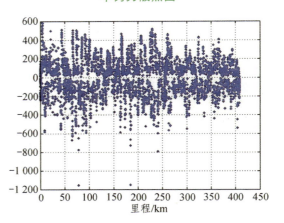

图 5.1-47　C800035548_D6 车第 107 辆
车钩力散点图

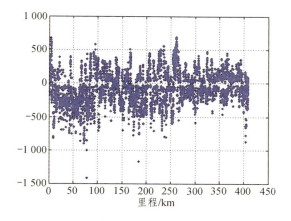

图 5.1-48　C800039156_D7 车第 109 辆
车钩力散点图

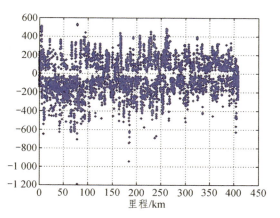

图 5.1-49　C800039154_D8 车第 137 辆
车钩力散点图

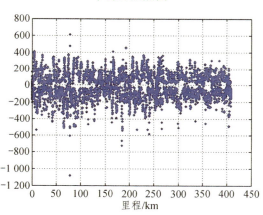

图 5.1-50　C800034752_D9 车第 161 辆
车钩力散点图

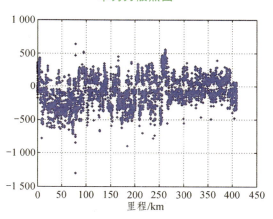

图 5.1-51　C800043339_D10 车第 163 辆
车钩力散点图

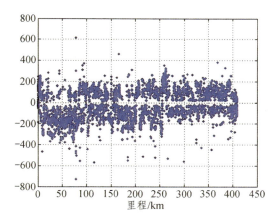

图 5.1-52　C800039290_D11 车第 189 辆
车钩力散点图

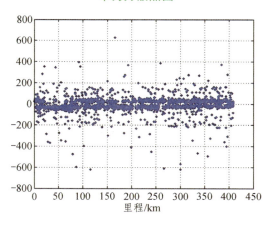

图 5.1-53　C800043379_D12 车
车钩力散点图

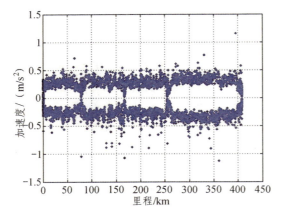

图 5.1-54　C800043359_D1 车第 01 辆
车体纵向加速度散点图

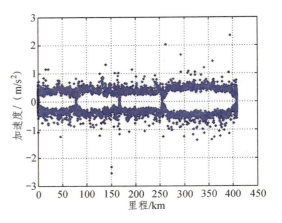

图 5.1-55　C800038318_D2 车第 29 辆
车体纵向加速度散点图

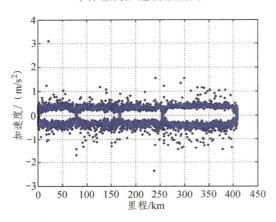

图 5.1-56　C800035424_D3 车第 53 辆
车体纵向加速度散点图

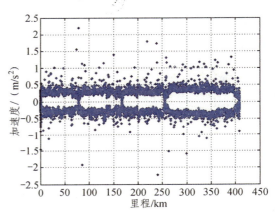

图 5.1-57　C800037706_D4 车第 55 辆
车体纵向加速度散点图

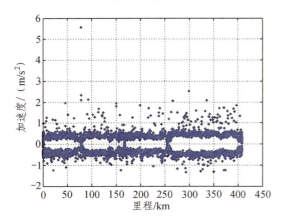

图 5.1-58　C800035556_D5 车第 83 辆
车体纵向加速度散点图

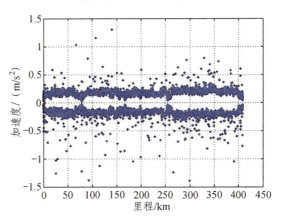

图 5.1-59　C800035548_D6 车第 107 辆
车体纵向加速度散点图

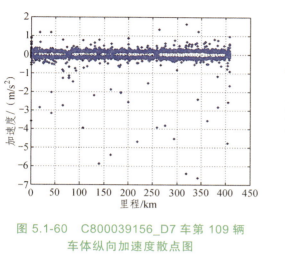

图 5.1-60　C800039156_D7 车第 109 辆
车体纵向加速度散点图

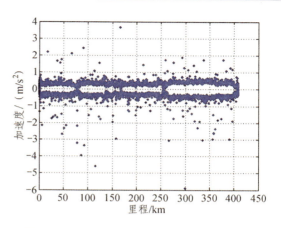

图 5.1-61　C800039154_D8 车第 137 辆
车体纵向加速度散点图

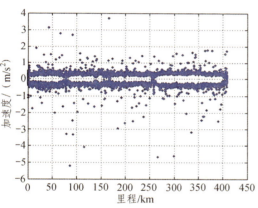

图 5.1-62　C800034752_D9 车第 161 辆
车体纵向加速度散点图

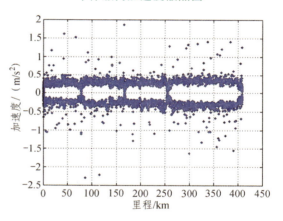

图 5.1-63　C800043339_D10 车第 163 辆
车体纵向加速度散点图

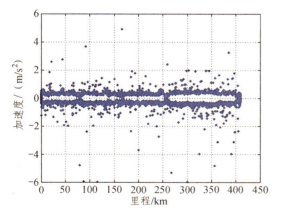

图 5.1-64　C800039290_D11 车第 189 辆
车体纵向加速度散点图

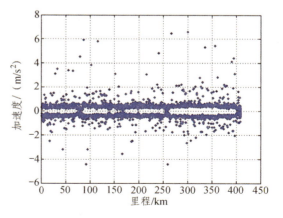

图 5.1-65　C800043379_D12 车
加速度计散点图

2. 各试验工况试验结果统计

第一趟重车运行试验有 3 个试验工况，分别是电空配合调速、常用全制动停车和 4‰ 限制坡道起动；第二趟重车运行试验有 5 个试验工况，分别是电空配合调速、常用全制动停车、纯空气制动调速、走停走模式和 4‰ 限制坡道起动。每个试验工况下各测试断面的车钩力和车体纵向加速度最大值见表 5.1-28 ~ 表 5.1-35。图 5.1-66 ~ 图 5.1-68 为第一次重车运行试验两个试验工况各断面车钩力最大值直方图；图 5.1-69 ~ 图 5.1-73 第二次重车运行试验 5 个试验工况各断面车钩力最大值直方图。第一趟重车试验时，109 位货车（中部机车之后第一位）在电空配合调速工况时，车钩力有两次超过 1 000 kN，分别是 − 1 083.5 kN、− 1 079 kN，第二趟重车试验时，电空配合调速工况的车钩力全部小于 1 000 kN。

表 5.1-28　电空配合调速（重车第一趟）车辆纵向动力学参数最大值

车辆位置	车号	车钩力/kN	速度/（km/h）	里程/km	车体纵向加速度/（m/s²）	速度/（km/h）	里程/km
1	0043359	− 390	50.1	37.955	− 2.45	36.1	76.19
107	0035548	− 766	48.4	66.007	− 0.98	55.1	77.314
109	0039156	− 1 083	39.3	73.967	− 1.96	51	65.634
161	0034752	− 682	48.4	65.987	1.27	48.5	67.098
163	0043339	− 771	39.3	73.929	− 0.98	48.5	67.113
215	0043379	− 372	39.3	73.934	3.234	39.3	73.934

表 5.1-29　常用全制动停车（重车第一趟）车辆纵向动力学参数最大值

车辆位置	车号	车钩力/kN	速度/（km/h）	里程/km	车体纵向加速度/（m/s²）	速度/（km/h）	里程/km
1	0043359	− 306	60.0	78.863	− 0.39	60.0	79.013
107	0035548	− 1 236	60.0	78.861	− 0.29	60.0	78.816
109	0039156	− 1 426	60.0	78.853	− 0.88	60.0	78.813
161	0034752	− 1 107	60.0	78.827	0.88	60.0	78.804
163	0043339	− 1 329	60.0	78.824	0.39	60.0	78.833
215	0043379	− 127	60.9	78.898	0.49	60.9	78.938

表 5.1-30　4‰ 限制坡道起动（重车第一趟）车辆纵向动力学参数最大值

车辆位置	车号	车钩力/kN	速度/（km/h）	里程/km	车体纵向加速度/（m/s²）	速度/（km/h）	里程/km
1	0043359	410	21.8	259.214	− 1.18	32.3	260.968
107	0035548	483	24.7	259.588	1.96	21.8	259.203
109	0039156	715	33.5	262.210	− 1.57	24.5	259.781
161	0034752	300	24.7	259.591	− 2.06	32.3	260.962
163	0043339	572	1.0	255.856	0.49	24.7	259.512
215	0043379	173	24.7	259.590	1.57	24.7	259.590

表 5.1-31　电空配合调速（重车第二趟）　车辆纵向动力学参数最大值

车辆位置	车号	车钩力/kN	速度/（km/h）	里程/km	车体纵向加速度/（m/s²）	速度/（km/h）	里程/km
1	0043359	−379	46.7	72.458	0.69	56.7	64.220
29	0038318	−587	45.9	72.023	−1.28	62.3	45.838
53	0035424	−641	45.9	72.011	3.14	52.3	21.708
55	0037706	−893	45.9	72.015	0.98	52.1	28.597
83	0035556	−825	45.9	72.006	1.96	62.3	45.679
107	0035548	−669	45.9	65.097	−1.28	55.5	25.440
109	0039156	−896	45.9	72.007	−3.14	57.8	41.384
137	0039154	−631	48.5	65.840	−2.65	52.3	46.949
161	0034752	−514	48.5	65.971	3.14	59.2	43.378
163	0043339	−715	45.4	73.103	1.57	59.2	43.391
189	0039290	−438	44.8	65.045	2.75	59.4	43.866
215	0043379	−367	50.7	33.013	−3.53	50.7	33.013

表 5.1-32　常用全制动停车（重车第二趟）车辆纵向动力学参数最大值

车辆位置	车号	车钩力/kN	速度/（km/h）	里程/km	车体纵向加速度/（m/s²）	速度/（km/h）	里程/km
1	0043359	−352	66.2	78.044	−1.08	2.7	78.556
29	0038318	−667	66.2	78.051	0.78	66.2	77.989
53	0035424	−791	66.2	78.007	−1.67	5.7	78.567
55	0037706	−1 045	66.2	78.005	2.16	5.7	78.566
83	0035556	−1 247	66.2	78.014	5.59	2.5	78.563
107	0035548	−1 157	66.2	78.020	−1.18	10.9	78.607
109	0039156	−1 418	66.2	78.022	−1.28	66.2	77.939
137	0039154	−1 190	66.2	78.009	−3.24	10.9	78.618
161	0034752	−1 078	66.2	78.002	−3.24	10.9	78.626
163	0043339	−1 298	66.2	77.998	−1.08	66.2	77.949
189	0039290	−726	66.2	78.006	−4.81	10.9	79.035
215	0043379	−157	64.0	78.081	−4.51	12.1	78.646

表 5.1-33　纯空气制动调速（重车第二趟）车辆纵向动力学参数最大值

车辆位置	车号	车钩力/kN	速度/（km/h）	里程/km	车体纵向加速度/（m/s²）	速度/（km/h）	里程/km
1	0043359	−64	63.0	157.176	−0.78	53.9	156.596
29	0038318	−192	63.0	157.400	−0.98	63.0	157.252
53	0035424	237	60.0	159.551	−1.18	63.0	157.339
55	0037706	−235	64.8	157.622	0.88	63.0	157.347
83	0035556	249	38.9	155.980	1.37	63.0	157.426
107	0035548	−217	64.8	157.508	−0.88	64.8	157.508
109	0039156	−223	64.8	157.616	−0.49	64.8	157.521
137	0039154	−282	64.8	157.589	−2.94	64.8	157.589
161	0034752	173	37.1	155.911	−1.18	53.9	156.624
163	0043339	193	37.1	155.907	−0.88	64.8	158.319
189	0039290	161	37.1	155.884	−1.37	64.8	158.809
215	0043379	−213	64.6	158.492	−2.06	64.6	158.492

表 5.1-34　走停走模式（重车第二趟）车辆纵向动力学参数最大值

车辆位置	车号	车钩力/kN	速度/（km/h）	里程/km	车体纵向加速度/（m/s²）	速度/（km/h）	里程/km
1	0043359	−335	32.1	168.454	−1.08	3.1	167.031
29	0038318	−261	0.1	167.024	−1.18	1.4	167.024
53	0035424	275	3.1	167.033	−0.98	0.1	167.004
55	0037706	−264	32.1	168.498	−0.29	17.3	167.336
83	0035556	406	3.1	167.034	0.39	22.2	167.807
107	0035548	441	3.1	167.035	−0.20	12.2	167.171
109	0039156	453	1.4	167.024	−0.10	9.7	167.122
137	0039154	401	15.0	167.229	−0.39	23.7	167.901
161	0034752	315	19.9	167.581	−0.49	27.3	168.265
163	0043339	297	1.4	167.024	0.39	21.0	167.747
189	0039290	167	15.0	167.232	−0.39	29.8	168.805
215	0043379	95	41.4	166.333	−1.47	55.3	173.501

表 5.1-35　4‰ 限制坡道起动（重车第二趟）车辆纵向动力学参数最大值

车辆位置	车号	车钩力/kN	速度/（km/h）	里程/km	车体纵向加速度/（m/s²）	速度/（km/h）	里程/km
1	0043359	424	24.0	256.323	− 0.78	0.1	254.886
29	0038318	419	27.4	258.910	− 1.28	23.9	257.321
53	0035424	387	37.1	260.673	1.18	21.4	257.966
55	0037706	655	27.4	258.905	1.28	21.4	257.961
83	0035556	596	27.4	258.888	1.18	21.4	259.917
107	0035548	419	27.4	258.883	− 0.59	24.7	258.358
109	0039156	541	27.7	259.084	− 3.92	27.2	258.840
137	0039154	389	27.4	258.945	1.77	27.4	258.857
161	0034752	348	27.4	258.940	1.47	27.4	258.870
163	0043339	470	27.6	256.525	1.28	27.4	258.876
189	0039290	352	27.4	258.931	2.45	27.4	259.307
215	0043379	384	27.3	258.935	4.41	27.3	258.934

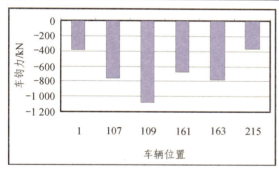

图 5.1-66　车钩力最大值（电空配合
调速　重车第一趟）

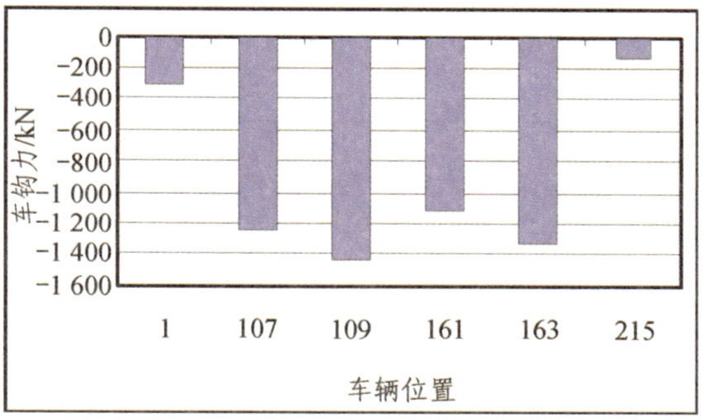

图 5.1-67　车钩力最大值（常用全制动
停车　重车第一趟）

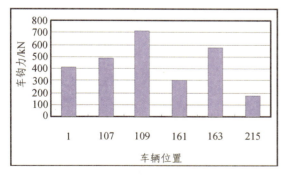

图 5.1-68　车钩力最大值（4‰ 限制坡道
起动　重车第一趟）

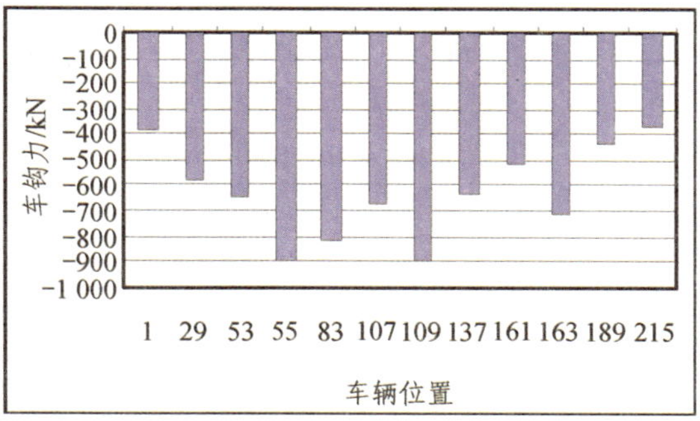

图 5.1-69　车钩力最大值（电空配合
调速　重车第二趟）

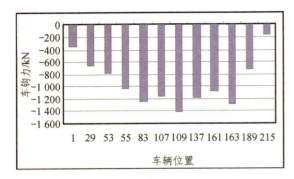

图 5.1-70　车钩力最大值（常用全制动
停车　重车第二趟）

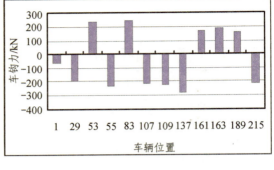

图 5.1-71　车钩力最大值（纯空气制动
调速　重车第二趟）

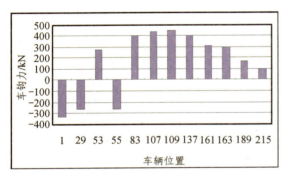

图 5.1-72　车钩力最大值（走停走
模式　重车第二趟）

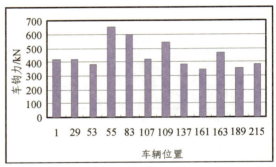

图 5.1-73　车钩力最大值（4‰ 限制坡道
起动　重车第二趟）

3. 与 C80 万吨扩编试验车钩力数据比较

本次 4×5 000 t 试验与 2012 年 3 月份进行的 C80 万吨扩编试验所用的车型一致。为了对比车钩力的试验数据，选取了 3 种典型工况，分别是：常用全制动停车、电空配合调速和 4‰ 限制坡道起动，两次试验中，这 3 种工况选取的试验地点基本一致，所以试验数据有可比性。

图 5.1-74 所示是 4×5 000 t 试验常用全制动停车工况的车钩力数据，可以看到两次的车钩力数据重复性很好，最大值 – 1 427 kN；图 5.1-75 所示是 C80 万吨扩编试验常用全制动停车工况的车钩力数据，选取的是第三趟（2012 年 3 月 14 日，编组方式为 1＋1）的数据，最大值 – 1 558 kN。两次试验的对比来看，4×5 000 t 试验的车钩力略小于 C80 万吨扩编试验。

图 5.1-76 所示是 4×5 000 t 试验电空配合调速工况的车钩力数据，两次的数据重复性较好，最大值 – 1 084 kN；图 5.1-77 所示是 C80 万吨扩编试验电空配合调速工况的车钩力数据，选取的是第一趟和第三趟（2012 年 3 月 3 日、3 月 14 日，编组方式均为 1＋1）的数据，最大值 – 710 kN。两次试验的对比来看，4×5 000 t 试验电空配合调速工况的车钩力明显大于 C80 万吨扩编试验。

图 5.1-78 所示是 4×5 000 t 试验 4‰ 限制坡道起动工况的车钩力数据，最大值 655 kN；图 5.1-79 所示是 C80 万吨扩编试验 4‰ 限制坡道起动工况的车钩力数据，选取的是第一趟（2012 年 3 月 3 日，编组方式为 1＋1）的数据，最大值 585 kN。两次试验的对比来看，车钩力相当。

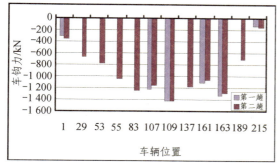

图 5.1-74　常用全制动停车　车钩力最大值
（4×5 000 t 重车）

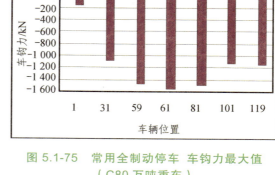

图 5.1-75　常用全制动停车　车钩力最大值
（C80 万吨重车）

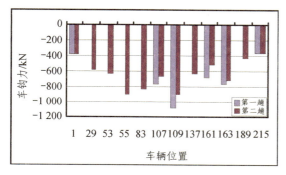

图 5.1-76　电空配合调速　车钩力最大值
（4×5 000 t 重车）

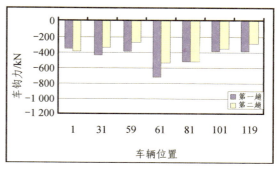

图 5.1-77　电空配合调速　车钩力最大值
（C80 万吨重车）

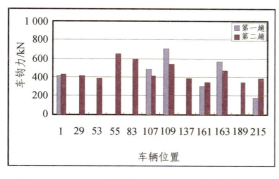

图 5.1-78　4‰ 限制坡道起动　车钩力最大值
（4×5 000 t 重车）

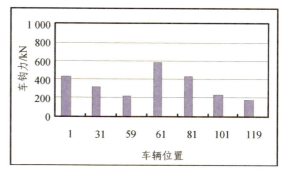

图 5.1-79　4‰ 限制坡道起动　车钩力最大值
（C80 万吨重车）

5.1.3.7　特定位置 C80 货车动力学试验结果及分析

重车试验共进行了 2 次，分别于 2012 年 12 月 27 日、2013 年 1 月 5 日进行，两次试验编组相同，测试货车相同。

本次 2 万吨组合列车综合试验特定位置 C80 货车动力学试验在整列重载货车中选取了两辆货车进行了测试：第 107 位货车 C800035548（货车计数不包括机车和试验车）、第 215 位货车 C800043379。试验中两辆测试货车作为关门车处理。

试验运行时，测试货车的 1 轴及 1 位车体加速度在前进端，按照全程监测的线况及重载列车所进行的常用全制动、坡道起动等试验工况对数据分别进行处理和分析，试验结果表明，特定位置的被试 C80 货车重车，车辆全程运行及在制动工况下的运行稳定性、运行平稳性测试结果均在限度值范围内。

1. 第 1 次重车试验情况（12 月 27 日）

12 月 27 日重车试验实际最高运行速度 79.8 km/h，全程测试车辆运行稳定性及运行平稳性，测试结果最大值见表 5.1-36。

运行稳定性指标，脱轨系数最大值 0.79、轮重减载率最大值 0.38、轮轴横向力最大为 68.69 kN。脱轨系数、轮轴横向力最大值均出现在侧向通过道岔时。运行稳定性指标均满足限度要求；车辆横向、垂向加速度均在限度值范围内，横向、垂向平稳性指标均属于优级，运行平稳性指标均满足限度要求。

表 5.1-36　全程测试数据指标最大值汇总（重车）

车号		C800035548（重车）			C800043379（重车）		
		最大值	速度/（km/h）	里程/km	最大值	速度/（km/h）	里程/km
1 轴	脱轨系数	0.79	21.5	406.001	0.76	4.6	407.359
	轮重减载率	0.38	77.4	319.099	0.33	35.4	4.654
	轮轴横向力/kN	68.69	25.1	405.921	61.39	4.3	407.287
4 轴	脱轨系数	0.26	76.4	275.101	0.31	29.1	3.350
	轮重减载率	0.31	54.6	85.644	0.31	10.6	51.497
	轮轴横向力/kN	44.74	21.5	405.928	44.52	13.4	131.888
车体 1 位	横向加速度/（m/s²）	1.96	30.4	0.814	2.06	10.5	51.604
	横向平稳性	2.51	65.3	61.736	2.62	10.5	56.757
	垂向加速度/（m/s²）	3.73	75.8	342.731	6.67	9.0	141.494
	垂向平稳性	3.30	63.1	61.736	2.74	68.1	325.780
车体 2 位	横向加速度/（m/s²）	2.55	67.9	109.142	1.57	9.0	167.335
	横向平稳性	2.42	65.3	61.779	2.47	21.6	192.136
	垂向加速度/（m/s²）	4.32	35.6	74.932	6.67	65.6	322.030
	垂向平稳性	3.02	67.1	154.228	2.66	24.7	222.940

制动工况下，测试车辆稳定性及平稳性指标测试结果最大值见表 5.1-37，脱轨系数最大值为 0.59、轮重减载率最大值为 0.33、轮轴横向力最大为 47.51 kN，运行稳定性指标均满足限度要求；车辆横向、垂向加速度均在限度值范围内，横向、垂向平稳性指标均属于优级，运行平稳性指标均满足限度要求。

表 5.1-37 制动工况下动力学性能指标最大值（重车）

车号		C800035548		
试验工况		电、空配合调速制动	常用全制动停车	4‰ 限制坡道起动试验
试验区间		宁武西至北大牛	北大牛至原平	西柏坡至三汲
试验地点		19～61 km	76～78 km	254～256 km
1 轴	脱轨系数	0.59	0.25	0.26
	轮重减载率	0.30	0.21	0.26
	轮轴横向力/kN	47.51	20.49	19.43
4 轴	脱轨系数	0.26	0.14	0.15
	轮重减载率	0.28	0.24	0.19
	轮轴横向力/kN	38.99	30.58	21.85
车体 1 位	横向加速度/（m/s²）	1.37	0.49	1.28
	横向平稳性	2.35	1.83	1.84
	垂向加速度/（m/s²）	2.16	1.37	1.77
	垂向平稳性	3.14	2.95	2.92
车体 4 位	横向加速度/（m/s²）	0.98	0.49	0.88
	横向平稳性	2.42	1.82	1.85
	垂向加速度/（m/s²）	2.26	1.57	1.86
	垂向平稳性	2.99	2.78	2.59
车号		C800043379		
试验工况		电、空配合调速制动	常用全制动停车	4‰ 限制坡道起动试验
试验区间		宁武西至北大牛	北大牛至原平	西柏坡至三汲
试验地点		18～59 km	76～78 km	254～256 km
1 轴	脱轨系数	0.51	0.17	0.20
	轮重减载率	0.33	0.24	0.25
	轮轴横向力/kN	33.50	18.25	18.17
4 轴	脱轨系数	0.23	0.11	0.16
	轮重减载率	0.31	0.22	0.22
	轮轴横向力/kN	43.89	21.78	21.95
车体 1 位	横向加速度/（m/s²）	1.37	1.37	1.28
	横向平稳性	2.62	1.91	1.87
	垂向加速度/（m/s²）	2.26	1.57	1.57
	垂向平稳性	2.36	2.30	2.23
车体 4 位	横向加速度/（m/s²）	1.37	0.59	0.88
	横向平稳性	2.32	1.89	1.85
	垂向加速度/（m/s²）	2.16	1.57	1.77
	垂向平稳性	2.41	2.44	2.31

2. 第 2 次重车试验情况（1 月 5 日）

1 月 5 日重车试验实际最高运行速度 80.1 km/h，全程测试车辆运行稳定性及运行平稳性，测试结果最大值见表 5.1-38。

运行稳定性指标脱轨系数最大值 0.89、轮重减载率最大值 0.41、轮轴横向力最大为 71.21 kN。脱轨系数、轮轴横向力最大值均出现在侧向通过道岔时。运行稳定性指标均满足限度要求；车辆横向、垂向加速度均在限度值范围内，横向、垂向平稳性指标均属于优级，运行平稳性指标均满足限度要求。

表 5.1-38　全程测试数据指标最大值汇总（重车）

	车号	C800035548			C800043379		
		最大值	速度/（km/h）	里程/km	最大值	速度/（km/h）	里程/km
1 轴	脱轨系数	0.80	21.8	406.508	0.89	10.1	404.618
	轮重减载率	0.35	2.0	167.025	0.31	57.3	142.475
	轮轴横向力/kN	69.62	22.1	406.447	71.21	37.7	3.297
4 轴	脱轨系数	0.37	57.1	11.883	0.26	39.2	139.534
	轮重减载率	0.35	76.2	319.581	0.41	37.7	3.383
	轮轴横向力/kN	55.12	57.1	11.883	39.79	39.3	138.313
车体 1 位	横向加速度/（m/s²）	3.34	76.3	107.124	2.06	49.8	64.480
	横向平稳性	3.02	79.5	370.937	2.48	66.1	54.680
	垂向加速度/（m/s²）	5.59	75.4	132.394	5.89	46.6	163.865
	垂向平稳性	3.25	61.4	223.237	2.65	72.8	323.497
车体 2 位	横向加速度/（m/s²）	3.04	63.5	164.772	2.45	42.8	164.135
	横向平稳性	2.77	79.5	370.932	2.38	64.4	156.445
	垂向加速度/（m/s²）	5.10	65.4	164.440	6.67	65.4	17.245
	垂向平稳性	3.07	66.9	153.570	2.55	76.2	301.499

制动工况下，测试车辆稳定性及平稳性指标测试结果最大值见表 5.1-39，脱轨系数最大值为 0.49、轮重减载率最大值为 0.35、轮轴横向力最大为 39.88 kN，运行稳定性指标均满足限度要求；车辆横向、垂向加速度均在限度值范围内，横向、垂向平稳性指标均属于优级，运行平稳性指标均满足限度要求。

表 5.1-39　制动工况下动力学性能指标最大值（重车）

车号	C800035548				
试验工况	电空配合调速制动	常用全制动停车	单独空气制动调速	走停走模式	4‰限制坡道起动试验
试验区间	宁武西至北大牛	北大牛至原平南	南湾至滴流磴	滴流磴至猴刿	西柏坡至三汲
试验地点	22～38 km 49～61 km	78 km+500 m	155～164 km	167～173 km	254～256 km
1 轴 脱轨系数	0.49	0.19	0.53	0.35	0.20
1 轴 轮重减载率	0.18	0.28	0.21	0.35	0.19
1 轴 轮轴横向力/kN	35.57	18.91	38.71	23.18	17.20
4 轴 脱轨系数	0.2	0.11	0.17	0.1	0.17
4 轴 轮重减载率	0.27	0.2	0.25	0.31	0.18
4 轴 轮轴横向力/kN	39.88	19.74	31.95	21.51	25.87
1 位 横向加速度/（m/s²）	1.96	1.67	2.65	2.45	3.14
1 位 横向平稳性	2.57	2.12	2.59	2.22	2.66
1 位 垂向加速度/（m/s²）	3.04	1.47	3.63	1.86	2.16
1 位 垂向平稳性	3.08	2.96	3.04	2.53	2.62
1 位 横向加速度/（m/s²）	1.86	1.47	3.04	2.55	1.96
1 位 横向平稳性	2.42	2.09	2.45	2.20	2.47
1 位 垂向加速度/（m/s²）	1.77	2.06	5.10	2.16	2.55
1 位 垂向平稳性	2.80	2.77	2.75	2.62	2.54
车号	C800043379				
试验工况	电空配合调速制动	常用全制动停车	单独空气制动调速	走停走模式	4‰限制坡道起动试验
1 轴 脱轨系数	0.37	0.08	0.33	0.28	0.19
1 轴 轮重减载率	0.27	0.16	0.23	0.22	0.25
1 轴 轮轴横向力/kN	33.08	11.80	27.02	20.33	16.34
4 轴 脱轨系数	0.20	0.06	0.11	0.11	0.10
4 轴 轮重减载率	0.34	0.28	0.29	0.34	0.25
4 轴 轮轴横向力/kN	33.81	9.66	19.50	23.10	17.14
1 位 横向加速度/（m/s²）	1.47	0.49	1.77	0.88	1.08
1 位 横向平稳性	2.48	1.62	2.32	2.08	1.78
1 位 垂向加速度/（m/s²）	3.83	2.35	5.89	3.14	3.34
1 位 垂向平稳性	2.37	2.07	2.33	2.40	2.20
1 位 横向加速度/（m/s²）	1.77	1.28	2.45	1.47	1.47
1 位 横向平稳性	2.36	1.87	2.38	2.08	1.91
1 位 垂向加速度/（m/s²）	3.24	1.86	2.94	5.69	2.65
1 位 垂向平稳性	2.41	2.11	2.37	2.39	2.18

两次重车试验的总散点图如图 5.1-80～图 5.1-91 所示。

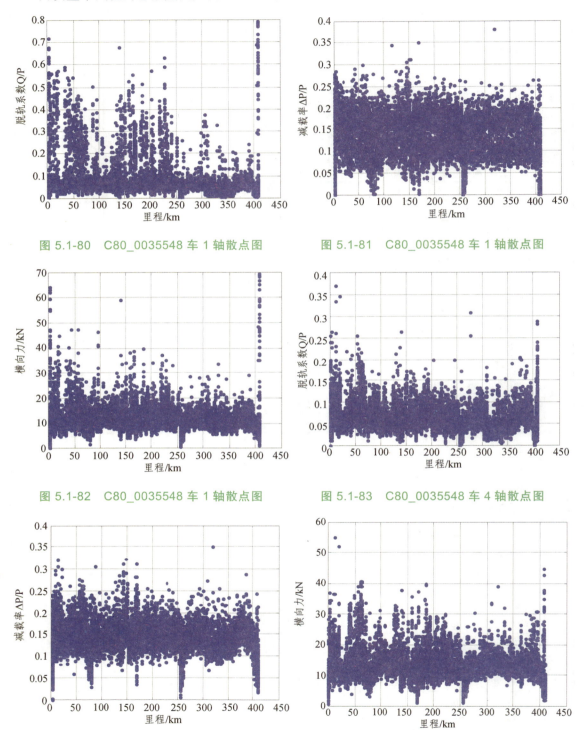

图 5.1-80　C80_0035548 车 1 轴散点图

图 5.1-81　C80_0035548 车 1 轴散点图

图 5.1-82　C80_0035548 车 1 轴散点图

图 5.1-83　C80_0035548 车 4 轴散点图

图 5.1-84　C80_0035548 车 4 轴散点图

图 5.1-85　C80_0035548 车 4 轴散点图

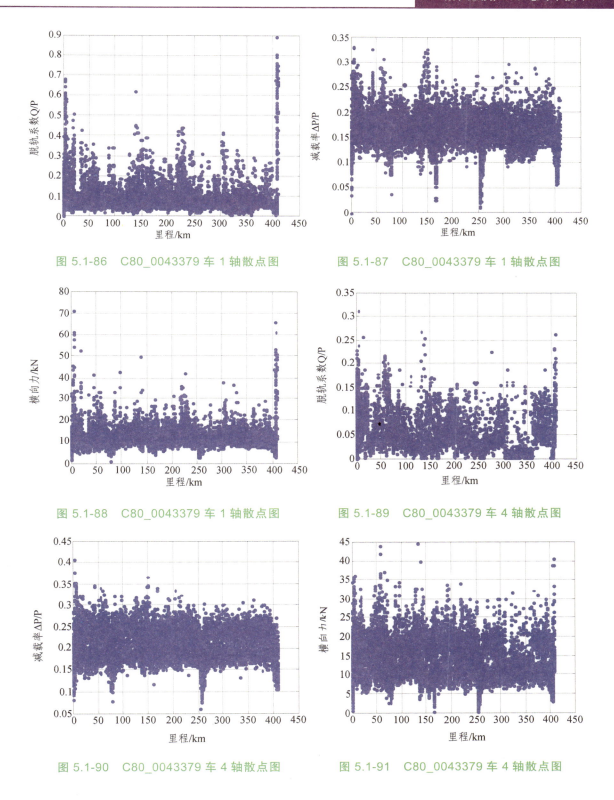

图 5.1-86   C80_0043379 车 1 轴散点图

图 5.1-87   C80_0043379 车 1 轴散点图

图 5.1-88   C80_0043379 车 1 轴散点图

图 5.1-89   C80_0043379 车 4 轴散点图

图 5.1-90   C80_0043379 车 4 轴散点图

图 5.1-91   C80_0043379 车 4 轴散点图

5.1.3.8　重车运行试验小结

通过对 2 次重车运行试验时各试验工况及试验全程的机车牵引、制动参数、列车制动及纵向动力学参数、位于列车中部的从控 2 机车以及第 107 位和 215 位货车的运行安全性等参数进行测试，得出如下结论：

（1）2 万吨列车编组机车牵引性能满足在试验中指定的困难区段坡道起动和加速的要求，试验过程中，机车牵引力、牵引功率发挥、电机出风口温度未监测到异常现象。

（2）2 列车运行试验各次调速制动时测得的主、从控机车制动、缓解同步性较差，2 次运行试验制动、缓解同步时间大于 4 s 的约占 54.7%。

（3）2 次常用全制动停车试验测得的最大车钩力为 1 426 kN（压钩力，109 位货车），最大车体纵向加速度为 − 4.81 m/s²（189 位货车），最大车钩力与车体纵向加速度均满足试验大纲规定建议性指标要求（最大车钩力不大于 1 500 kN，车体纵向加速度不大于 9.8 m/s²）。

（4）在长大下坡道区段，按试验操纵方式，无论采用电、空配合进行调速或仅使用列车空气制动进行调速，均可实现按限速要求控制列车速度，列车再充气时间亦满足要求；对 2 次重车试验中的 31 次调速制动过程的车钩力和纵向加速度进行了统计，最大车钩力仅 1 次超出试验大纲规定建议性指标，最大值为 1 084 kN（压钩力），其余均满足试验大纲规定建议性指标要求（正常运行工况最大车钩力不大于 1 000 kN，车体纵向加速度不大于 9.8 m/s²）。

（5）位于中部的从控 2 机车附近，在正常运行工况下所受车钩压力基本保持在 1 000 kN 以下，机车的运行安全性各项参数符合控制要求，能够确保运行安全；在常用全制动和个别位置调速制动缓解时，从控机车钩缓装置在受到大于 1 000 kN 较大压钩力时出现过不够稳定的现象，导致运行安全性参数裕量降低，但尚未超出控制限度。

（6）特定位置的被试 C80 货车重车运行时，重车和空车（107 位和 215 位）全程运行及在制动工况下的运行稳定性、运行平稳性测试结果均在限度值范围内。

5.1.4　空车运行试验

5.1.4.1　试验线路及编组方式

试验线路详见 5.1.3.1 节所述。

1 月 2 日进行了空车运行试验，试验区段为：肃宁北至神池南；试验列车采用 4 × 5 000 t 编组，具体编组方式为：

SS₄1170 + SY997152 试验车 + 54 辆 C80 + SS₄1172 + 54 辆 C80 + SS₄1177 + 54 辆 C80 + SS₄1174 + 54 辆 C80 + 宿营车。

货车：216 辆；客车：2 辆；牵引质量：4 420 t，计长：254。

5.1.4.2　主要试验工况

空车运行全程无特定试验工况，均为通通时分试验。

5.1.4.3　空车运行时分

试验运行区间为肃宁北至神池南，编组方式为 4×5 000 t 编组，运行时分表见表 5.1-40，具体统计对比信息如表 5.1-41、图 5.1-92 和 图 5.1-93 所示。

从图 5.1-92、图 5.1-93 中可以看出，除去发车时准备时间，在其他正常运行的区段，试验列车的运行时间基本和正常运行时间一致（正常运行时分为朔黄公司提供的万吨编组正常运行时分表计算所得）。

表 5.1.40　（空车下行、4×5 000 t 编组）运行时分表

序号	区间名	区间长度/m	发车时间	到站时间	运行时分	累计运行时分	运行平均速度/（km/h）	备注
1	肃宁北站—蠡县站	22 581	09:23	09:53	0:30	0:30	45	
2	蠡县站—博野站	11 010		10:02	0:09	0:39	73	
3	博野站—安国站	12 559		10:12	0:10	0:49	75	
4	安国站—定州东站	16 900		10:26	0:14	1:03	72	
5	定州东站—定州西站	23 950		10:45	0:19	1:22	76	
6	定州西站—新曲站	12 683		10:55	0:10	1:32	76	
7	新曲站—行唐站	14 184		11:07	0:12	1:44	71	
8	行唐站—灵寿站	18 170		11:22	0:15	1:59	73	
9	灵寿站—三汲站	17 353		11:36	0:14	2:13	74	
10	三汲站—西柏坡站	15 295		11:48	0:12	2:25	76	
11	西柏坡站—古月站	22 056		12:08	0:20	2:45	66	
12	古月站—小觉站	18 630		12:25	0:17	3:02	66	
13	小觉站—猴刎站	15 499		12:39	0:14	3:16	66	
14	猴刎站—滴流磴站	20 126		12:58	0:19	3:35	64	
15	滴流磴站—南湾站	26 170		13:23	0:25	4:00	63	
16	南湾站—东冶站	7 840		13:29	0:06	4:06	78	
17	东冶站—回凤站	22 589		13:47	0:18	4:24	75	
18	回凤站—原平南站	24 138		14:07	0:20	4:44	72	
19	原平南站—北大牛站	18 847		14:25	0:18	5:02	63	
20	北大牛站—龙宫站	23 592		14:48	0:23	5:25	62	
21	龙宫站—宁武西站	25 935		15:12	0:24	5:49	65	
22	宁武西站—神池南站	15 931		15:34	0:22	6:11	43	

表 5.1-41 （空车下行、4×5 000 t 编组）运行时分对比表

运行区间	运行时分		平均运行速度/（km/h）	
	试验运行	正常运行	试验运行	正常运行
肃宁北站—蠡县站	0:30	0:18	45	75
蠡县站—博野站	0:09	0:09	73	73
博野站—安国站	0:10	0:10	75	75
安国站—定州东站	0:14	0:13	72	78
定州东站—定州西站	0:19	0:19	76	76
定州西站—新曲站	0:10	0:10	76	76
新曲站—行唐站	0:12	0:11	71	77
行唐站—灵寿站	0:15	0:14	73	78
灵寿站—三汲站	0:14	0:14	74	74
三汲站—西柏坡站	0:12	0:13	76	71
西柏坡站—古月站	0:20	0:19	66	70
古月站—小觉站	0:17	0:17	66	66
小觉站—猴刎站	0:14	0:14	66	66
猴刎站—滴流礓站	0:19	0:19	64	64
滴流礓站—南湾站	0:25	0:24	63	65
南湾站—东冶站	0:06	0:06	78	78
东冶站—回凤站	0:18	0:18	75	75
回凤站—原平南站	0:20	0:20	72	72
原平南站—北大牛站	0:18	0:17	63	67
北大牛站—龙宫站	0:23	0:22	62	64
龙宫站—宁武西站	0:24	0:24	65	65
宁武西站—神池南站	0:22	0:18	43	53
总运行时分/平均速度	6:11	5:49	68	71

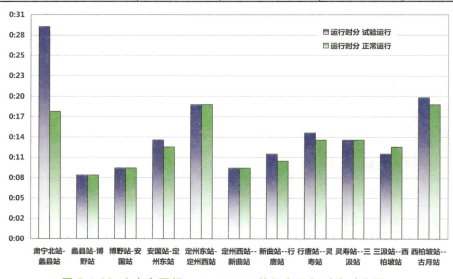

图 5.1-92 （空车下行、4×5 000 t 编组）运行时分对比图 1

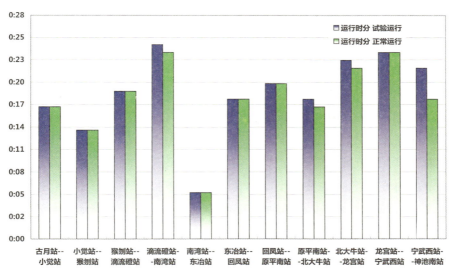

图 5.1-93 （空车下行、4×5 000 t 编组）运行时分对比图 2

5.1.4.4 纵向动力学结果及分析

4×5 000 t 编组组合列车，空车工况进行了一次运行试验，被试车辆的车钩力和车体纵向加速度全程最大值统计结果见表 5.1-42。

表 5.1-42 空车运行试验 车辆纵向动力学参数全程最大值

车辆位置	车号	车钩力/kN	速度/（km/h）	里程/km	车体纵向加速度/（m/s²）	速度/（km/h）	里程/km
1	0043359	391.2	53.0	36.630	3.53	21.1	400.128
29	0038318	400.8	53.0	36.624	−4.51	1.4	403.016
53	0035424	313.1	53.0	36.629	3.92	53.8	197.588
55	0037706	606.7	51.2	59.568	−3.83	53.8	197.577
83	0035556	587.2	51.2	59.595	5.98	38.2	399.211
107	0035548	448.6	51.2	59.611	−4.12	73.1	271.254
109	0039156	542.9	38.2	399.181	3.43	52.8	83.536
137	0039154	434.6	38.2	399.175	6.97	52.8	83.545
161	0034752	384.1	38.2	399.177	6.18	52.7	60.641
163	0043339	392.2	54.4	159.204	5.20	58.4	237.138
189	0039290	268.6	38.2	399.178	7.55	61.1	316.608
215	0043379	243.1	59.7	237.062	8.63	65.3	104.892

所有测试断面中最大车钩力为 606.7 kN，出现在第二台机车之后的第 55 位货车，正常运行工况，线路情况是 10.5‰ 上坡道、$R500$ m 曲线。从全部 12 个断面的车钩力数据来看，$4 \times 5\,000$ t 编组方式下，处于不同位置的车辆所受的纵向力比较平均，就各个小列来看，机后第一辆货车所受的纵向力最大。

车体纵向加速度最大值为 8.63 m/s²，出现在第 215 位货车，位于整列车的尾部。从全部 12 个断面的纵向加速度数据来看，列车尾部的车辆加速度最大。

试验结果表明：2 万吨空车运行试验各被试车的最大纵向车钩力全部小于 2 250 kN，满足大纲规定的安全性指标要求；列车正常运行工况下最大车钩力小于 1 000 kN，满足大纲规定的建议性指标要求。车体纵向加速度均小于 9.8 m/s²，满足大纲规定的建议性指标要求。

图 5.1-94 为空车运行试验全程最大车钩力分布随车辆编组位置的直方图，图 5.1-95 为空车运行试验全程最大车体纵向加速度随车辆编组位置的直方图。图 5.1-96 ~ 图 5.1-106 为空车运行试验车钩力随里程分布的散点图，图 5.1-107 ~ 图 5.1-117 为空车运行试验车体纵向加速度随里程分布的散点图。

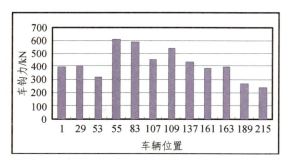

图 5.1-94　车钩力全程最大值（空车）　　图 5.1-95　车体纵向加速度全程最大值（空车）

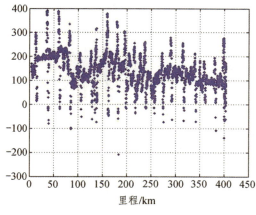

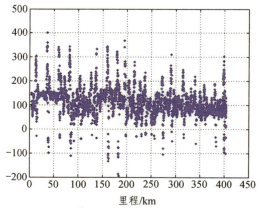

图 5.1-96　C800043359_D1 车第 01 辆　　图 5.1-97　C800038318_D2 车第 29 辆
车钩力散点图　　　　　　　　　　　　　车钩力散点图

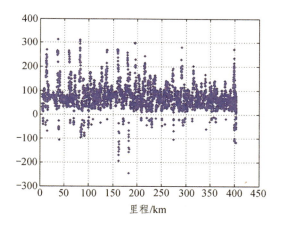

图 5.1-98 C800035424_D3 车第 53 辆
车钩力散点图

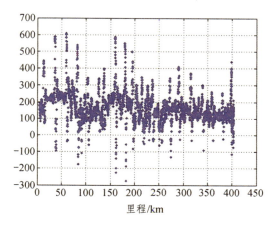

图 5.1-99 C800037706_D4 车第 55 辆
车钩力散点图

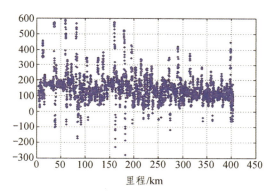

图 5.1-100 C800035556_D5 车第 83 辆
车钩力散点图

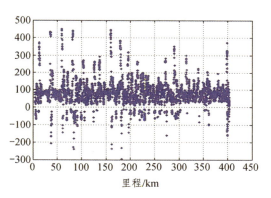

图 5.1-101 C800035548_D6 车第 107 辆
车钩力散点图

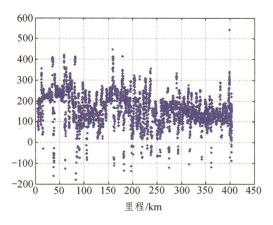

图 5.1-102 C800039156_D7 车第 109 辆
车钩力散点图

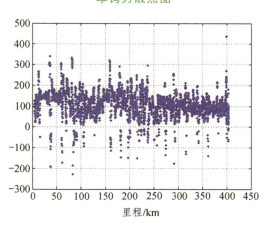

图 5.1-103 C800039154_D8 车第 137 辆
车钩力散点图

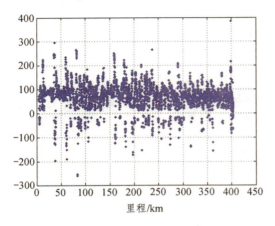

图 5.1-104　C800034752_D9 车第 161 辆
车钩力散点图

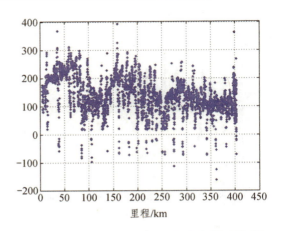

图 5.1-105　C800043359_D10 车第 163 辆
车钩力散点图

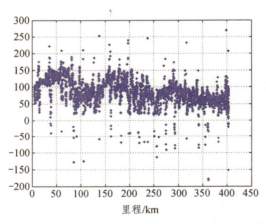

图 5.1-106　C800039290_D11 车第 189 辆车钩力散点图

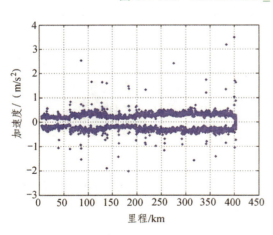

图 5.1-107　C800043359_D1 车第 01 辆
车体纵向加速度散点图

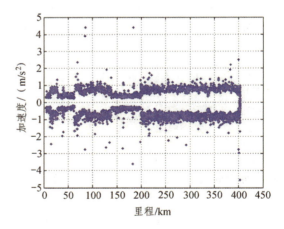

图 5.1-108　C800038318_D2 车第 29 辆
车体纵向加速度散点图

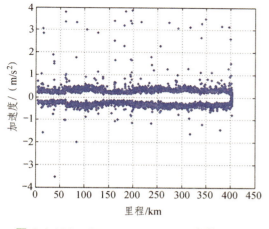

图 5.1-109　C8000356424_D3 车第 53 辆
车体纵向加速度散点图

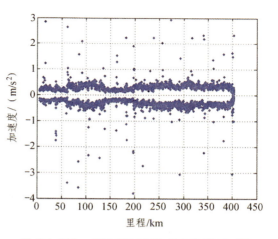

图 5.1-110　C800037706_D4 车第 55 辆
车体纵向加速度散点图

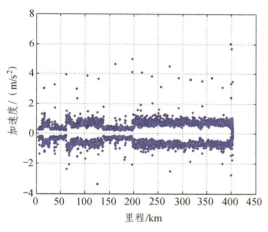

图 5.1-111　C800035556_D5 车第 83 辆
车体纵向加速度散点图

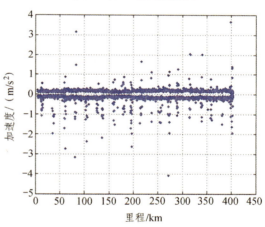

图 5.1-112　C800035548_D6 车第 107 辆
车体纵向加速度散点图

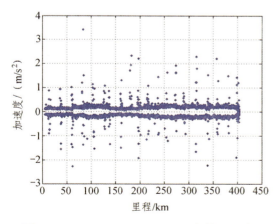

图 5.1-113　C800039156_D7 车第 109 辆
车体纵向加速度散点图

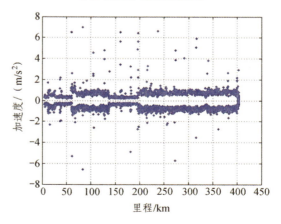

图 5.1-114　C800039154_D8 车第 137 辆
车体纵向加速度散点图

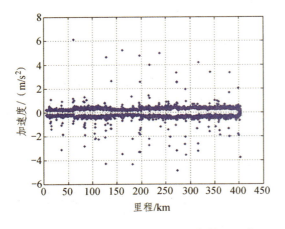

图 5.1-115　C800034752_D9 车第 161 辆
车体纵向加速度散点图

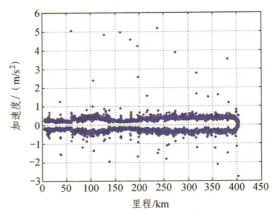

图 5.1-116　C800043339_D10 车第 163 辆
车体纵向加速度散点图

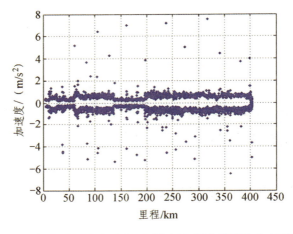

图 5.1-117　C800039290_D11 车第 189 辆车体纵向加速度散点图

5.1.4.5　从控机车力学结果及分析

空车线试验于 2013 年 1 月 2 日进行，列车编组方式和重车线试验相同，只是中部从控机车 SS₄1177 布置了测点的 A 节机车在本次试验中位于运行方向前端。试验过程中，列车按正常运用操纵。

表 5.1-43 中列出了中部从控机车运行安全性参数试验全程最大值测量结果。中部从控机车的脱轨系数、轮重减载率和轮轴横向力等安全性指标均在安全限度以内，车钩所受最大压钩力为 292 kN，车钩最大偏转角 4°。

图 5.1-118 给出了中间车钩和后端车钩所受纵向力试验全程的分布情况。从图中可以看出，从控机车几乎全程一直处于受拉车钩力作用状态，最大拉钩力在 500 kN 左右。根据这一区段的编组特点和纵向力分布规律来看，出现从控机车受压屈失稳的可能性很小。

表 5.1-43　中部从控机车 SS₄1177 动力学全程统计结果

测量参数	限度值	最大值	里程/km	速度/(km/h)	线路工况
脱轨系数	0.9	0.76	166.728	67.4	R495 m 曲线
轮重减载率	0.65	0.45	273.103	75.4	直向道岔
轮轴横向力/kN	90	83.8	70.591	65.6	R600 m 曲线
中间车钩压钩力/kN	2 250	216	185.010	64.9	直线
前端车钩压钩力/kN	2 250	292	185.010	64.9	直线
中间车钩偏转角/(°)	6	3.1	17.804	52.3	R400 m 曲线
前端车钩偏转角/(°)	6	4.0	40.875	68.7	R500 m 曲线

[注]：表中里程标均为被试机车所处位置。

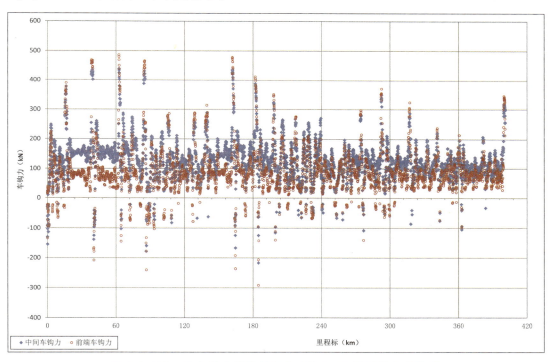

图 5.1-118　空车线中部从控机车 SS₄1177 承受纵向力情况

5.1.4.6　特定位置 C80 货车动力学试验

空车试验在 1 月 2 日进行，试验编组、测试货车均与重车试验时相同。本次 2 万吨组合列车综合试验特定位置 C80 货车动力学试验在整列重载货车中选取了两辆货车进行了测试：第 107 位货车 C800035548（货车计数不包括机车和试验车）、第 215 位货车 C800043379（散点图见图 5.1-119～图 5.1-130）。试验中两辆测试货车作为关门车处理。试验运行时，测试货车的 1 轴及 1 位车体加速度在前进端。空车试验时没安排制动工况测试，只对运行全程监测的数据进行处理和分析。

全程测试数据指标最大值见表 5.1-44。

运行稳定性指标脱轨系数最大值 1.06、轮重减载率最大值 0.59、轮轴横向力最大为 25.69 kN。脱轨系数最大值出现在侧向通过道岔时，轮轴横向力最大值出现在通过 *R*600 m 曲线时。运行稳定性指标均满足限度要求；车辆横向、垂向加速度均在限度值范围内，横向、垂向平稳性指标均属于优级，运行平稳性指标均满足限度要求。

表 5.1-44 全程测试数据指标最大值汇总（空车）

车号		C800035548			C800043379		
		最大值	速度/（km/h）	里程/km	最大值	速度/（km/h）	里程/km
1 轴	脱轨系数	1.00	42.2	1.179	1.06	19.7	2.128
	轮重减载率	0.40	78.0	378.066	0.59	64.8	70.920
	轮轴横向力/kN	20.63	67.4	18.854	25.69	67.9	217.730
4 轴	脱轨系数	0.52	76.9	385.215	0.37	78.2	95.406
	轮重减载率	0.42	77.1	332.299	0.42	66.3	149.211
	轮轴横向力/kN	21.97	77.2	387.141	19.11	46.1	400.610
车体1位	横向加速度/（m/s²）	3.73	65.4	107.329	3.24	60.0	320.224
	横向平稳性	3.00	76.8	260.077	2.69	58.3	200.905
	垂向加速度/（m/s²）	3.83	56.5	15.661	5.00	59.6	241.602
	垂向平稳性	3.02	78.0	389.993	2.83	76.3	334.901
车体2位	横向加速度/（m/s²）	3.24	61.1	317.924	2.06	65.9	169.903
	横向平稳性	2.60	67.7	74.525	2.67	56.6	67.287
	垂向加速度/（m/s²）	4.91	71.2	272.935	3.53	64.9	70.730
	垂向平稳性	2.97	65.5	68.397	2.86	76.3	334.919

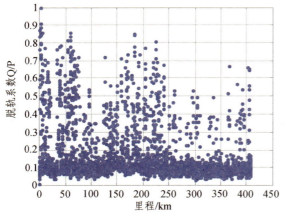

图 5.1-119 C80_0035548 车 1 轴散点图

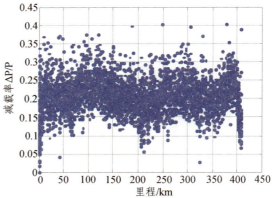

图 5.1-120 C80_0035548 车 1 轴散点图

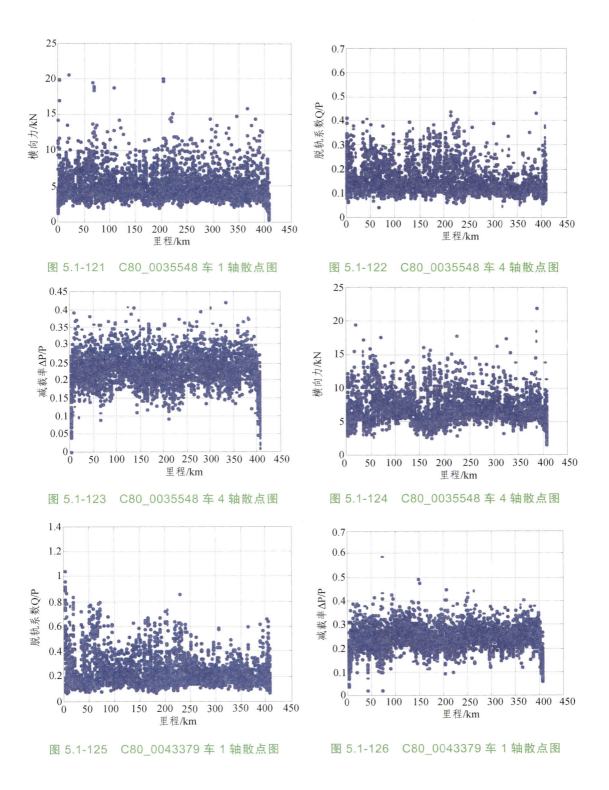

图 5.1-121　C80_0035548 车 1 轴散点图

图 5.1-122　C80_0035548 车 4 轴散点图

图 5.1-123　C80_0035548 车 4 轴散点图

图 5.1-124　C80_0035548 车 4 轴散点图

图 5.1-125　C80_0043379 车 1 轴散点图

图 5.1-126　C80_0043379 车 1 轴散点图

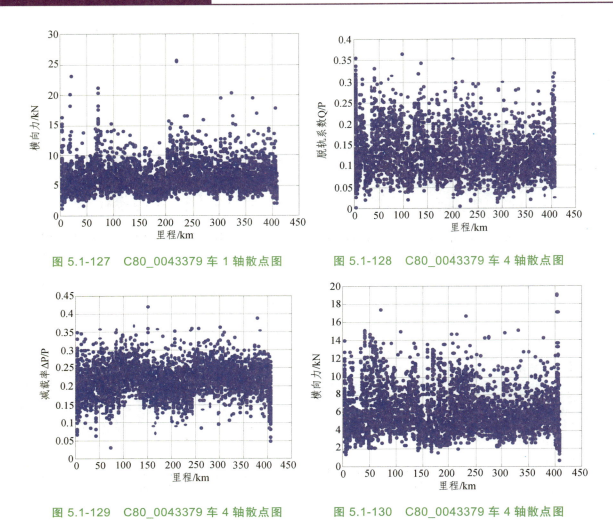

图 5.1-127　C80_0043379 车 1 轴散点图　　图 5.1-128　C80_0043379 车 4 轴散点图

图 5.1-129　C80_0043379 车 4 轴散点图　　图 5.1-130　C80_0043379 车 4 轴散点图

5.1.4.7　空车运行试验小结

通过对 1 次空车运行试验时试验全程的机车牵引参数、列车及纵向动力学参数、位于列车中部的从控 2 机车以及第 107 位和 215 位货车的运行安全性等参数进行测试，得出如下结论：

（1）在可比区段，试验列车的运行时分与朔黄线现行空车的图定运行时分基本相当。

（2）空车正常运行主要为牵引工况，测得的最大车钩力为 608 kN（54 位货车），最大车体纵向加速度为 8.63 m/s²（第 215 位货车），均满足试验大纲规定的建议性指标要求。

（3）空车正常运行主要为牵引工况，位于中部的从控 2 机车几乎全程一直处于受拉钩力作用状态，最大拉钩力在 500 kN 左右。根据这一区段的编组特点和纵向力分布规律来看，出现从控机车受压屈失稳的可能性很小。

空车运行全程，特定位置 C80 货车运行稳定性指标均满足限度要求；车辆横向、垂向加速度均在限度值范围内，横向、垂向平稳性指标属于优级，运行平稳性指标均满足限度要求。

5.1.5 试验结论及建议

通过对 4 台 SS$_4$ 机车采用 4×5 000 t 编组方式牵引 216 辆 C80 货物的列车进行运行试验，得到如下结论及建议：

（1）4 台 SS$_4$ 机车采用 4×5 000 t 编组方式牵引 216 辆 C80 重车，在合理操纵及牵引力发挥正常的条件下，可以满足限制坡道的起动作业。

（2）除有试验任务的区间之外，在其他可比区间，2 万吨列车运行时分与万吨列车正常图定运行时分基本一致。

（3）列车运行试验各次调速制动时测得的主、从控机车制动、缓解同步性较差，2 次运行试验制动、缓解同步时间大于 4 s 的约占 54.7%（统计样本 224 次）。

（4）通过配合使用机车电制动和列车空气制动，4×5 000 t 编组列车可在长大下坡道区段按限速要求控制列车速度，并能保证列车循环制动过程中有充足的再充气时间；即使在机车电制动失效的情况下，仅使用列车空气制动，也可实现按限速要求控制列车速度，列车再充气时间亦满足要求。

（5）4×5 000 t 编组方式在试验制动工况下，列车最大车钩力多发生在中部机车附近，各试验制动工况下的车钩力及车体纵向加速度均满足相应建议性指标要求（常用全制动最大车钩力不大于 1 500 kN，正常运行工况不大于 1 000 kN，车体纵向加速度不大于 9.8 m/s^2），更满足试验规定的安全性指标要求（最大车钩力不大于 2 250 kN）。

（6）采用 4×5 000 t 编组方式的 2 万吨重载组合列车，位于列车中部的从控 2 被试机车，在正常运行工况下所受车钩压力基本保持在 1 000 kN 以下，机车的运行安全性各项参数符合控制要求，能够确保运行安全；在常用全制动和个别位置（K186 附近）调速制动缓解时，从控机车钩缓装置在受到大于 1 000 kN 较大压钩力时出现过不够稳定的现象，导致运行安全性参数裕量降低，但尚未超出控制限度。

（7）特定位置的被试 C80 货车重车运行时，重车和空车（107 位和 215 位）全程运行及在制动工况下的运行稳定性、运行平稳性测试结果均在限度值范围内。

（8）空车运行全程主要为牵引工况，列车最大纵向力处于较低水平，位于中部的从控 2 机车几乎全程一直处于受拉车钩力作用状态，根据这一区段纵向力分布规律来看，出现从控机车受压屈失稳的可能性很小，从控 2 机车与特定位置 C80 货车的运行安全性指标均在试验大纲规定限度之内。

本次试验数据表明，采用 4×5 000 t 编组方式开行 2 万吨组合列车是基本可行的，但考虑到同步控制系统同步作用时间、线路、供电、站场、通通时分等综合因素，在正式开行前建议进行以下工作：

（1）对无线同步控制系统控制命令的传递及转发方式进行优化，缩短同步作用时间，消除安全隐患。

（2）各种制动工况下列车最大车钩力多发生在中部机车附近，为尽可能降低中部从控机车受压失稳所带来的安全风险，建议继续深化对钩缓装置受压稳定性问题研究，提高钩缓装置的结构稳定性。

（3）调速制动缓解时是否使用机车电制动以及机车电制动施加的大小对列车的纵向力有明显影响，建议进一步优化列车操纵措施，减小中部从控机车所受纵向力。

（4）对可能出现较大列车纵向力的线路地点采取重点监控措施，强化轨道结构。

（5）重载列车应正常运行多个往返，掌握其无试验任务时的详细运行时分，与图定时分比较，进而优化运输方案，提高运输效率。

5.2 朔黄铁路两万吨 232 辆试验

5.2.1 概 述

5.2.1.1 前 言

根据集团公司工作安排，为了对开行基于 LTE 网络的 2 万吨组合列车的可行性进行研究与探讨，研究 2 万吨组合列车的牵引、制动及纵向动力学性能、中部从控机车动力学性能、特殊位置车辆动力学等性能，2014 年 9 月至 11 月，在神池南至肃宁北间进行了 3 种编组方式的 2 万吨列车系列试验。

5.2.1.2 试验日程

试验日程如下所示。

试验日程

日　　期	工作内容
9 月 12	全体试验人员到达肃宁进行试验准备
9 月 13～14 日	在肃宁北车检中心进行货车测力车钩、测力轮对换装，制动及纵向动力学测试传感器的安装。 在机辆分公司进行机车测力车钩、测力轮对更换，机车测试用传感器安装
9 月 15～16 日	空车回送装载，重车编组，重车编组为： HXD17146＋116 辆 C80＋HXD17145＋116 辆 C80＋RW005 宿营车＋可控列尾
9 月 17～21 日	在神池南站进行测试系统连线、测试系统静态调试、静置试验等工作
9 月 22	神华 8 轴交流机车 1＋1 第 1 次 2 万吨重车运行试验，列车编组方式为： HXD17146＋116 辆 C80＋HXD17145＋116 辆 C80＋RW005 宿营车＋可控列尾
9 月 23～24 日	空车回送，装载
9 月 25～27 日	在神池南站进行测试系统连线、测试系统静态调试
9 月 28 日	神华 8 轴交流机车 1＋1 第 2 次 2 万吨重车运行试验，编组同 9 月 22 日
10 月 8 日	铁科院试验人员到达肃宁北，准备进行神华 8 轴交流机车 1＋1＋可控列尾编组空车运行试验
10 月 9～11 日	1. 在机辆分公司换装 SS$_4$ 机车测力轮对及车钩； 2. 在肃宁北站进行 1＋1＋可控列尾编组空车测试系统调试及空车静置试验

日　　期	工作内容
10 月 12 日	神华 8 轴交流机车 1＋1 空车运行试验，列车编组如下： HXD17146＋116 辆 C80 空车＋HXD17145＋116 辆 C80 空车＋RW005 宿营车＋可控列尾
10 月 13～15 日	1. 空车装载； 2. 安装 SS₄ 机车用测试设备； 3. 重车编组，机车改为 SS₄ 机车，列车编组方式如下，简称 SS₄ 机车 2＋1＋1 编组。 SS₄B0185＋SS₄B0186＋116 辆 C80＋SS₄6180＋116 辆 C80＋RW005 宿营车＋SS₄B0188
10 月 16～18 日	SS₄ 机车 2＋1＋1 编组测试系统调试，列车静置试验，动态调试
10 月 19 日	SS₄ 机车 2＋1＋1 编组重车第 1 次运行试验
10 月 20～21 日	卸载，空车编组，编组方式为： SS₄B0185＋SS₄B0186＋116 辆 C80＋SS₄B0188＋SS₄6180＋116 辆 C80＋RW005 宿营车＋可控列尾
10 月 22 日	SS₄ 机车 2＋2 编组空车运行试验
10 月 23～25 日	装载，编组，测试系统连线、调试
10 月 26 日	SS₄ 机车 2＋1＋1 编组重车第 2 次运行试验
10 月 27 日	空车卸载，在机辆分公司安装神华 12 轴机车测试设备
10 月 28 日	空车回送，试验人员赴神池
10 月 29 日	装载，编组，具体编组方式为： 神华 12 轴交流机车＋116 辆 C80 空车＋HXD17145＋116 辆 C80 空车＋RW005 宿营车＋可控列尾
10 月 30～31 日	测试系统连线，调试
11 月 1 日	重车运行试验，编组同 10 月 29 日
11 月 2 日	测试设备拆除，试验结束

5.2.1.3　试验用机车、车辆

1. 机　　车

本次试验 3 种两万吨列车编组共采用 3 种机型，分别为 SS₄、神华号交流 8 轴机车（见图 5.2-1）、神华号交流 12 轴机车（见图 5.2-2），主要技术参数参见 2.2 节所述。

2. 车　　辆

本次试验采用 C80 双浴盆式铝合金运煤专用敞车，C80 车为两辆一组，两车之间采用牵引拉杆连接，两端分别为 16 号旋转车钩和 17 号固定车钩，详见 4.2 节所述。

图 5.2-1　神华号交流 8 轴机车

图 5.2-2　神华号交流 12 轴机车

5.2.1.4　测点布置方式

1．牵引测试测点布置

　　试验分为 3 种编组方式：神 8 机车 1＋1、SS₄ᵦ机车 2＋1＋1、神 12 与神 8 机车 1＋1，牵引相关参数包括牵引电机电压、电流、牵引手柄级位、网压、网流等，测点布置分别如表 5.2-1～表 5.2-3 所示。

表 5.2-1　牵引测试测点布置表（神 8 机车 1＋1 编组）

序号	测试参数	被测车线号/位置	信号特征/传感器
	1#机车（HXD1 7146）测点布置表		
52	网压	110138.01/110137.01	AC25kV/150V、机车传感器
53	原边电流	110172.01	AC1000A/1V、LT505
54	电机电压	A/INV1:A/B/C	AC4000V/10V、CV4
55	电机电流	A/INV1: B	AC1000A/1V、LT1005
56	速度	信号柜 91-X145.02	脉冲、机车传感器

序号	测试参数	被测车线号/位置	信号特征/传感器
		2#机车（HXD1 7145）测点布置表	
57	网压	110138.01/110137.01	AC25kV/150V、机车传感器
58	原边电流	110172.01	AC1000A/1V、LT505
59	电机电压	A/INV1:A/B/C	AC4000V/10V、CV4
60	电机电流	A/INV1: B	AC1000A/1V、LT1005
61	速度	信号柜 91-X145.02	脉冲、机车传感器

表 5.2-2 牵引测试测点布置表（SS₄机车 2＋1＋1 编组）

序号	测试参数	被测车线号/位置	信号特征/传感器
		1#机车（SS₄B 0185）测点布置表	
1	网压	（＋）:102QA 103 线 （-）:变压器原边 100 线	AC 25 kV/100 V、机车传感器
2	原边电流	X100	AC 300 A/5 A、分流器 400 mv/A
3	电机电压 1	1771/700	DC 1 500 V/10 V、机车传感器
4	电机电流 1	1781/700	DC 1 500 A/10 V、机车传感器
5	手柄级位信号	1703/700	6.67%/1 V、机车传感器
		2#机车（SS₄B 0186）测点布置表	
		无测点	
		3#机车（SS₄ 6180）测点布置表	
6	网压	（＋）: 102QA 103 线 （－）: 变压器原边 100 线	AC 25 kV/100 V、机车传感器
7	原边电流	X100	AC 300 A/5 A、分流器 400 mv/A
8	电机电压 1	1771/700	DC 1 500 V/10 V、机车传感器
9	电机电流 1	1781/700	DC 1 500 A/10 V、机车传感器
10	手柄级位信号	1703/700	6.67%/1 V、机车传感器
11	牵引信号	406/400	DC 110 V
12	电制动信号	405/400	DC 110 V
		4#机车（SS₄B 0188）测点布置表	
13	网压	（＋）: 102QA 103 线 （－）: 变压器原边 100 线	AC 25 kV/100 V、机车传感器
14	原边电流	X100	AC 300 A/5 A、分流器 400 mv/A
15	电机电压 1	1771/700	DC 1 500 V/10 V、机车传感器
16	电机电流 1	1781/700	DC 1 500 A/10 V、机车传感器
17	手柄级位信号	1703/700	6.67%/1 V、机车传感器

表 5.2-3　牵引测试测点布置表（神 12 + 神 8 编组）

序号	测试参数	被测车线号/位置	信号特征/传感器
\multicolumn{4}{c}{1#机车（神 12 机车）测点布置表}			
1	网压	110138.01/110137.01	AC 25kV/150 V、机车传感器
2	原边电流	110172.01	AC 1 000 A/1 V、LT505
3	电机电压	A/INV1:A/B/C	AC 4 000 V/10 V、CV4
4	电机电流	A/INV1: B	AC 1 000 A/1 V、LT1005
5	速度	信号柜 91-X145.02	脉冲、机车传感器
\multicolumn{4}{c}{2#机车（HXD1 7145）测点布置表}			
6	网压	110138.01/110137.01	AC 25 kV/150 V、机车传感器
7	原边电流	110172.01	AC 1 000 A/1 V、LT505
8	电机电压	A/INV1：A/B/C	AC 4 000 V/10 V、CV4
9	电机电流	A/INV1：B	AC 1 000 A/1 V、LT1005
10	速度	信号柜 91-X145.02	脉冲、机车传感器

2. 制动与纵向动力学测试测点布置

为了研究列车的制动性能以及机车的制动作用同步性，在主控及从控机车和列车的第 1、29、57、85、116、117、145、173、201 和 232 位货车（计数不包括机车）共计 10 个货车断面布置了制动测点，主要包括机车均衡风缸压力、列车管压力、制动缸压力以及车辆的列车管、副风缸和制动缸压力等。

为了研究不同运行状态下列车的纵向动力学性能，在第 1、29、57、85、115、117、145、173、201 和 231 位货车（计数不包括机车）共计 10 个货车断面布置了纵向动力学测点，主要包括车钩力、缓冲器行程和纵向加速度。

其他测试参数还包括线路曲线半径，列车运行速度等，合计测点约 70 个。

3. 从控机车动力学测点布置

在"神 8 机车 1 + 1 编组"和"神 12 + 神 8 编组"试验中被试从控机车为 HXD17145 号，在"SS₄ 机车 2 + 1 + 1 编组"试验中被试从控机车为 SS₄6180 号。试验过程中在被试验机车重车运行前进方向的后节机车布置了如下测点：

前进方向第五位轴和第八位轴（后节机车的两个端轴）更换为测力轮对；

前进方向中间钩和后端钩（后节机车的两个车钩）更换为测力车钩；

前进方向中间钩和后端钩布置纵向和横向位移计；

后节机车转向架一系和二系悬挂系统布置垂向和横向位移计；

后节机车车体中心线两端布置三向振动加速度传感器；

列车管空气压力传感器，测量空气制动系统的动作信号；

陀螺仪角速度传感器，测量线路曲线曲率；

速度、里程信号；

GPS 时钟信号；

中间车钩布置电视摄像。

4. 特定位置货车动力学测点布置

通过测试轮轴横向力、轮重减载率、脱轨系数的等参数，评估 2 万吨组合列车的特殊位置车辆运行安全性。

在第 118 位货车（货车计数不包括机车和试验车）各换装 2 条测力轮对。

在被试车前进方向转向架摇枕处布置位移传感器，测量转向架摇枕弹簧垂向位移。

在被试车的车体中梁下盖板距前进方向心盘内侧小于 1 m 的位置布置加速度传感器，测量车体横向、垂向加速度。

5.2.1.5 评定指标

1. 机车动力学评定标准

参照机车车辆运行安全性的现行有关标准，并借鉴以往重载组合列车试验中对中部从控机车的动力学性能控制指标，确定机车运行安全性参数的限度值如下：

脱轨系数　　　　　　≤0.90；

轮重减载率　　　　　≤0.65；

轮轴横向力　　　　　≤90 kN（SS₄ 机车）；≤97 kN（HXD1 机车）；

最大车钩力　　　　　≤2 250 kN；

车钩偏转角　　　　　≤6°。

2. C80 货车动力学评定标准

参见 4.2.1.5。

3. 列车纵向动力学安全性评定指标

纵向车钩力≤2 250 kN。

4. 建议性评定指标

（1）列车纵向动力学。

列车常用全制动工况：最大车钩力≤1 500 kN；

列车正常运行工况：最大车钩力≤1 000 kN；列车纵向加速度≤9.8 m/s²。

（2）主、从控机车空气制动同步作用时间。

空气制动、缓解同步作用时间≤4 s；牵引、电制级位调整同步时间≤6 s。

5.2.2 列车静置试验

5.2.2.1 试验目的

测试列车的基本制动性能，测试主、从控机车制动、缓解的同步性，不同减压量下的制动排气时间、列车再充气时间和制动缸升压情况，比较不同编组方式列车的制动性能，为列车操纵提供数据支持。

分别对 2 种重车编组方式（即交流机车 1 + 1 编组和 SS₄ 直流机车 2 + 1 + 1 编组）和 1 种空车编组（交流机车 1 + 1 编组）进行了制动静置试验。

5.2.2.2　编组方式

两种重车编组方式为：

（1）交流机车 1 + 1 编组。

HXD17146（或神华 12 轴交流机车）+ 116 辆 C80 + HXD 17145 + 116 辆 C80 + RW005 宿营车 + 可控列尾。

（2）SS₄机车 2 + 1 + 1 编组

SS₄0185 + SS₄0186 + 116 辆 C80 + SS₄6180 + 116 辆 C80 + RW005 宿营车 + SS₄0188。

（3）空车编组方式为交流机车 1 + 1 编组，具体为：

HXD17146 + 116 辆 C80 + HXD 17145 + 116 辆 C80 + RW005 宿营车 + 可控列尾。

全列共有关门车 1 辆，位于从控机后第 2 辆，为试验安装测力轮对要求关门。

5.2.2.3　静置试验内容

根据试验大纲，静置试验主要进行了以下试验项目：

（1）列车制动系统漏泄试验。

（2）常用制动及缓解试验，分别进行了减压 50 kPa、70 kPa、100 kPa 及常用全制动试验。

（3）紧急制动及缓解试验。

（4）阶段制动试验。

（5）循环制动模拟试验。

（6）模拟列车断钩保护试验。

（7）模拟通信中断下的制动及缓解试验。

（8）从控机车单压缩机供风能力试验。

（9）机车开通"补风"功能试验。

（10）制动同步性测试。

5.2.2.4　试验结果及分析

5.2.2.4.1　交流机车 1+1 编组（重车）

1. 空气制动/缓解同步性

对 10 次空气常用制动的制动/缓解同步时间（同步时间定义：主控机车实施制动/缓解与从控机车开始制动/缓解的时间差）进行了统计，统计结果如图 5.2-3 所示，同步时间均在 2 s 之内，较朔黄 4×5 000 t 编组 2 万吨（同步时间 4 s 以上占 43%）有了显著改善，最大 1.82 s，最小 1.42 s，平均 1.66 s。

对 4 次紧急制动的从控机车响应时间进行了统计，其中 2 次为 3.00 s，1 次 2.91 s，1 次 2.88 s，响应时间反倒长于常用制动。

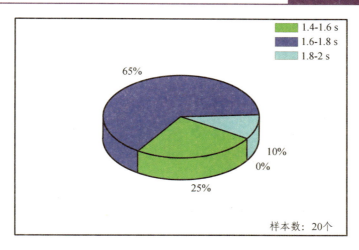

图 5.2-3　常用制动/缓解同步时间分布

2. 列车再充气时间

试验列车不同减压量时的列车再充气时间如图 5.2-4 所示，基于运行试验的实际情况，仅对初制动后的再充气时间进行详细分析。如图所示，本次试验编组列车初制动后充至 580 kPa 的时间为 3 min 30 s，意味着在朔黄线 2 个长大下坡道区段采用初制动方式进行循环制动时，为确保列车有效充风，保证列车制动力不衰减，两次制动间隔时间至少应大于 3 min 30 s。

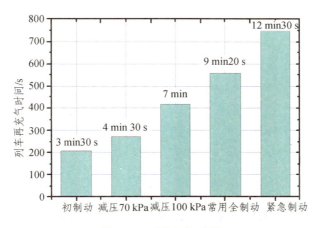

图 5.2-4　再充气时间

注：再充气时间表示列车尾部货车副风缸充至 580 kPa 的时间。

图 5.2-5 所示为试验列车初制动缓解时典型位置货车副风缸充至 580 kPa 的时间，从图可知：由于试验列车编组方式所致，第 1 小列 1 min 22 s 可充气至 580 kPa，第 2 小列前 30 位左右货车亦可在 2 min 35 s 之内充至 580 kPa，而第 2 小列后半列（173 位以后）的再充气时间基本相同，较前 1.5 万吨相差较大。

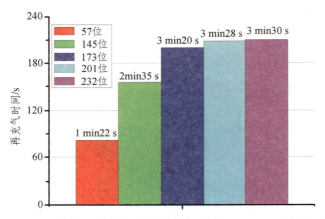

图 5.2-5　典型位置货车初制动缓解时充至 580 kPa 的时间

3. 循环制动模拟试验

静置试验时进行了循环制动模拟试验,试验方法为"初制动后保压 3 min,充气缓解 3 min,然后再进行初制动",共进行了 4 次制动,4 次制动时制动缸最终压力变化如图 5.2-6 所示,初次制动时由于前期充气时间较长,各测试位置制动缸压力介于 150～170 kPa 之间,平均 160 kPa;随后 3 次制动,由于充气时间仅为 3 min,145 位货车以后车辆由于充风不足,制动缸压力较第 1 小列出现了明显衰减,制动缸平均压力仅约为前 1 小列的 63%。制动力衰减意味着为了确保在长大下坡道区段有效控制列车速度,势必要增大减压量,而减压量的增大意味着下次缓解时需要更长的再充气时间,同时在缓解时也容易造成更大的列车纵向力。

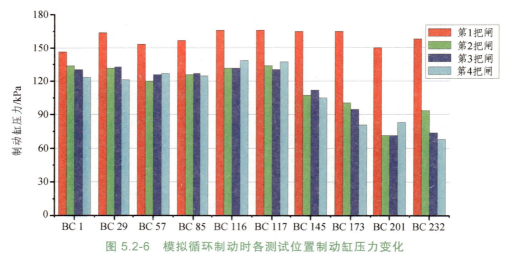

图 5.2-6　模拟循环制动时各测试位置制动缸压力变化

注:BC*表示第*位货车制动缸,货车计数不含机车。

4. 列车开始制动/缓解时间

列车开始制动时间指从主控机车开始实施制动到各位置货车开始产生制动作用的时间差;列车开始缓解时间指从主控机车开始实施缓解到各位置货车开始产生缓解作用的时间差。

对交流机车 1＋1 编组试验列车常用制动与紧急制动的不同位置货车开始制动与缓解的时间进行了测试。图 5.2-7 所示为 1＋1 编组制动时各测试位置货车开始产生制动作用的时间,从图可知，常用制动不同减压量时制动同步性基本相当，全列车均在 8 s 之内产生常用制动作用；紧急制动同步性优于常用制动，全列车在 6 s 之内均产生紧急制动作用。

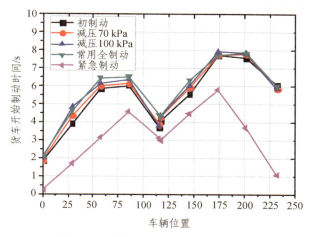

图 5.2-7　各位置货车开始制动时间

图 5.2-8 ~ 图 5.2-10 所示为 2 + 1 + 1 编组不同减压量缓解时各测试位置货车开始产生缓解作用的时间。

从图 5.2-8 可知，初制动、减压 70 kPa 后缓解的时间基本相同，整列车在 20 s 之内均产生缓解作用，但前 150 辆货车与后 58 辆货车存在较大的缓解时间差，前 10 辆 7 s 左右产生缓解作用，后 58 辆在 18 ~ 20 s 产生缓解作用，该缓解规律与大秦线 1 + 1 编组 2 万吨列车基本相同，列车前后缓解的严重不同步性造成 2 万吨列车在长大下坡道区段缓解时列车车钩产生先拉后压的运动过程，从而导致较大的纵向车钩力。图 5.2-11 所示为大秦 2 万吨长大下坡道区段循环制动缓解过程中产生的最大车钩力分布情况，统计样本共计 38 个，其中出现大于 1 000 kN 车钩力的比例约为 86.8%，大于 1 500 kN 车钩力的比例约为 31.5%，大于 2 000 kN 的比例为 5.3%，出现的最大值为 2 309 kN，超出了试验规定的车钩力安全限制，平均值为 1 363 kN。本次试验的 1 + 1 + 可控列尾编组 2 万吨列车，初制动后的缓解特性与大秦 1 + 1 +

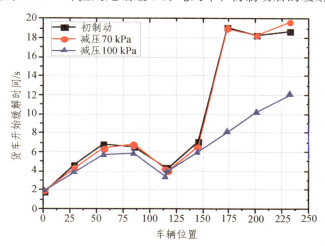

图 5.2-8　各位置货车开始缓解时间 1

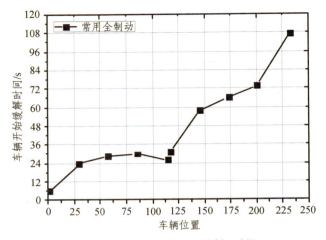

图 5.2-9　各位置货车开始缓解时间 2

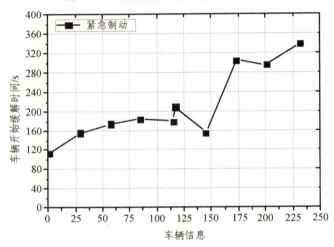

图 5.2-10　各位置货车开始缓解时间 3

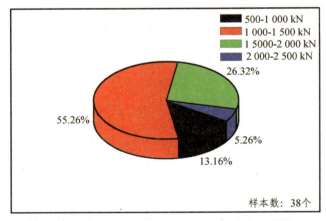

图 5.2-11　大秦 1＋1 编组 2 万吨空气制动调速缓解时车钩力大值统计

可控列尾编组基本相同，且编组辆数增加 22 辆，车钩总间隙为大秦的 1.67 倍，按照理论推算，空气调速制动缓解（初制动减压）时产生的纵向力水平应不低于大秦线。从图 5.2-8 还可以看出，减压100 kPa缓解时列车缓解同步性要优于初制动和减压70 kPa，前150辆货车缓解开始缓解时间与初制动和减压70 kPa基本相当，后80辆货车在6～12 s之内产生缓解作用。

从图5.2-9可以看出，常用全制动缓解时，各位置货车在主控机车实施缓解后的第6 s至108 s之间陆续开始缓解；从图5.2-10可以看出，紧急制动缓解时，各位置货车在主控机车实施缓解后的第110 s至340 s之间陆续开始缓解。

5. 其他试验情况说明

（1）列车的阶段制动性能正常。

（2）断钩保护模拟试验表明：在第1小列后部、第2小列中部模拟断钩，打开制动软管产生紧急制动，机车均能响应紧急制动；机车有级位时，未跳主断，牵引封锁。

（3）模拟通信中断试验表明：当主、从之间通信中断时，主控无论是初次减压还是初制动后追加减压，从控机车均可转为单机并使制动信号继续沿列车管向后传递。

（4）机车开通"补风"功能试验表明：开通"补风"后，机车施加制动，制动后需机车列车管压力比均衡风缸压力低10 kPa以上时才能开始补风，补风灵敏度与大秦线CCB Ⅱ和法维莱制动机相比存在差异，建议根据实际需要进行相应调整。

5.2.2.4.2　SS₄机车2+1+1编组（重车）

1. 空气制动/缓解同步性

对8次常用制动/缓解时2台从控机车（中部和尾部）同步时间进行了统计，同步结果如图5.2-12所示，同步时间均在2 s之内，最小1.10 s，最大1.66 s，平均1.31 s，机车制动、缓解同步性好，与交流机车1+1编组相当。

对2次紧急制动时从控机车响应时间进行了统计，平均为1.4 s。

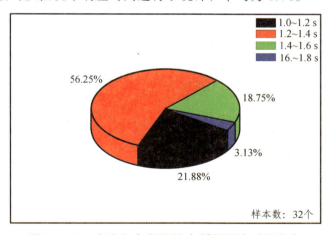

图 5.2-12　直流机车常用制动/缓解同步时间分布

2. 列车再充气时间

试验列车不同减压量时的列车再充气时间如图5.2-13所示，本次试验编组列车初制动后充至580 kPa的时间为1 min 16 s，意味着在朔黄线2个长大下坡道区段采用初制动方式进行循环制动时，为确保列车有效充风，保证列车制动力不衰减，两次制动间隔时间至少应大于1 min 16 s。

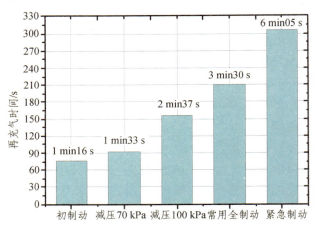

图 5.2-13　不同制动工况的列车再充气时间

注：再充气时间表示列车中充气最慢的货车副风缸充至 580 kPa 的时间。

3. 循环制动模拟试验

SS₄机车 2 + 1 + 1 编组同样进行了循环制动模拟试验，试验方法为"初制动后保压 3 min，充气缓解 3 min，然后再进行初制动"，由于该编组方式初制动后尾部副风缸充至 580 kPa 的时间仅为 1 min 16 s，远小于 3 min，因此每次循环制动时均能确保副风缸充满，制动缸压力未出现衰减现象。

4. 列车开始制动/缓解时间

图 5.2-14 所示为 SS₄机车 2 + 1 + 1 编组制动时各测试位置货车开始产生制动作用的时间，从图可知，常用制动不同减压量时制动同步性基本相当，全列车均在 8 s 之内产生常用制动作用；紧急制动同步性优于常用制动，全列车在 5 s 之内均产生紧急制动作用。

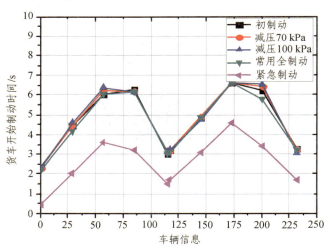

图 5.2-14　列车制动同步性

图 5.2-15 ～ 图 5.2-17 所示为 2 + 1 + 1 编组不同减压量缓解时各测试位置货车开始产生缓解作用的时间，从图 5.2-15 可知，初制动、减压 70 kPa 和减压 100 kPa 后缓解时，整列车在 7.5 s 之内均产生缓解作用，列车缓解同步性好；图 5.2-16 所示为常用全制动后缓解时各位置

货车开始缓解的时间，从图可知，各位置货车在主控机车实施缓解后的第 6 s 至 34 s 之间陆续开始缓解；图 5.2-17 所示为紧急制动后缓解时各位置货车开始缓解的时间，从图可知，各位置货车在主控机车实施缓解后的第 60 s 至 125 s 之间陆续开始缓解。

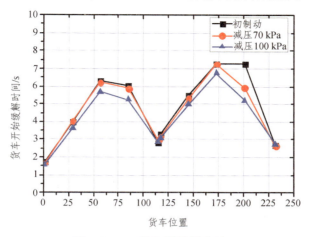

图 5.2-15　列车缓解同步性 1

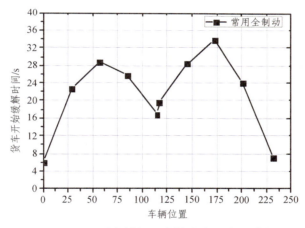

图 5.2-16　列车缓解同步性（常用全制动）

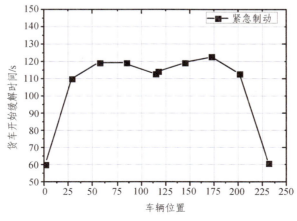

图 5.2-17　列车缓解同步性（紧急制动）

5. 制动缸压力衰减试验

直流机车 2 + 1 + 1 编组分别进行了初制动、减压 100 kPa、常用全制动和紧急制动 4 种工况的制动缸压力衰减试验，试验方法为充满风后实施制动，制动缸压力稳定后缓解，待整列车全开始缓解后再次实施制动，重复制动 3 次后观察制动缸压力衰减情况。

图 5.2-18 为初制动的制动缸压力衰减试验实测曲线，从图可知，9 个货车测试位置制动缸压力经过 3 次缓解与制动后制动缸压力由初始的（150 ± 10）kPa 衰减至 50 ~ 105 kPa。

图 5.2-19 为减压 100 kPa 制动的制动缸压力衰减试验实测曲线，从图可知，9 个货车测试位置制动缸压力经过 3 次缓解与制动后制动缸压力由初始的约 325 kPa 衰减至 50 ~ 100 kPa。

图 5.2-20 为全制动的制动缸压力衰减试验实测曲线，从图可知，9 个货车测试位置制动缸压力经过 2 次缓解与制动后制动缸压力由初始的约 475 kPa 衰减至 100 ~ 220 kPa。

图 5.2-21 为全制动的制动缸压力衰减试验实测曲线，从图可知，9 个货车测试位置制动缸压力经过 2 次缓解与制动后制动缸压力由初始的约 475 kPa 衰减至 280 ~ 410 kPa。

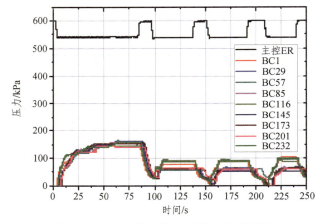

图 5.2-18　初制动制动缸压力衰减试验

注：1. 主控 ER——主控机车均衡风缸压力，下降表示实施制动，上升表示实施缓解；
　　2. BC*——第*位货车制动缸压力。

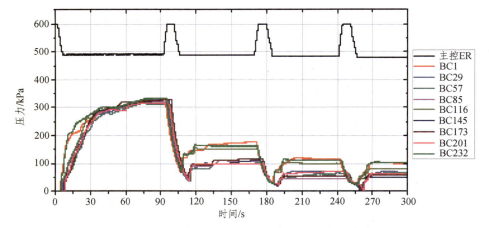

图 5.2-19　减压 100 kPa 制动缸压力衰减试验

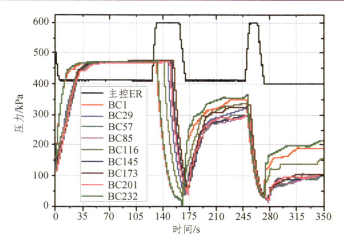

图 5.2-20　常用全制动制动缸压力衰减试验

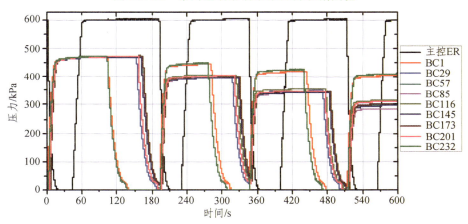

图 5.2-21　紧急制动制动缸压力衰减试验

6. 其他试验情况说明

（1）列车的阶段制动性能正常。

（2）断钩保护模拟试验表明：在第 1 小列后部、第 2 小列中部模拟断钩，打开制动软管产生紧急制动，机车均能响应紧急制动。

（3）模拟通信中断试验表明：当主、从之间通信中断时，主控无论是初次减压还是初制动后追加减压，从控机车均可转为单机并使制动信号继续沿列车管向后传递。

（4）机车开通"补风"功能试验表明：开通"补风"后，机车施加制动，制动后需机车列车管压力比均衡风缸压力低 10 kPa 以上时才能开始补风。

5.2.2.4.3　交流机车 1+1 编组（空车）

1. 常用制动、紧急制动与缓解试验

漏泄试验表明，减压 100 kPa 后保压时制动系统漏泄为 1 kPa。

其他主要试验结果统计见表 5.2-4。

从表 5.2-4 可知，1+1 编组空车初制动、减压 90 kPa，减压 120 kPa、常用全制动和紧急

制动的列车再充气时间分别为 2 min 35 s、4 min 34 s、6 min 20 s、8 min 16 s 与 11 min 31 s。

从表 5.2-4 可知，常用制动与缓解从控机车响应时间均在 2 s 之内，最长为 1.86 s，最短为 1.54 s，平均 1.67 s，紧急制动同步时间为 2.36 s，主从机车制动、缓解同步性同步性较好。

从表 5.2-4 可知，本次试验初制动时尾部货车开始制动的时间为 11.17 s，长于其他常用制动工况，原因是本次制动时可控列尾没有响应机车的制动作用（注：共进行了 3 次初制动，列尾均未响应）；初制动缓解时，列车尾部货车开始缓解的时间长达 59 s。

表 5.2-4　1＋1 编组空车主要试验结果统计

试验日期		2014 年 10 月 10				
编组		HXD17146＋116 辆 C80＋HXD17145＋116 辆 C80＋RW005 宿营车＋可控列尾				
		试验工况及结果				
		初制动*	减压 70	减压 100	全制动	紧急制动
制动	实际减压量/kPa	55	90	120	185	——
	1 位 BC 出闸时间/s	1.89	1.91	1.9	1.9	0.24
	29 位 BC 出闸时间/s	3.95	4.49	4.19	4.22	1.66
	57 位 BC 出闸时间/s	6.76	7.08	7.06	6.64	4.1
	88 位 BC 出闸时间/s	6.29	6.17	6.2	6.43	4.52
	116 位 BC 出闸时间/s	4.00	4.28	4.26	4.1	3.18
	从控响应时间/s	1.54	1.86	1.59	1.79	2.36
	117 位 BC 出闸时间/s	4.09	4.37	4.31	4.39	3.39
	145 位 BC 出闸时间/s	5.64	5.7	5.7	6.35	4.72
	173 位 BC 出闸时间/s	7.87	8.26	7.98	8.32	6.15
	201 位 BC 出闸时间/s	10.09	8.4	8.18	8.45	5.42
	232 位 BC 出闸时间/s	11.17	7.11	7.11	6.85	3.39
缓解	1 位 BC 开缓时间/s	2.46	2.29	2.23	7.75	98.73
	27 位 BC 开缓时间/s	15.05	4.53	4.1	28	144.81
	54 位 BC 开缓时间/s	16.2	7.57	6.89	28.05	157.73
	81 位 BC 开缓时间/s	18.52	6.92	6.53	45.79	177.80
	108 位 BC 开缓时间/s	4.43	4.74	4.26	28.86	163.66
	从控响应时间/s	1.75	1.65	1.79	1.61	1.71
	109 位 BC 开缓时间/s	4.98	4.65	4.19	33.91	199.68
	135 位 BC 开缓时间/s	10.03	6.69	6.18	56.09	250.26
	162 位 BC 开缓时间/s	41.16	8.79	8.12	82.86	277.84
	201 位 BC 开缓时间/s	49.05	10.96	10.06	82.4	280.47
	232 位 BC 开缓时间/s	59.00	12.89	11.97	126.69	326.04
	再充气时间/s	155	274	380	496	691

2. 阶段制动试验

阶段制动试验实测结果如图 5.2-22 所示，从图可知每次追加制动，各位置货车均能正常产生再制动作用。

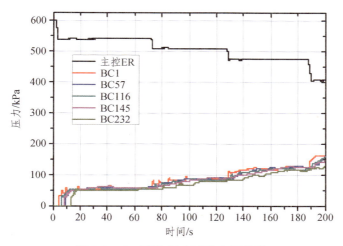

图 5.2-22　阶段制动试验实测曲线

3. 紧急制动制动缸压力衰减试验。

紧急制动制动缸压力衰减试验实测曲线如图 5.2-23 所示，从图可知，初次紧急制动后 10 个货车测试断面制动缸压力均在 160 kPa 左右，满足空车设计要求；第 3 次紧急制动后，除第 1 位货车位，其余 9 个位置货车制动缸压力均有不同程度的衰减，压力介于 130～155 kPa 之间。

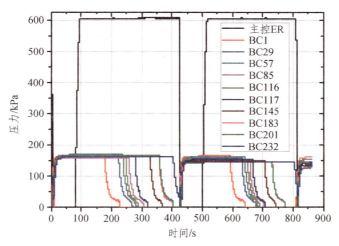

图 5.2-23　紧急制动制动缸压力衰减试验

5.2.2.4.4　1＋1编组与2＋1＋1编组重车主要试验结果比较

在列车空气制动性能方面，2＋1＋1 编组相比 1＋1 编组，由于在列车尾部增加了 1 台从控机车，大大缩短了列车的再充气时间以及列车制动与缓解的同步性，同时有助于缩短列车排风时间。

1. 再充气时间比较

对两种编组方式的再充气时间进行了比较，结果见表 5.2-5、图 5.2-24 所示。从图可知，由于 2＋1＋1 编组在列车尾部增加了 1 台从控机车，使列车的再充气时间比 1＋1 编组大幅缩短，平均缩短约 62%。

1＋1 编组初制动后的再充气时间为 196 s，在朔黄线长大下坡道区段采用初制动调速时，必须尽可能降低列车最低缓解速度以确保再充气时间满足要求；而 2＋1＋1 编组初制动后的再充气时间仅为 76 s，与 1＋1 编组相比缩短 2 min，再充气时间的缩短有助于提高列车坡道运行的再制动能力，提高列车在长大下坡道区段的最低缓解速度，从而有助于提高坡道运行效率。

表 5.2-5　列车再充气时间统计

编组方式	再充气时间/s				
	初制动	减压 70 kPa	减压 100 kPa	全制动	紧急制动
1＋1 编组	196	270	420	550	750
2＋1＋1 编组	76	93	157	210	305

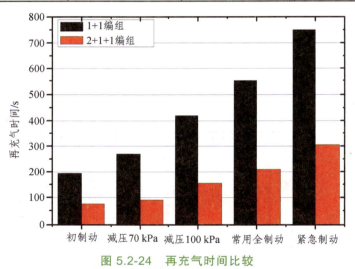

图 5.2-24　再充气时间比较

2. 列车制动同步性

图 5.2-25 所示为不同制动工况下两种编组列车制动同步性比较，从图可知，无论是常用制动还是紧急制动，2＋1＋1 编组的同步性要略优于 1＋1 编组。对于常用制动，1＋1 编组列车尾部的可控列尾其排风动作是跟随从控机车动作，而 2＋1＋1 编组的尾部从控机车是直接跟随主控机车动作。

3. 常用制动列车排风时间比较

为方便数据比较，本文所列列车排风时间是指从主控机车实施制动到 10 个货车测试断面排风最慢的货车列车管减压目标减压量 90% 的时间。两种编组不同减压量排风时间比较如图 5.2-26 所示，从图可知 2＋1＋1 编组由于列车尾部为 1 台从控机车，其排风性能要明显优

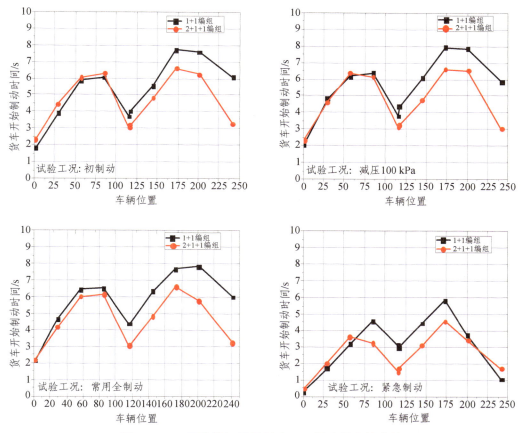

图 5.2-25　两种编组不同制动工况制动同步性比较

于可控列尾, 各种常用制动减压量下的排气时间要比 1＋1 编组明显缩短 30%～50%, 减压量越大, 缩短效果越明显, 制动排气时间的缩短有助于缩短列车制动距离, 提高车辆制动缸升压的一致性, 从而有助于减小列车制动时的纵向冲动和车钩力。图 5.2-27 所示为两种编组升压速度最慢的货车常用全制动工况时制动缸升压速率比较, 明显可以看出 2＋1＋1 编组制动缸升压速率远快于 1＋1 编组。

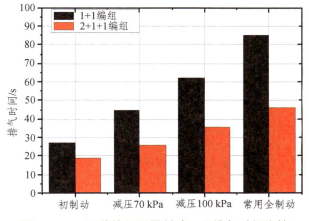

图 5.2-26　两种编组不同制动工况排气时间比较

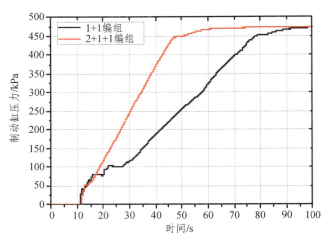

图 5.2-27　两种编组常用全制动工况升压速率比较

4. 列车缓解同步性

图 5.2-28 所示为不同制动工况缓解时两种编组列车缓解同步性比较，由于初制动和减压 70 kPa 两种工况是朔黄线调速制动时常用的制动工况，列车缓解同步性对调速制动缓解时的纵向力有重要影响，而当减压量大于 70 kPa 以上时，一般均采用停车缓解，因此重点分析以上两种工况的缓解同步性。

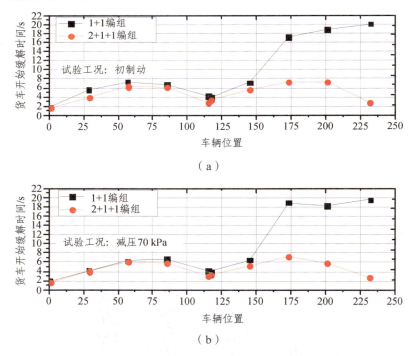

图 5.2-28　缓解同步性比较

从图 5.2-28 可知，2＋1＋1 编组与 1＋1 编组相比，由于列车尾部编组有从控机车，缓解时帮助列车充风，提高了列车缓解同步性，在上述 2 种试验工况，整列车在 8 s 之内均产生缓解作用，缓解同步性好。

1 + 1 编组缓解时，机车布置位置决定了前 1 万吨列车由主、从控 2 台机车共同充风，后 1 万吨列车仅由从控机车充风，从而造成列车前、后部缓解的同步性较差。第 1 小列和第 2 小列前 30 辆左右车缓解速度较快，也在 8 s 均开始缓解，而第 2 小列后 50 多辆车仅有中部机车充风，缓解缓慢且开始缓解时间较为集中，从而在缓解过程中整列车被分割成 2 个大的质量块，加之调速制动缓解时列车一般处在长大下坡道区段，共同作用下容易产生较大的纵向车钩力和纵向冲动。

5.2.2.5 静置试验小结

（1）主、从控机车采用 LTE 网络通信平台后，机车之间的空气制动、缓解同步时间较以往 800M 电台通信平台显著缩短，常用制动、缓解同步时间均在 2 s 之内，紧急制动 1 + 1 编组介于 2 ~ 3 s，2 + 1 + 1 编组也在 2 s 之内。

（2）2 + 1 + 1 编组与 1 + 1 编组相比，由于列车尾部编挂有从控机车，列车的再充气时间平均缩短 62%；列车的制动、缓解同步性也得到显著改善。

（3）列车的阶段制动性能、断钩保护性能等作用正常。

（4）模拟通信中断试验表明：当主、从之间通信中断时，主控无论是初次减压还是初制动后追加减压，从控机车均可转为单机并使制动信号继续沿列车管向后传递。

（5）机车开通"补风"功能试验表明：开通"补风"后，机车施加制动，制动后需机车列车管压力比均衡风缸压力低 10 kPa 以上时才能开始补风。

5.2.3 重车运行试验

5.2.3.1 试验线路及编组方式

试验区间为神池南至肃宁北。线路纵断面参见图 4.2-4 所示。

从 2014 年 9 月 22 日至 11 月 1 日，共进行了 3 种编组方式的合计 5 趟重车运行试验，5 次试验货车车底相同，具体编组方式为：

（1）神 8 轴机车 1 + 1 编组。

HXD17146 + 116 辆 C80 + HXD17145 + 116 辆 C80 + RW005 宿营车 + 可控列尾。

试验日期分别为 9 月 22 和 9 月 28 日。

货车：232 辆；客车：1 辆；牵引总重/载重：23 250 t/18 560 t，计长：264。

（2）SS$_4$ 机车 2 + 1 + 1 编组。

SS$_{4B}$0185 + SS$_{4B}$0186 + 116 辆 C80 + SS$_4$6180 + 116 辆 C80 + RW005 宿营车 + SS$_{4B}$0188。

试验日期分别为 10 月 19 和 10 月 26 日。

货车：232 辆；客车：1 辆；牵引总重/载重：23 250 t/18 560 t，计长：270。

（3）神 12 + 神 8 编组。

神华 12 轴交流机车 + 116 辆 C80 空车 + HXD17145 + 116 辆 C80 空车 + RW005 宿营车 + 可控列尾。

货车：232 辆；客车：1 辆；牵引总重/载重：23 250 t/18 560 t，计长：265.6。

5.2.3.2 主要试验项目

1. 神8机车1+1编组

9月22日第1趟试验项目见表5.2-6，9月28日第2趟试验项目见表5.2-7。

表 5.2-6　9月22日运行试验项目

序号	试验项目	试验地点	备注
1	空电联合循环制动试验	神池南-西柏坡	
2	带闸过分相试验	龙宫、北大牛、滴流磴、猴刎	
3	30 km/h 缓解试验	全程	
4	追加制动后缓解试验	宁武西至原平南	
5	80 kPa 常用制动停车试验	157～161 km	
6	侧向通过试验	南湾站	指路行车
7	50 kPa 常用制动停车试验	244～248 km	
8	100 kPa 常用制动停车试验	309～313 km	禁止会车
9	侧向通过 12 号岔位可动心轨道岔	肃北进站	
10	低速追加制动停车试验	肃北站内	

表 5.2-7　9月28日运行试验项目

序号	试验项目	试验地点	备注
1	空电联合循环制动试验	神池南-西柏坡	
2	带闸过分相试验	龙宫、北大牛、滴流磴、猴刎	
3	30 km/h 缓解试验	全程	
4	追加制动后缓解试验	宁武西至原平南	
5	170 kPa 常用制动停车试验	68 km + 500 m	禁止会车
6	侧向通过试验	南湾站	指路行车
7	100 kPa 常用制动停车及走停走试验	167～173 km	禁止会车
8	80 kPa 常用制动停车试验	267～271 km	
9	侧向通过 12 号岔位可动心轨道岔	肃北进站	
10	低速追加制动停车试验	肃北站内	

2. SS₄机车2+1+1编组

10月19日第1趟试验项目见表5.2-8，10月26日第2趟试验项目见表5.2-9。

表 5.2-8　10 月 19 日运行试验项目

序号	试验项目	试验地点	备注
1	空电联合循环制动试验	神池南—西柏坡	
2	带闸过分相试验	龙宫、北大牛、滴流磴、猴刿	
3	30 km/h 缓解试验	全程	
4	追加制动后缓解试验	宁武西至原平南	
5	80 kPa 常用制动停车试验	157～161 km	
6	侧向通过试验	南湾站	指路行车
7	50 kPa 常用制动停车试验	244～248 km	
8	限制坡道起车	255 km + 300 m 西柏坡至三汲间	4‰
9	100 kPa 常用制动停车试验	309～313 km	禁止会车
10	侧向通过 12 号岔位可动心轨道岔	肃北进站	
11	低速追加制动停车试验	肃北站内	

表 5.2-9　10 月 26 日运行试验项目

序号	试验项目	试验地点	备注
1	空电联合循环制动试验	神池南—西柏坡	
2	带闸过分相试验	龙宫、北大牛、滴流磴、猴刿	
3	30 km/h 缓解试验	全程	
4	追加制动后缓解试验	宁武西至原平南	
5	170 kPa 常用制动停车试验	68 km + 500 m	禁止会车
6	侧向通过试验	南湾站	指路行车
7	100 kPa 常用制动停车及走停走试验	167～173 km	禁止会车
8	80 kPa 常用制动停车试验	267～271 km	
9	小起伏坡道常用减压 50 kPa	392～394 km 蠡县至肃北间	
10	侧向通过 12 号岔位可动心轨道岔	肃北进站	
11	低速追加制动停车试验	肃北站内	

3. 神 12 与神 8 机车 1 + 1 编组

该编组方式在 11 月 1 日进行了 1 次重车运行试验，试验项目见表 5.2-10。

表 5.2-10　11 月 1 日运行试验项目

序号	试验项目	试验地点	备注
1	空电联合循环制动试验	神池南—西柏坡	
2	带闸过分相试验	龙宫、北大牛、滴流磴、猴刿	
3	30 km/h 缓解试验	全程	
4	追加制动后缓解试验	宁武西至原平南	
5	100 kPa 常用制动及走停走试验	157～161 km	
6	侧向通过试验	南湾站	指路行车
7	限制坡道起车试验	255 km + 300 m	
8	侧向通过 12 号岔位可动心轨道岔	肃北进站	
9	低速追加制动停车试验	肃北站内	

5.2.3.3　牵引试验结果及分析

5.2.3.3.1　上行 4‰ 限制坡道起动试验

仅对 SS₄ 机车 2 + 1 + 1 和神 12 + 神 8 机车两种编组方式进行了上行 4‰ 限制坡道起动试验（仿真计算表明神 8 机车 1 + 1 编组方式不具备在 4‰ 限制坡道起动的能力，故未进行试验）。

SS₄ 机车 2 + 1 + 1 编组的 2 万吨试验列车重车上行 4‰ 限制坡道起动试验在 2014 年 10 月 19 日进行，试验地点为 255 km + 956 m（车头位置），该地点为 4‰ 连续上坡道，全列所停坡度平均值为 4‰，试验线路如图 5.2-29 所示。

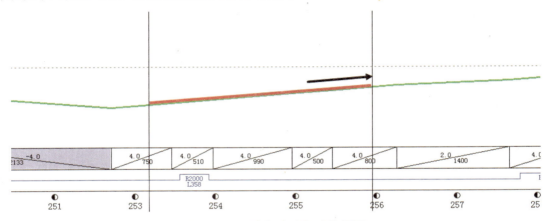

图 5.2-29　坡起试验起动位置图

测试结果见表 5.2-11。时间起点为主控机车开始施加牵引时刻（即电机电流开始从 0 开始上升点），速度取 3#机车（从 2 机车）测试速度。

表 5.2-11　坡道起动数据

速度/（km/h）	试验时间	加速距离/m	加速时间/s	平均加速度（0～5 km/h）
0	开始牵引时刻 13:28:32	0	0	
5	13:30:45	66	133	
10	13:32:12	247	220	0.012 5 m/s²
15	13:33:32	523	300	
20	13:34:46	882	374	
	主控 + 从 1 机车	从 2 机车		从 3 机车
实测起动牵引力	840 kN	630 kN		324 kN
设计起动牵引力	1 300 kN	650 kN		650 kN

神 12 + 神 8 机车编组（神 12 机车主控）的 2 万吨试验列车重车上行 4‰ 限制坡道起动试验在 2014 年 11 月 1 日进行，试验地点为 256 km + 007 m（车头位置），该地点为 4‰ 连续上坡道，全列所停坡度平均值为 4‰，试验线路如图 5.2-30 所示。

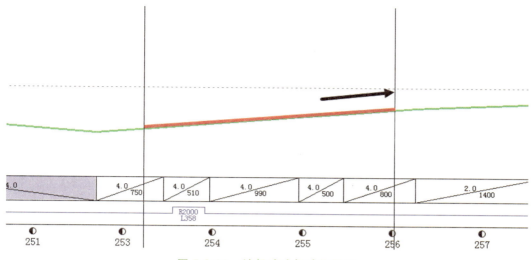

图 5.2-30　坡起试验起动位置图

试验列车在 4‰ 限制坡道停妥后，主控机车于 14:21:15 左右施加牵引，坡起尝试 3 次均未成功，后进行救援。

第一次与第二次坡起试验，主控机车与从控机车采用无线同步操作，由于主控机车空转较严重，牵引力未 100% 发挥，从控机车受同步影响，也未 100% 发挥牵引力；第三次坡起取消同步操作，采用手动模式，从控机车首先牵引满级，而后主控机车牵引满级，空转依然严重，坡起失败。坡道起动数据对比见表 5.2-12。

表 5.2-12　坡道起动数据对比　　　　　　　　　　　　　　　　　　　　单位：kN

2＋1＋1 编组	主控＋从 1 机车	从 2 机车	从 3 机车
实测起动牵引力	840	630	324
设计起动牵引力	1 300	650	650
神 12＋神 8 编组	主控机车	从 1 机车	
实测起动牵引力	792	590	
设计起动牵引力	1 140	760	

5.2.3.3.2　运行时分和能耗分析

1. 运行时分

运行试验区间为神池南至肃宁北，3 种编组情况下的运行时分见表 5.2-13 ～ 表 5.2-17。每次运行中，试验工况均不相同，因此全程运行时分不尽相同，具体统计对比信息如表 5.2-18 和图 5.2-31、图 5.2-32 所示。

结果表明，因为列车运行中安排了试验任务，所以总运行时分较正常运行时长。神 8 机车 1＋1 和 SS$_{4B}$ 机车 2＋1＋1 编组列车运行试验项目基本一致，其总的运行时分分别为 7 h 20 min、7 h 17min、7 h 13 min 和 7 h 11 min，除去有试验任务和临时停车的区段（如南湾站—滴流磴站、滴流磴站—猴刿站、北大牛站—原平南站、西柏坡站—三汲站、三汲站—灵寿站、新曲站—定州西站等），在其他正常运行的区段，试验列车的运行比图定运行时间略有延长。神 12 与神 8 机车 1+1 编组列车由于在西柏坡站—三汲站间的限制坡道起车试验未成功，经救援至灵寿站后继续运行至肃宁北站，导致西柏坡站—灵寿站间运行时分较长。

表 5.2-13　神 8 机车 1+1 编组运行时分表（9 月 22 日）

序号	区间名	区间长度/m	发车时间	到站时间	运行时分	累计运行时分	运行平均速度/（km/h）	备注
1	神池南站—宁武西站	15 931	08:19	08:48	00:29	00:29	33.0	
2	宁武西站—龙宫站	25 935	—	09:16	00:28	00:57	55.6	
3	龙宫站—北大牛站	23 592		09:42	00:26	01:23	54.4	
4	北大牛站—原平南站	18 847		10:05	00:23	01:46	49.2	
5	原平南站—回凤站	24 138		10:30	00:25	02:11	57.9	
6	回凤站—东冶站	22 589		10:49	00:19	02:30	71.3	
7	东冶站—南湾站	7 840		10:59	00:10	02:40	47.0	
8	南湾站—滴流磴站	26 170	—	11:37	00:38	03:18	41.3	80 kPa 常用制动停车试验
9	滴流磴站—猴刎站	20 126	—	12:02	00:25	03:43	48.3	
10	猴刎站—小觉站	15 499		12:20	00:18	04:01	51.7	
11	小觉站—古月站	18 630		12:40	00:20	04:21	55.9	
12	古月站—西柏坡站	22 056		13:03	00:23	04:44	57.5	
13	西柏坡站—三汲站	15 295	—	13:22	00:19	05:03	48.3	50 kPa 常用制动停车
14	三汲站—灵寿站	17 353	—	13:38	00:16	05:19	65.1	
15	灵寿站—行唐站	18 170	—	13:53	00:15	05:34	72.7	
16	行唐站—新曲站	14 184	—	14:05	00:12	05:46	70.9	
17	新曲站—定州西站	12 683	—	14:22	00:17	06:03	44.8	100 kPa 常用制动停车试验
18	定州西站—定州东站	23 950	—	14:41	00:19	06:22	75.6	
19	定州东站—安国站	16 900	—	14:55	00:14	06:36	72.4	
20	安国站—博野站	12 559	—	15:05	00:10	06:46	75.4	
21	博野站—蠡县站	11 010	—	15:13	00:08	06:54	82.6	
22	蠡县站—肃宁北站	22 581	—	15:39	00:26	07:20	52.1	

表 5.2-14 神 8 机车 1+1 编组运行时分表（9 月 28 日）

序号	区间名	区间长度/m	发车时间	到站时间	运行时分	累计运行时分	运行平均速度/（km/h）	备注
1	神池南站—宁武西站	15 931	08:18	08:48	00:30	00:30	31.9	
2	宁武西站—龙宫站	25 935	—	09:16	00:28	00:58	55.6	
3	龙宫站—北大牛站	23 592	—	09:42	00:26	01:24	54.4	
4	北大牛站—原平南站	18 847	—	10:16	00:34	01:58	33.3	170 kPa 常用制动停车试验
5	原平南站—回凤站	24 138	—	10:39	00:23	02:21	63.0	
6	回凤站—东冶站	22 589	—	10:58	00:19	02:40	71.3	
7	东冶站—南湾站	7 840	—	11:07	00:09	02:49	52.3	
8	南湾站—滴流磴站	26 170	—	11:37	00:30	03:19	52.3	
9	滴流磴站—猴刎站	20 126	—	12:09	00:32	03:51	37.7	100 kPa 常用制动停车及走停走试验
10	猴刎站—小觉站	15 499	—	12:25	00:16	04:07	58.1	
11	小觉站—古月站	18 630	—	12:43	00:18	04:25	62.1	
12	古月站—西柏坡站	22 056	—	13:05	00:22	04:47	60.2	
13	西柏坡站—三汲站	15 295	—	13:17	00:12	04:59	76.5	
14	三汲站—灵寿站	17 353	—	13:39	00:22	05:21	47.3	80 kPa 常用制动停车试验
15	灵寿站—行唐站	18 170	—	13:53	00:14	05:35	77.9	
16	行唐站—新曲站	14 184	—	14:05	00:12	05:47	70.9	
17	新曲站—定州西站	12 683	—	14:15	00:10	05:57	76.1	
18	定州西站—定州东站	23 950	—	14:35	00:20	06:17	71.9	
19	定州东站—安国站	16 900	—	14:49	00:14	06:31	72.4	
20	安国站—博野站	12 559	—	14:59	00:10	06:41	75.4	
21	博野站—蠡县站	11 010	—	15:08	00:09	06:50	73.4	
22	蠡县站—肃宁北站	22 581	—	15:35	00:27	07:17	50.2	

表 5.2-15 SS₄ 机车 2+1+1 编组运行时分表（10 月 19 日）

序号	区间名	区间长度/m	发车时间	到站时间	运行时分	累计运行时分	运行平均速度/（km/h）	备注
1	神池南站—宁武西站	15 931	8:42	09:09	00:27	0:27	35.4	
2	宁武西站—龙宫站	25 935	—	09:39	00:30	0:57	51.9	
3	龙宫站—北大牛站	23 592	—	10:02	00:23	1:20	61.5	

序号	区间名	区间长度/m	发车时间	到站时间	运行时分	累计运行时分	运行平均速度/（km/h）	备注
4	北大牛站—原平南站	18 847	—	10:23	00:21	1:41	53.8	
5	原平南站—回凤站	24 138	—	10:47	00:24	2:05	60.3	
6	回凤站—东冶站	22 589	—	11:05	00:18	2:23	75.3	
7	东冶站—南湾站	7 840	—	11:14	00:09	2:32	52.3	
8	南湾站—滴流磴站	26 170	—	11:54	00:40	3:12	39.3	80 kPa 常用制动停车试验
9	滴流磴站—猴刎站	20 126	—	12:15	00:21	3:33	57.5	
10	猴刎站—小觉站	15 499	—	12:31	00:16	3:49	58.1	
11	小觉站—古月站	18 630	—	12:48	00:17	4:06	65.8	
12	古月站—西柏坡站	22 056	—	13:09	00:21	4:27	63.0	
13	西柏坡站—三汲站	15 295	—	13:37	00:28	4:55	32.8	50 kPa 常用制动停车试验
14	三汲站—灵寿站	17 353	—	13:56	00:19	5:14	54.8	
15	灵寿站—行唐站	18 170	—	14:11	00:15	5:29	72.7	
16	行唐站—新曲站	14 184	—	14:22	00:11	5:40	77.4	
17	新曲站—定州西站	12 683	—	14:37	00:15	5:55	50.7	100 kPa 常用制动停车试验
18	定州西站—定州东站	23 950	—	14:57	00:20	6:15	71.9	
19	定州东站—安国站	16 900	—	15:11	00:14	6:29	72.4	
20	安国站—博野站	12 559	—	15:21	00:10	6:39	75.4	
21	博野站—蠡县站	11 010	—	15:30	00:09	6:48	73.4	
22	蠡县站—肃宁北站	22 581	—	15:55	00:25	7:13	54.2	

表 5.2-16　SS$_{4B}$ 机车 2＋1＋1 编组运行时分表（10 月 26 日）

序号	区间名	区间长度/m	发车时间	到站时间	运行时分	累计运行时分	运行平均速度/（km/h）	备注
1	神池南站—宁武西站	15 931	7:59	08:27	00:28	0:28	34.1	
2	宁武西站—龙宫站	25 935	—	08:58	00:31	0:59	50.2	
3	龙宫站—北大牛站	23 592	—	09:21	00:23	1:22	61.5	
4	北大牛站—原平南站	18 847	—	09:45	00:24	1:46	47.1	170 kPa 常用制动停车试验
5	原平南站—回凤站	24 138	—	10:10	00:25	2:11	57.9	

序号	区间名	区间长度/m	发车时间	到站时间	运行时分	累计运行时分	运行平均速度/（km/h）	备注
6	回凤站—东冶站	22 589	—	10:31	00:21	2:32	64.5	
7	东冶站—南湾站	7 840	—	10:44	00:13	2:45	36.2	
8	南湾站—滴流磴站	26 170	—	11:14	00:30	3:15	52.3	
9	滴流磴站—猴刎站	20 126	—	11:43	00:29	3:44	41.6	100 kPa 常用制动停车及走停走试验
10	猴刎站—小觉站	15 499	—	11:59	00:16	4:00	58.1	
11	小觉站—古月站	18 630	—	12:17	00:18	4:18	62.1	
12	古月站—西柏坡站	22 056	—	12:38	00:21	4:39	63.0	
13	西柏坡站—三汲站	15 295	—	12:50	00:12	4:51	76.5	
14	三汲站—灵寿站	17 353	—	13:10	00:20	5:11	52.1	80 kPa 常用制动停车试验
15	灵寿站—行唐站	18 170	—	13:25	00:15	5:26	72.7	
16	行唐站—新曲站	14 184	—	13:36	00:11	5:37	77.4	
17	新曲站—定州西站	12 683	—	13:46	00:10	5:47	76.1	
18	定州西站—定州东站	23 950	—	14:08	00:22	6:09	65.3	
19	定州东站—安国站	16 900	—	14:22	00:14	6:23	72.4	
20	安国站—博野站	12 559	—	14:32	00:10	6:33	75.4	
21	博野站—蠡县站	11 010	—	14:41	00:09	6:42	73.4	
22	蠡县站—肃宁北站	22 581	—	15:10	00:29	7:11	46.7	

表 5.1-17　神 12 与神 8 机车 1＋1 编组运行时分表

序号	区间名	区间长度/m	发车时间	到站时间	运行时分	累计运行时分	运行平均速度/（km/h）	备注
1	神池南站—宁武西站	15 931	9:33	10:03	00:30	0:30	31.9	
2	宁武西站—龙宫站	25 935	—	10:32	00:29	0:59	53.7	
3	龙宫站—北大牛站	23 592	—	11:02	00:30	1:29	47.2	
4	北大牛站—原平南站	18 847	—	11:25	00:23	1:52	49.2	
5	原平南站—回凤站	24 138	—	11:46	00:21	2:13	69.0	
6	回凤站—东冶站	22 589	—	12:05	00:19	2:32	71.3	
7	东冶站—南湾站	7 840	—	12:16	00:11	2:43	42.8	
8	南湾站—滴流磴站	26 170	—	12:51	00:35	3:18	44.9	100 kPa 常用制动及走停走试验

序号	区间名	区间长度/m	发车时间	到站时间	运行时分	累计运行时分	运行平均速度/（km/h）	备注
9	滴流磴站—猴刎站	20 126	—	13:13	00:22	3:40	54.9	
10	猴刎站—小觉站	15 499	—	13:30	00:17	3:57	54.7	
11	小觉站—古月站	18 630	—	13:48	00:18	4:15	62.1	
12	古月站—西柏坡站	22 056	—	14:09	00:21	4:36	63.0	
13	西柏坡站—三汲站	15 295	—	15:21	01:12	5:48	12.7	限制坡道起车试验
14	三汲站—灵寿站	17 353	—	15:55	00:34	6:22	30.6	
15	灵寿站—行唐站	18 170	—	16:11	00:16	6:38	68.1	
16	行唐站—新曲站	14 184	—	16:22	00:11	6:49	77.4	
17	新曲站—定州西站	12 683	—	16:33	00:11	7:00	69.2	
18	定州西站—定州东站	23 950	—	16:52	00:19	7:19	75.6	
19	定州东站—安国站	16 900	—	17:05	00:13	7:32	78.0	
20	安国站—博野站	12 559	—	17:15	00:10	7:42	75.4	
21	博野站—蠡县站	11 010	—	17:24	00:09	7:51	73.4	
22	蠡县站—肃宁北站	22 581	—	17:50	00:26	8:17	52.1	

注：神 12＋神 8 机车编组列车在西柏坡—三汲之间 4‰ 做坡起试验时未成功，后经救援到灵寿站后摘掉救援机车继续运行至肃宁北站。

表 5.2-18　运行时分试验结果比较

运行区间	区间运行时分						平均运行速度/（km/h）					
	神8机车1+1		SS_{4B}机车2+1+1		神12与神8机车1+1	正常运行	神8机车1+1		SS_{4B}机车2+1+1		神12与神8机车1+1	正常运行
	09-22	09-28	10-19	10-26			09-22	09-28	10-19	10-26		
神池南站—宁武西站	0:29	00:30	00:27	00:28	00:30	00:18	33.0	31.9	35.4	34.1	31.9	53
宁武西站—龙宫站	0:28	00:28	00:30	00:31	00:29	00:26	55.6	55.6	51.9	50.2	53.7	60
龙宫站—北大牛站	0:26	00:26	00:23	00:23	00:30	00:23	54.4	54.4	61.5	61.5	47.2	62
北大牛站—原平南站	0:23	00:34	00:21	00:24	00:23	00:19	49.2	33.3	53.8	47.1	49.2	60
原平南站—回凤站	0:25	00:23	00:24	00:25	00:21	00:20	57.9	63.0	60.3	57.9	69.0	72

续表

运行区间	区间运行时分						平均运行速度/（km/h）					
	神 8 机车 1+1		SS_{4B} 机车 2+1+1		神 12 与神 8 机车 1+1	正常运行	神 8 机车 1+1		SS_{4B} 机车 2+1+1		神 12 与神 8 机车 1+1	正常运行
	09-22	09-28	10-19	10-26			09-22	09-28	10-19	10-26		
回凤站—东冶站	0:19	00:19	00:18	00:21	00:19	00:19	71.3	71.3	75.3	64.5	71.3	71
东冶站—南湾站	0:10	00:09	00:09	00:13	00:11	00:07	47.0	52.3	52.3	36.2	42.8	67
南湾站—滴流磴站	0:38	00:30	00:40	00:30	00:35	00:25	41.3	52.3	39.3	52.3	44.9	63
滴流磴站—猴刎站	0:25	00:32	00:21	00:29	00:22	00:20	48.3	37.7	57.5	41.6	54.9	60
猴刎站—小觉站	0:18	00:16	00:16	00:16	00:17	00:15	51.7	58.1	58.1	58.1	54.7	62
小觉站—古月站	0:20	00:18	00:17	00:18	00:18	00:19	55.9	62.1	65.8	62.1	62.1	59
古月站—西柏坡站	0:23	00:22	00:21	00:21	00:21	00:20	57.5	60.2	63.0	63.0	63.0	66
西柏坡站—三汲站	0:19	00:12	00:28	00:12	01:12	00:13	48.3	76.5	32.8	76.5	12.7	71
三汲站—灵寿站	0:16	00:22	00:19	00:20	00:34	00:14	65.1	47.3	54.8	52.1	30.6	74
灵寿站—行唐站	0:15	00:14	00:15	00:15	00:16	00:15	72.7	77.9	72.7	72.7	68.1	73
行唐站—新曲站	0:12	00:12	00:11	00:11	00:11	00:12	70.9	70.9	77.4	77.4	77.4	71

续表

运行区间	区间运行时分						平均运行速度/（km/h）					
	神8机车1+1		SS₄B机车2+1+1		神12与神8机车1+1	正常运行	神8机车1+1		SS₄B机车2+1+1		神12与神8机车1+1	正常运行
	09-22	09-28	10-19	10-26			09-22	09-28	10-19	10-26		
新曲站—定州西站	0:17	00:10	00:15	00:10	00:11	00:10	44.8	76.1	50.7	76.1	69.2	76
定州西站—定州东站	0:19	00:20	00:20	00:22	00:19	00:19	75.6	71.9	71.9	65.3	75.6	76
定州东站—安国站	0:14	00:14	00:14	00:14	00:13	00:13	72.4	72.4	72.4	72.4	78.0	78
安国站—博野站	0:10	00:10	00:10	00:10	00:10	00:10	75.4	75.4	75.4	75.4	75.4	75
博野站—蠡县站	0:08	00:09	00:09	00:09	00:09	00:09	82.6	73.4	73.4	73.4	73.4	73
蠡县站—肃宁北站	0:26	00:27	00:25	00:29	00:26	00:19	52.1	50.2	54.2	46.7	52.1	71
总运行时分/平均速度	07:20	07:17	07:13	07:11	08:17	06:05	55.4	55.7	56.3	56.5	49.0	67

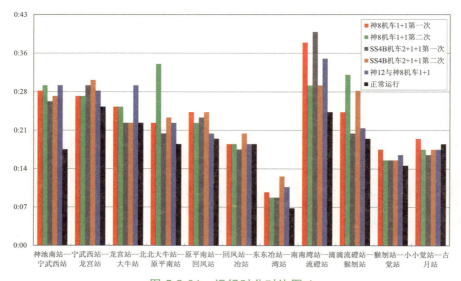

图 5.2-31　运行时分对比图 1

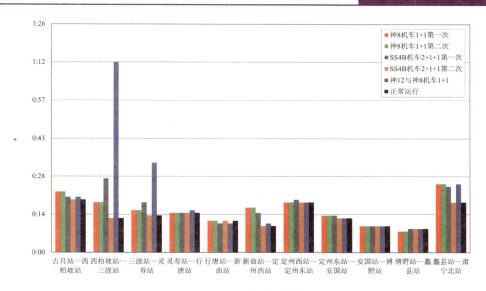

图 5.2-32　运行时分对比图 2

2.　运行能耗

神 8 机车 1 + 1 和 SS$_{4B}$ 机车 2 + 1 + 1 编组列车机车能耗试验结果见表 5.2-19。结果表明，采用神 8 交流机车时，再生发电量远大于运行耗电量，而直流车无再生功能，制动动能只能通过电阻耗散掉。朔黄线的主要特点是海拔落差大，上行下坡道主要集中在神池南至肃宁北区间，尤其是宁武西—原平南和南湾—小觉，这两个区段基本上都是 10‰ ~ 12‰ 的长大下坡道，神 8 机车 1 + 1 编组试验列车 65% 以上再生发电量产生在这两个区段。如果能在运行组织中统筹考虑同一供电臂下交流机车和直流机车的数量，使得交流机车再生回馈的电能能被直流机车利用，势必会节约大量的电能开支，产生巨大的经济效益。

表 5.2-19　两种编组试验列车机车能耗统计结果

编组	神 8 机车 1 + 1 编组		SS$_{4B}$ 机车 2 + 1 + 1 编组		
机车	主控	从控	主控	从控 2	从控 3
耗电量/kW·h	5 166	5 134	2 640	2 416	2 374
发电量/kW·h	− 15 169	− 14 681	0	0	0

5.2.3.3.3　主、从机车牵引同步性分析

在运行试验全程中，同步性统计样本的选择主要为能够从电机电流发生明显变化的数据结果。表 5.2-20 ~ 表 5.2-25 列出了 3 种编组同步性试验结果，时间均为 GPS 时间。其中神 12 + 神 8 机车编组试验未完成，故样本量较少，重点考察神 8 机车 1 + 1 编组和 SS$_4$ 机车 2 + 1 + 1 编组情况。

组合列车运行中，因为速度、工况转换、线路桥隧等因素，牵引同步性具有一定分散性。

1.　神 8 机车 1 + 1 编组运行试验

试验结果统计分别见表 5.2-20 和表 5.2-21。

表 5.2-20　神 8 机车 1＋1 编组运行试验电制同步性试验结果

工　况	主控施加电制/进级响应时间	从控电制进级/退级延时/s
初次施加电制	0:32:30.7	4.4
电制退级	0:47:32.3	2.6
电制退级	0:55:11.3	1.7
电制进级	0:56:8.9	2.0
电制退级	1:03:48.0	2.6
电制进级	1:05:3.6	2.0
电制退级	1:08:49.7	1.7
电制退级	1:10:1.8	4.6
电制进级	1:15:23.8	3.7
电制退级	1:22:57.5	2.8
电制进级	1:33:30.8	1.7
电制进级	1:35:24.0	2.3
电制退级	1:39:33.8	2.8
电制进级	1:44:37.2	2.0
电制退级	1:46:14.7	2.0
电制进级	1:47:3.8	1.7
初次施加电制	2:32:44.5	3.4
电制退级	2:34:56.7	3.7
初次施加电制	2:49:55.6	9.2
电制进级	2:51:35.1	2.8
电制退级	2:54:21.5	3.2
电制退级	2:59:33.2	2.8
初次施加电制	3:49:34.2（下坡起动）	1.4
电制退级	3:55:24.6	2.8
电制进级	3:58:12.9	2.8
电制退级	4:03:3.8	2.8
电制进级	4:04:18.3	2.0
电制退级	4:05:31.5	1.7
初次施加电制	4:50:51.8	3.8
电制退级	4:51:30.8	2.3
电制进级	4:52:16.4	1.9
电制退级	4:53:47.1	2.3
电制退级	4:55:15.5	2.3
电制进级	4:56:34.0	3.3
初次施加电制	5:07:5.8	2.8
电制进级	5:07:35.1	1.8
电制退级	5:09:17.4	2.1
电制进级	5:10:32.0	2.8
电制退级	5:12:6.3	1.9

表 5.2-21 神 8 机车 1+1 编组运行试验牵引同步性试验结果

工　况	主控牵引进级/退级响应时间	从控牵引进级/退级延时/s
初次施加牵引	0:24:5.4	1.4
牵引进级	0:24:18.2	1.7
牵引退级	0:30:45.4	2.1
初次施加牵引	2:26:32.8	1.5
牵引进级	2:27:21.9	2.3
牵引退级	2:29:52.9	3.2
初次施加牵引	2:38:26.1	4.0
牵引进级	2:39:10.1	2.9
牵引退级	2:42:11.5	1.5
初次施加牵引	3:01:26.9	4.0
牵引进级	3:01:55.3	1.3
牵引进级	3:02:33.6	1.5
牵引退级	3:05:1.2	1.9
初次施加牵引	4:26:44.2	1.5
牵引进级	4:27:38.6	2.5
牵引退级	4:28:8.2	2.5
初次施加牵引	4:44:18.3	1.8
牵引进级	4:44:44.6	2.0
牵引退级	4:46:45.0	2.7
牵引退级	4:47:20.4	2.2
初次施加牵引	4:56:30.9	4.7
牵引进级	4:57:12.4	2.0
牵引退级	4:58:14.4	2.2
初次施加牵引	5:14:5.0	4.0
牵引进级	5:14:21.4	2.9
牵引退级	5:16:19.7	2.7

　　结果表明：列车运行中的牵引同步性与静置时基本一致，但初次施加牵引或电制时，某些延时数据偏大，这一般出现在牵引工况和电制工况的快速转换过程中，变流器的响应时间影响了同步性。对电制级位变化延时（样本数33）和牵引级位变化延时（样本数18）分别进行统计分析，结果如图5.2-33所示。可见，近3/4的电制、牵引级位变化延时处于2～4 s之间。

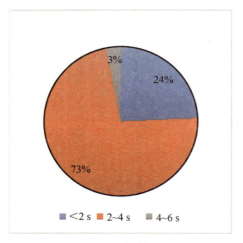
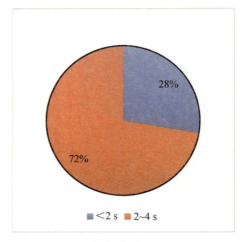

（a）电制　　　　　　　　　　　　　　　　（b）牵引

图 5.2-33　神 8 机车 1＋1 编组运行试验牵引同步性数据统计

2．SS₄机车 2＋1＋1 编组运行试验

试验结果统计分别见表 5.2-22、表 5.2-23。

表 5.2-22　SS₄机车 2＋1＋1 编组运行试验电制同步性试验结果

工　况	主控施加电制/进级响应时间	从 2 电制进级/退级延时/s	从 3 电制进级/退级延时/s
初次施加电制	0:11:7.8	5.8	5.8
电制进级	0:11:13.8	2.6	3.8
电制退级	0:15:19.6	4.7	8.5
电制进级	0:15:50.8	4.3	6.1
电制退级	0:15:58.3	4.7	6.6
电制进级	0:18:45.3	4.3	6.1
电制退级	0:19:47.3	2.8	4.7
电制退级	0:20:17.9	2.8	4.7
电制退级	0:20:44.4	3.0	3.7
电制进级	0:22:23.5	4.7	6.6
电制进级	0:23:6.5	2.8	4.3
电制进级	0:25:39.9	4.7	4.7
电制退级	0:25:47.4	3.3	4.7
电制进级	0:27:6.7	3.7	4.7
电制退级	0:36:40.7	3.8	5.2
电制退级	0:39:13.7	4.3	5.2
电制进级	0:39:36.8	4.2	5.2
电制退级	0:39:13.7	4.3	5.2

续表

工　况	主控施加电制/进级响应时间	从2电制进级/退级延时/s	从3电制进级/退级延时/s
电制退级	0:53:34.7	4.7	6.6
初次施加电制	2:46:24.9	5.8	5.8
电制进级	2:46:28.9	4.6	5.8
电制进级	2:48:59.7	3.5	6.0
电制退级	2:52:58.8	3.0	3.0
电制退级	3:00:48.3	3.3	4.2
电制进级	3:02:47.1	3.5	5.1
电制退级	3:15:38.3	4.6	5.6
电制退级	3:27:41.2	2.6	3.3
电制退级	3:30:3.7	3.0	3.7
电制退级	3:34:13.0	2.8	4.0
电制进级	3:36:18.5	2.3	3.0
电制退级	3:39:41.1	3.0	4.2
电制退级	3:59:52.1	1.9	3.2
初次施加电制	4:03:5.2	6.0	5.3
电制进级	4:07:55.3	2.6	3.0
电制退级	4:09:4.9	2.8	4.2
电制进级	4:24:48.6	3.0	4.0
电制进级	4:25:50.1	3.0	3.7
电制退级	4:27:59.1	3.3	5.0
电制进级	4:31:54.9	2.3	2.8
电制退级	4:34:21.1	3.7	4.6
电制进级	4:39:4.7	2.6	3.5
电制进级	4:34:21.1	2.8	3.7
初次施加电制	6:46:42.0	7.4	4.2
电制进级	6:47:13.5	2.8	4.1
电制退级	6:48:41.2	3.0	4.8

表 5.2-23　SS$_4$机车 2+1+1 编组运行试验牵引同步性试验结果

工　况	主控牵引进级/退级响应时间	从2牵引进级/退级延时/s	从3牵引进级/退级延时/s
初次施加牵引	1:53:0.1	3.8	5.4
牵引进级	1:57:6.0	2.8	4.2
牵引退级	1:59:32.5	2.6	5.6

工　　况	主控牵引进级/退级响应时间	从2牵引进级/退级延时/s	从3牵引进级/退级延时/s
初次施加牵引	2:10:23.1	3.5	5.7
牵引进级	2:13:0.9	2.8	5.0
牵引退级	2:14:40.1	1.9	4.2
初次施加牵引	4:00:54.4	2.8	4.2
牵引进级	4:01:2.4	3.5	6.4
牵引退级	4:02:16.1	2.1	4.0
初次施加牵引	4:17:48.5	8.3	8.3
牵引进级	4:18:14.1	2.9	5.5
牵引退级	4:20:55.4	3.1	4.8
牵引退级	4:21:46.6	2.6	4.3
牵引退级	4:22:11.9	2.1	4.3
初次施加牵引	4:46:25.2	5.4	5.4
牵引退级	4:49:3.0	2.8	4.5
初次施加牵引	5:04:1.5	4.7	5.9
牵引进级	5:04:23.7	2.8	3.2
牵引进级	5:04:34.4	3.1	4.0
牵引进级	5:05:6.8	3.3	4.2
牵引退级	5:06:58.2	5.2	7.3
牵引进级	5:07:34.4	3.1	4.3
牵引退级	5:07:44.2	4.7	5.7
初次施加牵引	5:33:14.2	6.4	6.4
牵引进级	5:33:36.3	2.1	4.2
牵引退级	5:36:5.5	1.7	5.0
初次施加牵引	5:53:57.4	5.2	6.4
牵引进级	5:54:11.1	2.6	4.9
牵引进级	5:54:30.1	2.4	3.5
牵引退级	5:58:35.8	2.4	3.7

　　结果表明：列车运行中的牵引同步性与静置时基本一致。对电制级位变化延时（样本数41）和牵引级位变化延时（样本数22）分别进行统计分析，结果如图5.2-34所示。可见，超过一半的电制、牵引级位变化延时处于4～6 s之间。

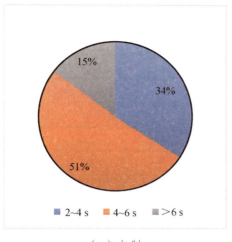

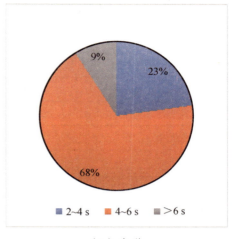

（a）电制　　　　　　　　　　　　　　　（b）牵引

图 5.2-34　SS_{4B}机车2＋1＋1编组运行试验牵引同步性数据统计

3. 神12与神8机车1＋1编组运行试验

试验结果统计分别见表5.2-24、表5.2-25。

表 5.2-24　神12与神8机车1＋1编组运行试验电制同步性试验结果

工　况	主控施加电制/进级响应时间	从控电制进级/退级延时/s
初次施加电制	2:03:40.2	4.4
电制进级	2:03:50.3	3.6
电制退级	2:26:17.9	2.8
电制退级	2:27:31.9	2.0
电制进级	2:28:55.9	2.4
电制进级	2:29:20.1	2.4
电制退级	2:39:36.8	2.4
电制进级	2:40:43.9	3.2
初次施加电制	2:52:28.5	1.4
电制进级	2:53:45.6	1.5
电制退级	2:57:12.1	2.9
电制退级	2:58:31.9	2.2
电制进级	2:59:17.9	3.2
电制退级	3:00:53.1	1.5
电制进级	3:05:29.3	2.0
电制退级	3:15:15.3	1.9
电制退级	3:22:49.1	1.5
初次施加电制	3:25:23.8	5.0

工　　况	主控施加电制/进级响应时间	从控电制进级/退级延时/s
电制退级	3:27:3.1	2.2
电制退级	3:27:27.8	1.9
初次施加电制	3:59:15.6	3.0
电制进级	3:59:54.5	3.0
电制退级	4:01:22.7	2.5
初次施加电制	5:34:28.9	2.7
电制退级	5:35:13.7	2.0
电制退级	5:39:59.4	2.7
初次施加电制	6:03:27.4	5.7
电制进级	6:03:48.0	2.7
电制退级	6:06:4.8	2.5

表 5.2-25　神 12 与神 8 机车 1＋1 编组运行试验牵引同步性试验结果

工　　况	主控牵引进级/退级响应时间	从控牵引进级/退级延时/s
初次施加牵引	1:38:37.4	1.4
牵引退级	1:45:55.1	2.6
初次施加牵引	3:35:40.1	1.4
牵引进级	3:35:44.3	3.3
牵引退级	3:36:46.0	2.2
牵引退级	3:37:6.6	2.2
初次施加牵引	4:08:52.4	5.5
牵引退级	4:10:24.5	3.3
牵引退级	4:12:51.2	2.0
初次施加牵引	5:30:9.1	3.7
牵引进级	5:30:45.3	2.0
牵引退级	5:32:57.2	2.0
初次施加牵引	5:46:27.6	2.6
牵引退级	5:48:2.5	1.5
牵引进级	5:48:48.2	3.7
牵引退级	5:50:53.2	2.6
牵引退级	5:51:35.8	1.5

结果表明：列车运行中的牵引同步性与静置时基本一致，但初次施加牵引或电制时，某些延时数据偏大，这一般出现在牵引工况和电制工况的快速转换过程中，变流器的响应时间影响了同步性。对电制级位变化延时（样本数 23）和牵引级位变化延时（样本数 12）分别进行统计分析，结果如图 5.2-35 所示。可见，超过 3/4 的电制、牵引级位变化延时处于 2~4 s 之间。

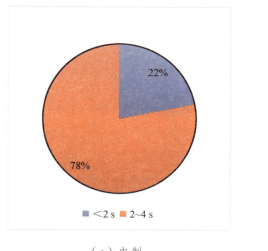
（a）电制

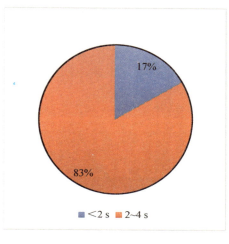
（b）牵引

图 5.2-35　神 12 与神 8 机车 1＋1 编组运行试验牵引同步性数据统计

5.2.3.3.4　网压波动监测

神 8 机车 1＋1 和 SS$_{4B}$ 机车 2＋1＋1 两种试验编组列车运行试验中，主控机车的最高和最低网压统计结果见表 5.2-26，全程网压监控分别如图 5.2-36 ~ 图 5.2-39 所示。

神 8 机车 1＋1 编组列车再生制动工况，在循环制动区间，最高网压 30.2 kV 出现在第一次重车运行时位于小觉—古月 K206 ~ K212 的长大下坡。

神 8 机车 1＋1 编组列车牵引工况，最低网压出现第一次重车运行从神池南出发时机车牵引满级加速操作，试验中最低到了 22.2 kV。

SS$_{4B}$ 机车 2＋1＋1 编组两次重车运行时，最高网压分别为 29.1 kV 和 29.7 kV；牵引工况，最低网压分别为 20.9 kV 和 19.4 kV，前者出现在列车连续 4‰ 上坡（K252 ~ K256）时，后者出现在列车从神池南出发时。

表 5.2-26　运行试验中网压统计　　　　　　　　　　　单位：kV

编　　组	神 8 机车 1＋1 编组		SS4 机车 2＋1＋1 编组	
	重车第一次	重车第二次	重车第一次	重车第二次
网压 RMS 最高值	30.2	29.5	29.1	29.7
网压 RMS 最低值	22.2	25.1	20.9	19.4

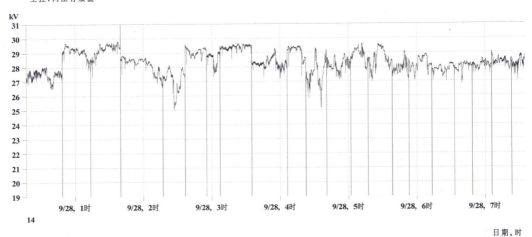

图 5.2-36　神八 1＋1 重车第一次运行试验

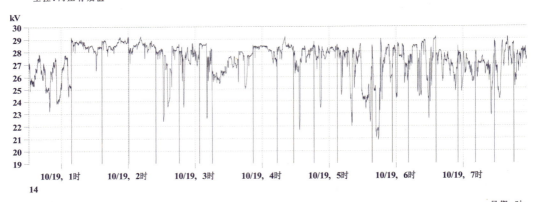

图 5.2-37　神 8 1＋1 重车第二次运行试验

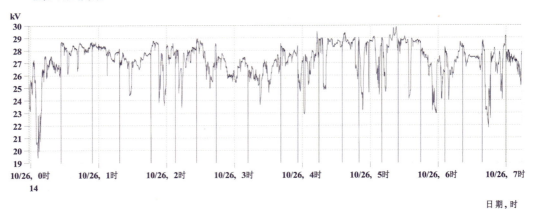

图 5.2-38　韶山 4B 2＋1＋1 重车第一次运行试验

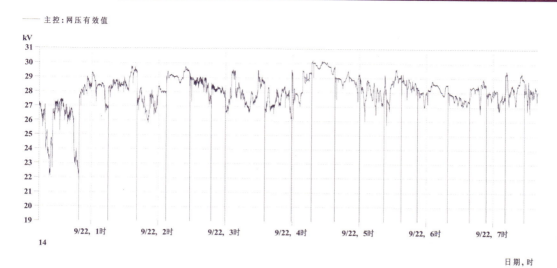

图 5.2-39　SS$_{4B}$ 2 + 1 + 1 重车第二次运行试验

5.2.3.3.5　牵引试验小结

（1）4‰ 限制坡道起动试验：SS$_4$ 机车 2 + 1 + 1 编组的 2 万吨试验列车满足 4‰ 限制坡道起动要求；神 12 与神 8 机车 1 + 1 编组的 2 万吨试验列车受神 12 机车空转控制策略影响，牵引力未 100% 发挥，坡起 3 次均失败，如果实际运营中采用此编组方式，建议优化神 12 机车空转控制策略，使得设计牵引力能尽量满足 100% 发挥。

（2）运行时分分析：神 8 机车 1 + 1 和 SS$_{4B}$ 机车 2 + 1 + 1 编组列车运行试验项目基本一致（神 12 与神 8 机车 1 + 1 编组由于坡起失败，不比较总运行时分），其总的运行时分分别为 7 h 20 min、7 h 17 min、7 h 13 min 和 7 h 11 min，除去有试验任务和临时停车的区段，在其他正常运行的区段，试验列车的运行比图定运行时间略有延长。

（3）运行能耗分析：主要特点是海拔落差大，上行下坡道主要集中在神池南至肃宁北区间，尤其是宁武西—原平南和南湾—小觉，这两个区段基本上都是 10‰ ~ 12‰ 的长大下坡道，神 8 机车 1 + 1 编组试验列车 65% 以上再生发电量产生在这两个区段。如果能在运行组织中统筹考虑同一供电臂下交流机车和直流机车的数量（或变电所的能量交换设置），使得交流机车再生回馈的电能能直接被直流机车利用，势必会节约大量的电能开支，产生巨大的经济效益。

（4）牵引同步性分析：列车运行中的牵引同步性与静置时基本一致，但初次施加牵引或电制时，某些延时数据偏大，这一般出现在牵引工况和电制工况的快速转换过程中，变流器的响应时间影响了同步性，此延时不影响正常运行。

（5）全程网压波动分析：根据 3 种试验编组运行时全程测得的网压波动数据分析，朔黄线目前的供电配置能力满足此 3 种编组列车运行。

5.2.3.4　制动试验结果及分析

5.2.3.4.1　机车制动、缓解同步性测试

对 3 种编组重车运行试验时的主、从控机车的常用制动、缓解同步性进行了统计，统计结果分别如图 5.2-40 ~ 图 5.2-42 所示。

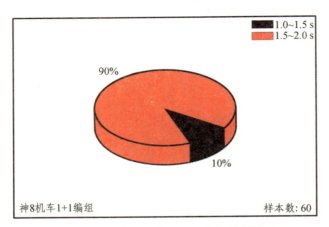

图 5.2-40　神 8 机车 1 + 1 编组运行试验

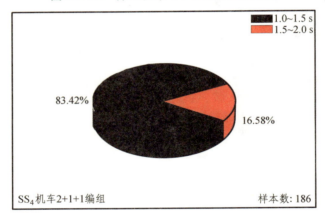

图 5.2-41　SS₄ 机车 2 + 1 + 1 编组运行试验

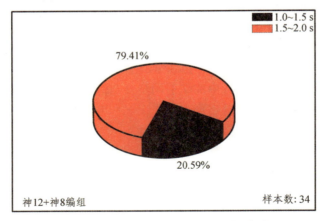

图 5.2-42　神 12 + 神 8 编组运行试验

　　从图 5.2-40 ~ 图 5.2-42 可知，LTE 网络通信正常时，3 种编组运行试验空气制动、缓解同步时间均在 1 ~ 2 s 之间，同步性好。神 8 机车 1 + 1 编组最小为 1.33 s，最长 1.94 s，平均

1.65 s；SS₄ 机车 2＋1＋1 编组最小 1.01 s，最长 1.99 s，平均 1.34 s；神 12＋神 8 编组最小为 1.22 s，最长为 1.89 s，平均 1.61 s。

图 5.2-43 所示是 2013 年 C64 货车 1＋1 编组运行试验时的主、从机车空气制动与缓解同步时间统计，比较而言，朔黄线主、从机车采用 LTE 网络通信后，同步时间得到显著改善。

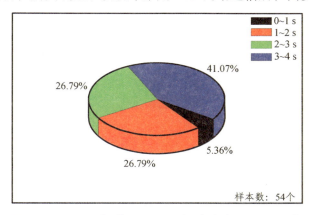

图 5.2-43 132 辆编组 C64 运行试验（2013-1-23）

5.2.3.4.2 常用制动停车试验

表 5.2-27 为神 8 机车 1＋1 编组 2 次运行试验常用制动停车结果统计，共进行了 5 次试验，5 次试验从控机车制动响应时间均正常；各制动工况下出现的最大车钩力均为压钩力，出现位置相同，均在从控机车机后第 1 位货车；除常用全制动工况外，其余制动工况测得的最大车钩力均小于 1 000 kN，常用全制动工况测得的最大车钩力为 1 576 kN（压钩力）。

表 5.2-28 为 SS₄ 机车 2＋1＋1 编组 2 次运行试验常用制动停车结果统计，共进行了 6 次试验，6 次试验从控机车制动响应时间均正常；各种制动工况测得的最大车钩力均小于 1 000 kN，且以拉钩力居多，最大车钩力出现的位置也与神 8 机车 1＋1 编组显著不同；常用全制动工况测得的最大车钩力也仅为 747 kN（拉钩力），幅值比神 8 机车 1＋1 编组显著减小约 52%，由此可知在列车尾部增加 1 台从控机车可以提高列车制动的同步性，从而能够显著减小大减压量制动工况时的列车纵向力。

表 5.2-29 所示，神 12＋神 8 编组试验时进行了 1 次减压 100 kPa 制动停车试验，从控机车响应时间为 1.48 s，最大车钩力为 920 kN（压钩力）。

表 5.2-27 常用制动停车试验结果统计（神 8 机车 1＋1 编组）

日 期	工 况	位置/km	制动初速/（km/h）	从控响应时间/s	制动距离/m	制动时间/s	最大车钩力（kN）/位置
2014-9-22	减压 80 kPa 停车	156.002	72.1	1.72	1 813	136.5	− 676/117
	初制动停车	245.544	79.7	1.45	3 270	235.8	− 934/117
	减压 100 kPa 停车	309.146	75.8	1.69	1 229	88.7	− 832/117
2014-9-28	常用全制动停车	70.402	70.6	1.47	1 341	94.6	− 1 576/117
	减压 80 kPa 停车	266.708	78.4	1.58	1 472	105.3	− 981/117

表 5.2-28　常用制动停车试验结果统计（SS₄机车 2＋1＋1 编组）

日　期	工　况	位置/km	制动初速/（km/h）	从控响应时间/s 中部	从控响应时间/s 尾部	制动距离/m	制动时间/s	最大车钩力（kN）/位置
2014-10-19	减压 80 kPa 停车	157.101	73.5	1.09	1.02	1 422	105.0	586/145
	初制动停车	246.227	79.8	1.19	1.11	3 181	221.5	−525/1
	减压 100 kPa 停车	309.782	79.2	1.33	1.22	1 119	78.8	650/145
2014-10-26	常用全制动停车	69.068	72.9	1.21	1.20	1 254	88.3	747/145
	减压 100 kPa 停车	168.707	71.0	1.35	1.45	1 393	104.3	776/145
	减压 80 kPa 停车	270.320	79.2	1.70	1.62	1 588	114.4	721/145

表 5.2-29　常用制动停车试验结果统计（神 12＋神 8 机车）

日　期	工　况	位置/km	制动初速/（km/h）	从控响应时间/s	制动距离/m	制动时间/s	最大车钩力（kN）/位置
2014-11-01	减压 100 kPa 停车	157.025	72.5	1.48	1 543	109.3	−920/117

5.2.3.4.3　电、空配合调速试验

1.　试验结果统计

3 种编组 2 万吨列车试验全程均进行了电、空配合调速试验，其中还穿插进行了低速缓解试验和追加制动后的缓解试验等。神 8 机车 1＋1 编组 2 趟试验结果统计分别见表 5.2-30、表 5.2-31，SS₄机车 2＋1＋1 编组 2 趟试验结果统计分别见表 5.2-32、表 5.2-33，神 12＋神 8 编组验结果统计见表 5.2-34 所示。

表 5.2-30　神 8 机车 1＋1 编组电、空配合调速试验数据统计结果（2014-9-22）

序号	制动位置/km	制动初速/（km/h）	制动持续时间/s	缓解位置/km	缓解初速/（km/h）	缓解时机车施加的电制力/kN	可用再充气时间/s	货车测试最大车钩力（kN）/位置	备注
1	6.592	59.9	98	7.984	34.6	350	—	1 541/145	初制
2	19.886	67.2	162	22.245	29.6	350	753	1 483/115	初制
3	25.543	70.5	266	29.761	32.7	240	254	1 760/115	初制
4	32.846	70.2	370	38.848	34.8	400	227	−1 129/117	初制
5	41.069	65.7	253	44.879	32.9	350	172	−1 120/117	初制
6	47.821	70.4	780	60.692	30.0	350	218	−600/117	初制
7	63.463	67.4	305	68.286	29.9	320	214	1 142/85	初制
8	71.093	70.3	148	73.756	33.9	350	217	−1 811/117	初制后追加 30
9	78.225	70.4	209	82.193	54.7	350	243	−1 239/117	初制
10	149.492	70.4	160	151.919	32.8	350	—	1 110/173	初制

续表

序号	制动位置/km	制动初速/（km/h）	制动持续时间/s	缓解位置/km	缓解初速/（km/h）	缓解时机车施加的电制力/kN	可用再充气时间/s	货车测试最大车钩力（kN）/位置	备注
11	156.002	72.1	136	157.815	0.0	—	300	—	减压80，停车缓解
12	161.205	70.6	340	167.143	28.7	350	500	1 211/85	初制
13	171.185	70.6	244	175.665	44.7	350	400	− 804/117	初制
14	182.043	70.6	186	186.461	39.4	350	500	− 691/117	初制
15	193.095	70.2	280	197.960	39.5	350	523	829/173	初制
16	208.583	70.7	183	211.896	49.6	300	720	− 1 190/117	初制
17	230.683	69.3	117	232.904	59.6	248	1220	− 922/117	初制
18	237.786	60.4	70	238.899	49.9	300	344	1005/85	初制
19	398.817	60.4	46	399.691	57.3	300	—	1320/85	初制

表 5.2-31 神 8 机车 1 + 1 编组电、空配合调速试验数据统计结果（2014-9-28）

序号	制动位置/km	制动初速/（km/h）	制动持续时间/s	缓解位置/km	缓解初速/（km/h）	缓解时机车施加的电制力/kN	可用再充气时间/s	货车测试最大车钩力（kN）/位置	备注
1	7.842	59.9	115	9.471	34.8	350	—	− 2142/117	初制
2	20.577	65.3	151	22.810	32.6	350	868	1480/115	初制
3	25.851	70.1	288	30.489	32.8	350	228	1262/115	初制
4	33.624	70.5	531	42.589	39.7	350	227	− 1011/117	初制
5	46.709	70.2	776	59.019	32.9	350	317	− 987/117	初制
6	62.005	69.8	312	67.562	32.7	350	219	1405/115	初制
7	70.402	70.6	95	71.743	0.0	—	—	− 1576/117	全制动停车
8	77.095	71.1	190	80.199	34.5	350	—	− 1930/117	减压70
9	146.262	70.3	122	148.294	39.2	350	—	− 1612/117	初制
10	153.508	70.1	242	157.431	32.7	350	436	1541/115	初制
11	160.184	68.3	665	170.006	0	—	—	—	初制停车
12	173.107	70.5	231	177.177	44.0	350	—	− 1048/117	初制
13	182.325	704	184	185.636	49.6	310	388	− 973/117	初制
14	192.988	70.2	195	196.461	49.7	350	509	− 930/117	初制
15	207.909	70.9	144	210.649	59.8	345	670	− 1034/117	初制
16	230.541	70.3	100	232.478	62.6	280	1160	− 1062/117	初制
17	236.901	61.4	84	238.236	49.95	280	287	905/115	初制
18	398.367	72.7	52	399.325	54.8	280	—	1010/115	初制

表 5.2-32　SS₄ 机车 2 + 1 + 1 编组电、空配合调速试验数据统计结果（2014-10-19）

序号	制动位置/km	制动初速/（km/h）	制动持续时间/s	缓解位置/km	缓解初速/（km/h）	缓解时机车电制电流/A	可用再充气时间/s	货车测试最大车钩力（kN）/位置	备注
1	8.027	59.7	95	9.345	35.2	433	—	−498/29	初制
2	13.5666	59.4	69	14.592	41.7	433	323	−459/1	初制
3	20.487	56.7	114	21.991	29.7	400	453	−444/1	
4	25.331	72.5	234	29.122	29.8	500	248	−506/1	初制
5	32.380	70.3	232	36.163	29.5	600	252	−689/1	初制
6	39.246	65.5	188	42.447	44.8	588	256	−610/117	初制
7	46.380	70.5	210	49.964	39.9	600	276	−554/1	初制
8	52.429	70.4	345	58.772	45.1	600	172	−493/1	初制
9	60.721	67.3	309	66.674	54.5	605	128	766/115	初制
10	69.577	70.8	127	71.795	34.2	430	183	−514/1	初制后追加 35
11	76.312	68.3	104	78.054	34.2	540	311	−693/1	初制后追加 50
12	80.896	68.4	94	82.598	54.9	448	456	−607/117	初制
13	87.751	56.3	63	88.679	46.6	523	396	−805/117	初制
14	146.157	57.1	87	147.360	34.6	448	—	−520/1	初制
15	152.084	60.3	109	153.827	44.8	522	435	−577/1	初制
16	157.101	73.5	375	158.523	0.0	—	—	−470/1	减压 100 停车
17	161.805	68.6	175	164.847	44.8	596	392	−615/117	初制
18	168.169	65.6	288	174.082	48.5	0	306	−571/85	初制
19	179.829	73.4	182	182.815	34.8	479	313	−466/1	初制
20	188.678	72.1	75	190.096	60.1	497	360	−456/1	初制
21	191.697	64.6	427	198.602	46.1	586	94	−430/1	初制
22	208.662	72.4	133	211.243	60.1	582	600	−595/117	初制
23	231.120	70.8	72	232.551	67.1	483	1 080	−652/85	初制
24	237.601	66.3	108	238.298	39.6	0	370	−389/1	初制
25	399.394	73.7	49	400.295	53.2	423	—	−290/29	初制

表 5.2-33 SS₄机车 2 + 1 + 1 编组电、空配合调速试验数据统计结果（2014-10-26）

序号	制动位置 /km	制动初速 /（km/h）	制动持续 时间/s	缓解 位置 /km	缓解初速 /（km/h）	缓解时机车 电制电流/A	可用再充 气时间/s	货车测试最大 车钩力（kN） /位置	备注
1	7.964	56.4	75	8.981	34.6	500	—	− 473/1	初制
2	20.590	67.2	119	22.368	29.5	600	823	− 1204/57	初制*
3	26.867	72.4	155	29.370	29.5	600	382	− 679/1	初制
4	33.583	70.3	162	36.231	34.3	600	342	− 665/1	初制
5	38.983	65.6	194	42.231	44.8	478	216	− 601/117	初制
6	46.809	70.6	167	49.714	44.7	588	323	− 465/1	初制
7	51.963	70.6	365	58.565	45.1	575	147	− 480/1	初制
8	60.631	68.5	242	65.146	54.4	623	135	− 836/85	初制
9	76.538	69.3	143	78.951	44.4	578	—	− 497/1	初制
10	81.035	68.3	89	82.645	55.2	528	137	− 565/117	初制
11	88.286	55.1	55	89.074	44.5	436	444	− 790/117	初制
12	130.270	74.6	91	131.761	34.0	488	—	− 470/1	初制
13	147.367	68.4	102	148.963	34.4	619	1440	− 474/117	初制
14	153.196	55.4	96	154.547	39.9	426	390	− 504/1	初制
15	157.322	68.4	175	160.333	44.9	584	392	− 509/1	初制
16	162.226	66.6	186	165.821	64.7	510	128	− 554/117	初制
17	173.876	68.7	77	175.821	64.7	590	—	− 665/117	初制
18	180.923	68.5	137	183.049	34.8	480	360	493/115	初制
19	188.436	74.4	106	190.352	49.9	593	453	− 502/117	初制
20	194.732	70.6	210	198.352	39.9	394	285	− 376/1	初制
21	208.785	70.6	136	211.266	54.9	484	613	− 510/117	初制
22	230.434	68.7	85	231.919	53.2	429	1 107	655/115	初制
23	237.926	67.0	102	239.591	44.9	388	393	274/145	初制
24	393.142	75.8	73	394.418	44.4	361	—	643/115	初制

注：*表示本次缓解时中部从控同步时间异常。

表 5.2-34　神 12 + 神 8 编组电、空配合调速试验数据统计结果（2014-11-01）

序号	制动位置/km	制动初速/（km/h）	制动持续时间/s	缓解位置/km	缓解初速/（km/h）	缓解时机车施加的电制力/kN	可用再充气时间/s	货车测试最大车钩力（kN）/位置	备注
1	8.104	60.3	121	9.875	34.5	350	—	−1403/117	初制
2	20.834	64.9	153	23.110	32.6	350	876	1475/173	初制
3	25.939	68.1	316	30.973	29.7	350	226	1459/173	初制
4	33.855	68.5	500	42.801	39.5	400	239	−925/117	初制
5	46.853	65.7	381	52.932	29.7	380	360	1468/115	初制
6	55.514	68.6	276	59.741	0.0	350	208	−681/117	初制追加30后停车缓解
7	62.856	65.1	208	66.434	39.7	320	—	−968/117	初制
8	69.868	70.6	131	72.141	33.7	350	280	−2003/145	初制
9	77.333	70.2	118	79.240	29.1	350	376	−1762/173	减压 90
10	145.670	70.0	121	147.748	44.4	350	—	1033/173	初制
11	151.311	48.9	139	153.059	35.1	—	304	685/115	初制
12	162.174	65.2	220	165.845	39.5	350	—	−897/117	初制
13	170.367	70.1	248	175.026	54.6	410	400	−750/57	初制
14	179.821	65.3	212	183.191	39.8	380	322	−692/1	初制
15	188.620	70.6	193	191.808	34.5	400	340	1097/115	初制
16	195.816	68.1	146	198.313	49.8	440	323	−830/117	初制
17	207.742	68.2	168	210.927	59.7	380	549	−795/117	初制
18	230.015	62.3	105	232.059	64.3	370	1 100	−812/117	初制
19	237.025	62.3	112	238.785	45.6	380	344	1160/115	初制

注：表中机车施加电制力为第 1 位货车测得的车钩力，与实际机车施加车钩力略有差别。

2．关于再充气时间

宁武西至北大牛区间为朔黄铁路循环制动操纵的最困难区段，因此重点对该区段内的可用再充气时间进行分析。

神 8 机车 1 + 1 编组 9 月 22 日在 25 km + 543 m 至 82 km + 193 m 区段共进行了 7 次循环制动调速，最短可用再充气时间仅为 172 s，短于该种编组方式初制动后尾部副风缸压力充至 580 kPa 时间（210 s），导致列车后部约 50 辆货车略微充风不足；该区段内最长可用再充气时间也仅为 254 s，也远小于该编组方式初制动缓解时完全充满的时间（中部机车流量计读数为零的时间为 280~300 s）；9 月 28 日，在 25 km + 851 m 至 67 km + 512 m 区段共进行了 4 次循环制动调速，最短可用再充气时间为 219 s，后部车辆副风缸压力刚刚充至 580 kPa。

神 12 + 神 8 编组 11 月 1 日在 25 km + 939 m 至 79 km + 240 m 区段共进行了 7 次调速制动，最短可用再充气时间为 208 s，其中在 55 km + 514 m 处制动后，由于存在充风不足的风险，采用了停车缓解。

1 + 1 编组 2 万吨列车与朔黄目前普遍开行的单编万吨列车相比，位于中部的从控机车承担更多的充气任务，再充气时间比单编万吨有所延长，在朔黄困难区段存在充气不足的可能性，需进一步优化编组或操纵方式，尽量延长可用再充气时间。

SS$_4$ 机车 2 + 1 + 1 编组 10 月 19 日在 25 km + 331 m 至 78 km + 054 m 区段共进行了 8 次循环制动调速，10 月 26 日在 26 km + 867 m 至 65 km + 146 m 区段共进行了 6 次循环制动调速，最短可用再充气时间分别为 128 s 和 135 s，均远大于该编组初制动后充气最慢货车副风缸压力充至 580 kPa 时间（76 s）。与 1 + 1 编组 2 万吨列车相比，由于 2 + 1 + 1 编组在列车尾部增加了 1 台从控机车，显著提高了列车的充风能力，从而有助于提高坡道运行安全。

3. 关于车钩力

（1）车钩力大值。

从表 5.2-27、表 5.2-28 可知，神 8 机车 1 + 1 编组列车 2 次运行试验共进行了 34 次电、空配合调速（不包括停车缓解工况），产生的最大车钩力为 2 142 kN，远大于试验建议性指标（正常运行工况车钩力不大于 1 000 kN），接近试验规定的车钩力安全限度控制值 2 250 kN。图 5.2-44 所示为 34 次调速过程产生的最大车钩力分布情况，从图可知出现大于 1 000 kN 以上的次数占比约为 73.5%，大于 1 500 kN 的次数占比为 20.6%。

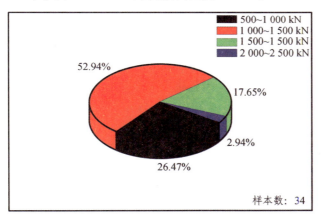

图 5.2-44　神 8 机车 1 + 1 编组调速制动最大车钩力分布

从表 5.2-31 可知，神 12 + 神 8 编组列车运行试验工进行了 18 次电、空配合调速（不包括停车缓解工况），产生的最大车钩力为 2 003 kN，同样远大于试验建议指标（正常运行工况车钩力不大于 1 000 kN），接近试验规定的车钩力安全限度控制值 2 250 kN；出现大于 1 000 kN 以上的次数占比约为 50.0%。

从表 5.2-32、表 5.2-33 可知，SS$_4$ 机车 2 + 1 + 1 编组列车 2 次运行试验共进行了 48 次电、空配合调速制动，除 10 月 26 日在 20 km + 590 m 处调速制动外（缓解时中部从控机车同步性异常，同步时间长达 18.7 s，造成列车中部货车缓解缓慢，从而导致车钩力异常增大），其余 47 次调速制动过程产生的最大车钩力均小于 1 000 kN，最大值仅为 836 kN，小于试验试验建议性指标（正常运行工况车钩力不大于 1 000 kN），与 1 + 1 编组相比，最大车钩力值显著减小。

（2）车钩力大值发生时机及在列车中的位置。

通过对 1 + 1 编组的两万吨列车车钩力值大于 1 000 kN 的电、空配合调速制动工况车钩力大值出现的时机进行统计，发现大值一般均出现在调速制动缓解工况，即机车实施缓解后的 20 ~ 50 s。

图 5.2-45 为神 8 机车 1 + 1 编组 9 月 22 日试验，在 73 km + 756 m 处缓解时出现 1 811 kN 车钩力的实测数据曲线，最大压钩力 1 811 kN 出现在实施缓解后的第 33 s。

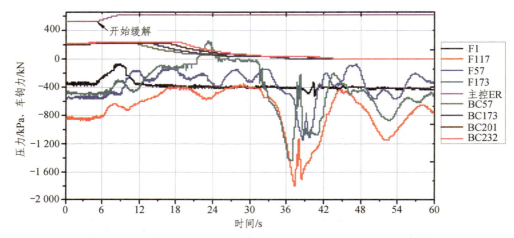

图 5.2-45　神 8 机车 1 + 1 编组 9 月 22 日在 K73 + 756 处缓解

注：图中 F*表示第*位货车车钩力，BC*表示第*位货车制动缸压力，下同。

图 5.2-46 为神 8 机车 1 + 1 编组 9 月 28 日试验，在 9 km + 471 m 处缓解时出现 2 142 kN 车钩力的实测数据曲线，最大拉钩力 1 258 kN 出现在实施缓解后的第 29 s，最大压钩力 2 144 kN 出现在第 42 s。

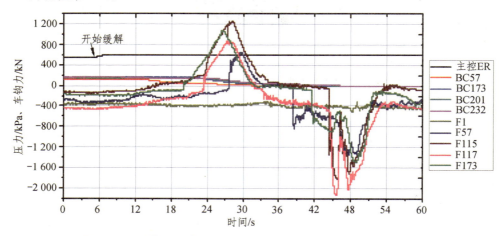

图 5.2-46　神 8 机车 1 + 1 编组 9 月 28 日在 K9 + 471 处缓解

图 5.2-47 为神 12 + 神 8 机车 11 月 1 日试验，在 72 km + 141 m 处缓解时出现 2 003 kN 车钩力的实测数据曲线，最大拉钩力 1 724 kN 出现在实施缓解后的第 21 s，最大压钩力 2 003 kN 出现在第 47 s。

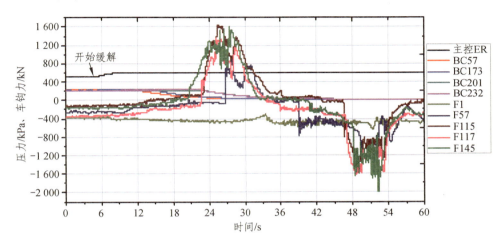

图 5.2-47　神 12 + 神 8 机车 11 月 1 日在 K72 + 141 处缓解

对于 1 + 1 编组 2 万吨列车，缓解时最大车钩力的出现时机与列车的缓解过程密切相关，最大拉钩力一般出现在后部 58 辆货车开始缓解时，这是由于 1 + 1 编组 2 万吨列车缓解时，前 150 辆货车与后 58 辆货车存在较大的缓解时间差，前 150 辆 7 s 左右产生缓解作用，后 58 辆在 18～20 s 产生缓解作用，该时间差与列车在长大下坡道上的下滑力共同作用，造成货车车钩的拉压变化，从而导致较大的纵向车钩力；同时由于缓解时中部机车处集中了较大的机车再生制动力，所以最大拉钩力一般发生在中部机车前部，而最大压钩力一般发生在中部机车后部。以上最大车钩力的发生时机与位置与大秦线 1 + 1 编组 2 万吨列车基本相同。

SS₄ 机车 2 + 1 + 1 编组缓解时，由于尾部从控机车帮助充风，列车缓解同步性好，因此一般不会产生大于 1 000 kN 的纵向车钩力，车钩力大值出现的位置多集中在第 1 位货车或中部机车附近，与机车电制力和线路纵断面相关性较大。

4. 关于 30 km/h 低速缓解

表 5.2-35 统计了 3 种编组 30 km/h 低速缓解试验时列车产生的纵向力情况，神 8 机车 1 + 1 编组共进行了 4 次 30 km/h 低速缓解试验，其中 1 次最大车钩力仅为 600 kN，其余 3 次均大于 1 000 kN；神 12 + 神 8 编组列车共进行了 3 次 30 km/h 低速缓解试验，最车钩力均大于 1 400 kN，最大为 1 762 kN；SS₄ 机车 2 + 1 + 1 编组 4 次低速缓解试验车钩力最大值仅为 689 kN。

结合 3 种编组其他速度缓解时的纵向力情况可知，对于 2 种 1 + 1 编组方式，车钩力大小与缓解速度的相关性要小于与编组方式、列车操纵和线路纵断面的相关性；对于 SS₄ 机车 2 + 1 + 1 编组，由于列车缓解同步性好，缓解速度与列车纵向力的相关性更不明显。

表 5.2-35　30 km/h 低速缓解数据统计

编组方式	缓解位置/km	缓解初速/（km/h）	缓解时机车施加的电制力/kN	货车测试最大车钩力（kN）/位置	备注
神 8 机车 1＋1 编组	22.245	29.6	350	1 483/115	初制
	60.692	30.0	350	−600/117	初制
	68.286	29.9	320	1 142/85	初制
	167.143	28.7	350	1 211/85	初制
神 12＋神 8 机车	30.973	29.7	350	1 459/173	初制
	52.932	29.7	380	1 468/115	初制
	79.240	29.1	350	−1 762/173	减压 90
SS₄ 机车 2＋1＋1 编组	21.991	29.7	400 A	−444/1	初制
	29.122	29.8	500 A	−506/1	初制
	36.163	29.5	600 A	−689/1	初制
	29.370	29.5	600 A	−679/1	初制

5. 关于追加制动（或减压量大于初制动）后的缓解

表 5.2-36 统计了 3 种编组追加制动（或减压量大于初制动）后缓解时列车产生的纵向力情况。

两种 1＋1 编组共进行 3 次试验，最大车钩力为 1 762～1 930 kN，最大车钩力比同样编组的初制动后缓解明显增大。制动减压量的增加导致货车制动力的增加，而列车缓解的同步性与初制动相当，从而更容易产生比初制动缓解时更大的纵向车钩力，严重时危及行车安全。大秦 1＋1 编组 2 万吨试验同样表明，当减压量大于 70 kPa 以上缓解时，最大纵向力比初制动后缓解显著增大，因此规定"减压量大于 50 kPa 时需停车缓解"。

SS₄ 机车 2＋1＋1 编组进行了 2 次追加制动后的缓解试验，2 次试验测得的纵向车钩力均处于较低水平，最大仅为 693 kN，与初制动缓解时的纵向力没有明显差别，由此可见，由于 2＋1＋1 编组列车缓解同步性好，调速制动减压量的大小（不大于 100 kPa）对车钩力值影响不明显。

表 5.2-36　追加制动缓解试验数据统计结果

编组方式	工　况	缓解位置/km	缓解初速/（km/h）	缓解时机车施加的电制力/kN	货车测试最大车钩力（kN）/位置
神 8 机车 1＋1 编组	初制后追加 30	73.756	33.9	350	−1 811/117
	减压 70	80.199	34.5	350	−1 930/117
神 12＋神 8 机车	减压 90	79.240	29.1	350	−1 762/173
SS₄ 机车 2＋1＋1	初制后追加 35	71.795	34.2	430A	−514/1
	初制后追加 50	78.054	34.2	540A	−693/1

5.2.3.4.4　走停走试验

1. 神 8 机车 1+1 编组

9 月 28 日在 157 ~ 161 km 间进行了走停走试验,列车实际停车位置为 170 km + 006 m 处,试验区段线况如图 5.2-48 所示,试验列车整列位于 10.1‰ ~ 11.2‰ 下坡道上,运行前方 3 km 均为 10‰ ~ 12‰ 长大下坡道。

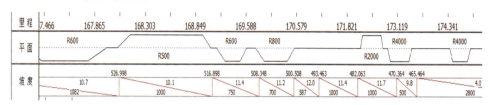

图 5.2-48　试验区段线况

如图 5.2-49 所示,停车后的主控机车均衡风缸减压量为 110 kPa,缓解初期主控机车制动缸压力 310 kPa(从控制动缸压力始终为零),电制满级,随着机车再生制动力的施加,主控小闸逐步缓解,列车速度 15.0 km/h 时小闸缓解至零,列车缓解过程中的速度、距开始缓解时间、尾部车辆副风缸压力、列车运行位置及走行距离变化见表 5.2-37。

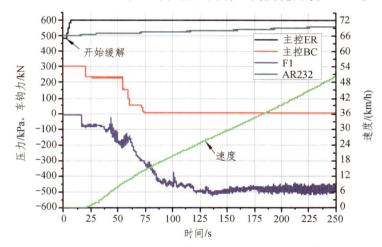

主控 ER—主控机车均衡风缸压力;主控 BC—主控机车制动缸压力;AR*—第*位货车副风缸压力。

图 5.2-49　神 8 机车 1+1 编组走停走试验实测曲线

表 5.2-37　神 8 机车 1+1 编组走停走试验结果

速度/(km/h)	距开始缓解时间/s	尾部副风缸压力/kPa	位置/km	走行距离/m
0.1	18	512	170.006	0
5	37	517	170.017	11
10	55	520	170.053	47
15	75	524	170.124	118
20	99	529	170.236	230
30	151	539	170.597	591
40	200	552	171.070	1 064
45	205	557	171.342	1 336

从表 5.2-47 可知，在图 5.2-48 所示试验区段，神 8 机车 1＋1 编组 2 万吨列车采用试验用操纵方法，试验列车从开始缓解到列车速度达到 20 km/h，所用时间为 99 s，走行距离为 230 m，此时列车尾部副风缸压力仅为 529 kPa；列车速度达到 45 km/h，所用时间为 205 s，走行距离为 1 336 m，此时列车尾部副风缸压力仅为 557 kPa，列车尚未充满。由此可知，试验用操纵方式不能适应神 8 机车 1＋1 编组 2 万吨列车走停走模式的要求，需对操纵方法或编组方式进行进一步优化调整。

2. SS₄ 机车 2＋1＋1 编组

10 月 26 日在滴流碛至猴刎（167～173 km）间进行了走停走试验，列车实际停车位置为 170 km＋100 m 处，试验区段线况同样如图 5.2-48 所示，试验列车整列位于 10.1‰～11.2‰ 下坡道上，运行前方 3 km 均为 10‰～12‰ 长大下坡道。

如图 5.2-50 所示，停车后机车施加了紧急制动，缓解初期主控机车制动缸压力 450 kPa，随着机车电制动力的施加，主控小闸逐步缓解，列车速度 6.0 km/h 时小闸缓解至零，列车缓解过程中的速度、距开始缓解时间、尾部车辆副风缸压力、列车运行位置及走行距离变化见表 5.2-38。

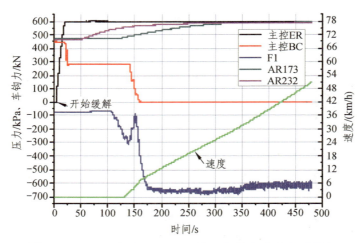

图 5.2-50 　SS₄ 机车 2＋1＋1 编组走停走试验实测曲线

表 5.2-38 　SS₄ 机车 2＋1＋1 编组走停走试验结果

速度/(km/h)	距开始缓解时间/s	尾部副风缸压力/kPa	公里标/km	走行距离/m
0.1	231	482	170.1	0
5	253	500	170.114	14
10	280	520	170.174	74
15	319	545	170.306	206
20	358	565	170.498	398
25	398	579	170.746	646
30	438	586	171.048	948
35	475	589	171.382	1 282
40	509.	591	171.74	1 640
45	542	591	172.122	2 022

从表 5.2-38 可知，在图 5.2-51 所示试验区段，SS₄ 机车 2＋1＋1 编组 2 万吨列车采用试验用操纵方法，试验列车从开始缓解到列车速度达到 20 km/h，所用时间为 358 s，走行距离为 398 m，此时列车尾部副风缸压力为 565 kPa；列车速度达到 25 km/h，充气最慢的货车副风缸压力已接近 580 kPa，基本充满；列车速度达到 45 km/h，所用时间为 542 s，走行距离为 2 022 m，此时列车尾部副风缸压力已达 591 kPa，机车流量计读数已为零。按静置试验测得的列车再充气时间进行等效推算，在朔黄高坡区段，减压 100 kPa 停车后实施缓解，当列车速度达到 25 km/h 时，货车副风缸也可基本充满。因此，在高坡区段，对于 SS₄ 机车 2＋1＋1 编组方式 2 万吨列车，按走停走模式运行时，为满足列车再充气时间要求，需将列车速度提高到不低于 25 km/h，与《技规》251 条规定的 20 km/h 运行速度不符。

2. 神 12＋神 8 机车编组

11 月 1 日，在滴流碛至猴刎（157～161 km）间进行了走停走试验，列车实际停车位置为 158 km＋568 m 处，试验区段线况如图 5.2-51 所示，试验列车整列位于 9.5‰～11.6‰ 下坡道上，运行前方 3 km 均为 10‰～12‰ 长大下坡道。

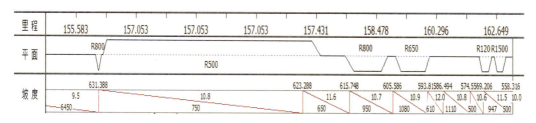

图 5.2-51　试验区段线况

如图 5.2-52 所示，停车后的主控机车均衡风缸减压量为 110 kPa，缓解初期主控机车制动缸压力为 310 kPa（从控制动缸压力始终为零），电制满级，随着机车再生制动力的施加，主控小闸逐步缓解，列车速度 7.6 km/h 时小闸缓解至零，列车缓解过程中的速度、尾部车辆副风缸压力、列车运行位置及走行距离变化见表 5.2-39。

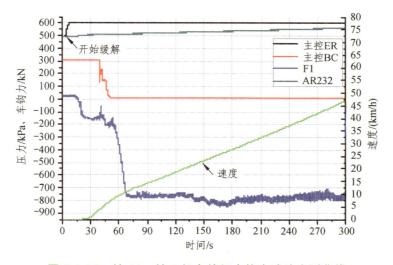

图 5.2-52　神 12＋神 8 机车编组走停走试验实测曲线

表 5.2-39　神 8 机车 1＋1 编组走停走试验结果

速度/（km/h）	距开始缓解时间/s	尾部副风缸压力/kPa	位置/km	走行距离/m
0.1	18	503	158.568	0
5	40	511	158.579	11
10	60	515	158.621	53
15	92	520	158.732	164
20	126	529	158.895	327
30	192	542	159.354	786
40	255	554	159.964	1396
45	285	562	160.318	1750

从表 5.2-39 可知，在图 5.2-51 所示试验区段，神 12＋神 8 机车编组 2 万吨列车采用试验用操纵方法，试验列车从开始缓解到列车速度达到 20 km/h，所用时间为 126 s，走行距离为 327 m，此时列车尾部副风缸压力仅为 529 kPa；列车速度达到 45 km/h，所用时间为 285 s，走行距离为 1 750 m，此时列车尾部副风缸压力仅为 562 kPa，列车尚未充满。试验结果与神 8 机车 1＋1 编组接近，由此可知，试验用操纵方式同样不能适应神 12＋神 8 机车编组 2 万吨列车走停走模式的要求。

5.2.3.4.5　低速追加制动停车试验

1. 神 8 机车 1＋1 编组

2014 年 9 月 22 日，在肃宁北站内进行了低速追加制动停车试验，初始制动位置为 408 km＋140 m，追加制动位置为 408 km＋228 m，追加制动及典型货车测试断面车钩力变化情况如图 5.2-53 所示。从图可知，初次制动施加初制动，制动初速为 17.9 km/h，19 s 之后追加制动减压 30 kPa，追加减压时的列车速度为 14.8 km/h，从初始制动到追加制动直到列车停车，各典型位置货车车钩力虽有变化，但均处于较低水平，最大车钩力仅为 610 kN（压钩力，117 位）。

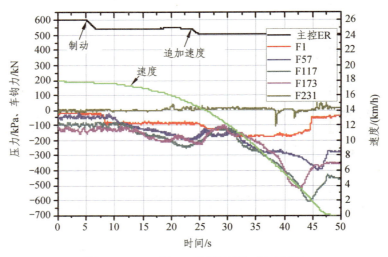

图 5.2-53　9 月 22 日低速追加制动试验

2. SS₄ 机车 2+1+1 编组

2014 年 10 月 19 日，在肃宁北站内进行了低速追加制动停车试验，初始制动位置为 409 km + 151 m，第 1 次追加制动位置为 409 km + 215 m，第 2 次追加制动位置为 409 km + 326 m；追加制动及典型货车测试断面车钩力变化情况如图 5.2-54 所示。从图可知，初次制动施加初制动，制动初速为 23.5 km/h，12 s 之后第 1 次追加制动减压 40 kPa，追加减压时的列车速度为 22.2 km/h，再过 14 s 施加了第 2 次追加，减压量 35 kPa，列车速度为 15.4 km/h；为从初始制动到追加制动直到列车停车，各典型位置货车车钩力虽有变化，但均处于较低水平，最大车钩力仅为 487 kN（拉钩力，173 位）。

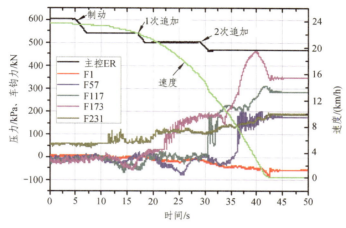

图 5.2-54 10 月 16 日低速追加制动试验

2014 年 10 月 26 日，在肃宁北站内进行了低速追加制动停车试验，初始制动位置为 409 km + 340 m，追加制动位置为 409 km + 432 m；追加制动及典型货车测试断面车钩力变化情况如图 5.2-55 所示。从图可知，初次制动施加初制动，制动初速为 24.8 km/h，13 s 之后追加制动减压 40 kPa，追加减压时的列车速度为 23.0 km/h；从初始制动到追加制动直到列车停车，各典型位置货车车钩力虽有变化，但均处于较低水平，最大车钩力仅为 722 kN（拉钩力，85 位）。

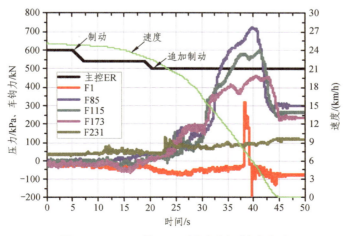

图 5.2-55 10 月 16 日低速追加制动试验

3. 神12 + 神8 机车编组

2014 年 11 月 1 日，在肃宁北站内进行了低速追加制动停车试验，初始制动位置为 408 km + 178 m，追加制动位置为 408 km + 268 m，追加制动及典型货车测试断面车钩力变化情况如图 5.2-56 所示。从图可知，初次制动施加初制动，制动初速为 23.5 km/h，14 s 之后追加制动减压 30 kPa，追加减压时的列车速度为 22.3 km/h，从初始制动到追加制动直到列车停车，各典型位置货车车钩力虽有变化，但均处于较低水平，最大车钩力仅为 490 kN（压钩力，173 位）。

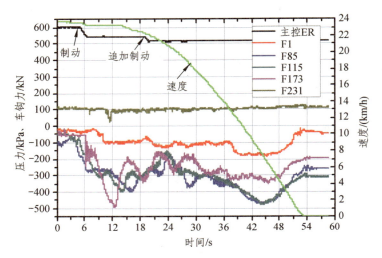

图 5.2-56　11 月 1 日低速追加制动试验

5.2.3.4.6　制动试验小结

（1）采用 LTE 网络通信平台后，主、从控机车的空气制动与缓解同步时间均在 2 s 之内，可以满足 2 万吨列车的开行需求。

（2）在宁武西至北大牛区间，按试验采用的循环制动操纵方式，两种 1 + 1 编组 2 万吨列车最短可用充气时间与该编组方式初制动的充气时间相当，存在充风不足的可能性；而 SS$_4$ 机车 2 + 1 + 1 编组，由于尾部从控机车帮助充风，不会出现充风不足现象。

（3）两种 1 + 1 编组 2 万吨列车调速制动缓解时经常产生大于 1 000 kN（试验规定的建议性指标）的车钩力，约占 65%，偶尔会产生接近试验规定的安全限度值（2 250 kN）的车钩力；而 SS$_4$ 机车 2 + 1 + 1 编组，由于列车缓解同步性好，调速制动时车钩力均在 1 000 kN 之内。

（4）对于 2 种 1 + 1 编组方式，车钩力大小与缓解速度的相关性要小于与编组方式、列车操纵和线路纵断面的相关性；对于 SS$_4$ 机车 2 + 1 + 1 编组，由于列车缓解同步性好，缓解速度与列车纵向力的相关性更不明显。

（5）两种 1 + 1 编组当调速制动减压量大于 70 kPa 以上缓解时，最大纵向力比初制动后缓解显著增大；而 SS$_4$ 机车 2 + 1 + 1 编组调速制动减压量的大小（不大于 100 kPa）对车钩力值影响不明显。

（6）走停走试验表明：对于两种 1＋1 编组 2 万吨列车，在试验区段当列车速度达到 45 km/h 时，列车尚未完全充满；对于 SS₄ 机车 2＋1＋1 编组方式，在试验区段当列车速度达到 25 km/h 时，列车基本充满。

（7）低速追加制动停车时没有产生的最大车钩力均小于 1 000 kN，满足试验规定的建议性指标要求。

5.2.3.5 从控机车动力学试验结果及分析

1. 制动工况试验结果统计

在 9 月 22 日和 28 日进行的"神 8 机车 1＋1 编组"重车试验中，各制动工况下中部从控机车的测试结果分别见表 5.2-40、表 5.2-41。在各次制动试验中，机车运行安全性各项参数测试最大值如下：第 5 轴脱轨系数 0.58、第 5 轴轮重减载率 0.37、第 5 轴轮轴横向力 51.8 kN、第 8 轴脱轨系数 0.22、第 8 轴轮重减载率 0.40、第 8 轴轮轴横向力 44.9 kN、中部车钩压钩力 1 918 kN、后部车钩压钩力 2 183 kN、中部车钩偏转角 4.6°、后部车钩偏转角 4.5°。试验结果表明"神 8 机车 1＋1 编组"情况下，中部从控机车运行安全性符合控制限度的要求，中部机车的压钩力和车钩偏转角接近控制限度。

在 10 月 19 日和 10 月 26 日进行的"SS₄ 机车 2＋1＋1 编组"重车试验中，各制动工况下中部从控机车的测试结果分别见表 5.2-42、表 5.2-43。在各次制动试验中，机车运行安全性各项参数测试最大值如下：第 5 轴脱轨系数 0.66、第 5 轴轮重减载率 0.43、第 5 轴轮轴横向力 61.6 kN、第 8 轴脱轨系数 0.29、第 8 轴轮重减载率 0.43、第 8 轴轮轴横向力 55.6 kN、中部车钩压钩力 907 kN、后部车钩压钩力 891 kN、中部车钩偏转角 5.1°、后部车钩偏转角 4.1°。试验结果表明"SS₄ 机车 2＋1＋1 编组"情况下，中部从控机车运行安全性、车钩压钩力和偏转角符合控制限度的要求。

在 11 月 1 日进行的"神 12＋神 8 编组"试验中，各制动工况下中部从控机车的测试结果见表 5.2-44。在各次制动试验中，机车运行安全性各项参数测试最大值如下：第 5 轴脱轨系数 0.62、第 5 轴轮重减载率 0.38、第 5 轴轮轴横向力 59.3kN、第 8 轴脱轨系数 0.16、第 8 轴轮重减载率 0.36、第 8 轴轮轴横向力 40.8 kN、中部车钩压钩力 1 459 kN、后部车钩压钩力 1 617 kN、中部车钩偏转角 4.9°、后部车钩偏转角 4.3°。试验结果表明"神 12＋神 8 编组"情况下，中部从控机车运行安全性、车钩压钩力和偏转角符合控制限度的要求。

综上所述，重车运行方向"神 8 机车 1＋1 编组""SS₄ 机车 2＋1＋1 编组"和"神 12＋神 8 编组"3 种编组情况下，中部从控机车的运行安全性符合控制限度的要求。

2. 中部机车承受纵向力状态

图 5.2-57 和图 5.2-58 分别是中部从控机车中钩和后钩所受纵向力试验全程的分布状况。从图中可以看出，在神池南（0 km）至原平南（84 km＋375 m）和南湾（138 km＋860 m）至西柏坡（240 km＋750 m）两处长大下坡道上中部从控机车主要承受压钩力作用。这两处地段恰是小半径曲线较为集中的路段，中部从控机车受曲线导向力和车钩压力的综合作用，是需要加以防范的重点区段。

表 5.2-40 "神 8 机车 1+1 编组" 制动试验工况中部从控机车 HXD17145 动力学试验结果（2014 年 9 月 22 日）

试验时间：2014 年 9 月 22 日　　试验编组：HXD17146（B+A）+116 辆 C80 重车 + HXD17145（B+A）+116 辆 C80 重车 + RW004

序号	制动里程/km	缓解里程/km	试验工况	第 5 轴运行安全性参数 脱轨系数	轮重减载率	轮轴横向力/kN	第 8 轴运行安全性参数 脱轨系数	轮重减载率	轮轴横向力/kN	中部车钩力 拉钩力/kN	压钩力/kN	后部车钩力 拉钩力/kN	压钩力/kN	中钩偏转角/(°)	后钩偏转角/(°)
	限度值			0.9	0.65	97	0.9	0.65	97	2 250	2 250	2 250	2 250	6	6
1	5.202	6.679	电空配合调速制动	0.51	0.25	35.3	0.14	0.21	17.6	1 387	−420	1 164	−614	3.0	3.0
2	18.384	20.801	电空配合调速制动	0.48	0.33	48.4	0.13	0.29	26.1	1 389	−924	1 151	−1 213	2.9	4.1
3	24.078	28.244	电空配合调速制动	0.11	0.30	27.8	0.12	0.40	26.0	1 676	−692	1 450	−858	1.3	2.2
4	31.353	37.478	电空配合调速制动	0.45	0.20	30.2	0.11	0.38	24.6	351	−890	189	−1 140	2.6	2.3
5	39.653	43.578	电空配合调速制动	0.49	0.28	31.5	0.16	0.29	44.9	744	−836	564	−1 123	3.1	3.2
6	46.434	58.987	电空配合调速制动	0.49	0.27	38.4	0.14	0.27	27.9	174	−585	10	−827	3.1	3.3
7	62.122	66.989	电空配合调速制动	0.52	0.37	51.8	0.19	0.40	44.0	1 139	−699	899	−844	4.6	3.5
8	69.738	72.403	电空配合调速制动	0.39	0.16	32.0	0.13	0.25	21.5	402	−1 529	195	1 877	2.1	3.0
9	76.856	80.865	电空配合调速制动	0.35	0.16	33.8	0.14	0.23	21.6	116	−1 007	908	1 281	1.7	1.1
10	147.778	150.229	电空配合调速制动	0.47	0.24	33.0	0.12	0.27	32.2	1 156	−683	933	933	2.6	2.6
11	154.330	—	80 kPa 制动停车	0.36	0.13	20.4	0.11	0.25	26.5	134	−445	133	673	1.8	2.2
12	159.617	165.568	电空配合调速制动	0.44	0.34	34.4	0.10	0.28	27.5	1 196	−673	912	−838	2.6	2.8
13	169.554	174.105	电空配合调速制动	0.41	0.24	20.3	0.12	0.34	25.2	179	−560	10	−834	1.6	2.9
14	180.432	184.865	电空配合调速制动	0.46	0.22	28.6	0.12	0.26	33.5	226	−609	149	−801	2.4	3.3
15	191.524	196.376	电空配合调速制动	0.45	0.19	23.0	0.10	0.23	25.5	859	−539	642	−777	1.8	2.7
16	206.945	210.283	电空配合调速制动	0.45	0.21	21.1	0.10	0.28	24.9	474	−994	480	−1 231	2.6	2.2
17	229.119	231.297	电空配合调速制动	0.40	0.16	18.3	0.13	0.22	29.4	634	−730	751	−907	1.7	2.6
18	236.143	237.300	电空配合调速制动	0.58	0.20	28.2	0.11	0.20	29.5	971	−666	778	−911	2.8	3.4
19	243.935		50 kPa 制动停车	0.36	0.28	25.5	0.13	0.21	32.5	519	−705	675	−937	1.9	1.7
20	307.729		100 kPa 制动停车	0.50	0.30	27.6	0.11	0.18	31.3	598	−667	522	−830	2.1	3.0
21	397.467	398.289	低速追加制动停车	0.10	0.14	14.3	0.13	0.18	28.1	1 409	−581	1 169	−759	1.5	2.3

注：表中所列公里标为中部机车所处位置，下同。

表 5.2-41 "神 8 机车 1+1 编组"制动试验工况中部从控机车 HXD17145 动力学试验结果（2014 年 9 月 28 日）

试验时间：2014 年 9 月 28 日　　试验编组：HXD17146（B+A）+116 辆 C80 重车+HXD17145（B+A）+116 辆 C80 重车+RW004

序号	制动里程/km	缓解里程/km	试验工况	第 5 轴运行安全性参数			第 8 轴运行安全性参数			中部车钩力		后部车钩力		中钩偏转角/(°)	后钩偏转角/(°)
				脱轨系数	轮重减载率	轮轴横向力/kN	脱轨系数	轮重减载率	轮轴横向力/kN	拉钩力/kN	压钩力/kN	拉钩力/kN	压钩力/kN		
	限度值			0.9	0.65	97	0.9	0.65	97	2 250	2 250	2 250	2 250	6	6
1	6.268	7.954	电空配合调速制动	0.45	0.15	28.1	0.10	0.28	21.2	1124	−1 918	875	−2 183	4.1	2.6
2	18.882	23.905	电空配合调速制动	0.45	0.28	39.5	0.13	0.26	27.4	1374	−736	1127	−900	2.6	4.5
3	24.351	28.980	电空配合调速制动	0.12	0.19	27.2	0.13	0.32	29.2	1146	−717	887	−907	1.5	2.4
4	31.803	40.878	电空配合调速制动	0.52	0.26	42.0	0.15	0.27	30.0	602	−786	561	−972	3.1	4.4
5	45.078	57.353	电空配合调速制动	0.50	0.21	35.0	0.19	0.29	35.6	275	−780	156	−999	3.5	4.0
6	60.488	66.098	电空配合调速制动	0.48	0.33	43.6	0.18	0.29	37.4	1309	−735	1040	−910	4.0	3.7
7	68.955	—	170 kPa 制动停车	0.41	0.20	38.0	0.11	0.20	17.0	549	−1 394	548	−1 600	3.6	3.4
8	75.673	78.798	电空配合调速制动	0.22	0.13	24.3	0.13	0.28	25.4	429	−1 739	265	−1 987	1.3	3.4
9	144.835	146.893	电空配合调速制动	0.50	0.16	29.8	0.15	0.32	30.8	824	−1 392	605	−1 645	2.8	3.5
10	152.075	155.982	电空配合调速制动	0.33	0.19	20.5	0.12	0.28	22.3	1447	−613	1199	−824	3.4	2.6
11	158.750	—	50 kPa 追加 30 kPa 制动停车	0.43	0.33	38.9	0.16	0.32	39.1	375	−769	329	−963	4.5	3.3
12	171.687	175.766	电空配合调速制动	0.44	0.19	23.2	0.12	0.28	25.2	139	−805	178	−1 053	3.0	2.3
13	180.905	184.274	电空配合调速制动	0.42	0.21	33.3	0.14	0.29	36.5	234	−772	96	−979	2.6	3.6
14	191.602	195.605	电空配合调速制动	0.47	0.21	23.8	0.14	0.28	27.3	390	−693	216	−923	2.2	2.8
15	206.701	209.457	电空配合调速制动	0.43	0.19	18.2	0.11	0.30	25.9	399	−832	299	−1 063	2.8	2.5
16	229.289	231.275	电空配合调速制动	0.42	0.21	32.8	0.13	0.27	31.8	592	−854	659	−1 062	2.9	3.2
17	235.685	237.040	电空配合调速制动	0.51	0.25	30.8	0.22	0.32	34.0	818	−582	629	−785	2.8	3.4
18	265.508	—	80 kPa 制动停车	0.17	0.26	23.1	0.10	0.28	34.6	534	−791	650	−949	1.7	2.7
19	397.252	398.261	电空配合调速制动	0.13	0.15	27.0	0.12	0.16	26.1	924	−432	753	−591	1.4	2.2

表 5.2-42　"SS₄ 机车 2+1+1 编组" 制动试验工况中部从控机车 SS₄6180 动力学试验结果（2014 年 10 月 19 日）

试验时间：2014 年 10 月 19 日　　试验编组：SS40185 + SS40186 + 116 辆 C80 重车 + SS₄6180 + 116 辆 C80 重车 + RW004 + SS₄0188

序号	制动里程/km	缓解里程/km	试验工况	第 5 轴运行安全性参数			第 8 轴运行安全性参数			中部车钩力		后部车钩力		中钩偏转角/(°)	后钩偏转角/(°)
				脱轨系数	轮重减载率	轮轴横向力/kN	脱轨系数	轮重减载率	轮轴横向力/kN	拉钩力/kN	压钩力/kN	拉钩力/kN	压钩力/kN		
限度值				0.9	0.65	90	0.9	0.65	90	2 250	2 250	2 250	2 250	6	6
1	6.403	7.730	电空配合调速制动	0.60	0.19	61.6	0.25	0.22	46.9	284	-592	291	-695	5.0	3.3
2	11.981	12.913	电空配合调速制动	0.66	0.17	36.9	0.22	0.21	46.5	244	-481	288	-519	3.8	4.1
3	18.799	20.369	电空配合调速制动	0.62	0.17	48.1	0.14	0.15	28.9	281	-227	268	-306	2.4	2.7
4	23.514	27.248	电空配合调速制动	0.11	0.17	19.1	0.22	0.25	20.3	53	-306	29	-388	1.8	1.3
5	30.661	34.539	电空配合调速制动	0.37	0.16	36.6	0.15	0.20	30.1	80	-453	32	-553	3.1	2.6
6	37.578	40.774	电空配合调速制动	0.45	0.18	42.2	0.26	0.16	35.2	319	-607	287	-668	4.0	2.9
7	44.654	48.287	电空配合调速制动	0.53	0.25	41.0	0.18	0.25	23.9	87	-196	59	-253	2.4	2.2
8	50.740	57.051	电空配合调速制动	0.52	0.24	50.6	0.20	0.20	33.2	234	-320	221	-391	4.0	3.2
9	59.016	64.910	电空配合调速制动	0.52	0.30	56.5	0.22	0.20	44.1	604	-412	598	-398	3.3	3.0
10	67.840	70.080	追加制动后缓解	0.53	0.15	35.6	0.22	0.20	32.9	145	-660	136	-713	4.1	2.6
11	74.456	76.315	追加制动后缓解	0.38	0.17	34.4	0.21	0.16	28.0	552	-472	535	-523	3.8	1.6
12	79.031	80.783	电空配合调速制动	0.17	0.18	55.1	0.25	0.25	42.5	130	-533	177	-620	3.7	2.2
13	85.919	86.908	电空配合调速制动	0.56	0.20	46.9	0.19	0.29	40.5	419	-784	468	-815	4.9	2.7
14	144.522	145.801	电空配合调速制动	0.34	0.10	27.8	0.19	0.24	33.2	73	-268	40	-358	3.1	1.4

续表

序号	制动里程/km	缓解里程/km	试验工况	第5轴运行安全性参数			第8轴运行安全性参数			中部车钩力		后部车钩力		中钩偏转角/(°)	后钩偏转角/(°)
				脱轨系数	轮重减载率	轮轴横向力/kN	脱轨系数	轮重减载率	轮轴横向力/kN	拉钩力/kN	压钩力/kN	拉钩力/kN	压钩力/kN		
15	150.517	152.254	电空配合调速制动	0.25	0.15	22.8	0.15	0.18	18.5	203	−281	251	−370	1.7	1.3
16	155.491	—	100 kPa制动停车	0.29	0.18	26.1	0.15	0.22	28.5	305	−216	294	−352	2.1	2.7
17	160.216	163.242	电空配合调速制动	0.49	0.31	49.7	0.28	0.27	54.7	617	−596	605	−659	5.0	2.3
18	167.534	172.365	电空配合调速制动	0.47	0.23	40.8	0.23	0.19	40.8	444	−513	422	−507	4.0	2.5
19	178.091	181.123	电空配合调速制动	0.42	0.26	42.0	0.16	0.18	31.5	413	−491	383	−458	3.4	2.6
20	186.903	188.396	电空配合调速制动	0.36	0.28	39.2	0.16	0.19	35.6	399	−341	384	−398	3.5	3.2
21	189.914	196.907	电空配合调速制动	0.53	0.24	54.4	0.24	0.17	40.8	321	−448	370	−395	4.8	2.4
22	206.875	209.448	电空配合调速制动	0.27	0.19	31.6	0.21	0.22	45.8	499	−554	581	−610	3.6	2.4
23	229.258	230.687	电空配合调速制动	0.55	0.25	53.6	0.28	0.23	49.7	552	−590	602	−605	4.9	3.1
24	235.723	237.464	电空配合调速制动	0.49	0.17	21.7	0.18	0.16	37.4	469	−497	551	−454	3.8	3.2
25	244.318		50 kPa制动停车	0.24	0.43	29.2	0.15	0.18	33.1	507	−274	670	−288	1.7	1.6
26	252.889		50 kPa制动停车	0.11	0.18	25.1	0.20	0.20	34.5	202	−385	438	−340	3.6	2.1
27	307.778		100 kPa制动停车	0.28	0.26	36.3	0.11	0.17	27.2	321	−255	520	−250	1.7	1.1
28	397.036	397.949	电空配合调速制动	0.07	0.13	19.4	0.10	0.11	26.3	147	−273	196	−292	1.3	1.0

表 5.2-43 "SS₄机车 2+1+1 编组"制动试验工况中部从控机车 SS₄6180 动力学试验结果（2014 年 10 月 26 日）

试验时间：2014 年 10 月 26 日　　试验编组：SS₄0185＋SS₄0186＋116 辆 C80 重车＋SS₄6180＋116 辆 C80 重车＋RW004＋SS₄0188

序号	制动里程 /km	缓解里程 /km	试验工况	第 5 轴运行安全性参数			第 8 轴运行安全性参数			中部车钩力		后部车钩力		中钩偏转角 /(°)	后钩偏转角 /(°)
				脱轨系数	轮重减载率	轮轴横向力 /kN	脱轨系数	轮重减载率	轮轴横向力 /kN	拉钩力 /kN	压钩力 /kN	拉钩力 /kN	压钩力 /kN		
	限度值			0.9	0.65	90	0.9	0.65	90	2 250	2 250	2 250	2 250	6	6
1	6.466	7.480	电空配合调速制动	0.54	0.11	25.6	0.12	0.13	26.7	—	−444	—	−497	3.2	3.1
2	19.094	20.870	电空配合调速制动	0.32	0.16	50.7	0.29	0.18	55.6	—	−907	—	−891	4.8	2.3
3	25.371	27.872	电空配合调速制动	0.15	0.08	22.7	0.16	0.13	15.9	—	−427	—	−470	2.6	1.3
4	32.087	34.734	电空配合调速制动	0.4	0.19	36.7	0.20	0.19	27.3	—	−537	—	−601	4.0	3.3
5	37.487	40.731	电空配合调速制动	0.43	0.28	39.7	0.23	0.18	38.2	—	−585	—	−606	3.5	3.2
6	45.312	48.215	电空配合调速制动	0.41	0.17	36.5	0.18	0.17	21.3	289	—	283	—	2.6	2.4
7	50.466	57.065	电空配合调速制动	0.56	0.27	47.6	0.20	0.13	29.0	—	−300	—	−341	3.2	3.4
8	59.134	63.646	电空配合调速制动	0.50	0.25	59.8	0.19	0.2	32.7	—	−768	—	−840	5.1	3.3
9	67.571	—	170 kPa 制动停车	0.38	0.17	37.5	0.11	0.12	19.7	595	—	717	—	1.7	1.6
10	75.041	77.451	电空配合调速制动	0.31	0.09	24.0	0.14	0.12	16.7	—	−261	—	−358	1.7	1.2
11	79.538	81.145	电空配合调速制动	0.13	0.05	20.5	0.27	0.43	43.4	—	−442	—	−571	3.5	2.1
12	86.788	87.574	电空配合调速制动	0.09	0.07	17.9	0.22	0.19	43.1	—	−751	—	−817	3.9	3.0
13	128.593	130.081	电空配合调速制动	0.27	0.19	27.6	0.10	0.13	17.1	—	−196	180	—	1.4	1.9

续表

试验时间：2014 年 10 月 26 日　试验编组：SS₄0185＋SS₄0186＋116 辆 C80 重车＋SS₄6180＋116 辆 C80 重车＋SS₄6180＋116 辆 C80 重车＋RW004＋SS₄0188

序号	制动里程/km	缓解里程/km	试验工况	第 5 轴运行安全性参数			第 8 轴运行安全性参数			中部车钩力		后部车钩力		中钩偏转角/(°)	后钩偏转角/(°)
				脱轨系数	轮重减载率	轮轴横向力/kN	脱轨系数	轮重减载率	轮轴横向力/kN	拉钩力/kN	压钩力/kN	拉钩力/kN	压钩力/kN		
14	145.690	147.285	电空配合调速制动	0.38	0.18	27.5	0.17	0.24	32.1	—	−455	—	−525	2.5	2.0
15	151.519	152.867	电空配合调速制动	0.07	0.04	9.7	0.14	0.11	15.7	—	−145	—	−242	1.1	1.0
16	155.646	158.656	电空配合调速制动	0.32	0.15	31.8	0.15	0.15	25.9	—	−287	—	−374	2.5	2.6
17	160.739	163.932	电空配合调速制动	0.55	0.41	52.1	0.25	0.27	3.4	—	−518	—	−570	5.1	2.3
18	166.820	—	50 kPa 制动停车	0.42	0.22	33.7	0.16	0.19	33.5	524	—	632	—	1.6	2.2
19	171.979	173.364	电空配合调速制动	0.22	0.11	28.9	0.18	0.14	24.8	—	−616	—	−708	3.6	2.0
20	179.026	181.549	电空配合调速制动	0.25	0.12	22.8	0.10	0.11	20.2	384	—	345	—	1.2	2.3
21	186.540	188.451	电空配合调速制动	0.15	0.11	19.7	0.15	0.18	31.3	—	−413	—	−518	4.3	3.4
22	192.835	196.452	电空配合调速制动	0.23	0.22	21.9	0.13	0.13	21.5	—	−212	—	−276	2.2	1.6
23	206.689	209.166	电空配合调速制动	0.25	0.15	24.7	0.14	0.24	23.1	—	−482	—	−530	3.8	2.7
24	228.536	230.819	电空配合调速制动	0.22	0.18	16.6	0.14	0.1	30.7	505	—	560	—	3.3	2.9
25	235.828	237.491	电空配合调速制动	0.04	0.06	18.5	0.1	0.08	18.6	228	—	224	—	1.1	0.6
26	268.246	—	80 kPa 制动停车	0.40	0.32	37.1	0.23	0.29	48.2	325	—	427	—	3.8	3.2
27	390.475	391.751	电空配合调速制动	0.22	0.15	19.1	0.10	0.10	19.0	559	—	598	—	1.1	1.5

表 5.2-44 "神 12＋神 8 编组"制动试验工况中部从控机车动力学试验结果（2014 年 11 月 1 日）

试验时间：2014 年 11 月 1 日　　　　试验编组：神 12 机车＋116 辆 C80 重车＋HXD17145（B＋A）＋116 辆 C80 重车＋RW004

序号	制动里程/km	缓解里程/km	试验工况	第 5 轴运行安全性参数			第 8 轴运行安全性参数			中部车钩力		后部车钩力		中钩偏转角/(°)	后钩偏转角/(°)
				脱轨系数	轮重减载率	轮轴横向力/kN	脱轨系数	轮重减载率	轮轴横向力/kN	拉钩力/kN	压钩力/kN	拉钩力/kN	压钩力/kN		
			限度值	0.9	0.65	90	0.9	0.65	90	2 250	2 250	2 250	2 250	6	6
1	6.537	8.433	电空配合调速制动	0.62	0.29	49.8	0.13	0.23	25.7	909	−1 238	772	−1 404	4.9	2.8
2	19.207	21.570	电空配合调速制动	0.57	0.29	43.8	0.11	0.36	19.6	1329	−295	1 150	−421	2.7	4.3
3	24.286	29.381	电空配合调速制动	0.12	0.19	20.1	0.11	0.33	21.4	1277	−362	1 086	−501	1.8	2.1
4	32.050	41.351	电空配合调速制动	0.57	0.26	38.6	0.15	0.26	24.2	378	−753	267	−895	2.5	4.0
5	44.752	51.273	电空配合调速制动	0.50	0.23	29.0	0.16	0.25	29.6	1261	−437	1 078	−559	2.3	3.8
6	54.013	—	追加制动停车	0.46	0.32	36.8	0.12	0.23	22.3		−544		−679	2.7	3.1
7	61.384	65.042	电空配合调速制动	0.55	0.38	59.3	0.16	0.25	31.8	389	−802	303	−976	4.2	3.6
8	68.482	70.804	追加制动后缓解	0.48	0.19	29.7	0.15	0.22	29.6	1488	−1 459	1 263	−1 564	2.9	3.3
9	75.898	77.898	电空配合调速制动	0.42	0.14	22.6	0.13	0.28	25.9	1348	−1 447	1 155	−1 617	1.6	3.0
10	144.267	146.390	电空配合调速制动	0.50	0.19	18.2	0.12	0.28	24.5	865	−691	748	−801	2.8	3.0
11	149.986	151.749	电空配合调速制动	0.39	0.23	30.5	0.12	0.25	24.5	594	−393	488	−558	1.7	2.5
12	155.682	—	100 kPa 制动停车	0.46	0.25	27.5	0.13	0.23	32.3	116	−749	63	−889	2.8	3.1
13	160.880	164.611	电空配合调速制动	0.51	0.25	34.1	0.12	0.23	32.0	222	−731	145	−883	2.6	2.8
14	169.050	173.700	电空配合调速制动	0.51	0.27	40.9	0.12	0.24	25.4	86	−546	24	−678	2.7	2.9
15	178.502	181.900	电空配合调速制动	0.40	0.34	31.1	0.13	0.30	31.3	546	−718	443	−796	2.8	3.3
16	187.379	190.351	电空配合调速制动	0.40	0.22	27.7	0.12	0.24	22.8	964	−623	809	−749	3.2	3.4
17	194.585	197.077	电空配合调速制动	0.27	0.16	25.8	0.13	0.29	32.2	253	−612	173	−817	1.7	3.1
18	206.430	209.434	电空配合调速制动	0.31	0.21	23.7	0.11	0.20	26.0	402	−626	424	−755	2.3	2.5
19	228.716	230.830	电空配合调速制动	0.36	0.24	20.1	0.13	0.22	33.3	468	−658	472	−768	1.8	2.9
20	235.838	237.564	电空配合调速制动	0.53	0.27	28.8	0.14	0.24	31.4	1017	−648	885	−813	2.7	3.5
21	252.331	—	追加制动停车	0.22	0.27	24.7	0.12	0.36	30.0	619	−468	822	−481	1.3	2.4
22	271.318	—	50 kPa 制动停车	0.21	0.24	25.9	0.12	0.16	40.8	405	−545	573	−772	2.7	2.3

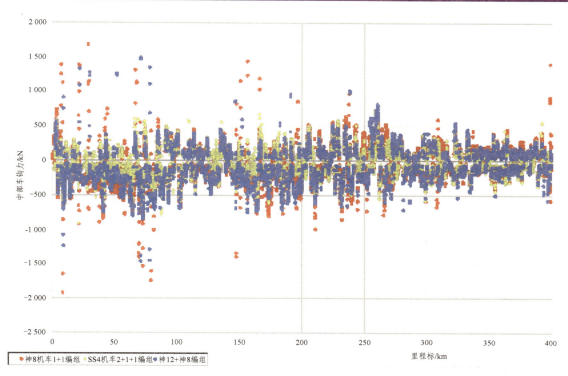

图 5.2-57　中部从控机车中钩车钩力测量结果

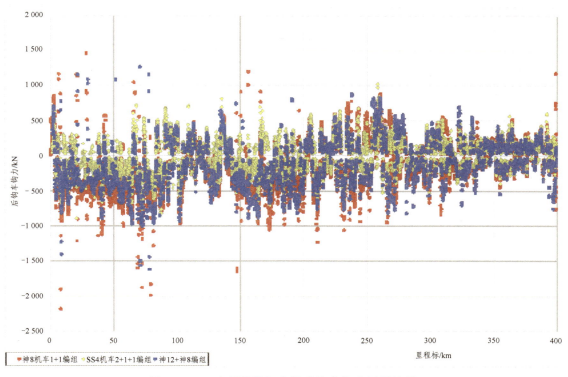

图 5.2-58　中部从控机车的后钩车钩力测量结果

通过"神 8 机车 1 + 1 编组""SS₄ 机车 2 + 1 + 1 编组"和"神 12 + 神 8 编组"3 种编组情况下中部从控机车车钩力比较可以看出，"SS₄ 机车 2 + 1 + 1 编组"方式下中部机车承受的纵向载荷要明显小于其他两种编组情况。图 5.2-59 所示为"神 8 机车 1 + 1 编组""SS₄ 机车 2 + 1 + 1 编组"两种编组下在同一地点进行制动和缓解时中部从控机车车钩力的实测波形图。在"神 8 机车 1 + 1 编组"中机车进行制动缓解时，中部从控机车车钩拉压转换过程明显，引起机车冲动较大，而"SS₄ 机车 2 + 1 + 1 编组"编组情况下机车冲动较小，有利于提高中部机车的运行安全性。

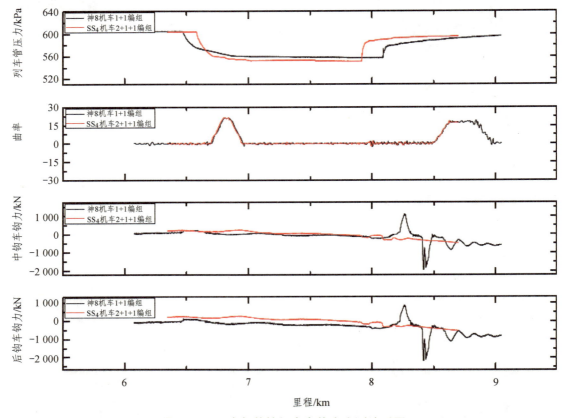

图 5.2-59　中部从控机车车钩力实测波形图

3. 中部机车动力学试验小结

（1）"神 8 机车 1 + 1""SS₄ 机车 2 + 1 + 1"和"神 12 + 神 8"3 种 2 万吨编组中位于列车中部的从控机车在重车试验全程的运行安全性符合试验规定的安全控制限度要求。

（2）"SS₄ 机车 2 + 1 + 1 编组"的中部机车承受的纵向载荷要明显小于"神 8 机车 1 + 1"和"神 12 + 神 8"两种编组情况，有利于提高中部机车的运行安全性。

5.2.3.6　纵向动力学试验结果分析

5.2.3.6.1　全程最大值结果统计

本次 2 万吨重车试验进行了"神 8 机车 1 + 1 编组"2 次、"SS₄ 机车 2 + 1 + 1 编组"2 次、

"神12＋神8编组"1次共5次试验，全程进行纵向动力学和制动测试，2万吨试验被试车辆的车钩力和车体纵向加速度的全程最大值统计结果见表5.2-45～表5.2-54。

表5.2-45　神8机车1＋1第一次试验被试车辆车钩力全程最大值

车辆位置	拉钩力/kN	里程/km	速度/（km/h）	工况	压钩力/kN	里程/km	速度/（km/h）	工况
1位	576.2	311.022	28.7	缓解	−578.2	273.867	74.0	电制
29位	704.5	30.001	31.5	缓解	−867.1	74.015	25.9	缓解
57位	1 084.7	29.995	31.2	缓解	−1 150.7	74.011	26.0	缓解
85位	1 425.4	29.988	30.8	缓解	−1 479.4	74.015	25.9	缓解
117位	1 484.1	29.978	30.1	缓解	−1 810.8	74.002	25.9	缓解
145位	1 541.9	8.157	29.6	缓解	−1 560.2	74.002	25.9	缓解
173位	1 477.4	29.966	30.2	缓解	−1 450.5	73.998	26.0	缓解
201位	1 217.6	29.9.65	30.2	缓解	−1 096.8	73.994	26.1	缓解
231位	677.7	400.043	47.6	缓解	−802.9	73.990	26.0	缓解

注：车钩力正表示拉钩力，负表示压钩力；里程为主控机车的公里标。

表5.2-46　神8机车1＋1第二次试验被试车辆车钩力全程最大值

车辆位置	拉钩力/kN	里程/km	速度/（km/h）	工况	压钩力/kN	里程/km	速度/（km/h）	工况
1位	569.4	0.701	0.3	起动	−651.9	80.607	35.9	缓解
29位	647.9	157.649	30.2	缓解	−1 359.9	80.608	35.9	缓解
57位	969.3	157.644	29.9	缓解	−1 590.2	80.609	35.9	缓解
85位	1 265.7	157.633	29.4	缓解	−1 829.0	80.604	35.9	缓解
115位	1 537.1	157.627	29.1	缓解	−1 826.6	9.828	32.2	缓解
117位	1 180.8	157.623	29.1	缓解	−2 141.5	9.825	32.2	缓解
145位	1 441.1	157.622	29.1	缓解	−1 738.6	9.845	32.6	缓解
173位	1 405.4	157.620	29.1	缓解	−1 538.6	80.603	35.8	缓解
201位	1 110.5	67.783	30.0	缓解	−1 006.7	9.862	32.9	缓解
231位	611.0	235.034	51.9	提速	−770.7	211.451	59.0	缓解

表5.2-47　SS₄机车2＋1＋1第一次试验被试车辆车钩力全程最大值

车辆位置	拉钩力/kN	里程/km	速度/（km/h）	工况	压钩力/kN	里程/km	速度/（km/h）	工况
1位	934.9	259.555	39.0	提速	−719.1	159.047	30.7	电制
29位	932.9	259.551	39.0	提速	−640.6	10.359	44.2	电制
57位	930.2	259.539	38.9	提速	−645.3	88.925	47.3	缓解
85位	888.5	259.531	38.8	提速	−715.1	164.901	45.8	缓解
115位	777.7	166.918	50.8	电制	−661.8	88.914	47.3	缓解
117位	899.0	259.516	38.6	提速	−805.0	88.909	47.2	缓解
145位	772.0	259.504	38.4	提速	−744.4	185.999	71.6	电制
173位	565.6	166.902	50.8	电制	−648.6	185.968	71.4	电制
201位	520.4	166.916	50.8	电制	−442.8	263.018	58.8	电制
231位	368.0	75.571	65.1	提速	−428.1	263.063	59.0	电制

表 5.2-48　SS₄机车 2 + 1 + 1 第二次试验被试车辆车钩力全程最大值

车辆位置	拉钩力/kN	里程/km	速度/（km/h）	工况	压钩力/kN	里程/km	速度/（km/h）	工况
1 位	596.0	0.724	15.1	起动	− 861.2	22.587	21.8	缓解
29 位	803.6	260.902	57.8	提速	− 1 140.4	22.582	22.1	缓解
57 位	803.4	260.884	57.8	提速	− 1 203.5	22.577	22.4	缓解
85 位	838.1	167.330	66.4	退电制	− 1 201.9	22.570	23.4	缓解
115 位	768.4	167.034	66.1	退电制	− 864.2	22.575	22.6	缓解
117 位	730.2	260.840	57.5	提速	− 919.9	22.582	22.1	缓解
145 位	856.1	169.709	2.1	减压 100 停车	− 771.0	89.442	43.3	缓解
173 位	701.5	167.260	66.4	退电制	− 708.2	89.453	43.3	缓解
201 位	612.3	167.223	66.5	退电制	− 539.7	263.498	66.8	提速
231 位	426.5	167.252	66.4	退电制	− 467.6	263.539	67.0	提速

表 5.2-49　神 12 + 神 8 牵引 2 万吨试验被试车辆车钩力全程最大值

车辆位置	拉钩力/kN	里程/km	速度/（km/h）	工况	压钩力/kN	里程/km	速度/（km/h）	工况
1 位	1 302.3	255.656	4.4	坡起	− 847.5	159.191	26.8	电制
29 位	964.5	261.050	37.9	提速	− 1 147.7	72.511	31.7	缓解
57 位	969.8	261.180	38.5	提速	− 1 292.7	72.506	31.6	缓解
85 位	1 512.1	72.315	26.7	缓解	− 1 427.0	72.504	31.5	缓解
115 位	1 637.1	72.308	26.1	缓解	− 1 354.4	72.495	31.2	缓解
117 位	1 366.8	72.305	26.1	缓解	− 1 615.9	72.491	31.2	缓解
145 位	1 704.4	79.379	20.3	缓解	− 2 002.6	72.523	32.4	缓解
173 位	1 724.0	72.307	26.1	缓解	− 1 762.0	79.539	26.4	缓解
201 位	1 282.1	72.297	26.3	缓解	− 1 456.7	79.535	26.0	缓解
231 位	748.8	72.292	26.4	缓解	− 816.7	79.535	25.9	缓解

表 5.2-50　神 8 机车 1 + 1 第一次试验被试车辆纵向加速度全程最大值

车辆位置	加速度/（m/s²）	里程/km	速度/（km/h）	工况
1 位	1.76	107.343	64.1	运行
29 位	− 8.92	29.985	30.6	缓解
57 位	9.70	22.489	27.3	缓解
85 位	− 5.59	152.235	31.5	缓解
117 位	− 4.70	45.086	32.4	缓解
145 位	− 7.55	8.153	29.8	缓解
173 位	− 6.27	22.521	28.3	缓解
201 位	7.45	167.312	24.1	缓解
231 位	− 11.47	73.989	26.0	缓解

表 5.2-51　神 8 机车 1 + 1 第二次试验被试车辆纵向加速度全程最大值

车辆位置	加速度/（m/s²）	里程/km	速度/（km/h）	工况
1 位	− 3.43	43.666	39.5	运行
29 位	− 8.53	71.742	0.6	常用全制动停车
57 位	− 10.78	9.762	31.4	缓解
85 位	− 10.98	9.786	32.0	缓解
115 位	− 14.01	9.816	32.4	缓解
117 位	− 6.17	22.951	28.5	缓解
145 位	7.35	263.065	70.0	运行
173 位	7.25	67.731	30.6	缓解
201 位	12.94	67.759	30.4	缓解
231 位	− 9.21	211.449	59.0	缓解

表 5.2-52　SS₄ 机车 2 + 1 + 1 第一次试验被试车辆纵向加速度全程最大值

车辆位置	加速度/（m/s²）	里程/km	速度/（km/h）	工况
1 位	− 3.14	192.096	61.0	运行
29 位	− 4.02	262.646	58.2	运行
57 位	− 4.41	262.710	58.5	运行
85 位	− 2.74	262.771	58.8	运行
115 位	− 3.43	299.793	76.0	运行
117 位	− 2.94	299.819	75.5	运行
145 位	− 4.61	262.908	58.3	运行
173 位	− 6.27	262.968	58.6	运行
201 位	− 5.68	263.017	58.8	运行
231 位	8.23	266.949	72.3	运行

表 5.2-53　SS₄ 机车 2 + 1 + 1 第二次试验被试车辆纵向加速度全程最大值

车辆位置	加速度/（m/s²）	里程/km	速度/（km/h）	工况
1 位	− 3.14	168.958	65.6	减压 100Pa 停车
29 位	− 3.33	70.325	2.7	起动
57 位	− 3.82	70.328	3.8	起动
85 位	− 7.84	22.563	23.6	缓解
115 位	− 5.98	22.574	22.7	缓解
117 位	− 3.43	70.336	5.0	起动
145 位	− 5.10	263.382	66.3	运行
173 位	− 6.17	263.447	66.4	运行
201 位	− 5.19	231.858	56.9	缓解

表 5.2-54　神 12 + 神 8 牵引 2 万吨试验被试车辆纵向加速度全程最大值

车辆位置	加速度/（m/s²）	里程/km	速度/（km/h）	工况
1 位	− 2.16	183.827	43.5	缓解
29 位	− 11.37	23.313	28.2	缓解
57 位	− 11.37	72.410	29.1	缓解
85 位	− 15.19	10.199	29.1	缓解
115 位	− 12.64	72.473	30.8	缓解
117 位	− 8.13	72.285	27.1	缓解
145 位	14.99	72.521	32.3	缓解
173 位	− 12.54	72.304	26.1	缓解
201 位	− 6.76	10.273	28.8	缓解
231 位	14.90	116.236	74.4	缓解

　　神 8 机车 1 + 1 编组 2 万吨第一次试验最大拉钩力 1 541.9 kN（第 145 位，缓解），最大压钩力 − 1 810.8 kN（第 117 位，缓解）。从各个断面的数据来看，车钩力大值主要出现在列车中后部 85 ~ 173 位，基本都在列车缓解时产生大的车钩力。

　　神 8 机车 1 + 1 编组 2 万吨第二次试验最大拉钩力 1 537.1 kN（第 115 位，缓解），最大压钩力 − 2 141.5 kN（第 117 位，缓解）。与第一次试验的数值相近，整列车缓解时，同样是在列车中后部产生大的车钩力。

　　SS₄机车 2 + 1 + 1 第一次试验最大拉钩力 934.9 kN（第 1 位，提速），最大压钩力 − 805 kN（第 117 位，缓解），所有测试断面车钩力均未超过 1 000 kN，各个测试断面的车钩力数值差异相对较小。

　　SS₄机车 2 + 1 + 1 第二次试验最大拉钩力 856.1 kN（第 145 位，减压 100 kPa 停车），最大压钩力 − 1 203.5 kN（第 57 位，缓解），拉钩力全部小于 1 000 kN，压钩力有 3 个断面的数值超过 1 000 kN，都是在 K20 + 594 减压 50 kPa 调速制动后列车缓解时出现的，其他断面的拉钩力全部小于 1 000 kN。与上次试验的车钩力数据相当。

　　神 12 机车 + 神 8 机车编组 2 万吨试验最大拉钩力 1 724 kN（173 位，缓解），最大压钩力 − 2 002.6 kN（145 位，缓解），车钩力大值出现在列车中后部 85 ~ 201 位，在列车缓解时产生，车钩力数据与神 8 机车 1 + 1 编组相当。

　　5 次试验的车钩力均满足大纲规定的安全性指标（2 250 kN）。

　　车体纵向加速度最大值如下：

　　神 8 机车 1 + 1 第一次试验： − 11.47 m/s²（第 231 位，缓解）；

　　神 8 机车 1 + 1 第二次试验： − 14.01 m/s²（第 115 位，缓解）；

　　SS₄机车 2 + 1 + 1 第一次试验： 8.23 m/s²（第 231 位，运行）；

　　SS₄机车 2 + 1 + 1 第一次试验： − 7.84 m/s²（第 85 位，缓解）

　　神 12 机车 + 神 8 机车试验： − 15.19 m/s²（第 85 位，缓解）

　　SS₄机车 2 + 1 + 1 编组两次试验的车体纵向加速度均小于 9.8 m/s²，神 8 机车 1 + 1 编组两次试验以及神 12 + 神 8 试验的车体纵向加速度均有多个测试断面超过建议性指标

（9.8 m/s²），这是列车缓解时引起纵向冲动造成的。

3 种编组对比来看，"神 8 机车 1 + 1 编组"与"神 12 + 神 8 机车编组"由于编组方式决定了第二个单元万吨制动、缓解同步性差，车钩力大值一般出现在第二个单元万吨列车即将缓解完毕时。而"SS₄机车 2 + 1 + 1 编组" 由于在列车尾部加挂了 1 台从控机车，列车的制动、缓解同步性得到显著改善，试验数据明显小于以上两个编组。"神 8 机车 1 + 1 编组"与"神 12 + 神 8 机车编组"的车钩力、车体纵向加速度数据接近。

"神 8 机车 1 + 1 编组"与"神 12 + 神 8 机车编组"的最大车钩力都是在缓解时产生的。缓解过程中，第一个单元万吨和第二个单元万吨的前半部分车辆缓解都早于第二个单元万吨的后半部分车辆，由于列车缓解时一般处于下坡道上，缓解后的车辆必然向前加速，而列车后部没有缓解的车辆速度还在下降，这就造成列车中的车辆存在速度差，已经缓解完毕的车辆向前拉动未缓解的车辆，从而产生拉钩力。当所有车辆全部缓解完毕后，后部的车辆受前部车辆向前的拉力作用因而速度增加，而前部的车辆受后部车辆向后的拉力作用因而速度降低，这就使得后部车辆必然向前涌动，挤压前部车辆，从而在列车中又产生了大的压钩力，车钩力的整个变化过程是"先拉后压"，如图 5.2-60 所示。

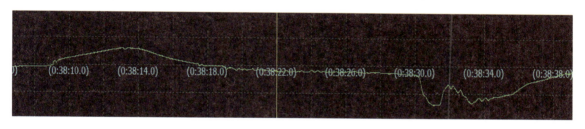

图 5.2-60　车钩力"先拉后压"

图 5.2-61 ~ 图 5.2-75 是各次试验中所有测试断面的拉钩力、压钩力、车体纵向加速度最大值。

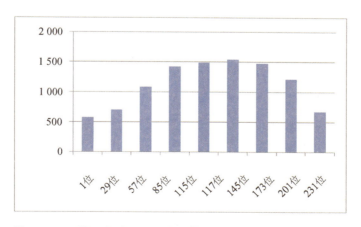

图 5.2-61　神 8 机车 1 + 1 编组第一次 各断面拉钩力最大值

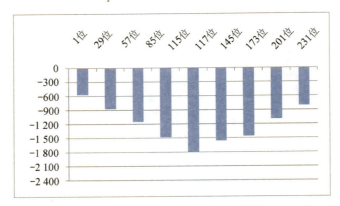

图 5.2-62　神 8 机车 1 + 1 编组第一次　各断面压钩力最大值

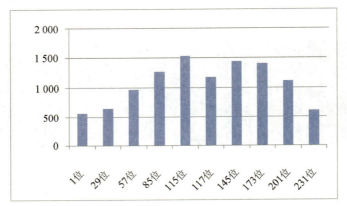

图 5.2-63　神 8 机车 1 + 1 编组第二次　各断面拉钩力最大值

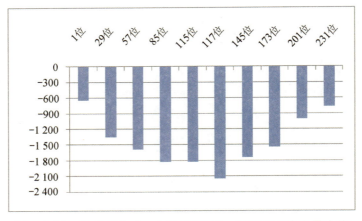

图 5.2-64　神 8 机车 1 + 1 编组第二次　各断面压钩力最大值

图 5.2-65　SS₄ 机车 2 + 1 + 1 编组第一次　各断面拉钩力最大值

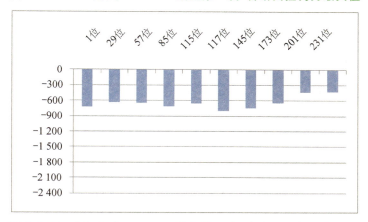

图 5.2-66　SS₄ 机车 2 + 1 + 1 编组第一次　各断面压钩力最大值

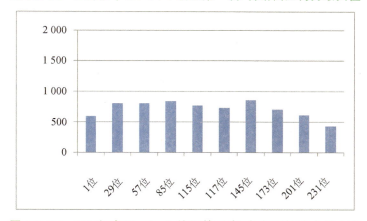

图 5.2-67　SS₄ 机车 2 + 1 + 1 编组第二次　各断面拉钩力最大值

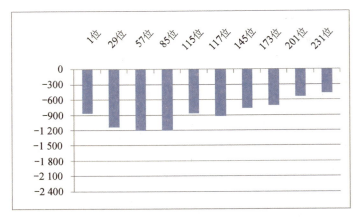

图 5.2-68　SS$_4$机车 2＋1＋1 编组第二次　各断面压钩力最大值

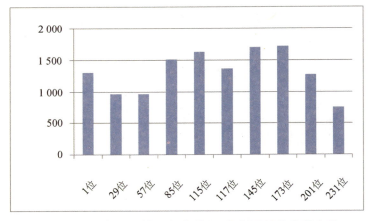

图 5.2-69　神 12＋神 8 机车编组　各断面拉钩力最大值

图 5.2-70　神 12＋神 8 机车编组　各断面压钩力最大值

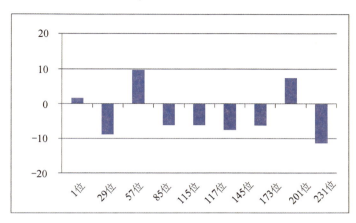

图 5.2-71 神 8 机车 1 + 1 编组第一次 各断面车体纵向加速度最大值

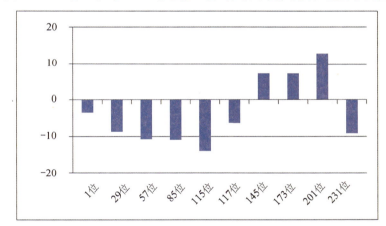

图 5.2-72 神 8 机车 1 + 1 编组第二次 各断面车体纵向加速度最大值

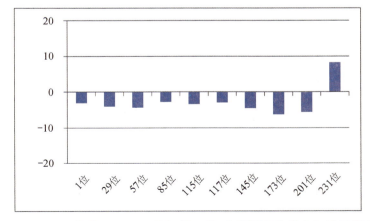

图 5.2-73 SS₄机车 2 + 1 + 1 编组第一次 各断面车体纵向加速度最大值

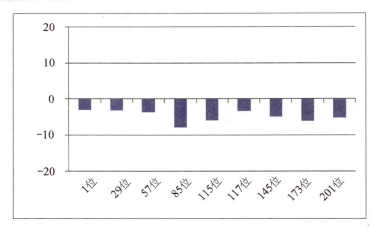

图 5.2-74　SS₄ 机车 2＋1＋1 编组第二次　各断面车体纵向加速度最大值

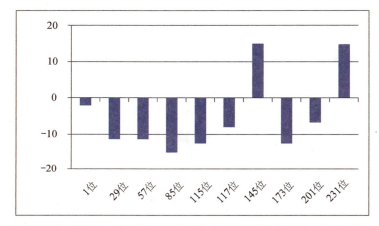

图 5.2-75　神 12＋神 8 编组 2 万吨　各断面车体纵向加速度最大值

5.2.3.6.2　各试验工况结果统计

1. 神 8 机车 1＋1 编组 2 万吨第一次试验

2014 年 9 月 22 日，进行了神 8 机车 1＋1 编组 2 万吨第一次试验，本次试验循环制动调速和停车共进行了 22 次，各次的工况编号及说明见表 5.2-55。车钩力见表 5.2-56、图 5.2-76、图 5.2-77 所示。

表 5.2-55　神 8 机车 1＋1 编组 2 万吨第一次试验工况统计

工况编号	工况说明	制动开始里程/km	制动初速/（km/h）	减压量/kPa	缓解/停车里程/km	缓解初速/（km/h）
1-1	调速	6.592	59.9	50	7.984	34.6
1-2	调速	19.886	67.2	50	22.245	29.6
1-3	调速	25.543	70.5	50	29.761	32.7
1-4	调速	32.846	70.2	50	38.848	34.8
1-5	龙宫，带闸过分相	41.069	65.8	50	44.879	32.9
1-6	调速	47.821	70.4	50	60.692	30.0

续表

工况编号	工况说明	制动开始里程/km	制动初速/(km/h)	减压量/kPa	缓解/停车里程/km	缓解初速/(km/h)
1-7	北大牛，带闸过分相	63.463	67.5	50	68.286	29.9
1-8	追加制动后缓解	71.093	70.3	初制追加 30	73.756	33.9
1-9	调速	78.225	70.4	50	82.193	54.7
1-10	调速	149.492	70.6	50	151.919	32.7
1-11	减压 80 kPa 常用制动停车	156.002	72.1	80	157.815	0.0
1-12	滴流磴，带闸过分相	161.205	70.6	50	167.143	28.7
1-13	调速	171.189	70.7	50	175.665	44.6
1-14	猴刿，带闸过分相	182.043	70.7	50	186.461	39.4
1-15	调速	193.095	70.2	50	197.960	39.4
1-16	调速	208.583	70.7	50	211.896	49.6
1-17	调速	230.683	69.3	50	232.904	59.5
1-18	调速	237.786	60.4	50	238.899	49.9
1-19	减压 50 kPa 常用制动停车	245.548	79.7	50	248.814	0.0
1-20	减压 100 kPa 常用制动停车	309.149	75.7	100	310.375	0.0
1-21	调速	398.817	75.4	50	399.691	57.2
1-22	肃宁北，进站停车 低速追加制动停车	408.228	14.8	50 追加 50	408.284	/

表 5.2-56 神 8 机车 1+1 编组 2 万吨第一次试验各工况车钩力最大值

工况编号	车辆位置								
	1 位	29 位	57 位	85 位	117 位	145 位	173 位	201 位	231 位
1-1	−398	−294	620	1106	1172	1542	1262	695	209
1-2	−487	−761	−913	1130	−1186	1349	1270	835	−379
1-3	−559	705	1085	1425	1484	1515	1477	1218	635
1-4	−544	−813	−785	−953	−1125	−974	−805	−562	−395
1-5	−573	−698	−857	−969	−1111	−976	−828	422	−315
1-6	−547	−493	−506	−545	−831	−697	−617	−283	109
1-7	−554	−615	727	1142	885	993	952	601	461
1-8	−549	−867	−1151	−1479	−1811	−1560	−1451	−1097	−803
1-9	−526	−631	−795	−1075	−1232	−1122	−934	−525	−279
1-10	−518	−513	630	973	909	1037	1110	773	−510
1-11	−470	−403	−397	−399	−676	−584	−497	−208	48
1-12	−543	−440	812	1211	935	921	916	781	669
1-13	−504	−557	−569	−587	−819	−645	−561	−360	−119
1-14	−535	−498	−498	−598	−789	−737	−695	−383	98
1-15	−505	−468	473	796	−765	768	829	523	−364
1-16	−469	−781	−1021	−1180	−1188	−1086	−958	−725	−148

续表

工况编号	车辆位置								
	1 位	29 位	57 位	85 位	117 位	145 位	173 位	201 位	231 位
1-17	−424	−512	−600	−747	−922	−800	−744	−488	−123
1-18	−548	−627	716	1005	−895	−836	−748	447	−158
1-19	−473	−549	−622	−753	−934	−871	−854	−480	−519
1-20	−269	−408	−509	−658	−832	−714	−580	−455	−463
1-21	−355	−463	−512	−596	−756	−696	−628	−345	−294
1-22	−179	−279	−400	−558	−610	−544	−525	−237	−109

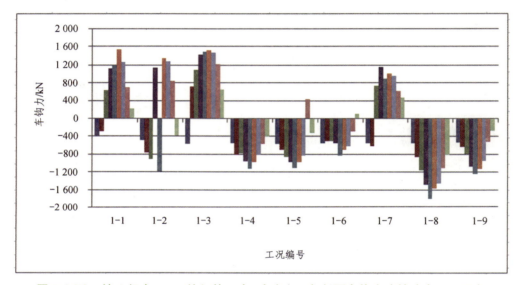

图 5.2-76　神 8 机车 1＋1 编组第一次 试验工况各断面车钩力（神池南—回凤）

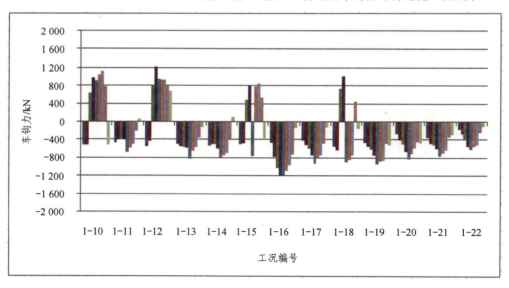

图 5.2-77　神 8 机车 1＋1 编组第一次 试验工况各断面车钩力（回凤—肃宁北）

2. 神 8 机车 1 + 1 编组 2 万吨第二次试验

2014 年 9 月 28 日，进行了神 8 机车 1 + 1 编组 2 万吨第二次试验，本次试验循环制动调速和停车共进行了 19 次，各次的编号及说明见表 5.2-57。车钩力值见表 5.2-58 及图 5.2-78、图 5.2-79。

表 5.2-57　神 8 机车 1 + 1 编组 2 万吨第二次试验各工况统计

工况编号	工况说明	制动开始里程/km	制动初速/（km/h）	减压量/kPa	缓解/停车里程/km	缓解初速/（km/h）
2-1	调速	7.842	60.0	50	9.471	34.8
2-2	调速	20.577	65.4	50	22.810	32.6
2-3	调速	25.851	70.2	50	30.489	32.8
2-4	龙宫，带闸过分相	33.624	70.5	50	42.589	39.6
2-5	调速	46.709	70.2	50	59.019	32.9
2-6	北大牛，带闸过分相	62.005	69.8	50	67.562	32.7
2-7	170 kPa 常用制动停车	70.402	70.7	170	71.743	0.0
2-8	调速	77.095	71.1	70	80.199	34.5
2-9	调速	146.262	70.3	50	148.294	39.2
2-10	调速	153.508	70.1	50	157.431	32.6
2-11	滴流碛，带闸过分相追加制动停车	160.184	68.4	初制追加 30	170.006	0.0
2-12	调速	173.107	70.5	50	177.177	43.9
2-13	猴列，带闸过分相	182.325	70.4	50	185.636	49.6
2-14	调速	192.988	70.2	50	196.461	49.7
2-15	调速	207.909	70.4	50	210.649	59.8
2-16	调速	230.541	70.3	50	232.478	62.6
2-17	调速	236.901	61.5	50	238.236	49.5
2-18	80 kPa 常用制动停车	266.712	78.4	80	268.180	0.0
2-19	调速	398.367	72.7	50	399.325	54.8

表 5.2-58　神 8 机车 1 + 1 编组 2 万吨第二次试验各工况车钩力最大值

工况编号	车辆位置									
	1 位	29 位	57 位	85 位	115 位	117 位	145 位	173 位	201 位	231 位
2-1	−509	−1075	−1361	−1738	−1827	−2142	−1739	−1517	−1007	93
2-2	−469	−624	829	1111	1477	1133	1275	1329	760	−45
2-3	−528	−572	−670	1056	1259	−901	945	995	603	−99
2-4	−518	−507	−544	−747	−718	−1008	−886	−772	−419	−94
2-5	−500	−872	−858	−905	−726	−986	−878	−753	−516	−106

工况编号	车辆位置									
	1 位	29 位	57 位	85 位	115 位	117 位	145 位	173 位	201 位	231 位
2-6	−531	−571	722	1123	1404	1053	1147	1212	1111	−392
2-7	−351	−703	−916	−1186	−1321	−1575	−1459	−1328	−780	−263
2-8	−652	−1360	−1590	−1829	−1652	−1929	−1589	−1539	−1002	184
2-9	−624	−988	−1195	−1329	−1319	−1611	−1269	−1076	−873	−234
2-10	−520	−653	969	1266	1537	1181	1441	1405	1069	−193
2-11	−523	−614	−788	−942	−879	−962	−828	−699	−391	381
2-12	−518	−572	−680	−737	−752	−1045	−934	−829	−406	68
2-13	−422	−474	−584	−752	−708	−972	−942	−907	−490	136
2-14	−485	−760	−735	−802	−618	−928	−742	−653	−487	324
2-15	−426	−564	−719	−862	−761	−1028	−927	−821	−628	−771
2-16	−482	−548	−642	−857	−788	−1060	−917	−767	−432	115
2-17	−472	−418	646	856	903	−794	−803	−781	−504	482
2-18	−328	−542	−678	−823	−753	−981	−930	−927	−659	−643
2-19	−363	−433	688	976	1007	699	703	704	551	320

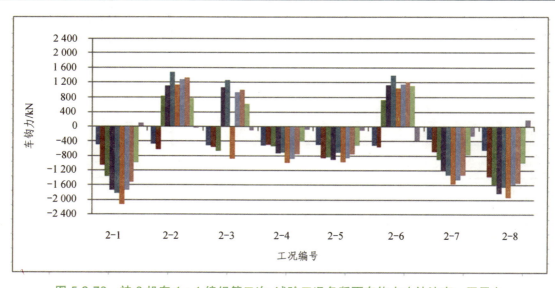

图 5.2-78 神 8 机车 1+1 编组第二次 试验工况各断面车钩力（神池南—回凤）

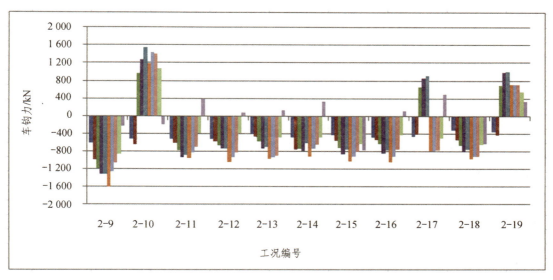

图 5.2-79　神 8 机车 1+1 编组第二次 试验工况各断面车钩力（回凤—肃宁北）

3. SS₄ 机车 2+1+1 编组 2 万吨第一次试验

2014 年 10 月 19 日，进行了 SS4 机车 2+1+1 编组 2 万吨第一次试验，本次试验循环制动调速和停车共进行了 28 次，在西柏坡至三汲间进行了限制坡道起车试验，各次的编号及说明见表 5.2-59。车钩力见表 5.2-60、图 5.2-80、图 5.2-81 所示。

表 5.2-59　SS₄ 机车 2+1+1 编组 2 万吨第一次试验各工况统计

工况编号	工况说明	制动开始里程/km	制动初速/（km/h）	减压量/kPa	缓解/停车里程/km	缓解初速/（km/h）
3-1	调速	8.027	59.7	50	9.345	34.6
3-2	调速	13.566	59.4	50	14.592	41.7
3-3	调速	20.487	56.7	50	21.991	29.7
3-4	调速	25.331	72.6	50	29.122	29.7
3-5	调速	32.380	70.4	50	36.163	29.5
3-6	龙宫，带闸过分相	39.246	65.6	50	42.447	44.8
3-7	调速	46.313	70.5	50	49.894	39.9
3-8	调速	52.429	70.4	50	58.772	45.1
3-9	北大牛，带闸过分相	60.721	67.3	50	66.674	54.5
3-10	追加制动后缓解	69.577	70.8	50 追加 50	71.795	34.2
3-11	追加制动后缓解	76.312	68.4	50 追加 50	78.054	34.2
3-12	调速	80.896	68.4	50	82.598	54.9
3-13	调速	87.751	56.4	50	88.679	46.6
3-14	调速	146.157	57.1	50	147.360	34.5
3-15	调速	152.084	60.4	50	153.827	44.8

3-16	100 kPa 常用制动停车	156.734	73.5	100	158.153	/
3-17	滴流磴，带闸过分相	161.805	68.6	50	164.847	44.8
3-18	调速	168.169	65.6	50	174.082	48.5
3-19	调速	179.829	73.4	50	182.815	34.8
3-20	调速	188.678	72.1	50	190.096	60.1
3-21	调速	191.697	64.6	50	198.602	46.1
3-22	调速	208.662	72.4	50	211.243	60.1
3-23	调速	231.120	70.9	50	232.551	67.1
3-24	调速	237.601	66.3	50	238.298	39.6
3-25	50 kPa 常用制动停车	245.459	79.8	50	248.638	/
3-26	50 kPa 常用制动停车	253.984	58.2	50	255.001	/
3-27	100 kPa 常用制动停车	308.916	79.2	100	310.031	/
3-28	调速	399.394	73.7	50	400.295	53.2
3-29	限制坡道起车试验 西柏坡—三汲间 4‰ 上坡道	/	/	/	/	/

表 5.2-60　SS4机车 2＋1＋1 编组 2 万吨第一次试验各工况车钩力最大值

工况编号	车辆位置									
	1 位	29 位	57 位	85 位	115 位	117 位	145 位	173 位	201 位	231 位
3-1	−423	−498	−488	−450	383	−429	375	433	341	209
3-2	−459	−436	−405	−320	264	−299	282	−258	253	211
3-3	−444	−278	−153	219	280	213	330	354	287	270
3-4	−506	−446	−354	−293	163	−362	−237	186	195	251
3-5	−689	−556	−444	−405	−268	−511	−333	220	256	332
3-6	−462	−377	−394	−524	−492	−610	−534	−522	−282	230
3-7	−554	−392	−275	−195	189	−229	224	270	235	278
3-8	−493	−453	−398	−323	353	−350	326	329	290	256
3-9	−424	−446	−395	688	766	534	550	460	−326	232
3-10	−514	−392	−290	−235	−145	−286	−178	250	246	264
3-11	−693	−559	−431	417	588	−439	504	528	417	324
3-12	−586	−526	−534	−501	−383	−607	−410	−243	147	256
3-13	−511	−581	−645	−697	−662	−805	−735	−575	−293	−112
3-14	−520	−447	−321	−229	134	−266	−131	133	193	265
3-15	−577	−454	−356	−264	179	−344	−222	204	260	286
3-16	−470	−437	−250	417	422	282	586	456	362	248
3-17	−383	−498	−613	−715	−592	−615	−471	−321	236	187
3-18	−295	−321	−493	−571	−476	−506	−404	−385	260	−164
3-19	−466	−353	−236	417	543	346	448	394	291	244
3-20	−456	−439	−412	−385	423	−393	−334	358	344	261

续表

工况编号	车辆位置									
	1 位	29 位	57 位	85 位	115 位	117 位	145 位	173 位	201 位	231 位
3-21	− 430	− 329	356	377	395	330	425	374	323	230
3-22	− 426	− 456	− 492	− 507	− 434	− 595	− 453	364	322	230
3-23	− 317	− 431	− 540	− 652	532	− 625	538	455	343	213
3-24	− 389	− 252	− 169	279	349	244	363	375	297	229
3-25	− 525	− 512	− 489	− 376	− 180	− 269	− 216	284	224	241
3-26	− 256	− 204	− 220	− 262	− 283	− 314	− 265	− 259	173	164
3-27	− 238	− 282	343	480	392	359	650	500	386	159
3 − 28	− 223	− 290	− 280	− 256	212	− 281	279	258	222	143
3-29	840	780	652	510	351	631	456	175	− 248	− 324

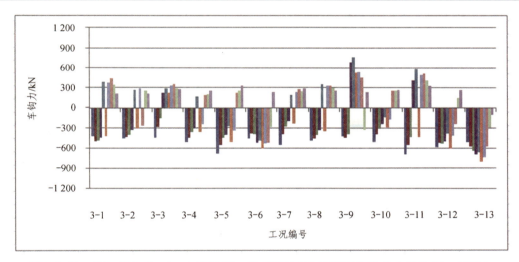

图 5.2-80　SS₄机车 2 + 1 + 1 编组第一次 试验工况各断面车钩力（神池南—回凤）

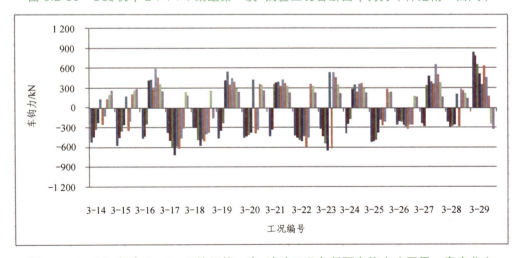

图 5.2-81　SS₄机车 2 + 1 + 1 编组第一次 试验工况各断面车钩力（回凤—肃宁北）

4. SS₄机车 2 + 1 + 1 编组 2 万吨第二次试验

2014 年 10 月 26 日，进行了 SS₄机车 2 + 1 + 1 编组 2 万吨第二次试验，本次试验循环制动调速和停车共进行了 28 次，各次的编号及说明见表 5.2-61。车钩力见表 5.2-62、图 5.2-82、图 5.2-83 所示。

表 5.2-61 SS₄机车 2 + 1 + 1 编组 2 万吨第二次试验各工况统计

工况编号	工况说明	制动开始里程/km	制动初速/（km/h）	减压量/kPa	缓解/停车里程/km	缓解初速/（km/h）
4-1	调速	7.964	56.4	50	8.981	34.6
4-2	调速	20.590	67.2	50	22.368	29.3
4-3	调速	26.867	72.5	50	29.370	29.4
4-4	调速	33.583	70.4	50	36.231	34.2
4-5	龙宫，带闸过分相	38.983	65.6	50	42.231	44.8
4-6	调速	46.809	70.7	50	49.714	44.7
4-7	调速	51.963	70.6	50	58.565	45.1
4-8	北大牛，带闸过分相	60.631	68.5	50	65.146	54.4
4-9	170 kPa 常用制动停车	69.071	73.0	170	70.322	/
4-10	调速	76.538	69.3	50	78.951	44.4
4-11	调速	81.035	68.4	50	82.645	55.2
4-12	调速	88.286	55.1	50	89.074	44.5
4-13	调速	130.270	74.6	50	131.761	34.0
4-14	调速	147.367	68.4	50	148.963	34.3
4-15	调速	153.196	55.4	50	154.547	39.9
4-16	滴流磴，带闸过分相	157.322	68.4	50	160.333	44.8
4-17	调速	162.226	66.6	50	165.821	64.7
4-18	调速	168.320	71.0	100	169.710	/
4-19	调速	173.876	68.7	50	175.821	54.6
4-20	调速	180.923	68.5	50	183.049	34.7
4-21	调速	188.436	74.4	50	190.352	49.9
4-22	调速	194.732	70.7	50	198.352	39.9
4-23	调速	208.785	70.6	50	211.266	54.9
4-24	调速	230.434	68.7	50	231.919	53.2
4-25	调速	237.926	67.0	50	239.591	44.9
4-26	80 kPa 常用制动停车	269.746	79.2	80	271.330	/
4-27	调速	393.142	75.8	50	394.418	44.2
4-28	低速追加制动停车	408.171	24.8	50 追加 50	408.364	/

表 5.2-62 SS₄ 机车 2+1+1 编组 2 万吨第二次试验各工况车钩力最大值

工况编号	车辆位置									
	1 位	29 位	57 位	85 位	115 位	117 位	145 位	173 位	201 位	231 位
4-1	−473	−484	−438	−388	396	−422	386	426	312	223
4-2	−861	−1140	−1204	−1202	−864	−920	354	−372	307	329
4-3	−679	−573	−536	−463	−261	−500	−345	250	239	310
4-4	−665	−562	−520	−504	−346	−615	−479	−335	258	288
4-5	−410	−368	−459	−578	−500	−601	−496	306	187	192
4-6	−465	−382	−313	231	384	−304	378	402	299	227
4-7	−480	−436	−408	−306	290	−331	315	309	270	222
4-8	−445	−607	−766	−836	−656	−809	−662	−535	−273	204
4-9	290	434	548	727	646	675	747	585	433	170
4-10	−497	−396	−318	304	494	−329	484	472	360	231
4-11	−536	−442	−472	−507	−357	−565	−405	−231	128	197
4-12	−449	−517	−708	−834	−683	−790	−771	−708	−384	220
4-13	−470	−377	−325	−276	219	−217	214	213	214	225
4-14	−371	−354	−415	−430	−355	−474	−276	−185	139	197
4-15	−504	−356	−272	−180	137	−247	144	139	163	240
4-16	−509	−385	−313	−231	271	−348	197	206	205	237
4-17	−406	−384	−388	−509	−471	−554	−480	−353	−284	203
4-18	−298	407	601	776	567	577	856	642	445	187
4-19	−409	−414	−489	−523	−495	−665	−507	−382	145	186
4-20	−427	−301	281	448	493	325	414	359	257	207
4-21	−460	−398	−373	407	471	−502	444	424	348	220
4-22	−376	−300	−227	−174	157	−271	217	212	240	214
4-23	−350	−399	−487	−493	−409	−510	−381	363	284	208
4-24	−274	−353	391	603	655	564	635	546	362	178
4-25	−204	155	225	263	314	203	274	245	207	129
4-26	−113	161	369	535	410	450	721	559	347	128
4-27	−206	358	566	605	643	521	493	496	442	202
4-28	313	462	596	722	601	576	656	463	326	128

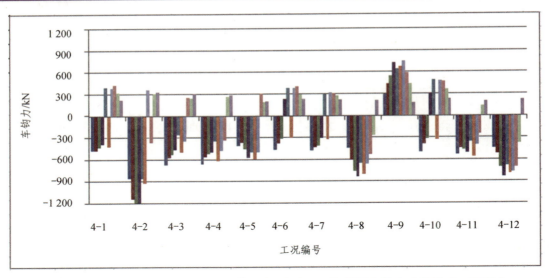

图 5.2-82　SS₄机车 2＋1＋1 编组第二次 试验工况各断面车钩力（神池南—回凤）

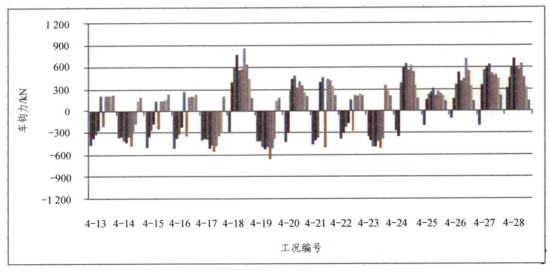

图 5.2-83　SS₄机车 2＋1＋1 编组第二次 试验工况各断面车钩力（回凤—肃宁北）

5．神 12＋神 8 机车编组 2 万吨试验

2014 年 11 月 1 日，进行了神 12＋神 8 机车编组 2 万吨试验，本次试验循环制动调速和停车共进行了 23 次，在西柏坡至三汲间进行了限制坡道起车试验，各次的编号及说明见下表：在各次的编号及说明见表 5.2-63。车钩力见表 5.2-64、图 5.2-84、图 5.2-85 所示。

表 5.2-63　神 12＋神 8 机车编组 2 万吨试验各工况统计

工况编号	工况说明	制动开始里程/km	制动初速/（km/h）	减压量/kPa	缓解/停车里程/km	缓解初速/（km/h）
5-1	调速	8.104	60.3	50	9.875	34.4
5-2	调速	20.834	65.0	50	23.110	32.6
5-3	调速	25.939	68.1	50	30.973	29.6

续表

工况编号	工况说明	制动开始里程/km	制动初速/（km/h）	减压量/kPa	缓解/停车里程/km	缓解初速/（km/h）
5-4	龙宫，带闸过分相	33.855	68.5	50	42.801	39.4
5-5	调速	46.853	68.2	50	52.932	29.7
5-6	追加制动停车	55.514	68.6	50 追加 50	59.741	/
5-7	北大牛，带闸过分相	62.856	65.2	50	66.434	39.6
5-8	追加制动后缓解	69.868	70.7	50 追加 50	72.141	33.6
5-9	调速	77.333	70.2	100	79.240	29.1
5-10	调速	145.670	70.1	50	147.748	44.4
5-11	调速	151.311	48.9	50	153.059	35.1
5-12	100 kPa 常用制动停车	157.028	72.5	100	158.568	/
5-13	滴流碴，带闸过分相	162.174	65.2	50	165.845	39.5
5-14	调速	170.367	70.1	50	175.026	54.5
5-15	调速	179.821	65.3	50	183.191	39.8
5-16	调速	188.620	70.2	50	191.808	34.4
5-17	调速	195.816	68.1	50	198.313	49.8
5-18	调速	207.742	68.2	50	210.927	59.7
5-19	调速	230.015	70.2	50	232.059	64.3
5-20	调速	237.025	62.3	50	238.785	45.5
5-21	追加制动停车	253.523	74.5	50 追加 30	255.142	/
5-22	50 kPa 常用制动停车	272.955	41.2	50	273.581	/
5-23	低速追加制动停车	408.178	23.5	50 追加 50	408.393	/
5-24	限制坡道起车试验 西柏坡—三汲间 4‰ 上坡道	/	/	/	/	/

表 5.2-64　神 12 + 神 8 机车编组 2 万吨试验各工况车钩力最大值

工况编号	车辆位置									
	1 位	29 位	57 位	85 位	115 位	117 位	145 位	173 位	201 位	231 位
5-1	−497	−782	−1010	−1303	−1199	−1403	−1391	−1327	−1378	−779
5-2	−481	−664	900	1227	1462	1191	1410	1475	987	169
5-3	−499	733	843	1242	1401	1165	1354	1459	1154	499
5-4	−498	−658	−754	−836	−705	−925	−784	−657	−378	160
5-5	−528	652	804	1227	1468	1126	1354	1319	977	248
5-6	−512	−560	−546	−572	−480	−681	−579	−520	−326	−80
5-7	−591	−750	−851	−976	−901	−968	−842	−701	−368	73
5-8	−630	−1148	−1293	1512	1637	−1616	−2003	1724	1282	749
5-9	−619	−979	−1199	−1347	1492	−1599	−1716	−1762	−1457	−817
5-10	−437	−569	−733	−808	964	−819	1033	943	645	424
5-11	−562	−536	−514	535	685	−558	632	641	502	−281
5-12	−499	−555	−605	−641	−680	−920	−812	−681	−351	100

续表

工况编号	车辆位置									
	1 位	29 位	57 位	85 位	115 位	117 位	145 位	173 位	201 位	231 位
5-13	− 806	− 673	− 736	− 861	− 817	− 897	− 775	− 661	− 368	158
5-14	− 638	− 722	− 750	− 706	− 492	− 699	− 519	− 443	− 379	217
5-15	− 692	− 634	− 521	445	634	− 509	610	611	366	192
5-16	− 658	− 748	781	1037	1097	808	951	865	572	196
5-17	− 763	− 692	− 656	− 626	− 460	− 830	− 733	− 583	− 312	229
5-18	− 454	− 561	− 627	− 666	− 575	− 795	− 673	− 585	419	− 276
5-19	− 446	− 579	− 701	− 800	− 625	− 812	− 624	− 463	− 309	163
5-20	− 585	− 595	− 637	962	1160	875	966	− 838	550	− 320
5-21	− 166	− 387	− 474	− 560	− 557	− 537	− 492	− 532	− 273	291
5-22	− 769	− 755	− 697	− 625	− 386	− 803	− 640	− 524	− 247	142
5-23	− 180	− 344	− 408	− 437	− 417	− 437	− 427	− 493	− 338	109
5-24	792	512	376	281	138	590	507	310	160	129

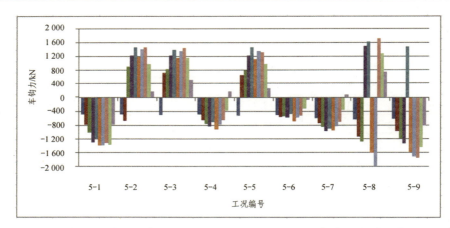

图 5.2-84　神 12 + 神 8 机车编组 2 万吨 试验工况各断面车钩力（神池南一回凤）

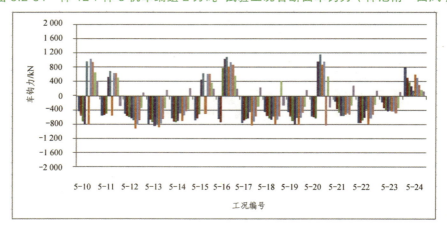

图 5.2-85　神 12 + 神 8 机车编组 2 万吨 试验工况各断面车钩力（回凤一肃宁北）

5.2.3.6.3　与 C80 万吨扩编试验车钩力数据比较

循环制动：本次 2 万吨试验在朔黄铁路 2 个长大下坡道区段（神池南—原平南，南湾—西柏坡）进行了多次循环制动调速，这两个区段测得的最大车钩力均大于 2012 年进行的扩编万吨试验，最大车钩力是扩编万吨试验的 1.2 ~ 2.8 倍。可见，随着牵引吨位的增加，车钩力明显增大。

减压 170 kPa 常用全制动："神 8 机车 1＋1 编组"与"SS₄ 机车 2＋1＋1 编组"进行了减压 170 kPa 常用全制动停车试验，"神 8 机车 1＋1 编组"与"SS₄ 机车 1＋1 扩编万吨"在此项试验中的车钩力数据非常接近，SS₄ 机车 2＋1＋1 编组的车钩力则较小，见表 5.2-65、图 5.2-86。

表 5.2-65　最大车钩力统计　　　　　　　　　　　　　　　　单位：kN

编组	循环制动 1 （神池南—原平南）	循环制动 2 （南湾—西柏坡）	减压 170 kPa 常用全制动停车
神 8 机车 1＋1 编组 2 万吨	2 142	1 611	1 575
SS4 机车 2＋1＋1 编组 2 万吨	1 204	856	747
神 12＋神 8 机车编组 2 万吨	2 003	1 160	/
SS4 机车 1＋1 扩编万吨	751	700	1 558

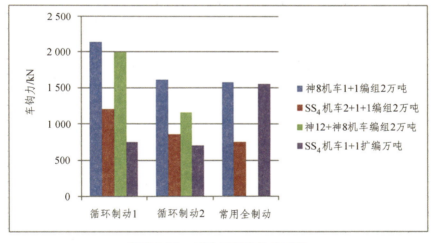

图 5.2-86　试验工况车钩力对比

5.2.3.6.4　纵向动力学试验小结

（1）神 8 机车 1＋1、SS₄ 机车 2＋1＋1、神 12＋神 8 三种编组的运行试验车钩力均满足试验规定的安全性指标要求.

（2）SS₄ 机车 2＋1＋1 编组的车体纵向加速度满足大纲规定的建议性指标要求；两种 1＋1 编组的车体纵向加速度均出现了超过试验规定的建议性指标的值，主要出现在空气制动的缓解过程中。

（3）神 8 机车 1＋1 编组与神 12＋神 8 这两种编组在缓解过程中车钩力较大，最大车钩力一般出现在列车中后部。

（4）SS₄机车 2＋1＋1 编组由于列车尾部有机车，制动、缓解的同步性都得以改善，车钩力、车体纵向加速度都明显小于其他两种编组。

5.2.3.7 特定位置 C80 货车动力学试验结果及分析

本次 2 万吨重车试验进行了"神 8 机车 1＋1 编组"2 次、"SS₄机车 2＋1＋1 编组"2 次、"神 12＋神 8 编组"1 次共 5 次试验，特定位置 C80 货车在列车中车辆的第 120 位（第二个单元万吨第 4 辆）。按照神池南站—肃宁北站全程监测的线况及两个长大下坡区段（神池南—原平南，南湾—西柏坡）所进行的循环制动试验工况对数据分别进行处理和分析。图 5.2-87 ～图 5.2-101 是 5 次试验安全性指标的全程散点图。

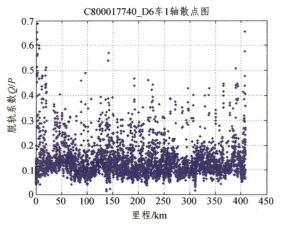

图 5.2-87 神 8 1＋1 第一次脱轨系数散点图

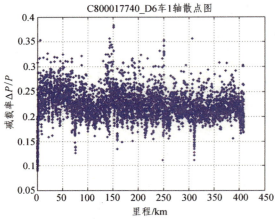

图 5.2-88 神 8 1＋1 第一次减载率散点图

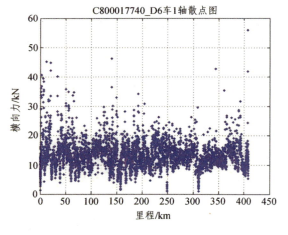

图 5.2-89 神 8 1＋1 第一次横向力散点图

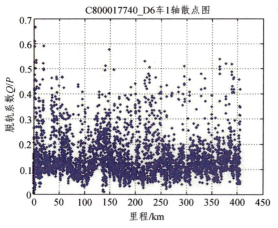

图 5.2-90 神 8 1＋1 第二次脱轨系数散点图

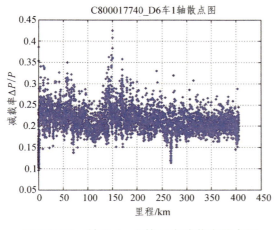

图 5.2-91 神 8 1+1 第二次减载率散点图

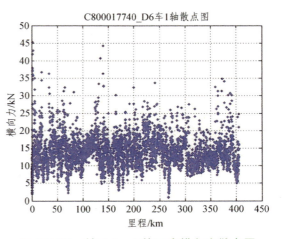

图 5.2-92 神 8 1+1 第二次横向力散点图

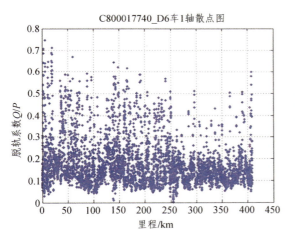

图 5.2-93 SS$_4$ 2+1+1 第一次脱轨系数散点图

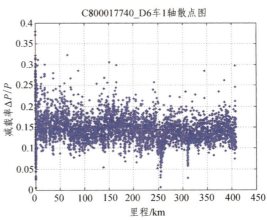

图 5.2-94 SS$_4$ 2+1+1 第一次减载率散点图

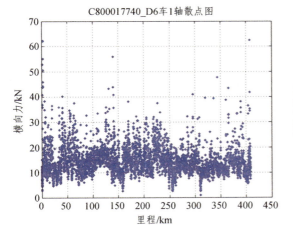

图 5.2-95 SS$_4$ 2+1+1 第一次横向力散点图

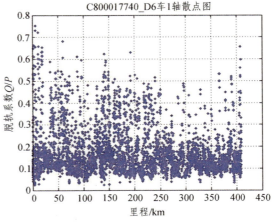

图 5.2-96 SS$_4$ 2+1+1 第二次脱轨系数散点图

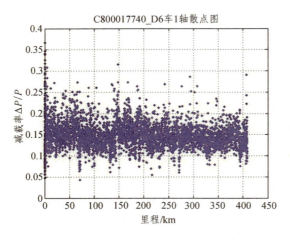

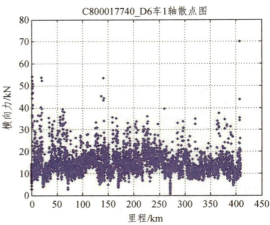

图 5.2-97　SS₄ 2 + 1 + 1 第二次减载率散点图　　图 5.2-98　SS₄ 2 + 1 + 1 第二次横向力散点图

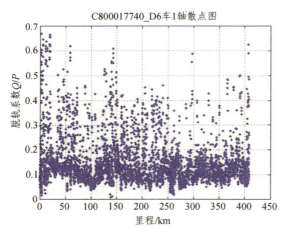

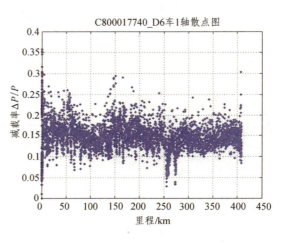

图 5.2-99　神 12 + 神 8 脱轨系数散点图　　　图 5.2-100　神 12 + 神 8 减载率散点图

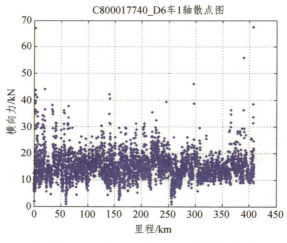

图 5.2-101　神 12 + 神 8 横向力散点图

1. 神 8 机车 1＋1 编组第 1 次重车试验

9 月 22 日，"神 8 机车 1＋1 编组" 2 万吨组合列车重车第一次试验，实际最高运行速度 79.9 km/h，全程进行车辆安全性测试，测试结果最大值见表 5.2-66。安全性指标脱轨系数、轮重减载率、轮轴横向力分别为 0.69、0.38、55.94 kN，出现的位置线路情况分别是：神池南出站侧向道岔、R500 m 曲线、肃宁北进站侧向道岔。安全性指标在大纲规定的范围内，满足车辆安全性要求。

两个长大下坡区段（神池南—原平南，南湾—西柏坡）循环制动试验数据见表 5.2-67、表 5.2-68，两个区段的安全性指标无明显差异。

从安全性指标大值点出现的位置来看，车辆侧向通过道岔时脱轨系数和轮重减载率易出现大值，另外车辆通过小半径曲线时也会使安全性指标增大，循环制动对特定位置货车的安全性指标影响不明显。

表 5.2-66　全程测试数据（神 8 机车 1＋1 第一次）

C800017740	限度值	最大值	速度/（km/h）	里程/km	线况
脱轨系数	1.2	0.69	30.4	2.168	神池南出站侧岔
轮重减载率	0.65	0.38	55.6	150.848	R500 m
轮轴横向力/kN	119	55.94	36.9	406.619	肃宁北进站侧岔

表 5.2-67　神池南—原平南循环制动测试数据（神 8 机车 1＋1 第一次）

C800017740	限度值	最大值	速度/（km/h）	里程/km	线况
脱轨系数	1.2	0.51	66.0	19.309	R400 m
轮重减载率	0.65	0.32	70.5	50.572	R500 m
轮轴横向力/kN	119	45.26	57.6	12.394	R500 m

表 5.2-68　南湾—西柏坡循环制动测试数据（神 8 机车 1＋1 第一次）

C800017740	限度值	最大值	速度/（km/h）	里程/km	线况
脱轨系数	1.2	0.57	41.1	141.219	南湾侧岔
轮重减载率	0.65	0.38	55.6	150.848	R500 m
轮轴横向力/kN	119	46.18	40.5	140.009	南湾侧岔

2. 神 8 机车 1＋1 编组第 2 次重车试验

9 月 28 日，"神 8 机车 1＋1 编组" 2 万吨组合列车重车第二次试验，实际最高运行速度 78.7 km/h，全程进行车辆安全性测试，测试结果最大值见表 5.2-69。安全性指标脱轨系数、轮重减载率、轮轴横向力分别为 0.67、0.43、45.29 kN，出现的位置线路情况分别是：神池南出站侧向道岔、R1 000 m 曲线、神池南出站侧向道岔。安全性指标在大纲规定的范围内，满足车辆安全性要求。

在两个长大下坡区段（神池南—原平南，南湾—西柏坡）循环制动试验数据见表 5.2-70、表 5.2-71，安全性指标均在限度值范围内，与第一次重车试验数据相近。

两次 "神 8 机车 1＋1 编组" 2 万吨试验的数据无明显差异，脱轨系数和轮重减载率最大值都出现在车辆通过侧向道岔和小半径曲线处。

表 5.2-69　全程测试数据（神 8 机车 1＋1 第二次）

C800017740	限度值	最大值	速度/（km/h）	里程/km	线况
脱轨系数	1.2	0.67	31.2	2.175	神池南出站侧岔
轮重减载率	0.65	0.43	38.9	149.913	$R1\,000$ m
轮轴横向力/kN	119	45.29	31.2	2.068	神池南出站侧岔

表 5.2-70　神池南—原平南循环制动测试数据（神 8 机车 1＋1 第二次）

C800017740	限度值	最大值	速度/（km/h）	里程/km	线况
脱轨系数	1.2	0.59	59.8	18.716	$R400$ m
轮重减载率	0.65	0.35	33.5	58.591	$R500$ m
轮轴横向力/kN	119	36.75	61.5	19.165	$R400$ m

表 5.2-71　南湾—西柏坡循环制动测试数据（神 8 机车 1＋1 第二次）

C800017740	限度值	最大值	速度/（km/h）	里程/km	线况
脱轨系数	1.2	0.58	47.1	147.444	$R400$ m
轮重减载率	0.65	0.43	38.9	149.913	$R1\,000$ m
轮轴横向力/kN	119	44.22	41.1	138.942	南湾侧岔

3. SS₄ 机车 2＋1＋1 编组第 1 次重车试验

10 月 19 日，"SS₄ 机车 2＋1＋1 编组" 2 万吨组合列车重车第一次试验，实际最高运行速度 80.2 km/h，全程进行车辆安全性测试，测试结果最大值见表 5.2-72。安全性指标脱轨系数、轮重减载率、轮轴横向力分别为 0.75、0.38、62.43 kN，出现的位置线路情况分别是：$R400$ m 曲线、$R500$ m 曲线、肃宁北进站侧向道岔。安全性指标在大纲规定的范围内，满足车辆安全性要求。

在两个长大下坡区段（神池南—原平南，南湾—西柏坡）循环制动试验数据见表 5.2-73、表 5.2-74，安全性指标均在限度值范围内。

表 5.2-72　全程测试数据（SS₄ 机车 2＋1＋1 第一次）

C800017740	限度值	最大值	速度/（km/h）	里程/km	线况
脱轨系数	1.2	0.75	43.0	5.633	$R400$ m
轮重减载率	0.65	0.38	43.2	150.619	$R500$ m
轮轴横向力/kN	119	62.43	37.2	406.581	肃宁北进站侧岔

表 5.2-73　神池南—原平南循环制动测试数据（SS₄ 机车 2＋1＋1 第一次）

C800017740	限度值	最大值	速度/（km/h）	里程/km	线况
脱轨系数	1.2	0.75	43.0	5.633	$R400$ m
轮重减载率	0.65	0.32	62.6	66.100	$R600$ m
轮轴横向力/kN	119	40.19	64.5	40.661	$R500$ m

表 5.2-74　南湾—西柏坡循环制动测试数据（SS₄机车 2＋1＋1 第一次）

C800017740	限度值	最大值	速度/（km/h）	里程/km	线况
脱轨系数	1.2	0.64	40.2	139.605	南湾侧岔
轮重减载率	0.65	0.38	43.2	150.619	$R500$ m
轮轴横向力/kN	119	55.92	40.2	139.605	南湾侧岔

4. SS₄机车 2＋1＋1 编组第 2 次重车试验

10 月 26 日，"SS₄机车 2＋1＋1 编组" 2 万吨组合列车重车第二次试验，实际最高运行速度 79.6 km/h，全程进行车辆安全性测试，测试结果最大值见表 5.2-75。安全性指标脱轨系数、轮重减载率、轮轴横向力分别为 0.75、0.37、70.15 kN，脱轨系数最大值出现在 $R400$ m 曲线，轮重减载率最大值出现在 $R500$ m 曲线，轮轴横向力最大值发生在肃宁北进站侧向道岔，试验数据与 "SS₄机车 2＋1＋1 编组" 第一次试验数据接近。安全性指标在大纲规定的范围内，满足车辆安全性要求。

在两个长大下坡区段（神池南—原平南，南湾—西柏坡）循环制动试验数据见表 5.2-76、表 5.2-77，安全性指标均在限度值范围内。

两次 "SS₄机车 2＋1＋1 编组" 2 万吨试验安全性指标数据重复性较好。

表 5.2-75　全程测试数据（SS₄机车 2＋1＋1 第二次）

C800017740	限度值	最大值	速度/（km/h）	里程/km	线况
脱轨系数	1.2	0.75	43.2	5.712	$R400$ m
轮重减载率	0.65	0.37	39.2	151.066	$R500$ m
轮轴横向力/kN	119	70.15	36.6	406.768	肃宁北进站侧岔

表 5.2-76　神池南—原平南循环制动测试数据（SS₄机车 2＋1＋1 第二次）

C800017740	限度值	最大值	速度/（km/h）	里程/km	线况
脱轨系数	1.2	0.72	45.5	10.925	$R600$ m
轮重减载率	0.65	0.32	43.4	12.272	$R500$ m
轮轴横向力/kN	119	53.61	59.8	18.807	$R400$ m

表 5.2-77　南湾—西柏坡循环制动测试数据（SS₄机车 2＋1＋1 第二次）

C800017740	限度值	最大值	速度/（km/h）	里程/km	线况
脱轨系数	1.2	0.63	57.2	192.821	$R400$ m
轮重减载率	0.65	0.32	68.4	147.336	$R500$ m
轮轴横向力/kN	119	53.48	41.3	140.033	南湾侧岔

5. 神 12＋神 8 机车编组试验

11 月 1 日，"神 12＋神 8 机车编组" 2 万吨组合列车重车试验，实际最高运行速度 79.3 km/h，全程进行车辆安全性测试，测试结果最大值见表 5.2-78。安全性指标脱轨系数、轮重减载率、轮轴横向力分别为 0.67、0.36、67.47 kN，脱轨系数最大值发生在神池南出站侧向通过道岔，轮重减载率最大值出现在 $R500$ m 曲线，轮轴横向力最大值发生在肃宁北进站侧向通过道岔。安全性指标在大纲规定的范围内，满足车辆安全性要求。

在两个长大下坡区段（神池南—原平南，南湾—西柏坡）循环制动试验数据见表 5.2-79、表 5.2-80，安全性指标均在限度值范围内。

"神 12+神 8 机车编组"与两次"神 8 机车 1+1 编组"试验数据接近，安全性参数大值点出现在车辆通过侧向道岔和小半径曲线处。

表 5.2-78　全程测试数据（神 12+神 8 机车）

C800017740	限度值	最大值	速度/（km/h）	里程/km	线况
脱轨系数	1.2	0.67	29.3	2.722	神池南出站侧岔
轮重减载率	0.65	0.36	45.1	150.581	R500 m
轮轴横向力/kN	119	67.47	33.5	406.800	肃宁北进站侧岔

表 5.2-79　神池南—原平南循环制动测试数据（神 12+神 8 机车）

C800017740	限度值	最大值	速度/（km/h）	里程/km	线况
脱轨系数	1.2	0.66	55.6	18.898	R400 m
轮重减载率	0.65	0.31	35.5	12.257	R500 m
轮轴横向力/kN	119	44.06	58.8	19.853	R400 m

表 5.2-80　南湾—西柏坡循环制动测试数据（神 12+神 8 机车）

C800017740	限度值	最大值	速度/（km/h）	里程/km	线况
脱轨系数	1.2	0.61	42.1	142.536	R400 m
轮重减载率	0.65	0.36	45.1	150.693	R500 m
轮轴横向力/kN	119	42.19	41.0	139.722	南湾侧岔

6. 试验小结

（1）特定位置被试 C80 货车重车在神池南站至肃宁北站间运行时，车辆全程运行的安全性指标测试结果在限度值范围内，运行正常，5 次测试结果无明显差异。

（2）安全性指标大值多发生在列车通过侧向道岔和小半径曲线处。

（3）在长大下坡道循环制动工况下，测试的车辆安全性指标没有明显变化，均在安全限度值范围内。

5.2.4　空车运行试验

5.2.4.1　试验线路及编组方式

试验线路详见 5.2.3.1 节所述。

总共进行了 2 种编组方式空车运行试验。

10 月 12 日进行了神 8 机车 1+1 编组的空车运行试验，试验区段为肃宁北至神池南。具体编组方式为：

HXD17146 + 116 辆 C80 + HXD17145 + 116 辆 C80 + RW005 宿营车 + 可控列尾。

C80 货车编组辆数：232 辆，客车：1 辆；牵引质量：4 690 t，计长 264。

10 月 21 日进行了 SS₄ 机车 2 + 2 编组的空车运行试验，试验区段为肃宁北至神池南。具体编组方式为：

SS₄0185 + SS₄0186 + 116 辆 C80 + SS₄6180 + SS₄0188 + 116 辆 C80 + RW005 宿营车 + 可控列尾。

C80 货车编组辆数：232 辆，客车：1 辆；牵引质量：4 690 t，计长 270。

5.2.4.2　12‰ 限制坡道起动试验

神 8 机车 1 + 1 编组的 2 万吨试验列车空车下行 12‰ 限制坡道起动试验在 2014 年 10 月 12 日进行，试验地点为 K51 + 092（车头位置），该地点为 12‰ 连续上坡道，全列所停坡度平均值为 11.71‰，试验线路如图 5.2-102 所示。

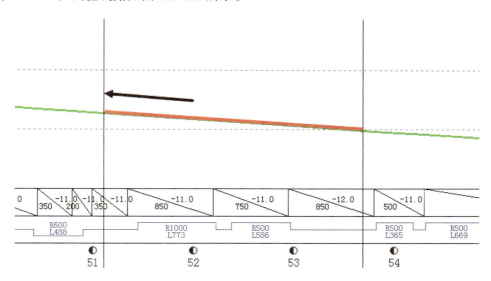

图 5.2-102　坡起试验起动位置图

测试结果见表 5.2-81、图 5.2-103 所示。时间起点为主控机车牵引发挥时刻（即电机电流从 0 开始上升点），速度取主控机车测试速度。坡起过程中的电机功率发挥如图 5.2-103 所示。

表 5.2-81　坡道起动加速试验距离、时间数据

速度/（km/h）	试验时间	加速距离/m	加速时间/s	平均加速度（0～5 km/h）
0	5:22:30	0	0	
5	5:23:35	24	65	
10	5:24:02	78	92	0.021 4 m/s²
15	5:24:24	154	114	
20	5:24:42	241	132	

注：试验时间为 GPS 时间。

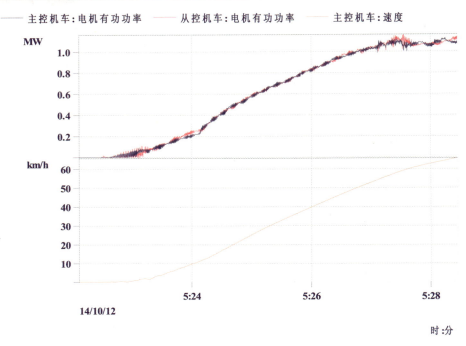

图 5.2-103　坡起试验电机功率发挥

5.2.4.3　制动及纵向动力学结果及分析

1. 全程最大值统计

2014 年 10 月 12 日，进行了神 8 机车 1＋1 编组 2 万吨空车运行试验，被试车辆的车钩力和车体纵向加速度的全程最大值统计结果见表 5.2-82、表 5.2-83。

表 5.2-82　神 8 机车 1＋1 空车试验被试车辆 车钩力全程最大值

车辆位置	拉钩力/kN	里程/km	速度/（km/h）	工况	压钩力/kN	里程/km	速度/（km/h）	工况
1 位	596.8	52.624	0.8	起动	－462.1	337.445	57.5	电制
29 位	401.4	52.622	1.4	起动	－375.1	337.756	69.2	电制
57 位	351.0	52.621	1.4	起动	－307.2	337.762	69.4	电制
85 位	303.6	52.621	1.4	起动	－304.1	240.027	70.9	运行
115 位	223.7	292.798	75.0	运行	－421.0	52.624	0.8	起动
117 位	672.3	52.621	1.4	起动	－415.5	284.253	69.6	电制
145 位	611.6	52.621	1.4	起动	－405.2	284.259	69.8	电制
173 位	444.6	52.621	1.4	起动	－405.0	284.264	70.0	电制
201 位	271.8	52.622	1.4	起动	－321.6	284.270	70.1	电制
231 位	107.4	219.679	67.4	运行	－80.7	230.246	64.6	运行

表 5.2-83　神 8 机车 1+1 空车试验被试车辆 车体纵向加速度全程最大值

车辆位置	加速度/（m/s²）	里程/km	速度/（km/h）	工况
1 位	8.92	283.710	53.5	运行
29 位	− 7.74	1.476	6.1	制动，停车
57 位	− 9.80	317.662	70.2	电制
85 位	8.82	381.996	73.9	运行
115 位	− 9.21	1.455	4.3	制动，停车
117 位	6.96	1.456	4.3	制动，停车
145 位	− 8.72	86.291	71.7	电制
173 位	10.09	96.314	1.5	起动
201 位	14.11	96.313	1.6	起动
231 位	8.82	201.895	71.7	运行

空车运行试验中，最大拉钩力、压钩力分别为：672.3 kN、− 462.1 kN，满足列车正常运行工况最大车钩力 ≤ 1 000 kN 的要求，远小于 2 250 kN 的安全限度。

拉钩力大值主要出现在列车起动时，10 个测试断面中，第 1 位货车和第 117 位货车，分别是第一个单元万吨的第一辆货车和第二个单元万吨的第一辆货车，直接承受来自机车的牵引力，所受的拉钩力最大，实测结果分别是：596.8 kN、672.3 kN（见图 5.2-104）。

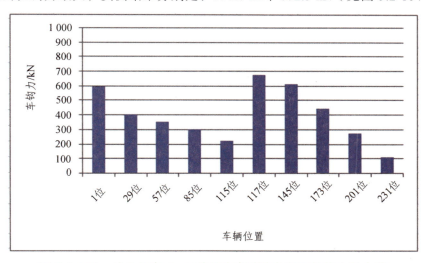

图 5.2-104　神 8 机车 1+1 编组空车试验各断面拉钩力最大值

压钩力大值主要出现在电制工况，当机车进行电制时，车辆处于压钩状态，第 1 位货车和第 117 位货车直接与机车连挂，所以承受的压钩力最大，实测结果分别为 − 462.1 kN、− 415.5 kN。对于 115 位货车，它是第一个单元万吨的尾部，在列车起动时，除了承受头部机车的拉力外，更多的则要承受中部机车的顶推力，而且顶推力远大于拉力，所以 115 位货车在起动时承受了较大的压钩力，实测最大值 − 421 kN（见图 5.2-105）。

车体纵向加速度的大值主要是在列车起动、制动停车等工况下列车产生冲动引起的，本次空车试验的最大纵向加速度全部是在列车刚起动时产生的，速度为 1.5 km/h 左右，最大值出现在第二个单元万吨的中后部（173 位、201 位），10 个断面中只有这两个断面超过 9.8 m/s²，分别为：10.09 m/s²、14.11 m/s²。

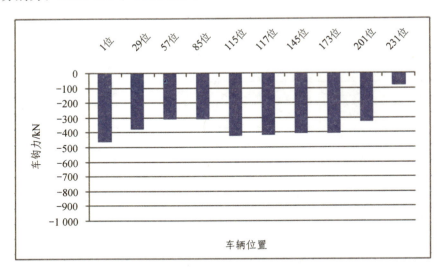

图 5.2-105　神 8 机车 1 + 1 编组空车试验各断面压钩力最大值

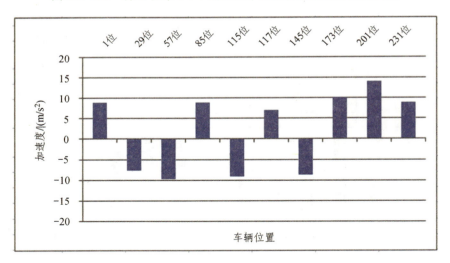

图 5.2-106　神 8 机车 1 + 1 编组空车试验各断面车体纵向加速度最大值

2. 试验工况车钩力统计

各次试验工况车钩力统计见表 5.2-84 所示。

在北大牛至龙宫间 52 km + 624 m 处，进行了上坡道起动试验，坡道为 11‰。中部机车前面第 115 位货车，承受来自中部机车的顶推力，所以实测结果是压钩力，其他测试断面全部承受拉钩力（见图 5.2-107）。

另外还进行了 4 次制动停车试验，车钩力数据都较小，最大压钩力 310.5 kN，发生在 374 km + 687 m 处初制动缓解工况。

表 5.2-84 各试验工况车钩力统计

车辆位置	坡道起动（北大牛至龙宫）	374 km+687 m处初制动后缓解试验	255 km+608 m处初制动停车	97 km+994 m处追加制动停车	25 km+703 m处初制动停车	神池站内低速追加制动停车
纵断面	11‰ 上坡	0.5‰~1‰ 上坡	4‰ 下坡	2‰~3‰ 下坡	10.2‰ 下坡	—
1 位	596.8	−310.5	−149.2	−199.4	−124.9	−165.8
29 位	401.4	−264.6	−156.7	−215.7	−160.8	−184.3
57 位	351.0	−202.0	−132.0	−176.6	−167.1	−150.4
85 位	303.6	−154.5	−106.5	−161.0	−134.9	−173.2
115 位	−421.0	−138.3	−122.9	−203.9	−115.9	−164.3
117 位	672.3	−266.8	−120.2	−103.3	−114.4	−150.3
145 位	611.6	−226.9	−116.2	−110.4	−121.6	−128.9
173 位	444.6	−194.5	−131.5	−155.5	−131.2	−133.9
201 位	271.8	−103.1	−123.8	−123.4	−138.4	−122.4
231 位	46.0	−26.3	−44.3	−39.8	−46.9	−41.3

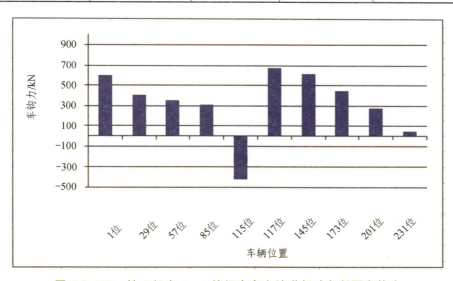

图 5.2-107 神 8 机车 1+1 编组空车上坡道起动各断面车钩力

3. 制动距离统计

共进行了 4 次制动停车试验，制动距离统计见表 5.2-85。

表 5.2-85 制动距离统计

制动工况	制动位置/km	制动初速/（km/h）	制动距离/m	制动时间/s
初制动停车	255.608	78.4	2582	229
追加制动停车	97.994	78.7	1679	135
初制动停车	25.703	60.2	726	80
低速追加制动停车	神池站内	24.1	236	59

5.2.4.4　从控机车动力学结果及分析

1. 制动工况试验结果统计

在 10 月 12 日进行的"神 8 机车 1 + 1 编组"空车试验中，各制动工况下中部从控机车的测试结果分别见表 5.2-86。在各次制动试验中，机车运行安全性各项参数测试最大值如下：第 1 轴脱轨系数 0.65、第 1 轴轮重减载率 0.38、第 1 轴轮轴横向力 51.7 kN、第 4 轴脱轨系数 0.17、第 4 轴轮重减载率 0.36、第 4 轴轮轴横向力 36.2 kN、中部车钩压钩力 228 kN、前部车钩压钩力 439 kN、中部车钩偏转角 4.2°、前部车钩偏转角 4.8°，各项运行安全性参数未见异常。

在 10 月 21 日进行的"SS₄机车 2 + 2 编组"空车试验中，各制动工况下中部从控机车的测试结果分别见表 5.2-87。在各次制动试验中，机车运行安全性各项参数测试最大值如下：第 1 轴脱轨系数 0.67、第 1 轴轮重减载率 0.46、第 1 轴轮轴横向力 71.3 kN、第 4 轴脱轨系数 0.16、第 4 轴轮重减载率 0.39、第 4 轴轮轴横向力 36.2 kN、中部车钩压钩力 228 kN、前部车钩压钩力 439 kN、中部车钩偏转角 4.2°、前部车钩偏转角 4.8°，各项运行安全性参数未见异常。

综上所述，空车运行方向"神 8 机车 1 + 1 编组""SS₄机车 2 + 2 编组"两种编组情况下，中部从控机车的运行安全性符合控制限度的要求。

2. 中部机车承受纵向力状态

图 5.2-108 所示是中部从控机车中钩所受纵向力试验全程的分布状况。图中正值代表车钩受拉力，负值表示车钩受压力。从图中可以看出，空车运行方向上中部机车主要承受拉钩力作用，尤其是在西柏坡（240 km + 750 m）至南湾（138 km + 860 m）和原平南（84 km + 375 m）至神池南（0 km）间的长大上坡道上。根据纵向力分布规律来看，出现从控机车受压失稳的可能性很小。

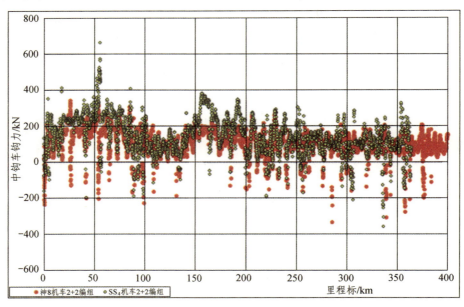

图 5.2-108　中部从控机车的中钩车钩力测量结果

表 5.2-86 "神 8 机车 1＋1 编组" 空车运行试验中制动工况下中部从控机车动力学试验结果

试验时间：2014 年 10 月 12 日　试验编组：HXD17146（B＋A）＋116 辆 C80 空车＋HXD17145（B＋A）＋116 辆 C80 空车＋RW004

序号	试验工况	制动里程/km	缓解里程/km	第 1 轴运行安全性参数			第 4 轴运行安全性参数			中部车钩力		前部车钩力		中钩偏转角/(°)	前钩偏转角/(°)
				脱轨系数	轮重减载率	轮轴横向力/kN	脱轨系数	轮重减载率	轮轴横向力/kN	拉钩力/kN	压钩力/kN	拉钩力/kN	压钩力/kN		
	限度值	—	—	0.9	0.65	97	0.9	0.65	97	2 250	2 250	2 250	2 250	6	6
1	电空配合调速制动	377.142	376.117	0.32	0.32	40.9	0.15	0.36	33.8	205	−197	80	−135	1.5	3.2
2	初制动停车	257.026	—	0.42	0.38	33.6	0.17	0.30	35.8	191	−165	171	−122	2.2	2.7
3	初制动停车	99.438	—	0.43	0.31	20.5	0.10	0.15	16.8	247	−228	108	−224	1.3	2.7
4	初制动停车后坡起	53.987	—	0.65	0.36	51.7	0.17	0.27	36.2	448	−203	209	−439	4.2	4.8
5	初制动停车	27.057	—	0.23	0.37	16.4	0.11	0.41	22.3	341	−124	140	−221	1.4	2.8

表 5.2-87 "SS₄机车 2＋2 编组" 空车运行试验中制动工况下中部从控机车动力学试验结果

试验时间：2014 年 10 月 21 日　试验编组：SS₄0185＋SS₄0186＋116 辆 C80 空车＋SS₆180＋SS₄0188＋116 辆 C80 空车＋RW004

序号	试验工况	制动里程/km	缓解里程/km	第 1 轴运行安全性参数			第 4 轴运行安全性参数			中部车钩力		后部车钩力		中钩偏转角/(°)	后钩偏转角/(°)
				脱轨系数	轮重减载率	轮轴横向力/kN	脱轨系数	轮重减载率	轮轴横向力/kN	拉钩力/kN	压钩力/kN	拉钩力/kN	压钩力/kN		
	限度值	—	—	0.9	0.65	90	0.9	0.65	90	2 250	2 250	2 250	2 250	6	6
1	初制动停车	257.026	—	0.48	0.45	47.5	0.13	0.33	35.1	304	−168	242	−125	1.4	1.3
2	减压 100 kPa 停车	99.075	—	0.58	0.15	31.7	0.06	0.17	24.2	408	−188	372	−178	1.3	1.6
3	初制动停车	55.630	—	0.67	0.46	71.3	0.16	0.39	38.7	663	−54	765	−28	1.7	2.3
4	低速追加制动停车	0.481	—	0.12	0.02	17.8	0.05	0.06	20.4	133	−158	171	−71	1.1	1.3

5.2.4.5 特定位置 C80 货车动力学试验

2014 年 10 月 12 日和 21 日，进行了两次 2 万吨空车试验，第一次的编组为"神 8 机车 1 + 1"，第二次的编组为"SS₄ 机车 2 + 1 + 1"，两次试验特定位置 C80 货车都在列车中车辆的第 120 位。按神池南站—肃宁北站全程监测的线况及空载列车所进行的常规制动对数据分别进行处理和分析。

试验结果表明，特定位置的被试 C80 货车两次试验中都在小半径曲线上有脱轨系数接近限度值 1.2 的情况，减载率和轮轴横向力都距限度范围有一定的安全裕量。

1. 第一次 10 月 12 日空车试验情况

10 月 12 日，"神 8 机车 1 + 1"编组 2 万吨空车运行试验，最高运行速度 79.9 km/h，全程测试车辆安全性结果最大值见表 5.2-88。安全性指标脱轨系数、轮重减载率、轮轴横向力分别为 1.14、0.51、28.56 kN，安全性指标在大纲规定的范围内，满足车辆安全性要求。

值得注意的是脱轨系数有多处超过 1.1，接近 1.2 的限度值，这些大值出现的位置都在小半径曲线上。

表 5.2-88　全程测试数据指标最大值汇总（空车）

安全性指标	限度值	最大值	速度/（km/h）	里程/km	线况
脱轨系数	1.2	1.14	68.1	65.882	$R600$ m
轮重减载率	0.65	0.51	71.8	106.193	直道
轮轴横向力/kN	34	28.56	75.7	305.861	$R1\,000$ m

制动工况下，测试车辆安全性指标测试结果最大值见表 5.2-89，3 次制动试验安全性指标都较小，在限度值范围内。

表 5.2-89　制动工况下动力学性能指标最大值（空车）

安全性指标	50 kPa 常用制动后缓解	50 kPa 常用制动停车	80 kPa 常用制动停车
脱轨系数	0.33	0.33	0.57
轮重减载率	0.36	0.42	0.26
轮轴横向力/kN	10.09	16.96	5.32

2. 第二次 10 月 21 日空车试验情况

10 月 21 日，"SS₄ 机车 2 + 1 + 1"编组 2 万吨空车运行试验，最高运行速度 80.4 km/h，全程测试车辆安全性结果最大值见表 5.2-90。安全性指标脱轨系数、轮重减载率、轮轴横向力分别为 1.18、0.59、24.01 kN，安全性指标在大纲规定的范围内，满足车辆安全性要求。

与第一次试验相似，脱轨系数有多处超过 1.1，接近 1.2 的限度值，最大值 1.18，出现在 $R500$ m 曲线。

表 5.2-90　全程测试数据最大值

安全性指标	限度值	最大值	速度/（km/h）	里程/km	线况
脱轨系数	1.2	1.18	59.6	64.173	$R500$ m
轮重减载率	0.65	0.59	75.4	402.617	直道
轮轴横向力/kN	34	24.01	71.0	243.614	直道

制动工况下，测试车辆安全性指标测试结果最大值见表 5.2-91，安全指标都较小。

表 5.2-91　制动工况下动力学性能指标最大值（空车）

安全性指标	50 kPa 常用制动停车	80 kPa 常用制动停车
脱轨系数	0.44	0.71
轮重减载率	0.45	0.44
轮轴横向力 /kN	16.31	8.19

两次空车试验的脱轨系数都接近限度值，大值点较为集中的区段是 K30～K65，该区段 R500 m 和 R600 m 小曲线较多。

5.2.4.6　空车运行试验小结

（1）试验编组空车在下行 12‰ 限制坡道具备起动能力。

（2）空车正常运行及制动工况车钩力均处于较低水平，试验全程测得的最大车钩力仅为 672.3 kN，发生在坡道起动工况，仅在列车起动时出现了个别断面纵向加速度略超过 9.8 m/s^2。

（3）两种编组情况下，中部从控机车的运行安全性符合控制限度的要求；运行全程中部从控机车主要承受拉钩力作用，出现从控机车受压失稳的可能性很小。

（4）空车正常运行主要为牵引工况，位于中部的从控机车几乎全程一直处于受拉钩力作用状态，最大拉钩力在 500 kN 左右。根据这一区段的编组特点和纵向力分布规律来看，出现从控机车受压屈失稳的可能性很小。

（5）空车运行全程，特定位置被试 C80 货车的安全性指标测试结果在限度值范围内，两次测试结果无明显差异；两次试验脱轨系数在个别小半径曲线处接近限度值，需引起关注。

5.2.5　试验结论及建议

本次系列试验为首次对基于 LTE 网络通信平台的采用 TEC-TROMS-Ⅰ型同步操纵系统开行不同牵引方式的 2 万吨重载组合列车进行的系统研究和运行试验，通过系统测试试验列车的牵引、制动及纵向动力学、中部从控机车动力学以及特殊位置车辆动力学性能，得到以下结论及建议：

（1）3 种编组 2 万吨重车和 2 种编组空车在正常运行工况和特定制动工况的各项运行安全性指标（包括机车、车辆脱轨系数、轮轴横向力、减载率和列车最大纵向力）均在试验规定安全限度之内。

（2）在通信正常条件下，2 万吨列车主、从控机车之间空气制动/缓解同步时间基本均在 2 s 之内、牵引级位调整同步时间基本在 6 s 以内，均满足试验规定的建议性指标要求，可以满足 2 万吨列车的开行要求；与基于 800M 通信电台的万吨和 2 万吨组合列车相比，主、从机车的同步时间显著缩短。

（3）SS$_4$ 机车 2＋1＋1 编组牵引能力可以完成上行 4‰ 限制坡道起动作业，而两种交流机车 1＋1 编组均无法完成；2 种空车编组牵引能力可以完成朔黄线下行 12‰ 限制坡道起动作业。

（4）在宁武西至北大牛区间按试验采用的循环制动操纵方式，两种 1+1 编组 2 万吨列车最短可用充气时间与该编组方式初制动的充气时间相当，存在充风不足的可能性；而 SS4 机车 2+1+1 编组，由于尾部从控机车帮助充风，不会出现充风不足的现象；各种减压量时 2+1+1 编组再充气时间比 1+1 编组平均缩短 62%。

（5）两种 1+1 编组 2 万吨列车调速制动缓解时经常产生大于 1 000 kN（试验规定的建议性指标）的车钩力，约占 65%，本次试验测得的最大车钩力为 2 142 kN，接近试验规定的安全限度值（2 250 kN）；而 SS4 机车 2+1+1 编组，由于列车缓解同步性好，调速制动时车钩力均在 1 000 kN 之内；2+1+1 编组的中部机车承受的纵向载荷要明显小于两种 1+1 编组，有利于提高中部机车的运行安全性。

（6）SS4 机车 2+1+1 编组的车体纵向加速度满足试验规定的建议性指标（9.8 m/s^2）要求；两种 1+1 编组的车体纵向加速度均出现了超过试验规定的建议性指标的值，主要出现在空气制动的缓解过程中。

（7）重车常用全制动时，神 8 机车 1+1 编组最大车钩力为 1 576 kN，超过试验规定的建议性指标（不大于 1 500 kN）要求，是 SS4 机车 2+1+1 编组的 2.1 倍；其余常用制动减压停车以及低速追加制动停车（包括空车）时产生的最大车钩力均小于 1 000 kN，满足试验规定的建议性指标要求。

（8）低速缓解时，2 种 1+1 编组的车钩力大小与缓解速度的相关性要小于与编组方式、列车操纵和线路纵断面的相关性；SS4 机车 2+1+1 编组由于列车缓解同步性好，缓解速度与列车纵向力的相关性更不明显。

（9）两种 1+1 编组当调速制动减压量大于 70 kPa 以上缓解时，最大纵向力比初制动后缓解显著增大；而 SS4 机车 2+1+1 编组调速制动减压量的大小（不大于 100 kPa）对车钩力值影响不明显。

（10）与两种 1+1 编组相比，SS4 机车 2+1+1 编组由于在列车尾部编挂有从控机车，列车的牵引、制动能力得到改善，运行过程中产生的纵向力和纵向加速度大幅度减小，中部从控机车受力也明显减小，运行品质显著提高。

综上所述，从减小列车纵向力从而提高列车运行安全性角度考虑，2 万吨列车建议优先采用 SS4 机车 2+1+1 编组方式，如考虑到运输组织等因素需要使用交流机车 1+1 编组时，建议如下：

（1）为满足列车在长大下坡道再充气时间以及在长大上坡道区段坡道起动的要求，建议对 2 万吨列车进行适当缩编或在尾部增加 1 台直流机车作为从控机车，缩编时优先减少第 2 小列的编组辆数。

（2）进一步优化列车循环制动的操纵方式，通过长、短波浪相结合的操纵方式，结合线路平纵断面，尽量选择在缓坡处实施缓解，以降低纵向力并为延长可用再充气时间提供条件。

（3）在长大下坡道区段，采用 1+1 编组方式时，一旦调速制动时采用的减压量大于 70 kPa，建议采用停车缓解以避免缓解时产生的大纵向力影响行车安全。

（4）由于机车未使用补风功能，为提高长大下坡道区段的运行安全，对 2 万吨列车的漏泄应更加严格控制。

（5）由于 1+1+可控列尾编组较大纵向力一般均发生在中部机车附近，建议加强对中部机车及附近车辆钩缓系统的检查，消除安全隐患。

（6）SS$_4$机车 2＋1＋1 编组运行时出现了 1 次中部从控机车同步时间异常导致纵向力显著增加，建议进一步优化 LTE 网络及车载通信设备，消除安全隐患。

5.3　朔黄铁路两万吨 216 辆试验

5.3.1　概　述

5.3.1.1　前　言

为了提高运输效率，实现重载运输技术再创新，完成开行 2 万吨重载列车的目标，根据集团公司工作安排，2014 年 9 月，在神池南站至肃宁北间进行了神华 8 轴大功率交流机车采用 1＋1 编组模式牵引 216 辆 C80 货车 2.16 万吨列车试验。对列车的牵引、制动及纵向动力学性能、中部从控机车动力学性能和承载部件动应力、特殊位置车辆动力学等性能进行综合测试。

5.3.1.2　试验日程

试验日程见表 5.3-1。

表 5.3-1　试验日程

日　期	工作内容
9 月 19～22 日	在肃宁北车检中心进行货车测力车钩、测力轮对换装，制动及纵向动力学测试传感器的安装。 在机辆分公司进行机车测试用传感器安装
9 月 23 日	空车回送，装载。重车编组，重车编组方式为： HXD17147＋108 辆 C80＋HXD17005＋108 辆 C80＋可控列尾
9 月 24～27 日	在朱盖塔站进行测试系统连线、测试系统静态调试、制动静置试验、列车动态调试等工作
9 月 28 日	列车运行试验，运行试验区间为：神池南站至肃宁北站，试验列车编组： HXD17147＋108 辆 C80＋HXD17005＋108 辆 C80＋可控列尾

5.3.1.3　试验用机车、车辆

1. 机　车

本次试验机车为神华号交流 8 轴机车，参见图 5.2-1 所示，主要技术参数参见 2.2 节所述。

2. 车　辆

本次试验采用 C80 双浴盆式铝合金运煤专用敞车，C80 车为两辆一组，两车之间采用牵引拉杆连接，两端分别为 16 号旋转车钩和 17 号固定车钩，详见 4.2 节所述。

5.3.1.4 测点布置方式

5.3.1.4.1 牵引测试测点布置

对主、从控机车的牵引参数均进行了测试，包括机车速度、牵引电机电压、牵引电机电流、主断信号、网压、网流、机车牵引力反馈值等，测点布置见表 5.3-2。

表 5.3-2 牵引测试测点布置表（1+1 编组）

序号	测试参数	被测车线号/位置	信号特征/传感器
神 8 机车（HXD1 7147 B 节）测点布置表			
1	网压	低压柜=92-X143.15	AC 25 kV/150 V、机车传感器
2	网流	110145.04	LT1005
3	牵引电机电压	110271.01 110272.01 110273.01	AC 4 000 V/10 V、CV4
4	牵引电机电流	110273.01	AC 1 000 A/1 V、LT1005
5	主断信号	低压柜=92-X143.06	DC 110 V
6	机车牵引力反馈值	司机室低压柜 X3 接口 5\9	80 kN/V
神 8 机车（HXD1 7005 A 节）测点布置表			
7	网压	低压柜=92-X143.15	AC 25 kV/150 V、机车传感器
8	网流	110145.04	LT1005
9	牵引电机电压	110271.01 110272.01 110273.01	AC 4 000 V/10 V、CV4
10	牵引电机电流	110273.01	AC 1 000 A/1 V、LT1005
11	主断信号	低压柜=92-X143.06	DC 110 V
12	机车牵引力反馈值	司机室低压柜 X3 接口 5\9	80 kN/V

5.3.1.4.2 制动与纵向动力学测试测点布置

为了研究列车的制动性能以及机车的制动作用同步性，在主控和从控机车以及列车的第 1、27、55、81、108、109、135、163、189 和 216 位货车（计数不包括机车）共计 10 个货车断面布置了制动测点，主要包括机车均衡风缸压力、列车管压力、制动缸压力以及车辆的列车管、副风缸和制动缸压力等。

为了研究不同运行状态下列车的纵向动力学性能，在第 1、27、55、81、107、109、135、163、189 和 215 位货车（计数不包括机车）共计 10 个货车断面布置了纵向动力学测点，主要包括车钩力、缓冲器行程和纵向加速度。

其他测试参数还包括线路曲线半径、列车运行速度等。

5.3.1.4.3 从控机车动力学测点布置

被试从控机车为 HXD17005 号，试验过程中在被试验机车上布置了如下测点：重车运行方向第 1 位轴和第 5 位轴更换为测力轮对；重车运行方向前端钩和中间钩更换为测力车钩；重车运行方向前端钩和中间钩布置纵向和横向位移计；前节机车转向架一系和二系悬挂系统布置垂向和横向位移计；前节机车车体前端布置三向振动加速度传感器；另外，还安装了列车管空气压力传感器，用于测量空气制动系统的动作信号；安装了陀螺仪角速度传感器，用于测量线路曲线曲率。

5.3.1.4.4　特定位置货车动力学测点布置

货车动力学性能试验对被测试货车（特定位置货车）进行动力学性能测试。测试脱轨系数、轮重减载率、轮轴横向力。其他辅助测试包括车体加速度、侧架加速度、枕簧位移等。

在被测试货车（第 107 位和 215 位）的前进方向 1 轴换装测力轮对，测试轮轨垂向力、轮轨横向力，计算脱轨系数、轮重减载率、轮轴横向力；在被测试货车前进方向底架中梁下盖板距心盘 1 000 mm 范围内布置横、垂向振动加速度传感器，测试车体横向、垂向加速度；在被测试货车前转向架摇枕和侧架上布置位移传感器，测试摇枕弹簧垂向位移。

5.3.1.4.5　机车动强度测点布置

神华号交流机车 3 + 0 集中牵引 108 辆 C80 货车单元万吨列车时，处于第三位的机车主要承载部件除承受机车振动、驱动等引起的载荷外，还得传递处于第一位和第二位的机车产生的牵引力以及列车纵向产生的冲动载荷，因此，该位机车承载部件的受力状态最为恶劣，而列车纵向冲动与线路的纵横断面形状、机车车辆的轴重、列车编组方式、车辆的车型及装载状态、列车牵引动力配置及特性、列车制动系统的性能、列车牵引和制动操纵方法、机车车辆钩缓装置的特性及车辆连挂形式等各种因素有关，因此，三机重联牵引单元万吨列车时，通过测试机车承载部件动应力对分析机车的结构适应性和安全性有着重要的意义。通过本试验掌握三机重联牵引单元万吨列车的第三位机车承载部件的动强度性能，来验证该机车主要承载部件的疲劳强度及结构安全性。

被试机车动强度试验主要测试内容包括：① 转向架构架动应力；② 车体底架动应力；③ 牵引装置动应力；④ 车钩、钩尾框动应力。

1. 测点布置原则

测点布置根据被试车主要承载部件的结构和受力状态确定。依据以下 3 点布置测点：

（1）静态控制点，这些点的静应力水平较高。

（2）动态控制点，这些点的静应力水平虽不高，但在运行过程中可能产生较大的动应力。

（3）结构控制点，主要位于焊缝区和结构复杂部位。

2. 测点选择方法

应力测试点可按如下方法选择：

（1）结构形状的突变部分、断面突变部分、焊缝边缘等应力集中区域。

（2）由计算结果可估计为产生高应力的区域。

3. 测点布置图

依据被试机车主要承载部件的结构和受力状态确定动应力测点的布置，共布置动应力测点 52 个，应力测试点布置如图 5.3-1 ~ 图 5.3-5 所示。

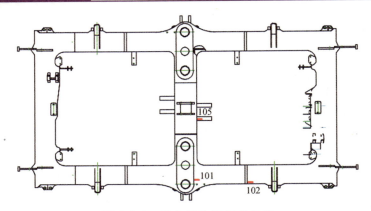

图 5.3-1　转向架构架测点布置

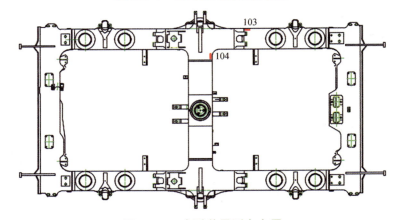

图 5.3-2　牵引装置测点布置

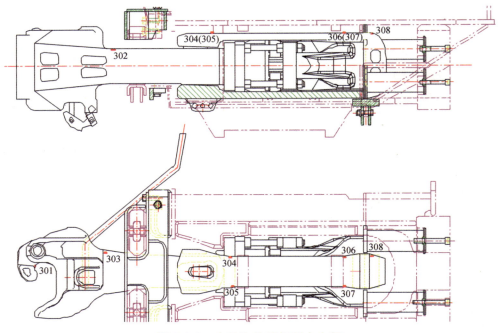

图 5.3-3　车钩和钩尾框测点布置

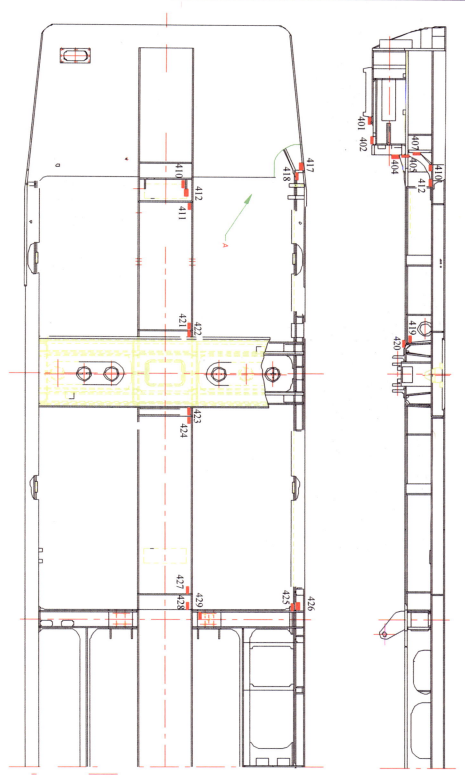

图 5.3-4　车体底架测点布置

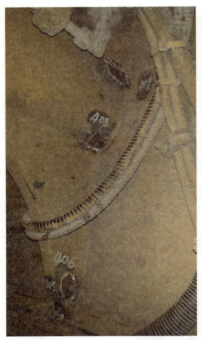

图 5.3-5　车体底架测点布置（局部视图）

5.3.1.5　评定指标

5.3.1.5.1　机车动力学安全性评定标准

参照机车车辆运行安全性的现行有关标准，并借鉴以往重载列车试验中对从控机车的动力学性能控制指标，确定机车运行安全性参数的限度值如下：

脱轨系数　　≤0.90；

轮重减载率　≤0.65；

轮轴横向力　≤97 kN；

最大车钩力　≤2 250 kN。

5.3.1.5.2　货车动力学安全性评定标准

试验数据处理方法及测试项目的评定按 GB 5599—85《铁道车辆动力学性能评定及试验鉴定规范》的规定进行。车辆运行安全性控制限度值：

脱轨系数≤1.2；轮重减载率≤0.65；根据试验中动态测试的静轮重计算出轮轴横向力≤110.5 kN。

5.3.1.5.3　列车纵向动力学安全性评定指标

纵向车钩力≤2 250 kN。

5.3.1.5.4　机车动强度评定指标

1. 最大应力

最大应力按材料许用应力来评价：在整个测试过程中出现的最大应力不应超过测点处材料的许用应力，材料的许用应力见表 5.3-3。

表 5.3-3　被试机车结构材料特性

部件名称	材料			抗拉强度 /MPa	屈服极限 /MPa	材料许用应力/MPa	对称循环疲劳许用应力/MPa
转向架构架	16MnDr	< 16 mm	母材区	530	345	230	127
			焊接区		310	207	85
		16～25 mm	母材区		325	217	127
			焊接区		293	195	85
车体底架	Q345E	≤16 mm	母材区	470～630	345	230	127
			焊接区		314	209	85
	16MnDr	6～16 mm	母材区	490～620	315	210	127
			焊接区		286	191	85
		16～36 mm	母材区	470～600	295	197	127
			焊接区		268	179	85
牵引装置	16MnDr	< 16 mm	母材区	530	345	230	127
			焊接区		310	207	85
		16～25 mm	母材区		325	217	127
			焊接区		293	195	85
车钩和钩尾框	E 级钢		母材区	850	755	458	113

2. 等效应力幅

采用 Palmgren-Miner 线性累积损伤理论和材料的 S-N 曲线，按照等损伤原则计算等效应力幅 σ_{ep}，然后按对称循环疲劳许用应力进行等效应力幅的评定。被试机车的承载结构材料的对称循环疲劳许用应力见表 5.3-3。

根据 Palmgren-Miner 线性累积损伤理论，等效应力幅的计算公式如下：

$$\sigma_{eq} = \left[\frac{L}{L_1 N} \sum n_i (\sigma_{ai})^m \right]^{\frac{1}{m}}$$

式中　　L——被试机车在规定使用期限内的总运用公里数，$L = 6\ 000\ 000\ \text{km}$；

　　　　L_1——实测动应力时的运行公里数，本次试验 $L_1 = 210\ \text{km}$；

　　　　n_i——第 i 级应力水平对应的应力循环次数，采用疲劳分析中常用的雨流计数法确定；

　　　　σ_{ai}——第 i 级应力幅；

　　　　m——材料 $S\text{-}N$ 曲线的幂指数；

　　　　N——等效的循环次数，$N = 2 \times 10^6$。

等效应力幅 $\sigma_{eq} \leqslant \sigma$ 时，则该测点的动强度（疲劳强度）满足规定使用期限要求；反之，则该测点的动强度（疲劳强度）不满足规定使用期限要求。

$[\sigma]$ 为测点处的对称循环疲劳许用应力，见表 5.3-3。

3. 疲劳寿命

根据 Palmgren-Miner 线性累积损伤理论和材料的 $S\text{-}N$ 曲线，按照等损伤原则计算测点的疲劳寿命 L_{ev}。疲劳寿命由下式计算：

$$L_{ev} = \frac{[\sigma]^m \cdot N}{\sum n_i \cdot \sigma_{ai}^m} \cdot L_1$$

L_{ev} 应大于等于运用所规定的运用年限（或里程）。机车车体和转向架主要机械构件（包括车体、转向架构架、轴箱体等）的使用年限应为 30 年，运行里程 L_{ev} 应大于等于 600 万千米。

5.3.1.5.5　建议性评定指标

列车常用全制动工况：最大车钩力 $\leqslant 1\ 500\ \text{kN}$；列车正常运行工况：最大车钩力 $\leqslant 1\ 000\ \text{kN}$；列车纵向加速度 $\leqslant 9.8\ \text{m/s}^2$；从控机车车钩偏转角 $\leqslant 6°$。

5.3.2　列车静置试验

5.3.2.1　试验目的

测试列车的基本制动性能，测试主、从控机车制动、缓解的同步性，不同减压量下的制动排风时间、列车再充风时间和制动缸升压情况，比较不同编组方式列车的制动性能，为列车操纵提供数据支持。

分别对 1 + 1 编组有无可控列尾两种编组方式、单编 108 辆共 3 种编组进行了静置制动试验。

5.3.2.2　编组方式

3 种重车静置试验编组方式分别为：

（1）1 + 1 + 可控列尾编组。HXD17147 + 108 辆 C80 + HXD17005 + 108 辆 C80 + 可控列尾。

（2）1 + 1 编组。HXD17147 + 108 辆 C80 + HXD17005 + 108 辆 C80。

（3）单编 108 辆。HXD18002 + 108 辆 C80。

5.3.2.3　静置试验内容

根据试验大纲，静置试验主要进行了以下试验项目：

（1）列车制动系统漏泄试验。

（2）常用制动及缓解试验，分别进行了减压 50 kPa、70 kPa、100 kPa 及常用全制动试验。

（3）紧急制动及缓解试验。

（4）阶段制动试验。

（5）可控列尾排风试验。

（6）模拟列车断钩保护试验。

（7）模拟通信中断下的制动试验。

（8）制动同步性测试。

5.3.2.4　试验结果及分析

5.3.2.4.1　主要试验结果统计

1 + 1 + 可控列尾、1 + 1 不带可控列尾、单编 108 辆 C80 共 3 种编组常用制动不同减压量、紧急制动等工况下的主要试验结果统计分别见表 5.3-4 ~ 表 5.3-6。

表 5.3-4　1 + 1 + 可控列尾编组主要试验结果统计

试验日期		2015 年 9 月 25 ~ 26 日				
编　　组		HXD17147 + 108 辆 C80 + HXD 17005 + 108 辆 C80 + 可控列尾				
		试验工况及结果				
		初制动		减压 70 kPa		减压 100 kPa
		第 1 次	第 2 次	第 1 次	第 2 次	第 1 次
制动	实际减压量/kPa	55	55	80	74	107
	1 位 BC 出闸时间/s	1.6	1.59	1.51	1.52	1.48
	27 位 BC 出闸时间/s	3.65	3.65	3.56	3.45	3.46
	55 位 BC 出闸时间/s	4.94	4.91	4.81	5.08	5.28
	81 位 BC 出闸时间/s	5.89	5.77	5.66	5.48	5.68
	108 位 BC 出闸时间/s	3.98	3.76	3.69	3.46	3.71
	从控响应时间/s	1.65	1.72	1.68	1.53	1.5
	109 位 BC 出闸时间/s	4.5	4.25	4.12	3.93	3.91
	135 位 BC 出闸时间/s	6.18	5.86	5.83	5.53	5.45
	163 位 BC 出闸时间/s	7.91	7.62	7.56	7.31	7.52

续表

		试验工况及结果				
		初制动		减压 70 kPa		减压 100 kPa
		第 1 次	第 2 次	第 1 次	第 2 次	第 1 次
制动	189 位 BC 出闸时间/s	9.12	8.84	7.73	8.24	8.51
	216 位 BC 出闸时间/s	8.79	8.58	6.78	7.75	8.11
	排风时间/s	43	44	61	58	70
缓解	1 位 BC 开缓时间/s	1.83	2.09	1.44	2.24	1.38
	27 位 BC 开缓时间/s	4.31	4.01	3.38	3.89	3.14
	55 位 BC 开缓时间/s	6.7	6.79	5.77	6.09	5.05
	81 位 BC 开缓时间/s	6.78	6.39	5.78	6.1	5.4
	108 位 BC 开缓时间/s	3.17	3.28	3.15	3.86	3.01
	从控响应时间/s	1.79	1.85	1.8	2.00	1.63
	109 位 BC 开缓时间/s	3.45	3.79	3.67	3.56	3.62
	135 位 BC 开缓时间/s	8.41	7.16	5.64	5.63	5.13
	163 位 BC 开缓时间/s	10.61	16.95	7.77	7.91	7.05
	189 位 BC 开缓时间/s	12.92	15.89	9.72	9.93	8.86
	216 位 BC 开缓时间/s	13.95	16.36	11.08	11.24	10.22
	再充风时间/s	167	162	244	233	317

		试验工况及结果				
		减压 100 kPa	常用全制动		紧急制动	
		第 2 次	第 1 次	第 2 次	第 1 次	第 2 次
制动	实际减压量/kPa	104	178	180	—	—
	1 位 BC 出闸时间/s	1.48	1.49	1.52	0.23	0.25
	27 位 BC 出闸时间/s	3.47	3.09	3.42	1.56	1.55
	55 位 BC 出闸时间/s	5.34	4.84	4.89	2.99	2.99
	81 位 BC 出闸时间/s	5.65	5.68	5.63	4.32	4.31
	108 位 BC 出闸时间/s	3.59	3.63	3.66	3.37	3.51
	从控响应时间/s	1.48	1.62	1.77	1.62	1.98
	109 位 BC 出闸时间/s	3.92	3.97	4.04	3.43	3.58
	135 位 BC 出闸时间/s	5.42	5.58	5.64	4.85	5
	163 位 BC 出闸时间/s	7.43	7.36	7.39	5.42	4.85
	189 位 BC 出闸时间/s	7.32	7.63	7.36	3.89	3.26
	216 位 BC 出闸时间/s	6.28	6.96	6.44	2.15	1.42
	排风时间/s	71	89	92	12.01	11.37

		试验工况及结果				
		减压 100 kPa	常用全制动		紧急制动	
		第 2 次	第 1 次	第 2 次	第 1 次	第 2 次
缓解	1 位 BC 开缓时间/s	1.58	6.06	6.94	109.23	107.44
	27 位 BC 开缓时间/s	3.22	23.32	25.4	146.58	146.14
	55 位 BC 开缓时间/s	5.27	24.91	27.11	159.18	157.89
	81 位 BC 开缓时间/s	5.41	22.51	24.22	159.78	158.89
	108 位 BC 开缓时间/s	3.11	19.06	20.91	160.58	159.39
	从控响应时间/s	1.73	1.66	1.85	1.88	2.00
	109 位 BC 开缓时间/s	3.22	25.68	27.85	190.33	189.64
	135 位 BC 开缓时间/s	5.17	51.83	55.13	241.83	240.89
	163 位 BC 开缓时间/s	7.14	60.93	64.67	257.83	255.89
	189 位 BC 开缓时间/s	8.86	61.88	62.13	261.08	258.89
	216 位 BC 开缓时间/s	10.27	61.48	75.07	280.08	280.89
	再充风时间/s	310	448	448	629	628

注：表中名词解释，下同。

（1）BC——货车制动缸；

（2）实际减压量——机车均衡风缸实际减压的数值；

（3）*位 BC 出闸时间——从主控机车均衡风缸开始减压（制动）到*位货车制动缸开始产生空气压力的时间差；

（4）*位 BC 开缓时间——从主控机车均衡分缸开始升压（缓解）到*位货车制动缸开始缓解的时间差；

（5）排风时间——从主控机车均衡风缸开始减压（制动）到 10 个测试断面排风最慢的货车列车管压力减压该车实际减压值 90% 的时间；紧急制动时该值为升压最慢货车测试断面制动缸 压力升至最高压力 90% 的时间；

（6）再充风时间——从主控机车均衡分缸开始升压（缓解）到*位货车副风缸充至 580 kPa 的时间差。

表 5.3-5 1+1 不带可控列尾编组主要试验结果统计

试验日期	2014 年 9 月 26～27 日				
编　组	HXD17147＋108 辆 C80＋HXD 17005＋108 辆 C80				
		试验工况及结果				
		初制动		减压 70 kPa		减压 100 kPa
		第 1 次	第 2 次	第 1 次	第 2 次	第 1 次
制动	实际减压量/kPa	55	55	83	85	100
	1 位 BC 出闸时间/s	1.61	1.57	1.59	1.51	1.52
	27 位 BC 出闸时间/s	3.77	3.61	3.64	3.54	3.31
	55 位 BC 出闸时间/s	5.25	4.79	4.82	5.09	4.97
	81 位 BC 出闸时间/s	5.55	5.81	5.87	5.91	5.81

		试验工况及结果				
		初制动		减压 70 kPa		减压 100 kPa
		第 1 次	第 2 次	第 1 次	第 2 次	第 1 次
制动	108 位 BC 出闸时间/s	3.84	4.04	4.1	4.13	3.96
	从控响应时间/s	1.58	1.72	1.72	1.87	1.55
	109 位 BC 出闸时间/s	4.1	4.22	1.72	4.1	4.01
	135 位 BC 出闸时间/s	5.65	5.75	4.26	5.73	5.7
	163 位 BC 出闸时间/s	7.76	7.66	5.92	7.61	7.37
	189 位 BC 出闸时间/s	9.4	9.46	7.8	9.37	8.81
	216 位 BC 出闸时间/s	10.54	10.45	9.62	10.4	10.19
	排风时间/s	53	49	76	74	81
缓解	1 位 BC 开缓时间/s	2.03	1.89	1.78	1.66	1.28
	27 位 BC 开缓时间/s	4.14	3.96	3.45	3.38	3.06
	55 位 BC 开缓时间/s	6.84	6.34	5.7	5.52	5.16
	81 位 BC 开缓时间/s	7.02	6.74	5.89	5.93	5.48
	108 位 BC 开缓时间/s	3.24	2.99	3.22	3.4	3.13
	从控响应时间/s	1.82	1.58	1.81	1.98	1.74
	109 位 BC 开缓时间/s	4.32	3.27	3.86	3.68	3.53
	135 位 BC 开缓时间/s	6.7	7.07	5.73	5.71	5.38
	163 位 BC 开缓时间/s	17.12	16.94	7.96	7.91	7.26
	189 位 BC 开缓时间/s	15.78	16.22	9.95	9.92	9.08
	216 位 BC 开缓时间/s	16.22	16.52	11.06	11.13	10.45
	再充风时间/s	174	176	267	265	306

		试验工况及结果				
		减压 100 kPa	全制动		紧急制动	
		第 2 次	第 1 次	第 2 次	第 1 次	第 2 次
制动	实际减压量/kPa	108	180	180	—	—
	1 位 BC 出闸时间/s	1.57	1.59	1.64	0.21	—
	27 位 BC 出闸时间/s	3.37	3.32	3.49	1.56	—
	55 位 BC 出闸时间/s	5.06	5.59	5.03	3	—
	81 位 BC 出闸时间/s	5.92	5.95	5.8	4.32	—
	108 位 BC 出闸时间/s	3.76	3.88	3.82	3.33	—
	从控响应时间/s	1.51	1.67	1.92	2.00	—
	109 位 BC 出闸时间/s	3.79	4.13	4.07	3.39	—

		试验工况及结果				
		减压 100 kPa	全制动		紧急制动	
		第 2 次	第 1 次	第 2 次	第 1 次	第 2 次
制动	135 位 BC 出闸时间/s	5.49	5.66	5.59	4.78	—
	163 位 BC 出闸时间/s	7.41	7.65	7.35	6.3	—
	189 位 BC 出闸时间/s	8.92	9.16	8.8	7.75	—
	216 位 BC 出闸时间/s	10.09	10.3	10.03	9.17	—
	排风时间/s	82	99	98	19.32	—
缓解	1 位 BC 开缓时间/s	1.45	5.72	6.79	107.12	—
	27 位 BC 开缓时间/s	3.38	22.91	24.91	145.34	—
	55 位 BC 开缓时间/s	5.26	25.67	27.44	157.88	—
	81 位 BC 开缓时间/s	5.63	24.12	25.02	158.89	—
	108 位 BC 开缓时间/s	3.38	21.14	21.81	159.23	—
	从控响应时间/s	2.00	1.68	1.63	1.89	—
	109 位 BC 开缓时间/s	3.85	27.33	28.06	189.1	—
	135 位 BC 开缓时间/s	5.74	55.56	55.59	240.82	—
	163 位 BC 开缓时间/s	7.64	65.43	64.32	255.52	—
	189 位 BC 开缓时间/s	9.46	67.15	64.79	259.08	—
	216 位 BC 开缓时间/s	10.55	49.29	52.48	271.89	—
	再充风时间/s	324	455	451	627	—

表 5.3-6　单编 108 辆 C80 主要试验结果统计

试验日期	2014 年 9 月 27 日				
编　　组	HXD 17005 + 108 辆 C80				
		试验工况及结果			
	初制动	减压 70 kPa	减压 100 kPa	全制动	紧急
制动 实际减压量/kPa	55	85	105	185	—
1 位 BC 出闸时间/s	1.81	1.55	1.59	1.73	0.21
27 位 BC 出闸时间/s	3.57	3.23	3.34	3.57	1.54
55 位 BC 出闸时间/s	5.5	5.15	5.27	5.51	2.96
81 位 BC 出闸时间/s	7.07	6.77	6.91	7.17	4.25
108 位 BC 出闸时间/s	8.24	7.74	7.91	8.19	5.62
排风时间/s	43	61	71	83	15.92

续表

		试验工况及结果				
		初制动	减压 70 kPa	减压 100 kPa	全制动	紧急
缓解	1 位 BC 开缓时间/s	1.55	1.53	1.5	5.14	123.5
	27 位 BC 开缓时间/s	3.72	3.42	3.23	26.84	181.8
	55 位 BC 开缓时间/s	6.28	5.84	5.24	42.87	200.33
	81 位 BC 开缓时间/s	11.31	7.63	6.99	46.32	203.42
	108 位 BC 开缓时间/s	11.98	8.93	8.22	50.17	203.9
	再充风时间/s	153	239	296	407	563

5.3.2.4.2　试验结果分析

1. 主、从机车空气制动、缓解同步性测试

对 1＋1＋可控列尾与 1＋1 不带列尾两种编组方式共计 16 次空气常用制动的制动/缓解同步时间（同步时间定义：主控机车实施制动/缓解与从控机车开始制动/缓解的时间差）进行了统计，最长为 2.0 s，最短 1.48 s，平均 1.72 s，主、从机车制动、缓解同步性较好。

对 1＋1＋可控列尾编组 2 次紧急制动从控机车与可控列尾的响应时间进行了统计，最长 2.15 s，最短 1.42 s，同步性较好；比对朔黄 30 t 轴重 2.3 万吨紧急制动的测试结果，在从控及列尾紧急制动响应正常的情况下，本次试验编组紧急制动车钩力应处于较低水平。

2. 列车再充风时间

对不同编组方式不同减压量时的列车再充风时间（尾部货车副风缸充至 580 kPa 的时间）进行了统计，并于 2014 年 9 月进行的 1＋1 编组 232 辆 C80 列车编组和 116 辆 C80 编组进行了比较，见表 5.3-7 所示。从表可知，相比 1＋1 组合 232 辆编组，本次试验列车缩编后，再充风时间缩短 16.3%～21.5%；与现在开行的 116 辆单编列车相比，再充风时间缩短 10% 左右。各种减压量下，初制动后的再充风时间缩短尤其明显，为提高列车在长大下坡道区段控制速度的能力奠定了基础。

表 5.3-7　再充风时间比较

编　组	再充风时间/s		
	初制动	全制动	紧急制动
单编 108 辆 C80	152	407	563
单编 116 辆 C80（2014 年 9 月）	188	510	655
1＋1 组合 216 辆 C80	165	448	628
1＋1 组合 232 辆 C80（2014 年 9 月）	210	560	750

3. 列车开始制动/缓解时间

图 5.3-6 所示为 1＋1＋可控列尾编组不同制动工况时的各测试位置货车开始制动时间，图 5.3-7 和图 5.3-8 所示为该编组方式开始缓解时间。

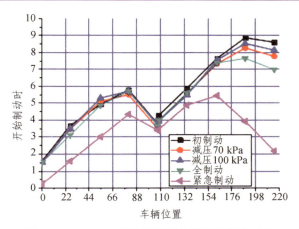

图 5.3-6　1 + 1 + 可控列尾编组开始制动时间

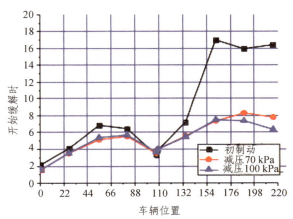

图 5.3-7　1 + 1 + 可控列尾编组开始缓解时间 1

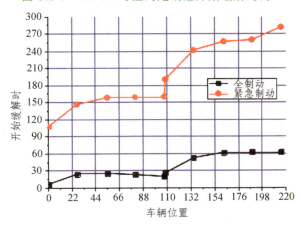

图 5.3-8　1 + 1 + 可控列尾编组开始缓解时间 2

从图 5.3-6 可知，常用制动时，整列车在 9 s 之内均能产生制动作用，紧急制动时，由于可控列尾具有紧急排风作用，整列车在 6 s 之内均产生紧急制动作用，同步性较好。

从图 5.3-7 可知，初制动缓解时，前 130 辆左右车与后 55 辆车存在 9 s 左右的时间差，从以往 1＋1 编组试验可知，该缓解特性与坡道下滑力相叠加是造成 1＋1 编组方式调速制动缓解时产生较大纵向力的原因之一。当减压量为 70 kPa 或 100 kPa 时，列车的缓解同步性比初制动缓解工况有所改善，整列车基本均在 8 s 之内开始缓解。

从图 5.3-8 可知，常用全制动后缓解时前 110 辆左右车在 30 s 左右均开始缓解，后 50 辆车辆 60 s 左右缓解，在长下坡道区段，这种缓解特性与坡道下滑力叠加，容易在列车中产生较大的纵向车钩力。

从图 5.3-8 可知，紧急制动后缓解时，第 1 辆货车 100 s 左右开始缓解，第 1 小列在 165 s 之内均开始缓解；第 2 小列在 165 s 至 280 s 之间缓解。

图 5.3-9 为 1＋1 编组可控列尾是否参与排风时各测试位置开始制动时间比较，从图可知，常用制动时，由于可控列尾可以响应主控机车制动命令并实施减压 50 kPa，因此加快了 165 位以后货车的制动信号传递；紧急制动时，由于可控列尾具有响应并实施紧急制动的能力，可使 135 位以后货车快速响应主控 机车发出的紧急指令，并施加紧急制动，可有效降低列车紧急制动时的纵向力。

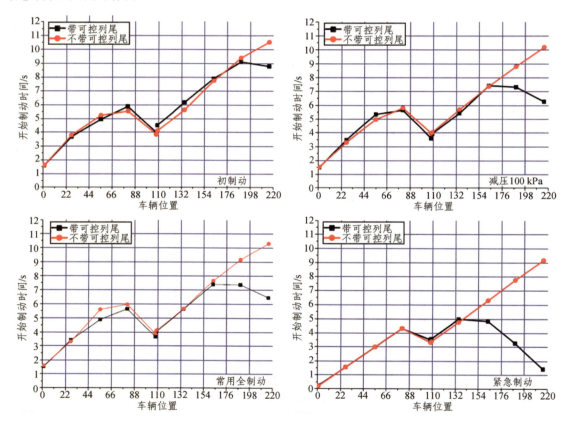

图 5.3-9　可控列尾是否参与排风时的制动传递时间比较

4. 列车排风时间

静置试验 3 种编组方式常用不同减压量制动排风时间统计，见表 5.3-8 所示，如表所示，3 种编组排风时间差别不大，由于可控列尾具有一定的排风功能，1＋1＋可控列尾编组排风时间略短于 1＋1 无列尾编组，与单编 108 辆 C80 编组相当。

表 5.3-8 制动排风时间

编　　组	再制动排风时间/s			
	初制动	减压 70 kPa	减压 100 kPa	全制动
1＋1＋可控列尾组合 216 辆 C80	44	60	70	90
1＋1 组合 216 辆 C80 无可控列尾	51	75	81	99
单编 108 辆 C80	43	61	71	83

5. 列尾单独排风试验

共进行了 3 种工况的列尾单独排风试验，试验结果见表 5.3-9 和图 5.3-10～图 5.3-12 所示。

表 5.3-9 制动缸压力

序号	试验工况	试验结果	备注
1	单独使用可控列尾排紧急	全列起紧急	图 5.3-10
2	主控机车初制动，排风结束后，使用可控列尾将列车管压力排至 500 kPa 后，关可控列尾	关闭可控列尾后，由于列车管内压力上升，造成 108 位货车以后测试断面均缓解	图 5.3-11
3	主控机车减压 100 kPa，排风结束后，使用可控列尾将列车管压力排至 440 kPa 后，关可控列尾	货车制动未发生自缓现象	图 5.3-12

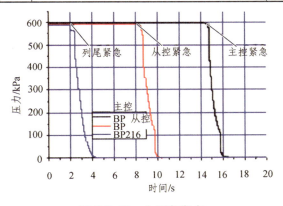

图 5.3.10 全列起紧急　　　　　　　图 5.3.11 缓解

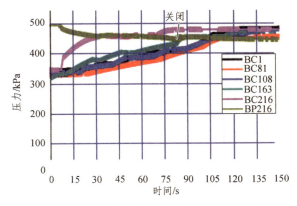

图 5.3.12 货车制动未发生自缓现象

工况 1 时，全列均能产生紧急制动，作用正常。

工况 2 时，当列车管减压至 500 kPa 时关闭可控列尾，关闭瞬间，车辆列车管压力与副风缸压力基本相同，由于列尾突然关闭排风，导致列车管压力上升（216 位货车制动管压力上升 23 kPa）并高于副风缸压力，造成车辆缓解，试验中从 108 位货车开始一直到列车尾部共计 6 个测试位置全部缓解。

工况 3 时，当列车管减压至 440 kPa 时关闭可控列尾，关闭时，车辆制动机已接近（部分车辆已到达）过量减压位，关闭后虽然列车管压力依旧有所上升（216 位货车制动管压力上升约 13 kPa），但上升后的列车管压力依旧低于车辆副风缸压力，所以未导致车辆缓解。

因此，单独使用列尾排风时，必须将列车管压力排至低于 440 kPa，才可保证关闭列尾后不发生车辆制动机缓解现象。

6. 其他试验情况说明

（1）列车的阶段制动性能正常，每次追加制动货车制动机均能正常响应。

（2）断钩保护模拟试验表明：在第 1 小列中部、第 2 小列后部模拟断钩，打开制动软管产生紧急制动，机车均能响应紧急制动；但即使在通信正常时，从控机车起紧急后，制动作用也仅通过列车管传递，而不通过无线同步装置传递。

（3）模拟通信中断试验表明：当主、从之间通信中断时，主控无论是初次减压还是初制动后追加减压，从控机车均可转为单机并使制动信号继续沿列车管向后传递，制动传递过程相当于 216 辆编组货车的纯空气制动。图 5.3-13 所示为模拟通信中断工况下分别实施常用和紧急制动时各测试断面货车开始制动时间。常用制动时，从主控机车施加制动到尾部货车开始制动的时间差约为 15 s，紧急制动时为 11.7 s。

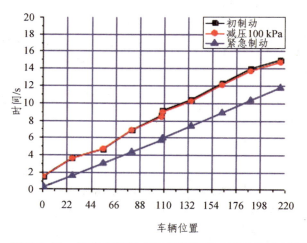

图 5.3-13　通信中断模式下各断面货车开始制动时间

5.3.2.5　静置试验小结

（1）在 LTE 网络通信正常的前提下，机车制动、缓解同步性较好，响应时间均在 2 s 之内。

（2）初制动后列车再充风时间约 165 s，比 2014 年进行的 1＋1 编组的 232 辆 C80 列车缩短约 21.5%，为保证列车在长大下坡道区段调速制动时的再制动能力奠定了基础。

（3）紧急制动时，列尾能够快速响应紧急制动并排风，该设计可有效降低列车紧急制动时的纵向力。

（4）断钩保护试验表明，即使在 LTE 网络通信正常的条件下，从控首先响应的紧急制动也不通过网络传递，而是通过列车管传递，建议对该设计逻辑的合理性进行重新论证。

（5）列尾单独排风试验表明，单独使用列尾排风时，必须将列车管压力排至低于 440 kPa，才可保证关闭列尾后不发生车辆制动机缓解现象。

5.3.3　重车运行试验

5.3.3.1　试验线路及编组方式

试验区间为神池南至肃宁北，线路纵断面参见图 4.2-4 所示。

2015 年 10 月 12 日进行了神 8 机车采用 1＋1 编组方式 216 辆 C80 列车试验，具体编组方式为：

HXD17147 + 108 辆 C80 + HXD17005 + 108 辆 C80 + 可控列尾。

牵引总重/载重：21 600 t/19 200 t，计长：237.6。

5.3.3.2　主要试验项目

运行试验主要项目见表 5.3-10。

表 5.3-10　9 月 28 日重车运行试验项目

序号	试验项目	区段	地点	备注
1	空、电联合调速及 30 km/h 低速缓解试验	宁武西至原平南	22～61 km	
2	追加制动及缓解试验	南湾至西柏坡	140～240 km	
3	过分相列车操纵试验	龙宫、北大牛、滴流磴	分相绝缘处	
4	减压 100 kPa 制动停车（模拟通信中断）	北大牛至原平南	68 km + 500 m 处，12‰下坡道	邻线禁会
5	减压 100 kPa 制动停车	回凤至东冶	116～118 km	
6	减压 80 kPa 制动停车（机车无动力制动）	南湾至滴流磴	157～161 km	
7	侧线通过	滴流磴	164～166 km	
8	走停走试验	滴流磴至猴刎	167～171 km	
9	减压 80 kPa 制动停车	三汲至灵寿	267～271 km	
10	紧急制动停车	新曲至定州西	314 km	邻线禁会
11	低速追加制动停车试验	肃宁北站内	407～408 km	

5.3.3.3　牵引试验结果及分析

1．运行时分

试验运行区间为神池南至肃宁北，运行时分表见表 5.3-11 所示，速度-时间曲线、速度-公里标曲线见图 5.3-14、图 5.3-15 所示，本次试验编组（神 8 机车 1＋1 编组 216 辆 C80 货车）全程运行时分与 2014 年试验编组（神 8 机车 1＋1 编组 232 辆 C80 货车）运行时分、朔黄公司提供的正常运行时分对比如表 5.3-12、图 5.3-16、图 5.3-17 所示。

表 5.3-11　试验运行时分表

序号	区间名	区间长度/m	发车时间	到站时间	区间运行时分	累计运行时分	运行平均速度/（km/h）	备注
1	神池南站—宁武西站	15 931	8:00	8:27	0:27	0:27	35.4	
2	宁武西站—龙宫站	25 935		8:55	0:28	0:55	55.6	
3	龙宫站—北大牛站	23 592		9:20	0:25	1:20	56.6	
4	北大牛站—原平南站	19 015		9:46	0:26	1:46	43.9	减压 100 kPa 制动停车试验
5.	原平南站—回凤站	23 970		10:07	0:21	2:07	68.5	
6	回凤站—东冶站	22 896		10:33	0:26	2:33	52.8	减压 100 kPa 制动停车试验
7	东冶站—南湾站	7 533		10:39	0:06	2:39	75.3	
8	南湾站—滴流磴站	26 170		11:12	0:33	3:12	47.6	减压 80 kPa 制动停车试验
9.	滴流磴站—猴刎站	20 126		11:46	0:34	3:46	35.5	走停走试验
10.	猴刎站—小觉站	15 499		12:03	0:17	4:03	54.7	
11	小觉站—古月站	18 631		12:22	0:19	4:22	58.8	
12	古月站—西柏坡站	22 055		12:44	0:22	4:44	60.2	
13	西柏坡站—三汲站	15 295		12:58	0:14	4:58	65.6	
14	三汲站—灵寿站	17 353		13:19	0:21	5:19	49.6	减压 80 kPa 制动停车试验
15	灵寿站—行唐站	18 170		13:34	0:15	5:34	72.7	
16	行唐站—新曲站	14 184		13:45	0:11	5:45	77.4	
17	新曲站—定州西站	12 683		14:08	0:23	6:08	33.1	紧急制动停车试验
18	定州西站—定州东站	23 950	14:53	14:27	0:19	6:27	75.6	
19	定州东站—安国站	16 900		14:40	0:13	6:40	78.0	
20	安国站—博野站	12 559		14:51	0:11	6:51	68.5	
21	博野站—蠡县站	11 010		14:59	0:08	6:59	82.6	
22	蠡县站—肃宁北站	22 581		15:21	0:22	7:21	61.6	

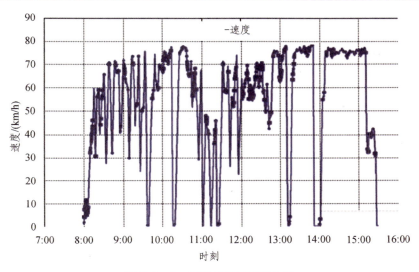

图 5.3-14　试验速度-时间曲线

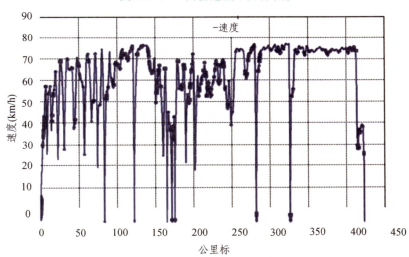

图 5.3-15　试验速度-公里标曲线

表 5.3-12　运行时分试验结果比较

运行区间	区间运行时分			平均运行速度/（km/h）		
	1＋1 编组 216 辆货车	1＋1 编组 232 辆货车	正常运行	1＋1 编组 216 辆货车	1＋1 编组 232 辆货车	正常运行
神池南站—宁武西站	0:27	0:30	0:19	35.4	31.9	50.3
宁武西站—龙宫站	0:28	0:28	0:28	55.6	55.6	55.6
龙宫站—北大牛站	0:25	0:26	0:24	56.6	54.4	59.0
北大牛站—原平南站	0:26	0:34	0:19	43.9	33.3	60.0
原平南站—回凤站	0:21	0:23	0:20	68.5	63	71.9
回凤站—东冶站	0:26	0:19	0:21	52.8	71.3	65.4

运行区间	区间运行时分			平均运行速度/（km/h）		
	1＋1编组216辆货车	1＋1编组232辆货车	正常运行	1＋1编组216辆货车	1＋1编组232辆货车	正常运行
东冶站—南湾站	0:06	0:09	0:07	75.3	52.3	64.6
南湾站—滴流磴站	0:33	0:30	0:26	47.6	52.3	60.4
滴流磴站—猴刎站	0:34	0:32	0:20	35.5	37.7	60.4
猴刎站—小觉站	0:17	0:16	0:17	54.7	58.1	54.7
小觉站—古月站	0:19	0:18	0:16	58.8	62.1	69.9
古月站—西柏坡站	0:22	0:22	0:21	60.2	60.2	63.0
西柏坡站—三汲站	0:14	0:12	0:13	65.6	76.5	70.6
三汲站—灵寿站	0:21	0:22	0:14	49.6	47.3	74.4
灵寿站—行唐站	0:15	0:14	0:15	72.7	77.9	72.7
行唐站—新曲站	0:11	0:12	0:12	77.4	70.9	70.9
新曲站—定州西站	0:23	0:10	0:10	33.1	76.1	76.1
定州西站—定州东站	0:19	0:20	0:19	75.6	71.9	75.6
定州东站—安国站	0:13	0:14	0:13	78.0	72.4	78.0
安国站—博野站	0:11	0:10	0:10	68.5	75.4	75.4
博野站—蠡县站	0:08	0:09	0:09	82.6	73.4	73.4
蠡县站—肃宁北站	0:22	0:27	0:19	61.6	50.2	71.3
总运行时分/平均速度	7:21	7:17	6:12	55.2	55.7	65.5

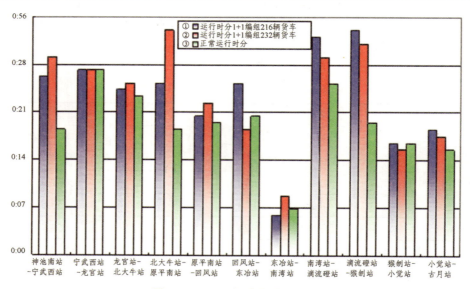

图 5.3-16 运行时分对比图 1

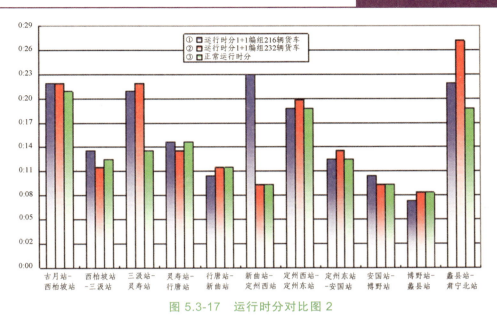

图 5.3-17　运行时分对比图 2

2. 能耗分析

机车能耗试验结果见表 5.3-13，其中，与神 8 机车 1＋1 编组（232 辆 C80 编组）耗电量与发电量存在较大差异的主要原因在于两次试验的工况不一致，本次试验停车工况比较多，所以在停车后需要牵引加速起动，因此耗电量高于 232 辆 C80 编组，相应的，发电量比其要小，两次试验工况对比如表 5.3-14 所示。

表 5.3-13　与其他编组列车能耗统计对比结果（运行区间为神池南至肃宁北）

编　　组	本次试验 1＋1 编组（216 辆 C80 编组）		神 8 机车 1＋1 编组（232 辆 C80 编组）		SS$_{4B}$ 机车 2＋1＋1 编组（232 辆 C80 编组）		
机　　车	主控	从控	主控	从控	主控	从控 2	从控 3
耗电量/（kW·h）	7 747	7 708	5 166	5 134	2 640	2 416	2 374
发电量/（kW·h）	11 578	11 377	15 169	14 681	0	0	0

表 5.3-14　两次试验工况对比统计

序号	区间名	本次试验 1＋1 编组（216 辆 C80 编组）试验工况	神 8 机车 1＋1 编组（232 辆 C80 编组）试验工况
1	神池南站—宁武西站	无	无
2	宁武西站—龙宫站	空、电配合调速制动	空、电配合调速制动
3	龙宫站—北大牛站	空、电配合调速制动	空、电配合调速制动
4	北大牛站—原平南站	减压 100 kPa 制动停车试验	170 kPa 常用制动停车试验
5	原平南站—回凤站		
6	回凤站—东冶站	减压 100 kPa 制动停车试验	无
7	东冶站—南湾站		

续表

序号	区间名	本次试验 1+1 编组（216 辆C80 编组）试验工况	神 8 机车 1+1 编组（232 辆C80 编组）试验工况
8	南湾站—滴流磴站	减压 80 kPa 制动停车试验	无
9	滴流磴站—猴刎站	走停走试验	100 kPa 常用制动停车及走停走试验
10	猴刎站—小觉站	空、电配合调速制动	空、电配合调速制动
11	小觉站—古月站	空、电配合调速制动	空、电配合调速制动
12	古月站—西柏坡站	空、电配合调速制动	空、电配合调速制动
13	西柏坡站—三汲站	无	无
14	三汲站—灵寿站	减压 80 kPa 制动停车试验	80 kPa 常用制动停车试验
15	灵寿站—行唐站	无	无
16	行唐站—新曲站	无	无
17	新曲站—定州西站	紧急制动停车试验	无
18	定州西站—定州东站	无	无
19	定州东站—安国站	无	无
20	安国站—博野站	无	无
21	博野站—蠡县站	无	无
22	蠡县站—肃宁北站	低速追加制动停车	低速追加制动停车

3. 主、从机车牵引同步性分析

在运行试验全程中，同步性统计延时取主控机车级位变换后，主控机车牵引电机电流开始变化为起点时刻，从控机车牵引电机电流开始变化为延时时刻，这两个时刻的差值即为同步性试验的延时试验结果。表 5.3-15、表 5.3-16 列出了牵引、电制工况下的同步性试验结果，并与 2014 年神 8 机车 1+1 编组（232 辆 C80 编组）试验结果进行了对比。

表 5.3-15　两种 1+1 编组运行试验牵引同步性试验结果

工况	本次试验 1+1 编组（216 辆 C80 编组）从控机车牵引进级/退级延时/s	神 8 机车 1+1 编组（232 辆 C80 编组）试验从控机车牵引进级/退级延时/s
静态施加牵引	2.5	1.4
牵引退级	1.7	2.1
初次施加牵引	2.9	1.5
牵引进级	2.6	2.3
牵引退级	2.4	3.2
初次施加牵引	3.6	4.0
牵引进级	2.7	2.9

工　况	本次试验 1＋1 编组（216 辆 C80 编组）从控机车牵引进级/退级延时/s	神 8 机车 1＋1 编组（232 辆 C80 编组）试验从控机车牵引进级/退级延时/s
牵引退级	2.3	1.5
初次施加牵引	4.5	4.0
牵引进级	1.7	1.5
牵引退级	1.8	1.9
初次施加牵引	3.8	1.5
牵引进级	2.8	2.5
牵引退级	2.4	2.5

表 5.3-16　两种 1＋1 编组运行试验电制同步性试验结果

工　况	第一次试验从控机车电制进级/退级延时/s	第二次试验从控机车牵电制进级/退级延时/s
初次施加电制	3.8	4.4
电制进级	2.7	2.0
电制退级	2.3	2.6
初次施加电制	3.8	3.4
电制进级	2.9	2.8
电制退级	2.5	3.2
初次施加电制	2.8	3.8
电制进级	2.1	2.3
电制退级	1.5	1.9
初次施加电制	2.9	2.8
电制进级	3.1	1.8
电制退级	2.7	2.1

　　结果表明：列车运行中的牵引同步性与静置时基本一致，但初次施加牵引或电制时，某些延时数据偏大，这一般出现在牵引工况和电制工况的快速转换过程中，变流器的响应时间影响了同步性。

4. 牵引试验小结

　　（1）运行时分分析：本次试验编组列车，总的运行时分分别为 7 h 21 min，除去有试验任务和临时停车的区段，在其他正常运行的区段，试验列车的运行比现行万吨列车图定运行时间略有延长。

　　（2）运行能耗分析：本次试验编组对比 2014 年神 8 机车 1＋1 编组试验（232 辆 C80 编组），本次试验停车工况比较多，所以在停车后需要牵引加速起动，因此耗电量高于 232 辆

C80 编组，相应的，发电量比其要小。

（3）牵引同步性分析：列车运行中的牵引同步性与静置时基本一致，运行时牵引级位、电制级位调整同步时间基本在 5 s 以内，但初次施加牵引或电制时，某些延时数据偏大，这一般出现在牵引工况和电制工况的快速转换过程中，变流器的响应时间影响了同步性，此延时不影响正常运行。

5.3.3.4 制动试验结果及分析

5.3.3.4.1 机车制动、缓解同步性测试

对运行试验时的主、从控机车的共 20 次（共 40 个样本数据）常用制动、缓解同步性进行了统计，数据表明，LTE 网络通信正常时，运行试验空气制动、缓解同步时间均在 1～2 s 之间，最长为 1.99 s，最短为 1.43 s，平均 1.65 s，主、从机车同步性较好，可以满足 2 万吨重载组合列车的要求（见图 5.3-18）。

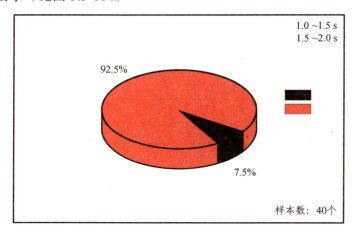

图 5.3-18　运行试验机车空气制动、缓解同步时间统计

5.3.3.4.2 电、空配合调速试验

1. 试验结果统计

运行试验中进行了电、空配合调速试验，其中还穿插进行了低速缓解试验和追加制动后的缓解试验。试验结果统计见表 5.3-17 所示。

表 5.3-17　电、空配合调速试验（2015-9-28）

序号	制动位置 /km	制动初速 /（km/h）	制动持续时间 /s	缓解位置 /km	缓解初速 /（km/h）	缓解时机车电制力 /kN	可用再充风时间 /s	货车测试最大车钩力（kN）/位置	货车测试最大车体纵向加速度/（m/s²）/位置	备注
1	6.813	58.0	101	8.254	34.3	366	—	1 290/107	4.94/55	减 50 kPa 调速
2	12.758	58.9	79	13.941	44.2	317	335	858/163	5.96/55	减 50 kPa 调速
3	19.509	65	180	22.121	29.6	416	385	−1 117/109	12.58/107	减 50 kPa 调速

序号	制动位置/km	制动初速/(km/h)	制动持续时间/s	缓解位置/km	缓解初速/(km/h)	缓解时机车电制力/kN	可用再充风时间/s	货车测试最大车钩力（kN）/位置	货车测试最大车体纵向加速度/(m/s²)/位置	备注
4	25.424	68.2	287	30.086	32.6	358	263	1 197/107	15.26/107	减 50 kPa 调速
5	33.217	68.2	485	42.119	44.5	233	238	−1 118/135	8.55/215	减 50 kPa 追加 20 kPa 调速
6	46.138	68.3	537	55.425	32.3	317	300	−652/27	3.05/215	减 50 kPa 追加 30 kPa 调速
7	58.318	68.4	343	64.582	44.6	0	222	−1 344/107	16.58/215	减 50 kPa 追加 20 kPa 调速
8	68.949	68.6	168	71.859	29.1	316	297	−888/109	5.86/189	减 50 kPa 追加 50 kPa 调速
9	87.520	72.1	68	88.873	65.7	275	310	−1 429/55	3.60/189	减 50 kPa 调速
10	144.010	70.3	92	145.678	54.6	266	—	877/107	4.98/55	减 50 kPa 调速
11	150.161	67.7	308	154.711	29.8	208	594	991/107	7.19/27	减 50 kPa 调速
12	172.761	68.7	119	174.978	59.6	308	1322	−700/109	0.91/107	减 50 kPa 调速
13	180.703	68.1	165	183.299	29.2	375	346	−1 062/135	7.30/55	减 70 kPa 调速
14	192.508	72.1	139	194.865	28.9	266	626	−1 198/55	6.15/107	减 50 kPa 追加 50 kPa 调速
15	198.490	61.4	73	199.735	56.4	212	256	−542/107	1.82/215	减 50 kPa 调速
16	207.205	68.2	165	210.151	54.9	317	442	−1 074/55	1.75/109	减 50 kPa 调速
17	230.128	69.4	118	232.340	59.5	316	1 158	−685/109	1.21/163	减 50 kPa 调速
18	237.928	60.2	157	240.353	43.9	192	—	−1 028/107	11.67/215	减 50 kPa 调速
19	397.858	75.5	65	399.038	48.9	216	—	1 358/107	5.74/107	减 50 kPa 调速

2. 关于再充风时间

宁武西至原平南、南湾至西柏坡区间为朔黄铁路调速制动操纵的最困难区段，因此重点对该区段内的可用再充风时间（上次空气制动缓解至本次制动实施的间隔时间）进行分析。运行在宁武西至原平南间进行了 5 次调速制动，使用的最大减压量为 80 kPa，最短可用再充风时间为 222 s；在南湾至西柏坡间进行了 9 次调速制动，使用的最大减压量为 100 kPa，最短可用再充风时间为 256 s。可用再充风时间均大于相应减压量下列车的再充风时间，未出现充风不足现象。

3. 关于车钩力

从表 5.3-17 可知，运行试验共计 19 次调速制动，其中 11 次出现大于 1 000 kN 的车钩力，占比约 58%，最大压钩力为 1 429 kN（55 位货车），出现在 88 km + 873 m 附近的空气制动缓解过程中，如图 5.3-19 所示，此时空气制动基本缓解完毕，前半列位于平道和 2.5‰ 下坡道上，后部位于 2‰ 和 10‰ 下坡道上，列车所处线路纵断面对产生大的压钩力有一定促进作用；最大拉钩力为 1 358 kN（107 位），出现在 399 km + 038 m 附近的空气制动缓解过程中（见图 5.3-20）。

2014 年 9 月 "116 辆 C80 + 116 辆 C80" 编组列车在调速制动（减压 50 kPa 或 70 kPa）缓解时就频繁出现较大的列车纵向车钩力，且均发生在从控机车前后，出现大于 1 000 kN 以上的次数占比约为 73.5%，大于 1 500 kN 的次数占比为 20.6%，最大值达到了 2 214 kN，接近试验规定的 2 250 kN 的安全限制。而且，在长大下坡道区段一旦调速制动所采用的减压量大于 70 kPa，缓解时一般会造成 1 700 kN 以上的纵向车钩力。

本次试验列车缩编至 216 辆，并通过优化操纵等措施，试验在调速制动过程中出现大车钩力的频率和最大车钩力的幅值均比 2014 年 9 月的 232 辆编组试验显著降低。

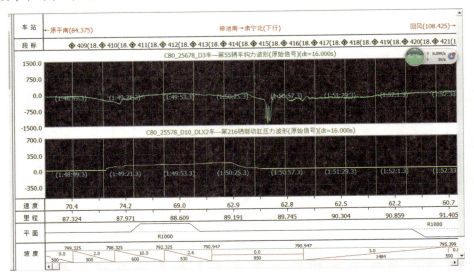

图 5.3-19　88 km + 873 m 处缓解

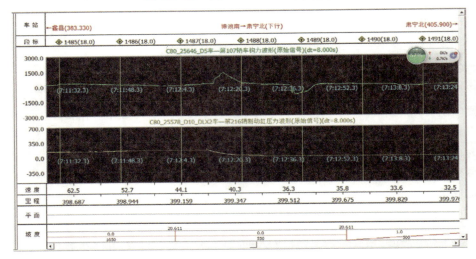

图 5.3-20　399 km + 038 m 处缓解

4. 关于 30 km/h 低速缓解

表 5.3-18 统计了运行试验 30 km/h 低速缓解试验时列车产生的纵向力情况，试验全程共进行了 5 次。最低缓解速度为 28.9 km/h，机车总减压量为 100 kPa，产生的最大压钩力为 1 198 kN，结合本次试验其他速度缓解时的纵向力情况可知，本次试验编组方式下 30 km/h 缓解速度对车钩力的影响不明显。

表 5.3-18　30 km/h 低速缓解数据统计

缓解位置/km	缓解初速/（km/h）	缓解时机车施加的电制力/kN	货车测试最大车钩力（kN）/位置	货车测试最大车体纵向加速度/（m/s²）/位置	备注
22.121	29.6	416	−1 117/109	12.58/107	减 50 kPa 调速
71.859	29.1	316	−888/109	5.86/189	减 50 kPa 追加 50 kPa 调速
154.711	29.8	208	991/107	7.19/27	减 50 kPa 调速
183.299	29.2	375	−1 062/135	7.30/55	减 70 kPa 调速
194.865	28.9	266	−1 198/55	6.15/107	减 50 kPa 追加 50 kPa 调速

5. 关于追加制动（或减压量大于初制动）后的缓解

表 5.3-19 统计了运行试验追加制动（或减压量大于初制动减压量）后缓解时列车产生的纵向力情况。共进行了 6 次减压量大于初制动后的缓解，最大减压量为 100 kPa，其中 3 次缓解速度低于 30 km/h，结合表 5.3-17 初制动缓解时的纵向力情况可知，追加制动后缓解时的纵向力与初制动后缓解时的纵向力没有明显差别，试验编组列车调速制动减压量的大小（不大于 100 kPa）对车钩力值影响不明显。

表 5.3-19　追加制动缓解试验数据统计结果

工　况	缓解位置/km	缓解初速/（km/h）	缓解时机车施加的电制力/kN	货车测试最大车钩力（kN）/位置	货车测试最大车体纵向加速度/（m/s²）/位置
减 50 kPa 追加 20 kPa 调速	42.119	44.5	233	−1 118/135	8.55/215
减 50 kPa 追加 30 kPa 调速	55.425	32.3	317	−652/27	3.05/215
减 50 kPa 追加 20 kPa 调速	64.582	44.6	0	−1 344/107	16.58/215
减 50 kPa 追加 50 kPa 调速	71.859	29.1	316	−888/109	5.86/189
减 70 kPa 调速	183.299	29.2	375	−1 062/135	7.30/55
减 50 kPa 追加 50 kPa 调速	194.865	28.9	266	−1 198/55	6.15/107

5.3.3.4.3　常用制动停车试验

本次运行共进行 6 次常用制动停车试验，分别为：常用制动停车工况有模拟通信中断制动停车、无动力制动常用制动减压停车、不同减压量制动停车、低速追加减压制动停车。表 5.3-20 为 6 次试验主要测试结果统计。

从表可知，在 K77 + 244 处进行的模拟主、从控机车间 LTE 网络通信中断，减压 100 kPa 停车试验中，制动初速为 68.4 km/h，由于通信中断，从控机车未帮助列车排风，列车制动性能相当于 2.16 万吨编组列车（216 辆）纯空气制动，制动距离为 3 302 m，制动过程的车钩力和车体纵向加速度处在较低水平，分别为 644 kN（压钩力，81 位）和 - 0.74 m/s²（215 位），试验表明，试验编组 2.16 万吨列车正常运行时，如遇长时间 LTE 网络通信中断，可以采用减压 100 kPa 的停车操纵方案。

其他 5 次常用制动停车时，从控机车制动响应时间均正常，制动过程中的车钩力和车体纵向加速度均处在较低水平，最大车钩力发生在 K157 + 485 处机车不使用动力制动减压 80 kP 停车制动工况，最大车钩力为 960 kN（压钩力，107 位货车），最大车体纵向加速度发生在 K270 + 007 处减压 80 kPa 制动停车工况，最大值为 3.11/（m/s²），各次试验最大车钩力和车体纵向加速度均满足试验规定的建议性指标要求，列车制动过程平稳，未出现明显冲动。

表 5.3-20　常用制动停车试验结果统计

工况编号	工况说明	制动位置 /km	制动初速 /（km/h）	从控响应时间 /s	制动距离 /m	制动时间 /s	最大车钩力（kN） /位置	最大车体纵向加速度 /（m/s²） /位置
1	人为设置主、从机车通讯中断，减压 100 kPa	77.244	68.4	不排风	3302	213.8	− 644/81	− 0.74/215
2	减压 100 kPa 停车	116.793	77.2	1.60	1378	97.8	− 538/135	1.61/27
3	机车无电制力，减压 80 kPa	157.485	65.7	1.67	1978	157.0	− 960/107	1.37/27
4	减压 50 kPa 停车，滴流蹚侧线，列尾未参与	161.017	45.8	1.58	4354	434.5	− 740/107	− 0.81/81
5	减压 80 kPa 停车	270.007	77.6	1.55	1930	135.9	− 662/189	3.11/189
6	肃宁北减压 50 kPa 追加 30 kPa 停车	407.791	28.7	1.55 1.58*	351	66.4	− 649/107	− 1.96/1

注：*表示追加制动时从控响应时间。

5.3.3.4.4　紧急制动停车试验

在新曲至定州西间 313 km + 825 m 处进行了紧急制动试验，试验结果见表 5.3-21 所示。紧急制动初速为 78.2 km/h，中部从控机车和尾部可控列尾紧急制动响应时间分别为 1.92 s 和 1.40 s，均正常，紧急制动距离为 690 m，制动时间 53.0 s。

通信正常条件下实施紧急制动时，由于可控列尾具有紧急排风作用，可以快速响应主控机车的紧急制动指令，提高了列车紧急制动的同步性，试验测得的紧急制动时的最大车钩力仅为 1 042 kN（压钩力），远低于试验规定的 2 250 kN 的安全限度值。

表 5.3-21　紧急制动停车试验结果统计

工况说明	制动位置 /km	制动初速 /（km/h）	从控响应时间 /s	制动距离 /m	制动时间 /s	最大车钩力（kN）/位置	最大车体纵向加速度 /（m/s²）/位置
新曲至定州西间紧急制动停车	313.825	78.2	1.92 1.40*	690	53.0	− 1 042/107	3.79/189

注：*为 216 位货车紧急制动的时间，即可控列尾施加紧急制动的时间。

5.3.3.4.5　走停走试验

运行试验时在 168 km + 519 m 处实施常用制动减压 100 kPa，列车停在 169 km + 282 m 处，准备进行走停走试验。

在进行"走停走试验"时，为了测试在长大下坡道区段采用常用全制动停车后缓解列车时的纵向冲动，减压 100 kPa，当列车停稳后将减压量追加至常用全制动，然后缓解列车。列车缓解时在列车缓解特性和坡道下滑力综合影响下，产生的最大拉钩力为 1 748 kN（135 位货车），该车钩力值也是本次试验全程的最大车钩力，如图 5.3-21 所示，列车各断面货车开始缓解时间如图 5.3-22 所示。从图 5.3-21 可知，机车缓解后 30 s 左右，列车前 1 万吨均已开始缓解，在已缓解车辆坡道下滑力的作用下，列车速度开始增加，而未缓解的另一部分车辆仍然受制动力作用静止不动，拉钩力开始快速增加，约 70 s 左右出现最大拉钩力，列车速度也随即由此前的约 3 km/h 降至零，此时前 189 位货车均产生了缓解作用，随后，随着整列车均缓解，列车拉钩力快速下降。由此可见，常用全制动的缓解特性和列车坡道下滑力共同作用是造成大拉钩力的主要原因。

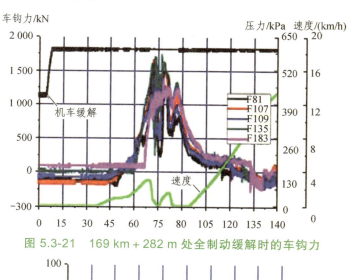

图 5.3-21　169 km + 282 m 处全制动缓解时的车钩力

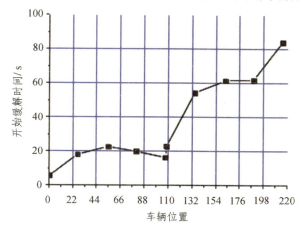

图 5.3-22　各断面货车开始缓解时间

本次"走停走试验"由于停车后追加至全制动，从列车缓解到速度增加到 40 km/h 用时

306 s，此时列车尾部车辆副风缸压力仅为 550 kPa。由于试验未严格按照既定的走停走试验方法进行，建议在开行过程中由相关部门自行组织补充试验，为走停走工况提供操纵依据。

5.3.3.4.6 试验小结

（1）采用 LTE 网络通信平台后，机车的牵引、空气制动与缓解的同步性可以满足 2 万吨列车的开行需求。

（2）长大下坡道区段，由于列车编组缩短，按试验操纵方式可以满足列车在长大下坡道再充风时间要求，未出现充风不足现象。

（3）调速制动时，由于列车编组缩短、优化操纵，调速制动缓解时出现车钩力大值的频率与幅值均比"116 辆 C80 + 116 辆 C80"编组显著减小；缓解速度、调速制动的减压量未对缓解过程中的最大车钩力产生明显影响。

（4）常用制动停车（包括低速追加制动）工况下测得的最大车钩力均不大于 1 000 kN，各项安全性指标均在试验规定限度之内。通信中断情况下，采用减压 100 kPa 的制动停车方式可以作为应对长时间通信中断情况时的停车应急方案。

（5）在通信正常的情况下，由于可控列尾具有紧急排风功能，列车紧急制动同步性较好，紧急制动最大车钩力仅为 1 042 kN（限度值 2 250 kN），远小于试验规定的安全限度值，其他运行安全性参数也均在安全限度之内。

5.3.3.5 从控机车动力学试验结果及分析

1. 制动工况试验结果统计

在 2015 年 9 月 28 日神 8 机车 1 + 1 编组牵引 216 辆 C80 重车运行试验中，进行了以下制动工况试验：电、空配合调速制动（减压 50 kPa、减压 70 kPa、初减压 50 kPa 追加 30 kPa、初减压 50 kPa 追加 50 kPa）、常用制动停车（减压 100 kPa、减压 100 kPa 追加 30 kPa、减压 50 kPa 追加 30 kPa）、紧急制动。各制动工况下中部从控机车的测试结果分别见表 5.3-22 所列。制动试验中机车运行安全性各项参数测试最大值如下：第 1 轴脱轨系数 0.59、第 1 轴轮重减载率 0.33、第 1 轴轮轴横向力 56.9 kN、第 5 轴脱轨系数 0.65、第 5 轴轮重减载率 0.38、第 5 轴轮轴横向力 46.6 kN、前端车钩压钩力 1 257 kN、中间车钩压钩力 1 367 kN、前端车钩偏转角 4.6°、中间车钩偏转角 4.0°。试验结果表明中部从控机车各种制动工况下运行安全性符合控制限度的要求。

在 2014 年 9 月进行的重车试验中，神 8 机车 1 + 1 编组牵引 232 辆 C80 货车，比本次试验多牵引 16 辆货车，牵引质量多 1 600 t，被试的从控机车为 HXD17145。当时制动工况下机车各项参数测试最大值如下：第 5 轴脱轨系数 0.58、轮重减载率 0.37、轮轴横向力 51.8 kN；中间车钩压钩力 1 918 kN；中间车钩偏转角 4.6°。通过比较两次试验结果，减少 16 辆货车编组情况对除中间车钩力外的其他参数影响不显著。

2. 全程运行安全性试验结果

表 5.3-23 中按区段列出了从控机车运行安全性参数实测最大值的统计结果。在 9 月 28 日重车运行试验中全程实测最大值为：脱轨系数 0.70、轮重减载率 0.51、轮轴横向力 74.4 kN。安全性参数最大值多出现在 R500 m 曲线和侧向道岔区段。

表 5.3-22 制动试验工况中部从控机车 HXD17005 动力学试验结果

2015 年 9 月 28 日　试验编组：HXD17147 + 108 辆 C80 重车 + HXD17005 + 108 辆 C80 重车

序号	制动里程 /km	缓解里程 /km	试验工况	第 1 轴运行安全性参数			第 5 轴运行安全性参数			前端车钩力 /kN		中间车钩力 /kN		前钩偏转角 /(°)	中钩偏转角 /(°)
				脱轨系数	轮重减载率	轮轴横向力 /kN	脱轨系数	轮重减载率	轮轴横向力 /kN	拉钩力	压钩力	拉钩力	压钩力		
	限度值			0.90	0.65	97	0.90	0.65	97	2 250	2 250	2 250	2 250	6	6
1	5.499	6.804	减压 50 kPa 调速	0.51	0.14	27.1	0.48	0.23	15.9	1 210	−263	479	−404	3.6	3.3
2	11.376	12.485	减压 50 kPa 调速	0.56	0.14	28.8	0.53	0.16	24.4	767	−46	236	−227	2.8	3.8
3	18.191	20.735	减压 50 kPa 调速	0.54	0.23	56.9	0.58	0.36	46.2	902	−1 027	715	−1 212	4.1	3.5
4	23.902	28.655	减压 50 kPa 调速	0.11	0.17	16.02	0.11	0.22	25.6	1 089	−1 031	902	−1 184	2.4	3.6
5	31.860	40.631	减压 50 kPa 追加 20 kPa 调速	0.53	0.33	41.0	0.44	0.38	39.9	201	−963	161	−1 132	4.5	4.0
6	44.693	54.006	减压 50 kPa 追加 30 kPa 调速	0.51	0.22	26.0	0.52	0.24	46.6	233	−490	75	−651	4.4	3.8
7	56.924	63.121	减压 50 kPa 追加 30 kPa 调速	0.47	0.28	47.5	0.49	0.37	37.9	312	−1 257	292	−1 348	4.6	3.4
8	67.578	70.459	减压 50 kPa 追加 50 kPa 调速	0.47	0.21	21.3	0.52	0.18	25.8	671	−752	518	−920	3.2	4.0
9	76.058	—	减 100 kPa 追加 30 kPa 停车	0.33	0.15	22.5	0.39	0.20	27.0	—	−614	—	−622	1.4	2.7
10	86.163	87.366	减压 50 kPa 调速	0.59	0.30	51.2	0.65	0.29	42.7	471	−1 221	351	−1 367	2.9	3.1
11	115.458	—	减压 100 kPa 停车	0.08	0.12	11.4	0.07	0.14	13.2	—	−546	—	−584	1.4	2.6
12	142.683	144.242	减压 50 kPa 调速	0.51	0.26	17.7	0.25	0.23	24.3	787	−711	655	−849	2.0	3.0
13	148.816	153.312	减压 50 kPa 调速	0.46	0.15	24.4	0.59	0.26	34.0	907	−590	799	−695	1.9	3.2

续表

试验编组：HXD17147＋108辆C80重车＋HXD17005＋108辆C80重车

试验时间 2015年9月28日

序号	制动里程/km	缓解里程/km	试验工况	第1轴运行安全性参数			第5轴运行安全性参数			前端车钩力/kN		中间车钩力/kN		前钩偏转角/(°)	中钩偏转角/(°)
				脱轨系数	轮重减载率	轮轴横向力/kN	脱轨系数	轮重减载率	轮轴横向力/kN	拉钩力	压钩力	拉钩力	压钩力		
14	156.104	—	减压100 kPa停车	0.47	0.21	25.3	0.49	0.34	38.6	275	−893	211	−972	3.6	3.0
15	159.646	—	减压50 kPa停车	0.47	0.14	29.3	0.49	0.19	23.3	—	−745	—	−781	3.6	3.0
16	167.177	—	减压100 kPa停车	0.49	0.12	29.9	0.54	0.15	24.3	405	−575	227	−728	3.2	3.9
17	171.404	173.522	减压50 kPa调速	0.20	0.17	22.1	0.22	0.15	18.9	68	−578	—	−743	2.0	2.7
18	179.410	181.917	减压70 kPa调速	0.42	0.14	25.8	0.58	0.13	24.4	906	−742	743	−939	4.3	3.7
19	191.128	193.514	减压50 kPa追加50 kPa调速	0.51	0.20	27.4	0.52	0.22	31.4	499	−1 104	349	−1 243	3.1	3.7
20	197.197	198.330	减压50 kPa调速	0.40	0.17	24.5	0.45	0.15	27.6	91	−550	—	−579	2.4	3.6
21	205.817	208.772	减压50 kPa调速	0.35	0.18	23.9	0.37	0.22	20.2	540	−834	461	−979	2.4	3.7
22	228.797	230.953	减压50 kPa调速	0.44	0.19	24.7	0.54	0.20	23.0	453	−626	303	−754	3.4	3.1
23	236.554	238.967	减压50 kPa调速	0.51	0.13	27.0	0.47	0.16	22.6	513	−1 017	508	−1 085	3.2	3.2
24	268.578	—	减压100 kPa停车	0.30	0.17	18.5	0.33	0.26	19.1	140	−586	152	−618	1.5	2.7
25	312.760	—	紧急制动	0.14	0.20	25.8	0.09	0.14	15.5	—	−982	—	−1 065	1.3	2.5
26	396.521	397.659	减压50 kPa调速	0.10	0.13	26.6	0.10	0.19	26.5	1 247	−881	1 148	−996	1.7	3.2
27	406.512	—	减压50 kPa追加30 kPa停车	0.36	0.09	18.0	0.40	0.13	14.9	—	−170	10	−182	1.5	3.1

表 5.3-23　中部从控机车 HXD1 7005 全程动力学试验结果

评价参数	限度值	最大值	里程/km	速度/（km/h）	线路工况
神池南—原平南					
脱轨系数	≤0.90	0.70	14.622	51.1	R500 m 曲线
轮重减载率	≤0.65	0.37	2.059	33.2	侧向道岔
轮轴横向力/kN	≤97	56.9	18.300	65.6	R400 m 曲线
原平南—南湾					
脱轨系数	≤0.90	0.64	86.283	73.3	R500 m 曲线
轮重减载率	≤0.65	0.51	107.797	72.7	R800 m 曲线
轮轴横向力/kN	≤97	51.2	86.653	73.7	R500 m 曲线
南湾—西柏坡					
脱轨系数	≤0.90	0.70	224.914	60.7	R500 m 曲线
轮重减载率	≤0.65	0.37	147.091	62.6	R500 m 曲线
轮轴横向力/kN	≤97	62.1	139.739	64.8	直向道岔
西柏坡—肃宁北					
脱轨系数	≤0.90	0.62	405.324	41.1	侧向道岔
轮重减载率	≤0.65	0.46	307.210	76.4	直向道岔
轮轴横向力/kN	≤97	74.4	405.324	41.1	侧向道岔

神池南至肃宁北重车运行全程试验中，从控机车各项运行安全性参数都符合控制限度的要求。

3．中部机车承受纵向力状态

图 5.3-23 是中部从控机车前端车钩和中间车钩所受纵向力试验全程的分布状况。从图中可以看出，在神池南（0 km）至原平南（84 km + 375 m）和南湾（138 km + 860 m）至西柏坡（240 km + 750 m）两处长大下坡道上中部从控机车主要承受压钩力作用，最大压钩力1 400 kN 左右。这两处地段恰是小半径曲线较为集中的路段，中部从控机车受曲线导向力和车钩压力的综合作用，是需要加以防范的重点区段。

图 5.3-24 是神 8 机车"1 + 1"牵引 216 辆和牵引 232 辆编组条件下从控机车车钩力的测试结果对比图。在神池南（0 km）至原平南（84 km + 375 m）和南湾（138 km + 860 m）至西柏坡（240 km + 750 m）两处长大下坡道上，牵引 232 辆货车试验中从控机车中间车钩最大压钩力接近 2 000 kN，而牵引 216 辆试验中不到 1 500 kN，最大压钩力都出现在制动缓解工况下。从测试结果可以看出，牵引 216 辆货车工况有利于减少中部从控机车的压钩作用，从而提高长大编组中从控机车的运行安全。

4．试验小结

神 8 机车"1 + 1"编组牵引 2 万吨试验结果表明：

（1）典型制动工况下中部从控机车的运行安全性符合控制限度的要求。

（2）从神池南至肃宁北全程试验中中部从控机车运行安全性符合要求。

（3）216 辆编组较 232 辆编组方案有利于减少中部机车承受的压钩作用力。

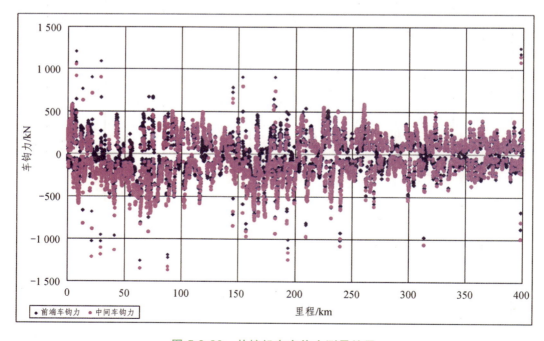

图 5.3-23　从控机车车钩力测量结果

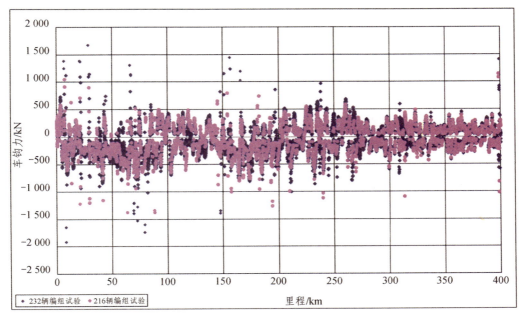

图 5.3-24　牵引不同负载情况下从控机中间车钩力测量结果对比

5.3.3.6　纵向动力学试验结果及分析

5.3.3.6.1　全程最大值结果统计

2015 年 9 月 28 日，在神池南站至肃宁北站间进行了 1＋1 编组 2 万吨列车运行试验，试验中全程进行纵向动力学和制动测试，被试车辆的车钩力和车体纵向加速度的全程最大值统计结果见表 5.3-24、表 5.3-25。

表 5.3-24　1＋1 编组 2 万吨试验被试车辆车钩力全程最大值

车辆置	拉钩力 /kN	里程 /km	速度 /（km/h）	工况	压钩力 /kN	里程 /km	速度 /（km/h）	工况
1 位	686	118.242	7.7	起动	−579	210.806	57.3	缓解
27 位	785	399.344	40.4	缓解	−1 344	89.558	63.0	缓解
55 位	1 007	169.295	0.6	−11.4‰ 下坡道起动	−1 429	89.545	61.8	缓解
81 位	1 415	169.295	0.6	−11.4‰ 下坡道起动	−1 352	89.538	61.7	缓解
107 位	1 646	169.295	0.6	−11.4‰ 下坡道起动	−1 344	65.105	47.1	缓解
109 位	1 350	169.295	0.6	−11.4‰ 下坡道起动	−1 244	89.548	61.9	缓解
135 位	1 748	169.295	0.6	−11.4‰ 下坡道起动	−1 280	65.104	47.1	缓解
163 位	1 346	169.296	0.9	−11.4‰ 下坡道起动	−1 260	65.096	46.8	缓解
189 位	532	8.414	29.9	缓解	−1 182	65.090	46.5	缓解
215 位	558	182.051	63.0	电空配合调速制动	−1 019	65.092	46.6	缓解

注：车钩力正表示拉钩力，负表示压钩力；里程为主控机车的公里标。

表 5.3-25　1＋1 编组两万吨试验被试车辆车体纵向加速度全程最大值

车辆位置	加速度/（m/s²)	里程/km	速度/（km/h)	工况
1 位	5.98	238.596	60.0	制动
27 位	14.01	399.342	40.5	缓解
55 位	7.25	183.460	26.0	缓解
81 位	4.51	22.405	27.5	缓解
107 位	15.29	30.460	32.8	缓解
	12.54	22.425	28.2	缓解
109 位	7.94	30.275	31.4	缓解
163 位	6.27	30.410	31.1	缓解
189 位	9.90	65.073	45.9	缓解
215 位	16.56	65.091	46.6	缓解

　　1＋1 编组 2 万吨试验中出现的最大拉钩力为 1 748 kN（第 135 位，走停走工况 − 11.4‰ 下坡道起动），出现的最大压钩力为 − 1 429 kN（第 55 位，循环制动缓解）。从 10 个断面最大拉钩力对应的工况来看，6 个测试断面的最大拉钩力都是在走停走工况 − 11.4‰ 下坡道列车起动时出现的，其余 4 个断面的最大拉钩力是在起动、缓解、电空配合制动时出现的；而 10 个断面的最大压钩力全部是在列车缓解时出现的。

　　车体纵向加速度最大值为 16.56 m/s²（第 215 位，循环制动缓解），共有 4 个断面的 5 个测试数据超过 9.8 m/s²。9 个断面的车体纵向加速度最大值全部是在循环制动缓解时出现的，1 个断面的车体纵向加速度最大值是在制动时出现的。

　　走停走工况在 − 11.4‰ 下坡道起动时产生了全程最大车钩力，下面对产生原因进行简要分析。

　　按照试验计划安排，在滴流蹬至猴刿间 167 ~ 171 km 进行走停走试验。列车运行至 168 km ＋ 521 m 处进行了减压 100 kPa 制动，停车位置在 169 km ＋ 282 m，停车后追加减压 70 kPa，最终列车管压力减为 430 kPa，相当于进行了一次最大常用全制动。随后列车开始缓解，试验数据表明：从主控机车均衡风缸开始升压到最后一辆货车开始缓解的时间为 83 s。由于列车停车位置是在 − 11.4‰ 的下坡道，列车前部已经缓解的车辆受下滑力的作用开始缓慢起动（溜坡），实测结果是列车头部在主控机车均衡风缸升压 34 s 后开始起动，此时列车的前 6 个断面已经缓解完毕，后 4 个断面还没有缓解。这就使得整个列车此时分为两部分，列车前部缓解完毕的部分车辆已经起动，而列车后部未缓解的车辆仍然受制动力作用静止不动，当已经起动的车辆把列车的自由间隙走完后，必然与静置不动的车辆产生激烈的拉伸作用，短时间内产生很大的拉钩力。图 5.3-25 是 169 km ＋ 282 m 处起动过程的实测波形，包含车钩力较大的两个断面的车钩力波形，图中可以看到车辆主要承受拉钩力。

　　此处产生拉钩力较大的另一个原因是试验时从控机车安装了测力轮对，不能实施空气制动，使得列车在溜坡起动时只有主控机车自身的制动力在阻止列车下滑，而从控机车没有制动。实际运用中，两台机车同时施加制动会减小列车下滑，从而使已经起动的部分车辆速度降低，两部分车辆在产生拉伸作用时车钩力和车体纵向加速度就会明显减小。

从运行试验循环制动的试验数据来看，制动减压量为 50 ~ 100 kPa 时，列车在缓解时开缓时间全部小于 20 s，比常用全制动的开缓时间大大缩短，实际运用中如果采用减压量为 50 ~ 100 kPa 制动，列车在缓解时受下滑力作用开始起动的时候，大列已经缓解完毕，不会出现部分车辆未缓解而另一部分车辆已经起动的情况，因此会大大减小起动时的纵向冲动。如本次试验在 157 km + 485 m 处实施了减压 80 kPa 制动停车，停车位置在 159 km + 452 m 处，此时列车处于 – 10.7‰ ~ – 10.9‰ 的下坡道，与 169 km + 282 m 处的坡度接近，在缓解起动时，从均衡风缸开始升压到最后一辆货车开始缓解用时 10.1 s，而列车头部在主控机车均衡风缸开始升压 12.8 s 后起动，此时大列已经全部缓解完毕，整个起动过程非常平稳，未出现冲动，最大车钩力只有 209 kN。

通过以上分析可知，在下坡道起动时产生冲动的一个主要原因是停车时采用了常用全制动，使得列车缓解需要的时间加长。如何减小下坡道起动时的车钩力可以采用如下措施：

（1）列车缓解后机车小闸不缓解，而且要适当延长带闸时间，可以防止列车速度过快增加，减小冲击速度。

（2）在长大下坡道制动停车时，尽量避免采用最大常用全制动和紧急制动，这样可以减少充风缓解的时间，避免起动时由于列车缓解时间长而发生纵向冲动。

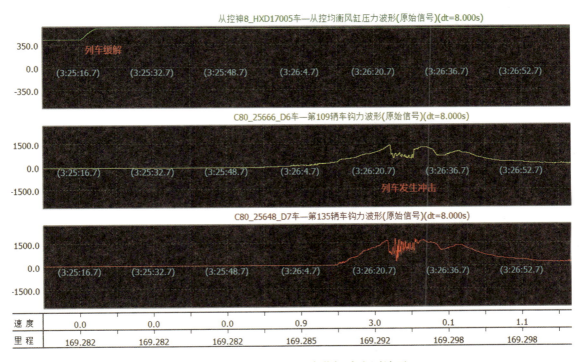

图 5.3-25 – 11.4‰ 下坡道起动实测波形

图 5.3-26 ~ 图 5.3-28 是试验中所有测试断面的拉钩力、压钩力、车体纵向加速度全程最大值直方图。

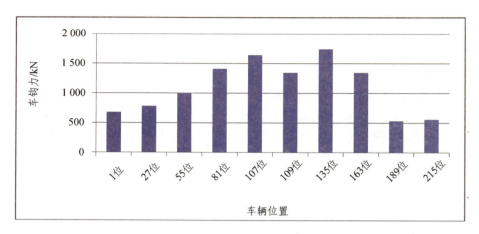

图 5.3-26　各断面拉钩力全程最大值

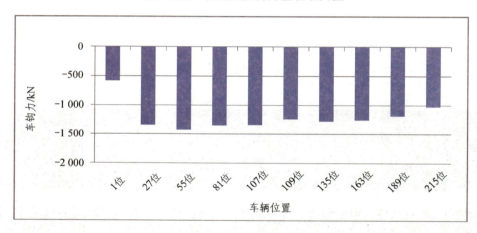

图 5.3-27　各断面压钩力全程最大值

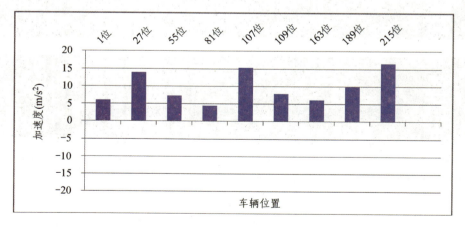

图 5.3-28　各断面车体纵向加速度全程最大值

5.3.3.6.2 各试验工况结果统计

1. 循环制动

本次运行试验循环制动调速共进行了 19 次，其中缓解速度为 29 ~ 35 km/h 进行了 8 次，缓解速度为 44 ~ 66 km/h 进行了 11 次，各次的工况说明及编号见表 5.3-26 和表 5.3-27，各工况的最大车钩力见表 5.3-28 和表 5.3-29，车体纵向加速度最大值见表 5.3-30 和表 5.3-31。

表 5.3-26　循环制动工况统计（缓解速度 29 ~ 35 km/h）

工况编号	工况说明	制动地点/km	制动初速/（km/h）	缓解/停车地点/km	缓解初速/（km/h）
1-1	减 50 kPa 调速	6.813	58.0	8.254	34.3
1-2	减 50 kPa 调速	19.509	65	22.121	29.6
1-3	减 50 kPa 调速	25.424	68.2	30.086	32.6
1-4	减 50 kPa 追加 30 kPa 调速	46.138	68.3	55.425	32.3
1-5	减 50 kPa 追加 50 kPa 调速	68.949	68.6	71.859	29.1
1-6	减 50 kPa 调速	150.161	67.7	154.711	29.8
1-7	减 70 kPa 调速	180.703	68.1	183.299	29.2
1-8	减 50 kPa 追加 50 kPa 调速	192.508	72.1	194.865	28.9

表 5.3-27　循环制动工况统计（缓解速度 44 ~ 66 km/h）

工况编号	工况说明	制动地点/km	制动初速/（km/h）	缓解/停车地点/km	缓解初速/（km/h）
2-1	减 50 kPa 调速	12.758	58.9	13.941	44.2
2-2	减 50 kPa 追加 20 kPa 调速	33.217	68.2	42.119	44.5
2-3	减 50 kPa 追加 20 kPa 调速	58.318	68.4	64.582	44.6
2-4	减 50 kPa 调速	87.520	72.1	88.873	65.7
2-5	减 50 kPa 调速	144.010	70.3	145.676	54.6
2-6	减 50 kPa 调速	172.761	68.7	174.978	59.6
2-7	减 50 kPa 调速	198.490	61.4	199.735	56.4
2-8	减 50 kPa 调速	207.205	68.2	210.151	54.9
2-9	减 50 kPa 调速	230.128	69.4	232.340	59.5
2-10	减 50 kPa 调速	237.928	60.2	240.353	43.9
2-11	减 50 kPa 调速	397.858	75.5	399.038	48.9

表 5.3-28　循环制动最大车钩力（单位：kN，缓解速度 29～35 km/h）

工况编号	车辆位置									
	1 位	27 位	55 位	81 位	107 位	109 位	135 位	163 位	189 位	215 位
1-1	− 449	− 448	418	864	1290	825	1165	1036	532	− 489
1-2	− 517	− 915	− 916	− 943	− 1049	− 1117	− 1027	− 936	− 803	− 593
1-3	− 504	− 901	− 930	− 1010	1197	− 1106	− 1002	− 964	− 868	− 612
1-4	− 479	− 652	− 555	− 521	− 473	− 627	− 644	− 498	− 370	− 382
1-5	− 511	− 769	− 671	− 687	748	− 888	− 762	− 639	− 607	− 397
1-6	− 333	− 575	612	804	991	662	824	771	− 476	− 333
1-7	− 481	− 722	− 695	758	982	− 917	− 1062	− 880	− 775	558
1-8	− 545	− 1049	− 1198	− 1156	− 1128	− 1156	− 1184	− 1101	− 827	− 648

表 5.3-29　循环制动最大车钩力（单位：kN，缓解速度 44～66 km/h）

工况编号	车辆位置									
	1 位	27 位	55 位	81 位	107 位	109 位	135 位	163 位	189 位	215 位
2-1	− 432	− 781	− 701	− 750	855	− 717	829	858	525	350
2-2	− 508	− 453	− 583	− 755	− 988	− 1016	− 1188	− 1051	− 822	− 720
2-3	− 542	− 694	− 945	− 1170	− 1344	− 1127	− 1280	− 1260	− 1182	− 1019
2-4	− 517	− 1344	− 1429	− 1352	− 1288	− 1244	− 1207	− 1132	− 964	− 367
2-5	− 409	− 572	− 592	693	877	− 774	− 718	− 675	− 472	− 418
2-6	− 517	− 476	− 456	− 543	− 585	− 700	− 690	− 438	− 293	− 67
2-7	− 309	− 469	− 497	− 520	− 542	− 443	− 492	− 409	− 399	− 278
2-8	− 579	− 1064	− 1074	− 992	− 841	− 915	− 836	− 617	− 518	212
2-9	− 390	− 491	− 555	− 625	− 604	− 685	− 644	− 481	− 326	− 127
2-10	− 454	− 794	− 787	− 925	− 1028	− 864	− 967	− 946	− 922	− 1009
2-11	− 349	785	− 784	1052	1358	952	1313	960	− 751	− 491

表 5.3-30　循环制动车体纵向加速度（单位：m/s², 缓解速度 29～35 km/h）

工况编号	车辆位置									
	1 位	27 位	55 位	81 位	107 位	109 位	135 位	163 位	189 位	215 位
1-1	0.55	2.86	4.94	1.88	2.08	− 0.89	0.70	− 1.95	2.45	4.54
1-2	0.38	1.73	5.73	4.53	12.58	3.33	1.41	5.81	7.24	2.78
1-3	− 0.50	6.67	6.93	4.16	15.26	7.89	1.52	6.27	4.93	3.95
1-4	0.50	0.61	1.11	0.69	0.88	0.57	1.06	1.31	1.02	3.05
1-5	− 0.34	− 0.35	1.29	1.69	4.64	− 1.78	1.70	5.27	5.86	− 2.05
1-6	0.55	7.19	3.69	2.65	2.97	2.26	0.84	2.34	2.37	− 2.81
1-7	1.44	1.74	7.30	0.64	6.56	5.41	1.27	4.72	− 4.10	− 3.58
1-8	− 1.23	− 0.76	5.13	2.30	6.15	− 2.00	1.53	1.71	1.69	− 3.82

表 5.3-31　循环制动车体纵向加速度（单位：m/s², 缓解速度 44～66 km/h）

工况编号	车辆位置									
	1 位	27 位	55 位	81 位	107 位	109 位	135 位	163 位	189 位	215 位
2-1	− 0.50	2.26	3.84	2.88	5.96	− 1.28	− 0.54	1.53	1.72	− 1.90
2-2	0.81	0.75	0.88	0.68	1.19	− 1.07	− 1.36	1.81	4.06	8.55
2-3	− 0.70	0.66	0.55	− 0.39	5.64	3.43	1.85	5.57	9.95	16.58
2-4	− 0.93	0.80	− 3.32	2.86	2.63	− 1.67	0.61	2.44	3.60	2.43
2-5	0.45	4.62	4.98	2.39	5.60	2.83	1.19	2.14	− 2.09	3.19
2-6	0.43	0.55	0.39	− 0.29	0.91	0.48	− 0.25	− 0.66	− 0.60	0.87
2-7	− 1.13	0.95	1.44	− 0.50	1.03	0.94	0.45	− 0.74	1.09	1.82
2-8	− 1.02	1.18	− 0.51	− 1.04	2.70	1.75	0.87	1.45	− 1.42	− 1.17
2-9	0.40	− 0.52	− 0.66	− 0.43	− 1.31	− 0.98	0.43	1.21	1.13	1.02
2-10	5.97	2.31	− 1.14	2.16	− 0.95	1.01	0.71	1.55	3.52	11.67
2-11	0.58	14.02	2.95	1.12	5.74	5.09	2.64	2.91	2.31	3.61

　　图 5.3-29 是缓解速度为 29～35 km/h 的 8 次循环制动各断面最大车钩力图，图 5.3-30 是缓解速度为 44～66 km/h 的 11 次循环制动各断面最大车钩力图。缓解速度为 29～35 km/h 时的制动车钩力为 1 290 kN，出现在第 107 位货车；缓解速度为 44～66 km/h 时的最大车钩力为 − 1 429 kN，出现在第 55 位货车。

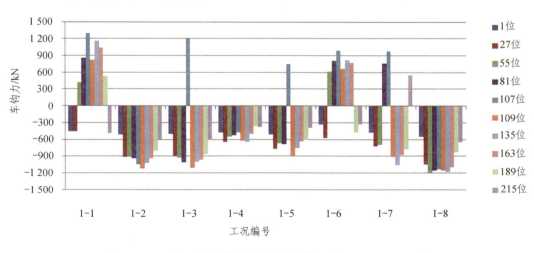

图 5.3-29　循环制动最大车钩力（缓解速度 29～35km/h）

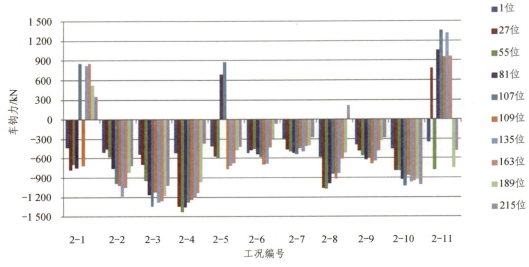

图 5.3-30　循环制动最大车钩力（缓解速度 44~66km/h）

　　工况 2-2、2-3 和 2-4 都产生了较大的压钩力，主要是受缓解时的线路条件影响，这 3 个工况都是在陡坡变缓坡的位置缓解，使得列车在缓解时前部车辆处在坡度较小（－3‰ 左右）的下坡道，而后部车辆处于坡度较大（－11‰ 左右）的下坡道，后部车辆在缓解后向前涌动挤压前部车辆，在列车中产生很大的压钩力。图 5.3-31 是工况 2-3 缓解时的线路情况，从图中可以看到，产生最大压钩力时，列车后部 60% 的车辆处于 －10.5‰ ~ －12‰ 的大下坡道，而前部 40% 的车辆处于 －1.5‰ ~ －8.3‰ 的下坡道上。如果缓解时列车处于坡度基本一致的下坡道，产生的压钩力就较小，如工况 2-6，缓解时全列车基本处于-4‰的下坡道，最大压钩力只有 － 700 kN。

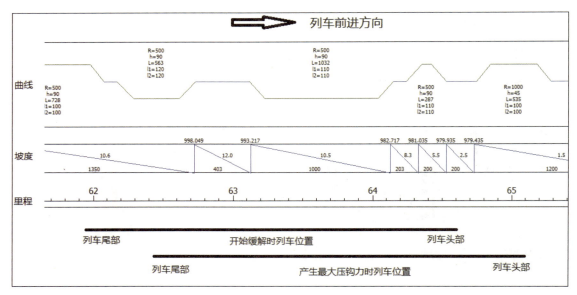

图 5.3-31　K64＋582 处缓解时的线路情况

　　本次试验神 8 机车 1＋1 编组牵引 216 辆 C80 货车，循环制动的最大压钩力 1 429 kN，

2014 年进行的神 8 机车 1＋1 编组牵引 232 辆 C80 货车试验，循环制动最大压钩力 2 142 kN，本次试验与 2014 年试验相比，循环制动的最大车钩力减小了 33.3%。

2. 制动停车试验

本次试验共进行了 6 次制动停车，包括模拟通信中断制动停车、无电制力制动停车、不同减压量制动停车、追加减压制动停车。各次的工况说明及编号见表 5.3-32，各工况的最大车钩力见表 5.3-33，车体纵向加速度见表 5.3-34。各断面的车钩力见图 5.3-32。

6 次停车试验最大车钩力 – 960 kN，出现在第 107 位货车，为压钩力。车体纵向加速度最大 3.11 m/s^2，出现在列车后部第 189 位货车。6 次试验的车钩力全部小于 1 000 kN，车体纵向加速度全部小于 9.8 m/s^2，制动停车过程平稳，未出现明显冲动。

表 5.3-32　制动停车工况统计

工况编号	工况说明	制动地点/km	制动初速/（km/h）	停车地点/km
3-1	通信中断，减压 100 kPa	77.244	68.4	80.542
3-2	减压 100 kPa 停车	116.793	77.2	118.168
3-3	机车无电制力，减压 80 kPa	157.485	65.7	159.452
3-4	减压 50 kPa 停车，滴流蹬侧线	161.017	45.8	165.366
3-5	减压 80 kPa 停车	270.007	77.6	271.929
3-6	肃宁北减压 50 kPa 追加 30 kPa 停车	407.791	28.7	408.140

表 5.3-33　制动停车工况车钩力最大值（单位：kN）

工况编号	车辆位置									
	1 位	27 位	55 位	81 位	107 位	109 位	135 位	163 位	189 位	215 位
3-1	− 438	− 571	− 609	− 644	− 600	− 481	− 447	− 311	− 241	− 88
3-2	− 279	− 450	− 425	− 425	− 531	− 427	− 538	− 440	− 367	− 110
3-3	− 237	− 447	− 627	− 888	− 960	− 740	− 800	− 649	− 457	− 88
3-4	− 492	− 428	− 505	− 626	− 740	− 629	− 662	− 530	− 338	− 43
3-5	− 233	− 382	− 455	− 500	− 570	− 474	− 554	− 629	− 662	− 593
3-6	− 341	− 494	− 483	− 573	− 649	− 510	− 578	− 501	− 341	− 79

表 5.3-34　制动停车工况车体纵向加速度最大值（单位：m/s^2）

工况编号	车辆位置									
	1 位	27 位	55 位	81 位	107 位	109 位	135 位	163 位	189 位	215 位
3-1	− 0.47	− 0.51	0.37	− 0.29	− 0.56	0.73	− 0.31	0.63	− 0.52	− 0.74
3-2	0.69	1.61	1.51	0.23	0.40	− 0.37	0.26	− 0.57	0.67	− 0.47
3-3	0.88	1.37	− 0.95	0.38	1.33	2.29	− 0.55	0.82	0.66	− 0.70
3-4	− 0.78	0.80	0.50	− 0.81	− 0.47	− 0.31	0.17	− 0.38	0.29	0.38
3-5	0.36	1.05	1.03	2.07	2.07	1.19	0.53	1.16	3.11	2.07
3-6	− 1.96	− 1.95	− 1.89	0.00	− 0.86	1.24	0.25	0.69	− 0.53	0.49

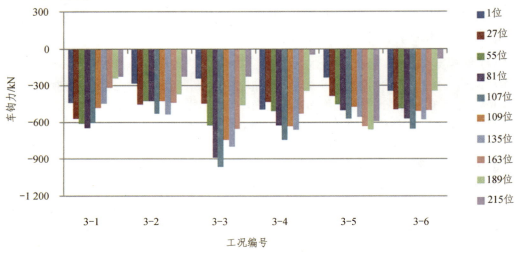

图 5.3-32　制动停车工况各断面车钩力

3. 紧急制动

在新曲至定州西间 313 km + 825 m 处进行了紧急制动试验，制动初速 78.2 km/h。制动过程没有出现大的冲动，10 个测试断面最大车钩力 − 1 042 kN，出现在列车中部的第 107 位货车。

车体纵向加速度最大值 5.4 m/s²，出现在列车中后部第 163 位货车（见表 5.3-35）。紧急制动时中部机车前后的货车承受的车钩力最大，各断面的车钩力见图 5.3-33。紧急制动时典型断面的车钩力实测波形见图 5.3-34。

表 5.3-35　紧急制动车钩力及车体纵向加速度最大值

车辆位置	1 位	27 位	55 位	81 位	107 位	109 位	135 位	163 位	189 位	215 位
车钩力/kN	− 220	− 474	− 664	− 912	− 1042	− 833	− 509	− 487	− 645	− 436
加速度/（m/s²）	1.56	2.26	3.69	− 0.74	2.38	1.20	0.56	5.40	3.79	1.71

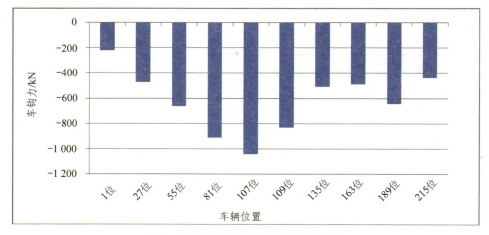

图 5.3-33　紧急制动各断面车钩力

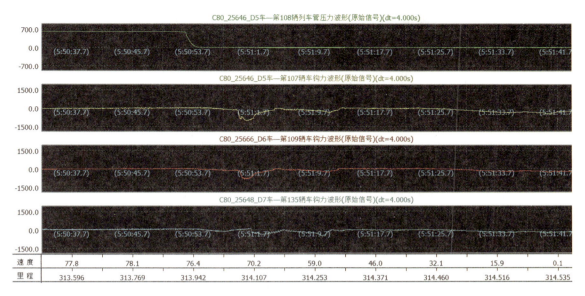

图 5.3-34　紧急制动典型断面车钩力波形图

从 10 个断面的车钩力分布来看，列车中部第 81～109 位货车承受的压钩力最大。车体纵向加速度最大值出现在第 163 位货车，是第二小列（第 109～216 位货车）的中部。

紧急制动最大车钩力 – 1 042 kN，距 2 250 kN 的安全限度值有较大的裕量，车体纵向加速度最大值 5.4 m/s²，与建议值 9.8 m/s² 相比有一定差距。

4. 走停走试验

在滴流蹬至猴刿间 167～171 km 处进行走停走试验，该区段为 – 10.1‰～ – 12‰ 的下坡道。走停走试验车钩力大值主要是在 168 km + 521 m 处制动以及 169 km + 282 m 处起动两种情况下出现的，169 km + 282 m 处为 – 11.4‰ 下坡道。下面对这两种情况分别统计测试数据。

各断面车钩力和车体纵向加速度数据见表 5.3-36、表 5.3-37。图 5.3-35 和图 5.3-36 是各断面的车钩力直方图。

表 5.3-36　走停走试验车钩力最大值（单位：kN）

车辆位置/km	1 位	27 位	55 位	81 位	107 位	109 位	135 位	163 位	189 位	215 位
168.521 处制动	– 515	– 486	– 446	– 454	– 561	– 708	– 721	– 551	– 372	– 269
K169 + 282 处起动	– 373	515	1008	1416	1647	1350	1748	1347	443	– 400

表 5.3-37　走停走试验车体纵向加速度最大值（单位：m/s²）

车辆位置/km	1 位	27 位	55 位	81 位	107 位	109 位	135 位	163 位	189 位	215 位
168.521 处制动	0.28	– 0.25	– 0.29	– 0.29	0.74	0.68	– 0.35	– 0.54	– 0.63	2.15
169.282 处起动	2.75	2.66	1.56	1.56	1.48	1.74	1.34	3.91	3.58	2.92

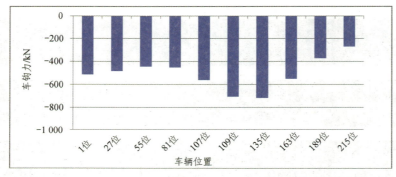

图 5.3-35　走停走试验 K168＋521 处制动各断面最大车钩力

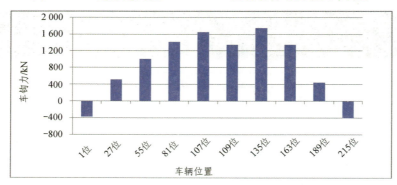

图 5.3-36　走停走试验－11.4‰下坡道起动各断面最大车钩力

两种情况的最大车钩力分别为－721 kN 和 1 748 kN，均发生在第 135 位货车，169 km＋282 m 处－11.4‰下坡道起动时第 81 位、107 位、109 位、163 位的车钩力都较大。该处产生车钩力大值的原因已经在"全程最大值结果统计"中做过分析，此处不再重复。

两种情况的车体纵向加速度最大值分别为 2.15 m/s² 和 3.91 m/s²，分别出现在第 215 位和 163 位货车，均小于 9.8 m/s² 的限度值。

5.3.3.6.3　纵向动力学试验结论

（1）1＋1 编组 2 万吨运行试验车钩力满足试验规定的安全性指标要求。

（2）1＋1 编组 2 万吨运行试验在走停走工况-11.4‰下坡道起动时车钩力较大，产生原因主要与试验工况设置有关，实际运用中通过优化操作可以避免。

（3）车体纵向加速度在循环制动缓解时有 5 次超过大纲规定的建议性指标要求。建议：在长大下坡道制动停车时，尽量避免采用最大常用全制动和紧急制动。在长大下坡道起动时，列车缓解过程中要适当延长机车小闸带闸时间，这样可以防止列车速度过快增加，有助于减小冲击速度，从而减小车钩力。

5.3.3.7　特定位置 C80 货车动力学试验结果及分析

1. 试验基本情况

试验编组如下：

HXD1 7147＋106 辆 C80＋C80　0025646＋1 辆 C80＋HXD1 7005＋106 辆 C80＋C80 0025578＋1 辆 C80＋可控列尾。

被测试货车为：列车第 107 位货车（C80 0025646）、第 215 位货车（C80 0025578）。对被测试货车（特定位置货车）进行动力学性能测试。

测试脱轨系数、轮重减载率、轮轴横向力以及运行平稳性等参数。评估特定位置的 C80 车辆运行稳定性和运行平稳性。

运行试验区间为神池南站至肃宁北站。货车动力学的评价指标见表 5.3-38。

表 5.3-38　货车运行稳定性及平稳性控制限度值

动力学性能指标	C80 0025646	C80 0025578
脱轨系数 Q/P	1.20	1.20
轮重减载率 P/P	0.65	0.65
轮轴横向力/kN	111.78	115.18
横向平稳性	优：<3.5；良好：3.5～4.0；合格：4.0～4.25	
垂向平稳性	优：<3.5；良好：3.5～4.0；合格：4.0～4.25	

2. 试验结果分析

试验于 2015 年 9 月 28 日进行，试验最高运行速度 78.2 km/h。特定位置 C80 货车动力学试验在整列重载货车中选取了两辆货车进行了测试：第 107 位货车 C800025646、第 215 位货车 C800025578（货车计数不包括*机车和试验车），试验中两辆测试货车作为关门车处理。

试验运行时，测试货车的 1 轴及 1 位车体加速度在前进端，按照神池南站—肃宁北站全程监测的线况及两个长大下坡区段（神池南—原平南，南湾—西柏坡）所进行的循环制动试验工况对数据分别进行处理和分析。图 5.3-37 ～图 5.3-39 是安全性指标的全程散点图。

试验全程测试结果最大值见表 5.3-39，脱轨系数最大值 0.85；轮重减载率最大值 0.39；轮轴横向力最大值 81.07 kN。横向平稳性指标最大值 2.80；垂向平稳性指标最大值 2.81。稳定性指标、平稳性指标均满足大纲规定限值的要求，横向、垂向平稳性指标均属于优级。

表 5.3-39　试验全程最大值

动力学性能指标	C800025646				C800025578			
	最大值	速度/(km/h)	里程标/km	线况	最大值	速度/(km/h)	里程标/km	线况
脱轨系数	0.85	38.8	406.752	侧岔	0.80	38.1	3.972	侧岔
轮重减载率	0.39	25.6	183.447	$R500$	0.29	26.9	160.014	$R500$
轮轴横向力/kN	71.98	38.8	406.752	侧岔	81.07	38.1	3.972	侧岔
横向平稳性	2.80	67.7	39.853	$R500$	2.46	70.1	35.217	$R500$
垂向平稳性	2.81	59.1	233.704	直线	2.60	38.1	3.915	侧岔

注：本节中所有里程标均指通过各测点时刻主控机车所在的里程标。C800025646 车测点对应的实际里程标约为主控机车里程标－1 319 m，C800025578 车测点对应的实际里程标约为主控机车里程标－2 651 m。

试验进行了以下制动工况：电空配合调速制动（减压 50 kPa、减压 70 kPa、初减压 50 kPa 追加 20～30 kPa、减压 50 kPa 追加 50 kPa）、走停走试验（减压 100 kPa）、常用制动停车（减压 50～100 kPa 停车）、紧急制动停车工况，模拟通信中断减压停车（减压 100 kPa），侧线通过试验。

制动工况下，进行了车辆运行稳定性及平稳性测试。试验各制动工况测试结果最大值见表 5.3-40，脱轨系数最大值 0.49，侧线通过最大值 0.79（进站追加停车是进肃宁北站，C800025578 车侧向通过道岔包括在这个测试过程内）；轮重减载率最大值 0.39；轮轴横向力最大值 40.37 kN，侧线通过最大值 60.24 kN。横向平稳性指标最大值 2.80；垂向平稳性指标最大值 2.69。稳定性指标、平稳性指标均满足大纲规定限值的要求，横向、垂向平稳性指标均属于优级。

表 5.3-40　制动工况最大值

C800025646	调速	常用制动停车	通信中断停车	走停走	紧急制动	进站追加停车	侧线通过
脱轨系数	0.49	0.30	0.12	0.22	0.06	0.12	0.61
轮重减载率	0.39	0.26	0.21	0.23	0.20	0.20	0.34
轮轴横向力/kN	37.39	34.27	17.40	17.48	16.75	16.31	37.11
横向平稳性	2.80	2.19	1.86	1.62	1.68	1.55	2.80
垂向平稳性	2.69	2.47	2.51	2.07	2.13	1.83	2.04
C800025578	调速	常用制动停车	通信中断停车	走停走	紧急制动	进站追加停车	侧线通过
脱轨系数	0.49	0.15	0.15	0.23	0.09	0.75	0.79
轮重减载率	0.28	0.25	0.18	0.28	0.14	0.24	0.29
轮轴横向力/kN	40.37	18.55	18.13	17.22	13.17	60.24	57.56
横向平稳性	2.46	2.19	1.93	1.83	1.77	1.96	2.15
垂向平稳性	2.45	2.24	2.33	1.98	2.04	2.19	2.46

综合前述全程最大值和制动工况最大值，结合图 5.3-37～图 5.3-39 中的各指标随里程变化散点图，有如下规律：

在运行试验中，脱轨系数较大值出现在神池南出站、肃宁北进出站等侧向通过道岔时，侧向通过道岔工况比其他工况最大值约大 0.2。制动工况绝大部分不是在侧向通过道岔时进行（进站追加停车、侧线通过，包含侧向通过道岔数据），其脱轨系数也比侧向通过道岔小至少 0.2。总之，对脱轨系数而言，制动工况的影响小于侧向通过道岔的影响。轮轴横向力也有相同的结论，侧向通过道岔工况比其他工况最大值约大 20 kN。对轮轴横向力而言，制动工况的影响小于侧向通过道岔的影响。

2014 年 9 月 22 日、9 月 28 日在朔黄线进行了神 8 机车 1＋1 编组牵引 232 辆 C80 列车试验，测试了列车中车辆的第 120 位（第二个单元万吨第 4 辆）C80 货车的动力学性能，见表 5.3-41。

表 5.3-41　神 8 机车 1＋1 编组牵引 232 辆 C80 列车试验动力学指标最大值

动力学性能指标	第一次（9.22）		第二次（9.28）	
	全程	制动工况	全程	制动工况
脱轨系数	0.69	0.57	0.67	0.59
轮重减载率	0.38	0.38	0.43	0.43
轮轴横向力/kN	55.94	46.18	45.29	44.22

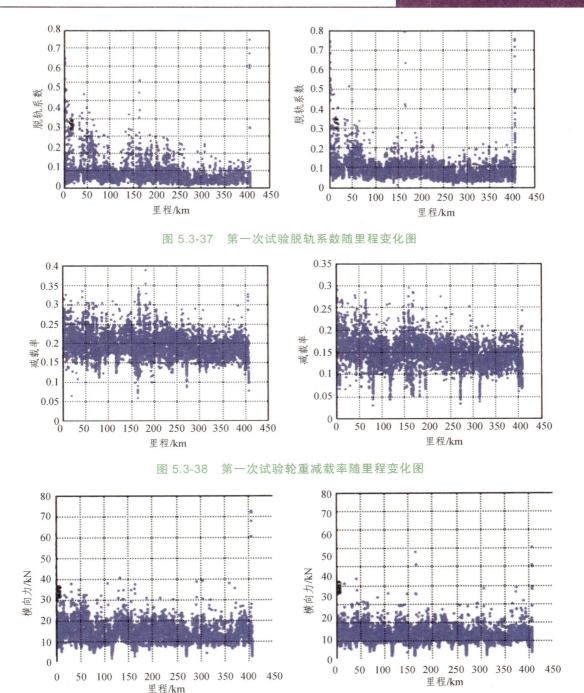

图 5.3-37　第一次试验脱轨系数随里程变化图

图 5.3-38　第一次试验轮重减载率随里程变化图

图 5.3-39　第一次试验轮轴横向力随里程变化图

　　本次试验与上次试验相比，总牵引质量比上次试验时少了将近 2 000 t，但两次试验制动工况动力学性能变化不明显，这说明总牵引质量减少 7% 对尾部车辆的动力学性能没有明显影响。

3. 试验小结

通过线路运行试验结果表明：

（1）特定位置的被试 C80 货车重车在朔黄线（神池南—肃宁北）运行时，车辆全程的运行稳定性、运行平稳性指标测试结果均在试验大纲要求的限度值范围内。

（2）试验运行中脱轨系数、轮轴横向力大值点均出现在侧向通过道岔时，但都在限度值范围内。

（3）在所有制动工况下，被试车的运行稳定性和运行平稳性指标均在限度值范围内，满足大纲相关要求。制动工况的运行安全性指标与正常运行工况没有明显差异，对脱轨系数、轮轴横向力而言，制动工况的影响小于侧向通过道岔的影响。

5.3.3.8　机车动强度试验结果及分析

1. 数据处理方法

（1）应变与应力换算。单向应变片的测点，其应力计算公式如下式所示：

$$\sigma = E \cdot \varepsilon$$

式中　σ——应力，MPa；

　　　E——弹性模量，MPa；

　　　ε——由试验测量所得的应变值。

（2）滤波方法与滤波频率。在采样时，用硬件滤波方式对采样信号进行抗混叠滤波，滤波频率为采样频率的一半。对采样后的信号数据序列再使用截止频率 100 Hz 进行低通数字滤波。

（3）循环计数方法。采用雨流计数法作为数据处理的计数方法。

（4）平均应力修正。在非对称循环交变应力作用下，平均应力对结构疲劳强度有较大的影响，因此在计算应力谱之前应对应力幅进行平均应力修正。平均应力修正方法采用 Goodman 直线模型。

2. 最大应力

最大应力为在机车自重下产生的静应力与线路试验时实测的动应力之代数和后的最大值。

表 5.3-42 ~ 表 5.3-45 给出了 5 个试验工况下的机车各测点实测动应力最大值，图 5.3-40 给出了各试验工况下各测试部件的动应力最大值比较图。

表 5.3-42　转向架构架应力最大值（单位：MPa）

测点编号	测点位置	测点区域	电、空配合调速及 30 km/h 低速缓解试验	减压 100 kPa 制动停车	侧线通过	走停走试验	紧急制动试验
101	转向架构架二系弹簧座	焊缝区	16.4	−22.8	20.5	7.0	20.3
102	转向架构架侧梁上盖板	焊缝区	11.4	15.0	5.7	3.6	8.3
103	转向架构架轴箱拉杆座	焊缝区	−11.1	11.1	9.1	5.2	12.9
104	转向架构架横梁下盖板	焊缝区	22.0	19.1	12.2	12.7	10.7
105	牵引电机吊座	焊缝区	−20.2	−32.5	−34.9	16.5	−31.5

表 5.3-43　牵引装置应力最大值（单位：MPa）

测点编号	测点位置	测点区域	电、空配合调速及 30 km/h 低速缓解试验	减压 100 kPa 制动停车	侧线通过	走停走试验	紧急制动试验
201	牵引销（车体）	焊缝区	26.9	− 39.0	− 20.0	− 32.4	44.5
202	牵引装置（转向架端）	焊缝区	− 14.0	− 8.4	− 5.6	− 5.3	7.9
203	牵引装置（转向架端）	母材区	− 21.0	20.1	17.0	− 18.2	26.3
204	牵引装置（转向架端）	焊缝区	− 20.7	− 21.5	− 13.5	− 18.4	23.5
205	牵引装置（车体端）	焊缝区	− 10.0	− 10.9	− 7.0	− 7.1	6.3
206	牵引装置（车体端）	焊缝区	− 8.1	− 9.2	− 5.2	− 5.0	3.2
207	牵引装置（车体端）	焊缝区	− 14.6	− 15.5	− 8.1	− 11.1	15.1
208	牵引装置（转向架端）	焊缝区	− 18.6	− 19.6	− 11.2	− 15.2	19.3
209	牵引装置（转向架端）	焊缝区	− 13.5	− 9.5	− 5.0	− 3.6	3.8
210	牵引销（转向架）	焊缝区	31.9	− 43.0	− 28.2	36.0	− 52.8

表 5.3-44　车钩及钩尾框应力最大值（单位：MPa）

测点编号	测点位置	测点区域	电、空配合调速及 30 km/h 低速缓解试验	减压 100 kPa 制动停车	侧线通过	走停走试验	紧急制动试验
301	车钩钩舌	母材区	− 88.8	− 65.0	− 33.5	45.2	− 37.4
302	车钩体	母材区	− 128.0	− 108.2	79.7	157.2	100.7
303	车钩体	母材区	− 116.5	− 97.3	73.2	135.5	90.3
304	钩尾框	母材区	209.7	194.8	116.2	351.6	233.0
305	钩尾框	母材区	154.8	137.9	86.2	238.6	182.8
306	钩尾框	母材区	148.1	86.1	52.7	258.8	129.2
307	钩尾框	母材区	133.3	98.8	35.8	186.0	122.7
308	钩尾框	母材区	79.1	50.3	25.0	156.3	84.4

表 5.3-45　车体底架应力最大值（单位：MPa）

测点编号	测点位置	测点区域	电、空配合调速及 30 km/h 低速缓解试验	减压 100 kPa 制动停车	侧线通过	走停走试验	紧急制动试验
401	车体车钩缓冲装置安装区	焊缝区	18.7	16.9	6.8	16.2	20.2
402	车体车钩缓冲装置安装区	焊缝区	8.6	− 11.9	− 5.1	− 4.1	7.8
403	车体车钩缓冲装置安装区	焊缝区	− 28.7	− 53.8	− 25.6	32.0	− 23.5
404	车体车钩缓冲装置安装区	焊缝区	7.8	− 22.1	− 14.1	− 10.4	− 7.0
405	车体车钩缓冲装置安装区	焊缝区	− 65.7	− 77.7	− 26.9	62.8	− 43.8
406	车体车钩缓冲装置安装区	焊缝区	7.4	− 21.5	− 12.1	− 8.6	− 6.3

测点编号	测点位置	测点区域	电、空配合调速及 30 km/h 低速缓解试验	减压 100 kPa 制动停车	侧线通过	走停走试验	紧急制动试验
407	车体车钩缓冲装置安装区	焊缝区	−18.5	−29.8	−9.8	21.4	−13.7
408	车体车钩缓冲装置安装区	焊缝区	−24.8	−34.4	12.0	39.5	19.1
409	车体车钩缓冲装置安装区	焊缝区	−9.2	−18.8	−6.7	14.2	9.8
410	车体车钩缓冲装置安装区	焊缝区	−44.0	−52.8	22.6	68.9	−31.7
411	车体车钩缓冲装置安装区	焊缝区	35.2	−42.6	22.2	60.1	27.8
412	车体车钩缓冲装置安装区	焊缝区	−148.7	−146.4	73.3	220.1	−98.6
413	车体车钩缓冲装置安装区	焊缝区	12.9	12.8	−8.4	−23.6	10.0
414	车体车钩缓冲装置安装区	焊缝区	−9.6	−12.8	−4.9	−8.5	−5.5
415	车体侧梁与端梁连接区	焊缝区	−3.8	−3.4	−1.1	3.4	2.5
416	车体侧梁与端梁连接区	焊缝区	12.7	−19.0	5.7	19.1	9.9
417	车体侧梁与端梁连接区	焊缝区	−35.9	−47.8	−15.6	50.3	26.3
418	车体侧梁与端梁连接区	焊缝区	−44.9	−41.9	−18.1	45.2	25.3
419	车体侧梁与二系弹簧座横梁连接区	焊缝区	−75.4	−104.1	−45.4	86.2	−50.0
420	车体侧梁与二系弹簧座横梁连接区	焊缝区	−54.6	−79.3	−33.0	66.0	−36.7
421	车体中梁与二系弹簧座横梁连接区	焊缝区	−16.0	−23.6	−7.9	22.9	−11.6
422	车体中梁与二系弹簧座横梁连接区	焊缝区	16.7	16.0	9.9	21.6	10.3
423	车体中梁与二系弹簧座横梁连接区	焊缝区	−33.0	−33.6	−19.6	−19.6	−17.7
424	车体中梁与二系弹簧座横梁连接区	焊缝区	−19.9	−17.8	−7.8	21.2	−12.0
425	车体侧梁与变压器吊挂横梁连接区	焊缝区	−73.5	−94.4	−36.3	86.4	−48.6
426	车体侧梁与变压器吊挂横梁连接区	焊缝区	22.5	−35.7	9.8	35.2	19.0
427	车体中梁与变压器吊挂横梁连接区	焊缝区	−17.1	−26.1	−8.7	23.2	13.2
428	车体中梁与变压器吊挂横梁连接区	焊缝区	−45.4	−52.2	−21.0	42.8	−24.4
429	变压器吊挂座	焊缝区	17.6	21.2	13.4	15.0	16.5

注：动应力测点的等效应力幅和疲劳寿命估计值以每个单程的全程试验数据进行统计，包含当天的全部试验工况。由于在正常运用中，机车各被测试部件的受力状态除本次试验各工况外，还会包括反向运用工况、机车在重联运行时不同位置的运用工况，因此，动应力测点的等效应力幅和疲劳寿命估计值仅作为参考。

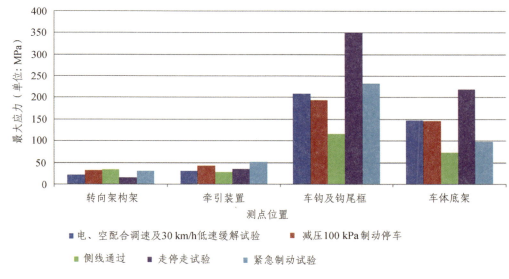

图 5.3-40　实测应力最大值比较

从表和图可以看出，机车转向架构架、牵引装置、车钩和钩尾框动应力均没有超过各自材料的许用应力。

车体底架除了测点 412 外，其他动应力测点的实测动应力均没有超过材料的许用应力。

车体底架测点 412 在走停走试验工况中出现较大的应力值，超过了材料的许用应力。

3. 等效应力幅与疲劳寿命

表 5.3-46 ~ 表 5.3-49 给出了试验机车各动应力测点等效应力幅和疲劳寿命估计值。从表可以看出，机车转向架构架和牵引装置动应力测点的等效应力幅均相对较小，并且没有超过各自材料的疲劳许用应力。

车钩和钩尾框除了动应力测点 304 和 305 的等效应力幅大于材料疲劳许用应力，疲劳寿命估计值不满足运用要求外，其他测点的等效应力幅均小于材料的疲劳许用应力，疲劳寿命估计值满足运用要求。等效应力幅最大值为钩尾框测点 304（最大值为 118.0 MPa），该测点的疲劳寿命估计值最小，为 116.2 万千米。

表 5.3-46　转向架构架测点等效应力幅和疲劳寿命估计

测点号	测点位置	测点区域	等效应力幅（MPa）疲劳许用应力	疲劳寿命估计（万千米）运用里程要求：不小于 600 万千米
101	构架上盖板二系弹簧座	焊缝区	28.6	> 600
102	构架上盖板	焊缝区	11.0	> 600
103	构架下盖板轴箱拉杆座	焊缝区	17.5	> 600
104	构架下盖板轴箱拉杆座	焊缝区	15.3	> 600
105	构架下盖板一系弹簧座	焊缝区	33.6	> 600

表 5.3-47　牵引装置测点等效应力幅和疲劳寿命估计

测点号	测点位置	测点区域	等效应力幅（MPa）疲劳许用应力	疲劳寿命估计（万千米）运用里程要求：不小于 600 万千米
201	牵引销（车体）	焊缝区	33.6	>600
202	牵引装置（转向架端）	焊缝区	8.3	>600
203	牵引装置（转向架端）	母材区	14.5	>600
204	牵引装置（转向架端）	焊缝区	29.5	>600
205	牵引装置（车体端）	焊缝区	7.4	>600
206	牵引装置（车体端）	焊缝区	5.6	>600
207	牵引装置（车体端）	焊缝区	17.7	>600
208	牵引装置（转向架端）	焊缝区	13.2	>600
209	牵引装置（转向架端）	焊缝区	6.9	>600
210	牵引销（转向架）	焊缝区	38.6	>600

表 5.3-48　车钩及钩尾框测点等效应力幅和疲劳寿命估计

测点号	测点位置	测点区域	等效应力幅（MPa）疲劳许用应力	疲劳寿命估计（万千米）运用里程要求：不小于 600 万千米
301	车钩钩舌	母材区	30.8	>600
302	车钩体	母材区	75.9	>600
303	车钩体	母材区	69.5	>600
304	钩尾框	母材区	118.0	116.2
305	钩尾框	母材区	87.9	508.5
306	钩尾框	母材区	73.5	>600
307	钩尾框	母材区	63.6	>600
308	钩尾框	母材区	39.0	>600

表 5.3-49　车体底架测点等效应力幅和疲劳寿命估计

测点号	测点位置	测点区域	等效应力幅（MPa）疲劳许用应力	疲劳寿命估计（万千米）运用里程要求：不小于 600 万千米
401	车体车钩缓冲装置安装区	焊缝区	13.8	>600
402	车体车钩缓冲装置安装区	焊缝区	8.5	>600
403	车体车钩缓冲装置安装区	焊缝区	33.1	>600
404	车体车钩缓冲装置安装区	焊缝区	11.5	>600

测点号	测点位置	测点区域	等效应力幅（MPa）疲劳许用应力	疲劳寿命估计（万千米）运用里程要求：不小于 600 万千米
405	车体车钩缓冲装置安装区	焊缝区	51.9	＞600
406	车体车钩缓冲装置安装区	焊缝区	11.9	＞600
407	车体车钩缓冲装置安装区	焊缝区	18.4	＞600
408	车体车钩缓冲装置安装区	焊缝区	27.2	＞600
409	车体车钩缓冲装置安装区	焊缝区	12.0	＞600
410	车体车钩缓冲装置安装区	焊缝区	45.0	＞600
411	车体车钩缓冲装置安装区	焊缝区	37.9	＞600
412	车体车钩缓冲装置安装区	焊缝区	146.1	118.2
413	车体车钩缓冲装置安装区	焊缝区	14.2	＞600
414	车体车钩缓冲装置安装区	焊缝区	8.2	＞600
415	车体侧梁与端梁连接区	焊缝区	2.9	＞600
416	车体侧梁与端梁连接区	焊缝区	13.7	＞600
417	车体侧梁与端梁连接区	焊缝区	36.0	＞600
418	车体侧梁与端梁连接区	焊缝区	33.1	＞600
419	车体侧梁与二系弹簧座横梁连接区	焊缝区	68.2	＞600
420	车体侧梁与二系弹簧座横梁连接区	焊缝区	51.6	＞600
421	车体中梁与二系弹簧座横梁连接区	焊缝区	16.8	＞600
422	车体中梁与二系弹簧座横梁连接区	焊缝区	13.4	＞600
423	车体中梁与二系弹簧座横梁连接区	焊缝区	22.3	＞600
424	车体中梁与二系弹簧座横梁连接区	焊缝区	15.4	＞600
425	车体侧梁与变压器吊挂横梁连接区	焊缝区	62.1	＞600
426	车体侧梁与变压器吊挂横梁连接区	焊缝区	24.6	＞600
427	车体中梁与变压器吊挂横梁连接区	焊缝区	18.1	＞600
428	车体中梁与变压器吊挂横梁连接区	焊缝区	34.2	＞600
429	变压器吊挂座	焊缝区	9.3	＞600

车体底架除了测点 412 外，其他动应力测点的等效应力幅均没有超过各自材料的疲劳许用应力。车体底架测点 412 等效应力幅超过了材料的疲劳许用应力，疲劳寿命估计值达不到运用要求。车体底架测点 412 等效应力幅为 146.1 MPa，该测点的疲劳寿命估计值为 118.2 万千米。

4. 数据分析

图 5.3-41 ～ 图 5.3-43 给出了钩尾框测点 304、钩尾框测点 305 和机车车体底架测点 412 一个单程全部试验数据的散点分布图。从这些散点图来看，列车运行在特定工况下，由于机车需要发挥较大的牵引力，各测点的动应力值均较大，大多在 100 MPa 以上。如果这些部件长期运用在这种工况下，其疲劳寿命将会降低，对应的等效应力幅较大。

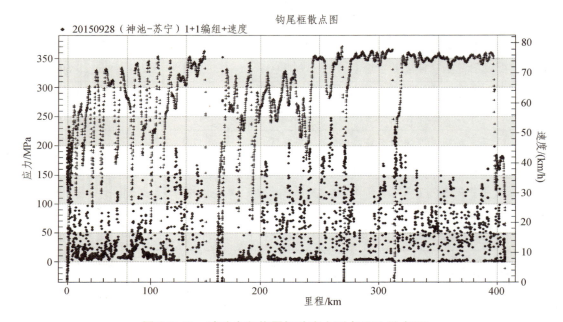

图 5.3-41　试验全程钩尾框动应力测点 304 散点图

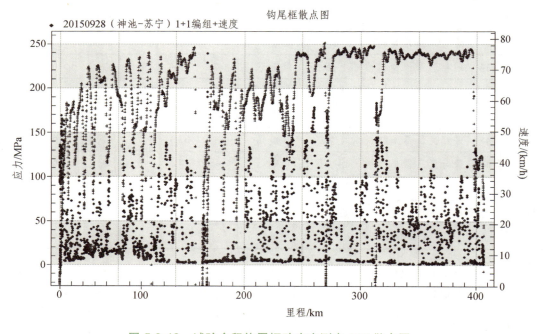

图 5.3-42　试验全程钩尾框动应力测点 305 散点图

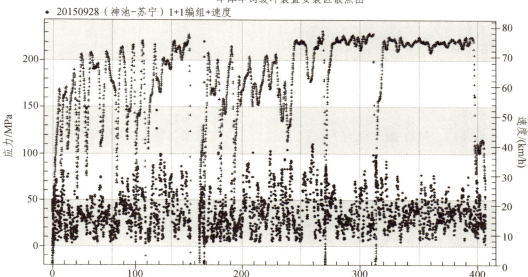

图 5.3-43　试验全程车体车钩缓冲装置安装区动应力测点 412 散点图

5.　试验小结

通过统计分析机车承载部件动强度试验数据，小结如下：

（1）在各种试验工况下，除机车车体底架 412 测点外的其他车体底架动应力测点以及机车转向架构架、牵引装置、车钩和钩尾框动应力测点实测应力最大值均未超过材料的许用应力；机车车体底架 412 测点实测应力最大值超过了材料许用应力，但未超过材料的屈服极限。

（2）在以当天试验全部测试数据进行统计的情况下，除机车车体底架 412 测点和钩尾框 304 与 305 测点的等效应力幅超过了材料的疲劳许用应力，其疲劳寿命估计值不能满足运用要求外，其他机车车体底架、钩尾框和车钩以及机车转向架构架和牵引装置动应力测点的等效应力幅均小于材料的疲劳许用应力，疲劳寿命估计值满足运用要求。

（3）虽然根据本次试验数据估计的机车车体底架动应力测点 412、钩尾框动应力测点 304 和 305 的疲劳寿命没能满足运用要求，但考虑到机车运用还包含反向运用工况和机车处于不同位置的运用工况，机车车体底架和钩尾框等承载部件实际疲劳寿命可能会大于本次试验估计的寿命。

通过分析机车各动应力测试部件最大应力出现的试验工况以及等效应力幅和疲劳寿命估计情况，建议如下：

（1）鉴于超过材料许用应力的最大应力均出现在车钩纵向产生异常冲击的工况，建议消除车钩纵向产生异常冲击的原因，以避免机车主要受力部件产生过大的冲击应力。

（2）机车车体底架等效应力幅较大和疲劳寿命较小的测点分布于机车车钩缓冲器安装座与机车底架牵引纵梁焊接位置，建议在运用检修时重点关注该位置。

（3）机车车钩和钩尾框是重载运输时比较薄弱的受力部件，建议予以重点关注，并定期按照标准 TB/T 456—2008《机车车辆用车钩、钩尾框》对相应位置进行探伤检查。

5.3.4 试验结论及建议

1. 结 论

通过对 1+1 牵引方式的"108 辆 C80 + 108 辆 C80"的 2.16 万吨列车进行试验，并与 2014 年进行同样牵引方式的"116 辆 C80 + 116 辆 C80"的 2.32 万吨列车试验结果进行比较，得到以下初步结论：

（1）采用 LTE 网络通信平台后，机车的牵引、空气制动与缓解的同步性可以满足 2 万吨列车的开行需求。

（2）试验全程主、从控机车牵引能力均发挥正常，除去有试验任务和临时停车的区段，在其他正常运行的区段，试验列车的区间运行时分比现行万吨列车图定运行时分略有延长。

（3）长大下坡道区段，由于列车编组缩短，按试验操纵方式可以满足列车在长大下坡道再充风时间要求，未出现充风不足现象。

（2）调速制动时，由于列车编组缩短、优化操纵，调速制动缓解时出现车钩力大值的频率与幅值均比"116 辆 C80 + 116 辆 C80"编组显著减小；缓解速度、调速制动的减压量未对缓解过程中的最大车钩力产生明显影响。

（3）常用制动停车工况下测得的最大车钩力均不大于 1 000 kN，各项安全性指标均在试验规定限度之内。通信中断情况下，采用减压 100 kPa 的制动停车方式可以作为应对长时间通信中断情况时的停车应急方案。

（4）在通信正常的情况下，由于可控列尾具有紧急排风功能，列车紧急制动同步性较好，紧急制动最大车钩力仅为 1 042 kN（限度值 2 250 kN），远小于试验规定的安全限度值，其他运行安全性参数也均在安全限度之内。

（5）中部从控机车及特殊位置货车在试验全程及各种特定试验工况下的运行安全性参数（脱轨系数、减载率和轮轴横向力）均在试验规定的安全限度之内，制动工况的运行安全性指标与正常运行工况没有明显差异，对脱轨系数、轮轴横向力而言，制动工况的影响小于侧向通过道岔的影响。

（6）在 1+1 牵引模式下的中部从控机车在运行全程及各种特定试验工况下，车体底架车钩缓冲装置安装座处 412 测点动应力存在超过材料许用应力的现象，但未超屈服极限，其他车体底架动应力测点以及机车转向架构架、牵引装置、车钩和钩尾框动应力测点实测应力最大值均未超过材料的许用应力。

试验表明，在朔黄线开行 1+1 牵引方式的"108 辆 C80 + 108 辆 C80"的 2.16 万吨列车的方案可行。

2. 建 议

（1）研究 2 万吨列车集结、编组、运行、到达、停车分解、非正常行车等组织方式以及相关规章制度，并加以明确。

（2）由于试验编组列车不具备在朔黄线上行 4‰ 限制坡道的起动能力，建议正常开行后尽量避免在 4‰ 限制坡道处停车，并制订停车后的应急救援方案。

（3）进一步优化调速制动的操纵方案（包括同步控制装置的再生制动施加模式），结合线路平纵断面，尽量选择在缓坡处实施缓解，以降低纵向力。

（4）在长大下坡道区段，停车后的制动减压量达到全制动减压量时，由于受列车缓解特性和坡道下滑力综合影响，容易在缓解过程中产生大的拉钩力，建议通过优化同步控制软件和操纵方式等尽量予以避免。

（5）本次试验表明，列车在同步状态下紧急制动时产生的纵向力处于较低水平，建议同步控制软件对非主控机车产生的紧急制动的响应逻辑合理性进行重新论证。

（6）由于 1+1+ 可控列尾编组较大纵向力一般均发生在中部机车附近，且中部机车承载部件存在个别位置应力值超出材料许用应力的情况，建议加强对中部机车及附近车辆钩缓系统检查，消除安全隐患。

5.4　朔黄铁路两万吨车钩测力应用系统

5.4.1　机车车钩测力系统试验第一阶段小结

根据《两万吨重载列车车钩测力应用系统试验大纲》《两万吨重载列车车钩测力应用系统试验细则》有关要求，两万吨平稳操纵技术攻关小组完成了车钩测力系统标定试验。

5.4.1.1　设备安装

2017 年 4 月 12 日神华号 7080 机车在肃北进行修程一级检。攻关小组利用这次检修扣车的机会，进行车钩测力系统的布线和设备安装；利用 4 月 13 日交车前后的空档，对前一日的布线和设备安装进行检查和测量，包括外观检查和万用表测量，以确保测力系统安装可靠，接线正确，如图 5.4-1 所示。

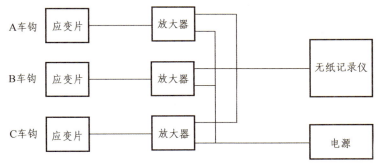

图 5.4-1　车钩测力系统原理图

5.4.1.2　运行试验

试验项目概述见表 5.4-1。

表 5.4-1 试验项目表

日期	车次	区段	试验内容	试验概况	备注
4 月 14 日	16801	肃北-神南	标定 B 节车钩、标定中部车钩	B 节应力片信号不稳定，神南更换应力片	
4 月 14 日	28138	神南-肃北	观察 B 节车钩、中部车钩的受力	更换应力片后受车钩方向局限，只能担当从控	
4 月 15 日	18101	肃北-神南	标定 A 节车钩	A 节车钩初步调整完毕	
4 月 16 日	28540	神南-肃北	标定 B 节车钩	B 节车钩初步调整完毕	
4 月 17 日	18497	肃北-神南	标定 B 节车钩	B 节车钩标定成功，数据稳定	
4 月 18 日	28340	神南-肃北	验证 B 节车钩	担当从控观察受力情况，验证 B 节车钩数据采集，B 节车钩标定结束	
4 月 19 日	8685	肃北-神南	标定中部车钩	在固定区段，利用切单节做调整	
4 月 19 日	18368	神南-肃北	验证中部车钩	中部车钩标定结束，数据稳定	
4 月 21 日	18367	肃北-神南	标定 A 节车钩	A 节应力片信号不稳定，神南更换应力片	
4 月 21 日	28282	神南-肃北	观察 B 节车钩和中部车钩数据采集的稳定性	更换应力片后受车钩方向局限，上行无法标定 A 节车钩	
4 月 23 日	18557	肃北-神南	标定 A 节车钩	A 节车钩出现拉钩力和压钩力不成比例，更换多个部件排除法查找原因	
4 月 24 日	28142	神南-肃北	观察 B 节车钩和中部车钩数据采集的稳定性	运行中查找 A 节现象原因	
4 月 27 日	18327	肃北-神南	标定 A 节车钩	肃北更换应力片，故障未消除。东冶天窗更换应力片和放大器，故障现象依旧。神南更换应力片后担当从控	
4 月 27 日	29908	神南-肃北	观察 A 节车钩受力情况和数据采集	受车钩方向的局限，神南更换应力片后担当从控进行观察和调整，A 钩初步调整完毕	
4 月 29 日	28390	肃北-港口	标定 A 节车钩	前期调整数值出现不稳定现象，拉钩力和压钩力再次出现不成比例的现象	
4 月 30 日	18299	港口-肃北	便乘回肃北	港口未进环线，受车钩方向的局限，无法调整	

5.4.1.3 数据不稳定分析

试验过程中，试验小组采取连续跟车两个往返西线后休息一趟的办法，在试验中发现了很多问题。具体问题如下：

1. 车钩钩体表面打磨质量对测试数据的影响

钩体表面的打磨是小组成员利用角磨机进行的，打磨的工艺因人而异，并且同一个人每次打磨的效果都不相同。假如贴片的位置出现不平的棱痕，贴片将不能平整地贴合。

2. 车钩打磨表面清洁对测试数据的影响

在以往的粘贴过程中，打磨完毕至涂胶粘贴之间并没有清洁步骤，粘贴之后贴片与钩体表面容易夹杂打磨的金属碎末，钩体在运行中的形变并不能完全带动贴片的电阻变化，影响信号的采集。

3. 粘贴应力片所用胶水对测试数据的影响

在 7148 机车安装时，所用的是攻关小组成员自行购买的 502 胶水，质量较好，能够保障贴片和车钩钩体表面完全黏合。而在 7080 机车 3 个车钩的贴片过程中使用的胶水，是检修工人黏合塑料材质的 502 胶水，实践证明这种胶水不能保证贴片能够粘贴牢固并完全密贴。

4. 贴片在钩体所处的位置对测试数据的影响

（1）水平位置：根据车钩一体浇筑的特性和模具的特点，造成了车钩钩体侧面中心位置产生了一条不规则的浇筑线，贴片的位置越靠近此线，越影响形变信号的采集，过度的远离，贴片的位置会进入正上方和侧面的弧度，同样不可取。

（2）径向位置：在以往的粘贴过程中，从打磨开始选定的粘贴位置依靠肉眼的判断，实际操作下来，存在 3 cm 左右的误差。根据车钩形状和尺寸的特点，粘贴位置越靠近车钩钩头，受力时的形变越小，粘贴位置越靠近钩尾，受力时产生的形变越大。因此，增加了增益值的调整难度，降低了所采集数据的准确性。

5. 粘贴胶水和外层保护胶对测试数据的影响

以往的粘贴过程中，两种胶水的选择上比较随意。尤其是在运行当中的调试过程中发现信号不稳定之后，才发现所有胶水的酸碱度对应力片的影响较大。也就是说带有酸性或者碱性的胶水在一定的时间之后会腐蚀应力片的金属丝，严重影响测力系统的准确性。

5.4.1.4 试验总结

结合安装工艺对测试数据影响的分析，车钩测力系统在安装、粘贴、调试的过程当中，忽略任意一点，都将直接影响测力系统数据采集的稳定性和准确性。攻关小组成员通过反复翻阅典型论文和试验报告，结合网络资源等，初步总结出车钩测力系统设备原理和安装调试的注意事项。

5.4.1.4.1 应变片原理

（1）电阻应变片也称电阻应变计，简称应变片或应变计，是由敏感栅等构成，用于测量应变的元件。它能将机械构件上应变的变化转换为电阻变化。电阻应变片是由 $\Phi = 0.02 \sim 0.05$ mm 的康铜丝或镍铬丝绕成栅状（或用很薄的金属箔腐蚀成栅状），夹在两层绝缘薄片中（基底）制成。用镀银铜线与应变片丝栅连接，作为电阻片引线。

（2）电阻应变片的测量原理为：金属丝的电阻值除了与材料的性质有关之外，还与金属丝的长度、横截面面积有关。将金属丝粘贴在构件上，当构件受力变形时，金属丝的长度和横截面面积也随着构件一起变化，进而发生电阻变化。

$$dR/R = K_s \times \varepsilon$$

其中，K_s 为材料的灵敏系数，其物理意义是单位应变的电阻变化率，标志着该类丝材电阻应变片效应显著与否。ε 为测点处应变，为无量纲的量，但习惯上仍给以单位微应变，常用符号 $\mu\varepsilon$ 表示。

由此可知，金属丝在产生应变效应时，应变 ε 与电阻变化率 dR/R 呈线性关系，这就是利用金属应变片来测量构件应变的理论基础。

5.4.1.4.2 应变片分类

1. 丝绕式

用电阻丝盘绕电阻片称为丝绕式电阻片，目前广泛使用的有半圆弯头平绕式，这种电阻片多用纸底和纸盖，价格低廉，适于实验室广泛使用，缺点是精度较差，横向效应系数较大。

2. 短接式

这种电阻片的制作比较容易，在一排拉直的电阻丝之间，在预定的标距上用较粗的导线相间地造成短路，这种电阻片有用纸底的，也有用胶底的。短接式电阻片的优点是几何形状容易保证，而且横向效应系数近于零。

3. 箔式电阻片

它是在合金箔（康铜箔或镍铬箔）的一面涂胶形成胶底，然后在箔面上用照相腐蚀成形法制成的，所以几何形状和尺寸非常精密，而且由于电阻丝部分是平而薄的矩形截面，所以粘贴牢固，丝的散热性能好，横向效应系数也较低，和丝绕式应变片相比，箔式电阻片有下列优点：

（1）随着光刻技术的发展，箔式电阻片能保证尺寸准确、线条均匀，故灵敏系数分散性小。尤其突出的是能制成栅长很小（如 0.2 mm）或敏感栅图案特殊的应变片。

（2）箔式电阻片栅丝截面为矩形，故栅丝周表面积大，因而散热性好。这样，在相同截面面积下，允许通过的电流较丝绕式片的大，使测量有输出较大信号的可能。另外，表面积大使附着力增加，有利于变形传递，因而增加了测量的准确性。

（3）箔式电阻片敏感栅横向部分的线条宽度比纵向部分的大得多，因而单位长度的电阻也小很多，使箔式电阻片横向效应很小。

（4）箔式电阻片均为胶基，故绝缘性好，蠕变和机械滞后小，耐湿性好。

（5）便于成批生产，生产率高。

由于箔式电阻应变片有这些特点，故在常温的应变测量中将逐渐取代丝绕式电阻应变片。

5.4.1.4.3 电阻应变片的粘贴步骤

1. 应变计准备

贴片前，将待用的应变计进行外观检查和阻值测量。外观检查可凭肉眼或借助放大镜进行，目的在于观察敏感栅有无锈斑，缺陷，是否排列整齐，基底和覆盖层有无损坏，引线是否完好。

2. 构件表面处理

对于钢铁等金属构件，首先是清除表面油漆、氧化层和污垢；然后磨平或锉平，并用细砂布磨光。通常称此工艺为"打磨"。对非常光滑的构件，则需用细砂布沿 45° 方向交叉磨出一些纹路，以增强黏结力。打磨面积约为应变计面积的 5 倍左右。打磨完毕后，用划针轻轻划出贴片的准确方位。表面处理的最后一道工序是清洗，即用洁净棉纱或脱脂棉球蘸丙酮或其他挥发性溶剂对贴片部位进行反复擦洗，直至棉球上见不到污垢为止。

3. 贴　片

贴片工艺随所用黏结剂不同而异，待清洗剂挥发后，先在贴片位置滴一点黏结剂，用应变计背面将胶水涂匀，然后用镊子拨动应变计，调整位置和角度。定位后，在应变计上垫一层聚乙烯或四氟乙烯薄膜，用手指轻轻挤压出多余的胶水和气泡，待胶水初步固化后即可松开。粘贴好的应变计应保证位置准确，黏结牢固、胶层均匀、无气泡和整洁干净。

4. 导线的焊接与固定

黏结剂初步固化后，即可进行焊线。常温静态测量可使用双芯多股铜质塑料线做导线，动态测量使用三芯或四芯屏蔽电缆做导线。应变计和导线间的连接通过接线端子，焊点确保无虚焊。导线与试件绑扎固定，导线两端根据测点的编号做好标记。

5. 贴片质量检查

贴片质量检查包括外观检查、电阻和绝缘电阻测量。外观检查主要观察贴片方位是否正确，应变计有无损伤，粘贴是否牢固和有无气泡等。测量电阻值可以检查有无断路、回路。绝缘电阻是最重要的受检指标。绝缘好坏取决于应变计的基底，粘贴不良或固化不充分的应变计往往绝缘电阻低。

6. 应变计及导线的防护

应变计受潮会降低绝缘电阻和黏结强度，严重时会使敏感栅锈蚀；酸，碱及油类侵入甚至会改变基底和黏结剂的物理性能。为了防止大气中游离水分和雨水、露水的侵入，在特殊环境下防止酸、碱、油等杂质侵入，对已充分干燥、固化，并已焊好导线的应变计，立即涂上防护层。

5.4.2　重载列车车钩测力系统准确性试验小结

5.4.2.1　试验编组

神华号 7071 机车 + 108C80 重车 + 神华号 7080 机车 + 106C80 重车 + 可控列尾。

5.4.2.2　试验数据

为了准确测试机车车钩受力情况，分别在机车前钩、后钩及中部车钩处安装测力设备，全面测试列车纵向动力学性能、中部从控机车的机车动力学性能，综合评估不同编组 2 万吨组合列车的动态性能和运行品质。结合铁科院数据进行比较，在神池南—西柏坡长大下坡道区段进行了循环制动试验、追加减压试验、长大下坡道惰力过分相试验。

（1）2015 年两万吨列车循环制动试验项目及数据统计如表 5.4-2。

表 5.4-2　2015 年两万吨列车铁科院数据表

序号	制动位置/km	制动初速/（km/h）	缓解位置/km	缓解初速/（km/h）	缓解时机车电制力/kN	可用再充风时间/s	货车测试最大车钩力（kN）/位置	操纵方式
1	6.813	58.0	8.254	34.3	366	—	1 290/107	减 50 kPa 调速
2	12.758	58.9	13.941	44.2	317	335	858/163	减 50 kPa 调速
3	19.509	65	22.121	29.6	416	385	− 1 117/109	减 50 kPa 调速
4	25.424	68.2	30.086	32.6	358	263	1 197/107	减 50 kPa 调速
5	33.217	68.2	42.119	44.5	233	238	− 1 118/135	减 50 kPa 追加 20 kPa 调速
6	46.138	68.3	55.425	32.3	317	300	− 652/27	减 50 kPa 追加 30 kPa 调速
7	58.318	68.4	64.582	44.6	0	222	− 1 344/107	减 50 kPa 追加 20 kPa 调速
8	68.949	68.6	71.859	29.1	316	297	− 888/109	减 50 kPa 追加 50 kPa 调速
9	87.520	72.1	88.873	65.7	275	310	− 1 429/55	减 50 kPa 调速
10	144.010	70.3	145.678	54.6	266	—	877/107	减 50 kPa 调速
11	150.161	67.7	154.711	29.8	208	594	991/107	减 50 kPa 调速
12	172.761	68.7	174.978	59.6	308	1322	− 700/109	减 50 kPa 调速
13	180.703	68.1	183.299	29.2	375	346	− 1 062/135	减 70 kPa 调速
14	192.508	72.1	194.865	28.9	266	626	− 1 198/55	减 50 kPa 追加 50 kPa 调速
15	198.490	61.4	199.735	56.4	212	256	− 542/107	减 50 kPa 调速
16	207.205	68.2	210.151	54.9	317	442	− 1 074/55	减 50 kPa 调速
17	230.128	69.4	232.340	59.5	316	1158	− 685/109	减 50 kPa 调速
18	237.928	60.2	240.353	43.9	192	—	− 1 028/107	减 50 kPa 调速
19	397.858	75.5	399.038	48.9	216	—	1 358/107	减 50 kPa 调速

（2）2017 年 5 月 17 日测试数据见表 5.4-3。

表 5.4-3　车钩测力应用系统数据

两万吨列车中部机车（HXD17080）车钩受力记录表													
7080 机车操作端（A）节；以运行方向记录：A 钩应力片（右）侧，中钩应力片（右）侧，B 钩应力片（左）侧													
序号	充风情况/s	初制动地点/km	初制动速度/(km/h)	追加情况/kPa	缓解地点/km	缓解速度/(km/h)	缓解时再生力/kN	A 钩大值/kN		中钩大值/kN		B 钩大值/kN	
								拉钩力	压钩力	拉钩力	压钩力	拉钩力	压钩力
1	—	7.606	58	初减压	8.939	35	350	763	864	1 062	1 608	497	460
2	—	13.508	57	初减压	14.486	45	330	695	1 488	782	1 989	573	129
3	—	20.151	61	初减压	22.479	30	400	1 128	1 696	1 223	1 891	815	392
4	246	25.472	65	初减压	28.921	31	350	809	847	1 146	1 248	539	615
5	187	31.062	57	初减压	38.886	32	350	—	312	—	771	—	802
6	183	41.094	59	10	42.837	48	350	—	564	—	519	—	726
7	281	46.510	64	20	54.222	32	340	—	724	—	1 027	—	429
8	183	56.438	61	20	65.550	43	350	—	707	—	1 713	—	715
9	307	69.148	63	30	72.037	31	330	553	232	591	1 016	201	924
10	379	77.059	64	初减压	81.973	41	300	474	1 552	573	1 999	265	1 701
11	—	144.449	70	初减压	146.459	55	300	749	658	808	901	426	1 245
12	266	150.780	64	初减压	155.004	31	220	589	881	789	675	385	811
13	184	157.252	62	初减压	165.361	39	300	—	800	—	1 146	—	275
14	468	170.449	65	初减压	175.001	55	300	—	626	—	955	—	770
15	—	182.922	68	初减压	185.809	54	300	—	876	—	1 272	—	284
16	—	192.983	66	30	195.170	34	270	927	1 935	1 258	1 999	784	618
17	—	208.073	65	初减压	210.297	55	320	472	1 275	466	1 785	211	454
18	—	230.468	67	初减压	232.426	63	320	—	675	—	744	—	1 335
19	—	237.442	57	初减压	238.538	49	350	—	527	—	728	—	467
注：空白处的拉钩力、压钩力值较小，忽略不计车钩力测试系统应用最大量程为 2 000 kN。													

5.4.2.3　试验数据分析

（1）长大下坡道区段循环制动时，列车充风时间在满风情况下的受力比较大，在多次循环制动，底风削弱的情况下受力比较小，缓解地点的不同对列车受力的影响比较大。

（2）长大下坡道区段循环制动时追加减压，共计追加减压 5 次，通过不同区段、不同坡道的对比，车钩受力均不同，如表 5.4-4 所示。

表 5.4-4　车钩测力应用系统追加减压数据

两万吨列车中部机车（HXD17080）车钩受力记录表														
7080 机车操作端（A）节；以运行方向记录：A 钩应力片（右）侧，中钩应力片（右）侧，B 钩应力片（左）侧														
序号	充风情况 /s	初制动地点 /km	初制动速度 /（km/h）	追加情况 /kPa	缓解地点 /km	缓解速度 /（km/h）	缓解时再生力 /kN	A 钩大值/kN		中钩大值/kN		B 钩大值/kN	
								拉钩力	压钩力	拉钩力	压钩力	拉钩力	压钩力
1	183	41.094	59	10	42.837	48	350	—	564	—	519	—	726
2	281	46.510	64	20	54.222	32	340	—	724	—	1 027	—	429
3	183	56.438	61	20	65.550	43	350	—	707	—	1 713	—	715
4	307	69.148	63	30	72.037	31	330	553	232	591	1 016	201	924
5	—	192.983	66	30	195.170	34	270	927	1 935	1 258	1 999	784	618

注：空白处的拉钩力、压钩力值较小，忽略不计。车钩力测试系统应用最大量程为 2 000 kN。

其中，65 km + 550 m 处，追加 20 kPa 的缓解，中钩压钩力达到 1 713 kN，中钩贴片在右侧，内侧弯道，导致压钩力大；195 km + 170 m 处，追加 30 kPa 的缓解，中钩压钩力达到峰值，再生力小，内侧弯道，导致压钩力达到峰值。

（3）本次试验在龙宫分相前 38 km + 886 m 处，速度 32 km/h 缓解，运行至龙宫分相断电后，共计走行 2 208 m，充风 183 s，再制动速度 59 km/h，最高速度 62 km/h。

存在问题：为保证充风时间，分相前再生制动使用达到 400 kN，距离分相较近退再生力过程中列车中部冲动较大；制动后不能找到合适的缓解地点，可能造成后续停车缓风，龙宫站不具备惰力过分相条件。

5.4.2.4　与铁科院试验数据对比

全程共计统计 19 把闸，其中长梁山内第二把闸 28 km + 921 m、寺铺尖隧道内 155 km + 004 m 处的缓解，列车均处于直线上，测试数据与铁科数据吻合。其他地点的缓解，由于受弯道曲线影响、车钩贴片位置限制，最大差值 700 kN，相比之下，均大于铁科院数据，属正常现象。

（1）车钩测力应用系统数据与铁科院试验数据对比见表 5.4-5。

表 5.4-5　车钩测力应用系统数据与铁科院试验数据对比

试验类别	制动位置 /km	制动初速 /（km/h）	缓解位置 /km	缓解初速 /（km/h）	缓解时机车电制力 /kN	可用再充风时间/s	货车测试最大车钩力（kN）/位置	操纵方式
铁科院	25.424	68.2	30.086	32.6	358	263	1 197/107	减 50 kPa 调速
本次	25.472	65	28.921	31	350	238	1 248/107	减 50 kPa 调速
铁科院	150.161	67.7	154.711	29.8	208	594	−991/107	减 50 kPa 调速
本次	150.780	64	155.004	31	220	1322	−881/109	减 50 kPa 调速

（2）测试数据波形图。

① 长梁山内 28 km + 921 m 处的缓解波形如图 5.4-2 所示。

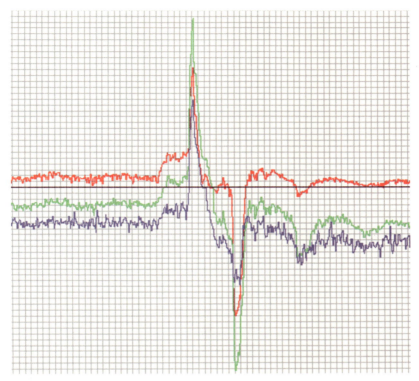

图 5.4-2 长梁山隧道缓解波形图

图中最大拉钩力 1 146 kN，最大压钩力 1 248 kN，铁科院试验数据中最大压钩力 1 197 kN，数据和波形基本一致。

② 寺铺尖隧道内 155 km + 004 m 处的缓解波形如图 5.4-3 所示。

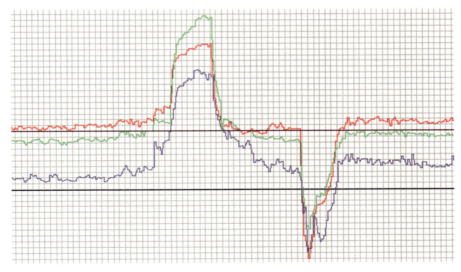

图 5.4-3 寺铺尖隧道缓解波形图

图中最大拉钩力 789 kN，最大压钩力 881 kN，铁科院试验数据中最大压钩力 991 kN，数据和波形基本一致。

5.4.2.5　试验过程中最大峰值图

（1）神南高速试闸缓解如图 5.4-4 所示。

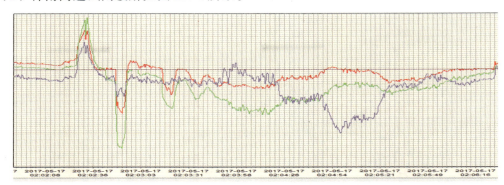

图 5.4-4　神池南高速试闸缓解波形图

（2）宁武西进站缓解如图 5.4-5 所示。

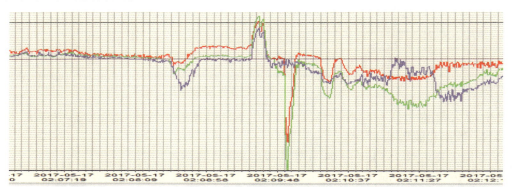

图 5.4-5　宁武西进站缓解波形图

（3）长梁山第一把闸缓解如图 5.4-6 所示。

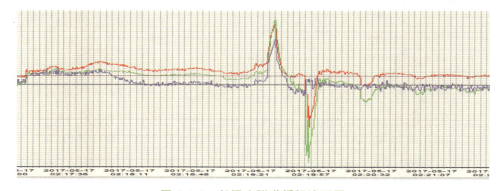

图 5.4-6　长梁山隧道缓解波形图

（4）原平南进站处缓解如图 5.4-7 所示。

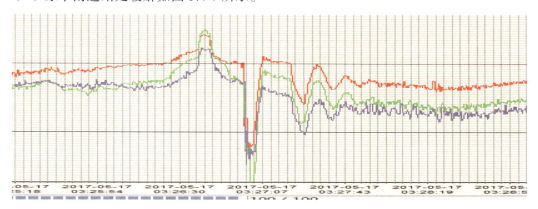

图 5.4-7　原平南进站缓解波形图

（5）猴刌—小觉间 195 km 处缓解如图 5.4-8 所示。

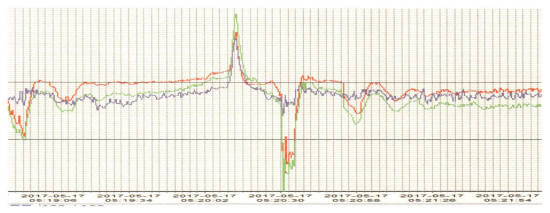

图 5.4-8　195 km 处缓解波形图

（6）小觉—古月间 212 km 处缓解如图 5.4-9 所示。

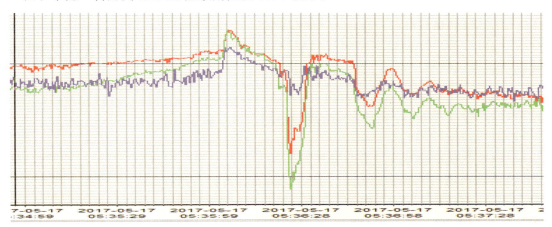

图 5.4-9　212 km 处缓解波形图

由以上峰值图可以看出，以上 5 处地点的缓解，超量程 2 次，一次在原平南进站，一次在猴刎至小觉间追加减压 30 kPa 缓解列车制动时，两次超量程表现出的列车受力情况，根据线路坡道得出，大转小坡道不明显，原平南进站处缓解时坡道由 12‰→8‰→7‰→4‰→6‰→1‰ 逐渐减小、猴刎至小觉 195 km 处缓解时坡道由 12‰→9‰→11‰→7‰ 逐渐减小，纵向力最大值均出现在缓解后 50 s 之内，而再生力的给定值大小决定了压钩力大小，坡道的变化使车钩在受力过程中纵向力不能很好释放，导致压钩力偏大出现峰值。

5.4.2.6　测试结论

该测试设备在直线上能够直观、准确地反馈中部从控机车车钩受力情况，为平稳操纵优化提供数据支持；在弯道区段受贴片位置限制，测试数据较铁科院记录数据普遍较大，但是相对数据值比较稳定，可以对比分析优化操纵效果。

5.5　朔黄铁路两万吨列车关门车试验

为提高神池南站两万吨列车编组效率，提升公司整体运输能力，保障两万吨列车运行安全，根据关门车超编试验研讨会相关要求，公司决定组织进行关门车超 6% 编组两万吨列车运行试验。

5.5.1　试验区段

神池南—肃宁北区段。

5.5.2　试验内容

（1）验证关门车编挂极端条件下，列车紧急制动衰减情况。

（2）两万吨列车关门车数量在 6%、7%、8% 分别试验 3 趟，验证列车制动距离是否符合要求。

5.5.3　试验关门车占比及试验地点

1. 长大下坡道区段关门车占比 6%

（1）神池南站列检负责关闭前、后单元列车中各 6 辆车截断塞门，在神池南至北大牛区间验证关门车对循环制动的影响，列车运行到北大牛至原平南间 67 ~ 69 km 处，充风 130 ~ 150 s，速度 74 km/h，减压 80 kPa 停车，检测列车制动走行距离。

（2）列车运行到北大牛至原平南间 76 ~ 79 km 处，速度 74 km/h，减压 170 kPa 停车，检测列车制动走行距离。

（3）南湾至滴流磴区间验证关门车对循环制动的影响。

（4）列车运行到滴流磴至猴刿间 168 ~ 169 km 处，速度 74 km/h，减压 100 kPa 停车，检测列车制动走行距离。

2. 长大下坡道区段关门车占比 7%

（1）神池南站列检负责关闭前、后单元列车中各 7 辆车截断塞门，在神池南至北大牛区间验证关门车对循环制动的影响，列车运行到北大牛至原平南间 67 ~ 69 km 处，充风 130 ~ 150 s，速度 74 km/h，减压 80 kPa 停车，检测列车制动走行距离。

（2）列车运行到北大牛至原平南间 76 ~ 79 km 处，速度 74 km/h，减压 170 kPa 停车，检测列车制动走行距离。

（3）南湾至滴流磴区间验证关门车对循环制动的影响。

（4）列车运行到滴流磴至猴刿间 168 ~ 169 km 处，速度 74 km/h，减压 100 kPa 停车，检测列车制动走行距离。

3. 长大下坡道区段关门车占比 8%

（1）神池南站列检负责关闭前、后单元列车中各 8 辆车截断塞门，在神池南至北大牛区间验证关门车对循环制动的影响，列车运行到北大牛至原平南间 67 ~ 69 km 处，充风 130 ~ 150 s，速度 70 km/h，减压 80 kPa 停车，检测列车制动走行距离。

（2）列车运行到北大牛至原平南间 76 ~ 79 km 处，速度 74 km/h，减压 170 kPa 停车，检测列车制动走行距离。

（3）南湾至滴流磴区间验证关门车对循环制动的影响。

（4）列车运行到滴流磴至猴刿间 168 ~ 169 km 处，速度 74 km/h，减压 100 kPa 停车，检测列车制动走行距离。

两万吨列车关门车动态试验记录见表 5.5-1。

5.5.4　试验数据分析

5.5.4.1　占比 6% 试验数据分析

根据试验计划于 9 月 18 日至 9 月 22 日开始进行两万吨关门车试验，9 月 18 日进行关门车占比 6% 试验，共计试验 3 趟，期中第二趟由于前半列关门车为 8 辆，超过规定的 6%，在循环制动时无明显变化，减压 80 kPa、100 kPa、170 kPa，试验时主控机车与从空机车均在速度降至 45 km/h 以下时出现明显减载情况，其中最低减载至 30 kN。冲动情况因为没有测力设备，均由从控司机人为感觉，在不同的区段进行减压时与正常操纵对比冲动不明显。试验过程中 3 次减压量不同，走行距离与正常操纵对比，均在正常范围内，停车后对列车及机车车钩进行检查，未发现渡板变形及钩缓失效情况。

1. 第一列：28314 次动态试验

车体为整列 C80。关门车位置分布：前半列关门 6 辆（主控机车机后：5 位、9 位、15 位、80 位、86 位、92 位）；后半列关门 6 辆（从控机后：18 位、25 位、50 位、62 位、73 位、83 位）循环制动正常。

表 5.5-1　两万吨列车关门车动态试验记录

朔黄铁路两万吨关门车动态试验

日期	机车号/趟	车次	关门车占比	编组	区段	充风时间/s	制动地点/km	制动初速/(km/h)	最高速度/(km/h)	减压量/kPa	走行距离/m	再生力/kN	停车地点/km	减载情况/kN 主控	减载情况/kN 从控
9.18	第一趟 7078+7079	28314	6%	整列 C80	北大牛—原平南	182	69.098	70	74	80	2418	270	71.516	50	30
					滴流磴—接垴	505	77.358	70	72	170	1354	400	78.712	90	40
9.18	第二趟 7171+7084	28332	7%	整列 C80	北大牛—原平南	314	169.482	70	72	100	1587	310	171.069	70	90
					滴流磴—接垴	439	76.995	69	72	80	2408	384	79.403	190	70
9.18	第三趟 7077+7083	28248	6%	C80 + C80B	北大牛—原平南	307	168.589	70	72	100	1428	384	171.017	80	80
					滴流磴—接垴	256	68.862	68	72	80	2522	230	71.382	无	无
9.20	第一趟 7082+7085	28060	7%	整列 C80	北大牛—原平南	202	168.877	69	72	100	1476	310	170.353	140	70
					滴流磴—接垴	447	69.562	69	72	80	2872	304	72.434	200	60
9.20	第二趟 7139+7074	28392	7%	整列 C80	北大牛—原平南	782	77.594	70	72	170	1419	304	79.013	120	70
					滴流磴—接垴	309	170.314	70	72	100	1781	304	172.098	120	90
9.20	第三趟 7173+7170	28722	7%	整列 C80	北大牛—原平南	198	68.994	70	72	80	1954	384	70.948	120	140
					滴流磴—接垴	400	169.478	70	72	100	1489	384	170.967	80	150
9.22	第一趟 7139+7007	28414	8%	整列 C80	北大牛—原平南	303	68.835	68	71	80	2486	352	71.321	无	无
					滴流磴—接垴	343	169.020	68	71	100	1545	304	170.565	130	130
9.22	第二趟 7081+7082	28488	8%	整列 C80	北大牛—原平南	306	69.649	70	72	80	2348	304	71.977	100	80
					滴流磴—接垴	481	77.443	70	72	170	1326	304	78.751	80	20
9.22	第二趟				北大牛—原平南	428	170.445	70	72	100	1625	304	172.07	120	80
					滴流磴—接垴	258	69.396	70	73	80	2386	304	71.782	180	170
9.22	第三趟 7148+7145	28646	8%	整列 C80	北大牛—原平南	246	169.276	70	71	100	1495	304	170.771	110	无
					北大牛—原平南	694	68.983	70	73	80	2264	304	71.247	110	150
					滴流磴—接垴	216	169.104	70	72	100	1561	304	170.665	140	120

备注：关门车动态试验共计试验 9 趟，其中 9 月 18 日第二趟共计 14 辆，前半列 8 辆，后半列 6 辆，第二趟第三趟共计 28248 车。第三趟为 C80+C80B 车，后半列为 C80B 车。其他 8 列均为整列 C80 车体，运行过程中编组不一致对操纵影响不明显，9 趟实验地点减压地点不同，减压停车过程中均有再生减载情况。减压地点不同，涨速情况均在可控范围，其中 9 月 18 日第一列最高涨速至 74 km/h。

80 kPa 减压试验：列车运行到 69 km + 098 m 处，充风 182 s，70 km/h 减压 80 kPa，最高 74 km/h，走行 2 418 m，起车正常，无任何冲动。

170 kPa 减压试验：77 km + 358 m 处减压 170 kPa，最高 72 km/h，走行 1 354 m，20 km/h 以下冲动比较明显。停车检查，主从控前后钩缓和重联渡板正常。起车时 40 s 机车有速度 1 km/h，然后变 0 km/h，90 s 后列车正常起动，无任何冲动。

100 kPa 减压试验：169 km + 482 m 处，充风 314 s，70 km/h 减压 100 kPa，最高 72 km/h，走行 1 587 m，30 km/h 以下有冲动。停车检查，主从控前后钩缓和重联渡板正常。

2. 第二列：28332 次动态试验

车体为整列 C80。关门车位置分布：前半列关门 8 辆（主控机车机后：15 位、21 位、68 位、89 位、95 位、96 位、101 位、102 位）；后半列关门 6 辆（从控机后：5 位、22 位、47 位、69 位、90 位、97 位）。循环制动正常。

注：因为北大牛出站连续黄灯，速度和充风时间无法满足试验需求，未完成试验，后调整为 76 ~ 79 km 处进行减压 80 kPa 试验。

80 kPa 试验：76 km + 995 m 处，充风 439 s，速度 69 km/h 再生力保持 384 kN，减压 80 kPa，最高 72 km/h，走行 2 408 m。停车过程中无明显冲动。停车检查渡板钩缓正常后开车，无任何冲动。

100 kPa 试验：168 km + 589 m 处，充风 307 s，速度 70 km/h 再生力保持 384 kN 减压，减压 110 kPa，最高 72 km/h，走行 1 428 m 停车。速度降至 47 km/h 开始，主从车出现再生力波动现象，最低掉至 80 kN，整列车有明显前后涌动情况直至停车。停车以后检查钩缓、走行部、重联渡板正常，起车无冲动。

3. 第三列：28248 次动态试验

车体为 108 辆 C80 + 108 辆 C80B。关门车位置分布：前半列关门 6 辆（主控机车机后：5 位、10 位、14 位、19 位、29 位、39 位）；后半列关门 6 辆（从控机后：40 位、46 位、60 位、65 位、75 位、96 位）。循环制动正常。

80 kPa 减压试验：列车运行至 68 km + 845 m 处，充风 176 s，速度 68 km，再生力 230 kN，减压 80 kPa，最高 72 km/h，走行 2 537 m 停车，检查钩缓、走行部、重联渡板正常，开车后从车有轻微冲动。

100 kPa 减压试验：列车运行至 168 km + 900 m 处，充风 200 s，速度 69 km/h，再生力 304 kN，减压 110 kPa，最高涨至 72 km/h，走行 1.5 km 停车。速度 41 km/h，主从车出现明显掉流现象，最低掉至 80 kN，最高恢复至 260 kN，速度降至 20 km/h 左右时主从车反复出现掉流现象，最低掉至 72 kN，直至停车。检查钩缓、走行部、重联渡板正常，开车后从车反馈无冲动。

5.5.4.2 占比 7% 试验数据分析

根据试验计划 9 月 20 日进行关门车占比 7% 试验，共计试验 3 趟，关门车均在实验要求范围内，在循环制动时无明显变化，减压 80 kPa、100 kPa、170 kPa，试验时主控机车与从空机车同样在速度降至 45 km/h 以下时出现明显减载情况，其中最低减载至 60 kN，其中

80 kPa 减压时走行距离 2 872 m，与占比 6% 对比，走行距离相差 454 m，占比 7% 走行距离稍长，但是因为装载量、车体制动性能、减压地点、制动初速、再生力不同，涨降速空间也不同，以 6% 试验减压 80 kPa 为例，制动初速 70 km/h，最高涨速至 74 km/h，涨速空间均在范围内，冲动情况因为没有测力设备，均由从控司机人为感觉，在不同的区段进行减压时与正常操纵对比冲动不明显。实验过程中 3 次减压量不同，走行距离与正常操纵对比，均在正常范围内，停车后对列车及机车车钩进行检查，未发现渡板变形及钩缓失效情况。

1. 第一列：28060 次动态试验

车体为整列 C80。关门车位置分布：前半列关门 7 辆（主控机车机后：0 位、9 位、15 位、80 位、86 位、92 位）；后半列关门 7 辆（从控机后：18 位、25 位、50 位、62 位、73 位、83 位）。循环制动正常。

80 kPa 减压试验：列车运行到 69 km + 562 m 处，充风 447 s，69 km/h 减压 80 kPa，最高 72 km/h，走行 2 872 m，起车正常，无冲动。

170 kPa 减压试验：列车运行到 77 km + 594 m 处，充风 782 s，70 km/h 减压 170 kPa，最高 72 km/h，走行 1 419 m，20 km/h 以下冲动比较明显。停车检查，主从控前后钩缓和重联渡板正常，无任何冲动。

100 kPa 减压试验：170 km + 317 m 处，充风 309 s，70 km/h 减压 100 kPa，最高 72 km/h，走行 1 781 m，35 km/h 以下有冲动。停车检查，主从控前后钩缓和重联渡板正常，无冲动。

2. 第二列：28392 次动态试验

车体为整列 C80。关门车位置分布：前半列关门 7 辆（主控机车机后：8 位、28 位、30 位、35 位、50 位、88 位、91 位）；后半列关门 7 辆（从控机后：16 位、32 位、49 位、74 位、84 位、100 位、105 位）。循环制动正常。

80 kPa 试验：68 km + 994 m 处，充风 198 s，速度 70 km/h 再生力保持 384 kN，减压 80 kPa（实际减压 90 kPa），最高 72 km/h，走行 1 954 m。速度降至 34 km/h 开始，主从车出现再生力波动现象，最低掉至 120 kN，整列车有明显前后涌动情况直至停车。停车过程中无明显冲动。停车检查渡板钩缓正常后开车，起车正常，无任何冲动。

100 kPa 试验：169 km + 478 m 处，充风 400 s，速度 70 km/h 再生力保持 384 kN 减压，减压 100 kPa，最高 72 km/h，走行 1 489 m 停车。速度降至 47 km/h 开始，主从车出现再生力波动现象，最低掉至 80 kN，整列车有明显前后涌动情况直至停车。停车以后检查钩缓、走行部、重联渡板正常，开车后从车反馈无冲动。

3. 第三列：28722 次动态试验

车体为整列 C80。关门车位置分布：前半列关门 7 辆（主控机车机后：8 位、27 位、40 位、58 位、71 位、87 位、100 位）；后半列关门 7 辆（从控机后：19 位、34 位、69 位、81 位、82 位、92 位、100 位）。循环制动正常。

80 kPa 减压试验：列车运行至 68 km + 835 m 处，充风 303 s，速度 68 km，再生力 352 kN，减压 80 kPa，最高 71 km/h，走行 2 486 m 停车，检查钩缓、走行部、重联渡板正常，开车后从车有轻微冲动。

100 kPa 减压试验：列车运行至 169 km + 020 m 处，充风 343 s，速度 68 km/h，再生力 304 kN，减压 100 kPa，最高涨至 71 km/h，走行 1 545 m 停车。速度 44 km/h，主从车出现

明显掉流现象，最低掉至 70 kN，最高恢复至 270 kN，直至停车。检查钩缓、走行部、重联渡板正常，开车后从车反馈无冲动。

5.5.4.3 占比 8% 试验数据分析

根据试验计划 9 月 22 日进行关门车占比 8% 试验，共计试验 3 趟，关门车均在实验要求范围内，在循环制动时无明显变化，减压 80 kPa、100 kPa、170 kPa，试验时主控机车与从空机车同样在速度降至 45 km/h 以下时出现明显减载情况，其中最低减载至 20 kN。80 kPa 减压时走行距离 2 348 m，与占比 7% 对比，走行距离相差 524 m，占比 7% 走行距离稍长，但是因为装载量、车体制动性能、减压地点、制动初速、再生力不同，涨降速空间也不同，走行距离也发生变化。冲动情况因为没有测力设备，均由从控司机人为感觉，在不同的区段进行减压时与正常操纵对比冲动不明显。试验过程中 3 次减压量不同，走行距离与正常操纵对比，均在正常范围内，停车后对列车及机车车钩进行检查，未发现渡板变形及钩缓失效情况。

1. 第一列：28414 次动态试验

车体为整列 C80。关门车位置分布：前半列关门 8 辆（主控机车机后：13 位、22 位、41 位、47 位、51 位、63 位、85 位、96 位）；后半列关门 8 辆（从控机后：7 位、42 位、47 位、49 位、60 位、63 位、86 位、90 位）循环制动正常。

80 kPa 减压试验：列车运行到 69 km + 649 m 处，充风 306 s，70 km/h 减压 80 kPa，最高 72 km/h，走行 2 348 m，起车正常，无任何冲动。

170 kPa 减压试验：列车运行到 77 km + 443 m 处，充风 481 s，70 km/h 减压 170 kPa，最高 72 km/h，走行 1 326 m，20 km/h 以下冲动比较明显。停车检查，主从控前后钩缓和重联渡板正常，无任何冲动。

100 kPa 减压试验：170 km + 445 m 处，充满 428 s，70 km/h 减压 100 kPa，最高 72 km/h，走行 1 625 m，35 km/h 以下有冲动。停车检查，主从控前后钩缓和重联渡板正常，无冲动。

2. 第二列：28488 次动态试验

车体为整列 C80。关门车位置分布：前半列关门 8 辆（主控机车机后：8 位、17 位、20 位、36 位、50 位、62 位、78 位、97 位）；后半列关门 8 辆从控机后：9 位、15 位、26 位、29 位、37 位、51 位、75 位、105 位）循环制动正常。

80 kPa 试验：69 km + 396 m 处，充风 258 s，速度 70 km/h，再生力保持 304 kN，减压 80 kPa，最高 73 km/h，走行 2 386 m。速度降至 19 km/h 开始，主从车出现再生力波动现象，最低掉至 170 kN。停车过程中无明显冲动。停车检查渡板钩缓正常后开车，起车正常，无任何冲动。

100 kPa 试验：169 km + 276 m 处，充风 246 s，速度 70 km/h 再生力保持 304 kN 减压，减压 100 kPa，最高 71 km/h，走行 1 495 m 停车。速度降至 46 km/h 开始，主从车出现再生力波动现象，最低掉至 130 kN，整列车有明显前后涌动情况直至停车。停车以后检查钩缓、走行部、重联渡板正常，开车后从车反馈无冲动。

3. 第三列：28646 动态试验

车体为整列 C80。关门车位置分布：前半列关门 8 辆（主控机车机后：12 位、21 位、33

位、37 位、47 位、60 位、67 位、82 位）；后半列关门 8 辆（从控机后：10 位、17 位、23 位、27 位、29 位、32 位、38 位、42 位）。循环制动正常。

80 kPa 减压试验：列车运行至 68 km + 983 m 处，充风 694 s，速度 70 km，再生力 304 kN，减压 80 kPa，最高 73 km/h，走行 2 264 m 停车，检查钩缓、走行部、重联渡板正常，开车后从车有轻微冲动。

100 kPa 减压试验：列车运行至 169 km + 104 m 处，充风 216 s，速度 70 km/h，再生力 304 kN，减压 100 kPa，最高涨至 72 km/h，走行 1 561 m 停车。速度 44 km/h，主从车出现明显掉流现象，最低掉至 140 kN，直至停车。检查钩缓、走行部、重联渡板正常，开车后从车反馈无冲动。

5.5.5 循环制动分析

根据试验要求关门车占比为 6%、7%、8% 循环制动试验，分别在神池南-西柏坡区段进行循环制动验证运行情况，运行中严格按照 810 版两万吨操纵提示卡操纵要求操纵列车。在循环制动时，制动力的判断以及关门车辆数发生变化后，对列车制动力影响不明显，根据试验要求，在进行 7%、8% 关门车试验时，需要填发制动效能证明书，因为机车减压量、装载货物质量以及再生力使用不一致等多种因素影响，后 6 趟关门车超标循环制动试验中，列车的走行距离也不同，在列车受力方面，因为关门车都属于人为分散关门，对列车在操纵中的影响不明显。

在试验大减压停车过程中，据从控司机反映，在速度低于 40 km/h 以下时冲动比较明显，主控机车前后涌动，冲动明显。在 3 次减压停车过程中主、从控机车均产生减载情况，是由于主、从控机车在速度过低、减压量过大、降速过快的情况下，压钩力明显增大，机车自动检测发生滑行而自动减载再生力。实际机车未发生滑行现象，根据分析在循环制动时关门车超标至 7%、8% 对列车正常操纵没有明显变化，但是在信号发生变化、速度较高时控速比较困难，易造成大减压或追加减压过量停车。

5.5.6 存在问题

（1）本次试验车体编组除 9 月 18 日第三趟后半列为 C80B 车体，其他 8 列编组均为整列 C80 车体，由于编组不一致，运行中由于关门车的影响，对平稳操纵来说难度提升。

（2）共计 9 趟试验列车关门车均比较分散，如果在关门车超标又连续地关门时，对列车的危害情况如何，本次试验没有进行相关验证。

（3）由于关门车超标，充风较快但制动力变弱，在循环制动过程中对列车制动力的判断难度增加，易造成停车缓风。

（4）减压量超过 100 kPa 后，对列车后续的循环制动影响较大，制动力明显变强，缓解时冲动增大。

5.6　神 12 牵引两万吨试验

根据朔黄铁路公司运输生产需要，为进一步提升公司运输能力，根据神 12 机车和两万吨列车的实际情况，利用车钩测力装置收集中部机车受力情况数据，制订神 12 + 神 8 两万吨列车操纵提示卡，并根据数据做出以下总结。

5.6.1　试验地段

试验区段：上行神池南—肃宁北间。

试验时间：2018 年 4 月 17 日至 2018 年 4 月 26 日。

5.6.2　编组方式

试验用主控机车由神池南折返段随机安排一台神 12 机车，从控机车指定为神 8 机车 7188（安装测力车钩应用系统）。

5.6.3　试验设备布置情况

7188 机车测点布置情况：为了准确测试两万吨从控机车车钩受力情况，分别在从控机车前钩、后钩及中部车钩处各安装两个测力设备，全车测力点布置共 6 个，全面测试中部从控机车的纵向力变化情况，综合评估两万吨重载列车在宁武西至龙宫间、南湾至滴流碛间两个重点区间运行的动态性能和运行品质。

5.6.4　神池南至宁武西

运行到 9.8 ~ 10 km 处，速度 70 km/h，减压 50 kPa，运行至 10.6 ~ 11.5 km 处再生力保持 350 ~ 400 kN，排完风后缓解，50 s 后适当降低再生力，保持匀速运行。

1. 宁武西至龙宫

进入长梁山 450 kN 再生力控速，20 ~ 20.500 km 处，速度 65 km/h，减压 50 kPa，缓解前 30 s 将再生力降至 350 ~ 400 kN，速度 36 ~ 40 km/h 缓解；26 km 处，速度 68 km/h 以下，减压 50 kPa，31 km + 500 m 处再生力 350 ~ 400 kN 速度 35 km/h 缓解。34 km + 500 m 处，速度 64 km/h 减压 50 kPa，排完风后速度有下降趋势时，缓慢降低再生制动力，带闸过分相；遇车体制动力较弱时，第二把闸减压后，适当调整再生力，带闸过分相。

2. 龙宫至北大牛

遇车体制动力较强时，龙宫站内缓解速度低，东风隧道需垫闸时，缓解地点 46 km + 500 m ~ 49 km，再生力 350 ~ 400 kN 缓解列车，50 s 以后再生力调整至目标值，保证充风时间。

647

3. 北大牛至原平南

方法一：两把闸操纵办法

根据缓解速度调整再生力，69 km 前，速度 60 km/h 以下减压 50 kPa，再生力保持 400～500 kN，73 km + 500 m～74 km 处，50 km/h 以下缓解，缓解前再生力保持为 350～400 kN；77 km 处，速度 65 km/h 以下，减压 50 kPa，速度稳定后降低再生力，控制列车在原平南进路信号机前 65 km/h 以下缓解，缓解前再生力保持为 350～400 kN。

方法二：一把闸操纵办法

根据缓解速度调整再生力，69 km 前，速度 55～58 km/h 以下减压 50 kPa，根据涨速情况调整再生力，74 km 保持高速运行，速度稳定后降低再生力，控制列车速度在原平南进路信号机前为 65 km/h 以下，82 km + 100 m～83 km + 200 m 缓解，缓解前再生力保持为 350～400 kN。

4. 南湾至滴流磴

操纵方法一：本区间采用三把闸

143～145 km 处速度 70 km/h 减压 50 kPa，146 km 速度 60 km/h 以下再生力 400 kN 缓解；寺铺尖隧道内 151 km 处，速度 65 km/h 减压 50 kPa，再生力保持为 350～400 kN，掌握 156 km 前，速度 35 km/h 缓解；159 km 处，速度 65 km/h 减压 50 kPa，根据涨速情况调整再生力大小，分相前再生力退至 100 kN，带闸过分相。

操纵方法二：本区段采用两把闸

南湾过分相后，逐步将再生力给至 400 kN，144～145 km 处速度 70 km/h 减压 50 kPa，靠近 147 km 速度 60 km/h 再生力 400 kN 缓解；寺铺尖隧道 150 km 处，速度 65 km/h 减压 50 kPa，根据涨速度情况采用再生力控速，一把闸带闸过分相。

5.6.5　试验数据

1. 2018 年 4 月 21 日第一趟 28064 次试验数据

编组情况：神 12（8002）+ 108 辆 C80 + 神 8（7188）+ 108C80 + 可控列尾。

试验数据见表 5.6-1。

本趟列车神南出站试闸，长梁山隧道、东风隧道、寺铺尖隧道缓解列车均采用再生力 350 kN；水泉湾隧道、白毛尖隧道 7‰ 下坡道缓解列车均采用再生力 400 kN；平原区段 4‰ 下坡道试验两把闸，分别采用再生力 500 kN、400 kN 缓解列车。长大下坡道区段从控机车受力在 1 500 kN 以内，其中最大受力均为中钩，长梁山第一把闸为最大受力点，压钩力为 1 473 kN。

2. 2018 年 4 月 24 日第二趟 28754 次试验数据

编组情况：神 12（8002）+ 108 辆 C80 + 神 8（7188）+ 108C80 + 可控列尾。

试验数据见表 5.6-2。

本趟列车缓解列车均采用再生力 400 kN，长梁山第一把闸为最大受力点，压钩力为 1 687 kN，其余最大车钩力均在 1 500 kN。水泉湾隧道采用 500 kN 再生力缓解列车。

3. 2018 年 4 月 25 日第三趟 28630 次试验数据

编组情况：神 12（8002）+ 108 辆 C80 + 神 8（7188）+ 108C80 + 可控列尾。

试验数据见表 5.6-3。

本趟列车缓解列车均采用再生力 400 kN，长梁山第一把闸为最大受力点，压钩力为 1 502 kN。

表5.6-1 第一趟28064次试验数据

序号	无风时间/s	初制动地点/km	初制动速度/(km/h)	追加减压情况	缓解地点/km	缓解速度/(km/h)	缓解时动力制动值/kN 主车/从车	A钩大值/kN 拉钩力 左侧	A钩大值/kN 拉钩力 右侧	A钩大值/kN 压钩力 左侧	A钩大值/kN 压钩力 右侧	中钩大值/kN 拉钩力 左侧	中钩大值/kN 拉钩力 右侧	中钩大值/kN 压钩力 左侧	中钩大值/kN 压钩力 右侧	B钩大值/kN 拉钩力 左侧	B钩大值/kN 拉钩力 右侧	B钩大值/kN 压钩力 左侧	B钩大值/kN 压钩力 右侧
1	—	9.664	70		11.030	57	350/230	—	575	—	483	—	732	—	877	—	725	—	380
2	219	14.434	67		15.827	58	400/270	—	257	—	172	—	412	—	395	—	572	—	188
3	276	20.266	65		23.671	40	350/230	486	766	653	655	316	1 473	548	734	220	1 191	128	191
4	181	26.242	67		41.184	0	—	—	—	—	—	—	—	—	—	—	—	—	—
5	—	44.888	47		46.772	35	350/230	295	1 139	529	379	168	1 237	315	1026	81	862	82	455
6	182	49.222	65	2	65.714	38	350/230	—	591	—	572	—	1 415	—	831	—	904	—	470
7	209	68.020	49		82.640	59	350/230	—	238	—	282	—	554	—	411	—	553	—	296
8	—	143.835	67		145.547	54	400/270	476	861	698	629	343	1 174	506	1 126	247	578	239	579
9	238	149.422	65		154.045	37	350/230	278	454	414	396	133	733	226	745	98	390	112	541
10	185	156.485	60	6	166.039	56	350/230	—	343	—	501	—	577	—	699	—	480	—	429
11	221	169.170	59		175.911	53	400/270	—	111	—	213	—	297	—	387	—	397	—	235
12	—	182.778	65		185.759	54	350/230	—	600	—	449	—	676	—	973	—	242	—	541
13	—	192.389	67		197.346	51	400/270	418	553	605	935	301	1 125	417	907	249	612	224	625
14	—	209.292	65		211.712	64	350/230	—	236	—	382	—	473	—	589	—	480	—	180
15	—	230.841	65		232.518	70	350/230	—	635	—	277	—	946	—	441	—	792	—	134
16	—	245.949	75		247.850	60	480/320	310	—	406	—	354	—	516	—	494	—	443	—
17	—	270.059	74		271.896	60	400/270	293	643	376	661	178	1 000	240	794	157	844	134	366
18	—	313.868	70		315.453	49	400/270	—	879	—	660	—	1 077	—	1 127	—	862	—	314

表 5.6-2　第二趟 28754 次试验数据

序号	充风时间/s	初制动地点/km	初制动速度/(km/h)	追加减压情况	缓解地点/km	缓解速度/(km/h)	缓解时动力制动力值/kN 主车/从车	A钩大值/kN 拉钩力 左侧	右侧	压钩力 左侧	右侧	中钩大值/kN 拉钩力 左侧	右侧	压钩力 左侧	右侧	B钩大值/kN 拉钩力 左侧	右侧	压钩力 左侧	右侧
1	—	9.962	70		11.114	57	400/270	—	802	—	645	—	986	—	808	—	1087	—	440
2	224	14.546	68		15.740	60	400/270	—	904	—	197	—	674	—	660	—	433	—	388
3	306	20.617	65		23.629	37	400/270	371	1551	318	298	318	1367	536	1097	691	1687	529	696
4	187	26.078	62		31.095	35	400/270	—	742	—	366	—	675	—	519	—	727	—	205
5	195	33.612	62		41.907	40	400/270	—	622	—	462	—	395	—	521	—	240	—	353
6	282	45.102	48		47.363	35	400/270	296	1369	237	253	252	1496	492	748	582	1432	415	308
7	187	49.820	63		65.890	48	400/270	—	761	—	313	—	515	—	432	—	460	—	156
8	224	68.741	57		82.686	57	400/270	—	620	—	273	—	521	—	350	—	349	—	229
9	—	144.516	68		146.017	58	480/320	—	327	—	545	—	414	—	428	—	260	—	225
10	246	150.234	64		155.508	35	400/270	95	979	—	395	90	894	165	747	313	830	228	523
11	198	158.047	61	4	165.745	56	400/270	—	638	—	427	—	555	—	368	—	304	—	149
12	237	169.182	61		175.878	53	400/270	—	401	—	389	—	334	—	371	—	170	—	157
13	—	182.547	66		185.935	56	400/270	—	475	—	686	134	472	227	541	338	412	251	270
14	—	192.906	70		196.965	42	400/270	—	976	—	566	—	1202	—	651	—	839	—	512
15	—	209.231	65		211.861	56	400/270	—	491	—	674	—	703	—	543	—	475	—	279
16	—	230.680	67		232.570	68	400/270	—	—	—	—	—	—	—	—	—	—	—	—
17	—	237.217	53		238.740	36	400/270	—	—	—	—	—	—	—	—	—	—	—	—

表 5.6-3 第三趟 28630 次试验数据

序号	充风时间/s	初制动地点/km	初制动速度/(km/h)	追加减压情况	缓解地点/km	缓解速度/(km/h)	缓解时动力制动值/kN 主车/从车	A钩大值/kN 拉钩力 左侧	右侧	压钩力 左侧	右侧	中钩大值/kN 拉钩力 左侧	右侧	压钩力 左侧	右侧	B钩大值/kN 拉钩力 左侧	右侧	压钩力 左侧	右侧
1	—	9.785	70		10.973	59	400/270	—	837	—	420	—	1 089	—	602	—	1 004	—	181
2	233	14.645	66		15.746	56	400/270	—	740	—	574	—	1 050	—	499	—	737	—	415
3	335	20.759	65		23.357	39	400/270	291	853	341	1 086	293	1 502	539	892	698	909	454	632
4	185	25.852	64		30.292	35	400/270	—	643	—	472	—	932	189	671	283	754	239	293
5	186	32.664	61		42.097	43	350/230	—	481	—	913	—	545	—	684	—	215	—	449
6	196	44.434	48		66.069	47	400/270	—	171	—	396	—	30	—	293	—	50	—	31
7	197	68.470	49		83.105	55	400/270	—	342	—	815	—	491	—	399	—	366	—	145
8	—	143.843	67		145.826	55	400/270	139	898	—	275	111	746	282	788	384	790	302	210
9	230	149.598	63		153.836	38	400/270	—	612	—	479	—	722	106	598	244	629	219	161
10	185	156.361	63		165.705	55	400/270	—	599	—	539	—	732	—	505	—	566	—	307
11	200	168.429	52		176.028	59	400/270	—	350	—	425	—	293	—	230	—	88	—	54
12	—	182.617	66		186.008	55	400/270	—	538	—	668	—	731	—	582	—	663	—	61
13	—	193.116	66		197.211	46	400/270	188	594	119	916	182	1 077	346	603	477	705	343	377
14	—	208.985	66		211.642	60	400/270	—	429	—	543	—	861	—	317	—	543	—	136
15	—	230.499	67		232.525	64	400/270	—	410	—	1146	—	696	—	945	—	383	—	553

5.6.6　试验分析、总结

（1）从第一趟试验数据可以看出，4‰下坡道再生力400 kN与500 kN缓解列车，其最大压钩力值均在1 000 kN以内，考虑列车降速情况、天气不良等因素，建议平原区段采用再生力400 kN缓解列车。

（2）第一趟与第三趟水泉湾隧道采用再生力400 kN缓解列车的平均值与第二趟采用再生力500 kN缓解列车数据无明显差别，考虑水泉湾隧道内粉尘较多，建议采用再生力400 kN缓解列车。

（3）第一趟均采用再生力350 kN缓解列车，第二趟、第三趟均采用再生力400 kN缓解列车，通过数据对比，无明显差别，长梁山隧道、东风隧道、寺铺尖隧道考虑充风情况，建议采用再生力400 kN缓解列车。

通过以上3趟试验数据可以看出，最大车钩受力在1 500 kN左右，前期的神8+神8两万吨列车长梁山、寺铺尖的数据平均值为1 500 kN，数据明显下降，此次试验数据更加证实了同步操纵差异化控制的合理性。

5.7　朔黄铁路两万吨列车非正常行车办法

5.7.1　两万吨列车机车无线同步系统故障的处理办法

（1）机车在库内遇同步系统故障时，严禁担当牵引两万吨列车。

（2）技术站遇机车同步系统单套故障时，经抢修无效后，请求分解运行。

（3）两万吨列车运行中遇机车同步系统LTE单网中断无法自动恢复时，经处理并维持运行至前方两万吨车站停车分解运行；维持运行期间，主控乘务员及时向就近车站值班员汇报故障情况及前方两万吨车站停车分解的需求，同时主、从控间加强互控，密切关注同步显示屏状态。

（4）两万吨列车运行中遇机车同步系统中断时，乘务员立即采用常用制动停车，长大下坡道请求分解运行；其他区段重新编组一次，恢复正常继续运行，故障依旧，请求分解运行。

5.7.2　两万吨列车区间通过信号机显示停车信号的运行办法

（1）两万吨列车在长大下坡道区段（神池南至原平南、南湾至西柏坡）遇区间通过信号机显示停车信号或列车停车过程中越过该信号机时，除严格执行《行规》第79条的规定外，遇无法满足运行条件时请求救援。

（2）地面信号机因故障频繁变化，导致机车监控装置无法正常进入"走停走"模式维持运行时，可转换机车信号"上下行"扳钮，越过故障信号机后立即恢复。

5.7.3 两万吨列车主要安全设备故障的运行办法

1. 机车信号装置故障、监控装置故障运行办法

两万吨列车运行中遇机车信号装置、监控装置故障时，机车乘务员应立即采取停车措施，在神池南至原平南、南湾至西柏坡长大下坡道区段立即请求救援；其他区段根据调度指示运行至指定站。

2. 机车无线综合通信系统故障的运行办法

列车无线调度通信系统故障时，机车乘务员将 CIR 切换成 458M 工作模式或使用 LTE 手持终端汇报车站，列车调度员按重点列车掌握，维持到前方两万吨站停车处理或分解运行；从控机车综合通信装置故障时，维持至技术站停车处理。

3. 可控列尾装置故障的运行办法

（1）始发站可控列尾装置故障时，严禁发车。

（2）列车运行中遇可控列尾装置发生故障，立即向就近车站值班员汇报，维持运行至前方两万吨车站，停车后，由车站处理或发布调度命令分解运行（在长大下坡道循环制动时，降低制动初速度，防止列车超速，无法保证充风时间时，可停车缓风）。

5.7.4 两万吨列车紧急停车后规定

（1）列车发生紧急制动后，主控司机立即向就近车站值班员汇报（汇报内容：××次列车紧急停车,邻线列车注意运行),列车停妥后再向车站汇报停车位置并通知从控机车乘务员。停车后，主控机车副司机立即短接邻线轨道电路，并向后方检查列车有无异状。从控机车副司机检查从控机车及前部 20 辆、后部车辆有无异状，有异状立即按规定进行防护；无异状检查完毕后向主控司机汇报。

（2）主控司机发现邻线列车开来时，立即鸣示警报信号（一长三短声），并副灯交替闪烁，提示邻线列车立即停车。

（3）车站值班员接到司机报告后，立即通知邻线相关列车（通知内容：××次列车邻线列车在××地点紧急停车，运行中减速运行或停车）。到该地段加强瞭望，停车确认。邻线列车司机接到车站通知或发现提示信号时，立即停车确认，联系确认前方正常后方可缓解开车，情况不明不得缓解列车。

（4）后续列车接到车站值班员通知，运行到该地段以不超过 45 km/h 的速度运行，并注意线路是否有异常，发现线路异常应立即停车并按规定汇报。如车站通知的停车位置等内容不明确时立即停车，与车站核对后方可继续运行。

（5）紧急制动停车后，由主控机车司机负责组织主、从控机车乘务员携带电台、手信号灯（旗）对列车进行检查并共同确认是否妨碍邻线，具体检查内容如下：

① 检查机车、车辆是否脱线、分离，机车车钩缓冲器状态。

② 检查发现列车妨碍邻线时，由主控机车乘务员使用列车无线调度电话等设备通知就近车站，并指派就近人员在来车方向距妨碍邻线地点不少于 1 400 m 进行防护，处理完毕

后必须撤除响墩、火炬。发现邻线有列车开来时，应急速鸣示紧急停车信号，列车后部不设防护。

（6）两万吨列车运行途中出现紧急制动后，列车调度员发布命令就地分解运行，前部列车限速 45 km/h，运行 1 400 m 后方可恢复正常;后部列车限速 45 km/h，运行 2 800 m 后方可恢复正常;车站立即组织工务人员对该地段线路进行重点检查;如有需要，机车乘务员应及时请求救援。

5.7.5　两万吨列车分解作业办法

（1）两万吨列车发生设备故障、非正常行车等需要分解运行时，必须汇报列车调度员，发布调度命令后，方可进行分解作业;遇分解后单元万吨列车不具备运行条件时，及时请求救援。

（2）主控机车减压停车后，将列尾操纵权转交与从控机车，由从控机车乘务员在前单元列车尾部安装列尾装置，试验良好后，再按照程序分解，分解完毕后，前部单元万吨列车按照信号显示运行。

（3）第二单元万吨列车具备运行条件后，根据信号显示开车;遇列尾装置交权失败时，发布调度命令，按列尾故障运行。

（4）分解后两个单元列车在动车前具备试风条件时，须进行列车制动机简略试验。不具备试风条件时，严格执行"两定一停"，发现异状果断采取措施就地停车检查。

5.7.6　神池南开行重载列车关门车的规定

（1）神池南站编入 C80（含 C80B）型单元万吨、两万吨列车关门车数量超过 6% 时，由列检计算闸瓦压力，并填发制动效能证明书交与司机（两万吨列车分别交与主、从控司机），但关门车数量两万吨列车最多不得超过 16 辆（每列不超过 8 辆）、单元万吨列车最多不得超过 9 辆，其他维持现有规定不变。

（2）严格执行"关于关门车超 6% 编组列车试运行小结会议纪要"部运〔2017〕111 号文件。

5.7.7　两万吨列车区间被迫停车的处理办法

（1）列车在长大下坡道区间被迫停车后，主控司机立即汇报车站。停车超过 20 min 后地面信号未开放允许信号时，必须追加减压至 100 kPa 及以上。

（2）在坡道上停车超过 180 min（6‰ 及以上坡道停车超过 120 min）时，由列车调度员指派相关人员拧紧足够轴数的人力制动机，保证就地制动。

（3）列车在区间停车再开前，主控司机具备简略试验条件时必须进行简略试验;不具备简略试验条件时，利用列尾装置确认列车管贯通状态，并执行"两定一停"，发现异常时果断采取停车措施。

5.7.8 弓网故障处理

（1）主控机车发生弓网故障后，司机应立即使用常用制动停车并断开受电弓扳键，停车后主控机车司机判明情况，向就近车站值班员汇报。汇报内容：车次、机车号、主控机车乘务员姓名、停车位置、弓网损坏情况，是否需要停电上车顶处理等。如果需要上车顶处理受电弓时，按规定办理。故障排除后，线路条件允许时，主控司机必须进行简略试验，不具备试验条件时，利用列尾装置确认列车管贯通状态，发现异常时果断采取停车措施。

（2）从控机车发生弓网故障后，司机应立即通知主控机车司机停车，停车后列车指挥权交由从控机车司机执行（包括向车站值班员汇报、申请停电及上车顶处理故障完毕的汇报等），处理完毕后从控机车司机通知主控机车司机将列车指挥权交回主控机车。

（3）主从控机车同时发生弓网故障时，主从控机车乘务员分别向车站值班员、列车调度员报告各机车停车位置，需接触网停电司机上车顶处理时，电调根据机车停车位置确认是否分别停在 2 个供电臂内，如在 2 个供电臂内应同时停电。主从控机车乘务员须分别办理请求停电命令，调度命令须分别发给主从控机车。

（4）途中发生弓网故障停车后，由车站派人去现场检查处理或后续列车确认接触网状态。

5.7.9 机车故障的运行办法

（1）主控机车故障无法继续运行时，主控司机应及时与从控司机沟通信息尽快排除故障，并使用列车无线调度通信设备通知就近车站值班员转告列车调度员。20 min 内确认不能继续运行时，主控司机应立即请求救援。担当救援的机车与主、从控机车能建立同步关系（包括与可控列尾）时，整列继续运行；无法建立同步关系时，分解运行（走行部故障除外）。

（2）从控机车发生故障无法继续运行时，从控司机立即通知主控司机就地停车，停车后主控司机协助从控司机尽快排除故障，并使用列车无线调度通信设备通知就近车站值班员转告列车调度员。20 min 内未能排除故障时，应通知主控司机，由主控司机立即通知就近车站值班员转告列车调度员主控请求分解运行，从控请求救援。在得到分解运行的命令时，按照规定安装、设置列尾装置后，主控机车牵引前部列车按信号显示要求运行。

从控机车乘务员在救援机车未到达前故障已处理完毕，并能继续运行时，应及时请求车站取消救援，未得到取消救援的调度命令前，严禁动车。

5.7.10 两万吨列车检查机车走行部的规定

（1）两万吨组合列车运行调速时，追加减压或一次减压量达到 80 kPa 及以上，必须停车检查机车车钩缓冲装置和重联处渡板。

（2）机车入库后，须提票由技术检修人员进行走行部重点检查。

5.7.11　两万吨列车运行中发生铁路交通事故的处理办法

（1）发生撞轧行人时，司机须采取制动停车。停车后主控司机指派就近乘务员将死伤行人移至限界外，并向车站汇报。

（2）遇线路塌方、撞轧机动车等危及本列安全时，司机立即采取紧急停车。

5.7.12　两万吨列车遇下列情况，严禁运行

（1）始发站机车信号、机车监控装置、列车无线调度通信设备、可控列尾装置故障时。

（2）机车车钩缓冲装置失效时。

（3）长大下坡道区段减压量达到 170 kPa 时。

（4）长大下坡道区段限速 45 km/h 以下时。

（5）机车无线同步系统中断时。

（6）主、从控机车制动机故障时。

（7）严禁龙宫、北大牛、滴流磴、猴刎站侧线接车。

（8）主、从控机车故障切除操纵节时。

5.7.13　遇下列情况执行停车缓风

（1）空车使用空气制动时。

（2）带闸过分相的车站，从控机车未通过分相时。

（3）列车空气制动速度低于 30 km/h 时。

（4）没有动力制动投入，单独使用空气制动时。

（5）空气制动缓解后，动力制动不能将速度控制在允许速度范围内时。

（6）两万吨列车运行至非缓解区段时。

（7）累计减压量，包括自然漏泄超过 60 kPa 时。

（8）长大下坡道区段除区间机车信号显示绿黄色灯光时（允许缓解地点除外）。

5.7.14　列车运行中列车管压力异常下降的处理办法

（1）运行中列车管压力异常下降时，机车司机应立即解除机车牵引力，自阀手柄置中立位，在列车未停稳前不得缓解大、小闸。两万吨重载列车运行中主、从控机车司机发现列车管压力异常应及时互通信息，并果断采取停车措施。

（2）列车停妥后，机车乘务员及时查找列车管压力异常下降的原因，并向就近车站值班员汇报情况。

① 平原区段停车后，原因判明，应利用列尾装置检查尾部风压是否正常，本务司机在尾部风压达到定压、进行简略试验后自行开车。

② 长大坡道不具备充风试验条件时，就地分解运行，同时密切关注列尾反馈的风压，风压异常时及时停车。

③ 不能判明原因时，应指派主、从控副司机携带工具包，分别向后检查全列是否分离、是否妨碍邻线等问题。副司机确认列车发生分离、断钩等事故时，向主、从控司机报告分离的位置和断钩的情况及是否能换钩或连接，司机得到通报后指示副司机按相关规定处理。

④ 妨碍邻线时，机车乘务员立即对邻线进行防护，并使用列车无线调度通信设备通知就近车站值班员及邻线列车。

未尽事宜按《朔黄铁路公司行车组织规则》（附件 2：万吨列车的非正常行车的处理办法）和《神华铁路运输管理规程》（第五章：重载列车开行）的有关规定执行。

5.8　朔黄铁路两万吨列车操纵办法

5.8.1　操纵基本原则

（1）确保列车按信号显示要求达速运行，按图行车，实现安全正点。

（2）两万吨列车充排风时间表（见表 5.8-1）。

表 5.8-1　两万吨列车充排风时间

充排风时间	减压量				
	50 kPa	70 kPa	100 kPa	170 kPa	紧急
排风时间/s	50	60	80	110	10
充风时间/s	180（160）	240	340	460	650

备注：后半列 C80B 编组两万吨列车，充风时间按 160 s 计算。

（3）长大下坡道区段采用空电联合制动，在满足列车管充风时间的前提下，最大限度地减少空气制动频次和动力制动力，以减小列车纵向力。

（4）合理控制再生力，神 8 机车最大再生力发挥不得超过 400 kN；神 12 机车最大再生力发挥不得超过 500 kN；列车通过侧线（自进入岔区）时，最大再生力发挥不得超过 300 kN；空车最大再生力发挥不得超过 200 kN；小半径曲线线路运行时，最大限度减小再生力（再生力允许使用范围 ± 20 kN）。

（5）列车起动需平稳进退级，运行中工况转换须保持 10 s 以上，牵引力从 0 给至 200 kN 的时间不少于 10 s，再生力从 200 kN 降至 0 的时间不少于 10 s。

（6）龙宫、北大牛、滴流磴、猴刎，必须采用带闸过分相，且必须待从控机车带过分相，各项设备运转正常后方可缓解列车制动。

（7）列车空气制动原则采用初减压方式，缓解速度不得低于 30 km/h。

5.8.2　列车操纵要求

5.8.2.1　起车操纵

1. 站内起车

交流机车牵引力初步加载 50 ~ 200 kN 停留 10 s，起动过程中预防性撒砂，防止空转，全列起动后平稳加速，进入岔区适当减小牵引力，避免空转。

2. 上坡起车

停车前增大机车制动缸压力，充分压缩车钩，采用 50 kPa 减压停车，停车后追加至 100 kPa，为起车做好准备。起车时，先给牵引力至 400 kN，再缓解列车，逐步发挥机车最大牵引力，执行坡道起车操纵要点，确保一次起动成功（上行列车在 253 ~ 261 km 处，停车后立即请求救援）。

3. 下坡起车

停车前，速度降至 5 km/h 以下，小闸给至 300 kPa，尽量压缩车钩；动车前，主控司机联系从控机车人员到齐并具备动车条件后，先缓解大闸，动车后待速度上涨至 5 km/h，逐步增大再生力至 200 kN，并逐步将机车制动缸压力缓解至零，根据涨速情况，尽量延长再生力保持时间。

5.8.2.2　平原区段操纵

（1）列车运行在起伏坡道时，尽量采取低手柄通过变坡点，应根据线路纵断面情况使整列车钩保持稳定状态，减少列车纵向冲动。

（2）平原区段缓解空气制动时需满足下列条件：列车排风完成、列车处于平直线路、非 4‰ 鱼背形坡道、主控机车再生力 400 kN、速度 45 km/h 以上；从控机车未通过分相时满足上述条件允许缓解。

5.8.2.3　长大上坡道操纵

采用"先闯后爬，闯爬结合"的操纵办法。坡道前达速运行并充分发挥机车最大牵引力，爬坡时应施行预防撒砂，防止空转损失牵引力造成坡停。

5.8.2.4　长大下坡道操纵

长大下坡道以"空电联合、长波浪制动"为基本操纵原则。采用空电联合制动，在满足列车管充风时间的前提下，最大限度地减少空气制动频次和动力制动力，以减小列车纵向力，满足循环制动和按图行车要求，确保列车安全、正点。

循环制动区段操纵要求：

（1）减压前，再生力保持 100 kN 以上。

（2）减压后，待速度稳定，适当调节再生力，最低不得低于 100 kN，延长列车制动距离，实现长波浪制动，减少空气制动频次。

（3）缓解前，稳定再生力 30 s 以上，充分压缩车钩。

（4）缓解后，再生力保持 50 s 以上，再缓慢调整至目标值。

（5）在保证安全的前提下，提高制动初速；满足列车充风要求的前提下，提高缓解速度。

（6）循环制动过程中，合理利用再生制动力调整列车缓解地点，减少追加减压频次，以降低列车纵向受力。

（7）整列处于 10‰ 坡道，缓解再生力保持 300 kN；站内及其他坡道缓解再生力保持 350 kN；整列处于 7‰ 及以下坡道，缓解再生力保持 400 kN（允许上下误差 20 kN）。

5.8.2.5 通过分相区操纵

（1）平原区段过分相，根据分相位置提前断电，采用带级位过分相时，牵引力控制在 200 kN 以内。

（2）上坡道过分相，根据分相位置将牵引力缓慢降至 200 kN 以内，带级位过分相，主控机车通过分相后，牵引力不超 300 kN，待从控机车越过分相正常投入后，再逐步给至目标值。

（3）下坡道带闸过分相，主控机车过分相后，从控机车未断电前，再生力不超过 200 kN，缓解前，缓慢给再生力至目标值。

5.8.2.6 长大下坡道区段过限速操纵

（1）长大下坡道区段，限速值 45 km/h 以下的限速严禁通过。

（2）限速 45 ~ 65 km/h 的长大下坡道区段，采取停车缓风措施通过慢行。

（3）限速区段内停车后严禁追加减压（特殊情况除外），密切监视列车动态。

5.8.2.7 追踪绿黄灯操纵

1. 长大下坡道追踪绿黄灯操纵

列车运行在长大下坡道区段，机车信号接收绿黄灯时，根据列车运行速度及时投入空气制动或追加减压控速，机车信号接收黄灯后，立即进行追加减压，在机车接近地面信号前将速度控制在 60 km/h 以下，执行停车缓风。

2. 长大下坡道区段绿黄灯允许缓解地点

两万吨列车在宁武西—接近、龙宫出站、北大牛第一远离、北大牛到原平南区间 73 km + 500 m ~ 74 km 处、原平南进路信号机、滴流磴第一远离、张家坪隧道、猴刎第一远离、土沟隧道机车信号接收绿黄灯，列车满足缓解条件时，可以缓解列车制动，减少不必要的绿黄灯停车缓风。

3. 平原区段追踪绿黄灯操纵

原平南至东冶间及西柏坡以东区段机车信号接收绿黄灯时，及时投入再生制动降低列车运行速度，增大列车追踪间隔，避免列车停车。遇控速困难时，及时投入空气制动，满足缓解条件时可以缓解，减少不必要的绿黄灯停车缓风。

5.8.2.8　停车操纵

（1）站内停车时，合理控制速度，对标停车速度不超过 10 km/h，适时投入空气制动，避免追加减压或大减压量停车，列车停妥后追加减压至 100 kPa 以上。

（2）区间停车缓风时，合理选择停车地点，及时恢复制动周期，停车超过 20 min，及时追加减压至 100 kPa。

5.9　朔黄铁路两万吨列车交交模式同步编组特性

2017 年 11 月 8 日，在肃宁北库内，利用 HXD17005、HXD17008 两台交流机车进行了同步编组设备特性的静态试验，两台机车分别担当主车后对机车设备特性进行摸索，试验情况如下：

5.9.1　受电弓试验

5.9.1.1　受电弓选择扳键

1. 主车扳键

主车操纵节【受电弓选择扳键】打向"后弓位"，从车"自动"位，升弓时，主、从车全部升起后弓；主车操纵节【受电弓选择扳键】打向"前弓位"，从车"自动"位，升弓时，主车升起前弓，从车升起后弓；主车操纵节【受电弓选择扳键】打向"单机位"，从车"自动"位，升弓时，主车不升弓，从车升起后弓。主车非操纵节【受电弓选择扳键】不起作用。

2. 从车扳键

从车操纵节【受电弓选择扳键】打向"后弓位"，主车"自动"位，升弓时，主、从车全部升起后弓；从车操纵节【受电弓选择扳键】打向"前弓位"，主车"自动"位，升弓时，主车升起后弓，从车升起前弓；从车操纵节【受电弓选择扳键】打向"单机位"，主车"自动"位，升弓时，主车升起后弓，从车不升弓。从车非操纵节【受电弓选择扳键】不起作用。

3. 从车单独降弓

从车通过【升弓扳键】扳向"降弓"位时，可以单独降弓，但从车不能自己升弓，需要主车发送升弓信号后才能升弓。主车手柄分别在"牵引""再生"位，均可以给从车发送升弓信号。

4. 双弓模式

主车按压【双弓】按钮后，主车升起双弓，从车未升起；从车按压【双弓】按钮后，主、从车均未升起双弓。主、从车同时处于升弓状态时，分别操纵主、从车操纵节的【受电弓选择扳键】，对已升弓的状态没有影响。

5. 从车自动降弓

主、从车均处于升起后弓的状态下，松开从车非操纵节升弓气阀板上面"升弓保护管路"的风管螺母，造成从车后弓自动降弓，在此过程中，主控机车没有产生自动减压。

5.9.1.2 受电弓试验结论

交交模式同步编组后，主、从车的【受电弓选择扳键】可以分别选择主、从车的受电弓，但是机车在未进行切单节的情况下，"单机"位无法升弓，两台机车非操纵节的【受电弓选择扳键】不起作用。已经升起的受电弓不再受【受电弓选择扳键】动作的影响。编组状态下，从车可以单独降弓，但是需要主车发送升弓信号才能升起。【双弓】按钮信号不同步，主车可在同步状态下升起双弓，从车升不起。在静止状态下，从车发生自动降弓后，主车没有保护性自动减压。

5.9.2 主断路器试验

因无法模拟主从车单独发生机车故障跳主断，因此无法确定单台机车故障跳主断后，是否造成另一台机车跳主断。

1. 从车手动断开

从车可以利用【主断扳键】单独断电，但是必须由主车发送合闸信号后，从车才能闭合，发送合闸信号时，主车手柄必须在大零位。

2. 模拟过分相

从车按压"手动过分相"按钮之后，断电并处于"分相预备"状态，主车手柄在大零位的情况下，发送一次合闸信号，从车主断状态灯由灰色变为绿色，然后闭合。此项与前期的同步版本有所区别：只需要发送一次合闸信号，而旧版本需要发送两次合闸信号。

3. 主断路器试验结论

从车可以单独断电，需要主车在大零位的状态下，才能闭合。假如从车错误地进入"分相预备"的状态，主车在大零位的情况下，发送一次合闸信号，就可消除从车故障。

5.9.3 压缩机试验

1. 主车扳键未闭合

同步编组状态下，主车【压缩机扳键】未闭合而从车闭合时，对从车压缩机没有影响，可以正常打风。

2. 从车扳键未闭合

同步编组状态下，从车【压缩机扳键】未闭合而主车闭合时，从车不能正常打风。

3. 强泵风

主控机车操作强泵风时，从车不跟随，从车可以单独进行强泵风操作。

4. 压缩机试验结论

交交模式同步编组状态下，主从车压缩机能否正常打风，依然受自身【压缩机扳键】的控制；强泵风没有同步信号，从车可以单独进行强泵风操作。

5.9.4 停放制动系统试验

1. 主车操作

主车操作【停放制动】的"施加"与"缓解"，从车能够正常跟随。

2. 从车操作

从车单独操纵停放制动系统，只能控制从车的操纵节，主、从车的非操纵节不受控制。主车将两台车全部处于停放制动投入状态下，从车同样只能单独缓解操纵节。

3. 停放制动系统试验结论

交交模式同步编组状态下，两台机车的停放制动系统能够同步，操纵权在主车，从车只能控制操纵节。

5.9.5 紧急按钮试验

1. 主车按钮

主控机车操作端或非操作端分别按压紧急按钮后，主、从车同时断电降弓起紧急，同时主车 IDU 屏幕提醒"单机模式请断开 RDC"。

2. 从车按钮

从控机车操作端或非操作端分别按压紧急按钮后，主、从车同时断电降弓起紧急，同时从车 IDU 屏幕提醒"单机模式请断开 RDC"。

3. 紧急按钮试验结论

交交模式同步编组状态下，【紧急按钮】能够同步，主、从车操纵节与非操纵节 4 个【紧急按钮】现象一致。

5.9.6 放风阀 121 试验

1. 主车手拉放风阀 121

主车手拉放风阀 121，从车列车管压力跟随下降，主车列车管下降到 0kPa 时，主车放风阀处微动开关动作，主车起紧急制动，从车跟随起紧急，非操纵节现象与操纵节一致。

2. 从车手拉放风阀 121

从车手拉放风阀 121，主车大闸运转位时，从车列车管压力下降，主车列管压力的下降取决于手拉放风阀 121 的角度（角度小，主车列车管压力不下降；角度大，主车列车管压力下降）；主车大闸中立位时，从车列车管压力下降，主车列管压力下降；从车列车管下降至

0 kPa 时，从车放风阀处微动开关动作，起紧急，主车跟随起紧急制动，非操纵节现象与操作节一致。

3. 放风阀 121 试验结论

交交模式同步编组状态下，主车手拉放风阀 121，从车跟随减压；从车手拉放风阀 121，主车大闸运转位，列车处于充风状态，从车列车管压力下降，主车列车管压力的下降取决于手拉放风阀 121 的角度（角度小，主车列车管压力不下降；角度大，主车列车管压力下降）；主车大闸中立位时，从车列车管压力下降，主车列车管压力下降；无论主、从车操纵节与非操纵节手拉放风阀 121，列车管压力降至 0 kPa 时，均产生紧急制动，且另一台车跟随。

5.9.7　切除机车故障设备

1. 切除主车一台电机、一个转向架，一节车

切除主车操纵节或非操纵节一台电机或一个转向架，对同步无任何影响，仅是该节车对应的电机、转向架无牵引力；切除操纵节或非操纵节，库内静止状态对同步无任何影响，仅是切除节无牵引力，运行中有无再生力输出未验证。

2. 切除从车一台电机、一个转向架，一节车

切除从车操纵节或非操纵节一台电机或一个转向架，对同步无任何影响，仅是该节车对应的电机、转向架无牵引力；切除操纵节或非操纵节，库内静止状态对同步无任何影响，仅是切除节无牵引力，运行中有无再生力输出未验证。

3. 切除机车故障设备结论

无论切除主、从车操纵节或非操纵节的某一电机、转向架，仅是该节车对应的电机、转向架无牵引力，均对同步无影响；无论切除主、从车操纵节或非操纵节，仅是该节车无牵引力，运行中有无再生力输出需运行中验证。

5.9.8　同步系统设备故障

1. 切除主车操纵节、非操纵节 GDTE

切除主车操纵节 GDTE，相对应的 LTE 网闪红、脱网，恢复操纵节 GDTE，按压"编组"键，同步恢复；切除主车非操纵节 GDTE，相对应的 LTE 网闪红、脱网，恢复操纵节 GDTE，按压"编组"键，同步恢复。

2. 切除主车操纵节、非操纵节 OCE

切除主车操纵节 OCE，LTE-A、LTE-B 同时闪红、脱网，同步中断，不能恢复；切除主车非操纵节 OCE，对应的 LTE 网闪红、脱网，不能恢复，单网正常。

3. 切除从车操纵节、非操纵节 GDTE

切除从车操纵节 GDTE，相对应的 LTE 网闪红、脱网，恢复操纵节 GDTE，按压"编组"键，同步恢复；切除从车非操纵节 GDTE，相对应的 LTE 网闪红、脱网，恢复操纵节 GDTE，按压"编组"键，同步恢复。

4. 切除从车操作节、非操纵节 OCE

切除从车操纵节 OCE，LTE-A、LTE-B 同时闪红、脱网，同步中断，不能恢复；IDU 屏无任何同步信息，主车 IDU 同步屏能显示从车信息；切除从车非操纵节 OCE，对应的 LTE 网闪红、脱网，不能恢复，单网正常。

5. 同步系统设备故障结论

无论切除主、从车操纵节或非操纵节 GDTE，相对应的 LTE 网闪红、脱网，恢复相应节的 GDTE，按压"编组"键，同步恢复;切除主、从车操纵节 OCE，LTE-A、LTE-B 同时闪红、脱网，同步中断，不能恢复；切除主、从车非操纵节 OCE，对应的 LTE 网闪红、脱网，不能恢复，单网正常。

5.9.9 特殊状态下编组

1. 紧急状态下解编再重新编组

紧急状态下解编后，主、从车未进行大复位，重新编组时，按压编组键，各自起非常。

2. 机车紧急状态下编组

主车紧急状态下编组，制动缸能正常缓解；

从车紧急状态下编组，制动缸能正常缓解。

3. 特殊状态下编组结论

紧急状态下解编后，主、从车未进行大复位，重新编组时，按压编组键，各自起非常，其他状态下编组均不影响。

5.9.10 机车制动缸试验

1. 小 闸

主控机车操纵小闸，从车跟随缓解。

2. 单缓按钮

主控机车按压【单缓按钮】，从车不跟随缓解，仅主车单独缓解；

从控机车按压【单缓按钮】，主车不跟随缓解，仅从车单独缓解。

3. 机车制动缸试验结论

主车操纵小闸，从车跟随缓解，主、从车各自按压【单缓按钮】仅能缓解各自机车，不能控制它车。

5.10　朔黄铁路两万吨列车精细化操纵指导

5.10.1　两万吨神 8 + 神 8 列车精细化操纵指导

序号	站间公里	通过时分	18	区间线路情况:
	15 km + 915 m	信号机数量	6	最大下坡道 9.5‰，最小曲线半径 R400 m
1	进/出站公里坐标			
	神南出 2 km + 348 m			
	宁武站中心 15 km + 915 m	分相地点		
	宁武进 14 km + 815 m	17 km + 040 m		
	宁武出 16 km + 325 m			

神池南｜宁武西	操纵提示： 　1. 挂车时适量撒砂，为起车增加黏着力。起车给牵引力 10～20 kN 保持 5 s，确保从车牵引力正常发挥；缓慢加载至 50～200 kN 停留 10 s，再逐步增加至 500 kN 起动列车，走行约 10 m，牵引力增至目标值，岔群适当减载，过岔群后增加牵引力，在从车进入岔区前减小牵引力，防止空转。 　2. 出岔群后，逐渐增大牵引力至目标值，列车运行到 3 km + 500 m 处速度达到 40 km/h 时，逐步减小牵引力，保持恒速，运行到 4 km + 000 m 处手柄回零（工况转换 10 s 以上），控制列车 54# 信号机处速度 40 km/h，再生给至 400 kN，缓慢涨速。 　3. 运行到 9 km + 800 m～10 km + 000 m 处，速度 70 km/h，减压 50 kPa，再生力保持 350 kN，运行至 10 km + 600 m～11 km + 500 m 处，排完风后缓解，50 s 降低再生力，控制列车缓慢涨速。 　4. 运行至 14 km + 500 m～15 km 处，速度 65 km/h，减压 50 kPa，再生力保持 350 kN，列车排完风后在 16 km 前，列车速度 50 km/h 以上缓解
	注意事项： 　1. 9 km + 800 m～10 km + 000 m 处试闸注意排风时间 50 s 以上，缓解前再生 350 kN，第一把缓解地点：越过 10 km + 600 m～11 km + 500 m。接收宁武西站一接近信号机绿黄灯时及时控速，具备缓解条件时可以缓解空气制动。 　2. 第二把缓解地点：越过进站信号机至 16 km 处，确保缓解后至分相前再生能够保持 50 s 以上即可

序号	站间公里	通过时分	25	区间线路情况:
	25 km + 950 m	信号机数量	12	最大下坡道 12‰，最小曲线半径 R400 m
2	进/出 站公里坐标			
	宁武西出 16 km + 325 m			
	龙宫中心 41 km + 865 m	分相地点		
	龙宫进 40 km + 555 m	40 km + 352 m		
	龙宫出 43 km + 110 m			

宁武西—龙宫	操纵提示： 　1. 主车过分相（100 kN 再生力），过分相后逐渐增大再生力控制速度，最高不超过 200 kN，待从车过完分相后调节再生力至目标值控速。 　2. 减压前缓慢增大再生力至 400 N，充分压缩车钩，运行至 20 km～20 km+500 m 处，速度 65 m/h，减压 50 kPa，缓解前 30 s 将再生力降至 300 kN，速度 36～40 km/h 缓解。 　3. 运行至 26 km 处，速度不超 68 km/h，减压 50 kPa，31 km+500 m 处再生力 300 kN 速度 35 km/h 缓解。 　4. 运行至 34 km+500 m 处，速度 64 km/h 减压 50 kPa，排完风后速度有下降趋势时，缓慢降低再生制动力，带闸过分相。待从控机车过分相后正常投入，60 km/h 以下缓解，主控机车再生力 350 kN 缓解列车，缓解列车再生力保持 50 s 不变 注意事项： 　1. 宁武西过分相后为 R400 m 小半径曲线，切忌给流过猛，待从车过完分相后，再缓慢加载。 　2. 遇制动力较弱车体，20 km～20 km+500 m 处减压后运行至 24 km+300 m 处 36～40 km/h 缓解，充风 180 s（后半列 C80B 车体充风 160 s），提高制动初速（65～68 km/h）待速度稳定后减小再生力，一把闸通过龙宫分相。 　3. 带闸过程中列车有降速趋势时及时控速，保证列车在出长梁山隧道前 35 km/h 缓解，34 km 处保证充风，带闸过分相。 　4. 带闸过程中控制列车在龙宫 2 接近处速度不超 68 km/h，速度高于 68 km/h 时及时追加减压

序号	站间公里		通过时分	23	区间线路情况： 　最大下坡道 12‰，最小曲线半径 R500 m
3	23 km+603 m		信号机数量	11	
	进/出 站公里坐标		分相地点 64 km+328 m		
	龙宫出 43 km+110 m				
	北大牛中心 65 km+468 m				
	北大牛进 64 km+488 m				
	北大牛出 65 km+790 m				

龙宫—北大牛	操纵提示： 　1. 根据速度调整再生力，合理掌握充风时间，45 km+500 km 处减压 50 kPa 调速，利用再生力调整列车速度，保持匀速运行至北大牛带闸过分相。 　2. 因其他原因导致列车在龙宫站内缓解速度低于 50 km/h 时，出站后，根据情况利用再生制动调整列车以不超 50 km/h 的速度，运行至东风隧道口投入空气制动调速，列车排风完毕、从车进入东风隧道后于 49 km 处速度降至 35 km/h、再生力 300 kN 缓解列车（缓解地点：46 km+500 m～49 km），利用再生制动调整列车充风时间，使制动周期调整至模式化操纵方案。 　3. 由于操纵不当或车体原因在龙宫站内停车后，追加减压至 100 kPa（从控机车在分相中或分相前禁止追加），排完风后缓解列车开车，出站后根据充风情况，掌握一把闸带闸至北大牛或两把闸操纵。 　4、从车越过分相正常投入后，速度 55 km/h 以下、再生力 350 kN、66 km+300 m 之前缓解 注意事项： 　1. 龙宫—北大牛区间合理掌握充风时间、减压地点、制动初速，采用一把闸过分相。 　2. 东风隧道缓解后保证充风，防止因充风不足造成列车速度不可控。 　3. 遇制动力较弱车体，掌握运行至 59 km 处调整再生力，保证北大牛二接近前降低运行速度至 60 km/h

续表

序号	站间公里		通过时分	16	区间线路情况： 最大下坡道 12‰，最小曲线半径 R500 m
4	20 km + 177 m		信号机数量	7	
	进/出站公里坐标				
	北大牛出 65 km + 790 m		分相地点 86 km + 200 m		
	原平南中心 85km + 645 m				
	原平南进 81 km + 553 m				
	原平南出 85 km + 169 m				

<table>
<tr><td rowspan="2">北大牛—原平南</td><td>

操纵提示：

方法一：两把闸操纵办法

1. 根据缓解速度调整再生力，69 km 前，速度 60 km/h 以下减压 50 kPa，再生力保持 300～400 kN，73 km + 500 m～74 km 处，50 km/h 以下缓解，缓解前再生力 350 kN。

2. 77 km 处，速度 65 km/h 以下，减压 50 kPa，再生力保持 300～400 kN，速度稳定后降低再生力，控制列车在原平南进路信号机前 65 km/h 以下缓解，缓解前再生力保持 350 kN。

方法二：一把闸操纵办法

根据缓解速度调整再生力，69 km 前速度 58 km/h 以下减压 50 kPa，74 km 保持高速运行，速度稳定后降低再生力，控制列车在原平南进路信号机前 65 km/h 以下，82 km + 100 m～83 km + 200 m，列车速度 50 km/h 以上缓解，缓解前再生力保持 350 kN

</td></tr>
<tr><td>

注意事项：

1. 此区段的两把闸制动初速不宜超过 65 km/h，涨速空间较大，在 5 km/h 左右，根据涨速情况适当调整再生力。

2. 主控机车在出站后人为按压半自动过分相提前断电，过分相后平稳进级。

3. 采用一把闸操纵办法操纵时注意 74 km 前合理控速，避免追加。

4. 该区间应制动力弱，采取追加减压措施后须执行停车缓风

</td></tr>
</table>

序号	站间公里		通过时分	24	区间线路情况： 最大下坡道 10‰，最小曲线半径 R500 m
5	22 km + 780 m		信号机数量	11	
	进/出 站公里坐标				
	原平南出 85 km + 169 m		分相地点 107 km + 210 m		
	回凤站中心 108 km + 425 m				
	回凤进 107 km + 495 m				
	回凤出 108 km + 970 m				

<table>
<tr><td rowspan="2">原平南—回凤</td><td>

操纵提示：

1. 原平南出站控制速度不超 65 km/h，主车过分相后逐步给再生力，运行到 87 km 处，速度不超 75 km/h 减压 50 kPa，90 km 前，再生力 350 kN 缓解，在 92 km 前转牵引工况，小牵引力（100 kN 以下）保持列车不超 65 km/h，越过 938# 信号机，转牵引运行。

2. 在 101 km 处，速度 70 km/h 以下，转再生工况，保持再生力 300～400 kN 可控制速度，回凤惰力过分相

</td></tr>
<tr><td>

注意事项：

1. 原平南采取惰力过分相时出站速度不超 50 km/h，涨速空间在 25 km/h 左右，再生力不超过 400 kN。

2. 101 km 处掌握不超 70 km/h，再生力控制在 380 kN，涨速空间在 5 km/h 左右

</td></tr>
</table>

序号	站间公里		通过时分	18	区间线路情况：最大下坡道7‰，最小曲线半径 R800 m
	24 km + 507 m		信号机数量	10	
6	进/出 站公里坐标				
	回凤出 108 km + 970 m		分相地点 129 km + 751 m		
	东冶站中心 132 km + 932 m				
	东冶进 130 km + 000 m				
	东冶出 133 km + 965 m				

回凤—东冶	操纵提示： 1. 回凤不超 74 km/h 出站，采用低手柄位牵引，保持列车匀速运行。 2. 运行至 1284# 信号机转再生工况，调整再生力控速，1284# 信号机速度控制在 75 km/h，手轮回零惰力过分相。
	注意事项： 东冶站内停车： 1. 提前联控，天气良好和机车本身有利于再生力正常发挥时，利用 3‰ 上坡道再生控速，满足站内停车需求。 2. 空气制动调速，主控机车接收绿黄灯后，运行至 126 km 处，减压 50 kPa，列车尾部越过 3‰ 坡顶后速度 45～50 km/h 缓解列车，利用再生力控制列车缓慢进站

序号	站间公里		通过时分	7	区间线路情况：最大上坡道4‰，最小曲线半径 R800 m
	6 km + 818 m		信号机数量	2	
7	进/出 站公里坐标				
	东冶出 133 km + 965 m		分相地点 140 km + 177 m		
	南湾站中心 139 km + 750 m				
	南湾进 138 km + 120 m				
	南湾出 139 km + 550 m				

东冶—南湾	操纵提示： 东冶出站给牵引力 250 kN 至南湾站中心，手柄回零惰力过分相
	注意事项： 东冶出站注意信号，提前预想，防止坡停

序号	站间公里		通过时分	24	区间线路情况：最大下坡道 12‰，最小曲线半径 R500 m
	15 km + 915 m		信号机数量	13	
8	进/出 站公里坐标				
	南湾出 139 km + 550 m		分相地点 163 km + 842 m		
	滴流碃站中心 165 km + 090 m				
	滴流碃进 164 km + 150 m				
	滴流碃出 165 km + 575 m				

续表

<table>
<tr>
<td rowspan="2">南湾—滴流磴</td>
<td colspan="4">操纵提示：
操纵方法一：
　1. 南湾过分相后，逐步将再生力给至目标值，144 km 处速度 70 km/h 减压 50 kPa，146 km 速度 60 km/h 以下、再生力 400 kN 缓解列车。
　2. 寺铺尖隧道内 150 km 处，速度 65 km/h 以下减压 50 kPa，掌握 156 km 前，速度不低于 35 km/h、再生力保持 300 kN 缓解。
　3. 159 km 处，速度 65 km/h 减压 50 kPa，根据涨速情况调整再生力大小，分相前再生力退至 100～200 kN，采用带闸过分相；从车越过分相正常投入后，速度 60 km/h 以下，主控机车再生力 350 kN、166 km + 400 m 前缓解。
操纵方法二：本区段采用两把闸
　1. 南湾过分相后，逐步将再生力给至目标值，145 km 处速度 70 km/h 减压 50 kPa，靠近 147 km 速度 60 km/h 以下、再生力 400 kN 缓解列车。
　2. 合理掌握充风时间，寺铺尖隧道 150 km 处，速度 65 km/h 以下减压 50 kPa，根据涨速度情况调整再生力，掌握 1588# 信号机速度不超过 68 km/h，一把闸带闸过分相</td>
</tr>
<tr>
<td colspan="4">注意事项：
　1. 水泉湾隧道内整列处于 7‰ 坡道上缓解时再生力 400 kN。
　2. 第三把闸制动初速掌握不超过 65 km/h，否则控速困难，容易造成追加减压，过分相困难</td>
</tr>
</table>

<table>
<tr>
<td rowspan="6">9</td>
<td>序号</td>
<td>站间公里</td>
<td>通过时分</td>
<td>18</td>
<td rowspan="6">区间线路情况：
　最大下坡道 12‰，最小曲线半径 R500 m</td>
</tr>
<tr>
<td></td>
<td>20 km + 091 m</td>
<td rowspan="2">信号机数量</td>
<td rowspan="2">9</td>
</tr>
<tr>
<td></td>
<td>进/出　站公里坐标</td>
</tr>
<tr>
<td></td>
<td>滴流磴出 165 km + 575 m</td>
<td rowspan="4">分相地点
184 km + 179 m</td>
</tr>
<tr>
<td></td>
<td>猴刡站中心 185 km + 181 m</td>
</tr>
<tr>
<td></td>
<td>猴刡进 184 km + 171 m</td>
</tr>
</table>

（续）猴刡出 185 km + 685 m

<table>
<tr>
<td rowspan="2">滴流磴—猴刡</td>
<td colspan="4">操纵提示：
　1. 滴流磴出站 169 km 处，速度 65 km/h，减压 50 kPa，待速度稳定后利用再生力控速，175 km 处 55 km/h 以下再生力 350 kN 缓解列车。
　2. 再生力控速，在猴刡二接近处 65～67 km/h 减压 50 kPa，带闸过分相，从车越过分相正常投入后 186 km + 500 m 前，再生力 350 kN 缓解列车</td>
</tr>
<tr>
<td colspan="4">注意事项：
　1. 第一把缓解地点：174～177 km。
　2. 列车头部越过 176 km + 300 m 后，整列处于 4‰ 下坡道时，再生力 400 kN 缓解列车。
　3. 出张家坪隧道速度掌握 50 km/h 以下，防止第二把闸减压过早，造成过分相困难（张家坪隧道—猴刡二接近，再生保持 350～400 kN，涨速空间 20 km/h 左右）</td>
</tr>
</table>

<table>
<tr>
<td rowspan="6">10</td>
<td>序号</td>
<td>站间公里</td>
<td>通过时分</td>
<td>14</td>
<td rowspan="6">区间线路情况：
　最大下坡道 12‰，最小曲线半径 R500 m</td>
</tr>
<tr>
<td></td>
<td>16 km + 968 m</td>
<td rowspan="2">信号机数量</td>
<td rowspan="2">7</td>
</tr>
<tr>
<td></td>
<td>进/出　站公里坐标</td>
</tr>
<tr>
<td></td>
<td>猴刡出 185 km + 685 m</td>
<td rowspan="4">分相地点
199 km + 292 m</td>
</tr>
<tr>
<td></td>
<td>小觉站中心 202 km + 149 m</td>
</tr>
<tr>
<td></td>
<td>小觉进 199 km + 645 m</td>
</tr>
<tr>
<td></td>
<td>小觉出 202 km + 829 m</td>
</tr>
</table>

猴刎 │ 小觉	操纵提示： 　　猴刎出站不超过 50 km/h 再生给至 350～400 kN，192 km 处速度 68 km/h 减压 50 kPa，采取长波浪制动，带闸运行至越过小觉一接近速度 45 km/h，再生力 350 kN 缓解（二接近 55 km/h 以下缓解），惰力过分相		
	注意事项： 　　1. 猴刎出站至 192 km 处，再生力 350～400 kN，涨速空间 20 km/h 左右。 　　2. 小觉一接近缓解再生力保持 350 kN。 　　3. 缓解地点尽可能靠近小觉二接近处，列车头部越过 197 km+300 m 整列处于 7‰ 坡道，再生力 400 kN 缓解列车		

序号	站间公里	通过时分	17	区间线路情况： 　　最大下坡道 12‰，最小曲线半径 $R600$ m
11	17 km+162 m	信号机数量	8	
	进/出　站公里坐标			
	小觉出 202 km+829 m	分相地点 218 km+221 m		
	古月站中心 219 km+311 m			
	古月进 218 km+520 m			
	古月出 219 km+920 m			

小觉 │ 古月	操纵提示： 　　出站前再生力 100 kN，206 km 处逐渐增大再生力至目标值，209 km 处，速度 68 km/h 以下，减压 50 kPa，211 km+500 m～213 km 处，速度 70 km/h、再生力 350 kN 缓解列车，列车速度平稳后惰力运行		
	注意事项： 　　212 km 处缓解速度过低时，及时转牵引工况，2154# 信号机处回零，惰力运行		

序号	站间公里	通过时分	20	区间线路情况： 　　最大下坡道 11‰，最小曲线半径 $R600$ m
12	23 km+518 m	信号机数量	10	
	进/出　站公里坐标			
	古月出 219 km+920 m	分相地点 240 km+018 m		
	西柏坡站中心 242 km+829 m			
	西柏坡进 240 km+207 m			
	西柏坡出 243 km+534 m			

古 月 │ 西 柏 坡	操纵提示： 　　古月出站后在 222 km 处转牵引工况，牵引力 100～200 kN，227 km 处转再生工况；230 km+500 m 处，速度 68 km/h 减压 50 kPa，排完风后 232 km～233 km+300 m 缓解，再生力 350 kN 保持 50 s 后适当调整再生，控制列车温塘 72 km/h 通过，运行到西柏坡一接近前减压 50 kPa，掌握在二接近不超 50 km/h、再生力 350 kN 缓解列车		
	注意事项： 　　由于列车制动力强或者信号原因，造成温塘通过速度偏低时，西柏坡采取惰力过分相（数据参考：西柏坡一接近信号机处，速度不超 50 km/h，再生力 400 kN）		

5.11　朔黄铁路两万吨列车重点地段操纵解析

5.11.1　神池南至宁武西间操纵细节

神池南出站运行到 4 km 处手柄回零（工况转换 10 s 以上），控制列车 54# 信号机处速度 40 km/h，再生力给至 400 kN，缓慢涨速，确保运行到 9 km + 800 m ~ 10 km 处，速度 70 km/h，减压 50 kPa，运行至 10 km + 600 m ~ 11 km + 500 m 处再生力保持 350 kN，排完风后缓解，50 s 后适当降低再生力（根据缓解速度定再生力最低可以降至 48 kN），运行至 14 km + 500 m ~ 15 km 处，速度 65 km/h，减压 50 kPa，再生力保持 350 kN，列车排完风后在 16 km 前列车速度 50 km/h 以上缓解，掌握排完风以后缓解，保持高速。

5.11.2　宁武西至龙宫操纵细节

（1）从车过完分相后调节再生力至目标值控速保证整列进长梁山，进入长梁山 400 kN 再生力控速，充分压缩车钩，20 km ~ 20 km + 500 m 处，速度 65 km/h，减压 50 kPa，缓解前 30 s 将再生力降至 300 kN，速度 36 ~ 40 km/h 缓解。26 km 处，速度 68 km/h 以下，减压 50 kPa，31 km + 500 m 处再生力 300 kN 速度 35 km/h 缓解（长梁山第二把闸车体制动力较强，禁止故意追加削弱制动力）。34 km + 500 m 处，速度 64 km/h 减压 50 kPa，排完风后速度有下降趋势时，缓慢降低再生制动力，带闸过分相。待从控机车过分相后正常投入，速度 60 km/h 以下再生力 350 kN 缓解列车，缓解列车再生力保持 50 s 不变。

（2）长梁山第一把闸制动地点 20 km + 500 m 减压，一把闸带至 24 km + 300 m 处，列车缓解速度掌握在 36 ~ 38 km/h，充满风及时制动，速度稳定以后，根据情况调整再生力至目标值，一把闸带至龙宫站内。

5.11.3　龙宫至北大牛间操纵细节

（1）根据速度调整再生力，合理掌握充风时间，45 km + 500 km 处减压 50 kPa 调速，利用再生力调整列车速度，保持匀速运行至北大牛带闸过分相。

（2）龙宫至北大牛间操纵方法：东风隧道垫闸，缓解地点 46 km + 500 m ~ 49 km，再生力 300 kN 缓解列车，50 s 以后再生力调整至目标值，保证充风时间（遇车体制动力强，龙宫站内缓解速度低，东风隧道需垫闸时，禁止故意追加削弱制动力）。

（3）由于操纵不当或车体原因在龙宫站内停车后，追加减压至 100 kPa（从控机车在分相中或分相前禁止追加），排完风后缓解列车开车，出站后根据充风情况，掌握一把闸带闸至北大牛或两把闸操纵。

（4）从车越过分相正常投入后，速度 55 km/h 以下、再生力 350 kN、66 km + 300 m 之前缓解。

5.11.4 北大牛至原平南间操纵细节

（1）方法一：根据缓解速度调整再生力，69 km 前，速度 60 km/h 以下减压 50 kPa，再生力保持 300 ~ 400 kN，73 km + 500 m ~ 74 km 处，50 km/h 以下缓解，缓解前再生力 350 kN；77 km 处，速度 65 km/h 以下，减压 50 kPa，再生力保持 300 ~ 400 kN，速度稳定后降低再生力，控制列车在原平南进路信号机前 65 km/h 以下缓解，缓解前再生力保持 350 kN。

（2）方法二：采用一把闸操纵方法时，根据缓解速度、前期制动力判断，调整再生力掌握好充风时间（这把闸的操纵可以参考长梁山至龙宫的尾部风压），69 km 处，速度 55 ~ 60 km/h 减压 50 kPa，72 km 处根据涨速情况调整再生力，速度稳定后降低再生力，74 km 保持高速运行，76 ~ 77 km 处根据涨速情况，提前调整再生力，控制列车在原平南进路信号机前（82 km + 100 m ~ 83 km + 200 m），列车速度 50 km/h 以上缓解，缓解前再生力保持 350 kN。

5.11.5 原平南至回凤间操纵细节

（1）原平南出站控制速度不超 65 km/h，主车过分相后逐步给再生力，运行到 87 km 处，速度不超 75 km/h 减压 50 kPa，90 km 前再生力 350 kN 缓解列车，在 92 km 前转牵引工况，小牵引力（100 kN 以下）保持列车不超 65 km/h，越过 938#信号机，转牵引运行。

（2）原平南出站采取惰力过分相时出站速度不超 50 km/h，主车过完分相后，再生力缓慢增加至 200 kN，待从车过完分相给至 350 ~ 380 kN，上桥后缓慢退再生力至 100 kN，K92 + 500 m 退再生转换牵引工况 100 kN，94 km 增大牵引力至 300 kN 以上，拉伸车钩（此处牵引力过小会有涌动），96 km 减小牵引力至 80 kN，100#信号机退牵引转换再生，缓慢增加至 300 ~ 400 kN，此处涨速 5 km/h，2‰ 上坡转下坡前退完再生力，速度掌握 73 ~ 75 km/h，回凤惰力过分相。

5.11.6 回凤至南湾间操纵细节

（1）回凤不超 74 km/h 出站，采用低手柄位牵引，保持列车匀速运行。

（2）运行至 1284#信号机转再生工况，调整再生力控速，1284#信号机速度控制在 75 km/h 手轮回零惰力过分相。

（3）东冶分相后 133 km 处开始牵引，越过 1368#信号机后逐步降低牵引力至 100 kN，南湾出站速度不超 65 km/h，手柄回零惰力过分相。

5.11.7 南湾至滴流磴间操纵细节

1. 操纵方法一：本区间采用三把闸

南湾过分相后，逐步将再生力给至目标值，144 km 处速度 70 km/h 减压 50 kPa，146 km 速度 60 km/h 以下，再生力 400 kN 缓解列车，延长充风时间，再生力保持 400 kN 进入寺铺尖隧道内 150 km 处，速度 65 km/h 减压 50 kPa，掌握 156 km 前再生力保持 300 kN，速度 35 km/h 缓解。运行至 159 km 处，根据车体制动力掌握减压速度，根据涨速情况调整再生力大小，分相前再生力退至 100 kN，采用带闸过分相；从车越过分相正常投入后，速度 60 km/h 以下，再生力 350 kN，166 km + 400 m 之前缓解。

2. 操纵方法二：本区段采用两把闸

南湾过分相后，逐步将再生力给至目标值，145 km 处速度 70 km/h 减压 50 kPa，靠近 147 km 处速度 60 km/h，再生力 400 kN 缓解列车，合理掌握充风时间，寺铺尖隧道 150 km 处，速度 65 km/h 减压 50 kPa，根据涨速度情况采用再生力控速，掌握 1588# 信号机速度不超过 68 km/h，一把闸带闸过分相。

5.11.8　滴流磴至猴刐间操纵细节

（1）滴流磴出站 169 km 处，速度 65 km/h，减压 50 kPa，待速度稳定后利用再生力控速，175 km 处 55 km/h 以下再生力 350 kN 缓解列车；列车头部越过 176 km + 300 m 后，177 km 前整列处于 4‰ 下坡道时，再生力 400 kN 缓解列车。

（2）再生力控速，张家坪隧道至猴刐二接近，再生保持 350～400 kN，涨速空间 20 km/h 左右，猴刐二接近处 65～67 km/h 减压 50 kPa，带闸过分相，从车越过分相正常投入后 186 km + 500 m 前，再生力 350 kN 缓解列车。

5.11.9　猴刐至小觉间操纵细节

猴刐出站不超过 50 km/h 再生力给至 350～400 kN，192 km 处速度 68 km/h 减压 50 kPa，采取长波浪制动，带闸运行至越过小觉一接近再生力 350 kN、45 km/h 缓解列车，二接近 55 km/h 以下（列车头部越过 197 km + 300 m 整列处于 7‰ 坡道，再生力 400 kN）缓解列车，惰力过分相。

猴刐出站至 192 km 处，再生力 350～400 kN，涨速空间 20 km/h 左右，小觉一接近缓解再生力保持 350 kN，缓解地点尽可能靠近小觉二接近处，列车头部越过 197 km + 300 m 整列处于 7‰ 坡道，再生力 400 kN 缓解列车。

5.11.10　小觉至古月间操纵细节

小觉出站，根据车体制动力情况，制动力较强车体，出站再生力 100 kN，206 km 处逐渐增大再生力至目标值，209 km 处，速度 68 km/h 减压 50 kPa，制动力弱的车体，出站给牵引力 150 kN，凤山沟二号退牵引转再生工况，65 km/h 减压 50 kPa，211 km + 500 m～213 km 处，速度 70 km/h 以下、再生力 350 kN 缓解列车，列车速度平稳后惰力运行（如果此处速度过低，转牵引工况，牵引力在 5‰、4‰ 下坡前退完，否则会有涌动）。

5.11.11　古月至西柏坡间操纵细节

　　古月出站后在 222 km 处转牵引工况，牵引力 100~200 kN，227 km 处转再生工况；230 km + 500 m 处，速度 68 km/h 减压 50 kPa，排完风后 232 km~233 km + 300 m 缓解，再生力 350 kN 保持 50 s 后适当调整再生力，控制列车温塘 72 km/h 通过，运行到西柏坡一接近前减压 50 kPa，掌握在二接近不超 50 km/h、再生力 350 kN 缓解列车。

6　重载列车安全管控措施

6.1　防止冒进信号安全措施

（1）机车乘务员出乘前必须充分休息，严禁饮酒；担当夜班乘务工作的要执行强制休息制度，卧床休息不少于 4 h，休息时间不足，不准出乘。出勤调度员要严格把关，按规定进行酒精含量检测，对酒精含量检测不合格人员，严禁出乘。

（2）出勤时要认真阅读并抄写行车命令和运行揭示，开好班前小组会，明确所担当的交路和注意事项，掌握行车办法，机车调度员要有重点地把关试问。

（3）出段前要认真检查机车状态，各主要部件和设备必须符合规定；挂车后需掌握列车编组情况，正确输入 LKJ 数据参数，认真试验列车制动效能和制动后排风时间。将充、排风时间记入手账并利用列尾装置进行风压查询，确保列车管贯通。

（4）机车"行车安全装备"（机车信号、列车运行监控记录装置、列车无线调度通信设备、列尾装置、调车监控装置）必须作用良好，设备作用不良，严禁出库牵引列车。列车运行中，机车行车安全装备严禁擅自关机或变相关机。LKJ 严禁盲目解锁，须确认行车凭证或地面信号机显示正确后，方可按规定解锁。

（5）开车后按规定进行试闸，掌握列车制动管贯通情况，制动力大小和充、排风时间是否正常，遇有异常情况要果断采取停车措施。在显示停车信号机前，必须施行有效制动，严禁盲目臆测行车或运行中等待信号变更。站内停车以及车站压前停车时必须保压停车，未得到值班员准许不得缓解列车制动或擅自动车。

（6）运行中严格遵守列车运行图规定的运行时刻和各项容许及限制速度，严禁超速运行；严格执行彻底瞭望、确认信号、高声呼唤的作业标准，按信号显示运行。

（7）遇天气不良，瞭望信号困难时要认真执行天气不良行车安全措施；遇有进站、出站、进路、通过和预告信号灯光熄灭、显示不明或显示不正确时均视为停车信号，必须采取停车措施（严格执行《技规》316 条和《行规》79 条），严禁盲目臆测行车。

（8）乘务员要熟悉所担当区段线路纵断面状态，站间公里、进站坐标等。

（9）到达后摘机、在站单机走行或调车作业时，认真进行车机联控，了解走行进路，确认调车信号的显示，防止冒进关闭的调车信号机或错误越过站界标。

（10）万吨列车非万吨站压前停车时，以不超过 20 km/h 的速度越过出站信号机靠标停车，压后停车在无法保证再制动的充风时间时，严格执行停车缓风的规定。靠标停车时严禁对监控装置进行"特殊前行"或转"调车"操作。

（11）两万吨列车在运行中遇长大下坡道区段临时限速 45 km/h 以下时，主、从控机车制动机故障或长大下坡道区段从控机车一台压缩机故障，引导接车或侧线（龙宫、北大牛、滴流磴、猴刎）运行时应立即就地分解运行或请求救援。

6.2　防止超速运行安全措施

（1）当班前必须充分休息，确保运行中精力集中。机车乘务员出勤时，须使用交付揭示与 IC 卡数据文件在验卡设备上核对；上车插入 IC 卡进行慢行达示核对，明确担当区段内施工时间、内容、慢行地点、限制速度及要求，并严格按规定速度运行。

（2）根据线路坡道情况制订易超速地段提示卡，要求乘务员熟记，接近易超速地段前，副司机必须立岗互控，要求司机注意列车速度。

（3）列车运行区段有限速命令时，机车乘务员应在司机手账站名处或交付揭示上予以标注，列车运行至距限速地点 2 km 处按压定标键确认监控装置限速曲线状态，经过一处销记一处，逐个销号。

（4）遇临时接受调度命令时，须双人确认，认真核对做好记录（注意提前根据列车长度确认限速起始位置），距限速地点 2 km 处按压定标键双人呼唤确认命令内容（遇 2 + 0 和 1 + 1 编组时须主、从控进行核对），运行速度低于限制速度通过限速地段后，对调度命令进行销记。退勤时将临时限速调度命令交退勤调度员。

（5）进入限速区间前，机车乘务员严格按规定执行车机联控制度，认真与车站值班员核对运行揭示。

（6）列车接近限速地段时，司机应根据列车运行速度和列车编组等因素准确控制运行速度，根据列车长度和减速防护地段终端防护信号要求确认整列越过慢行地段后，恢复规定速度运行。

（7）运行中合理使用空电联合制动，长大下坡道遇机车发生滑行时在投入空气制动后再逐步降低电制力，加强监控数据车位校正确认，平稳操纵列车及时抑制机车滑行现象发生。

（8）遇取消施工、施工提前结束、改变行车办法等必须取消 IC 卡数据控制时，司机须以列车调度员发布的调度命令为依据，解除相应 IC 卡数据的控制。

（9）运行途中，加强瞭望，认真执行呼唤应答制度。遇交付揭示、IC 卡数据、地面移动减速信号牌、列车无线调度通信设备通知的限速值、限速地点不一致时，司机须按导向安全的原则，以最低限速值（未标明限速值时按限速 25 km/h 控制列车速度）和最长限速距离控制列车运行，并立即向就近车站值班员报告，转报列车调度员。

（10）利用本务机车进入专用线调车时，司机应得到附有专用线示意图及限制速度的调车作业通知单。

6.3　防止自动闭塞区段列车追尾安全措施

（1）在自动闭塞区段运行的列车遇有通过信号机显示绿黄、黄色灯光时，应立即减速，确保在显示红色灯光的信号机前停车，严禁越过该信号机。学习司机应停止其他工作，督促司机及时采取停车措施，遇情况危急不听劝告时，有权采取紧急措施。

（2）在显示停车信号（包括显示不明或灯光熄灭）的通过信号机前停车后，司机应立即呼叫两端站，并使用列车无线调度通信设备通知运转车长（无运转车长则通知车辆乘务员），通知不到时，鸣笛一长声。停车等候 2 min，该信号机仍未显示进行信号时，即以遇到阻碍能随时停车的速度运行，最高不超过 20 km/h 运行到次一通过信号机，按其显示的要求运行。在停车等候的同时，与车站值班员、列车调度员、前行列车司机联系，如确认前方闭塞分区内有列车时，不得进入。

（3）上行列车在神池南-原平南、南湾-西柏坡长大下坡道区段遇区间通过信号机显示停车信号（包括显示不明或灯光熄灭）停车时，按照《朔黄铁路行车组织规则》79 条的要求执行。

（4）运行中遇地面通过信号机突变为停车信号时，采取停车措施（或 LKJ 自停）后，因制动距离的限制停车后越过该信号机时，必须使用列车无线调度通信设备向车站值班员汇报并了解情况，确认无危及行车安全因素，再开时，不论地面信号如何显示，必须以遇到阻碍能随时停车的速度运行，最高不超过 20 km/h（长大坡道区段按照《朔黄铁路行车组织规则》规定速度），运行到前方通过信号机后，再按地面信号的显示要求运行。

（5）遇机车信号绿掉白时，要立即降速，确认地面信号显示状态，按地面信号的显示运行。

（6）列车在区间被迫停车后，不能继续运行时，司机应立即使用列车无线调度通信设备通知列车调度员、两端站及运转车长（无运转车长时为车辆乘务员），报告停车原因和停车位置，并请车站值班员通知后续列车注意运行；按规定对列车进行防护，已请求救援的列车不得再行移动。

（7）追踪列车司机听到前（后）方车站通报前行列车被迫停车的呼叫后，必须严格控制速度，加强瞭望，做好随时停车准备，严禁越过显示停车信号的通过信号机，并注意前行分区列车（车辆）动态。

（8）运行途中遇机车信号、列车运行监控记录装置故障，必须立即停车，按规定联控和索要调度命令、正确转换 LKJ 后，按规定速度运行至前方站更换（或加挂）机车。

（9）单机运行时，禁止停在调谐区内。因特殊情况停在调谐区时，立即使用列车无线调度通信设备呼叫两端站、列车调度员，报告停车原因和停车位置。停车后，应立即将机车移出调谐区（正方向运行不能向后移动）。不能立即移动机车时，必须短路调谐区外方轨道电路。

（10）单机运行使用紧急制动或其他原因造成机车撒砂停车后，能移动时，确认机车不再撒砂，将机车向前移动一车（不少于 40 m）距离，并立即使用列车无线调度通信设备报告两端站车站值班员；特殊情况移动困难时，立即用短路导线短接后方轨道电路，并必须向车站报告机车停车位置和停车原因，待处理完毕后撤除防护。

（11）临时担当救援任务，二人必须认真确认调度命令，与值班员核对被救援列车的停留位置，命令不清、停车位置不明时，不准动车。救援列车进入封锁区间后，在接近被救援列车或车列 2 km 时，要严格控制速度，同时使用列车无线调度通信设备与请求救援的机车司机进行联系，或以在瞭望距离内能够随时停车的速度运行（最高不得超过 20 km/h），在防护人员处或压上响墩后停车，联系确认并按照要求作业。

6.4　防止列车折角塞门关闭安全措施

（1）机车乘务员在库内应严格按照《操规》规定的试验程序和标准试验制动机，确保制动机作用良好。

（2）挂车后，机车乘务员应及时了解列车种类及编组情况，按规定进行列车制动机试验和列尾装置一对一通信试验、排风试验，准确掌握充排风时间和列尾装置质量状态，并记录好充、排风时间，有异常时汇报车站处理。

（3）列车运行中，机车乘务员在使用空气制动机进行调速时，应注意列车制动主管贯通状态和列车制动力的变化情况，在坡道区段，实施周期制动时，制动后速度必须降至安全速度，方可缓解列车制动。

（4）停车时间超过 20 min 的列车，应按规定进行列车制动机的简略试验。发生列车分离，连挂好后必须按规定进行简略试风。两万吨列车和 1＋1 组合万吨列车列车始发以及停车再开前必须进行列尾排风实验。

（5）装有列尾装置的列车开车后、进站前，应使用列尾装置对列车制动主管的风压变化情况进行检查。遇列尾装置故障时，机车乘务员应及时汇报车站。两万吨列车始发站列尾故障时严禁开车。

（6）列车紧急停车后再开车时，机车乘务员必须检查试验列车制动主管的贯通状态，具备开车条件后，方可起动列车。

（7）货物列车始发站开车后，以及高坡地段非正常停车后不具备试风条件的，要选择合理时机进行贯通试验，以试验列车制动力和列车管贯通状态，减压量不得小于 50 kPa，发现制动力弱时要提前采取措施。货物列车进站停车时，认真执行保压停车的有关规定，少量减压停车后，应追加减压至 100 kPa 以上。

（8）列车运行途中，机车乘务员发现列车制动力不足，危及行车安全时，应立即通知就近车站值班员，严格控制列车速度，减速维持运行到前方站处理。如难以停车时，按下列程序办理：

① 除立即采取紧急制动措施外，同时通知随车机械师（车辆乘务员）采取紧急停车措施。

② 挂有列尾装置的列车，立即使用列尾装置停车。

③ 装有动力制动的机车，自阀置于制动区并保持最大动力制动。

6.5　防止断钩安全措施

（1）列车起车时，全列缓解后再起动（特殊情况除外），起车困难要适当压缩车钩，全列车起动后再加速。

（2）机车提、回手柄应逐级进行，使牵引电流稳定变化，防止电流过大造成断钩。

（3）运行中严格按《操规》的有关规定正确使用制动机。

（4）施行紧急制动时，迅速将自阀手柄推向紧急制动位，并解除机车牵引力。车未停稳，严禁移动单、自阀手柄。

（5）列车运行中，发现列车管压力表表针急剧下降、摆动，以及空气压缩机长时间泵风不止，或列尾装置发出列车管压力不正常报警时，应迅速停止向列车管充风（上坡道解除机车牵引力），立即将自阀手柄移至中立位，列车未停稳不得缓解列车。

（6）列车在起伏坡道上运行时，尽量减少施行空气制动调速，以免造成车钩前拉后押。

（7）列车制动时，应采用早减压、少减压量的制动方法，以减少列车冲动。

（8）运行中需要使用空气制动调速或停车时，自阀排风不止不应追加、停车或缓解列车制动，自阀减压后至停车、缓解前不得缓解机车制动；禁止在制动保压后，将自阀手柄由中立位（制动区）推向缓解、运转位，又移回中立位（制动区）。

（9）装有 DK-1 型制动机的机车在运行中，严禁将单阀手柄置于缓解位，防止紧急制动时拉断车钩。

（10）列车进站自阀少量减压停车后，再追加至 100 kPa 以上。

（11）双机重联或组合列车运行时，从控机车要听从主控机车的指挥，密切注意各仪表显示状态，发现异常时应及时向主控机车汇报。

（12）两万吨列车运行中必须严格执行 810 版提示卡要求，运行中发生故障时必须停车处理。

（13）运行中乘务员要严格遵守监控装置控制模式要求，正确操作监控装置，防止因操作不当造成监控装置放风而导致断钩事故发生。

6.6　防止调车作业事故安全措施

（1）严格落实调车作业六必须制度，运用部门针对管内各站情况制订调车作业指导书，组织乘务员培训。

（2）保持机车车载调监设备处于良好状态，规范使用监控模式，确保在地面装有调监设备的站场调车作业时，设备能发挥安全卡控作用。发现调监设备不良时，及时反馈报修。

（3）调车作业时，机班人员对调车作业通知单内容必须清楚明了并进行有声核对，没有计划、计划不清不准动车。担当调车作业机车乘务员要熟悉《站细》及有关规定，熟记站内线路信号以及各种标志等站场情况，调车作业中机车乘务员必须由近至远逐个呼唤确认调车信号，加强车机联控，问明径路，时刻注意确认信号及线路设备状态，不间断进行瞭望，正确及时地执行信号显示的要求，严格执行"干一钩、划一钩"的规定。

（4）出入库及转线作业必须由近至远逐个呼唤确认调车信号、道岔状态，机车进入挂车线后，应严格控制机车速度，执行十、五、三车和一度停车规定，确认脱轨器、防护信号及停留车位置。距脱轨器、防护信号、车列 10 m 前必须停车。确认脱轨器、防护信号撤除后，显示连挂信号，以不超过 5 km/h 的速度平稳连挂。

（5）调车连挂或接近停留车、尽头线、站界标、接触网终点标时，必须一度停车，并严格控制速度。

（6）调车作业应使用无线调车灯显设备，无线调车灯显设备发生故障时，执行《行规》和《站细》相关规定。

（7）机车乘务员根据信号显示和调车指挥人的指令作业。推进运行前先试拉（《站细》有特殊规定的情况除外）；没有信号，不准动车；信号不清，立即停车。

（8）越出站界、跟踪出站调车时，必须执行《技规》和《行车组织规则》的有关规定，杜绝臆测行车。

（9）加强调车作业 LKJ 文件、视频文件分析和复检管理，指导司机、监控分析员要对照调车作业通知单进行分析，相关运用、安全管理人员按规定抽查分析。

（10）遇恶劣天气，应严格控制调车作业速度。瞭望距离不足 100 m 的作业，连挂车辆时应距被挂车辆 50 m 处一度停车，再以不超过 5 km/h 速度连挂，大雾天气或机车距离信号较近难以确认信号时，应下车确认后再动车。专用线、货物线取送调车作业，无论牵引或推进运行，应全部接通软管，并适当掌握速度，保证遇到障碍能及时停车。向站修线等特定线路及尽头线取送车时，必须距停留车或车挡 50 m 处停车，再以 3 km/h 以下速度进行作业。

（11）调车机车及机车出入段时，按规定开放标志灯。

6.7　防止弓网故障安全措施

（1）神南、肃北、黄骅港入库进行车顶作业时，应对受电弓及其他车顶高压设备按规定进行检查、养护，确保各部件状态良好；检查、试验发现不良处所必须按规定进行报修，严禁带病出库。

（2）机车乘务员要熟悉担当区段内各站场接触网设备的布置情况，尤其对绝缘锚关节、无网区、接触网终点标的位置必须心中有数。各指导组在学习会上要重点讲解无网区地点及注意事项。

（3）电力机车在有接触网终点标的线路上调车时，应控制好速度，副司机及时进行呼唤应答。机车距接触网终点标应有 10 m 的安全距离；转线作业时要加强瞭望，严格控制速度，防止进入无网（无电）区；中间站调车作业时，司机应确认调车作业通知单上的"有电""无电"字样，核对作业股道是否有网（有电），是否有接触网终点标及分段绝缘或分相绝缘。单机转场转线停车等待或换端时应后部瞭望确认站场绝缘节（小分相）位置。

（4）机车乘务员在运行中认真执行"六看、六不"制度，发生异常情况及时采取降弓及停车措施，特别是大风、结霜天气，要密切注意接触网状态，发现弓、网异常，果断采取措施，以避免发生弓网事故或减少事故损失。

（5）通过分相绝缘时，要按规定操纵机车，禁止升双弓或不断电过分相绝缘；遇有降弓手信号或降弓标志时，应及时降弓，并应立即鸣笛通知重联机车司机。

（6）发现接触网剧烈摆动，严重拉弧、放炮、绝缘闪烁，车顶有异常撞击的响声，导线断落或接触网部件脱落、歪斜等异常现象，有刮坏受电弓、接触网可能时，应立即降弓停车，检查确认故障情况，及时汇报车站值班员及列车调度员。如接触网故障妨碍邻线列车运行时，应立即进行防护。

（7）运行中发生接触网失压或自动降弓装置动作时，应立即采取停车措施并确认弓网状态。遇接触网临时停电时，要迅速断开主断路器，降下受电弓就地停车。

（8）发现弓网故障或异常后，应按规定处理，确认无不安全因素时，才能继续运行，避免造成本车甚至后续列车再次发生弓网故障。

（9）通过分相绝缘时，按规定操纵列车，认真执行呼唤应答制度，按"断"、"合"电标，断开、闭合主断路器（装有自动过分相装置的除外）严禁带电过分相。

（10）在发生较大雪、雾天气，升弓准备开车时，司机应在无负载状态下反复升双弓几次，以清除弓、网上的霜雪；同时副司机应下车监护受电弓与接触网的接触状态，如发生异常情况（拉弧或接触不良），应果断采取降弓措施，杜绝烧坏接触网导线及受电弓；带载时若依旧拉弧严重，立即降弓，并通知供电部门除冰，在此之前不得再次升弓。

（11）机车入库整备时，司机应对车顶绝缘部分进行彻底清扫，检查受电弓及各部件的状态，对故障处所及时报修。

6.8 防止坡停安全措施

（1）机车乘务员出勤时，机车调度室调度员根据天气变化情况进行重点事项传达，机车乘务员应做好安全预想。

（2）出段前，保证机车砂路畅通、砂量充足。

（3）机车乘务员根据牵引定数、线路纵断面以及天气变化情况，合理操纵列车，充分利用动能，应采用"先闯后爬，闯爬结合"的操纵方法，坡前应提早增大机车牵引力，储足动能；爬坡时应施行预防性撒砂，防止空转，并注意牵引电流不得超过持续电流。

（4）机车增加牵引力应逐位进行，使牵引电流稳定变化。机车发生空转迹象时，应降低牵引力，待机车空转消除后再适量撒砂。

（5）双机或多机牵引时，重联机车必须服从本务机车的指挥，密切配合。

（6）上坡道接近限速地点时，司机要提前控制列车速度，通过限速地段时防止降速过快而停车。通过限速地段后要逐渐提流加速，避免空转途停。

（7）列车在牵引困难区段运行时，机车乘务员应同车站、前行列车加强联控，及时掌握前行区段列车运行情况，运行中注意确认前方信号的显示，合理控速，减少因等信号而造成的列车降速或被迫停车现象。

（8）遇上坡道信号机前停车时，要尽量选择有利地形。自阀减压停车前，应适当增加机车制动力，使车钩呈压缩状态，为起车做准备，同时适量撒砂；停车后小闸放中立位以保证闸缸压力在 300 kPa 以上。起车时先缓解机车制动给电流 300 A，再缓解列车，待车辆缓解大约三分之二辆数时，缓慢加大电流使列车平稳起动，防止列车空转。

（9）电力机车过分相前，必须确保能满足过分相的速度需要。装有自动过分相系统的列车在速度较低或者长大上坡道侧线过分相时应及时切除自动过分相系统。

6.9　单牵万吨列车上坡道起车操纵安全措施

（1）列车停车过程中速度 30 km/h 以上时，人为控制机车闸缸压力不低于 300 kPa 或再生力不低于 400 kN，再大闸减压，以使车钩处于压缩状态；如遇速度低于 30 km/h 需要停车时，人为控制机车闸缸压力不低于 300 kPa 或再生力不低于 400 kN，一次减压 80 kPa，车未停稳之前适当撒砂，为起车提供良好的黏着条件；接收黄灯，如大闸减压后，及时利用再生制动，使车钩处于压缩状态。

（2）停车后追加减压至 100 kPa，提高缓解速度，便于列车起动。如减压达到 170 kPa 或非常停车，由于尾部开缓时间增长，应持续牵引保持 9 min 以上，并随时监听走行部状态。

（3）起车前将总风打满，缓解机车制动，牵引力给至 400 kN（直流车电流 600 A），再缓解大闸，在保证不发生空转的前提下逐步提牵引手柄。缓解大闸之后 10 s 内逐步增加牵引力 600～650 kN（直流车 750 A），如果不发生空转，可继续增大牵引力，使车辆逐辆起动，当机车向前移动时，适当进行点式撒砂，防止空转。

（4）起车前天气良好时关闭撒砂阀，列车起动后及时打开砂阀。天气不良时，人为清理轨面并进行人工铺砂。缓解过程中压缩机置强泵打风位置，并打开两侧窗户，副司机监听观察有无空转或其他异状。

（5）当第一次起动失败时，只要列车不后溜，保持机车牵引力，列车充满风，先大闸减压 50 kPa 保压，然后牵引手柄退回零位，进行压缩车钩后立即追加减压至 100 kPa，准备二次强迫起动。若列车向后溜，则直接减压 100 kPa 停车后再起。当二次起动不成功时，直接减压 100 kPa 后，手柄回零并立即请求救援。

（6）起车过程中严禁手柄先回零后减压，造成列车溜逸；禁止直接大减压，造成不能压缩车钩。同时，注意观察停车时间，一次起动失败后，到达请求救援时间及时请求救援。

（7）当列车停车位置接近后方车站，且具备退行条件，起车失败后，乘务员应立即主动请求退行。退行时，主动要求车站指派人员协助尾部防护，若车站无人防护时须安排副司机（携带通信设备）下车防护。退行前监控进入调车模式，手柄向后位输入推进辆数，控制速度。

（8）关键地段操纵注意事项：

①　上行东冶站内靠标停车，尽量停于距出站信号机较远的范围内，列车尾部过标即可，为起车留有一定的加速距离。

②　上行东冶站-南湾站 134 km～137 km + 800 m 为连续 3‰～4‰上坡道，列车运行至该地段时，乘务员须提前预想、联控，避免将列车停于坡道上。

③　上行西柏坡-三汲-灵寿站 252 km + 800 m～256 km + 200 m、258 km～260 km + 400 m 为连续 3‰～4‰上坡道，三汲站提前联控控制好速度，在确知前方闭塞分区占用，可将列车停于 252 km 处，避免在三汲站内停车，防止将列车停于困难区段。西柏坡-三汲间，为避免将列车停于坡道上，应加强联控，掌握前行闭塞分区占用情况，遇黄灯时，应立即降速，延长区段运行时分，避免将列车停于起动困难的坡道上。

④　朔黄线管内下行线 32 km + 500 m、48 km + 500 m、50 km + 200 m、52 km + 500 m、54 km、59 km、157 km、159 km、169 km 列车停车后起动较困难，停车前应提前预想，尽量避开此地点。

6.10　机车防火安全措施

（1）机车必须按规定配齐灭火器，放置在固定处所，保证其通道畅通并按时检查、更换、确保其作用良好，机车乘务员应熟知车上各种灭火器的性能和使用方法。

（2）机车上只容许配备使用符合相关规定的电器，电源插头和插座必须是耐高温、高阻燃性的，且固定结实、插入紧实，严禁配备、使用其他电器。

（3）司机室、电气柜、机械间应保持干净、无杂物，及时清除各种油污和易燃物。

（4）非操纵端电炉、电暖气、空调、微波炉等用电设备开关在断开位。

（5）更换熔断器时，须使用相同参数的熔断器。烧损时要认真记录，及时更换。运行中发生接地或电机"放炮"，未查明原因禁止加负荷。严禁擅自短接或撤除各种保护装置（包括机车防火视频监测报警装置）。

（6）禁止携带易燃易爆危险品上机车，司机室以外严禁吸烟，严禁向机车外部抛撒火种。运行中要关好门、窗，防止外部火源进入机车内。

（7）机车发生冻结时，严禁使用明火解冻。

（8）运行中或打温作业时，按规定对机械间进行巡视，电力机车做好主变压器油温、油位的检查，发现火情隐患立即处理。差式压力计动作后，未找出原因前，禁止强迫启动柴油机，应打开曲轴箱检查孔盖检查。

（9）运行中要经常向后部、下部瞭望，发现火情或异状时，要立即将机车停于安全地点，停车位置尽量不在桥、隧等不利于消防车接近的地方。

（10）运行中遇机油、燃油漏泄要及时处理，防止飞溅。对机车"跑、冒、滴、漏"要及时提票。

（11）在机车上进行熔焊作业时，必须携带足够的灭火器置于作业现场以备使用。

（12）机车在运行中发现有火情和大量烟雾产生时，应立即断电、停车，及时扑灭着火点，彻底清除火险隐患。

（13）机车安防设备发生报警后，应及时进行检查确认，严禁擅自消除报警信息，盲目维持运行。

6.11　机车防溜安全措施

（1）长期备用机车用铁鞋进行防溜，机务本段（含折返段）外勤值班员，每天应检查库内停放机车的防溜情况。机车停留应将换向手柄置于中立位，并取出手柄，调速手轮应置机械零位，以确保安全。

（2）段内整备线停留的运用机车，由到达机车乘务员或地勤人员实行单阀制动，机车闸缸压力不低于 300 kPa，机车总风缸压力不低于 700 kPa。使用铁鞋防溜时，鞋尖应紧贴车轮踏面，牢靠固定。应将电钥匙、换向手柄、单阀手柄、自阀手柄、车门钥匙按规定交接保管，锁好车窗、门，作业人员在确认防溜做好后，方可停机或降弓。

（3）整备场停放在同一股道的机车，原则上应连挂在一起，对于连挂在一起的多台机车应在两端机车轮下放置铁鞋牢靠固定；不能连挂在一起时，应留有一定的安全距离；连挂在一起的机车需要摘开时，必须确认其他停留机车采取好防溜措施后，方准摘开机车。

（4）段备机车、在转车盘上停留的无制动作用的机车（车辆）及其他特殊要求的机车（车辆），须使用铁鞋进行防溜。使用铁鞋防溜时，应在机车动轮下对向放置，鞋尖紧贴车轮踏面，牢靠固定。

（5）机车检修前后停留时，由指定人员进行防溜作业。牵车作业人员不得少于3人，确保1人车上监控，1人车下牵车，1人监护前方引道动态，坚持3人呼唤应答作业制度。动车前需先确认机车总风压力应在600 kPa以上，试验制动机作用良好后方可进行牵车作业。动车开始后，要进行一度停车试闸，确认制动性能良好；风压不足时动车必须有中心工长及以上管理人员现场盯控；司机室必须有胜任人员掌握制动，停车后及时放置铁鞋防溜。

（6）在段管线和折返段内各股道调车作业时，无论线路有无坡道，必须停妥，采取好防溜措施，方可摘开车钩；挂车时，没有连挂妥当，不得撤除防溜措施。

（7）机车无火回送到达终点站准备摘解时，被摘解无火机车必须做好防溜工作：允许升弓的电力机车升弓或内燃机车启动柴油机后，总风缸风压不低于700 kPa、制动缸压力在300 kPa以上；不具备升弓的电力机车和不具备启动柴油机的内燃机车，使用铁鞋防溜后方可摘解。

（8）设有双端司机室的机车，司机必须在运行方向前端司机室操纵（调车作业推进运行时除外）。当需要换端操纵时，不实行铁鞋防溜，先将自阀手柄移至最大减压位，确认机车制动缸压力达到相应压力，再将单阀手柄取出，带至操纵端并置全制动位，确认机车制动缸压力不低于300 kPa后，方可鸣笛通知将非操纵端自阀手柄取出（带有停放制动装置的还应施加停放制动）。乘务员应严格按各型机车换端及小闸试验操作规定执行，不得二人同时离开司机室进行换端，换端过程中，不得从事与换端作业无关的事情。

（9）机车乘务员接班后必须先检查确认机车防溜措施良好，方可进行机车整备、检查作业，各项性能试验完毕准备出库时，确认防溜撤除。

（10）机车出段（库）后及运行途中停留时，机车乘务员必须坚守岗位，不得擅自离开机车，不准停止柴油机、劈相机及空气压缩机的工作，并对机车、车列实施有效制动。

（11）当停留线路的坡度超过2.5‰时，还须在下坡方向端放置铁鞋牢靠固定。

（12）列车在区间被迫停车不能继续运行时，司机应使列车保持制动状态，确认列车停稳、风排完、列车制动管压力稳定后再处理故障。列车在区间被迫停车不能继续运行时的防溜按照《行车组织规则》第111条执行，万吨列车在非万吨车站停车后的防溜按照《行车组织规则》第55条执行，在区间具备开车条件需松人力制动机前，必须待列车充满风再制动后，方可松车辆人力制动机，严禁盲目解除防溜措施。

（13）万吨列车、两万吨列车因故障或其他原因需在区间进行分解时，先采取最大有效减压量，待列车管排风结束，压力无波动时方可进行分解作业。

（14）列车到达终点站停车后，应实施最大有效减压量，列车管排风结束后方可摘除机车。

6.12　防止机车抱闸运行安全措施

（1）库内严格执行机车检查程序，动车前确认手制动机、停放制动及机车缓解状态，确保其状态良好。

（2）开车前认真进行简略试验，检查机车制动、缓解状态，确认机车闸瓦缓解状态符合技术要求。

（3）列车运行中，正确使用制动机，随时检查各仪表显示和自、单阀手柄位置，认真执行呼唤应答制度和作业标准的要求，严格落实走廊巡视制度，中间站停车时按规定检查机车走行部。

（4）地勤整备人员日常加强机车基础制动装置的检查与修理，做好机车走行部的运用保养与维护。

（5）机车回送（附挂）运行时，按规定做好机车制动机的处理作业，必要时本务机车乘务员必须协助处理。开车前本务机车和回送机车乘务员共同确认回送机车的缓解状态，运行中回送机车乘务员要密切关注走行部状态，防止机车非正常抱闸运行。

（6）严格按照《操规》规定操纵列车，运行中单阀缓解每个区间不得少于 1 次；牵引列车时，不应使用单阀制动停车或控速。

（7）运行途中，发生监控装置异常提示抱闸运行时，乘务员应立即检查确认，如确认为误报警时，可继续运行，途中密切注意仪表显示。如确认为机车抱闸或伴有异味时，应及时停车检查处理，严禁盲目运行。

6.13　防止道口交通肇事和路外伤亡安全措施

（1）机车乘务员应从保障人民群众生命财产安全的高度，树立主动防止意识，运行中加强瞭望、按规定鸣笛，遇危及列车和人民生命财产安全时，应果断采取停车措施，努力防止相撞事故的发生。

（2）机务部门要注意掌握所担任区段内道口及各种车辆、行人、牲畜经常活动地点、时间等规律。列车通过车站、道口、曲线、隧道、桥涵、施工地点及车畜、行人繁忙的地段时，要及时鸣笛。遇有紧急情况时，立即采取安全措施，防止伤亡及其他事故的发生。

（3）列车通过道口、桥梁、隧道、弯道、施工地段及视线不良地点前方 500～1 000 m 处，机车乘务员应鸣长笛，以警告前方即将通过上述地点的车辆、行人等迅速离开铁路界线。运行途中遇道口看守人员或其他人员的紧急呼叫或显示停车信号时，要立即采取停车措施。

（4）行车中突遇行人、车辆抢道或者行人在铁道线上不下道等情况时要及时采取停车措施，并要鸣笛警示行人迅速下道，鸣笛时要科学鸣笛，鸣长笛，长短结合鸣示急促笛。

（5）列车交会时，特别是机车头部越过邻线列车尾部前 100 m 时要不间断鸣示长、短笛，直至越过尾部，防止行人突然抢越线路。

（6）发现下列情况，机车乘务员及时向就近车站报告：

① 线路防护栅栏有破损，站区内有闲杂人员、牲畜、行人横越线路。

② 停留、运行列车上有扒乘人员，线路上有障碍物，施工路材路料、机具侵限等。

（7）发生路外伤亡事故时，机车乘务员要积极主动处理，并立即报告就近车站，按车站值班员指示办理。

6.14　施工行车安全措施

（1）机车调度室接收施工命令，严格按照调度命令五程序和三级核对要求执行，保证运行揭示万无一失，方可发布。

（2）出勤前机车乘务员认真阅览抄写调度命令内容，开好小组会，出勤时逐条核对 IC 卡揭示，并领取运行揭示条和施工行车安全作业提示卡等相关资料。

（3）机车乘务员接班后，按规定操作监控装置，第一时间将 IC 卡内的临时揭示上传至监控装置，司机、副司机对照运行揭示条逐条核对，保证万无一失；遇 IC 卡内无临时限速揭示或异常等情况，及时使用副司机 IC 卡进行操作核实，如有异常及时与机车调度室计划调度员联系。

（4）现场盯控人员加强对现场作业人员卡控，对运行的列车要充分利用列车无线调度通信设备或移动通信设备与机车乘务员联系，保证现场作业人员操作准确无误。

（5）列车运行中机车乘务员接到临时限速命令要认真记录，并与车站进行核对，保证准确无误。

（6）列车在施工地段时，机车乘务员要加强瞭望，严守限速，密切注意信号（标）、线路、接触网状态，发现危及行车和人身安全时要果断采取降速或停车措施。遇调度命令与线路临时限速标上的限速不符时，按两者的最低值运行（未标明限速值时按不超过 25 km/h 的速度通过减速地点标），并及时向车站值班员进行反馈。

（7）机车乘务员在运行中，严格执行临时限速经过一处勾划一处制度，逐条进行销号，退勤时交付退勤调度员进行审核。

（8）机车乘务员值乘中严格按照《车机联控》制度执行，严禁使用列车无线调度通信设备闲聊。

（9）机车乘务员在退勤时，将车站交付的临时限速命令一并交给退勤调度员。退勤调度员对限速时间内通过的列车必须列列分析，发现问题及时反馈，并在运用早交班会上进行通报。

6.15　区间救援安全措施

6.15.1　担当区间救援办法

（1）机车到达车站后，由车站发给调度命令，作为进入区间的行车凭证，接到命令后，两人以上确认复核，命令不清、停车位置不明确不得动车。

（2）按照指定的车次输入监控，反方向按照临时路票模式行车（电话记录号输入 99），正方向按照监控正常监控模式，降级开车对标行车。

（3）地面开放调车信号白灯，根据电台联控发车，在规定地点对标。

（4）距被救援列车 2 km 时速度不得超过 20 km/h，并使用列车无线调度通信设备与被救援车联系确认，在防护人员处或压上响墩后一度停车，联系确认后再进行连挂，挂好后按规定试风，被救援列车挂有可控列尾的列车应把可控列尾操作权交与救援列车。

（5）列车返回时按要求输入车次、补机模式、后方站车站代码及列车编组，开车后按压开车键，可不调整数据，运行中要严守速度。

（6）确认进站信号开放后，以不超过道岔限速值的速度进站停车，站内停车后退出补机，修改数据，恢复本机模式。

6.15.2　请求救援注意事项

（1）汇报：停车位置要包括头部和尾部；停车位置前后是否有分相、故障处所是否影响救援要汇报清楚。

（2）按规定做好防溜、防护工作（已知来车方向，在来车方向不少于 300 m 处设置响墩；不知来车方向从两方面设置，副司机在不少于 280 m 处进行防护）。

（3）被连挂后监控要进入补机状态。

（4）根据需要针对不同机型按规定做好无火处理。

6.16　长大下坡道行车安全措施

（1）出乘前要充分休息，严禁饮酒；运行中要精力集中，严禁打盹睡觉。

（2）出库前，要认真检车机车，特别是制动系统作用必须良好，并按规定进行制动机机能试验。电阻制动作用不良，不准出库牵引列车。

（3）机车、车辆制动机应全部加入制动系统，按规定进行检查、试风。神池南列检所及宁武西、龙宫、东冶、滴流蹬整列装车始发时，必须进行持续一定时间的全部试验。

（4）挂车后，司机要按规定进行制动机试验，掌握列车充、排风时间，认真执行列尾三核对制度，掌握列车管贯通情况及列车制动性能，做到心中有数。做完制动机试验后待开时，司机必须及时使全列车保持制动状态，待信号开放后再缓解列车。

（5）始发列车开车后进入长大下坡道前，按规定进行试闸。无列尾时，普通列车速度在不超过 40 km/h 时必须进行低速试闸，万吨列车速度在不超过 50 km/h 时必须进行试闸。试闸过程中认真观察列车管排风时间，列车制动状况，发现异常果断采取非常停车措施，并及时向车站通报情况。

（6）长大下坡道运行必须坚持以电阻制动为主、空气制动为辅的操纵原则，合理采取空电联合制动措施，万吨列车应以长波浪式调速方式运行。严禁充风不足使用制动机，严禁违反制动机的操作规程。施行周期制动时必须将全列车速度降至要求的速度再缓解列车制动，以保证车辆副风缸有足够的充风时间。运行途中电阻制动故障，可使用空气制动维持到前方站停车，严禁盲目维持运行。万吨列车运行途中电阻制动故障，严禁盲目维持运行。两万吨列车在长大下坡道区段，主、从控机车动力制动单节故障时应就地停车分解运行。组合列车区间分解后，两列应分别按规定进行试风，高坡区段不具备试风条件时开车后按规定进行低速试闸。

（7）按规定使用列尾装置，按规定试验、使用列尾，发现异常果断采取停车措施。

（8）严格按列车运行图和规定的速度运行，严禁超速，严禁高速缓解列车，途中调速尽量少追加，控制充风时间以防充风不足，发生追加不降速时，要果断采取停车措施。

（9）凡列车停车时（中间站或区间），司机必须按规定追加减压至 100 kPa 及以上保压停车，待信号开放后再缓解列车。并应按规定进行制动机试验，防止折角塞门关闭。

（10）发现机车制动机故障，不能正常实施制动减压时，要立即将自阀置制动位，使用列尾装置排风或 121 放风阀缓慢排风，必要时采用紧急按钮或开放 121 塞门停车。

（11）列车在长大下坡道区段运行，无论任何原因引起机车失去风源（如接触网停电、机车故障导致空压机不工作等），必须首先停车，并做好防溜措施后，方可进行相应处理。

6.17　恶劣天气行车安全措施

（1）乘务员要根据调度室公布的天气情况，制订本次乘务的安全措施，接车后认真检查撒砂装置、雨刷器及头灯的状态，确保作用良好、砂满管通。如遇大雪天气机车整备作业时，应做好制动风机车顶百叶窗、车底过滤网除雪工作。

（2）出库前必须认真检查确认机车信号、列车无线调度通信设备、列车运行监控记录装置、列尾装置、调车监控装置作用良好，运行中电台随时处于开放状态，以便能随时接受调度员和车站值班员的有关指示。

（3）列车运行中，机车"三项设备"故障应立即报告车站值班员转告列车调度员（机车电台故障应前方站停车），取得调度命令后，方可继续运行。

（4）遇降雾（风雨、雪）瞭望困难时，司机应及时将天气不良情况报告列车调度员或车站值班员；遇大雾天气，信号瞭望距离不足 400 m 时，机车司机（通过车站值班员转告）应报告列车调度员"区间内有大雾"；信号瞭望距离不足 200 m 时，机车司机应报告列车调度员"区间内有大雾，难以辨认信号"；信号瞭望距离不足 100 m 时，机车司机应报告列车调度员"区间内有大雾，不能辨认信号"；应加强车机联控，充分利用电台了解信号显示、线路占用等，做到通报及时。

（5）运行中要打开头灯、右侧标志灯，加强瞭望、鸣笛及信号确认，认真执行呼唤应答和车机联控制度，通过道口前要鸣长笛示警，遇到显示停车信号时，司机应果断停车，及时与车站取得联系。

（6）引导接车时，司机必须在机外停车，确认引导信号开放或显示引导手信号后，以不超过 20 km/h 的速度进站。（两万吨列车在长大下坡道区段严禁办理引导接车。）

（7）在瞭望距离不足 100 m 调车作业时，应适当降低速度；无论牵引或推进都必须全部接通风管；尽头线取送车辆必须距停留车或土挡 50 m 停车，再以 3 km/h 的速度作业。

（8）遇雪雾霜挂天气，要落实"防止弓网事故安全措施"，防止由于弓网接触不良造成烧断接触网导线事故的发生。

（9）天气恶劣难以辨认信号时行车办法按照《技规》338 条和《行车组织规则》105 条执行。

6.18　汛期行车安全措施

（1）分公司每年根据公司公布的防洪工作安排，制订《汛期行车安全措施》，收集、汇总、编印"防洪重点地段一览表"发至机车乘务员人手一册。

（2）机车调度室每日将担当区段天气预报进行公布，大雨预报时，出勤调度员要对出勤乘务员进行重点提示，司机结合天气情况做好行车预想。

（3）运用单位每年要对乘务员进行汛期行车安全知识培训并考试。乘务员应熟知担当区段内防洪重点地段和非正常情况处理办法，出勤携带"防洪重点地段一览表"，运行途中严守速度，不间断瞭望，认真执行车机联控，加强信号确认，密切注视线路变化及线路巡查人员的信号。

（4）出库前必须认真检查确认机车信号、列车无线调度通信设备、列车运行监控记录装置状态，设备不良严禁出库。运行中电台随时处于开放状态，以便能随时接受调度员和车站值班员的有关指示。

（5）凡运行在可能发生水害区间的列车，遇有暴风雨时列车运行速度应降至 25 km/h 以下，并将天气不良情况及时报告车站值班员转告列车调度员，并注意瞭望。发现险情或瞭望困难时应立即停车，严禁涉水运行和臆测行车。水害地段可否通过，由工务人员检查确定，如现场无工务人员，列车应根据避险标志，立即在安全地带停车，并通知车站值班员转告列车调度员，听其指示。

（6）列车运行中遇晃车严重、线路塌方、落石、水漫石砟等情况时，必须及时采取减速或停车措施并汇报，严禁盲目臆测行车。需要立即退行时，司机立即鸣示报警信号（一长三短声）和退行信号（二长声），并以不超过 15 km/h 的速度退行，在退行中须连续鸣示警报信号，使用电台与后续列车及两端站联系，并向列车调度员（两端车站值班员）报告情况，听其指示运行。

（7）遇暴风雨天气时，发现地面信号机显示与机车信号不一致时，必须果断采取减速或停车措施；运行中听到停车呼叫、道口预警、轧上响墩、发现火炬、拦截信号，应立即停车汇报邻近车站。

（8）暴风雨天气，运用单位应指派专人重点添乘列车，加强列车安全运行指导。

6.19　防止机车乘务员超劳安全措施

（1）机车乘务员的待乘休息应严格执行机辆分公司的有关规定。机车调度室出勤调度员要掌握机车乘务员强休时间，对于不符合规定休息时间的机班应禁止出乘。运用部门值班干部每日要认真检查机车乘务员入寓休息情况，及时处理发现的问题。

（2）机车调度室计划调度员接到调度指挥中心下达的行车计划后，必须认真核对，如出现图定工作时间超劳的情况，应立即进行反馈，对机车交路进行适当调整。

（3）机车调度室应随时掌握运输组织情况和列车开行情况，并根据实际情况调整机车乘务员计划和叫班时间。对于计划变更或列车晚点后已经叫班的机车乘务员，应及时通知其计划变更情况，必要时可联系机车调度员，并更换机车乘务组。

（4）计划调度员在通知叫班前必须确认列车运行位置或机车停留位置，认真执行"一核一派一叫"制度，减少机车乘务员等待工作时间，防止超劳。

（5）机车乘务员在运行过程中发生超劳时，应及时向列车调度员、机车调度员和机车调度室汇报，计划调度员加强与调度指挥中心沟通协调，重点掌握、优先放行。

（6）各机车调度室退勤调度员应认真核对司机报单，确认机车乘务员单趟工作时间，对于超劳机班要督促其认真填写超劳登记簿。对于严重超劳机班（超劳 4 h 及以上）应当面问清原因，并认真分析监控文件记录数据，核查超劳原因。

（7）对于连续执乘 5 个夜班（在 23:00 至次日 5:00 之间值乘 4 h 及以上）及以上的机车乘务员，在肃宁北退勤调度员处进行登记，并根据运用部门的要求将下一次出乘计划调整为白班计划；对于出勤至开车时间超过 4 h 的机班，乘务员须提前 1 h 联系计划调度员换班，计划调度员接到通知后组织换班。

（8）运输生产部运用分析工程师应根据机车乘务员工时报表、机车调度室超劳登记簿记录等原始资料，认真做好机车乘务员超劳日常分析和月度分析，并及时上报有关部门，协调和解决相关问题。

（9）机辆分公司各运用部门、各联合运输单位应掌握各自部门、单位的机车乘务员超劳情况，加强机车乘务员的使用管理，严格控制调休和请假人数，保证正常的运用班数，减少机车乘务员的月超劳。

（10）人力资源和经济核算部应对机车乘务员的日常超劳情况给予关注，有计划地组织机车乘务员的培养、选拔和提职工作，不断充实机车乘务员队伍，保证运输生产，减少超劳。

6.20　防止电力机车停分相、带电闯分相安全措施

（1）乘务员应熟知担当区段分相区位置及线路纵断面情况，在有分相绝缘的闭塞分区，遇列车等信号、临时限速等情况时，司机应根据信号显示及分相位置、线路坡度等情况，合理掌握速度，防止因速度过低停在分相区内。

（2）因等信号需停车时，司机应根据线路坡道及分相位置掌握速度，尽量控制列车越

过电分相后停车；如不具备越过电分相停车的条件时，应适当提前停车，为起车后留足起动距离。

（3）运用部门要做好宁静西等重点站操纵办法的教育，制作操纵提示卡，杜绝因操纵不当停于分相区。

（4）装有自动过电分相装置的机车，应确保作用良好，严禁擅自切除。

（5）在上坡道区段出站方向有分相的车站侧线停车后，再开时乘务员要做好预想，合理掌握运行速度，防止因过分相停于分相区。必要时可切除自动过分相设备，通过分相后立即恢复。

（6）司机发现自动过电分相装置故障时，及时采用手动过电分相，并准确掌握断、合时机。运行至断电标前，应确认主手柄"0"位、主断路器断开，如主断未断开，须立即采取降弓措施。

6.21　单机撤除铁鞋安全措施

（1）单机撤除铁鞋时，机班必须做好互控，确保机车保持制动状态后方可撤除铁鞋。

（2）铁鞋需移动机车才能撤除时，严禁给流过大引起机车窜车而造成人身及设备伤害，动车前须将两端车钩置于全开位，并在移动方向端司机侧进行防护，副司机确认动车条件具备后，再给司机动车信号，司机确认好信号后方可动车。

（3）当机车与本股道前后车相邻不足 5 m 时，必须与相邻机车进行联系告知相邻机车，"动车取铁鞋，请注意安全"，得到对方司机应答回复后，方准作业。

（4）移动机车操纵时，机车给流不得过快过猛，神 8 机车初次牵引力不得超过 20 kN，机车不能移动时再缓慢加载（一次性加载不得超过 20 kN），最高不宜超过 80 kN，发现机车有移动趋势时立即手柄回零同时小闸置制动位，机车未移动时将手柄回零重新按上述方法操纵，发现机车有窜车现象时及时采取有效安全措施。

6.22　高压试验及单机动车的防窜车措施

为防止机车窜车失控引发相撞事故，要求机车乘务员整备作业及单机动车时执行以下规定：

6.22.1　高压试验

（1）高压试验时，必须保持机车制动状态、打好止轮器。

（2）高压试验发现有窜车时要立即断开主断路器。

（3）高压试验时，副司机全程进行监护，发现窜车时除提醒司机外，可直接使用紧急按钮停车。

6.22.2　单机动车

（1）单机动车前将小闸移至全制动位置，确认闸缸压力达 300 kPa，给流 50 A 稍作停顿（交流机车 20 kN），确认无窜车迹象时缓解小闸动车。

（2）发生窜车时果断采取停车、断电措施。

（3）副司机发现有窜车迹象时可直接采取停车措施。

6.23　防电制滑行擦伤动轮措施

（1）接班后应检查机车下砂情况，出库前确保机车砂量充足、砂管畅通。

（2）遇雨雪霜天气，进入通风不好的长大隧道、曲线、设置轮轨润滑装置地点、工务探伤地点时，应适当降低电制电流（再生力），尤其下雨天出隧道应及时减载并进行预防性的点式撒砂。

（3）使用动力制动时，应先给初制流（再生力），待全列车钩压缩后再缓慢增大电流（再生力）并随时观察机车电流表；走廊巡视应核对两节车电流，万吨列车应核对主从车电机电流、励磁电流是否一致，发现不一致要及时查明原因，采取措施，不得盲目运行。

（4）万吨列车循环制动过程中，缓解空气制动时电制电流不宜满流，但不得低于"万吨列车操纵办法"中的规定值（400 A），以此保证能够压缩前部车辆车钩，确保减小列车纵向拉力不致断钩。根据电制电流大小适当降低缓解速度，确保周期制动中有足够充风时间。

（5）长大下坡道天气不良操纵，以空气制动为主、动力制动为辅实现长波浪制动，尽量减少动力制动输出力，避免滑行；运行中遇机车滑行、功率损失严重不能控速时，及时投入空气制动；两万吨列车、单牵万吨列车缓解后不能保证列车充风需求时，应停车缓风。

（6）为避免电制长时间滑行造成擦轮、活轮，按技术部要求，运行中遇滑行，司机应将手轮回零后重新给流。

（7）从车电制发生滑行时，从车司机首先进行点式撒砂，滑行消除后通知主车司机，找合适的机会将手轮退回零位，以防机车蠕滑；如果从车滑行较严重，且列车速度不是很高，按压微机复位不会造成列车超速，从车司机应立即按压微机复位按钮，立刻消除滑行，同时通知主车司机。从车严禁发生滑行后打单机操作。

（8）万吨列车缓解空气制动前 10 s 至缓解空气制动后 25 s，在此时间段不得增加制动电流。

（9）要求滑行消除后，运行至次一架信号机必须确认车位，发现数据误差，监控未进行数据校正，及时按压【自动校正】键进行车位校正；站内靠标停车发生滑行时，及时确认地面信号位置，以防监控数据滞后导致冒出信号事件发生。

（10）容易滑行的地点：黄骅港进站至站内；所有车站的进侧线，自进站开始至停车；龙宫至北大牛喷油地点；南湾至滴流磴间轨温调节器位置。

（11）防止滑行的方法：① 遇有破坏黏着的地点时，主车应通知从车公里标，要求注意防止滑行。② 撒砂的时机：预防性撒砂不是给了电流后才撒砂，而是在给电流之前就应该撒砂。③ 撒砂的方法：点式撒砂不是点一脚就行，应该掌握让车轮踏面全部沾上砂子，机车轮径 1 250 mm（圆的周长 = 直径 × π），车轮周长 = 1 250 × 3.14 = 3 925 mm = 3.925 m，那么撒砂至少要撒 4 m 左右才能有效防止滑行。

6.24　防止列车连续上坡道溜车的安全措施

（1）列车在连续上坡道上因各种原因需要停车时，司机必须做到精力集中，普列减压速度不低于 5 km/h，万吨、两万吨列车减压速度不低于 10 km/h，停车前小闸适当制动压缩车钩，适量撒砂，停车后追加减压至 100 kPa，保持全列制动。

（2）停车后如长时间不能开车时，应按相关规定做好防溜。确认接触网停电而造成被迫停车，在坡道上停车超过 180 min（6‰ 及以上坡道停车超过 120 min），以及其他原因造成列车不能继续运行时，指派学习司机携带对讲机和人力制动机紧固器按《行规》的相关规定拧紧足够轴数的人力制动机（上坡时到列车尾部）。再开车时，已做防溜的列车，试风正常后，减压 100 kPa 保压状态撤除防溜后再开车；没有做防溜的列车，不具备试风条件时，应严格执行"两必须"或"两定一停"的规定，检测列车管贯通状态。

（3）开车时，严格执行《朔黄铁路上坡道列车起车操纵提示卡》相关规定。

（4）起车时，司机、学习司机应密切注意仪表显示，发现空转严重时，应立即减压制动、退回手轮停车，重新执行坡道起车办法，防止长时间空转打伤钢轨。

6.25　关于腰岔线路接发列车的安全措施

（1）设有黄、白、蓝、红特殊显示进路（兼调车）信号机（龙宫站 X5L、S5L、X6L、S6L；沧州西站 S4L、S4L2）的线路（龙宫站 5、6 道；沧州西 4 道）办理接车作业时，由于该进路信号机距次一进路信号或出站信号较近，所以该进路信号机只显示蓝色灯光，不能显示黄色灯光，机车信号接收红黄闪，监控装置自动解锁允许列车以不超过 20 km/h 的速度越过该进路信号机，在出站信号机前停车。

（2）车站办理接发列车时，禁止排列经线路腰岔侧向运行的列车进路.

（3）遇腰岔发车时，按规定输入进路信号车站代码。所有腰岔接发车列车速度严格控制在 30 km/h 以下，除设有黄、白、蓝、红特殊显示进路（兼调车）信号机（龙宫站 X5L、S5L、X6L、S6L；沧州西站 S4L、S4L2）的线路（龙宫站 5、6 道；沧州西 4 道）。

6.26　交直流机车双机重联操纵方法及换端安全措施

6.26.1　重联操纵

（1）同型号机车重联，并且两机车间平均管、总风联管、列车管均开通。

① 重联机车将两节大闸手把置重联位取出，小闸手把置运转位取出。

② 重联机车 93 重联阀，两节车全打"补机位"。

（2）与同型号机车重联，但两机车间平均管、总风联管没有开通。

① 重联机车将两节大闸手把置重联位取出，小闸手把置运转位取出。

② 重联机车操纵节分配阀缓解塞门 156 开放，93 重联阀打向"本机位"，非操纵节 93 重联阀打向"补机位"。

（3）直流无火加挂。

① 关闭两节机车的列车管塞门 115，关闭两节车总风缸塞门 112。

② 开放两节车的分配阀缓解塞门 156 和无火塞门 155。

③ 调整两节车分配阀安全阀压力为 180～200 kPa。

④ 换向器位置同运行方向一致。

（4）交流车无火加挂。

① 防止机车不会溜车，将总风风压充至 600 kPa 以上，缓解机车闸缸压力，按压停放缓解按钮，待停放制动指示器完全变绿后，关闭停放制动塞门 177。

② 待停放制动施加，观察停放指示器完全变红后，在车下拉动停放制动缓解手柄，使机车停放制动缓解。

③ 断开控制电源柜、低压电器柜除"蓄电池"自动开关 = 32-F06、"控制电源"自动开关 = 32-F10、"司机室照明"自动开关 = 52-F01 以外的所有自动开关。

④ 将大闸手柄置"重联"位，小闸手柄置"运转"位，制动器钥匙开关自"关"位取出。

⑤ 打开制动柜无动力回送安全阀塞门 139、无动力回送塞门 155、分配阀缓解塞门 156；关闭中继阀列车管塞门 115（位置 3）、紧急增压塞门 137、制动柜总风塞门（制动柜左上方）。

⑥ 连接列车管，开放列车管折角塞门。

⑦ 列车管充至定压，逐个检查、确认各轮制动均缓解（闸片均可活动）。

⑧ 列车管进行至少 3 次制动、缓解试验，确认机车闸缸风压变化正常。

6.26.2　机车换端

（1）SS$_{4B}$ 机车：大闸减压 170 kPa 以上，排完风置重联位，电小闸置制动位；断电、降弓、开窗确认；关闭各辅机、确认重联开关在"单机"位；司机携带换向手柄、大闸把、电小闸、电钥匙进行换端；副司机站在司机侧时刻注视制动缸仪表，监控失电后向司机回示；司机换端后首先将电小闸置制动位，鸣笛回示；副司机进行 93 阀位置确认；在换端过程中发现机车制动缸自动缓解时，立即按压紧急停车按钮或开放 121 塞门，使机车保持有效制动。

（2）交流机车：停放制动施加，大闸减压 170 kPa 以上，排完风置重联位，小闸置制动位，待机车制动缸压力达 300 kPa 及以上，小闸回运转位；断电、降弓、开窗确认；取出换向及制动机钥匙开关；关闭机车电钥匙，确认监控失电。司机携带电钥匙、制动机钥匙、换向钥匙进行换端；副司机站在司机侧时刻注视制动缸仪表；司机换端后首先将小闸置制动位，鸣笛回示；副司机进行 93 阀及 156 塞门位置确认。在换端过程中发现机车制动缸自动缓解时，立即按压紧急停车按钮或开放 121 塞门，使机车保持有效制动。

（3）交接班作业完毕，确认具备换端条件后方可"换端"。

（4）换端后再动车前应进行制动机实验。

6.26.3　运行操纵

（1）重联机车连挂完毕，本务司机必须主动询问重联机车的 93 阀位置、156 塞门开放情况、大小闸手把位置、空电转换扳键位置及换向手柄位置；重联机车司机根据要求做好汇报。

（2）重联机车动车前本务司机必须进行大闸减压试验，确认列车管贯通状态及漏泄情况，重联机车司机必须及时将列车管压力、闸缸压力向本务机车司机汇报。

（3）第一次走廊巡视后重联机车司机必须向本务司机全面汇报检查情况。

6.27　过限速区段安全措施

6.27.1　注意事项

（1）出勤认真核对限速命令，将通过的限速区段、起止公里数按顺序编号，并进行勾画，做好标记。

（2）提前预想，计算好制动周期，尽可能掌握在限速起始标前、制动距离范围内调速，减少停车缓风。

（3）如在限速区段前采用停车缓风措施，停车后无须追加减压至 100 kPa。

（4）限速区段前调速后，在不超速的前提下，尽可能延长制动距离，将列车停在限速区段内，停车缓风。

（5）限速区段内速度接近限速时，及时采取减压措施，待速度稳定后，确保不再涨速，减小制动电流，尽可能延长制动距离。

（6）限速 45 km/h，线路坡道超过 6‰，单元万吨应采用停车缓风措施；限速 60 km/h，线路坡道超过 10‰，单元万吨应采用停车缓风措施，如尾部即将过限速区段，也可以掌握 30 km/h 以上缓解。

（7）下行空车万吨列车，使用电阻制动控制速度，过限速区段。

（8）上行长大下坡道区段两万吨列车临时限速 45 km/h 以下时，禁止维持运行，停车后请求分解运行或请求救援。

6.27.2　制动时机列表

制动时机见表 6.27-1、表 6.27-2。

表 6.27-1　限速 45 km/h　　　　　　　　　　　　　　　单位：m

类　别	坡　度		
	8‰ ~ 12‰	4‰ ~ 8‰	0‰ ~ 4‰
单元万吨	3 500	2 500	2 000
（1+1）C80	3 000	2 000	1 800
（1+1）C70	2 000	1 800	1 600
（1+1）C64	1 800	1 600	1 500
小　列	1 600	1 500	1 500

表 6.27-2　限速 60 km/h　　　　　　　　　　　　　　　单位：m

类　别	坡　度		
	8‰ ~ 12‰	4‰ ~ 8‰	0‰ ~ 4‰
单元万吨	3 000	2 000	2 000
（1+1）C80	2 000	1 600	1 400
（1+1）C70	1 800	1 500	1 200
（1+1）C64	1 600	1 300	1 000
小　列	1 400	1 200	1 000

6.28　防列车放飏安全措施

（1）上行高坡区段始发列车出站按规定进行低速试闸，普列减压速度不超过 40 km/h，万吨列车减压速度不超过 50 km/h（神池南不超过 60 km/h）。试闸时先投入电制，稳定后再大闸减压 50 kPa。

下行普列在西柏坡以东车站需要停车时要求在机外试闸，试闸时做到电空配合、早减压少减压，避免低速缓解。

（2）试闸过程中认真观察列车管排风时间、列车制动状况，发现异常果断采取停车措施，并及时向车站通报情况。

（3）始发列车司机要按规定认真进行列车制动机试验，副司机做好互控。保证列车充排风时间和减压量在规定范围内。简略试验时要求减压 100 kPa，认真使用列尾核对尾部风压，做好尾排试验。试风时，要求副司机打开司机侧走廊门，听排风声，将充排风时间记入手账。如发现充排风时间不足，要及时与有关人员联系，并指派副司机下车检查。做完制动机试验后 5 min（单元万吨、两万吨列车试验后 10 min），不开车时使全列车保持制动状态，待信号开放后再缓解列车。

（4）凡列车停留等开，司机必须按规定使全列车处于制动后保压状态，列车管减压量不小于 100 kPa，需要试风或开车时再缓解列车。

（5）列车在运行中，司机要按图行车，连续使用制动机时合理掌握缓解速度，避免充风不足制动机减压，严格遵守制动机操作规程。

（6）按规定使用列尾装置，发现异常果断采取停车措施。

（7）中心管理人员加强对始发列车、上行列车低速试闸、中间站停车情况分析，发现问题及时通报，并严格考核。

6.29　临时慢行区段行车安全措施

（1）汇报：机车乘务员在"天窗"后，接到临时行车慢行调度命令时，必须学习司机复述，司机抄写在司机手账上（站名后标注公里数和限速），并将行车慢行调度命令及时汇报本组指导司机，指导司机接到司机的汇报后，按照区段的线路特点指导行车，并督促司机注意超速和运行时刻。

（2）互控：机车学习司机在接近慢行区段 2 km 前应在监控记录器上打点定标，学习司机起立，并按规定进行联控，督促司机按照慢行命令的速度要求行车，加强瞭望，发现限速牌后及时核对列车运行速度是否正常，在此过程中，机组人员严禁做与行车无关的任何工作，两人共同确认列车尾部过慢行后定标提速。

（3）操纵：司机应根据限速命令的公里数，结合列车操纵示意图的线路纵断面情况，提前做好操纵方面的安全预想；西线上行高坡限速 45 km/h 及以下区段，为保证次一把闸列车的有效制动，停车后可不追加至 100 kPa 以上减压量；慢行区段运行时，操纵上务必要对列管虚风制动力弱、机车容易空转、滑行等惯性问题引起高度重视。

（4）勾划：司机应在越过慢行区段后，对命令内容及时勾划销号，在到达退勤时应将临时行车慢行命令交与退勤值班员。

（5）落实：指导司机在分析慢行区段行车时，严禁弄虚作假、隐瞒不报，发现违规者严肃处理。

6.30　防机车大部件裂损、脱落安全措施

机车大部件裂损脱落是造成列车脱线的原因之一，为此，特制订以下措施：

（1）库内整备作业，乘务员必须按照分公司前发机车整备作业标准对机车进行全面检查。

（2）有地勤整备人员作业时，乘务员库内交班作业，仅对机车备品进行检查。未达到整备期的机车，乘务员库内交班，按照站场检查重点对机车走行部进行外观检查。

（3）库内接班与站场交接检查重点一致，神池南库内接班仅对机车防护、防溜状态、连挂状态及同步状态进行检查。

（4）机车乘务员应充分利用中间站停车机会，对机车重点部件进行检查（检查范围与站场交接班一致。站停时间不足 20 min 时，仅对机车轮对、单元制动器及各部件外观进行检查。不满足检查条件时除外）。

（5）管理人员要高度重视机车重点部件的检查情况，对于漏检重点部位的问题严肃考核，发现重点部件安全隐患者给予奖励。

（6）机务电力运管中心将乘务员交接班作业、检查机车重点部位情况作为日常安全检查及盯控对象。

6.31　万吨列车天窗点在车站压前停车安全措施

根据公司要求遇"天窗"施工，万吨列车在车站头部越过出站信号机压前停车时，允许封锁前方区间施工。经中心研究决定，特制订以下安全措施：

（1）施工地点不得在列车头部占用的闭塞分区内，施工单位须按规定做好防护，乘务员应加强瞭望，确保安全。

（2）天窗点前万吨列车在车站压前停车，区间有施工任务，车站值班员须使用无线列车通信设备将封锁区间的调令转告司机，司机及时将命令号码和内容记入手账。未得到区间开通的调度命令，严禁动车。

（3）停车时按照"万吨列车停车标"或车站值班员预告的停车位置停车，停车后的防溜措施执行《万吨行车组织办法》规定。

（4）天窗点后，车站值班员须使用无线列车通信设备将开通区间的调令转告司机，司机及时将命令号码和内容记入手账，并通知指导司机，指导司机重点卡控分析。未得到区间开通命令，严禁擅自开车。

（5）司机接到区间开通命令准备开车时，必须严格执行《万吨行车组织办法》相关规定，认真按规定试风，确认相关行车凭证正确，及时进行车机联控后方可开车。

（6）关于万吨列车在车站压前停车后再开时行车凭证补充规定：司机凭开放的出站信号越过出站信号停车再开时，司机凭车站值班员指示直接联控发车；司机凭出站信号开放的调车信号白灯越过出站信号停车再开时，司机凭绿色许可证发车。

6.32　下行单台直流机车牵引万吨列车安全措施

6.32.1　操纵办法

（1）下行单元万吨列车制动机充排风时间见表 6.32-1。

表 6.32-1　单元万吨的充排风时间

减压量/kPa	排风时间/s	充风时间/s
50	47	174
100	101	393
170	167	565
紧急制动	6	705

试风保压状态下每分钟漏泄不超过 20 kPa。

（2）开车前的准备工作机能试验：保证机车牵引、电阻制动、制动机性能良好，砂箱砂量充足，砂管畅通，肃宁北站严禁单台电机及以上动力损失后发车。

6.32.2　操纵要求

（1）始发站按规定进行试风，开车前确认列尾风压达到 550 kPa 以上，具备开车条件后发车。

（2）列车起车时应做到缓慢给流，保证列车平稳起动，起车时先缓慢加载电流 200～300 A 保持 5～10 s，然后将牵引电流升到 300～450 A，走行 15～18 m 后再平缓地给流提速，注意打开侧窗，观察列车起动情况，防止打伤钢轨。

（3）列车在平原区段运行时，尽量使列车车钩保持一种状态，需要进行工况转换时，注意间隔 10 s。

（4）列车在长大上坡道区段运行时，在保证机车不空转的情况下，尽量提高机车牵引电流，进、出隧道，通过小半径曲线，惯性空转地点应提前撒砂，合理利用缓坡区段进行强迫加速，保持列车以较高速度运行。

（5）过分相时应注意根据实际情况掌握断电时机，高坡区段过分相时在保证不带电的情况下，尽量晚断、早合，降低过分相造成的速度损失。

（6）运行中接近车站时在正常联控地点提前一个分区与车站进行车机联控，以便于了解前方情况，做到心中有数。

（7）遇猴刎、滴流磴、北大牛、龙宫车站通知站内停车或压前时，主动告知车站，列车为单台直流机车牵引，不具备再起车条件。

（8）高坡区段列车运行中接收绿黄灯信号时，及时将单机牵引情况通知前方车站，要求前行列车适当提速运行，适当控制运行速度，尽量避免追踪信号导致列车停车。

6.32.3　非正常行车

单台直流机车牵引万吨列车，遇机车发生单台电机及以上动力损失时，必须按规定汇报，听从调度指挥并做到：

（1）西柏坡以东区段，汇报车站后根据调度指示可维持运行，最远不得通过西柏坡站。

（2）西柏坡以西区段（不含南湾至原平南区段），汇报车站后尽量维持运行至前方站停车，停车地点应选择在便于救援及再起车地点；列车维持运行速度不能保证 20 km/h 以上时，及时减压停车，停车后立即请求救援。

（3）需要请求救援时，应将机车动力损失情况汇报车站，以便调度员合理安排救援机车。

（4）司机发现存在安全隐患不适合维持运行时及时汇报车站转报调度员，严禁盲目运行。

（5）其他非正常情况的处理办法与 2+0 单元万吨相同。

6.32.4 下行单台机车牵引万吨 108 辆操纵要点及注意事项

（1）途中需要调速时尽量使用电阻制动调速，控速困难时及时投入空气制动。

（2）运行中时刻注意仪表显示，发现空转严重时及时降低牵引电流，防止机车动轮迟缓。

（3）天气不良，可能造成列车途停时，及时汇报车站、信息台，要求加挂机车。

6.33 万吨列车采取紧急制动措施时机

1+1 组合、单元、单牵万吨列车运行中遇非正常情况不危及本列安全、不会造成群死群伤时，机车乘务员应采用常用制动措施，减压量掌握在 100～120 kPa 为宜，大闸减压后逐步缓解小闸至 0 kPa，同时给上电阻（再生）制动，尽最大努力压缩制动距离，为后续处理提供便利条件。如发生以下非正常情况之一常用制动距离不足时，应果断采取紧急制动停车防止事故：

（1）脱轨器、脱轮器、铁鞋未撤除。

（2）暴风雨行车遇道床冲空或落石、倒树侵限。

（3）水漫线路。

（4）堆积的石头、泥块掩埋线路。

（5）接触网杆倾斜、倒杆侵限，接触网塌网、断线影响本列。

（6）桥梁、隔音墙等基础设备设施或加固材料倾斜、倒塌侵限。

（7）机动车辆抢道侵限、邻线列车侵限。

（8）道心有施工车辆、施工机械、行车设备设施侵限。

（9）收到紧急停车信号。

（10）可能造成人员群死群伤。

（11）常用制动失效或错排进路等原因导致可能造成列车冲突、脱轨、冒进信号等一般 D 类及以上事故后果。

6.34 两万吨列车安全红线管控措施

6.34.1 两万吨红线

参见朔黄铁安字〔2016〕44 号文件。

朔黄铁路发展有限责任公司文件

朔黄铁安字〔2016〕44 号

关于下发两万吨列车运行安全红线的通知

公司各单位：

为保障两万吨列车运行安全，现将两万吨列车运行安全红线要求下发给你们，自即日起执行。

一、排列两万吨列车接发进路后，严禁随意变更；

二、两万吨列车本站开车后，运行区间及前方站通过径路相关设备停止作业；

三、非故障原因，两万吨列车运行期间必须保证自闭和贯通两路电源可靠供电；

四、非故障原因或防止事故，两万吨列车不得在区间或非指定车站停车；

五、两万吨列车除危及本列安全，不得使用紧急制动；

六、遇有邻线列车发出警报信号，必须立即停车确认；

七、接发两万吨列车时，站长或副站长、中心控制车站值班员应出场接车；

八、除两万吨列车运行计划停车站，禁止停车上下人员。

凡违反上述红线，按《朔黄铁路发展有限责任公司红线管控实施细则》（朔黄铁安字〔2015〕103 号）考核。

朔黄铁路发展公司

2016 年 3 月 9 日

本部：公司领导，运输部、安全监察室，存档。

朔黄铁路发展公司办公室 2016 年 3 月 9 日印发

6.34.2 两万吨红线管控措施

（1）两万吨列车除危及本列安全外，不得使用紧急制动。

预控措施：

① 每年利用模拟驾驶仪对重载列车乘务员进行非正常情况操纵培训验收。

② 运行中加强瞭望，发现异常准确互控，果断采取常用停车措施。

③ 其他须停车情况，一律采取常用制动措施停车。

④ 危及本列安全时，及时采取紧急停车措施。

控制标准：

《两万吨列车非正常行车办法》第十二条、朔黄铁安字〔2016〕44号文件。

（2）遇有邻线列车发出警报信号，必须立即停车确认。

预控措施：

① 运行中集中精力、加强瞭望，接到通知或发现提示信号时，立即采取停车措施。

② 停车后经联系确认具备本列运行条件时方可缓解开车，情况不明不得缓解列车。

控制标准：

《两万吨列车非正常行车办法》第四条、朔黄铁安字〔2016〕44号文件。

（3）除两万吨列车运行计划停车站外，禁止停车上下人员。

预控措施：

① 两万吨除行车管理人员持证件登乘外，其他人员一律不得登乘。

② 换端时锁闭非操纵端门窗，运行中严禁非操纵端坐人。

控制标准：

《铁路机车运用管理规程》第十九、二十条，朔黄铁安字〔2016〕44号文件。

6.34.3　部分红线解释

（1）相关设备：凡发生故障或停用后直接影响两万吨列车运行安全或降低设备运行安全可靠性的设备。冗余和热机备用设备属相关设备。自闭和贯通电源虽属相关设备，但特别解释如下：

区间LTE基站电源：在保证一路电源可靠供电的情况下，另一路电源可不列入相关设备。

信号设备电源：采用其他方式保障信号设备两路电源可靠供电的情况下，非供电的自闭或贯通电源线路设备，可不列入相关设备。

（2）非故障原因，两万吨列车运行期间必须保证自闭贯通两路电源可靠供电：非故障原因，必须保证信号设备两路电源可靠供电。

两路电源可靠供电：不违反《红线》第二条，为采用其他方式保障信号设备两路电源供电，在确保一路电源可靠供电、信号专业人员配合的情况下，对另一路备用电源和其他电源采取倒接作业，时间不超过30 min。

6.35　两万吨列车危险源辨识

针对两万吨列车开行，机务电力运管中心按照工作任务进行危险源辨识，分别从行为、设备、管理3个方面展开，共辨识出15个危险源，其中高度危险源10个、中度危险源3个、低度危险源2个；行为类10个、设备类3个、管理类2个，见表6.35-1。

表 6.35-1　两万吨列车危险源辨识

任务/工序	管理对象	风险类别	危险源	后果	风险评估				整改期限	预控措施	控制标准
					危害程度	发生频次	风险值	风险等级			
1	乘务员	行为	错误操纵监控装置	危及行车安全	4	6	24	高度	1	1. 副司机先行按规定输入监控数据，司机再次重新进行输入，两人以上进行数据核对。2. 非正常情况需要操作监控设备时，主从整按进行互控。	执行《LKJ-2000型列车运行监控记录装置乘务员使用手册》监控数据输入及解锁规定
2	乘务员	行为	始发站发车前列车管泄漏超过10 kPa/min	列车放隐	5	5	25	高度	1	1. 库内机能试验，严格卡控列车管泄漏量。2. 开车前试风时，利用列尾、制动屏显示确认列车泄漏时及时汇报车站。	《朔黄铁路公司行车组织规则》第41条"货物列车自动制动机试验程序的补充规定"
3 （出库运行）	乘务员	行为	长大下坡道区段运行中列车重复充风不足	列车放隐	5	5	25	高度	1	1. 周期制动记录充风时间，降低制动初速度。2. 长大下坡道区段减压时，列车尾部确认充风580 kPa，执行尾部风压不足580 kPa。	《两万吨列车操纵办法》平稳操纵第三项
4	乘务员	行为	不当非常制动	危及行车安全	6	4	24	高度	1	1. 运行中加强瞭望，发现异常互控，如需采取常用停车措施。2. 危及本列安全时，及时采取紧急停车措施。	《两万吨列车非正常行车办法》第十二条
5	乘务员	行为	未按规定执行停车缓风	行车事故	3	5	15	中度	1	1. 始发列车管泄漏超过规定值严禁开车。2. 制动调速缓解前，机班人员主从做好互控。3. 列车减压量累计超过60 kPa停车缓风	《两万吨列车非正常行车办法》第十四条

续表

任务工序	序	管理对象	风险类别	危险源	后果	危害程度	发生频次	风险值	风险等级	整改期限	预控措施	控制标准
						风险评估						
	6	乘务员	行为	低速缓解列车	断钩、脱机	4	4	16	中度	2	1.制动调速后机班密切观察列车运行速度，接近缓解值进行互控。2.列车速度低于30 km/h严禁缓解	《两万吨列车操纵办法》：速度在30 km/h以上缓解列车
	7	乘务员	行为	防止铁路交通相撞措施采取不当	行车事故	5	4	20	高度	1	运行中机车乘务员要加强瞭望，重点地段鸣长笛，遇危及人员死亡群伤时，果断采取紧急停车措施。其他情况采取常用制动措施。	《两万吨列车正常行车办法》
	8	乘务员	行为	列车非常后防护不当	行车事故	5	4	20	高度	1	1.紧急停车后，司机立即汇报端站，副司机短接邻线轨道电路。2.发现邻线列车开来时，鸣示警报信号，交替闪烁辅灯	《两万吨列车非正常行车办法》
出库运行	9	乘务员	行为	接收或发现提示信号后采取措施不当	行车事故	5	4	20	高度	2	1.接到通知或发现提示信号时，立即采取停车措施。2.停车后经联系确认列车正常后方可缓解，情况不明不得缓解列车	《两万吨列车非正常行车办法》
	10	乘务员	行为	列车分解列尾安装不良	行车事故	6	4	24	高度	1	1.对乘务员进行专项培训。2.悬挂作业完毕后，班组做好互控复查。3.加强同主控联系，确认列尾悬挂状态良好	执行《可控列尾操纵办法》
	11	乘务员	设备	运行中LTE网络中断或同步系统故障	行车事故	4	6	24	高度	1	1.遇LTE网络中断或机车载同步系统故障时，立即减压停车。2.在长大下坡道停车后，请求分解运行。3.非长大下坡道区段处理重载同步设备，重新编组一次，恢复正常后缓解开车；若故障仍然不能恢复时，应立即请求分解运行	《两万吨列车非正常行车办法》第一条

续表

任务	工序	管理对象	风险类别	危险源	后果	危害程度	发生频次	风险值	风险等级	整改期限	预控措施	控制标准
12	出库运行	乘务员	设备	运行中可控列尾故障	危及行车安全	2	6	12	中度	2	1.列车运行中遇可控列尾装置发生故障，立即汇报调度员。2.在长大下坡道循环制动时，降低制动初速度，无法保证充风时间，执行停车缓风。3.可控列尾故障维持运行至前方站停车，由车站方处理或将发布发车前命令分解运行。	《两万吨列车正常行车办法》第三条第三款可控列尾故障运行办法
13		乘务员	设备	运行中监控失电	危及行车安全	3	2	6	低度	3	1.主控监控失电后，立即减压80～100 kPa，并及时转换监控隔离开关，直至停车。2.从监控失电后，立即关闭监控主机电源，根据调度指示维持运行至站前方站处理。3.除7003～7008号外的交流机车将监控隔离两开关关技改至主机严禁擅自关机	《技规》第336条规定：机车信号、列车无线调度通信设备、运行监控记录装置必须全关机
14		乘务员	管理	限制坡道途停	行车事故	2	4	8	低度	3	1.乘务员加强车机联控，遇免停干限制坡道，被迫停车限制坡道后及时请求救援。2.上行东冶至南滓、三汉上能正常通过时，车站提前预告。3.接到将乘区段车站通知掌握运行或停车时，选择有利于起车的地段停车	《机务安全管理规章制度汇编》《操规》中"各种坡道上的操纵"规定《操规》第51条（条款解释）
15		调度长	管理	乘务员超劳作业	危及行车安全	4	6	24	高度	1	1.调度员严格掌握乘务员值乘时间。2.接近超劳时间时，乘务员及调度长协及时向调度室汇报，由调度长及时处理调度处理	铁运〔2000〕7号《铁路机车运用管理规程》第100条规定"机车乘务员的劳动和休息时间"

6.36　两万吨列车过慢行操纵办法

两万吨重载列车受制动距离、减压量、充风时间等因素限制，在长大下坡道区段通过慢行限速地点，操纵难度大、安全风险高，必须加强安全管控，保证列车运行安全。

6.36.1　两万吨重载列车过慢行操纵原则

（1）朔黄线下行全线、上行原平南至南湾（不含原平南第一、第二远离范围）、西柏坡至黄骅港区段，两万吨列车可以在正常限速值内通过。

（2）朔黄线上行神池南至原平南（含原平南第一、第二远离范围）及南湾至西柏坡区段，慢行地点限制速度在 45 km/h 以下时，两万吨列车不具备安全运行条件；限制速度在 45 km/h 及以上至限速 65 km/h，两万吨列车不具备直接通过的运行条件，必须停车缓风。

（3）上行两万吨列车在长大下坡道区段过慢行停车 20 min 内无须追加减压，停车超过 20 min，向信息台汇报，根据指示办理。

6.36.2　两万吨重载列车通过慢行操纵方案

（1）下行两万吨列车运行至距慢行地点 2 km 时，及时投入再生制动，距慢行 500 m 时将列车速度控制在限速值以下。慢行区段内，机车采用小牵引力牵引或小再生力制动的方式运行，列车实际速度不得低于限速值 5 km/h。

（2）上行两万吨列车在原平南至南湾、西柏坡至黄骅港区段内，根据列车实时速度、慢行地点坡度等情况，及时投入再生制动或距慢行起点标 3 km 实施初减压制动，距慢行 500 m 时将列车速度控制在限速值以下。慢行区段内，机车采用小牵引力牵引或小再生力制动的方式运行，列车实际速度不得低于限速值 5 km/h。

（3）上行两万吨列车在神池南至原平南、南湾至西柏坡区段，机车乘务员应以模式化操纵办法为基础，结合慢行所处的具体位置、坡度、曲线等情况，充分利用再生、空气制动合理调整列车速度、列车制动及缓解地点，确保列车在安全、平稳运行的基础上尽可能快速地通过慢行地段。

①　限速前合理调整制动周期，采取停车缓风方式时，尽量将列车带入慢行区内停车；如限速 65 km/h，距列车尾部出清慢行 1 000 m 具备缓解条件时，可以缓解列车，实现不停车通过慢行。

②　限速区段内停车缓解时，乘务员需确认机车总风缸压力在 900 kPa 以上，在列车速度增至 5 km/h 前将再生制动力增加至 400 kN，延缓列车增速，保证充风时间，当列车速度达到 38 km/h（限速 45 km/h）、47 km/h（限速 55 km/h）、55 km/h（限速 65 km/h）时，减压 50～60 kPa，待速度稳定后逐渐减小再生力，延长列车制动走行距离，重复上述操纵办法，精心操纵列车通过慢行。

③　列车运行中发现速度异常时，机车乘务员应果断采取追加减压措施并就地停车。

④ 列车通过限速区段后，应及时恢复模式化操纵，防止制动周期打乱造成连续停车缓风的发生。

6.37 两万吨列车中间站停车操纵办法

为进一步降低列车侧线进站时的脱轨系数，防止列车侧线进站的严重安全隐患，机务电力运管中心，根据试验报告及列车运行数据，总结两万吨列车侧线进站操纵办法如下：

6.37.1 基本要求

朔黄铁路两万吨列车侧线进站，应尽量降低运行速度（以不超 40 km/h 为宜），自进入岔区起再生力使用不得超过 300 kN，遇无法满足上述条件时，应选择站外停车缓风。高坡区段侧线进站，必须掌握站外停车缓风；平原区段必须在一接近信号机前，使用空气制动调速（前期将速度控制在 45 km/h 以下除外），满足平原区段缓解条件后方可缓解列车。

6.37.2 操纵办法

1. 原平南站进站操纵

（1）侧线操纵。

① 列车运行至北大牛至原平南区间 73 km + 500 m ~ 74 km + 200 m 处，再生制动力 350 kN，速度 50 km/h 以下缓解列车，50 s 后逐步将再生力调整至 400 kN，如遇车站通知原平南站机外停车或进侧线时，适当降低缓解速度，建议掌握 40 km/h 以下缓解。（此处缓解，充风 180 s 后的速度与缓解速度基本一致）

② 缓解后列车运行至 76 km + 500 m 处，速度 55 km/h 以下减压 50 kPa，再生力保持不变，根据降速情况适当追加减压。

③ 列车越过二接近后根据速度情况调整再生力，保证列车速度 55 km/h 以下越过二接近信号机并延迟制动走行距离，尽量在列车头部越过进站岔区后停车。

④ 停车后无须追加减压，小闸保持 300 kPa，缓解空气制动，速度增至 5 km/h 时，将再生力给至 300 kN，逐步缓解小闸，控制列车缓慢进站，按有关标志停车。

⑤ 北大牛至原平南间采用一把闸的操纵方法时，69 km 前，速度 55 ~ 58 km/h 以下减压 50 kPa，根据涨速情况调整再生力，控制列车在二接近前速度 50 km/h 以下，进站不超 40 km/h，延长制动距离，执行停车缓风。

（2）正线操纵。

① 列车运行至北大牛至原平南区间 73 km + 500 m ~ 74 km + 200 m 处，再生制动力 350 kN，正常缓解列车，50 s 后逐步将再生力调整至 400 kN。

② 缓解后列车运行至 76 km + 500 m 处，速度 65 km/h 以下减压 50 kPa，再生力保持不

变，根据降速情况适当调整再生力。

③ 原平南进路信号机前速度控制在 55 km/h 以下，越过进路信号机后及时增大再生力停车，停车后不需追加，缓解空气制动，向前带车按有关标志停车。

2. 东冶站进站操纵

（1）侧线操纵。

① 东冶站提前联控，车站通知侧线停车时，根据天气情况选择合适的调速方法。

② 东冶侧线进站操纵方法分两种：第一种方法，掌握列车头部接近 1228#信号机时转再生工况，缓慢增大再生力至 400 kN（1228#信号机处，再生力 400 kN，列车运行速度由 70 km/h 降至 45 km/h 需要走行 3 500 m。因此，天气不良时避免使用该方法），根据降速情况选择合适时机投入空气制动；第二种方法，列车运行至距一接近信号机 500 m 前，速度不超 70 km/h，减压 50 kPa 调速，保证二接近信号机前速度控制在 55 km/h 以下，列车越过二接近信号机后速度 50 km/h 以下缓解。

③ 东冶站外缓解时最低速度不得低于 45 km/h，再生力保持 400 kN，列车进站后使用再生制动调速，控速困难时及时投入空气制动停车，停车后不需追加，向前带车按有关标志停车。

（2）正线操纵。

① 东冶站提前联控，车站通知正线停车时，及时投入再生制动进行调速。

② 列车头部越过 1248#信号机后增大再生至 400 kN，天气不良时适当减小再生力，控制列车越过二接近信号机速度不超 60 km/h。

③ 列车头部越过分相后，速度不超 60 km/h，及时投入空气制动，根据降速情况适当追加减压停车，停车后不需追加，向前带车按有关标志停车。

3. 小觉站进站操纵

（1）侧线操纵。

① 列车运行至猴刿至小觉区间 1928#信号机处速度不超 68 km/h 减压 50 kPa，接收一接近信号绿黄灯、车机联控侧线停车时，将机车再生力逐步降至 100 kN，延长制动距离，执行停车缓风（停车地点的选择应尽量避免从控机车靠近分相区）。

② 停车后无须追加减压，小闸保持 300 kPa，缓解空气制动，速度增至 5 km/h 时，再生力不超 300 kN，逐步缓解小闸，控制列车缓慢进站，按有关标志停车。

（2）正线操纵。

① 列车运行至猴刿至小觉区间 1928#信号机处速度不超 68 km/h 减压 50 kPa，适当调整再生力，控制列车运行至二接近信号机处速度不超 40 km/h 缓解列车。

② 缓解后利用再生控速，保证小觉进站信号机处速度不超 55 km/h，主车越过分相后及时减压 50 kPa 停车。

③ 停车后无须追加减压，缓解空气制动，速度增至 5 km/h 时，再生力不超 300 kN，控制列车缓慢进站，按有关标志停车。

4. 西柏坡进站操纵

（1）侧线操纵。

① 列车运行到古月至西柏坡区间 235 km 处，机车信号接收绿黄灯时，平稳转换工况，逐步将再生力给至 300 kN 控速运行。

② 运行至一接近信号机处，速度 60 km/h 减压 50 kPa，速度稳定下降后，逐步降低再生力，执行停车缓风。

③ 停车后无须追加减压，小闸保持 300 kPa，缓解空气制动，速度增至 5 km/h 时，将再生力给至 300 kN，逐步缓解小闸，控制列车缓慢进站，按有关标志停车。

（2）正线操纵。

① 列车运行到古月至西柏坡区间 235 km 处，平稳转换工况，逐步将再生力给至 300 kN 控速运行。

② 列车运行至西柏坡二接近信号机处速度不超 65 km/h 减压 50 kPa，执行停车缓风（注意：进路信号机处限速 60 km/h，应根据降速情况及时追加减压停车）。

③ 停车后无须追加减压，小闸保持 300 kPa，缓解空气制动，速度增至 5 km/h 时，将再生力给至 300 kN，逐步缓解小闸，控制列车缓慢进站，按有关标志停车。

5. 定州西站进站操纵

（1）侧线操纵。

① 列车运行到新曲至定州西间 313 km 处接收绿黄灯时，平稳转换工况，逐步将再生力给至 300 kN 控速运行。

② 列车运行至距一接近信号机 1 000 m 处，减压 50 kPa，根据降速情况调整再生力至 400 kN，运行至二接近信号机处 45 km/h 缓解。

③ 定州西站进站前为 3‰ 下坡道，控速困难，应尽量选择早控速，掌握越过进路信号机时速度不超 20 km/h。

④ 定州西站 4 道距离较短，靠标停车后距离仅剩 50 m，因此建议提前减压停车或速度降至 3 km/h 以下对标。（注意：该区间再生力 400 kN，列车速度由 70 km/h 降至 40 km/h 需走行 6 000 m，因此建议该区间使用空气制动调速。）

（2）正线操纵。

① 列车运行到新曲至定州西间 313 km 处平稳转换工况，逐步将再生力给至 400 kN 控速运行。

② 列车运行至距一接近信号机 1 000 m 处，减压 50 kPa，根据降速情况调整再生力至 400 kN，运行至二接近信号机前 45 km/h 缓解。

③ 列车进站后，及时使用再生制动调速，控制列车越过进路信号机时速度不超 20 km/h（天气不良或控速困难时及时采用空气制动停车），按有关标志停车。

6. 沧州西站进站操纵

（1）正线操纵。

① 列车运行到杜生至沧州西间 487 km 处提前联控，车站通知侧线停车或机外停车时，平稳转换工况，逐步增大再生力至 400 kN 控速运行。

② 列车运行至 4882#信号机处速度不超 75 km/h，再生力给至 400 kN，控制列车进站速度不超 40 km/h，分相后及时投入再生制动，按有关标志停车。

（2）侧线操纵。

① 列车运行到杜生至沧州西间 487 km 处提前联控，车站通知侧线停车或机外停车时，平稳转换工况，逐步增大再生力至 400 kN 控速运行。

② 列车运行至 4882#信号机处速度不超 75 km/h，再生力给至 400 kN，控制列车进站速度不超 40 km/h，分相后及时投入再生制动（进沧州西站 6 道时，进路信号机限速 20 km/h），按有关标志停车。

7. 黄骅南站侧线操纵

（1）列车运行到李天木至黄骅南间 529 km 处提前联控，车站通知侧线停车时平稳转换工况，逐步增大再生力至 400 kN 控速运行。

（2）列车运行至 5318#信号机处速度不超 70 km/h，再生力给至 400 kN，控制列车进站速度不超 40 km/h，进站及时降低再生制动力至 300 kN 以下，按有关标志停车。

6.38　两万吨列车监控装置使用安全风险及管控措施

朔黄铁路两万吨列车开行两周年来，机务电力运管中心始终将风险预控管理体系应用作为两万吨列车安全管理的根本，持续开展危险源辨识工作，确保了两万吨列车安全开行两周年。为确保两万吨列车的运行安全，中心决定系统总结两万吨列车安全风险并细化安全管控措施，近阶段以来，中心对两万吨列车监控错输、错用导致数据误差的情况进行了细致分析，总结风险项点如下：

6.38.1　监控装置紧急制动风险项点

结合朔黄铁路两万吨列车开行情况，存在此类风险的情况主要包括：

1. 始发列车监控数据误差导致列车紧急制动

（1）始发站错输车站代码，未及时发现，导致数据误差列车紧急制动；主要包括：神池南、肃宁北、黄骅南、黄骅港及其他两万吨站天窗后发车。

（2）晚按开车键数据滞后，导致数据误差列车紧急制动；主要包括：神池南、肃宁北、黄骅南、黄骅港及其他两万吨站天窗后发车。

（3）神池南站联 2 线发车，未输支线号导致数据误差列车紧急制动。

2. 途中列车错用监控装置空转滑行导致列车紧急制动

（1）机车发生滑行导致监控数据滞后，列车运行至次一架信号机处，接收停车信号或降级信号致使列车撞线紧急制动；主要包括：天气不良，列车通过施工地点。

（2）机车大牵引力牵引时，遇黏着条件破坏时，机车空转速度达到监控装置紧急制动值，导致列车撞线紧急制动；主要包括：南湾进站、古月出站、三汲进站、沧州西出站等上行列车 4‰ 上坡道高速运行时，下行列车长大上坡道运行时。

（3）错误关闭监控装置主机电源后重新启动；主要包括：断开电钥匙后再闭合、误碰监控装置主机开关。

（4）错误操纵监控按键，导致运行中监控装置退出正常监控模式；主要包括：误按调车键，从车未进入补机模式发车。

（5）监控装置故障未及时关机。

3. 终到列车错输股道号导致列车紧急制动

（1）列车侧线停车未输股道号，导致进站后监控出现多架虚拟信号，未及时停车导致列车紧急制动；主要包括：站内多进路信号机且进路信号机不在同一横坐标位置的车站。

（2）列车输入侧线股道号时，误按 8 号键导致数据误差；主要包括：站内设有 8 道的车站。

（3）列车通过进路信号机后准备停车时，在进路信号机前发生滑行，导致数据滞后，列车紧急制动；主要包括：站内设有进路信号机的车站。

（4）停车距离判断失误，错过制动时机导致列车追速紧急制动；主要包括：定州西站 4 道、肃宁北站 1、2、3、4 道等股道距离较短的车站。

6.38.2　控制措施

（1）担当两万吨列车值乘任务的乘务员，必须严格执行车位确认"五必须"措施，随时注意核对监控数据，确保列车运行数据正常。

（2）始发列车输入监控后，除本机班执行二人二次输入外，主从控机车必须互控监控数据输入情况，从控司机还需将主控互控内容记入手账，动车后发现监控输入错误，必须及时停车修改。

（3）列车发车前机班二人互控开车对标地点，遇开车地点越过对标地点时，司机应按压开车键后再动车（神池南 18-21 道发车时输入车站代码 205），开车后，在机车到达前方第一架通过信号机处，必须按压【8】键调整车位，当该信号显示黄灯信号时，必须距离该信号500 m 前停车，信号升级显示后再行开车。

（4）神池南站联 2 线发车时，必须通知信息台，信息台做好叮嘱并记录，乘务员严格按照监控输入办法输入支线号，运行速度不得超过 30 km/h，同时密切注意车位信息。

（5）遇天气不良或通过施工地点时，应提前预防性撒砂，适当降低机车功率。发生滑行后，必须在前方第一架信号机处核对车位，当该信号显示绿黄灯或黄灯时，必须减速或停车；列车运行在 4‰ 上坡道时，应适当降低牵引力，运行速度降低至与限速值相差 10 km/h 左右运行，发生空转时及时断开主断，降低空转增速。

（6）运行过程中不得在司机操纵扳键处放置任何物品，不得手触机车电钥匙或撤除监控电源开关保护罩，误动机车电钥匙或监控电源开关后，及时减压 80~100 kPa 停车，从控机车应及时通知主控机车停车，车未停稳前不得恢复；发现监控装置故障时，应立即关闭监控装置主机并停车。

（7）两万吨列车侧线进站时，严格按照要求输入相应股道号，严防错输或漏输；进站或接车进路信号机前未能及时获取股道信息时，应在该信号机前停车询问；机车信号接收双黄灯时，应根据所进股道准确输入，输入时二人确认监控装置对话框弹出，确认股道号输入正确后按压确认键，误按自动校正键后应及时对准前方双黄灯信号机再次按压自动校正键。

6.38.3　考核标准

（1）凡担当两万吨列车值乘任务的全体乘务员，必须熟知以上 12 条危险项点及 7 条控制措施，管理人员添乘及盯控查岗时重点做好提问，对以上措施不清楚者，考核 100 元每次。

（2）指导组每月对两万吨监控装置使用重点作业环节抽查不得少于两次（重点人月度不得少于两次），包括添乘或视频分析，违者考核 100 元，月度定量核减 5 分。

（3）值乘两万吨列车，凡未执行上述控制措施者，考核责任人 500 元。

（4）机班连续违反上述控制措施两次以上，考核 1 000 元，并取消两万吨主控资格，一年内不得提职。

（5）凡发生因人为造成监控数据误差导致的两万吨列车紧急制动，除按公司分析定责处理外，按照中心经济考核标准，考核当事人 3 000 元，并停职处理（两项就高处理）。

6.39　两万吨列车违章操作项点及管控措施

列车的安全运行，离不开乘务员的精心操纵，近年来，随着朔黄铁路运量的增加，列车载重量不断加大，特别是两万吨列车的开行，将平稳操纵这一核心要求提到了重中之重的位置。为此，中心结合两万吨列车管理经验，以杜绝违章操纵为重点，结合多年来国内重载列车安全事故，总结乘务员违章操作项点如下：

6.39.1　正常运行过程中可能出现的违章操作项点

1. 不具备缓解条件缓解列车

（1）违反操纵规程缓解列车。

包括：低速缓解；未排完风缓解；未排完风追加减压。

（2）违反操纵要求缓解列车。

包括：高坡区段未在规定地点缓解；平原区段 4‰ 鱼背型坡道缓解；未将从控机车带过分相缓解；减压量（包括自然漏泄）超过 60 kPa 缓解；空车使用空气制动后缓解；没有动力制动缓解；可能造成充风不足时缓解（含追加减压，刻意削弱列车管压力）。

（3）同步设备异常缓解列车。

包括：同步设备状态异常，从控机车不跟随时缓解；同步中断缓解。

（4）机车设备状态不良缓解列车。

包括：主、从控机车无再生力输出缓解；主、从控机车风源系统故障缓解；机车车钩缓装置失效缓解；走行部状态异常缓解；机车设备不具备发车条件缓解；机车制动机故障缓解。

2. 违章操作机车设备

（1）违章操作导致自动减压。

包括：运行中切除制动机 BCU 电源；误按停放制动；误碰微机电源导致机车失电；误

转换 93 阀至补机位导致机车不减压；误碰 121 塞门；误按列尾排风。

（2）违章操作导致同步中断。

包括：误碰重联开关；运行中断开同步电源（含 OCE 电源）；区间停车违章解除同步关系。

（3）违章操作导致动力制动异常。

包括：运行中误碰转向架、TCU 等动力切除开关；违章操纵导致机车主断跳开。

3. 超限使用动力制动

（1）空车超限使用动力制动。

包括：手柄进级过快；再生力超过允许值（200 kN）。

（2）重点地段超限使用动力制动。

包括：长大下坡道区段超限值使用再生制动（神八 400 kN，神十二 500 kN）；缓解时超限值使用再生制动（300 kN、350 kN、400 kN）；小半径曲线无故增大再生制动力；侧线进站超限使用动力制动（300 kN）；从控机车未通过分相增大再生制动力或牵引力。下行空车两万吨列车超限使用再生制动（200 kN）。

（3）非正常情况超限使用动力制动。

包括：同步中断后增大再生力；控速困难超限使用再生制动控速；线路异常时超限使用再生制动；主控双机牵引再生力超允许值。

6.39.2　非正常情况可能出现的违章操作项点

1. 异常情况采取措施不及时

（1）设备异常。

包括：同步中断未及时减压停车；管压异常下降未及时切断供风源；机车设备故障或异音未及时减压停车；动力制动不足未及时减压停车；车辆故障未及时停车。

（2）线路异常。

包括：线路晃动未及时停车；临时限速未及时控速；线路异常未及时采取停车措施；邻线列车发出防护信号未及时停车。

2. 非正常情况采取措施不当

（1）停车措施采取不当。

包括：停车时累计减压量超过最大有效减压量或追加减压量超过初减压量；同步中断、机车故障、不具备缓解条件、制动控速等不危及行车安全时，违章使用最大有效减压量或紧急制动停车；危及行车安全时未及时采取紧急制动停车；常用制动减压量超过 120 kPa。

（2）非正常情况处置不当。

包括：妨碍邻线未及时防护；减压超过 80 kPa 停车后未检查列车状态；分解作业未减压 170 kPa 以上并排风完成关闭折角塞门；长大下坡道未分解彻底缓解列车；长大下坡道减压 170 kPa 缓解列车；同步关系未解除，试验机车制动机导致从控机车跟随缓解；同步中断后维持运行。

6.39.3　控制措施

（1）运行中主控机班二人，必须认真执行呼唤应答制度，减压及缓解前，必须确认列车管压力及同步状态，从控机车乘务员随时观察机车总风压力及同步状态，发现异常及时呼叫主控机车停车，同时做好互控，发现不具备缓解条件时及时互控停车。

（2）区间停车再开时，需检查仪表显示，确认同步、监控状态、列车管压力、总风压力、主从控机车状态正常，人员到齐后方可缓解列车。

（3）交接班认真检查试验机车，发现设备异常，及时汇报信息台。

（4）处理机车故障时必须停车处理，严禁运行中随意断开电源柜内自动开关。

（5）带闸过程中或追加减压时应注意大闸手把位置，防止过量追加或误缓解列车，并严禁采取缓解小闸的方式减小机车再生力。

（6）运行中严格执行《两万吨列车操纵规程》再生力使用标准，不得随意超范围使用再生制动，遇突发情况时应优先使用空气制动停车。

（7）两万吨列车乘务员应熟知全线严禁缓解地点，认真执行停车缓风措施，不具备缓解条件、非缓解区段严禁缓解列车。

（8）不具备运行条件时，根据情况及时请求分解、救援，严格执行分解作业流程，严禁盲目维持运行。

（9）遇非正常情况，及时减压 80～100 kPa 停车，发现危及行车安全时立即使用紧急制动停车。

（10）牢固树立精心操纵的安全意识，运行中发现异常果断采取停车措施，防止行车事故或事态扩大。

6.39.4　考核标准

（1）凡担当两万吨列车值乘任务的全体乘务员，必须熟知以上危险项点及控制措施，管理人员添乘及盯控查岗时重点做好提问，对以上措施不清楚者，考核 100 元/次。

（2）指导组利用学习会传达再生力使用要求，确保全员熟知，并使用分析软件对乘务员违章操纵情况进行检索，发现违章操纵按照《机务电力运管中心经济考核标准》进行考核。

6.40　朔黄铁路组合重载列车主、从控呼唤应答标准

根据朔黄线实际情况，结合《机车操纵规程》，特制订朔黄铁路组合主、从控呼唤应答标准（见表 6.40-1），重载列车主控呼唤应答标准（见表 6.40-2）。

表 6.40-1　朔黄铁路组合主、从控呼唤应答标准

程序	呼唤者	呼唤标准用语	应答者	应答标准用语	复诵者	复诵标准用语	要求及注意事项
列车组合			从控司机	××机车从车××连挂	主控司机	××机车明白	被连挂车做好安全准备工作（主车减压保持制动为编组做准备）
列车组合			从控司机	××机车组合（连挂）完毕	主控司机	××机车组合（连挂）完毕，主车××明白	从控机车钥匙，两万吨电钥匙取出后向主车汇报及时向主控机车汇报
编组连接	主控司机	从车××号编组	从控司机	××机车明白			主、从车断开主断，降下受电弓，大小闸，换向手柄重联位（两万吨大闸位，小闸运转位后）向主车进行汇报，开放同向节156鉴门；主车减压50 kPa排完风后告知从车编组距离；从车正确输入主控机车号，编组设置完毕后依次向主控机车汇报
编组连接			从控司机	从车××号编组完毕	控司机	主车××明白	
编组试验	主控司机	主车编组	从控司机	编组正常	主控司机	正常（×××显示不正常）	主控机车准确输入从控机车号确认显示屏内容，主控机车加强联系共同确认从车号，编组距离，主从车加强联系同确认同步
编组试验　升弓	主控司机	××车升前/后弓	从控司机	××车升前/后弓正常			编组完成，确认同步状态指示灯亮后，主、从车风压，总风风压，启动劈相机打合主断汇报。同步正常后再向主车汇报
编组试验　闭合主断	主控司机	××车闭合主断	从控司机	××车主断闭合正常			从控机车升弓合主断时注意人身安全，主车发现不正常时及时进行断电，并向主车汇报
编组试验　起动辅机	主控司机	××车启动劈相机/压缩机	从控司机	××劈相机/压缩机启动正常			启动劈相机，启动按钮打开单机位进行断电，并向主车汇报。同步正常后缓解大闸状态下严禁解大闸单网无风确认目标值（两万吨单网状态下提票汇报信息合）
编组试验　高压试验	主控司机	换向手柄××位	从控司机	××位正常			高压试验前主从司机应确认机车或列车处于车处干

续表

程序	呼唤时机	呼唤者	呼唤·标准用语	应答者	应答·标准用语	复诵者	复诵·标准用语	要求及注意事项
	高压试验	主控司机	换向手柄×位	从控司机	××位正常			配合主车做干制动状态，列车处于制动状态，从车应配合主车做配合，保证安全
		主控司机	启动××风机	从控司机	××风机启动正常			从车做高压试验，确认无线连接状态，主、从车做好配合，保证安全
		主控司机	给流××A	从控司机	××A正常			
		主控司机	大闸减压×kPa	从控司机	从车减压×kPa			认真确认仪表显示、大闸目标值及排风情况
		主控司机	保压正常/漏泄××kPa	从控司机	保压正常漏泄××kPa			每分钟漏泄超过20 kPa严禁发车，但漏泄10 kPa必须按规定汇报车站及信息合；由车站处理
编组试验	监控设置	主控司机	××机车核对编组	从控司机	××机车核对编组			主、从控乘务员认真核对监控数据，本空补156塞门状态、电空卡组在车机尾空确认从控机车列尾置号器是否到位
	LKJ时间核对	主控司机（两万）	监控对表*分*秒	从控司机	从车*分*秒			主、从控司机分别将时差记入监控单、手账
	简略试验	主控司机	大闸减压××kPa	从控司机	均衡风缸××kPa、列车管××kPa			主从控乘务员确认列车管、均衡风缸减压均衡风缸减压一致，每分钟漏泄跟随试验标准。两万吨列车不意发车。列尾风跟随严漏压及漏泄
		主控司机	列尾跟随，造加减压	从控司机	均衡风缸××kPa，列车管××kPa			列尾跟随时注意发车，观察机车初减压情况，作为本次列车操纵的参考依据
		主控司机	列尾排风	从控司机	列车管风压×kPa			

续表

程序	呼唤时机	呼唤者	标准用语	应答者	标准用语	复诵者	标准用语	要求及注意事项
编组试验	检查机车走行部	主控司机	××机车走行部检查	从控司机	××机车明台注意安全			列车制动缸制动、机车单独缓解后各机车确认制动缸缓解状态，机车走行部状态，从控向主控汇报完毕后，从控向主控进行汇报
	准备开车	主控司机	准备开车	从控司机	准备开车			从控机车人员、货票必须齐全，监控补机具备发车条件后主控进行汇报
	开车对标	主控司机	注意开车键	从控司机	注意按压开车键			开车键完成后汇报主车
运行途中	走廊巡视后的汇报			从控司机	××机车汇报：闸缸××kPa，列车管压力，总风缸压力，均衡风缸压力，电机电流、电压，其他各部是否正常	主控司机	正常（×× 不同步）	从控副司机走廊巡视结束后从控机车乘务员按规定检查汇报，主车司机认真核对
	进、出站	主控司机		从控司机	××机车进、出站注意	主控司机	进、出站注意	从控机车乘务员双岗并立，注意机车仪表显示状态
	通过信号红灯	主控司机	××机车前方信号红灯	从控司机	准备停车			注意停车
	进站信号前	主控司机	××机车进站黄灯	从控司机	注意速度			严守限速，准备站内停车

续表

程序	呼唤时机	呼唤者	呼唤标准用语	应答者	应答标准用语	复诵者	复诵标准用语	要求及注意事项
运行途中	进站信号机前	主控司机	××机车进站双黄灯××道通过停车		××机车输入股道号			从控提醒主控机车注意监控距离，严守道岔限速，准备站内停车
运行途中	进站信号机前	主控司机	××机车机外停车		注意距离			进站信号机前150m停车
运行途中	临时降弓地点	主控司机	××K+××m降弓	从控司机	××K+××m降弓，××机车明白			主控机车及时通知从控机车，从控机车在降弓地点前200m及时断电降弓
运行途中	过降弓地点	主控司机	××km××m注意升弓	从控司机	××km××m注意升弓			从控机车确认升弓标后及时升弓
运行途中	分相预告			从控司机	××机车分相进站/出站注意分相注意	主控司机	分相进站/出站注意，分相，主车明白	主控机车在进站前、分相前提前向从车进行预告
运行途中	过分相绝缘			从控司机	××机车分相通过正常	主控司机	××机车明白	主车分相前应及时提醒从车，从车应随时监视主断合闸情况，必要时打单机人工断电，杜绝机车带电过分相
运行途中	过分相绝缘			从控司机	××机车分相通过正常	主控司机	主车明白	
运行途中	变坡点			从控司机	变坡点注意控速	主控司机	严守速度	从车在变坡点之前及时提醒主控制好速度

续表

程序	呼唤时机	呼唤		应答		复诵		要求及注意事项
		呼唤者	标准用语	应答者	标准用语	复诵者	标准用语	
运行途中	冲动较大地点	主控司机（两万）	检查渡板	从控司机	渡板检查正常/渡板变形停车	主控司机	主手明白	列车运行至容易产生冲动的缓解地点或追加减压后缓解时，及时要求从车检查重联渡板
	防洪地段			从控司机	防洪注意	主控司机	防洪注意	主、从控机车司机密切注意运行
	防止空转及滑行	主控司机	注意空转（滑行）	从控司机	注意空转（滑行）			轨面有雨、霜、雪、水、油时，各机车司机注意撒砂防止空转；从控机车司机密切注意各空转
	同步系统通信中断	主控司机	××机车通信中断	从控司机	××机车通信中断			通信中断司机密切注意界面，如果不能恢复时，按相关办法处理（两万吨列车双网同时中断及时减压80～100 kPa停车，长大坡道请求及时处理相关设备从新编组一次，不成功可以直接分解、平道可处理分解）
	区间停车	主控司机	××原因停车	从控司机	××原因停车/××机车明白	主控司机	准备开车	停车后按主控司机指令执行防护、防溜措施；开车前主控机车互报管压
	减压80 kPa停车	主控司机	××机车检查机车	从控司机	××机车检查正常			区间减压80 kPa以上停车时，要求从车副司机下车检查走行部状态
	通过慢行地段前			从控司机	慢行注意	主控司机	严守速度，限速××km/h	必须严守限制速度，主、从控副司机起立
	站内停车、临时停车时	主控司机	列车停妥，下车检查	从控司机	下车检查，注意安全			没有主控司机指令，从控机车人员不得下车检查，确保人身安全

续表

程序	呼唤时机	呼唤		应答		复诵		要求及注意事项
		呼唤者	标准用语	应答者	标准用语	复诵者	标准用语	
分解作业		主控司机	××车降弓	从控司机	××车降弓明白			解编前确认主从控均缓、列车管压力减压170 kPa，确认排风完毕后降弓。主控机车解编前解编机车解编，从控机车降弓，通知从控机车降弓，确认排风完毕后降弓
	解除编组	主控司机	××机车解编编完毕	从控司机	××机车解编编完毕	主控司机	主车明白，关156，输入监控数据（两方吨不用关）	解编机车解编，从控机车降弓，打通列车尾交权，确认好从控机车号、主控进行区间分解。主控进行接收列尾并接主控安装列车置号
	列车分解	主控司机	××机车摘解	从控司机	××机车摘解			列车保持制动后，从控严禁动大闸，乘务员按"一关车辆折角塞门、二关机车折角塞门、三摘风管、四提钩"的程序分解列车。异常及时汇报主控司机
				从控司机	××机车分解完毕	主控司机	××副司机下车确认	从车司机确认从控司机分解完毕后上车通知主控司机分解完毕
				从控司机	××机车确认好了	主控司机	××确认好了，××动车好	主控司机接到从车副司机下车确认开锁状态，要求从车确认好的呼唤应答后方可动车

表 6.40-2　重载列车主控呼唤应答标准

序号	呼唤处所	呼唤		应答		复诵		要求及注意事项
		呼唤者	标准用语	应答者	应答用语	复诵者	复诵用语	
1	发车前	学习司机	大闸插销	操纵司机	两万吨(万吨列车,插销设置	学习司机	插销设置	重载列车开车前,具有防误撤紧急功能的机车及时投入
2					非万吨列车,插销拆除		插销拆除	非重载列车开车前,需要撤除防误撤紧功能
3	列车制动调速缓解时	学习司机(非操纵司机)	注意缓解	操纵司机	注意缓解	学习司机(非操纵司机)	缓解列车	黄灯和红黄灯除外,绿灯情况下不应 C64 万吨列车不低于 38 km/h呼唤。除 C64 万吨列车不低于 30 km/h外,其他列车均不低于 30 km/h
4	非动力制动工况运行时		小闸运转位		小闸运转位		小闸运转位	进入非动力制动工况运行时
5	运行途中遇行人和施工机械侵线等情况时		常用减压		常用减压停车		常用减压停车	除危及本列安全外使用紧急制动
6	缓解前再生力不能正常发挥时		无再生力		停车		停车	速度接近缓解速度和过完分相后动力制动工况未投入时。
7	同步系统故障时		同步故障		停车		停车	严禁同步故障长大下坡道维持运行
8	站内考标停车或途中需要停车时	学习司机(非操纵司机)	停车不追加	操纵司机	停车不追加	学习司机(非操纵司机)	停车不追加	严禁单元万吨列车追加减压停车
9	运行途中施行空气制动后		风未排完		严禁缓解		严禁缓解	严禁没排完风缓解操作
10	运行途中施行空气制动后		不准偷风		不准偷风		不准偷风	严禁偷风操作
11	途中从车监控失电		关机		关机		关机	严禁从控机车监控装置处理不当降级放风
12	运行中调速制动后需要缓解列车时		严禁过充		严禁过充		严禁过充	仅限于 C64 万吨列车缓解时

续表

序号	呼唤处所	呼唤者	标准用语	应答者	应答用语	复诵者	复诵用语	要求及注意事项
13	累计减压量超过80 kPa/60 kPa（两万吨）时		减压量		超80 kPa/60 kPa		停车缓风	万吨列车超过80 kPa
14	长大下坡道制动带闸遇机车信号黄灯时		机车信号		黄灯		停车缓风	两万吨列车超过60 kPa时须停车缓风，学习司机（非操作司机）发现现司机加减压时；万吨列车黄灯不得缓解
15	人工同步时		确认维持条件		具备条件		人工维持	2+0同步及1+1组合在平原维持运行时必须具备人工同步的条件；两万吨列车严禁追维持运行
16	高坡区段减压超过120 kPa停车再开车前		确认区间		联系确认/3个分区空闲		缓解列车	高坡区段减压超过120 kPa停车，司机必须确认联系车站确定前方至少有3个闭塞分区空闲方能缓解列车
17	单元万吨列车长大下坡波制动过长时		制动距离		×××公里		加载减速	严禁带闸距离超过12 km
18	下行万吨列车减压时	学习司机（非操纵司机）	严禁缓解	操纵司机	停车缓风	学习司机（非操纵司机）	停车缓风	下行万吨列车运行中使用空气制动后必须加减压防止超速
19	每次空气制动时	操纵司机	大闸目标值	学习司机（非操纵司机）	目标值×××；目标值未显示			制动10 s后目标值未显示副司机呼唤加减速
20	两万吨列车循环制动遇机车信号显示绿黄灯时	学习司机	机车信号	操纵司机	绿黄灯	学习司机	停车缓风	根据列车工况、性能和信号距离采取停车措施，保证在红灯前停车
21	两万吨列车高坡区段减压超过100 kPa停车再开车前	学习司机	确认前方区间	操纵司机	联系确认/3个分区空闲	学习司机	缓解列车	开车前司机主动询问车站前方闭塞分区情况

7 重载列车平稳操纵和质量优化

7.1 概　述

重载列车作为一个复杂的系统,在不同线路纵断面及不同的工况条件下运行,受到不断变化的纵向力和横向力作用,如果列车受力超过机车、车辆的安全强度,便有安全隐患,从而引发事故。在列车运行中,乘务员的操纵对列车的平稳性影响最大,所以制订以安全为前提,科学、高效的操纵规范及相关的技术管理体系,并以此规范乘务员操纵,是最大限度减少列车冲动,保证重载列车安全运行的重要手段。朔黄铁路重载列车平稳操纵与质量优化技术,旨在通过科学的方法进一步优化现有的重载列车操纵办法,指导乘务员正确操纵重载组合列车,减少列车纵向冲动;开发车载平稳操纵显示、提示、记录系统,规范乘务员按制订的操纵办法进行操纵;通过制订平稳操纵技术管理体系,有力保障平稳操纵办法得以顺利实施,在以安全为前提的条件下,压缩非正常行车停时,提高运输效率。可确保朔黄线重载列车开行安全运输的平稳高效。

为了有效地保证行车安全,提高运输效率,针对朔黄铁路重载组合列车的特点,发现和解决重载列车在平稳操纵和设备质量中存在的问题,分析传统操纵中存在的弊端,规范操纵流程,优化列车运行曲线,应制订科学合理的操纵办法和非正常情况处理办法及相关的安全措施,改进生产工艺,对机车关键部件进行适应性技术改造和规范的检修维护,确保重载列车的安全、平稳、畅通。

根据朔黄铁路神池南至黄骅港之间的实际线路断面数据,建立重载列车的多质点牵引计算模型,对列车的运行过程进行仿真研究,确定在安全条件下的最优平稳操纵方案,以在运输效率、列车运行平稳性、保证安全制动距离和节能方面达到最优的综合效果。

7.2 朔黄铁路重载列车的仿真计算及线路验证试验

7.2.1 仿真计算的内容及技术特点

根据重载列车的技术特点,建立列车的多质点牵引计算模型。然后根据牵引计算和优化设计的基本理论,结合线路纵断面的实际数据,利用牵引计算软件和列车纵向动力学操纵模拟程序等模拟重载列车的技术装备条件和运行模式,对列车的运行过程进行仿真试验,分析在各种牵引策略（最快速策略、最经济策略和混合策略等）和不同操纵方案（列车运行速度，牵引和制动级位、制动和缓解的线路位置等）下的效果，对操纵方案进行验证。确定最优的操纵方案，拟在运输效率、列车运行平稳性（减少冲动）、保证安全制动距离和节能方面达到最优的综合效果。主要包括：机车车辆技术装备，朔黄线线路状况，无线重联控制系统状态情况，列车动力学特性分析和操纵仿真模拟。仿真计算具有以下特点：

（1）仿真计算程序适应性。

（2）计算精度高、可靠性好。

（3）采用以每辆车为 1 个质点的多质点系统模式，无须化简线路断面，并可按实际列车编组情况进行精确计算。

（4）采用精确的数值计算方法，可考虑多个变量函数和进行实时模拟，受假设条件的限制较少。

（5）有相当完善的人机接口功能，可在计算机屏幕上随时观察和检查各种数据和计算结果，随时打印各种信息。

（6）具有列车动力学特性分析和操纵仿真模拟等功能。

（7）适用于重载列车（编组车辆 100 辆以上）的列车纵向动力学仿真计算。

（8）适用于长大下坡道的操纵模拟计算。

7.2.2　仿真计算主要参数及性能

（1）重载组合列车的运行时分、速度、牵引能力等的牵引计算。

（2）重载组合列车纵向动力学的车钩力仿真计算。

（3）重载组合列车纵向动力学的加速度、减速度仿真计算。

（4）重载组合列车关键技术问题的安全性。

（5）重载组合列车操纵示意图、乘务员优化操纵提示和指导等功能。

（6）危险工况和故障模拟仿真计算。

（7）仿真计算不仅局限于机车在列车头部的动力集中方式，还可以将整个列车按照牵引动力配置方式（动力分散）分拆为若干个短编组（单元）分别进行计算。

（8）仿真计算软件可以满足组合列车中主机和从控机车不同步控制的多种操纵情况。

（9）根据机车黑匣子记录数据返演重载列车司机的实际操纵和运行情况。

（10）可根据实际装置条件详细设置机车的制动阀和每辆机车车辆的钩缓装置类型。

（11）具有在列车运行过程中任意车辆、任意时刻的车钩力和纵向冲动数据输出功能。

（12）具有较强的数据输出和选择功能，包括各种二维和三维图形的显示输出功能。

7.2.3　仿真计算目标及结论

通过重载列车优化操纵方案的仿真计算，比较分析在各种牵引策略和不同操纵方案下的列车纵向动力学各项参数和性能，确定最优化的重载列车操纵方案，为实际的线路试验提供参考，并出具重载列车优化操纵方案和仿真计算报告。

7.2.4 朔黄铁路重载列车的线路验证试验

1. 线路验证试验内容及方法

根据仿真计算得出的优化操纵方案，有针对性地对各种典型及特殊工况（包括雨雪天气等不同轨面情况、长大下坡道等特殊工况）下的重载列车进行线路试验，来验证仿真计算的正确性。线路运行验证试验主要包括：起步操纵试验、牵引调速试验、DK2 制动机调速试验、电空联合制动试验、起伏坡道操纵试验、长大坡道操纵试验、过分相操纵试验等。

采集、记录下列车相关的运行参数（主要包括：列车的编组信息，机车的工况信息，电、空制动效果，列车缓解充风时间，区间的通通时分，列车的技术及旅行速度等综合信息）并根据线路基础数据进行综合分析。

2. 列车操纵平稳性及冲动等级的确定

研制专用的车载平稳性测试装置，对列车运行平稳性参数进行测量、计算和分析。列车操纵平稳性检测装置硬件由列车平稳性测试主机、三维加速度传感器、TAX 箱通信接口板和地面数据显示分析计算机组成。

（1）车载平稳性测试装置。

① 列车平稳性测试主机：系统主机具有通信接口，信号采集接口，数据记录体，转储接口等。

② 三维加速度传感器：实时采集列车的速度及纵向、横向、垂向的加速度。

③ TAX 箱通信接口板：带隔离和 TAX 箱通信，采集列车信息。

④ 地面数据显示分析计算机：以列表和图表的形式显示记录的信息，并能按预设条件对数据进行分析形成报告。

列车平稳性测试主机实时测量、存储三维加速度信号，所有的过程数据通过 USB 实时导入计算机。计算机通过 TAX 箱通信接口板实时读取 TAX 箱的列车运行数据（时间，公里标，线路信号，运行速度），并依据国标 GB 5599—85《铁道车辆动力学性能和鉴定试验规范》对车辆运行品质进行计算，实时存储运算结果。

（2）平稳性检测验证装置的性能。

① 能采集车次、机车号、时间、公里标等列车信息，能采集列车的纵向、横向加速度。

② 当加速度达到一定的限值时（ $>1.5 \text{ m/s}^2$ ），装置能记录数据，记录内容包括列车信息及加速度信息等。

③ 装置能提供 IC 卡或 USB 接口转储记录的数据。

④ 地面数据分析软件能识别、按预设的条件自动分析记录数据，形成报告。

（3）平稳性检测验证装置主要技术指标。

① 加速度传感器量程 $\pm 1.0g$（或 $2.0g$），设备分辨率 $0.001g$，输出分辨率 $0.01g$；采样频率：128 Hz、256 Hz。

② 数据记录长度：128 Hz 时不小于 40 h；256 Hz 时不小于 20 h。

③ 最高工作温度：海拔 1 000 m 及以下 70 ℃，1 000～2 500 m 由 70 ℃ 起每升高 100 m 空气温度递降 0.5 ℃；最低工作温度：主机 0 ℃，加速度传感器-25℃，允许在 – 40 ℃ 时存放；海拔不超过 2 500 mm；最大相对湿度不超过 90%。

④ 装置能满足 GB/T 25119—2010《轨道交通机车车辆电子装置》的相关要求。

（4）平稳性检测验证装置地面分析软件。

地面再现列车运行中的纵向、横向和垂向加速度，记录数据与操作数据时间同步处理后通过分析软件得到列车运行中不平稳区段的操作数据、横纵向冲动的分布规律。利用分析软件评估列车运行平稳性及司乘人员操作的合理性，进一步对 SS_{4B} 型重载改造机车进行质量分析，促进厂家改进生产工艺，对 SS_4 型机车关键设备进行适应重载的技术改造，提高技术装备的可靠性，如图 7.2-1 所示。

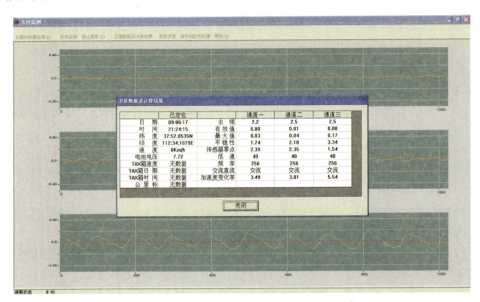

图 7.2-1　地面分析软件界面

关键技术指标：

① 显示通道数：纵向（X）、横向（Y）、垂向（Z）3 通道。

② 加速度通道显示分辨率：0.01g。

③ 平稳度显示范围：三级（＜3.5 一级，优；3.5～4.0 二级，良；4.0～5.0 三级，差）。

（5）根据朔黄铁路运输模式通过线路试验进行综合分析，确定冲动评判等级标准。

通过定车定人及一段时间的测试数据积累，统计朔黄铁路 SS_{4B} 牵引 1＋1 万吨列车出现纵向冲动的规律，并依据国标 GB 5599—85《铁道车辆动力学性能和鉴定试验规范》确定朔黄铁路运输模式 1＋1 万吨组合列车冲动评判等级标准。

3. 验证试验研究目标及结论

在仿真计算优化的基础上，通过重载列车平稳操纵与质量优化线路试验，比较分析在各种牵引策略和不同操纵方案下的列车纵向动力学各项参数和性能，确定最优化的重载列车操纵方案，为优化司机操纵方案提供依据，并出具重载列车平稳操纵与质量优化线路试验报告。

7.3 建立优化朔黄铁路重载列车绘制操纵示意图及操纵提示卡

7.3.1 绘制朔黄铁路重载列车平稳操纵示意图

（1）全面整理最新神池南—黄骅港上下行线路的基础数据（线路纵断面及桥隧数据、信号机位置及编号、分相位置、车站位置等），编制成牵引电算软件可识别的数据表格形式。

（2）全面整理分析朔黄重载列车开行前的所有动静态试验数据，重点关注列车制动系统漏泄试验、常用制动试验、持续一定时间的常用制动保压试验、紧急制动试验、阶段制动试验、循环制动试验、常用制动转紧急制动试验、平道起动试验、限制坡道起动和加速试验、下坡道调速控制试验、常用制动停车试验、紧急制动停车试验、列车过分相试验等试验过程及结果，以此作为编制平稳操纵示意图及提示卡的理论依据。

（3）针对既有"1+1"重载列车的牵引模式、牵引质量、机车类型、线路基础数据等信息，对神池南—黄骅港上下行重车及空车进行牵引计算、运行仿真。同时，参考动静态试验数据分析结论及既有运行模式下优秀司机的操纵数据（以 LKJ2000 型监控装置记录为准），编制朔黄铁路重载组合列车操纵示意图标准数据表，内容主要包括：线路公里标、限速、标准速度、标准速度范围、牵引/制动力（电流）、牵引/制动力（电流）范围、管压、管压范围，见表 7.3-1。

表 7.3-1　朔黄铁路重载组合列车操纵示意图标准数据表

序号	公里标 /km	限速 /（km/h）	速度 范围	牵引/制动力 （电流）	牵引/制动力 （电流）范围	管压	管压范围
1	1	80	−2	900/600	±50	600	±10
2	2	80	−2	900/600	±50	600	±10
3	3	80	−2	900/600	±50	600	±10
4	4	80	−2	900/600	±50	600	±10
5	5	80	−2	900/600	±50	600	±10
6	6	80	−2	900/600	±50	600	±10
7	7	80	−2	900/600	±50	600	±10
8	8	80	−2	900/600	±50	600	±10

（4）根据标准数据表绘制朔黄铁路重载列车平稳操纵示意图。

如图 7.3-1 所示，示意图主要包括以下信息：线路断面、信号机类型及位置、分相位置、限速、理想运行速度、理想运行管压、理想运行牵引电流/制动电流、区间线路长度及通通时分、区间通话柱及必要的提示内容。

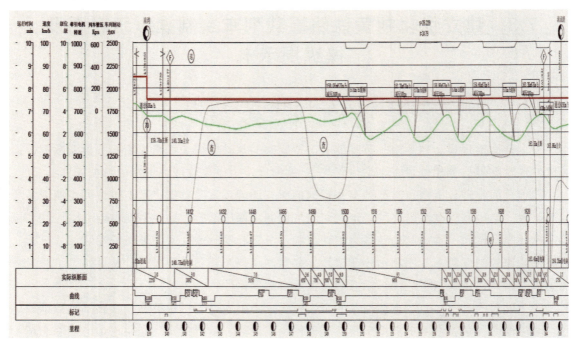

图 7.3-1　万吨列车平稳操纵示意图示例

7.3.2　根据操纵规范编制操纵提示卡

根据标准数据表及相关资料，针对每个区间，制作操纵提示卡。操纵提示卡主要内容包括 4 个部分：

（1）运行区间基础信息。主要包括站间公里、通通时分、运行工况、信号架数、限制速度（km/h）、分相地点、进站坐标、通过速度、起/停附加、平均速度、车站中心、区间通话柱等内容。

（2）线路及设备情况提示。主要包括区间最大坡度及变坡点、限制速度地点及限制速度、区间通过信号机号码等。

（3）操纵方法。主要包括机车调速手柄操纵情况、机车其他必需的操纵情况。

（4）站场平面示意图。主要包括站场的股道分布、股道长度、站中心距等内容。

列车操纵提示卡示例见表 7.3-2。

表 7.3-2　列车操纵提示卡

站间公里	通通时分	运行工况	信号架数	限制速度 /（km/h）	分相地点
26.2	25	电空制	13	70	140.177/163.842
进站坐标	通过速度 /（km/h）	起/停附加时分	平均速度 /（km/h）	车站中心	区间通话柱
164.150	63	4/4	62.9	165.090	

728

续表

线路及设备情况提示：

1. 区间最大坡道及变坡地点：上坡‰，下坡 12.0‰。
2. 区间通过信号机号码：1412、1432、1448、1466、1480、1500、1518、1536、1552、1570、1588、1608、1628。

操纵方法：

1. 过分相后 140.7 km 电阻制动缓慢给流至 750 A，148.3 km 处退流至 400 A，149.5 km 调至 750 A。
2. 在 149.36 km 进入连续长大下坡道，采用空电联合，循环制动调速 5 次。
3. 五次调速制动、缓解地点分别为：150.0～151.3 km、153.7～154.7 km、156.9～157.8 km、159.6～161.8 km（减压后电阻制动电流退至 600 A）、163.3～164.3 km（减压后电阻制动电流退零，带闸过分相）。
4. 制动、缓解时机掌握在 67 km/h 制动，减压量 50 kPa，57 km/h 缓解。
5. 第五次调速带闸过分相后 63 km/h 缓解。
6. 通过滴流蹚站中速度控制在 63 km/h。

站场平面简图：

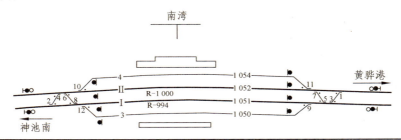

7.4 建立朔黄铁路重载列车平稳操纵技术管理规程

（1）建立健全朔黄铁路公司、机辆分公司有关重载列车平稳操纵的技术管理体系。

参照中国铁路总公司及其他重载运输机构执行的技规、行规、重载规章、机辆等部门实施细则、司机操纵提示卡和优化操纵示意图等内容，建立健全朔黄铁路公司、机辆分公司有关重载运输安全操纵技术管理体系，主要包括：

① 重载组合列车操纵办法及安全注意事项（基本方法和重点提示）。
② 重载组合列车乘务员操纵评分系统及评分标准。
③ 无线同步系统及列尾装置操作程序及注意事项。
④ 重载组合列车乘务员呼唤应答标准用语。
⑤ 重载组合列车安全预案和应急故障处理办法。

（2）依据新建立的朔黄铁路公司重载操纵技术规章体系，归纳分类为正常操纵、非正常操纵、故障应急处理、调车作业、安全卡死项五大分类考核评价细则。规章整理流程图如图 7.4-1 所示：

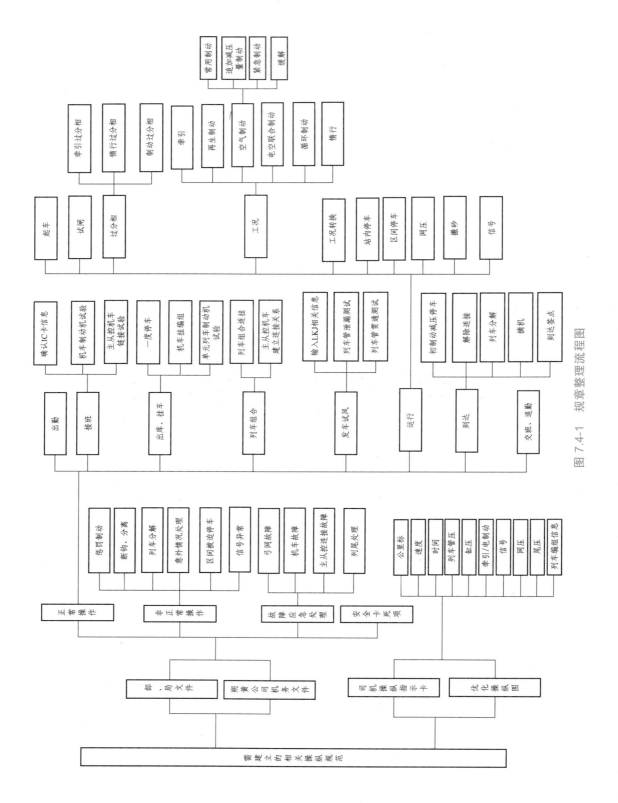

图 7.4-1　规章整理流程图

① 正常作业。

按照乘务员一次作业标准分为出勤、接班、出库挂车、列车组合、发车试风、运行、到达、交班退勤 8 个项目。这 8 个项目包括了司机确认 IC 卡信息、制动机试验、主从控机车链接试验、一度停车、挂车、列车制动机试验、列车组合连挂、主从控机车建立同步、制动机及列车管测试、起车、试闸、过分相、工况转换、站内停车、区间停车、网压监测、撒砂、信号等信息。具体内容将结合线路公里标、线路坡道、机车行驶速度、牵引力等参数进行整理。

② 非正常操纵。

包括惩罚制动、断钩分离、列车分解、信号异常、区间被迫停车等意外情况的处理办法。此部分将参照中国铁路总公司、朔黄铁路公司相关文件进行整理。

③ 故障应急处理。

故障应急处理包括应急预案、机车故障、弓网故障、同步连接故障或通信信号闪黄闪红或丢失、列尾故障等内容。

④ 调车作业。

针对调车作业，结合中国铁路总公司、朔黄铁路公司相关文件进行整理。

⑤ 安全卡死项。

安全卡死项是要求司机在操纵机车时必须严格执行的安全关键项目，如以下项目：

a. 严禁无线同步操纵系统或 DK-2 制动机故障时出库牵引列车，长大坡道维持运行；

b. 无线同步操纵系统显示屏显示的机车号与实际机车号不符时必须重新设置；

c. 严禁司机利用换端时机处理机车故障或从事其他工作；

d. 建立无线同步链接过程中，从控司机必须正确选择"同向"或"反向"；

e. 严禁低速（< 35 km/h）缓解列车；

f. 严禁无线同步链接后从控司机进行任何设置及各种电器动作试验；

g. 严禁无线同步操纵系统通信中断后开车；

h. 严禁开车前主、从控司机不进行联系做其他工作；

i. 从控司机发现异常必须及时向主控司机汇报；

j. 严禁列车制动减压后，遇无线同步操纵系统通信中断时缓解；

k. 严禁无线同步操纵系统通信中断后盲目改变工况或维持运行；

l. 严禁主、从控机车发生超出规定范围的故障盲目维持运行；

m. 严禁正常情况下大减压量及追加减压停车，严禁不当非常制动；

n. 严禁停车再开前不进行无线同步链接"列车检查"开车；

o. 严禁不解除无线同步链接分解列车；

p. 严禁从控司机未得到主控司机通知擅自分解列车；

q. 严禁分解列车时，主控司机未得到从控司机"摘解完毕"的汇报拉挡；

r. 分解后，必须在制动状态下设置制动机，确认"不补风"状态开车；

s. 严禁大劈叉撂闸；

t. 严禁没有动力制动缓解列车；

u. 严禁单元万吨追加减压停车；

v. 严禁没排完风缓解列车；

w. 严禁偷风操作；

x. 严禁操纵不当低速防风；

y. 严禁从控机车监控装置处理不当降级放风；

z. 严禁站内交接班作业钻车或跳车，防止发生人身安全问题。

7.5 研制朔黄铁路重载列车车载操纵采集、显示、提示、记录装置

车载装置可实时采集、记录机车运行相关数据，并能够将数据转储到地面计算机中，以便对数据进行分析。显示器采用图形化界面将重载列车操纵关键参数（速度、电流、列车管压力）的实时曲线和标准操纵曲线对比显示，指导司机进行操纵。通过语音播报方式对关键地点、关键操纵进行预先提示和错误操纵的及时报警。

7.5.1 车载装置的组成及系统构架

（1）装置由车载主机、显示器、TAX 箱接口卡及传感器组成。

车载装置主要技术指标：

① 额定输入电压：110 V；

② 额定功率：< 100 W；

③ 数字开关量输入通道：24 路，输入电平：0 ~ 110 V；

④ 模拟量输入通道：16 路，输入范围：0 ~ 24 V；

⑤ 串行通信：1 路 CAN 通道，通信波特率，500 Kbps；2 路 485 通道，通信波特率 28.8 Kbps；

⑥ 数据上载及下载方式：1 路 USB2.0 通道；

⑦ 嵌入式工业计算机类型：EPC-8900；

⑧ 操作系统：WINCE5.0；

⑨ 显示器：10.4 英寸工业 TFT 屏，分辨率：800X600；

⑩ 语音输出：2 通道立体声，输出功率 2 W，输出频率范围：400 ~ 18 kHz；

⑪ 键盘点数：16 点。

（2）车载装置硬件外部通信如图 7.5-1 所示。

（3）车载装置硬件内部框图如图 7.5-2 所示。

（4）车载装置软件框图及界面如图 7.5-3、图 7.5-4、图 7.5-5 所示。

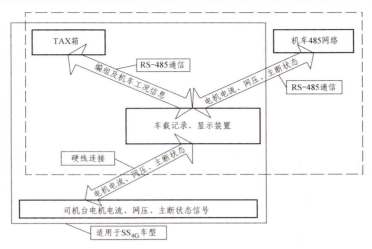

图 7.5-1　车载装置硬件外部通信

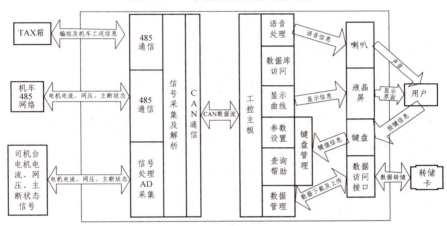

图 7.5-2　车载装置硬件内部框图

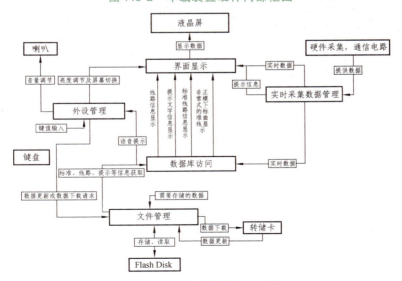

图 7.5-3　车载装置软件框图

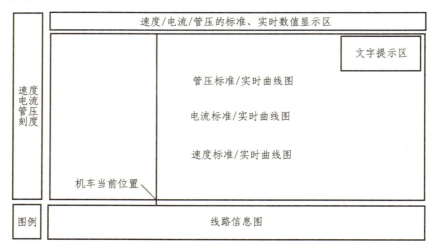

图 7.5-4　车载装置界面

图 7.5-5　主界面实际效果图

7.5.2　重载列车车载平稳操纵关键数据采集记录及显示

1. 列车信息及机车工况信息采集

数据采集主要分为状态屏网络数据采集和 TAX2 箱数据采集。主机实时监测采集到的数据，并对其解析和记录，存储于 256M 的大容量 FLASH 芯片中。主机内装有通信母板，PC104 主控制板可通过 104 总线设置通信母板的工作状态，使其只监听 RS485 总线中的数据。主机盒可通过 TAX2 数据传输线与机车 TAX2 箱连接监听 RS485 总线中的数据，采集 TAX2 箱上实时发送的年、月、日、时、分、秒、速度、限速、信号机状态、信号机编号、信号机种类、机车工况、公里标、车次、司机号、副司机号、总重、计长、辆数、客货本补、车站号、交路号、机车号、机车型号等数据。

主机盒可通过与状态屏网络连接监听 RS485 总线中的数据，采集网络中的电机电流、主断状态等数据。程序流程如图 7.5-6 所示。

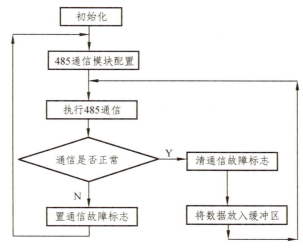

图 7.5-6　485 通信程序流程

2. 数据记录

主机盒中的主控板将采集到的实时数据与记录条件数据对比，当采集的实时数据满足记录条件后，将采集到的实时数据以事件形式存储到数据库中，完成数据记录，见表 7.5-1。

表 7.5-1　数据记录表

事件编号	事件描述	事件优先级
1	速度变化 > 1 km/h	0
2	管压变化 > 5 kPa	1
3	缸压变化 > 30 kPa	8
4	均缸压力变化 > 30 kPa	9
5	牵引力/电制力的变化 > 5 kN	3
6	主断路器状态发生变化	5
7	信号机状态变化	7
8	信号机编号变化时	6
9	网压超高限 > 29.8 kV 且 > 0.1 kV 变化	10
10	网压超低限 < 22.0 kV 且 > 0.1 kV 变化	11
11	工况变化	4
12	限速变化	2

系统利用 ADOCE（Active Data Object for Windows CE）组件技术，编写了一个对 SQLCE

数据库操作的读写类 DBread/DBwrite，应用程序通过调用类中成员函数，就可以很方便地建立与 SQLCE 的链接、打开数据库、读写数据。在 eVC 环境下通过 DBread/DBwriter 类访问 SQLCE 数据库模型如图 7.5-7 所示。

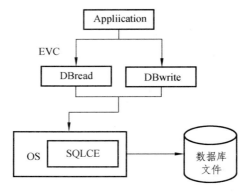

图 7.5-7　EVC 访问数据库模型

3.　显示方式

通过 SQLCE 数据库读取类，读取标准数据库中的标准操纵曲线表里的数据（包括公里标、牵引力/电流、管压等数据），采用双缓冲绘图技术，在内存中创建 2 倍于屏幕大小的屏幕缓冲区（实际屏幕大小为 800×600，内存屏幕缓冲区大小为 $1\,600 \times 600$），将缓冲区均分为 4 份用于缓冲区内循环绘图，程序通过循环滚动截取缓冲区内的图像实现曲线图的动态显示，如图 7.5-8 所示。

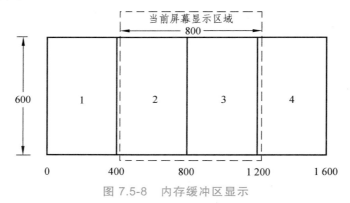

图 7.5-8　内存缓冲区显示

当屏幕显示区域滑动到图中虚线方框位置时，1 号缓冲区内的图像已经显示完毕，此时清空 1 号缓冲区，绘制下一个 1/4 缓冲区的图像。以此类推，如此循环滚动绘制下去，直至程序结束。

4.　重载列车车载平稳操纵关键操纵点的提示

根据操纵提示卡信息，整理出重载列车车载平稳操纵关键操纵点的提示信息，并形成语音提示数据库存放于车载装置中。车载装置运行过程中自动查询语音提示数据库中的数据，包括语音提示条件，提示语音编号等信息。根据当前的公里标和采集的数据，判断当前状态是否满足语音提示条件，若满足则播放对应的语音编号的语音或显示提示内容；若不满足则不处理。语音提示或文字提示会在 5 s 内自动关闭或取消。关键点语音提示程序流程如图 7.5-9 所示。

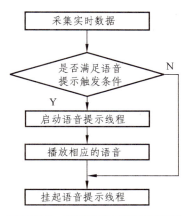

图 7.5-9 语音提示程序流程图

重载列车车载装置对平稳操纵关键操纵点语音提示内容如表 7.5-2 所示。

表 7.5-2 关键操纵点语音提示内容

序号	提示地点/km	提示类型			条 件	提示内容
1	0.00	1			速度≤0 且手柄在牵引位	起动平稳，防止空转
2	1.60	1				退电流，过分相
3	4.80	1	2	3	速度≥50 km/h 且管压≥600 kPa	低速试闸，减压 50 kPa
4	5.50	1	2		速度≤43 km/h	速度 42 km/h 缓解
5	8.00	1			速度≥62 km/h	电制电流加满
6	10.00	1			速度≤66 km/h	减小电制电流
7	12.20	1			速度≥66 km/h	电制电流加满
8	15.90	1			速度≤66 km/h，且通过信号为绿灯	通过速度偏低
9	16.30	1				退电制电流，准备过分相
10	17.60	1			速度≥65 km/h	电制给流
11	18.20	1	2		速度≥65 km/h	电制电流加满，注意空电联合制动。
12	19.15	1	2	3	速度≥67 km/h	第一闸减压 50 kPa
13	20.60	1	2		速度≤57 km/h	注意缓解
14	22.15	1	2	3	速度≥67 km/h	第二闸减压 50 kPa
15	23.80	1	2		速度≤57 km/h	注意缓解
16	25.60	1	2	3	速度≥67 km/h	第三闸减压 50 kPa
17	26.80	1	2		速度≤57 km/h	注意缓解
18	28.60	1	2	3	速度≥67 km/h	第四闸减压 50 kPa

续表

序号	提示地点/km	提示类型			条　件	提示内容
19	29.90	1	2		速度≤57 km/h	注意缓解
20	31.70	1	2	3	速度≥67 km/h	第五闸减压50 kPa，适当调整电制电流
21	34.50	1	2		速度≤56 km/h	注意缓解
22	35.90	1	2	3	速度≥67 km/h	第六闸减压50 kPa，适当调整电制电流
23	37.60	1	2		速度≤57 km/h	注意缓解
24	40.10	1	2	3	速度≥67 km/h	第七闸减压50 kPa，带闸过分相
25	41.10	1	2		速度≤62 km/h	注意缓解
26	41.80	1	2		速度≤66 km/h，且通过信号为绿灯	通过速度偏低
27	43.50	1	2		速度≥65 km/h	电制电流加满，注意空电联合制动
28	44.00	1	2	3	速度≥67 km/h	第一闸减压50 kPa
29	45.20	1	2		速度≤57 km/h	注意缓解
30	47.20	1	2	3	速度≥67 km/h	第二闸减压50 kPa
31	48.30	1	2		速度≤57 km/h	注意缓解
32	50.30	1	2	3	速度≥67 km/h	第三闸减压50 kPa
33	51.70	1	2		速度≤57 km/h	注意缓解
34	53.40	1	2	3	速度≥67 km/h	第四闸减压50 kPa
35	54.80	1	2		速度≤57 km/h	注意缓解
36	56.60	1	2	3	速度≥67 km/h	第五闸减压50 kPa
37	58.00	1	2		速度≤56 km/h	注意缓解
38	59.60	1	2	3	速度≥67 km/h	第六闸减压50 kPa，适当调整电制电流
39	61.90	1	2		速度≤57 km/h	注意缓解
40	63.60	1	2	3	速度≥67 km/h	第七闸减压50 kPa，带闸过分相
41	64.80	1	2		速度≤62 km/h	注意缓解
42	65.40	1			速度≤63 km/h，且通过信号为绿灯	通过速度偏低
43	67.00	1	2		速度≥64 km/h	电制电流逐渐加满，空电联合制动
44	67.40	1	2	3	速度≥67 km/h	第一闸减压50 kPa
45	68.88	1	2		速度≤57 km/h	注意缓解
46	70.50	1	2	3	速度≥67 km/h	第二闸减压50 kPa，减少电制电流
47	72.43	1	2		速度≤60 km/h	注意缓解
48	75.60	1	2	3	速度≥67 km/h	第三闸减压50 kPa
49	76.90	1	2		速度≤57 km/h	注意缓解
50	79.10	1	2	3	速度≥67 km/h	第四闸减压50 kPa

续表

序号	提示地点/km	提示类型			条　件	提示内容
51	80.50	1	2		速度≤61 km/h	注意缓解
52	81.00	1	2		速度≤62 km/h	逐渐减小制动电流
53	84.30	1			速度≤6 5km/h，且通过信号为绿灯	通过速度偏低
54	88.00	1			速度≥68 km/h	电制满流，防止超速
55	90.00	1			速度≤77 km/h	注意工况转换
56	108.40	1			速度≤75 km/h	通过速度偏低
57	114.00	1			速度≥76 km/h	注意工况转换
58	124.50	1			速度≥76 km/h	注意工况转换
59	131.00	1			速度≤74 km/h，且通过信号为绿灯	通过速度偏低
60	138.80	1			速度≤66 km/h，且通过信号为绿灯	通过速度偏低
61	141.80	1	2		速度≥64 km/h	电制电流加满
62	150.00	1	2	3	速度≥67 km/h	减压 50 kPa
63	151.30	1	2		速度≤57 km/h	注意缓解
64	153.70	1	2	3	速度≥67 km/h	减压 50 kPa
65	154.70	1	2		速度≤57 km/h	注意缓解
66	156.90	1	2	3	速度≥67 km/h	减压 50 kPa
67	157.80	1	2		速度≤57 km/h	注意缓解
68	159.60	1	2	3	速度≥67 km/h	减压 50 kPa，调整电制电流
69	161.80	1	2		速度≤57 km/h	注意缓解
70	163.30	1	2	3	速度≥67 km/h	减压 50 kPa，带闸过分相
71	164.30	1	2		速度≤63 km/h	注意缓解
72	165.10	1			速度≤62 km/h，且通过信号为绿灯	通过速度偏低
73	167.20	1			速度≥64 km/h	电制电流加满
74	168.00	1	2	3	速度≥67 km/h	减压 50 kPa
75	169.40	1	2		速度≤57 km/h	注意缓解
76	171.20	1	2	3	速度≥67 km/h	减压 50 kPa，调整电制电流
77	172.20	1	2		速度≤62 km/h	注意缓解
78	178.90	1	2	3	速度≥67 km/h	减压 50 kPa
全程		电流由正变负			中间，电流为 0 时间小于 10 s	注意工况转换过快
全程		电流由负变负			中间，电流为 0 时间小于 10 s	注意工况转换过快
全程		网压 > 27.5 kV			从低到高，直接提示两遍	注意网压偏高
全程		网压 < 19.0 kV			从高到低，直接提示两遍	注意网压偏低

7.6 研制开发朔黄铁路重载列车平稳操纵地面分析、评价、考核系统

7.6.1 重载列车地面分析、评价软件的网络平台

在机辆公司主管领导、运管中心、监控中心、运输生产部、安全技术等平稳操纵管理部门构建系统应用的局域网。地面分析评价软件结构采用基于 windows 操作系统的 B/S 模式设计，终端用户通过局域网直接用浏览器运行本系统。服务器采用 JSP 编程语言 + Oracle 数据库设计。

7.6.2 重载列车车载平稳操纵车载记录数据分析、考核、评价

1. 形成完整的平稳操纵分析、评价数据库

地面系统将车载装置下载下来的数据进行预处理，形成完整的平稳操纵分析、评价数据库。主要将形成以下 5 个数据库：

（1）操纵原始记录数据库。一趟车一张表，存储乘务员的所有操纵记录数据。表结构包括：车次号、机车号、司机号、运行区间、总重、计长等列车基本信息及触发事件、时间、公里标、信号机编号、信号机状态、速度、牵引/制动电流、列车管压力、闸缸压力、网压、主断路器状态、尾部风压等运行参数信息，如图 7.6-1 所示。

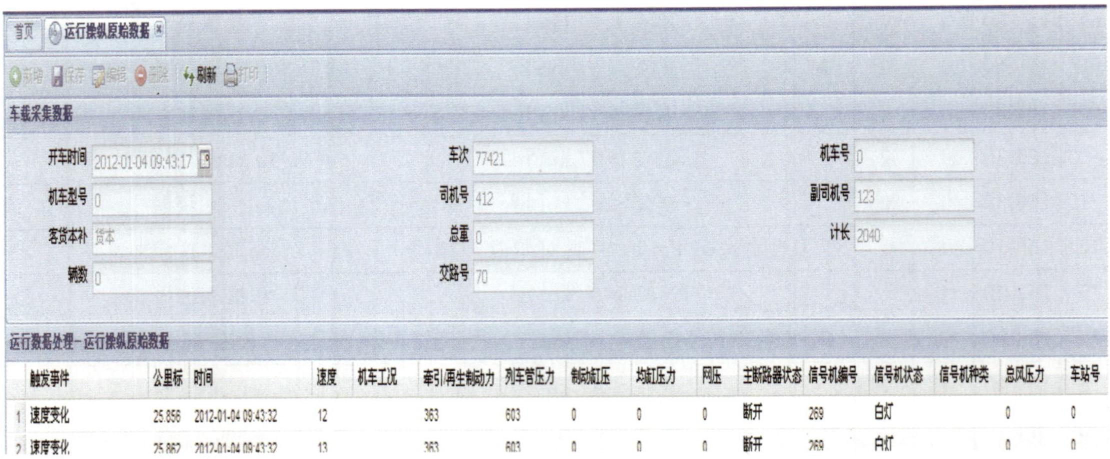

图 7.6-1 原始记录数据库

（2）标准操纵数据库。该数据库根据司机操纵提示卡、关键地点操纵管理办法等规章及优秀司机的操纵经验制订。以速度、牵引/制动电流、列车管压力 3 项关键参数描述重载列车的标准操纵。库结构包括：公里标、标准速度、允许速度偏差、标准牵引/制动电流、允许牵引/制动电流偏差、标准列车管压力、允许列车管压力偏差等信息，如图 7.6-2 所示。

图 7.6-2　标准操纵数据库

（3）考核标准数据库。该数据库用于评判司机的每一条操纵记录是否违规及违规项对应扣分值。库结构包括：违规事项、违规项入口条件、违规项判断条件、扣分值、指导建议等信息，如图 7.6-3 所示。

图 7.6-3　考核标准数据库

（4）线路基础数据库。该数据库包括重车线路纵断面的基本信息，用于分析评判乘务员是否违规操纵。库结构包括：坡道起点公里标、坡道终点公里标、坡度值、隧道起点公里标、隧道终点公里标、弯道起点公里标、弯道终点公里标、弯道半径、限速值等信息，如图 7.6-4 所示。

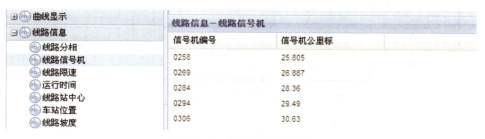

图 7.6-4　线路基础数据库

（5）人员信息数据库。该数据库包括软件使用人员权限分配、被考核人员信息和转储卡管理等内容。库结构包括：部门、人员信息、权限、司机号、司机姓名、转储卡号、转储卡发放情况等，如图 7.6-5 所示。

图 7.6-5　人员信息数据库

2. 采用开放式结构和模块化管理的设计理念

在软件系统运行前台提供各类数据库、运算规则的开放式维护管理，便于随现场运输组织模式的变化，及时更新相应的分析、评价规则，满足实际应用需求。为使软件系统符合现场应用特点、提高设计效率并便于维护，将重载组合列车操纵按照操纵特点分成以下 9 类模块：

（1）起车操纵。

（2）停车操纵。

（3）牵引/再生制动操纵。

（4）电空联合制动操纵。

（5）过分相操纵。

（6）信号对应操纵。

（7）网压波动对应操纵。

（8）区间运行时分考核。

（9）安全卡死项考核。

3. 重载列车车载平稳操纵的评价、考核及统计查询

（1）操纵记录的分析评价。

对每一趟重载列车运行记录进行分析，识别出所有违章操作，根据设置的评价标准打分考核并提出相应的正确操纵，实现规范化、标准化操纵，如图 7.6-6、图 7.6-7、图 7.6-8 所示。

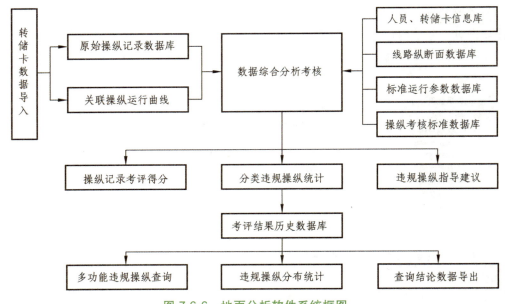

图 7.6-6　地面分析软件系统框图

图 7.6-7　单趟分析评价内容

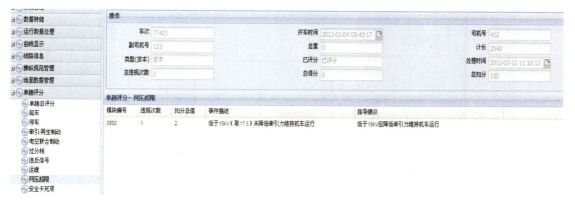

图 7.6-8　单模块分析评价

（2）提供统计分析功能。

软件将以往的评价记录汇总，统计违规操纵在不同条件下的分布，从而找出重载列车操纵管理的薄弱环节。按照实际应用的需要，设置各类报表输出。

① 分项记录浏览查询，针对一趟车数据评分结果，按起车、停车、牵引再生制动、电空联合制动、过分相、违反信号、网压超限、安全卡死项违规操作查询，查询出的违规项为各个违规点的详细数据。设计框图如图 7.6-9、图 7.6-10 所示。

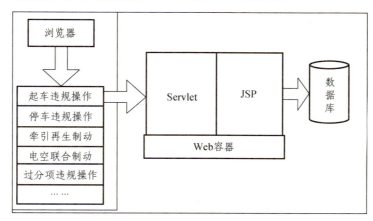

图 7.6-9　分项记录浏览查询示意图

图 7.6-10　分项记录浏览查询界面

② 运行记录浏览查询综合一段时间的评分结果，对历史评分结果按时间、区间、操作模块统计查询，统计查询结果可打印报表，如图 7.6-11、图 7.6-12 所示。

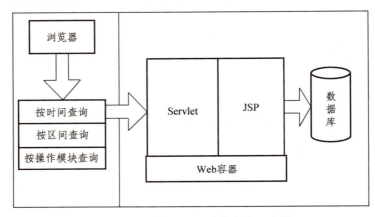

图 7.6-11　运行记录浏览查询示意图

图 7.6-12　运行记录浏览查询界面

8　考核标准

机务电力运管中心考核标准

考核类别	序号	考核项目	考核金额/元		分值	备注
			司机	副司机		
监控使用	1	超速未采取措施监控紧急制动（超线路限速）	3 000		12	
	2	超速监控常用制动（超线路限速）	2 000		12	
	3	运行中追速常用	1 000		10	
	4	超线路限速、救援超速、调车超速	1 000		10	
	5	采取措施后追速责任常用动作	600	300	6	
	6	追速责任卸载	400	200	4	
	7	未按规定解锁	100		1	
	8	解锁不当导致解除监控限速功能	2 000	1 000	12	
	9	错误使用监控导致解除监控防冒功能	2 000	1 000	12	
	10	两万吨列车责任自停	3 000		12	
	11	万吨列车责任自停	2 000	1 000	12	
	12	普列责任自停	800	500	8	
	13	监控使用不当放风	800	500	8	
	14	本务机车开车前监控未退出补机模式，补机模式下开车	未出站考核1 000（出站按事故隐患考核2 000）		8（12）	
	15	担当补机任务时补机模式下开车未按开车键	200		2	
	16	接近限速非常停车（普列）	500	300	8	
	17	未插卡或其他责任造成临时限速未起控或错控	2 000（事故隐患）		12	
	18	防溜放风（包括单机未退出或错误退出调车放风）	100		1	
	19	错输工号、车次、总重、载重、辆数、车辆类别	100		1	

考核 类别	序号	考核项目	考核金额/元		分值	备注
			司机	副司机		
监控使用	20	错输或未输车站代码、换长（小于实际值）、辆数（导致监控模式变化），运行超过 3 架信号机未造成后果	1 000		10	
	21	错输上下行车次、交路号、支线号、股道号、车站代码、换长、限速值	400		4	
	22	未按规定按压警惕按钮每次（22:00-7:00 间 3 次及以上）	50/次		0.5	
	23	车位错误两架信号机未调整故意未调整	500		5	
	24	车位错误调整或调整不及时	200		2	
	25	监控数据正常，故意调整车位	1 000		10	
	26	早/晚按开车键	100		1	
	27	调车作业动车前，补机未进入未按规定转入补机模式动车（未造成后果）	100		1	
	28	库内未输、错输工号、车次、车站代码	100		1	
	29	漏转储文件	50/件		0.5	
	30	故意漏转储存在问题文件	2 000（事故隐患）		12	
	31	违章进行绿灯、绿黄灯确认	200		2	
	32	人为造成监控文件损坏或丢失	2 000（事故隐患）		12	
	33	库内防溜放风	50		0.5	
	34	慢行地段超速运行	2 000（事故隐患）		12	
	35	从控操作不当造成监控失电	200	100/200	2	考核责任人
	36	本务机车操作不当造成监控失电	30 s 以内考核 200 元，30 s 以上 500 元，出现后果就高考核		2/5	考核责任人
	37	监控使用不当（未造成后果）	200		2	
	38	警惕常用	500		5	

续表

考核类别	序号	考核项目	考核金额/元		分值	备注
			司机	副司机		
出入库调车作业	1	进出库、转线不按规定要道还道	200		2	
	2	调车放风	1 000	800	12	
	3	无指令动车	500	300	5	
	4	调车常用	500	300	5	
	5	调车卸载	400	200	4	
	6	调监放风（未采取措施）	2 000（事故隐患）		12	
	7	调监放风（已经采取措施）	1 000		10	
	8	调监卸载	500		12	
	9	无故压调监蓝灯第一点	200		2	
	10	蓝灯撂非常停车	200		2	
	11	调监不接码未按规定汇报	50		0.5	
	12	未转出入库模式	50		0.5	
	13	切割正线未执行一度停车或出库挂车未执行两停一挂	100		1	
	14	摘、挂车不拿信号旗、灯		50	0.5	
	15	挂车不引导、不检查被连挂车辆的车钩及连接状态、未按规定试拉	200		2	
	16	调车作业未试风	1 000		10	
	17	关闭信号前停车不足 50 m	50		0.5	
	18	关闭信号前 50 m 停车后，再移动时速度超过 5 km/h	每超 1 km/h 考核 100		1	
	19	推进调车作业未执行降低一个速度等级规定	50		0.5	
	20	未摘风管提钩动车	1 000（责任人）		10	
标准化作业	1	事故隐患（中心定责）	2 000		12	
	2	带铁鞋未撤出动车（未造成后果）	2 000（事故隐患）		12	
	3	乘务员未确认信号，闯蓝（红）灯（未造成后果）	2 000（事故隐患）		12	
	4	非正常停车未向车站报告超过 20 min	1 000		10	
	5	责任造成机车、列车溜逸（未造成后果）	2 000（事故隐患）		12	

考核类别	序号	考核项目	考核金额/元		分值	备注
			司机	副司机		
标准化作业	6	未认真执行瞭望制度，撞坏或刮坏行车设备（未影响行车）	按分公司定责考核		12	
	7	未确认达示及监控输入数据	50	50	0.5	
	8	进出站、进路、通过信号突变为灭灯、红灯未及时停车时	1 000	500	10	
	9	值乘中一人作业	1 000		10	
	10	违反练习操纵规定	200		2	
	11	无操纵权的人员操纵机车	2 000	2 000	12	
	12	运行中睡觉	2 000（事故隐患）		12	
	13	运行中打盹	1 000（责任人）		10	
	14	运行中精神不振	500（责任人）		5	
	15	运行中打盹、睡觉、精神不振，未互控制止	200		2	
	16	运行中打盹、睡觉、精神不振，互控不利	100		1	
	17	责任迟拨	50		0.5	
	18	不执行一度停车制度	200		2	
	19	机车违反规定捎人、带物	200/100		1	
	20	列车进出站、过慢行、过分相、机车出入库、调车作业中做与行车无关的事	100		1	
	21	102、207、230 km 关键处所未互控	50	50	0.5	
	22	过分相、监控限速发生变化、关键处所未按规定定标	10		0.5	
	23	临时慢行地段前未按规定打点定标	200		2	
	24	列车试风、列车到达减压排完风未定标	100		1	
	25	缓解至开车时间长	100	50	1	
	26	车机联控用语不规范	按照车机联控考核标准执行		0.5	
	27	未按规定换端	50		0.5	

考核类别	序号	考核项目	考核金额/元 司机	考核金额/元 副司机	分值	备注
标准化作业	28	不按规定摆放禁动牌	50（责任人）		0.5	
	29	列车不具备发车条件开车	2 000	1 000	12	
	30	风管未挂好造成风管刮坏或停车	300/100		3	
	31	不按规定挂吊风管	200	200	2	
	32	不按规定排水、上砂、试砂	50		0.5	
	33	司机、副司机不检查机车	200	200	2	
	34	司机、副司机检查机车不认真或不及时	50	50	0.5	
	35	天窗点停车未关灯或未关闭用电设备、开关	50		0.5	
	36	站内停车、会车不关灯，通过车站、会车不开司机室灯		50	0.5	
	37	未按规定升双弓进、出隔离作业区	50		0.5	
	38	进出站、会车、慢行不起立		200	2	
	39	未发现"检"字牌	50	50	0.5	
	40	巡检互控不到位	50	50	0.5	
	41	未按规定巡检	50	100	0.5	
	42	违反一次作业标准流程	100	100	1	
	43	未按规定确认车位	100	100	1	
	44	未按规定确认仪表	100	100	1	
	45	不按规定鸣笛	50	50	0.5	
	46	未按规定后部瞭望或间断瞭望	100	100	0.5	
	47	升降弓不呼唤、不鸣笛、不确认	100		1	
	48	发现线路闲杂人员未汇报	50		0.5	
	49	发生路外在瞭望、措施等方面存在问题时（发生路外后分析前行三列内发现闲杂行人未汇报）	600	400	6	
	50	出勤时未带IC卡	50		0.5	
	51	运行中牵引工况将小闸置缓解位	50		0.5	
	52	两万吨列车分解不彻底动车	2 000		12	
	53	万吨列车分解不彻底动车	500		5	
	54	接到从车信息未采取措施	200		2	

考核类别	序号	考核项目	考核金额/元		分值	备注
			司机	副司机		
标准化作业	55	接到从车信息采取措施晚	100		1	
	56	换端作业，动车前未按规定试闸（含补机未提醒）	100	100	1	
	57	发生非正常后指挥、处理不当	300		3	
	58	双机重联互控不到位	100	50	1	
	59	呼唤应答不标准	50	50	0.5	
	60	不执行呼唤应答	100	100	1	
	61	未按规定使用乘务通	100	50	1	
	62	发生非正常未填写安监报1	200		2	
	63	丢失货票	1 000		10	
	64	丢失编组顺序单	100		1	
	65	未执行防溜措施	500	500	5	
	66	未达到定压试风	100	50	1	
	67	组合前未与主车联控动车	200	50	2	
	68	漏泄量超过 10 kPa/min 未向车站汇报（单牵、1.74）	50		0.5	
	69	神池南站试完风不具备发车条件未执行 50 kPa 保压待开规定	50		0.5	
	70	错填司机报单	100/10		0.5	
	71	错发、错传、错交、漏传、漏交、错抄、漏抄调度命令和揭示命令	2 000		12	
	72	出勤试问不清楚	50（责任人）		0.5	
平稳操纵	1	人为造成动轮迟缓	3 000		12	
	2	操作不当致使机件破损	3 000		12	
	3	因设备原因引发的责任带电过分相	500	300	5	
	4	带电过分相	1 000	500	12	
	5	操纵不当停分相区被迫救援	1 000	500	10	
	6	车未停稳换向	100		1	
	7	压警冲标停车	200		2	
	8	责任分离	按分公司定责考核		12	

考核类别	序号	考核项目	考核金额/元		分值	备注
			司机	副司机		
平稳操纵	9	机车滑行（到达 10 km/h），从控机车 10 s 内未采取措施	基数 50		根据考核金额制订	超 1 km/h 加 10 元，封顶 200
	10	责任刮弓	1000	500	10	
	11	技术站停车过标退行超过 10 m	1000	500	10	有人正确指挥除外
	12	技术站停车过标退行不超过 10 m	300	200	3	
	13	接触网失压 10 s 内未及时采取停车措施	100	50	0.5	
	14	总风压力 700 kPa 以下盲目运行	2 000（事故隐患）		12	
	15	操纵不当存在严重隐患	500		5	
	16	发生弓网故障未检查弓网故障地点	500		5	
	17	发生弓网故障检查弓网故障地点不到位		200	2	
	18	不具备退行条件盲目退行	1 000（事故隐患）		12	
	19	责任轮对空转放风	500		5	
	20	运行速度达到限制速度（平速不超 5 s）	200	200	2	
	21	运行速度达到限制速度（平速不超 6~10 s）	300	200	3	
	22	运行速度达到限制速度（平速超过 10 s）	500	300	5	
	23	责任运缓	50		0.5	
	24	责任停车	100		1	上行高坡区段进侧线停车；C64 万吨龙官过分相停车；以上两条停车未超过 5 min 不列责任停车
	25	未缓解列车盲目牵引运行	1 000		10	
	26	车辆抱闸盲目牵引运行 40 s 及以上	1 000		10	
	27	神南、黄骅港站未达速运行	20		0.2	
	28	危及行车安全问题未采取措施	1 000		10	未构成后果

考核类别		序号	考核项目	考核金额/元		分值	备注
				司机	副司机		
平稳操纵		29	危及行车安全问题采取措施不当或不及时	500		5	
		30	发现危及行车问题未汇报	200		2	
		31	两万吨列车操纵不当非常停车	3 000	2 000	12	
		32	万吨列车操纵不当非常停车	2 000	1 000	12	
		33	普列操纵不当非常停车	500	300	5	
		34	自动闭塞区间单机紧急停车后未执行相关措施	1 000	500	10	
		35	操纵不当打伤钢轨	2 000		12	
		36	不明原因自动减压未停车	200	200	2	
		37	机车停车后，受电弓处于分段绝缘器内	200	200	2	
		38	机车停车后，受电弓处于分段绝缘器内，烧损分段绝缘器	500	300	5	
		39	机车停车后，受电弓处于分段绝缘器内，烧断接触网	按事故分析定责考核		12	
		40	机车列车管未达到定压开车	100		1	
制动机使用	库内五步闸试验	1	非常试验前没有充满风	20		0.2	
		2	非常后没有单独缓解小闸至零	20		0.2	
		3	没有充满风常用试验	20		0.2	
		4	常用减压没有保压1 min	20		0.2	
		5	常用减压不足170 kPa	20		0.2	
		6	没有做过充位试验或试验不标准	20		0.2	
		7	没有单独试验小闸制动、保压	20		0.2	
		8	直流机车未做空气位试验	20		0.2	
		9	直流机车空气位试验后未进行大闸常用减压	20		0.2	
		10	直流机车没有加试小闸制动位试验	50		0.5	
		11	高压试验未执行防窜车措施	500		5	
		12	单机动车未执行防窜车措施	200	200	2	
		13	库内未做制动机试验	500	300	5	
		14	机能试验未按规定加试60 kPa减压量（交流机车）	50		0.5	

考核类别		序号	考核项目	考核金额/元		分值	备注
				司机	副司机		
制动机使用	途中制动机使用	15	始发站未试风开车	2 000（事故隐患）		12	
		16	未按规定低速试闸	1 000	500	10	
		17	列车管漏泄超标，盲目运行	100		1	
		18	动轮擦伤（每个轮）	200		2	
		19	轮对空转 10 s 以上，从控机车 15 s 内未采取措施	50		0.5	
		20	第一停车站未提前试闸（普列）	100		1	
		21	停车后减压不足 100 kPa（万吨列车超过 10 min/两万吨列车超过 20 min 未按规定追加减压）	100/500		1	
		22	充风不足	50		0.5	
		23	低速缓解（普列）	300		3	
		24	试风（试闸）不标准	100		1	
		25	初次减压不足 40～50 kPa	100		1	
		26	单次追加减压超过初次减压量	100		1	
		27	累计减压量超过 170 kPa	100		1	
		28	未排完风缓解列车（普列）	200		2	
		29	大劈叉撂闸（普列）	100	50	1	
		30	偷风操作	300		3	
		31	列车缓解前闸缸压力不足 50 kPa（或电阻制动未投入）	100		1	
		32	列车制动后每次单独缓解小闸超过 30 kPa	100		1	
		33	运行途中单独使用小闸调速	100		1	
		34	未排完风缓解小闸	100		1	
		35	停车超过 20 min 或紧急停车后未进行简略试验（平原区段）	1 000		10	
		36	长大下坡道区段，不具备开行条件时缓解列车	1000	500	10	
		37	未获得制动机操纵权擅自操纵制动机	1000	200	10	
		38	从控机车制动机设置位置不正确，使用不当（未造成后果）	100	100	1	
		39	终点站到达列车管减压量未达到 170 kPa 以上及未排完风进行摘车作业	500		5	

753

考核类别	序号	考核项目	考核金额/元		分值	备注
			司机	副司机		
机车保养	1	责任机故（公司定责）	500	300	5	
	2	未按规定时间请求救援	200	200	2	
	3	关系机故、责任临修（公司定责）	200	100	2	
	4	责任机故（分公司定责）	200		2	
	5	责任调监设备关闭	1 000（事故隐患）		10	
	6	关系机故、责任临修（分公司定责）	100		1	
	7	未上车顶整备作业	300		3	
	8	电机盖丢失		100	1	
	9	交班交活	100		1	
	10	安全防护用品、风管、钩舌使用后未补充	200		2	
	11	安全防护备品不按规定检测使用	1 000		10	
	12	整备作业未按规定给油	100		1	
	13	私自关闭轮喷器塞门	100		1	
	14	未按定置图摆放工具、备品	50		0.5	
	15	未按规定清洁所负责处所	50		0.5	
	16	酒精壶及其他物件遗留车顶	500		5	
	17	车顶瓷瓶清洁不到位	100		1	
	18	整备作业未按规定盯活	50		0.5	
	19	未按规定填写交接班本	50		0.5	
	20	走行部重点部件破损未发现	500		5	
	21	责任铁鞋丢失未造成后果	500		5	
	22	责任部件丢失出现安全隐患	1 000		10	
	23	未按规定进行编组试验	50		0.5	
	24	交班时LTE手持终端电量不足80%	50		0.5	
	25	无故切除机车同步设备、自动过分相设备	100		1	
	26	设备不良未如实填写信息反馈单	100		1	
	27	五项设备不良出库	500	200	5	

续表

考核类别	序号	考核项目	考核金额/元		分值	备注
			司机	副司机		
人身安全	1	工作中危及自身或他人人身安全，未造成后果	2 000（事故隐患）		12	
	2	未穿绝缘鞋、戴绝缘手套、戴安全帽办理隔离开关分合闸	2 000（事故隐患）		12	
	3	未撤线进行合闸作业	2 000（事故隐患）		12	
	4	升弓状态办理分合闸作业	1 000		10	
	5	未办或不按规定办理隔开手续操作隔离开关	2 000（事故隐患）		12	
	6	隔离作业防护不到位	200		2	
	7	以车代步、钻车、扒乘机车或车辆	2 000（事故隐患）		12	
	8	在钢轨上、车底下、枕木头、道心内坐卧、行走、打手机	2 000（事故隐患）		12	
	9	飞乘飞降	2 000（事故隐患）		12	
	10	脚踏道岔连接杆、尖轨、可动心辙岔等处	2 000（事故隐患）		12	
	11	车底有人盲目升弓合闸	2 000（事故隐患）		12	
	12	违反防火规定造成责任火情	2 000（事故隐患）		12	
	13	车顶作业未戴安全帽、未挂安全带	500		5	
	14	翻越车钩、跨越地沟	2 000		2	
	15	交接班不同行	50		0.5	
	16	处理非正常时盲目缓解列车	1 000		10	
	17	非正常作业未穿防护服	100（责任人）		1	
劳动纪律	1	因个人行为造成不良反应，影响公司声誉	1 000～3 000		12	
	2	不服从领导，聚众闹事，打架斗殴	3 000		12	
	3	工作中不服从命令、不听从指挥	3 000		12	
	4	班前饮酒	2 000		12	
	5	班中饮酒	3 000（事故隐患）		12	
	6	漏乘（个人原因）	500/2 000（责任人）		5	自叫班之时起，1 h之内联系上考核500元
	7	候班中途离岗	500（责任人）		5	
	8	发生问题后谎报、瞒报、错报、漏报	2000（责任人）		12	

考核类别	序号	考核项目	考核金额/元		分值	备注
			司机	副司机		
劳动纪律	9	肃北退勤休息超过16 h叫班不应答	100（责任人）		1	
	10	叫班、备班前4 h内请假	50	50	0.5	
	11	销假当天请假（未提前一天联系）	50	50	0.5	
	12	候班晚到30 min内	50（责任人）		0.5	
	13	未候班（候班晚到超过30 min）	300（责任人）		3	
	14	违反公寓候班纪律	100	100	1	
	15	不按规定出退勤（乘务员责任）	50	50	0.5	
	16	机车在站内停留无人看守	1 000		10	
	17	未按规定着装	50	50	0.5	
	18	未按规定使用或放置乘务包	50	50	0.5	
	19	领导添乘、检查工作未按规定汇报	50	50	0.5	
	20	乘务中发生问题未及时汇报及反馈信息不正确	200		2	
	21	不按规定办理请销假	300（责任人）		3	
	22	运行中玩手机未制止	50		0.5	
	23	运行中玩手机	100	100	1	
	24	在公共设备、设施上乱写、乱画（未损坏设备、设施）	500（责任人）		5	
	25	故意损坏公共设备、设施	1 000～照价赔偿（取高）（责任人）		10	
万吨列车	1	违反规定使用紧急制动	2 000（事故隐患）		12	
	2	从控机车失电造成列车紧急停车	2 000（事故隐患）		12	
	3	低速缓解	2 000（事故隐患）		12	
	4	大劈叉撂闸	500	200	5	
	5	累计减压超过80 kPa缓解	500	200	5	
	6	偷风操作	500	200	5	
	7	没有动力制动缓解列车	500	200	5	
	8	操纵不当低速放风	2 000（事故隐患）		12	
	9	长大下坡道同步故障维持运行	500	200	5	
	10	未排完风缓解列车	500	200	5	

考核类别	序号	考核项目	考核金额/元 司机	考核金额/元 副司机	分值	备注
列尾	1	途中未按规定进行列尾风压核对	50	50	0.5	
	2	未按规定执行三核对、两必须	200	100	2	
	3	未进行列尾排风试验	1 000		10	
	4	误按列尾排风键	100（责任人）		1	
视频考核	1	遮挡视频或转动角度	2 000（责任人）		12	
	2	无故关闭视频设备	2 000（责任人）		12	
学习考试纪律	1	无故不参加学习会或培训	100	100	1	
	2	违反学习会纪律	50	50	0.5	
	3	扰乱考场秩序	100	100	1	
	4	替考	500	500	5	
	5	个人作弊	200	200	2	
	6	学习会迟到	50	50	0.5	
	7	无故不参加中心及以上组织的考试	200	200	2	
	8	分公司、中心抽考不及格	100	100	1	
	9	班组抽考不及格	50	50	0.5	
	10	学习会提问回答错误	50	50	0.5	
行为规范	1	乱扔烟头	50	50	0.5	
	2	随地吐痰	50	50	0.5	
	3	未按规定停放车辆	50	50	0.5	
	4	公寓住宿乱扔烟头、垃圾等，卫生较差	200	200	2	
小区卫生	1	未关灯、空调、排风扇、水龙头	50	50	0.5	1. 关于小区卫生检查1个自然年内首次按规定考核，重复发生在上次的基础上翻翻考核。2. 没收大功率电器设备
	2	宿舍卫生差	50	50	0.5	
	3	使用大功率电器设备	50	50	0.5	

考核类别	序号	考核项目	考核金额/元		分值	备注
			司机	副司机		
万吨列车平稳操纵	1	工况转换后保持不足 8 s 进级	50		0.5	
	2	缓解空气制动时电流不足 400 A\再生力不足 200 kN	50		0.5	
	3	带闸过分相从车锁流超过 400 A	50		0.5	
	4	惰力过分相从车锁流 200 A	50		0.5	
	5	给电制电流 400 A 以上时间不够 10 s 就缓解	50		0.5	
	6	缓解空气制动后，400 A 及以上电制动电流保持不足 20 s 退级	50		0.5	
	7	缓解速度低于 38 km/h（C64）	2 000（事故隐患）		12	
	8	追加减压后缓解列车（C64）	2 000（事故隐患）		12	
	9	同步故障时缓解列车（C64）	2 000（事故隐患）		12	
	10	列车管漏泄超标发出列车（20 kPa/min）	2 000（事故隐患）		12	
	11	使用过充位缓解列车（C64）	2 000（事故隐患）		12	
	12	列车管漏泄超标未发现，盲目维持运行（21 kPa/min）	1 000	500	10	
	13	主控列车减压后，副司机未呼唤从车大闸目标值（C64）		50	0.5	
	14	给电制手轮离开零位时间不足 10 s 电流达到 400 A 以上（带闸过分相除外）	50		0.5	
	15	给牵引，电流在 50～300 A 保持不足 10 s，盲目增加电流	50		0.5	
	16	从车未过完分相，主车进行工况转换	50		0.5	
	17	缓解空气制动前 10 s 及后 25 s 范围内，盲目增加制动电流	50		0.5	
	18	错误"打单机"，未造成后果	200	200	2	

　　未尽事宜由中心考核组研究决定，本办法 2018 年 1 月 1 日修订，公司、分公司定责的安全红线及严重问题，按有关规定考核；遇中心考核与公司、分公司考核不一致时，选取考核金额高的标准进行考核。

序号	分析内容	信息分类	分析内容	司机考核金额/元	副司机考核金额/元
1	机车出、入库车	一般信息	机车出、入库动车前未与信号楼或车站进行联控	30	副司机未提醒司机的，对副司机罚款20元
			机车出、入库联控不标准	20	
2	列车进站前	一般信息	列车在车机联控处，司机车机联控不标准或不联控	30	副司机未提醒司机的，对副司机罚款20元
3	机车转场、转线	一般信息	机车转场、转线前未主动与车站或信号楼进行车机联控	30	副司机未提醒司机的，对副司机罚款20元
			机车转场、转线车机联控不标准	20	副司机未提醒司机的，对副司机罚款20元
4	重点项目	一般信息	1. 无故不执行车机联控 2. 开车前不执行发车联控制度 3. 司机未按规定核对区间限速 4. 不执行调车联控制度 5. 机车电台故障不要令运	100	副司机未提醒司机的，对副司机罚款50元
		重要信息	1. 发生重要问题不及时汇报未造成后果 2. 其他性质严重的问题有必要考核时	按照分公司定责考核处理	
5	其他情况	一般信息	使用电台闲谈与行车无关的事情。	100	
			电台里出现不文明用语、谩骂等	200	副司机未提醒司机的，对副司机罚款50元

机务电力运管中心两万吨列车经济考核标准

考核类别		序号	考核项目	考核金额/元		新改分值	备注
				司机	副司机		
两万吨列车	库内整备	1	LTE-A 或 B 单网出库	500	200	5	
		2	同步系统设备不良出库	500	200	5	
		3	车钩缓冲装置不良发车	500	200	5	
	平稳操纵	1	试风前未减压 50 kPa 试验列尾跟随	200	100	2	
		2	循环制动缓解前再生力低于 300 kN、高于 400 kN	200	100	2	
		3	缓解空气制动前 10 s 及后 50 s 范围内，盲目增加再生力	50		0.5	

考核类别		序号	考核项目	考核金额/元		新改分值	备注
				司机	副司机		
两万吨列车	平稳操纵	4	空气制动前 10 s 增大或减小再生力	50		0.5	
		5	手柄离开零位时间不足 10 s 再生力/牵引力达到 200 kN 以上（带闸过分相除外）	100		1	
		6	带闸过程中再生力小于 100 kN	50		0.5	
		7	带闸过分相从车牵引力/再生力超过 200 kN	50		0.5	
		8	再生制动使用不符合要求	50	50	0.5	
	制动机使用	1	缓解速度低于 30 km/h	2 000（事故隐患）		12	
		2	不当紧急制动	3 000（事故隐患）		12	
		3	操纵不当追加减压	200 元		2	
		4	同步故障时缓解列车	2 000（事故隐患）		12	
		5	无动力制动缓解列车	2 000（事故隐患）		12	
		6	减压量超过 60 kPa 缓解列车	500	300	5	
		7	减压量超过 80 kPa 缓解列车	2 000（事故隐患）		12	
		8	超过缓解范围缓解列车	100		1	
		9	严禁缓解地点缓解列车	1 000	500	10	
		10	从控机车未带闸过分相缓解列车	500	200	5	
		11	机车故障未执行停车缓风	1 000	500	10	
		12	总风缸压力低于 650 kPa 缓解列车	1 000	500	10	
		13	不具备缓解条件缓解列车	500	300	5	
		14	高坡区段从控一台压缩机故障未执行停车缓风缓解列车	1 000		10	
		15	可控列尾不良，盲目开车	2 000（事故隐患）		12	
	非正常处理	1	发生紧急停车后汇报、防护不及时或不当	1 000	500	10	
		2	高坡区段发生紧急停车后处理不彻底盲目缓解列车	3 000（事故隐患）		12	
		3	区间分解未按程序销号、安装列尾装置	300	200	3	
		4	运行中人为造成同步中断	300		3	
		5	减压量超过 80 kPa 停车后，从控机车未检查走行部	200	100	2	
未尽事宜，执行机务电力运管中心万吨列车经济考核标准，并报请中心考核委员会集体讨论决定。							

9　朔黄铁路万吨、两万吨列车操纵提示卡

9.1　朔黄铁路万吨列车操纵提示卡

9.1.1　SS$_{4B}$型1+1组合万吨列车操纵提示卡

区段	操纵要点
神池南—宁武西	主、从控机车进入挂车线适量撒砂为起车做准备
	主、从控建立同步后按规定进行简略试验及列尾查询，试验良好，出站信号尚未开放，充满风大闸减压100 kPa（神池南为50 kPa）以上使列车制动保压。待出站信号开放后将大闸置运转位
	当尾部风压达到550 kPa以上鸣笛动车
	神池南起车之前严禁压缩车钩，启动牵引电流200~300 A保持5 s，然后将牵引电流给至450~600 A走行15~20 m全列起动待全部车钩呈拉伸状态后将电流给至700~750 A，提速时给流要平缓，适量预防性撒砂，过道岔时适当降低电流防止空转，在规定地点按压开车键。神南二场15~21道A段发车进路信号机装有复示信号，对监控进行"绿灯/绿黄灯"确认，防止误确认
	列车经联2线发车，要求出站信号开放后在A段前输入支线号"1"按规定达速运行；运行至距SL5信号机780 m左右接码。SL5信号机处于弯道，瞭望距离短，应注意确认。联2线发车机车信号不掉码，可不对监控进行"绿灯/绿黄灯"确认
	列车经上行外包线发车时，出岔群后，逐渐增大牵引电流至700 A，列车运行到3 km处速度达到40 km/h时，逐步减小牵引电流至300~400 A，保持恒速，运行到4 km处，转电制工况，电制电流逐步给至700 A控制列车缓慢涨速，速度59 km/h减压50 kPa进行高速试闸。出陈家沟隧道掌握55 km/h缓解，10 km+500 m处为易超速地段。
	12 km+500 m速度控制在62 km/h以内，制动电流750 A
宁武西—龙宫	宁武西站中心64 km/h通过，出站信号机前逐步将手轮退回零位，过分相时速度控制在62 km/h，过分相时从车不锁流
	过分相后逐步将电流给至400 A，待从车过完分相再逐步将电制给至目标值，21 km处速度70 km/h减压50 kPa，52 km/h缓解
	25 km+230 m速度70 km/h减压50 kPa，27 km+300 m速度51 km/h缓解
	30 km速度70 km/h减压50 kPa，32 km速度52 km/h缓解
	34 km+800 m速度70 km/h减压50 kPa，37 km速度51 km/h缓解
	39 km+300 m速度65 km/h减压50 kPa，待整列上闸后于40 km+149 m前将手轮回零位，"禁止双弓"标前断电过分相
	过分相后电制电流420 A，电流稳定后缓解列车，待整列车充分缓解（列车向前涌动的感觉），根据需要调整电制电流大小，将速度控制在62 km/h通过龙宫站中心

续表

区段	操纵要点
龙宫—北大牛	龙宫出站后逐步将电制给至目标值，43 km＋993 m 将速度控制在 60 km/h，电流 750 A，44 km＋700 m 速度 69 km/h 减压 50 kPa，46 km＋200 m 速度 52 km/h 缓解
	49 km＋300 m 速度 70 km/h 减压 50 kPa，51 km＋600 m 速度 52 km/h 缓解
	54 km＋350 m 速度 70 km/h 减压 50 kPa，56 km＋800 m 速度 53 km/h 缓解（因制动地点需要可适当调整制动电流大小）
	59 km＋200 m 速度 70 km/h 减压 50 kPa，61 km＋200 m 速度 53 km/h 缓解
	63 km 速度 67 km/h 减压 50 kPa，63 km＋700 m 前将手轮回零位，"禁止双弓"标前断电过分相。过分相后电制电流 420 A，电流稳定后缓解列车，待整列车充分缓解（列车向前涌动的感觉），根据需要调整电制电流大小，将速度控制在 60 km/h 通过北大牛站中心
北大牛—原平南	北大牛出站后，电制电流 450 A，出站后运行至 67 km 处，电制电流逐步给至 750 A，运行至 68 km＋500 m 处，速度 70 km/h 时减压 50 kPa，运行至 71 km＋300 m 处速度 50 km/h 时缓解
	75 km＋900 m 处速度 70 km/h 时减压 50 kPa，运行至 79 km 处速度 50 km/h 时缓解，进站控制列车速度 52 km/h，惰力过分相
原平南—回凤	主车过分相后，逐步将电制给至 750 A，列车运行至 89 km＋300 m 处运行速度 76 km/h 时逐步解除电制
	运行至 89 km＋800 m 处，速度 75 km/h 时，开始牵引，电流 250 A，运行至 91 km＋600 m 处，速度 70 km/h 时逐步解除电流，列车速度逐步上升至 76 km/h
	运行至 94 km＋600 m 处，开始牵引，逐步将电流加至 400 A
	运行至 98 km 处速度 76 km/h 时逐步解除牵引电流，列车运行至 100 km 处，速度 74 km/h 时，电制电流逐步上升至 700 A
	运行至 102 km＋200 m 处速度 76 km/h 时减压 50 kPa，运行至 102 km＋900 m 处速度 73 km/h 时缓解，并逐步解除电制电流，列车以 72 km/h 的速度过分相，73 km/h 的速度进回凤站
回凤—东冶	回凤 71 km/h 出站，一直保持 200 A 电流牵引，通过 1130#信号机速度为 73 km/h
	通过 1170#信号机后手柄级位保持在 6.8 级一直运行至 125 km 处
	速度为 73 km/h 手轮回零，转电制工况，电制电流 600 A。通过 1286#信号机速度控制在 76 km/h 手轮回零准备过分相
东冶—	东冶过分相后牵引电流 200 A，东冶 75 km/h 出站
	运行至 134 km 处逐渐加大牵引电流

区段	操纵要点
南湾	运行至 137 km＋400 m 处速度为 70 km/h 手轮回零，南湾 63 km/h 出站
南湾—滴流磴	南湾站 64 km/h 通过，站内惰力运行，过分相后，在第一离去信号机处，逐步给电制至 300 A
	进水泉湾隧道后电制电流 700 A，运行至 146 km 处，电制电流 650 A
	速度涨至 71 km/h 减压 50 kPa，排完风后 60 km/h 缓解
	进西河 1 号隧道，4‰～5‰～9‰ 坡道，电制电流 600 A、使其降速至 65 km/h
	进寺铺尖隧道 70 km/h，151 km＋400 m 制动减压 50 kPa，53 km/h 缓解
	155 km 制动减压 50 kPa，52 km/h 缓解，运行至 1588#信号机处时速 65 km/h，减压 50 kPa，适当降低电制电流
	1608#信号机处时速 50 km/h 缓解制动（距离第二接近 200 m 左右）
	第二接近信号机处，时速 62 km/h 制动减压 50 kPa（列车制动力弱时，适当降低制动速度），待列车速度稳定，根据排风情况逐步退电制动带闸过分相滴流磴进站
滴流磴—猴刎	63 km/h 通过滴流磴站，电制电流 450 A 采取电制调速
	运行至 168 km 处，70 km/h 减压 50 kPa，170 km 处、50 km/h 缓解
	172 km 时速 70 km/h 制动减压 50 kPa，最高时速 67 km/h 逐步退电制电流
	运行至 174 km 60 km/h 缓解，65 km/h 通过张家坪隧道后，电制 600 A，运行至 179 km 时速 70 km/h 减压 50 kPa
	181 km，57 km/h 排完风后缓解，逐步退电制动以提高运行速度至 69 km/h，1828#号信号机制动减压 50 kPa，速度稳定后退电制动过分相，闭合后 400 A 电制电流，62 km/h 缓解制动通过猴刎站
猴刎—小觉	猴刎站带闸过分相后电制电流给至 400 A 以上缓解，30 s 后逐步减小制动电流
	站中心以 62 km/h 的速度通过，出站后头部进入 6‰ 坡道时逐渐加大电流，越过 1874#信号机时 58 km/h 的速度，进入 10‰ 坡道给至目标值，速度升至 66 km/h
	持续 700A 以上的电流运行，运行至接近 192 km 时增加电流，速度为 64 km/h 进入长大坡道，在 1928#信号机左右速度 70 km/h 时减压 50 kPa，速度稳定排风结束后适当减小电流、延长带闸距离
	196 km＋900 m 速度 67 km/h 减压 50 kPa，速度降至 55 km/h 缓解，确保列车速度不高于 57 km/h 过分相，过分相时采用惰力过分相
小觉—古月	出站后牵引运行，电流 300～400 A，牵引列车头部越过 205 km 速度为 56 km/h 逐步回手轮（注意零位停留、换向准备电制动），根据速度待整列进入下坡道后给电制动，缓慢加大
	速度升至 70 km/h 时减压 50 kPa，待速度稳定排风结束后适当减小电流，不得低于 450 A，接近 209 km 时速度下降至 55 km/h 缓解
	过 2100#信号机 60 km/h，进入土沟隧道后退流，过 2119#信号机 68 km/h 并逐渐退流回零位惰力运行
	进入 5‰ 坡道根据速度 64 km/h 逐步给电制动，电流给至 600 A 运行至过隧道时列车前部进入上坡道速度 68 km/h 退流，回零位准备过分相，过完分相后惰行，古月 70 km/h 通过

区段	操纵要点
古月—西柏坡	站中心速度 73 km/h 起风机准备电阻制动，运行至 219 km+290 m 速度 73 km/h 电阻制动，电流在 300~400 A
	221 km+700 m 退电阻制动，工况转换 10 s，牵引电流 500 A，224 km+556 m 退牵引，列车转入惰行
	227 km+870 m 速度 68 km/h 时电阻制动，电制电流 700 A，229 km+666 m 速度 70 km/h 减压 50 kPa 调速，231 km+200 m 速度 61 km/h 缓解空气制动，电制电流 700 A
	232 km+494 m 速度 66 km/h 时退电制动，停顿 10 s，工况转牵引，233 km+791 m 速度 68 km/h 开始逐渐给牵引电流至 400 A，235 km+355 m 速度 66 km/h 退牵引，235 km+734 m 转电阻制动
	运行至 237 km+500 m 速度 70 km/h 空气制动减压 50 kPa 调速（关键点），238 km+860 m，速度 49 km/h 缓解列车，采用惰力过分相
西柏坡—三汲	244 km+238 m 速度 75 km/h 时退牵引，稍作停顿，转入电制动工况，当速度达到 76 km/h 时电制电流给至 650 A
	249 km+057 m 将电制电流稳定在 300 A，250 km+744 m 速度 78 km/h 将电制电流给至 620 A，252 km 速度 77 km/h 将电制电流退回零（关键点）。253 km+156 m 牵引工况
	三汲站中心 256 km+500 m 速度 70 km/h 退牵引至零位，准备出站过分相（关键点，防止过分相冲动），258 km+072 m 主车过完分相后，小电流牵引，电流 300 A，待从车过完分相后，再加大牵引电流（关键点，防止冲动）
三汲—灵寿	261 km+096 m，速度 63 km/h 逐步将牵引手轮退回零位
	262 km+298m，速度 69 km/h，惰力运行
	268 km+753 m，速度 76 km/h，转电制工况，电流控制在 650 A 左右
	灵寿站中心速度控制 75 km/h，准备过分相操作
灵寿—行唐	过分相后惰力运行，277 km 处速度 76 km/h 转牵引，电流 450 A
	279 km+400 m，速度 76 km/h 退牵引转电制，电制动控速
	286 km+300 m 易超速地段
	行唐站中心掌握 74 km/h 通过，准备过分相操作。
行唐—新曲	过分相后惰力运行，300 km 易超速地段。
	300 km+500 m 牵引运行，电流保持在 300 A 以内
	新曲站二接近易超速地段
新曲—定州西	新曲站中心速度 74 km/h
	出站信号机处转电制工况
	根据列车运行速度高低，调整制动电流大小
	速度 74 km/h 过定州西分相

区段	操纵要点
定州西—定州东	过分相后惰力运行
	定州西站中心速度 76 km/h，330 km 转牵引工况，电流 300 A
	332 km + 800 m 速度 75 km/h 退牵引，转电制工况，电流保持在 600 A
	335 km 易超速地段，336 km，速度 77 km/h 退电制，转惰力运行
	速度 75 km/h 过定州东分相
定州东—博野	过分相后转牵引工况，小电流牵引，电流最高 200 A，级位约 7.3 级
	355 km、358 km 易超速地段
	安国站中心速度 76 km/h
	安国出站后小电流牵引，电流保持在 150～250 A，级位约 7.3 级
	365 km + 800 m 为易超速地段
博野—肃宁北	博野站中心速度 76 km/h
	博野出站后小电流牵引，电流保持在 150～250 A，级位约 7.3 级
	376 km + 800 m 为易超速地段
	速度 75 km/h 过蠡县分相，过分相后小电流牵引，电流 300～400 A
	388 km 速度 74 km/h，降低牵引电流，电流保持在 150～250 A，手柄级位约 7.3 级
	在 397 km + 200 m 处退牵引，转电制工况，电流 400 A 以上
	在分相前 500 m 速度控制在 52 km/h 以内，转惰力运行准备过分相，过分相后转电制工况，进站前将速度控制在 45 km/h 以下，小电流电制运行进站，肃北站靠标停车速度保持在 10 km/h 以内
肃宁北—河间	肃北起车启动牵引电流 200～300 A 保持 3～5 s，然后将牵引电流升至 450～600 A 保持走行 15～18 m 全列起动，车钩呈拉伸状态后将电流提升至 700～750A 进行提速，提速时加流要平缓，适量预防性撒砂，过道岔时适当降低电流防止空转。对六道出站信号机按压开车键
	肃宁北到太师庄间，尾部出道岔限速后，缓慢给流，手柄级位 6.8 级，牵引运行到 412 km + 800 m 后为 9‰ 下坡，注意超速，过 412 km 速度 68 km/h 退流到零，越过第二接近后再给牵引
	太师庄出站速度 76 km/h，太师庄—河间站间小电流牵引，电流 150～300 A，级位 7.3 级
河间—黎民居	河间至行别营间，运行中牵引电流 150～300 A，级位 7.3 级。432 km、437 km + 438 m 易超速地段，到该地段适当降低牵引电流，手柄级位 7.1 级
	行别营至黎明居间级位 7.3 级，电流 150～300 A，457 km 易超速地段，第二接近信号机处速度 74 km/h 手柄逐渐退至零位，进站速度不超过 75 km/h

区段	操纵要点
黎民居—沧州西	黎明居至杜生间级位7.3级，电流150～300 A，第二接近信号机处速度74 km/h退流，第二次语音提示禁止双弓前将手轮退回零位
	杜生至沧西间，级位给至7.3级，电流150～300 A，速度75 km/h过分相
沧州西—黄骅南	沧州西至李天木间，出站4‰上坡，级位给至7.4级，499 km处（二远离信号机）速度72 km/h退牵引，502～503 km为易超速地段。503 km+500 m牵引运行，手柄级位7.3级，电流150～300 A，506 km易超速地段
	512 km适当增加牵引电流，第二次语音提示禁止双弓前将手轮退回零位，过分相后级位给至7.3级
	李天木至黄骅南间，李天木出站速度74 km/h，529～530 km处为4‰下坡易超速地段，529 km处速度73km/h将级位退至7.0级。531 km处级位给至7.3级
黄骅南—黄骅港	黄骅南至段庄间，黄骅南出站76 km/h，过分相后电流150～300 A，级位7.3级，547～548 km为易超速地段，547 km处速度72 km/h，级位给至6.8级，549 km处级位给至7.3级
	段庄至黄骅港间，段庄出站75 km/h，牵引电流150～300 A，运行级位7.3级。568～569 km为易超速地段，567 km处速度72 km/h，级位给至6.8级。570 km处级位给至7.3级
	狼驼子分相后牵引电流150～300 A，运行级位7.3级。578 km处速度60 km/h转电制工况，进站信号机处（5800#）速度控制在45 km/h以内，进路信号机处（5814#）速度控制在40 km/h以内
	靠标停车速度控制在10 km/h以内，减压50 kPa对标停车，停妥后追加减压100 kPa，解除同步

9.1.2　SS$_{4B}$型2+0（C80）单元万吨列车操纵

区段	操纵要领	注意事项
神池南—宁武西	1. 挂车时适量撒砂，为起车增加黏着力。起车电流200～300 A停留10 s后，缓慢增加至500～600 A起动列车，走行约20 m，电流增至600～750 A，过岔群保持600 A，预防性撒砂，防止空转。 2. 出岔群后，逐渐增大电流至700 A，列车运行到3 km处速度达到45 km/h时，逐步减小电流至400～500 A，保持恒速，运行到4 km处，转电制工况，制动电流逐步增至500～700 A控制列车缓慢涨速。 3. 运行到7 km+600 m（陈家沟隧道），速度60 km/h减压50 kPa，缓慢退制动电流至400～450 A，速度55 km/h缓解列车制动。 4. 调节制动电流，确保列车在庄子上一号隧道口速度58 km/h，并逐渐增大制动电流至650～700 A，控制列车宁武西出站不超过60 km/h	1. 8‰下坡道，700 A电流可以保持恒速。 2. 陈家沟隧道处试闸注意掌握排风时间60 s

区段	操纵要领	注意事项
宁武西—龙宫	1. 列车过分相后，逐渐增大制动电流控制速度（此处小曲线半径400 m，S形弯道，切忌给流过猛，电流最好不超过600 A），19 km处，速度63 km/h时减压50 kPa，待涨速平稳后，缓慢退电流至300～500 A，速度降至50 km/h时，制动电流逐渐增大至650～700 A，20 km+500 m处，速度40 km/h缓解。 2. 23 km+500 m处，速度66 km/h减压50 kPa，29 km+500 m处，速度36～38 km/h缓解。（电流控制方式同上） 3. 32 km+500 m（长梁山隧道口），速度65 km/h，减压50 kPa，过分相后41 km+100 m，制动电流400 A以上，45 km/h缓解；如制动力比较强，可随时调整制动电流，采用惰力过分相，二接近信号机处36～38 km/h缓解即可	宁武西分相后曲线半径为400 m小半径曲线，电制电流不宜过猛、过大。龙宫站带闸过分相后，距出站1 900 m速度45 km/h缓解；过分相断电前，速度不宜超过62 km/h
龙宫—北大牛	1. 龙宫出站后44km+800m处（448信号机），速度64 km/h减压50 kPa，掌握在55（或59 km）km处，速度36 km/h缓解；最好一把闸带至北大牛二接近处缓解，采用惰力过分相。 2. 57 km+800 m处，速度64 km/h减压50 kPa，采用带闸过分相。过分相后电流400 A以上，保持10 s，距出站400 m，速度50 km/h缓解，待列车向前涌动后，可根据需要调整制动电流大小。 （48～50 km、54 km～56 km+500 m、61 km～62 km+500 m为500 m曲线半径中间夹直线，不宜电流过大，以不超700 A为宜）	龙宫出站后第一把闸充风时间不宜低于4 min。过分相断电前，速度不宜超过60 km/h
北大牛—原平南	1. 北大牛出站后68 km+750 m，速度62 km/h减压，涨速稳定后缓慢退电流至400～600 A，采用长波浪制动，73 km+700 m处，速度55 km/以下缓解。 2. 77 km处，速度63 km/h减压50 kPa，涨速稳定后缓慢退电流至400～600 A，81km+200 m处，速度59 km/h缓解	此区段的两把闸制动初速不宜超过63 km/h，充风时间尽可能充满，涨速空间较大，谨防超速
原平南—回凤	原平南站中心68 km/h通过，85 km+900 m处，速度70 km/h减压50 kPa，过分相后及时将制动电流给至400 A以上（也可采用惰力过分相），88 km+200 m处，速度72 km/h缓解（注意排风时间为60 s）。三家村隧道口速度掌握74 km/h，转牵引工况，牵引电流100～200 A，出石河口隧道速度掌握68 km/h，94 km处增大牵引电流300～500 A，102 km处采用电阻制动调速	天气良好的情况下，102 km采用电阻制动控制速度，101 km最低速度68 km/h即可
回凤—南湾	1. 回凤速度75 km/h出站，牵引级位6.9级，牵引电流100～200 A，116 km处速度为77 km/h，122 km+400 m速度为77 km/h。 2. 1248信号机转电制工况，电制电流逐步给至650A，1284信号机速度控制在76 km/h手轮回零准备过分相。 3. 东冶分相后133 km处开始牵引，级位7.3级电流200 A，速度77 km/h出站。 4. 1368信号机处逐步降低牵引电流，南湾进站信号机处转惰力运行，速度控制在71 km/h，惰力过分相	70 km/h惰力过分相

区段	操纵要领	注意事项
南湾—滴流磴	1. 南湾过分相后，电制电流逐步给至 500～700 A，143 km 处，速度 67 km/h 减压 50 kPa，145 km＋800 m 速度 55 km/h 缓解。 2. 149 km＋500 m 处（寺铺尖隧道口桥上），速度 67 km/h 减压 50 kPa，待涨速稳定后降低制动电流 400～600 A，掌握 155 km＋200 m 处，速度 36～38 km/h 缓解。 3. 158 km 处，速度 62 km/h 减压 50 kPa，根据涨速情况调整制动电流大小，采用带闸过分相。过分相后电流 400 A 以上，保持 10 s，速度 59 km/h 缓解（距出站 730 m），待列车向前涌动后，可根据需要调整制动电流大小。 （141～143 km 为 500 m 曲线半径、148～150 km 为 500～1 000 m～500 m 的 S 形弯道、157～158 km 为 500～800 m 半径的 S 形弯道，电制电流不宜高于 700A）	过分相断电前，速度不宜超过 62 km/h
滴流磴—猴刎	1. 168 km 处，速度 63 km/h 减压 50 kPa，待涨速稳定后降低制动电流 400～600 A，174 km＋400 m 处，速度 68 km/h 缓解，根据需要调整制动电流大小，保持 65 km/h 恒速运行。 2. 179 km 处，67 km/h 减压 50 kPa，待涨速稳定后降低制动电流 300～400 A 采用带闸过分相，过分相后电流 400 A 以上，保持 10 s 即可缓解；如制动力过强可采用惰力过分相。（167～169 km 为曲线半径 500～600 m 的 S 形弯道、178～179 km 为曲线半径 600 m 的 S 形弯道、182～183 km＋500 m 为曲线半径 500～600 m 的 S 形弯道，电制电流不宜高于 700 A）	滴流磴出站后第一把闸充风时间不宜低于 4 min
猴刎—小觉	1. 猴刎出站控制不超过 64 km/h，1874#信号机处速度控制 55 km/h，电制工况控速通过 6‰的坡道。 2. 191 km＋300 m 处（过 1910#信号机），速度 68 km/h 减压 50 kPa，速度稳定后，减小制动电流至 300～500 A，198 km＋500 m 处，速度 55 km/h 缓解，采用惰力过分相。 （189～191 km 为曲线半径 500 m，电制电流不宜高于 700 A）	
小觉—西柏坡	1. 小觉站中心 70 km/h 通过，牵引电流 200～400 A，205 km＋800 m 处转制动工况，制动电流 400～500 A，206 km＋500 m 处（2064#信号机），速度 65 km/h 减压 50 kPa，210 km＋500 m 处，速度 63 km/h 缓解，速度 67 km/h 出土沟隧道。根据列车速度，适当调整制动电流大小，确保列车不超速。 2. 古月站中心 71 km/h 通过，出站后保持小制动电流，222 km 处转牵引工况，牵引力 200～400 A，出小米峪隧道速度不超过 62 km/h；230 km 处，速度 66 km/h 减压 50 kPa，232 km 处，速度 66 km/h 缓解。一接近信号机处减压 50 kPa，第二次禁止双弓处 55 km/h 缓解，采用惰力过分相，从第二次禁止双弓至站中心涨速约 20 km/h	230 km 速度不超 32 km/h 可以压电制通过，等信号时可以参考此速度高速磨点
其他注意事项	1. 侧向进、出站，提前控制好速度，严禁在岔群区使用大电制电流，不超过 500 A 为宜。 2. 运行在长大下坡道，应以空气制动为主，动力制动为辅，采用长波浪制动	

768

9.1.3 HXD1 型单牵万吨操纵提示卡（C70）

区段	操纵要领	注意事项
神池南—宁武西	1. 挂车时适量撒砂，为起车增加黏着力。起车牵引力 200～300 kN 停留 10 s 后，缓慢增加至 400～450 kN 起动列车，走行约 20 m，牵引力增至 500 kN，过岔群保持 400 kN 以下，预防性撒砂，防止空转。 2. 出岔群后，逐渐增大牵引力至 500 kN，列车运行到 3 km 处速度达到 40 km/h 时，逐步减小牵引力至 300～400 kN，保持恒速，运行到 4 km 处，转再生工况，再生力逐步给至 350～420 kN 控制列车缓慢涨速。 3. 运行到 7 km＋600 m（陈家沟隧道），速度 60 km/h 减压 50 kPa，缓慢退再生力至 200～250 kN，8 km＋700 m 处速度 55 km/h 缓解。 4. 调节再生力，确保列车在庄子上一号隧道口速度不超 58 km/h，并逐渐增大再生力 400～420 kN，控制列车出宁武西站不超过 60 km/h	1. 8‰下坡道，420 kN 再生力基本可以保持恒速。 2. 陈家沟隧道处高速试闸注意掌握排风时间 60 s
宁武西—龙宫	1. 列车过分相后，逐渐增大再生力控制速度（此处小曲线半径，切忌给牵引力过猛，再生力不超 400 kN），19 km＋700 m 处，速度 65～67 km/h 时减压 50 kPa，待涨速平稳后，缓慢退再生至 200～300 kN，速度降至 50 km/h 时，再生力逐渐增大至 400～420kN，21km＋500m 处，速度 38km/h 缓解。 2. 24 km＋400 m 处，68～70 km/h 减压 50 kPa，26 km＋700 m 处，速度 38 km/h 时缓解。 3. 29 km 处，速度 68～70 km/h 减压 50 kPa，33 km 处速度 37 km/h 缓解。（充风时间 3 min） 4. 35 km＋500 km 处，速度 66～68 km/h 减压 50 kPa（充风时间 3 min），涨速稳定后缓慢退再生至 200 kN，采用长波浪制动，带闸过分相，过分相后再生力 220 kN，保持 10 s，距出站信号机 2 000 m，速度 50 km/h 缓解列车，待列车向前涌动后，可根据需要调整再生力	第三把闸充风时间掌握 3 min，尽可能延长制动距离；第四把闸掌握充风时间为 170～180 s，如果车辆制动力过大，可在分相前适当地点缓解，采用惰力过分相
龙宫—北大牛	1. 龙宫出站后 44 km＋300 m 处，再生力 210 kN，速度 68 km/h 减压 50 kPa，掌握在 50 km 处速度 36 km/h 缓解。 2. 52 km＋600 m 处，速度 68 km/h 减压 50 kPa，59 km 处，速度 36 km/h 缓解。 3. 62 km＋800 m 处，速度 66～68 km/h 减压 50 kPa（充风时间 3 min 10 s 左右），涨速稳定后缓慢退再生至 200 kN，采用长波浪制动，带闸过分相，过分相后再生力 220 kN，保持 10 s，距出站 200 m 速度 55 km/h 缓解列车，待列车向前涌动后，可根据需要调整再生力。 4. 如车体制动力较弱，第一把闸掌握好充风时间，可以带至 55 km 缓解，第二把闸带闸过分相	注意：第一把闸掌握充风时间为 180～200 s，尽可能延长制动距离，如因制动力过大，未带闸至 50 km，可以控制第二把闸制动距离，掌握在 59 km＋800 m 处速度 36 km/h 缓解；带闸过分相制动地点掌握距分相中心 1 500～2 000 m 为宜
北大牛—原平南	1. 北大牛出站后 69 km 处，速度 68 km/h 减压 50 kPa，涨速稳定后缓慢退再生至 200 kN，采用长波浪制动，72 km＋600 m 处，速度 57 km/h 缓解（距 732#信号机 600 m）。 2. 76 km 处，速度 68 km/h 减压 50 kPa，涨速稳定后缓慢退再生力至 200 kN，81 km＋200 m 处，速度 63 km/h 缓解	北大牛过分相后，再生力不宜调节过大，出站后第一把闸充风时间掌握 3 min，第一把闸的充风时间和制动地点要恰到好处，否则会导致第二把闸充风时间过长，以致第二把闸无法长时间带闸，造成该区间晚点

区段	操纵要领	注意事项
原平南—回凤	原平南站中心 70 km/h 以下通过，86 km+700 m 处，速度 72 km/h 减压 50 kPa，过分相后及时给再生力至 200 kN 以上，88 km+200 m 处，速度 69 km/h 缓解（注意排风时间为 60 s）。三家村隧道口速度掌握 74 km/h，转牵引工况，牵引力 80～100 kN，出石河口隧道速度掌握 68 km/h，94 km 处增大牵引力 200～300 kN。102 km 处采用再生力控制速度，101 km 最低速度 66 km/h 即可	天气不良，102 km 处采取用小再生力配合空气制动调速
回凤—南湾	1. 回凤速度 75 km/h 出站，牵引力 100 kN，116 km 处速度为 77 km/h，122 km+400 m 速度为 77 km/h。 2. 1248#信号机转再生工况，再生力逐步给至 400 kN，1284#信号机速度控制在 76 km/h 手轮回零准备过分相。 3. 东冶分相后 133 km 处开始牵引，速度 77 km/h 出站。 4. 1368#信号机处逐步降低牵引力，南湾进站信号机处转惰力运行，速度控制在 68 km/h	确保南湾出站速度不超过 68 km/h。
南湾—滴流磴	1. 南湾出站速度不超过 70 km/h。分相后再生力逐步增加至 400 kN（水泉湾隧道防止滑行），145 km 处，速度 70～72 km/h 减压 50 kPa，待涨速平稳后，缓慢退再生力至 200～300 kN，适当延长制动走行距离，145 km+800 m，速度 58 km/h 缓解，待列车向前涌动后，调整再生力至 300～400 kN 2. 寺铺尖隧内 150 km+500 m 处，速度 70 km/h 减压 50 kPa（可以适当降低再生力，延长制动距离），152 km+800 m 处，速度 43 km/h 缓解。缓解后再生力给至 400～420 kN 3. 155 km+800 m 处，速度 70 km/h 减压 50 kPa，158 km 处，速度 36 km/h 缓解。 4. 160 km+600 m 处，速度 66～68 km/h 减压 50 kPa，待涨速平稳后，缓慢退再生，带闸过分相。过分相后再生力 220 kN，速度 59 km/h 缓解（距出站 730 m），待列车向前涌动后，可根据需要调整再生力	注意：第四把闸充风时间掌握 3 min，尽可能延长制动距离，采用带闸过分相
滴流磴—猴刿	1. 168 km 处，速度 68 km/h 减压量 50 kPa，根据涨速情况可适当调整再生力，174 km+800 m 处，速度 65 km/h 缓解，逐步调整再生力 300 kN，控制速度 72 km/h 恒速运行。 2. 178 km+700 m 处，速度 66 km/h 减压 50 kPa，再生力保持不变，180 km+500 m 处，速度 50 km/h 缓解；183 km+400 m 处（约第一次禁止双弓处），速度 68 km/h，减压 50 kPa，采用带闸过分相，分相后再生 220 kN 保持 10 s，距出站 500 m，速度 66 km/h 缓解列车，待列车向前涌动后，可根据需要减小再生力	第一把闸掌握充风时间为 170～180 s，尽可能延长制动距离，如带不到 174 km+786 m 处，掌握 173 km 处，50 km/h 缓解；带闸过分相后，再生 220 kN 保持 10 s 即可缓解，缓解速度越高越好
猴刿—小觉	1. 188 km 处，速度 70 km/h 减压 50 kPa，189 km+300 m 处，速度 65 km/h 缓解（排完风即可缓解）。 2. 192 km+500 m 处，速度 71 km/h 减压 50 kPa，速度稳定后，减小再生力至 200kN，198 km+500 m 处，速度 52 km/h 缓解，采用惰力过分相	

续表

区段	操纵要领	注意事项
小觉—西柏坡	1. 小觉站中心 70 km/h 通过，牵引力 100～300 kN，205 km+800 m 处转再生工况，再生力 300～400 kN，207 km 处，速度 68km/h 减压 50 kPa，209 km+500 m（偏梁隧道）处，60 km/h 缓解，72 km/h 出土沟隧道。根据列车速度，适当调整再生力大小，确保列车不超速。 2. 古月站中心 72 km/h 通过，出站后保持小再生力，222 km 处转牵引工况，牵引力 100～200 kN，出小米峪隧道速度不超过 61 km/h；230 km 处，速度 68 km/h 减压 50 kPa，231 km+800 m 处，速度 65 km/h 缓解，温塘站掌握 72km/h 通过，距西柏坡二接近 1 000 m 减压 50 kPa，距分相 900 m，58 km/h 缓解，采用惰力过分相	

9.1.4 HXD1 型单牵万吨操纵提示卡（C80）

区段	操纵要领	注意事项
神池南—宁武西	1. 挂车时适量撒砂，为起车增加黏着力。起车前根据情况可以适当压缩车钩，起车时牵引力 200～300 kN 停留 5 s 后，缓慢增加至 450～500 kN 起动列车，走行约 20 m，牵引力增至 500～600 kN，过岔群保持 450 kN 以下，预防性撒砂，防止空转。 2. 出岔群后，逐渐增大牵引力至 500～600 kN，列车运行到 3 km 处速度达到 40 km/h 时，逐步减小牵引力至 300～400 kN，保持恒速，运行到 4 km 处，转再生工况，再生力逐步给至 350～420 kN 控制列车缓慢涨速。 3. 运行到 7 km+600 m（陈家沟隧道），速度 59 km/h，减压 50 kPa，缓慢退再生力至 250～300 kN，8 km+700 m 处，速度 50 km/h 缓解（缓解前后再生力保持不变） 4. 调节再生力，确保列车在庄子上一号隧道口速度 56 km/h，并逐渐增大再生力 400～450 kN，控制列车出宁武西站不超过 65 km/h	1. 8‰ 下坡道，420 kN 再生力基本可以保持恒速。 2. 陈家沟隧道处高速试闸注意掌握排风时间 60 s
宁武西—龙宫	1. 列车过分相后，逐渐增大再生力控制速度（此处小曲线半径，切忌给流过猛），18 km+500 m，速度 65 km/h，减压 50 kPa，待涨速平稳后，缓慢退至 300～400 kN，速度降至 50 km/h 时，再生力逐渐增大至 400～450 kN，在 20 km+500 m 处速度 36～38 km/h 缓解。 2. 23 km+300 m 处，速度 65 km/h，减压 50 kPa，29 km 前（290#信号机），速度 36 km/h 缓解。（再生力控制方式同上） 3. 31 km+700 m，速度 64 km/h，减压 50 kPa，根据制动力调整再生制动力，366#信号机前再生力给至 400 kN，39 km 处 36 km/h 缓解列车，再生力 300 kN 保持 40 s 以上平稳退再生力，惰力过分相。 4. 充分利用站内缓坡，充风时间保证 4 min 以上，流量计变零	1. 第二把闸掌握在 274# 到 290# 信号机间缓解。 2. 366#信号机车处速度不宜超过 65 km/h。 3. 如因列车制动力异常或制动周期调整不当时，应利用提高制动初速保证列车充满风，直接减压 60 kPa 及以上，但最高不超过 68 km/h

区段	操纵要领	注意事项
龙宫—北大牛	1. 龙宫出站后 44 km 处（448#信号机前），速度 60 km/h，减压 50 kPa，待涨速平稳后根据制动，调整再生制动力使列车匀速运行（速度不宜超过 70 km/h） 2. 车机联控前（58 km 处），给再生力给至 400 kN，越过二接近信号（63 km）处 36 km/h 缓解列车（距分相中心 800 m 最佳），再生力 400 kN 保持 40 s 以上平稳退再生，惰力过分相。 3. 充分利用站内缓坡，充风时间保证 4 min 以上，流量计变零	1. 车机联控前（58 km 处）给再生制动后根据列车制动力灵活调整再生力，但是必须保证列车平稳。 2. 如因列车制动力异常或制动周期调整不当时，应利用提高制动初速保证列车充满风，直接减压 60 kPa 及以上，但最高不超过 68 km/h
北大牛—原平南	1. 北大牛出站后 68 km，速度 60 km/h 制动，涨速稳定后适当调整再生力 350~450 kN，73 km+700 m 处，50 km/h 缓解。 2. 充分利用 73 km 缓坡，充风时间保证 5 min 以上，流量计变零。 3. 76 km+300 m 处，速度 60 km/h，减压 50 kPa，根据涨速情况随时做好追加准备，63 km/h 缓解（距进站 400 m）。 4. 也控制列车速度 72 km/h 进站，缓解位置尽可能越过进路信号机 58 km/h 缓解，缓解 25 s 后速度掌握 53 km/h，惰力过分相	此区段的两把闸制动初速不宜超过 60 km/h，充风时间尽可能充满，涨速空间较大，谨防超速；速度涨至 72 km/h 追加 10 kPa
原平南—回凤	原平南站中心 68 km/h 以上通过，85 km+700 m 处，速度 70 km/h 减压 50 kPa，过分相后及时给再生力至 200 kN 以上，88 km+200 m 处，速度 72 km/h 缓解（注意排风时间为 60 s）。三家村隧道口速度掌握 74 km/h，转牵引工况，牵引电流 80~100 kN，出石河口隧道速度掌握 68 km/h，94 km 处增大牵引力 200~300 kN。天气良好的情况下 102 km 处采用再生力控制速度，101 km 最低速度 66 km/h 即可	天气不良，102 km 处采取用小再生力配合空气制动调速
回凤—南湾	1. 回凤 75 km/h 出站，牵引力 100 kN，116 km 处速度为 77 km/h，122 km+400 m 速度为 77 km/h。 2. 1248#信号机转再生工况，再生力逐步给至 400 kN，1284#信号机速度控制在 76 km/h 手轮回零准备过分相。 3. 东冶分相后惰力运行至出站后，转牵引工况维持运行。 4. 1368#信号机处逐步降低牵引力，南湾进站信号机处转惰力运行，速度控制在 68 km/h，惰力过分相	根据东冶出站信号合理控制速度，避免区间停车
南湾—滴流磴	1. 南湾过分相后，再生力逐步给至 300 kN 左右，进水泉湾隧道速度 68 km/h。1432#信号机（143 km+200 m）处，速度 70 km/h 减压 50 kPa，145 km+400 m 速度 45 km/h 缓解。（水泉湾隧道内，空气制动前后，尽量利用 300 kN 控制速度，有利于防止滑行） 2. 西河 1#隧道 149 km 处，速度 65 km/h 减压 50 kPa，待涨速稳定后降低制动电流 200~300 kN，速度降至 50 km/h 时，再生力逐渐增大至 400~450 kN，（列车运行至 156 km 仍未降速，直接带滴流磴根据速度惰力过分相或带闸过分相），掌握 1518#信号机（151 km+800 m）处，速度 36 km/h 缓解。 3. 154 km+800 m 处，速度 65 km/h 减压 50 kPa，根据涨速情况调整再生力大小，采用带闸过分相；过分相后再生力 200 kN 以上，保持 10 s，速度 53 km/h 缓解（距出站 730 m），待列车向前涌动后，可根据需要调整再生力大小。 4. 充分利用站内缓坡，充风时间保证 4 min 以上，流量计变零	1. 水泉湾隧道尽量提前减压制动。 2. 滴流磴过分相断电前，速度不宜超过 60 km/h，分相后速度降至 55 km/h 为宜。 3. 如因列车制动力异常或制动周期调整不当时，应利用提高制动初速保证列车充满风，直接减压 60 kPa 及以上，但最高不超过 68 km/h

续表

区段	操纵要领	注意事项
滴流碛—猴刎	1. 168 km＋500 m 处，速度 62 km/h，减压 50 kPa，待涨速稳定后降低再生力 200～300 kN，174 km＋500 m 处，68 km/h 缓解。 2. 利用再生控制速度，178 km 处将速度控制在 65 km/h 以下。 3. 179 km 处，速度 68 km/h，减压 50 kPa，涨速稳定后将再生力缓慢减小至 100～200 kN，181 km 处逐步增加再生力至 400～450 kN，越过二接近信号机 36 km/h 缓解（（距分相中心 800 m 最佳），惰力过分相。 4. 如车辆制动力过强，可采用在 178 km 处制动调速，180 km＋500 m 处 50 km/h 缓解，充风 200 s 后，采用带闸过分相，分相后再生力 200 kN 以上，保持 10 s，即可缓解	猴刎车站惰力过分相便于操纵，提倡采用惰力过分相，有利于应对无人值守车站过出站信号机突遇黄灯
猴刎—小觉	1. 猴刎出站速度控制在 60 km/h 以下，1874#信号机处速度控制在 50～52 km/h（50 km/h 以下减小再生力，此地段为连续两个 $R＝500$ m 曲线半径，易造成滑行），再生力 400～450 kN，减少一把闸。（参考：1874#信号机处 52 km/h，再生 450 kN，整列车越过 10‰ 坡道时，速度涨至 66 km/h，192 km＋200 m 处，速度 68 km/h） 2. 192 km＋200 m 处，速度 65 km/h 减压 50 kPa，速度稳定后，根据实际情况减小再生力 100～200 kN，掌握在小觉二接近信号机处，55 km/h 缓解，采用惰力过分相	猴刎分相两种操纵方法，均可在 1874#信号机处将速度控制在 50～52 km/h，减少一次空气制动
小觉—西柏坡	1. 小觉站中心 70 km/h 通过，牵引力 100～200 kN，205 km＋800 km 处转再生工况，再生力 200～300 kN，207 km 处，速度 63 km/h 减压 50 kPa，209 km＋500 m（偏梁隧道）处，60 km/h 缓解，72 km/h 出土沟隧道。根据列车速度，适当调整再生力大小，确保列车不超速。 2. 古月站中心 65 km/h 通过，出站后保持小再生力，222 km 处转牵引工况，牵引力 100～200 kN，出小米峪隧道速度不超过 61 km/h；230 km 处，速度 63 km/h 减压 50 kPa，231 km＋800 m 处，速度 65 km/h 缓解，温塘站掌握 72 km/h 通过，越过第一接近信号机减压 50 kPa，距西柏坡分相 900 m，58 km/h 缓解，采用惰力过分相。掌握进站信号机不超 64 km/h	207 km 和 230 km 处的两把闸制动初速不易过高，可配合较低的再生力控制速度，有利于避免滑行

9.1.5 SS$_{4B}$ 型 1＋1 组合 132 辆 C64 万吨列车操纵

操纵项目	重点地段操纵办法	注意事项
起车	挂车前适当撒砂，为起车增加黏着力。起车时电流给至 200～300 A 停留 10 s 后，缓慢增加牵引电流至 500～600 A 列车起动，全车走行约 20 m 后再加速	起车时逐步进级，适量撒砂，防止空转

操纵项目	重点地段操纵办法	注意事项
工况转换	工况转换间隔 10 s 以上，确认同步屏从车转换到位，方可逐步进级，牵引、电制须缓慢进级	起伏坡道区段，工况转换时提前做好预想，防止操纵过快引起冲动
循环制动	1. 主控司机减压量 50 kPa（要求准确），掌握早撂少撂原则，缓解速度必须满足充风时间，尽量避免追加减压，尽量避免电制频繁进退级操作。 2. 从控司机密切注意各仪表显示状态，包括总风缸压力、前后制动缸压力、电制电流电压、网压、控制电压状态	由于主、从车车间距增加，为防止同步状态不稳定，主控司机每次减压后副司机必须呼唤从车大闸目标值
关键站过分相	1. 龙宫站采取带闸过分相从车不锁流，距进站 900 m，速度 65 km/h 减压 50 kPa，速度稳定后逐步退流。 2. 北大牛站采取带闸过分相从车不锁流，距进站 1 100 m，速度 65 km/h 减压 50 kPa，速度稳定后逐步退流。 3. 原平南出站前退完电制电流，出站速度控制不超 48 km/h。 4. 滴硫磴站采取带闸过分相从车不锁流，预告信号机处，速度 65 km/h 减压 50 kPa，速度稳定后逐步退流。 5. 猴刎站采取带闸过分相从车不锁流，距进站 1 000 m，速度 65 km/h 减压 50 kPa，速度稳定后逐步退流。 6. 三汲站采取过分相从车不锁流，距出站信号 400 m 逐步退流，监控第二次提示"禁止双弓"前退至 0 位，主、从车不锁流过分相	1. 采取带闸过分相后，不具备缓解条件时，不可盲目缓解列车，由此原因造成的停车暂不列责任。 2. 区间或站内停车再开时主控司机必须利用列尾查询尾部风压，确认列车完整
起伏坡道操纵	根据线路纵断面及全列车车钩伸张状况，尽量稳定工况，采取小牵引、小电制通过变坡点，减少列车纵向冲动力。采取牵引工况通过起伏坡道电流不低于 250 A；采取电制工况通过起伏坡道电流不低于 300 A。手轮退级操纵时机车头部下坡退牵引，机车头部上坡退电制	具体地点：原平南至回凤 90～101 km；回凤至东冶 113～121 km；东冶至南湾 137～139 km；小觉至古月 204～206 km、211～218 km；古月至西柏坡 224～229 km 及 233～235 km
停车	电制控制速度至 10～15 km/h，制动电流保持 300 A，减压 50 kPa 停车，停车后解除电制	停车后追加减压至 100 kPa
特殊地段优化操纵	1. 原平南—回凤 101 km 处下坡道尽量避免减压调速，优先使用电制工况通过。 2. 小觉—古月区间 206～210 km 处调速，下闸时必须保证全列进入下坡道，掌握在 210 km 前缓解列车，缓解速度不宜低于 50 km/h。 3. 古月—西柏坡区间 229～231 km 处调速，下闸时必须保证全列进入下坡道，掌握在 231 km+400 m 前缓解列车，缓解速度不宜低于 56 km/h	以上地段，均为易发生问题地段，须严格执行操纵要求

操纵项目	重点地段操纵办法	注意事项
新增安全卡死项目	1. 缓解速度不得低于 38 km/h。 2. 追加减压后必须停车缓解。 3. 同步故障时禁止缓解列车。 4. 任何情况下始发站禁止开出列管漏泄量超标列车。 5. 运行中严禁使用过充位缓解列车。 6. 一次减压超过 60 kPa 须停车缓风。 7. 初减压包括漏泄量，累计超过 60 kPa 须停车缓风	违反要求按规定考核定责
万吨列车"八严禁"	1. 严禁不当非常制动。 2. 严禁低速缓解。 3. 严禁从控机车监控装置处理不当降级放风。 4. 严禁没有动力制动缓解列车。 5. 严禁同步故障长大下坡道维持运行。 6. 严禁没排完风缓解列车。 7. 严禁偷风操作。 8. 严禁大劈叉擂闸	万吨列车八严禁项目适用于 C64 万吨列车
非正常行车	严格执行关于明确弓网故障处理办法和万吨列车采取紧急制动措施时机的通知	
充排风时间	50 kPa 减压量：排风 60 s，充风 110 s。 100 kPa 减压量：排风 81 s，充风 200 s	严格掌握充排风时间

9.1.6　HXD1+SS4B 型 1.74 万吨列车操纵

区段	操纵要领	注意事项
神池南—宁武西	1. 挂车时适量撒砂，为起车增加黏着力。起车牵引力 100~200 kN 停留 10 s 后，缓慢增加至 400~450 kN 起动列车，走行约 20 m，牵引力增至 500 kN 注意确认从车电流，发现满压满流时适当减载，过岔群保持 400 kN 以下，预防性撒砂，防止空转。 2. 出岔群后，逐渐增大牵引力至 500 kN，列车运行到 3 km 处速度达到 40 km/h 时，逐步减小牵引力至 300~400 kN，保持恒速，运行到 4 km 处手柄回零，10 s 后转再生工况，再生力逐步给至 350~420 kN 控制列车缓慢涨速。 3. 运行到 7 km+800 m(陈家沟隧道)，速度 60 km/h，减压 50 kPa，缓慢退再生力至 200~250 kN，9 km 处，增大再生至 400 kN，速度 50 km/h 缓解。 4. 调节再生力，确保列车在庄子上一号隧道口速度 56 km/h，并逐步增大再生力 400~420 kN，控制列车出宁武西站不超过 60 km/h	1. 开车前主从控必须核对数据正确、人员到齐后方可动车。 2. 8‰ 下坡道，420 kN 以下再生力可以保持恒速。 3. 陈家沟隧道处高速试闸注意排风时间 30 s 以上，缓解前再生 300 kPa 以上

区段	操纵要领	注意事项
宁武西—龙宫	1. 列车惰力过分相后，逐渐增大再生力控制速度（此处小曲线半径，切忌给流过猛），从车过分相时适当减少再生，20 km 处，速度 67 km/h，减压 50 kPa，待涨速平稳后，缓慢退至 200～300 kN，速度降至 50 km/h 时，再生力逐渐增大至 350～400 kN，238#信号机处（约 23 km＋800 m），速度 40 km/h 缓解，根据涨速情况适当调整再生力。 2. 26 km＋800 m 处，速度 68 km/h，减压 50 kPa，33 km 处，速度 40～45 km/h 缓解。（再生力控制方式同上） 3. 35 km＋700 m，速度 67 km/h，减压 50 kPa，掌握带闸过分相，分相后再生力缓慢给至 300 kN，50 km/h 以下缓解，掌握从车过分相时适当降低再生力，观察从车平稳情况。 4. 充分利用站内缓坡，充风时间确保充满风	1. 龙宫优先带闸过分相，分相后速度 50 km/h 缓解。 2. 采用惰力过分相时距分相中心 500～800 m 不超过 42 km/h 缓解
龙宫—北大牛	1. 龙宫出站后 44 km＋500 m 处，速度 67 km/h，减压 50 kPa，掌握在 53 km 处，40 km/h 缓解。 2. 55 km＋800 m 处，速度 67 km/h，减压 50 kPa，采用带闸过分相。过分相前再生力 200 kN 以下，分相后缓慢给再生至 300 kN，根据速度掌握 50 km/h 以下缓解，待列车向前涌动后，掌握从车过分相时，适当减少再生力	1. 周期制动时再生力控制 400 kN 减压，速度稳定后适当减少至 200 kN。 2. 带闸过分相断电前再生 200 kN 自动过分相，分相后再生给至 300 kN，站中心不超过 60 km/h 缓解
北大牛—原平南	1. 北大牛出站后 67 km＋350 m，速度 67 km/h 制动，涨速稳定后缓慢退再生力至 200～300 kN，采用长波浪制动，73 km＋600 m 处，45 km/h 缓解，再生力 300 kN。 2. 充分利用 73～74 km 缓坡，调整制动周期。 3. 77 km 处，速度 65 km/h，减压 50 kPa，根据涨速情况调整再生力	此区段的两把闸制动初速不宜超过 67 km/h，涨速空间较大，根据涨速情况适当调整再生力
原平南—回凤	原平南站中心 65 km/h 以下通过，过分相后再生给至 200 kN，86 km＋700 m 处，速度 73 km/h 减压 50 kPa，88 km＋200 m 处，速度 67 km/h 缓解。根据涨速情况转至牵引工况运行，出石河口隧道速度掌握在 68 km/h 以下，94 km 处增大牵引力 200～300 kN；天气良好的情况下 102 km 处采用再生力控制速度，101 km 掌握 68 km/h 以下再生可控制速度	天气不良，102 km 处采取用小再生力配合空气制动调速

区段	操纵要领	注意事项
回凤—南湾	1. 回凤 70 km/h 出站，采用低手柄位牵引，掌握速度不超过 77 km/h。 2. 运行至 1248#信号机转再生工况，再生力逐步给至 350～400 kN，1284#信号机速度控制在 74 km/h 手轮回零准备过分相。 3. 东冶分相后 133 km 处开始牵引，牵引力不超过 100 kN，速度 72 km/h 出站。 4. 1368#信号机处逐步降低牵引力，南湾进站信号机处转惰力运行，速度控制在 68 km/h，换向手柄置制位，惰力过分相	1. 东冶出站注意执行防黄灯措施。 2. 确保南湾出站速度不超过 68 km/h
南湾—滴流磴	1. 南湾过分相后，再生力逐步给至 350～400 kN 左右，进水泉湾隧道速度不超过 65 km/h。144 km + 500 m 处，速度 70 km/h 减压 50 kPa，146 km + 500 m 速度 58 km/h 缓解。 2. 寺铺尖隧道内（152 km），速度 68 km/h 减压 50 kPa，待涨速稳后降低制动电流 200～300 kN，掌握 157 km 处，速度 40 km/h 以下缓解。 3. 160 km 处，速度 68 km/h 减压 50 kPa，根据涨速情况调整再生力大小，分相前再生力退至 200 kN，采用带闸过分相；过分相后再生力 300 kN，保持 30 s 以上站内不超过 60 km/h 缓解	过分相断电前再生力控制 200 kN，速度不超过 65 km/h，分相后再生缓慢给至 300 kN
滴流磴—猴刎	1. 168 km + 500 m 处，速度 68 km/h，减压 50 kPa，待涨速稳定后降低再生力 200～300 kN，173 km + 800 m 处，55 km/h 缓解。 2. 逐步增大再生力，179 km 处将速度控制在 60 km/h 以下。 3. 速度 70 km/h，减压 50 kPa，涨速稳定后将再生力减小至 200 kN，采用带闸过分相，分相后再生力 200 kN 以上，猴刎出站不超过 55 km/h	进入张家坪隧道缓解后 4‰ 下坡道，曲线半径较小，提前调整好再生力，确保带闸过分相
猴刎—小觉	192 km + 500 m 处，速度 69 km/h 减压 50 kPa，197 km + 500 m 处 40 km/h 以下缓解，惰力过分相	在 1874# 信号机处速度不超过 52 km/h
小觉—西柏坡	1. 小觉站中心 70 km/h 通过，牵引力 100～300 kN，205 km + 800 m 处转再生工况，再生力 300～400 kN，207 km 处，速度 68 km/h 减压 50 kPa，210 km 处，62 km/h 缓解，69 km/h 出土沟隧道。根据列车速度，适当调整再生力大小。 2. 古月站中心不超过 70 km/h 通过，出站后保持小再生力，222 km 处转牵引工况，牵引力 100～200 kN，226 km 处转再生工况，出小米峪隧道速度不超过 61 km/h；230 km 处，速度 67 km/h 减压 50 kPa，232 km + 200 m 处，速度 65 km/h 缓解，温塘站掌握 72 km/h 通过，237 km + 500 m 列车速度 67 km/h 减压 50 kPa，距西柏坡分相 900 m，50 km/h 缓解，采用惰力过分相	古月出站执行防黄灯措施

9.2 朔黄铁路两万吨列车操纵提示卡

9.2.1 神华八轴+神华八轴编组 216 辆列车操纵提示卡

区段		注意事项
神池南—宁武西	1. 挂车时适量撒砂，为起车增加黏着力。起车给车引力 10～20 kN 保持 5 s，确保从车引力正常发挥；缓慢加载至 50～200 kN 停留 10 s，再逐步增加 500 kN 起动列车，走行约 10 m，牵引力增加至目标值，岔群适当减载，过岔群后逐渐加大牵引力，在从车进入岔区前减小牵引力，防止空转。逐步减小牵引力至目标值，列车运行到 3 km+500 m 处速度达到 40 km/h 时，出岔群后，保持恒速，运行到 4 km 处手柄回零（工况转换 10 s 以上），控制列车 54 信号机处速度 40 km/h，缓慢涨速。 3. 运行到 9 km+800 m～10 km 处，速度 70 km/h，50 s 后降低再生力，控制列车缓慢涨速。500 m 处，再生力给至 400 kN，再生力保持 350 kN，运行至 10 km+600 m～11 km+500 m 处缓解。 4. 运行至 14 km+500 m～15 km 处，速度 65 km/h，排完风完成缓解在 16 km 前缓解	1. 开车前主控必须核对数据正确，到车后方可动车。 2. 9 km+800 m～10 km 处试闸注意排风时间 50 s 以上，缓解前再生 350 kN。 3. 神池南出站试闸地点向东延伸，缓解速度越高越平稳
缓解位置	1. 第一把缓解地点：越过 10 km+600 m～11 km+500 m。具备缓解条件时可以缓解空气制动。 2. 第二把缓解地点：越过进站信号机至 16 km 处。确保缓解后至分相前再生保持 50 s 以上即可	
宁武西—龙宫	1. 主车过分相（100 kN 再生力），过分相后逐渐增大再生力控制速度，最高不超过 200 kN，待从车过完分相后再至再生力值控速。 2. 减压至分相前缓慢增大再生力至 400 kN，充分压缩车钩，运行至 20 km～20 km+500 m 处，速度 36～40 km/h 缓解。 3. 运行至 26 km 处，速度不超 68 km/h，缓解前 30 s 将再生力降至 300 kN，减压 50 kPa，31 km+500 m 处再生力 300 kN 速度 35 km/h 缓解。 4. 运行至 34 km+500 m 处，速度 64 km/h，减压 50 kPa，排完风后将有下降趋势，缓缓降低再生制动力，带闸过分相。待从车控机车过分相正常投入，60 km/h 以下缓解，350 kN 缓解列车，缓解列车再生力保持 50 s 不变	1. 宁武西过分相后为 R400 m 小半径曲线，切忌给流过猛，待过完分相后，再缓慢加载。 2. 调制动力较弱车体，20 km～20 km+500 m 处减压后运行至 24 km+300 m 处 36～40 km/h 缓解，充风 180 s（后半列 C80B 车体充风 160 s），提高制动初速（65～68 km/h），待速度稳定后减小再生力，一把闸通过龙分相。保证列车在出车有降速趋势时及时控速，缓缓降速前 35 km/h 以上缓解，34 km 处保证充风，带闸过分相。 3. 带闸过程中控制列车龙 2 接近 68 km/h，速度高于 68 km/h 时及时追加减压

续表

区段		注意事项
神池南—肃宁北	缓解位置: 1. 第一把缓解位置:掌握尾部进入长梁山隧道 22 km+500 m 后缓解,制动后再生力保持 300 kN,缓解前再生力保持不变,缓解后再生力保持 300 kN,尽量减少追加减压。 2. 第二把缓解位置:32 km+500 m 前。根据制动力情况调整再生。 3. 第三把缓解位置:从车越过正常投入后 43 km+200 m,45 km+500 km 处减压 50 kPa 调速,利用再生缓解。	
老营—北大牛	1. 根据速度调整再生力,保持运行匀速,掌握运行至北大牛带闸前过分相。 2. 因其他原因导致列车在老营站内缓解速度低于 50 km/h 时,运行至东风隧道口投入空气制动列车,从车进入东风隧道后 300 kN 再生力 35 km/h 缓解,速度降至 49 km 处,速度降至模式化操纵方案。 3. 由于操纵不当或车体原因在老营站内停车后,追加减压至 100 kPa 缓解列车开车,出站后根据充风情况,掌握一把闸带闸至北大牛或两把闸前缓解操纵。 4. 从车越过分相正常投入后,速度 55 km/h 以下。 缓解位置: 1. 第一把缓解位置:46 km+500 m ~ 49 km。 2. 第二把缓解位置:65 km+700 m ~ 66 km+300 m。	1. 老营—北大牛区间合理掌握充风时间、减压地点、制动初速,采用一把闸通过分相。 2. 东风隧道缓解后保证充风,防止因充风不足造成列车充风困难。 3. 遇制动力较弱车体,掌握运行至 59 km 处调整再生力,保证北大牛二接近前降低运行速度至 60 km/h。
北大牛—原平南	方法一:两把闸操纵办法 1. 根据缓解速度调整再生力,69 km 前,73 km+500 m ~ 74 km,速度 60 km/h 以下减压 50 kPa,再生力保持 300 ~ 400 kN。 2. 77 km 处,速度 65 km/h 以下,减压 50 kPa,缓解前再生力保持 350 kN。 方法二:一把闸操纵办法:根据缓解速度调整再生力,69 km 前速度 65 km/h 以下缓解,缓解前再生力保持 350 kN。	1. 此区段的两把闸制动初速不宜超过 65 km/h,涨速空间较大,在 5 km/h 左右,根据涨速情况适当调整再生力。 2. 主控机车在出站后人为按压半自动过分相提前断电,过分相后平稳进级。 3. 采用一把闸操纵办法,操纵时注意 74 km 前合理控速,避免追加。
原平南	缓解位置: 1. 第一把缓解位置:73 km+500 m ~ 74 km。 2. 第二把缓解位置:原平南进站后 82 km+100 m(进站后过完最后一组道岔)~ 83 km+200 m(进路信号机前)。	

779

续表

区段		注意事项
原平南—回凤	1. 原平南出站控制速度不超 65 km/h，89～90 km 之间再压 50 kPa（100 kN 以下）保持列车 65 km/h，速度 70 km/h 以下，情况回零情况回凤过分相。 2. 在 101 km 处，速度 70 km/h 以下，手柄回零情况不超 65 km/h，手柄回零情况过分相。	1. 原平南采取联控情况下过分相时出站速度不超 50 km/h，涨速空间在 25 km/h 左右，转速空间不超过 400 kN。小率牵引工况，在 92 km 前转牵引工况，转牵引运行，越过 938# 信号机，保持再生工况，保持再生力 300～400 kN 可控速度，回风情况。 2. 在 101 km 处掌握不超 70 km/h，再生力控制 380 kN，涨速空间在 5 km/h 左右。
缓解位置	89～90 km。	
回凤—南湾	1. 回风不超 74 km/h 出站，采用低手柄位牵引，保持列车匀速运行。 2. 运行至 1248# 信号机转再生工况，调整再生力控制，1284# 信号机速度控制在 75 km/h 手柄回零情况力过分相。 3. 东冶分相后 133 km 处开始给牵引，越过 1368# 信号机后逐步降低牵引力至 100 kN，南湾出站速度不超 65 km/h，手柄回零情况过分相。	天气不良，降低牵引力，防止空转、途停。
南湾—滴流磴	操纵方法一： 1. 南湾过分相后，逐步将再生力给至目标值，144 km 处速度 70 km/h 减压 50 kPa，146 km 速度 60 km/h 减压至 400 kN 缓解列车。 2. 寺铺尖隧道内保持再生力 300 kN，速度 65 km/h 以下减压 50 kPa，掌握 156 km 前，速度不低于 35 km/h，轮回。 3. 159 km 处，速度 65 km/h 减压 50 kPa，根据涨速情况调整再生力大小，分相前再生力退至 100～200 kN，采用带闸过分相；从车越过分相正常投入后，速度 60 km/h 以下，主控机车再生力 350 kN，166 km+400 m 前缓解。 操纵方法二：本区段采用两把闸。 1. 南湾过分相后，逐步将再生力给至目标值，145 km 处速度 70 km/h 减压 50 kPa，掌握近 147 km 速度 60 km/h 以下，再生力 400 kN 缓解列车。 2. 南湾过分相，掌握 1588# 信号机速度不超过 68 km/h，一把闸带闸过分相，寺铺尖隧道 150 km 处，速度 65 km/h 以下减压 50 kPa，根据涨速情况调整再生力，合理掌握充风时间。	1. 水泵湾隧道内整列处于 7‰ 坡道，缓解时再生力 400 kN。 2. 第三把闸制动初速掌握不超 65 km/h，否则控速困难，容易造成追加减压，过分相困难。
缓解位置	1. 第一把缓解位置：145 km+500 m～147 km+300 m。 2. 第二把缓解位置：152 km+700 m～156 km+500 m。 3. 第三把缓解位置：165 km+400 m～166 km+400 m	

续表

区段	神池南—肃宁北	注意事项
滴流磴—猴刎	1. 滴流磴出站 169 km 处,速度 65 km/h,减压 50 kPa,待速度稳定后利用再生力控速,175 km 处 55 km/h 以下再生力 350 kN 缓解列车。 2. 再生力控速,在接近二接近处 65～67 km/h 减压 50 kPa,带闸过分相,从车越过分相正常带投入 186 km + 500 m 前,再生力 350 kN 缓解列车	1. 列车头部越过 176 km + 300 m 后,整列列车处于 4‰ 下坡道时,再生力 400 kN 掌握在 50 km/h 以下。 2. 出张家坪隧道速度掌握在 50 km/h 以下,防止第二把闸减压过早,造成过分相困难。(张家坪隧道—猴刎二接近,再生保持 350～400 kN,涨速空间 20 km/h 左右)
缓解位置	第一把闸缓解位置:174～177 km	
猴刎—小觉	猴刎出站不超过 50 km/h 再生给至 350～400 kN,192 km 处给至 50 kN,采取长波制动,带闸运行至小觉一接近再生 350 kN,45 km/h 缓解列车,二接近 55 km/h 以下(列车头部越过 197 km + 300 m 整列列车处于 7‰ 坡道,再生力 400 kN)缓解列车,惰力过分相	1. 猴刎出站至 192 km 处,再生力 350～400 kN,涨速空间 20 km/h 左右。 2. 小觉一接近再生力保持 350 kN。 3. 缓解池尽可能接近小觉二接近处,列车头部越过 197 km + 300 m 缓解列车处于 7‰ 坡道,再生力 400 kN 缓解列车
缓解位置	194 km + 600 m～198 km + 200 m(白毛头隧道至二接近信号机前)	
小觉—两柏坡	1. 出站前再生力 100 kN,206 km 处逐渐增大再生力至目标值,209 km 处,速度 68 km/h,减压 50 kPa,211 km + 500 m～213 km 处,速度 70 km/h 以下,再生力 350 kN 缓解列车,平稳后在 213 km + 600 m 处退完再生,转惰力运行。 2. 古月出站在 222 km 处转牵引工况,牵引力 100～200 kN,227 km 处转再生工况;230 km + 500 m 处,速度 68 km/h 减压 50 kPa,排完风后,再生力 350 kN 缓解,再生 232 km～233 km + 300 m 通过,控制列车温塘 72 km/h 保持再生,控制列车速度适当调整再生力 350 kN,掌握在二接近前减压 50 kPa,再生 50 km/h,再生力 350 kN 缓解列车	联控小觉缓解站停车时,在该缓解地点处,降低缓解速度,保证进路信号机前不超 60 km/h,越过进路信号机减压停车。 1. 212 km 处缓解速度低时,及时牵引工况,2154#信号机处回空,惰力运行。 2. 西柏坡过分相涨速空间在 25 km/h 左右。 3. 由于列车制动力距涨空或者信号原因,造成温塘通过速度低时,西柏坡接采取惰力过分相(数据参考:西柏坡一接近温塘一接近信号机,速度不超 50 km/h,再生力 400 kN)
缓解位置	1. 第一把缓解位置:211 km + 500 m～213 km。 2. 第二把缓解位置:232 km + 000 m～233 km + 300 m。 3. 第三把缓解位置:237 km + 700 m～238 km + 800 m	1. 212 km 处缓解手柄放再生位或零位,便于古月站信号变化停车时采取措施。 2. 联控缓解时降低缓解速度,保证进路信号机减压停车前不超 60 km/h

续表

区段	神池南—萧宁北	注意事项
西柏坡—三汲	西柏坡掌握 70 km/h 出站，小再生控速，进站速度 73 km/h。400 kN 牵引力高速闯坡，运行至 2528# 信号机速度 77 km/h，手柄回转零牵引工况	
三汲—萧宁北	1. 三汲分相前第一次语音提示"禁止双弓"，缓慢退牵引力至 100 kN，主车过完分相后，缓慢增大牵引力至 200 kN，从控过分相后逐步增大牵引力，运行至 263 km+500 m 处，速度 70 km/h 缓慢退牵引力转再生工况通过灵寿站。 2. 灵寿—行唐区间：277 km 处转再生工况，牵引力 100~200 kN，281 km 处速度 75 km/h 再转生工况，通过行唐不超 75 km/h。 3. 行唐—定州西区间：300 km 处新曲出站转再生工况控制列车进定州西站不超 73 km/h。 4. 定州西—蠡县间：326 km 处转生工况，保持小牵引工况，运行至安国站前 355 km 处，转再生工况，再生力 200~300 kN 控速，分相前速度不超 40 km/h，岔前再生力控制最高不超 300 kN，进站后根据停车标位置对标停车。 5. 蠡县—萧宁北间：395 km+500 m 处过分相，4052# 再生力过分相，进站后根据停车标位置对标停车。保持再生力不超 50 km/h，再生力 48 kN 再生力过分相，保持小牵引力至 300 kN，减小变坡点适当加大牵引减小列车冲动	1. 三汲过分相至 261 km+300 m 处降速 13 km/h 左右。 2. 定西分相断电至出站，涨速 4 km/h。 3. 333 km 至 334 km 处涨速 8 km/h。 4. 安国—接近至站内涨速 5km/h。 5. 蠡县出站至 389 km 处降速 5 km/h。 6. 萧北站内从控过岔区后，6~8 道越过进路黄灯时速度控制在 25 km/h 以下，速度不超 10 km/h（制动距离大约 80 m）。3~5 道越过进路黄灯时速度控制在 30 km/h 以下，速度 10 km/h 减压（停车标距出站 105 m）。1 道停车标距出站 68 m，适当掌握速度，对标停车

区段	萧宁北—黄骅港	注意事项
萧宁北—大师庄	1. 起车给牵引力 10~20 kN 保持 5 s，确保从牵引力正常发挥；缓慢加载至 100~200 kN 停留 10 s，再逐步增加至 400 kN 起动列车，走行约 10 m，牵引力增至 420~500kN，岔群适当减载，过岔群后逐步增大牵引力，在从车进入岔群前减小牵引力，防止空转。 2. 从车出岔群后，逐渐增大牵引力至 400 kN，列车运行至 413 km 处，速度达到 50 km/h 时，逐步减小牵引力至 300 kN，运行到大师庄进站前速度掌握 72 km/h，退牵引力至 120 kN，保持出站速度不超 75 km/h	
大师庄—一段庄	1. 运行中保持 120 kN 牵引力，匀速运行。 2. 行别普~黎民居间：4562# 信号居间，牵引力给至 200 kN，运行至 460 km 处速度 74 km/h，牵引力退至 120 kN，黎民居进站前 60 kN，运行至 5020# 信号机处，运行至出站保持 120 kN，减小牵引力至 80 kN，降低牵引力机处。 3. 沧州西出站牵引力保持 120 kN 牵引力	1. 河间出站至 437 km 处涨速 3 km/h。 2. 平遥采用小牵引工况运行，牵引力 120 kN 保持匀速。 3. 4‰ 变坡点适当加大牵引力减小列车冲动

续表

区段		注意事项
肃宁北—黄骅港		
段庄—黄骅港	重车特殊情况操纵办法：1. 区间接收绿黄灯操纵列车。平原区段满足再生力400 kN，速度45 km/h及以上时，方可缓解执行行车缓风（定州西至定州东区间跨京广铁路特大桥、跨京沪高速、沧州西至天木区间跨运河特大桥上除外）。2. 平原区段无人值守车站，进站有分相守车站，进站有分相伴条件时缓解列车。压50 kPa控速，具备解条件时缓解风。越过狼忙子分相后转再生工况，利用再生控速进站速速度不超40 km/h，掌握10 km/h对标停车。	黄骅港进站后从控机车随时注意距离，与主控机车做好互控，防止从车越过进路信号机。

区段		注意事项
黄骅港—神池南		
黄骅港—神池南	1. 起车给牵引力10~20 kN保持5 s，确保从牵引力正常发挥；缓慢加载至100~200 kN停留10 s，再逐步增加至300 kN起动列车，在从车进入岔群前逐渐增至300~400 kN，岔群适当减载，过岔群后逐步增加牵引力，防止空转。2. 区间保持小牵引力匀速运行。3. 平道区段，过分相前牵引力回零惰力运行，主车过分相后缓慢牵引力至200 kN，从车通过200 kN带级位过分相。4. 坡道逐步将牵引力给至目标值。过分相前手柄逐步将牵引力退至100 kN带级位过分相，主车过分相后缓慢牵引力至200~300 kN，过分相通过将牵引力给至300 kN带级位值。5. 神池南进站站控制速度不超40 km/h，进站后根据停车标位置，10 km/h以下对标停车，停车后追加减压170 kPa	区间接收绿黄灯运行速度要降低；若再生接收时，再生接收最大不得超过200 kN不能将控速控制在许范围内及时投入空气制动，停车后缓风。
空车特殊情况操纵办法：平原区段接收黄灯操纵办法：平原区段接收黄灯时及时采用再生制动控速，三汊站联控出站速，三汊站控制出站。平原区段：无人值守车站，进站信号机前将再生制动控制在60 km/h以下。进站信号未开放时在二接近信号机前将速度控制在60 km/h以下。高坡区段进站信号机进站信号未开放时，进站接近黄灯时放时，掌握接收二接近黄灯时就停车。原平弯，宁武西）。高坡区段出站有分相车站，老营过站有分相车站，掌握主车越过进站岔区就站停车。高坡区段，北大牛），老营过站有分相及时停车（如缓例，西柏坡，小觉停车时掌握站尾部进站岔区就站停车。出站信号滴黄灯时，控制对速度，掌握主控机车越过站后及时停车	区间接收绿黄灯，突发情况等需要降低运行速度时，再生制动控制速度不超过200 kN，从车过分相后缓给牵引力至200~200 kN留。
注意事项：1. 采取间过分相带闸的车站、北大牛、滴流碚、西柏坡、断电前，再生不得超过65 km/h，在二接近控制速度不超65 km/h，否则控速速困难。2. 带闸区段黄骅港调黄灯，空车速度76 km/h时，走行1 400 m速度可控制在60 km/h以下，重车速度77 km/h时。3. 再生力给至400 kN，走行2 900 m速度可控制在60 km/h以下	

9.2.2 神华十二轴＋神华八轴编组216辆列车操纵提示卡

区段	神池南—宁武北	注意事项
神池南—宁武西	1. 挂车时适量撒砂，为起车增加粘着力。起车给增牵引力10～20 kN保持5 s，确保从车给牵引力正常发挥；缓缓加载至目标值，起车步增牵引加至600 kN停留10 s，再逐步增加牵引力，走行约10 m，牵引力增至目标值，岔群适当减载。出岔群后，逐渐增大牵引力，在从车进入岔区前减小牵引力，防止空转。 2. 出岔群后，逐渐增大牵引力，保持恒速，运行到3 km＋500 m处速度达到40 km/h时，逐步减小牵引力，运行至4 km处手柄回零（工况转换10 s以上），控制列车54#信号机处速度40 km/h，再生力给至500 kN，缓缓涨速。 3. 运行到9 km＋800 m～10 km＋000 m处，速度70 km/h，减压50 kPa，运行至10 km＋600 m～11 km＋500 m处，再生力保持400 kN，排完风后缓解，50 s后逐级再生力，控制列车缓慢涨速。 4. 运行至14 km＋500 m～15 km＋000 m处，减压50 kPa，速度65 km/h，再生力保持400 kN，列车排风完毕在16 km前缓解	1. 开车前主从控必须核对数据正确，人员到齐后方可动车。 2. 9 km＋800 m～10 km处试闸注意排风时间50 s以上，缓解前再生力向东延伸，缓解越高越平稳。 3. 神池南出站试闸地点向东延伸，缓解越高速度越平稳
缓解位置	1. 第一把缓解地点：越过10 km＋600 m～11 km＋500 m。接收宁武西站一接近信号机绿灯时及时缓解，具备缓解条件时可以缓解空气制动。 2. 第二把缓解地点：越过进站信号机至机车16 km处。确保缓解至信号机前生能够保持50 s以上即可	
宁武西—龙宫	1. 主车过分相（100 kN再生力），过分相后逐渐增大再生力控制速度，最高不超过200 kN，待主车过分相完毕再生力至目标值控速。 2. 减压前缓缓增大再生力至500 kN，充分压缩车钩，运行至20 km～20 km＋500 m处，速度65 km/h，减压50 kPa，缓解前30 s将再生力降至400 kN，速度36～40 km/h缓解。 3. 运行至26 km处，速度不超68 km/h，减压50 kPa，31 km＋500 m处再生力400 kN，速度35 km/h。 4. 运行至34 km＋500 m处，待主车过分相。带闸制动力，缓解列车，缓解列车再生力保持50 s不变400 kN缓解列车	1. 宁武西过分相后为R400 m小半径曲线，切忌给流过猛，待从车过完分相后，再缓缓加载。 2. 调制动力较弱车体，20 km～20 km＋500 m处减压后运行至24 km＋300 m处36～40 km车体后缓解，充风180 s（后半列C80B车体充风160 s），提高制动初速（65～68 km/h），待速度稳定后缓小再生力，一把闸通过光宫分相。带闸过程中列车有降速趋势时可控速，保证列车在出车长梁山隧道前生力再生力正常投入，60 km/h以上缓解，34 km处保证充风，带闸过分相。 3. 带闸过程中控制列车在光宫二接近高于68k km/h处速度高于68 km/h时及时追加减压

续表

区段			注意事项
	缓解位置	1. 第一把缓解位置：掌握尾部进入长梁山隧道 22 km+500 m 后缓解，制动后再生力保持不变，缓解前再生力保持 400 kN。 2. 第二把缓解位置：32 km+500 m 前。根据制动情况调整再生力，缓解前再生力保持 400 kN。 3. 第三把缓解位置：从车越过分相正常投入后 43 km+200 m 之前缓解 缓解前再生力保持 400 kN。尽量减少追加减压。	
老营—北大牛		1. 根据速度调整再生力，保持充风速度，保持行速运行至北大牛带闸过分相。 2. 因其他原因导致列车在老营出站内缓解速度低于 50 km/h 时，出站后，运行至东风隧道口投入空气制动调速，列车排风完毕，从车进入东风隧道 35 km/h 再生力 400 kN 缓解列车，利用再生制动调整列车调速方案。 3. 由于操纵不当或本保车原风区间老营出站内停车后，追加减压至 100 kPa（从控机车在分相中或分相前禁止追加），掌握一把闸带闸北大牛或二把闸操纵。 4. 从车越过分相正常投入后，速度 55 km/h 以下，再生力 400 kN，66 km+300 m 之前缓解。	1. 老营—北大牛区间合理掌握充风时间，减压地点、制动初速，采用一把闸过分相。 2. 东风隧道缓解后保证充风，防止因充风不足造成列车控速困难。 3. 调制动力较弱车体，保证北大牛大牛 59 km 处调整再生力，前确降低运行速度至 60 km/h
	缓解位置	1. 第一把缓解位置：46 km+500 m~49 km。 2. 第二把缓解位置：65 km+700 m~66 km+300 m	
北大牛—原平南		方法一：两把闸操纵办法 1. 根据缓解速度调整再生力，69 km 前，速度 60 km/h，再生力保持 400~500 kN，73 km+500 m~74 km 处，50 km/h 以下缓解，缓解前再生力保持 400 kN。 2. 77 km 处，速度 65 km/h 以下，减压 50 kPa，再生力保持 400~500 kN，速度稳定后降低再生力，缓解前再生力保持 400 kN。 控制列车在原平南进路信号机前 65 km/h 以下缓解，缓解前再生力保持 400 kN 方法二：一把闸操纵办法 1. 根据缓解速度调整再生力，69 km 前速度 58 km/h，69 km 前速度 50 km/h，74 km 保持高速运行，速度稳定后降低再生力，控制列车原平南进路信号机前 65 km/h 以下，82 km+100 m~83 km+200m 缓解，缓解前再生力保持 400 kN	1. 此区段的两把闸制动初速不宜超过 65 km/h，涨速空间较大，在 5 km/h 左右，根据涨速情况适当调整再生力。 2. 主控机车在出站后人为按压半自动过分相提前断电，过分相后平稳进级。 3. 采用一把闸操纵办法操纵时注意 K74+000 m 前合理控速，避免追加
	缓解位置	1. 第一把缓解位置：73 km+500 m~74 km。 2. 第二把缓解位置：原平南进站后 82 km+100 m~83 km+200 m（进路信号机前）	

神池南—肃宁北

区段	操纵要点	注意事项
原平南—回风	1. 原平南出站控制速度不超 65 km/h，减压 50 kPa，90 km 前再生力 400 kN 缓解列车，运行到 87 km 处，主车过分相后逐步给再生力，在 92 km 前转牵引工况，小牵引力（100 kN 以下）保持列车不超 65 km/h，越过 938#信号机，转牵引运行。 2. 在 101 km 处，速度 70 km/h 以下，转再生力工况，保持再生力 400~500 kN 可控制速度，回风情力零惰力过分相。	1. 原平南采取惰力过分相时分相出站速度 75 km/h，涨速空间在 25 km/h 左右，再生力不超过 500 kN。 2. 101 km 处掌握不超 70 km/h，再生力左右控制 450 kN，涨速空间在 5 km/h 左右。
缓解位置：89~90 km		
回风—南湾	1. 回风不超 74 km/h 出站，采用低手柄位牵引，保持列车匀速运行。 2. 运行至 1248#信号机转牵引，调整再生力零惰力过分相，1284#信号机速力控制，出站速度不超 65 km/h，手柄回零惰力过分相。 3. 东冶分相后 133 km 处开始牵引，越过 1368#信号机后逐步降牵引力至 100 kN，出站速度不超 65 km/h，手柄回零惰力过分相。	天气不良，降低牵引力，防止空转、速停。
南湾—滴流磴	操纵方法一： 1. 南湾过分相后，逐步将再生力给至目标值，144 km 处度 70 km/h 减压 50 kPa，146 km 速度 60 km/h 以下，再生力保持 400 kN 缓解列车。 2. 寺铺尖隧道内 150 km 处，速度 65 km/h 以下减压 50 kPa，速度不低于 35 km/h，再生力保持 400 kN 缓解。 3. 159 km 处，速度 65 km/h 减压 50 kPa，根据涨速情况调整再生力大小，分相前再生力 100~200 kN，采用带闸过分相；从车越过分相正常投入后，速度 60 km/h 以下，主控机车再生力 400 kN，166 km+400 m 前缓解。 操纵方法二：本区段采用两把闸 1. 南湾过分相后，逐步将再生力给至目标值，145 km 处度 70 km/h 减压 50 kPa，速度 65 km/h 以下减压 50 kPa，一把闸带闸过分相 2. 调整掌握无风时间，寺铺尖隧道 150 km 处，速度 65 km/h，速度 65 km/h 以下减压 50 kPa，根据涨速情况调整再生力，掌握 1588#信号机速力不超过 68 km/h，一把闸带闸过分相	第三把闸制动初速掌握不超过 65 km/h，否则控速困难，容易造成过减压，过分相困难
缓解位置	1. 第一把缓解位置：145 km+500 m～147 km+300 m。 2. 第二把缓解位置：152 km+700 m～156 km+500 m。 3. 第三把缓解位置：165 km+400 m～166 km+400 m	

续表

神池南—肃宁北

区段	操作内容	注意事项
滴流磴—猴儿	1. 滴流磴出站 169 km 处，速度 65 km/h，减压 50 kPa，待速度稳定后利用再生力控速，175 km 处 55 km/h 以下再生力 400 kN 缓解列车。 2. 再生力控速，在猴儿接速 65～67 km/h 减压 50 kPa，带闸过分相，从车越过分相正常投入后 186 km + 500 m 前，再生力 400 kN 缓解列车。	出张家坪隧道速度掌握在 50 km/h 以下，防止第二把闸减压过早，造成过分相困难。（张家坪隧道—猴儿二接近，再生保持 20 km/h 左右）涨速空间 400～500 kN
缓解位置	第一把闸缓解位置：174～177 km	
猴儿—小觉	猴儿出站不超过 50 km/h 再生给至 400～500 kN，192 km 处速度 68 km/h 减压 50 kPa，采取长波浪制动，带闸运行至小觉一接近过分相列车。二接近 55 km/h 以下，再生力 400 kN 缓解列车。	猴儿出站至 192 km 处，再生力 400～500 kN，涨速空间 20 km/h，再生力 500 kN 左右。
缓解位置	缓解位置：194 km + 600 m～198 km + 200 m（白毛尖隧道至二接近信号机前）	联控小觉站正线停车时，在该缓解地点处降低缓解速度，保证进路信号机前超 60 km/h，越过进路信号机前停车
小觉—西柏坡	1. 出站前再生力 150 kN，206 km 处逐渐增大再生力至目标值，209 km 处，速度 68 km/h 以下，再生力 400 kN 缓解列车，列车速度 70 km/h，减压 50 kPa，211 km + 500 m～213 km 处，速度 70 km/h，掌握平稳后惰力运行。 2. 古月出站后在 222 km 处转牵引工况；牵引力 100～200 kN，227 km 处转再工况；230 km + 500 m 处，速度 68 km/h 减压 50 kPa，排完风后 232 km～233 km + 300 m 缓解，再生力 400 kN 保持 50 s 后适当调整再生，控制列车在温塘以 72 km/h 通过，运行到西柏坡一接近前减压 50 kPa，再生力 400 kN 缓解列车。	1. 212 km 处缓解速度过低时，及时转引工况，2154#信号机处回零，惰力运行。 2. 西柏坡过分相涨速度在 25 km/h 左右。 3. 由于列车制动力强度过低或者信号原因，造成通过速度偏低时，西柏坡采取接近信号机处，速度不超 50 km/h，再生力 500 kN
建议缓解位置	1. 第一把缓解位置：211 km + 500 m～213 km。 2. 第二把缓解位置：232 km～233 km + 300 m。 3. 第三把缓解位置：237 km + 700 m～238 km + 800 m	1. 212 km 处缓解后建议手柄放再生或零，便于古月站信号变化时采取措施。 2. 联控西柏坡站正线缓解时，在西柏坡二接近缓解时降低缓解速度，保证进路信号机减压停车前不超 60 km/h，越过进路信号机减压停车。

续表

区段		注意事项
西柏坡—三汲	西柏坡掌握70 km/h出站，小再生控速，运行至2528#信号机速度77 km/h，退站牵引力500 kN牵引力高速闯坡，进站速度73 km/h	
三汲—肃宁北	1. 三汲分相前第一次语音提示"禁止双弓"，缓慢退牵引力，主车过完分相后，缓慢增大牵引力至200 kN，从控过分相后逐步增大牵引工况，运行至263 km+500 m处，速度70 km/h退牵引力转再生工况通过灵寿站。 2. 灵寿—行唐区间：277 km处转牵引工况，通过行唐站75 km/h。 3. 行唐—定州西区间：300 km处转牵引工况，新曲出站转再生工况控制车进定州西站不超73km/h。 4. 定州西—蠡县区间：326 km处转牵引工况，保持小牵引，运行至安国进站前355km处，保持匀速运行。 5. 蠡县—肃宁北区间：395 km+500 m处再生力过分相，4052#（双黄灯进路）进站前速度不超40 km/h，超50 km/h，保持60 kN再生力出站后根据停车标位置对标停车，进站后保持最高不超300 kN，生力控制最高不超300 kN。	1. 三汲过分相至261 km+300 m处降速13 km/h左右。 2. 定州分相断电至出站，涨速4 km/h。 3. 333~334 km处涨速8 km/h。 4. 安国一接近至出站内涨速5 km/h。 5. 蠡县出站至389 km处降速5 km/h。 6. 肃北站内从控速度控制在25 km/h以下，进路黄灯距离约80 m）3~5道进越过黄灯时速度控制在30 km/h减压10 km/h减速，速度10 km/h以下（停车标距离出站105 m）。1道停车标距出站68 m，适当掌握速度，对标停车

区段		注意事项
肃宁北—大师庄	1. 起车给牵引力10~20 kN保持5 s，再逐步增加至600 kN起动列车，10 s后逐步增加牵引力，在从车进入岔群前减小牵引力，防止空转。 2. 从车出岔群后，逐渐增大牵引力至500~600 kN时，逐步减小牵引力至350 kN，运行到大师庄出站后减速度不超75 km/h。	1. 缓慢加载至50~200 kN停留10 s，走行约10 m，牵引力增大至目标值，岔群适当减载，过岔群后牵引力正常发挥；确保从车牵引力正常发挥。 2. 从车出岔群后，逐渐增大牵引力至500~600 kN，列车运行至413 km处，速度达到50 km/h，退牵引力至150 kN，保持150 kN。
大师庄—段庄	1. 运行中保持150 kN牵引力，匀速运行。 2. 行别曹一黎民居居间：4562#信号机不超66 km/h，牵引力退至150 kN，黎民居进站前退至80 km/h，运行至5020#信号机处，降低牵引力至100 kN，减小坡点冲动	1. 河间出站至437 km处涨速3 km/h，牵引力给至280 kN，运行至460 km处速度66 km/h，牵引力退至站前80 km/h，黎民居出站前掌握74 km/h，保持150 kN。 2. 平道采用小牵引工况运行，牵引力150 kN保持匀速。 3. 4‰变坡点适当加点适当加大牵引力减小列车冲动

续表

区段		注意事项
庄—黄骅港	重车特殊情况操纵办法：越过狼坨子分相后转再生工况，利用再生控速进站，进站速度不超 40 km/h，对标停车。 1. 区间接收黄灯操纵办法：高坡区段接收绿黄灯执行停车缓风，信号变化具备缓解条件时缓解列车。平原区段接收黄灯满足再生力 400 kN，速度 45 km/h 及以上时，方可缓解列车（定州西至定州东区间同跨京广铁路大桥，跨京港澳高速公路特大桥，沧州西至天津西区间沧西至天津西区间跨子牙河特大桥上除外）。 2. 平原区段无人值守车站，进站有分相牵引力给至目标值。接近信号机接收黄灯时及减压 50 kPa 控速，具备缓解条件时缓解列车	黄骅港进站后从机车随时注意距离，防止从车越过进站信号机与主控机车做好互控。
黄骅港—神池南	空车特殊情况操纵办法： 1. 起车给牵引力 10～20 kN 保持 5 s，确保从车牵引力正常发挥；缓慢加载至 50～200 kN 停留 10 s，再逐步增加至 300 kN 起动列车，走行约 10 m，牵引力增至 300～400 kN，岔群适当减载，过岔群后增加牵引力，在从车进入岔群前减小牵引力，防止空转。 2. 区间保持小牵引力，在从车匀速运行。 3. 平道区段，过分相前手柄回零情况退至分相前逐步将牵引力给至目标值。主车过分相后缓慢给牵引力至 200 kN，从车通过分相。 4. 坡道区段，过分相前手柄退至 100 kN 带级过分相，主车过分相后逐步缓给牵引力至 200～300 kN，从车通过分相后将牵引力给至 300 kN。 5. 神池南进站控速 40 km/h，10 km/h 以下对标停车，停车前追加减压至 170 kPa 平原区段接收绿黄灯及时采用再生制动控速，再生力最大给至 200 kN，控制列车速度。 1. 区间接收绿黄灯及绿灯时及时采用再生制动控速，再生力最大给至 200 kN，控制列车速度。 2. 平原区段：无人值守车站，进站信号开放时在二接近信号前将速度控制在 60 km/h 以下。 3. 高坡区段进站信号机未开放时，接近进站信号机未开放时，掌握接收二接近绿灯信号时就停车（如煤炭、原平南、宁武西）。 4. 高坡区段出站有分相车站：出站信号机开放时，掌握主车越过进站岔区就停车，西柏坡、小觉坡停车时掌握主车越过进站岔区就停车（如娘庙、滴流磴、北村大牛、西柏坡、小觉停车时掌握主车越过进站岔区就停车，三汊站联控出站，出站信号黄灯时，控制列车速度，掌握停车时及分相部掌握尾部进站就停车。出站信号 200 kN，龙宫可适当接近站中心，再生力最大给至黄灯时，控制列车速度。	区间接收黄灯，突发情况需要降低运行速度时，再生力最大不得超过 200 kN，若不能将速度控制在允许范围内时及时投入空气制动，停车缓风。

789

参考文献

[1] 贾晋中. 神华铁路 30t 轴重重载运输成套技术[M]. 北京：科学出版社，2016.

[2] 薛继连. 朔黄铁路重载信息技术[M]. 北京：中国铁道出版社，2014.

[3] 张朝辉. 朔黄铁路万吨列车平稳操纵优化研究[M]. 成都：西南交通大学出版社，2017.

[4] 中国铁路总公司. 铁路技术管理规程[M]. 北京：中国铁道出版社，2014.

[5] 朔黄铁路发展有限责任公司. 朔黄铁路公司行车组织规则[M]. 北京：中国铁道出版社，2014.

[6] 神华集团公司. 神华铁路运输管理规程（试行）[M]. 北京：中国铁道出版社，2013.

[7] 南车株洲电力机车有限公司，朔黄铁路发展有限责任公司，中国神华能源股份有限公司神朔铁路分公司. 神华重载运输大功率交流传动电力机车[M]. 北京：中国铁道出版社，2015.

[8] 刘友梅. 韶山 4B 型电力机车[M]. 北京：中国铁道出版社，1999.

[9] 张朝辉，苏明亮. 机务运用体系培训教材[M]. 成都：西南交通大学出版社，2016.

[10] 中国铁路总公司. 铁路机车操作规则[M]. 北京：中国铁道出版社，2012.

[11] 曹彦平. TD-LTE 技术构建朔黄铁路宽带移动通信系统可行性研究[J]. 铁道通信信号，2014.

[12] 钱立新. 国际铁路重载运输发展概况[J]. 铁路运输与经济，2002（12）.

[13] 张曙光. HXD1 型电力机车[M]. 北京：中国铁道出版社，2009.